Geomorphologie

Richard Dikau
Katharina Eibisch
Jana Eichel
Karoline Meßenzehl
Manuela Schlummer-Held

Geomorphologie

Zeichnungen von Stephan Zöldi, Gabriele Bräuer-Jux und Markus Dikau

Richard Dikau
Alfter, Deutschland

Katharina Eibisch
Lilongwe, Malawi

Jana Eichel
Karlsruhe, Deutschland

Karoline Meßenzehl
Frankfurt am Main, Deutschland

Manuela Schlummer-Held
Fellbach, Deutschland

ISBN 978-3-662-59401-8 ISBN 978-3-662-59402-5 (eBook)
https://doi.org/10.1007/978-3-662-59402-5

Die Deutsche Nationalbibliothek verzeichnet diese Publikation in der Deutschen Nationalbibliografie; detaillierte bibliografische Daten sind im Internet über http://dnb.d-nb.de abrufbar.

Springer Spektrum

Einbandabbildung: Geomorphologische Formen im Yosemite Valley, Kalifornien, USA. Die polygenetische Formung umfasste glaziale, gravitative und fluviale Prozesse sowie intensiven Gesteinszersatz durch Verwitterung. Der glazial geschliffene Half Dome verlor seine Seite durch gravitative Sturzprozesse. © R. Dikau
Planung/Lektorat: Stephanie Preuss

Springer Spektrum ist ein Imprint der eingetragenen Gesellschaft Springer-Verlag GmbH, DE und ist ein Teil von Springer Nature.
Die Anschrift der Gesellschaft ist: Heidelberger Platz 3, 14197 Berlin, Germany

Vorwort

Die faszinierende Vielfalt der Formen der Erdoberfläche beschäftigt die Menschheit seit der Antike. Erst in den letzten zwei Jahrhunderten verdichtete sich das Wissen darüber, welche Ursachen für diese Vielfalt verantwortlich sind. Eine Ordnung und Gliederung der Formen der Erdoberfläche, die auch als Reliefformen bezeichnet werden, wurde ebenso notwendig wie ihre Zuordnung zu den natürlichen Prozessen des Formenauf- und -abbaus.

Wir als Autorengruppe dieses Lehrbuches möchten den Leserinnen und Lesern einen tieferen Einblick in dieses Formenspektrum vermitteln. Die Geomorphologie ist eine empirische Wissenschaft. Die Beobachtung und Beschreibung der Reliefform im Gelände, die sie aufbauenden und zerstörenden Prozesse und ihre Systematik zählen seit ihren Anfängen im 19. Jahrhundert zu den Kernaufgaben der Disziplin. Dabei stellte die Diversität der geomorphologischen Phänomene der Realwelt eine zentrale Herausforderung für die Erkenntnisgewinnung dar. Wir beobachten aber auch, dass in den letzten zwei Jahrhunderten der Mensch selbst zum Akteur der Formveränderung geworden ist. Immer stärker und folgenreicher wird in die Reliefformen eingegriffen. Ihre technische Veränderung beschleunigt sich und verursacht Gefahrenpotenziale und Folgeschäden, die die ökonomische Leistungsfähigkeit von Staaten übertreffen können.

Die Geomorphologie beschreibt und erklärt die Formen der Erdoberfläche und die sie auf- und abbauenden Prozesse und bildet sie in einem systematischen Ordnungsschema ab. Es ist ein Ziel dieses Lehrbuches, die Grundlagen der Disziplin zugänglich zu machen und vorzustellen. Das Lehrbuch wurde für Lernende geschrieben, die eine verständliche Einführung und Grundlagen für tiefer gehende Auseinandersetzungen mit der Geomorphologie suchen. Es bietet eine Systematik des breiten Spektrums der Reliefformen und der verantwortlichen Prozesse. Um über dieses Lehrbuch hinausgehende Auseinandersetzungen mit den Themenstellungen zu erleichtern, werden in jedem Kapitel Vorschläge einer vertiefenden Literatur unterbreitet. Dabei wird es erforderlich sein, auf weitere Lehrbücher der Geomorphologie und anderer Wissenschaften zurückzugreifen. Mit ihrem Erkenntnisgegenstand der Erdoberfläche ist die Geomorphologie eine geowissenschaftliche Disziplin. Sie ist mit den Wissenschaften des Erdkörpers – z. B. der Geologie, Geophysik und Geodynamik – und der Hydro- und Atmosphäre – z. B. der Hydrologie und Meteorologie – interdisziplinär vernetzt. Weiterhin ist die Geomorphologie eng mit der Wissenschaft der Lebewesen, der Biologie, verbunden, da die Erdoberfläche einen wichtigen Lebensraum für Organismen bildet.

Die Pflege der Fachterminologie zählt zu den Kernaufgaben einer wissenschaftlichen Disziplin. Damit wird nicht nur die Kommunikation innerhalb der Disziplin optimiert, sondern auch der wissenschaftliche Dialog mit anderen wissenschaftlichen Disziplinen ermöglicht und der Erkenntnistransfer in die Öffentlichkeit gefördert. Wir sind der Ansicht, dass die deutsche Sprache ein ausreichendes begriffliches Potenzial besitzt, um sämtliche Sachverhalte der Geomorphologie angemessen benennen zu können. Unser Lehrbuch bemüht sich daher darum, englischsprachige Termini soweit wie möglich zu vermeiden. In der Praxis der wissenschaftlichen Kommunikation ist häufig zu beobachten, dass Fachbegriffe direkt aus der englischen Sprache übernommen und in den deutschsprachigen Kontext integriert werden. Das hat auch damit zu tun, dass manche Begriffe in der deutschsprachigen Geomorphologie noch nicht vorhanden sind und neue wissenschaftliche Erkenntnisse vornehmlich in englischsprachigen Zeitschriften publiziert werden. Wir haben daher in diesem Lehrbuch sämtliche Begriffe zunächst in unserer Muttersprache ausgedrückt und häufig deren englische Übersetzung in Klammern zusätzlich genannt. Wenn deutschsprachige Fachbegriffe nicht vorlagen, haben wir neue Begriffe kreiert, die es in dieser Form in der deutschsprachigen Geomorphologie nach unserem Wissen noch nicht gab. Dies sind erste Vorschläge, die wir zur Diskussion stellen. Dem Vorschlag der Philosophie folgend möchten wir damit auch kontinuierliche Arbeit am Begriff leisten und weiterführend anstoßen.

Dieses Lehrbuch ist in vier übergeordnete Teile gegliedert. In Teil I werden Grundlagen der Geomorphologie vorgestellt. Neben einer kurzen Einführung der Ziele, Gegenstände und Teildisziplinen zählt dazu ein methodologischer Überblick, auf welche Art und Weise die Geomorphologie zu ihren Erkenntnissen über die Erdoberfläche gelangt. Derartige Konzeptionen,

Theorien und Prinzipien stellt die Wissenschaftstheorie zur Verfügung. Die Wissenschaftstheorie hat in der Geomorphologie bis heute keinen leichten Stand. Ihre Ablehnung durch Vertreter der Disziplin kann rüde Formen annehmen. Dies verwundert auch deshalb, da andere Wissenschaften ihre Bedeutung seit Langem erkannt haben. Publikationen über die Philosophie der Biologie, Philosophie der Physik oder die Naturphilosophie zählen heute zum Lehrkanon der Hochschulen. Das Kapitel über Systeme und Prozesse (▶ Kap. 3) referiert über das Denken in Systemen in der Geomorphologie seit Beginn der 1960er-Jahre. Damit werden Entwicklungen des systemischen Denkens aufgegriffen, das bereits durch Aristoteles initiiert wurde und das bis in die Gegenwart anhält. Heutige Theorien der Selbstorganisation in Nichtgleichgewichtssystemen bilden moderne Weiterentwicklungen. In weiteren Kapiteln werden die Grundlagen der Reliefform selbst, d. h. ihre Gestalt, ihr Baumaterial und ihre Genese vorgestellt. Zahlreiche Reliefformen haben einen historischen Entwicklungsprozess durchlaufen, der Zeitspannen mehrerer Mio. oder gar hunderte Mio. Jahre umfassen kann, ihre Bildungszeit reicht weit in das Paläogen und Mesozoikum zurück.

Die beiden zentralen Komponenten des geomorphologischen Systems bilden die endogenen Prozesse des Formaufbaus, d. h. der Formkonstruktion, und die Prozesse des Formabbaus, d. h. der Formerosion. In Teil II werden die endogen-aufbauenden Prozesse der Reliefformung vorgestellt. Als formaufbauende Prozesse bezeichnen wir jene Vorgänge des Erdsystems, die überwiegend zu einer Zunahme von Masse und Höhe, aber auch zu lateraler Ausdehnung der Form führen. Die endogenen Reliefformen werden aufgrund ihrer Genese und Eigenschaft in tektonische, lithologisch-strukturelle und vulkanische Typen gegliedert. Sie treten in einem ausgedehnten Skalenspektrum auf. Es umfasst eine Größenordnungshierarchie, die von den kontinentalen Schilden und Hochgebirgen der Makro- und Megaskale bis zu mesoskaligen Vulkankegeln und mikroskaligen Formen neotektonischer Reliefstufen reicht. Die Formengruppe wird einerseits durch die tektonischen und vulkanischen Prozesse des Erdkörpers hervorgerufen, zwischen denen Verzahnungen und Kopplungen auftreten können. Andererseits weisen die generierten und deformierten Gesteinskörper unterschiedlichste Eigenschaften auf, wie ihre mineralogische Zusammensetzung, Faltungsstruktur oder Härte. Sie bilden die lithologisch-strukturellen Steuerungsfaktoren der endogen Reliefformung und der spezifischen Geomorphometrie der Formen.

In Teil III behandeln wir die exogene Prozessgruppe der Reliefformung. Sobald die durch die endogenen Prozesse geschaffenen Reliefformen mit den oberflächennahen und atmosphärischen Bedingungen in Kontakt treten, z. B. geringer Druck, Sauerstoff, Wasser oder Lebewesen, unterliegen sie energiereichen mechanischen Zersatz- und chemischen Lösungsprozessen sowie Prozessen des Abtrags, des Transportes und der Deposition. Diese Prozessgruppe wird als erosiv-abbauend bezeichnet. Sie führen zu einer Erweiterung der Vielfalt von Reliefformen.

Im Teil IV möchten wir einen Einblick in das geomorphologische Arbeiten ermöglichen. Die Vielfalt geomorphologischer Phänomene und Problemstellungen spiegelt sich in der Vielfalt der Praxis des geomorphologischen Arbeitens. Die in den Teilen I bis III vorgestellte Systematik der geomorphologischen Formen und der reliefformenden Prozesse bietet einen Rahmen, an dem sich die Leserinnen und Leser orientieren können. Damit wird allerdings erst *eine* Komponente des Lernens thematisiert. Das Studium der Geomorphologie im Hörsaal und am Schreibtisch muss durch praktisches Arbeiten im Gelände nicht nur ergänzt, sondern komplementär aufgebaut werden. Der Geländegang dient dem Erlernen der empirischen Beobachtung sowie der Erkundung der Reliefformen und der Formungsprozesse in der Realwelt. Ihr Wert ist für die Erkenntnisgewinnung von höchster Relevanz. Dazu haben wir durch unsere Lehrtätigkeiten reichhaltige Erfahrungen sammeln und anwenden können. Theorie, Methodologie und Empirie müssen gleichermaßen und gut aufeinander abgestimmt erlernt und eingeübt werden. Um den Studierenden einen Einblick in das fortgeschrittene praktische geomorphologische Arbeiten zu bieten, haben wir uns entschieden, zwei Fallstudien in das Lehrbuch aufzunehmen (Teil IV).

Das Erscheinen dieses Buches verdanken wir einer Vielzahl von Kolleginnen und Kollegen, Freundinnen und Freunden sowie unseren Familien, die uns über viele Jahre motiviert, gestützt und kritisch begleitet haben. Sie haben zum Gelingen des Buches wesentlich beigetragen. Für ihre kritischen und wertvollen Korrekturarbeiten an den Manuskripten bedanken wir uns bei den Gutachtern Thorsten Balke, Nico Bätz, Daniel Funk, Renate Gerlach, Thomas Hoffmann, Michael Krautblatter, Andreas Lang, Carsten Lorz, Jutta Meurers-Balke,

Oliver Sass und Stefan Winkler. Unser Dank gilt dem Lektorat von Florian Neukirchen für die hilfreichen und fundierten Vorschläge. Den Mitarbeiterinnen und Mitarbeitern der kartographischen Abteilung des Geographischen Institutes der Universität Bonn sind wir zu großem Dank verpflichtet. Sie haben mit ihren profunden Fertigkeiten den größten Teil der Abbildungen nach den Entwürfen und Vorlagen der Autoren graphisch umgesetzt. Wir bedanken uns bei Gabriele Bräuer-Jux, Martin Gref, Friederike Pauck, Gerd Storbeck und Stephan Zöldi. Für die ausgezeichnete künstlerische Gestaltung zahlreicher Abbildungen sei besonders Frau Bräuer-Jux und Herrn Zöldi gedankt. Die abschließenden graphischen Beratungen, Korrekturen, Überarbeitungen und Neuzeichnungen hat Markus Dikau mit großer Ruhe und Professionalität durchgeführt. Dafür sei ihm herzlich gedankt. Von Norbert Grötsch haben wir tatkräftige Unterstützungen im gesamten IT-Bereich erhalten. Dafür möchten wir uns sehr herzlich bedanken. Schließlich gilt unser Dank Mitarbeiterinnen und Mitarbeitern der „AG Dikau" am Geographischen Institut der Universität Bonn, insbesondere Frau Rita Müller-Geiger und Carina Schmitz, die im Entstehungsprozess des Buches beteiligt waren. Besonders bedanken möchten wir uns bei Renate Zimmermann-Dikau, die mit Geduld und Nachsicht zahlreiche Freiräume zur Verfügung stellte und verteidigte. Unser Dank gilt schließlich den Mitarbeiterinnen und Mitarbeitern des Springer-Verlages. Frau Merlet Behncke-Braunbeck hat das Buchprojekt initiiert und den Entstehungsprozess über viele Jahre mit Geduld begleitet. Diese Aufgabe hat anschließend Frau Dr. Stephanie Preuß übernommen. Die Betreuung des Lehrbuches wurde von Herrn Dr. Christoph Iven übernommen und anschließend von Frau Carola Lerch bis zur Fertigstellung des Manuskripts mit Nachdruck fortgeführt.

Wir danken allen weltweiten Kolleginnen, Kollegen und Verlagen in den Erdsystemwissenschaften, die uns großzügig die Erlaubnis zum Abdruck ihrer Abbildungen und Fotos erteilt haben. Trotz größter Sorgfalt und Mühe, sämtliche Rechteinhaber ausfindig zu machen, ist es uns vereinzelt leider nicht gelungen, eine Kontaktmöglichkeit zu finden. Wir bedanken uns für alle Hinweise und werden uns um nachträgliche Korrektur bemühen.

Richard Dikau
Katharina Eibisch
Jana Eichel
Karoline Meßenzehl
Manuela Schlummer-Held
Bonn
im Juli 2019

Inhaltsverzeichnis

II Endogene Prozesse und Reliefformung

III Exogene Prozesse und Reliefformung

Grundlagen der Geomorphologie

Inhaltsverzeichnis

Ziele und Gegenstand der Geomorphologie

R. Dikau et al., *Geomorphologie*, https://doi.org/10.1007/978-3-662-59402-5_1

Die Geomorphologie ist die Wissenschaft von den Oberflächenformen der Erde und den Prozessen, die sie geschaffen haben. Das Wort Geomorphologie setzt sich aus den drei griechischen Worten „ge" (Erde, Land), „morphé" (Gestalt, Form, Aussehen) und „lógos" (Rede, Wort, Vernunft) zusammen. Die Geomorphologie hat zwei zentrale Ziele. Ein Ziel besteht darin, die außerordentliche Vielfalt der Formen der Erdoberfläche, die auch als **Reliefformen** bezeichnet werden, zu beschreiben, zu ordnen und zu klassifizieren. Ein Blick aus einem Flugzeugfenster genügt, um sich dieser Vielfalt bewusst zu werden. Gebirge, Küsten, Dünenmeere, Ebenen oder tiefe Canyons charakterisieren die Oberfläche des Erdkörpers. Bereits in der griechischen Antike wurde darüber diskutiert, welche Ursachen für diese Vielfalt verantwortlich sind. Das zweite Ziel der Geomorphologie ist es, die Prozesse zu beschreiben und zu verstehen, die für die Formung der Erdoberfläche verantwortlich sind. Dazu zählen der Aufbau und der Abbau der Reliefformen.

Die geomorphologischen Prozesse bewirken die Erosion des Baumaterials der Reliefformen, seinen Transport und die Materialablagerung, die auch als Deposition oder Akkumulation bezeichnet wird. Ob die Prozesse der Verwitterung, die auch als physikalischer, chemischer und biologischer Gesteinszersatz bezeichnet werden, prioritär zu den drei grundlegenden reliefformenden Prozessen der Erosion, des Transportes und der Deposition gerechnet werden können, ist eine seit Jahrzehnten umstrittene geomorphologische Fragestellung. Die neuere Forschung zeigt, dass bestimmte Verwitterungsprozesse, z. B. in Hochgebirgen, für die Erosion des Reliefs eine höhere Bedeutung aufweisen, als bisher angenommen wurde.

Geomorphologische Formen treten in einem äußerst breiten Spektrum verschiedener Gestalttypen, Größenordnungen und Alter auf. Sie umfassen Phänomene, die von wenigen mm Breite, wie Schleifspuren auf Gesteinsoberflächen, bis zu Mio. km^2 umfassenden kontinentalen Schilden reichen. Die Erklärung dieser multiskaligen Struktur und die verantwortlichen, reliefformenden Prozesse stellen die zentrale Zielsetzung der Disziplin dar.

1.1 Ziele der Geomorphologie

Reliefformen bilden dreidimensionale Phänomene, die aus einem Materialkörper aus Fest- und/oder Lockergestein bestehen. Dieser Materialkörper wird durch eine **zweidimensionale Grenzfläche** gegen andere Sphären des Erdsystems abgegrenzt, wie die Atmosphäre, Hydrosphäre (Ozeane, Seen, Flüsse), Kryosphäre (Gletscher) oder Biosphäre. In diesem Kontext werden geomorphologische Formen und Prozesse auch als Reliefsphäre bezeichnet. Ein zentrales Erkenntnisinteresse der Geomorphologie liegt in der Aufdeckung der Beziehungen zwischen der Reliefsphäre und den anderen, das Erdsystem konstituierenden Sphären. In geomorphologischen Systemen ist die Grenzfläche in hohem Maße räumlich differenziert und zeitlich variabel. Die räumliche Differenzierung findet ihren Ausdruck in der geometrisch-topologischen Gestalt der geomorphologischen Formen, die zeitliche Variabilität zeigt sich in den habituellen und substanziellen Veränderungen dieser Formen. Sie werden durch formabtragende (destruktiv-erosive), materialtransportierende und formaufbauende (konstruktiv-akkumulative) Prozesse verursacht.

Die Zielsetzung der Geomorphologie und ihre spezifische Erkenntnisgewinnung basieren auf unterschiedlichen wissenschaftlichen Ansätzen (Huggett 2011). Die Geomorphologie der Gegenwart umfasst **funktionale und historische Richtungen.** Die funktionale Geomorphologie basiert auf Erkenntnissen der funktionalen Rückkopplung zwischen Prozess und Reliefform. Die Grundlage bilden der physikalische und chemische Determinismus sowie biologische Ansätze im Rahmen einer systemischen Konzeption. Die historische Geomorphologie basiert auf Erkenntnissen der Entwicklung der Reliefformen und ihrer Chronologie. Ihre Grundlagen bilden historisch-rekonstruktive Ansätze. Auf Basis dieser dualen Struktur gliedert sich die geowissenschaftliche Disziplin der Geomorphologie in weitere Teildisziplinen, die, entsprechend ihrer Ziele und Gegenstände, auf verschiedenen Ebenen angeordnet sind (◘ Tab. 1.1). Dabei ist zu berücksichtigen, dass sich die Zielsetzungen mancher Teildisziplinen überschneiden können oder dass sie Sachverhalte untersuchen, die ähnlichen oder gleichen Raum- und Zeitskalen angehören. Gleichwohl bietet die Gliederung einen systematischen Einblick in die Vielfalt und Breite der Disziplin und ihrer zentralen Forscherpersönlichkeiten und Lehrbücher.

1.2 Teildisziplinen der Geomorphologie

1.2.1 Prozessgeomorphologie

Die Prozessgeomorphologie beschäftigt sich mit den Beziehungen zwischen den an der Erdoberfläche wirkenden aktuellen physikalischen, chemischen und biologischen Prozessen und den Reliefformen. Entscheidend ist, dass diese Prozesse empirisch beobachtet werden können. Sie sind damit einer direkten **Messung in der Realwelt** und im **Laborexperiment** zugänglich. Die Prozessgeomorphologie basiert auf den Ansätzen der Naturwissenschaften. Sie verwendet Theorien und Gesetze der Chemie und Physik, um Materialverwitterung, Erosion, Transport und Ablagerung erklären zu können. Dafür nutzt sie deterministische Annahmen und Methoden. In den letzten Jahrzehnten hat die Prozessgeomorphologie weltweit große empirische Datenbestände über die Mechanismen und Raten von Abtrags-, Transport- und Depositionsprozessen aufgebaut.

Für die Prozessgeomorphologie waren Entwicklungen in der angloamerikanischen Hydrologie und Geomorphologie von besonderer Bedeutung. In der Mitte des letzten Jahrhunderts wurden durch den britischen Wüstenforscher Ralph A. Bagnold (1947) und den amerikanischen Hydrologen

Tab. 1.1 Gliederung von Teildisziplinen der Geomorphologie

Geomorphologische Teildisziplin	Synonyme Begriffe	Primäre Zielsetzung	Historisch relevante und einführende Publikationen (Auswahl)
Prozessgeomorphologie	Funktionale Geomorphologie, dynamische Geomorphologie, systemische Geomorphologie	Naturwissenschaftliche Erkenntnisse über aktuelle Prozesse von Verwitterung, Abtragung, Transport, Deposition und ihre Beziehungen zur aktuellen Reliefform	Gilbert (1877) Bagnold (1947) Horton (1945) Strahler (1952) Chorley (1962) Chorley und Kennedy (1971) Embleton und Thornes (1979) Strahler (1980) Anderson und Anderson (2010) Ahnert (2015)
Historische Geomorphologie	Genetische Geomorphologie	Prozesse von Verwitterung, Abtragung, Transport, Deposition und ihre Beziehung zur Reliefformung in langen Zeitskalen	Brown (1980) Summerfield (1991)
Neue historische Geomorphologie	Neogeomorphologie	Historische und räumliche Kontingenz und Reliefformung	Ollier (1981, 1991) Phillips (2007)
Evolutionäre Geomorphologie	Nichtaktualistische, historische Geomorphologie	Reliefformung als zielgerichteter, evolutionärer, irreversibler Prozess	Ollier (1981, 1991) Thornes (1983) Bloom (2002)
Tektonische Geomorphologie und Strukturgeomorphologie	Morphotektonische Geomorphologie	Reliefformung durch Prozesse und Materialeigenschaften der Erdkruste und des Erdmantels	Summerfield (1991, 2000) Burbank und Anderson (2001) Scheidegger (2004)
Quartärgeomorphologie	Geomorphologie der Eiszeitalter	Zeitlich begrenzte Reliefformung des Quartärs (Pleistozän und Holozän)	Penck und Brückner (1909) Ehlers (2011)
Klimageomorphologie	Klimagenetische Geomorphologie, Klimatische Geomorphologie	Reliefformung durch klimatische Einflüsse (Klimadeterminismus)	Büdel (1981) Bremer (1988) Bull (1991)
Angewandte Geomorphologie	Praktische Geomorphologie	Anwendung geomorphologischer Erkenntnisse in der gesellschaftlichen Praxis	Semmel (1989) Oya (2001) Allison (2002) Church (2010)

(Fortsetzung)

Tab. 1.1 (Fortsetzung)

Geomorphologische Teildisziplin	Synonyme Begriffe	Primäre Zielsetzung	Historisch relevante und einführende Publikationen (Auswahl)
Geomorphologie im Anthropozän	Anthropogeomorphologie sozialökologische Geomorphologie	Koevolution zwischen geomorphologischen und gesellschaftlichen Systemen	Rathjens (1979) Bork (2006) Church (2010) Viles und Goudie (2016) Goudie (2018)
Holistische Geomorphologie	Integrative Geomorphologie	Konzeptionen zur Integration funktionaler und historischer Ansätze	Schumm (1991) Rohdenburg (2006) Richards und Clifford (2011) Huggett (2011, 2017)
Planetare Geomorphologie		Erklärung der Reliefformung von Planeten unseres Sonnensystems	Baker (2008) Greeley (2013) Burr und Howard (2015)
Regionale Geomorphologie		Geomorphologische Gesamtdarstellung einer bestimmten Region	Ahnert (1989) Semmel (1996) Eberle et al. (2010) Zöller (2017)

Robert E. Horton (1945) äußerst einflussreiche Publikationen vorgelegt. Bagnold begründete die moderne prozessorientierte äolische Geomorphologie auf Basis der physikalischen Prozesse der Sanderosion, des Sandtransportes und der Sanddeposition und ihre Beziehung zur Formung von Dünen. Horton entwickelte ein deterministisches Modell der Gerinnemusterentwicklung, das in scharfem Gegensatz zur paradigmatischen **Zyklentheorie** (▶ Abschn. 6.2.1) von William M. Davis stand (Davis 1899). Der Ansatz von Horton basierte auf den Prinzipien der klassischen Newton'schen Mechanik. Er hatte weitreichende Einflüsse auf eine neue Generation von Geomorphologen und war eine wichtige Voraussetzung für den folgenden Wendepunkt in der Ideengeschichte der Geomorphologie, der schließlich zu einer Ablösung der Zyklentheorie führte. Mit Beginn der 1950er-Jahre wurde die **Prozessgeomorphologie** in den angloamerikanischen Ländern zur zentralen Forschungsrichtung der Disziplin. Die Raumskalen der Studien wurden verkleinert und bewegten sich bevorzugt in den Bereichen der Mikro- und Mesoskalen, die bevorzugte Zeitskale war das letzte Jahrtausend. In einer einflussreichen Publikation begründete der amerikanische Geomorphologe Arthur Strahler (1952) die neue Forschungsrichtung. Sie basierte auf der Idee eines geomorphologischen Systems, das auf den fundamentalen physikalischen Prinzipien der Mechanik und Strömungsdynamik beruht. Er schlug die Einführung physikalischer Prinzipien vor, sodass geomorphologische Prozesse als Manifestationen verschiedener Typen gravitativer und molekularer Kräfte behandelt werden könnten. Sie wirken auf sämtliche Materialtypen des Erdkörpers ein und führen zu Materialverformungen und -brüchen. Die Wirkungen dieser Kräfte finden sich in den vielfältigen Prozessen der Verwitterung, der Erosion, des Transportes und der Deposition. Die von Strahler und seinen Schülern in der Folgezeit entwickelten statistischen Modelle basierten auf empirischen Daten geomorphometrischer Variablen von Einzugsgebieten. Gesucht wurden Beziehungen zwischen den Abflusseigenschaften von Fließgewässern und ihren geomorphologischen Konsequenzen.

Dem Vorschlag von Strahler zur Entwicklung einer dynamischen Geomorphologie folgten in den 1960er- und 1970er-Jahren u. a. die englischen Geomorphologen Culling (1960) und Kirkby (1971) mit Untersuchungen geomorphologischer Prozesse auf Basis eines physikalischen Determinismus. Ein Bestandteil des neuen Paradigmas war der Ansatz einer systemischen Geomorphologie. Seine Grundlage bildete die Theorie des **dynamischen Gleichgewichtes,** das durch den amerikanischen Geomorphologen Grove Karl Gilbert in der Publikation *Geology of the Henry Mountains* (Gilbert 1877) anhand physikalisch begründeter Erosionsprozesse in die Geomorphologie eingeführt wurde. Strukturierte Grundlagen und eine Systematik geomorphologischer Systeme wurden durch die englischen Geomorphologen Richard Chorley und Barbara Kennedy (Chorley 1962; Chorley und Kennedy 1971) und Strahler (1980) vorgelegt.

1.2.2 Historische Geomorphologie

Die historische Geomorphologie beschäftigt sich mit der Gewinnung von Erkenntnissen über die historischen Prozesse von Verwitterung, Abtragung, Transport und Deposition und deren Beziehung zur Reliefformentstehung (Brown 1980; Summerfield 1991). Das bedeutet, dass sie Erkenntnisse über Phänomene der **erdgeschichtlichen Vergangenheit** zu gewinnen versucht, die nicht direkt beobachtet und gemessen werden können. Ihr Leitsatz lautet, dass die Gegenwart den Schlüssel für das Verständnis der Vergangenheit liefert. Damit wird ausgedrückt, dass Erkenntnisse der heute beobachteten Prozess-Form-Beziehungen dazu verwendet werden können, die nicht mehr beobachtbare Formung der Erdoberfläche in der Vergangenheit rekonstruktiv zu erklären. Die bevorzugte Methode ist die **Retrodiktion.** Die historische Geomorphologie lässt sich in verschiedene Teilgebiete gliedern, die spezifischen Hypothesen der Reliefentwicklung folgen und besonders hervorheben, z. B. die klimadeterministische Geomorphologie, die evolutionäre Geomorphologie, die Quartärgeomorphologie oder die Geomorphologie im Anthropozän.

Das bevorzugte Themenfeld der historischen Geomorphologie bilden Reliefformen mit hohen **Persistenzzeiten** von Tausenden bis zu mehreren Mio. oder 100 Mio. Jahren, wie fluviale Terrassen, glaziale Moränenkörper, Hochgebirge, kontinentale Schilde oder Kontinente. Die historische Geomorphologie entwickelte sich im 19. Jahrhundert und umfasst heute ein breites Spektrum an Themenfeldern und Reliefentwicklungstheorien (Huggett 2011, 2017). Ihr Schwerpunkt liegt bevorzugt in regionalen Studien (regionale historische Geomorphologie), d. h. in der Rekonstruktion der Reliefentwicklung unter spezifischen größerskaligen Rahmenbedingungen, z. B. der Lithologie, der tektonischen Prozesse oder dem Klima eines singulären Raumes. Von hoher Bedeutung sind die Entwicklungen von **Datierungstechniken** in den letzten Jahrzehnten (Wagner 2001; Brown 2011). Damit können die Alter von Reliefformoberflächen und -materialien bestimmt werden. Sie bilden die Basis für die chronologischen Analysen von Reliefformen, deren genetische Rekonstruktion ein zentrales Forschungsgebiet der historischen Geomorphologie darstellt. Derartige Chronologien liefern eine Grundlage für Erkenntnisse der Reliefentwicklung in langen Zeitskalen.

Die historische Geomorphologie unterscheidet sich hinsichtlich ihrer Untersuchungsobjekte, ihrer Zeit- und Raumskalen, ihrer theoretischen Ansätze und ihrer Methoden und Daten deutlich von der Prozessgeomorphologie. In der historischen Entwicklung der Disziplin gab es abwechselnde Dominanzen der einen oder anderen Richtung. Eine wichtige Eigenschaft von geomorphologischen Systemen der Gegenwart besteht darin, dass die geomorphologische Vergangenheit die heute existierenden Systeme in nahezu allen Raumskalen beeinflusst. Die Angloamerikaner drücken dies in der Redewendung „*history matters*" aus. Die Reliefformen der Gegenwart tragen ein **historisches Erbe,** sie können deshalb auch als Reliefformen-Palimpsest (▶ Abschn. 3.5) beschrieben werden. Es besteht also eine systemische Abhängigkeit zwischen den Reliefformen und Prozessen der beobachtbaren Gegenwart und der nicht beobachtbaren Vergangenheit des geomorphologischen Systems.

Die **Methodologie** der Prozessgeomorphologie und der historischen Geomorphologie weisen unterschiedliche Grundlagen und Prinzipien auf. Die Prozessgeomorphologie ist in starkem Maße auf den Theorien der Physik aufgebaut. Wenn diese Theorien auf die Formung der Erdoberfläche angewendet werden sollen, muss eine deutliche Verkleinerung der Raum- und Verkürzung der Zeitskale erfolgen. Die Erkenntnisse der Prozessgeomorphologie können daher lediglich einen sehr begrenzten Skalenbereich umfassen. Diese Problematik besteht, seitdem das neue Paradigma Anfang der 1950er-Jahre mächtiger wurde. Es ist daher durchaus berechtigt, einen Dualismus oder eine Dichotomie zwischen einer deterministischen Prozessgeomorphologie und der historischen Geomorphologie zu postulieren (Huggett 2011, 2017).

Für die Rekonstruktion der Reliefformentwicklung verwendet die historische Geomorphologie retrodiktive Methoden. Da die verantwortlichen Prozesse, die auch als **geomorphologische Paläoprozesse** bezeichnet werden, nicht mehr beobachtbar sind, müssen sie aus prozesskorrelaten Daten ehemaliger geomorphologischer Prozesse und aus den Paläodaten anderer Disziplinen, z. B. der Paläoklimatologie, Paläotektonik oder Archäologie, geschlossen werden. Als prozesskorrelat werden Daten bezeichnet, die in ihren Eigenschaften eine Korrelation zu den geomorphologischen Prozessen der Vergangenheit aufzeigen. Die durch die Paläoprozesse erzeugten Produkte der Reliefformung (Gestalt und Baumaterial der Reliefformen) bilden die zentrale empirische Basis der retrodiktiven Methoden.

Die historische Geomorphologie beschäftigt sich ebenfalls mit der Rekonstruktion anderer Komponenten des Paläo-Erdsystems, z. B. des Paläoklimas, der Paläoböden oder der Paläotektonik. Eine weitere Untergliederung der historischen Geomorphologie wäre damit angebracht, z. B. in eine geomorphologische Paläoklimatologie oder geomorphologische Paläobodenkunde. Auch in der Rekonstruktion von mit der Reliefformung gekoppelten menschlichen Gesellschaften findet sie Anwendungsfelder, z. B. in Form des Auffindens von historischen und prähistorischen Siedlungsplätzen oder der Rekonstruktion des landwirtschaftlichen Nutzungstyps früherer Gesellschaften. In all diesen Fällen werden die rekonstruierten geomorphologischen Prozesse und Formen genutzt, um retrodiktiv klimatologische, pedologische oder archäologische Phänomene zu rekonstruieren. Es muss damit eine **sekundäre Retrodiktion** angewendet werden, die eine zusätzliche Herausforderung an die Schließverfahren und Analytik stellt. Dabei gilt es, die primären geomorphologischen Paläophänomene (Ursache) mit ihren sekundären Paläofolgen (Wirkung), z. B. die Braunfärbung in einem Sedimentkörper oder der Kollaps einer Kultur, kausal zu verknüpfen. Liegen Rückkopplungen vor, muss außerdem die Genese des sekundären Phänomens berücksichtigt werden, z. B. der Ressourcenverbrauch einer historischen Kultur. Das Schließverfahren muss damit auf mehreren systemischen und methodologischen Sachebenen angesiedelt sein.

1.2.3 Evolutionäre Geomorphologie

Die evolutionäre Geomorphologie betrachtet die Reliefentwicklung im Sinne der darwinschen Evolutionstheorie. Der Begriff wurde durch den Geomorphologen Cliff Ollier (1981, 1991) geprägt. Damit soll ausgedrückt werden, dass die Entwicklung einer Reliefform in gerichteten zeitlichen Sequenzen erfolgt und sich eine Form aus einer anderen Vorform entwickelt. Sie folgt einem **irreversiblen Entwicklungspfad,** ihre Genese ist pfadabhängig. Die Ansätze der evolutionären Geomorphologie halten die Theorie des dynamischen Gleichgewichtes und ihrer Annahme der Zeitunabhängigkeit bei langen Zeitskalen für ungeeignet. Aufgrund ihres evolutionären Charakters sei die Reliefentwicklung dagegen zeitabhängig. Die evolutionäre Geomorphologie bestreitet somit die „endlose" Wiederholung von Erosionszyklen im Sinne des „geographischen Zyklus" von William Morris Davis. Die Pfadabhängigkeit bilde vielmehr eine grundlegende eigene Kategorie der Reliefentwicklung.

1.2.4 Tektonische Geomorphologie und Strukturgeomorphologie

Die tektonische Geomorphologie beschäftigt sich mit den Folgen tektonischer Prozesse der Erdkruste und des Erdmantels auf die Formung der Erdoberfläche und die Entstehung von Reliefformen. Dabei untersucht sie Phänomene unterschiedlicher Skalen, die von megaskaligen Kontinenten über Hochgebirge bis zu Bruchstufen im Meterbereich reichen (Chorley et al. 1984; Summerfield 2000; Burbank und Anderson 2001). Die tektonische Geomorphologie ist eng mit der Strukturgeomorphologie verbunden, die die **lithologisch-strukturelle Steuerung** der Reliefformung untersucht. Demnach bilden die Materialeigenschaften vornehmlich der Festgesteine und die gegenseitige Anordnung und Lage der Gesteinsschichten und -formationen die Begründung für die Resistenz des Materialuntergrundes. Ihre Ausprägung entscheidet in hohem Maße über die Effektivität der angreifenden exogenen Prozesse. Beide Disziplinen weisen zahlreiche Schnittstellen zu den geowissenschaftlichen Nachbardisziplinen auf, auf deren Wissen sie intensiv zurückgreifen.

1.2.5 Quartärgeomorphologie

Die Quartärgeomorphologie widmet sich der Entwicklung der Reliefformen in einer spezifischen Zeitspanne, der erdgeschichtlichen Epoche des Quartärs. Das Quartär wird in die Epochen des Eiszeitalters (Pleistozän, ca. 2,6 Mio. Jahre bis ca. 11.500 Jahre vor heute) und die Nacheiszeit (Holozän, ca. 11.500 Jahre vor heute bis heute) eingeteilt. In zahlreichen Regionen der Erde bewirkte der mehrmalige klimatische Wechsel von kaltklimatischen Eiszeiten zu Warmzeiten mehrmalige Wechsel der Prozesstypen und Prozessraten sowie der formbildenden Randbedingungen. Die alpinen und nordischen Vergletscherungen führten zu glazialen Reliefformenentwicklungen, die in bestimmten Regionen der Erde als geomorphologisches Erbe bis heute existieren. Dazu zählen z. B. Moränen oder ausgedehnte Sanderflächen. Die Folgen der Eiszeiten für die Reliefentwicklung lassen sich exemplarisch anhand der letzten **nordischen und alpinen Vereisung** studieren (Liedtke 1981). Die Kenntnis des Paläoklimas und seiner Wechsel weist für die Quartärgeomorphologie eine entscheidende Bedeutung auf. Zahlreiche Forschungsanstrengungen der Geomorphologie widmeten sich daher der Rekonstruktion des Klimas der Kalt- und der Warmzeiten (Klostermann 2009). Eine klassische und äußerst einflussreiche Publikation zur quartärgeomorphologischen Rekonstruktion der alpinen Vergletscherung und ihrer geomorphologischen Folgen wurde durch die deutschen Quartärforscher Eduard Brückner und Albrecht Penck im Jahre 1909 vorgelegt (Penck und Brückner 1909). Sie entwickelten eine Gliederung des Pleistozäns, die für die alpinen Systeme die Kaltzeiten Donau, Günz, Mindel, Riss und Würm umfasst. Diese grundlegenden Erkenntnisse wurden in den letzten Jahrzehnten modifiziert und erweitert (Ehlers 2011).

1.2.6 Klimageomorphologie

Die Klimageomorphologie ist eine Teildisziplin der Geomorphologie, die die Hypothese vertritt, dass die Reliefformung prioritär auf das vorherrschende Klima zurückzuführen ist. Da die Erde in klimatische Zonen gegliedert werden kann, sollen in diesen Zonen charakteristische geomorphologische Prozesse wirken, die zu charakteristischen Reliefformen führen. Auf diese Weise entstehen tropische, aride, temperierte oder periglaziale Reliefformen. Die wichtigsten Vertreter der Klimageomorphologie waren der deutsche Geomorphologe Julius Büdel (1981) und die französischen Geomorphologen Jean Tricart und André Cailleux (1972). Sie griffen auf Hypothesen aus der ersten Hälfte des 20. Jahrhunderts, etwa von William M. Davis und Albrecht Penck, zurück. Büdel (1981, S. 34) beschreibt **klimageomorphologische Zonen** als „Gürtel der vom heutigen Klima gesteuerten, lebenden Reliefbildungsvorgänge, die innerhalb dieser Zone annähernd gleichartig wirken". In den Zonen herrschen somit ähnliche exogene Prozesse, die zur charakteristischen Flächenbildung, Flächenerhaltung oder Talbildung führen. Von Bedeutung ist, dass der Ansatz von Büdel (1981, S. 34) „*allein* auf der Analyse der rezenten Formungsmechanismen selbst" beruht, dass also die in der Gegenwart vorzufindenden Formen mit dem Klima der Gegenwart korreliert werden können. Dabei werden die Hochgebirge ausdrücklich ausgenommen.

Die klimageomorphologischen Hypothesen werden von zahlreichen Geomorphologen kritisch hinterfragt. Zu den wichtigsten Einwänden zählt, dass bezweifelt wird, dass die tektonischen Prozesse innerhalb der ausgewiesenen Zonen eine untergeordnete formbildende Rolle spielen sollen. Auch sei das heutige Relief der Erde ein Phänomen, dessen Charakter nicht allein aus den heute wirkenden Prozessen zu erklären sei, sondern Reste von Vorzeitformen in Gestalt eines Reliefformen-Palimpsestes enthalte. Es sei, so die Kritiker, auch nicht ausreichend bekannt, welche Zeitspanne erforderlich sei, um nach einem Klimawechsel, z. B. von einer pleistozänen Kaltzeit zu einer Warmzeit, neue charakteristische Reliefformen zu erzeugen, die sich in einem neuen dynamischen Gleichgewicht befinden.

1.2.7 Angewandte Geomorphologie

Die angewandte Geomorphologie befasst sich mit der Anwendung geomorphologischer Erkenntnisse für die Lösung praktischer Probleme der Gesellschaft. Dies betrifft z. B. die Ressourcenerkundung und -nutzung, Raumplanungsverfahren, Umweltschutzmaßnahmen, ingenieurtechnische Vorhaben oder Naturgefahrenanalysen und -bewertungen. Eine Komponente der angewandten Geomorphologie ist die Ingenieurgeomorphologie, die besonders in den angloamerikanischen Ländern weit entwickelt ist. Die angewandte Geomorphologie hat sich in den letzten Jahrzehnten besonders in Großbritannien zu einer bedeutenden Teildisziplin der Geomorphologie herausgebildet. Dies hat mehrere Gründe:

- ein zunehmendes Bewusstsein der gesellschaftlichen Entscheidungsträger für die komplizierten und vernetzten Komponenten des Erdoberflächensystems,
- zunehmende Nachfragen aus den Ingenieurwissenschaften nach Informationen über die Eigenschaften der geomorphologischen Form und
- das Bewusstsein in der Geomorphologie, dass die Gesellschaft die Existenzberechtigung einer wissenschaftlichen Disziplin zunehmend an ihren Fähigkeiten misst, praktische Probleme lösen zu können und einen **gesellschaftlichen Nutzen** zu erzeugen.

Weitere Gründe für die Entwicklung der angewandten Geomorphologie liegen in der nach dem Zweiten Weltkrieg einsetzenden Hinwendung beträchtlicher Teile der Disziplin zu den aktuellen geomorphologischen Prozessen und heute gebildeter Reliefformen sowie der Verfügbarkeit neuer Mess- und Darstellungstechniken für Erdoberflächenphänomene. Dazu zählen die Fernerkundung, digitale Höhenmodelle, geomorphologische Kartierungen oder Computertechniken. Ein wichtiger Motor für diese Entwicklung ist die zunehmende Erkenntnis der Begrenztheit der Ressourcen des Erdoberflächensystems, wie Böden oder Flusssedimente, sowie das zunehmende Auftreten von Umweltrisiken und Naturkatastrophen. Bei zahlreichen Problemen der heutigen Umweltnutzung und des Umweltschutzes sind geomorphologische Systeme der Erdoberfläche signifikant beteiligt.

1.2.8 Geomorphologie im Anthropozän

Die uns umgebende „Natur" ist nicht mehr eine unberührte Wildnis, sondern umfasst Phänomene, die durch die menschlichen Zivilisationen intensiv verändert oder technisch neu geschaffen wurden. Natur wurde angeeignet und verloren (Mittelstraß 1982). Es handelt sich hier also um „anthropogene Natur", wie sich der Philosoph Gernot Böhme ausdrückt (Böhme 2005). Die physisch-materielle Umwelt ist durch mehrere zivilisatorische Kolonisierungsphasen gekennzeichnet. Sie wurde durch technische Prozesse in eine **technisierte Umwelt** transformiert (Böhme 2008). Sie ist mit den menschlichen Kulturen auf das Innigste verbunden und verwoben, sodass technische, natürliche und gesellschaftliche Sphären nicht mehr getrennt betrachtet werden dürfen (Böhme und Manzei 2003). Sie bilden hybride Umwelt-Gesellschaft-Systeme. Technische Kulturen folgen einem Technikparadigma, das ein Verfügungswissen *über die Natur* ausgebildet hat und dem das Orientierungswissen *in der Natur* verloren gegangen zu sein scheint (Mittelstraß 1992).

An der Erdoberfläche wirken Akteure menschlicher Gesellschaften. Zu der Vielzahl geomorphologisch relevanter Faktoren und Einflüsse, die die Prozesse des Erdoberflächensystems steuern und die naturgesetzlichen Mechanismen folgen, tritt also ein Akteur, der eigenen Gesetzen folgt und unterworfen ist. Der geomorphologische Prozess erfährt eine Lenkung, die soziokulturell, ökonomisch oder religiös begründet ist. Die antreibende Kraft (z. B. ein Pflug) ist zwar sensu stricto ein technisch-physikalisches Phänomen, jedoch ist die Motivation der Kraftausübung auf den Boden nicht naturwissenschaftlich begründet. Daraus folgt, dass die Naturwissenschaft nicht als erklärende Basis einer auf das menschliche Handeln zurückzuführenden Veränderung der Erdoberfläche anwendbar ist. Um welche Dimension der wissenschaftlichen Problemstellung es sich hier handelt, kann durch die Erkenntnisse und Auseinandersetzungen in der **Sozialökologie** nachvollzogen werden.

Die Geomorphologie im Anthropozän, die auch als sozialökologische Geomorphologie bezeichnet werden kann, beschäftigt sich mit der Kopplung geomorphologischer Systeme als Komponenten der physischen Umwelt mit den sozial-ökonomischen, kulturellen und politischen Systemen der menschlichen Gesellschaft. Hier wird jedoch nicht nur die Anwendung geomorphologischer Erkenntnisse in anderen Wissenschaften oder für praktische Problemstellungen der menschlichen Gesellschaft thematisiert. Ihre Fragestellungen sind grundsätzlicher als die der angewandten Geomorphologie. Die Geomorphologie im Anthropozän bearbeitet die Schnittstelle zwischen zwei Systemen im Hinblick auf ihre Kopplungen und Rückkopplungen. Das bedeutet, dass beide Systeme in einer koevolutionären Beziehung stehen. Die geomorphologischen Sachverhalte umfassen die Prozesse von Materialverwitterung, -abtragung, -transport und -deposition, die Erdoberfläche und die Formmaterialien, d. h. den Untergrund des Fest- und Lockergesteins. Weitere Komponenten umfassen die im Lockergestein entwickelten Böden, die Bodenzerstörung, die Sedimentation in Wasserspeicherwerken oder die chemische Veränderung der Atmosphäre durch Freisetzung des in den Fest- und Lockergesteinen gebundenen Kohlenstoffs. Die Folgen der Eingriffe in diese Systeme wirken auf die, die Umwelt nutzende Gesellschaften koevolutionär zurück, beide stehen also in einer gegenseitigen Wechselwirkung, die zu Krisen und Katastrophen führen kann. In diesen Problemfeldern eröffnen sich für die Geomorphologie zahlreiche Tätigkeitsgebiete der Systemanalyse und der Wissenserzeugung für praktische Entwicklungen von Anpassungsstrategien und Gegenmaßnahmen.

1.2.9 Regionale Geomorphologie

Der Anspruch der regionalen Geomorphologie besteht in einer umfassenden Darstellung aller Aspekte und Phänomene des geomorphologischen Systems einer spezifischen Region. Dazu zählen sowohl die aktuellen Prozess-Form-Beziehungen als auch ihre historischen Entwicklungen. In zahlreichen Fällen werden für die Raumeingrenzung administrative Grenzen herangezogen, z. B. die Grenzen eines Staates, wie bei Ahnert (1989), Semmel (1996), Eberle et al. (2010) oder Zöller (2017), oder eines Staatenverbundes und Kulturraumes, wie bei Embleton (1984). Andere regionale Kriterien betreffen spezifische Formungsbedingungen und klimatische Regionen, wie bei Büdel (1981), Thomas (1994) oder Bremer (1999). Eine regionale Geomorphologie liefert immer einen hilfreichen Einstieg und Überblick zur Publikationslage, der für weitergehende Studien genutzt werden kann. Die thematische Gewichtung zahlreicher Lehrbücher der regionalen Geomorphologie ist unverkennbar. Sie spiegeln häufig die fachliche Spezialisierung der Autoren.

1.2.10 Geomorphologie als Erdsystemwissenschaft

Eine internationale wissenschaftliche Entwicklung wird unter dem Begriff Erdsystemwissenschaften zusammengefasst. Dieser Forschungszweig umfasst ein interdisziplinäres Umfeld der Atmosphärenwissenschaften, Ingenieurwissenschaften, Biologie, Geomorphologie, Hydrologie, Geologie, Geochemie, Biogeochemie sowie Gesellschafts- und Geisteswissenschaften (◘ Abb. 1.1).

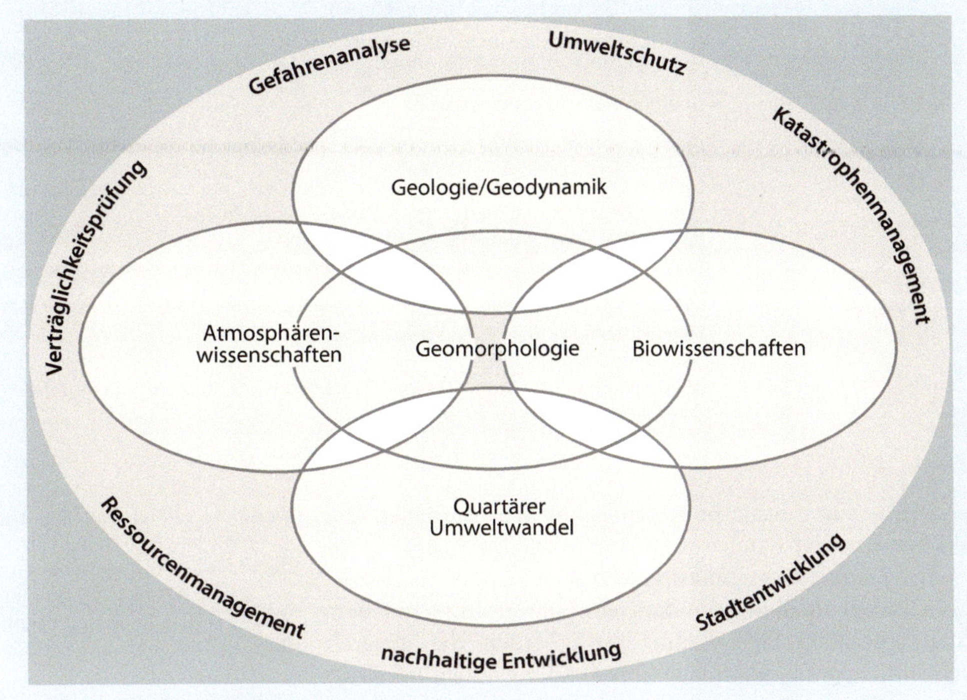

Abb. 1.1 Geomorphologie im Rahmen anderer Erdsystemwissenschaften und gesellschaftlich relevanter Problemfelder. (Nach Dikau und Zeese 2011, Abdruck mit Genehmigung von R. Dikau, R. Zeese und Springer-Verlag GmbH Deutschland)

Neben anderen Teilkomponenten des Erdsystems beschäftigen sich die Erdsystemwissenschaften mit der Erdoberfläche, die durch die menschlichen Eingriffe einer äußerst schnellen Veränderung unterworfen ist. Die Geomorphologie ist eine Disziplin der **Erdsystemwissenschaften** (Murray et al. 2009). Mit ihrem Fokus auf die Reliefformen der Erdoberfläche ist die Geomorphologie mit zahlreichen Nachbardisziplinen der Erdsystemwissenschaften vernetzt. Mit der Geologie und Geophysik ist sie durch die Kräfte und Gesteinseigenschaften des Erdkörpers verbunden, die ihren Ausdruck in den tektonischen und lithologischen Einflüssen auf die Reliefformung haben. Die Kopplung mit der Hydrologie bezieht sich auf die Bedeutung des Wasserkörpers und der Wasserflüsse auf und in den Materialien der Reliefformen, die starke Einflüsse auf die Verwitterung des Gesteinskörpers und auf zahlreiche mechanische Eigenschaften des Untergrundes und damit die Resistenz des Gesteins haben. Weiterhin sind die Wasserflüsse an der Erdoberfläche, z. B. in Form des Oberflächenabflusses oder der Flüsse, eine Voraussetzung für die Sedimenttransporte auf den Hängen und in den Flusssystemen. Mit Meteorologie und Klimatologie verbinden die Geomorphologie extern wirkende Prozesse und Phänomene des Niederschlags, der Temperatur, der Strahlung und der Verdunstung, die für zahlreiche geomorphologische Prozesse von hoher Bedeutung sind. In den obersten Lockergesteinen der Reliefformen können sich Böden entwickeln, wobei die geomorphologischen Erosions-, Transport- und Depositionsprozesse beträchtliche Einflüsse ausüben, sodass sich enge Verbindungen zur Pedologie ergeben. Biologische Systeme nehmen durch Flora und Fauna starken Einfluss auf die geomorphologische Formung und somit auf das geomorphologische System. Im Bereich der Rekonstruktion vergangener geomorphologischer Prozesse ist die Interdisziplinarität mit der Archäologie und Paläontologie von hoher Bedeutung. Im Bereich der angewandten Geomorphologie bestehen enge Verknüpfungen zu den Ingenieurwissenschaften. Die Geomorphologie im Anthropozän erfordert Interdisziplinarität mit den Sozial- und Geisteswissenschaften und Transdisziplinarität mit den Akteuren der Gesellschaft.

1.3 Entwicklungslinien der Geomorphologie

Die angloamerikanischen Geomorphologinnen und Geomorphologen sind seit Jahrzehnten in hohem Maße darum bemüht, die Entwicklung der Disziplin zu erforschen, zu reflektieren und zu bewerten. Dies betrifft die allgemeine Ideengeschichte, die herrschenden Paradigmen und die Paradigmenwechsel. Es werden Publikationen vorgelegt, die die aktuellen und zukünftigen Entwicklungslinien der Disziplin thematisieren und Vorschläge unterbreiten, welche zukünftigen Inhalte die Disziplin aufnehmen und entwickeln kann (Church 2010). Ein Einstieg in diese Entwicklungslinien kann mit den in Tab. 1.2 zitierten Werken erfolgen. Diese Werke bilden die wohl umfangreichste Darstellung der **Ideengeschichte** der Geomorphologie, sie wird

Tab. 1.2 Ideengeschichte der Geomorphologie in vier Bänden

Berichtszeitraum	Geomorphologischer Schwerpunkt	Quelle
Antike – ca. 1890	Geomorphologie vor W. M. Davis	Chorley et al. (1964)
1880–1938	Leben und Werk von W. M. Davis (Publikationszeitraum)	Chorley et al. (1973)
1890–1950	Globale Geomorphologie (tektonische, klimatische und eustatische Einflüsse) internationale Rezeption der Zyklentheorie von W. M. Davis historische Geomorphologie (USA und Europa) regionale Geomorphologie (Formenklassifikation, Klimageomorphologie)	Beckinsale und Chorley (1991)
1890–1965	Lithologisch-tektonische Geomorphologie Prozessgeomorphologie in Einzugsgebieten Glazialgeomorphologie regionale Geomorphologie (Tropen, Trockengebiete, Küsten, Korallenriffe) Paradigmenwechsel im 20. Jahrhundert	Burt et al. (2008)

seit 1964 durch britische Geomorphologen bearbeitet. Das bis heute in vier Bänden vorgelegte Werk *The History of the Study of Landforms* wird fortgesetzt.

Obwohl in diesen Werken ein Schwerpunkt auf dem angloamerikanischen Raum liegt, werden die generellen und paradigmatischen Entwicklungslinien deutlich herausgearbeitet. Es soll hier durchaus betont werden, dass die seit Jahrzehnten etablierte publizistische Selbstreflexion der angloamerikanischen Geomorphologie weltweit in starkem Maße zur Anerkennung der Disziplin und zur Transparenz ihrer Grundlagen beigetragen hat. Welche beachtliche Anzahl an Themenstellungen und Publikationen das disziplinäre Werk umfasst, wurde zuletzt durch die englischen Geomorphologen Ken Gregory und Andrew Goudie zusammengestellt (Gregory und Goudie 2011). Ein weiteres Werk der angloamerikanischen Geomorphologie dient der Reproduktion der zentralen und einflussreichsten wissenschaftlichen Publikationen der Disziplin. Das von David J.A. Evans (2004) als Hauptherausgeber publizierte Werk *Geomorphology: Critical Concepts in Geography* umfasst sieben Buchbände. Die Bedeutung dieser Publikationen kann nicht hoch genug eingeschätzt werden.

Weiterführende Literatur

Ahnert F (2015) Einführung in die Geomorphologie, 5. Aufl. Ulmer, Stuttgart

Anderson RS, Anderson SP (2010) Geomorphology. Cambridge University Press, Cambridge

Bagnold RA (1947) The physics of blown sand and desert dunes. Springer, Amsterdam

Bloom AL (2002) Teaching about relict, no-analog landscapes. Geomorphology 47:303–311

Bork H-R (2006) Landschaften der Erde unter dem Einfluss des Menschen. Wissenschaftliche Buchgesellschaft, Darmstadt

Büdel J (1981) Klima-Geomorphologie. Gebrüder Borntraeger, Berlin

Burbank DW, Anderson RS (2001) Tectonic Geomorphology. Blackwell, Oxford

Chorley R, Schumm SA, Sugden DE (1984) Geomorphology. Methuen, London

Church M (2010) The trajectory of geomorphology. Prog Phys Geogr 34:265–286

Eberle J, Eitel B, Blümel WD, Wittmann P (2010) Deutschlands Süden – vom Erdmittelalter zur Gegenwart. Spektrum, Heidelberg

Ehlers J (2011) Das Eiszeitalter. Spektrum, Heidelberg

Embleton C, Thornes J (1979) Process in geomorphology. Edward Arnold, London

Evans DJA (Hrsg) (2004) Geomorphology: critical concepts in geography, Bd 7. Routledge, London

Goudie A (2018) Human impact on the natural environment. Wiley Blackwell, Chichester

Gregory KJ, Goudie AS (Hrsg) (2011) The SAGE handbook of geomorphology. SAGE, Los Angeles

Horton RE (1945) Erosional development of streams and their drainage basins: hydrological approach to quantitative morphology. Bull Geol Soc Am 56:275–370

Huggett R (2017) Fundamentals of geomorphology. Routledge, London

Ollier CD (1991) Ancient landforms. Belbaven Press, London

Penck A, Brückner E (1909) Die Alpen im Eiszeitalter. Tauchnitz, Leipzig

Phillips JD (2007) The perfect landscape. Geomorphology 84:159–169

Rathjens C (1979) Die Formung der Erdoberfläche unter dem Einfluss des Menschen. Teubner, Stuttgart

Schumm SA (1991) To interpret the earth – ten ways to be wrong. Cambridge University Press, Cambridge

Strahler AN (1952) Dynamic basis of geomorphology. Bull Geol Soc Am 63:923–938

Summerfield MA (1991) Global geomorphology. Taylor & Francis, London

Viles HA, Goudie AS (2016) Geomorphology in the Anthropocene. Cambridge University Press, Cambridge

Geomorphologische Erkenntnisgewinnung

R. Dikau et al., *Geomorphologie*, https://doi.org/10.1007/978-3-662-59402-5_2

Warum sollte sich die Geomorphologie mit Wissenschaftstheorie, die auch als Wissenschaftsphilosophie bezeichnet wird, beschäftigen? Der Philosoph Martin Carrier führt folgende allgemeine Begründung an:

> „Gelegentlich wird Wissenschaftsphilosophie an dem Anspruch gemessen, ob sie der Wissenschaft nützt, ob sie also die Wissenschaft verbessert. … Das mag so sein und ist jedenfalls zu hoffen, aber darin besteht nicht der primäre Zweck der Wissenschaftsphilosophie. … Sie nützt vor allem der Gesellschaft, den Menschen und Bürgern, die mit der Wissenschaft zu tun haben und sich von der Wissenschaft Antworten erhoffen. Die betreffenden Fragen lauten etwa, was eigentlich die Qualitätsmerkmale von Theorien sind, die in der wissenschaftlichen Gemeinschaft akzeptiert werden, wie Wissenschaft zu organisieren ist, damit sie am meisten Frucht bringt, oder wie es um die Tragweite von Grundlagentheorien der Wissenschaft für die Sicht der belebten und unbelebten Natur bestellt ist." (Carrier 2009, S. 16).

Was ist also in einer Wissensgesellschaft naheliegender, als das gewonnene Wissen in aufbereiteter Form der Öffentlichkeit und Politik zu präsentieren und zu erörtern? Hier leistet die Wissenschaftstheorie „insgesamt einen Beitrag zur Aufklärung über einen der Grundpfeiler der Kultur und Zivilisation unserer Zeit." (Carrier 2009, S. 16). Es ist für die Geomorphologie somit durchaus lohnenswert, sich mit einigen Basisbegriffen und Kategorien der Wissenschaftstheorie zu beschäftigen.

2.1 Der geomorphologische Erkenntnisgegenstand

Das Erkenntnisobjekt der Geomorphologie bildet die Oberfläche des Erdkörpers. Diese Oberfläche, die auch als Relief oder Georelief bezeichnet wird, lässt sich in Komponenten gliedern, die als Reliefformen bezeichnet werden. Reliefformen sind mit geomorphologischen Prozessen rückgekoppelt, d. h. sie stehen mit Prozessen in gegenseitigen Beziehungen, die sie auf-, um- und abbauen. Reliefformen weisen drei zentrale Eigenschaften auf. Sie haben 1) geometrische und topologische Raumeigenschaften der Formoberfläche und des Formkörpers, 2) physikalische, chemische und biologische Eigenschaften des Baumaterials des Formkörpers und 3) durch geomorphologische Prozesse hervorgerufene funktionale Eigenschaften, die ihren Massenfluss steuern. **Geomorphologische Prozesse** wirken im zeitlichen Verlauf der Existenz einer Reliefform, die in der geomorphologischen Vergangenheit begann und in der Gegenwart endet. Eine **Reliefform** ist somit das Produkt ihrer historischen Entwicklung in unterschiedlich langen Zeiträumen. Der Charakter einer derartigen **Formgenese** kann unterschiedliche Ausprägungen aufweisen. Er besteht darin, dass die formenden Prozesse:

- in der Vergangenheit begannen und in der Vergangenheit wieder endeten, z. B. die Bildung einer bis heute existierenden eiszeitlichen Endmoräne durch einen alpinen Vorlandgletscher, der heute verschwunden ist oder
- die in der Vergangenheit gebildete Reliefform bereits in der Vergangenheit wieder beseitigt haben, z. B. die vermutete hochalpine spät- und postglaziale Lateralmoräne, für die heute keine autochthone Evidenz mehr vorliegt oder
- in der Vergangenheit begannen und bis heute anhalten, z. B. der erosive Abbau einer Moräne der Kleinen Eiszeit.

Neben den in der geomorphologischen Vergangenheit gebildeten Reliefformen und ihren Eigenschaften weisen die an der Spitze des Zeitpfeils, d. h. in der unmittelbaren Gegenwart, wirkenden Prozesse reliefformende Funktionen auf. Für die Erkenntnisgewinnung ergeben sich aus dieser Situation methodologische Konsequenzen, die in Abb. 2.1

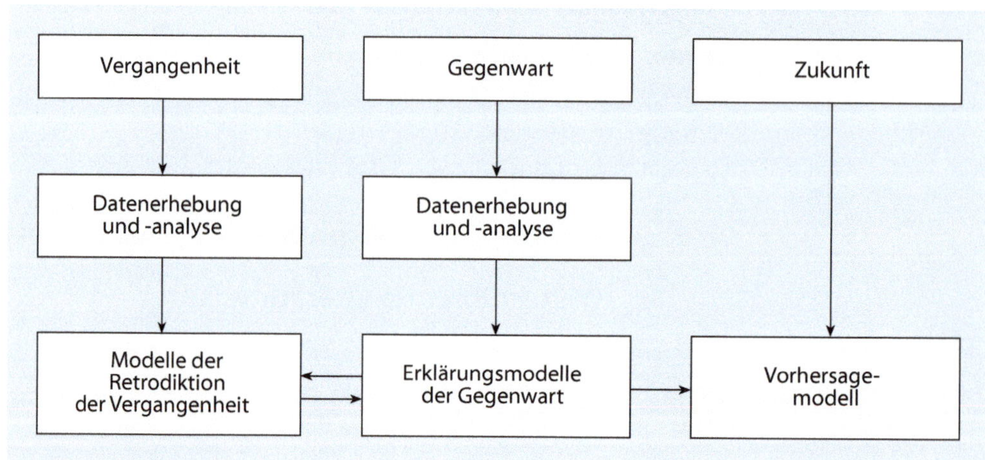

Abb. 2.1 Die drei zeitlichen Phasen der geomorphologischen Form- und Prozessanalyse und ihre Verbindungen. Informationen aus der Gegenwart und der Vergangenheit werden verwendet, um Modelle für verschiedene Zeitphasen zu konzipieren. Für die Geomorphologie als Disziplin sind der Ablauf und die Rate von Prozessen in allen Zeitphasen von hohem Interesse. (Verändert nach Schumm 1991: To Interpret the Earth – Ten ways to be wrong. Cambridge University Press, Cambridge, England © 1991)

dargestellt sind. Die Reliefformen und die formenden Prozesse der Gegenwart können empirisch erfasst werden. So können die Prozesse der Bodenerosion, der Küstenerosion oder der fluvialen Sedimentation direkt beobachtet und gemessen werden. Nach Datensammlung und -analyse werden **Erklärungstheorien** der Reliefformung für die Gegenwart, d. h. der empirisch zugänglichen Zeitphase der Prozesswirkung, getestet oder entwickelt. Diese Erkenntnisse können unter der Annahme in die Vergangenheit extrapoliert werden, dass die Prozesse in der Vergangenheit mit den gleichen Gesetzen erklärt werden können wie die Prozesse der Gegenwart. Diese Methode wird als Retrodiktion bezeichnet. Die Erklärung der historischen Entwicklung der Reliefformen benötigt empirische Beobachtungen, die als Relikte der Reliefformen, d. h. Geometrie, Topologie und autochthones und allochthones Baumaterial, vorliegen müssen. Aus den Erkenntnissen der gegenwärtigen und vergangenen Reliefformung können Theorien der zukünftigen Formentwicklung entwickelt werden. Die Zuverlässigkeit derartige Prognosen nimmt mit zunehmender Länge des prognostizierten Zeitraumes ab, sodass der spekulative Anteil der Aussage zunimmt. Die Unterscheidung der geomorphologischen Erkenntnisgewinnung in beobachtbare Phänomene der Gegenwart und nicht beobachtbare Phänomene in der Vergangenheit und Zukunft ist daher von besonderer Relevanz.

2.2 Geomorphologische Forschungsmodi und -methoden

Die geomorphologische Erkenntnisgewinnung nutzt spezifische Forschungsmodi und -methoden, d. h. geeignete Verfahrensweisen und Techniken, um die Erkenntnisziele erreichen zu können. **Forschungsmodi** können nach Reydon (2017) wie folgt klassifiziert werden:

- Feldforschung, d. h. die Beobachtung und Inventarisierung von Reliefformen und ihren Eigenschaften, Beobachtung aktiver geomorphologischer Prozesse.
- Experimentelle Laborforschung, d. h. die Messung von Eigenschaften des Baumaterials geomorphologischer Formen, wie die Korngröße eines Lockergesteins oder die Scherfestigkeit einer Gesteinsprobe.
- Prozessanalyse oder funktionale Analyse, d. h. die Erklärung der Funktionsweise geomorphologischer Systeme, die aus Formen und Prozessen bestehen.
- Systematisierende und klassifizierende Forschung, d. h. die Typisierung und Kategorisierung von Reliefformen sowie formschaffenden und -verändernden Prozessen.
- Naturgeschichtliche Forschung, d. h. die historische Rekonstruktion der Entstehung von Reliefformen sowie der dafür verantwortlichen Prozesse und Randbedingungen sowie die Beschreibung der historischen Abfolge der Reliefgenese und die Aufdeckung des heutigen Reliefformengefüges.
- Theoretische Forschung, d. h. die mathematische, computergestützte Simulation von formschaffenden und -verändernden Prozessen sowie die prognostische Simulation von geomorphologischen Formen und Prozessen.
- Angewandte Forschung, d. h. die Anwendung geomorphologischen Wissens in der gesellschaftlichen Praxis, z. B. die technische Hangverbauung, Risikostudien oder urbane Planungen.

Unter Methoden versteht die Wissenschaftsphilosophie „ein nach Mittel und Zweck planmäßiges Verfahren, das zu technischer Fertigkeit bei der Lösung theoretischer und praktischer Aufgaben führt" (Mittelstraß 2004, Bd. 2, S. 876). Wissenschaftliche Methoden beruhen auf einer **Methodenlehre,** die als Methodologie bezeichnet wird und die eine Normierung des wissenschaftlichen Methodenspektrums zum Ziel hat. Auf einer allgemeinen Ebene beschreibt die Methodenlehre für alle wissenschaftlichen Disziplinen geltende Methoden. Dazu gehören nach Mittelstraß (2004, Bd. 2, S. 887):

- analytische und synthetische Methoden,
- deduktive und induktive Methoden,
- axiomatische und konstruktive Methoden und
- transzendentale, hermeneutische und historische Methoden.

Ein für die Geomorphologie konkretisiertes **Methodenprogramm** wurde von Harvey (1969), Haines-Young und Petch (1986) und Schumm (1991) vorgestellt. Es basiert auf mehreren chronologisch zu verstehenden Schritten der Vorgehensweise:

1. Wahrnehmung der Realwelt
   - Allgemeines theoretisches und empirisches Vorwissen der Forschenden
   - Wahrnehmung von Phänomenen der Realwelt
2. Vorforschung und Formulierung der Forschungsziele und -fragen
   - Ermittlung von Theorien der Vorforschung
   - Ermittlung der Empirie der Vorforschung
   - Formulierung der Problemstellung
   - Formulierung der Zielsetzung
   - Formulierung der Forschungsfragen
3. Formulierung testbarer Hypothesen
   - Aufstellung von Arbeitshypothesen
   - Aufstellung einer Hypothesenhierarchie
   - Aufstellung von „*outrageous*" Hypothesen
   - Findung erster spekulativer Antworten auf die Forschungsfragen
4. Ermittlung der Relevanz der Forschung
   - Bedeutung im theoretischen Kontext der Geomorphologie
   - Beitrag zur praktischen Problemlösung
   - Beitrag zur normativen Rechtfertigung der Forschung
5. Strukturierung und Aufbau des Forschungsdesigns
   - Strukturierung und Planung, Auswahl der Fallstudie
   - Festlegung der Forschungsregion

- Formulierung der Arbeitsbegriffe und -konventionen
- Festlegung der Raum- und Zeitskalen
- Formulierung der Konstanten sowie der abhängigen und unabhängigen Variablen
- Modellauswahl zur Verknüpfung von Aussagen, Konstanten und Variablen
- Formulierung testbarer Hypothesen in Form der erwarteten Modellergebnisse
- Ausarbeitung eines Zeitplanes

6. Datenaufnahme
   - Entwicklung einer Strategie für die empirische Datenerfassung
   - Auswahl der Messtechniken
   - Durchführung der Datenaufnahme mit geeigneten Messtechniken
7. Datenanalyse
   - Entwicklung einer Analysestrategie
   - Festlegung der Raum- und Zeitskalen der Analyse
   - Durchführung die Datenanalyse (qualitativ und quantitativ)
8. Interpretation der Analyseergebnisse
   - Anwendung verschiedener Schließverfahren (Induktion, Deduktion, Abduktion)
   - Verifikations- und Falsifikationsprozeduren
   - Akzeptanz oder Ablehnung der Hypothesen
9. Formulierung von Gesetzen
   - Überführung akzeptierter Hypothesen in Gesetzmäßigkeiten
10. Formulierung von Theorien
    - Überführung von Gesetzmäßigkeiten in Theorien
11. Erklärung des Phänomens

2.3 Wissenschaftstheoretische Konzeptionen

„Whenever anyone mentions theory to a geomorphologist, he instinctively reaches for his soil auger". Mit diesem Satz beginnt der britische Geomorphologe Richard Chorley seinen Aufsatz „Basis for theory in geomorphology" (Chorley 1978, S. 1). Richard Chorley kritisiert damit, wie wenig empirisches Arbeiten in der Geomorphologie explizit in Theorien fundiert sein kann. Die angesprochenen Kategorien der Theorie und Empirie, ihrer Beziehungen und die Aussage, dass Geomorphologen instinktiv zum Bohrstock greifen, wenn sie mit Theorie konfrontiert werden, sind Themenstellungen der Wissenschaftstheorie. Sie ist eine Wissenschaftsdisziplin, die den Charakter und die Funktionsweise wissenschaftlicher Erkenntnisse und ihre Zielsetzungen, Methoden, Leistungen und Grenzen untersucht (Schurz 2006). Sie ist eine Disziplin der Philosophie und wird in eine **allgemeine und eine spezielle Wissenschaftstheorie** unterschieden. Die allgemeine Wissenschaftstheorie untersucht Erkenntnisse, die nahezu allen Wissenschaften gemeinsam sind, während sich die spezielle Wissenschaftstheorie mit den spezifischen Erkenntnissen und ihrer Gewinnung in den einzelnen wissenschaftlichen Disziplinen befasst. Die für die Geomorphologie in erster Linie relevanten Wissenschaftskonzeptionen umfassen den logischen Empirismus, den kritischen Rationalismus und die historische Wissenschaftstheorie (Blotevogel 1997; Schurz 2006). Ihre Grundlagen sollen im Folgenden in Kürze skizziert werden.

2.3.1 Empirismus

Die wissenschaftstheoretische Konzeption des **Empirismus** entwickelte sich als Disziplin der Philosophie auf Basis der erfolgreichen Entwicklungen der Naturwissenschaften durch Galileo Galilei (1564–1642), Isaac Newton (1642–1727) und Charles Darwin (1809–1882) im 17. bis 19. Jahrhundert. Die Philosophen Francis Bacon (1561–1626), John Locke (1632–1704), David Hume (1711–1776) und John Stuart Mill (1806–1873) beschäftigten sich mit der Fragestellung, ob die wissenschaftlichen Erkenntnisse über die Realwelt lediglich durch die Quelle der Erfahrung gewonnen werden können. Der englische Philosoph Thomas Hobbes (1588–1679) formulierte die Hypothese, dass der Mensch nichts denken könne, was nicht zuvor in der Sinnesempfindung wahrgenommen wurde. Damit wird ausgedrückt, dass Dinge, die nicht durch die Sinnesempfindung erfasst werden können, weder begrifflich noch analytisch behandelt werden können. Diese Ansätze standen in scharfer Abgrenzung zu den **Rationalisten** René Descartes und Gottfried Wilhelm Leibniz. Sie behaupteten, dass der Mensch **angeborene Ideen** besitze, die nicht mit den Sinnen erfahren wurden und eine Grundkonstitution der menschlichen Vernunft darstellten. Die Empiristen etablieren dagegen die **menschliche Erfahrung** als zentrale Größe im Prozess der wissenschaftlichen Erkenntnisfindung. Der schottische Philosoph David Hume, der als der bedeutendste Philosoph der britischen Aufklärung gilt, entwickelte die erkenntnistheoretischen Ideen der britischen Empiristen Francis Bacon und John Locke weiter. In seiner Schrift „Ein Traktat über die menschliche Natur" stellte Hume fest, dass der Mensch sämtliche Erkenntnisse aus Daten gewönne, die er als Wahrnehmung aus der Realwelt aufnähme (Hume 1978, 1748). Die Wirklichkeit entstehe danach in unserem Bewusstsein als Vorstellungswelt durch Assoziationen der verknüpften Wahrnehmungen (*impressions* und *ideas*). Dies führe jedoch, so Hume, nicht dazu, eine kausal-naturgesetzliche Beziehung zwischen Ursache und Wirkung herzustellen, da uns lediglich erfahrene Gewohnheiten zu Verfügung ständen. So ließe sich aus der empirischen Beobachtung eines regelmäßigen Sonnenaufganges naturgesetzlich nicht darauf schließen, dass dies in Zukunft auch wieder eintreten müsse. Aus erfahrenen Gewohnheiten des Auftretens von Phänomenen könne nicht prognostisch auf das zukünftige Auftreten dieser Phänomene geschlossen werden. David Hume verband daher seine erkenntnistheoretischen Ansätze mit einem starken Skeptizismus gegenüber der grundsätzlichen Erkenntnisfähigkeit des Menschen. Die Einflüsse von David Hume auf die Philosophie und Wissenschaftstheorie der folgenden Jahrhunderte können nicht hoch genug eingeschätzt werden. Sowohl Immanuel Kants „Kritik der reinen Vernunft" (1781) als auch Karl Poppers „Logik der Forschung" (1934) waren durch seine Philosophie stark beeinflusst.

2.3.2 Positivismus und logischer Empirismus

Der Positivismus stellt eine im 19. Jahrhundert entwickelte wissenschaftstheoretische Position der Naturwissenschaften dar. Der Begriff beruht auf dem französischen Wort *le positif* und bedeutet das objektiv Gegebene bzw. das Tatsächliche. Zu den führenden Philosophen dieser positivistischen Philosophie gehörten Auguste Comte (1798–1857) und John Stuart Mill. Comte galt als einer der einflussreichsten Philosophen des 19. Jahrhunderts. Nach seiner Auffassung hat die Wissenschaft objektiv gegebene **Tatsachen** über die Realwelt zu erfassen und darauf beruhende Theorien zu entwickeln. Dabei sollten subjektive Aspekte so weit wie möglich zurückgedrängt werden. Das bedeutet, dass von der empirischen Erfahrung nicht gestützte Aussagen, wie Spekulationen oder religiöse Offenbarungen, in der Wissenschaft keine Bedeutung haben. Nach Überzeugung der Positivisten gibt es nur **eine objektive Realität,** über die es nur eine objektive wissenschaftliche Erkenntnis gebe, die als Wahrheit zu gelten habe. Der Positivismus lieferte eine der wichtigsten Grundlagen der modernen Wissenschaftstheorie. Einige der wesentlichen Lehrsätze dieser wissenschaftstheoretischen Konzeption lauten nach Blotevogel (1997):

- Eine objektive rationale Erkenntnis der gegebenen Tatsachen der Realwelt ist möglich, wenn die Erkenntnisgewinnung intersubjektiv und wertfrei erfolgt, d. h. nachprüfbar ist, und keine Werturteile (präskriptive Aussagen) enthält.
- Die Realwelt muss nicht nur beschrieben, sondern auch erklärt werden. Dabei sind empirische Regelhaftigkeiten zu erkennen und in Gesetzen (Allsätze) zu formulieren. Besonders wichtig sind „wenn-dann"-Allsätze, die kausale und funktionale Regelhaftigkeiten beschreiben. Mehrere verbundene Allsätze bilden eine Theorie.
- Theorien dienen der Erklärung der empirischen Tatsachen der Realwelt, sie bilden den fundamentalen Kern einer Wissenschaft. Ohne belastbare Theorien kann eine Wissenschaft die Realwelt mit „blindem Empirismus" lediglich beschreiben, jedoch nicht erklären. Die Kernaufgabe der wissenschaftlichen Methodologie besteht daher in den wechselseitigen Beziehungen zwischen Empirie und Theorie.
- Hypothesen bilden eine Komponente der Methodologie und der Theorieentwicklung. Sie stellen Vermutungen über die Erklärung der Realwelt dar und müssen an den Tatsachen der Realwelt überprüft werden. Dabei können sie bestätigt (verifiziert) oder widerlegt (falsifiziert) werden.
- Die wissenschaftliche Erkenntnisgewinnung basiert im Wesentlichen auf kontinuierlichen iterativen Prozessen der Hypothesenformulierung und -überprüfung, um leistungsfähige Theorien zu gewinnen und zu vermehren. Dabei müssen die Wiederholbarkeit der empirischen Befunde und die Überprüfung der Hypothesen gewährleistet sein. Der Zyklus von Empirie und Theorie wird mehrfach durchlaufen, bis eine den Wissenschaftlern zufriedenstellende Erklärung vorliegt.
- Empirisch gehaltvolle Theorien haben die Fähigkeit, auf Prognosen angewendet zu werden, da Erklärung und Prognose die gleiche logische Struktur aufweisen.

Auguste Comte ging jedoch noch weiter. Er behauptete, dass die positivistische Philosophie eine grundlegende Konzeption auch der menschlichen Gesellschafts- und Kulturentwicklung darstellen würde. Sie müsse die bisher herrschende theologische und metaphysische Fundierung der modernen Gesellschaft durch eine wissenschaftlich aufgeklärte Welterklärung ersetzen. Letztlich stelle eine **„soziale Physik"** die Verbindung zwischen den kulturellen und naturwissenschaftlichen Ideen und Handlungen einer Gesellschaft dar.

Aus dem Positivismus des 19. Jahrhunderts entwickelte sich mit Beginn des 20. Jahrhunderts die wissenschaftstheoretische Konzeption des logischen Empirismus des Wiener Kreises um die Philosophen Moritz Schlick (1882–1936) und Rudolf Carnap (1891–1970). Er vertrat bis Mitte der 1930er-Jahre Positionen des Empirismus und Positivismus, löste sich danach jedoch von den Vorgängerkonzeptionen (Schurz 2006). Dazu zählte die Aufgabe des logischen klassisch-empirischen Erkenntnismodells zugunsten eines minimalen Empirismus, der lediglich forderte, dass Theorien empirische Konsequenzen haben müssen, die ihrer Überprüfung dienen. Weitergehende Aspekte der Entwicklung des logischen Empirismus können den einführenden Werken von Schurz (2006) und Bartels und Stöckler (2009) entnommen werden.

Der Positivismus des 19. Jahrhunderts stellte die zentrale wissenschaftstheoretische Position der Naturwissenschaften dar. In den Geistes- und Sozialwissenschaften wird er bis heute weitgehend abgelehnt. Ein zentraler Grund ist darin zu sehen, dass die positivistische Konzeption sämtliche **Werturteile** der Wissenschaft (Sollen-Aussagen) ablehnt, um subjektive und außerwissenschaftliche Einflüsse auszuschließen. Es stellt sich daher die Frage, ob präskriptive Begriffe, wie gut oder schön, auf die Erkenntnisgewinnung der Wissenschaft Einfluss haben sollen und einen ihrer integralen Bestandteile bilden müssen. In einem umfassenderen Sinn besteht diese Problemstellung darin, ob normative und ethische Fragestellungen im Erkenntnisprozess explizit mitreflektiert werden müssen (Blotevogel 1997; Nusser 2018). Eine derartige Frage betrifft z. B. Forschungsprogramme zur naturwissenschaftlichen Erforschung der Küstenerosionsprozesse und der Etablierung von Tsunamifrühwarnsystemen. Sollen hier die ethischen, sozialen und politischen Problemstellungen in den Küstenzonen von sich entwickelnden Ländern Bestandteil der Forschungsprogramme werden?

2.3.3 Kritischer Rationalismus

Die wissenschaftstheoretische Konzeption des kritischen Rationalismus gründet sich auf den Philosophen Karl Popper (1902–1994). Er bildet eine Weiterentwicklung des Positivismus und frühen logischen Empirismus. Zu den Kernaussagen Poppers ist zu zählen, dass die wissenschaftliche Erkenntnis über die Realwelt immer nur als **Vermutung** gewonnen werden kann und dass absolute Wahrheiten nicht möglich sind. Deshalb haben Hypothesen und Theorien immer einen vorläufigen Charakter, ihr Inhalt ist einer ständigen Kritik auszusetzen. Er teilte damit den Skeptizismus David Humes.

Popper stand dem induktiven Schließverfahren (s. ▶ Abschn. 2.5.3.2) äußerst skeptisch gegenüber. Er behauptete, dass die empirischen Wissenschaften vollständig ohne das induktive Schließen auskommen können. Im Gegensatz zum Positivismus könne eine Hypothesenprüfung nur durch die **empirische Falsifikation** erreicht werden. In diesem Zusammenhang formulierte Popper den berühmten Satz: „Ein empirisch-wissenschaftliches System muss an der Erfahrung scheitern können" (Popper 1984, S. 15). Popper argumentierte, dass selbst sehr zahlreiche Verifikationen nicht die Gültigkeit einer Gesetzesaussage beweisen können, wohingegen eine einzige Falsifikation ihre Gültigkeit widerlegt. So genüge z. B. eine einzige empirische Beobachtung eines schwarzen Schwans, um die Gesetzesaussage „Alle Schwäne sind weiß" zu widerlegen, obwohl außerordentlich zahlreiche Beobachtungen weißer Schwäne vorliegen mögen. Erweisen sich Hypothesen und Theorien gegenüber den Falsifikationsversuchen widerstandsfähiger, lösen sie die älteren Hypothesen und Theorien ab. Die kritische und falsifizierende **Hypothesenprüfung** und **Theoriebildung** bildet nach Popper den Kern der Logik der wissenschaftlichen Erkenntnisgewinnung. Er betrachtete die Falsifizierbarkeit somit als das ausschlaggebende Unterscheidungsmerkmal zwischen Wissenschaft und Spekulation. Wissenschaft sei damit eine kontinuierliche Aufeinanderfolge von Falsifikationen.

Popper stellt des Weiteren nicht nur fest, dass empirische Beobachtungen fehlbar sind. Es gäbe auch keine scharfe Grenze zwischen Beobachtungen und theoretischen Begriffen. Daraus folgt die Hypothese, dass jede empirische Beobachtung theoriebeladen sei. Das heißt, dass empirische Beobachtungen eine mehr oder weniger starke **Theorieabhängigkeit** aufweisen (Schurz 2006). Nach Popper sei eine Theorie gleichsam ein „Scheinwerfer", mit dem man auf die unerforschte Realwelt leuchtet, da man die Realität nicht unmittelbar wahrnehmen könne.

Die von den Geistes- und Sozialwissenschaften formulierte Kritik am kritischen Rationalismus basiert auf ähnlichen Argumenten wie gegenüber dem positivistischen Ansatz. Danach betrachte der kritische Rationalismus, so die Kritik, lediglich die logische Struktur der Erkenntnisgewinnung, ohne Berücksichtigung der gesellschaftlichen und psychologischen Prozesse, von denen jede Erkenntnisgewinnung genuin begleitet sei. Weder der Kontext der Entstehung noch die Verwendung der Erkenntnisse werde dabei berücksichtigt. Darüber hinaus gehe die Ablösung einer Theorie durch eine andere nicht in Form einfacher rationaler Entscheidungen vor sich, was durch die historische Wissenschaftstheorie besonders herausgearbeitet worden ist.

2.3.4 Historische Wissenschaftstheorie

Die skizzierten Ansätze der traditionellen Wissenschaftstheorie wurden durch die Wissenschaftshistoriker Ludwik Fleck (1980) und Thomas Kuhn (1976) grundsätzlich infrage gestellt. Thomas Kuhn formulierte die Hypothese, dass weder der Empirismus noch der kritische Rationalismus den wissenschaftlichen Fortschritt faktisch korrekt beschreiben. Wissenschaft sei eben nicht eine kontinuierliche Anhäufung von Ergebnissen im Sinne des logischen Empirismus oder eine kontinuierliche Abfolge von Falsifikationen im Sinne des kritischen Rationalismus (Rheinberger 2007). Das alternative Wissenschaftsmodell von Kuhn postuliert eine diskontinuierliche Abfolge von **Paradigmen,** z. B. das Paradigma der Newton'schen Mechanik oder der Darwin'schen Evolutionstheorie. Ein geomorphologisches Paradigma stellt beispielsweise die Zyklentheorie des amerikanischen Geomorphologen William Morris Davis dar. Ein Paradigma besteht aus mindestens drei Komponenten:

- allgemeine theoretische Prinzipien,
- Musterbeispiele erfolgreicher Anwendungen und
- methodologisch-normative Annahmen (Schurz 2006).

Die Gemeinschaft der fachlichen Experten *(scientific community)* hält an der Existenz des Paradigmas fest und arbeitet an seiner Weiterentwicklung. Die **wissenschaftssoziologischen und -psychologischen Prozesse** innerhalb dieser Wissenschaftlergemeinschaft sind jedoch derart stark, dass selbst die empirische Beobachtung von Phänomenen der Realwelt theoriegesteuert sei und damit eine paradigmenneutrale Beobachtung grundsätzlich nicht möglich ist. Die soziologischen und sozialpsychologischen Merkmale von Wissenschaftlergemeinschaften und ihre machtpolitischen Konstellationen wurden besonders von Fleck (1980) hervorgehoben.

Ein **Paradigmenwechsel** vollzieht sich nach Kuhn nicht in Form einer rationalen Entscheidung über konkurrierende Theorien, sondern dann, wenn im wissenschaftlichen Arbeitsprozess **Anomalien** in den empirischen Daten aufträten, die durch das Theoriegebäude des Paradigmas nicht erklärt werden können. Speziell die jüngere Wissenschaftlergeneration beginne dann mit der Suche nach einem neuen Paradigma, sodass in einer Phase der **wissenschaftlichen Revolution** zwei unversöhnliche Paradigmen um die Vorherrschaft rängen, was Formen eines wissenschaftspolitischen Machtkampfes annehmen könne. Dabei blieben beide Paradigmen rational unvergleichbar, d. h. inkommensurabel. Der Machtkampf wird erst durch das Aussterben der Anhänger des alten Paradigmas entschieden.

2.3.5 Neuere wissenschaftstheoretische Ansätze

Die Ansätze der klassischen Wissenschaftstheorie sind in der weiteren Entwicklung des 20. und beginnenden 21. Jahrhunderts in der Wissenschaftstheorie selbst und in den Fachwissenschaften nicht unwidersprochen geblieben. Die von Ludwik Fleck und Thomas Kuhn entfachte kritische Diskussion der Ansätze des Positivismus, logischen Empirismus und kritischen Rationalismus war nicht der einzige Angriff auf die Basiskategorien der Wissenschaftstheorie. Naturgesetz, Kausalität, Experiment, die Struktur wissenschaftlicher Theorien, physikalischer Reduktionismus, Emergentismus oder Theorien komplexer Systeme, Chaos und Selbstorganisation bestimmen die wissenschaftstheoretische Debatte bis heute (Schurz 2006; Rheinberger 2007; Bartels und Stöckler 2009). Aus diesem Spektrum sollen einige Überzeugungen des Wissenschaftsphilosophen Ian Hacking genannt werden. In seiner Studie „Einführung in die Philosophie der Naturwissenschaften" stellt Hacking (1996) fest, dass Thomas Kuhns Publikation das Ende des Positivismus, logischen Empirismus und kritischen Rationalismus eingeleitet hat. Er habe damit eine **Rationalitätskrise** im Verständnis der Wissenschaften herbeigeführt (Rheinberger 2007). Hacking (1996) hat kritische Einwände gegen die auch im Kuhn'schen Ansatz vorliegende Theoriedominanz. Er schlägt daher vor, dass sich die wissenschaftstheoretische Analyse der wissenschaftlichen Praxis und dem Experiment zuwenden solle. Der experimentelle Aspekt der Wissensgewinnung solle in seiner Eigenständigkeit besonders herausgestellt werden. Das **Experiment** sei keineswegs lediglich dazu vorhanden, so Hacking, um eine Theorie zu testen. Es sei dagegen in der Lage, gänzlich neue Phänomene zu erzeugen, die bisher noch keiner theoretischen Regel entsprachen. Auf diese Aspekte der neueren Wissenschaftsphilosophie und ihrer Konsequenzen für die Geomorphologie muss an anderer Stelle eingegangen werden.

2.4 Wissenschaftstheorie in den Geowissenschaften

Die Geowissenschaften haben die Vorschläge und Prinzipien der Wissenschaftstheorie erst mit Beginn der 1980er-Jahre aufgegriffen. Vermutlich liegt die Begründung für diese Zurückhaltung in einem starken Skeptizismus gegenüber allen nicht empirischen Ansätzen der wissenschaftlichen Erkenntnisgewinnung, wie die amerikanischen Geomorphologen Rhoads und Thorn (1996a, b) feststellen. Einen weiteren Grund sehen die Autoren in Prinzipien der Wissenschaftstheorie selbst, die dem Wissenschaftler vorschreiben wolle, auf welche Art und Weise gute analytische Forschung durchzuführen sei. Darüber hinaus stellten die wissenschaftsskeptischen Ansätze der Wissenschaftstheorie seit Thomas Kuhn weitere Herausforderungen dar, die gar wissenschaftssoziologische und subjektivistische Kategorien in den Begründungskontext der Wissenschaft einführten.

Die Auseinandersetzung der Geomorphologie mit wissenschaftstheoretischen Fragestellungen hat einen begrenzten publizistischen Umfang. Die bisherige Diskussion entstammt fast ausschließlich dem angloamerikanischen Raum. Eine Auswahl von Publikationen wird in ◘ Tab. 2.1 vorgelegt. Die einzige deutschsprachige Buchpublikation der *Theorie der Geowissenschaften* mit einigen geomorphologischen Bezügen wurde im Jahre 1982 durch den Mineralogen Wolf von Engelhardt und den Philosophen Jörg Zimmermann veröffentlicht (von Engelhardt und Zimmermann 1982). Eine geomorphologische Perspektive mit zahlreichen Anwendungsbeispielen wurde durch Rhoads und Thorn (1996b) publiziert, andere Lehrbücher integrieren die geomorphologische Disziplin mehr oder weniger detailliert in die Philosophie der Geo- und Umweltwissenschaften, z. B. De Regt et al. (2017), oder in die Philosophie der physischen Geographie, wie Haines-Young und Petch (1986) und Inkpen und Wilson (2013). Besonders zu betonen sind die wissenschaftstheoretischen Arbeiten des amerikanischen Geomorphologen Victor Baker, der sich seit Jahrzehnten um eine stärkere Würdigung des Themas in der Disziplin bemüht (Baker 1996, 2013). Im Rahmen seiner Rehabilitierung des Geologen J. Harlen Bretz wurde der **Herrschaftsanspruch eines Paradigmas** im Sinne Thomas Kuhns und die Schwierigkeit eines rational begründeten Paradigmenwechsels eindrucksvoll demonstriert, was Biermann und Montgomery (2014) im Überblick darlegen. Aus diesem Vorgang kann viel über den Charakter von Machtsystemen in den Geowissenschaften gelernt werden. Ein sehr lesenswertes Lehrbuch wurde von Stanley Schumm publiziert (Schumm 1991). Er erläutert einige Prinzipien der wissenschaftstheoretischen Behandlung geomorphologischer Phänomene mit zahlreichen Beispielen v. a. aus der fluvialen Geomorphologie. Darüber hinaus behandelt der Autor die spezifischen Probleme der geomorphologischen Erkenntnisgewinnung, die sich aus dem Charakter der Phänomene und ihrer methodologischen Behandlung ergeben.

Da das Themenfeld der Wissenschaftstheorie in den Geowissenschaften und speziell der Geomorphologie noch sehr jung ist, überwiegen in diesen Publikationen unterschiedlichste Schwerpunktsetzungen und Systematiken. Ein systematisierendes Lehrbuch wird dringend benötigt. In der deutschen Geographie wurden durch Gerhard Hard (1973) und Heike Egner (2010) einführende Werke der Wissenschaftstheorie bzw. theoretischen Geographie publiziert. Sie sollten für eine Einarbeitung in das Thema herangezogen werden.

2.5 Wissenschaftstheoretische Erkenntnisebenen

Die folgenden Ausführungen basieren auf den in ◘ Tab. 2.1 zusammengestellten Publikationen und den einführenden Lehrbüchern von Bartels und Stöckler (2009) und Schurz (2006). Die Auswahl an Themenstellungen erscheint

2

Tab. 2.1 Chronologie einer Auswahl einführender und fortgeschrittener Publikationen zur Wissenschaftstheorie in den Geowissenschaften, der Geomorphologie und der physischen Geographie

Autoren und Publikationsjahr (chronologisch)	Wissenschaftstheoretischer Schwerpunkt	Disziplin
Chorley (1978)	Theorien in der Geomorphologie	Geomorphologie
Von Engelhardt und Zimmermann (1982)	Einführung, Überblick, Systematik Regulative Prinzipien Zahlreiche Beispiele aus verschiedenen Geowissenschaften	Geowissenschaft
Paine (1985)	Ergodisches Prinzip	Geomorphologie
Haines-Young und Petch (1986)	Einführung, Überblick, Systematik Beispiele aus physischer Geographie	Physische Geographie
Schumm (1991)	Einführung, Anwendung Holismus 10 spezifische Problemstellungen	Geomorphologie
Baker und Twidale (1991)	Physikalischer Reduktionismus	Geomorphologie
Rhoads und Thorn (1993)	Theorien	Geomorphologie
Frodeman (1995)	Schließmethoden	Geologie
Rhoads und Thorn (1996a)	Theorien Theoretische Modelle, Datenmodelle	Geomorphologie
Rhoads und Thorn (1996b)	Sammelband Einführung, Anwendung	Geomorphologie
Church (1996)	Theorien in der Geomorphologie Raum-Zeit-Skalen	Geomorphologie
Baker (1996)	Einführung, Überblick, Hypothesen Schließmethoden, abduktives Schließen	Geowissenschaft Geomorphologie
Rhoads (1999)	Wert philosophischer Debatten	Physische Geographie
Frodeman (2000)	Sammelband Schnittstelle zwischen Geowissenschaft und Gesellschaft	Geowissenschaft
Harrison (2001)	Reduktionismus und Emergenz	Geomorphologie
Frodeman (2003)	Einführung	Geowissenschaft
Kennedy (2006)	Geschichte der Geomorphologie Disziplingeschichte Stammbaum	Geomorphologie Geologie
Rhoads und Thorn (2011)	Theorien und Modelle in der Geomorphologie Regulative Prinzipien	Geomorphologie
Richards und Clifford (2011)	Methodische Aspekte Raum-Zeit-Skalen Holismus	Geomorphologie
Fryirs et al. (2012)	Ergodisches Prinzip	Geomorphologie
Baker (2013)	Sammelband Geohistorische Erkenntnisgewinnung Aktualismus	Geo- und Ingenieurwissenschaften
Inkpen und Wilson (2013)	Einführung, Überblick, Systematik Beispiele aus physischer Geographie	Physische Geographie
Huggett (2017)	Raum-Zeit-Skalen Holismus	Geomorphologie

geeignet, ein Gerüst wissenschaftstheoretischer Prinzipien für die geomorphologische Erkenntnisgewinnung zu bilden. Um die umfassenden und mehrschichtigen geomorphologischen Phänomene der Oberfläche des Erdsystems erfassen zu können, ist eine grundlegendere Strukturierung der Erkenntnisebenen und Methoden erforderlich, die durch die Wissenschaftstheorie zur Verfügung gestellt werden können. Die **geowissenschaftliche Erkenntnisgewinnung** kann nach von Engelhardt und Zimmermann (1982) in einem Stufenbau schematisiert werden. Die

Autoren teilen die vier Stufen der Erkenntnis, die für die Geomorphologie geeignet sind und zunehmend allgemeiner werden, wie folgt ein:

1. Empirische Basis
2. Ebene der Klassifikation, Systematisierung und Generalisierung
3. Ebene der theoretischen Erkenntnis
4. Ebene der regulativen Prinzipien

Aus diesem Schema wird deutlich, wie aus einer elementaren empirischen Basis Aussagen gewonnen werden, die einen stufenweise höheren Erkenntniswert aufweisen.

2.5.1 Empirische Basis

Der Begriff empirische Basis wurde durch den Philosophen Karl Popper (1984) eingeführt. Die empirische Basis umfasst Aussagen als **Feststellung von Tatsachen,** die durch phänomenologische und experimentelle Beobachtung ermittelt wurden. Sie sind intersubjektiv erfahrbar und wahr. Die Datenerhebung erfolgt nach normierten Methoden. Sie werden in normierten Formen der wissenschaftlichen Sprachen der einzelnen Disziplinen ausgedrückt. Beide Normsysteme (Datenerhebung und Sprache) bilden die Voraussetzung für die intersubjektive Prüfbarkeit der empirischen Aussagen. Popper stellt kritisch fest, dass es keine reinen Beobachtungen gäbe und dass Beobachtungen von Theorien durchsetzt sind und geleitet werden (Popper 1984, S. 76). Sie werden im Kontext existierender Theorien, Fragestellungen und wissenschaftlicher Debatten geplant und mit Methoden und Verfahren erhoben, die ihrerseits auf bestimmten Theorien basieren. Empirische Beobachtungen werden darüber hinaus in Terminologien beschrieben, die ebenfalls auf theoretischen Voraussetzungen aufgebaut sind. Da wissenschaftliche Kontexte, Methoden, Techniken und Terminologien zeitlichen Veränderungen unterworfen sind, wird die empirische Basis einer Untersuchung somit von veränderlichen Konventionen bestimmt. Daraus folgt, dass eine Vergleichbarkeit der empirischen Basis durch kritische Prüfungen dieser Konventionen zu begleiten ist.

2.5.2 Ebene der Klassifikation, Systematisierung und Generalisierung

Durch Klassifikation, Systematisierung und Generalisierung empirischer Daten werden Aussagen erzeugt, die einzelne Beobachtungen zusammenfassen, in eine systematische Ordnung bringen und verallgemeinern. Dadurch wird ein **Ordnungsschema** abgeleitet, ohne bereits der theoretischen Ebene anzugehören. Unter der **Klassifikation von Objekten** wird die Gliederung einer Objektmenge nach bestimmten Klassifikationsmerkmalen verstanden, die empirisch ermittelt oder theoretisch abgeleitet worden sind. So werden aus der Objektmenge aller Täler in Hochgebirgen mithilfe der Querschnittsform glazial geformte U-Täler selektiert und klassifiziert. Das Verfahren der **Systematisierung** ist erforderlich, wenn ein Klassifikationsmerkmal der Objektmenge, z. B. die mittlere Hangneigung nordexponierter Felswände eines alpinen Tales, bestimmt werden soll. Das Messverfahren liefert streuende Messwerte der Objekte einer Klasse, z. B. Felswände mit 45–65 % Hangneigung, deren Mittelwert kausal auf die Gesteinseigenschaften der Felswand zurückgeführt werden soll. Die Streuung der Messwerte kann auf Fehler der Messmethode oder auf spezifische Eigenschaften der Felswand zurückgeführt werden. Da eine Gesetzmäßigkeit zwischen dem Mittelwert der Hangneigung und den Gesteinseigenschaften gesucht wird, ermittelt der Klassifikationsvorgang die Objekte der Klasse, deren Mittelwert als der „wahre" Wert der Kausalbeziehung betrachtet wird. Dabei ist immer zu reflektieren, dass eine mittlere Hangneigung phänomenologisch ebenso wenig existiert wie eine mittlere globale Lufttemperatur, beide stellen rein mathematische Aussagen dar. Die mittlere Hangneigung einer Felswand und ihre Beziehung zu den Gesteinseigenschaften kann auch theoretisch begründet sein. In diesem Fall wird auf bestehende Gesetzmäßigkeiten von Voruntersuchungen zurückgegriffen. Unter der **Generalisierung** wird die Übertragung der ermittelten Beziehung auf nicht beobachtete Objekte verstanden, die derselben Neigungsklasse angehören.

2.5.3 Ebene der theoretischen Erkenntnis

Die theoretische Ebene beinhaltet Aussagen und Aussagesysteme, die aus der empirischen Basis und ihrer Systematisierung **universelle Gesetzmäßigkeiten** ableiten oder sich auf Gesetzmäßigkeiten von Voruntersuchungen gründen. Des Weiteren umfasst die theoretische Ebene Aussagen in Form von Hypothesen über vergangene, zukünftige und nicht beobachtbare Phänomene. Die Gesetzmäßigkeiten nehmen in einer wissenschaftlichen Disziplin eine zentrale Stellung ein. Ohne die Abgrenzung und Rechtfertigung ihrer universellen Geltung ist nach Überzeugung von von Engelhardt und Zimmermann (1982, S. 188) „ein kritisches Verständnis geowissenschaftlicher Argumentation und Theoriebildung nicht möglich".

2.5.3.1 Gesetzmäßigkeiten

Unter Gesetzen bzw. Gesetzmäßigkeiten versteht die Naturwissenschaft verallgemeinerbare, feste **Beziehungen zwischen Sachverhalten und Prozessen.** Sie besagen, dass bei bestimmten Randbedingungen Prozesse in immer derselben Art und Weise ablaufen. Dieser Ablauf kann in der Regel durch mathematische Funktionsgleichungen beschrieben werden. Gesetzmäßigkeiten können nach ihren Inhalten in unterschiedliche Typen geordnet werden.

- **Eigenschaftsgesetze**

Durch Eigenschaftsgesetze werden allen Objekten oder Stoffen einer Klasse bestimmte Eigenschaften zugeordnet.

Dabei werden die definierenden Eigenschaften von anderen notwendigen Eigenschaften unterschieden, die universelle Aussagen darstellen. Eigenschaftsgesetze basieren auf Eigenschaften, die nicht für die Definition der Klasse verwendet wurden. Dazu sind in der Regel die physikalischen, chemischen und biologischen Eigenschaften der Baumaterialien von Reliefformen zu rechnen. Ein Satz wie: „Eine Lateralmoräne ist eine am Rand von Talgletschern vorzufindende Reliefform" stellt kein Eigenschaftsgesetz dar. Ein quantitatives Eigenschaftsgesetz liegt dagegen in den Aussagen vor, dass die typischen bodenmechanischen Eigenschaften der unsortierten Geschiebemergel und -lehme der Lateralmoräne die Stabilität der Reliefform steuern.

- **Kausale Gesetze**

Kausale Gesetze gehören zum Typ der Ablaufgesetze. Damit sind Gesetzmäßigkeiten definiert, die eine „invariable zeitliche Abfolge von Ereignissen oder Eigenschaften festlegen" (von Engelhardt und Zimmermann 1982, S. 196). Kausale Gesetze beruhen auf der Erzeugung einer **Wirkung** aufgrund einer zeitlich vorausgegangenen **Ursache.** Dabei besteht eine kausale Notwendigkeit ihrer Verknüpfung. So besteht z. B. eine kausale Verknüpfung zwischen der Entstehung einer aus Sand aufgebauten Düne und den physikalischen Eigenschaften des das Sandfeld überströmenden Windes. Das kausale Gesetz kann qualitativ und quantitativ formuliert werden. Spezifische Eigenschaftstypen des anströmenden Windfeldes, z. B. die Variabilität seiner Anströmrichtung, erlauben kausale Erklärungen des entstehenden Dünentyps.

- **Entwicklungsgesetze**

Im Unterschied zu den naturwissenschaftlichen Phänomenen der Physik und Chemie hat ein beträchtlicher Teil des in der Geomorphologie untersuchten Formen-Palimpsests einen besonderen Charakter. Aufgrund ihrer irreversiblen Genese, die in langen Zeitskalen vor sich geht, und der Formgröße ist die Entwicklung einer Reliefform experimentell nicht reproduzierbar. Das ist offensichtlich, wenn z. B. an die Entwicklung der südwestdeutschen Juraschichtstufen gedacht wird. Die Prozesse einer derartigen Formengenese sind äußerst kompliziert, partiell komplex, und mit im **Laborexperiment der Physik und Chemie** entwickelten allgemeinen Naturgesetzen offensichtlich noch nicht, nur eingeschränkt oder überhaupt nicht beschreibbar. Auch sind für ein Verständnis der Entwicklung von geomorphologischen Formen in langen Zeitskalen die sich verändernden Ausgangsbedingungen der formbildenden Prozesse und ihre Randbedingungen unbekannt. Es ist ein besonderer Typ von Gesetzen erforderlich, der sich nach von Engelhardt und Zimmermann (1982) von den Kausalgesetzen unterscheidet. Im Unterschied zu den Kausalgesetzen können in Entwicklungsgesetzen keine hinreichenden Ursachen der Entwicklung genannt werden, sondern **Entwicklungsrichtungen oder -tendenzen,** denen die Formenbildung folgt. Entwicklungsgesetze beschreiben den Entwicklungspfad von Reliefformen in einer Abfolge von zeitlichen Phasen, in denen kontinuierliche oder diskontinuierliche Prozesse wirken. Wie die geomorphologische Palimpsesttheorie nahelegt, muss die Existenz einer Reliefform in einer bestimmten zeitlichen Phase (Wirkung) jedoch nicht ursächlich mit den formbildenden Prozessen in dieser Phase (Ursache) verknüpft sein. Für bestimmte Komponenten des Formen-Palimpsests besteht somit kein „unmittelbarer zeitlicher Kontakt zwischen Ursache und Wirkung" (von Engelhardt und Zimmermann 1982, S. 202).

Der besondere Charakter der Entwicklung geomorphologischer Formen basiert somit auf geomorphologischen Prozessen, die einen gerichteten Charakter aufweisen. Sie bewirken eine Veränderung im System, die beispielsweise zum Formenaufbau (Wirkung) einer alpinen Endmoräne führt. Unter bestimmten Bedingungen strebt der Eiskörper (Ursache) dahin, einen Sedimentkörper zu erzeugen, der als Ziel oder als eine auf ein Ende hin orientierte Entwicklung beschrieben werden kann. Diesen Typ eines Entwicklungsgesetzes bezeichnen wir als **Pfadabhängigkeit** der geomorphologischen Formentwicklung. In welcher Beziehung diese Theorie zu einer aus den Naturwissenschaften verbannten **teleologischen Naturbetrachtung** (alle Entwicklung ist auf ein vorher bestimmtes Ziel hin ausgerichtet) steht, ist ein in der Philosophie heftig diskutiertes Thema (Nusser 2018).

2.5.3.2 Schließmethoden

Unter Methoden versteht die Wissenschaftsphilosophie „ein nach Mittel und Zweck planmäßiges Verfahren, das zu technischer Fertigkeit bei der Lösung theoretischer und praktischer Aufgaben führt" (Mittelstraß 2004, Bd. 2, S. 876). Wissenschaftliche Methoden beruhen auf einer Methodenlehre (Methodologie), die eine Normierung des wissenschaftlichen Methodenspektrums vornimmt. Auf einer allgemeinen Ebene beschreibt die Methodenlehre für alle wissenschaftlichen Disziplinen geltende Methoden. Die einzelnen wissenschaftlichen Disziplinen und Disziplingruppen der empirischen und nichtempirischen Wissenschaften entwickeln aus diesem Spektrum eigene, dem wissenschaftlichen Selbstverständnis der Disziplin und der Theorietypologie angepasste Methodenlehren, was auch für die Geomorphologie zutrifft. Das Ziel der geomorphologischen Forschung besteht in der Erklärung geomorphologischer Phänomene der Realwelt. Idealerweise sollen ihre Ursachen und Wirkungen erklärt und dem Phänomen angemessene Gesetze angewendet oder entwickelt werden. Üblicherweise sind nicht sämtliche dieser Erklärungselemente bekannt, im Allgemeinen stehen zwei der Elemente zur Verfügung, während auf das dritte geschlossen werden muss. Für diese Schließvorgänge stellt die Wissenschaftstheorie die drei Schließmethoden der **Induktion, Deduktion** und **Abduktion** bereit, die eine Verbindung von Ursache, Wirkung und Gesetzmäßigkeiten schaffen (▫ Abb. 2.2).

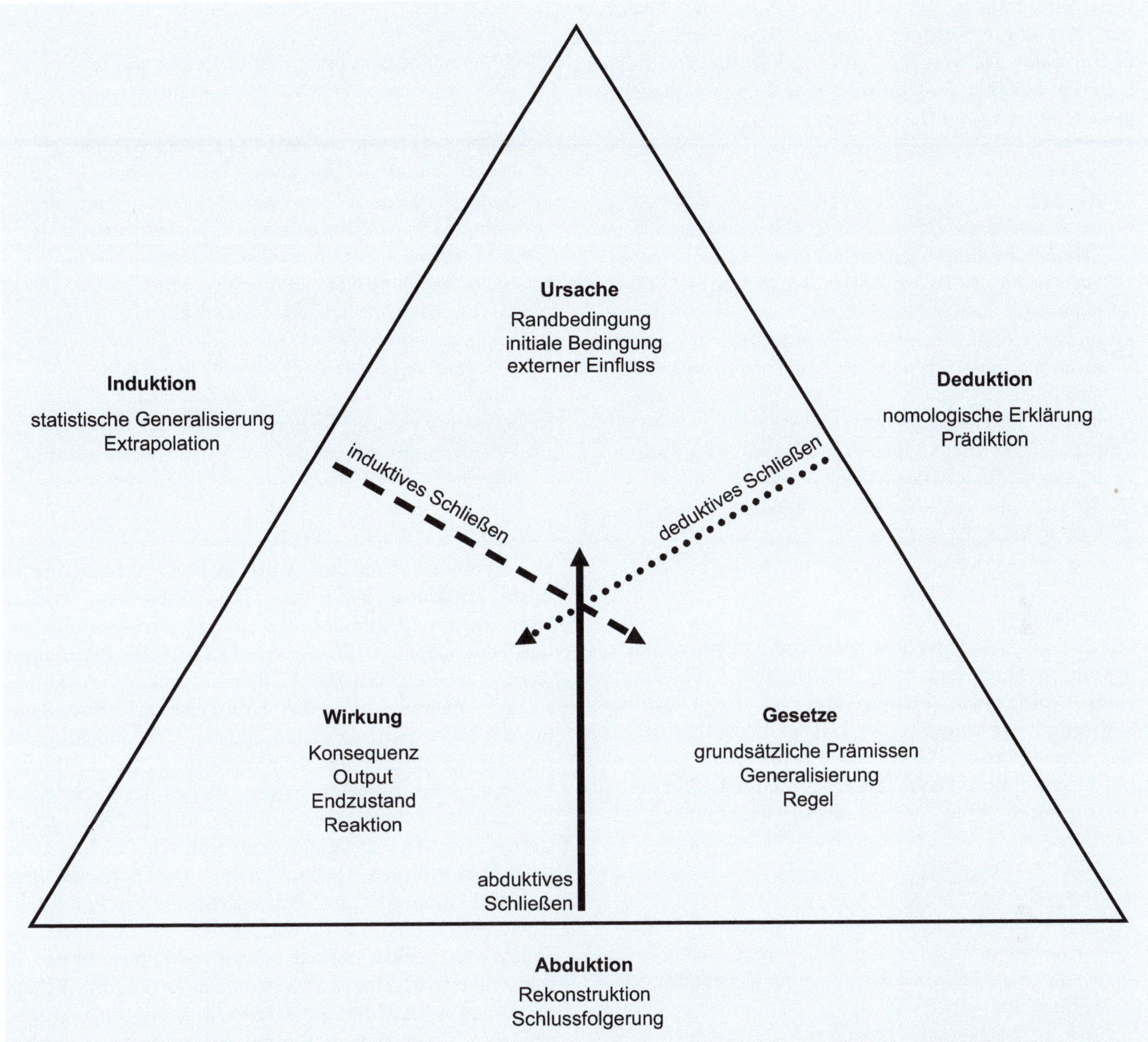

Abb. 2.2 Wissenschaftstheoretische Schließmethoden der Induktion, Deduktion und Abduktion in Beziehung zu Ursache, Wirkung und den Gesetzmäßigkeiten. Mithilfe der jeweiligen Methode kann der unbekannte Teil erschlossen werden. (Verändert nach De Regt et al. 2017, Original im Beitrag „Philosophie der Geo- und Umweltwissenschaften" von Henk de Regt, Chris J. J. Buskes und Maarten G. Kleinhans in „Grundriss Wissenschaftsphilosophie", herausgegeben von Simon Lohse & Thomas Reydon; 2017 Felix Meiner Verlag, Hamburg)

Die Strukturierung einer wissenschaftlichen Erklärung erfordert zunächst die Aufstellung von drei logisch zusammenhängenden Elementen in Form von:

- Sätzen, die einen bedingenden Sachverhalt (A) beschreiben,
- Sätzen, die einen bedingten Sachverhalt (B) beschreiben und
- Gesetzmäßigkeiten (G).

Ein **bedingender Sachverhalt** (A) ist eine kausale Voraussetzung (Ursache) für das Eintreten eines anderen Sachverhaltes (B) (Wirkung). So ist der lineare Bodenerosionsprozess die Bedingung für die Entwicklung von Erosionsrillen und Erosionsgräben. Ein **bedingter Sachverhalt** (Wirkung) wird durch das Eintreten eines anderen Sachverhaltes (Ursache) hervorgerufen. So werden Erosionsrillen und Erosionsgräben (B) durch lineare Bodenerosionsprozesse (A) hervorgerufen. Eine **Gesetzmäßigkeit** umfasst universelle Sätze, die durch die wissenschaftliche Gemeinschaft anerkannt sind und damit als theoretische Ebene der Schließmethode dienen. Auf Basis dieses terminologischen Rahmens lassen sich drei Methoden des wissenschaftlichen Schließens definieren, die in der Geomorphologie implizit und explizit zur Anwendung kommen.

Induktion

Ein induktiver Schluss liegt dann vor, wenn sehr viele empirische Beobachtungen zu einer bestätigten

Gesetzeshypothese geführt haben, die die Wahrheit der Hypothese vermuten lassen. Das bedeutet, dass bedingende Sachverhalte (A) und bedingte Sachverhalte (B) bekannt sind. Es wird eine Gesetzmäßigkeit (G) gesucht, die (A) und (B) verknüpft.

Beispiel

(A) In zahlreichen Laborexperimenten wurde der obere Teil von Gesteinsproben mit bestimmten Eigenschaften einer seitlich wirkenden Kraft unterschiedlicher Größe ausgesetzt. Sie wird als Scherspannung bezeichnet.
(B) Überschreitet die seitlich wirkende Scherspannung einen Grenzwert, zerbricht die Probe und es entsteht eine Bruchfläche, die als Scherfläche bezeichnet wird und die Gesteinsprobe in zwei Teile zerlegt.
(G) Die Scherfestigkeit eines Gesteins mit bestimmten Eigenschaften wird durch einen Grenzwert limitiert, der durch die Größe der Scherspannung quantifiziert werden kann.

▪ Deduktion

Ein deduktiver Schluss liegt vor, wenn von einer Gesetzeshypothese zusammen mit empirischen Beobachtungen eines bedingenden Sachverhaltes auf einen bedingten Sachverhalt geschlossen wird. Das bedeutet, dass die Gesetzmäßigkeiten (G) und der bedingende Sachverhalt (A) bekannt sind. Gesucht werden bedingte Sachverhalte (B), die durch (A) und (G) erklärt werden können.

Beispiel

(G) Die Scherfestigkeit eines Gesteins mit bestimmten Eigenschaften wird durch einen Grenzwert limitiert, der durch die Größe der Scherspannung quantifiziert werden kann.
(A) In zahlreichen Laborexperimenten wurde der obere Teil von Gesteinsproben mit bestimmten Eigenschaften einer seitlich wirkenden Scherspannung unterschiedlicher Größe ausgesetzt.
(B) Es wird erwartet, dass die Gesteinsproben bei einem Grenzwert der Scherspannung brechen werden und Scherflächen entstehen.

▪ Abduktion

Beim abduktiven Schließen wird von einer beobachteten Wirkung auf eine vermutete Ursache geschlossen. Das bedeutet, dass bedingte Sachverhalte (B) und Gesetzmäßigkeiten (G) bekannt sind. Es werden bedingende Sachverhalte (A) gesucht, die mit (B) und (G) verknüpft werden können.

Beispiel

(B) An Hängen aus tonreichen Gesteinen wurden in einer bestimmten Zeitperiode P Hangrutschungen beobachtet.
(G) Die Scherfestigkeit eines Gesteins mit bestimmten Eigenschaften wird durch einen Grenzwert limitiert, der durch die Größe der Scherspannung quantifiziert werden kann. Die Scherfestigkeit eines tonreichen Gesteins wird durch den Zutritt von Niederschlagswasser, Hangversteilung und Entlastung reduziert.
(A) Die in der Zeitperiode P beobachteten Hangrutschungen wurden vermutlich durch die Niederschläge in dieser Zeitperiode verursacht. Möglicherweise könnten auch technische Eingriffe im Rahmen der Flurbereinigung vor 40 Jahren oder die Entlastung des Hanges durch erosive Prozesse während der letzten 20.000 Jahre verantwortlich gewesen sein.

Das abduktive Schließen wird auch als **Schluss auf die beste Erklärung** bezeichnet. Die beobachtete Wirkung kann nicht eindeutig auf eine Ursache zurückgeführt werden, sodass mehrere bedingende Sachverhalte angenommen werden müssen, um das Phänomen erklären zu können. Es gilt, mehrere mögliche Hypothesen zu formulieren, die die beobachtete Wirkung erklären. Die abduktive Vermutung wählt diejenige Hypothese aus, die die höchste Plausibilität aufweist. Im weiteren Verlauf der Analyse muss die abduzierte Hypothese deduktiv und induktiv getestet werden, um den Charakter einer wahrscheinlichen Hypothese anzunehmen (Schurz 2006). Die Schließmethode der Abduktion geht auf den amerikanischen Philosophen C. S. Peirce (1839–1914) zurück (Peirce 1878), der den abduktiven Schluss formal als **Retrodiktionsschluss** charakterisiert hat. Eine Zusammenfassung der drei Schließmethoden ist in ◘ Tab. 2.2 dargestellt. Dabei wird zwischen den zwei Prämissen und dem Ergebnis des Schließens unterschieden.

Der abduktive Schluss auf die beste Erklärung ist eine in der Geomorphologie allgegenwärtige Schließmethode, da Wirkungen, z. B. ein Sedimentkörper, auf Ursachen, z. B. spezifische erosive Prozesse, zurückgeführt werden, deren Charakter, Effektivität, Frequenz oder Magnitude nur vermutet werden können. Die beobachteten Reliefformen (Wirkung) können ja nicht mehr durch empirische Beobachtung auf den verantwortlichen formenden Prozess (Ursache) zurückgeführt werden. In diesem Fall muss der verantwortliche Prozess aus den Prozessergebnissen geschlossen werden. Der Schluss ist mit einem bestimmten Grad der Zuverlässigkeit verbunden. Das Ergebnis eines abduktiven Schlusses weist somit grundsätzlich einen unsicheren Charakter auf und bezieht im Gegensatz zu

Tab. 2.2 Prämissen und Ergebnis der Induktion, Deduktion und Abduktion (von Engelhardt und Zimmermann 1982)

	Induktion	Deduktion	Abduktion
Prämissen	A	G	B
	B	A	G
Ergebnis	G	B	A

induktiv und deduktiv gewonnenen Erkenntnissen eine Vielzahl an möglichen Erklärungen mit unterschiedlichen Wahrscheinlichkeiten ein (von Engelhardt und Zimmermann 1982).

Retrodiktion

Die Retrodiktion stellt die zentrale abduktive Schließmethode in der Geomorphologie dar (s. Abb. 2.4). Allgemein wird Retrodiktion als eine **nachträgliche Erklärung** eines zeitlich zurückliegenden Prozesses oder eines spezifischen Sachverhaltes definiert. Betrachten wir beispielsweise einen heute vorgefunden Sedimentkörper im Hangfußbereich einer landwirtschaftlichen Nutzfläche. Weist er bestimmte Eigenschaften auf, z. B. eine ungeschichtete Struktur und eingelagerte Holzkohlefragmente oder Schuhsohlen, wird er als Kolluvium bzw. kolluviales Sediment bezeichnet. In der Bodenerosionsforschung wird dieses Sediment als Wirkung eines menschlich verursachten Bodenerosionsprozesses betrachtet. Kann dieser Prozess nicht mehr beobachtet werden, muss er retrodiktiv rekonstruiert werden. So wird aus der heutigen Existenz der Akkumulationsmaterialien dieses Prozesses (Wirkung) ein historischer Bodenerosionsprozess (Ursache) rekonstruiert, der z. B. vor 600 Jahren stattgefunden hat.

Die Retrodiktion muss daher zu einem beträchtlichen Umfang mit Nichtwissen über die bedingenden Sachverhalte umgehen. Entsprechend müssen hohe Ansprüche an die Qualität und Transparenz von Gesetzmäßigkeiten gestellt werden. So besteht z. B. die Aufgabe der Glazialgeomorphologie darin, aus den heute vorzufindenden Formen der Moränen, Sander und Zungenbecken retrodiktiv auf glaziale und glazifluviale Vorgänge der geomorphologischen Vergangenheit etwa der Zeitphase zwischen 50 und 18 ka vor heute zu schließen. Die speziellen Gesetzmäßigkeiten der Form-Prozess-Beziehungen müssen auf den Erkenntnissen der glazialen Prozessgeomorphologie basieren, die die Beziehungen eines aktuellen Eiskörpers und seines Schmelzwassers mit den von ihm geschaffenen Reliefformen herstellt. Mehr oder weniger umfangreiches Nichtwissen zeichnet jedoch nicht nur die Rekonstruktion der geomorphologischen Vergangenheit aus. Auch wenn sich geomorphologische Forschungszweige ausschließlich mit der Beobachtung und Messung aktueller Prozesse befassen, z. B. die kontinuierliche Messung der Sedimentfracht eines Flusses an einer Pegelmessstelle, verbleiben doch weite Bereiche des aktuellen fluvialen Systems empirisch unbeobachtet, z. B. die Sedimenteinträge durch Tributäre im Oberlauf des Flusses oder die Sedimentbewegung am Gerinnebett in derselben Zeitphase.

2.5.3.3 Hypothesen und Theorien

Hypothesen und Theorien über die Entwicklung der Reliefformen des Erdkörpers in unterschiedlichen Raum- und Zeitskalen bilden das definitive Ziel der geomorphologischen Forschung. Dazu werden Gesetze benötigt, die aus der empirischen Basis über die Phänomene der Realwelt und aus Laborexperimenten abgeleitet wurden. Geomorphologische Erkenntnisse werden als „approximative Entwürfe“ (von Engelhardt und Zimmermann 1982, S. 261) angesehen, da eine umfassende Erkenntnis der Realwelt nicht möglich ist. Hypothesen und Theorien leiten den gesamten Prozess der Erkenntnisgewinnung von Beginn an. Jede empirische Beobachtung ist theoriegeleitet, daran lassen Philosophie und Wissenschaftstheorie keinen Zweifel. An eine **„tabula rasa“** im Sinne von John Locke (1711–1776) in seiner Schrift *Versuch über den menschlichen Verstand,* also eines leeren Bewusstseins, das durch empirische Wahrnehmungen aufgefüllt wird, kann heute wohl nicht angeknüpft werden. Hypothesen und Theorien sind im Erkenntnisprozess eng verbunden. Hypothesen bilden häufig die Grundlage für weitergehende und allgemeinere Theorien.

Unter einer **Hypothese** wird eine widerspruchsfreie und mit dem anerkannten Wissen im Einklang stehende Aussage verstanden, deren Geltung vermutet wird und die als Annahme zu gelten hat. Dabei wird zwischen beschreibenden und erklärenden Hypothesen unterschieden. Hypothesen erhalten einen zunehmenden Grad an Gewissheit, wenn sie mit weiteren Hypothesen in systematische Zusammenhänge treten und den Charakter einer Theorie annehmen (von Engelhardt und Zimmermann 1982). Unter einer **Theorie** versteht die Philosophie ein Gebilde, das die Phänomene und Beziehungen eines Sachbereiches ordnet, ihre Eigenschaften beschreibt, Gesetze der Beziehungen herleitet und Prognosen über das Auftreten bestimmter Phänomene im Rahmen des Sachbereiches ermöglicht (Mittelstraß 2004). Der Theoriebegriff wird heute äußerst vielfältig verwendet. Im geowissenschaftlichen und geomorphologischen Kontext schlagen von Engelhardt und Zimmermann (1982) vor, Theorien als hierarchisch geordnete Systeme zu verstehen, die aus Beziehungsaussagen von vernetzten Hypothesen bestehen. Dabei bildet die Theorie die Gesamtheit der Aussagen aller Teilaussagen über ein geowissenschaftliches Phänomen.

Rhoads und Thorn (2011) verstehen unter einer Theorie eine **Überstruktur** *(super structure)* der Wissenschaft. Ohne Theorien sei die Wissenschaft von ihrer erklärenden und prognostischen Kapazität abgeschnitten und besäße keine Erkenntnisfähigkeit über die uns umgebende Welt. Die Autoren stellen weiterhin fest, dass die Geomorphologie sich in ihrer disziplinären Entwicklung nicht sehr intensiv der Entwicklung eines eigenen theoretischen Systems gewidmet habe. Es überwog der empirische Pragmatismus, die Anwendung von Theorien anderer Disziplinen

(Eklektizismus) und die Nutzung theoretischer Ansätze des logischen Empirismus. Es sei daher notwendig, geomorphologische Theorien durch eine Gruppe von theoretischen Modellen zu erweitern.

Multiple Arbeitshypothesen

Das Konzept der multiplen Arbeitshypothesen stellt einen wichtigen Ansatz der geomorphologischen Erkenntnisgewinnung dar, der von Gilbert (1896) und Chamberlin (1890, 1965) entwickelt wurde. Der Aufsatz von Chamberlin (1890) hat in der Geschichte der Geowissenschaft eine sehr hohe Bedeutung erlangt. Er warnt davor, Retrodiktionen, d. h. rekonstruktive Verfahren der Ableitung von Paläoprozessen auf Basis von prozesskorrelaten Materialien, z. B. Sedimente, organische Stoffe oder Isotope, lediglich durch Einzelhypothesen zu erreichen. Häufig sei dadurch lediglich eine Ursachenerkenntnis möglich, die allenfalls den **Wünschen des Wissenschaftlers** entspräche und nicht der Erkenntnisfindung dienlich sei. Die Forscher sollten vielmehr so zahlreiche Hypothesen wie möglich formulieren, um das Phänomen der Vergangenheit erklären zu können (Abb. 2.3). Im Forschungsprozess würden sodann die schwächeren oder fehlerhaften Hypothesen schrittweise eliminiert, sodass eine Erklärung erreicht werden kann, deren Plausibilität weitaus höher sei als bei einem Einzel-Hypothesen-Verfahren. Das von Gilbert (1896) verwendete Beispiel einer pleistozänen Uferlinie eines Binnensees im Südwesten der USA zeigt die Stärke eines iterativen Verfahrens mit multiplen Arbeitshypothesen und einer schrittweise weitergeführten empirischen Datenerhebungen. Die ersten Hypothesen der Untersuchung mussten verworfen werden, bis sich eine stabile Erklärung des Phänomens ergab und eine plausible Theorie aufgestellt werden konnte.

Outrageous hypotheses

Unter *outrageous hypotheses* versteht der amerikanische Geomorphologe und Wissenschaftsphilosoph Victor Baker

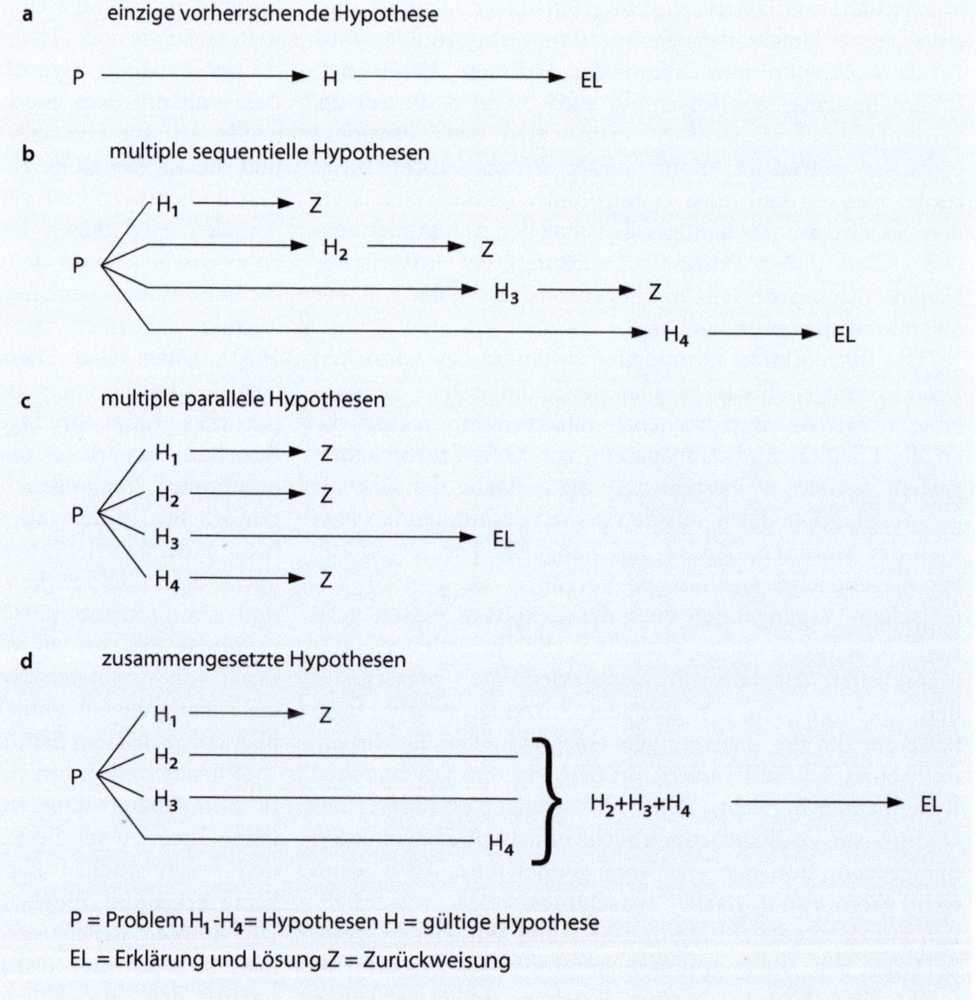

Abb. 2.3 Unterschiedliche Ansätze der Hypothesenbildung, um eine Erklärung und Lösung (EL) eines Problems (P) zu finden. Die Wahrscheinlichkeit einer falschen P-EL-Beziehung ist im Fall einer einzigen Hypothese hoch und kann durch Anwendung multipler Hypothesen reduziert werden. (Nach Schumm 1991: To Interpret the Earth – Ten ways to be wrong. Cambridge University Press, Cambridge, England © 1991)

wissenschaftliche Hypothesen, die einen *outrageous* Inhalt aufweisen (Baker 1996). Damit soll ausgedrückt werden, dass unerhörte, haarsträubende oder Empörung hervorrufende Behauptungen aufgestellt werden sollen, die den herrschenden Paradigmen zuwiderlaufen. Baker greift den Begriff von William Morris Davis auf (Davis 1926), dem Erfinder der Zyklentheorie der Reliefformung. Davis und Baker zeigen mit den Hypothesen der Kontinentalverschiebung von Alfred Wegener und der pleistozänen Megafluten der *Scablands* im Nordwesten der USA von J. Harlen Bretz Beispiele für einen in wissenschaftlichen Systemen typischen Vorgang der Herrschaft von Paradigmen, die auch ausgeprägte sozialpsychologische Folgen aufweisen (Fleck 1980; Kuhn 1976). Hypothesen, die diesen Paradigmen widersprechen, haben im Wissenschaftssystem einen äußerst schweren Stand oder werden gar ignoriert und mit verschiedenen Mitteln bekämpft. Wie sich in der Wissenschaftsgeschichte der Theorien von Alfred Wegener und J. Harlen Bretz gezeigt hat, haben sich ihre „haarsträubenden" Hypothesen gegen die herrschenden Paradigmen durchgesetzt und bilden heute anerkannte Theorien der Geowissenschaften. Bei der Konzeption multipler Arbeitshypothesen scheint es daher immer lohnenswert zu sein, *outrageous hypotheses* aufzustellen und zu testen.

2.5.3.4 Modelle

Die kritische Auseinandersetzung mit den Prinzipien des logischen Empirismus und kritischen Rationalismus hat zu einer Neuwürdigung der Rolle von Theorien in der wissenschaftlichen Praxis der Geomorphologie in den letzten 40 Jahren geführt. Sie beinhaltet eine Integration von Modellen in die theoretischen Ansätze (Rhoads und Thorn 1996a, 2011). Dieser Ansatz basiert auf der Vorstellung, dass die empirischen Wissenschaften zunehmend Systeme untersuchen, die so komplex sind, dass sie sich einer direkten theoretischen Beschreibung entzögen. Ihre Behandlung erfordere daher den Entwurf vereinfachter Modelle, die den Systemen „in manchen, keineswegs aber in allen Hinsichten ähneln" (Gähde 2009, S. 64). Derartige Idealisierungen und Vereinfachungen seien der zu entrichtende Preis, um die Gegenstandsbereiche „überhaupt einer theoretischen Behandlung zugänglich" zu machen. „So verstandene Modelle fungieren als Mittler zwischen Theorie und Realität …" (Gähde 2009, S. 64). Für geomorphologische Zwecke entwarfen Rhoads und Thorn (2011) das Konzept einer **Familie theoretischer Modelle** *(familiy of theoretical models),* die die theoretischen Aussagen mit den zu prüfenden Hypothesen verbinden (Abb. 2.4). Die theoretischen Modelle werden durch den Geomorphologen dazu verwendet, um intellektuellen Zugang zu den Phänomenen der Realwelt, z. B. einer Sanddüne, zu gelangen. Das Modell fungiert gleichsam als Repräsentationswerkzeug, um den Zugang zur Realwelt zu erhalten. Die Familie der theoretischen Modelle umfasst eine beträchtliche Spannbreite, z. B. mathematische Gleichungen, Diagramme, Gemälde, Fotographien, Beschreibungen oder Gegenstände.

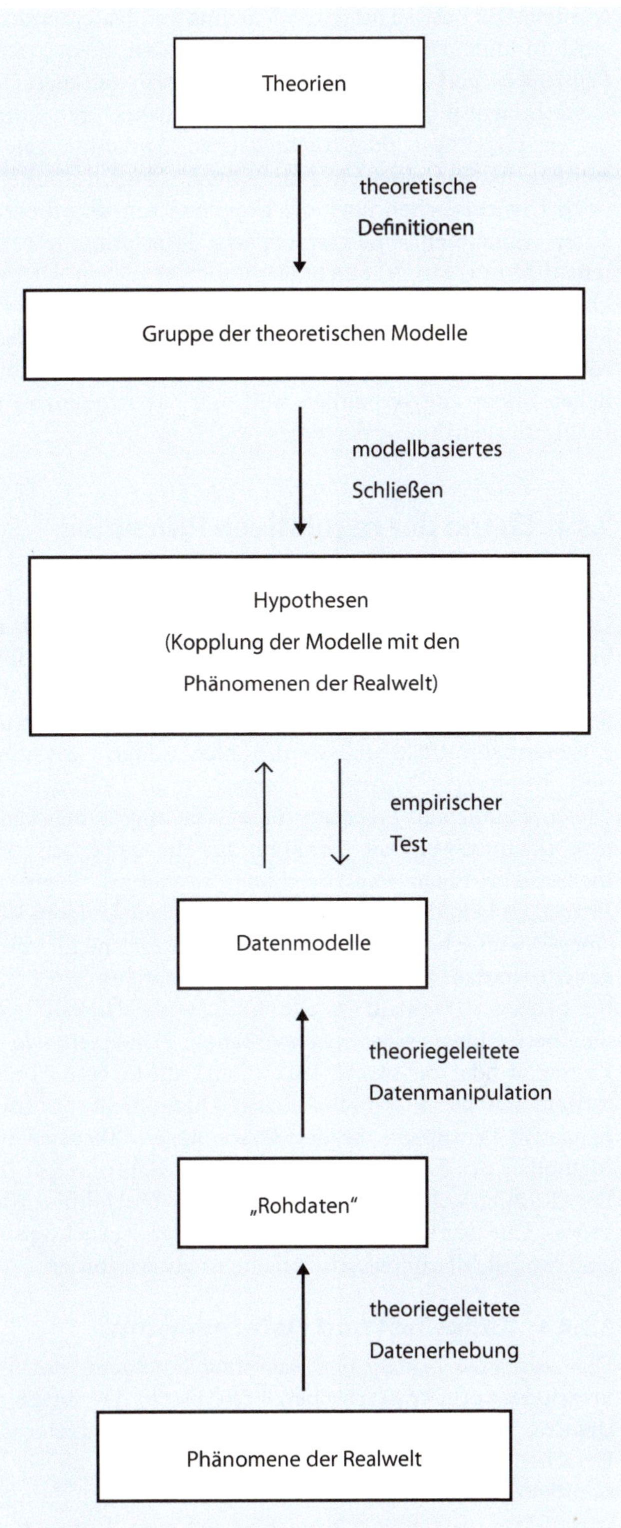

Abb. 2.4 Wissenschaftstheoretische Konzeption der Methoden der geomorphologischen Erkenntnisgewinnung auf Basis von Modellen. (Verändert nach Rhoads und Thorn 2011: The Role and Character of Theory in Geomorphology. In: Gregory KJ und Goudie AS (Hrsg.): The SAGE Handbook of Geomorphology. © Bruce L. Rhoads und Colin E. Thorn, 2011)

Von theoretischen Modellen sind **Datenmodelle** zu unterscheiden. Sie repräsentieren empirische Daten, die durch unterschiedliche Prozeduren aus Rohdaten gewonnen wurden. Die Entwicklung und Nutzung von Datenmodellen wird in unterschiedlichem Maße von den theoretischen Prinzipien und formulierten Hypothesen gesteuert. Bei einer hohen Abhängigkeit kann die Qualität der formulierten Hypothese oder theoretischen Annahme getestet werden. Im Fall einer eher autonomen Nutzung bestehen noch Unsicherheiten über die Kopplung mit den theoretischen Annahmen. Eine hierarchische Typisierung und Systematisierung von geomorphologischen Modellen wird von Odoni und Lane (2011) vorgestellt. Zusammenfassend stellen Rhoads und Thorn (2011) fest, dass geomorphologische Modelle und Theorien auf allen Ebenen der wissenschaftlichen Praxis eng verbunden sind und das Fundament der Erkenntnisgewinnung darstellen.

2.5.4 Ebene der regulativen Prinzipien

Unter Prinzipien werden im Allgemeinen Grundregeln, Grundsätze und grundlegende Normen verstanden. In der hier verfolgten Klassifikation umfassen regulative Prinzipien nichtempirische Prinzipien, Regeln und Konventionen, d. h. **Rahmenbedingungen der Forschung** (von Engelhardt und Zimmermann 1982). Sie werden nichtinduktiv gewonnen und beinhalten Vorentscheidungen und Leitlinien des wissenschaftlichen Erkenntnisprozesses und haben damit eine richtungsweisende Funktion für die empirische und theoretische Ebene des Forschungsprogramms. Regulative Prinzipien beinhalten Komponenten, die zum inneren Kern einer Wissenschaft gehören, die in der Regel nicht infrage gestellt werden. Sie können in einer hierarchischen Struktur gegliedert werden. In den Naturwissenschaften bildet die oberste Ebene allgemein anerkannte Prinzipien, wie die Kausalität oder die physikalische Zeit. Auf tieferen Ebenen formulieren die wissenschaftlichen Disziplinen spezifische regulative Prinzipien, die den Phänomenen, Theorien und Methoden des Faches angemessen sind. Häufig reicht ihre Entwicklung weit in die Geschichte der Disziplin zurück, sodass eine kritische Bewertung oder gar Zurückweisung eine explizite disziplingeschichtliche Analyse erfordert.

2.5.4.1 Kausalität und Determinismus

Das regulative Prinzip der Kausalität beschreibt das Verursachungsverhältnis zwischen Ereignissen, das durch die **Ursache** und ihre **Wirkung** charakterisiert ist. Unter den Ursachen eines geowissenschaftlichen Ereignisses werden sämtliche notwendigen und hinreichenden Bedingungen verstanden, die erfüllt sein müssen, um zum Auftreten des Ereignisses zu führen. So ist die Reliefform eines Küstenkliffs kausal auf die Energie der Welle zurückzuführen. Kausalitätsgesetze verknüpfen Ursache und Wirkung und besagen, dass gleiche Ursachen gleiche Wirkungen haben. Es ist deshalb gerechtfertigt, von deterministischer Kausalität zu sprechen. Das kausale Prinzip beruht auf einer zeitlichen Komponente, die besagt, dass die Ursache der Wirkung vorausgeht, d. h. die Wirkung später als die Ursache auftritt. Unter Determinismus (lat. *determinare* = bestimmen, abgrenzen) wird ein philosophischer und physikalischer Begriff verstanden, der eine vollständige und eindeutige Berechen- und Messbarkeit von physikalischen Größen und Phänomenen annimmt. Er basiert auf der klassischen Mechanik Isaak Newtons und seiner Naturphilosophie und dem mechanistischen Weltbild von Pierre-Simon Laplace (1749–1827), dessen „laplacescher Dämon“ die Vergangenheit und Zukunft der Welt vorherzusagen imstande ist. Es ist angebracht, das deterministische Kausalitätsprinzip der Physik im Vergleich zu jenem der Geowissenschaften differenziert zu betrachten. Geowissenschaftliche Systeme der meso- oder makroskaligen Realwelt, die sich in langen Zeitskalen entwickeln, sind kontingent (s. ► Abschn. 2.5.4.7), singulär und komplex, sodass häufig lediglich qualitative und statistische Aussagen möglich sind und nichtdeterministische, historische Methoden der Erkenntnisgewinnung verwendet werden müssen.

2.5.4.2 Aktualismus

Das regulative Prinzip des Aktualismus ist für die Geowissenschaften von höchster Bedeutung. Es kann in drei Sätzen beschrieben werden (von Engelhardt und Zimmermann 1982):

- Die physikalischen und chemischen Naturgesetze haben eine zeitlich uneingeschränkte Gültigkeit.
- Die naturgesetzlichen Ursachen für die Veränderungen des Erdkörpers und seiner Oberfläche waren in der Vergangenheit *qualitativ* dieselben wie in der Gegenwart und Zukunft.
- Die naturgesetzlichen Ursachen für die Veränderungen des Erdkörpers und seiner Oberfläche waren in der Vergangenheit *quantitativ* dieselben wie in der Gegenwart und Zukunft.

Disziplingeschichtlich stellte das aktualistische Prinzip eine radikale Abkehr vom **Ansatz des Katastrophismus** dar. Es wurde durch den Geologen James Hutton eingeführt, der vorschlug, die heute beobachteten Prozesse des Erdkörpers und seiner Oberfläche als zeitunabhängige Vorgänge zu betrachten, die in der Gegenwart, Vergangenheit und Zukunft Gültigkeit besitzen. Mit den Verfahren der Retrodiktion und Prognose können die Prozesse der Vergangenheit und Zukunft abgeleitet werden. Dabei wird vorausgesetzt, dass dieselben Gesetzmäßigkeiten gelten sowie sämtliche bedingenden Umstände qualitativ und quantitativ dieselben sind. Das aktualistische Prinzip kann in einem allgemein bekannten Aphorismus ausgedrückt werden: „Die Gegenwart ist der Schlüssel für die Vergangenheit und Zukunft.“

Seit James Hutton stellt das **aktualistische Prinzip** die wichtigste Grundlage der Geowissenschaften dar (Kennedy 2006). Erkenntnisse aktueller Prozesse werden durch eine Vielzahl wissenschaftlicher Disziplinen gewonnen, die das Fundament bilden, mit dem retrodiktiv die Vergangenheit entschlüsselt werden soll. Dies gilt auch für die historische Geomorphologie. Die unabdingbare Voraussetzung der Anwendung des Aktualismus für Erklärungen der geomorphologischen Vergangenheit besteht in Erkenntnissen über die Gesetzmäßigkeiten heute wirkender und beobachtbarer, d. h. empirisch zugänglicher Prozesse. So muss z. B. die historische Erforschung der periglazialen Solifluktionsprozesse in Mitteleuropa während der letzten Eiszeit auf den Erkenntnissen der Solifluktionsforschung der Gegenwart basiert sein. Dies setzt voraus, dass die geomorphogenetische Erforschung der Solifluktionssedimente (Deckschichten) auf dem neuesten Wissensstand über die aktuellen Prozesse, z. B. der Taukonsolidation des Lockergesteins, aufbauen muss. Dies erfordert von der historischen Geomorphologie höchste Aufmerksamkeit, Aktualität und explizite Prozesskenntnisse der periglazialen Forschungsfront.

Die Kritik an einem strengen aktualistischen Prinzip setzte bereits Anfang des 19. Jahrhunderts ein. Es wurde kritisiert, dass die Auswahl der **Gegenwart als Analogie** für die Vergangenheit willkürlich sei. Auch hätte es in der Vergangenheit regelmäßige Prozesse größter Magnituden oder gänzlich **singuläre Ereignisse** geben können, die sich einer empirischen Beobachtung in der Gegenwart, die ja eine vergleichsweise äußerst geringe Zeitspanne umfasst, entzögen (Frodeman 1995). Es wären, so weitere Einwände, Zweifel daran angebracht, dass die Vergangenheit lediglich **„vergangene Gegenwart"** sei (von Engelhardt und Zimmermann 1982). Die Argumente sind auf verschiedenen Ebenen angesiedelt:

- Es ist häufig unklar, was unter Gegenwart überhaupt zu verstehen ist.
- Die Entwicklung von Reliefformen in langen Zeitskalen sei pfadabhängig, irreversibel und historisch kontingent, so Ollier (1991) und Phillips (2007).
- Die Singularität der lokalen Randbedingungen und der singulär-individuelle Entwicklungspfad, der darüber hinaus von dynamischer Instabilität gekennzeichnet sein kann, erfordere es, von **nichtanalogen Reliefformen** zu sprechen (Bloom 2002).
- Die analytische Rekonstruktion einer derartigen Systemgenese wird damit erheblich erschwert, da die variable Raumkonfiguration für jeden Zeitschritt bzw. für jede Zeitscheibe rekonstruiert werden muss, was hohe Anforderungen an geeignete Daten und die rekonstruktive Modellierung stellt (Lane und Richards 1997) oder prinzipiell überhaupt nicht möglich ist.
- Der Analogieschluss einer heutigen klimatischen Situation, z. B. der subpolaren Breiten, mit einer Situation der Vergangenheit, z. B. des eiszeitlich-periglazialen Klimas Mitteleuropas, sei problematisch. Dies gelte auch für die Analogie der paläogenen Warmklimate mit den tropischen und subtropischen Klimaten der Gegenwart (Bloom 2002).

2.5.4.3 Zyklizität

Das aus dem Prinzip des Aktualismus von James Hutton abgeleitete regulative Prinzip der Zyklizität besagt, dass sich die Formen der Oberfläche des Erdkörpers in der Zeit zyklisch verändern. Sie werden erodiert und eingeebnet **(destruktive Phase)** und nach bestimmten Zeiträumen wieder aufgebaut **(konstruktive Phase).** Der Zyklus ist zeitlich gerichtet, seine Phasen folgen einer logischen Abfolge. Die bekannteste geomorphologische Theorie der Zyklizität wurde durch William Morris Davis entwickelt. Das Prinzip der Zyklizität ist eine Adaption der zyklischen Entwicklungstheorie biologischer Systeme. In der Zyklentheorie von Davis ist daher ein starker Einfluss der Evolutionstheorie von Charles Darwin zu erkennen (Kennedy 2006).

2.5.4.4 Katastrophismus

Das regulative Prinzip des Katastrophismus basiert auf einer **Zurückweisung eines strengen Aktualismus.** Es wird die Hypothese formuliert, dass in der erdgeschichtlichen Vergangenheit abiotische und biotische Ereignisse sehr großer Magnitude mit sehr geringer Frequenz (Katastrophen) aufgetreten sind, die einen plötzlichen und starken Einfluss auf die Entwicklung des Erdsystems genommen haben (Kennedy 2006). Mit diesen Ansätzen wird der empirische Boden des Aktualismus verlassen, der in der Vergangenheit ja lediglich Ereignistypen und -raten erkennen kann, die in der empirisch beobachtbaren Gegenwart ebenfalls auftreten. **Diskontinuitäten im Entwicklungsprozess** werden dabei nicht beachtet. Katastrophentheorien wurden in den Geowissenschaften bisher mit großer Skepsis betrachtet, sie müssen sich jedoch, wie andere Theorien auch, empirisch bewähren. Die Debatten der letzten Jahre bezüglich der **nichtlinearen Reaktionen des Erdsystems** auf externe Störungen, z. B. auf eine Klimaveränderung oder die Bedeutung von Kipppunkten *(tipping points)* im System, lassen es ratsam erschienen, die Debatte über Extremereignisse im Erdsystem neu zu beleben. Die ausschlaggebende Frage bleibt, ob die heutigen geomorphologischen Massenflüsse denen der Vergangenheit gleichen und ob die Reliefentwicklung langsam und stetig (Gradualismus) oder abrupt und plötzlich (Katastrophismus) mit extremen Magnituden stattgefunden hat.

2.5.4.5 Evolutionismus und Entwicklung

In den Geowissenschaften beschreibt das regulative Prinzip des Evolutionismus **kontinuierliche Entwicklungsprozesse** des Erdsystems und seiner Komponenten. Sie werden durch Gesetzmäßigkeiten beschrieben, die einerseits Ursache-Wirkungs-Gesetze und andererseits Entwicklungsgesetze umfassen. Eine Entwicklung wird als ein Prozessverhalten bezeichnet, das im Zeitverlauf des geowissenschaftlichen Systems kontinuierliche und diskontinuierliche Veränderungen hervorruft und einen gerichteten Charakter aufweist. Der Entwicklungsprozess ist irreversibel. Er durchläuft zeitliche Phasen im Sinne eines Pfades, in denen aus der Wirkung eines Prozesses, z. B. eine spezifische Reliefform, eine daraus folgende Reliefform evolviert. Das regulative Prinzip der Entwicklung ist in den heutigen Geowissenschaften vollständig integriert und gebräuchlich, was von von Engelhardt und Zimmermann (1982, S. 362) als deutlicher Vorteil bezeichnet wird, da „Zustände und Ereignisse in ihrer zeitlichen Abfolge zusammenfassend" begriffen werden und „Gesetzmäßigkeiten phänomenologischer Art" aufgestellt werden können, „ohne dass die komplexen kausalen Bedingungen im Einzelnen geklärt zu sein brauchen".

2.5.4.6 Singularität

Im philosophischen Sprachgebrauch wird der Singularitätsbegriff (lat. = das Einzelnsein, Alleinsein) als bedeutungsgleich mit Individualität verstanden. Unter Singularität im geomorphologischen Sinne wird die **Einmaligkeit der Entwicklung** geomorphologischer Systeme verstanden. Die Systemveränderungen sind nichtzyklisch und unumkehrbar, d. h. irreversibel. Evolution und Entwicklung der Reliefformen sind damit singulär-individuelle Sachverhalte, die das Langzeitverhalten von geomorphologischen Systemen kennzeichnen. In der Physik komplexer Systeme hat Singularität eine weitere Bedeutung. Hier beschreiben die singulären Punkte die Situation eines Systems, an denen Wirkungen auftreten, die unbestimmt oder unbegrenzt groß sind. Singuläre Punkte können kritische Zustände eines Systems markieren, an denen ein Systemzustand plötzlich in einen anderen Zustand umschlägt (Strub und Mainzer 2010). Dieses Verhalten kennzeichnet chaotische Systeme, bei denen geringste Variationen der Anfangsbedingungen langfristig zu nicht vorhersagbaren Systemreaktionen führen. Dieser Effekt wird als Schmetterlingseffekt bezeichnet. Schumm (1991) definiert Singularität als ein Charakteristikum, das ein Objekt von anderen Objekten unterscheidbar macht. So sind Reliefformen, z. B. Flussterrassen oder Hänge, zwar ähnlich konstituiert, werden sie jedoch in größerem Detail analysiert, werden unter ihnen beträchtliche Differenzen sichtbar, die als singulär bezeichnet werden. Die Singularität sei damit die zufallsabhängige, unerklärbare Variation in einem Datensatz, d. h. die statistische Unbestimmtheit.

2.5.4.7 Historische Kontingenz

Das Prinzip der historischen Kontingenz greift auf die Konzepte und Theorien der geomorphologischen und physikalischen Singularität zurück (Phillips 2007; Huggett 2017) und entwickelt sie weiter. Unter Kontingenz (griech. *endechómena:* etwas, was möglich ist) versteht man die Möglichkeit, dass ein Sachverhalt anders beschaffen sein könnte, als er tatsächlich beschaffen ist. Der Begriff geht auf Aristoteles zurück, der damit eine mögliche aber **nicht notwendige Aussage** bezeichnete. Des Weiteren beschreibt Kontingenz **zufällige Sachverhalte** und zufällige Eigenschaften von Sachverhalten. In den Naturwissenschaften werden kontingente Eigenschaften im Gegensatz zu kausal determinierten und voraussagbaren Eigenschaften verstanden (Gierer 1998). Kontingente Eigenschaften sind naturgesetzlich unbestimmt. Der Begriff der historischen Kontingenz von geomorphologischen Systemen wird von Phillips (2007) in dem Sinne verstanden, dass Reliefformen nicht das unvermeidbare Ergebnis deterministisch-kausaler Gesetze seien. Reliefformen seien eher zufällige, kontingente Ergebnisse evolutionärer Prozesse, die in einer singulären Umwelt und in einem individuellen historischen Kontext wirken. Sie sind orts- und zeitspezifisch und basieren, so Phillips (2007), auf den Systemeigenschaften des geomorphologischen Erbes, der Bedingtheit und der Instabilität.

2.5.4.8 Ergodizität

Unter Ergodizität wird das Prinzip der **Raum-Zeit-Substitution** verstanden. Der aus der Physik stammende Begriff wird in der Geomorphologie für die abduktive Rekonstruktion der zeitlichen Veränderung von Reliefformen verwendet (Paine 1985; Fryirs et al. 2012). Der Ansatz besagt, dass die unterschiedlichen Eigenschaften von Reliefformen (Geomorphometrie und Baumaterial) an unterschiedlichen Lokalitäten des Reliefs als räumliche Sequenz betrachtet werden können, die als zeitliche Sequenz interpretiert werden kann *(landform chronosequence)*. Die Zeit wird durch den Raum substituiert. So war beispielsweise die proximale Seite einer alpinen Lateralmoräne (Raum) während des Gletscherhochstandes der Kleinen Eiszeit (Zeit) vollständig mit Eis bedeckt. Während des Eisabbaus ab 1850 (Zeit) wurden die Reliefelemente der Moräne (Raum) sukzessive (Zeit) eisfrei, sodass heute (Zeit) die zuerst (Zeit) vom Eis befreiten Reliefelemente der Moräne (Raum) diejenigen Komponenten des Systems (Raum) sind, die zuerst (Zeit) den exogenen Prozessen ausgesetzt waren. Aus der heutigen Lage der Reliefelemente im Raum kann daher auf ihr relatives Alter ergodisch geschlossen werden. Das ergodische Prinzip ermöglicht der Geomorphologie, die Gegenwart als Schlüssel zur Vergangenheit zu nutzen und aktualistisch zu arbeiten. Eine überzeugende Anwendung des ergodischen Prinzips wurde von Brunsden und Kesel (1973) publiziert.

2.5.4.9 Analogie

Unter einer Analogie versteht man die mehr oder weniger starke Übereinstimmung bzw. **Ähnlichkeit von Merkmalen** zweier Systeme unter strukturellen (strukturell analog) oder funktionalen (funktional analog) Gesichtspunkten. Der von Gilbert (1896) und Leopold und Langbein (1962) hervorgehobene Analogieschluss in der Geomorphologie behauptet, dass die strukturelle Ähnlichkeit von Reliefformen, z. B. eine ähnliche Geomorphometrie von Osern, auf eine Ähnlichkeit der verantwortlichen Prozesse zurückgeführt werden kann. Der Aktualismus basiert auf Analogieschlüssen zwischen beobachtbaren Prozess-Form-Beziehungen der Gegenwart und ähnlichen oder gleichen Beziehungen in der geomorphologischen Vergangenheit. Analogieschlüsse können zu schwerwiegenden Fehlinterpretationen führen, z. B. wenn Formenkonvergenzen oder -divergenzen auftreten. Grundlegende Kritik an Analogieschlüssen von der geomorphologischen Gegenwart auf die Vergangenheit wurde von Ollier (1981, 1991) und Bloom (2002) formuliert. Der Entwicklungspfad von geomorphologischen Systemen verlaufe in sehr langen Zeitskalen irreversibel und singulär-individuell, sodass historische Kontingenz vorliege, so ihre Argumentation.

2.5.4.10 Reduktionismus und Emergentismus

Der Reduktionismus behauptet, dass bei Vorliegen von zwei verschiedenen Sachverhalten (Disziplinen, Phänomene, Wissen, Methoden, Funktionen) einer der Sachverhalte (B-Ebene) auf den anderen Sachverhalt (A-Ebene) zurückgeführt werden kann (Hoyningen-Huene 2009). Eine heute intensiv diskutierte Fragestellung lautet z. B., ob das menschliche Bewusstsein auf die physikalischen und chemischen Prozesse des Gehirns zurückgeführt werden kann, oder ob das Mentale ein gänzlich anderes Phänomen darstellt (Falkenburg 2012). Eine weitere Fragestellung liegt darin, ob die Biologie auf die Physik und Chemie reduziert werden kann, oder ob sich biologische Systeme etwa durch einen spezifischen, nicht reduktiven Vitalismus auszeichnen (Nusser 2018). In der Geomorphologie ist der Reduktionismus einerseits mit der Hypothese raum- und zeitabhängiger Formen und Prozesse, also mit der Skale geomorphologischer Systeme, verknüpft. Es erhebt sich die Fragestellung, ob höherskalige Reliefformen, z. B. Hochgebirge oder Kontinente, als Konglomerate von kleinerskaligen Phänomenen (z. B. Täler, Hänge, Gipfel, Grate, Ebenen) betrachtet werden müssen und ihre Eigenschaften und Funktionen aus den Systembestandteilen und ihren räumlichen Mustern erklärt werden können. Andererseits und grundsätzlicher erhebt sich die Fragestellung, ob die Geomorphologie auf die Disziplinen der Physik, Chemie und Biologie reduziert werden kann **(geomorphologischer Reduktionismus),** oder ob sie eigene Zugänge zur geomorphologischen Substanz **(geomorphologischer Antireduktionismus)** benötigt. Mit diesen Themensetzungen muss der Reduktionismus zu den fundamentalsten Problemstellungen aller Wissenschaften gerechnet werden.

Unter Emergenz wird der **Zusammenschluss von Elementen** eines Systems (A-Ebene) zu einem anderen System (B-Ebene) verstanden, dessen Eigenschaften gänzlich neuartig und unerwartet sind. Diese Eigenschaften sind aus Sicht der A-Ebene grundsätzlich unverständlich, unableitbar und unvorhersehbar (Hoyningen-Huene 2009). Es können unterschiedliche Sachverhalte emergent sein. Dazu zählen z. B. die Eigenschaften des Systems und seiner Teile oder die Vorstellung, dass auf der B-Ebene neuartige Gesetze gelten, die auf der A-Ebene nicht gelten. Auch wären die Gesetze der B-Ebene nicht auf die Gesetze der A-Ebene reduzierbar. Der Emergentismus scheint auch für die geomorphologische Erkenntnisgewinnung in unterschiedlichen Raumskalen von besonderer Bedeutung zu sein **(geomorphologischer Emergentismus).** So existiert z. B. die Hypothese, dass die Eigenschaften und Gesetze einer mikroskaligen Felswand (ca. $10\ m^2$) einen anderen Charakter aufweisen als die Eigenschaften und Gesetze auf den höheren Raumskalen der gesamten Felswand (ca. $2 \cdot 10^4\ m^2$) oder der Reliefformen großer alpiner Talsysteme (>100 km^2).

2.6 Probleme geomorphologischer Erkenntnisgewinnung

Die allgemeine Wissenschaftstheorie stellt Prinzipien, Konzepte und Methoden zur Verfügung, die von hohem Wert für die Fachdisziplinen jedweder Richtung und Spezialisierung sind. Ihr logisches Fundament und die Entwicklungslinien der Ideengeschichte seit der **vorsokratischen Philosophie** gehören zum Lehrkanon jeder Disziplin. Gleichwohl existieren im Bereich der speziellen Wissenschaftstheorie besondere Problemstellungen, deren Bearbeitung eng mit dem Charakter der Sachverhalte der Disziplin assoziiert ist. Die Erklärung der geomorphologischen Phänomene der Realwelt stößt häufig auf Probleme, die zu Fehlern der Interpretation führen. Eine Klassifikation derartiger fachspezifischer Problemstellungen wurde durch den amerikanischen Geomorphologen Stanley Schumm diskutiert, der sie in der Lehrbuch-Publikation *To interpret the Earth – Ten ways to be wrong* als die 10 fundamentalen Probleme der Erklärung und Extrapolation (Schumm 1991) bezeichnet hat (◘ Tab. 2.3). Ein Studium

◘ Tab. 2.3 Geomorphologische Problemstellungen, die mit speziellen Kategorien verbunden sind (Schumm 1991)

Geomorphologische Kategorien		Erläuterung
Skale und Ort	Zeit	Absolute Zeitdauer und relative Zeitspanne
	Raum	Raumskale und Größe
	Lokalität	Lokalität von Phänomenen im Raumkontext der natürlichen Systeme
Ursache und Prozess	Konvergenz *(equifinality)*	Erzeugung ähnlicher Formen (Wirkung) durch unterschiedliche Prozesse (Ursache)
	Divergenz	Erzeugung unterschiedlicher Formen (Wirkung) durch ähnliche Prozesse (Ursache)
	Effizienz	Variable Effizienz von Prozessen und durch sie geleistete Arbeit
	Multiplizität	Mehrfache Erklärungsmöglichkeiten durch Kombination von Verursachung und Beeinflussung natürlicher Phänomene
Systemreaktion	Singularität	Natürliche räumlich-zeitliche Variabilität ähnlicher Phänomene
	Sensitivität	Empfindlichkeit eines Systems gegenüber Veränderungen
	Komplexität	Komplexes Systemverhalten aufgrund veränderter Randbedingungen

dieser Publikation kann für die Beschäftigung mit geomorphologischen Themen äußerst hilfreich sein.

Die von Schumm (1991) genannten Problemstellungen werden in 10 Kategorien gefasst, die Eigenschaften geomorphologischer Systeme darstellen, die besondere Anforderungen an die Analytik stellen und in der Geomorphologie zu großen Differenzen der Erkenntnisgewinnung führen können. Der englische Geomorphologe John Thornes betonte, dass mindestens fünf dieser Kategorien, nämlich Zeit, Konvergenz, Divergenz, Komplexität und Sensitivität, eine besondere Bedeutung für die historische Rekonstruktion von Paläosystemen durch retrodiktive Methoden aufweisen (Thornes 1983).

Fazit

Die Wissenschaftstheorie oder Wissenschaftsphilosophie bietet ein reichhaltiges Angebot an Konzeptionen, Prinzipien und Methoden, um den Erkenntnisprozess der Geomorphologie auf eine konsistente und kohärente Basis zu stellen. Dieses Angebot sollte die Disziplin aufgreifen. Ihre systematischen Grundlagen und der komplizierte Charakter ihrer empirischen Erkenntnisgegenstände, die aktuelle und historische Phänomene umfassen, lassen eine explizite Darlegung von Theorie, Empirie, Methodologie und Programmatik gewinnbringend erscheinen. Damit lassen sich die transdisziplinäre Effizienz und die gesellschaftliche Nützlichkeit erhöhen. Des Weiteren lehrt die Wissenschaftstheorie, dass die Erkenntnisgewinnung über die Phänomene der Realwelt paradigmatisch gesteuert und diachronen Wandlungen unterworfen ist. Was durch die wissenschaftliche Gemeinschaft als Wissen akzeptiert wird, unterliegt damit auch sozialen, geistigen, (macht)politischen oder allgemein kulturellen Prozessen. Darüber hinaus lehren Theorien der Kontingenz- und Emergenzwissenschaft, dass es dringend notwendig ist, das deutlicher werdende Nichtwissen über die Phänomene der Realwelt zu erkennen und zu akzeptieren. Offenbar erweisen sich tradierte Theorien der Geomorphologie als zu simpel und reduktionistisch, um dem komplizierten und komplexen Charakter der Formen der Erdoberfläche gerecht werden zu können. Wenn gar prognostisches Wissen über die geomorphologische Zukunft der Erdoberfläche und ihrer Koevolution mit den menschlichen Gesellschaften generiert werden soll, erscheint die philosophische und darüber hinaus kulturwissenschaftliche Begleitung unerlässlich. Diese sozial-ökologische Geomorphologie muss sich allerdings auch mit dem Phänomen der Natur auseinandersetzen. Die wissenschaftliche Disziplin der Naturphilosophie wird somit zurate gezogen werden müssen.

Weiterführende Literatur

Baker VR (1996) Hypotheses and geomorphological reasoning. In: Rhoads BL, Thorn CE (Hrsg) The scientific nature of geomorphology. Wiley, Chichester, S 57–85

Bartels A, Stöckler M (2009) Wissenschaftstheorie. Mentis, Paderborn

Blotevogel HH (1997) Einführung in die Wissenschaftstheorie: Konzepte der Wissenschaft und ihre Bedeutung für die Geographie. Diskussionspapier 1/1997, Geographisches Institut, Gerhard-Mercator-Universität-GH Duisburg (als Manuskript vervielfältigt), Duisburg

Chorley RJ (1978) Bases for theory in geomorphology. In: Embleton C, Brunsden D, Jones DKC (Hrsg) Geomorphology: present problems and future prospects. Oxford University Press, Oxford, S 1–13

Falkenburg B (2012) Mythos Determinismus. Wieviel erklärt uns die Hirnforschung. Springer, Heidelberg

Haines-Young R, Petch J (1986) Physical geography: its nature and methods. Harper & Row, London

Inkpen R, Wilson G (2013) Science, philosophy and physical geography. Routledge, London

Kuhn T (1976) Die Struktur wissenschaftlicher Revolutionen, 2. Aufl. Suhrkamp, Frankfurt

Nusser K-H (2018) Der blinde Fleck der Evolutionstheorie. Alber, Freiburg

Phillips JD (2007) The perfect landscape. Geomorphology 84:159–169

Rhoads BL, Thorn CE (Hrsg) (1996b) The scientific nature of geomorphology. Wiley, Chichester

Rhoads BL, Thorn CE (2011) The role and character of theory in geomorphology. In: Gregory KJ, Goudie AS (Hrsg) The SAGE handbook of geomorphology. SAGE, Los Angeles, S 59–77

Schumm SA (1991) To interpret the earth – ten ways to be wrong. Cambridge University Press, Cambridge

Schurz G (2006) Einführung in die Wissenschaftstheorie. Wissenschaftliche Buchgesellschaft, Darmstadt

von Engelhardt W, Zimmermann J (1982) Theorie der Geowissenschaft. Schöningh, Paderborn

Geomorphologische Systeme und Prozesse

R. Dikau et al., *Geomorphologie*, https://doi.org/10.1007/978-3-662-59402-5_3

Seit der griechischen Antike bezeichnet ein System ein aus Teilen zusammengesetztes, gegliedertes und geordnetes Ganzes. Darunter können sowohl Phänomene der abiotischen Natur, wie der Erdkörper, als auch der biotischen Natur, wie Pflanzen- oder Tierarten, verstanden werden. Auch menschliche Gesellschaften lassen sich als Systeme beschreiben. Systeme sind geistige Konstrukte und Abstraktionen, d. h. Idealisierungen und Modelle der realen Welt. Ein wichtiges Kriterium ist ihre Abgegrenztheit gegen ihre Umwelt, d. h. gegen andere Objekte und Prozesse, die nicht als Bestandteil des Systems angesehen werden. Systeme bestehen aus Elementen oder Komponenten, Attributen (Variablen und Werte) und Beziehungen (Relationen) zwischen den Elementen und Attributen. Ein fluviales System besteht z. B. aus den Komponenten Oberhang, Mittelhang, Unterhang, Talboden und Gerinne, die durch Prozesse des Materialtransportes gekoppelt sein können. Diese Betrachtungsweise wird als Relation zwischen den Komponenten in Form einer Hang-Gerinne-Kopplung aufgefasst. Eine Relation zwischen Attributen liegt vor, wenn die in Beziehung stehenden Eigenschaften der Systemkomponenten betrachtet werden, z. B. die Hangneigung, das Sedimentvolumen, die Scherfestigkeit des Materials oder die Fließgeschwindigkeit im Gerinne. Die geomorphologische Analytik kann sodann zu den kausalen Aussagen gelangen, dass die Hangneigung des Oberhangs den Materialtransport zum Unterhang steuert und dass das fluviale Gerinne erreichende Sedimentvolumen von der Speicherfähigkeit des Talbodens beeinflusst wird. Diese als systemisch bezeichneten Theorien der Geomorphologie bilden unabdingbare Voraussetzungen für ein Verständnis der lokalen bis globalen Stoff- und Energiekreisläufe und ihrer Beeinflussung durch die gesellschaftlichen Systeme. In diesem Rahmen ist die Geomorphologie eine Disziplin der Erdsystemwissenschaften *(earth system sciences)*. Im gesamten Umfang des Erdsystems bilden geomorphologische Systeme die Phänomene, die die Grenzfläche des Erdkörpers zu anderen Teilsystemen, wie die Atmosphäre oder Hydrosphäre, umfassen.

3.1 Komponenten geomorphologischer Systeme

Die ersten Konzeptionen geomorphologischer Systeme basieren auf den Arbeiten des britischen Geomorphologen Richard Chorley, der in den 1960er- und 1970er-Jahren die allgemeine Systemtheorie in die physische Geographie eingeführt hat (Chorley und Kennedy 1971; von Elverfeldt 2012; Huggett 2017). Die prozessualen Beziehungen zwischen den Systemkomponenten umfassen Material- und Energieflüsse. Geomorphologische Systeme sind offen, d. h., Material und Energie werden aus der Systemumwelt aufgenommen (Input) und nach Veränderung und Umformung wieder an sie abgegeben (Output). Die Funktion eines Systems erfordert daher Antriebskräfte und Energiequellen. Die Energie, die in geomorphologischen Systemen die Antriebskräfte erzeugt, wird durch die Solarstrahlung, das atmosphärische System, die Gravitation und den geothermischen Wärmefluss geliefert. Durch **Kopplung von Systemen** oder Teilsystemen werden Netzwerke (z. B. Gerinnenetzwerke) und Muster, z. B. räumliche Anordnung von Erosions- und Depositionsbereichen am Hang oder Frostmusterböden, gebildet. Ein geomorphologisches System bezeichnet somit eine räumlich-materielle Struktur von in Wechselwirkung stehenden Reliefformen und formverändernden Prozessen. Ein Hochgebirge, ein Hang, ein Flusstal, ein Steinring oder eine Erosionsrinne bilden in diesem Sinne geomorphologische Systeme. Ein wichtiges Kriterium ist die Abgrenzbarkeit gegen ihre Umwelt, d. h. gegen andere Phänomene, die nicht als Bestandteil des Systems angesehen werden.

In geomorphologischen Systemen stehen die Formen der Erdoberfläche und deren auf- und abbauenden Prozesse in Wechselwirkung. **Form und Prozess** bilden daher die zentralen Erkenntnisobjekte der Geomorphologie (◻ Tab. 3.1). Sie bilden räumliche Strukturen, die zeitlichen Veränderungen unterliegen. Der systemische Ansatz folgt einer analytischen Zerlegung (Disaggregation) in einfachere Komponenten, die einerseits separat (Form und Prozess) und andererseits in ihren gegenseitigen Wechselwirkungen (Prozess-Response-Beziehungen) untersucht werden können. Die Erdoberfläche systemisch zu betrachten bedeutet damit, ihren **Kontinuumcharakter** aufzulösen und die Reliefformen-Assoziation analytisch in Systemelemente zu zerlegen. Weitere Systemkategorien ergeben sich aus der Betrachtung der langfristigen Reliefentwicklung (Geomorphogenese) und aus beabsichtigten oder unbeabsichtigten menschlichen Eingriffen in die Systeme. Es ist sinnvoll, geomorphologische Systeme unter diesen Gesichtspunkten zu klassifizieren.

3.1.1 Geomorphologische Formen

Geomorphologische Formen, die auch als Reliefformen bezeichnet werden, bilden den zentralen Untersuchungsgegenstand der Geomorphologie. Sie weisen zwei- und dreidimensionale Eigenschaften auf. Die Erdoberfläche bildet eine Grenzfläche zwischen der Lithosphäre und den erdexternen Komponenten der Atmosphäre, Hydrosphäre, Kryosphäre und Biosphäre. Diese Fläche hat einen zweidimensionalen Charakter. Sie bildet die externe Begrenzung des Erdkörpers, der aus Locker- oder Festgesteinen aufgebaut ist. **Grenzfläche** und **Materialkörper** bilden die geomorphologische Form, für die synonym auch die Begriffe Relief, Georelief, Reliefform oder Reliefsphäre verwendet werden (◻ Tab. 3.1).

Geomorphologische Formen besitzen einen dualen Charakter. Sie sind einerseits das Produkt der geschichtlichen Entwicklung des Reliefs **(Geomorphogenese)** und resultieren andererseits aus den Steuerungsfaktoren aktueller Prozesse an der Grenzfläche des Erdkörpers **(aktuelle Erdoberflächenprozesse)**. Die geomorphologische Form

Tab. 3.1 Erkenntnisobjekte der Geomorphologie. (Nach Kugler 1974). Es existiert heute eine Vielzahl synonymer und oft gleicher Begriffe für die dreidimensionale Reliefform und/oder ihre zweidimensionale Oberfläche. Eine präzise systemische Beschreibung sollte das Erkenntnisobjekt angemessen definieren und disjunkte Begriffe verwenden

Erkenntnisobjekt	Charakterisierung	Synonyme Begriffe (Auswahl)	Beschreibende Attribute (Auswahl)
Reliefform	Dreidimensionaler Materialkörper der obersten Lithosphäre, der durch eine zweidimensionale Oberfläche gegen andere Sphären (z. B. Atmosphäre, Hydrosphäre oder Lithosphäre) abgegrenzt wird	Relief Reliefsphäre Georelief Landform Form geomorphologische Form Reliefformkörper	Geomorphometrie und Baumaterial der Reliefform
Komponenten der Reliefform	In dreidimensionale Komponenten disaggregierte Reliefformen	Relieffacetten Formfacetten Reliefelemente Formelemente	Geomorphometrie und Baumaterial der Reliefformkomponenten
Oberfläche der Reliefform	Im engeren Sinne: zweidimensionaler Bestandteil der Reliefform, der die Erdoberfläche bildet Im weiteren Sinne: Oberfläche des gesamten dreidimensionalen Reliefformkörpers, d. h. auch als Grenzfläche zur tieferen Lithosphäre	Relief Reliefsphäre geomorphologische Form Landoberfläche Erdoberfläche Erdoberflächenform	**Größe:** Raumskale der Reliefform **Gefüge/Struktur:** Verschachtelung Vergesellschaftung und Topologie der Reliefformen **Geometrische Gestalt:** z. B. Neigung, Wölbung, Grundriss **Lage:** Position im geodätischen Raum und innerhalb einer höherskaligen Reliefform **Alter:** Zeitskale der Entstehung und Existenzdauer
Baumaterial der Reliefform	Dreidimensionale Komponente der Reliefform Körper der obersten Lithosphäre, der durch die Oberfläche der Reliefform begrenzt wird	Oberflächennaher Untergrund geomorphosphärischer Komplex geomorphologisch relevanter Untergrund	**Materialeigenschaften:** z. B. mineralogische Zusammensetzung, Korngröße, Scherfestigkeit, Kluftdichte **Dreidimensionale Geometrie:** z. B. Volumen, Größe, Lage, Mächtigkeit
Geomorphologische Prozesse	Chemisch, physikalisch und biologisch begründete Prozesse, die zu Reliefformaufbau, -veränderung und -abbau führen	Erdoberflächenprozesse aktuelle Prozesse geomorphogenetische Prozesse Reliefformung Formung Geomorphodynamik	Typ der formbildenden Prozesse Alter und Zeitdauer der formbildenden Prozesse Prozessrate

kann geometrisch und topologisch (Lagebeziehung der Formen) beschrieben werden. Die Beschreibung und Messung ist Aufgabe der Geomorphometrie (▶ Kap. 4). Diese traditionelle Teildisziplin der Geomorphologie bildet heute ein modernes Forschungsfeld, in dem computergestützte Technologien aus zahlreichen, mit der Erdoberfläche befassten, wissenschaftlichen Disziplinen und Organisationen zum Einsatz kommen (Hengl und Reuter 2009). Eine der Aufgaben der Geomorphometrie liegt in der Systematisierung der Oberfläche der Reliefformen und ihrer Eigenschaften. Danach kann das Relief als Assoziation von Reliefeinheiten unterschiedlicher Geometrie, Topologie, Struktur und Größe quantitativ beschrieben werden. Eine Weiterentwicklung der Aufgaben der Geomorphometrie umfasst die Quantifizierung des Baumaterials der geomorphologischen Form, d. h. des dreidimensionalen Materialkörpers. Beschreibende Eigenschaften sind z. B. das Volumen von Sedimentkörpern oder ganzer Hochgebirge, die Kluftdichte eines Festgesteinskörpers oder das Volumen von Erosionsrinnen auf Hängen (▶ Kap. 5). Eine derart verstandene Systematisierung geomorphologischer Formen und ihre Integration in eine kohärente wissenschaftliche Theorie ist ein Verdienst des deutschen Geomorphologen Hans Kugler (1964a, 1974), der seine Ansätze zeitgleich mit den Arbeiten von Richard Chorley entwickelte.

3.1.2 Geomorphologische Prozesse

Die zweite zentrale Komponente geomorphologischer Systeme bilden die geomorphologischen Prozesse. Darunter verstehen wir physikalische, chemische und biologische Vorgänge an der Erdoberfläche, welche die Materialien der Lithosphäre abtragen, transportieren und deponieren. Dabei werden geomorphologische Formen auf- und abgebaut. Diese Wirkung kann partiell auch durch physikalisch-chemisch-biologische Verwitterungsprozesse der Formmaterialien (Gesteinszersatz) erzeugt werden. Allgemein werden derartige Vorgänge auch als **Reliefformung** oder **Formung** bezeichnet.

Die Prozessgeomorphologie, die synonym auch als funktionale Geomorphologie bezeichnet wird, basiert auf der **physikalischen Kräftelehre** der Materialbewegung (Dynamik). Sie erfordert Wissen über die **Bewegungsraten** (Kinematik) des transportierten Materials. Dieser prozessual-dynamische Ansatz der Geomorphologie wurde in den bahnbrechenden Arbeiten des amerikanischen Geomorphologen Arthur Strahler Anfang der 1950er-Jahre auf Basis des Prinzips des **dynamischen Gleichgewichtes** von Grove Karl Gilbert (1877) in die Disziplin eingeführt (Strahler 1952). Er beschreibt Kräfte, die auf die elastischen, plastischen und viskosen Materialien des Erdkörpers einwirken und zu bestimmten Reliefformen führen können. Diese Vorgänge werden als Prozesse der Verwitterung und Abtragung sowie des Transportes und der Deposition bezeichnet. Geomorphologische Prozesse können auf Basis der angreifenden physikalischen, chemischen oder biologischen Prozesse klassifiziert werden, z. B. als fluviale, glaziale, gravitative, periglaziale, geochemische oder biogeomorphologische Prozesse.

Geomorphologische Formen können als ein Ausdruck der Beziehung zwischen den Kräften an der Erdoberfläche und der Widerstandsfähigkeit des Untergrundmaterials aufgefasst werden. Wenn ein Fluid, z. B. der Oberflächenabfluss auf einem Hang, über ein festes Medium strömt, erzeugt es Kräfte, die auf die Grenzfläche einwirken. Die Widerstandsfähigkeit des Materials der Form wird durch die Eigenschaften des Fest- und Lockergesteins erzeugt. Erst wenn der Schwellenwert der **Widerstandsfähigkeit** überschritten ist, kann ein Materialtransport und folglich eine Formveränderung eintreten. Ein geomorphologischer Prozess ist daher ein physikalisch-chemisch-biologischer Vorgang, bei dem ein Systemzustand in einen anderen überführt wird. Die Veränderung des Systemzustandes wird durch **Kräfte** verursacht, die durch die klassische Newton'sche Physik beschrieben werden können. Derartige Kräfte können als die Einwirkung von **Energie** auf die Form betrachtet werden. Die Energie wird durch das atmosphärische System, die Gravitation und den geothermischen Wärmefluss geliefert. Wenn die Kräfte nicht ausreichen, um das geomorphologisch relevante Material zu bewegen oder zu verändern, kann auch keine Formveränderung stattfinden.

Das Material kann als zusammenhängende Masse oder als isolierter Partikel transportiert werden. Der Transport kann durch ein **Transportmedium** (z. B. das Wasser eines Flusses) oder durch die **Gravitation** (z. B. in Form eines Steinschlags) verursacht werden. Bei einer gravitativen Massenbewegung, z. B. einer Rutschung (▶ Kap. 10), kann das Material als überwiegend zusammenhängende Masse von Festgestein oder Lockermaterial transportiert werden. Die Bewegung wird durch Kräfte verursacht, die die Masse als Ganzes beeinflussen, wobei die Einzelpartikel der Masse in engem Kontakt stehen und der Prozess von den Eigenschaften des gesamten Körpers abhängt, z. B. von der inneren Reibung und Kohäsion. Beim Transport isolierter Partikel besteht in der Regel keine oder keine starke Wechselwirkung zwischen den einzelnen bewegten Materialien. Die Kräfte wirken auf die Partikel getrennt ein. Der Prozess hängt von den Partikeleigenschaften ab, z. B. von der Korngröße oder dem Zurundungsgrad der Körner.

Erosionsprozesse bezeichnen eine spezifische geomorphologische Prozessgruppe. In der bisherigen deutschsprachigen Terminologie wird der Begriff für die Beschreibung der linear-fluvialen Prozesse verwendet und dem Begriff der flächenhaften „Denudation" gegenübergestellt. Der Begriff „Erosion" ist auch im Term Bodenerosion enthalten, der aus dem englischen Begriff *soil erosion* übersetzt wurde. Hier beschreibt er sowohl lineare (z. B. Rillenerosion, Gabenerosion) als auch flächenhafte Prozesse der Interrillenerosion. In einem weiter gefassten angloamerikanischen Gebrauch werden mit dem Begriff *erosion* generell alle Abtragsprozesse beschrieben, die entweder ein Agens benötigen (z. B. Eis, Wasser, Wind) oder durch die Schwerkraft gesteuert werden (z. B. Fallprozesse). Einer Beschränkung des Begriffes auf die linienhaften Prozesse der fluvialen Erosion wird in diesem Lehrbuch nicht gefolgt. Es erscheint vielmehr angebracht, den deutschen Begriff „Erosion" in Zukunft in einem erweiterten Sinne und in Anlehnung an die angloamerikanische Geomorphologie zu verwenden. Er wird in die Prozesse der Materialabtrennung vom Locker- und Festgesteinsuntergrund und die Prozesse des Materialtransportes gegliedert. Der Begriff **„Prozesse der Denudation"** (Ahnert 2015, S. 45) wird in diesem Lehrbuch nicht verwendet. Er beschreibt die „flächenhaft wirkende Abtragung" und damit eine undifferenzierte, auf Hängen auftretende Prozessgruppe. Dazu sind z. B. hangaquatische, gravitative, einige periglaziale und äolische Prozesse zu rechnen. Es erscheint sinnhaft, diese Prozessgruppe begrifflich differenziert zu beschreiben.

Geomorphologische Prozesse können auf Basis der dominanten physikalischen, chemischen oder biologischen Prozesse klassifiziert werden (◘ Tab. 3.2). Eine Sonderstellung bildet der Mensch bzw. die **menschlichen Gesellschaften,** die in geomorphologische Systeme eingreifen und diese nachhaltig verändern oder zerstören können. In zahlreichen geomorphologischen Lehrbüchern wird der „Mensch" als ein „Agens", d. h. als treibende Kraft bzw. tätiges Wesen des geomorphologischen Prozesses, betrachtet. Diese Prozessgruppe wird von Leser (2009, S. 160) als „technogene/anthropogene" Prozessgruppe zusammengefasst. Sie erhält damit einen systemischen Status, der auf gleicher Stufe angesiedelt zu sein scheint wie andere Prozessagenzien, z. B. Wind, Wasser, Eis und Schwerkraft.

Tab. 3.2 Gliederung der Geomorphologie auf Basis geomorphologischer Prozesstypen und menschlicher Handlungen

Geomorphologischer Prozesstyp	Kraft oder Agens (Auswahl)	Bezeichnung der Teildisziplin (Auswahl)
Endogene Prozessgruppe		
Vulkanische Prozesse	Magmatische Kräfte des Erdinnern	Vulkanologische Geomorphologie
Tektonische Prozesse	Tektonische Kräfte des Erdinnern	Tektonische Geomorphologie
Exogene Prozessgruppe		
Verwitterungsprozesse	Temperatur, Wasser, Eis	Geomorphologie der Hangsysteme
Gravitative Prozesse	Schwerkraft	
Hangaquatische Prozesse Bodenerosionsprozesse	Splash, Oberflächenabfluss	
Fluviale Prozesse	Flusswasser	Fluviale Geomorphologie
Äolische Prozesse	Wind	Äolische Geomorphologie
Glaziale Prozesse	Gletschereis, Schnee, Firn	Glazialgeomorphologie
Nivale Prozesse	Schnee, Schneeschmelze	
Periglaziale Prozesse	Bodeneis	Periglazialgeomorphologie
Lösungsprozesse	Wasser im und auf dem Gesteinskörper	Karstgeomorphologie
Küstenprozesse	Meereswelle	Küstengeomorphologie
Biologische Prozesse	Pflanzen, Tiere, Mikroorganismen	Biogeomorphologie
Menschliche Handlungen Kolonisierung geomorphologischer Systeme	Technische Einwirkung auf geomorphologische Systeme (z. B. durch den Pflug, Bergbau oder Schadstoffe)	Geomorphologie im Anthropozän Sozial-ökologische Geomorphologie Anthropogeomorphologie Ingenieurgeomorphologie

3.2 Geomorphologische Systemtypen

Geomorphologische Systeme lassen sich auf Basis unterschiedlicher Kategorien klassifizieren. Eine für die empirischen und theoretischen Ziele angemessene **Klassifikation in Systemtypen** basiert auf folgenden Eigenschaften:

- Typ und räumlicher Wirkungsbereich des dominanten geomorphologischen Prozesses (z. B. fluviale, äolische, glaziale oder tektonische Prozesse),
- Größe und Alter der geomorphologischen Form (z. B. große und alte kontinentale Schilde oder kleine und junge Erosionsrillen),
- Geomorphometrie und materielle Zusammensetzung der geomorphologischen Form (z. B. steile Felswände und sandige Dünen).

Eine bedeutende Klassifikation nach den Vorschlägen des britischen Geomorphologen Richard Chorley und seiner Schüler beruht auf dem physikalischen Paradigma des **thermodynamischen Gleichgewichtes.** Es besagt, dass das System nach einer Veränderung der Randbedingungen oder einer systemexternen Störung in ein neues Gleichgewicht zurückkehren will und dies durch die Wirkung negativer Rückkopplungen erreicht wird. Ansätze von geomorphologischen Gleichgewichtssystemen sind in den USA durch die Geomorphologen Gilbert (1877), Strahler (1952) oder Hack (1960) und in Deutschland durch den Geomorphologen Frank Ahnert (2015) thematisiert worden. Die systemische Geomorphologie hat nach den Arbeiten von Richard Chorley vor allem in den USA und Großbritannien zahlreiche Erweiterungen und Konkretisierungen erfahren. Zu nennen sind hier der amerikanische Geomorphologe Stanley Schumm (1991) und der britische Geomorphologe Denys Brunsden (1990, 1996). Von ihnen wurden die Kategorien geomorphologischer Systeme weiterentwickelt bzw. aus anderen naturwissenschaftlichen Disziplinen in die Geomorphologie importiert.

Die Theorie geomorphologischer Gleichgewichtssysteme wird seit Beginn der 1990er-Jahre einer deutlichen Kritik unterzogen (Phillips 1992). Der Ansatz, so Bracken und Wainwright (2006), sei eher ein Mythos als eine testbare Hypothese, die dem komplizierten und komplexen Charakter geomorphologischer Systeme kaum gerecht werden könne. Es sei daher erforderlich, einen gänzlich neuen Ansatz von „Gleichgewicht" zu entwickeln. Eine Erweiterung der klassischen Systemansätze wurde seit 1990 durch Theorien **komplexer nichtlinearer Systeme** erreicht, die der amerikanische Geomorphologe Jonathan Phillips in die Disziplin einführte (Phillips 1992). Im Unterschied zu Gleichgewichtssystemen, die nach einer Relaxationszeit in einen neuen Gleichgewichtszustand zurückkehren, reagieren **Nichtgleichgewichtssysteme** völlig anders. Hier reagiert das System auf anhaltende kleine Störungen mit dynamischer Instabilität und, im Verhältnis zum Ausmaß der Störung, mit unverhältnismäßig großen und lang anhaltenden Reaktionen.

Es können fünf grundlegende **geomorphologische Systemtypen** unterschieden werden (◘ Abb. 3.1, ◘ Tab. 3.3). Die Typisierung basiert auf einer bewussten Auswahl und Einschränkung spezifischer Systemattribute und -relationen. Es sind Systembeschreibungen auf Grundlage statischer und dynamischer Kategorien. Sie umfassen die zweidimensionale Oberfläche und den dreidimensionalen Körper der geomorphologischen Form, den geomorphologischen Prozess und ihre gegenseitigen Wechselwirkungen und Rückkopplungen. Jede dieser Systemtypisierungen kann durch komplexes nichtlineares Verhalten gekennzeichnet sein.

Geomorphologische Systeme sind **offene Systeme,** durch die kontinuierlich Energie und Material transportiert werden. Offene Systeme nehmen Energie und Masse auf (Input), transportieren und verändern sie systemintern und geben sie wieder an die Systemumwelt ab (Output). Ein Charakteristikum von offenen Systemen ist, dass sie trotz der Massen- und Energiedurchsätze ihre räumliche Struktur erhalten können. So bleibt beispielsweise die Neigung eines Hanges über bestimmte Zeiträume gleich, obwohl das System ständig von Materialflüssen gekennzeichnet ist.

3.2.1 Formsysteme

In der Konzeption des geomorphologischen Formsystems werden die Systemkomponenten als **statisch,** d. h. in der Zeit unveränderlich, betrachtet (◘ Abb. 3.1). Das Formsystem definiert sich auf Basis der Eigenschaften der **zweidimensionalen Formoberfläche** und des **dreidimensionalen Formkörpers.** Es wird durch Variablen beschrieben, die die Geometrie und Topologie der Formoberfläche (z. B. Hangneigung, Wölbung, Höhe, Lage am Hang, Position innerhalb der Toposequenz, Größe), den Baukörper der Form (z. B. Geometrie, Volumen, Gesteinstyp, Korngröße, Wassergehalt, Klüftung) und ihre statisch-kausalen Beziehungen (z. B. Beziehung zwischen Gesteinstyp und Hangneigung) betreffen. Die Attribute dieser Systemdefinition werden derart gewählt, dass sie weitergehende geomorphologische Aussagen, z. B. zur Entstehung der Form oder der Prozessprognose für ein Naturgefahrenmodell, zulassen. Das Formsystem kann in Komponenten zerlegt (disaggregiert) werden (z. B. Formelemente und Formfacetten). Als besonders bedeutsame Eigenschaft wird die Systemstruktur angesehen, die das Raummuster der Komponenten beschreibt. Das Beispiel in ◘ Abb. 3.1 besteht aus einem Hangsystem mit den Teilsystemen Oberhang, Mittelhang und Unterhang. Eine geomorphologisch relevante kausale Beziehung besteht zwischen der Hangexposition und der solaren Einstrahlung. In statischen Systemansätzen werden keine prozessualen Kopplungen zwischen den Systemkomponenten berücksichtigt.

3.2.2 Kaskadensysteme

Der Ansatz des Kaskadensystems erweitert das Formsystem um die Energie- und Materialflüsse entlang gekoppelter, kaskadenförmiger Transportwege, die als Trajektorien bezeichnet werden (◘ Abb. 3.1). Sie werden auch als Prozess- oder Fluss(Flux)systeme bezeichnet. Der Fokus bei der Betrachtung der realen Welt als Kaskadensystem liegt auf der Beziehung zwischen Input und Output der Teilsysteme und ihren Kopplungen. Durch die prozessual gekoppelten Transportwege wird der Output eines Teilsystems (Materialquelle) zum Input des benachbarten Teilsystems (Materialsenke). Kaskadensysteme verfügen über Materialspeicher (z. B. ein Talauensediment). Sie berücksichtigen die Zeit, d. h., dass der Materialfluss und die Formveränderung in der Zeit als eigenständige Systemkategorie betrachtet werden. Die Massenflüsse umfassen Lockergesteine und die geochemische Lösungsfracht. Das Beispiel in ◘ Abb. 3.2 und 3.3 stellt das Kaskadensystem eines Hanges dar, bei dem verwittertes Festgestein der freien Felswand (Speicher 1) durch Sturzprozesse entlang einer Sturzbahn auf eine Schutthalde transportiert

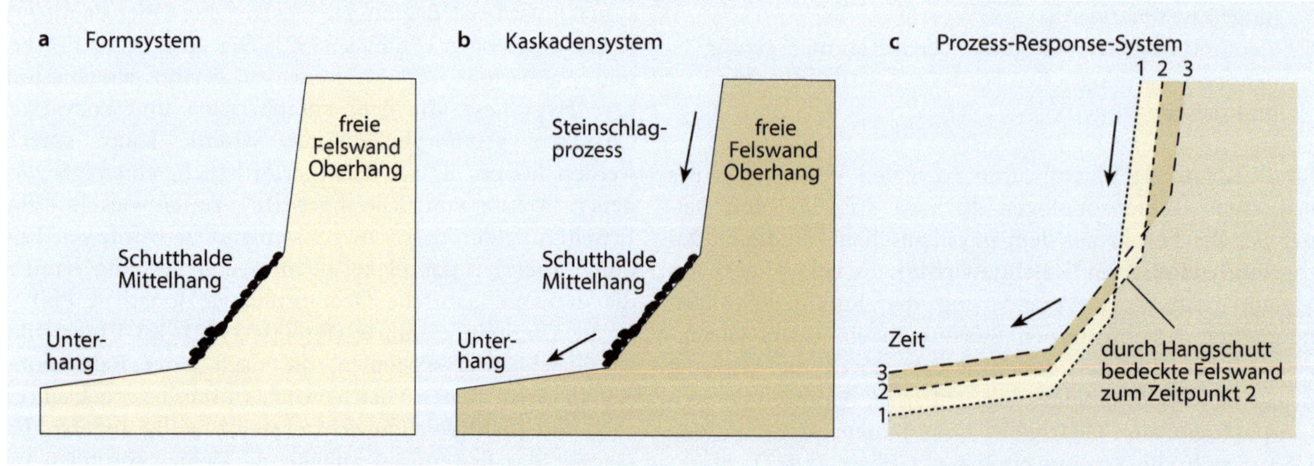

◘ **Abb. 3.1** Auswahl geomorphologischer Systemtypen. (Verändert nach Huggett 2017: Fundamentals of Geomorphology. 4. Auflage. Verfasst von Richard John Huggett, veröffentlicht von Routledge. © Richard John Huggett 2017. Abdruck im Einvernehmen mit Taylor & Francis Books UK)

■ **Tab. 3.3** Klassifikation der klassischen geomorphologischen Systemtypen (nach Chorley und Kennedy 1971) und ihre Erweiterungen um komplexe Nichtlinearität. (Nach Phillips 2003)

Systemtyp	Prozesse und Attribute	Beispiele
Klassische Typisierung		
Formsystem (statisches System) *(morphologic system)*	Zweidimensionale Oberfläche (Grenzfläche) der Reliefform (Erdoberfläche) dreidimensionaler Körper der Reliefform	Hangneigung Abgrenzung eines Einzugsgebietes Volumen eines Sedimentkörpers Korngröße eines Sedimentes
Kaskadensystem (Prozesssystem) *(cascading system)*	Sequenzielle Anordnung von Reliefelementen entlang einer Kaskade (Toposequenz)	Hangsystem (Kopplung von Felswand und Schuttkegel) fluviales System mit Kopplung zwischen Sedimentquellen (Hänge) und Senken (Flussauen, Ozean)
Prozess-Response-System *(process-response system)*	Form-Prozess-System mit Rückkopplungen zwischen Form und Prozess	Hangsystem (freie Felswand und Schuttkegel) mit negativer Rückkopplung zwischen Form und Prozess
Geomorphogenetisches System *(morphologic evolutionary systems)*	Prozess-Response-System, das sich in mehreren Entwicklungsphasen der Vergangenheit gebildet hat Bildung eines geomorphologischen Formen-Palimpsests	Glaziales Talsystem im Hochgebirge, Mittelgebirge kontinentale Schilde mit neotektonischer Überprägung
Geomorphologisches Kontrollsystem *(control system)*	Prozess-Response-System, in das der Mensch beabsichtigt oder unbeabsichtigt eingreift	Bodenerosion durch landwirtschaftliche Nutzung Küstenverbau zur Verhinderung der Küstenerosion Mäanderdurchstich eines Flusslaufes
Erweiterung um komplexe Nichtlinearität		
Komplexes nichtlineares System *(complex nonlinear system)*	Unproportionalität zwischen der gesamten Spannbreite der System-Inputfaktoren und der Systemreaktion Selbstorganisation Chaos	Steinringe im Periglazial Hangrutschung Bodenerosion Gerinnenetze

wird und hier einen zweiten Sedimentspeicher bildet. Dieser Speicher 2 kann durch Remobilisierungsprozesse geleert und in andere Systeme weitertransportiert werden.

Die in ■ Abb. 3.3 dargestellte Struktur eines geomorphologischen Kaskadensystems stellt eine vereinfachte, lineare Form dieses Systemtyps dar, der in räumlichen Mikro- und Mesoskalen häufiger anzutreffen ist. Mit zunehmender Raumskale wird jedoch die geomorphometrische Struktur komplizierter. Es emergieren Reliefeinheiten, die zusätzliche Sedimentquellen, aber auch zusätzliche Sedimentdepositionsräume (Speicher) darstellen. Hier können Sedimente zeitlich variabel begrenzt abgelagert und wieder remobilisiert werden. In den Quellen mobilisierte Materialien werden somit erst mit beträchtlicher zeitlicher Verzögerung durch das System bewegt. Derartige Sedimentspeicher sind von höchster Bedeutung, da sie die Reaktion der Kaskade auf externe Einflüsse stark verzögern können, sodass zeitlich entkoppelte Ursache-Wirkungs-Beziehungen auftreten können. Der Ansatz des Sedimenthaushaltes widmet sich derartigen Fragenstellungen in besonderem Maße.

3.2.3 Prozess-Response-Systeme

Als Prozess-Response-Systeme werden geomorphologische **Materialflusssysteme** bezeichnet, in denen Rückkopplungen zwischen Formen und Prozessen (Abtrag, Transport, Deposition) stattfinden (■ Abb. 3.1). Sie werden auch als Form-Prozess-Systeme bezeichnet. Rückkopplungen sind Reaktionen eines Systems auf eine externe oder interne Störung. **Negative Rückkopplungen** sind ein selbstregulierender Mechanismus, durch den Störungen gedämpft und neutralisiert werden und durch den das System zurück in einen stabilen Gleichgewichtszustand findet. Von zentraler Bedeutung ist, dass die veränderte geomorphologische Form auch Veränderungen der zeitlich folgenden Prozesse hervorruft, was als Pfadabhängigkeit oder **Historizität des Systems** bezeichnet wird. Das Beispiel in ■ Abb. 3.1c stellt ein Felswand-Sturzhalden-System dar, bei dem die Form- und Prozessvariablen in einer negativ rückgekoppelten Wechselwirkung stehen. Dabei bewirkt die in der Zeit räumlich wachsende Sturzhalde eine Verkleinerung

Abb. 3.2 Alpines Sedimentkaskadensystem, das aus mehreren räumlich gekoppelten Elementen besteht, die entlang einer Toposequenz angeordnet sind. Der Oberhang besteht aus schuttbedeckten und schuttfreien Felskörpern als erstem Materialspeicher bzw. als Materialquelle. Hier wird durch die Verwitterung Lockergestein erzeugt, das vor Ort deponiert oder direkt durch gravitative Sturzprozesse entlang eines Transportweges (Sturzbahn) auf die Schutthalde transportiert wird. Sie bildet einen zweiten Materialspeicher. Der Materialtransportprozess verbindet dadurch die Elemente des Ober- und des Unterhanges. Gelangt Sediment auf den Talboden und in den See, bilden sich weitere Sedimentspeicher. (Quelle: R. Dikau)

der freien Felswandfläche und damit eine Reduktion der potenziellen Verfügbarkeit von Festgestein. Dadurch verringert sich die Rate der folgenden Sturzprozesse. Durch die Kategorien dieses Systemtyps kann die zeitlich variable Systemstruktur (Systemstatus) in die Systemanalyse integriert werden.

3.2.4 Geomorphogenetische Systeme

Die Sichtweise geomorphogenetischer Systeme beschreibt ein Prozess-Response-System, das sich in mehreren **Entwicklungsphasen der geomorphologischen Vergangenheit** entwickelt hat. Es wird als eigener Systemtyp ausgewiesen, weil die geomorphologische Form aus Bestandteilen mehrerer Entwicklungsphasen zusammengesetzt sein kann, was als **Mehrphasigkeit** bezeichnet wird. Wenn die Entwicklung der Reliefform in der Vergangenheit abgeschlossen wurde, können weitere Prozesstypen wirksam werden, die den primären Formtyp modifizieren oder gar abbauen können. In diesem Fall liegt eine **polygenetische Reliefgenese** vor. Die dabei entstehende Reliefform erhält dadurch zunehmend Oberflächen- und Materialeigenschaften mehrerer Bildungsprozesse, sodass ein Reliefformen-Palimpsest entsteht. Eine geomorphologische Polygenese liegt auch dann vor, wenn mehrere Prozesse gleichzeitig auf die Reliefform einwirken, z. B. ein tektonischer Hebungsprozess und die Erosion einer Kliffküste. Die Wahrscheinlichkeit einer mehrphasigen und polygenetischen Reliefentwicklung steigt mit dem Lebensalter der Reliefformen, d. h. mit der Zeitdauer der wirksamen Prozesse. Außerdem steigt dabei die Wahrscheinlichkeit, dass Reliefformen gänzlich abgebaut werden und evtl. nur noch in Form prozesskorrelater Materialien erkennbar bleiben. Geomorphogenetische Systeme sind häufig dadurch gekennzeichnet, dass die formenden Prozesse heute nicht mehr wirksam sind, z. B. die Moränenbildung durch Gletscher und Eisschilde der Eiszeiten. Diese Prozesse entziehen sich einer direkten Beobachtbarkeit. Ihre Rekonstruktion erfordert spezielle wissenschaftstheoretische Ansätze, Methoden und Schließverfahren. Dabei erhalten Form- und Prozessrelikte, z. B. Sedimentarchive, eine zentrale Bedeutung.

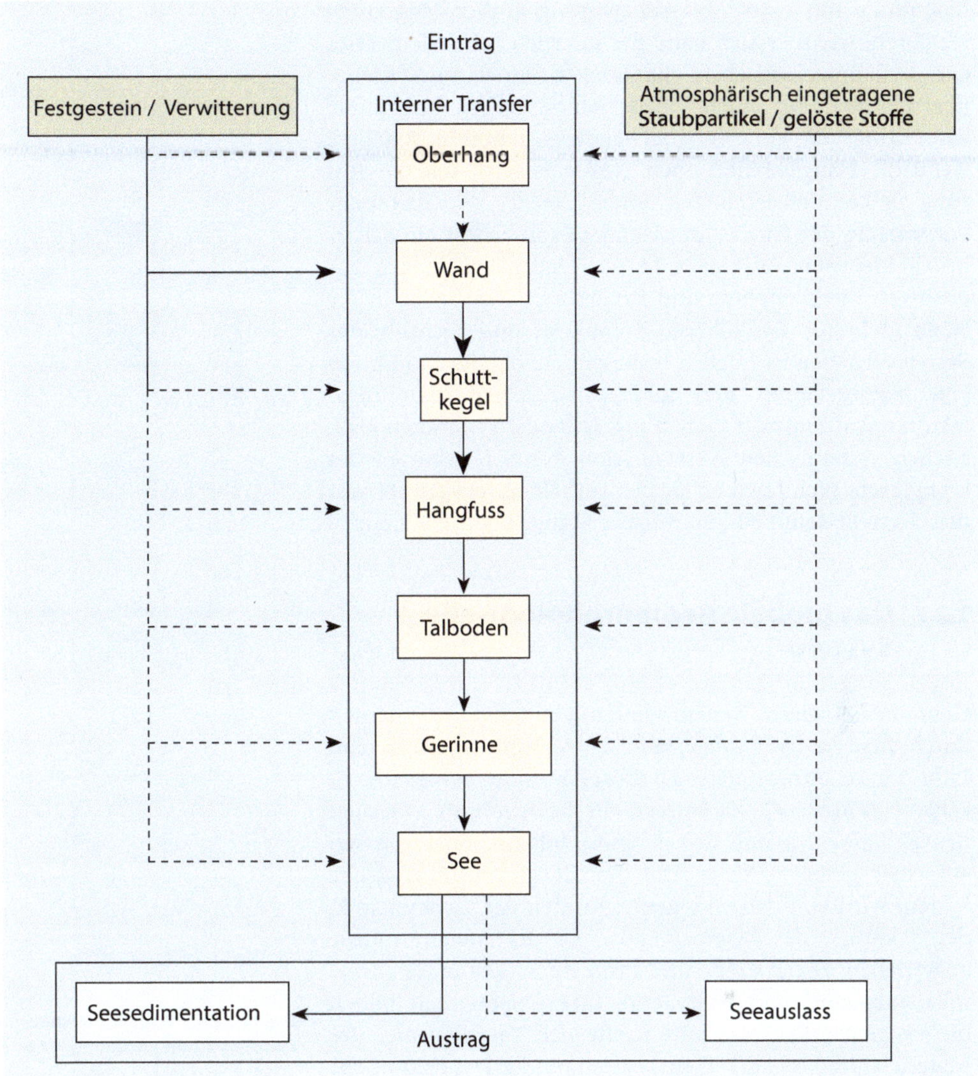

Abb. 3.3 Schematisierter Aufbau des in Abb. 3.2 dargestellten alpinen Kaskadensystems, in dem zwischen dem systemexternen Eintrag und Austrag und dem internen Sedimenttransfer zwischen den Systemkomponenten unterschieden wird. (Verändert nach Caine 1974: The geomorphic processes of the alpine environment. In: Ives JD und Barry RG (Hrsg.) Arctic and Alpine Environments (RLE, Ecology). 1. Auflage. Herausgegeben von Jack D. Ives und Roger G. Barry, veröffentlicht von Routledge. © Nel Caine 1974. Abdruck im Einvernehmen mit Taylor & Francis Books UK)

3.2.5 Geomorphologische Kontrollsysteme

Als geomorphologische Kontrollsysteme werden Prozess-Response-Systeme bezeichnet, in die der Mensch beabsichtigt eingreift oder eingegriffen hat. Eine Böschungsversteilung (Straßenbau), eine Flussbegradigung (Mäanderdurchstich), eine Küstenbefestigung oder die Bodenerosion durch landwirtschaftliche Nutzung sind zu diesem Systemtyp zu rechnen. Diese Thematik ist ein Bestandteil der angewandten Geomorphologie und ihrer Nachbardisziplinen, z. B. der Ingenieurgeologie, des Wasserbaus oder der Naturgefahren- und Risikobewertung. Es ist ein Systemtyp der Geomorphologie im Anthropozän und eine Kopplung geomorphologischer mit gesellschaftlichen Systemen. Ob sich derartige Systeme allerdings kontrollieren lassen, wie der Begriff suggeriert, ist heute ausgesprochen unsicher. Die unbeabsichtigten Nebenfolgen menschlicher Eingriffe in geomorphologische Systeme sind seit der Erfindung des Begriffes in den 1960er-Jahren immer deutlicher geworden. Wie in den folgenden Kapiteln dieses Lehrbuches deutlich wird, zeigen sich diese Folgen in zahlreichen Prozessdomänen des geomorphologischen Systems. Dazu zählen beispielsweise die Bodenzerstörung durch Bodenerosion, die Küstenerosion durch die Fernwirkung von Speicherwerken in Flüssen, der Hangkollaps durch Straßenbau oder die Bodenabsenkung und Vegetationszerstörung durch Permafrostschmelze.

3.2.6 Komplexe nichtlineare Systeme

In komplexen nichtlinearen geomorphologischen Systemen werden kausale Beziehungen zwischen Ursachen (z. B. Niederschlag) und Wirkungen (z. B. Bodenerosion) durch nicht mehr mit der Newton'schen Physik erklärbare Prozesse hervorgerufen (▶ Abschn. 3.6). Derartige Systeme können sich **fernab des thermodynamisch gedachten Gleichgewichtes** befinden, äußerst instabil sein und auf kleinste Einflüsse mit großer Magnitude reagieren (Mainzer 2008). Ein Hang kann z. B. auf einen Niederschlag kleiner

Magnitude mit einer Massenbewegung großer Magnitude reagieren, wenn er sich nahe des internen Schwellenwertes der bodenmechanischen Stabilität befindet und diesen überschreitet. Bei einem Niederschlag großer Magnitude kann hingegen eine entsprechende Reaktion ausbleiben, wenn die Hangstabilität noch groß genug ist, um die Störung zu kompensieren. Bei hoher interner und **instabiler Vernetzung** der Partikel des Hanges kann bereits ein Scherbruch kleinsten Ausmaßes in der Skale weniger cm zur positiven Rückkopplung und Bruchfortpflanzung bis in die Skale mehrerer km führen. Komplexes und nichtlineares Systemverhalten ist folglich insbesondere bei der Prädiktion von Naturgefahren und ihrer potenziellen Steuerungsfaktoren von zentraler Bedeutung. Jeder der genannten klassischen systemischen Ansätze kann durch Kategorien des komplexen nichtlinearen Systemverhaltens erweitert werden. Es stellt damit eine spezifische Systemeigenschaft dar.

3.2.7 Das globale geomorphologische System

Geomorphologische Systeme sind mit anderen Erdsystemen durch Energie- und Materialflüsse verbunden. Dazu sind Lithosphäre, Atmosphäre, Hydrosphäre oder Biosphäre zu zählen (◘ Abb. 3.4). Es umfasst die Beziehungen zwischen den Reliefformen und den geomorphologischen Prozessen auf einer globalen Skale. Das globale geomorphologische System wird von den endogenen Kräften der Geodynamik, der Tektonik, des Magmatismus und der Metamorphose angetrieben. Diese Kräfte und Prozesse wirken in der Regel reliefaufbauend und -erhöhend. Ihre Opponenten bilden die exogenen Prozesse und Kräfte der Verwitterung, der Materialabtragung, des Transportes und der Deposition. Sie haben in der Regel eine reliefvermindernde Wirkung. Sie sind abhängig von den beteiligten Agenzien, z. B. Wasser oder Wind, und der Gravitation. Zwischen den exogenen und endogenen Prozessen bestehen zahlreiche positive und negative Wechselwirkungen.

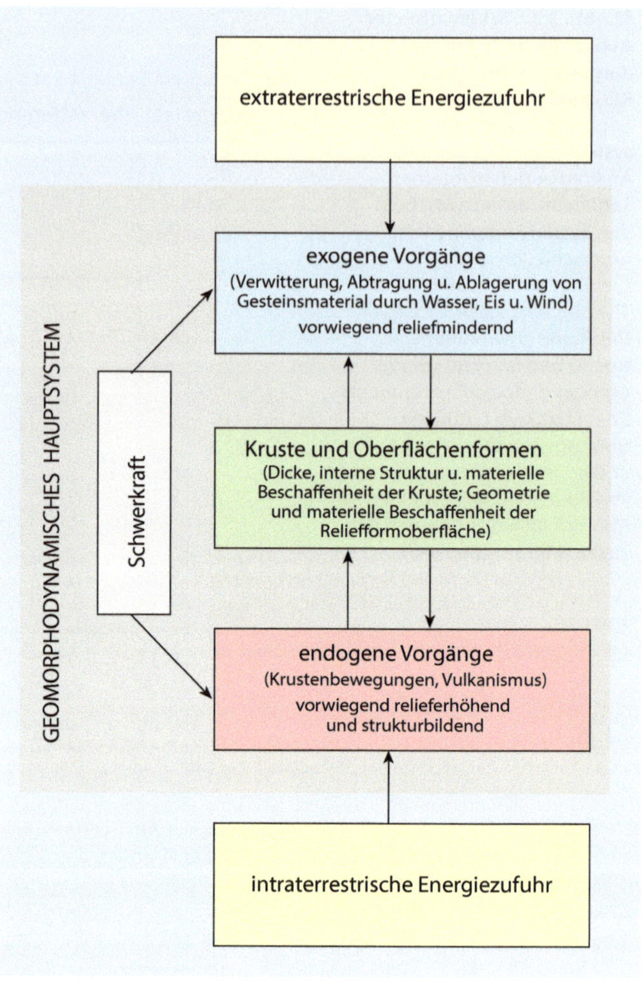

◘ **Abb. 3.4** Das globale geomorphologische System und seine exogenen und endogenen Antriebsprozesse. (Verändert nach Ahnert 2015, Abdruck mit Genehmigung von Verlag Eugen Ulmer, Stuttgart)

3.3 Eigenschaften geomorphologischer Systeme

In der Forschungsgeschichte der modernen Geomorphologie wurde eine Vielzahl von systembeschreibenden Eigenschaften diskutiert, die dem speziellen Charakter der untersuchten Phänomene der Erdoberfläche gerecht werden sollen. Diese Debatte begleitet die Entwicklung der Disziplin bis heute (Huggett 2011). Neben den britischen Geomorphologen Richard Chorley und Barbara Kennedy wurden im angloamerikanischen Raum vor allem durch den Amerikaner Schumm (1991), den Briten Brunsden (1990, 1996) und den Kanadier Slaymaker (Slaymaker et al. 2009) Vorschläge für eine **Systematik geomorphologischer Systemeigenschaften** vorgelegt und daraus abgeleitete Forschungsperspektiven formuliert. In jeder systematischen Beschäftigung mit diesem Thema wird hervorgehoben, dass die spezielle Problematik darin besteht, dass die heutige Erdoberfläche aus einer hohen Vielzahl und Vielfalt geomorphologischer Formen aufgebaut wird, die sich in unterschiedlichen Zeiträumen der geomorphologischen Erdgeschichte entwickelt haben. Ihre Entstehungsprozesse sind teilweise bereits abgeschlossen, die Prozessfolgen, aufgrund der langen **Persistenzzeiten** zahlreicher Reliefformen, jedoch immer noch vorhanden.

3.3.1 Systemstatus

Die das System aufbauenden Elemente und ihre Eigenschaften konstituieren den Systemstatus. Er wird durch Attribute (z. B. Temperatur, Sedimentvolumen, potenzielle Energie, Korngröße, Mineralgehalt, Formstruktur) beschrieben. Diese Attribute sind messbar und können in numerischen Werten ausgedrückt werden. Veränderungen der Elemente, Attribute und ihrer Wechselwirkungen führen zu Veränderungen des Systemstatus. Diese Veränderung ist vollständig definiert, wenn der **Ausgangs- und der Endzustand** bekannt sind. In zahlreichen geomorphologischen Fragestellungen ist der **Pfad der Veränderung** von hoher Wichtigkeit. Damit sind Systemzustände gemeint, die zwischen dem Ausgangs- und dem Endzustand des Systems in der Zeit durchlaufen werden, z. B. die Veränderung eines Gerinnenetzes nach dem erosiven Erreichen einer härteren Gesteinsschicht oder die Entwicklung einer Rille auf einem Hang während eines Niederschlags. Die Reaktion eines Systems auf ein externes Ereignis, wie eine Klimaveränderung oder ein Niederschlag, hängt von der Systemkonfiguration ab, auf die das Ereignis trifft, was als **Pfadabhängigkeit** bezeichnet wird.

3.3.2 Gleichgewichte und Transienz

Seit den Arbeiten des amerikanischen Geomorphologen Grove Karl Gilbert in der zweiten Hälfte des 19. Jahrhunderts bildet die Theorie des geomorphologischen Gleichgewichtes ein Paradigma der Disziplin (Gilbert 1877). Diese Theorie geriet in der ersten Hälfte des 20. Jahrhunderts in Vergessenheit, da sich in der amerikanischen Geomorphologie das geomorphogenetische Paradigma des Erosionszyklus von William Morris Davis durchsetzte. Erst nach dem Zweiten Weltkrieg wurde sie durch John Hack wieder in der Disziplin etabliert (Hack 1960). Die **Theorie des Gleichgewichtes** bildet eine grundlegende physikalische Eigenschaft in dynamischen Systemen. In der klassischen Mechanik tritt ein Gleichgewicht dann auf,

- wenn die auf einen Körper einwirkenden Kräfte in ihrer Summe den Wert Null annehmen, was bedeutet, dass der Körper keine Beschleunigung erfährt,
- wenn das Netto-Drehmoment des Körpers Null ist (Rotationsgleichgewicht)
- oder wenn nach einer Störung eine Oszillation von Systemeigenschaften um eine stabile Lage auftritt.

Grundsätzlich muss zwischen stationären Zuständen und Gleichgewichten unterschieden werden. Der stationäre Zustand **(Stationarität)** beschreibt Eigenschaften des Systems in Form der Beziehung zwischen Input, Output und Speicher. Ein konstanter Input und Output führt zur Konstanz der im System vorliegenden Systemelemente. Diese Systeme sind in der Lage, mehr oder weniger stabile Zustände ihrer Elemente, Attribute und Beziehungen zu erhalten. Sie müssen also Mechanismen der Selbstregulierung aufweisen, die bewirken, dass sie nach **Störungen** wieder in ihren Ausgangszustand zurückfinden. Dabei erfährt beispielsweise das Volumen eines Sedimentspeichers keine Nettoveränderung, Zufuhr und Abtrag halten sich die Waage. Mit dem Begriff des Gleichgewichtes wird ausgedrückt, dass im System eine Abarbeitung des Impulses/der Störung stattfindet, bis eine neue **Gleichheit der Prozessraten** erreicht ist. Sie ist die Voraussetzung für die Entwicklung des stationären Zustandes. Ein Hangabschnitt erfährt dabei eine Materialzufuhr, die gleich der Materialabfuhr ist, was zur Konstanz der Massenbilanz dieses Elementes führt, weshalb es auch als Massenfluss-Gleichgewicht bezeichnet werden kann.

Strebt ein geomorphologisches System ein Gleichgewicht an, wird ein externer Impuls zu einer Störung des Gleichgewichtes führen. Rückkopplungsmechanismen führen das System in einen neuen Gleichgewichtszustand. Das Beispiel in ◘ Abb. 3.5 zeigt die zeitliche Veränderung einer Flusssohle. Die Prozesswirkung wird in einzelne Phasen gegliedert:

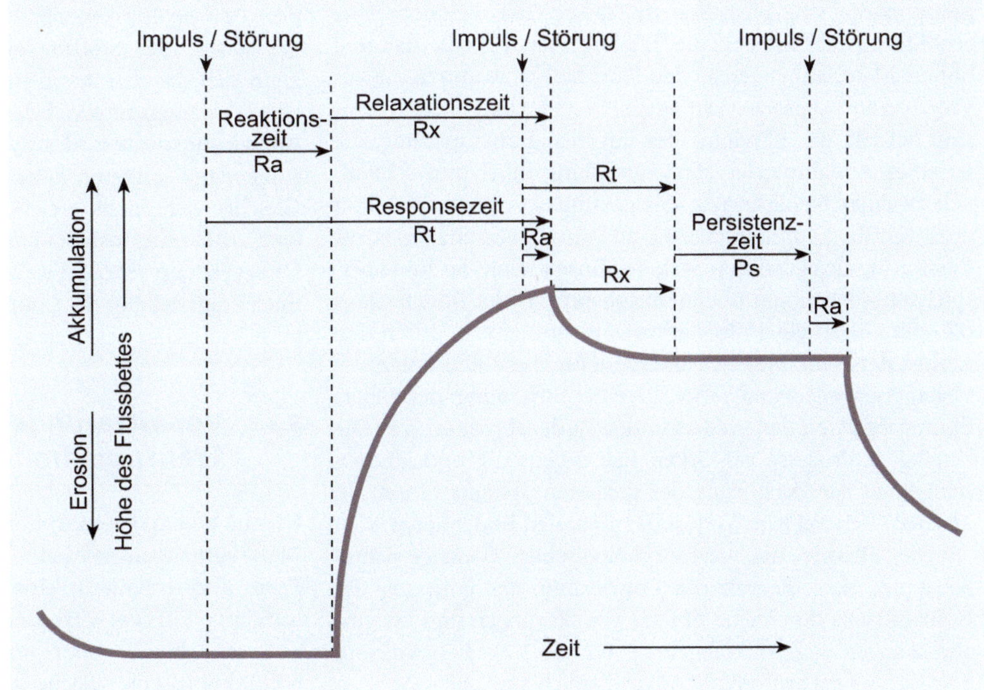

◘ **Abb. 3.5** Schematische Darstellung der Reaktion eines fluvialen Systems auf externe Störungen. Bei einer gleichbleibenden Höhe der Flusssohle befindet sich das System in einem Gleichgewicht aller wirkenden Kräfte. Nach einer externen Störung wird die Flusssohle akkumuliert oder erodiert und strebt, gesteuert durch negative Rückkopplungsprozesse, einen neuen Gleichgewichtszustand an. (Verändert nach Bull 1991: Geomorphic responses to climatic change. Oxford University Press, Oxford, GB. © 1991)

- Reaktionszeit,
- Relaxationszeit,
- Persistenzzeit,
- Responsezeit.

3

Die **Reaktionszeit** beschreibt den Beginn des externen Impulses bis zur ersten Reaktion des Systems, das während der **Relaxationszeit** in abnehmenden Erosions- oder Akkumulationsraten relaxiert (sich entspannt) und einem neuen Gleichgewichtszustand zustrebt. Die Länge dieses Zustandes wird als **Persistenzzeit** bezeichnet. Wenn sich beispielsweise ein fluviales System in einem Gleichgewichtszustand befindet, kann eine Erhöhung des Abflusses aufgrund von Landnutzungs- oder Klimaveränderungen zu einer Reaktion des Gerinnes in Form einer Einschneidung führen. Nach dem Ende der Einschneidung wird ein neuer stationärer Zustand und ein neuer Gleichgewichtszustand der wirkenden Prozesse erreicht, was bedeutet, dass sich die neuen energetischen Eigenschaften des Fluids in einem stabilen Gleichgewicht mit den resistenten Kräften des Gerinnebettes befinden. Die gesamte Zeitspanne ab Beginn der Störung a) bis zum Erreichen eines neuen Gleichgewichtes oder b) einer erneuten Störung vor dem Erreichen eines neuen Gleichgewichtes wird als **Responsezeit** bezeichnet.

Die Rückkehr in einen neuen Gleichgewichtszustand wird als Selbststeuerung oder **Selbstregulation** bezeichnet. Sie ist ein Charakteristikum von offenen Systemen. Die Mechanismen der Selbstregulation von Systemen werden als Rückkopplung bezeichnet. Es können negative und positive Rückkopplungen unterschieden werden. Negative **Rückkopplungen** treten dann auf, wenn eine Veränderung einer Komponente des Systems Veränderungen in anderen Komponenten in der Art und Weise in Gang setzt, dass sie die Wirkung der Störung neutralisieren, wodurch sie abgeschwächt und gedämpft wird. Als Beispiel dient ein gekoppeltes Hang-Fluss-System (◘ Abb. 3.5), bei dem eine erhöhte fluviale Erosion die Talhänge versteilt, die dadurch höhere Materialmengen an den Fluss liefern, wodurch die fluviale Erosion abgeschwächt wird. Die reduzierte fluviale Erosion bewirkt die Abnahme der fluvialen Einschneidung, die zu einer Abnahme der Hangversteilung führt und schließlich zu einer Stabilisierung des gesamten Systems. Bei einer positiven Rückkopplung wird eine Störung verstärkt, was zur Zerstörung des gesamten Systems führen kann. So führt beispielsweise bei einem Bodenerosionsprozess der Bodenabtrag (◘ Abb. 3.6) zu einer Vegetationsauflichtung, z. B. durch den Verlust der Nährstoffe des Oberbodens. Diese Reduktion der Vegetationsbedeckung führt zu einer Erhöhung des Oberflächenabflusses, der wiederum den Bodenabtrag erhöht. Die beteiligten Prozesse verstärken sich gegenseitig und können schließlich zur Zerstörung des gesamten Systems führen, in unserem Beispiel zum Verlust des gesamten Bodenkörpers.

Die Theorie des geomorphologischen Gleichgewichtes behauptet, dass die zeitliche Entwicklung der Formung der Erdoberfläche durch eine Abfolge von Störungen und Systemanpassungen gekennzeichnet ist (◘ Abb. 3.7). Die **Störung** bewirkte eine Formveränderung, die sich im Laufe der Zeit durch negative Rückkopplungen abschwächt, sodass das System einem neuen Gleichgewicht zustrebt, in dem keine Formveränderungen mehr stattfinden, d. h. ein stationärer Zustand vorliegt (◘ Abb. 3.7a). Diese Phase bezeichnet Brunsden (1990) als **charakteristische Formzeit** hoher Stabilität. In dieser Phase bleiben die charakteristischen geomorphometrischen Eigenschaften einer Reliefform erhalten, z. B. die Hangneigung. Die Stärke der Formveränderung und die Länge der Reaktions- sowie Relaxationszeiten sind von der Magnitude und der Dauer der Störung abhängig (◘ Abb. 3.7b). Allerdings kann sich die charakteristische Formzeit erst einstellen, wenn das Wiederkehrintervall der Störung lang genug ist, um den **Anpassungsprozess** des Systems abzuschließen. Folgen Störungen mit kürzeren Wiederkehrintervallen, kann ein neues Gleichgewicht nicht erreicht werden, sodass eine **Systemtransienz,** d. h. ein instationärer Zustand, auftritt (◘ Abb. 3.7c). Dieses Systemverhalten ist in den letzten Jahren zu einer wichtigen Fragestellung der Geomorphologie geworden, die die bisherigen Ansätze des Gleichgewichtes kritisch hinterfragt.

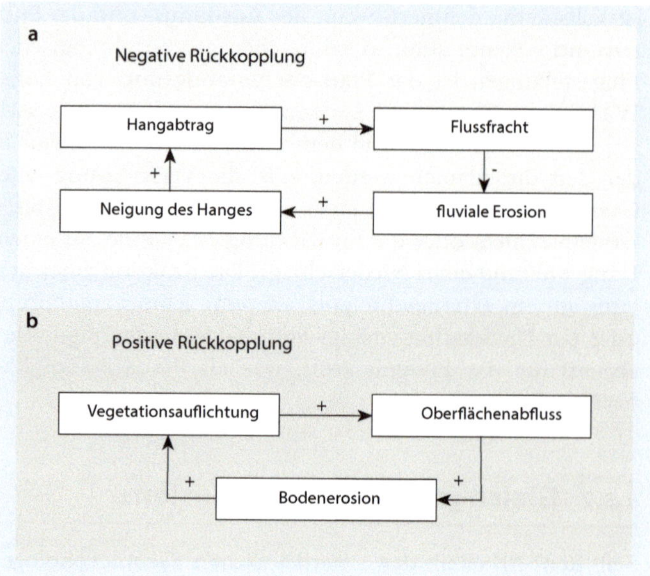

◘ **Abb. 3.6** Negative und positive Rückkopplungsmechanismen in geomorphologischen Systemen. **a** Negative Rückkopplungen in einem fluvialen System. (Verändert nach Huggett 2017: Fundamentals of Geomorphology. 4. Auflage. Verfasst von Richard John Huggett, veröffentlicht von Routledge. © Richard John Huggett 2017. Abdruck im Einvernehmen mit Taylor & Francis Books UK). **b** Positive Rückkopplungen in einem Bodensystem. (In Anlehnung an Rohdenburg 1989)

3.3.3 Verwitterungs- und Transportlimitierung

Die in einem geomorphologischen System transportierten Materialmengen werden von zahlreichen Eigenschaften der Form und der auf sie einwirkenden Prozesse gesteuert und limitiert. Ein **verwitterungslimitiertes System** liegt dann vor, wenn die Transportprozesse (z. B. Fallen, Bodenerosion, Solifluktion) eine gleiche oder höhere Rate aufweisen als die

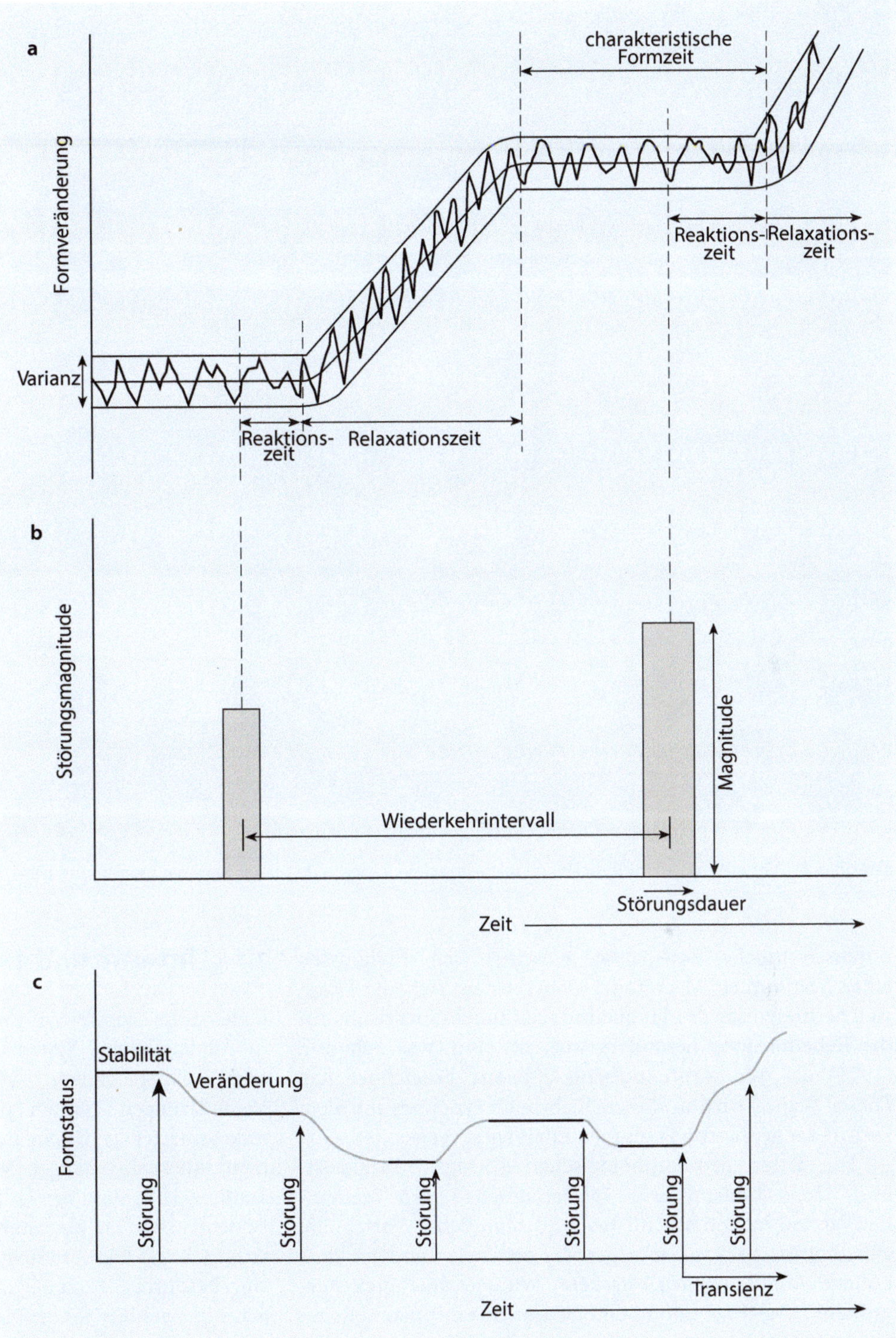

■ **Abb. 3.7** Zeitliche Entwicklung der Formung der Erdoberfläche durch eine Abfolge von Störungen und Systemanpassungen durch negative Rückkopplungen. **a** Formveränderung und **b** Störungsmagnitude, das System strebt einem neuen Gleichgewicht zu. **c** Wenn das Wiederkehrintervall der Störung kürzer ist als die Anpassungszeit des Systems, entsteht eine Systemtransienz. (Verändert nach Brunsden 1990: Tablets of Stone: toward the Ten Commandments of Geomorphology. Z Geomorphol Suppl.-Bd. 79: 1–37. Gebrüder Borntraeger, Berlin – Stuttgart: ▶ www.borntraeger-cramer/journals/zfg)

physikalischen, chemischen und biologischen Verwitterungsprozesse des Baumaterials der Form. In diesem Fall kann auf dem anstehenden Festgestein keine Verwitterungsdecke entstehen und keine Bodenbildung einsetzen (■ Abb. 3.8). Bei einem **transportlimitierten System** übersteigt die Verwitterungsrate des Festgesteins die Transportrate der Abtragsprozesse. Hier kann sich eine Verwitterungsdecke bilden, in der sich ein Boden entwickeln kann.

3.3.4 Frequenz, Magnitude und Effizienz

Unter Frequenz verstehen wir die Anzahl geomorphologischer Prozesse pro Zeiteinheit. Die Frequenz, mit der ein geomorphologisches Ereignis einer bestimmen Magnitude (z. B. Sedimentvolumen, Sturzhöhe, bedeckte Fläche oder Transportstrecke eines Bergsturzes) auftritt, wird als **Wiederkehrintervall** des Ereignisses bezeichnet. Es beschreibt die

Abb. 3.8 Verwitterungslimitierte Hänge im Festgestein (Canyon de Chelly National Monument, USA). (Quelle: R. Dikau)

durchschnittliche Zeitspanne zwischen den Ereignissen einer bestimmten Magnitude. Dabei erhebt sich die Frage, welche Ereignisse des Frequenz-Magnituden-Spektrums für die Reliefformung besonders wirksam sind, was Schumm (1991) als **geomorphologische Effizienz** bezeichnet hat. Dieser Begriff wird in diesem Lehrbuch synonym mit dem Begriff der geomorphologischen Effektivität verwendet.

Die Raten geomorphologischer Abtrags-, Transport- und Depositionsprozesse (Materialmenge pro Zeiteinheit) treten in hoher zeitlicher und räumlicher Variabilität auf. Empirische Studien zeigen die generelle Tendenz, dass höhere Abflussmengen, stärkere Windgeschwindigkeiten, größere Bergstürze und höhere Sedimenttransporte seltener auftreten als kleinere Ereignisse, d. h., dass Ereignisse höherer Magnitude auch eine geringere Frequenz aufweisen. Diese charakteristische **Frequenz-Magnituden-Beziehung** konnten Wolman und Miller (1960) an einem fluvialen System beobachten (Abb. 3.9). Offenbar besteht zwischen diesen beiden Größen ein kausaler Zusammenhang, der für die Wirkungsweise geomorphologischer Systeme von hoher Bedeutung ist.

3.3.5 Interne und externe Schwellenwerte

Unter Schwellenwerten werden Zustandsvariablen des geomorphologischen Systems verstanden, bei deren Über- oder Unterschreiten Veränderungen auftreten. Diese Veränderungen können plötzlich und mit hoher Magnitude auftreten (z. B. ein Bergsturz mit mehreren km^3 Volumen innerhalb weniger Minuten) aber auch langsam und kontinuierlich verlaufen (z. B. die „schleichenden" Prozesse der Bodenerosion im Zeitraum von Jahrtausenden). Einen derartigen Schwellenwert stellt z. B. die Hangneigung dar. Wird eine bestimmte Hangneigung überschritten, kann ein plötzlicher gravitativer Prozess in Form einer Hangrutschung ausgelöst werden, der den Zustand des gesamten Hangsystems verändert. Ähnliche Schwellenwerte kennen wir in fluvialen Systemen, in denen die Bettfracht des Flusses erst bei einer bestimmten Schubspannung des strömenden Wassers transportiert und nach Unterschreiten eines Schwellenwertes wieder deponiert wird. Bei der Steuerung von geomorphologischen Prozessen und in Rückkopplungsmechanismen spielen Schwellenwerte eine wichtige Rolle. Deshalb können sie auch

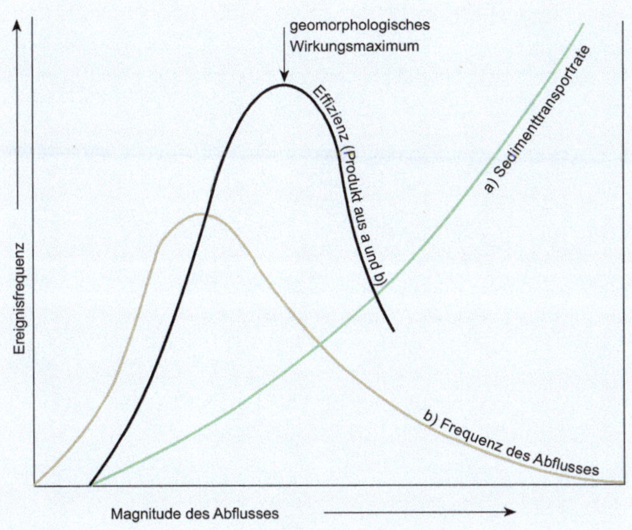

Abb. 3.9 Frequenz-Magnituden-Beziehung in einem fluvialen System. (Verändert nach Wolman und Miller 1960: Magnitude and frequency of forces in geomorphic processes. J Geol, Band 68 © 1960, Abdruck mit freundlicher Genehmigung von University of Chicago Press Journals, erteilt durch Copyright Clearance Center, Inc.)

allgemeiner als **Regulatoren des Systems** bezeichnet werden. In geomorphologischen Systemen können externe und -interne Schwellenwerte unterschieden werden, was Schumm (1991) beschrieben hat. Externe Schwellenwerte bezeichnen Variablen der Systemumwelt. Bei einem Hangsystem sind dies beispielsweise der Niederschlag, die tektonische Hebung oder die Solarstrahlung. Systeminterne Schwellenwerte liegen z. B. in Form der Hangwölbung oder der bodenmechanischen Materialeigenschaften vor.

Schwellenwerte sind keine statischen Eigenschaften eines geomorphologischen Systems. Sie unterliegen zeitlichen Veränderungen. In Abb. 3.10 wird das vereinfachte und idealisierte Verhalten eines Hangsystems gezeigt, dessen Material eine mit der Zeit **abnehmende bodenmechanische Stabilität** besitzt (▶ Kap. 10). Diese Abnahme kann z. B. durch einen Verwitterungsprozess verursacht sein, der zu einer Zunahme von Tonmineralen und einer Abnahme des inneren Reibungswinkels mit der Zeit geführt hat. Erreicht die Stabilität des Materials zum Zeitpunkt t_3 den internen Schwellenwert des Systems, kann bereits ein minimaler Auslöser (z. B. eine punktuelle künstliche Böschungsversteilung) einen Hangrutschungsprozess auslösen. Zu diesem Zeitpunkt übersteigen die gravitativen Antriebskräfte am Hang die inneren Widerstandskräfte des Materials.

Der Hangrutschungsprozess kann jedoch bereits zu einem früheren Zeitpunkt ausgelöst werden. Die Stabilität des Hanges ist auch von der Niederschlagsmenge abhängig, die die Widerstandsfähigkeit des Untergrundes, z. B. durch Erhöhung des Porenwasserdrucks, temporär herabsetzen kann. Zum Zeitpunkt t_2 bewirkt eine bestimmte Niederschlagsmenge eine Reduktion der bodenmechanischen Stabilität, sodass bereits vor Erreichen des inneren Schwellenwertes ein Hangrutschungsprozess ausgelöst wird.

Zu einem früheren Zeitpunkt t_1 der Systementwicklung führt ein weit höherer Niederschlag nicht zum Rutschungsprozess, da der Verwitterungsprozess noch nicht weit genug fortgeschritten ist. Das Hangsystem weist zu diesem Zeitpunkt eine hohe Stabilität auf und ist weit vom internen Schwellenwert entfernt.

3.3.6 Sensitivität

Die Sensitivität eines geomorphologischen Systems ist definiert als seine **Empfindlichkeit** gegenüber externen Impulsen und seine Fähigkeit, einwirkende Kräfte zu absorbieren. Sie basiert auf spezifischen Systemeigenschaften, welche die **Resistenz des Systems,** d. h. dessen Widerstandsfähigkeit gegenüber diesen Kräften, aufbauen. Diese Systemeigenschaft haben die englischen Geomorphologen Denys Brunsden und John Thornes besonders hervorgehoben (Brunsden und Thornes 1979). Wie Brunsden (2001) feststellt, ist die Sensitivität für die Stabilität geomorphologischer Systeme von entscheidender Bedeutung. Es basiert auf dem Verhältnis zwischen der Magnitude der angreifenden Kräfte und der Magnitude und Effizienz der Systemreaktion. Hoch sensitive Systeme reagieren selbst auf geringste Störungen mit unmittelbaren Veränderungen, d. h. mit der Auslösung eines formverändernden Prozesses.

Die Systemsensitivität ist räumlich und zeitlich variabel. Die räumliche Variabilität zeigt sich darin, dass z. B. nach Niederschlagsereignissen nur diejenigen Hänge von Rutschungsprozessen betroffen sein können, die auch hohe Sensitivitätswerte aufweisen. Die zeitlich variable Sensitivität ist eine Funktion der Frequenz und Magnitude der formverändernden Prozesse und der sich zeitlich verändernden Systemresistenz. Sie wird durch ein breites Spektrum von Systemeigenschaften erzeugt. Dazu gehören z. B. die geomorphometrische Konfiguration und die Material- und Temperatureigenschaft des Untergrundes (Verleysdonk et al. 2011). Das Beispiel in Abb. 3.10 zeigt, wie die bodenmechanische Stabilität eines Hanges durch zunehmende Tongehalte der Verwitterungsdecke im Laufe der Zeit abnimmt und zu einer Erhöhung der Systemsensitivität führt. In Folge reichen zunehmend kleinere Magnituden des externen Impulses (z. B. eines Niederschlages) aus, um zu einer Systemreaktion in Form einer Hangrutschung zu führen, während in früheren Epochen der Systementwicklung selbst große Niederschläge absorbiert werden konnten. Dem aktualistischen Prinzip der Rekonstruktion der Vergangenheit aus dem Wissen über die aktuellen Prozesse sind offenbar Grenzen gesetzt.

3.3.7 Konfiguration, Kopplung und Konnektivität

Geomorphologische Systeme bestehen aus Komponenten, die in bestimmten **regelhaften Anordnungsmustern** konfiguriert sind. So besteht ein Flusssystem aus dem Ober-,

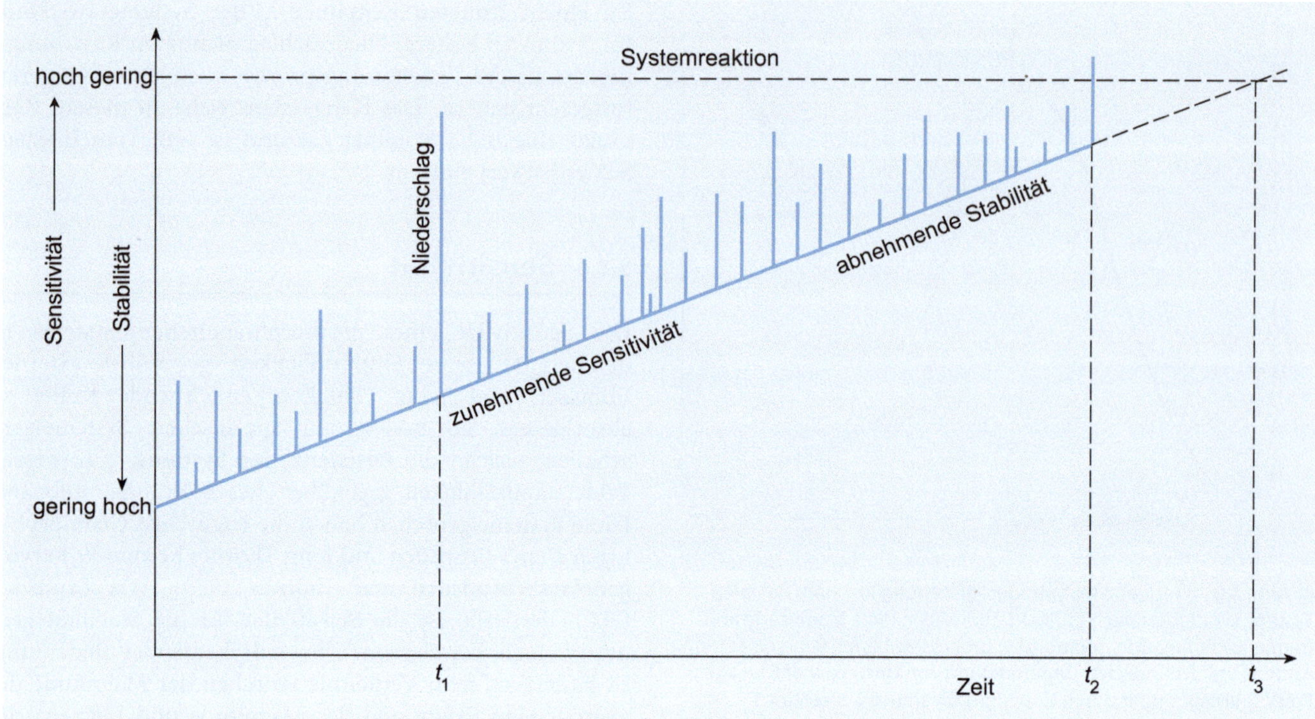

Abb. 3.10 Zeitliche Veränderung der bodenmechanischen Sensitivität und Stabilität eines Hanges. Die bodenmechanische Stabilität nimmt durch zunehmende Tongehalte der Verwitterungsdecke im Laufe der Zeit ab und erhöht dadurch die interne Systemsensitivität. Dies führt zu einem Prozessverhalten, bei dem immer kleinere Magnituden des externen Impulses, z. B. eines Niederschlages, ausreichen, um zu einer Systemreaktion in Form einer Hangrutschung zu führen. (Verändert nach Schumm 1991: To Interpret the earth – ten ways to be wrong. Cambridge University Press, Cambridge, England © 1991)

Mittel- und Unterlauf, die jeweils charakteristische Merkmale aufweisen. Diese Komponenten können mehr oder weniger stark gekoppelt sein oder gänzlich ohne jede räumliche Verbindung zueinander vorliegen (Fryirs et al. 2007). Bei Kaskadensystemen, die durch sequenziell gekoppelte Quellen-Senken-Beziehungen gekennzeichnet sind, wird die Verweilzeit des gespeicherten Sedimentes in Flussabwärtsrichtung in der Regel zunehmen, da das Speicherpotenzial entlang des Fließweges in Talauen und Deltas zunimmt. Die Kopplung zwischen den Systemkomponenten ist als Sedimenttransfer zwischen den Komponenten definiert, der durch den Input aus dem oberen Einzugsgebiet und dem Output an der Flussmündung aufrechterhalten wird. Bei Hängen und Talauen (Abb. 3.11) können **unterschiedliche Kopplungsgrade** unterschieden werden. Bei einer vollständigen Kopplung unterschneidet der Fluss den Hang, was zu einer Reaktion des Hanges durch rückschreitende Erosion führt. Dieser Prozess wird durch die Tiefenerosion des Flusses in das Talauensediment, das Ausräumen des Sedimentes und gleichzeitiger Terrassenbildung unterbrochen, was zu einer Entkopplung der beiden Elemente führt. In Abb. 3.11c stellt die Flussterrasse somit einen geomorphologischen Puffer dar, der die Sedimentkaskade vom Hang zum Gerinne auf bestimmte Zeit entkoppelt. Auch innerhalb des fluvialen Gerinnesystems können bestimmte Systemkomponenten (z. B. Murkegel, Rutschungskörper) **Barrieren im fluvialen Transport** darstellen und zu einer zeitlich variierenden longitudinalen Entkopplung führen.

Betrachten wir die holozänen Kopplungsprozesse zwischen den in Talauen frei mäandrierenden Flüssen und den Hängen der letztkaltzeitlichen Niederterrassen, so wird deutlich, dass die Mäandermigration eine raumzeitlich variable Kopplung von Gerinne und Hang verursacht hat. Gesteuert durch seine interne Dynamik oder durch externe Einflüsse (z. B. Niederschlag und Abfluss) hat der freie Mäanderfluss in bestimmten Phasen des Holozäns bestimmte Bereiche der Niederterrassenböschung erreicht, andere jedoch nicht. Eine fluviale Hangunterschneidung war jedoch nur in den gekoppelten Konfigurationen des Systems möglich. Wie aus empirischen Studien zu Altmäandern in Talauen bekannt ist, haben sich Kopplungs- und Entkopplungszustände durch das Talauensystem bewegt. Sie sind raumzeitlichen Trajektorien gefolgt. Die Sedimentfracht, die der Fluss trug und in die höhere Skale des Einzugsgebietes zu liefern imstande war, wurde also durch seine Kopplungs- und Entkopplungsgeschichte beeinflusst.

In einem Kaskadensystem lässt sich folglich die geomorphologische Interaktion von Teilkomponenten und damit die Effizienz des Sedimentflusses auf unterschiedlichen Skalen betrachten. Während die Kopplung zwischen einzelnen Systemkomponenten, z. B. Hang und Gerinne, oder Subsystemkomponenten (z. B. Schutthalde und Flussterrasse) eine lokale Systemeigenschaft darstellt, führt die Summe aller kleinskaligen Kopplungen zu einer höherskaligen Systemkonnektivität und weiteren emergenten Eigenschaften. Der Grad der Konnektivität in einem meso- oder

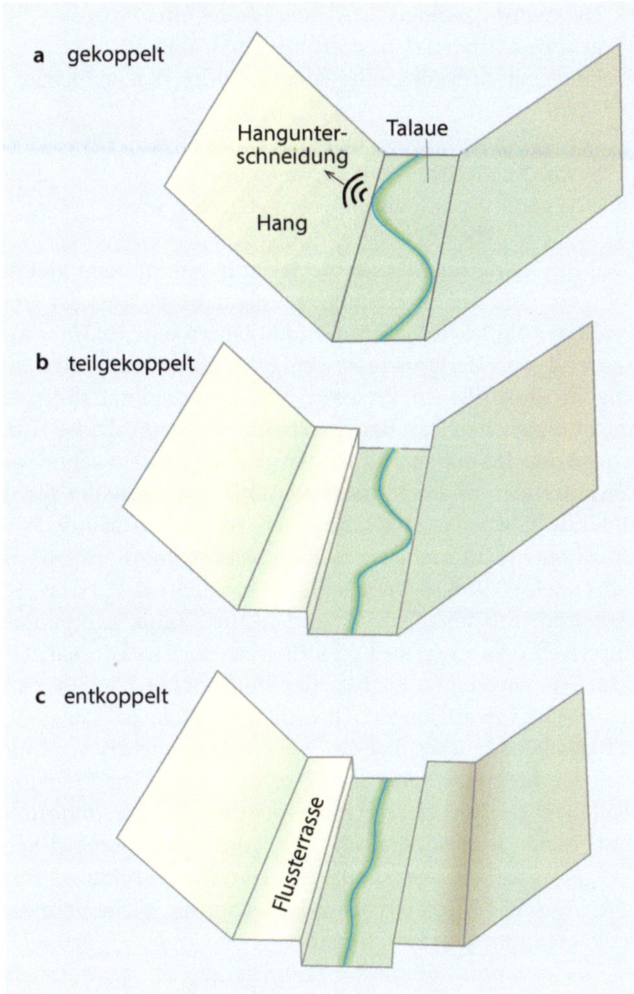

Abb. 3.11 Unterschiedliche Kopplungsgrade von Reliefelementen eines Tales: **a** Kopplung beider Hänge des Tales mit der Talaue. Die Kopplung bewirkt eine Erosion des Hangfußes und weitergehende Rutschungsprozesse. **b** Teilkopplung der Hänge mit der Talaue. Der linke Hang ist von der Talaue durch einen Terrassenkörper des Flusses entkoppelt. **c** Entkoppelung beider Hänge von der aktuellen Talaue durch zwei Terrassenkörper. (Verändert nach Huggett 2017: Fundamentals of Geomorphology. 4. Auflage. Verfasst von Richard John Huggett, veröffentlicht von Routledge. © Richard John Huggett 2017. Abdruck im Einvernehmen mit Taylor & Francis Books UK)

makroskaligen Einzugsgebiet ist damit für das Verständnis des räumlich-zeitlichen Sedimenttransportes von hochaktiven Quellgebieten, z. B. erosiven Felswänden, bis zum Auslass eines Einzugsgebietes von großer Bedeutung.

3.3.8 Pfadabhängigkeit

Die Pfadabhängigkeit eines geomorphologischen Systems bedeutet, dass die Veränderung des Systems als Reaktion auf ein externes Ereignis, z. B. der Einfluss einer tektonischen Hebung, von der **Geschichte des Systems** und der **Anordnung seiner Komponenten** im Raum abhängig ist. Die Reliefformen, z. B. Flussnetze, die Kaskadenstruktur von Sedimentkörpern als Quellen und Senken, Kiesbänke in Gerinnen oder der Permafrost in alpinen Felswänden, verändern in der Zeit ihre Eigenschaften und bilden damit jeweils neue Rahmenbedingungen für die zeitlich nachfolgenden Prozesse. Sie bedingen die Pfadabhängigkeit der Systementwicklung. Das System entwickelt sich entlang von **Trajektorien,** welche die Richtung seiner raumzeitlichen Entwicklung bezeichnen (Lane und Richards 1997). Mit dem Konzept der Pfadabhängigkeit wird das aktualistische Axiom der Geowissenschaften hinterfragt, das besagt, dass direkte Rückschlüsse von heutigen Formungsprozessen der Erdoberfläche auf die Vergangenheit möglich sind. Die analytische Rekonstruktion einer derartigen Systemgenese wird damit erheblich erschwert, da die variable Raumkonfiguration für jeden Zeitschritt bzw. für jede Zeitscheibe rekonstruiert werden muss, was hohe Anforderungen an geeignete Daten und die rekonstruktive Modellierung stellt.

3.3.9 Historische und räumliche Kontingenz

Historische Kontingenz stellt eine Eigenschaft geomorphologischer Systeme dar (Phillips 2007). Entscheidend ist, dass die formbildenden Prozesse, z. B. tektonische Senkung und Sedimentation, und die existierenden Umweltbedingungen, z. B. steigender Meeresspiegel und hoher CO_2-Gehalt der Atmosphäre, zu **multiplen Anpassungen** der Reliefformen an die wirkenden Prozesse führen können. Das bedeutet, dass ähnliche oder gleiche Bedingungen zu unterschiedlichen Reliefformen führen und damit eine **Formendivergenz** entsteht. Historische Kontingenz führt Phillips (2007) auf die zentralen Systemeigenschaften:
- geomorphologisches Erbe *(inheritance)* (Reliefformen-Palimpsest),
- Bedingtheit *(conditionality)* und
- dynamische Instabilität *(dynamical instability)*

zurück. Das **geomorphologische Erbe** wird als Reliefformen-Palimpsest sichtbar. Formbestandteile, die keine funktionale Beziehung zu Prozessen der Gegenwart aufweisen, bilden in zahlreichen Regionen der Erde die Basis der multiskaligen Reliefform-Assoziationen und eine Quelle für historische Kontingenz. Mit dem Begriff der **Bedingtheit** beschreibt Phillips (2007) die Möglichkeit, dass sich ein geomorphologisches System entlang von zwei oder mehreren Pfaden entwickeln kann. Der Grund liegt im Auftreten oder der Magnitude eines spezifischen Einflusses, z. B. der anthropogenen Unterdrückung von Waldbränden für die Überlebenschancen der Bodenfauna. Ob ein Schwellenwert überschritten wird oder nicht, z. B. die lokale Festigkeit von Festgesteinen, führt zu unterschiedlichen Entwicklungspfaden des Systems und damit zu kontingenten Formergebnissen, die auch als Singularitäten bezeichnet werden. Die **dynamische Instabilität** beschreibt den Fall, dass kleine Störungen oder geringe Variationen der initialen Randbedingungen eines Systems im Laufe der Zeit anwachsen und zu divergenten Reliefentwicklungen führen. Auch dies sei, so Phillips (2007), eine Form der historischen Kontingenz, da Reliefformen offenbar ein **Störungsgedächtnis** besäßen, das, im Verhältnis zum Ausmaß der Störung, unverhältnismäßig groß sei und sehr lange anhielte. Die historische Kontingenz ist somit ein Ausdruck des individuellen Entwicklungspfades eines geomorphologischen Systems. Sein singulär-individueller Charakter entzieht sich einem nomothetischen Verständnis und somit der deterministischen Theorie und Analytik. Unter räumlicher Kontingenz versteht Phillips (2007) weiterhin, dass der Status von Reliefformen von den lokalen Raumeigenschaften abhängig ist, die in den jeweiligen Konstellationen des Systems singulär seien. Damit ist gemeint, dass die räumliche Kontingenz von der räumlichen Variabilität der geomorphologischen Prozesse und ihrer Einflüsse abhängig ist. Zusätzlich kann die räumliche Kontingenz von der lokalen Entwicklungsgeschichte des Standortes abhängen und somit ein Ergebnis der historischen Kontingenz darstellen.

3.3.10 Reduktion und Emergenz

Reduktion und Emergenz stellen zwei Prinzipien dar, mit denen Eigenschaften geomorphologischer Systeme beschrieben werden können (Harrison 2001). Unter **Reduktion** wird in der Geomorphologie verstanden, wenn höherskalige Reliefformen, z. B. Hochgebirge oder Kontinente, als Produkte von subskaligen Phänomenen (z. B. Täler, Hänge, Grate, Ebenen und ihre formbildenden Prozesse) verstanden werden müssen. Dies erhebt die Frage, ob ihre Eigenschaften und Funktionen aus den Systemelementen und ihren räumlichen Mustern erklärt werden können, oder ob sie eigenständige Phänomene darstellen. Unter **Emergenz** wird der Zusammenschluss von Elementen eines subskaligen Systems zu einem anderen System auf höherer Skale verstanden, dessen Eigenschaften gänzlich neuartig und unerwartet sind. Diese neuen Eigenschaften sind aus dem subskaligen System unableitbar und unvorhersehbar. Auf der höheren Skale können **neuartige Gesetze** wirken, die nicht auf die Gesetze der Subskale reduzierbar sind. Die Emergenz scheint auch für die geomorphologische Erkenntnisgewinnung in unterschiedlichen Raum- und Zeitskalen von Bedeutung zu sein (Messenzehl 2018). So existiert die Hypothese, dass die felsmechanischen Eigenschaften und Gesetze der Formfacetten einer Felswand (ca. 10 m^2) einen anderen Charakter aufweisen als die Eigenschaften und Gesetze auf der höheren Raumskalen der gesamten Felswand (ca. $4 \cdot 10^4$ m^2) oder der Hänge großer alpiner Talsysteme (>100 km^2).

3.4 Skalen geomorphologischer Systeme

Eine der wichtigsten Erscheinungsformen geomorphologischer Systeme bildet die Skale der geomorphologischen Prozesse und der durch sie erzeugten und veränderten Formen. Sie gilt als eine der schwierigsten Problemstellungen der Disziplin. Geomorphologische Skalen werden in zeitlicher und räumlicher Hinsicht behandelt (Schumm 1991; Huggett 2017). Unter **geomorphologischer Zeit** wird die physikalische Zeit verstanden (Basisgröße der Einheit Sekunde), in der:

- ein geomorphologischer Prozess oder eine Prozessgruppe existiert, d. h. stattfindet bzw. abläuft,
- eine geomorphologische Form gebildet, d. h. aufgebaut, wird,
- eine geomorphologische Form existiert, d. h. eine bestimmte Existenzzeit aufweist, und
- eine geomorphologische Form abgebaut wird.

Geomorphologische Prozesse wirken in einer hohen **Vielfalt von Zeitspannen.** So erzeugte ein glazialer Prozess der letzten Eiszeit im Laufe von Tausenden Jahren eine Endmoräne, während ein Hangprozess wenige Minuten benötigt, um eine Erosionsrille zu kreieren. Diese Variabilität der geomorphologischen Zeit hat entscheidende methodische Konsequenzen. Im ersten Fall ist der glaziale Prozess schon vor Jahrtausenden abgeschlossen worden, d. h., dass der formbildende Gletscher abgeschmolzen ist und in seiner Wirkung heute nicht mehr beobachtet werden kann. Im zweiten Fall ist eine direkte Beobachtung möglich, d. h., dass der wirkende Erosionsprozess und seine Randbedingungen empirisch gemessen und quantifiziert werden können. Die aktuellen Formeigenschaften der Endmoräne können zwar in der Gegenwart empirisch erfasst werden, jedoch ergibt sich das Wissen über ihre Genese erst retrospektiv aus Indizien der heutigen Form sowie prozessualen Theorien und Modellen. Diese Form der **retrospektiven Schlussfolgerung** lässt sich methodologisch als Abduktion bezeichnen, also als eine wissenschaftliche Hypothesenbildung mithilfe logischer Theorien trotz unbekannter, nicht mehr zu beobachtender kausaler Prozesse.

Der **geomorphologische Raum** ist als der geometrische Ort, den eine geomorphologische Form einnimmt, definiert. Er bildet im euklidischen Sinne eine dreidimensionale Punktmenge, der im kartesischen Koordinatensystem eine physikalische Längen-, Breiten- und Tiefenkoordinate zugeordnet wird. Geomorphologische Formen und Formenmuster treten in einer hohen räumlichen Vielfalt auf, die mehrere Größenordnungsmagnituden, d. h. Raumskalen, umfasst.

Eine wichtige Fragestellung der Geomorphologie besteht darin, die Skalen des Formenmusters und die dafür verantwortlichen Prozesse zu beschreiben und in **Skalentheorien und -modellen** abzubilden. Erste Ansätze lieferte der deutsche Geomorphologe Albrecht Penck. Er publizierte im Jahre 1894 das Modell einer hierarchischen Reliefgliederung (A. Penck 1894), das auf der Vorstellung beruht, dass sämtliche Formen der Reliefsphäre bestimmten Basistypen zugeordnet werden können und dass größere Reliefeinheiten aus kleineren Einheiten aufgebaut werden können. Die darauf aufbauende Skalentheorie des deutschen Geomorphologen Hans Kugler (1974) ist eine Weiterentwicklung dieses Ansatzes und polyhierarchisch strukturiert (◘ Abb. 3.12). Sie basiert auf einer Definition von Raumskalen unterschiedlicher Größe, die z. B. das Mikro-, Meso- und Makrorelief bilden. Das Entscheidende dieses Ansatzes ist, dass die Reliefformen auf jeder dieser Ebenen als voneinander **weitgehend unabhängig** zu betrachten sind.

So muss eine Erosionsrille mit einer Breite von wenigen cm und einer Existenzdauer weniger Stunden oder

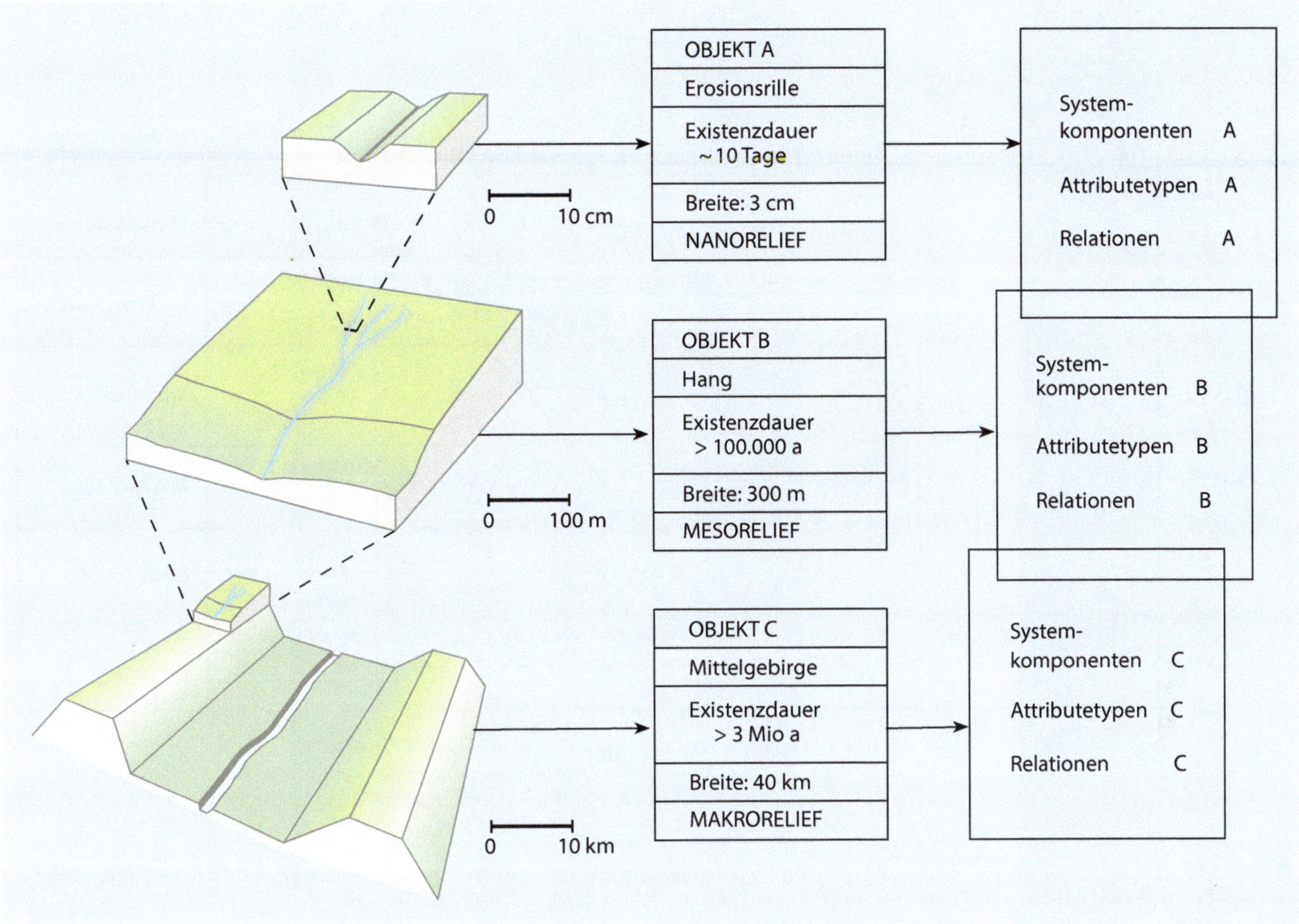

Abb. 3.12 Schematische Darstellung eines hierarchischen Reliefformenmodells nach Kugler (1974). Das Modell ist polyhierarchisch aufgebaut, was bedeutet, dass auf jeder Ebene eigenständige Reliefformen, Prozesse, Attribute und Relationen auftreten. So besteht der mesoskalige Hang (Objekt B) aus den Komponenten Oberhang und Unterhang. Ihm aufgesetzt sind mikroskalige Erosionsrillen (Objekt A). Der Hang ist Bestandteil eines makroskaligen Mittelgebirges (Objekt C), das neben Hängen aus zusätzlichen Komponenten (z. B. Flussauen), Attributen und Relationen (z. B. Hang-Gerinne-Kopplungen) aufgebaut ist

Tage anderen Bildungsprozessen zugeordnet werden als der Hang, auf dessen Oberfläche sie sich befindet und von dessen Oberflächenneigung sie gesteuert wird. Der Hang selbst ist das Produkt sehr viel länger wirkender Prozesse mehrerer Klimazyklen (z. B. Lössanwehungen und Solifluktionsprozesse der letzten Kaltzeit und Hangrutschungen in den Lössen in der aktuellen Warmzeit) oder tektonisch aktiver Phasen. Der Hang ist gleichzeitig eine der zahlreichen Komponenten eines auf einer höheren Skale angesiedelten Mittelgebirges, dessen Bildungsbedingungen auf zusätzlichen Prozessen beruhen, die auf der Hangskale nicht auftreten, wie die fluviale Erosion und Akkumulation oder die Kopplung des Hanges mit dem Gerinne. Aus diesen Gründen scheint es nicht möglich zu sein, eine höherskalige Form durch einfaches methodisches Heraufskalieren aus niederskaligen Formen zu erzeugen. Ob zwischen den Prozessen und Formen der unterschiedlichen Skalen des Systems Kopplungen bestehen, ist heute eines der umstrittensten Probleme der Geomorphologie. Aspekte dieser Diskussion verweisen z. B. auf den Kollaps höherskaliger Systeme mit hoher Sensitivität (z. B. eine Quicktonfließung), der durch einen kleinskaligeren Prozess (z. B. einen Materialaushub geringen Volumens) ausgelöst wird (▶ Kap. 10).

Die Weiterentwicklung der geomorphologischen Skalentheorie geht auf den englischen Geomorphologen Denys Brunsden zurück, der die Hypothese aufstellte, dass empirische Beziehungen zwischen der Formgröße und der Bildungs- sowie Existenzdauer der Form bestehen (Brunsden 1996) (Abb. 3.13). Es können zwar Ausnahmen von dieser Regel auftreten, da z. B. sehr große Bergstürze oder Megafluten innerhalb weniger Minuten oder Wochen Reliefformen beträchtlicher Größe aufbauen oder sehr kleine Formen, wie Gletscherschliffe in geschützten Erosionslagen, sehr lange Zeiträume überleben können, ohne zerstört zu werden. Jedoch scheint dies nicht die generelle empirische Beobachtung einer regelhaften **Existenzdauer-Größen-Beziehung** von geomorphologischen Prozessen und Formen zu widerlegen (Huggett 2017). Auch ist es plausibel und vernünftig anzunehmen, dass höhere Volumina von Lithosphärenmaterial auch höhere Energiemengen und Zeiträume benötigen, um durch endogene und exogene Prozesse auf- oder abgebaut zu werden.

3

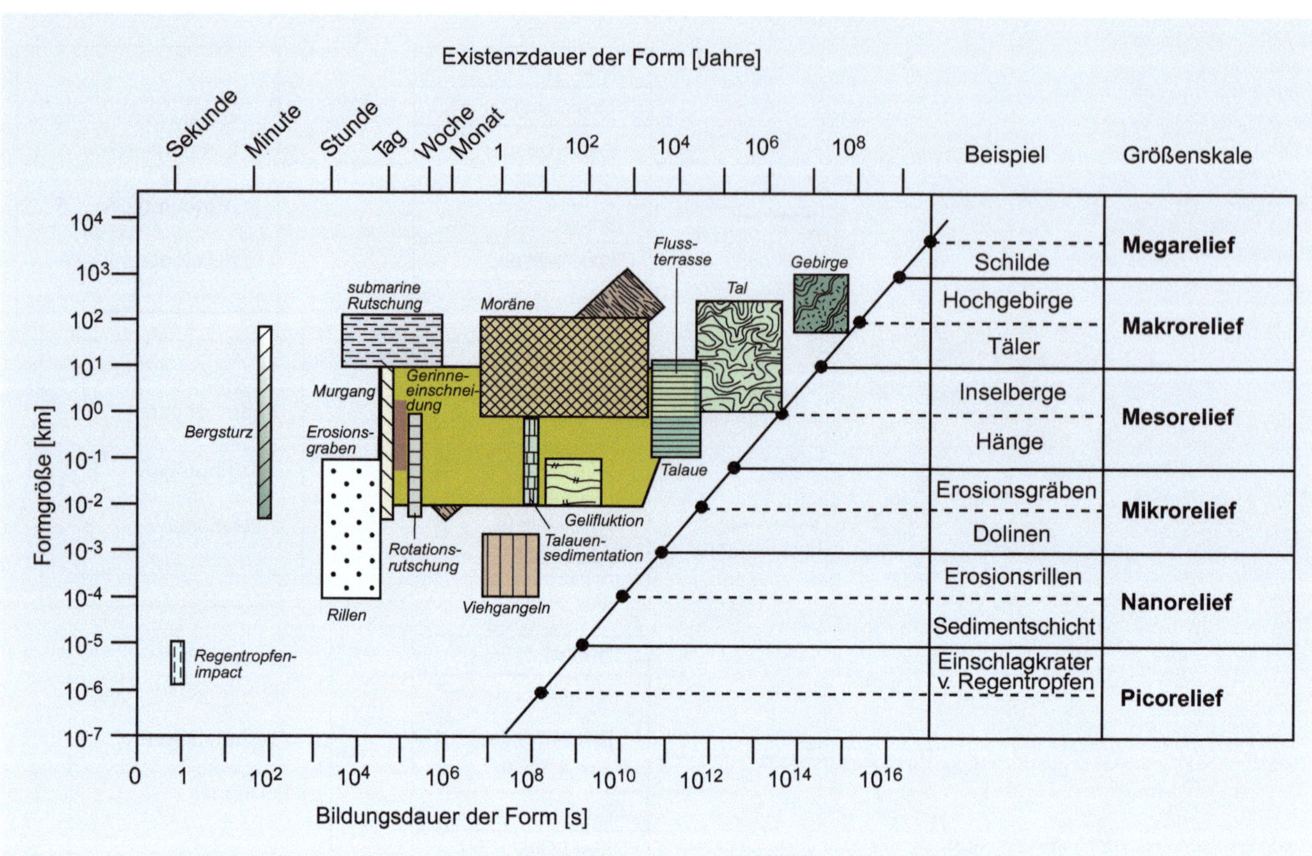

Abb. 3.13 Existenzdauer-Größen-Beziehung geomorphologischer Prozesse und Formen. Die Klassifikation erfolgt nach den Kriterien der Formgröße sowie der Bildungs- und Existenzdauer der Form. (Verändert nach Kugler 1974; Brunsden 1996)

Diese traditionellen Skalenansätze sind in den letzten beiden Jahrzehnten erweitert worden. Dabei wird die Fragestellung erhoben, wie stark geomorphologische Prozesse der unterschiedlichen Raum- und Zeitskalen in gegenseitiger Abhängigkeit stehen, ob es also zu **Skalenkopplungen,** d. h. prozessualen Interaktionen, zwischen den Phänomenen der mikro-, meso- oder makroskaligen Systeme kommen kann. Dazu hat der amerikanische Geomorphologe Jonathan Phillips das Beispiel eines fluvial-geomorphologischen Mehrskalensystems mit den Objekten Messparzelle, Hang, kleines Einzugsgebiet und großes Einzugsgebiet vorgestellt (Abb. 3.14).

Auf jeder Ebene der Hierarchie können skalenspezifische Systemeigenschaften definiert werden. Dazu zählen:

- **Skale der Messparzelle:** bodenphysikalische Eigenschaften, Infiltrationskapazität, Niederschlagsintensität.
- **Hangskale:** Summe aller Messparzellen – *plus* Bodenwasserdynamik, Grundwasserhydraulik, Hydraulik des Oberflächenabflusses.
- **Skale des kleinen Einzugsgebietes:** Summe aller Hänge – *plus* Hang-Talauen-Kopplung, Gerinnehydraulik, Stauwasserwirkung.
- **Skale des großen Einzugsgebietes:** Summe aller Subeinzugsgebiete – *plus* Speichereffekte, Verzögerungseffekte, Gerinnenetze.

Wenn dieser Skalenhierarchie von kleiner zu großer Raumskale *(bottom-up)* gefolgt wird, kann die höhere Skale zunächst durch die Summe der Komponenten der Subskale beschrieben werden. Darüber hinaus müssen jedoch in höheren Skalen neue, hinzutretende Prozesse, Formen und Formmuster erkannt werden, die nicht aus den Prozessen und Eigenschaften der subskaligen Systeme abgeleitet werden können. Derartige Objekte und Eigenschaften bezeichnen wir als emergent. Das Hinzutreten von neuen Systemeigenschaften bedeutet gleichzeitig, dass Phänomene höherer Skalen nicht aus den Eigenschaften der unteren Skalen abgeleitet werden können und dass Phänomene einer höheren Skale auch nicht auf die Komponenten der tieferen Skale reduziert werden können.

Einen weiteren Aspekt der geomorphologischen Raum- und Zeitskalen diskutiert Schumm (1991) (Tab. 3.4). Er setzt die Magnitude von Prozessen und Formen in Beziehung mit ihrer Bedeutung für die Reliefformung in einer bestimmen Zeitskale, d. h. Zeitspannen unterschiedlicher Länge. Damit werden folgende Hypothesen verbunden:

- Geomorphologische Prozesse treten in bestimmten Zeitskalen auf. So kann beispielsweise der Prozess der Mäandermigration und eines folgenden Mäanderdurchbruchs in einem fluvialen System Zeitspannen von Jahrzehnten in Anspruch nehmen. Kontinentale

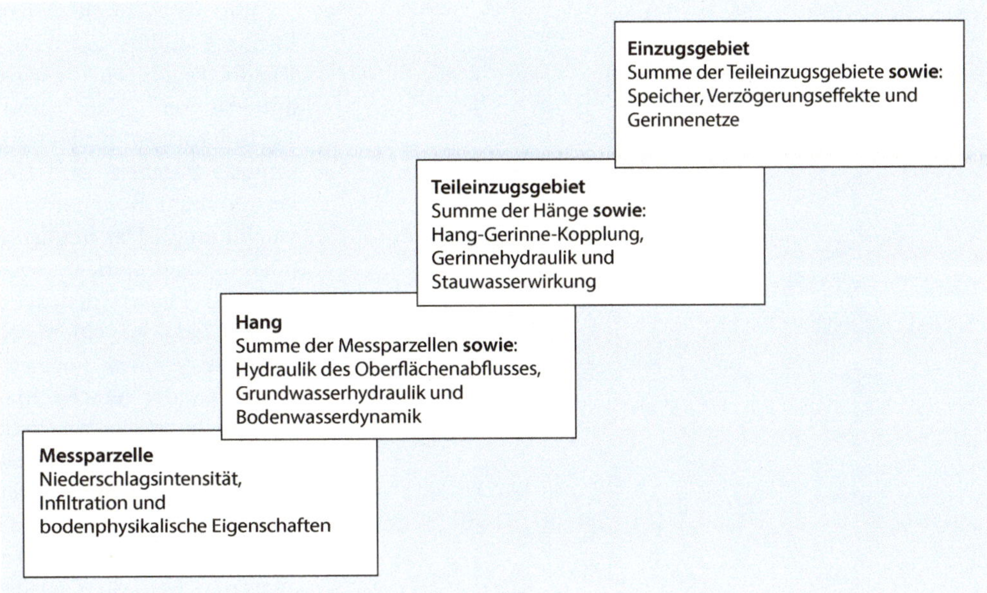

Abb. 3.14 Schematische Darstellung der Hierarchie eines fluvialen Systems, das aus vier Skalenniveaus besteht. Das jeweils höherskalige System besteht aus den subskaligen Komponenten und den auf höheren Skalenebenen neu hinzutretenden Phänomenen. (In Anlehnung an Phlillips 1999, Fig. 8.1, S. 131)

Vergletscherungen dagegen operieren in sehr viel längeren Zeiträumen von 10^4 bis 10^5 Jahren.

- Es existiert eine Zeitskalenabhängigkeit in Bezug auf die Bedeutung der Effizienz dieser Prozesse für die Formung der Erdoberfläche. Im Zeitraum von Jahrzehnten stellt der Mäanderdurchbruch ein dominantes Ereignis für ein fluviales System dar (Megaereignis), er verliert jedoch mit zunehmender Zeitskale seine Bedeutung und Effizienz für die Reliefformung (Meso- und Mikroereignis). In der Zeitskale kontinentaler Vergletscherungen kann dieser Prozess als unbedeutend betrachtet werden.

Die **Multiskaligkeit geomorphologischer Systeme** wirft beträchtliche methodische Probleme auf, worauf Schumm (1991) mehrfach hingewiesen hat. Er beschreibt, dass bei einer Zunahme der Größe und des Alters einer Reliefform immer weniger Eigenschaften aus den heutigen Bedingungen erklärt werden können und **zunehmend Schlüsse aus ihrer Vergangenheit** verwendet werden müssen. In Abb. 3.15 wird dieser Sachverhalt als schematischer Versuch dargestellt, die Anteile der aktuellen und historischen Komponenten der Erklärung in Beziehung zur Skale geomorphologischer Phänomene zu setzen. Das bedeutet, dass mit zunehmender Gebietsgröße und längerer Zeitskale die Zuverlässigkeit von Prädiktion und Retrodiktion abnimmt, wenn sie auf Informationen aus der Gegenwart basieren.

3.5 Geomorphologisches Erbe und Reliefformen-Palimpsest

Das Georelief bildet ein **Formenmuster,** das durch geomorphologische Prozesse in unterschiedlichen erdgeschichtlichen Epochen bis in die Gegenwart gebildet wurde. Taxonomisch wird das Formenmuster als Reliefform-Assoziation bezeichnet. Zu jedem Zeitpunkt seiner Entwicklung trägt das Relief, also auch das heutige Relief, ein geomorphologisches Erbe (Kugler und Schaub 1997). Die Reliefformen sind durch Wirkung mehrerer geomorphologischer Prozesse (Prozessgefüge) entstanden, die gleichzeitig, aber auch in zeitlicher Folge wirken können. In den aufeinanderfolgenden zeitlichen Prozessphasen kann sich dieses Prozessgefüge verändern, d. h., dass die Effizienz der formungsdominanten Prozesse zu- und abnehmen kann. Diese Entwicklungsgeschichte beschreiben wir mit den Begriffen Polygenetik und Mehrphasigkeit.

Eine Folge derartiger polygenetisch-mehrphasiger Entwicklungen führt dazu, dass in jeder Phase der Reliefentwicklung auch Reliefformen vorhanden sein können, die durch ältere, inzwischen nicht mehr aktive Prozesse geschaffen wurden. Die gebildeten Reliefformen können nachfolgend durch andere Prozesse verändert oder gänzlich abgebaut werden. Wir bezeichnen diesen Vorgang als **Überformung.** So werden beispielsweise die Moränenkörper des Alpenvorlandes, die während der letzten Kaltzeit gebildet wurden, im Spätglazial und Holozän durch Verwitterung sowie solifluidale, gravitative und bodenerosive Prozesse überformt, sodass ihre Geometrie und materielle Zusammensetzung deutlichen Veränderungen unterworfen ist. Dagegen sind die ehemaligen hochalpinen Lateralmoränen des Hochstandes der Gletscher weitgehend verschwunden, da sie mit einsetzendem Eisabbau starken erosiven Hangabtragsprozessen und den Sedimentkaskaden unterworfen gewesen sind. Ihre Sedimente befinden sich heute in den großen alpinen Tälern und in den Sedimentsenken der alpinen Vorländer und Meeresbecken. Die Polygenetik und Mehrphasigkeit von geomorphologischen Formen muss daher mit unterschiedlichen Bildungsbedingungen und -prozessen erklärt werden.

Tab. 3.4 Auftreten geomorphologischer Prozesse und Formen in bestimmten Zeitskalen und ihre Bedeutung für die Reliefformung in unterschiedlichen Zeitskalen. (Verändert nach Schumm 1991)

Relative Magnitude des Ereignisses	Zeitskale							
	1 Tag	1 Jahr	10 Jahre	10^2 Jahre	10^3 Jahre	10^5 Jahre	10^6 Jahre	10^8 Jahre
Megaereignis	Hangrutschung	Erosionsgraben	Mäanderdurchbruch	Vulkanbildung	Flussterrassenbildung	Kontinentale Vergletscherung	Tektonische Faltung	Gebirgsbildung
Mesoereignis	Erosionsrille	Hangrutschung	Erosionsgraben	Mäanderdurchbruch	Vulkanbildung	Flussterrassenbildung	Kontinentale Vergletscherung	Tektonische Faltung
Mikroereignis	Bewegung eines Sandkorns	Erosionsrille	Hangrutschung	Erosionsgraben	Mäanderdurchbruch	Vulkanbildung	Flussterrassenbildung	Kontinentale Vergletscherung
Unbedeutendes Ereignis		Bewegung eines Sandkorns	Erosionsrille	Hangrutschung	Erosionsgraben	Mäanderdurchbruch	Vulkanbildung	Flussterrassenbildung

Ein für Mitteleuropa typisches System der Reliefformung erklärt sich z. B. aus dem Wechsel der externen Randbedingungen **mehrphasig-zyklischer Klimaveränderungen** (Kalt- und Warmzeiten des Quartärs), Veränderungen der tektonischen Hebungs- oder Senkungsimpulse (Graben- und Horstbildung) und der menschlich verursachten Bodenerosionsprozesse (Rinnen- und Kolluvienbildung). Das heutige Georelief enthält somit ein mehr oder weniger stark entwickeltes Erbe bzw. **Gedächtnis** aus früheren Phasen der Reliefentwicklung, die dazu geführt haben, dass an einem einzigen Standort zeitlich nacheinander gebildete Formen angetroffen werden können, die ein ineinander **verschachteltes Reliefformenmuster** bilden.

Ein derartiges verschachteltes Muster bilden beispielsweise die deutschen Mittelgebirge, die aus Tälern, Talauen, Terrassen, Hängen und Verflachungen bestehen, deren Bildung, Überformung sowie völlige oder teilweise Zerstörung in mehreren Formungsphasen bis in die jüngste Phase der quartären Kaltzeiten reichen. Mit diesen Formen sind kleinere Formen verschachtelt, wie Erosionsgräben, kolluviale Sedimentkörper oder Flussterrassen, die jüngeren bzw. aktuellen Formungsphasen des Holozäns zugeordnet werden. Reliefformen aus einer älteren Formungsphase bleiben allerdings nur dann erhalten, wenn die nachfolgenden Prozesse nicht in der Lage waren, die Vorzeitform vollständig zu zerstören und die formbildenden Materialien abzutransportieren, was der deutsche Geomorphologe Heinrich Rohdenburg (1989) als **Intensitäts-Auslese-Prinzip** bezeichnet hat. Eine derartige räumliche Verschachtelung von geomorphologischen Formen ist durch Chorley et al. (1984) als Palimpsest bezeichnet worden. Darunter wird ursprünglich eine aus Papyrus bestehende Manuskriptseite verstanden, die durch Abschaben mehrfach wiederverwendet werden konnte und nach den neuerlichen Verwendungen noch Teile der älteren Schrift enthält. In Übertragung auf geomorphologische Phänomene wird damit ausgedrückt, dass ältere Formungsprozesse bereits abgeschlossen sind und Vorzeitformen erzeugt haben, die unter bestimmten Umständen im heutigen Georelief noch mehr oder weniger stark vorhanden sind. Sie bilden eine Reliefformen-Hierarchie, die wir als **Reliefformen-Palimpsest** bezeichnen.

Ein Beispiel für ein derartiges geomorphologisches Reliefformen-Palimpsest ist in Abb. 3.16 dargestellt. Es zeigt einen idealisierten Ausschnitt eines Mittelgebirgstales in Mitteleuropa. Die Formung dieser Reliefeinheit setzte im Tertiär mit Flächenbildungsprozessen und tiefgründiger Gesteinsverwitterung (Saprolitisierung) ein. Im Pleistozän erfolgt ein Wechsel des Prozessgefüges mit Taleintiefung, Lössakkumulation und periglazialer Hangabtragung, die das tertiäre Relief überformt und verändert haben. Im Holozän erfolgten weitere Überformungen durch Bodenerosion, Kolluvienbildung und Talauensedimentation. Im Ergebnis liegt heute ein hierarchisches, mehrskaliges System vor, in dem sich mehrere Phasen und Prozesse der Reliefentwicklung erkennen lassen.

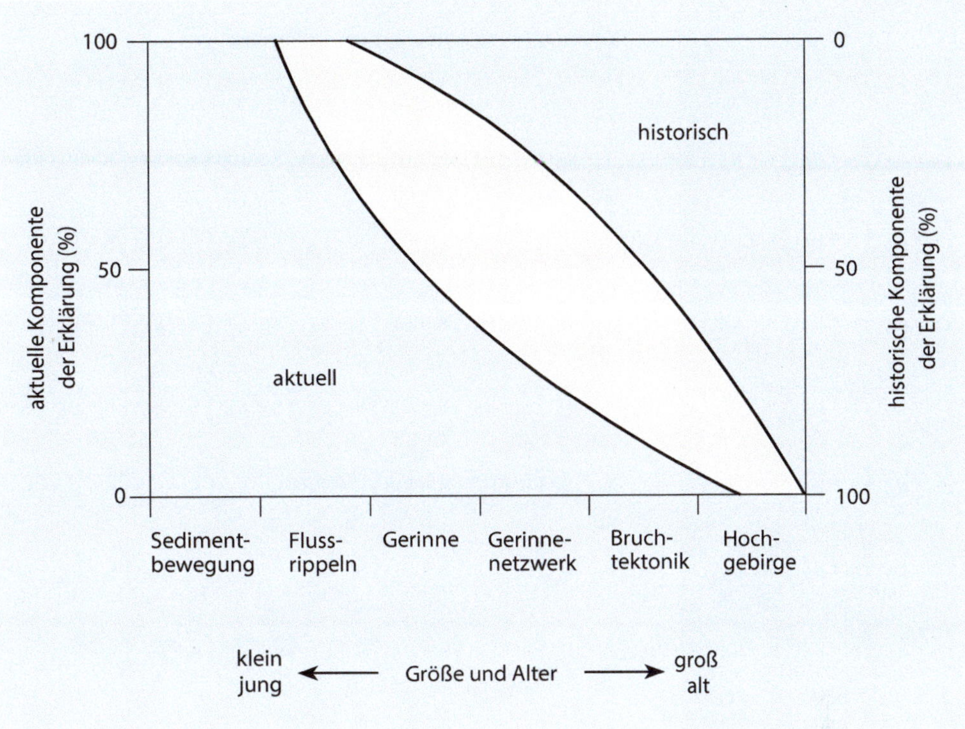

Abb. 3.15 Anteile der aktuellen und historischen Komponenten der Erklärung in Beziehung zur Skale geomorphologischer Phänomene. Die maximalen Reichweiten der beiden Kurven bilden eine Zone der Variationsbreite der Methoden. So kann z. B. die heutige Gerinneform zu hohen Anteilen aus den Gesetzen der Hydraulik erklärt werden (aktuell) oder, zu geringeren Anteilen, aus den Sedimenteigenschaften älterer Flussdepositionen (historisch). Ein Hochgebirge kann zu hohen Anteilen aus Orogenese und Abtragung erklärt werden (historisch) oder, zu geringeren Anteilen, aus der heutigen Plattenbewegung, Neotektonik und Erosion. (Verändert nach Schumm 1991: To interpret the earth – ten ways to be wrong. Cambridge University Press, Cambridge, England © 1991)

3.6 Komplexe Nichtlinearität

Die in der zweiten Hälfte des 20. Jahrhunderts in der Physik und Chemie entwickelte **Komplexitätstheorie** hat zu einer Erweiterung der Erklärungsansätze für geomorphologische Form-Prozess-Beziehungen geführt (Phillips 2003). In der angloamerikanischen Geomorphologie setzte Anfang der 1990er-Jahre eine kritische Debatte darüber ein, ob die Ansätze der Stationarität und des Gleichgewichtes noch adäquat genug seien, um geomorphologische Systeme beschreiben zu können. Es wurde behauptet, dass der Gleichgewichtszustand eher eine Ausnahme darstellt und dass Nichtgleichgewichte von größerer Bedeutung sind. Im Unterschied zu Gleichgewichtssystemen, die nach einer Relaxationszeit in einen neuen Gleichgewichtszustand zurückkehren, reagieren **Nichtgleichgewichtssysteme** völlig anders. Hier reagiert das System auf anhaltende, kleine Störungen mit dynamischer Instabilität und, im Verhältnis zum Ausmaß der Störung, mit unverhältnismäßig großen und lang anhaltenden Reaktionen (Mainzer 2008). Gleichgewichtssysteme sind insofern prinzipiell vorhersagbar, was bedeutet, dass die Veränderung einer Randbedingung, z. B. in Form einer Klimaveränderung, zu einer einheitlichen Reaktion, z. B. einer Flussbetterhöhung, im gesamten System führt. In dynamisch instabilen Systemen können dagegen gleiche Einflüsse zu unterschiedlichen (multiplen) Formen der Anpassung führen, z. B. lokale Einschneidung des Flussbettes bei gleichzeitiger Akkumulation in anderen Bereichen. In komplexen nichtlinearen geomorphologischen Systemen besteht eine Unproportionalität zwischen den Inputfaktoren bzw. Störungen und der Systemreaktion (Abb. 3.17).

Das Systemverhalten ist durch **komplexe Wechselwirkungen** zwischen geomorphologischen Prozessen, Reliefformen und ihren Einflussfaktoren in unterschiedlichen Raum- und Zeitskalen charakterisiert (Dearing 2004; Dikau 2006a). Theorie und Analytik der Eigenschaften derartiger Systeme gelten als Weiterentwicklung der klassischen geomorphologischen Systemtheorie. Phillips (2003) benennt mehrere **phänomenologische Ursachen** für komplexes nichtlineares Systemverhalten:

- Schwellenwerte,
- Masse- und Energiespeicher,
- Sättigung und Entleerung,
- Selbstverstärkung durch positive Rückkopplung,
- Abschwächung durch negative Rückkopplung,
- Konkurrierende Wechselwirkungen,
- Multiple Anpassung,
- Selbstorganisation,
- Hysterese.

Es soll betont werden, dass nicht alle nichtlinearen Eigenschaften von Systemen komplexer Natur sind. Nichtlineare Systeme können einfach und vorhersagbar sein. Komplexität kann wiederum auch andere Ursachen als Nichtlinearität haben. Der Schnittbereich, d. h. komplexes Verhalten, das auf systeminterne Nichtlinearitäten zurückzuführen ist, bezeichnet Phillips (2003) als *complex nonlinear dynamics* (CND).

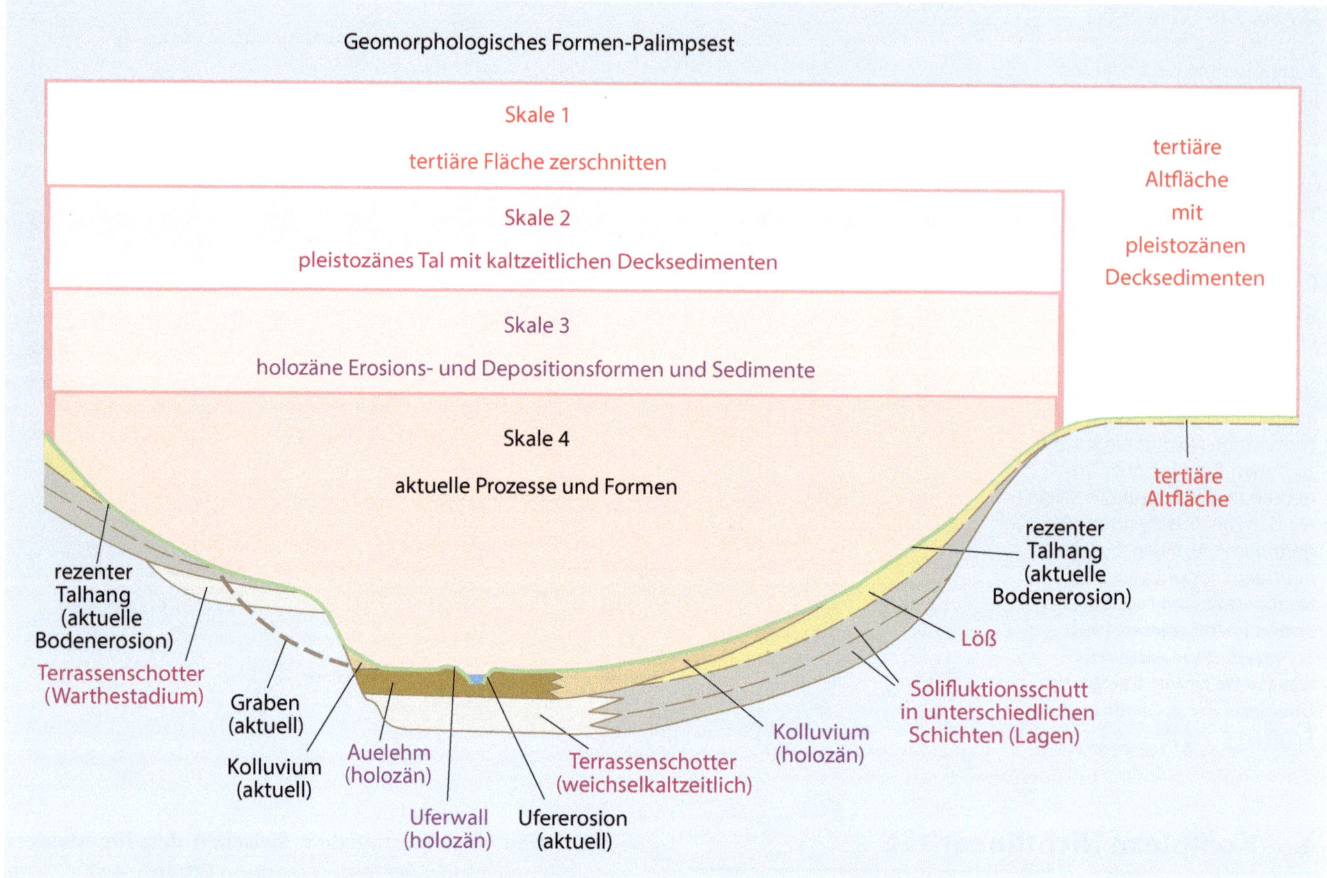

Abb. 3.16 Geomorphologisches Reliefformen-Palimpsest. Die tertiäre Altfläche, die in Resten erhalten geblieben ist (Skale 1), wurde in der jüngeren Reliefentwicklungsphase des Pleistozäns erosiv zerschnitten (Skale 2) und durch jüngere holozäne (Skale 3) und aktuelle (Skale 4) Prozesse überformt. Auf diese Weise entstand eine verschachtelte Hierarchie von Reliefformen unterschiedlicher Geometrie, Topologie und stofflicher Zusammensetzung. (Verändert nach Kugler und Schaub 1997, Fig. 2.36, S. 223)

Die Folgerungen aus dem komplexen nichtlinearen Verhalten von Systemen sind für die Geomorphologie höchst bedeutsam. Bereits in den 1970er-Jahren zeigte Schumm (vgl. Schumm 1991) nichtlineare Reaktionen eines fluvial-geomorphologischen Systems durch gleichzeitige und räumlich variable Reaktionen auf einen externen Störungsimpuls. Diese Systemreaktion wird von ihm als ***complex response*** bezeichnet. So kann nach einer Absenkung der Erosionsbasis eines Flusses in unterschiedlichen Reliefelementen Einschneidung stattfinden und in anderen Reliefelementen gleichzeitig Sediment akkumuliert werden. Bei Verallgemeinerung dieser Aussage kann eine kausal lineare Beziehung zwischen Ursache (Tektonik, Klima, Landnutzungsänderung) und Reaktion (Sedimentation oder Einschneidung) nicht mehr für das Gesamtsystem gefunden werden. Ein Grund für diese Nichtlinearität liegt in der **internen Systemkonfiguration,** d. h. im internen Systemaufbau, der die Ursache-Wirkungs-Beziehung maßgeblich steuert und zeitlichen Veränderungen unterliegt. Es ist daher sinnvoll, eine Unterscheidung zwischen systeminternen und -externen Einflüssen und Schwellenwerten vorzunehmen und das System in seine Objekt- und Prozesskomponenten zu zerlegen. Falls das System einer komplexen Dynamik folgt, genügen bereits Störungen geringster Magnitude und kurzer Dauer, um zu massiven Systemreaktionen zu führen.

Systeme, die sensitiv auf geringste Fluktuationen externer Störungen reagieren, werden als **chaotisch instabil** bezeichnet. Ihr Verhalten hängt empfindlich von ihren **Anfangsbedingungen** ab, sie sind in längeren Zeitskalen nicht vorhersagbar. Bereits der französische Mathematiker Henry Poincaré konnte Ende des 19. Jahrhunderts anhand des Dreikörperproblems zeigen, dass in physikalischen Systemen (z. B. einem Doppelpendel) chaotisch instabile Trajektorien (Bewegungsbahnen) auftreten können, deren Verlauf von geringsten Abweichungen der Anfangsbedingungen abhängt. Dieses als Schmetterlingseffekt bezeichnete Phänomen (kleine Ursache mit sehr großer Wirkung) wird durch die chaotische Dynamik des komplexen Systems verursacht. Derartige Systeme befinden sich fernab thermodynamischer Gleichgewichte in instabilen Zuständen. Folgende Eigenschaften treten in derartigen Systemen auf:

- Systemstörungen kleiner Magnitude können zu unverhältnismäßig großen Systemreaktionen führen.
- Kurz andauernde Störungen können unverhältnismäßig lang anhaltende Systemreaktionen nach sich ziehen.
- Empirische Befunde von Form- und Materialveränderungen im geomorphologischen System (z. B. Sedimentarchive oder Altflächen) brauchen nicht ein Hinweis auf entsprechende Magnituden von

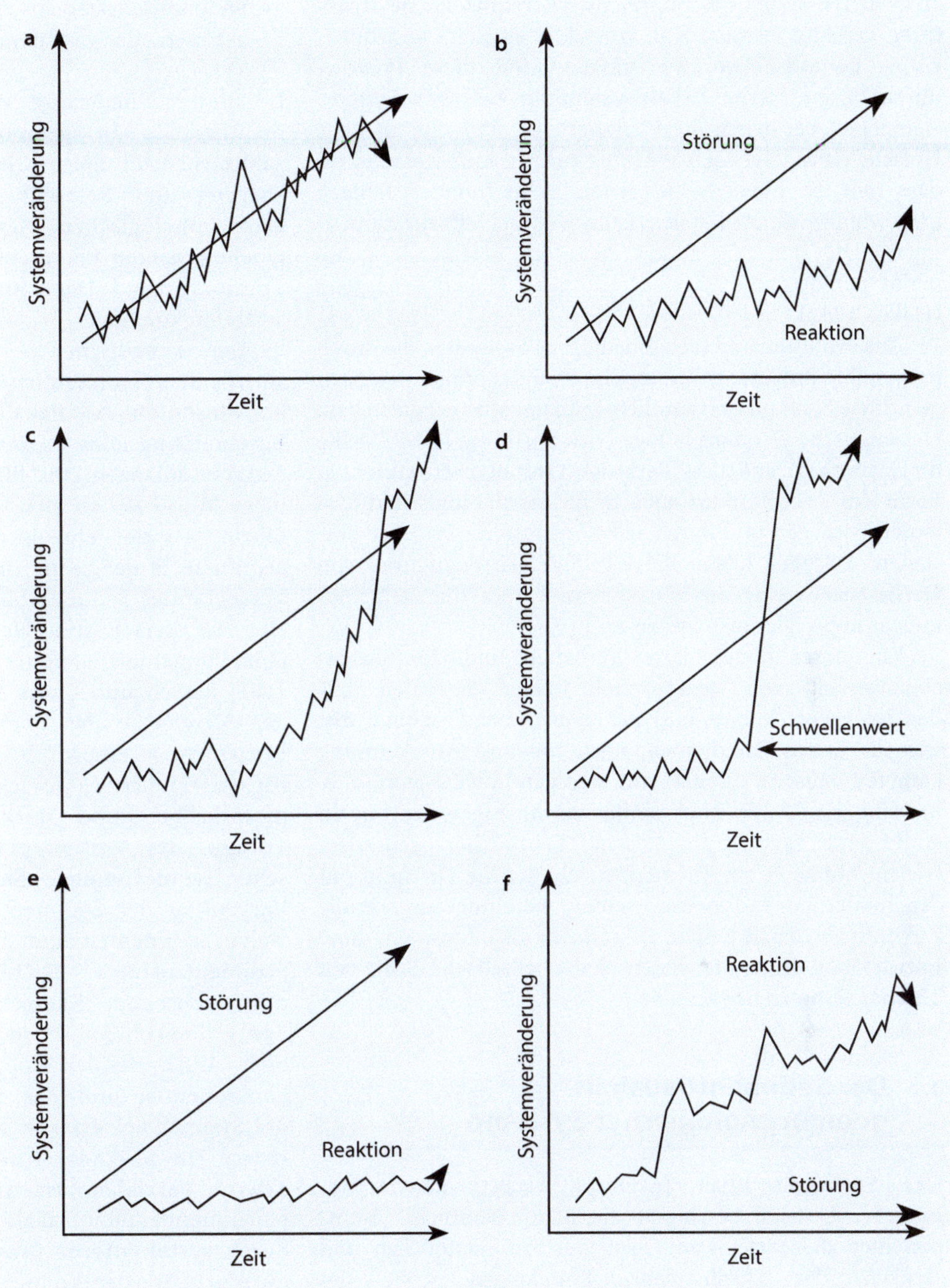

Abb. 3.17 In komplexen nichtlinearen Systemen bestehen zwischen einer Störung und der Systemreaktion komplizierte und häufig nicht vorhersagbare Beziehungen. Werden bestimmte Schwellenwerte (oder „Kippschalter") erreicht (Fall d), können extreme Veränderungen in kürzester Zeit auftreten. (Nach Dikau 2011, Abdruck mit freundlicher Genehmigung von R. Dikau und Springer-Verlag GmbH Deutschland)

Umweltveränderungen (z. B. des Klimas) oder von externen Einzelereignissen der Störung sein.

- Geomorphologische Systeme können über verschiedene Reaktionstrajektorien bzw. multiple Formen der Anpassung verfügen.

Die **Theorie der Selbstorganisation** behauptet, dass in komplexen Systemen fernab thermodynamischer Gleichgewichte sich wechselseitig bedingende Prozesse zu geordneten Strukturen führen können. Diese Systeme sind offen und benötigen, um überleben zu können, ständig Energie aus ihrer Umwelt. Derartige Systeme können damit ohne externe Lenkung neue Ordnungsstrukturen bilden, sie sind selbstorganisiert. Die **Selbstorganisation** kann auf bestimmten räumlichen Skalenniveaus angesiedelt sein. Diese Theorie geht auf den Chemie-Nobelpreisträger von 1977, Ilya Prigogine, zurück (Prigogine und Stengers 1981; Prigogine 1992). Prigogine und Stengers (1981) wählen dafür die Bezeichnung dissipative Strukturen. Unter **Dissipation** versteht die klassische Thermodynamik, dass ein offenes Gleichgewichtssystem laufend Energie in Form von Wärmeenergie verliert. In offenen Nichtgleichgewichtssystemen dagegen entsteht Stabilität, also eine dissipative Struktur, durch den Energie- und Materialaustausch mit der Außenwelt des Systems. Das bedeutet, dass aus ungeordneten Zuständen des komplexen chaotischen Systems wohl organisierte raumzeitliche Strukturen gebildet werden, z. B. konvektiv erzeugte atmosphärische **Bénard-Zellen.** Zu erklären sind diese Prozesse durch systeminterne **Zirkelkausalitäten** zwischen Systemelementen, bei denen die Wirkung einer Ursache als neue Ursache einer folgenden Wirkung auftritt. Entscheidend ist, dass sich die Elemente selbstständig zu funktionsfähigen und wohlgeordneten höherskaligen Objekten zusammenfügen. Die sich mit diesen Prozessen befassende Lehre nennt der deutsche Physiker Hermann Haken Synergetik (Haken 1982).

Aus evolutionären (zeitabhängigen) Systemen, die durch irreversible Prozesse gekennzeichnet sind, können demnach geordnete Strukturen (räumlich-zeitliche Muster) entstehen. Der englische Geomorphologe Nick Spedding (1997) stellte die Hypothese auf, dass derartige Ordnungsstrukturen in Form der Reliefstruktur auch in geomorphologischen Systemen vorliegen und durch selbstorganisierte Prozesse entstehen. Beispiele bilden die regelmäßigen Strukturen von Gerinnenetzwerken in Flusssystemen oder die Steinringmuster in periglazialen Systemen.

Komplexes nichtlineares Verhalten und die Skalenabhängigkeit von geomorphologischen Systemen bilden neue Forschungs- und Lehrgebiete der Disziplin, die, wie alle neuen Paradigmen, noch um ihre Anerkennung kämpfen müssen. Es hat, mit wenigen Ausnahmen, z. B. bei Huggett (2017), noch keinen nachhaltigen Eingang in einführende geomorphologische Lehrbücher gefunden. Gleichwohl ist es ein Themenbereich, der die Disziplin mit der modernen Erdsystemforschung verbindet und große Zukunftspotenziale besitzt. Es ist durchaus interessant, diese Entwicklung durch die wissenschaftstheoretische Brille von Thomas Kuhn zu betrachten.

3.7 Der Sedimenthaushalt geomorphologischer Systeme

Der Sedimenthaushalt *(sediment budget)* geomorphologischer Systeme beschreibt die Bilanz sämtlicher Komponenten des Systems in Form von Sedimentquellen und -senken, der Quellen-Senken-Kopplungen sowie des umfänglichen Prozessspektrums der Verwitterung, der Erosion, des Transportes und der Deposition (Caine 1974). Der Ansatz umfasst somit die Reliefformen des Systems und die Prozesse des Formaufbaus und -abbaus gleichermaßen. Folgende übergeordnete Prozesse müssen unterschieden werden:

- **Abtrag** auf Hängen und Ebenen, z. B. durch hangaquatische, gravitative, glaziale oder äolische Prozesse.
- **Temporäre Zwischenspeicherung** der Sedimente in Speichern, z. B. in Kolluvien, Schwemm- und Murkegeln, Sturzhalden, Talauen, Moränen oder Dünen.
- **Remobilisierung** der zwischengespeicherten Sedimente unterschiedlicher Speichertypen.
- **Transport** der Sedimente durch das geomorphologische System durch unterschiedliche Prozesstypen.
- **Sedimentaustrag** aus den Systemen, z. B. aus Einzugsgebieten oder glazial und äolisch dominierten Ebenen.

In dieser Gliederung wird deutlich, dass die Sedimentkaskade in geomorphologischen Systemen von zahlreichen Einflüssen in Form der temporären Speicherung und Remobilisierung gekennzeichnet ist. In geomorphologischen Systemen bilden daher lineare Quellen-Senken-Pfade eher die Ausnahme, da Erosion-, Transport- und Depositionsprozesse zeitlich entkoppelt auftreten können.

Der kanadische Geomorphologe Olav Slaymaker spricht dem Sedimenthaushalt den Status eines **disziplinkonvergenten Ansatzes** zu, da er eine umfängliche Beschreibung aller Prozesstypen erfordert und korrelate Sedimentbilanzen einschließt (Slaymaker 1997). Nur auf diese Weise ließen sich die relativen Bedeutungen und **Effizienzen der Einzelprozesse** für das Gesamtsystem ermitteln. In der geomorphologischen Forschung wurden Versuche der Sedimentbilanzierung durch Anders Rapp, Dietrich Barsch und Nel Caine für subarktische und alpine Systeme eingeführt (Rapp 1960; Caine 1974; Barsch 1981; Barsch und Caine 1984). In diesen Arbeiten wurden Vergleiche der Formungseffizienzen verschiedener Prozesstypen empirisch ermittelt und der Grundstein für weiterführende Forschungsarbeiten gelegt. Für einen mesoskaligen und stark landwirtschaftlich genutzten Tributär des Mississippi demonstrierte der amerikanische Geomorphologe Stan Trimble die raumzeitliche Variabilität der Sedimentspeicherung in Kolluvien, fluvialen Sedimenten und des zeitlich davon entkoppelten Sedimentaustrags (◘ Abb. 3.18) (Trimble 1999). Die mit wachsender Raumskale zunehmende Komplexität des geomorphologischen Systems wird durch die Zu- oder Abnahme der Kopplung verschiedener Speicherkomponenten und der **skalenspezifischen Reaktionen** des Systems auf externe und interne Variablen charakterisiert. Die Kaskadenstruktur der Speicher bewirkt, dass externe Variablen, wie die Landnutzungsänderung, mit zunehmender Raumskale ihren Einfluss verlieren und durch **systeminterne Prozesse der Materialumlagerung** überdeckt werden können (Dikau 2006b), was der deutsche Geomorphologe Peter Houben auf Basis zahlreicher empirischer Befunde überzeugend nachgewiesen hat (Houben et al. 2006). Der linear-kausalen Rekonstruktion einer historischen Systementwicklung aus Archiven, z. B. die historische Bodenerosion oder Siedlungsgeschichte aus Sedimenten oder geomorphologisch beeinflussten archäologischen Artefakten, sind somit Grenzen gesetzt. Vereinfachende geomorphologische Hypothesen und Erkenntnisse können hier zu beträchtlichen Fehldeutungen führen.

Die mit dem Begriff **Sedimenthaushalt** assoziierte Vorstellung einer Beziehung zwischen den Einnahmen und Ausgaben eines geomorphologischen Systems, als Materialmenge der Sedimentlieferung aus den Quellen und der

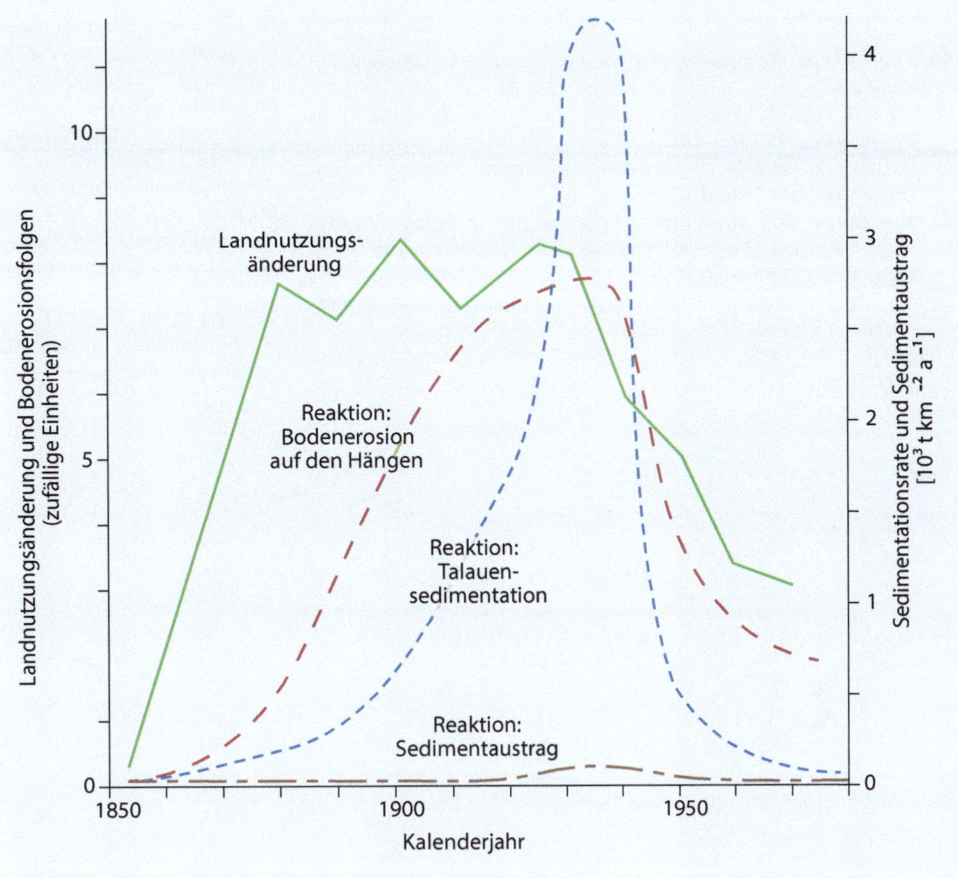

Abb. 3.18 Nichtlineare Beziehung zwischen der Landnutzungsänderung und der geomorphologischen Reaktion der Bodenerosion auf Hängen, der Sedimentdeposition im Talboden und des Sedimentaustrags aus dem Einzugsgebiet. (Verändert nach Trimble und Lund 1982, U.S. Geological Survey Prof. Paper 1234, Fig. 14, S. 21)

Sedimentdeposition in den Senken, verengt die Problemstellung deutlich. Die von Slaymaker (1997) vorgeschlagene Theorie des Sedimenthaushaltes darf demnach nicht nur durch Quantifizierungen deponierter Sedimentmengen vereinfacht werden. Sie kann eine **Kohärenz der geomorphologischen Erkenntnis** nur erreichen, wenn der systemische Ansatz Kategorien der nichtlinearen Komplexität integriert. Das Ziel der geomorphologischen Erkenntnisgewinnung muss auch in diesem Themenfeld darin bestehen bleiben, Prozess und Reliefform als duale Sachverhalte des Systems zu denken und analytisch zu durchdringen.

Fazit

Die Konzeption der allgemeinen Systemtheorie kann mit Erfolg in der Geomorphologie angewendet werden. Die grundlegenden Phänomene der Reliefformen, der sie bildenden Prozesse und ihre Wechselwirkungen lassen sich mit logisch konsistenten und kohärenten Modellen beschreiben. Die durch die angloamerikanische Geomorphologie ab Mitte des 20. Jahrhunderts vorangetriebene systemische Geomorphologie hat mit einer Orientierung auf physikalische Prozessbeschreibungen einen tiefgreifenden Paradigmenwechsel eingeleitet. Er löste im angloamerikanischen Raum zyklische Theorien der Reliefentwicklung ab und fokussiert auf Ansätze des dynamischen Gleichgewichtes. Diese Entwicklung wird seit den 1990er-Jahren kritisch reflektiert, da zunehmend erkannt wird, dass geomorphologische Systeme durch nichtlineare Komplexität, Pfadabhängigkeit und Kontingenz gekennzeichnet zu sein scheinen. Mit dieser Einsicht gewinnt die Geomorphologie engeren Anschluss an die Erdsystemwissenschaften. Eine holistische Geomorphologie hat die Historizität geomorphologischer Systeme und den Ansatz des Reliefformen-Palimpsests zu integrieren. Damit kann ein erweiterter Erkenntnisfortschritt bei der Entschlüsselung der multiskaligen Phänomene des geomorphologischen Systems erreicht werden. Die Reaktion geomorphologischer Systeme auf die Klimaveränderungen der Gegenwart und Zukunft zählt zu den schwierigsten Problemstellungen der Disziplin. Es ist wahrscheinlich, dass diese Reaktion nichtlinearen und komplexen Gesetzen folgt. Die Singularität der Systemkonfiguration, hohe Sensitivitäten gegenüber Ausgangsbedingungen, multiple Filtereigenschaften (dämpfen oder beschleunigen) oder die kontingenten Eigenschaften der initialen Systemzustände sowie der Systemantriebe *(forcing)* bilden Phänomene, die die Geomorphologie verstehen muss, um zur Lösung derartiger Problemstellungen beitragen zu können.

Weiterführende Literatur

Brunsden D (1990) Tablets of stone: toward the ten commandments of geomorphology. Z Geomorphol Supp 79:1–37

Brunsden D, Thornes J (1979) Landscape sensitivity and change. Trans Inst Br Geogr NS 4:463–484

Bull WB (1991) Geomorphic responses to climatic change. Oxford University Press, Oxford

Caine N (1974) The geomorphic processes of the alpine environment. In: Ives JD, Barry RG (Hrsg) Arctic and alpine environments. Methuen, London, S 721–748

Chorley RJ, Kennedy BA (1971) Physical geography – a systems approach. Prentice-Hall, London

Chorley RJ, Schumm SS, Sugden DE (1984) Geomorphology. Methuen, London

Hack JT (1960) Interpretations of erosional topography in humid temperate regions. Am J Sci 258-A:80–97

Huggett RJ (2017) Fundamentals of geomorphology. Routledge, London

Kugler H (1974) Das Georelief und seine kartographische Modellierung. Dissertation B, Martin-Luther-Universität Halle, Wittenberg

Phillips JD (2003) Sources of nonlinearity and complexity in geomorphic systems. Prog Phys Geogr 27:1–23

Schumm SA (1991) To interpret the earth – ten ways to be wrong. Cambridge University Press, Cambridge

Strahler A (1952) Dynamic basis of geomorphology. Geol Soc Am Bull 63:923–938

von Elverfeldt K (2012) Systemtheorie in der Geomorphologie. Problemfelder, erkenntnistheoretische Konsequenzen und praktische Implikationen. Steiner, Stuttgart

Die Gestalt der geomorphologischen Form

R. Dikau et al., *Geomorphologie*, https://doi.org/10.1007/978-3-662-59402-5_4

Die Gestalt der geomorphologischen Form wird durch die zweidimensionale Formoberfläche und den dreidimensionalen Formkörper gebildet. Ihre Beschreibung ist Aufgabe der Geomorphometrie. Unter **Geomorphometrie** versteht man die Lehre von den qualitativen und quantitativen, geometrischen und topologischen Eigenschaften der geomorphologischen Form. Bei der Erkundung der Beziehungen zwischen den geomorphologischen Formen und den formerzeugenden und -verändernden Prozessen dient die Geomorphometrie der Formerkennung und -quantifizierung. Die zentrale Eigenschaft der Formoberfläche ist ihr **Kontinuumcharakter.** Das bedeutet, dass sie als Oberfläche des Erdkörpers eine ununterbrochene und lückenlose Fläche im Raum darstellt. Aus Sicht der Geomorphologie ist dieses Kontinuum strukturiert und geordnet. Es differenziert sich in Bereiche mit unterschiedlichen räumlichen, habituellen, substanziellen, dynamischen und genetischen Merkmalen oder Attributen. Diese Attribute weisen einen statischen und dynamischen Charakter auf. Sie bilden die Grundlage, um aus dem Kontinuum geomorphologische Formen zu selektieren. Die Gestalt der selektierten Reliefformen differenziert sich in Objekte unterschiedlicher Geometrie, Topologie, Struktur und Größe, die die Basis für ihre geomorphometrische Charakterisierung und eine Voraussetzung der kausalen Prozess-Form-Korrelation darstellt. Als räumliche Komponenten des Erdkörpers besitzen Reliefformen **Grenzflächen** zu anderen Sphären des Erdsystems. Die Grenzfläche zur Atmosphäre wird als Formoberfläche oder Erdoberfläche bezeichnet. Die Grenzfläche zur Hydrosphäre bilden die Ozean- und Seeböden, die Gerinnebetten der Flüsse oder die Hangflächen, auf denen sich der Oberflächenabfluss bewegt. Reliefformen weisen Grenzflächen zu anderen Materialkörpern der Lithosphäre auf. So bildet die dreidimensionale Sedimentfüllung eines alpinen Tales eine Grenzfläche zu den Festgesteinen des geologischen Untergrundes.

4.1 Reliefklassifikationen

Unter einer Reliefklassifikation versteht man Methoden der Geomorphometrie, die das Ziel verfolgen, eine räumliche **Merkmalshomogenität** durch ordnende Gliederung der geometrisch-topologischen Eigenschaften des Georeliefs qualitativ und quantitativ zu erreichen. Damit wird eine **Systematisierung der Reliefformen** und ihre **taxonomische Gliederung** beabsichtigt. So beruht die Aussage „diese Reliefform stellt eine Schichtstufe dar" auf bestimmten die Form typisierenden geometrischen (Hangneigung, Hanghöhe) und topologischen (flacher Hangfuß geht hangaufwärts in einen steilen Oberhang über) Eigenschaften oder Attributen. Die Reliefformen der Erdoberfläche treten in unterschiedlichen Größenordnungen auf, die in ein hierarchisches Ordnungssystem des Pico- bis Megareliefs gliederbar sind und Wertebereiche weniger cm (z. B. Gletscherschrammen) bis mehrere Tausend km (z. B. kontinentale Schilde) umfassen. Die Geomorphometrie stellt einen umfangreichen Satz an Attributen und Regeln zu Verfügung, um derartige **Reliefklassifikationen** vorzunehmen. Sie beruhen auf der Disaggregation (Zerlegung) und Aggregation (Zusammenfassung) von Objekten, die das Relief konstituieren. Neue Datenquellen, wie digitale Höhenmodelle, und neue Techniken und Methoden, wie Laserscanner und Computermodelle, liefern der gegenwärtigen Geomorphologie äußerst interessante Möglichkeiten, um bis in die globale Skale vorzustoßen.

Die taxonomischen Begrifflichkeiten der Geomorphometrie folgen keiner einheitlichen Systematik, jedoch wurden durch den deutschen Geomorphologen Hans Kugler und den amerikanischen *„geomorphometrist"* Richard (Dick) Pike Werke vorgelegt, die Standardisierungen ermöglichen. In Tab. 4.1 wird der Vorschlag einer Klärung grundsätzlicher Begriffe unterbreitet. Da der Begriff „Reliefform" selbst ein taxonomischer Bestandteil der in diesem Kapitel vorgestellten hierarchischen Reliefklassi-

Tab. 4.1 Geomorphometrische Terminologie

Geomorphometrische Begriffe	Synonyme Begriffe	Taxonomische Hierarchie von Reliefeinheiten	Raumskalenhierarchie von Reliefeinheiten
Relief	Georelief Erdoberfläche	Reliefformen-Assoziation Reliefform Formelement Formfacette	Megarelief Makrorelief Mesorelief Mikrorelief Nanorelief Picorelief
Reliefklassifikation	Geomorphometrische Klassifikation		
Raumskalen-Hierarchie	Hierarchie von Größenordnungen		
Reliefeinheit	Reliefform geomorphometrische Form geomorphologische Form Form geomorphosphärischer Komplex		
Reliefform	Reliefeinheit		
Formelement	Reliefelement		
Formfacette	Relieffacette		

fikation ist, scheint er weniger gut geeignet zu sein, um als beschreibender Oberbegriff für die das Relief konstituierenden Objekte zu dienen, z. B. glaziale oder fluviale Reliefformen. Allerdings hat sich diese Verwendung im wissenschaftlichen und außerwissenschaftlichen Sprachgebrauch häufig etabliert, sodass dieser Verwendung auch im vorliegenden Lehrbuch gefolgt wird. Der geomorphometrische Begriff „Reliefeinheit“ wird in diesem Lehrbuch als synonymer Begriff verwendet.

4.2 Die geomorphologische Form

Die dreidimensionale geomorphologische Form bildet die zentrale erkenntnistheoretische Entität der Geomorphologie. Sie wird durch natürliche endogene und exogene Prozesse und durch den Menschen auf- und abgebaut oder gänzlich beseitigt. Geomorphologische Formen konstituieren das Georelief, das in seiner globalen Ausdehnung in hoher Diversität auftritt und in einen Festland- und einen Ozeanbereich gegliedert wird. Das **Georelief** bildet einen der Steuerfaktoren zahlreicher Prozesse des Erdsystems der Gegenwart, d. h. von Prozessen, die einer direkten Beobachtung zugänglich sind. Es hat eine funktionale Wirkung auf diese Prozesse, z. B. den hangaquatischen Abtrag durch Oberflächenabfluss, den fluvialen Sedimenttransport oder den gravitativen Massentransport (Huggett und Cheesman 2002). Es ist **positiven und negativen Rückkopplungen** mit den Prozessen unterworfen und erfährt selbst eine geometrisch-topologische Veränderung. Dieser Themenbereich ist Aufgabe der Prozessgeomorphologie. Des Weiteren ist das Georelief das Produkt der Geomorphogenese, d. h. der historischen Reliefentwicklung in unterschiedlich langen Zeitskalen. Sie beruht auf einer Vielzahl unterschiedlicher Prozesstypen, die nicht empirisch beobachtbar sind. Sie haben in zeitlichen Abfolgen (Sequenzen) gewirkt und das heutige **Reliefformen-Palimpsest** erzeugt. Dessen Entschlüsselung ist Aufgabe der historischen Geomorphologie. In der geomorphogenetischen Analyse wird der formbildende Prozess aus der Form selbst, d. h. ihrer Geomorphometrie und ihres Baumaterials, rekonstruiert und über aktualistische Analogieschlüsse aus rezenten Beobachtungen abduziert. Dabei ist der Informationsträger des Baumaterials von hoher Bedeutung, da er in den akkumulierten Schichten der Sedimente wichtige Indizien der Paläoprozesse und ihrer Einflüsse enthält.

Unter allgemeinen Gesichtspunkten der geomorphologischen Erkenntnisgewinnung stellt die Reliefform das zentrale Element der Analyse dar. Die Formerkennung, ihre qualitative und quantitative Beschreibung und ihre Korrelation zum verursachenden Prozess stellen grundlegende Methoden der Geomorphologie dar (Chorley 1972). Wenn der Prozess nicht direkt empirisch beobachtet werden kann, liefern die Geomorphometrie und die Eigenschaften des Baumaterials die zentrale Information für den formverursachenden Prozess. Ein Beispiel aus Kalifornien wird in ◘ Abb. 4.1 gezeigt. Der konvex gewölbte Reliefrücken wird in kleine Täler und konkave Mulden gegliedert. Die Talköpfe reichen bis zu den Wasserscheiden. In konvexer Spornlage befindet sich eine steile Reliefstufe, innerhalb einer konkaven Hangmulde ist eine flache konvexe Aufwölbung sichtbar, die von einem Feldweg geschnitten wird.

◘ **Abb. 4.1** Reliefformen der *„rolling hills“* in Kalifornien mit charakteristischen geomorphometrischen Eigenschaften, aus denen unterschiedliche geomorphologische Prozesse abduziert werden können. (Quelle: R. Dikau)

Die **geomorphometrische Analyse** lässt zu, für diesen Ausschnitt des Georeliefs folgende geomorphologische Prozesse zu abduzieren:

- hangaquatische und fluviale Prozesse der Graben- bzw. Talbildung,
- gravitative Prozesse der Rotations- und Translationsrutschungen,
- vertikale und rückschreitende Erosion,
- menschliche Eingriffe der Entwaldung und des Wegebaus.

Da keiner der genannten Prozesse zum Zeitpunkt der Aufnahme der Fotographie (1990) direkt beobachtet werden konnte, liefert die Geomorphometrie initiale Daten für die Retrodiktion der verursachenden geomorphologischen Prozesse. Die Prüfung der formulierten Hypothesen wird weitere Daten zum Baumaterial der Form, der Nutzungsgeschichte des Reliefrückens sowie der klimatischen und tektonischen Einflüsse einschließen.

Es ist offensichtlich, dass die rekonstruktive Analyse ein beträchtliches empirisches und theoretisches Vorwissen benötigt, ohne die Erkenntnisse über Form-Prozess-Beziehungen nicht erreicht werden können. Die historische Geomorphologie steht jedoch noch vor einem weiteren Problem. Die geometrisch-topologische Ausprägung der geomorphologischen Form ist nicht immer ein ausreichendes Kriterium, um den korrelaten geomorphologischen Prozess ihrer Entstehung rekonstruieren zu können. Die Prinzipien der **Formenkonvergenz** *(equifinality)* lehren, dass die geomorphometrischen Attribute allein nicht immer ausreichend sind, um Rückschlüsse auf den erzeugenden Prozess ziehen zu können. Offenbar können identische oder ähnliche geomorphometrische Ausprägungen durch mehrere unterschiedliche Prozesse, Prozessgruppen oder zeitliche Prozesssequenzen erzeugt werden. So können z. B. eine Klimaveränderung, tektonische Hebungen, Meeresspiegelsenkungen, das erosive Erreichen eines geringer resistenten Gesteins oder die Leerung eines Sedimentspeichers zur fluvialen Erosion des Gerinnes führen und konvergente Reliefformen (Gerinne und Terrassen) erzeugen. Die Formenkonvergenz wird in der geomorphologischen Disziplin kontrovers diskutiert und hat durch die Debatte komplexer Systeme eine neue Bedeutung gewonnen.

4.3 Die geomorphometrische Charakterisierung des Reliefs

Sowohl der funktionale als auch der historische Ansatz der Geomorphologie bedient sich der geometrischen und topologischen Beschreibung des Reliefs, d. h. einer auf geomorphometrischen Attributen beruhenden Charakterisierung, die **qualitative und quantitative Merkmale** beinhaltet (Kugler 1985). Die Aufgabe der Geomorphometrie besteht darin, mit den formbildenden geomorphologischen Prozessen korrespondierende Reliefformen zu erkennen und selektiv aus dem Kontinuum des Georeliefs zu extrahieren. Diese Form-Prozess-Beziehung hat den Charakter einer dualen Koevolution. Es ist daher auch nicht gerechtfertigt, die geomorphologische Disziplin auf Teilaspekte dieser Beziehung zu reduzieren, z. B. auf die Priorisierung der Prozesse gegenüber den Formen oder der Sedimentstratigraphie der Formkörper gegenüber den deponierenden Prozessen.

Die in ◘ Abb. 4.2 dargestellte Reliefform eines Rückens besteht aus einem steilen Stufenhang und einem flachen Sockelhang, deren Neigungen von den Eigenschaften der Festgesteine gesteuert werden. Der flachere Sockelhang weist eine geringe geomorphologische Resistenz auf, der steile Stufenhang ist dagegen resistenter, sodass sich eine senkrechte Felswand entwickeln konnte. Das geomorphometrische Attribut der Hangneigung ist somit das Ergebnis der Rückkopplung zwischen den erosiven Abtragsprozessen auf den Hängen (gravitativ, hangaquatisch) und den Materialeigenschaften der geomorphologischen Form, z. B. der Mineralzusammensetzung und Klüftung. Im Sinne der Theorie des dynamischen Gleichgewichtes existieren Reliefformen im Zeitraum einer charakteristischen Formzeit, die auch als **Persistenzzeit** bezeichnet wird, mit charakteristischen geomorphometrischen Attributen, z. B. der Hangneigung oder der vertikalen Anordnung der Reliefelemente. Die Geomorphometrie entwickelt sich in **Rückkopplung mit den formbildenden Prozessen** und bleibt während der Persistenzzeit im relativen Sinn unverändert, was bedeutet, dass sich die Hänge zurückverlagern, ihre Hangneigung in der Zeit jedoch nicht verändert wird. Die charakteristische Formzeit, d. h. das dynamische Gleichgewicht, wird erst beendet, wenn sich die Randbedingungen des Systems verändern, z. B. durch eine fluviale Erosion des Hangfußes, oder wenn das System an sein Existenzende gelangt, wie auf der rechten Seite der Stufenform erkannt werden kann. Hier wurde der gesamte Oberhang entfernt (Quelle), was einen Ausdruck an der fehlenden Blockbedeckung des rechten Sockelhanges findet (Senke).

Die Geomorphometrie von Formen eines bestimmten Typs kann eine hohe Vielfalt aufweisen. Dies wird in ◘ Abb. 4.3 am Beispiel von Formen aus Sedimenten in Hangfußlage gezeigt. Die Sedimentkaskadensysteme bestehen aus Oberhängen im Fest- und Lockergestein (geomorphologisches Quellgebiet) und aus Unterhängen aus Lockergestein (geomorphologische Senken bzw. Speicher). Bei gleicher Hanghöhe entstehen in Abhängigkeit von den dominant wirkenden Prozessen charakteristische Reliefformen in Halden-, Kegel-, Zungen- und Wallgestalt. Ihre Differenzierung und prozesskorrelate Zuordnung erfordert eine sorgfältige geomorphometrische Analyse, die mit der Materialanalyse der Senken und Quellgebiete zu koppeln ist. Um die Sicherheit der genetischen Hypothese zu erhöhen, sind Daten der direkten Prozessbeobachtung von hohem Nutzen, jedoch nicht immer verfügbar, sodass der abduktive Schluss erforderlich wird. Zusammenfassend lassen sich aus ◘ Abb. 4.3 folgende Aussagen formulieren und typisieren:

Abb. 4.2 Reliefform eines Rückens mit einer charakteristischen Geomorphometrie eines steilen Stufenhanges und eines flacheren Sockelhanges in Nordarizona, USA, der im linken Teil der Form mit Schutt von Sturzprozessen aus dem Stufenhang bedeckt ist. (Quelle: R. Dikau)

- Die Begriffe Schutthalde, Schuttkegel, zusammenwachsende Schuttkegel und Schuttzunge für die Akkumulationsformengruppe der Sturzhalde basieren primär auf **geomorphometrischen Attributen** (a1–a3).
- Die **Geomorphometrie der Akkumulationsform** ist von der Geomorphometrie und dem Baumaterial des Quellgebietes sowie von den dominant wirkenden Prozessen abhängig (a1–a3).
- Wenn keine eindeutige Zuordnung der empirisch ermittelten Reliefformen zu den Typisierungen Schutthalde, Schuttkegel und zusammenwachsende Schuttkegel möglich ist, wird der übergeordnete prozessuale Begriff Sturzhalde verwendet (a1–a3).
- Verschachtelte Reliefformen-Palimpseste entstehen einerseits **polygenetisch akkumulativ,** z. B. Sediment *durch* Schneelawinen *auf* Schutthalde (b1–b3), Murkegel *auf* Schutthalde (c1), Muranriss und Murkopf *auf* Schutthalde (c2).
- Verschachtelte geomorphometrische Formen-Palimpseste entstehen andererseits **polygenetisch erosiv,** z. B. Murgerinne *auf* bzw. *in* Schutthalde (c2).
- Geomorphometrische Toposequenzen von Blockgletschersystemen mit initialen (embryonalen, jungen) Blockgletschern *aus* **Sturzschutt** (Protaluswall) *(protalus rampart)* (d1) und vollentwickelten Blockgletschern aus **Schutthalden** (d2). Beide Formen können sich *auf* oder *vor* Schutthalden entwickeln.

Unter geomorphogenetischen Gesichtspunkten, d. h. unter Gesichtspunkten der heutigen Geomorphometrie als Ausdruck der historischen Reliefentwicklung, besteht das Georelief aus einer **räumlichen Verschachtelung** von Formen und ihren Komponenten, die in ► Kap. 3. als Reliefformen-Palimpsest beschrieben wurde. Mit der Theorie des Palimpsestes soll darauf verwiesen werden, dass ältere Formungsprozesse in unterschiedlicher Intensität und Dauer in der Zeit gewirkt und ihre Spuren in unterschiedlicher geomorphometrischer Ausprägung im heutigen Relief hinterlassen haben. Wie in ► Kap. 3 dargelegt wurde, ist die Frage, ob ein Prozess zu einer charakteristischen Form im Sinne eines dynamischen Gleichgewichtes gelangt, nicht nur von der Dauer der endogen und exogen wirkenden Faktoren abhängig, sondern in ganz entscheidendem Maße vom Ausmaß (Größe) und der Persistenzfähigkeit der Form selbst. Im Sinne der historischen Form-Prozess-Beziehung besteht somit die Aufgabe der Geomorphometrie darin, den geometrisch-topologischen Charakter der Komponenten des Palimpsestes zu beschreiben und zu quantifizieren.

4

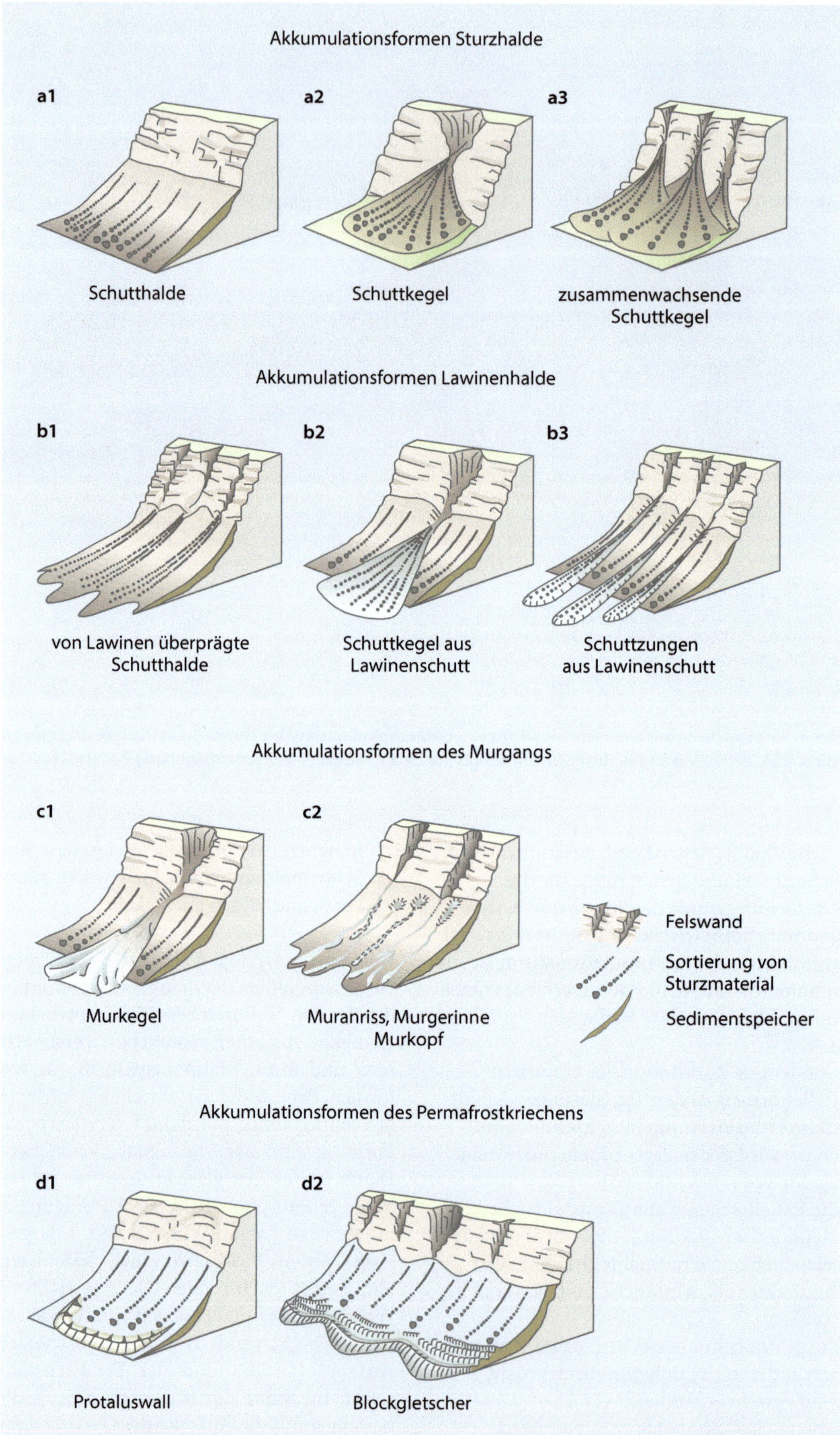

Abb. 4.3 Geomorphometrische Vielfalt von Sedimentkaskadensystemen mit Quellgebieten und sedimentären Speichern, die ein polygenetisches und mehrphasiges Reliefformen-Palimpsest bilden. (Verändert nach Ballantyne und Harris 1994: The Periglaciation of Great Britain. Cambridge University Press, Cambridge, GB. © 1994)

4.4 Geomorphometrische Theorien

Geomorphometrische Theorien können in vier hierarchischen Ansätzen unterschieden werden:

- **Disaggregation** komplexer Reliefeinheiten (z. B. ein Hochgebirge) in subordinierte Einheiten (z. B. Täler, Grate oder Horste),
- **Aggregation** subordinierter Einheiten (z. B. Täler, Grate oder Horste) zu höher komplexen Einheiten (z. B. ein Hochgebirge),
- **Geomorphometrische Skalentheorie** in Bezug auf die Größenordnung von Reliefeinheiten,
- **Disaggregation und Aggregation von Einzugsgebieten** im Sinne von Horton (1945) in Bezug auf oberflächlich fließendes Wasser.

In den klassischen räumlichen Reliefklassifikationssystemen des ersten und zweiten Typs werden auf jeder Stufe der Hierarchie geomorphometrische Homogenitätskriterien definiert, die eine Kombination unterschiedlicher Attribute darstellen. Die selektierten Reliefeinheiten können sodann mit strukturgeologischen, geomorphogenetischen oder vegetationskundlichen Inhalten attributiert werden. Der dritte Typ basiert auf polyhierarchischen Annahmen und einer emergenten Theorie. Parametrische Ansätze verwenden Reliefattribute, die messbar sind, wie Neigung oder Wölbung, und reproduzierbare und anwendungsorientierte Ergebnisse liefern und in computergestützten Verfahren umgesetzt werden können.

4.4.1 Reliefklassifikation von Albrecht Penck

Einer der ersten umfassenden Versuche einer geomorphometrischen Klassifikation wurde durch den deutschen Geomorphologen Albrecht Penck in der Publikation *Morphologie der Erdoberfläche* vorgelegt (Penck 1894). Albrecht Penck verstand seinen Ansatz als Synthese und Weiterentwicklung der im 19. Jahrhundert entworfenen Konzeptionen geomorphologischer Reliefklassifikationen. Das Penck'sche System beruht auf der Vorstellung, dass sämtliche Formen des Georeliefs bestimmten **Basistypen** zugeordnet werden können. Hierarchische Einheiten höherer Ordnung werden durch **Aggregation niedriger Ordnung** gebildet. Die einfachsten Einheiten nennt A. Penck Formelemente. Diese treten zu Einzelformen (Grundformen) zusammen, die wiederum Formgruppen (Landschaften) bilden. Die Hierarchie wird fortgesetzt durch Räume (ausgedehnte, gleich hohe Gebiete), Gruppen von Räumen sowie Kontinentalblöcken. Weiterhin können alle Formen des Georeliefs verhältnismäßig wenigen, fundamentalen Typen zugeordnet werden, die wiederum durch die systematische Gruppierung der Formelemente gebildet werden. Die Basiseinheit des Penck'schen Systems bildet somit das Formelement, das über seine Wölbung definiert ist. Darunter wird die Krümmung der Erdoberfläche in vertikaler und horizontaler Richtung verstanden. Die fundamentalen Formtypen umfassen:

- die Ebene,
- die Stufe,
- das Tal,
- den Berg,
- das Becken bzw. die Mulde oder Delle sowie
- die Höhle.

Der Kern des Penck'schen Systems liegt in der Zerlegung (Disaggregation) der Form in Formelemente, die allerdings, ebenso wie die Basisformen, keiner stringenten und geometrisch eindeutigen Definition unterzogen werden. Trotz dieser definitorischen Unklarheiten ist das System richtungsweisend in Bezug auf die Idee einer hierarchischen Reliefgliederung und der „morphometrischen" Charakterisierbarkeit jedes Raumes der Erdoberfläche, wie A. Penck (1894) feststellt. Das Penck'sche System bildet den Kern für zahlreiche hierarchisch-geomorphometrische Reliefklassifikationsverfahren des 20. Jahrhunderts.

4.4.2 Gefügetaxonomische Theorie von Hans Kugler

In enger Anlehnung an die Arbeiten des russischen Geomorphologen Jefremow (1949) griff Hans Kugler (1964a, b) den Ansatz Albrecht Pencks auf. Er entwickelte ihn zu einer **gefügetaxonomischen Theorie** weiter, wobei die Eigenschaften der Form durch die Eigenschaften der Formelemente charakterisierbar werden. Dabei wird die Abstraktion einer höheren Skale durch Eliminierung der Formeinheiten niederer Ordnung erreicht (Kugler 1964a). Im Unterschied zu A. Penck ist die Theorie von Kugler **polyhierarchisch,** d. h., dass auf jeder Ebene der **Größenordnungstypen** der Mikro-, Meso-, Makro- oder Megadimension Formen dieser Ebene aus Formelementen aufbaubar sind bzw. zu Formassoziationen aggregiert werden können. Sie basiert damit auf einer **emergenten Theorie** der geomorphologischen Form. Die Systematik gestattet den Analyseweg des Vordringens zu den atomaren Einheiten durch sukzessive Zerlegung komplexer Reliefeinheiten in einfachere Bausteine als auch den Weg der synthetischen Reliefdisaggregation durch Integration und Aggregation seiner Bauteile.

Kugler verwendet eindeutige geomorphometrische Kriterien, um Reliefeinheiten der unterschiedlichen Ebenen zu charakterisieren, z. B. Wölbung, Neigung, Umriss, Lage im Raum oder vertikale Topologie. Im Unterschied zur Reliefklassifikation von Jefremow verfolgt Kugler (1974) das Ziel, die Geomorphometrie in Rückkopplung zur Geomorphogenese zu betrachten, d. h. in der Geomorphometrie eine analytische Methode zu sehen, die dem polygenetischen Charakter von Reliefeinheiten Rechnung trägt. Dadurch soll sie zu einer Verbesserung der Extraktion des komplizierten, verschachtelten Palimpsests beitragen.

4.4.3 Reliefklassifikation von Dietrich Barsch

Ebenso wie Hans Kugler betont Dietrich Barsch in seiner Schrift „Studien zur Geomorphogenese des Zentralen Berner Juras“ (Barsch 1969), dass die Geomorphometrie nur ein Durchgangsstadium auf dem Weg zur Erfassung der Geomorphogenese sein kann. Seiner Reliefanalyse liegt eine Gliederung des Untersuchungsgebietes in Einzelformen auf Basis ihrer Größe zugrunde. Dazu werden Makroformen, Mesoformen, Mikroformen und Miniformen gerechnet, die durch die **Größenordnung** definiert werden. Barsch führt weiter aus, dass die Vergesellschaftung dieser Formen das Relief ergäbe, wobei zu berücksichtigen sei, dass Formen der genannten Hierarchiestufen selbstständige Gebilde seien, d. h., dass Makroformen nicht aus Mesoformen, Mesoformen nicht aus Mikroformen etc. aufgebaut seien. Auch dieser Ansatz basiert somit auf einem geomorphologischen Emergentismus. Auf jeder Stufe dieses polyhierarchischen Systems können Formen in Formelemente zerlegt werden. Im Bezug zur Geomorphogenese ist der umrissene geomorphometrische Ansatz von Barsch insofern von Bedeutung, als dass die Makro- und Mesoformen im Allgemeinen als mehrphasig und polygenetisch aufgefasst, die Elemente dagegen einfacheren geomorphogenetischen Prozessgefügen zugeordnet werden, sodass ihre Analyse den polygenetischen Charakter der gesamten Form verdeutlichen kann. Im Hinblick auf den systemaren Charakter von Reliefeinheiten jedweder Dimension erscheint es angebracht, die Komponenten des Georeliefs als **geomorphosphärischen Komplex** im Sinne Kuglers (1974) zu betrachten, der die zweidimensionale Formoberfläche als integrale Einheit mit dem dreidimensionalen oberflächennahen Untergrund auffasst.

4.5 Geomorphometrische Skalen und Gefügetaxonomie

Die Strukturierung geomorphologischer Prozesse und Formen erfolgt in unterschiedliche Raum- und Zeitskalen, d. h. der Existenzdauer und Größe der Formen (Huggett 2017). Die geomorphometrische Klassifikation von Größenordnungen basiert nach den Vorschlägen von Kugler (1974) auf ihrer Erstreckung (Basisbreite), ihrer Fläche und der maximalen Höhe (■ Abb. 4.4). Es werden die **Größenordnungen**

Raumskale	Größenhaupttyp			Größentyp			
	B (m)	*F* (m^2)	*T/H* (m)	*B* (m)	*F* (m^2)	*T/H* (m)	Beispiele
Megarelief	$>10^6$	$>10^{12}$		$>10^6$	$>10^{12}$		Schilde, Ebenheiten
	10^6	10^{12}		10^6	10^{12}		
Makrorelief B			$>10^3$			$>10^3$	Ebenen, Kontinentale Gebirge
				10^5	10^{10}		
Makrorelief A							Mittelgebirge, Plateaus, Tiefebenen
	10^4	10^8	10^3	10^4	10^8	10^5	
Mesorelief B							Mittelgebirge, Plateaus, Tiefebenen, Täler
				10^3	10^6	10^2	
Mesorelief A							Moränenhügel, Talböden, Täler
	10^2	10^4	10^1	10^2	10^4	10^1	
Mikrorelief B							Doline, Düne, Toteisloch, Hangmulde, Rutschung
				10^1	10^2	10^0	
Mikrorelief A							Erosionsrinne, -graben, Bachbett, Steinpolygon
	10^0	10^0	10^{-1}	10^0	10^0	10^{-1}	
Nanorelief							Karren,Tafoni, Erosionsrille, Thufure
	10^{-2}	10^{-4}	$<10^{-1}$	10^{-2}	10^{-4}	$<10^{-1}$	
Picorelief	$<10^{-2}$	$<10^{-4}$		$<10^{-2}$	$<10^{-4}$		Gletscherschrammen

B = Erstreckung (Basisbreite) *F* = Fläche *T/H* = Tiefe/Höhe

■ **Abb. 4.4** Größenordnungstypen von Reliefeinheiten. (Nach Dikau 1988, Abdruck mit Genehmigung von R. Dikau)

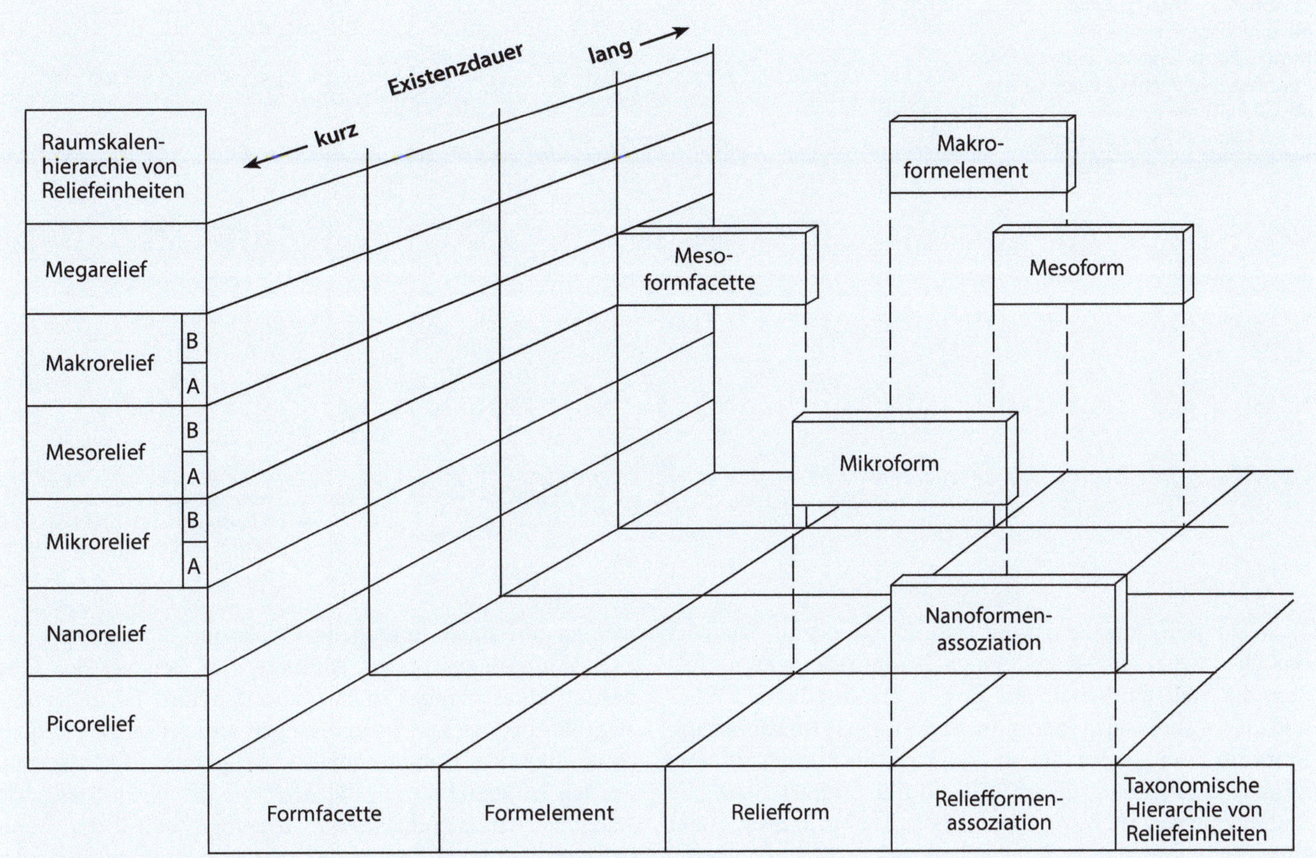

Abb. 4.5 Taxonomische Hierarchie und Raumskale von Reliefeinheiten. Die Reliefeinheiten werden aus Gründen der Übersichtlichkeit in Auswahl dargestellt. (Nach Dikau 1988, Abdruck mit Genehmigung von R. Dikau)

des Pico- bis Megareliefs unterschieden, mit denen die Relieftypen der Erde beschreibbar sind. Die Größenordnungen bilden eine Systematik geomorphologischer Objekte, mit der das Formen-Palimpsest strukturiert werden kann. Die in zahlreichen empirischen Studien bevorzugte Mikro- bis Mesoskale (z. B. Erosionsgräben oder Täler) umfasst eine Basisbreite von 1 m bis 10 km, Hochgebirge werden mit Basisbreiten bis 100 km dem Makrorelief zugeordnet.

Die **geomorphometrische Disaggregation** geomorphologischer Systeme wird in Abb. 4.5. dargestellt. Formfacette und -element sind die Konstruktionseinheiten für die taxonomische Kategorie der Reliefform. Reliefformen bilden durch Aggregation Reliefformen-Assoziationen, deren Ausprägungen sich in spezifischen Strukturen manifestieren und spezifische Relieftypen bilden, z. B. einen glazialen oder fluvialen Relieftyp. Theoretisch kann die damit geschaffene taxonomische Hierarchie auf sämtliche Größenordnungstypen angewendet werden. In sehr großen (Megarelief) und sehr kleinen (Nano- und Picorelief) Raumskalen sind die Typen der Formfacetten und -elemente jedoch kaum sinnvoll definierbar. In diesen Bereichen wird daher bevorzugt der Reliefformtyp zur Anwendung kommen. Insgesamt ist mit dieser Systematik ein **polyhierarchisches Modell** geschaffen, das geeignet ist, einen überwiegenden Teil des Georeliefs geomorphologisch angemessen zu beschreiben.

Welche Verbindung bestehen zwischen der beschriebenen Relieftaxonomie, der Raumskale und dem Palimpsest-Charakter des Georeliefs? Die Theorie des geomorphologischen Reliefformen-Palimpsests besagt, dass ältere Formen mit einer längeren Existenzdauer durch jüngere Form-Prozess-Systeme überformt oder gänzlich zerstört werden. Es bildet sich ein zeitlich variables, verschachteltes Georelief, das ein geomorphologisches Erbe aus verschiedenen Epochen der geomorphologischen Vergangenheit besitzt. So wird ein tektonisch verursachtes Hochgebirge des Makroreliefs durch meso- und mikroskalige Prozesse erodiert (z. B. glaziale und fluviale Erosion, Bergsturz oder Murgang) und modifiziert (Deposition von Sedimentkörpern). Es entsteht ein für Hochgebirge typisches Reliefformen-Palimpsest mit unterschiedlichen Ebenen der Raumskale (z. B. glaziales U-Tal, Endmoränen, Murkegel). Jede Ebene kann taxonomisch in ihre Bestandteile disaggregiert und geomorphometrisch als Reliefformassoziation, Reliefform, Formelement oder Formfacette beschrieben werden.

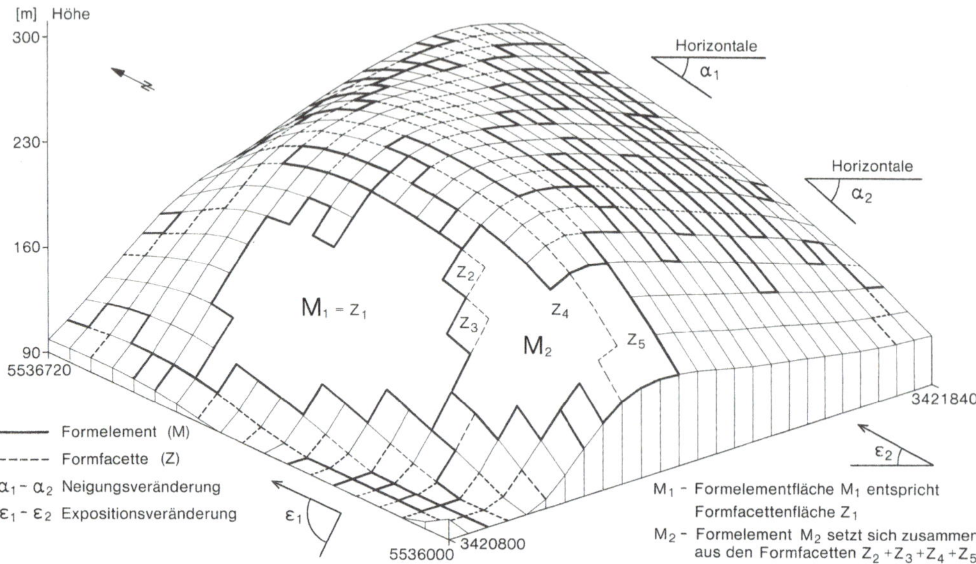

Abb. 4.6 Disaggregation einer mesoskaligen Reliefform in Formelemente und Formfacetten auf Basis eines digitalen Höhenmodells. (Nach Dikau 1988, Abdruck mit Genehmigung von R. Dikau)

Wird den Ansätzen von Hans Kugler und Dietrich Barsch sowie dem Reliefformen-Palimpsest gefolgt, bilden die Reliefeinheiten auf den unterschiedlichen Ebenen der Raumskalen **geomorphogenetisch unabhängige Systeme.** Auf jeder Ebene wirkten und wirken verschiedene Prozessgruppen, die durch unterschiedliche Systemeigenschaften und -zustände gekennzeichnet sind. So kann sich z. B. das makroskalige Hochgebirge als Gesamtsystem in einem isostatischen Gleichgewicht befinden, während die mesoskaligen Täler einen Störungsimpuls in der Relaxationszeit abarbeiten. Die zentrale Frage besteht nun darin, welche geomorphometrischen Attribute verwendet werden müssen, um die Reliefeinheiten der einzelnen Raumskalen (Pico- bis Megaskale) und der Taxonomie (Formfacette bis Formenassoziation) angemessen beschreiben zu können. Diese Frage kann nur beantwortet werden, wenn ausreichend empirische Erkenntnisse über die Beziehung zwischen Ursache (Prozess) und Wirkung (Form) vorliegen. Da sich diese Fragestellung im jetzigen Entwicklungsstadium der Geomorphologie nur für bestimmte Systeme beantworten lässt, kann eine geomorphometrische Systematisierung nur für diese Fälle als falsifiziert gelten.

4.6 Gefügetaxonomie der Mesoskale

Die am weitesten entwickelte geomorphometrische Gefügetaxonomie der Geomorphologie wurde bisher für das mesoskalige Relief vorgelegt. Die Mesoskale wird primär durch die Formgröße (Länge, Breite, relative Höhe) beschrieben. Folgen wir der Terminologie Kuglers (1974), kann eine Reliefform-Assoziation (z. B. ein Mittelgebirge) in einzelne Reliefformen (z. B. Rücken, Täler) und diese in Formelemente (Hänge, Kanten) und Formfacetten gegliedert werden. Die kleinsten in sich homogenen Einheiten des Reliefs sind die **Formfacette** und das **Formelement.** Sie werden auf Basis homogener Wölbungs-, Neigungs- und Expositionseigenschaften definiert. Ein Beispiel der Gliederung eines Hanges in Formfacetten und Formelemente zeigt Abb. 4.6. Die Berechnungen wurden auf Grundlage eines digitalen Höhenmodells durchgeführt. **Reliefformen** werden zusätzlich durch die Attribute des Grundrisses, der Nachbarschaften (allgemeine Topologie) und der Toposequenz (vertikale Topologie) charakterisiert. Mithilfe dieser Eigenschaften können Reliefformen unterschiedlichen geometrisch-topologischen Charakters gegeneinander abgegrenzt werden, wie Täler, Hänge, Berge, Terrassen, kontinentale Schilde, Ebenen etc. Der Formkörper wird durch seine dreidimensionale Geometrie, z. B. Gestalt, Volumen, Mächtigkeit und seine Materialeigenschaften, z. B. Fest- oder Lockergestein, Korngröße, Festigkeit, Wasser- oder Eisgehalt, beschrieben.

Die **Wölbung einer Reliefeinheit** definiert sich als deren ein- oder auswärts gerichtete Abweichung von einer ebenen Fläche als Folge des Ausmaßes der Neigungs- und Expositionsänderung (Abb. 4.7). Die Wölbung wird mit der vertikalen und der horizontalen Wölbungskomponente erfasst. Für beide Wölbungskomponenten kann eine konvexe, konkave, gestreckte oder gerade **Wölbungsrichtung** bzw. -tendenz unterschieden werden. Die Wölbungsstärke wird durch die **Radiusgröße des Wölbungskreises** angegeben. Die Wölbungsstärke kann aus horizontalen und vertikalen Winkeldifferenzen berechnet werden.

Die **Formfacette** bildet die hierarchisch einfachste geomorphometrische Reliefeinheit. Ihre geomorphometrische Beschreibung erfolgt auf Grundlage der Attribute Neigung, Exposition und der vertikalen und horizontalen Wölbung sowie der Größenordnung. Sie ist als nach Neigung, Exposition und Wölbung homogene Reliefeinheit definiert. Die hierarchische Abfolge der Konstruktionseinheiten ist in Abb. 4.6 am Beispiel des Formelementes M_2 ersichtlich, das aus den Formfacetten Z_2 bis Z_5 aufgebaut ist. Im Fall $M_1 = Z_1$ handelt es sich um den Grenzfall eines

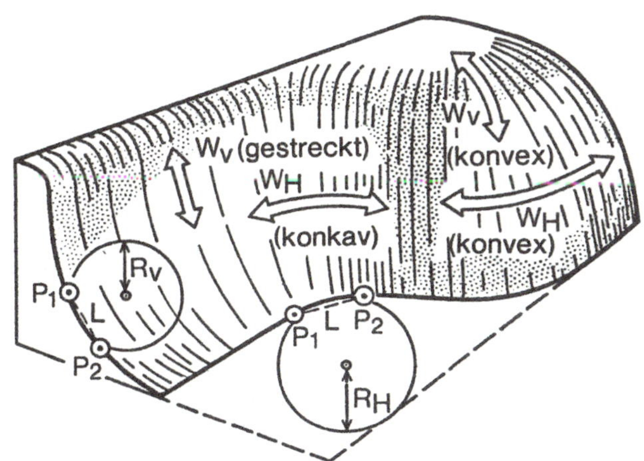

$\Delta\alpha$ = Neigungswinkeldifferenz zwischen αP_1 und αP_2 $\quad R_V = \frac{L}{2 \sin\left(\frac{\Delta\alpha}{2}\right)}$

$\Delta\varepsilon$ = Expositionswinkeldifferenz zwischen εP_1 und εP_2 $\quad R_H = \frac{L}{2 \sin\left(\frac{\Delta\varepsilon}{2}\right)}$

R_V = vertikaler Wölbungsradius (≙ vertikale Wölbungsstärke)

R_H = horizontaler Wölbungsradius (≙ horizontale Wölbungsstärke)

W_V = vertikale Wölbungskomponente

W_H = horizontale Wölbungskomponente

Abb. 4.7 Geomorphometrisches Attribut der Wölbung. Mit den Gleichungen kann die Neigungs- und Expositionsdifferenz in die entsprechenden Wölbungsradien umgerechnet werden. (Verändert nach Kugler 1985)

Abb. 4.8 Formfacetten im Festgestein mit weitgehender Homogenität der Neigung, Exposition und Wölbung. (Quelle: K. Meßenzehl)

Formelementes, das in Form eines Streckhanges mit gerader Horizontalwölbung (GE/GR) auftritt und damit flächenidentisch mit einer Formfacette ist. Die Gliederung und Klassifikation von Festgesteinswänden kann mithilfe der Formfacetten durchgeführt werden, wie in Abb. 4.8 dargestellt wird. Hier bildet die Formfacette geomorphometrisch einheitliche Flächen zwischen den Trennflächen des Festgesteins.

Die **Wölbung** bildet die Grundlage für die Definition der **Formelemente.** Das Formelement ist als Reliefeinheit mit einheitlich vertikaler und horizontaler Wölbungstendenz und -stärke definiert. Die Wölbung kann konvex, gestreckt oder konkav ausgeprägt sein (Abb. 4.9). Durch Kombination der vertikalen und horizontalen Tendenzen können 15 Formelementetypen ausgewiesen werden. Mithilfe der wölbungsdifferenzierten Formelemente kann eine Reliefgliederung vorgenommen werden, die sowohl die stark gewölbten Höhenrücken und Tiefenlinien des Reliefs als auch seine mittelstark gewölbten Bereiche (Hangkonvergenzen und -divergenzen) sowie die gering oder nicht gewölbten flächenhaften Hänge und Ebenen umfasst.

Die in Abb. 4.10 gezeigten Formelemente der Ausprägung GE/V und X/X zeigen eine hohe Korrelation mit den Eigenschaften des Untergrundes, d. h. mit ihrem Baumaterial. Der dreidimensionale Körper des zentralen Formelementes GE/V wird durch ein 6 m tief reichendes **Kolluvium** gebildet, welches das Senkensediment der seit Jahrhunderten anhaltenden Bodenerosion darstellt. Das konvexe und steile Formelement X/X auf der linken Bildseite wird durch resistentes, vulkanitisches Festgestein aufgebaut, während das rechte konvexe Formelement X/X durch das wenig resistente Lockergestein Löss gebildet wird. Selbst wenig geneigte konkave Formelemente auf landwirtschaftlichen Nutzflächen, wie dies in Abb. 4.11 gezeigt wird, führen bei Niederschlägen zur Konvergenz von Oberflächenabflüssen, Sedimentakkumulation und linienhafter Bodenerosion.

Die **Formelemente** haben für die Reliefklassifikation der Mesoskale eine hohe Bedeutung. Sie ermöglichen, das Georelief als eine aus diesen Elementen zusammengesetzte Fläche im Raum zu betrachten (Jefremow 1949). Somit kann ein Katalog von Formelementen zu einer **vollständigen Beschreibung des Georeliefs** herangezogen werden. Dies wird in Abb. 4.12 verdeutlicht, in der ein Relieftyp in Kalifornien zu sehen ist, der in den USA als *rolling hills* bezeichnet wird. Das mesoskalige Relief besteht

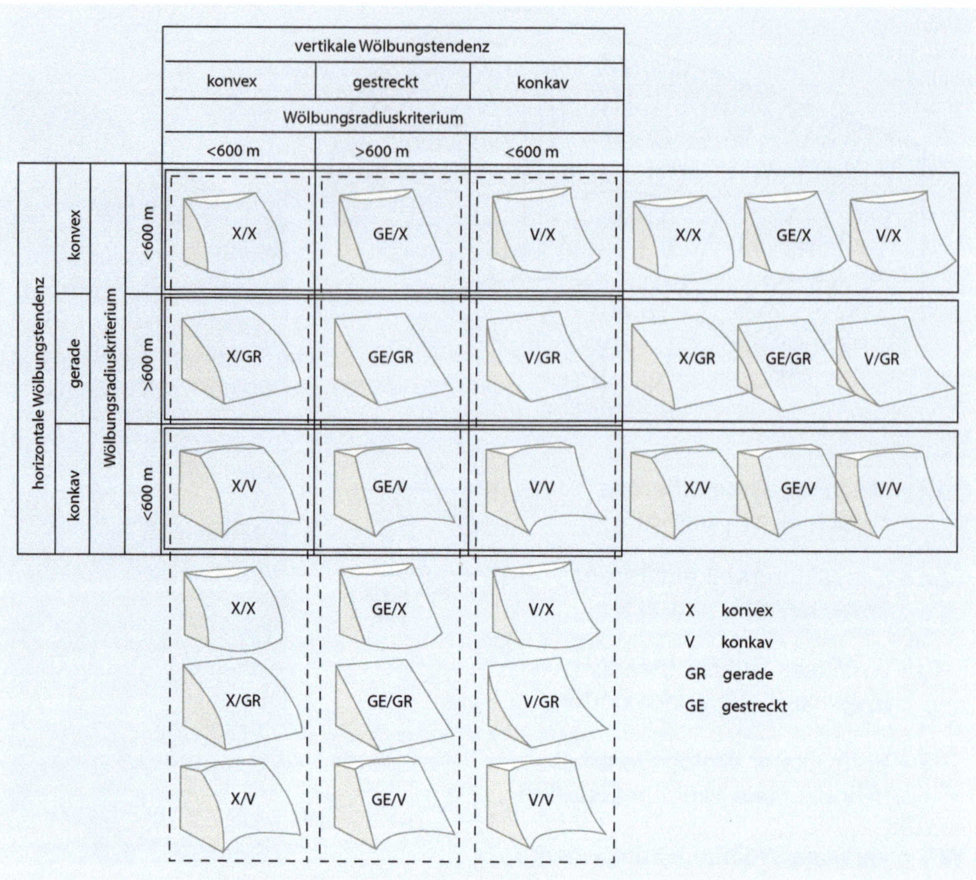

■ **Abb. 4.9** Bildung von Formelementen durch die Kombination der vertikalen und horizontalen Wölbungstendenzen. Das Wölbungsradiuskriterium ist skalenabhängig. Ein Wölbungsradius von 600 m wird gewählt, um eine geomorphometrische Beschreibung des Mesoreliefs zu erreichen. (Nach Dikau 1989: The Application of a Digital Relief Model to Landform Analysis in Geomorphology. In: Raper J (Hrsg.) Three-dimensional Applications in Geographical Information Systems. © Taylor and Francis Ltd. 1989, Abdruck mit Genehmigung von Informa UK Limited durch PLSclear)

■ **Abb. 4.10** Formelemente einer horizontal konkaven Hangmulde (GE/V) und zweier konvexer Hangrücken (X/X) mit hohen (rechts) und geringen (links) Wölbungsradien auf Gut Frankenforst bei Bonn. (Quelle: R. Dikau)

■ **Abb. 4.11** Formelement einer konkaven Hangmulde (GE/V) auf einer landwirtschaftlichen Nutzfläche auf Gut Frankenforst bei Bonn. (Quelle: R. Dikau)

aus konvexen, konkaven und gestreckten Formelementen mit unterschiedlichen Wölbungsradien. Außerdem ist zu erkennen, dass am Kopf konkaver Mulden Erosionsprozesse stattfinden, da hier die Konvergenz von Hangwasser zu Verringerung der Materialresistenz führt. Diese subskaligen Objekte der Mikroskale werden den Formelementen attributiv hinzugefügt. Im Sinne der beschriebenen Systematik bedeutet dies, dass geomorphologische Formen mit geringerer Existenzdauer (Muldenkopf) auf Objekten von höherer Persistenz (Mulden) aufsitzen. Die Geomorphometrie der höherskaligen Form bildet die Rahmenbedingung für die Prozesse der Subskale.

Reliefformen setzen sich aus Formelementen zusammen. Gegenüber den Formelementen und -facetten weisen sie einen weitaus umfassenderen geomorphometrischen Charakter auf, der mit den Attributen der Neigung, Exposition und Wölbung nicht mehr ausreichend abgedeckt werden kann. Kugler (1974) verwendet die Attribute Grundriss, Aufriss und Figur oder die **Raummuster** von Formelementen, um Vollformen, Hohlformen und Ebenheiten zu definieren. Allein für Vollformen werden 96 Typen ausgewiesen. Auf der hierarchischen Ebene der Reliefformen ergeben sich weiterhin Schwierigkeiten, was das Problem der **Zugehörigkeit eines Hanges** zur Berg- oder

Abb. 4.12 Reliefelemente-Assoziation mit konvexen, konkaven und gestreckten Wölbungstendenzen, die das Relief vollständig beschreiben. (Quelle: R. Dikau)

Talform angeht. Kugler (1974) bemerkt, dass es sich hier um ein durch falsche Fragestellung geschaffenes Scheinproblem handeln würde, da ein Hang als Teil des Tales *oder* des benachbarten Zwischentalrückens angesehen werden könne. Die Problemlösung sei darin zu sehen, eine Formenklassifikation als eine aus diesen Formelementen zusammengesetzte Oberfläche nach Vorgabe des Untersuchungszieles pragmatisch zu wählen, also z. B. bei der Analyse von Hohlformen die Talhänge als Formelemente derselben zu betrachten und dieselben Formelemente für die Definition der Vollform Berg zu verwenden. Das bedeutet, dass sich Reliefformen überschneiden können. Die Hervorhebung und Betonung des entsprechenden Reliefformentyps ist somit von der Fragestellung des jeweiligen Bearbeiters abhängig.

4.7 Geomorphometrische Strukturen und Muster

Reliefformen treten in unterschiedlichen Kombinationen und Assoziationen auf. Sie bilden räumliche Strukturen bzw. Muster, die in der oben beschriebenen Hierarchie von Größenordnungen, d. h. z. B. als Mikro- oder Mesomuster, klassifiziert werden können. Geomorphometrische Strukturen bzw. Muster bezeichnen räumliche Anordnungstypen von Reliefeinheiten. Diese können auf gleicher hierarchischer Ebene angesiedelt sein, z. B. als Assoziation von Reliefformen der Mesoskale eines glazialen Grundmoränensystems. Hier treten mesoskalige Objekte in bestimmten Strukturen auf, z. B. Oser, Zungenbecken oder glazifluviale Gerinne. Auf subskaliger Ebene können Formstrukturen auftreten, z. B. Solifluktionsformen auf einer Hangfläche, die durch eine andere Prozessgruppe zu erklären sind.

Die Muster von Reliefeinheiten unterschiedlicher skalentaxonomischer Ebenen in den Regionen der Erde bilden spezifische Relieftypen. So wird z. B. ein spezifischer äolischer Relieftyp der Wüstenregionen aus Ebenheiten mit aufgesetzten Dünensystemen aufgebaut, ein alpiner Relieftyp umfasst ein Muster von steilen und hohen Erhebungen, die partiell vergletschert sind und die von tief eingeschnittenen Tälern unterbrochen werden.

Spezielle geomorphometrische Mustertypen entwickeln sich durch Sortierungsprozesse von Lockergesteinen an der Oberfläche von Reliefformen in periglazialen Systemen (▶ Kap. 15). Sie werden als Frostmuster bezeichnet und treten in Skalen von wenigen dm bis m auf.

4.7.1 Geomorphometrische Strukturen von Einzugsgebieten

Das Ziel der geomorphometrischen Analyse von Einzugsgebieten liegt im Erkenntnisgewinn über die im Einzugsgebiet stattfindenden hydrologischen und geomorphologischen Prozesse auf Hängen und im Gerinne. Diese Prozesse erzeugen geomorphometrische Strukturen, die eine typische Gestalt aufweisen. Zu einem Einzugsgebiet zählen das **Gerinnebettsystem,** das oberirdische Abfluss- und das unterirdische Abflusssystem. Die bahnbrechenden Arbeiten von Horton (1945), in der eine Beziehung zwischen den Attributen des hierarchisch klassifizierbaren Gerinnenetzwerkes zu hydrologischen Prozessen postuliert wurde, stimulierte in der zweiten Hälfte des 20. Jahrhunderts eine bis dahin vernachlässigte Forschungsrichtung der Geomorphologie mit dem Ziel eines tieferen und quantitativeren Verständnisses des Abflussbildungsprozesses und der fluvialen Reliefformung.

Ein Flusssystem kann als ein **Netzwerk von Flussabschnitten** (Flusssegmente) und diese Abschnitte verbindende **Flusskreuzungen** (Flussknoten, -mündung) betrachtet werden. Die **Flussordnung** bezeichnet ein hierarchisches Ordnungssystem für Flusssegmente. Die bekanntesten Ordnungssysteme gehen auf die amerikanischen Geomorphologen A. M. Strahler und R. L. Shreve zurück (▫ Abb. 4.13). Im Ordnungssystem nach Strahler erhält das an der Quelle beginnende und keinen weiteren Tributär aufnehmende Flusssegment die Ordnungszahl 1. Ein Segment der 2. Ordnung entsteht durch den Zusammenfluss von zwei Segmenten 1. Ordnung, ein Segment 3. Ordnung durch den Zusammenfluss von zwei Segmenten 2. Ordnung usw. In diesem Ordnungssystem erhöht sich die Ordnungszahl nicht, wenn ein Segment geringerer Ordnung hinzutritt. Im Ordnungssystem nach Shreve erhält das Flusssegment eine Ordnungszahl in Abhängigkeit von der Anzahl seiner Tributäre. In diesem Fall steht die steigende Ordnungszahl in Beziehung zur gesamten Einzugsgebietsfläche und damit zur steigenden Abflussmenge.

Jedes Einzugsgebiet besitzt eine Anzahl geomorphometrischer Eigenschaften, die die linearen, flächenhaften und höhenbezogenen Charakteristika beschreiben. Diese Variablen korrelieren mit den Ordnungszahlen. Die geomorphometrischen Variablen können in lineare, flächenbezogene und höhenbezogene Typen gegliedert werden. Zahlreiche lineare geomorphometrische Parameter stehen in proportionaler Beziehung zur Ordnungszahl des Einzugsgebietes.

Der fundamentalste Flächenparameter beschreibt die Flächengröße der Einzugsgebiete jeder Ordnungsstufe. Diese Flächen liefern die Abflüsse in das Gerinne einschließlich der Abflüsse der niedrigeren Ordnung bis zu den Wasserscheiden des Einzugsgebietes. Ein weiterer zentraler Parameter ist die **Flussdichte,** die die mittlere Länge der Flüsse auf einer Einheitsfläche beschreibt (km pro km^2). Die Flussdichte ist ein Ausdruck der Wechselwirkung zwischen der Resistenz des Gesteinsuntergrundes und dem Klima, deren hohe räumliche Variabilität zu hohen Wertespannen dieses Parameters führt. Resistenteres Untergrundmaterial führt eher zu breiten Abständen der Flüsse und damit zu geringen Werten der Flussdichte. Als Faustregel gilt, dass bei ähnlichem Untergrundmaterial und ähnlichen Hangneigungen in humiden Regionen mit hoher Vegetationsbedeckung die Erosionsresistenz und Infiltrationskapazität zunehmen und dadurch im Unterschied zu trockeneren Regionen eine geringere Flussdichte zu erwarten ist. Die Gerinnedichte beschreibt damit das Verhältnis zwischen den erosiven Kräften der exogenen Prozesse und der Resistenz des Untergrundes. Sie weisen eine große Spannbreite auf, die von weniger als 5 km pro km^2 bis über 500 km pro km^2 in Gebirgen mit steilen Hängen, hohen Niederschlagsmengen und geringer Vegetationsbedeckung reichen können.

Geomorphometrische Höhenparameter beschreiben die vertikalen Eigenschaften von Einzugsgebieten auf Basis von Geländehöhe und Hangneigung (▫ Abb. 4.14). Die Höhendifferenz errechnet sich aus dem höchsten (Wasserscheide) und dem niedrigsten (Flussmündung) Punkt des Einzugsgebietes. Die Neigung der Verbindungslinie der Punkte bildet einen Faktor, der die Abflüsse in Einzugsgebieten beeinflusst. Das Höhenverhältnis beschreibt den Quotienten aus der maximalen Höhendifferenz und der längsten horizontalen Strecke des Hauptflusses im Einzugsgebiet.

Die **hypsometrische Analyse** setzt die Höhe des Einzugsgebietes mit seiner Fläche in Beziehung. Die Analyse ermittelt, welcher Anteil a des Einzugsgebietes A sich innerhalb einer bestimmten Höhenstufe befindet. Diese Höhenstufe wird von einer Höhenlinie begrenzt. Die relative Höhe y beschreibt das Verhältnis der Höhe h der Höhenlinie zur maximalen Höhe des Gipfelpunktes H. Die relative Fläche x beschreibt das Verhältnis der Fläche a oberhalb einer Höhenlinie zur Gesamtfläche A des Einzugsgebietes. Die hypsometrische Kurve stellt das Verhältnis zwischen x und y dar und beschreibt die Verteilung des Einzugsgebietes oberhalb einer Basisfläche. Das hypsometrische Integral beschreibt den prozentualen Anteil des Massevolumens des Einzugsgebietes, dessen Maximalwert durch die Basis- und Gipfelfläche gebildet wird. In

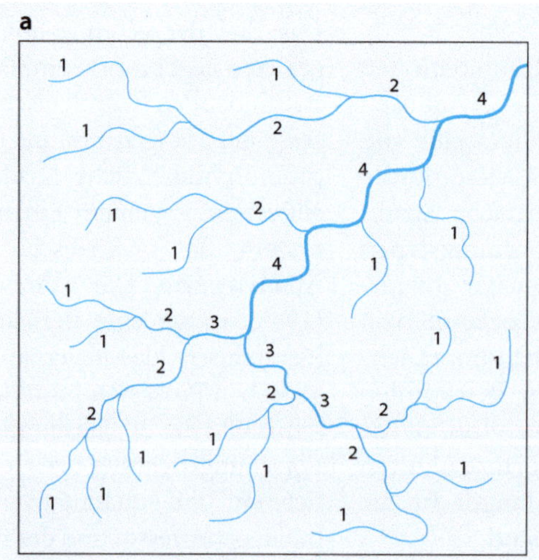

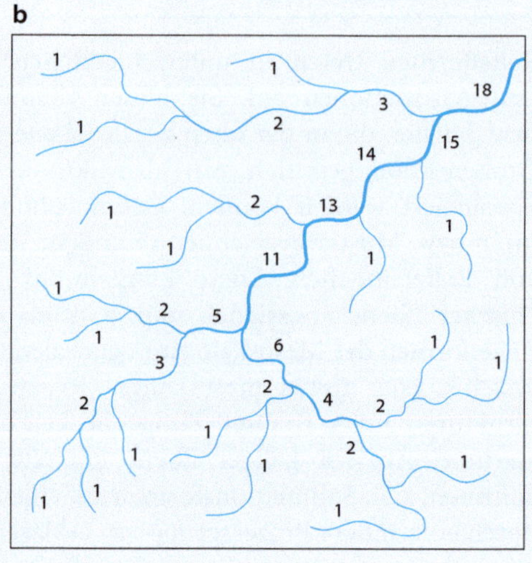

▫ **Abb. 4.13** Hierarchische Ordnungssysteme von Flüssen **a** nach Strahler und **b** nach Shreve. (Nach Huggett 2017: Fundamentals of Geomorphology. 4. Auflage. Verfasst von Richard John Huggett, veröffentlicht von Routledge. © Richard John Huggett 2017. Abdruck im Einvernehmen mit Taylor & Francis Books UK)

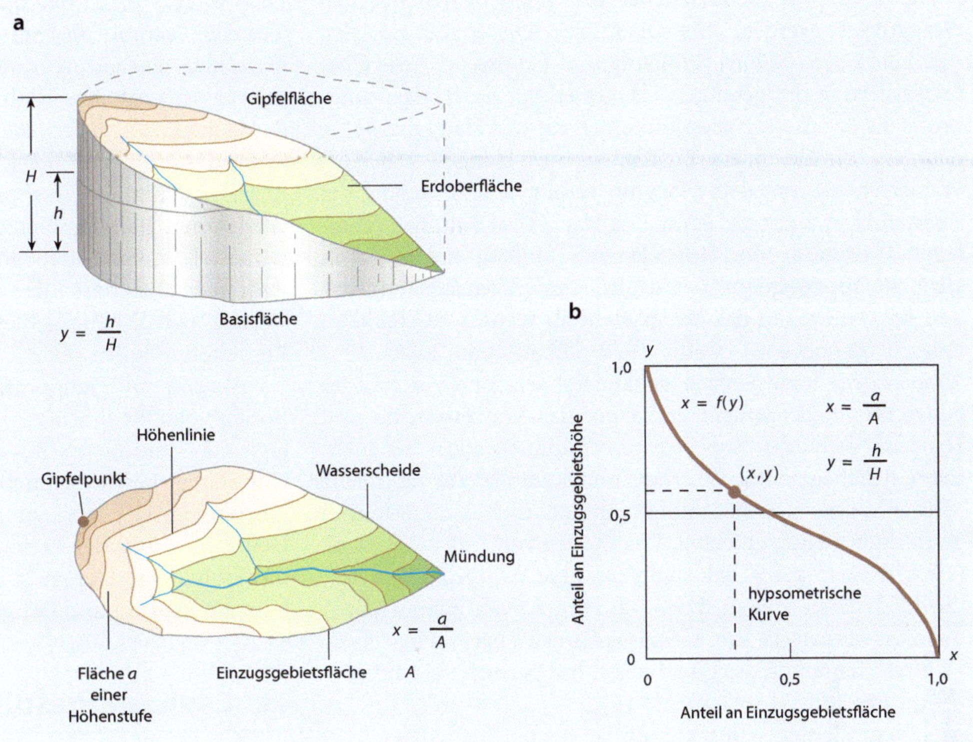

Abb. 4.14 Hypsometrische Attribute zur Charakterisierung von Einzugsgebieten. **a** Schematische Darstellung der dimensionslosen Parameter. **b** Hypsometrisches Integral. (Verändert nach Strahler 1957, Fig. 8, S. 919)

natürlichen Einzugsgebieten liegen Werte für das hypsometrische Integral meist zwischen 20 und 80 %. Höhere Werte drücken aus, dass diese Reliefeinheit noch keine starke Hangbildung und Einschneidung erfahren hat. Das hypsometrische Integral kann damit zu einer Aussage über den erosiven Entwicklungsstand eines Einzugsgebietes herangezogen werden. Eine Auswahl geomorphometrischer Attribute von Einzugsgebieten wird in der folgenden Übersicht zusammengestellt (Dikau und Schmidt 1999).

Geomorphometrische Parameter von Einzugsgebieten

Lineare Attribute

- Anzahl der Segmente jeder Ordnung
- mittlere Flusslänge
- Bifurkationsverhältnis
- Länge des Oberflächenabflusses

Flächenattribute

- Einzugsgebietsfläche jeder Ordnung
- Einzugsgebietsgestalt
- Flussdichte
- Flusshäufigkeit

Höhenattribute

- Einzugsgebietshöhendifferenz
- Höhendifferenzverhältnis
- Hypsometrisches Intergral

4.7.2 Geomorphometrische Strukturen von Toposequenzen

Hänge bilden eine fundamentale Reliefeinheit geomorphologischer Systeme (Young 1972; Parsons 1988). Sie werden taxonomisch der Reliefform zugeordnet. Als Hang wird eine geneigte Reliefform definiert, deren Neigung größer als ein unterer Schwellenwert (Abgrenzung gegen Ebenheiten) und kleiner als ein oberer Schwellenwert (Abgrenzung gegen Überhänge) ausgebildet ist. Hänge treten in unterschiedlichen Raumskalen auf. Sie werden durch eine Vielzahl geomorphologischer Prozesse gebildet, wobei ihre **Neigung** eine grundlegende geomorphometrische Eigenschaft darstellt. Hänge bestehen aus **disjunkten Reliefelementen** und treten vergesellschaftet auf, d. h., dass sie Reliefformen-Assoziationen bilden. Ihre Position innerhalb dieser Assoziation ist ein wichtiges beschreibendes Attribut. So bildet z. B. die Position eines steilen Hanges zwischen zwei Ebenheiten ein Kriterium zur Charakterisierung einer fluvialen Terrasse.

Hänge sind durch folgende Attribute charakterisiert:

- **geomorphometrisch,** z. B. konkave und konvexe Formelemente und ihre interne topologische Anordnung in einer Toposequenz,
- **relational** als Beziehung zu externen Reliefeinheiten, z. B. nahe und ferne Nachbarschaften, Kopplungen, externe Topologie,
- **skalig** in einer Raumzeitskale, z. B. mikro- oder mesoskalige Hänge,
- **prozessual,** z. B. gravitative oder hangaquatische Prozesse und ihre Kopplungen.

4

Hänge können in Reliefelemente und diese in Relieffacetten disaggregiert werden. Ihre Quantifizierung erfolgt mit den Attributen der Neigung, Wölbung und Exposition. Eine Charakterisierung des gesamten Hanges erfolgt durch das **Hangprofil.** Es ist als eine gedachte Linie auf der Hangoberfläche definiert, die die obere Begrenzung des Hanges, z. B. eine Wasserscheide, mit dem Hangfuß verbindet und entlang der steilsten Neigungen des gewählten Hanges verläuft. Die räumliche Anordnung der Reliefelemente entlang dieses Profils wird als **Toposequenz** bezeichnet. Ihre Eigenschaften werden verwendet, um das Hangsystem als Ganzes zu charakterisieren (◘ Abb. 4.15) (Caine 1974; Dikau et al. 2004). Eine Toposequenz kann einfach strukturiert sein und ein einziges gestrecktes Reliefelement enthalten, das Wasserscheide und Hangfuß verbindet. Toposequenzen können auch aus mehreren Reliefelementen bestehen und komplizierte räumliche Muster bilden, z. B. die Abfolge von konvexen, konkaven und gestreckten Reliefelementen. Das Modell von Dalrymple et al. (1968) basiert auf 9 Einheiten *(nine unit landsurface model)*, die durch geomorphometrische und prozessuale Eigenschaften definiert werden (◘ Abb. 4.15). Das Modell basiert auf:

- drei Elementen des Oberhanges mit geringer bis mittlerer Erosionsrate (Elemente 1–3),
- einem Element mit hoher Erosionsrate (Element 4),
- einem Element mit hoher Transportrate (Element 5),
- einem Element mit hoher Depositionsrate (Element 6),
- einem Element mit verzahnter Deposition (Element 7) und
- zwei Elementen mit hoher Erosionsrate (Elemente 8–9).

Das Modell verknüpft die Reliefelemente des Hanges mit aktuellen geomorphologischen, pedologischen und hydrologischen Prozessen und basiert auf den geomorphometrischen Attributen der Wölbung und Neigung sowie des Hangprofils für die **topologische Anordnung der Komponenten.** Die Basis des Ansatzes liegt in der Hypothese rezenter Prozesshomogenitäten innerhalb der ausgewiesenen Reliefeinheiten. Die Autoren betonen, dass die dargestellten Einheiten an einem Hang selten gemeinsam auftreten und dass die geomorphometrische Charakterisierung von Einzugsgebieten über Kombinationstypen der Einheiten möglich sei.

Werden an Hangprofilen typische Anordnungen von Bodentypen beobachtet, liegt eine **Catena** vor. Die topologische Position des Bodenkörpers am Ober-, Mittel- und Unterhang bewirkt differenzierte pedologische und geomorphologische Prozesse der Erosion, des Transportes, der Deposition und der Pedogenese. Damit verbunden ist eine reliefabhängige Dynamik des Bodenwasserflusses, der subkutanen Erosion und der geochemischen Transporte.

4.8 Computergestützte Geomorphometrie

Die computergestützte geomorphometrische Reliefanalyse geht bis in die 1960er-Jahre zurück. Der englische Geomorphologe Ian Evans und der amerikanische Reliefanalytiker Richard Pike verwendeten geomorphometrische

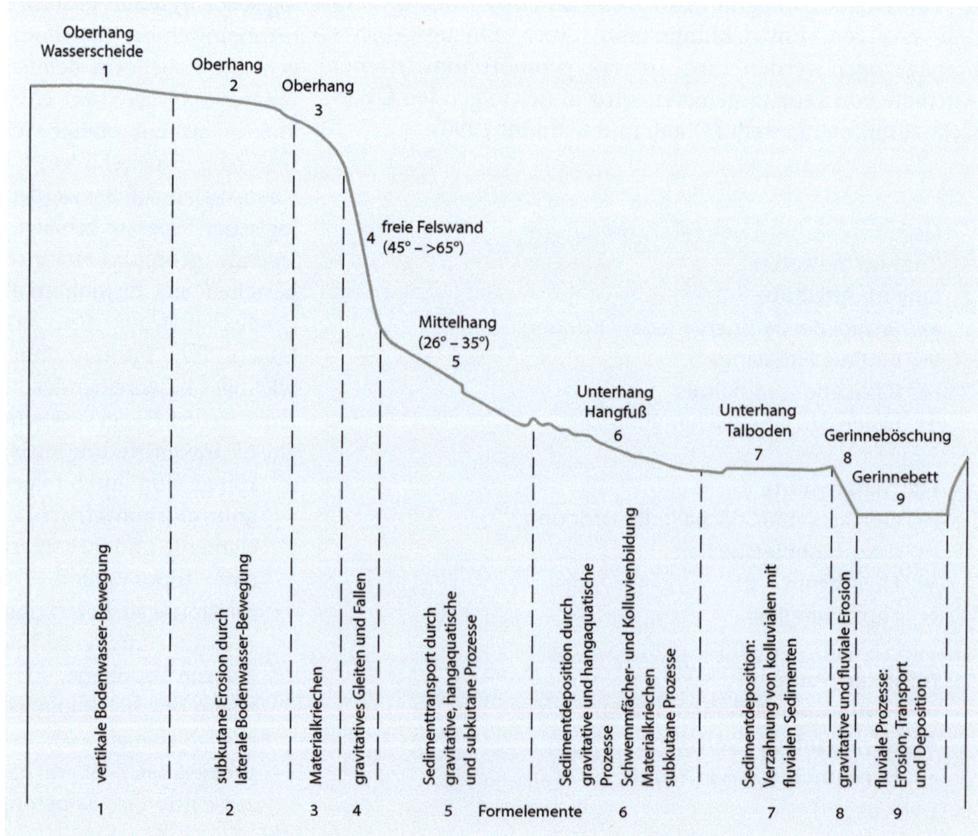

◘ **Abb. 4.15** Disaggregation eines Hanges in unterschiedliche Komponenten, die den taxonomischen Einheiten der Reliefelemente zugeordnet werden können. Die räumliche Anordnung der Komponenten wird als Toposequenz bezeichnet. Es werden die dominanten aktuellen Prozesse dargestellt. (Nach Dalrymple et al. 1968: A hypothetical nine unit landsurface model. ZFG, N.F., Suppl.-Bd. 12: 60–76. Gebrüder Borntraeger, Berlin – Stuttgart: ► www.borntraeger-cramer/journals/zfg)

Parameter, wie Geländehöhe, Wölbung, Neigung oder Exposition, um die Erdoberfläche automatisiert darzustellen und Form-Prozess-Analysen durchzuführen (Evans 1972, 1990; Pike 1988). Lag das Problem dieser Pioniere in der begrenzten Verfügbarkeit digitaler Höhendaten, bietet die heutige Fülle **digitaler Höhenmodelle (DHM),** die selbst globale Dimensionen aufweisen, die besten Voraussetzungen für die computergestützte Geomorphometrie (Pike und Dikau 1995; Huggett und Cheesman 2002; Hengl und Reuter 2009; Zhou et al. 2010). Digitale Höhenmodelle bilden das Georelief als zweidimensionale Fläche im dreidimensionalen Raum durch eine finite Anzahl an Messpunkten von x-y-z-Tripeln ab (◘ Abb. 4.16). Der Höhenwert z liegt auf der Geländeoberfläche. Dadurch kann die Höhenstruktur einer Reliefeinheit in Bezug auf die Auflösung der Daten hinreichend repräsentiert werden. Die Höhenwerte können in unterschiedlichen Verteilungen und Ordnungsmustern vorliegen, z. B. als unregelmäßig verteilte Punkte oder als regelmäßiges Gitter. Ein kontinuierliches Modell der Geländeoberfläche wird durch Interpolationsvorschriften erreicht, z. B. durch eine Polynomfunktion. Die **Interpolation von Oberflächendaten** liefert die Höhenwerte für jeden Oberflächenpunkt sowie lokale Parameter, wie die Neigung oder Krümmung. Damit ist eine vollständige Beschreibung der lokalen Eigenschaften des Reliefs gewährleistet. Der Wölbungsparameter berechnet sich aus dem Kehrwert der Krümmung. Das generierte Oberflächenmodell bildet die Basis für Fließverfolgungsalgorithmen zur Ableitung komplexer Parameter, wie z. B. dem oberirdischen Einzugsgebiet jedes Geländepunktes oder seine Entfernung zur Wasserscheide (◘ Abb. 4.16). Durch lasergestützte Techniken oder **Fernerkundungsmethoden** liegen die Auflösungen digitaler Höhendaten heute im Meter- bis Zentimeterbereich. Jede Erfassungsmethode beinhaltet spezifische Datenfehler, die bei der Datenanalyse berücksichtigt werden müssen (Hengl und Reuter 2009).

Die computergestützten Technologien erlauben es, disaggregative und aggregative Analysen des Georeliefs vorzunehmen. In ◘ Abb. 4.17 wird das Ergebnis eines disaggregativen Verfahrens dargestellt. Das Relief wird durch die Datenpunkte eines digitalen Höhenmodells repräsentiert, dem in farblicher Codierung Formelemente überlagert sind. Sie wurde mithilfe des Wölbungsattributes und der Kombination der vertikalen und horizontalen Wölbung berechnet. Die Klassifikation erfolgt gemäß dem in ◘ Abb. 4.9 gezeigten Verfahren der Nutzung von jeweils drei Wölbungsklassen, sodass neun Formelementtypen abgeleitet werden können.

Die computergestützte Geomorphometrie hat heute einen hohen Entwicklungsstand erreicht (z. B. Wilson und Gallant 2000; Bishop und Shroder Jr. 2004; Rasemann 2004; Hengl und Reuter 2009). Modelle und Algorithmen für die Extraktion geomorphometrischer Attribute und Objekte aus digitalen Geländemodellen liegen in zahlreichen Varianten vor. Die Berechnung geomorphometrischer Attribute ist in Geoinformationssystemen (GIS) realisiert und leicht zu handhaben. Die Herstellung von Neigungs- oder Wölbungskarten oder die Berechnung von hydrologischen Einzugsgebieten und ihre kartographische Darstellung zählen heute zu den Routinealgorithmen der **GIS-Software.** In den Arbeiten von Rasemann (2004) und Rasemann et al. (2004) wird die Leistungsfähigkeit derartiger Technologien für die geomorphometrische Analyse von Hochgebirgssystemen demonstriert. Am Beispiel des Turtmanntales in den Schweizer Alpen wird durch den Autor gezeigt, dass die automatisierten Techniken für eine geomorphometrische Inventarisierung des Gesamtsystems bestens geeignet sind (► Kap. 20). Darüber hinaus wird deutlich herausgearbeitet, dass die technische Realisierung auf einer angemessenen geomorphologischen Semantik aufgebaut sein muss. Andernfalls lässt sich trotz höchster Datenmengen und

◘ **Abb. 4.16** Schematische Darstellung von geomorphometrischen Attributen, die aus digitalen Geländemodellen berechnet werden können. Die Darstellung zeigt eine Auswahl von Parametern, die sich auf den Geländepunkt GP beziehen, der im digitalen Höhenmodell durch den Datenpunkt P abgebildet wird. (Aus Dikau 1989: The Application of a Digital Relief Model to Landform Analysis in Geomorphology. In: Raper J (Hrsg.) Three-dimensional Applications in Geographical Information Systems. © Taylor and Francis Ltd. 1989, Abdruck mit Genehmigung von Informa UK Limited durch PLSclear)

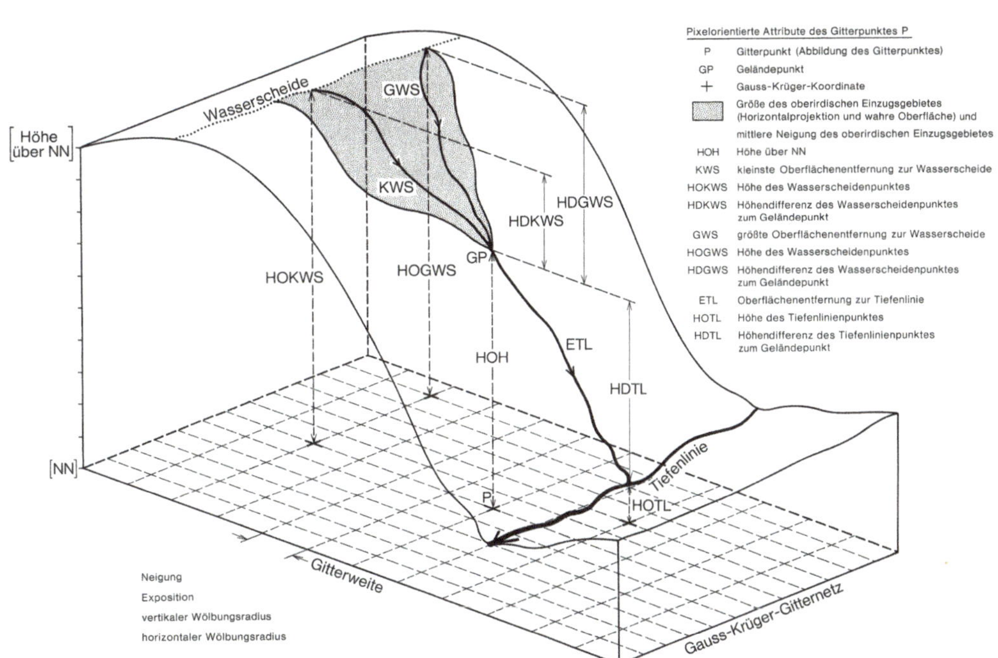

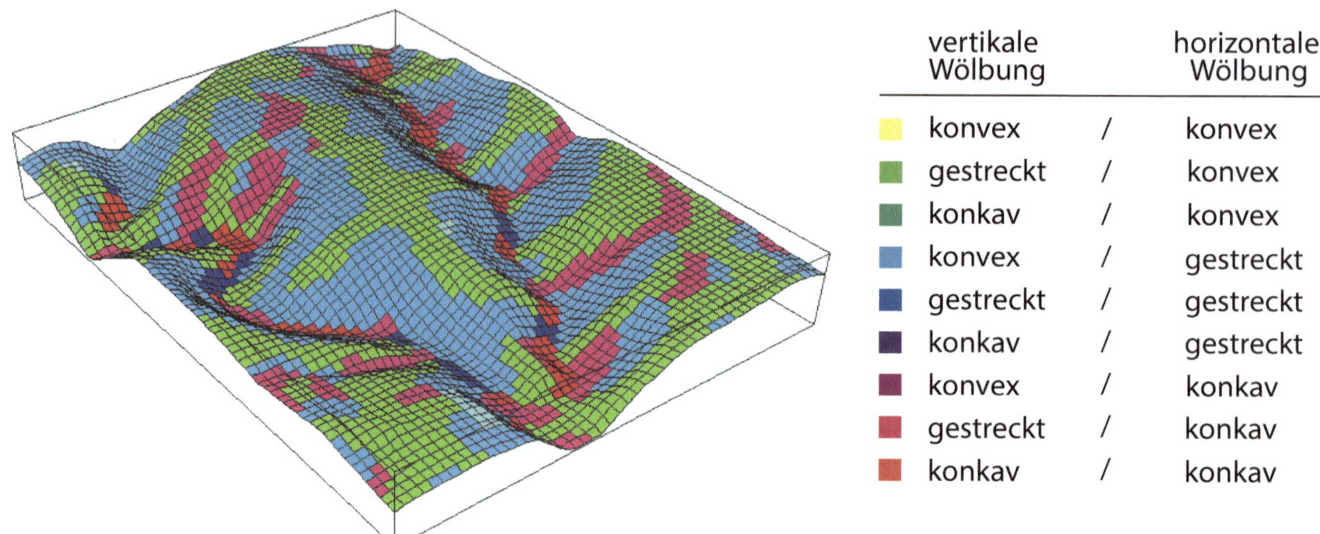

Abb. 4.17 Computergestützte Disaggregation des Georeliefs in Formelemente auf Basis des geomorphometrischen Attributes der vertikalen und horizontalen Wölbung. Die schematische Darstellung der Formelementetypen erfolgt in Abb. 4.9. (Verändert nach Dikau und Schmidt 1999, Abdruck mit Genehmigung von R. Dikau, J. Schmidt und Springer-Verlag GmbH Deutschland)

Algorithmenqualität eine sinnhafte Systematik und Taxonomie der Reliefformen nicht erreichen.

4.9 Geomorphometrische Regionalisierung

Die Geomorphometrie von Reliefeinheiten in den in Abb. 4.4 dargestellten Raumskalen basiert auf **skalenabhängigen Attributen.** So kann beispielsweise eine mesoskalige Reliefform, wie ein Mittelgebirgstal, nicht als Summe mikroskaliger Reliefformen von Erosionsrinnen beschrieben werden, die auf den Talhängen auftreten. Auch wird für eine geomorphometrische Quantifizierung einer Makroform, wie der Alpen oder Anden, die Bedeutung der mesoskalig relevanten Hangwölbung oder -neigung zugunsten von makroskaligen Attributen abnehmen, wie der Höhendistanz zwischen Talboden und Gipfel, der Taldichte oder der Variabilität, räumlichen Verteilung und Dichte von Wänden höchster Neigung. Aus geomorphometrischer Sicht müssen mit zunehmender Raumskale daher weitere Attribute verwendet werden, um den **Charakter des Relieftyps** adäquat beschreiben zu können. Damit ist gemeint, dass geomorphometrische Attribute zu ermitteln sind, die in Wechselwirkung mit den geomorphologischen Prozessen dieser Raumskale stehen. Oberhalb der Mesoskale werden somit die Attribute der Neigung, Exposition und Wölbung zugunsten von Attributen, wie Höhendifferenz, Verteilung im Raum, Attributvariabilität, Muster- oder Toposequenztyp, an Bedeutung verlieren. Welche geomorphometrischen Attribute in den unterschiedlichen Raumskalen von Relevanz sind, muss die geomorphologische Form-Prozess-Forschung beantworten, die ihre Erkenntnisse mit den Ansätzen der Prozessgeomorphologie und der historischen Geomorphologie gewinnt. Ob sich also eine geomorphometrische Attribuierung als geomorphologisch sinnhaft erweist, muss ggf. falsifiziert werden.

Für die höherskalige **Quantifizierung von Reliefeinheiten** liefert die Geomorphometrie verschiedene Methoden und Verfahren der Regionalisierung. Erste Versuche derartiger Reliefklassifikationen gehen bis in die Mitte des 20. Jahrhunderts zurück (Hammond 1964a, b; Pike und Wilson 1971; Kugler 1974, 1975; Demek et al. 1982). Ein wesentlicher Leitgedanke der **geomorphometrischen Regionalisierung** besteht darin, die innere Differenzierung bzw. Variabilität einer Reliefeinheit zu verwenden, um zu höherdimensionalen Einheiten zu gelangen. Ein Beispiel einer hochskaligen Reliefklassifikation wird in Abb. 4.18 dargestellt. Sie wurde durch den amerikanischen Geographen Edwin Hughes Hammond entwickelt (Hammond 1964a, b), umfasst das Staatsgebiet der USA und wurde im Kartenmaßstab 1:5.000.000 publiziert. Der Ansatz basiert auf geomorphometrischen Attributen und einer dreistufigen Formenhierarchie von 5 Haupttypen, die als *classes* bezeichnet werden sowie 21 Typen und 45 Subtypen. Die Haupttypen umfassen:

- Ebenen *(plains),*
- offene Hügel und Gebirge *(open hills and mountains),*
- Tafelländer *(tablelands),*
- Hügel und Gebirge *(hills and mountains),*
- Ebenen mit Hügeln und Gebirgen *(plains with hills or mountains).*

Die **Technik der Reliefklassifikation** bestand in einer **Filterung,** indem ein quadratisches Fenster von 9,65 km

(6 Meilen) Kantenlänge über die topographischen Karten 1:250.000 des Army Map Service (Höhenlinienäquidistanz: 15,2–61 m) mit Schrittweiten von 9,65 km überlappungsfrei bewegt wurde (Dikau et al. 1995). Diese Fenstergröße wurde gewählt, da *„it is neither to small as to cut individual slopes in two thus distort the determination of local relief, nor so large as to include areas of excessive diversity or to augment local relief figures by adding in long regional slopes"* (Hammond 1964a, S. 17). Innerhalb des Fensters wurde auf jeder Position ein Satz von 3 Parametern abgeleitet:

- **Hangneigung:** prozentualer Anteil der Gebiete, die flacher als 8 % geneigt sind.
- **Höhendifferenz:** Differenz zwischen dem höchsten und dem tiefsten Punkt.
- **Profiltyp:** Relativer prozentualer Anteil der Gebiete <8 % Neigung, die im Tiefland *(lowland)* oder Hochland *(upland)* auftreten.

In seiner Bewertung stellte Hammond (1964a) fest, dass trotz der abstrakten Abbildung der Realität die verwendeten Attribute hohen deskriptiven Wert aufwiesen und dass die räumliche Variabilität der erzeugten Einheiten zum Verständnis der Formgenese und der funktionalen Beziehungen zwischen Reliefform und anderen Phänomenen, etwa hydrologischer oder gravitativer Prozesse, beitragen kann. Er war daher überzeugt, dass der geomorphometrische Ansatz eine unabdingbare Voraussetzung für die quantitative Analyse der komplexen Struktur und Funktionalität des Georeliefs darstellt.

Die geomorphometrische **Modellierung höherskaliger Reliefeinheiten,** z. B. von Mittel- oder Hochgebirgen oder ganzer Kontinente, in Form einer Reliefklassifikation bildet eine anspruchsvolle Aufgabe der computergestützten Geomorphometrie. Die heute verfügbaren Verfahren bieten analytische Möglichkeiten, um mithilfe von Masken- und Fenstertechniken automatische Ableitungen von Reliefeinheiten und ihre innere Differenzierung zu erreichen (Hengl und Reuter 2009). Die Problemstellung besteht einerseits darin, dass mit zunehmender Skale sowohl die Anzahl der Systemkomponenten, z. B. die Anzahl der Hänge, Täler oder Zwischentalrücken, als auch die Variabilität ihrer räumlichen Anordnung, Muster und Nachbarschaften ansteigen. Andererseits verändert sich mit zunehmender Raumskale der geomorphometrische Charakter des Georeliefs, da höherskalige Prozesse, z. B. tektonische Verformungen der Kruste, zu einer veränderten Geomorphometrie führen und damit veränderten Form-Prozess-Rückkopplungen unterworfen sind. Eine quantitative Geomorphometrie hat die Aufgabe, Modelle zu entwickeln, die derartige räumliche Systemmerkmale abbilden und quantifizieren können.

Seit Mitte des 20. Jahrhunderts wurden zahlreiche Ansätze für höherskalige geomorphologische Systeme vorgestellt, z. B. für den australischen Kontinent oder das Staatsgebiet der USA, die einerseits nur auf geomorphometrischen Parametern aufgebaut sind und andererseits zusätzliche Eigenschaften des Reliefs beinhalten, wie aktive geomorphologische Prozesse, die Geomorphogenese oder Merkmale des Untergrundmaterials (Dikau 1992). Die von Martin Schroeder vorgelegte computergestützte Reliefklassifikation stellt den ersten Versuch einer **geomorphometrischen Regionalisierung** der Makro- und Megaskale dar (Schroeder 1995). Die Modellergebnisse umfassen den US-Bundesstaat New Mexico, das Staatsgebiet der USA sowie das globale Relief. In ◘ Abb. 4.19 wird das Modell des Staatsgebietes der USA dargestellt. Der Ansatz basiert auf den Arbeiten von Hammond (1964a, b) sowie Dikau (1992, 1994) und Dikau et al. (1995). Die genutzte Datenquelle bestand u. a. aus digitalen Höhenmodellen des US Geological Survey (USGS) und der National Oceanic and Atmospheric Administration (NOAA). Die Fenstertechnik von Hammond wurde in ein GIS-gestütztes Fensterverfahren der frei erhältlichen Software GRASS (Geographic Resources and Analysis Support System) umgesetzt. Die Auflösung der digitalen Höhenmodelle betrug 470 m. Das Modellergebnis wird in ◘ Abb. 4.19 dargestellt.

Ein Vergleich des computergestützten Ansatzes von Schroeder (1995) mit der Karte von Hammond (1964b) zeigt eine gute Reproduktion der manuellen Hammond-Klassifikation. Das automatisierte Verfahren zeigt erwartungsgemäß eine höhere Differenzierung, was auch damit begründet ist, dass das quadratische Fenster überlappend über die Höhenmatrix bewegt wurde. Die Arbeit hat gezeigt, dass die Transformation eines analogen kartographischen Modells in ein computergestütztes Verfahren vielversprechend ist und einen wertvollen Beitrag zur Geomorphometrie in globalen Skalen leisten kann. Allerdings müssen die zahlreichen Optionen des digitalen Verfahrens und ihre Konsequenz für das Modellergebnis einer umfangreichen empirischen Analyse unterzogen werden. Dazu zählen:

- Auflösung und Qualität der digitalen Höhendaten,
- Parametertyp,
- mathematische Algorithmen zur Berechnung der Parameter,
- Fenstergröße und -schrittweite *(moving window).*

Damit soll betont werden, dass die heute verfügbare Computertechnologie zwar zügig geomorphometrischen Output erzeugen kann. Die Anzahl der technischen Optionen erfordert jedoch eine sorgfältige Prüfung der Sinnhaftigkeit der Modellergebnisse. Dies wird allein an der

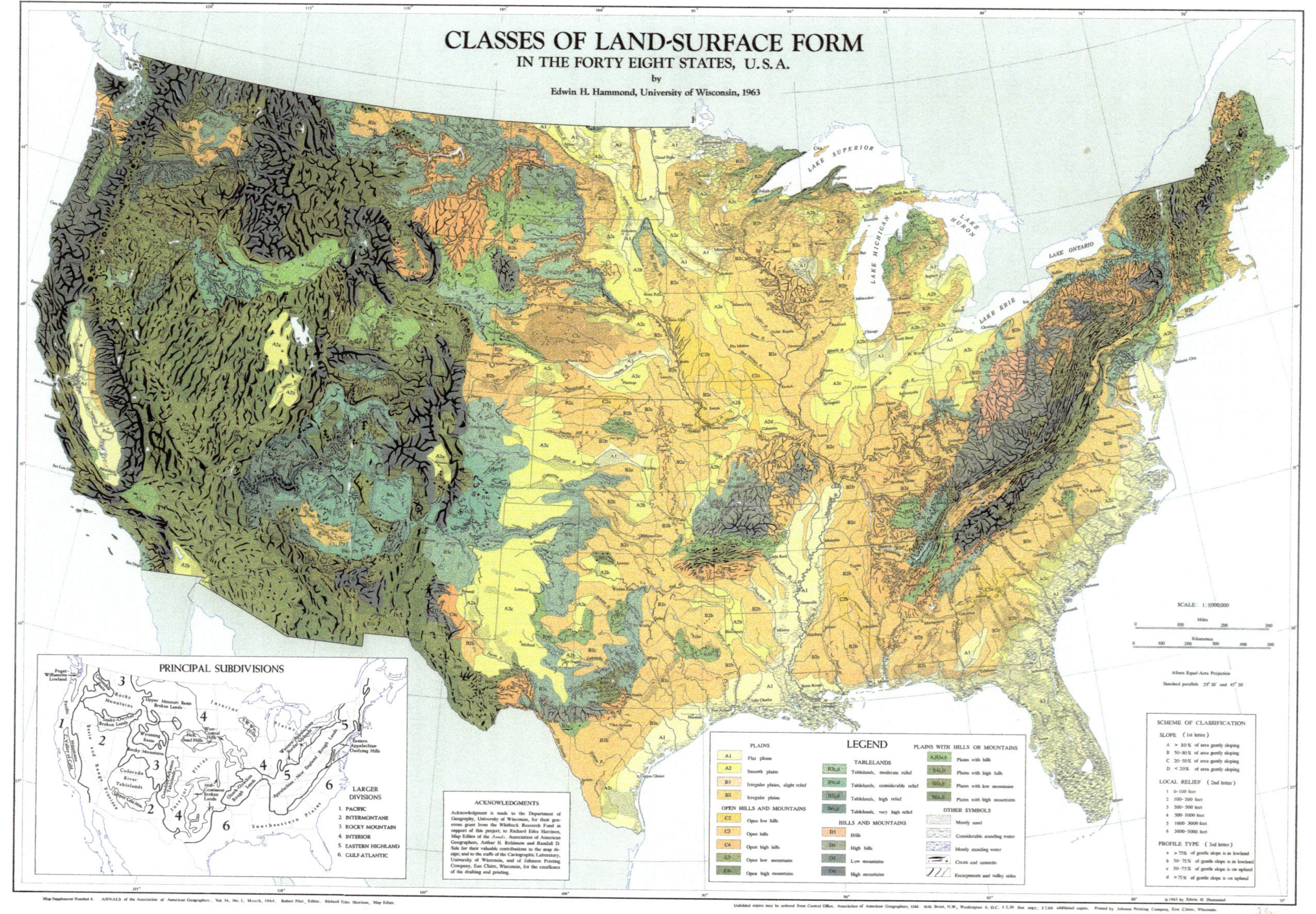

Abb. 4.18 Reliefklassifikation der USA von Hammond (1964a und 1964b). Die publizierte Karte hat einen Maßstab von 1:5.000.000. (Abdruck mit Genehmigung der © American Association of Geographers, ▶ http://www.aag.org/ aus Hammond, E.H. (1964b): Classes of land surface form in the forty-eight states, USA. Ann. Assoc. Am. Geogr., 54, Map supp. No. 4)

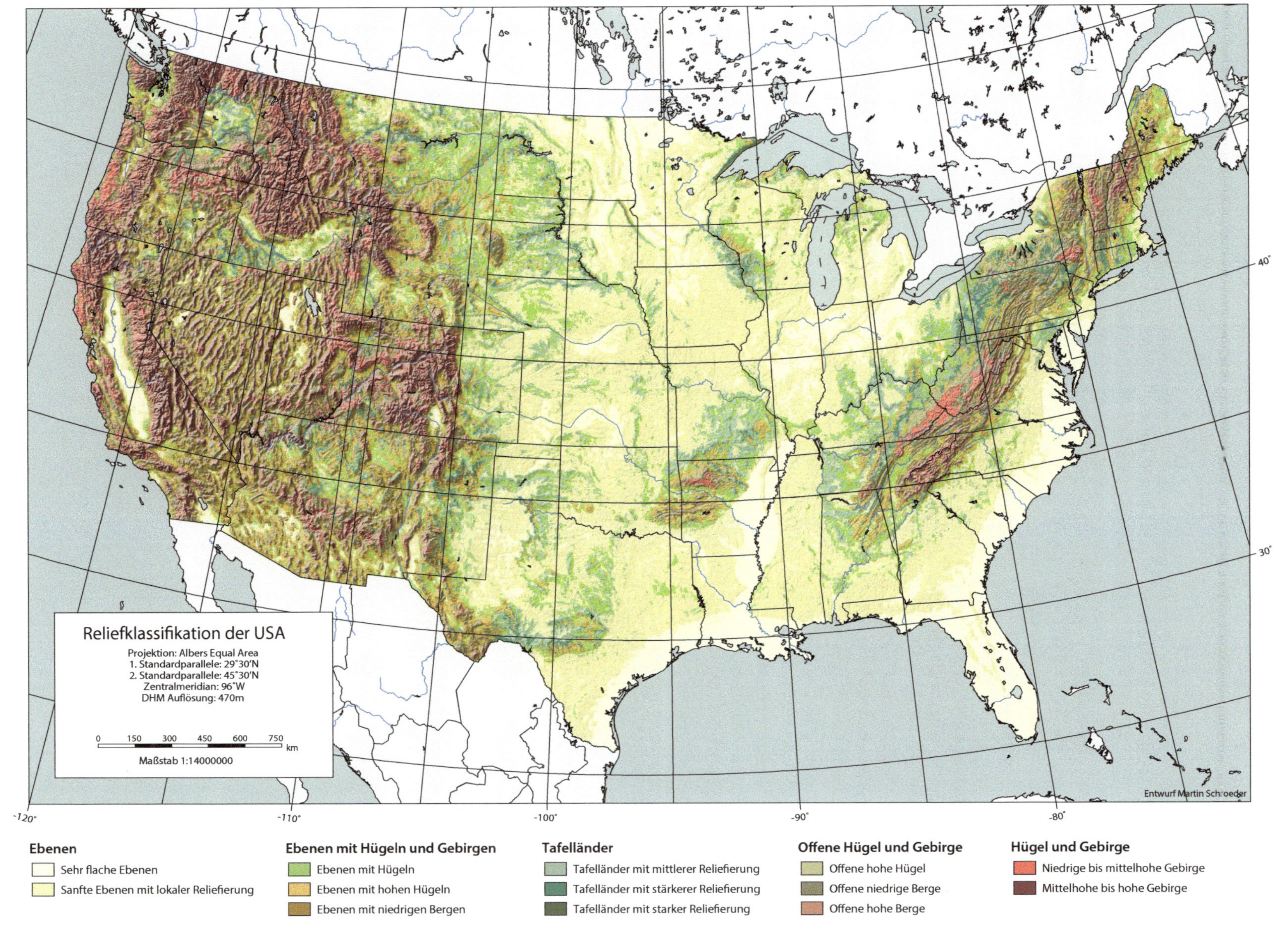

Abb. 4.19 Computergestützte Modellierung des Reliefs des Staatsgebietes der USA auf Basis des Ansatzes von Hammond (1964a, b). Das digitale Höhenmodell hat eine Auflösung von 470 m und basiert auf Daten des US Geological Survey (USGS) und der National Oceanic and Atmospheric Administration (NOAA). (Aus Schroeder 1995, Abdruck mit Genehmigung von M. Schroeder)

Auflösung der digitalen Höhenmodelle deutlich. Ohne die Basis der geomorphologischen Skalentheorie wird es nur schwerlich zu entscheiden sein, mit welcher DHM-Auflösung Reliefformen der unterschiedlichen Skalenebenen bearbeitet werden müssen.

Fazit

Der geometrisch-topologische Charakter des Georeliefs, d. h. die Geomorphometrie, ist Produkt und Steuergröße des geomorphologischen Prozesses. Die geomorphologische Disziplin hat beiden Phänomenen gleichberechtigt zu begegnen. Diesem Imperativ wurde disziplingeschichtlich nicht immer gefolgt. Die vielfältigen Reliefformen der Erdoberfläche können durch eine geomorphometrische Taxonomie in ein logisch konsistentes und kohärentes Klassifikationssystem abgebildet werden. Sie basiert auf prozesscharakteristischen Objekten und Attributen. Der geometrisch-topologische Charakter der Erdoberfläche ist jedoch kein eindeutiges Indiz für die historische Prozessentwicklung, da geomorphologische Systeme Formkonvergenzen und -divergenzen erzeugen können. Das Georelief hat einen multiskaligen Raum-Zeit-Charakter, der durch die Theorie des Reliefformen-Palimpsests beschrieben werden kann. Die heute ubiquitär nutzbare computergestützte Geomorphometrie hat die anspruchsvolle Aufgabe, automatisierte Georelief-Quantifizierungen zu ermöglichen, deren Objekte und Attribute jedoch in sinnhafter kausaler Relation zu den Formungsprozessen stehen müssen.

Weiterführende Literatur

Barsch D (1969) Studien zur Geomorphogenese des Zentralen Berner Juras. Basler Beitr zur Geogr 9:221

Chorley RJ (1972) Spatial analysis in Geomorphology. Methuen, London

Dalrymple JB, Blong RJ, Conacher AJ (1968) A hypothetical nine unit landsurface model. Z Geomorphol Supp 12:60–76

Dikau R (1988) Entwurf einer geomorphographisch-analytischen Systematik von Reliefeinheiten, Bd 5. Heidelberger Geographische Bausteine. Geographisches Institut, Heidelberg

Dikau R, Schmidt J (1999) Georeliefklassifikation. In: Schneider-Sliwa R, Schaub D, Gerold G (Hrsg) Angewandte Landschaftsökologie – Grundlagen und Methoden. Springer, Heidelberg, S 217–244

Evans IS (1972) General geomorphometry, derivations of altitude and descriptive statistics. In: Chorley RJ (Hrsg) Spatial analysis in geomorphology. Methuen, London

Hammond EH (1964a) Analysis of properties in land form geography: an application to broad-scale land form mapping. Ann Assoc Am Geogr 54:11–19

Hammond EH (1964b) Classes of land surface form in the forty-eight states, USA. Ann Assoc Am Geogr 54, Map Supp No 4, 1:5,000,000

Hengl T, Reuter HI (2009) Geomorphometry. Elsevier, Amsterdam

Kugler H (1974) Das Georelief und seine kartographische Modellierung. Diss. B, Martin-Luther-Universität Halle, Wittenberg

Penck A (1894) Morphologie der Erdoberfläche. Engelhorn, Stuttgart

Pike RJ (1988) The geometric signature: quantifying landslide terrain types from digital elevation models. Math Geol 20:491–511

Rasemann S (2004) Geomorphometrische Struktur eines mesoskaligen alpinen Geosystems. Dissertation, Universität Bonn, Bonn

Schroeder M (1995) Computergestützte Reliefmodellierung der Erde. Diplomarbeit am Geographischen Institut der Universität Heidelberg, Heidelberg

Young A (1972) Slopes. Longman, Edinburgh

Zhou Q, Lees B, Tang G (2010) Advances in digital terrain analysis. Springer, Cham

Das Baumaterial der geomorphologischen Form

R. Dikau et al., *Geomorphologie*, https://doi.org/10.1007/978-3-662-59402-5_5

Geomorphologische Formen sind aus Baumaterialien unterschiedlichster Genese und Eigenschaften aufgebaut. Das Baumaterial umfasst die Festgesteine des Erdkörpers, die durch erosive Prozesse erzeugten Lockergesteine und die durch Verwitterung entstandenen Materialien und Stoffe. Bei erosiven Prozessen steuern die physikalischen, chemischen und biologischen Eigenschaften des Baumaterials maßgeblich die Effektivität der Abtragsmechanismen. Die durch akkumulative Prozesse geschaffenen Sedimentkörper weisen Eigenschaften der sie bildenden Prozesse auf. Sie bilden daher Reliefformen, deren Gestalt und Baumaterial für die Rekonstruktion des geomorphologischen Prozessgeschehens verwendet werden können. Die Baumaterialien von Sedimentkörpern werden deshalb als **prozesskorrelate Sedimente** bezeichnet. In diese allgemeine Charakterisierung werden sowohl Sedimente der Landoberflächen als auch der Meeresböden eingeschlossen. Die Härte des Festgesteins wirkt sich entscheidend auf seine Erosionsresistenz aus. Wenig resistente Festgesteine sind selektiv stärkerer Abtragung unterworfen als resistentere Festgesteine. In der Klassifikation der Reliefformen sind beide Aspekte ihres materiellen Aufbaus, d. h.:

- die Steuerung erosiver Prozesse durch die Materialeigenschaften des Fest- und Lockergesteins und
- der Aufbau neuen Baumaterials mit spezifischen Eigenschaften durch akkumulative Prozesse,

zu berücksichtigen. Das Baumaterial der Reliefformen ist in der Zeit Veränderungen unterworfen. So bewirken z. B. Verwitterungsprozesse die mechanische und chemische Entfestigung von Fest- und Lockergesteinen, was zu einer **zeitlichen Abnahme der Formresistenz** und zu erhöhten Erosionsraten führen kann. Retrodiktive Ansätze haben derartige zeitvariable Systemzustände zu integrieren.

5.1 Gesteinstypen

Das Baumaterial der Reliefformen wird in Fest- und Lockergestein unterschieden (◘ Tab. 5.1). **Festgesteine** sind Materialien, die sich aus Mineralen, Gesteinsglas, Mineralkörnern, Teilen von Organismenskeletten oder Gesteinsbruchstücken zusammensetzten können. Festgesteine können aus einer Mineralart bestehen (z. B. Calcit), oder Aggregate von mehreren Mineralarten oder Mineralgemenge darstellen, z. B. der aus Feldspat, Quarz und Glimmer bestehende Granit. Festgesteine bilden die Baumaterialien der Erdkruste und des Erdmantels. Es werden folgende drei Gruppen unterschieden:

- Sedimentite (Entstehung durch Prozesse der Diagenese aus abgelagerten Lockergesteinen),
- Metamorphite (Entstehung durch Gesteinsumwandlung (Metamorphose) bei erhöhten Drücken und/oder erhöhten Temperaturen),
- Magmatite (Entstehung durch Erstarrung von Gesteinsschmelzen an der Erdoberfläche oder innerhalb der Erdkruste).

Diese Gesteinstypen und -gruppen durchlaufen im Erdkörper unterschiedliche Aufbau-, Transport- und Abbauprozesse (◘ Abb. 5.1), die zu spezifischen Eigenschaften, z. B. ihre Festigkeit oder Mineralzusammensetzung, führen. Derartige Materialeigenschaften steuern die Reliefformung in entscheidendem Maße, sobald die Festgesteine an die Erdoberfläche treten oder in oberflächennahe Lagen gelangen.

Lockergesteine bilden die große Gruppe nicht verfestigter Baumaterialien der Reliefformen, die aus einzelnen Korngrößen (z. B. Ton, Schluff, Sand, Blöcke) oder Korngrößenmischungen (z. B. Lehm) bestehen. Ihre Bestandteile sind nicht oder nur in geringem Maße, miteinander verkittet,

◘ **Tab. 5.1** Das Baumaterial der Reliefformen

Baumaterial der Reliefformen	Gesteinstypen	Erklärung	Beispiel
Festgestein	Sedimentite	Aggregate von Mineralen und Mineralgemengen mit Festkörpereigenschaften	Buntsandstein
	Metamorphite		Gneis
	Magmatite		Granit
Lockergestein	Korngrößenspezifische Klassen unterschiedlicher Aggregatszustände autochthone und allochthone Typen autochthone und allochthone Verwitterungsdecken	Gemenge von nicht verfestigten und nicht verkitteten Gesteinsfragmenten, Mineralen und organischer Masse	Ton Sand Kies Blöcke, gerundet Blöcke, scharfkantig Steine, plattig Lehm Löss
	Sedimente	Unstrukturierte oder strukturierte (geschichtete, stratifizierte) Masse von Lockergesteinen, die Erosions-, Transport- und Akkumulationsprozessen unterworfen waren	Terrestrische/klastische Sedimente Chemische/chemisch-biogene Sedimente Submarine Sedimente

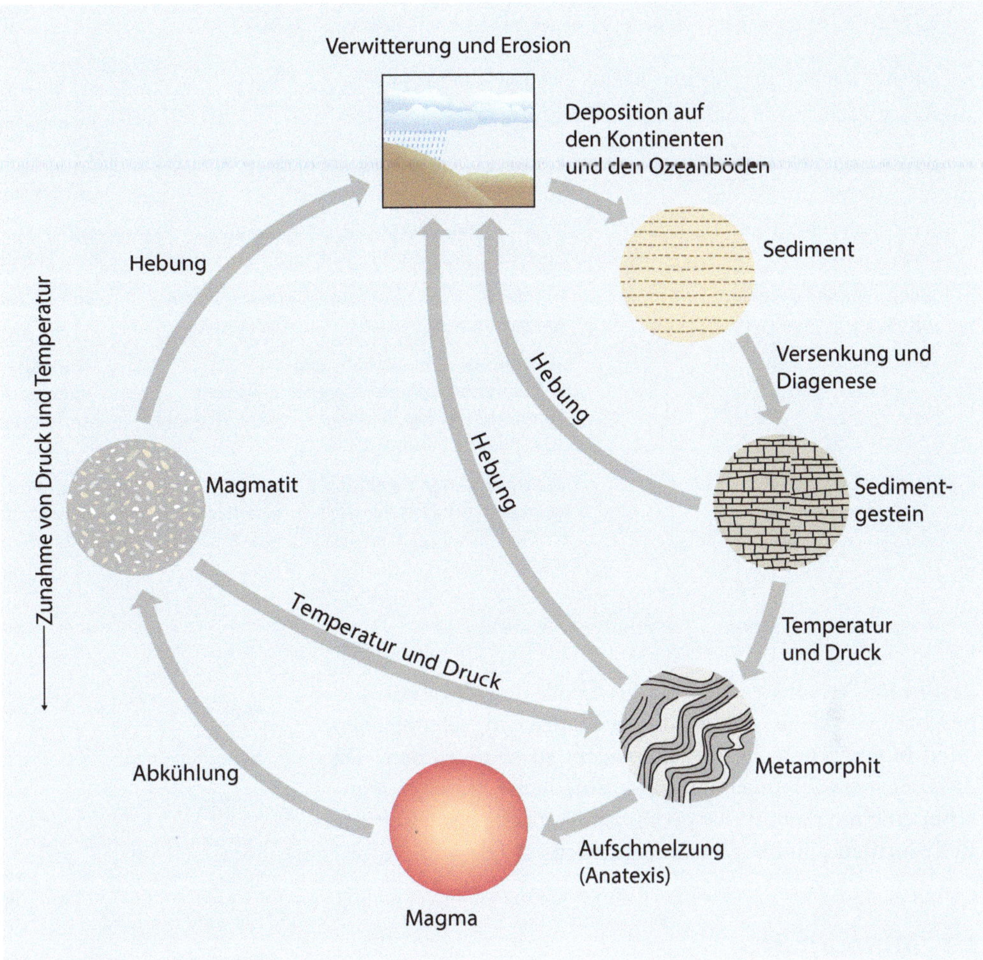

Abb. 5.1 Kreislauf der Gesteine von der Erdoberfläche bis zur Aufschmelzung im Erdinneren. (Verändert nach Press und Siever 2003, Abdruck mit Genehmigung von J. Grotzinger, T. Jordan, Macmillan und Springer-Verlag GmbH Deutschland)

sodass die Verkittung die Eigenschaften des Materials nicht entscheidend bestimmt. Lockergesteine werden durch unterschiedliche Entstehungsprozesse gebildet. Ein **Sediment** stellt ein spezielles Lockergestein dar. Man unterscheidet zwischen klastischen, chemischen und chemisch-biogenen Sedimenten. Während klastische Sedimente auf terrestrische Verwitterungs-, Abtragungs- sowie Transport- und Akkumulationsprozesse zurückgehen, entstehen chemische und chemisch-biogene Sediment durch Ausfällungen.

Lockergesteine können in autochthone und allochthone Typen unterteilt werden. **Autochthone Lockergesteine**, wie Verwitterungsdecken, befinden sich noch am Ort ihrer Entstehung. Sie sind durch Verwitterungsprozesse aus Fest- oder Lockergesteinen entstanden und wurden noch keinen Erosions- oder Transportprozessen unterworfen. **Allochthone Lockergesteine** entstehen aus Erosions-, Transport- und Akkumulationsprozessen, sodass für diesen Lockergesteinstyp der Begriff Sediment verwendet wird. Es entsteht als akkumulatives Material in Form von Lockergesteinsschichten durch sequenzielle Ablagerung, z. B. Flusssedimente, oder als uneingeregeltes Materialgemisch, z. B. glazigene Sedimente einer Moräne. In autochthonen und allochthonen Lockergesteinen können sich durch bodengenetische Prozesse unterschiedliche Bodentypen entwickeln, die durch weitere Sedimentakkumulationen bedeckt und damit fossiliert werden können.

Unter den **lithologischen Eigenschaften** von Reliefformen werden die chemischen und mineralogischen Zusammensetzungen des Fest- oder Lockergesteins sowie die Gesteinsstruktur verstanden. Die **Struktur des Festgesteins** beschreibt die makroskopische Anordnung und räumliche Lage der Gesteinsschichten, ihre Faltung und die in den Schichten vorhandenen Trennflächen sowie die mikroskaligen Eigenschaften der Minerale, wie Kristallstrukturen oder Kornformen. Die lithologischen und strukturellen Eigenschaften des Festgesteins beeinflussen die Reliefformung in hohem Maße, da sie ihre Resistenz gegenüber den exogen einwirkenden Prozessen bestimmen.

5.2 Geomorphologische Resistenz und Festigkeit

Die Resistenz der geomorphologischen Form gegenüber den Kräften der Erosion wird durch die physikalisch-chemisch-biologischen Eigenschaften des Baumaterials

Tab. 5.2 Klassen der Festigkeit des Baumaterials der Reliefformen (Selby 1985)

Geomorphologischer Festigkeitstyp	Materialeigenschaft	
	Resistenztyp	Auswahl von Eigenschaften
Geochemische Festigkeit	Resistenz gegen Gesteinslöslichkeit	Anteil löslicher Minerale im Gesteinsverband Gesteinslöslichkeit
Biologische Festigkeit	Resistenz gegen Wurzeldruckkräfte und Gesteinslöslichkeit durch Pflanzen- und Tiersäfte	Anteil löslicher Bestandteile im Gesteinsverband Druckfestigkeit
Mechanische Festigkeit	Resistenz gegen Kräfte und Spannungen im Gesteinsinnern	Druck-, Zug- und Scherfestigkeit
Abrasive Festigkeit	Resistenz gegen mechanische Beanspruchungen der Gesteinsoberfläche durch Abrasionsgeschiebe, z. B. Strandgerölle oder Bettfracht von Flüssen	Mineralhärte und Härte der Bindemittel zwischen den Gesteinspartikeln Kohäsion und Reibungswinkel
Fluidale Festigkeit	Resistenz gegen mechanische Beanspruchungen der Gesteinsoberfläche durch Strömungsagenzien von Fluiden (Wasser oder Wind)	Mineralhärte und Härte der Bindemittel zwischen den Gesteinspartikeln Kohäsion und Reibungswinkel

5

bestimmt. Sie verursachen die Festigkeit des Materials und beschreiben seine Fähigkeit, mechanischen, chemischen oder biologischen Beanspruchungen zu widerstehen. Da diese Beanspruchungen auf unterschiedliche Materialeigenschaften einwirken, ist die geomorphologische Festigkeit der Reliefformen differenziert zu betrachten (Tab. 5.2).

5.3 Mineralhärte

Die chemische und mineralogische Zusammensetzung der drei großen Gesteinsgruppen erklären sich aus ihren unterschiedlichen Bildungsbedingungen und -prozessen. Minerale sind natürlich entstandene chemische Verbindungen und stofflich homogene Basisbestandteile der Erdkruste. Sie bilden meistens anorganische Festkörper. Sie bestehen überwiegend aus chemischen Verbindungen, können aber auch aus den Elementen selbst bestehen, wie Kupfer oder Schwefel. In der festen Erdkruste bestehen die Minerale geochemisch zu über 90 % aus Silicaten, also den Verbindungen des Siliziums. Man kennt heute etwa 3500 verschiedene Mineralarten, die überwiegend nicht in reinem Zustand, sondern als Mischkristalle auftreten. Lediglich 10 Mineralgruppen machen etwa 95 % der Erdkruste aus (Tab. 5.3). Sie bilden Kristalle, die in den meisten Fällen homogene und anisotrope Körper mit spezifischen chemischen und physikalischen Eigenschaften darstellen. Unter Anisotropie wird die Richtungsabhängigkeit bezeichnet. Ist eine Richtungsabhängigkeit der Mineralkristalle zu beobachten, z. B. die lineare und flächige Schichtung der Schichtsilicate in metamorphem Gneis, liegt eine Anisotropie vor. Der Gitteraufbau und die Gitteranordnung bestimmen die Eigenschaften der Minerale, wie Härte, Farbe, Form, Wärmeleitfähigkeit oder Spaltbarkeit.

Tab. 5.3 Mineralogische Zusammensetzung der Erdkruste

Mineralgruppe	Anteil (%)
Feldspat	58
Pyroxen, Amphibol, Olivin	16,5
Quarz	12,5
Glimmer	3,5
Eisenerz	3,5
Calcit	1,5
Tonminerale	1,0
Dolomit	0,1

Die Mineralhärte bildet eine wesentliche Komponente der Resistenz des Baumaterials der Reliefform. Sie kann durch die **Härteskala nach Mohs** beschrieben werden, die durch die Ritzhärte ermittelt wird. Die Skala unterscheidet zehn Härtegrade. Jeder Härtegrad wird durch ein Standardmineral repräsentiert (Tab. 5.4). Die Skala besagt, dass jedes der klassifizierten Minerale von den Mineralen mit höheren Ordnungszahlen geritzt werden kann. Minerale bis zur Härteklasse 2 können mit dem Fingernagel geritzt werden, bis zur Härte 4 sind sie mit dem Messer ritzbar. Minerale mit einer Härte > 6 können Fensterglas ritzen.

5.4 Festigkeit von Festgesteinen

Die Festigkeit von Festgesteinen wird von den mineralogischen Komponenten des Korngerüstes, der Geochemie, der Festigkeit der Bindemittel zwischen den Mineralkörnern und den Diskontinuitäten im Gesteinsverband

Tab. 5.4 Mineralhärte nach Mohs (Standardminerale kursiv)

Mineral	Härteskala nach Mohs
Talk	1
Steinsalz *Gips*	2
Calcit	3
Fluorit	4
Apatit	5
Magnetit	5,5
Orthoklas Hornblende	6
Olivin Pyrit Hämatit	6,5
Quarz	7
Topas	8
Korund	9
Diamant	10

Tab. 5.5 Klassifikation der Festigkeit von Festgesteinen auf Basis ihrer mineralogisch-geochemischen Zusammensetzung (Selby 1985)

Festgesteinstyp	Festigkeitsklasse	Beschreibung
Kreidekalkstein Steinsalz Braunkohle	5	Sehr gering festes Gestein, zerbröckelt bei Hammerschlägen
Schluffstein Schiefer	4	Gering festes Gestein, Einkerbungen bei leichten Hammerschlägen
Tonschiefer Schieferton Sandstein Tonstein	3	Mäßig festes Gestein, flache Einkerbung nach Hammerschlägen
Marmor Kalkstein Dolomit Andesit Granit Gneis	2	Festes Gestein, Handstück zerspringt nach einem Hammerschlag
Quarzit Dolerit Gabbro	1	Sehr festes Gestein, erfordert zahlreiche Schläge, bis es bricht

bestimmt. Eine allein auf die mineralogisch-geochemische Zusammensetzung aufgebaute Klassifikation nutzt fünf Festigkeitsklassen, die mit der mechanischen Beanspruchung eines Hammers qualitativ ermittelt werden können (Tab. 5.5).

Es muss zwischen der **Festigkeit des intakten Festgesteins**, d. h. der Gesteinsmatrix, und der **Gebirgsfestigkeit von zerklüfteten Festgesteinsmassen** unterschieden werden. Festgesteine stellen ein geomorphologisches System aus der intakten Gesteinsmatrix und Klüften im Fels in Form von Diskontinuitäten dar. Die Erosionsresistenz, Härte und Festigkeit einer Felsmasse wird selten von den Eigenschaften des homogenen, intakten Festgesteinsverbandes, d. h. der Gesteinsmatrix, bestimmt, z. B. die innere Reibung und Kohäsion, sondern vielmehr von den Eigenschaften der Diskontinuitäten, welche eine Felsmasse durchziehen. Insbesondere der Durchtrennungsgrad, d. h. die Häufigkeit von Gesteinsbrüchen, und die Aktivität von Verwitterungsprozessen entlang von Diskontinuitäten können die Gesteinsfestigkeit erheblich reduzieren und zu niedrigeren Schwellenwerten der Auslösung erosiver Prozesse führen.

5.4.1 Trennflächen

Diskontinuitäten im Festgestein werden durch Trennflächen gebildet (Abb. 5.2 und 5.3). Sie sind eine Folge der Gesteinsgenese, der tektonischen Vorbeanspruchung, der Gesteinsbeschaffenheit und der Be- und Entlastung während ihrer historischen Entwicklung. Weiterhin können Trennflächen durch die pleistozäne Eislast, die Entlastung durch erosive Abtragung und Eisschmelze oder den Wegebau verursacht worden sein.

Abb. 5.2 Vertikale Klüfte und nach links fallende Schichtflächen in Kalkstein der Schwäbischen Alb. Mittig sind ovale Lösungshohlräume zu erkennen. (Quelle: R. Dikau)

Trennflächen liegen als Klüfte, Schichtflächen und einer Gesteinsschieferung vor, die das Trennflächengefüge bilden (Tab. 5.6, Abb. 5.4). Als **Klüfte** werden ebene Diskontinuitäten im Gestein verstanden, die durch den **Bruch der Gesteinsmatrix** entstehen. An ihnen haben unterschiedlich große Bewegungen der Felsmasse stattgefunden, die von makroskopisch nicht sichtbaren Rissen bis zu weiten und klaffenden Trennflächen (Spalten) bis 100 cm Öffnungsweite reichen. Klüfte können offen und luftdurchströmt sein, sie können aber auch durch Mineralisationen oder Erosionsmaterial verfüllt sein. Trennungsklüfte in Form von **Mikrorissen** haben eine hohe Bedeutung für die Gesteinsentfestigung unter Frostbedingungen, da sie

Abb. 5.3 Trennflächen-Systeme im metamorphen Serpentinit unterhalb der Felskinn-Station bei Saas-Fee in den Schweizer Alpen auf 2900 m Höhe. Der Wasseraustritt aus den Trennflächen im unteren Bildteil ist deutlich zu erkennen. (Quelle: R. Dikau)

Tab. 5.6 Typen von Trennflächen in Festgesteinen (Prinz und Strauß 2018)

Trennflächentyp		Subtypen	Genese/Eigenschaften
Klüfte (Kleinklüfte, Mittelklüfte, Großklüfte)	Absonderungsklüfte und -risse	Abkühlungsklüfte	Abkühlung von Basalt
		Schrumpfungsrisse Zugrisse	Austrocknung Zugspannungen
	Bewegungsklüfte	Trennungsklüfte	Mikrorisse ohne Bewegung Makrorisse ohne Bewegung Scherbruch (kleine Ausdehnung, raue Kluftfläche)
		Verschiebungsklüfte	Progressive Bruchausweitung Scherbruch (vergrößerte Ausdehnung, treppenartig)
		Gleitungsklüfte	Bewegungsspuren Harnische Scherbruch (größere Erstreckung, glatte Kluftfläche)
Schichtflächen			Aufeinanderfolgende Sedimentation
Schieferung			Mineraleinregelung und paralleles Mineralwachstum während der Metamorphose

eine Lokalität für die Eissegregation darstellen (► Kap. 15). Mehrere Klüfte, die parallel verlaufen, bezeichnet man als **Kluftschar.** Klüfte in Festgesteinen treten in einem breiten Raumspektrum bis zu Hauptklüften von mehreren km Länge auf. Die Festigkeit des Gesteins wird im entscheidenden Maße von den Eigenschaften des Kluftsystems bestimmt. Die höchste Bedeutung haben der Kluftabstand und die Winkeldifferenz zwischen den Klüften und der freien Hangfläche (Tab. 5.7).

Eine Weiterentwicklung des Scherbruchs von Gleitungsklüften führt zu Verwerfungen, Störungen und Störungszonen (Prinz und Strauß 2018). Unter Verwerfungen werden Verschiebungen im Gesteinskörper verstanden, die als Aufschiebung, Abschiebung oder Horizontalverschiebung

Abb. 5.4 Trennflächen in metamorphem Festgestein. Die Diskontinuitäten sind in unterschiedlichen Winkeln zur freien Hangfläche ausgebildet. (Quelle: K. Meßenzehl)

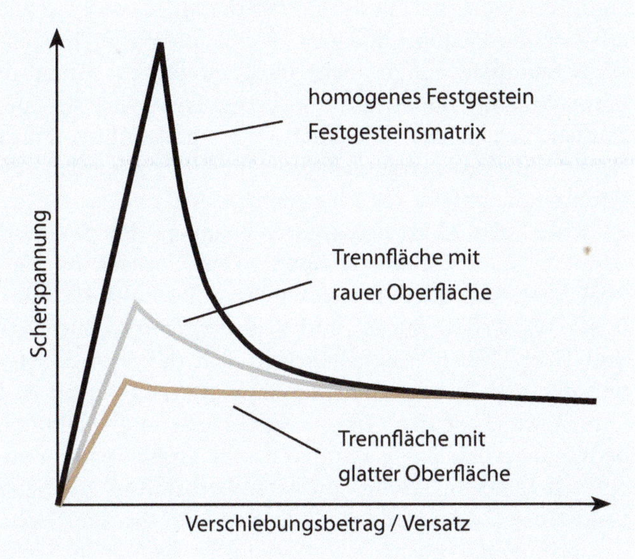

Abb. 5.5 Beziehung zwischen der Scherspannung von Festgestein und dem Verschiebungsbetrag (Versatz) der Masse ohne Trennflächen und mit Trennflächen unterschiedlicher Oberflächenrauigkeit. (Verändert nach Selby 1993: Hillslope Materials and Processes. 2. Auflage. Oxford University Press, Oxford. © 1992. Abdruck mit Genehmigung von Oxford University Press erteilt durch Copyright Clearance Center, Inc.)

Tab. 5.7 Beitrag von Trennflächeneigenschaften für die Entfestigung von Festgestein (Selby 1985)

Trennflächeneigenschaft des Festgesteins	Relativer Beitrag für die Entfestigung (%)
Kluftabstand	30
Festigkeit der Gesteinsmatrix (z. B. Kohäsion und innere Reibung)	20
Winkeldifferenz zwischen Einfallen der Klüfte und der Neigung der freien Hangfläche	20
Verwitterungsgrad	10
Wasseraustritt aus dem Kluftsystem	6
Kluftstetigkeit	5
Kluftfüllung mit Lockergestein	2

(Blattverschiebung) auftreten. Typische Versatzbeträge liegen im Bereich von Dezi- bis Dekametern. Bei zunehmender Deformation und Scherbruchbildung entwickeln sich zwischen den **Verwerfungen** Verbindungsstrukturen, die sich zu Störungen verdichten und Störungszonen ausbilden, die Größenbereiche von Metern bis Zehnermetern erreichen können. Damit verbunden sind die Entfestigung des Gesteins und eine Reduktion seiner Resistenz. An diesen Lokalitäten können Erosionsprozesse ansetzen, die zur bevorzugten Materialabtragung führen und die Initialbedingung für höherskalige Formungsprozesse, wie die mesoskalige Talbildung, darstellen.

Die Schwächung des Felsverbandes wird weiterhin durch **Schichtflächen** hervorgerufen. Sie entwickeln sich durch zeitlich aufeinanderfolgende Sedimentationsprozesse. Sie bilden ein Merkmal von Sedimentgesteinen und trennen die überlagernde von der unterlagernden Gesteinsschicht. **Schieferungen** bilden eine geologische Struktur, die durch Mineraleinregelungen und paralleles Mineralwachstum während der Metamorphose entstanden sind. Dadurch entsteht eine Teilbarkeit der Gesteinsmasse entlang der Schieferung. Sie bilden eine wichtige Ursache für die **Anisotropie metamorpher Gesteine**. Darunter wird ein richtungsabhängiges physikalisches und chemisches Verhalten des Gesteins verstanden. In paralleler Richtung der Schieferung befindet sich das Gestein in einem geringeren felsmechanischen Festigkeitszustand als in senkrechter Richtung.

Die überragende Bedeutung des Trennflächengefüges für die Festigkeit von Festgesteinen wird an den **Reibungseigenschaften der Trennflächen** deutlich (Tab. 5.7, Abb. 5.5). Homogenes Festgestein, d. h. der intakte Fels, der nicht von Trennflächen durchzogen ist, wird erst bei hohen Scherspannungen zu Verformungen führen und Scherbrüche bilden, z. B. an Mineralgrenzen, und sich entlang dieser neuen Bruchzonen verschieben. Je glatter die Trennfläche ausgebildet ist, d. h. je weniger Reibungswiderstand durch Unebenheiten vorhanden ist, desto weniger Scherspannung ist erforderlich, um zu einer Verschiebung der Felsmasse zu führen. Die Resistenz des Festgesteins gegenüber der erosiven Abtragung ist somit nicht nur von der Anzahl der Trennflächen abhängig, sondern auch von den Eigenschaften der Oberflächen der Trennflächen. Weitere Einflüsse entstammen den Materialfüllungen von klaffenden Trennflächen sowie Wasser- und Eisfüllungen.

5.4.2 Porosität und Permeabilität

Die Gesteinsfestigkeit kann durch Verwitterungsprozesse stark herabgesetzt werden. Der durch mechanische, chemische und biologische Prozesse verursachte Gesteinszersatz

5

kann die Porosität und die Permeabilität des Gesteins erhöhen und damit zu einer signifikanten Zunahme der Wassereinflüsse auf die Scherfestigkeit führen. Unter der Porosität eines Fest- oder Lockergesteins wird der prozentuale Anteil des flüssigkeits- oder gasgefüllten Porenraums am Gesamtvolumen des Gesteins verstanden. Der Porenraum umfasst die Hohlräume des Gesteins, die sich zwischen den Gesteinspartikeln befinden. Es beschreibt damit sein **Speichervermögen.** Der Porenraum eines Lockergesteins oder Bodens bildet die Lokalität sämtlicher Wasserbewegungs- und Belüftungsvorgänge (Hartke und Horn 2009). Hier entwickeln sich das Wurzelsystem und das Bodenleben. Die Porosität von Festgesteinen ist in hohem Maße von den Gesteinseigenschaften und -bildungsbedingungen abhängig und weist sehr große Spannbreiten auf (◘ Tab. 5.8). Hohe **primäre Porositäten** erreichen Sandsteine sowie manche Kalksteine und Basalte. Neben der primären Porosität der Gesteinsmatrix bilden Trennflächen, Risse und Blasen die **sekundäre Porosität**. Entwickeln sich in lösungsfähigem Gestein Lösungshohlräume, z. B. Röhren und Höhlen, liegt eine **tertiäre Porosität** vor. Lösungsprozesse können in Kalksteinen das Korngerüst der Gesteinsmatrix abbauen, d. h. die primäre Porosität erhöhen und mechanisch schwächen. Die Porosität eines Gesteins wird in Form des Porenvolumens (Vol.-%) ausgedrückt.

Im Unterschied zur Porosität beschreibt die Permeabilität eines Gesteins sein Durchlässigkeitsvermögen für Wasser und Gase, d. h. seine Kapazität, Fluide zu transportieren. Es wird von den räumlichen Verbindungen zwischen den einzelnen Poren des primären Porensystems und den gekoppelten Hohlräumen der sekundären und tertiären Porosität bestimmt. In klastischen Gesteinen wird das Durchlässigkeitsvermögen in erster Linie durch die Korngrößenverteilung der Gesteinspartikel gesteuert. Befinden sich Tonminerale im Gesteinsverband, können Verstopfungen der Porenräume auftreten und zur Reduktion der Permeabilität führen, was bei der Bohrlochförderung von Erdöl eine wichtige Rolle spielt. Die Permeabilität eines Gesteins kann durch seinen **Durchlässigkeitsbeiwert** (m s^{-1} oder m Tag^{-1})

◘ **Tab. 5.8** Porosität und Permeabilität von Locker- und Festgestein (Gregory und Walling 1973)

Locker- und Festgestein	Porosität (Porenvolumen in Vol %)	Permeabilität (m Tag^{-1})
Ton	45–60	10^{-6}–10^{-4}
Sand	30–40	10–10^{4}
Schiefer	5–15	10^{-7}–10
Sandstein	5–20	10^{-2}–10^{2}
Kalkstein	1–10	10^{-2}–10
Granit	10^{-5}–10	10^{-7}–10^{-3}
Basalt	10^{-4}–50	10^{-5}–10^{-2}
Gneis	10^{-5}–1	10^{-9}–10^{-6}

beschrieben werden. Im Vergleich zu Lockergesteinen ist die Durchlässigkeit von Festgesteinen gering bis äußerst gering. Die Wasserdurchlässigkeit wird hier fast ausschließlich durch die Permeabilität des Trennflächengefüges gesteuert. Für diese Wässer wird der Begriff Kluftwasser verwendet, für das wasserleitende gesättigte Hohlraumsystem hat sich der Begriff Kluftgrundwasserleiter durchgesetzt.

5.4.3 *Rock-mass strength*-Index

Die Resistenz des Festgesteins gegenüber Abtragungsprozessen, die als geomorphologische Gesteinsfestigkeit bezeichnet wird, kann durch bestimmte Materialeigenschaften des Festgesteins ausgedrückt werden. Für die Beschreibung der Gesteinsfestigkeit hat der neuseeländische Geomorphologe Mark Selby ein qualitatives Klassifikationssystem entwickelt (Selby 1993), das als *rock mass strength* (RMS) bezeichnet wird und das auf sieben Parametern beruht und fünf Festigkeitsklassen ausweist (◘ Tab. 5.9). Die Klassifikation nutzt die Parameter Matrixfestigkeit, Verwitterungsgrad, Trennflächeneigenschaft und Grundwasserfluss in Form des Poren- und Kluftwassers. Die Bewertung der geomorphologischen Gesteinsfestigkeit basiert auf einer Parametergewichtung, wobei die Eigenschaften der Trennflächen zu 50 % in den Bewertungsschlüssel eingehen.

Empirische Untersuchungen an Felshängen in unterschiedlichen Regionen der Erde haben gezeigt, dass ein statistisch signifikanter Zusammenhang zwischen der **geomorphologischen Gesteinsfestigkeit** und der Hangneigung zu bestehen scheint (◘ Abb. 5.6) (Selby 1993). Der RMS-Index könnte somit nicht nur für die Beschreibung der lokalen Gesteinsfestigkeit kleiner Raumskalen, wenige m^2, sondern für Hangsysteme der Mesoskale geeignet sein. Diese Hänge können durch stationäre Zustände *(steady state)* charakterisiert sein, bei denen die Hangneigung über sehr lange Zeitskalen unverändert bleibt, d. h., dass die Abtragsprozesse in der Zeit unveränderte Neigungswerte erzeugen. In diesem Fall besteht ein Gleichgewichtszustand zwischen den Verwitterungsraten des Festgesteins und den Hangabtragsraten durch gravitative Sturzprozesse. Dabei werden die Hänge parallel zu sich selbst zurückverlegt. Eine Anpassung der Hangneigung in Form einer Versteilung oder Verflachung erfolgt dann, wenn sich die Festigkeitswerte des Gesteins verändern, z. B. durch die erosive Freilegung einer anderen Lithologie. Diese als **Gleichgewichtshänge** bezeichneten Systeme weisen den stationären Zustand nur unter Bedingungen auf, bei denen keine weiteren Einflüsse dominieren, sie sind zeitunabhängig. Wird das Festgesteinssystem dagegen durch andere Prozesse beeinflusst und dominiert, entwickeln sich veränderte Neigungsregime des Hanges. Dazu zählen z. B. fluviale oder glaziale Hangunterschneidungen, die zu höheren Neigungswerten führen, oder Auflagen von Verwitterungsdecken, die bei gleicher Gesteinsfestigkeit geringere Hangneigungen erzeugen.

Tab. 5.9 Klassifikation der geomorphologischen Gesteinsfestigkeit (*rock-mass strength*, RMS-Index) (Selby 1993)

Parameter	Parameter-Klassen				
	Sehr stark	Stark	Mittel	Schwach	Sehr schwach
Festigkeit der Gesteinsmatrix (Werteskala 1–100)	60–100	50–60	40–50	35–40	10–35
Verwitterungsgrad	Unverwittert	Angewittert	Mäßig verwittert	Stark verwittert	Zersetzt
Raumstellung der Trennflächen in Bezug zur Hangfläche	Sehr günstig, steiles Schichtfallen gegen die Hangfläche	Zwischenstufen			Sehr ungünstig, Schichtfallen steil ausfallend und parallel zur Hangfläche
Kluftabstand	3 m	1–3 m	1–0,3 m	0,3–0,05 m	<0,05 m
Kluftöffnung	<0,1 mm	0,1–1 mm	1–5 mm	5–20 mm	>20 mm
Kluftdurchgängigkeit	Diskontinuierlich	Meist diskontinuierlich	Kontinuierlich	Kontinuierlich, geringe Kluftfüllung	Kontinuierlich, starke Kluftfüllung
Grundwasseraustritt	Nicht beobachtbar	In Spuren	$<25\ \mathrm{l\ min^{-1}}$ $10\ \mathrm{m^{-2}}$	$25–125\ \mathrm{l\ min^{-1}}$ $10\ \mathrm{m^{-2}}$	$>125\ \mathrm{l\ min^{-1}}\ 10\ \mathrm{m^{-2}}$
Bewertung der geomorphologischen Gesteinsfestigkeit (RMS-Wert)	**91–100**	**71–90**	**51–70**	**26–50**	**<26**

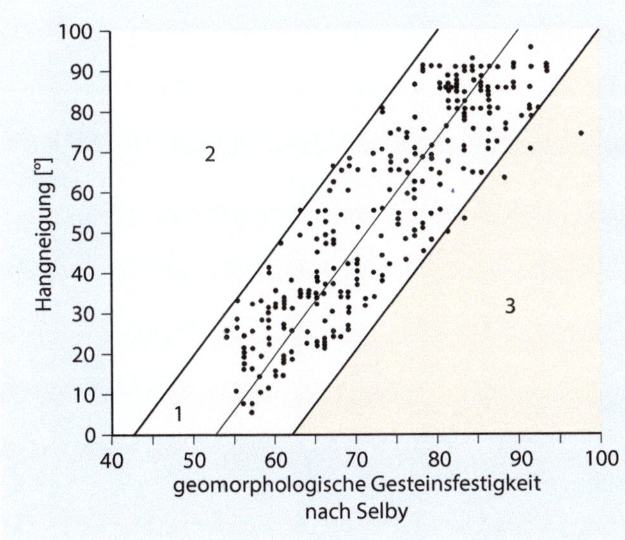

Abb. 5.6 Beziehung zwischen der geomorphologischen Gesteinsfestigkeit nach Selby (vergl. Tab. 5.9) und der Hangneigung von drei Hangtypen. 1) Gleichgewichtshänge, 2) fluvial und glazial unterschnittene Hänge, 3) Hänge mit Verwitterungsdecken. (Verändert nach Selby 1993: Hillslope Materials and Processes. 2. Auflage. Oxford University Press, Oxford. © 1992. Abdruck mit Genehmigung von Oxford University Press erteilt durch Copyright Clearance Center, Inc.)

5.5 Festigkeit von Lockergesteinen

Lockergesteine bestehen aus festen und flüssigen Bestandteilen sowie Gasen. Zu den festen Bestandteilen werden die Minerale des Ausgangsgesteins, Tonminerale, organische Materialien sowie die die Lockergesteinspartikel verkittenden Substanzen, wie Eisenoxide oder Calcit, gerechnet (Blume et al. 2018). Die flüssigen Anteile bestehen aus Wasser und den in Wasser gelösten chemischen Stoffen, wie Salze oder Säuren. Die Gasphase besteht aus Luft, Wasserdampf und anderen gasförmigen Stoffen, die das Porensystem des Lockergesteins in Abhängigkeit vom Wassergehalt füllen. Unter geomorphologischen Gesichtspunkten bilden Lockergesteine ebenso wie Festgesteine den Materialkörper der Reliefform mit spezifischen Festigkeitseigenschaften, die ihre Resistenz gegenüber den Abtragsprozessen charakterisieren. Dazu zählen z. B. Korngrößenzusammensetzung, Porosität und Permeabilität, Anisotropie, Kohäsion oder der innere Reibungswinkel. Ihre Größe entscheidet darüber, ob die Kräfte der Gravitation und der Fluide, z. B. des Oberflächenabflusses oder des Windes, in der Lage sind, Partikel aus dem Verband des Lockergesteins in die Strömung aufzunehmen und zu transportieren. Lockergesteine werden in Abhängigkeit vom geomorphologischen Kontext mit unterschiedlichen Begriffen bezeichnet (Tab. 5.10).

Eine wesentliche Eigenschaft von Lockergesteinen bildet ihre **Korngrößenzusammensetzung.** Sie erfolgt in Klassifikationssystemen, die in den verschiedenen geowissenschaftlichen Disziplinen unterschiedlich aufgebaut sind (Barsch et al. 2000). Die in Tab. 5.11 dargestellte Klassifikation basiert auf der Legende der *Geomorphologischen Detailkartierung 1:25.000* (Leser und Stäblein 1975) und der *Bodenkundlichen Kartieranleitung* (2005). Die Korngrößen können in Gemischen unterschiedlicher Zusammensetzung auftreten. Ihre Benennung unterliegt den Regeln der Klassifikationssysteme. Als Lehm wird ein Korngrößengemisch verstanden, das aus dem Bestandteilen Ton, Schluff und Sand besteht.

Lockergesteine können in Form von Sedimenten das Akkumulationsprodukt von geomorphologischen Prozessen

Tab. 5.10 Bezeichnungen und Typisierung von Lockergesteinen

Lockergesteinstypen und -bezeichnungen	Beschreibung
Lockergestein	Gemisch aus Gesteinspartikeln und verkittenden Substanzen
Autochthones Lockergestein	Material vom Ort der Entstehung (in situ)
Allochthones Lockergestein	Material von entfernter Lokalität Material war Erosion, Transport und Akkumulation ausgesetzt
Verwitterungsdecke	Durch Verwitterungsprozesse entstandenes Lockergestein mit autochthonen und/oder allochthonen Bestandteilen
Oberflächennaher Untergrund	Sämtliche geomorphologisch relevanten Materialien der Reliefformen in oberflächennaher Lage, z. B. Locker- und Festgestein, Verwitterungsdecken oder Böden
Substrat	Lockergestein mit unterschiedlichen Korngrößengemischen
Klasten	Eigenständige Partikel in Fest- und Lockergesteinen (Gesteinsfragmente, Körner)
Sediment	Allochthones Lockergestein, das nach Erosion und Transport geschichtet oder ungeschichtet abgelagert wurde
Grobsediment (grobklastisch) Feinsediment (feinklastisch)	Korngrößendifferenziertes Sediment entsprechend der Klassifikation des Lockergesteins
Prozesskorrelates Sediment	Allochthones Lockergestein mit Eigenschaften des verantwortlichen Erosions-, Transport- und/oder Akkumulationsprozesses
Deckschicht	Allochthones Lockergestein in Form eines prozesskorrelaten Sedimentes in Hanglage, das durch solifluidale Prozesse bewegt wurde
Boden	Durch pedogenetische Prozesse entstandenes Lockergestein mit biogenen Bestandteilen und Horizontentwicklungen

Tab. 5.11 Klassifikation von Lockergesteinen nach Leser und Stäblein (1975) (GMK25) und Bodenkundliche Kartieranleitung (KA) (2005)

Bezeichnung	Kornfraktion	Untergruppe	Kurzzeichen	Korndurchmesser	
				(µm)	(mm)
Grobes Lockergestein (nach GMK25) **Grobboden (nach KA)**	Großblöcke (kantig)		gX		>630
	Großblöcke (gerundet)		gO		>630
	Steine und Blöcke (kantig)		K fX, mX		63 – < 630
	Steine und Blöcke (gerundet)		B fO, mO		63 – < 630
	Steine und Blöcke (kantig)	Schutt	X		>63
	Grus		Gr		2 – < 63
	Steine und Blöcke (gerundet)	Geröll	O		>63
	Kies		G		2 – < 63
Feinboden (nach GMK25 und KA)	Sand		S	63 – < 2000	0,063 – < 2,0
		Grobsand Mittelsand Feinstsand Feinsand	gS mS ffS fS	630 – < 2000 200 – < 630 63 – < 125 63 – < 200	0,63 – < 2,0 0,2 – < 0,63 0,063 – < 0,125 0,063 – < 0,2
	Schluff		U	2 – < 63	0,002 – < 0,063
		Grobschluff Mittelschluff Feinschluff	gU mU fU	20 – < 63 6,3 – < 20 2 – < 6,3	0,02 – < 0,063 0,0063 – < 0,02 0,002 – < 0,0063
	Ton	Ton	T	<2,0	<0,002

bilden. Sie werden dann als **prozesskorrelate Sedimente** bezeichnet und weisen charakteristische Eigenschaften auf, die dazu geeignet sein können, die verantwortlichen Bildungsprozesse zu rekonstruieren (◘ Abb. 5.7).

Neben der Korngrößenzusammensetzung weisen Lockergesteine eine Vielzahl von prozesstypischen Eigenschaften auf. Sie werden in Standards der Geo- und Ingenieurwissenschaften systematisiert und klassifiziert, wie in *Bodenkundliche Kartieranleitung* (KA) (2005) der Bodenkunde, dem DIN-Taschenbuch zur *Erkundung und Untersuchung des Baugrunds* (Deutsches Institut für Normung 2012) oder den *Richtlinien zur Herstellung Geomorphologischer Karten 1:25.000* (Leser und Stäblein 1975).

Das Beispiel in ◘ Abb. 5.8 zeigt das Sediment eines fluvialen Prozesses. Die für seine Charakterisierung herangezogenen Eigenschaften können folgende generelle Merkmale umfassen:

- Lagerung (Einregelung wirr, parallel oder dachziegelartig),
- Korngrößenzusammensetzung,
- Sortierung (Homogenität und Einbettung),
- Schichtung (Stratigraphie),
- Kornform (plattig, rund, länglich oder kantig),
- Lagerungsdichte (locker, verdichtet oder verbacken),
- organische Anteile,
- mineralogische Zusammensetzung,
- Farbe.

Das auf diese Weise standardisiert beschriebene Lockergestein des Flusses liefert eine wichtige Basis für die geomorphologische Analyse des fluvialen Systems, seiner Transporteigenschaften und Herkunftsgebiete.

5.6 Wasser und Kräfte im Porenraum

Das Dreiphasensystem des Lockergesteins besteht aus der Festsubstanz, Wasser und darin gelösten Stoffen und Gasen (◘ Abb. 5.9). Die wässrige Phase hat für die geomorphologische Resistenz eine hohe Bedeutung. Das **Porenwasser** kann in verschiedenen Typen auftreten. Es wird frei bewegliches von immobilem Porenwasser unterschieden.

Mobiles Porenwasser tritt im Porenzentrum als frei zirkulierendes, nur der Schwerkraft unterliegendes Wasser auf.

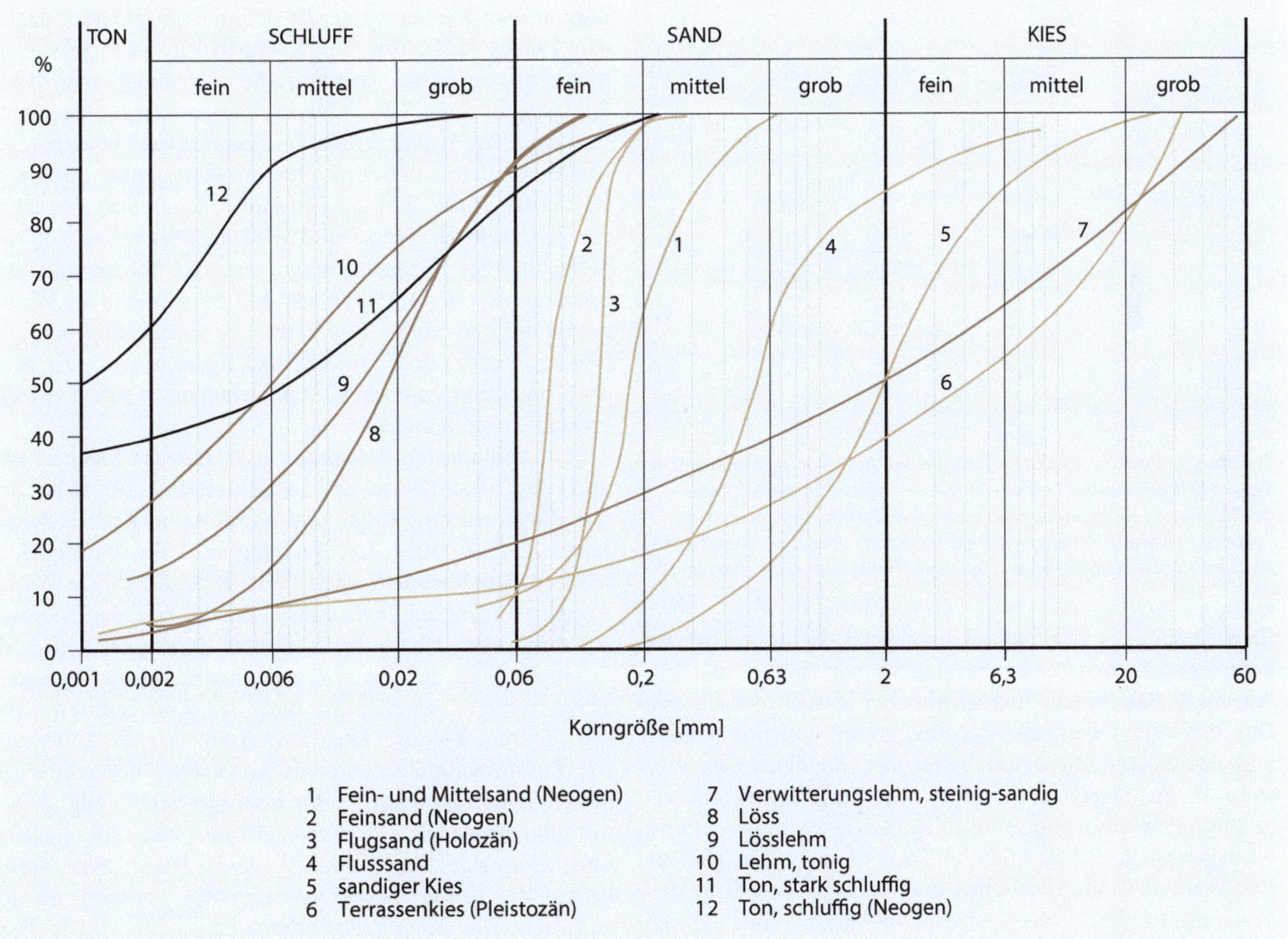

◘ **Abb. 5.7** Kumulative Häufigkeit typischer Korngrößenzusammensetzungen von Sedimenten unterschiedlichen Alters und Genese. (Verändert nach Prinz und Strauß 2018, Abdruck mit Genehmigung von Springer-Verlag GmbH Deutschland)

5

Abb. 5.8 Lockergestein in Form eines fluvialen Sedimentes des Korngrößenspektrums 0,002-200 mm. (Quelle: R. Dikau)

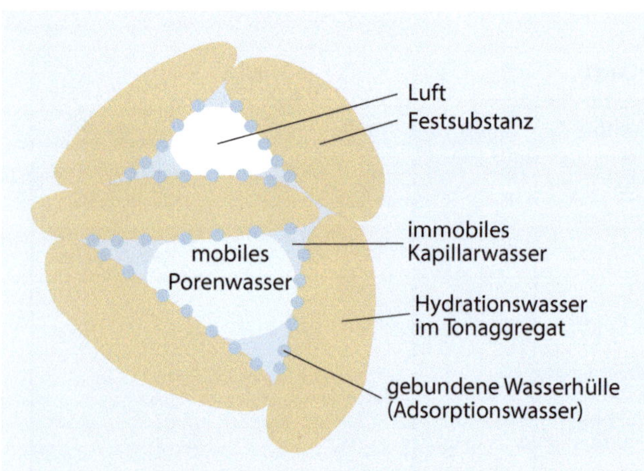

Abb. 5.9 Idealisiertes Dreiphasensystem des Lockergesteines. Das System besteht aus der Festsubstanz, Luft, dem Hydrationswasser der Tonaggregate, dem mobilen Porenwasser, dem Kapillarwasser sowie dem Adsorptionswasser. (Verändert nach Prinz und Strauß 2018, Abdruck mit Genehmigung von Springer-Verlag GmbH Deutschland)

Es wird auch als Sickerwasser bezeichnet. Hydrationswasser befindet sich in den Gitterstrukturen von Salzen und bildet einen Bestandteil ihrer chemischen Zusammensetzung. Das die feste Oberfläche der Partikel umhüllende Wasser wird als Adsorptionswasser bezeichnet. Kapillarwasser entsteht an den Berührungspunkten der Partikel des Lockergesteins. Das Adsorptions- und Kapillarwasser im Porenraum wird gegen die Schwerkraft im Lockergestein gehalten. Sie basieren auf Kräften zwischen den Kornpartikeln und den Wassermolekülen. Das Adsorptionswasser wird durch Adsorptionskräfte an die Oberflächen der Partikel gebunden. Sie werden durch Van-der-Waals-Kräfte, Wasserstoffbrücken, elektrostatische Kräfte und ionische Felder verursacht. Die Bildung von Kapillarwasser ist dadurch zu erklären, dass an den Berührungsstellen der Kornpartikel stark gekrümmte Menisken aufgebaut werden, die gegenüber dem freien Porenwasser durch hohe Oberflächenspannungen charakterisiert sind. Die Kapillarkräfte des Porenwassers bewirken eine Erhöhung der Kohäsionskräfte im Korngerüst, sodass die Haftfestigkeit der Partikel zunimmt. Dieser Vorgang erhöht die Festigkeit der Masse und wird als scheinbare Kohäsion bezeichnet. Sie tritt in Lockergesteinen in Abhängigkeit vom Feuchtegrad nur temporär auf. Mit zunehmendem Wassergehalt werden diese Kapillarkräfte wieder abgebaut, bei Wassersättigung brechen sie gänzlich zusammen. Das gegen die Schwerkraft im Lockergestein gehaltene Wasser wird auch als Haftwasser bezeichnet.

Ein veränderter Wassergehalt ändert die Eigenschaften und die Zustandsform des Lockergesteins (Deutsches Institut für Normung 2012) und damit seine Resistenzeigenschaften. Dazu sind die Quellung und die Bindigkeit zu rechnen. **Quellerscheinungen** entstehen durch die Wasseraufnahme quellfähiger Tonminerale, die zu einer Volumenzunahme der Masse führt. Unter **Bindigkeit** wird der Zusammenhalt der Partikel verstanden, wobei die Bodenartengruppen Ton, Schluff und das Korngemisch Lehm stark bindige Eigenschaften aufweisen. Der Grad des inneren Zusammenhaltes wird als **Konsistenz** bezeichnet. Bei hohen Wassergehalten ist das Lockergestein breiig, es geht mit abnehmendem Wassergehalt in plastische, halbfeste und feste Konsistenzzustände über. Diese Veränderung ist auf die Kräfte im Porensystem des Materials zurückzuführen. Die Abgrenzung dieser Zustände wird in Form der **Atterberg'schen Konsistenzgrenzen** vorgenommen (Abb. 5.10).

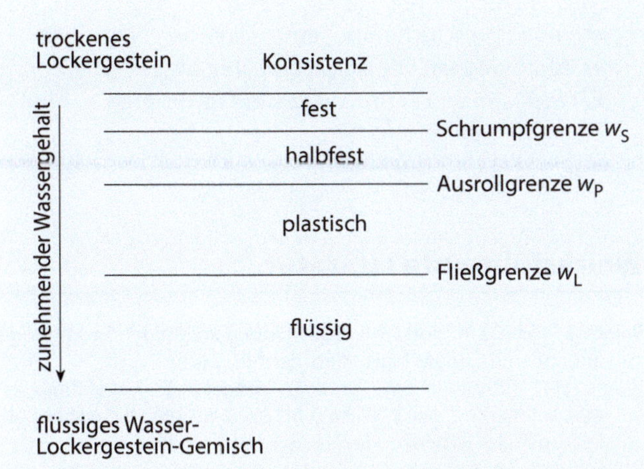

Abb. 5.10 Abgrenzung der Konsistenzgrenzen nach Atterberg für Lockergesteine. (Nach Förster 1996: Mechanische Eigenschaften der Lockergesteine © 1996. Abdruck mit Genehmigung von Springer Nature erteilt durch Copyright Clearance Center, Inc.)

Die Fließ- und Ausrollgrenzen werden mit einem **Fließgrenzengerät nach Casagrande** bestimmt. Die Fließgrenze w_L wird durch den Wassergehalt des Materials ausgedrückt, bei dem sich nach 25 Schlägen eine gezogene Furche definierter Länge und Breite wieder schließt. Mit weiter abnehmendem Wassergehalt wird das Material plastisch und erreicht die Ausrollgrenze w_P, die einem Wassergehalt entspricht, bei dem das Lockergestein beim Ausrollen von 3–4 mm dicken Proben zu bröckeln beginnt. Das mit zunehmendem Wassergehalt nun halbfeste Material erreicht mit der Schrumpfgrenze w_S einen festen Zustand, bei dem das Lockergestein nach Austrocknung keine weitere Volumenverminderung erfährt. Verantwortlich für die Volumenverminderung sind die Kapillarkräfte im Porenraum, die mit abnehmendem Wasserhalt zunehmen.

Die Wassergehalte an den Konsistenzgrenzen werden durch die Tonmineralzusammensetzung des Lockergesteins und damit von deren Eigenschaft, Wasser an der Partikeloberfläche anzulagern, gesteuert. Aus der Fließ- und Ausrollgrenze wird die **Plastizitätszahl** I_P mit der Gleichung:

$$I_P = w_L - w_P$$

berechnet. Die Plastizitätszahl hat eine hohe Bedeutung für das Verhalten von Lockergestein nach einer Wasseraufnahme, z. B. durch Niederschlag oder künstliche Bewässerung. Bei kleinen I_P-Werten genügen bereits geringe Wassermengen, um ihre Konsistenz in den flüssigen Zustand zu überführen und damit ihre Resistenz gegenüber dem Oberflächenabfluss zu verringern. Die Plastizitätszahl kann daher für eine Kennzeichnung der Bodenerosionsgefährdung von Lockergesteinen verwendet werden.

In der Regel sind Fließ- und Ausrollgrenze von montmorillonitreichen Tonen höher als von illitischen und kaolinitischen Tonen. Die Ausrollgrenze nimmt mit abnehmender Partikelgröße zu, was durch das an der Partikeloberfläche gebundene Wasser zu erklären ist. Weiter nimmt die Oberfläche der Partikel mit zunehmendem Tongehalt zu. Diese Eigenschaft kann in Form der Aktivitätszahl I_A ausgedrückt werden:

$$I_A = (I_P / m_T) / m_D$$

mit:
I_P = Plastizitätszahl
m_T = Trockenmasse der Tonfraktion
m_D = Trockenmasse der Fraktion < 0,4 mm.

Die Aktivitätszahl gibt somit Hinweise auf die Tonmineraltypen und ihre **Quell- und Schrumpffähigkeit** im Lockergestein (Tab. 5.12). Diese Eigenschaft wird durch die Anzahl und den räumlichen Abstand der Tonmineralschichten gesteuert. Die Tonmineralgruppe der Kaolinite gilt als nicht quellfähig. Kaolinit ist ein Zweischichttonmineral mit geringem Schichtabstand und geringen Fähigkeiten der Einlagerung von Wasser. Illit ist ein Dreischichttonmineral, dessen Schichtaufbau nur eine geringe Wassereinlagerung zulässt und das dadurch eine schwache Quellfähigkeit aufweist. Die Dreischichttonminerale der Smektitgruppe mit der Untergruppe der Montmorillonite gelten als sehr quellfähig. Sie können zwischen ihren Schichten Wasser, aber auch Kationen, Moleküle und Gase einlagern. Die Wasseraufnahme führt zu Quellungen, die eine Volumenzunahme um das Vielfache ihres trockenen Zustandes bewirken. Quellungen treten ebenfalls bei Festgesteinen auf, die als Tonsteine bezeichnet werden. Sie werden der Gruppe der Sedimentgesteine zugeordnet, die aus sedimentierten Tonen entstanden sind und diagenetisch verfestigt wurden. Ihre Volumenzunahme durch Quellung erfolgt senkrecht zur Schichtung der abgelagerten Tone. Dieses Verhalten wird als Anisotropie bezeichnet, da die Quellbewegung des Gesteins richtungsabhängig ist.

Die Volumenzunahme der Tone und Tonsteine durch Wassereinlagerung führt zu Quelldrücken und **Quellhebungen.** Der Wasserentzug durch Austrocknung erzeugt in Trockenphasen Zugrisse. Beide Prozesse haben Einflüsse auf die geomorphologische Resistenz des Baumaterials der

Tab. 5.12 Fließ- und Ausrollgrenzen sowie Aktivitätszahlen von Tonmineralen (Förster 1996)

Tonmineral	Fließgrenze (w_L)	Ausrollgrenze (w_P)	Aktivitätszahl (I_A)
Montmorillonit	4,0–7,0	0,55–1,0	>2,0 (sehr aktiv)
Illit	0,95–1,2	0,45–0,6	0,75–1,25 (normal aktiv)
Kaolinit	0,4–0,55	0,27–0,32	<0,75 (inaktiv)

Reliefformen. Die Wasserzufuhr und Quelldrücke führen zur Anhebung des Materials, was zu ihrer Entfestigung beiträgt. Die **Schrumpfung von Tonen** und Tonsteinen erzeugt Risse im Baumaterial. Dadurch können bei folgenden Niederschlägen und feuchten Wetterphasen größere Wassermengen sehr schnell in tiefere Schichten des Untergrundes eindringen. Hier führen sie zur Erhöhung des Porenwasserdruckes und zur Wasserzufuhr an vorhandene Scherflächen, was die Aktivierung oder Reaktivierung von Hangrutschungen bewirken kann.

Fazit

Das Baumaterial der geomorphologischen Form konstituiert nicht nur den dreidimensionalen Formkörper, sondern bestimmt die Materialresistenz gegenüber den erosiven Prozessen. Sie wird von mannigfaltigen Materialeigenschaften gesteuert. Die Variabilität der Materialeigenschaften im Raum und ihre Veränderung in der Zeit führen zu einer Vielzahl dispositiver und initialer Prozessbedingungen und zur Ausprägung unterschiedlicher Prozesstypen. Diese Steuerung kann so dominant sein, dass klimatische Einflüsse von sekundärer Bedeutung für die Reliefformung sind. Für die historische Geomorphologie ist das Baumaterial der Form eine entscheidende methodologische Komponente. Als Geoarchiv enthält es Informationen, die Aufschluss über die zeitliche Entwicklung von Form und Prozess sowie ihren Einflüssen liefern.

Weiterführende Literatur

Barsch H, Billwitz K, Bork H-R (2000) Arbeitsmethoden in Physiogeographie und Geoökologie. Klett-Perthes, Gotha

Blume H-P, Brümmer GW, Horn R, Kandeler E, Kögel-Knabner I, Kretzschmar R, Stahr K, Wilke B-M (2018) Scheffer/Schachtschabel: Lehrbuch der Bodenkunde, 16. Aufl. Springer, Berlin

Bodenkundliche Kartieranleitung (KA) (2005) Bodenkundliche Kartieranleitung, 5. Aufl. Schweizerbart'sche Verlagsbuchhandlung, Stuttgart

Deutsches Institut für Normung (2012) Erkundung und Untersuchung des Baugrunds. DIN-Taschenbuch 113. Beuth, Berlin

Förster W (1996) Mechanische Eigenschaften der Lockergesteine. Teubner, Stuttgart

Hartke K-H, Horn R (2009) Die physikalische Untersuchung von Böden. Schweizerbart´sche Verlagsbuchhandlung, Stuttgart

Leser H, Stäblein G (Hrsg) (1975) Geomorphologische Kartierung. Institut für Physische Geographie der Freien Universität Berlin, Berlin

Prinz H, Strauß R (2018) Ingenieurgeologie. Springer Spektrum, Berlin

Selby MJ (1993) Hillslope materials and processes. Oxford University Press, Oxford

Die Entwicklung der geomorphologischen Form

R. Dikau et al., *Geomorphologie*, https://doi.org/10.1007/978-3-662-59402-5_6

Die Theorie des geomorphologischen Reliefformen-Palimpsests postuliert, dass das Relief einen polygenetischen Charakter aufweist und Komponenten enthält, die in der Gegenwart gebildet werden und andere, deren Genese in der Vergangenheit erfolgte. Je jünger die durch einen geomorphologischen Prozess gebildete Reliefform ist, desto größer ist die Wahrscheinlichkeit, dass sie bis heute erhalten geblieben ist. Je älter eine Reliefform ist, desto mehr Zeit hatten destruktive Prozesse, sie abzubauen oder gänzlich zu zerstören. Reflektiert die heutige Form noch den primär formenden Prozess, hat sie ihren charakteristischen Formenhabitus behalten, z. B. eine Flussterrasse oder ein glaziales U-Tal. Waren im Laufe der Formexistenz andere Prozesse derart aktiv, dass sie zu einer starken Formveränderung geführt haben, veränderte sich auch ihr charakteristischer Habitus. Durch solch eine **Überformung** wird die Geomorphometrie nur noch mit Unsicherheit auf den primär verantwortlichen Prozess zurückgeführt werden können. Diese Situation besteht in manchen heute erkennbaren Reliefformrelikten der letzten Eiszeit, z. B. in Nordeuropa, die durch heute nicht mehr existierende Eiskörper geschaffen wurden und seit Ende dieser Eiszeit überformt werden. Wird die Reliefform gänzlich beseitigt, fehlen also Reliefformrelikte, muss das prozesskorrelate Sediment empirische Evidenzen ihrer vergangenen Existenz liefern.

Die Aufgabe der Erklärung der Entwicklung der geomorphologischen Form besteht somit in einer **historischen Rekonstruktion** auf Basis von Indizien, die Materialarchive und den Formhabitus umfassen. Die großskalige Reliefentwicklung vollzieht sich in äußerst langen Zeitskalen der formenden Prozesse. Hält der formende Prozess bis heute an, ergeben sich weitere rekonstruktive Aufgaben. Bei einer Gebirgsbildung werden in der beobachtbaren Zeitskale der Gegenwart, z. B. in 30 Jahren, nur geringe Veränderungsraten der Formen zu verzeichnen sein. Die Gegenwart kann daher nur mit beträchtlichen Einschränkungen Indizien für die Reliefgenese liefern. Für die Disziplin der historischen Geomorphologie ergeben sich damit zahlreiche Problemstellungen und Aufgabenfelder, die enge Kooperationen mit anderen Geowissenschaften erfordern.

6.1 Charakterisierung der historischen Geomorphologie

Die historische Geomorphologie beschäftigt sich mit der Gewinnung von Erkenntnissen über die **historischen Prozesse** von Verwitterung, Abtragung, Transport und Deposition und ihre Beziehung zu den Reliefformen (Brown 1980; Summerfield 1991). Das bedeutet, dass sie Erkenntnisse über Phänomene der **erdgeschichtlichen Vergangenheit** zu gewinnen versucht, die nicht direkt beobachtet und gemessen werden können. Sie nutzt das **aktualistische Prinzip**, das die Gegenwart als den Schlüssel für das Verständnis der Vergangenheit nutzt. Die historische Geomorphologie lässt sich in verschiedene Teildisziplinen gliedern, die spezifischen Hypothesen der Reliefentwicklung folgen und besonders hervorheben, z. B. die Klimageomorphologie, die evolutionäre Geomorphologie, die Quartärgeomorphologie oder die tektonische Geomorphologie.

Das bevorzugte Themenfeld der historischen Geomorphologie bilden Reliefformen mit hohen **Persistenzzeiten** von Tausenden bis zu mehreren Mio. oder 100 Mio. Jahren. Beispiele dafür sind fluviale Terrassen, glaziale Moränenkörper, Hochgebirge, kontinentale Schilde oder Kontinente. Die historische Geomorphologie entwickelte sich im 19. Jahrhundert und umfasst heute ein breites Spektrum an Themenfeldern und Reliefentwicklungstheorien (Huggett 2017). Ihr Schwerpunkt liegt in regionalen Studien, d. h. in der Rekonstruktion der Reliefentwicklung unter spezifischen regionalen Rahmenbedingungen, z. B. dem Klima, der Lithologie oder der tektonischen Prozesse.

6.2 Theorien der Reliefentwicklung

Theorien der Reliefentwicklung interpretieren die heute existenten Reliefformen als Produkt der geomorphologischen Entwicklungsgeschichte. Synonym werden auch die Begriffe Reliefgenese oder **Geomorphogenese** verwendet. Dieser historische Zweig der Geomorphologie kreierte bis zur Mitte des 20. Jahrhunderts die beherrschenden Paradigmen. In der englischsprachigen Disziplin wird häufig der Begriff *landscape evolution* verwendet und dem Begriff *landscape development* vorgezogen. Im Sinne der biologischen Evolutionstheorie von Charles Darwin wird damit ausgedrückt, dass das Georelief mit den entwicklungsgeschichtlichen Kriterien biologischer Systeme beurteilt wird, d. h. die Prinzipien der Vererbung, Selektion, Mutation oder Rekombination nutzt, die in die geomorphologischen Form-Prozess-Kategorien transformiert werden mussten.

Geomorphogenetische Erklärungen basieren auf unterschiedlichen Theorien. Grundsätzlich umfassen diese Ansätze Fragen der:

- Raten der Reliefformengenese, d. h. die Prozesstypen und ihre Effizienz,
- die zeitliche Abfolge der Prozesse und
- die zeitliche Abfolge der Formen, d. h. die Chronologie ihres materiellen Auf- oder Abbaus (Baumaterial der geomorphologischen Form) und ihres geometrisch-topologischen Charakters (Gestalt oder Habitus der geomorphologischen Form).

Diese Fragenstellungen beinhalten weitergehende Problemstellungen, wie die Beziehung der Gestalt der Reliefformen zu Lithologie, Klima und Klimaentwicklung und zu den tektonischen Prozessen der Lithosphäre und Asthenosphäre des Erdkörpers (Bishop 2007; Gregory 2010).

Für die Entwicklung der Reliefformen sind die **Beziehungen zwischen den endogenen und exogenen Prozessen** von grundsätzlicher Bedeutung. Die Ausprägung und Bilanz der Prozesse entscheidet über die Folgen für die Entwicklung der Erdoberfläche. Sie können:

Tab. 6.1 Zyklische und nichtzyklische Reliefentwicklungstheorien

Theorietyp	Zeitbezug	Kernelement	Autor/Bezeichnung
Zyklisch	Zeitabhängig	Drei Lebensstadien der Reliefformen (Jugend, Reife, Alter)	**William Morris Davis:** *The cycle of erosion* *The geographical cycle* (Davis 1899)
		Aufsteigende, konstante und absteigende Hangentwicklung	**Walther Penck:** *Die Morphologische Analyse* (W. Penck 1924)
		Parallele Hang-Rückverlegung	**Lester Charles King:** *The Morphology of the Earth* (King 1967)
Nichtzyklisch	Zeitunabhängig	Dynamisches Gleichgewicht zwischen Lithologie, Erosionsprozessen und Hangneigung	**John Hack:** *Erosional Topography* *Dynamic Equilibrium* (Hack 1960)
	Zeitabhängig	Nichtaktualistische, evolutionäre, pfadabhängige Reliefentwicklung	**Cliff Ollier:** *Ancient Landforms* (Ollier 1981, 1991)

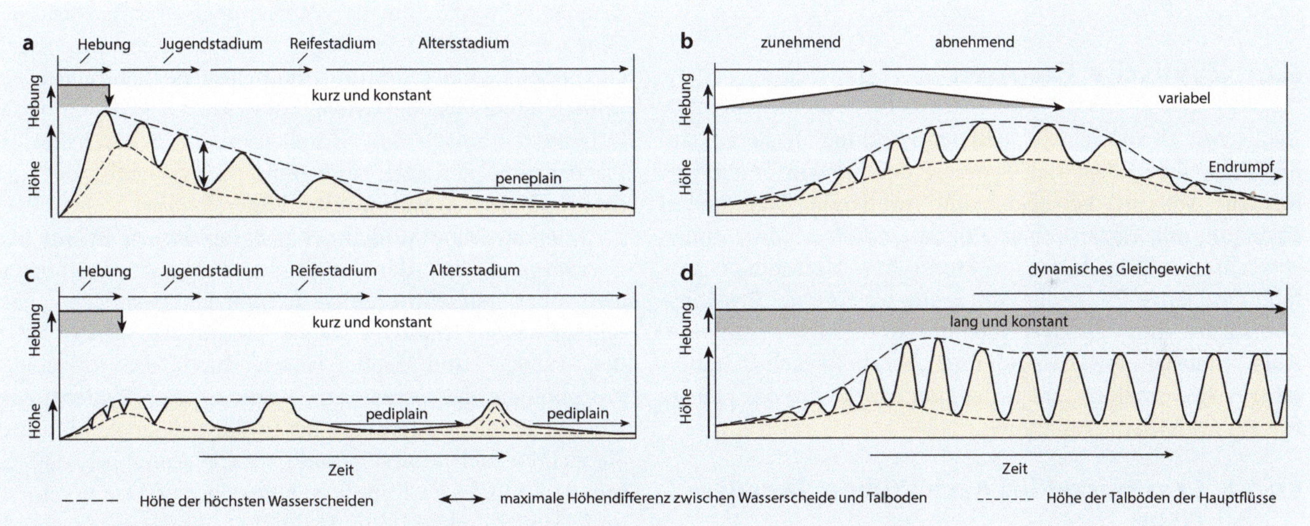

Abb. 6.1 Modelle der Reliefentwicklung auf Basis eines tektonischen Antriebs (Hebung) und der Reaktion der Reliefform durch Abtragung. Die Modelle von **a** Davis, **b** W. Penck und **c** King folgenden einer zyklischen, **d** das Modell von Hack einer nichtzyklischen Hypothese. (Verändert nach Summerfield 1991; basierend auf Thornes und Brunsden 1977, Abdruck mit Genehmigung und gezeichnet von Denys Brunsden)

- das Georelief aufbauen, d. h. erhöhen,
- das Georelief abbauen, d. h. erniedrigen oder
- das Georelief in einer konstanten Höhe belassen.

In jedem der drei Fälle hat die Reliefentwicklung Konsequenzen auf die Veränderung oder Konstanz der Hangneigung. Bei Relieferhöhung wird sich die Hangneigung erhöhen, im Fall der Relieferniedrigung wird es zu einer Erniedrigung der Hangneigung kommen. Bei konstanten Reliefhöhen wird die Hangneigung unverändert bleiben.

Reliefentwicklungstheorien können in zyklische und nichtzyklische Typen gegliedert werden (Tab. 6.1 und Abb. 6.1). **Zyklische Theorien** basieren auf der Annahme, dass das in Vollformen vorliegende Georelief im Laufe der Geomorphogenese abgetragen wird und sich schließlich zu Ebenheiten mit geringen Hohen und Höhenunterschieden entwickelt. Für diese Ebenheiten bzw. Flächen wurde eine Vielzahl von Begriffen erdacht, die die Geomorphologie über Jahrzehnte begleitet haben, z. B. Fastebene, Rumpffläche, Primärrumpf, Endrumpf oder *pediplain*. Ein erneuter tektonischer Prozess führt gemäß dieser Idee zur erneuten Hebung der Landmasse mit nachfolgender Wiederholung der erosiven Dynamik mit dem Ziel einer erneuten Flächenbildung. In diesem Fall erfolgt die Reliefentwicklung zeitabhängig, d. h., dass der geomorphometrische Charakter des Reliefs vom Zeitpunkt innerhalb des Zyklus abhängig ist. Methodisch kann damit von der Reliefformgestalt auf das Alter der Reliefform geschlossen werden. Dagegen basieren zeitunabhängige Theorien auf der Hypothese, dass der geometrisch-topologische Charakter des Georeliefs nach Erreichen eines Gleichgewichtszustandes ebenso konstant bleibt wie die Abtragsraten. Nur der Impuls einer Störung kann diesen Zustand beenden, dem in derartigen Systemen allerdings wieder zugestrebt wird.

In bestimmten Entwicklungsphasen der Disziplin und in nationalen Wissenschaftsgruppen hatte die **Theorie der Konvergenz der Geomorphogenese zur Flächenform** paradigmatische Bedeutung, die im Sinne Thomas Kuhns dogmatische Züge aufweisen konnte. Es wurde damit auf die **teleologische Lehre** der scholastischen Philosophie zurückgegriffen, die die Zielgerichtetheit von Vorgängen postuliert und auf den ontologischen Behauptungen des Aristoteles beruht. Danach streben natürlich entstandene Dinge ein ihrer Existenz innewohnendes Ziel an, das der Vervollkommnung ihrer Eigenschaften dient. Die geomorphologische Flächenform bildet in diesem Sinne eine derartige Vervollkommnung.

6.2.1 Zyklische Theorien

Zyklische Theorien der Reliefentwicklung basieren auf der Vorstellung, dass sich Prozesse der Erosion der Reliefformen, die in geringen und mittleren Magnituden ablaufen, mit tektonischen Prozessen hoher Magnituden abwechseln. Dem kurzen **tektonischen Hebungsprozess** folgt eine lange Phase der Abtragung bis zu einer **Erosionsoberfläche** mit geringer geomorphologischer Aktivität. Auch Theorien abwechselnder geomorphologischer Stabilität (geringe Erosion) und Instabilität (starke Erosion) basieren auf zyklischen Annahmen.

6.2.1.1 Erosionszyklus nach William Morris Davis

Die deduktive Reliefentwicklungstheorie des amerikanischen Geomorphologen William Morris Davis (1850–1934) wurde zwischen den Jahren 1884 und 1899 unter dem Begriff *The Cycle of Erosion* (der Erosionszyklus) bzw. *The Geographical Cycle* (der geographische Zyklus) entwickelt (Davis 1899) (◘ Abb. 6.1a). Der Ansatz ist stark von den evolutionären Theorien Charles Darwins und anderer Naturwissenschaftler der zweiten Hälfte des 19. Jahrhunderts beeinflusst. Davis behauptet, dass sich Reliefformen in einer zeitlichen Sequenz entwickeln, sodass die Formen der Erdoberfläche, ähnlich wie organismische Formen, im Hinblick auf ihre Evolution zu betrachten sind. Die Theorie basiert auf einer schnellen und kurzen tektonischen Hebung der Lithosphäre, die abrupt beendet wird und eine danach einsetzende Abtragung durch geomorphologische Prozesse, die ohne weitere tektonische Beeinflussung bleiben. Zu diesen Prozessen zählen Verwitterung und Bodenbildung, hangaquatischer Bodenabtrag, gravitative Massenbewegungen sowie Erosion, Transport und Deposition im fluvialen System. Im Laufe der Reliefentwicklung verflachen die Hänge, bis am Ende des Zyklus eine Ebene auf Höhe der Erosionsbasis entsteht, die Davis *peneplain* (Fastebene, Rumpffläche) nennt. Die Abtragsprozesse schaffen **zeitlich sequenzielle Stadien des Reliefs,** die in Anlehnung an die biologischen Lebensstadien als Jugendstadium, Reifestadium und Altersstadium bezeichnet wurden (◘ Abb. 6.2). Die stärkste geomorphologische Aktivität erreicht das System im Jugendstadium, in dem sich tief erodierte Täler und maximale Höhendifferenzen zwischen den Talböden und Wasserscheiden entwickeln. Danach geht das System in das Reifestadium über, in dem die Hangneigungen und die Höhendifferenzen abnehmen. Davis führt diese Entwicklung darauf zurück, dass die Flüsse ihre Tiefenerosion beenden, da sie die Erosionsbasis erreicht haben. Die Hangprozesse sind in diesem Stadium nach wie vor aktiv und führen zur Relieferniedrigung und Hangabflachung. Im Altersstadium bildet sich schließlich eine Ebenheit mit geringen Höhenunterschieden, mächtigen Regolithen und langsam fließenden Mäanderflüssen. Mit einem erneuten tektonischen Impuls setzt eine neue Hebung ein und der Zyklus beginnt von vorne, was bedeutet, dass der tektonische Prozess einen episodischen Charakter haben muss und die gehobene Landmasse eine zeitlich ältere Fläche darstellt. Falls dies der Fall ist, müssten in heute tektonisch aktiven Relieftypen, z. B. Hochgebirgen, Flächenreste auftreten und eine Komponente des geomorphologischen Palimpsestes bilden.

Das klassische Modell des geographischen Zyklus hatte überwiegend in der englischsprachigen Geomorphologie über Jahrzehnte einen äußerst einflussreichen, paradigmatischen Charakter. Diese Dominanz wurde erst in den 1950er- und 1960er-Jahren durch die Prozessgeomorphologie gebrochen Die **Kritik an der Zyklentheorie** von Davis reicht allerdings bis in die 1890er-Jahre zurück. Sie richtete sich in erster Linie auf die Annahme, dass der initiale tektonische Impuls nur von kurzer Dauer sein soll und danach tektonische Inaktivität eintreten würde. Im Laufe des 20. Jahrhunderts hatte sich jedoch das Wissen darüber durchgesetzt, dass die tektonische Gebirgsbildung kein episodischer Vorgang ist, sodass der Zyklentheorie ihr primärer energetischer Impuls verloren ging. Des Weiteren vernachlässigt die Zyklentheorie die **isostatischen Prozesse in der Erdkruste** (▶ Abschn. 7.1.5). Sie bewirken, dass sich eine Landmasse hebt, wenn sie durch Erosion entlastet und leichter wird. Infolge werden sich die Flüsse weiter einschneiden können, sodass eine *peneplain* nicht erwartet werden kann.

6.2.1.2 Reliefentwicklungstheorie von Walther Penck

In der englischsprachigen Geomorphologie gab es vor dem 2. Weltkrieg nur eine alternative Theorie der Reliefentwicklung, die in wesentlichen Punkten von den Ansätzen des Erosionszyklus von Davis abwich. Die Theorie von

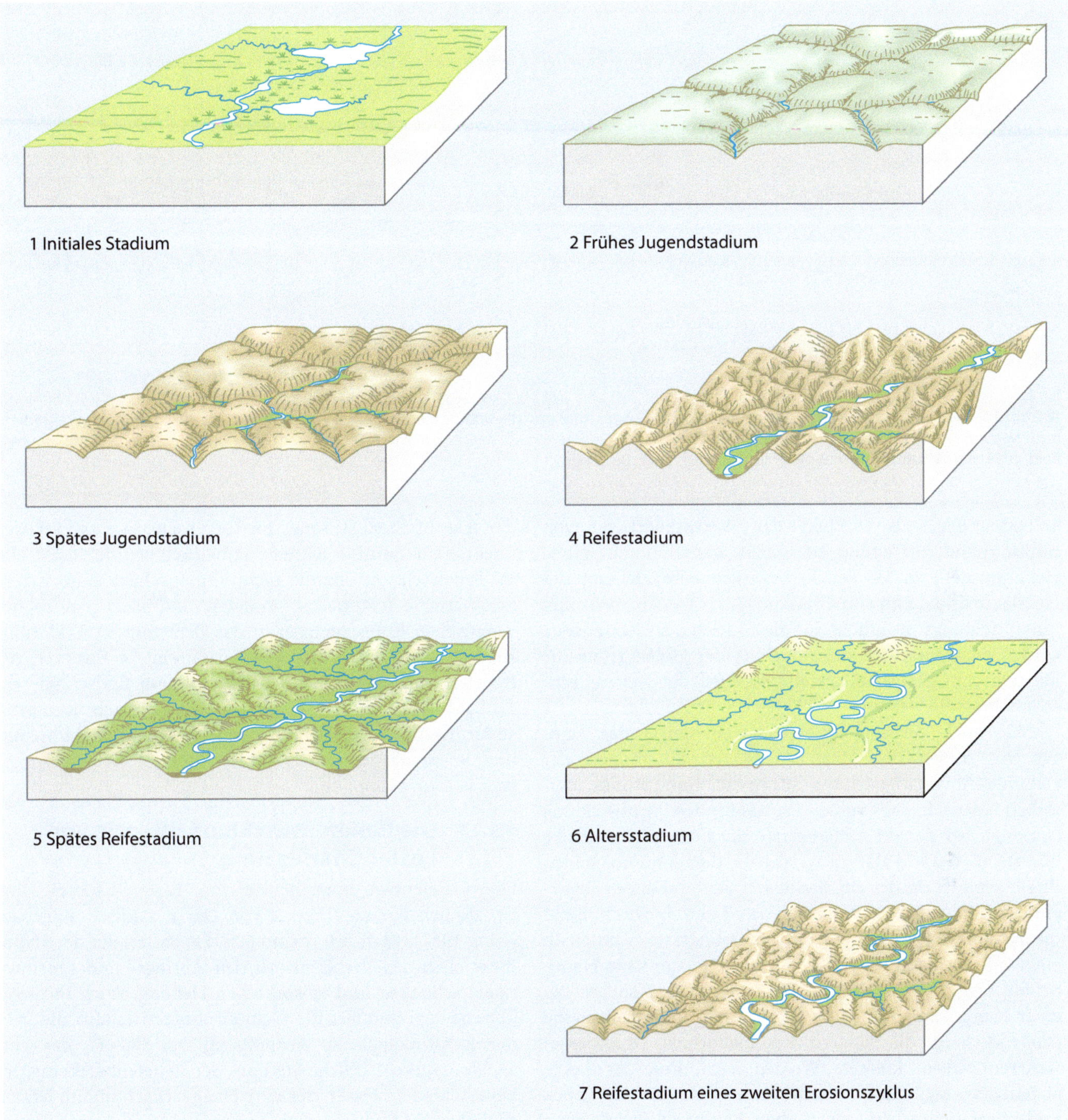

Abb. 6.2 Der Zyklus der Reliefentwicklung nach William Morris Davis. (Verändert nach Summerfield 1991, auf Basis von Strahler 1969)

Walther Penck war eine Reaktion auf den Ansatz von Davis und grundsätzlich von zyklischem Charakter (W. Penck 1924) (Abb. 6.1b). Dabei verbleiben die Höhenunterschiede zwischen den Talböden und den Wasserscheiden in der mittleren Phase des Zyklus über relativ lange Zeitskalen konstant. Im Gegensatz zu Davis, der eine kurze, aktive Hebungsphase und lange Phasen der tektonischen Stabilität annahm, geht die W. Penck'sche Theorie davon aus, dass zumindest in Gebirgsregionen die tektonische Hebung in einem wellenförmigen Muster abläuft und dass eine Gleichzeitigkeit von tektonischer Deformation und exogener Abtragung stattfinden würde. Dabei beginnt die Hebung allmählich, um zu einer maximalen Magnitude anzusteigen *(waxing)*, um danach wieder abzunehmen *(waning)* und zur tektonischen Stabilität zurückzukehren. Hangabtrag und Flusserosion bleiben während der gesamten Hebungsperiode aktiv, sodass die Geomorphometrie des Gebirges (Hangneigung und -wölbung, Gipfel- und

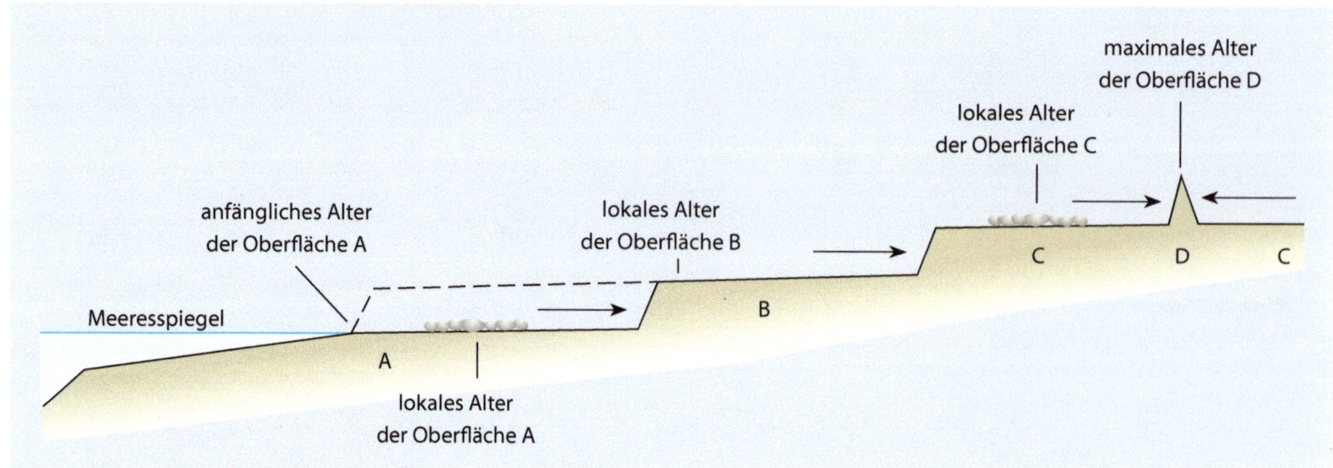

Abb. 6.3 Theorie der Reliefentwicklung nach Lester Charles King und die unterschiedlichen Alter von Erosionsoberflächen (A–D). (Verändert nach Summerfield 1991: Global Geomorphology. 1. Auflage. Verfasst von Michael A. Summerfield, veröffentlicht von Routledge. © M. A. Summerfield, 1991. Abdruck im Einvernehmen mit Taylor & Francis Books UK)

Talbodenhöhe) als Produkt der **Wechselwirkung von Hebung und Abtragung** betrachtet werden kann. Hohe Hebungsraten, so W. Penck, bewirken eine Hebung der Flussläufe und damit eine Erhöhung ihres Gefälles, was ihre Einschneidungsrate erhöht, bis diese gleich der Hebungsrate wird. Umgekehrt wird bei Abnahme der Hebungsrate die Flusseinschneidungsrate abnehmen, weil die weitere Einschneidung die Neigung des Flussgerinnes reduziert.

W. Penck verband die Geomorphometrie des Hanges mit diesen drei unterschiedlichen Situationen der Hebungs-Abtrags-Beziehung. **Konvexe Hangprofile** entstehen danach bei einer aufsteigenden Entwicklung *(waxing)*, bei der die Hebungsrate die Einschneidungsrate übersteigt. **Gerade Hänge** werden in der darauffolgenden Phase gebildet, in der ein stationärer Zustand *(steady state)* eine gleichförmige Entwicklung *(uniform)* bewirkt. Sinkt die Hebungsrate unter die Einschneidungsrate, werden in einer absteigenden Entwicklung *(waning)* **konkave Hangprofile** erzeugt. Der weitere Hangabtrag führt sodann zu einer Hangrückverlegung *(slope recession)* und -abflachung *(slope decline)*, die sich zu Residualformen (Inselberge) weiterentwickeln können. Werden auch diese Inselberge abgetragen, bleibt eine Flachform zurück, die W. Penck Endrumpf nennt, der aus flachen konkaven Erhebungen besteht.

Die Theorie von Davis hatte das Ziel, der hohen räumlichen Diversität von Geometrie und Topologie der Reliefformen einen klassifikatorischen Rahmen zu geben, der darüber hinaus die Formtypen in eine zeitliche Sequenz einordnete. Sie ist das Ergebnis der Interaktion von Gesteinsstruktur, erosiven Prozessen und der Zeit, die hier eine dominante Bedeutung erlangt. Walther Penck dagegen deduzierte aus den Eigenschaften der Reliefformen die Stärke der tektonischen Prozesse. Er hat mit seinem Ansatz daher auf einen der zentralen Prozesse der Reliefentwicklung hingewiesen, und zwar auf die **Bedeutung der Tektonik** und die zeitlich variable Veränderungsrate der tektonischen Hebung. Im Gegensatz zu Davis, dessen Theorie für humide Klimate entwickelt wurde, stellte der W. Penck'sche Ansatz die nicht klimatische, räumlich-zeitlich variable tektonische Aktivität und ihre geomorphogenetischen Konsequenzen in das Zentrum der Erklärung. Kritisch wird heute diskutiert, dass weitere Faktoren der Reliefentwicklung keine Berücksichtigung finden, wie die zeitliche Veränderung der Flusserosion durch Klimaveränderungen, die Rolle der räumlich variablen Lithologie und Resistenz des Untergrundes oder die Verwitterungsprozesse am Hang.

6.2.1.3 Die Reliefentwicklungstheorie von Lester Charles King

Die Reliefentwicklungstheorie von Lester Charles King ist, ähnlich wie die Theorie von Davis, zyklisch aufgebaut (King 1967) (Abb. 6.1c und 6.3). Sie basiert auf der Hypothese einer, im Verhältnis zu den Abtrags- und Erosionsraten, schnellen und episodischen Hebung. Auch in dieser Theorie repräsentiert die Geomorphometrie, also die geometrisch-topologische Ausprägung des Reliefs, das entwicklungsgeschichtliche Stadium der Reliefentwicklung. Im Unterschied zu Davis, der eine Hangverflachung im letzten zeitlichen Stadium annahm, basiert der Ansatz von King auf einer zeitlichen Hangrückverlegung.

King hatte einen modifizierten Ansatz der Hangentwicklung gewählt. Er basiert auf tektonischen Hebungsprozessen, die durch ihr episodisches Auftreten zu einer relativ schnellen Erniedrigung der Erosionsbasis führen, was eine **parallele Hangstufenrückverlegung** einzelner aktiver kliffförmiger Hänge zur Folge hat. Die ins Landesinnere zurückweichenden Hänge hinterlassen in der Zeit ausgedehnte 6–7° geneigte Flächen, die King *pediplain* nennt. Der Prozess wird als *pediplanation* bezeichnet. Die einmal gebildeten, gering geneigten, Flächen sind äußerst stabil und unterliegen nur minimaler Abtragung. Sie werden erst zerstört, wenn ein neues Stadium der Hebung die Erosionsbasis der Fläche erniedrigt und Flusseinschneidung und aktiver Hangabtrag entstehen, die nun die gehobene *pediplain* rückschreitend abtragen. Auf diese Weise, so King, folgt eine Phase der *pediplanation* einer anderen, die die gesamte Reliefform über große Entfernungen erniedrigen und Inselberge bis zu 300 m Höhe zurücklassen. Als Endstadium bleibt eine leicht konkave *pediplain*-Oberfläche sehr hohen Alters zurück. Für King hat die zurückbleibende Formenoberfläche einen diachronen Charakter, da durch die Stufenrückverlegung die Oberfläche mit zunehmender Entfernung vom Stufenhang zunehmend älter wird. Die Decksedimente der Flächen zeigen das lokale Minimumalter der Flächenelemente an. Das Maximumalter der gesamten sequenziellen Prozesskette wird im Zentrum der gehobenen Form erreicht.

Kings Theorie bezog sich anfänglich auf isostatisch verursachte Hebungsprozesse an **passiven Kontinentalrändern** aufgrund einer durch die Abtragung bewirkten Entlastung der Kruste. Er vermutete, dass der isostatische Ausgleich nur ab bestimmten Schwellenwerten der Stufenrückverlegung einsetzen und dadurch einen episodischen Charakter annehmen würde. In der neueren Forschung zur Reliefentwicklung von passiven Kontinentalrändern konnte diese isostatische Hypothese nicht aufrechterhalten werden, jedoch ist durch die Arbeiten von King das Problem der Oberflächenformung passiver Kontinentalränder nach der Trennung von den Kontinenten erkannt und weiterverfolgt worden.

6.2.2 Nichtzyklische Theorien

Bereits in der zweiten Hälfte des 19. Jahrhunderts wurde in der Geomorphologie eine nichtzyklische Theorie entwickelt, die allerdings bis zur Mitte des 20. Jahrhunderts wieder von der Bildfläche verschwand. Es handelt sich dabei um die aus der Physik und den Ingenieurwissenschaften übernommene **Theorie des dynamischen Gleichgewichtes.** Sie geht auf den amerikanischen Geomorphologen Grove Karl Gilbert zurück, der in seinen Untersuchungen der Henry Mountains feststellte, dass die Erosion dort am schnellsten verläuft, wo die Widerstandsfähigkeit des Materials am geringsten ist, folglich ein weiches Gestein abgetragen wird und ein hartes Gestein erhalten bleibt und als Form hervortreten wird. Die Ausdifferenzierung halte an, bis durch die Gesetze der Neigung *(laws of declivities)* ein Gleichgewicht erreicht ist. Wenn das Verhältnis der von der Neigung abhängigen erosiven Vorgänge gleich dem Verhältnis der von den Gesteinseigenschaften abhängigen Widerstandsfähigkeit ist, besteht eine **Gleichheit der Vorgänge** *(equality of action)*, d. h. ein Gleichgewicht der Prozesse (Gilbert 1877).

6.2.2.1 Theorie des dynamischen Gleichgewichtes von Arthur Strahler und John Hack

Die Theorie des dynamischen Gleichgewichtes verschwand Ende des 19. Jahrhunderts aus der geomorphologischen Diskussion in den USA und wurde durch den Erosionszyklus von William Morris Davis überdeckt, der bis Mitte des 20. Jahrhunderts die paradigmatische Bedeutung erlangende Theorie der Geomorphologie in den USA blieb. Durch die **militärischen Anforderungen** der amerikanischen Armee im 2. Weltkrieg und die Erfordernisse der ingenieurtechnischen Umgestaltung von Flusssystemen (Burt et al. 2008) entwickelte sich in den USA der Wunsch, das Davis'sche Paradigma zu verlassen und sich den aktuellen geomorphologischen Prozessen mit quantitativ-empirischen Techniken und Methoden, physikalischen Gesetzen und Modellen zu widmen. Dieser prozessuale Ansatz wurde in den bahnbrechenden Arbeiten des amerikanischen Geomorphologen Arthur Strahler Anfang der 1950er-Jahre (Strahler 1952, 1957) auf Basis des Prinzips des **dynamischen Gleichgewichtes** Grove Karl Gilberts in die Geomorphologie eingeführt (▶ Kap. 3).

Das Reliefentwicklungsmodell des amerikanischen Geomorphologen John Hack basiert auf diesem neuen Ansatz und der **Hypothese kontinuierlicher Anpassungsprozesse** zwischen den exogenen Kräften und der Resistenz des Untergrundmaterials (▣ Abb. 6.1d) (Hack 1960). Nach 80 Jahren stellte dieser Ansatz eine Wiederentdeckung und -belebung der Theorien von Grove Karl Gilbert dar. Damit wurde eine Möglichkeit geschaffen, engeren Anschluss an eines der wichtigsten Paradigmen der Natur- und Ingenieurwissenschaften zu erhalten. John Hacks Theorie basiert auf der empirischen Beobachtung, dass Flüsse in Festgesteinen eine Korrelation zwischen der Gesteinsresistenz und der Neigung des Gerinnes aufweisen, d. h., dass resistentere Gesteine höher Gerinneneigungen erzeugen können als weniger resistente Gesteine. Hack führte dies darauf zurück, dass höhere Gesteinsresistenzen größere Korngrößen des fluvialen Sedimentes erzeugen, die, um transportiert werden zu können, höhere Gerinneneigungen erfordern. Zwischen Resistenz und Neigung bestehe somit ein Gleichgewicht, das sich durch Rückkopplungen an veränderte Randbedingungen anpassen könne. Dadurch verbleibe die Gerinneneigung in der Zeit konstant und erfahre, wie noch Davis annahm, keine Abnahme. Diese Hypothese erweiterte Hack auf sämtliche Hänge fluvialer Systeme mit der Aussage, dass ihre Neigungen an den Transport der jeweils verfügbaren Materialmenge angepasst seien. Es bestehe somit ein dynamisches Gleichgewicht zwischen der Lithologie, den Erosionsprozessen und der Neigung sämtlicher Hänge des Systems.

In den mannigfaltigen Mustern von Reliefeinheiten und in Abhängigkeit von den räumlich variablen Eigenschaften des fluvialen Systems bilden sich sodann unterschiedliche **Prozessdomänen,** in denen sich jeweils spezifische dynamische Gleichgewichte entwickeln. Diese Gleichgewichte verbleiben, so Hack, in der Zeit konstant, sie erfahren keine Entwicklung oder Evolution. Die Reliefentwicklung folgt somit **nichtzyklischen** und **zeitunabhängigen** Pfaden. Jedes Element des Systems (Hänge, Gerinne, Talböden) ist dynamisch mit jedem anderen Element gekoppelt, d. h. an seinen Prozessverlauf angepasst, wodurch sich für das gesamte Einzugsgebiet eine gleich große Abtragsrate einstellen würde. Dieser Zustand wird erst unterbrochen, wenn eine Systemstörung eintritt, z. B. in Form einer Klimaveränderung oder der erosiven Freilegung einer anderen Gesteinsresistenz.

Um das dynamische Gleichgewicht zu erhalten, müssen die Raten der tektonischen Hebung und die Abtragsraten über längere Zeitskalen konstant bleiben. Wenn die Erosionsbasis, die Oberflächenprozesse und die lithologische Resistenz zeitlich konstant bleiben, bleibt die Geomorphometrie unverändert und das gesamte System wird in konstanten Raten tiefergelegt. Der konstanten Hebung, Relieferhöhung und -versteilung begegnet das System mit gravitativen Hangabtragsprozessen, z. B. Fels- und Bergstürze, sodass der Reliefaufbau durch den Reliefabbau kompensiert wird. Durch die **dynamische Rückkopplung** von Reliefhöhe, Hangneigung und Flussgefälle weist jede Prozessdomäne einen konstanten Sedimentaustrag auf. Die Formeigenschaften der Prozessdomänen unterscheiden sich aufgrund der Widerstandsfähigkeit des geologischen Untergrundes, sodass hartes Gestein steilere und weiches Gestein flachere Relieftypen hervorruft.

Im Unterschied zu den Ansätzen von Davis, W. Penck und King beschreibt der Ansatz von Hack kein Entwicklungsmodell im Sinne der evolutionären Geomorphologie. Die Form fluktuiert hier um einen Gleichgewichtszustand, der erst dann beendet wird, wenn sich beispielsweise die tektonische Hebungsrate signifikant ändert. Dabei ist es von Relevanz, den Vorgang der tektonischen Hebung des Festgesteins der Kruste von der tektonischen Hebung des Georeliefs, d. h. der Oberfläche des Erdkörpers, zu unterscheiden (Summerfield 1991). Beide Hebungstypen weisen nur dann gleiche Raten auf, wenn während der Hebung keine geomorphologischen Abtragsprozesse stattfinden. Wenn derartige Prozesse stattfinden, was als sehr wahrscheinlich angesehen werden kann, wird die Krustenhebung größer als die Oberflächenhebung sein. Wenn die Raten der Krustenhebung gleich der erosiven Abtragsraten sind, wird es zu keiner Erhöhung des Georeliefs kommen, wenn dagegen die tektonischen Hebungsraten durch die Abtragsraten übertroffen werden, wird das Georelief erniedrigt.

Die **Schwächen des Gleichgewichtsansatzes** von John Hack liegen in erster Linie darin, dass die Bedingungen für eine einheitliche Abtragsrate eher für räumlich begrenzte Prozessdomänen vorliegen, nicht jedoch in längeren Zeitskalen für das gesamte Einzugsgebiet gelten können. Die Erniedrigung der Oberfläche eines Einzugsgebietes in Richtung der Erosionsbasis wird unvermeidlich zu einer Reduktion der Neigung der Hauptflüsse führen und damit Einfluss auf sämtliche Tributäre nehmen. Weiterhin basiert die Hack'sche Theorie auf der Hypothese, dass der Abtrag des gesamten Einzugsgebietes von einer kontinuierlichen vertikal-fluvialen Einschneidung gesteuert wird. Erreicht der Fluss die Erosionsbasis, wird die vertikale Erosion durch eine horizontal wirkende Dynamik abgelöst, die zur lateralen Talerweiterung durch Hangfuß- und Hangflächenerosion führt. In Folge wird es zwar zu einer Erniedrigung der Hänge und Wasserscheiden kommen, jedoch werden die Talböden nicht weiter erodiert. Das dynamische Gleichgewicht in der Theorie von Hack kann somit nur erhalten bleiben, wenn eine kontinuierliche tektonische Hebung vorliegt. Das geomorphologische System folgt also weitaus differenzierteren Entwicklungspfaden, als dies von den Vertretern des dynamischen Gleichgewichtes vermutet wurde.

6.2.3 Klimadeterministische Reliefentwicklungstheorien

Eine weitere Gruppe von Theorien der Reliefentwicklung basiert auf der Hypothese der **klimatischen Dominanz der Geomorphogenese.** Sie behauptet, dass die unterschiedlichen klimatischen Zonen der Erde durch charakteristische geomorphologische Prozesse ausgezeichnet sind und dass deshalb in diesen Zonen charakteristische Reliefformen und Reliefformassoziationen gebildet wurden. Dieser Zweig der Geomorphologie war besonders im kontinentalen Europa und in Deutschland von Ende des 19. bis in die zweite Hälfte des 20. Jahrhunderts von paradigmatischer Bedeutung. Als dominante Vertreter gelten der französische Geomorphologe Jean Tricart (Tricart et al. 1972) und der deutsche Geomorphologe Julius Büdel (Büdel 1981).

6.2.3.1 Reliefentwicklungstheorie von Julius Büdel

Die Reliefentwicklungstheorie von Julius Büdel basiert auf klimadeterministischen Annahmen (◘ Abb. 6.4). Sie hatte in der deutschen Geomorphologie eine paradigmatische Bedeutung. Den Ausgangspunkt bildet die empirische Beobachtung, dass in den heutigen **wechselfeuchten Tropen** weitflächig wenig geneigte, flachwellige Reliefformen auftreten, die lediglich von flachen Rücken und weiträumigen muldenförmigen Tälern gegliedert sind. Diese Flächen nennt Büdel **Rumpfflächen.** Diesen Formen sitzen Erhebungen auf, die als Inselberge bezeichnet werden. Der empirische Befund wird von Büdel mit der **Theorie der doppelten Einebnungsfläche** erklärt. Sie beruht auf der Annahme, dass in Regionen relativ stabiler kontinentaler Schilde der Tropen und Subtropen die Erosion des Georeliefs gleichzeitig auf zwei räumlichen Ebenen vor sich geht. Das geomorphologische System besteht aus zwei Materialkörpern, einem Fest- und einem Lockergestein. Das Festgestein wird vom Lockergestein in Form einer Verwitterungsdecke, die Büdel Latosoldecke nennt, überlagert. Sie besteht überwiegend aus Feinmaterial geringer Korngrößen und ist durch Verwitterungsprozesse **(Saprolitisierung)** aus dem Festgestein entstanden. An der Reliefoberfläche (Spüloberfläche) dieser Materialdecke werden Sedimente durch Oberflächenabflüsse in die Flusssysteme (Spülmulden) transportiert. Die zweite Oberfläche bildet die **Verwitterungsfront** an der Basis der Verwitterungsdecke. Sie wird als Verwitterungsbasisfläche bezeichnet. Hier finden chemische Gesteinszersatzprozesse statt, die bewirken, dass die Verwitterungsbasisfläche in der Zeit tiefergelegt wird. Die Verwitterungsdecke kann Mächtigkeiten von 100–150 m, in Ausnahmefällen auch 200 m, erreichen.

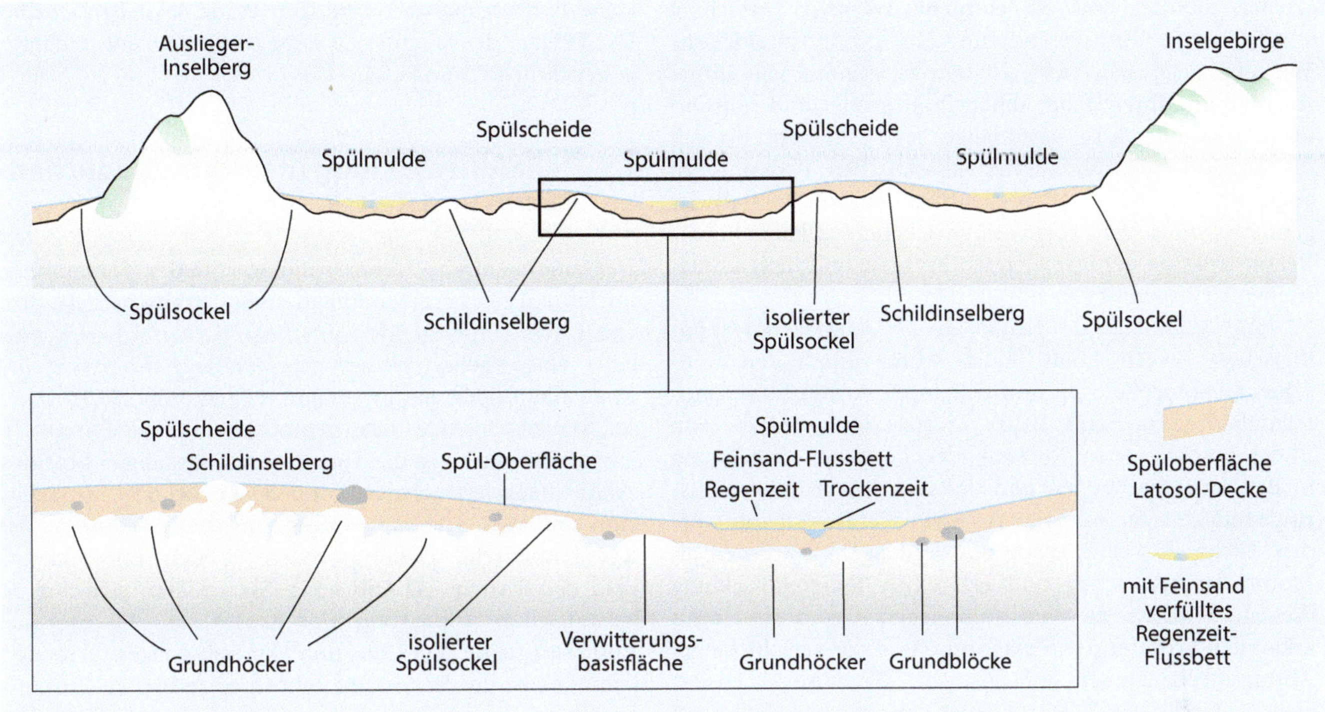

Abb. 6.4 Theorie der doppelten Einebnungsfläche von Julius Büdel. (Verändert nach Büdel 1981: Klimageomorphologie. Gebrüder Borntraeger, Berlin – Stuttgart: ▶ www.borntraeger-cramer/9783443010171)

Aufgrund der hohen räumlichen Variabilität der Lithologie und Wasserleitfähigkeit des Festgesteins weist die Verwitterungsfront ausgeprägte Irregularitäten auf, die Büdel Grundhöcker nennt.

Die Büdel'sche Theorie behauptet, dass die Verwitterungs- und Erosionsraten in Phasen tektonischer und klimatischer Stabilität ähnliche Größenordnungen aufweisen. Dabei schreitet die Saprolitisierung an der permanent durchfeuchteten Verwitterungsfront während des gesamten Jahres voran, während der Abtrag an der Oberfläche nur während der Niederschlagssaison auftritt. Die fortschreitende Verwitterungsfront kann zur Isolierung von Grundhöckern führen, die dann in der saprolitisierten Masse des Lockergesteins schwimmen. Durchragen größere Festgesteinskörper die Lockergesteinsdecke, spricht Büdel von Schildinselbergen, die der chemischen Verwitterung entzogen sind, da sie der Atmosphäre ausgesetzt sind und keine permanente Durchfeuchtung mehr erfahren. Durch diese freie Felsfläche wird der bisher herrschende stationäre Zustand der beiden Ebenen durchbrochen. Die unterschiedliche Durchfeuchtung führt zum Divergieren von Verwitterung und Abtragung, was zur Bildung von Inselbergen führen kann.

Das beschriebene System der doppelten Einebnungsfläche basiert somit auf saisonalen Bedingungen, die eine mächtige, feuchtigkeitsspendende und -erhaltende Saprolitdecke erhalten. Wenn das System eine Klimaveränderung oder tektonische Hebung erfährt, zerstört dies den stationären Zustand durch fluviale Einschneidung. Sie bewirkt eine Zunahme der Abtragsraten, die durch die klimatisch verursachte Zerstörung der Vegetationsdecke verstärkt werden. Dadurch wird die Verwitterungsdecke teilweise oder vollständig abgetragen, was zur Freilegung der ehemaligen Verwitterungsbasisfläche im Festgestein führt.

Eine kritische Auseinandersetzung mit den Theorien der klimadeterministischen Geomorphogenese liefern Summerfield (1991); Twidale und Lageat (1994); Thomas (1994); Rohdenburg (2006) oder Skowronek (2010). Diese Kritik bezieht sich nicht auf die Hypothese, dass einige Reliefformentypen des globalen Erdoberflächensystems eindeutig und primär auf klimatische Bildungsbedingungen zurückzuführen sind. Dies gilt vor allem für die glazialen, periglazialen und ariden Klimazonen. So erzeugen die Kaltklimate der Hochgebirge und der polaren Breiten spezifische Prozesse und Reliefformen, z. B. Glazialerosion und -akkumulation oder periglaziale Materialmuster, die nur unter derartigen Klimabedingungen entstehen können. Die Kritik richtet sich vielmehr gegen die Annahmen der Bedingungen spezifischer atmosphärischer Temperaturen und Niederschläge sowie Wassergehalte von Festgesteinen, um morphoklimatische Zonen, so der Begriff Büdels, auf globaler Skale zu identifizieren. Werden größere Raumskalen der globalen Erdoberflächensysteme betrachtet, bilden jedoch lithologische und tektonische Eigenschaften und Prozesse, so die Kritiker, die dominanten formbildenden Steuerfaktoren. Weiterhin ist die Diversität der tropischen und subtropischen Reliefformen sehr viel höher, als Büdel behauptet hat. Auch muss berücksichtigt werden, dass ähnliche geometrisch-topologische Formeigenschaften offenbar unter verschiedenen klimatischen Einflüssen gebildet werden können, was als Formenkonvergenz bezeichnet wird. Ob eine Klimaveränderung eine geomorphologische Wirkung nach sich zieht, ist darüber hinaus von ihrem Ausmaß und ihrer Dauer abhängig. Je größer und resistenter eine Reliefform ist, desto länger wird es dauern, bis sich die Form an die veränderten klimatischen Bedingungen angepasst hat. Es ist daher plausibel, dass die Gestalt der geomorphologischen Form ein unsicherer Indikator für die Rekonstruktion der erzeugenden Prozesse und ihrer klimatischen Ursachen ist.

Eine grundlegende Kritik an der klimageomorphologischen Theorie Julius Büdels wurde durch den deutschen Geomorphologen und Pedologen Armin Skowronek formuliert (Skowronek 2010). Er stellt fest, dass die von Büdel beschriebenen Prozesse der doppelten Einebnung in den feuchten Tropen und des gleich begründeten Eisrindeneffektes der subpolaren Zonen nicht existieren würden. Nicht die Verwitterung und Bodengenese würden als Motor der tropischen und arktischen Reliefentwicklung dienen, sondern die von zahlreichen Geomorphologen erkannten Prozesse der Flusserosion und der verschiedenen Abtragsmechanismen auf Hängen. Skowronek basiert seine kritische Studie auf eigenen empirischen Befunden und theoretischen Überlegungen. Unter systemischen und methodischen Gesichtspunkten stellt er heraus, dass der Ansatz der „klimatischen Geomorphologie" Julius Büdels nicht in der Lage sei, die Prozesse der Verwitterung und Bodenbildung von den Prozessen der Abtragung ausreichend zu trennen. Dadurch sei es auch nicht möglich, die postulierten mannigfaltigen Abtragsprozesse mit den Ansätzen der modernen Prozessgeomorphologie zu begründen.

6.2.4 Evolutionäre Reliefentwicklungstheorie von Cliff Ollier

Die Theorie der evolutionären Reliefentwicklung von Cliff Ollier (Ollier 1981, 1991) ist ein nichtaktualistischer Ansatz. Er basiert auf der Hypothese einer **pfadabhängigen, irreversiblen Reliefentwicklung.** Evolution und Entwicklung der Reliefformen sind damit singulär-individuelle Sachverhalte, die das Langzeitverhalten von geomorphologischen Systemen kennzeichnen, die Zeitskalen von Mio. bis Hunderte Mio. Jahre umfassen. Die Theorie von Ollier basiert auf der Vorstellung, dass das Langzeitverhalten von geomorphologischen Systemen weder auf zyklischen Wiederholungen von Prozessen, im Sinne von Davis, noch auf stationären Systemzuständen, im Sinne von Hack, zurückgeführt werden kann (Huggett 2017). Die Entwicklung verlaufe vielmehr als zeitliche Abfolge von Prozessen, die durch **revolutionäre Ereignisse größter Magnitude und Konsequenz,** z. B. das Zerbrechen eines Kontinentes, unterbrochen und durch andere Prozesse ersetzt werden. Auf den neuen Kontinenten nehme, so Ollier, die Reliefentwicklung neue, individuelle Entwicklungspfade, die keine Fortsetzung der bisherigen Pfade darstellen würden. Das Prinzip der Singularität habe somit eine entwicklungsgeschichtliche Dominanz.

6.3 Reliefentwicklung in unterschiedlichen Raum- und Zeitskalen

Der amerikanische Geomorphologe Stanley Schumm hat im Jahre 1975 eine Modifikation des zyklischen Ansatzes von Davis vorgelegt, der auf theoretischen Überlegungen einer **episodischen Erosion** *(episodic erosion)* basiert und einen Raumskalenansatz integriert (Schumm 1975). Damit soll erreicht werden, dass geomorphologische Prozesse in kurzen Zeitskalen in die Theorie des langskaligen Erosionszyklus integriert werden können (◻ Abb. 6.5). Zusätzlich zum initialen Hebungsprozess integriert Schumm weitere tektonische Hebungsphasen in den Entwicklungspfad des Systems (◻ Abb. 6.5a). Sie erklären sich aus der **isostatischen Anpassung der Kruste** auf die exogenen Abtragsprozesse. Die Reaktion der subskaligen Talbodenkomponente des Systems besteht in episodischen Erosionsprozessen, die zu einer stetigen Tieferlegung der Höhe des Talbodens führen (◻ Abb. 6.5b). In den Abschnitten des Talbodens wird sich in der kurzen Zeitskale ein Wechsel zwischen Phasen erosiver und depositiver Instabilität mit längeren Phasen des dynamischen Gleichgewichtes einstellen (◻ Abb. 6.5c). Zusätzlich der Skalenbezüge verwendete Schumm (1975) Systemeigenschaften **interner und externer Schwellenwerte** sowie der lokalitätsabhängigen Systemreaktion *(complex response),* um seine Theorie der Reliefentwicklung zu begründen (Schumm 1991).

6.4 Reliefformen-Palimpsest und Systemsensitivität

In den Kategorien der systemischen Geomorphologie bildet ein geomorphogenetisches System ein Prozess-Response-System, das sich in mehreren Phasen entwickelt hat. Diese bilden zeitlich aufeinanderfolgende Sequenzen. Das System durchläuft diese Phasen mit unterschiedlichen Prozesskonstellationen und Einflussfaktoren (Gallagher et al. 2008). Wie in ► Kap. 3 dargelegt wurde, kann sich diese Mehrphasigkeit in einem Reliefformen-Palimpsest niederschlagen (◻ Abb. 3.16). Das bedeutet, dass die heutige Reliefformenassoziation Objekte enthalten kann, deren Genese auf Prozesse zurückgeführt werden muss, die in der Gegenwart nicht mehr wirken, d. h. aus dem Prozessgeschehen verschwunden sind. In diesem Fall wird die Vorzeitform von den Folgeprozessen überarbeitet, modifiziert, geometrisch-substanziell verändert oder gänzlich zerstört. Das Reliefformen-Palimpsest hat damit einen polygenetischen Charakter. Das Georelief setzt sich aus reliktischen und aktiv veränderten Formenbestandteilen zusammen. Wenn die in der Vergangenheit gebildete Form durch Folgeprozesse der Vergangenheit gänzlich erodiert

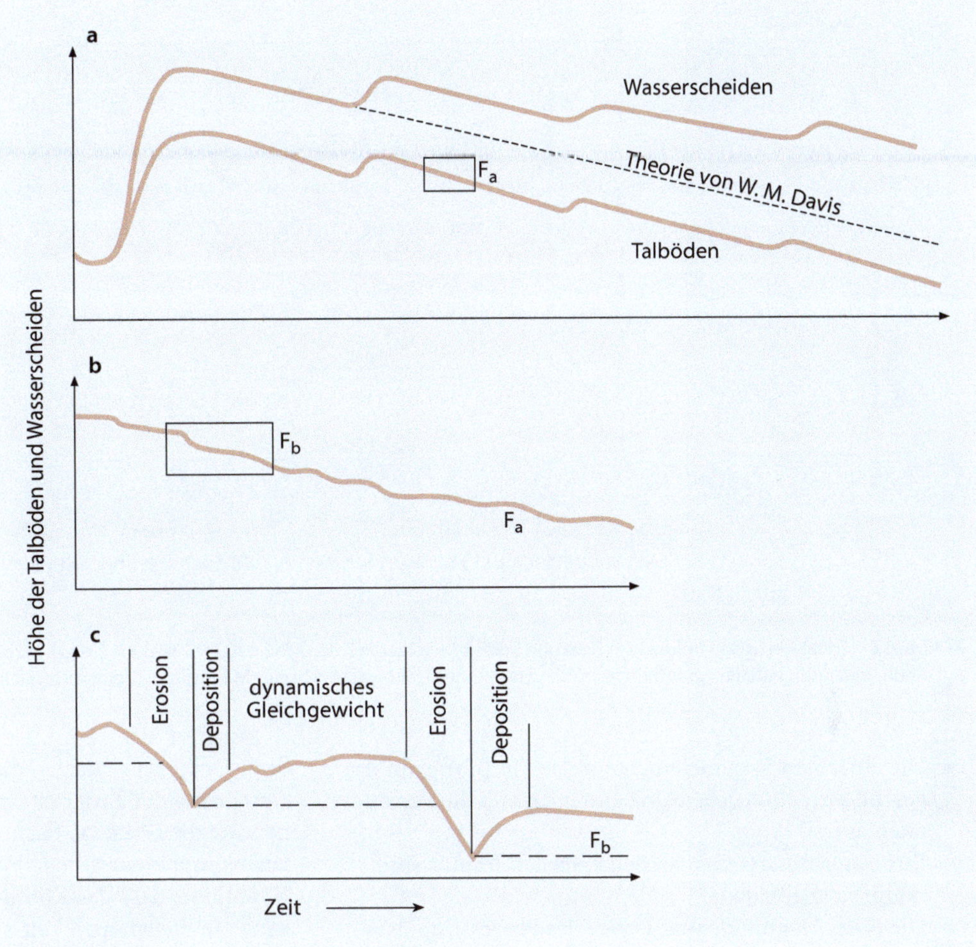

Abb. 6.5 Raum- und zeitskalenabhängige, modifizierte Theorie des Erosionszyklus von Davis nach Schumm (1975). **a** Modifizierter Erosionszyklus mit durch Isostasie verursachten Hebungsphasen eines geomorphologischen Talsystems (F_a räumlicher Ausschnitt des Talbodens). **b** Ausschnitt F_a des Talbodens mit episodischer Abnahme der Höhe des Talbodens. **c** Ausschnitt F_b des Talbodens F_a mit einem Wechsel zwischen geomorphologischer Instabilität (Erosion und Deposition) und längeren Phasen des dynamischen Gleichgewichtes. (Verändert nach Chorley et al. 1984, auf Basis von Schumm 1975, Fig. 5, S. 77)

wurde, liegt heute keine Formenevidenz mehr vor, sodass spezielle Methoden ihrer Rekonstruktion, z. B. eine numerische Modellierung, angewendet werden müssen.

Die Hypothesen der Existenzdauer-Größen-Beziehung geomorphologischer Prozesse und Formen und des Reliefformen-Palimpsestes bedeuten, dass mit zunehmender Größe und zunehmendem Alter immer weniger Reliefformen und ihre Komponenten aus den heutigen Prozessen und ihren Steuerfaktoren, z. B. der Tektonik, erklärt werden können. Auf diese Eigenschaft hat besonders Stanley Schumm hingewiesen (Schumm 1991). Offenbar besteht das geomorphologische Palimpsest aus Komponenten mit unterschiedlichen **Sensitivitäten,** d. h. unterschiedlichen Fähigkeiten, externe Kräfte zu absorbieren, wie dies von Brunsden und Thornes (1979) beschrieben worden ist. Diese **Absorptionsfähigkeit** gilt allerdings nur in einem spezifischen Magnitudenspektrum. Überschreitet die einwirkende Kraft einen Schwellenwert, kann das gesamte System kollabieren und das Reliefformen-Palimpsest insgesamt beseitigt werden.

Betrachten wir beispielsweise ein idealisiertes Einzugsgebiet, das aus fluvialen Gerinnen, Talauen, angrenzenden Hängen und Wasserscheiden besteht (Abb. 6.6). Während eines Hochwasserereignisses hoher Magnitude wird ein Fluss das Gerinne und die Flussufer erodieren, die Talaue mit Sediment bedecken und, bei räumlicher Kopplung, den Hangfuß unterschneiden. Die aus der letzten Kaltzeit ererbten und im Holozän überformten Hänge des Tales werden als Reliefeinheit höherer Skale jedoch erst mit Verzögerung auf die Unterschneidung reagieren können, weil ihre Anpassungszeit an das fluviale Ereignis länger ist als die des Flussgerinnes und der Talaue. Für das hierarchisch höherskalige Hangsystem stellt die fluviale Uferunterschneidung daher ein Ereignis geringer Magnitude dar. Der Hang hat gegenüber dem fluvialen Impuls somit eine weitaus geringere Sensitivität und längere Reaktionszeiten. Erst eine höhere Frequenz derartiger Hangunterschneidungen oder ein gravitativer Prozess hoher Magnitude am gesamten Hang wird zum Stabilitätsverlust und zur Formveränderung des Hanges führen, der damit einen Teil seines pleistozänen Erbes verliert. Damit wird auch die Wasserscheide in die Überformung einbezogen. Ihre Veränderung kann allerdings erst dann einsetzen, wenn ihre Sensitivität durch den abgerutschten Hang ausreichend erhöht worden ist, sodass sie in das Prozessgeschehen einbezogen wird. Externe Impulse auf ein System müssen also lang genug anhalten und/oder stark genug sein, um eine Reaktion in Form einer Reliefformveränderung hervorzurufen.

Dieses idealisierte Modell eines mehrskaligen geomorphologischen Systems zeigt auf einer grundlegenden Ebene mehrere Systemeigenschaften, die analytisch zu berücksichtigen sind. Dazu sind zu rechnen:

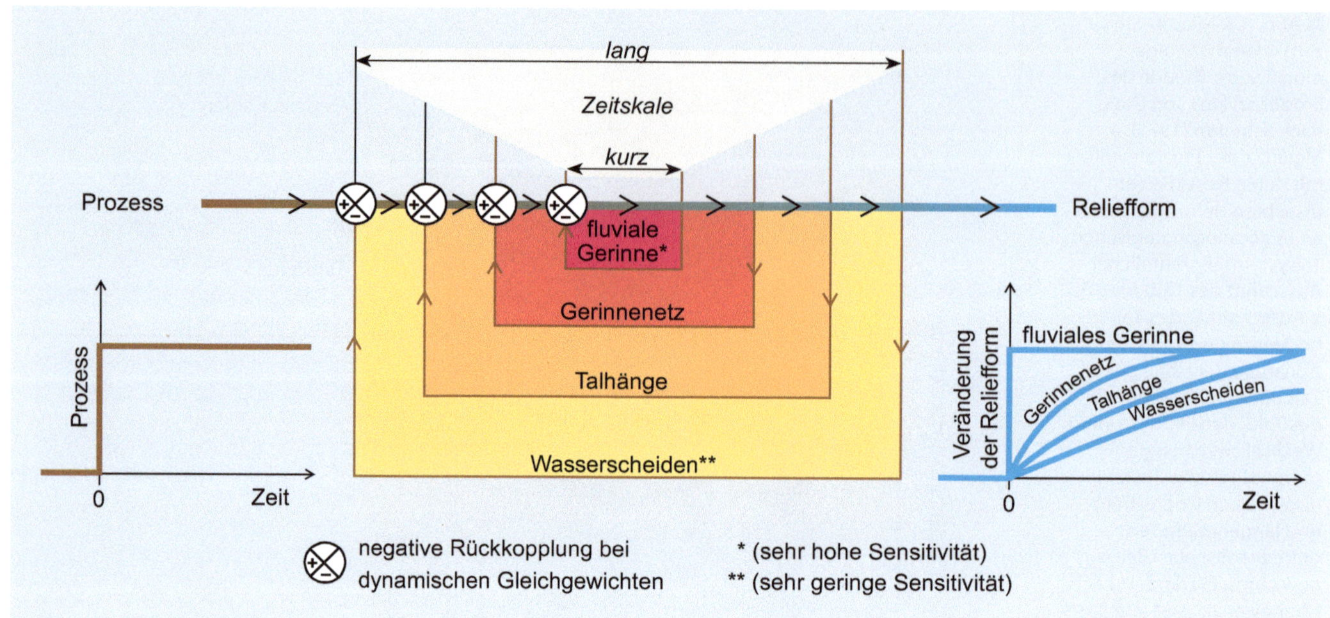

Abb. 6.6 Idealisierte Darstellung der Reaktion von unterschiedlich sensitiven Komponenten eines hydrologisch-geomorphologischen Systems auf einen (einzigen) initialen, externen Impuls in Form eines Hochwassers hoher Magnitude. (Verändert nach Chorley et al. 1984, Fig. 1.6, S. 10)

- Die einzelnen Systemelemente weisen in Bezug auf das geschilderte fluviale Ereignis unterschiedliche Sensitivitäten auf.
- Ihre Anpassungszeiten an den externen Impuls sind raumskalenabhängig.
- Die Rate, Magnitude und Dauer des Prozessimpulses sind für die Systementwicklung von hoher Bedeutung.
- Die zeitliche Abfolge von externen Impulsen in der geomorphologischen Realwelt verändert nicht die Gesetze ihrer verzögerten Transformation in die höherskaligen Systemkomponenten.

Nach diesen Annahmen existiert eine Hierarchie von Response-Zeiten im System (Flüsse reagieren schneller als Hänge, Wasserscheiden reagieren langsamer als Hänge etc.) auf externe Einflüsse. Diese Hierarchie kann auf Response-Variablen der Systemelemente bezogen werden, sodass z. B. die Wasserscheidenelemente eines Einzugsgebietes eine lange Response-Zeit aufweisen, während das Flussgerinne bereits bei geringen Störungen hohe Sensitivitäten zeigt und sich durch entsprechend kurze Response-Zeiten auszeichnet.

6.5 Tektonik, Klima und Reliefentwicklung

Die zentrale Fragestellung der Reliefentwicklung in langen Zeitskalen besteht in den tektonischen und klimatischen Einflüssen auf die Reliefform und ihren Beziehungen zu den lithologischen Eigenschaften (Summerfield 1991; Thomas 1994; Bishop 2011). Die vorgestellten genetischen Theorien haben darauf unterschiedliche Antworten gegeben. Dazu ist die von Walther Penck gestellte Frage, ob die Eigenschaften des Georeliefs dazu dienen können, die tektonische Geschichte der Erdkruste zu rekonstruieren, ebenso zu rechnen wie die Frage, ob flache Reliefformen ein Indiz für warme Paläoklimate darstellen. Von zusätzlicher Bedeutung ist die Hypothese, dass das Klima tektonische Prozesse beeinflussen kann. In Relieftypen mit sehr hohen Abtragsraten, wie den monsunalen Hochgebirgen, wird eine stationäre Reliefhöhe durch schnelle isostatische Ausgleichsbewegungen der Kruste erreicht. Klimatische und tektonische Prozesse müssen offenbar sehr viel differenzierter betrachtet werden als in den traditionellen Theorien der Reliefentwicklung.

6.6 Methoden der historischen Geomorphologie

Die zentrale Methode der historischen Geomorphologie bildet die **Retrodiktion**. Allgemein wird Retrodiktion als die Erklärung eines zeitlich zurückliegenden Prozesses oder spezifischen Sachverhaltes definiert. Der Retrodiktion liegen spezielle Annahmen, Prinzipien und Gesetzmäßigkeiten zugrunde, die aus Hypothesen und Theorien der Beziehungen einer Reliefform und ihren Eigenschaften mit den auf- und abbauenden Prozessen abgeleitet worden sind. Dazu zählt z. B. die empirische Beobachtung und Gesetzmäßigkeit, dass sandige Sedimente (Formmaterial) in Gestalt der Geomorphometrie einer Düne (Formgeometrie- und -topologie) durch äolische Prozesse (formende Kräfte des Windfeldes) erzeugt werden. Retrodiktionen erfordern verschiedene Schließmethoden, wobei das abduktive Schließen einen Schwerpunkt bildet (▶ Kap. 2). Retrodiktive Methoden basieren auf aktuell beobachtbaren Evidenzen von Reliefformen (Vorzeitformen) der geomorphologischen Vergangenheit (Tab. 6.2). Dazu

Tab. 6.2 Methoden der historischen Geomorphologie

Methode/Technik/Phänomen	Anwendung	Beispiel
Geomorphometrie	Geomorphometrie von historischen Reliefformen (Vorzeitformen)	Neigung eines Hanges Wölbung einer Geländestufe
Systematisierung des Reliefformen-Palimpsests	Reliefformen der Vergangenheit als Indikatoren von Paläoprozessen	Polyhierarchisches Mittelgebirgstal
Stratigraphie	Systematik der Schichten des Gesteinsuntergrundes	Schichten in äolischen Sedimenten, z. B. braune Schichten in Löss
Verwitterungsgrad Bodenentwicklung	Zersetzungsgrad und -produkte der Verwitterung von Fest- und Lockergesteinen Bodentyp und -eigenschaften	Fehlende Bodenhorizonte als Indikator historischer Bodenerosion
Relative und absolute Datierungen	Relative und absolute Alter von vorzeitlichen Reliefformen, korrelaten Sedimenten und Verwitterungsresten	Sonnenexposition einer Festgesteinsoberfläche
Sediment-Prozess-Korrelation	Korrelate Sedimente von Erosions-, Transport- und Depositionsprozessen (genetisch-lithologische Klassifikation)	Glazifluviales Sediment der letzten Eiszeit
Reliefform-Chronosequenz	Zeitlich Stellung und Entwicklungsreihe von Reliefformen	Zeitliche Abfolge von fluvialen Terrassen
Numerische Reliefentwicklungsmodellierung	Simulation geomorphologischer Prozesse auf Basis physikalischer Gesetze und mathematischer Gleichungen	Simulation der Abtragsraten eines Hochgebirges

zählen Geomorphometrie- und Formmaterialeigenschaften, z. B. **korrelate Sedimente**, Verwitterungsreste von Locker- und Festgesteinen oder die Neigung eines Hanges. Sedimente und Verwitterungsreste haben eine besondere Bedeutung. Sie werden als **Geoarchive** bezeichnet, da sie, ähnlich einem Archiv mit historischen Schriftstücken, Informationen über historische Sachverhalte der Entwicklung der Reliefformen enthalten. Die Interpretation der in den Geoarchiven enthaltenen Daten zu sinnhaften und plausiblen geomorphologischen Informationen gehört zur hohen Kunst der Disziplin.

6.6.1 Stratigraphische Methoden

Unter Stratigraphie wird eine geowissenschaftliche Lehre verstanden, die sich mit den **Schichten des Gesteinsuntergrundes** befasst. Ihre Relevanz für zahlreiche rekonstruktiv arbeitende Disziplinen der Geowissenschaft rechtfertigt es, von einer eigenen stratigraphischen Disziplin zu sprechen. Ihr Ziel ist die Einordnung der Schichten in eine räumliche und zeitliche Systematik und Abfolge. Die Basis der stratigraphischen Lehre bildet das **stratigraphische Grundgesetz**, das aussagt, dass jüngere Schichten stets den älteren Schichten auflagern, falls die Ablagerung des Untergrundmaterials ungestört verlaufen ist. Um ihre Ziele zu erreichen, verwendet die Stratigraphie physikalische, chemische und biologische Eigenschaften des Untergrundmaterials, die mit einer Vielzahl von Labor- und Feldmethoden untersucht werden. Dazu sind lithologische Materialeigenschaften, organische Bestandteile der Gesteine oder das Bildungsalter der Sedimente, z. B. in Form des Entzugs des Sonnenlichtes, zu zählen. Entsprechend dieser zentralen Materialeigenschaften untergliedert sich die Stratigraphie in die Lithostratigraphie (physikalische und chemische Gesteinseigenschaften), Biostratigraphie (organische Bestandteile der Schichten) und Chronostratigraphie (zeitliche Abfolge der Gesteinsschichten). Die Stratigraphie und ihre Teilgebiete verwenden ein breites Spektrum an Arbeitsmethoden und Techniken der Datenerhebung und -auswertung. Stratigraphische Daten bilden eine zentrale empirische Basis für die Rekonstruktion der Entwicklung des Erdsystems und seiner Bildungsbedingungen. Dazu zählen z. B. der Erdkörper, das Paläoklima oder die tierischen und pflanzlichen Organismen.

Unter geomorphologischen Gesichtspunkten liefert eine stratigraphische Ordnung der Materialien der Reliefformen und ihr Alter allerdings noch keine ausreichende Erkenntnis über die Reliefgenese. Stratigraphische Daten bilden eine Teilmenge der erforderlichen Grundlagen für geomorphologische Theorien und Modelle. Sie nutzen die stratigraphische Ordnung des Untergrundmaterials und seiner Eigenschaften für die Rekonstruktion der Form-Prozess-Beziehungen und ihre Integration in eine Form-Prozess-Chronologie. Dies wird besonders deutlich, wenn prozesskorrelate Daten in Form von allochthonen Sedimentarchiven verwendet werden. Hier liegen zwischen dem Depositionsort und der Quelle der Sedimente häufig beträchtliche räumliche Entfernungen, die durch Wissen über die geomorphologischen Erosions-, Transport- und Depositionsprozesse und ihre Ursachen gefüllt werden müssen. Stratigraphische Daten müssen somit erst in eine kohärente **Systematik der geomorphologischen Erkenntnisebenen** (empirische Basis, Klassifikation, Systematisierung,

Tab. 6.3 In der Geomorphologie verwendete Altersangaben (Wagner 2001, erweitert)

Altersangabe (relativ/Kalenderjahre/Radiokohlenstoffjahre)	Bezugsdatum	Bezeichnung	Beispiele
Relativ	Relativ	Älter als Jünger als	Älter als das Neogen Jünger als die Eisenzeit
Kalenderjahre (für sehr lange Zeitskalen)	Variable Gegenwart	Vor	Vor 20 Mio. Jahren
	Variable Gegenwart	Aktuell Rezent Heute	Aktuelle Bodenerosion Rezente Prozesse Von 11 ka bis heute
Kalenderjahre ohne Bezug auf eine Datierungstechnik (für lange bis sehr lange Zeitskalen)	Variable Gegenwart	Jahre vor heute v. h. (vor heute)	2,6 Mio. Jahre vor heute 18.000 v. h.
Kalenderjahre der christlichen Zeitrechnung (bevorzugt für Zeitskalen des Holozäns)	Geburt Christi	Jahre v. Chr. v. Chr. BC (**B**efore **C**hrist)	3500 v. Chr. 3500 BC
		Jahre n. Chr. n. Chr. AD (**A**nno **D**omini)	1342 n. Chr. 800 AD
Radiokohlenstoffjahre	1950 n. Chr.	BP (**B**efore **P**resent)	1200 BP
Kalenderjahre der christlichen Zeitrechnung (gewonnen durch Kalibrierung von Radiokohlenstoffjahren)	1950 n. Chr.	cal BP	1200 cal BP
	Geburt Christi	cal BC cal AD	3500 cal BC 800 cal AD

Theorien, Modelle, regulative Prinzipien) übersetzt werden, die explizit zu formulieren sind. Dabei muss der geomorphologischen Zielsetzung gefolgt werden, Erklärungen über die Entstehung der Reliefformen zu liefern. Die Stratigraphie ist somit eine nützliche Nachbardisziplin der Geomorphologie, die der Erkenntnisgewinnung der Disziplin dienen kann. Auch hier fordert das regulative Prinzip des Aktualismus ein Fundament durch das zeitgenössische Prozesswissen.

6.6.2 Datierungstechniken und -methoden, Alter und Datum

Das Alter von Reliefformen und den formbildenden Prozessen bildet eine wichtige Informationsquelle für die historische Geomorphologie. Dazu werden Datierungstechniken und -methoden verwendet. Das Ziel besteht in der Entwicklung von Chronologien, d. h. in einer zeitlichen Einordnung der geomorphologischen Phänomene. In den Publikationen von Wagner (2001); Walker (2005); Brückner und Schellmann (2006) oder Huggett (2017) werden ein Überblick, ihre prozessspezifische Anwendbarkeit sowie die Altersbereiche der Techniken und Methoden geliefert. In der Geomorphologie häufig verwendete Altersangaben werden in Tab. 6.3 dargestellt.

Ein **chronometrisches Alter** wird von Wagner (2001) als eine in Jahren ausgedrückte Zeitspanne definiert, die zwischen einem geowissenschaftlichen Ereignis in der Vergangenheit und einem definierten Datum in der Gegenwart verstrichen ist. Als Datum in der Gegenwart kann der aktuelle Zeitpunkt der Datierung angegeben werden. Da dieses Datum uneinheitlich ist und bei kürzeren Zeitspannen zu nicht vergleichbaren Aussagen führt, wird es nur bei sehr langen Zeitspannen von Zehntausenden bis Mio. Jahre verwendet. Bei kürzeren Zeitspannen, bevorzugt für das Holozän, wird das festgelegte Kalenderdatum von Christi Geburt als Bezugsdatum angegeben. Ein weiteres Bezugsdatum bildet das Jahr 1950. Es wird bei Radiokohlenstoffjahren verwendet. Radiokohlenstoffjahre bilden eine weitere Maßeinheit für das Alter geomorphologischer Phänomene. Sie werden mit der Radiokohlenstoffmethode gewonnen (Wagner 2001), die den jährlich variablen Kohlenstoffgehalt der Atmosphäre zu berücksichtigen hat und daher von Kalenderjahren zu unterscheiden ist. Um Radiokohlenstoffjahre in Kalenderjahre zu transformieren, müssen sie kalibriert werden. Das Ergebnis bildet ein kalibriertes Kalenderjahr.

6.6.3 Sediment-Prozess-Korrelation

Die Rekonstruktion der Reliefformentwicklung erfordert weitere Annahmen und Hypothesen. Von besonderer Bedeutung sind Untergrundmaterialien, die als Sedimente vorliegen. Sedimente entstehen durch Erosions-, Transport- und Akkumulationsprozesse. Ihre Eigenschaften liefern Rückschlüsse auf die geomorphologischen Bildungsprozesse, weshalb sie auch als **prozesskorrelate Sedimente** bezeichnet werden, deren Klassifikation mit genetisch-lithologischen Kriterien erfolgt. Die Erkenntnisse, bestimmten Sedimenteigenschaften bestimmte

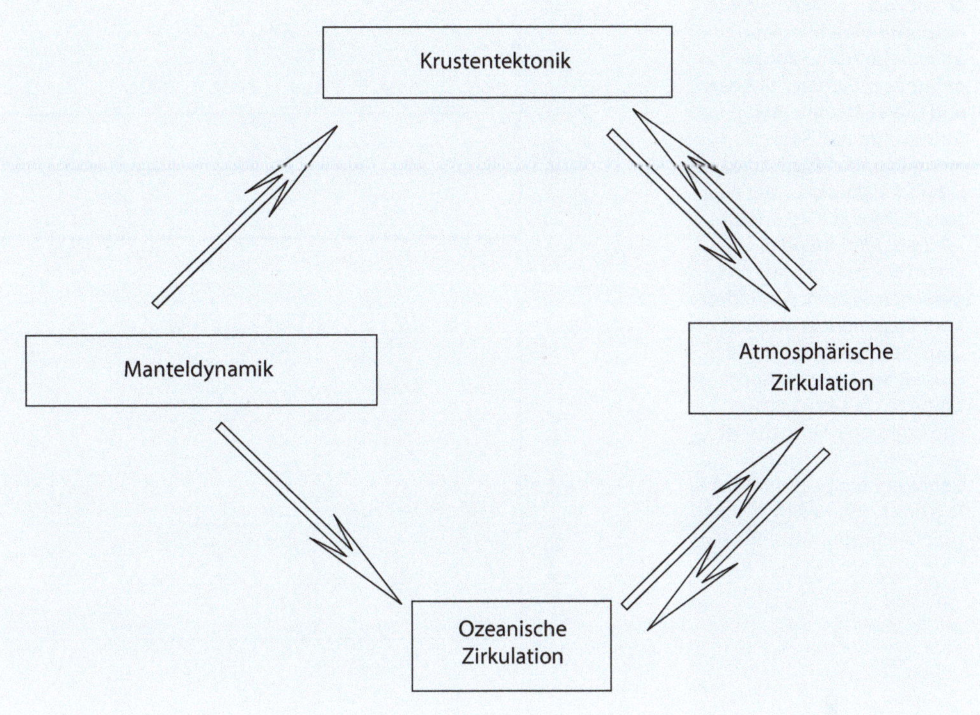

Abb. 6.7 Beziehungen und Rückkopplungen zwischen Komponenten des Erdsystems, die für die tektonische Entwicklung großskaliger Reliefformen verantwortlich sind. (Verändert nach Beaumont et al. 2000: Coupled Tectoncis – Surface Process Models with Applications to Rifted Margins and Collisional Orogens. In: Summerfield MA (Hrsg.): Geomorphology and Global Tectonics. John Wiley & Sons Ldt., Chichester, GB. © 2000)

Bildungsprozesse zuzuordnen, entstammen der empirischen Beobachtung und physikalischen Erklärungen aktueller Prozesse. Unter Anwendung des aktualistischen Prinzips werden diese Beobachtungen mit den Eigenschaften des Untergrundes in Verbindung gesetzt und einem abduktiven Schließverfahren unterworfen. Eine Übereinstimmung der Materialeigenschaften führt sodann zur Hypothese eines gleichen Bildungsprozesses. Die **chronostratigraphische Zuordnung** in ein relatives (jünger oder älter als) und absolutes (z. B. vor 0,7 Mio. Jahren) Alter erlaubt die Einordnung des Prozesses in eine geomorphologische Zeitreihe.

6.6.4 Numerische Reliefentwicklungsmodellierung

Numerische Modelle der Reliefentwicklung basieren auf **physikalischen Gesetzen** und **mathematischen Gleichungen,** mit denen versucht wird Manteldynamik, Krustentektonik, atmosphärische Zirkulation und Ozeanzirkulation mit der Abtragung des Georeliefs in quantitative Beziehungen zu setzen (Abb. 6.7). Im Ergebnis werden großskalige Reliefformen und ihre zeitliche Entwicklung simuliert und graphisch dargestellt (Kooi und Beaumont 1996; Beaumont et al. 2000; Burbank und Anderson 2001; Bishop 2011). Das numerische Reliefentwicklungsmodell von Beaumont et al. (2000) basiert auf der Kopplung einer tektonischen Hebung mit den Prozessen des Hangabtrags, der Flusseinschneidung und des Sedimentaustrags über die Grenzen des Systems. Damit wird der Mechanismus eines Prozess-Response-Systems beschrieben. Derartige Reliefveränderungen werden für die Zeitskale mehrerer Mio. Jahre modelliert. Ein einfaches **lineares Systemverhalten** kann dadurch beschrieben werden, dass ein flaches Ausgangsrelief zum Zeitpunkt $t=0$ einen diskreten tektonischen Hebungsimpuls erfährt, dessen Rate konstant bleibt (Abb. 6.8).

Das geomorphologische System reagiert in Form einer **exponentiellen Anpassung** der Response-Variablen an ein neues dynamisches Gleichgewicht. Diese Response-Variablen sind die topographische Höhe, die Höhendifferenz zwischen Talboden und Gipfel, die Hangneigung, die Abtragsrate und der Sedimentaustrag. Die **Response-Zeit des Systems** wird als Zeitskale des exponentiellen Systemverhaltens bezeichnet, sie bildet eine charakteristische Konstante des Systems. Sie definiert sich in diesem Modell durch die Zeitspanne, die nötig ist, um einen bestimmten Anteil des gesamten Betrages der Response-Variablen F zu erreichen. Die Response-Zeit des Systems ist in diesem Modell von den klimatischen und lithologischen Bedingungen abhängig. Abnehmende Widerstandsfähigkeit des Untergrundes und zunehmende Transportkapazität der Antragsprozesse reduzieren die Response-Zeit und umgekehrt.

Das Konzept der Response-Zeit ist bei diesem Ansatz von zentraler Bedeutung, da sie die langfristige Reaktion des Reliefs auf beliebige Entwicklungspfade der Hebung charakterisiert. Das bedeutet, dass die Systemreaktion vom Verhältnis der Zeitskale der tektonischen Hebung t_T und der Response-Zeit r abhängt. In Abb. 6.9 ist eine Situation für unterschiedliche Hebungstypen dargestellt, die Basisannahmen der Reliefentwicklungstheorien von Davis, W. Penck und Hack aufgreifen und die Grundlage einer numerischen Modellierung bilden (Kooi und Beaumont 1996).

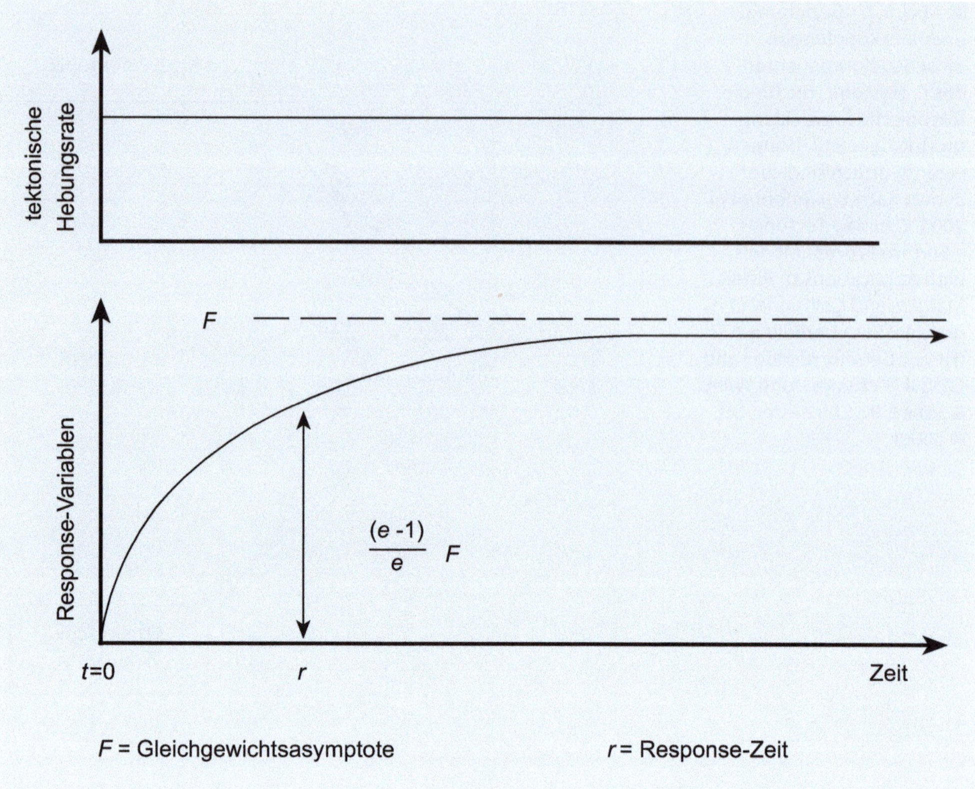

Abb. 6.8 Reaktion der Response-Variablen topographische Höhe, Höhendifferenz zwischen Talboden und Gipfel, Hangneigung, Abtragsrate und Sedimentaustrag in Form einer Exponentialfunktion auf eine zum Zeitpunkt $t = 0$ erfolgte tektonische Hebung in einem linearen geomorphologischen System. (Verändert nach Beaumont et al. 2000: Coupled Tectoncis – Surface Process Models with Applications to Rifted Margins and Collisional Orogens. In: Summerfield MA (Hrsg.): Geomorphology and Global Tectonics. John Wiley & Sons Ldt., Chichester, GB. © 2000)

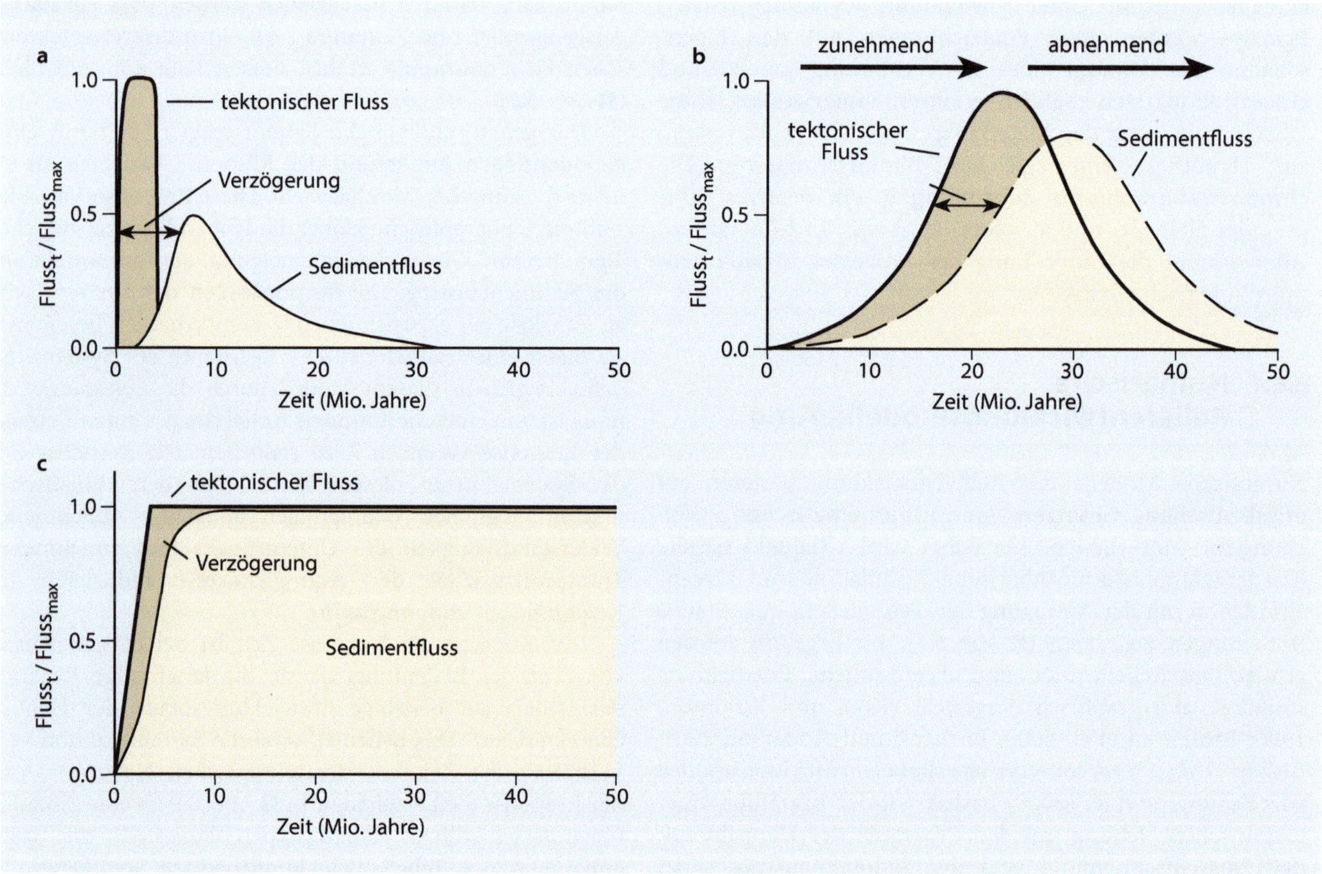

a
tektonischer Fluss
Verzögerung
Sedimentfluss
$Fluss_t / Fluss_{max}$
Zeit (Mio. Jahre)

b
zunehmend
abnehmend
tektonischer Fluss
Sedimentfluss
$Fluss_t / Fluss_{max}$
Zeit (Mio. Jahre)

c
tektonischer Fluss
Verzögerung
Sedimentfluss
$Fluss_t / Fluss_{max}$
Zeit (Mio. Jahre)

Abb. 6.9 Schematische Darstellung der Reaktion eines Prozess-Response-Systems, in dem die Dauer und Magnitude verschiedener tektonischer Hebungstypen in Beziehung zum Sedimentfluss gesetzt wird. (Nach Daten und Modellen von Kooi & Beaumont 1996, zusammengestellt von Burbank & Anderson 2001: Tectonic Geomorphology. Blackwell Science Ltd., Oxford, GB. © 2001)

Die Modellansätze beruhen auf Kopplungen der räumlich gemittelten tektonischen Hebungsraten mit räumlich gemittelten Abtragsraten. Es wird eine zeitliche Verzögerung zwischen dem Beginn der Hebung und der Reaktion des geomorphologischen Systems modelliert. Dabei werden die tektonischen und geomorphologischen Elemente des Prozess-Response-Modells als vertikaler tektonischer Fluss bzw. als Sedimentfluss ausgedrückt, d. h. als Dauer und Magnitude der mittleren Gebirgshebung (tektonischer Fluss) und als mittlerer Sedimentfluss (**Sedimentdurchflussrate** durch einen definierten Querschnitt), der das System über seine räumliche Begrenzung verlässt.

Fall ◘ Abb. 6.9a: Eine schnelle (impulsive) und zeitlich begrenzte tektonische Hebung im Sinne der Theorie von Davis führt nach einer Zeitverzögerung zu einer schnell zunehmenden Systemreaktionen in Form des Hangabtrags, der fluvialen Einschneidung und der Sedimentflüsse, die im Laufe der Zeit abgeschwächt werden und verschwinden.

Fall ◘ Abb. 6.9b: Wechselnde Hebungsraten im Sinne der Theorie von W. Penck, zunächst zunehmend *(waxing)*, dann abnehmend *(waning)*, führen zu einer allmählichen, der Hebung folgenden, Zunahme der Sedimentflüsse. Ihr Maximum tritt nach einer Zeitverzögerung nach dem Hebungsmaximum auf, wobei zu diesem Zeitpunkt die Hebungsrate bereits wieder abnimmt. Response-Variablen können der Hebungsphase in Form einer Dämpfung folgen, da das Maximum der Hebung bereits überschritten wurde.

Fall ◘ Abb. 6.9c: Bleibt nach einer initialen Phase die Hebung bei einer kontinuierlichen Rate *(sustained)*, stellt sich im Sinne der Theorie von Hack zwischen Hebung und Abtrag ein anhaltendes dynamisches Gleichgewicht zwischen den konkurrierenden Prozessen und ein kontinuierlicher Sedimentfluss ein. Nach Veränderungen der tektonischen Hebungsrate bringen negative Rückkopplungsmechanismen das System wieder in ein neues Gleichgewicht. Bei Beendigung der Hebung wird die Form vollständig zu einer Fläche abgetragen.

Derartige Reliefentwicklungsmodelle enthalten nicht nur zahlreiche Elemente, die bereits in den klassischen konzeptionellen Ansätzen von Davis, W. Penck und Hack vorgestellt wurden. Darüber hinaus bieten sie die Gelegenheit, neue Ansätze der Geomorphologie, skalenabhängige Form-Response-Theorien, räumlich-zeitliche variable Systemsensitivitäten oder nichtlineare und komplexe Theorien komplementär mit den klassischen konzeptionellen Reliefentwicklungstheorien zu verknüpfen.

Fazit

Mit dem Ziel der Erkenntnisgewinnung über die Reliefgenese in langen Zeitskalen begibt sich die Geomorphologie auf das Gebiet der historischen Wissenschaften. Sie verlässt damit die Möglichkeit, die formenden Prozesse empirisch beobachten zu können. Dies liegt an den äußerst langen Zeitskalen der formenden Prozesse und an der geringen Veränderungsrate der Formen in der begrenzten Zeitspanne der Messung in der Gegenwart. In Konsequenz sind Methoden anzuwenden, die einen rekonstruktiven Charakter haben und auf den Eigenschaften von relikten Formen, d. h. relikte Formoberflächen und -körper, basiert sein müssen. Diese Phänomene werden als Archive genutzt. Im Laufe ihrer Entwicklung hat die Geomorphologie eine Vielzahl von Theorien der Reliefgenese langer Zeitskalen hervorgebracht, die die Lithologie, die Tektonik, das Klima und die Zeit in Beziehung setzen. Von grundlegender Bedeutung für ein Verständnis der Reliefentwicklung sind die Zyklizität, Nichtzyklizität, Zeitabhängigkeit und Zeitunabhängigkeit der formenden Prozesse. Die numerische Simulation der Reliefentwicklung bietet heute interessante Möglichkeiten, die genetischen Theorien auf physikalische Grundlagen zu stellen und eine Vielzahl von Form-Response-Variablen zu testen. Ihre Bewertung ist Bestandteil der aktuellen geomorphologischen Forschung.

Weiterführende Literatur

Büdel J (1981) Klima-Geomorphologie. Gebrüder Borntraeger, Berlin

Burbank DW, Anderson RS (2001) Tectonic geomorphology. Blackwell, Oxford

Chorley R, Schumm SA, Sugden DE (1984) Geomorphology. Methuen, London

Davis WM (1899) The geographical cycle. Geogr J 14:481–504

Gilbert GK (1877) Report on the geology of the Henry Mountains. United States Geographical and Geological Survey of the Rocky Mountains Region, Washington D.C., United States Government Printing Office

Hack JT (1960) Interpretations of erosional topography in humid temperate regions. Am J Sci 258-A:80–97

King LC (1967) The morphology of the Earth. Oliver & Boyd, Edinburgh

Ollier CD (1981) Tectonics and landforms. Longman, London

Ollier CD (1991) Ancient landforms. Belbaven Press, London

Penck W (1924) Die morphologische Analyse, ein Kapitel der physikalischen Geologie. Engelhorn, Stuttgart

Rohdenburg H (2006) Einführung in die klimagenetische Geomorphologie. CATENA Verlag, Reiskirchen

Summerfield MA (1991) Global geomorphology. Longman, Harlow

Thornes JB, Brunsden D (1977) Geomorphology and time. Methuen, London

Tricart J, Cailleux A, Kiewietdejonge CJ (1972) Introduction to climatic geomorphology. Longman, Harlow

Wagner GA (2001) Altersbestimmung von jungen Gesteinen und Artefakten. Spektrum, Heidelberg

Endogene Prozesse und Reliefformung

Inhaltsverzeichnis

Reliefformung durch Tektonik und Gestein

R. Dikau et al., *Geomorphologie*, https://doi.org/10.1007/978-3-662-59402-5_7

Die tektonischen Prozesse des Erdkörpers bilden eine der zentralen Ursachen für die Entstehung geomorphologischer Formen. Die entstehenden Reliefformen weisen ein ausgeprägtes Größenspektrum auf, das von der Megaskale eines Kontinents bis zur Mikroskale einer Verwerfungsstufe reicht. An der Erdoberfläche finden sich nur wenige ausschließlich tektonisch erklärbare Reliefformen. Nach ihrer Bildung und dem Eintreten in die exogenen Prozesssysteme werden sie den Prozessen der Verwitterung, Abtragung, des Transportes und der Deposition ausgesetzt. So werden sie im Laufe ihrer geomorphologischen Entwicklungsgeschichte verändert und weiterentwickelt oder gänzlich zerstört. Neben den tektonischen Prozessen haben die lithologischen Eigenschaften und die Struktur des Gesteins entscheidenden Einfluss auf die entstehenden Reliefformen. Ihre Resistenz gegenüber den Prozessen der Erosion und ihre daraus resultierende Gestalt werden in hohem Maße von diesen Eigenschaften gesteuert. Die Skalen der tektonischen Reliefformung erreichen die oberste Ebene der geomorphometrischen Größenordnungshierarchie. Kontinentale Schilde und Senken sowie die Hochgebirgsketten zählen zu den größten Reliefformen der Erde. Ihre Bildungszeit und Existenzdauer umfasst Zeitskalen bis zu mehreren 100 Mio. Jahre.

7.1 Reliefformung durch tektonische Prozesse

7.1.1 Die Reliefstrukturen der Erde

Die Höhenverteilung des globalen Reliefs oberhalb und unterhalb des Meeresspiegels folgt einer bimodalen Verteilung. Die größten Flächen werden von den kontinentalen Hügel- und Tiefländern und den ozeanischen Tiefseebecken eingenommen. Nur kleine Flächen der festen Erde werden durch Regionen eingenommen, die 5 km über und 6 km unter dem Meeresspiegel liegen. Die höchste Erhebung wird mit 8,8 km und der tiefste Punkt mit über 11 km erreicht. Die Verteilung der terrestrischen und untermeerischen Erdoberfläche wird in der **hypsometrischen Kurve** dargestellt (◘ Abb. 7.1). Die Anteile der Reliefhöhen sind kumulativ-prozentual dargestellt. Das Bezugsniveau ist der Meeresspiegel. Die Festländer der Erde nehmen ca. 30 % der gesamten Erdoberfläche ein. Die Hügel- und Tiefländer bis zu einer Höhe von 1000 m bilden die größten Flächen des Festlandes, gefolgt von den Mittelgebirgen bis 2000 m Höhe. Die Hochgebirge nehmen eine nur sehr geringe Fläche ein. Die mittlere Höhe des Festlandes beträgt 875 m. Das unter dem Meeresspiegel liegende Relief der Meeresböden umfasst ca. 70 % der Erdoberfläche. Die größten Flächen bilden die Tiefseeböden (2000–6000 m unter NN) mit aufgesetzten Hügeln, Gebirgen und mittelozeanischen Rücken, gefolgt von den Kontinentalabhängen zwischen 200 und 2000 m unter NN. Die Schelfregionen der Weltmeere nehmen ca. 10 % der Erdoberfläche ein. Es sind Flachwasserregionen, die von der Küstenlinie begrenzt sind und sich bis zum Neigungsknick (Schelfkante) des Kontinentalabhangs in 200 m unter NN erstrecken. Die Tiefseegräben nehmen einen sehr geringen Teil von ca. 5 % der Flächen ein. Die mittlere Meerestiefe beträgt 3790 m unter NN.

Die hypsometrische Kurve zeigt die Höhengliederung der Erdoberfläche. Die Reliefeinheiten der unterschiedlichen Höhenstufen werden Großformen der Megaskale zugeordnet, die auf die tektonischen Prozesse der Erdkruste zurückzuführen sind. Dazu gehören die Hochgebirge und Kontinentalplattformen des Festlandes sowie die untermeerischen Kontinentalabhänge, Kontinentalfußregionen, Tiefseeböden, die mittelozeanischen Rücken und die Tiefseegräben. Wird die hypsometrische Kurve kontinental und regional aufgelöst, zeigt sich ein differenzierteres Bild der Kontinente und Ozeane (◘ Abb. 7.2). Große Flächen der Kontinente werden durch die Tiefländer und Plateaus der kontinentalen Ebenen aufgebaut. Lineare Formen bilden die Gürtel der Hochgebirge, die als **Orogene** bezeichnet werden. Ein Orogengürtel verläuft am westlichen Rand Nord- und Südamerikas und wird durch die Nordamerikanische Kordillere und die Anden aufgebaut. Ein zweiter Gürtel erstreckt sich west–ostwärts von den europäischen Alpen über den Himalaja bis zum westchinesischen Hochgebirgssystem. Diese Gebirgsgürtel haben ein jüngeres känozoisches Alter und weisen die höchsten Erhebungen der Landmassen der Erde auf. Ältere und stärker erodierte Gebirge finden sich in den Appalachen, dem Ural, Zentralasien und Nordsibirien. Die kontinentalen Ebenen können durch ausgeprägte lineare Grabensysteme (kontinentale Riftzonen) durchschlagen worden sein, wie dem ostafrikanischen oder dem zentraleuropäischen Grabensystem.

Die kontinentalen Schelfgebiete bilden die untermeerische Fortsetzung der Kontinente (◘ Abb. 7.3). Sie gehen in den kontinentalen Abhang über, der mit Neigungen von 3–6° in die Verebnungen der Tiefseebecken abfällt. Die Tiefseebecken werden durch die mittelozeanischen Rücken gegliedert. Diese erheben sich durchschnittlich 2 km über dem Meeresboden und bilden einen erdumfassenden untermeerischen Gebirgsgürtel, der Breiten bis zu 1000 km erreichen kann und in wenigen Regionen (z. B. in Island) die Meeresoberfläche überragt. Die größten Ozeantiefen treten in den Tiefseegräben auf, die an einigen Kontinentalrändern (z. B. Südamerika) und in Kopplung mit Inselbögen (z. B. Westpazifik) zu beobachten sind (an Subduktionszonen, ► Abschn. 7.2.1).

7.1.2 Typisierung von tektonisch erzeugten Reliefformen

Die Typisierung von Reliefformen, die durch tektonische Prozesse erzeugt wurden (◘ Tab. 7.1), wird von Chorley et al. (1985) in primäre und sekundäre Klassen vorgenommen. Unter **primären Reliefformen** verstehen die Autoren jene, die durch die endogenen Prozesse der Tektonik und des Vulkanismus entstanden sind. **Sekundäre**

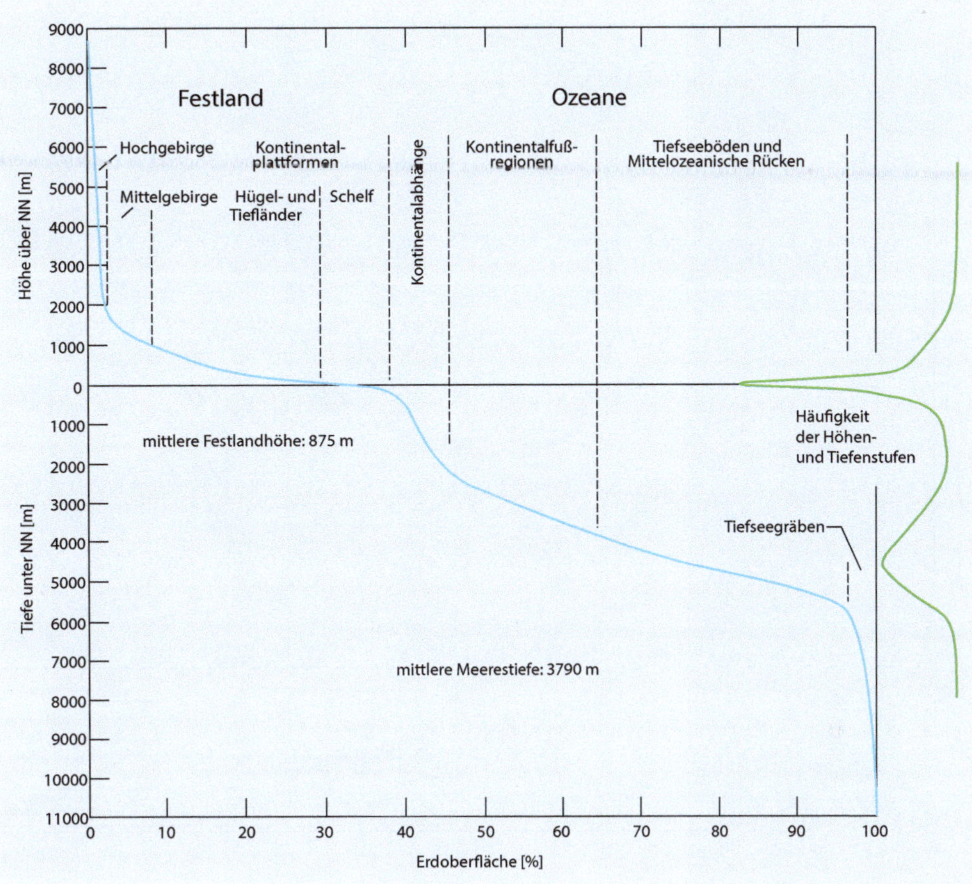

Abb. 7.1 Hypsometrische Kurve der Erdoberfläche unterteilt in Festlandsflächen und Flächen unter dem Meeresspiegel. (Verändert nach Kelletat 2013, Abdruck mit Genehmigung von D. Kelletat)

Reliefformen entwickeln sich durch exogene Prozesse der Verwitterung, des erosiven Abbaus und akkumulativen Aufbaus.

Tektonische Prozesse führen zu Bewegungen des Gesteins der Erdkruste und zahlreichen Verformungen, Faltungen, Brüchen und mineralogischen Veränderungen. Derartige Bewegungen werden als **Diastrophismus** bezeichnet. Es werden fünf Bewegungstypen unterschieden:

- Orogenetische Bewegungen (Orogenese: Gebirgsbildung, griech. *orogenese*): Faltung, Überschiebung, Kollision, Subduktion, Sedimentation, laterale Stauchung, Magmatismus und Hebung der Erdkruste in langen Zeitskalen und mehreren Phasen.
- Epirogenetische Bewegungen (Epirogenese: Kontinentbildung, griech. *epeiros* – Festland): Flache Verbiegungen und Aufwölbungen bzw. Absenkungen der kontinentalen Erdkruste in langen Zeit- und großen Raumskalen ohne wesentliche Deformation oder Bruch des Gesteins.
- Isostatische Bewegungen (Isostasie: Gleichgewichtszustand, griech. *isos* – gleich, *stasis* – Stand): Schwimmgleichgewicht der spröden Lithosphäre in der plastisch deformierbaren Asthenosphäre des Erdkörpers.
- Vulkanische Bewegungen (lat. *volcanus* – röm. Gott des Feuers): Bewegung und mineralogische Veränderungen von geschmolzenem Gestein, das an die Erdoberfläche gelangen kann oder anderes Gestein im Erdinnern durchdringt und zu dessen Deformation führt.
- Eustatische Bewegungen (griech. *eu* – gut, echt, *stasis* – Stand): Meeresspiegelschwankungen durch Änderung des Wasservolumens in den Ozeanen auf langen Zeitskalen durch kontinentale Eisschmelze (Glazialeustasie), Einsinken des Tiefseebodens (Tektoeustasie, Hydroeustasie), Ozeanbodenspreizung oder Sedimenteinträge von den Kontinenten in die Ozeanbecken.

7.1.3 Aufbau des Erdkörpers

Die Vorstellung vom Aufbau des Erdkörpers beruht auf einer geometrischen Gliederung in **Schalen** (Abb. 7.4) (Schmincke 2013; Grotzinger und Jordan 2017). Die äußerste dünne Schale wird als **Kruste** bezeichnet, die zwischen 6 und 70 km mächtig werden kann und in eine ozeanische und eine kontinentale Kruste gegliedert wird (Tab. 7.1). Darunter folgt die **Mohorovičić-Diskontinuität** (kurz: Moho), die die Grenze zwischen der Kruste und dem darunter liegenden **Erdmantel** bildet. An ihr ändert sich die chemische Zusammensetzung des Erdkörpers. Der Erdmantel erstreckt sich bis in eine Tiefe von ca. 2900 km. Er bildet mit über 80 % den größten Volumenanteil des

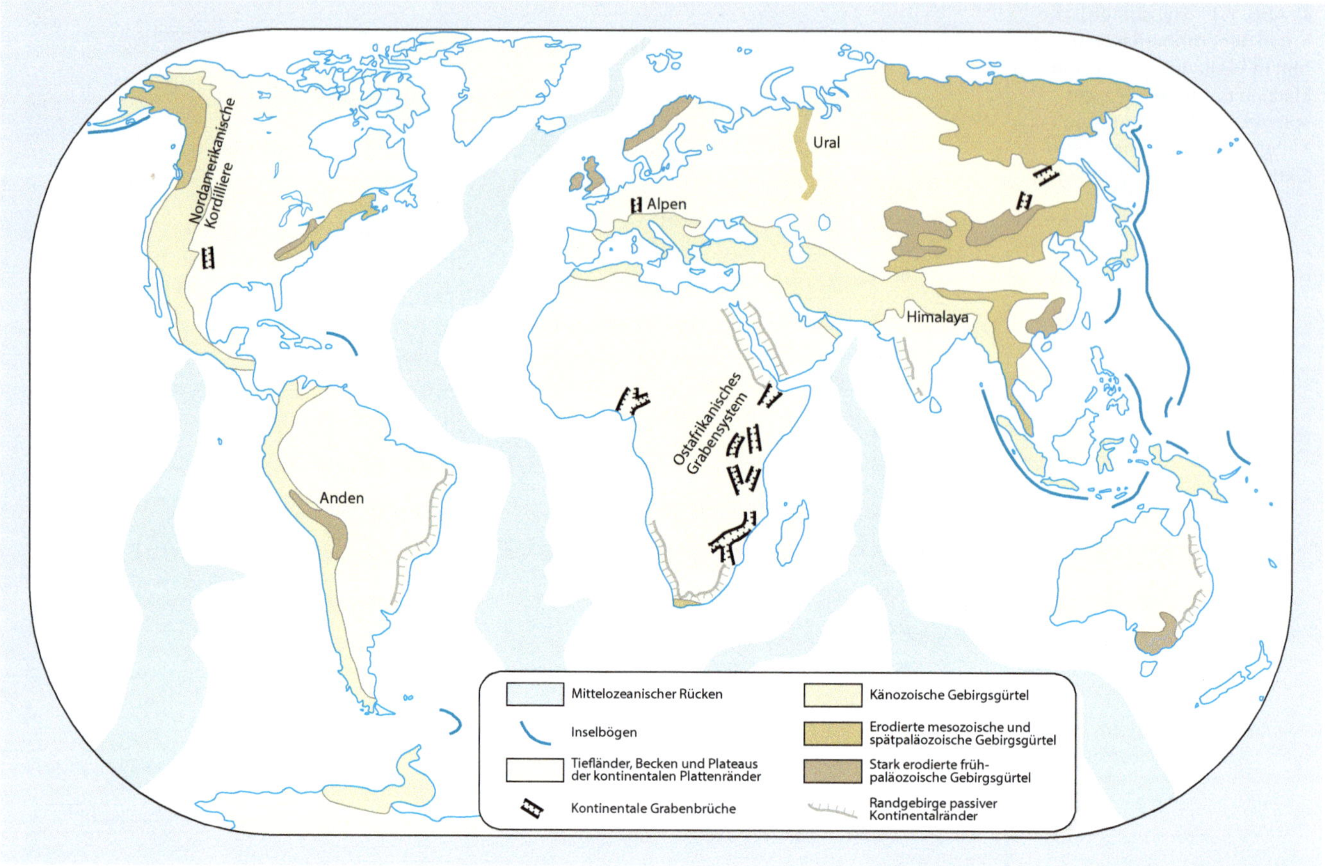

Abb. 7.2 Die globalen Reliefstrukturen. (Verändert nach Summerfield 1991: Global Geomorphology. 1. Auflage. Verfasst von Michael A. Summerfield, veröffentlicht von Routledge. © M. A. Summerfield, 1991. Abdruck im Einvernehmen mit Taylor & Francis Books UK)

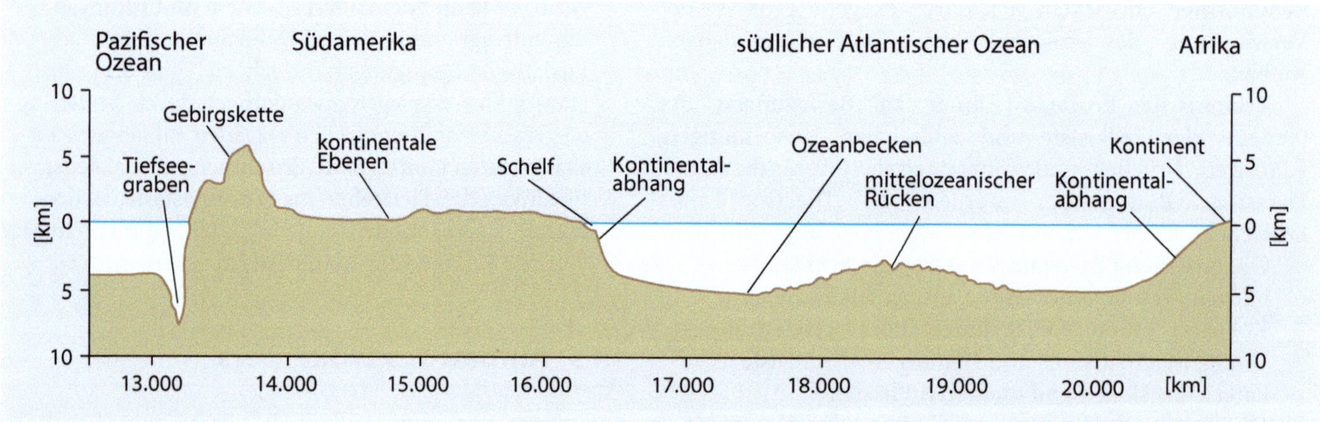

Abb. 7.3 Querprofil durch die über- und untermeerischen geomorphologischen Großformen Südamerikas bis zur Westküste Afrikas. (Verändert nach Selby 1985: Earth's Changing Surface. © M. J. Selby 1985. Abdruck mit Genehmigung von Oxford Publishing Limited durch PLSclear)

Erdkörpers. Darunter folgt der flüssige äußere **Kern** bis in eine Tiefe von 5146 km und im Erdmittelpunkt der feste innere Kern mit einem Radius von 1255 km. Seine Temperatur liegt bei etwa 4700 K. Die Schalen sind durch Materialdiskontinuitäten voneinander getrennt, an denen sich ihre geochemischen Eigenschaften und der Phasenzustand des Materials ändern. Dies bewirkt eine charakteristische Veränderung der Geschwindigkeit von seismischen Wellen.

Die **kontinentale Kruste** ist Bestandteil der Lithosphäre (Tab. 7.2). Ihre mittlere Mächtigkeit beträgt 35–40 km, die maximale Mächtigkeit erreicht bei jungen Hochgebirgen Mächtigkeiten von 50–80 km. Unter kontinentalen Grabenzonen (Riftzonen), z. B. dem Oberrheingaben, ist sie mit 20–25 km weitaus dünner. Die kontinentalen Krustengesteine können mit bis zu 4 Mrd. Jahren ein sehr hohes Alter erreichen. Demgegenüber ist die **ozeanische Kruste** mit einem Alter bis zu 200 Mio. Jahren sehr viel jünger und

Tab. 7.1 Begrifflichkeiten und Klassifikationen für das Themengebiet der Reliefformung durch tektonische Prozesse. (Chorley et al. 1984)

Formbegriff	Endogene Ursache	
Primäre Reliefformen	Plattentektonik Orogenese Epirogenese Isostasie Vulkanismus Tektoeustasie Hydroeustasie	
Sekundäre Reliefformen	Verwitterung, erosiver Abbau und akkumulativ-sedimentärer Aufbau	
Aktiver tektonischer Formungseinfluss	Einfluss aktiv wirkender tektonischer Prozesse auf exogene Prozesse	Plattentektonik Prozesse an Plattengrenzen Prozesse des Platteninneren Vulkanische Prozesse
Passiver tektonischer Formungseinfluss	Einfluss abgeschlossener tektonischer Prozesse auf exogene Prozesse	

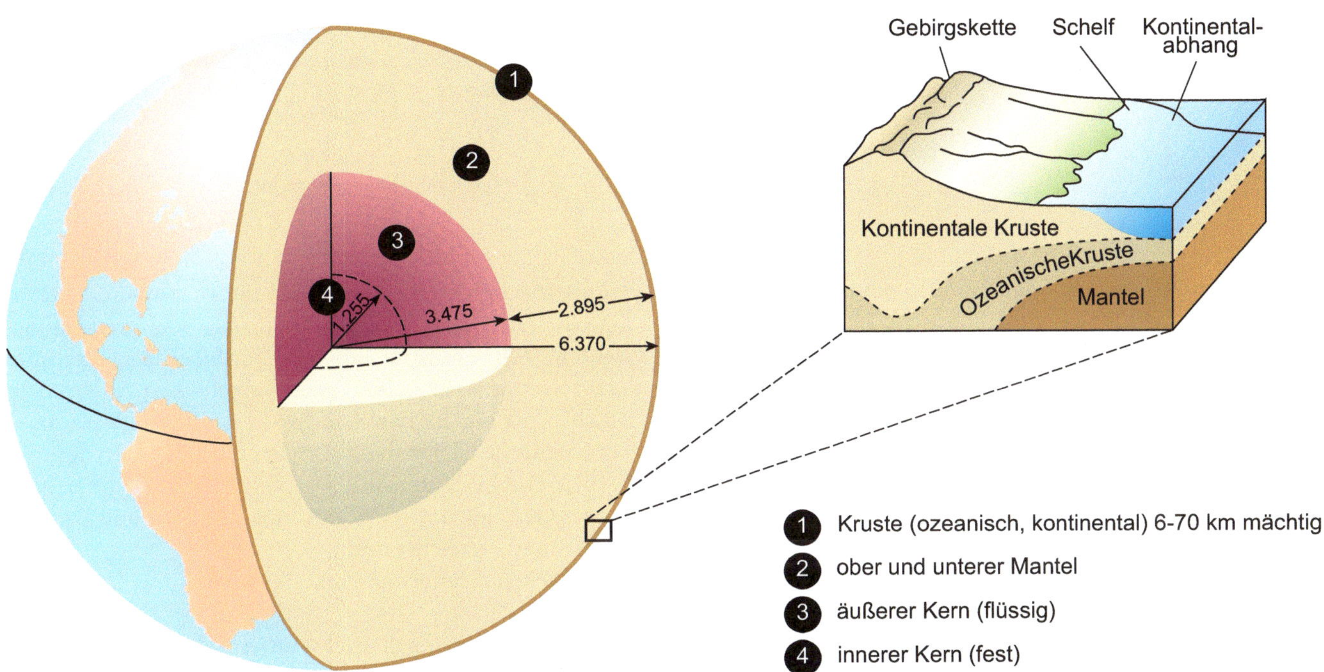

Abb. 7.4 Aufbau des Erdkörpers. Die Zahlenangaben erfolgen in km. (Verändert nach Strahler und Strahler 1992: Modern Physical Geography. Abdruck mit Genehmigung von John Wiley and Sons Inc. erteilt durch Copyright Clearance Center, Inc.)

erreicht bei einer Dichte von 3,0 g cm^{-3} eine Mächtigkeit von maximal 10 km. Die kontinentale Kruste ist mit einer mittleren Dichte von 2,7–2,8 g cm^{-3} leichter als die ozeanische Kruste. Die geringere Dichte der kontinentalen Kruste ist die Folge ihres höheren SiO_2-Gehalts und größeren Anteilen von Eisen-, Magnesium- und Calcium-Oxiden.

Die Krusten-Mantel-Grenze wird durch die Mohorovičić-Diskontinuität (Moho) bestimmt, bei der die Ausbreitungsgeschwindigkeiten der seismischen Wellen und die Gesteinsdichte markant ansteigen, was auf die veränderte chemische Zusammensetzung des Oberen Mantels zurückzuführen ist. Der Mantel wird in einen Oberen (Moho bis 660 km Tiefe) und Unteren Mantel (660–2900 km Tiefe) gegliedert.

Der **lithosphärische Mantel** bildet den obersten Bereich des Oberen Mantels (Tab. 7.2) und den untersten Bereich der Lithosphäre. Zusammen mit der ozeanischen und kontinentalen Kruste bildet der lithosphärische Anteil des Mantels die Lithosphäre. Die Lithosphäre „schwimmt" auf der plastischen, teilweise aufgeschmolzenen **Asthenosphäre,** die sich bis in Tiefen von mindestens 300 km ausdehnt. Die Grenzen zwischen Asthenosphäre und Lithosphäre und zwischen Mantelbasis und äußerem Kern in ca. 2900 km Tiefe sind für die Entwicklung makroskaliger Reliefformen von hoher Bedeutung. Direkt unterhalb der Moho nimmt die Geschwindigkeit der seismischen Wellen bis in eine Tiefe von ca. 100 km zu. Bis in 300 km Tiefe nimmt sie wieder leicht ab und steigt ab dieser Tiefe wieder signifikant an.

Tab. 7.2 Eigenschaften der Kruste und des obersten Bereiches des obersten Erdmantels (P-Wellen: seismische Kompressionswellen, S-Wellen: seismische Scherwellen). (Summerfield 1991, Frisch und Meschede 2013)

Bezeichnung		Mächtigkeit/ Tiefe	Mittlere Dichte ($g\ cm^{-3}$)	Geschwindigkeit seismischer P- und S-Wellen ($km\ s^{-1}$)	Verformungsverhalten	Bezeichnung
Kruste	Kontinentale Kruste	min: < 30 km max: 80 km mittel: 35–40 km	2,7–2,8	P: 6,6 S: 3,8 (Zunahme mit der Tiefe)	Spröde	Lithosphäre
	Ozeanische Kruste	max: 10 km mittel: 5–8 km	3,0			
Mohorovičić-Diskontinuität (Moho)						
Oberer Mantel (bis 660 km Tiefe)	Litho-sphärischer Mantel	70–150 km >200 km unter Gebirgen	3,3	P: 8,5 S: 4,8 (direkt unterhalb der Moho)	Elastisch, Deformation bei Belastung, teilweise duktil, Temperatur an der Basis: 1300 °C	
	Asthenosphärischer Mantel	100–300 km		P: 7,8 S: 4,2 (LVZ: Low-Velocity-Zone)	Duktil, plastische Deformation, plastisch, in Teilen geschmolzen	Asthenosphäre
		300–660 km		P: 14,0 S: 7,5	Spröde bis plastisch Konvektionsprozesse	

Diese etwa 200 km mächtige Zone, in der eine Teilschmelze des Gesteins stattfindet und plastische Deformation überwiegt, wird als Niedergeschwindigkeitszone bezeichnet. Es handelt sich um den Kernbereich der Asthenosphäre.

7.1.4 Erdschwerefeld

Die Kruste und die Lithosphäre des Erdkörpers sind durch eine Vielzahl von geophysikalischen Eigenschaften charakterisiert. Dazu zählen:

- Gestalt und Schwerefeld,
- Magnetfeld,
- Ausbreitungsgeschwindigkeit der seismischen Wellen und
- Temperatur der Schalen.

Die Messung und Erklärung dieser Eigenschaften fällt in das Aufgabengebiet der Geodäsie und Geophysik (Götze et al. 2015).

Das Schwerefeld der Erde und seine Anomalien, d. h. die Abweichungen bestimmter Regionen der Erdoberfläche von einem mittleren normalen Schwerefeld (Normalschwere), wird durch zwei Kräfte bestimmt, der **Gravitationskraft** und der **Zentrifugalkraft.** Das Normalfeld der Schwere beschreibt einen möglichst einfachen Körper eines Rotationsellipsoides, der an den Polen abgeplattet ist und dessen Oberfläche eine Niveaufläche darstellt, auf der das Schwerefeld überall gleich ist (= Normalschwere). Die Messung der **Anomalien des Schwerefeldes** an der Erdoberfläche liefert wertvolle Informationen über die Eigenschaften der Lithosphäre. Durch Schweremessungen werden Schwerewerte an der Erdoberfläche ermittelt. Die Schwere wird in der geophysikalischen Einheit einer Beschleunigung in $m\ s^{-2}$ angegeben. Die Schwere an der Erdoberfläche ist abhängig von den Eigenschaften der:

- topographischen Höhe,
- der Gesteinsmasse (Produkt aus Volumen und Dichte),
- der Gesteinsdichte und
- Gesteinsinhomogenitäten.

Die Eigenschaften gelten als unveränderliche Anteile am gemessenen Schwerefeld. Zu den veränderlichen Anteilen zählen Gezeiteneffekte sowie Meeresspiegel- und Grundwasserschwankungen. Die Abweichungen von der Normalschwere werden in Bezug auf Kruste und Lithosphäre durch Tiefseebecken und -gräben, kontinentale Gebirge der Subduktionszonen und der Lage der Kontaktzone zwischen den Gesteinsmassen verursacht.

7.1.5 Isostasie

Eine weitere wichtige Eigenschaft des äußeren Erdkörpers für das Verständnis der tektonischen Ursachen von Reliefformen liegt in dem unterschiedlichen mechanischen Verformungsverhalten des Oberen Mantels und der Kruste. Hier ist die Grenze zwischen der plastisch deformierbaren, duktilen Asthenosphäre und der überwiegend spröden Lithosphäre von hoher Bedeutung (Burbank und Anderson 2001;

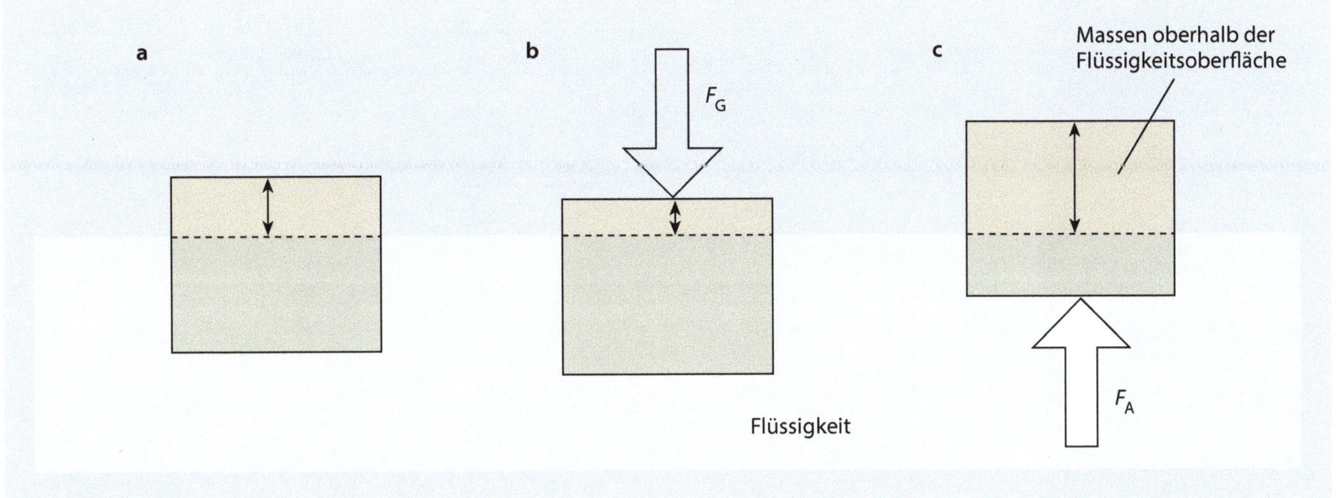

Abb. 7.5 Isostatische Schwimmgleichgewichte und -ungleichgewichte eines schwimmenden Körpers: **a** isostatisches Gleichgewicht, **b** isostatisches Ungleichgewicht, Einsinken durch vertikale Auflast, **b** isostatisches Ungleichgewicht, Herausheben durch vertikale Druckkraft (F_A = Auftriebskraft, F_G = Gewichtskraft). (Verändert nach Martin & Eblmaier (Hrsg.) Lexikon der Geowissenschaften 2000, Abdruck mit Genehmigung von Springer-Verlag GmbH Deutschland)

Anderson und Anderson 2010). Für diese Situation kann das physikalische **Gesetz des hydrostatischen Schwimmgleichgewichtes** (Isostasie) angewendet werden (Abb. 7.5).

Es besagt, dass ein Körper, der teilweise oder vollständig in eine Flüssigkeit eintaucht, eine Auftriebskraft F_A erfährt, deren Größe gleich der Gewichtskraft F_G der verdrängten Flüssigkeit ist. Dieses Gesetz wird als **archimedisches Prinzip** bezeichnet. Das hydrostatische Schwimmgleichgewicht wird durch die Eintauchtiefe der Lithosphäre in die Asthenosphäre in Abhängigkeit von der Mächtigkeit und Dichte des Lithosphärenmaterials erreicht (Fall a in Abb. 7.5). Das archimedische Prinzip besagt, dass ein Körper in einer Flüssigkeit schwimmt, wenn seine Dichte gleich oder kleiner der Dichte der Flüssigkeit ist. Bei einer größeren Dichte des Körpers übersteigt seine Gewichtskraft die Auftriebskraft und der Körper sinkt. Bei kleinerer Körperdichte erfährt dieser eine Beschleunigung nach oben und er positioniert sich in einem entsprechenden neuen Schwimmgleichgewicht. In allen Fällen taucht er zu einem bestimmten Teil in die Flüssigkeit ein. Dabei ist die Gewichtskraft der vom Körper verdrängten Flüssigkeit gleich der Gewichtskraft des Körpers. Hier ist die nach oben wirkende Auftriebskraft F_A gleich der nach unten gerichteten Gewichtskraft des verdrängten Flüssigkeitsvolumens F_G. Ein **isostatisches Ungleichgewicht** liegt dann vor, wenn der Körper durch eine Auflast, z. B. eine Eismasse, in die Flüssigkeit gedrückt wird und dabei eine zusätzliche Auftriebskraft erzeugt (Fall b in Abb. 7.5). Ein Ungleichgewicht entsteht auch dann, wenn eine vertikale Kraft den Körper aus der Flüssigkeit drückt, z. B. durch den Druck einer tektonischen Platte, und dabei eine zusätzliche Gewichtskraft erzeugt (Fall c in Abb. 7.5). In beiden Fällen liegt eine isostatische Anomalie vor und der Schwimmkörper wird durch Aufstieg oder Einsinken versuchen, wieder einen Gleichgewichtszustand zu erreichen.

7.2 Reliefformung durch plattentektonische Prozesse

Im Zentrum der tektonischen Geomorphologie steht die Bedeutung der Theorie der globalen Plattentektonik für die Entwicklung von Reliefformen. Die Plattentektonik setzte sich Ende der 1960er-Jahre als **globale geotektonische Theorie** gegenüber älteren Theorien globaler Strukturen der Lithosphäre und der Orogenese durch. Ihre Basis bildet die Konzeption der Plattendrift, des Wachstums der Ozeanböden und der Subduktion (Summerfield 2000; Scheidegger 2004; Bishop 2007, 2011; Frisch und Meschede 2013; Grotzinger und Jordan 2017; Meschede 2018).

Die Theorie der Plattentektonik basiert auf der Vorstellung, dass die äußere Schale des Erdkörpers aus weitgehend starren Lithosphärenplatten besteht, die durch Störungszonen getrennt sind (Frisch und Meschede 2013; Grotzinger und Jordan 2017). Diese Störungszonen umfassen ozeanische und kontinentale Grabensysteme (Riftzonen), Subduktionszonen und Seitenverschiebungsregime. Die Erdoberfläche lässt sich dadurch in größere Platten gliedern, die die **kontinentale** und **ozeanische Kruste** und den lithosphärischen Anteil des oberen Mantels **(lithosphärischer Mantel)** umfassen (Abb. 7.6). Die Pazifische Platte besteht ausschließlich aus ozeanischen Bestandteilen, während z. B. die Afrikanische Platte kontinentale und ozeanische Teile aufweist. Weitere Platten haben kleinere Dimensionen und werden als Mikroplatten bezeichnet (Abb. 8.1). Die Lithosphärenplatten sind beweglich und verschieben sich mit unterschiedlichen Geschwindigkeiten von einigen cm pro Jahr relativ zueinander.

Durch die **Plattenbewegungen** (Platten*drift*) entstehen drei verschiedene Typen von Plattengrenzen. An

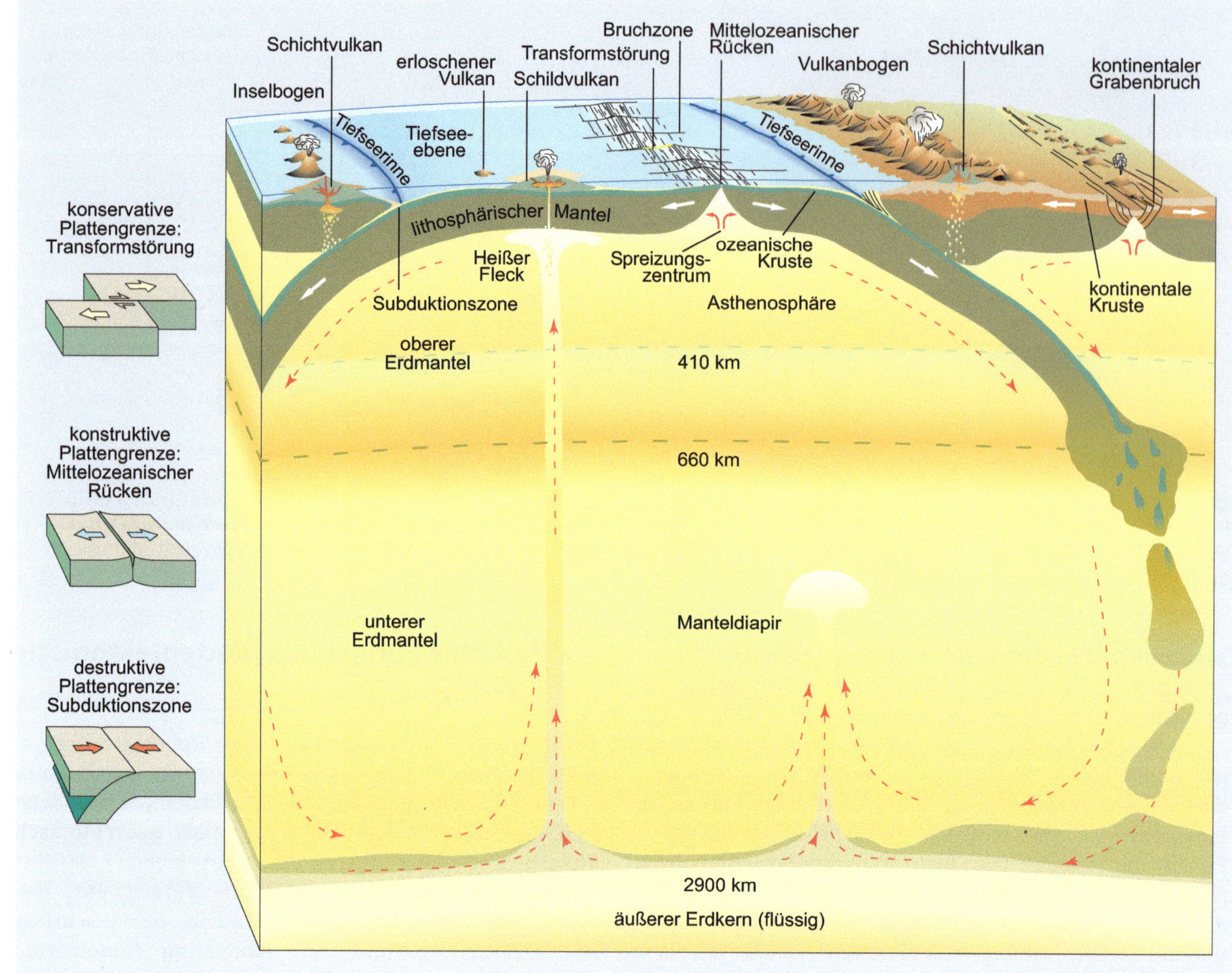

Abb. 7.6 Aufbau der Kruste und des oberen und unteren Mantels des Erdkörpers. Die Lithosphäre wird aus dem lithosphärischen Mantel und der Kruste gebildet. Schematisch dargestellt sind konservative, konstruktive und destruktive Plattengrenzen, Prozesse im Erdmantel sowie tektonische und vulkanische Reliefformen. (Nach Meschede 2018, Abdruck mit Genehmigung von M. Meschede)

konstruktiven Plattengrenzen entfernen sich Platten voneinander. Sie werden auch als **divergierende Plattengrenzen** bezeichnet. Sie bilden ozeanische Riftzonen, an denen neues ozeanisches Lithosphärenmaterial entsteht. In die entstehende Lücke zwischen den divergierenden Plattengrenzen dringt Magma aus der Asthenosphäre auf und bildet frische ozeanische Kruste. An diesen Plattengrenzen entwickeln sich die mittelozeanischen Rücken, die aus erstarrter basaltischer Schmelze aufgebaut sind. Da sich hier der Ozeanboden spreizt und nach außen bewegt, wird dieser Prozess als Ozeanbodenspreizung *(sea floor spreading)* bezeichnet. Ozeanische Lithosphäre wird mit zunehmendem Alter immer schwerer, weil sie abkühlt und der lithosphärische Mantel immer dicker wird.

An **konvergierenden Plattengrenzen** bewegen sich Platten aufeinander zu. Eine Platte mit ozeanischer Kruste taucht unter die andere (mit ozeanischer Kruste im Fall eines Inselbogens, mit kontinentaler Kruste bei einem aktiven Kontinentalrand wie den Anden) ab und wird in die tieferen Schichten des Mantels gezogen, d. h., dass Platten unter die Lithosphärenschichten der anderen Platte subduziert werden. Dabei taucht die schwerere Platte unter die leichtere Platte, die Dichte des Plattenmaterials ist also für diesen Prozess entscheidend. Da die Platte hier verschwindet, werden diese Ränder auch als destruktive Plattengrenzen bezeichnet. Es wird bis an die Mantel-Kern-Grenze transportiert und durch Reibungswärme und die steigende Erdwärme gänzlich oder teilweise aufgeschmolzen. Das aufgeschmolzene Material weist eine geringere Dichte auf und kann in Form einer vertikalen Konvektionsströmung aufsteigen und wieder in die obere Mantelmasse integriert werden. Dieser Gesamtprozess wird Mantelkonvektion genannt. Dabei entwickeln sich Tiefseerinnen, Orogene und megaskalige kontinentale Becken.

An **konservativen Plattengrenzen** gleiten die Platten aneinander vorbei. Dabei wird Krusten- und Lithosphärenmaterial weder versenkt noch neu gebildet. Es handelt sich hier um Seitenverschiebungen, die auch als Transformstörungen bezeichnet werden. Ein Beispiel ist die

San-Andreas-Störung in Kalifornien, die die Pazifische von der Nordamerikanischen Platte trennt.

Passive Kontinentalränder liegen vor, wenn die ozeanische und kontinentale Kruste fest verbunden sind, beide sind Teil einer Platte.

Die Plattentektonik und die damit verbundenen Prozesse der relativen Plattenbewegungen erzeugen charakteristische Typen von großskaligen, **endogenen Reliefformen**. Sie werden während ihres Entstehungsprozesses durch die exogen angreifenden Prozesse modifiziert und überformt. Eine Klassifikation dieser Reliefform erfolgt auf Basis ihrer Position an aktiven oder passiven Kontinentalrändern und in speziellen Intraplattenregionen. Jeder der drei Typen von Plattengrenzen ist durch den Kontakt unterschiedlichen Lithosphärenmaterials gekennzeichnet. An konstruktiven Plattengrenzen entstehen bei Ozean-Ozean-Lithosphärenkontakten die mittelozeanischen Rücken und innerhalb der Kontinente (Kontinent-Kontinent-Lithosphäre) kontinentale Graben- oder Riftsysteme. Beide Regionen sind durch flache Erdbeben- und vulkanische Aktivität gekennzeichnet. Destruktiv-konvergente Prozesse bei Ozean-Ozean-Kontakten sind durch Inselbögen (mit Vulkanen) und Tiefseegräben charakterisiert. Der Ozean-Kontinent-Kontakt führt zu Tiefseegräben, seismischer Aktivität, aktiver Gebirgsbildung und darin eingebettete vulkanische Aktivitäten. Die Kollision von zwei Kontinenten führt zu einer Krustenverdickung bei geringer vulkanischer Aktivität. Konservative Seitenverschiebungen sind durch Transformstörungen gekennzeichnet. Sie treten sowohl als Bruchzonen entlang der mittelozeanischen Rücken als auch als Blattverschiebungen innerhalb der kontinentalen Lithosphäre auf.

7.2.1 Reliefformen aktiver Kontinentalränder

Aktive Kontinentalränder liegen dann vor, wenn an ihnen zwei Lithosphärenplatten aktiv miteinander in Kontakt treten, d. h., wenn sie konvergieren (Subduktion) oder sich seitlich aneinander vorbeibewegen (Transformbewegung). Sie werden auch als Pazifiktyp von Kontinentalrändern bezeichnet, da sie an den Rändern dieses Ozeans häufig auftreten.

7.2.1.1 Subduktionszonen

Die beim Kontakt der konvergierenden tektonischen Platten beteiligten Prozesse wirken in zwei Phasen, der Subduktionsphase und der Kollisionsphase. Sie generieren jeweils unterschiedliche tektonische Reliefformen (◘ Abb. 7.7). Während der **Subduktionsphase** bewegen sich die Lithosphärenplatten aufeinander zu und erzeugen eine Subduktionszone, bei der eine der beiden Platten unter die andere subduziert wird. Aufgrund ihrer höheren Dichte taucht die ozeanische Lithosphäre unter die kontinentale Lithosphäre in den Mantel ein und wird in diesen integriert. Die kontinentale Kruste kann aufgrund ihrer geringeren Dichte nicht einfach in größere Tiefen subduziert werden.

Die eigentliche Plattengrenze wird durch eine Tiefseerinne markiert. Parallel dazu verläuft auf der oberen Platte ein Vulkanbogen. In der in die Asthenosphäre abtauchenden Lithosphäre kommt es zu Entwässerungsreaktionen (Metamorphose), es entstehen Hochdruckgesteine wie Eklogit, die eine sehr hohe Dichte haben, was den Zug der abtauchenden Platte verstärkt. Das freigesetzte Wasser steigt in den darüberliegenden Mantelkeil auf und führt dort zur Schmelzbildung. Das Magma steigt in die Kruste auf, entwickelt sich dort chemisch und mineralogisch weiter und bildet Plutone und Vulkane. Der Subduktionsprozess führt zur Bildung leichterer kontinentaler Kruste, die zu großen Teilen nicht in den Subduktionsprozess integriert wird, als tektonische Reliefform erhalten bleibt und durch die exogen wirkenden Erosionsprozesse abgetragen wird.

Konvergierende Plattengrenzen gibt es in zwei Formtypen, je nachdem, ob es sich bei der oberen Platte um kontinentale oder ozeanische Lithosphäre handelt: die **randkontinentalen Gebirgsketten** und **vulkanische Inselbögen** (◘ Abb. 7.8). Bei fortgesetzter Subduktion der abtauchenden Platte kann es hier zu Kollisionen kommen. Dies können a) zwei Kontinente, b) ein Kontinent und ein Inselbogen oder c) zwei Inselbögen sein. Der normale Zustand der Subduktion mit gleichförmig ablaufender Dynamik wird als stationärer Zustand *(steady state)* bezeichnet.

Konvergierende Plattengrenzen führen zu unterschiedlichen Reliefformen:

- Subduktion ozeanischer unter ozeanische Lithosphäre führt zu Inselbogensystemen auf ozeanischer Kruste, Beispiele bilden die Marianen-Inselkette und die Kleinen Antillen.
- Subduktion ozeanischer unter kontinentale Lithosphäre führt zu Inselbögen auf kontinentaler Kruste (Japanische Inseln) und am aktiven Kontinentalrand zu randkontinentalen Gebirgsketten mit Vulkanen, wie die Anden und Alaska.

Oft ist der Zug der schweren und steil abtauchenden Platte so stark, dass die obere Platte zur Plattengrenze gezogen wird, deren Position sich verschiebt, man spricht von *roll back* der Subduktion. Die obere Platte wird dabei gedehnt, vor allem hinter dem Vulkanbogen im sogenannten Backarc kann sich ein Grabensystem bzw. (im Ozean hinter einem Inselbogen) eine Art kleiner mittelozeanischer Rücken bilden. Es ist aber auch möglich, dass die abtauchende Platte weniger schwer ist und flacher abtaucht, dies trifft für weite Teile der Anden zu. Die obere Platte wird dann zusammengeschoben, und durch Deckenüberschiebungen kommt es zu einer Krustenverdickung.

Direkt an der Plattengrenze entsteht oft ein sogenannter Akkretionskeil, in dem sich von der abtauchenden Platte abgeraspeltes Material ansammelt. Wenn die abtauchende Platte sehr rau ist, kann auch das Gegenteil passieren, der Rand der oberen Platte wird abgeraspelt (sog. Subduktionserosion) und mit der Zeit verlagern sich sowohl die Plattengrenze als auch der Vulkanbogen in Richtung des Kontinentinneren.

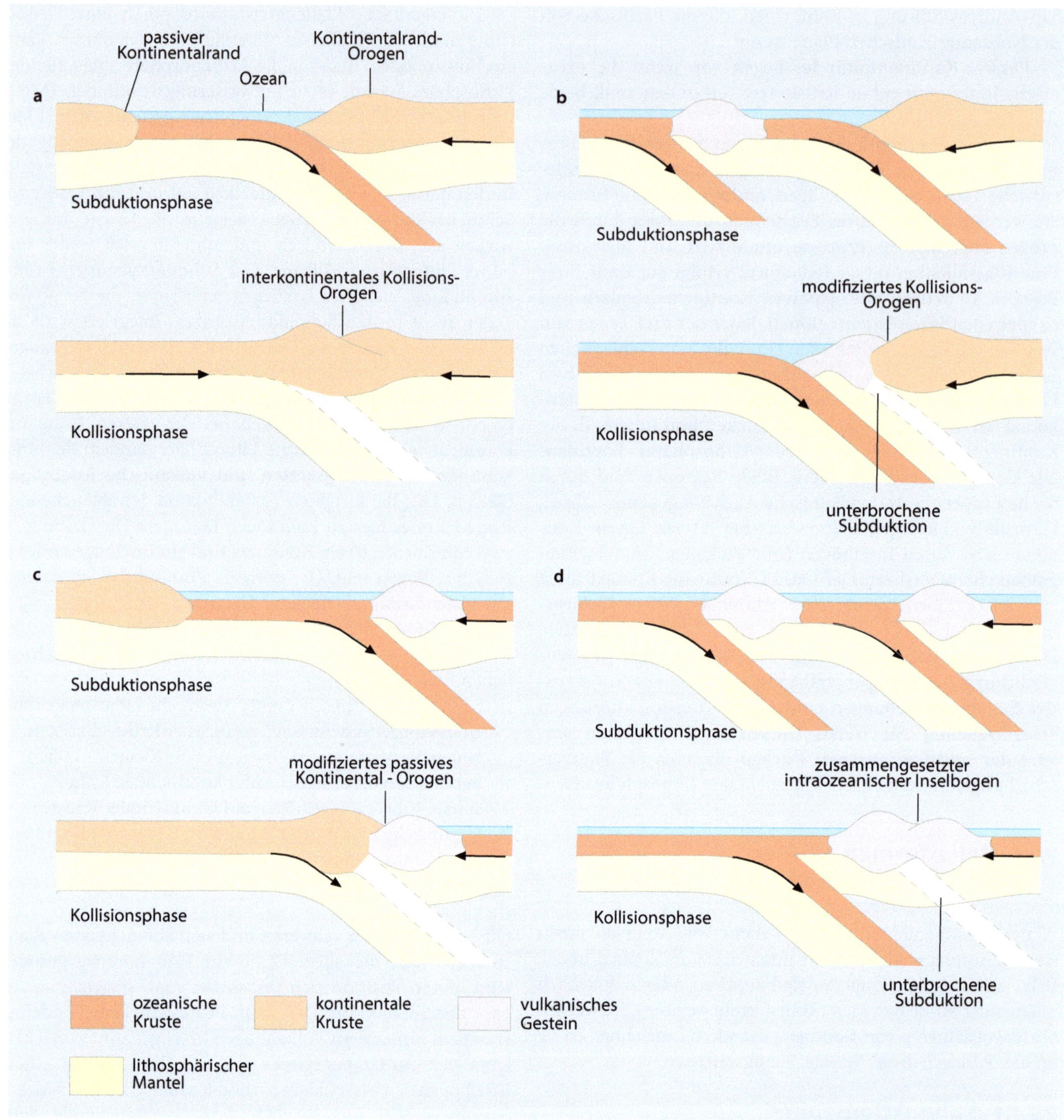

Abb. 7.7 Subduktions- und Kollisionsphasen von konvergierenden Platten. **a** Kontinent-Kontinent-Kollision, **b** Inselbogen-Kontinent-Kollision, **c** Kontinent-Inselbogen-Kollision, **d** Inselbogen-Inselbogen-Kollision. (Verändert nach Huggett 2017, auf Basis von Summerfield 1991: Global Geomorphology. 1. Auflage. Verfasst von Michael A. Summerfield, veröffentlicht von Routledge. © M. A. Summerfield, 1991. Abdruck im Einvernehmen mit Taylor & Francis Books UK)

7.2.1.2 Kollisionen

Der Zustand der Subduktionsphase ozeanischer Lithosphäre hält so lange an, bis die andriftende kontinentale Kruste kollidiert. Derartige Plattengrenzen werden als **Kollisionsgrenzen** bezeichnet. Dadurch wird der stationäre Zustand beendet und der Subduktionsprozess unterbrochen oder an anderer Stelle fortgesetzt. Treffen zwei Kontinente aufeinander, entsteht eine **Kontinentkollision,** bei der sich die beiden Platten verkeilen und dadurch hochgradige Deformationen, Zerlegungen und Abscherungen der Gesteinsmassen eintreten. Es entstehen tektonische Decken und Gesteinsmetamorphosen. Durch derartige Überschiebungen der Platten kann an aktiven Kontinentalrändern eine Verdoppelung der Mächtigkeit der kontinentalen Kruste auftreten.

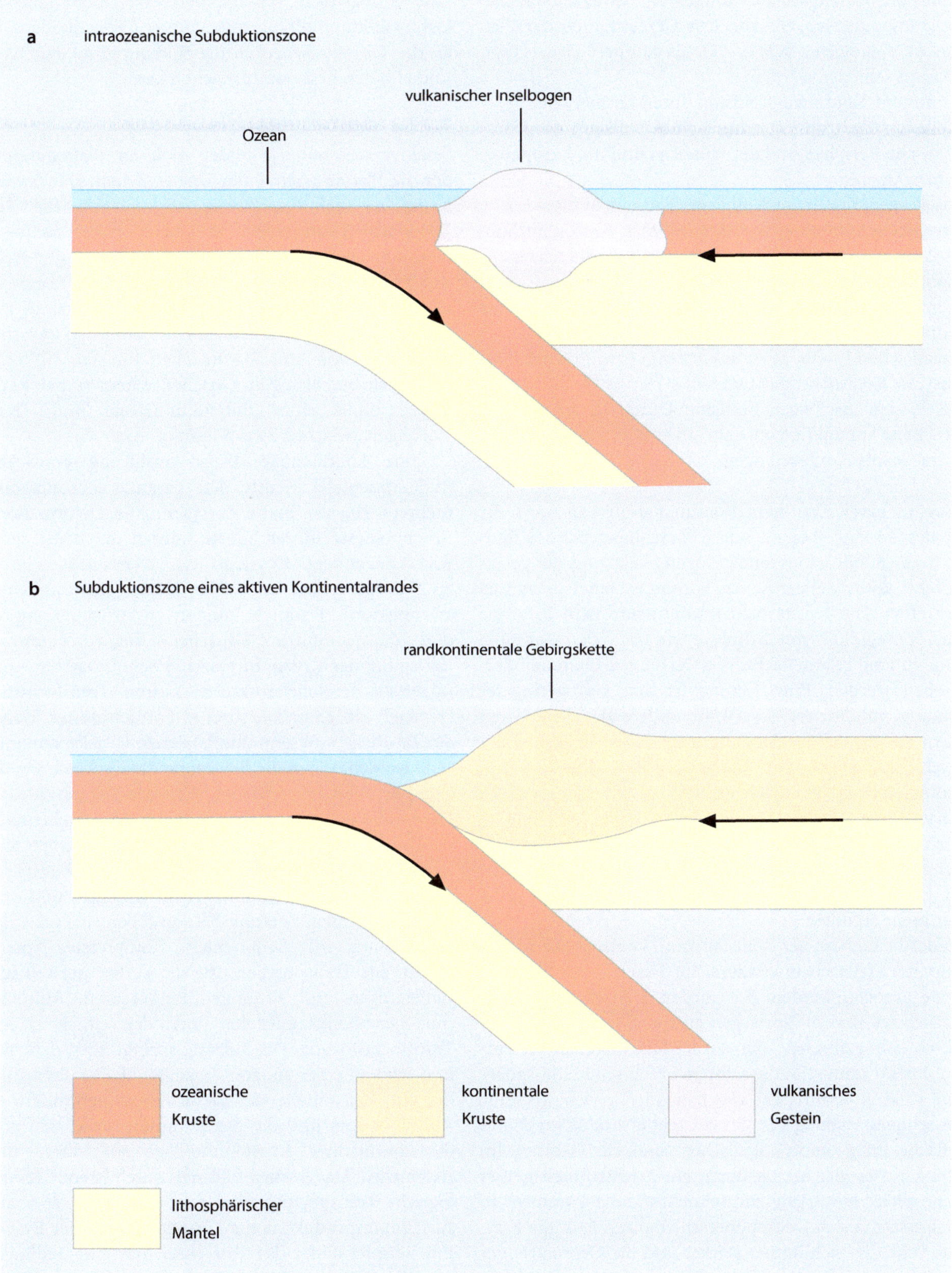

Abb. 7.8 Subduktionsphase von tektonischen Platten. **a** Ozeanische Lithosphäre wird unter kontinentale Lithosphäre subduziert. **b** Ozeanische Lithosphäre wird unter ozeanische Lithosphäre subduziert. Diese Phase der Plattenkonvergenz wird als Stationarität *(steady state)* der Plattengrenze bezeichnet. (Verändert nach Huggett 2017, auf Basis von Summerfield 1991: Global Geomorphology. 1. Auflage. Verfasst von Michael A. Summerfield, veröffentlicht von Routledge. © M. A. Summerfield, 1991. Abdruck im Einvernehmen mit Taylor & Francis Books UK)

Kollisionsplattengrenzen können in unterschiedlicher Ausprägung auftreten, die von den Eigenschaften der Platten selbst abhängen (■ Abb. 7.7). Es können vier Haupttypen unterschieden werden:

- Kontinent-Kontinent-Kollision: Interkontinentale Kollision führt zur Entstehung eines Kollisionsorogens. Typische Beispiele sind der Himalaja und die Europäischen Alpen.
- Inselbogen-Kontinent-Kollision: Plattendrift eines ozeanischen Inselbogens auf eine Ozean-Kontinent-Subduktionszone. Im Ergebnis entsteht ein modifiziertes Kontinentalrand-Orogen.
- Kontinent-Inselbogen-Kollision: Hier driftet ein passiver Kontinentalrand auf eine Subduktionszone eines intraozeanischen Inselbogens. Es entsteht ein modifiziertes passives Kontinentrand-Orogen.
- Inselbogen-Inselbogen-Kollision: Durch die unterbrochene Subduktion entsteht ein zusammengesetzter intraozeanischer Inselbogen.

Zu Beginn einer Kontinent-Kontinent-Kollision wird der Rand des an der abtauchenden Platte hängenden Kontinents in die Subduktionszone gezogen. Aufgrund der geringen Dichte kontinentaler Kruste kommt es dabei zu starken Scherkräften. Die Kruste beider Kontinente wird in große Decken zerlegt, die mit Schubweiten von teils mehreren 100 km entlang relativ flacher Verwerfungen übereinandergeschoben werden. Eine Faltung ist hier von geringerer Bedeutung, modifiziert aber insbesondere das Innere der Decken an der Überschiebungsfront. Das Ergebnis der Überschiebungen ist eine starke Krustenverkürzung (im horizontalen Profil) und gleichzeitig Krustenverdickung, die wiederum eine isostatische Hebung bewirkt. Die Hebung setzt aber oft erst spät ein, zunächst befindet sich an der Plattengrenze noch immer eine Tiefseerinne, in der verstärkt klastische Sedimente abgelagert werden und diese immer mehr auffüllen.

In der Frühphase der Kollision kann kontinentale Kruste der unteren Platte bis in erstaunliche Tiefen in die Subduktioszone gezogen werden. So wurden z. B. in den Alpen, im Erzgebirge und in Norwegen entsprechende Ultrahochdruck-Gneise gefunden, die sogar Mikrodiamanten enthalten. Irgendwann reißt die schwere ozeanische Lithosphäre ab und sinkt in den Mantel. Das fehlende Gewicht löst eine kurze, schnelle Hebung aus. Oft entsteht erst dadurch an der Oberfläche im geomorphologischen Sinn ein Gebirge. Im Mantel kann es gleichzeitig durch ein Nachströmen heißer Asthenosphäre kurzfristig zur Schmelzbildung kommen. In der Folge setzen sich Deckenüberschiebungen fort, die Kontinente verkeilen sich immer stärker und die Geometrie der Störungszonen kann immer komplizierter werden. Zum Beispiel kann es Ausweichbewegungen einzelner Blöcke entlang von Seitenverschiebungen geben. Tektonische Bewegungen, isostatische Hebung und Erosion laufen gleichzeitig ab und bedingen sich gegenseitig.

Schließlich lässt die Dynamik nach. Die enorm verdickte Kruste ist jedoch nicht stabil, der untere Teil wird so heiß, dass er regelrecht auseinanderfließt. Daher folgt auf eine Gebirgsbildung oft ein sogenannter Orogenkollaps, der sich an der Oberfläche durch die Bildung von Grabensystemen und Horsten bemerkbar machen kann.

7.2.1.3 Seitenverschiebungen

Seitenverschiebungen bilden sich an Plattengrenzen, bei der die Platten aneinander vorbei gleiten. Dabei wird keine Kruste neu gebildet oder zerstört. Es entwickelt sich eine **Transformstörungszone** und ausgeprägte aktive Deformations- und Scherungserscheinungen in der Kruste. Es treten drei Situationen auf, je nach Art der Plattengrenzen, mit denen sie an beiden Enden verknüpft sind. Der häufigste Typ ist der R-R-Transformstörungstyp zwischen zwei Segmenten von mittelozeanischen Rücken. Weiterhin gibt es Transformstörungen zwischen einem mittelozeanischen Rücken und einer Subduktionszone und Transformstörungen zwischen zwei Subduktionszonen.

Eine kontinentale Transformstörung entwickelt sich in kontinentaler Kruste. Die gesamte Störungszone kann mehrere 100 km Breite betragen. Die Deformations- und Bruchprozesse in der Kruste werden durch die aneinander vorbeigleitenden Krustenstücke verursacht. Sie führen zu Scherprozessen und einer häufig gekrümmten Hauptstörungszone. Dadurch können zusätzliche Kompressions- und Zugspannungen entstehen, die zu einer weiteren Zerlegung der Kruste in einzelne Schollensysteme und charakteristische Reliefstrukturen führen. Transformstörungen erzeugen ein charakteristisches Formenmuster. Dabei kann ein Tal-Rücken-System durch laterale Druckspannungen versetzt werden. Wenn die Bewegung die Rücken bis in die Position der Täler gebracht hat, wird das Tal verschlossen. Der Fluss muss sich einen neuen Weg durch das Relief suchen.

Die Vielfalt der geomorphologischen Formen an Transformstörungen ist beachtlich (■ Abb. 7.9). Zugspannungen führen zur Transtension, die Abschiebungen und Zerrungsbecken erzeugen. Zerrungsbecken füllen sich im Laufe ihrer Entwicklung mit Sedimenten. Kompressive Spannungen führen zur Transpression, die die Kruste pressen und Aufschiebungen und Faltungen hervorrufen. **Aufreißbecken** *(pull apart basins)* entstehen durch den seitlichen Versatz der Transformstörung. Die Störung springt über, d. h. sie endet, und setzt an einer anderen Lokalität als Parallelstörung wieder ein. Bei anhaltender Deformation vergrößert sich das Aufreißbecken und das Beckeninnere senkt sich ab, wobei die kontinentale Krustenunterlage ausgedünnt und zerrissen wird. Das Becken füllt sich durch laterale geomorphologische Transportprozesse mit Sedimenten, aber auch mit Ausfällungsprodukten aus Lösungen bei hoher Evaporation. Ein Beispiel bildet das Tote Meer, das eine Sediment- und Ausfällungsfüllung bis zu 6 km Tiefe aufweist (Frisch und Meschede 2013). Es ist heute mit einem Wasserspiegel 428 m unter NN die tiefste tektonische Depression der Erde.

Die Länge von Transformstörungen kann mehr als 1000 km betragen und die gesamte Kruste einschließen, sodass sich ein geodynamisches System entwickelt, bei dem hohe Spannungen aufgebaut werden, die zu sehr starken

Erdbeben und plötzlichen Krustenversatzbeträgen von mehreren m führen können. Weltweit bekannte Transformstörungszonen sind die San-Andreas-Störung im Kalifornien (Abb. 7.10 und 7.11) und die Nordanatolische Störung in der Türkei.

7.2.2 Reliefformen passiver Kontinentalränder

Zahlreiche Randregionen von Kontinenten befinden sich nicht an Plattengrenzen. Hier sind die ozeanische und die kontinentale Kruste fest verbunden. Der Atlantische Ozean ist fast vollständig von derartigen Kontinentalrändern umgeben, weshalb sie auch Atlantiktyp genannt werden. Diese Kontinentalränder weisen eine weit geringere tektonische und vulkanische Aktivität auf als aktive Kollisionssysteme. Sie werden deshalb als passive Kontinentalränder bezeichnet. An ihnen haben sich die ausgedehntesten Schelfregionen der Erde gebildet, die bis zu 500 km Breite erreichen können. An passiven Kontinentalrändern vollzieht sich ein Wechsel von der ozeanischen zur kontinentalen Kruste innerhalb derselben Platte. Diese Situation betrifft nicht nur den Atlantik, sondern weitere Regionen der Erde, wie die Küsten Indiens, Australiens oder Ostasiens. Passive Kontinentalränder weisen spezifische terrestrische Reliefformen auf (Tab. 7.3).

Passive Kontinentalränder entstehen in einem mehrphasigen Prozess durch eine **sublithosphärische thermische Anomalie** unter einem Kontinent, die zu einer Aufheizung der Lithosphäre, ihrer Hebung, Dehnung und Ausdünnung führt. Es folgen der Einbruch eines kontinentweiten Grabens und eine divergierende Drift der kontinentalen Platten unter Bildung eines mittelozeanischen Rückens. In der ozeanischen Spreizungszone wird neue ozeanische Kruste gebildet, die am passiven Kontinentalrand an den Kontinent angeschweißt wird. Im weiteren evolutionären Verlauf sinkt der passive Kontinentalrand isostatisch unter den Meeresspiegel, sodass eine Meerestransgression zur Verfüllung der ehemaligen Oberfläche des Kontinentes führt (Abb. 7.12). Ein neues Ozeanbecken entsteht. Während der Hebungs- und Ausdünnungsphase werden die terrestrischen Regionen des kontinentalen Randes gehoben und zu einer tektogenen Aufwölbung geformt. Es werden kontinentale Sedimente in das neue Becken eingetragen, die eine Belastung der ozeanischen Kruste bewirken. In Kopplung mit einer stetigen Abkühlung der Kruste führen sie zu einer fortgesetzten isostatischen Absenkung der ozeanischen Kruste und der auf ihr lastenden Sedimente. Es entstehen submarine Sedimentfallen, die weltweit die höchsten Volumina von Sedimentspeichern aufweisen. Die Absenkung des passiven Kontinentalrandes und die Ausdünnung der kontinentalen Kruste sind mit seewärtigen Brüchen im Gesteinsverband verbunden, die zu staffelförmigen, zum Ozean einfallenden submarinen Abschiebungen führen. Sie werden von den terrestrischen Sedimenten überlagert.

Die Entwicklung der terrestrischen Komponenten eines passiven Kontinentalrandes wird durch eine **flexurale Isostasie** gesteuert. Das bedeutet, dass die Abkühlung der Kruste und ihre Belastung mit Sediment an einer Lokalität (Ozeanbecken) zur Absenkung und an einer anderen Lokalität (Kontinentrand) zur Hebung führen, ohne dass der Gesteinsverband entscheidend zerbricht. Sie ist von der felsmechanischen Festigkeit des Lithosphärenmaterials abhängig, d. h. von ihren plastischen, elastischen und spröden Eigenschaften. Die küstenparallelen Aufwölbungen, die auch als Randschwellen bezeichnet werden, trennen das litoral-marine System von den geomorphologischen Systemen des Kontinentinneren, wie Becken, Ebenen und Plateaus.

Der terrestrische Sedimenttransport in den Ozean bewirkt eine zusätzliche isostatische Entlastung und

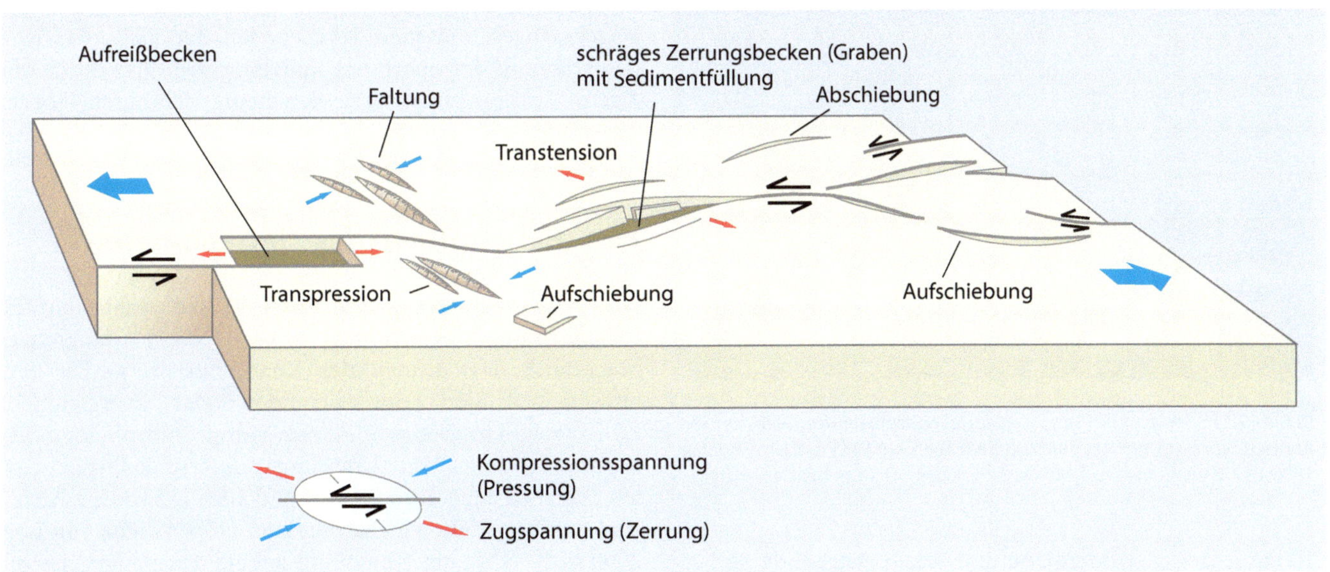

Abb. 7.9 Deformationserscheinungen und Reliefformen an Transformstörungen. (Verändert nach Frisch & Meschede 2013, Abdruck mit Genehmigung von W. Frisch und M. Meschede)

Abb. 7.10 San-Andreas-Störung im US Bundesstaat Kalifornien (weiße Pfeile). Die Bewegung der Transformstörung (schwarze Pfeile) hat den Flusslauf (blaue Pfeile) horizontal versetzt und ein charakteristisches Gerinnemuster verursacht (Breite des Bildausschnittes ca. 2 km). (Quelle: Michael Rymer, 1986, U.S. Geological Survey, verändert)

Abb. 7.11 Historische Photographie des horizontalen Versatzes der San-Andreas-Transformstörung durch das Erdbeben von San Francisco im Jahre 1906. Der Zaun wurde um 2,6 m versetzt. (Quelle: U.S. Geological Survey)

Hebung des Kontinentalrandes. Die entstehende Reliefform umfasst die küstenparallele Aufwölbung der Randschwelle, die mehrere 100 km Breite umfassen kann. Diese Schwelle wird seewärts durch eine **asymmetrische Reliefstufe** *(Great Escarpment)* flankiert, die an vielen passiven Kontinentalrändern vorzufinden ist. Sie kann, wie in Südafrika, Höhen bis zu 1000 m erreichen und hat häufig einen sehr markanten, steilen, wandartigen Charakter. Die Reliefstufe und die seewärts vorgelagerte Küstenebene können sehr stark zerschnitten sein. Die parallele Hangrückverlegung der Reliefstufe ist eine wesentliche Prozesskomponente des geomorphologischen Systems passiver Kontinentalränder. Die Küstenebenen sind daher gleichzeitig Sedimentationsräume für erosive Prozesse der Reliefstufe und die Sedimentquellen für die litoralen Komponenten des Systems. In Nordeuropa bildet das Relief Norwegens das Beispiel für einen Relieftyp des passiven Kontinentalrands. Die Reliefstufe bilden die gering eingeschnittenen Hochebenen der Fjells. Sie wurden während der quartären Kaltzeiten seewärts durch glazigene Erosionsprozesse zu den heute sichtbaren Fjorden überprägt.

7.2.3 Reliefformen des Platteninneren

Die Wirkungen des tektonischen Plattensystems auf die Reliefformung bleiben nicht nur auf die Plattengrenzen beschränkt. Das Innere der Kontinente in großer Entfernung von den konvergierenden oder divergierenden Zonen zeigt ein großes Spektrum von geomorphologischen Formen tektonischen Ursprungs unterschiedlicher Skalen. Verschiedene Kontinente, und hier besonders Afrika, sind aus ausgedehnten Plateaus und Höhenzügen von über 2000 m ü. NN aufgebaut. Eine andere Formengruppe bilden **intrakontinentale Becken** mit Querausdehnungen von über 1000 km, die häufig eine Binnenentwässerung

Tab. 7.3 Terrestrische Reliefformen an passiven Kontinentalrändern. (Ollier 1981, Summerfield 1991)

Prozess	Reliefform	Beispiele
Flexurale Isostasie	Küstenparallele Aufwölbung (Randschwelle) *(marginal swells)*	Khomas-Plateau (Namibia) westaustralisches Plateau Westghats (Indien)
Randkontinentale Erosion mit hoher geomorphologischer Aktivität, parallele Hangrückverlegung	Asymmetrische Reliefstufe *(Great Escarpment)*	Westghats (Indien) südwestliches Afrika Küstenhochland Norwegens Serra do Mar (Südamerika) Fall Line (Nordamerika)
Geringe geomorphologische Aktivität, häufige Sedimentsenken, alte und flache Reliefformen	Intrakontinentale Becken, Plateaus und Ebenen	Amazonas-Becken Kalahari-Becken Eyre-Tiefland (Australien) Dekkan-Plateau (Indien)
Hohe geomorphologische Aktivität	Küstenebenen	Küstenebene Namibias

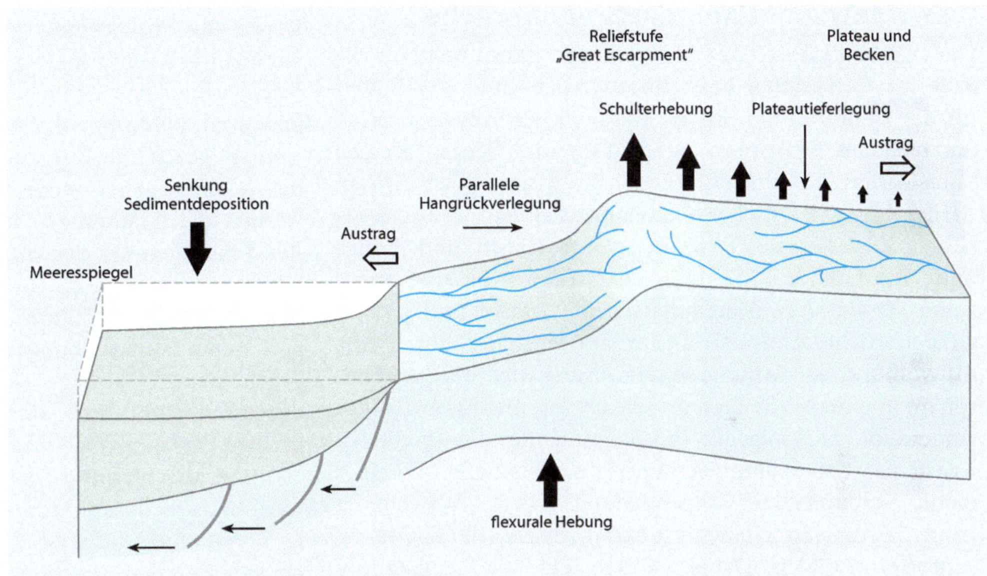

Abb. 7.12 Schematisches Profil durch einen passiven Kontinentalrand. Die Pfeildicke beschreibt die relative Stärke des Prozesses. (Verändert nach Huggett 2017, auf Basis von Gunnell & Fleitout: Morphotectonic Evolution of the Western Ghats, India. In: Summerfield MA (Hrsg.) Geomorphology and Global Tectonics. John Wiley & Sons Ltd., Chichester, GB. © 2000)

aufweisen. Vulkanische Aktivität im Inneren von Kontinenten findet sich bevorzugt in **kontinentalen Grabenbrüchen oder Riftsystemen** (Abb. 7.6). Diese Bereiche sind auf die Ausdehnung, Ausdünnung und Faltung der kontinentalen Kruste zurückzuführen. Die Intraplattentektonik lässt sich in die Reliefformengruppen der intrakontinentalen Becken und Grabenbrüche gliedern.

7.2.3.1 Intrakontinentale Becken

Neben der Aufwölbung der kontinentalen Kruste finden sich im Kontinentinnern abwärts gerichtete Prozesse, die zu ausgedehnten intrakontinentalen Beckensystemen führen. Sie zeichnen sich durch geringere Reliefunterschiede aus und sind teilweise oder gänzlich mit Sedimenten verfüllt, die aus der Erosion der umgebenden Mittel- und Hochgebirge stammen. Beispiele sind das Lake-Eyre-Becken in Australien, das Kalahari-Becken im südlichen Afrika und das Ob-Becken in Russland. Derartige Becken sind auch Sedimentliefergebiete, wenn ein Fluss das Becken entwässert oder wenn Winderosion zum Sedimentabtransport führt. Die Absenkung dieser Bereiche der kontinentalen Kruste wird mit der Hebung bzw. Aufwölbung der umgebenden Krustenbereiche in Verbindung gebracht. Diese Prozesse werden als **Epirogenese** bezeichnet.

Während die klassische Theorie der Entwicklung megaskaliger kontinentaler Becken die Ursachen der Absenkung der Erdoberfläche in Prozessen der Lithosphäre und oberen Asthenosphäre vermutet (Summerfield 1991), beschäftigen sich neuere Ansätze mit der Hypothese, dass der gesamte Erdmantel daran beteiligt ist. Die

Ursache wird in der Manteldynamik gesehen, durch die subduzierte Lithosphärenplatten durch den Erdmantel bis an die Mantel-Kern-Grenze in 2900 km Tiefe transportiert werden (Anderson und Anderson 2010). Gleichzeitig mit dem Aufheizen des absinkenden Plattenmaterials entstehen vertikale Fließprozesse im Erdmantel, die sich offenbar bis an die Erdoberfläche durchpausen. Die Folge sind Absenkprozesse der Erdoberfläche, die Beträge bis zu einem km erreichen können. Diese Vorgänge werden als *dynamic topography* bezeichnet. Es wird vermutet, dass sie eine wesentliche Komponente der innerkontinentalen Reliefentwicklung darstellen und einen massiven Einfluss auf den Meeresspiegel aufweisen. Wie Anderson und Anderson (2010) feststellen, zählt die Beeinflussung der Erdoberfläche durch die Manteldynamik zur größten Raumskale (Megaskale) geomorphologischer Prozesse auf der Erde. Die Zeitskale der formbildenden Wirksamkeit dieser Prozesse liegt im Bereich von 50–250 Mio. Jahren.

7.2.3.2 Intrakontinentale Grabenbrüche

Die Grabenbrüche im Inneren von Kontinenten, die auch als **Riftsysteme** bezeichnet werden, sind das Ergebnis der **Dehnung der Kruste.** Dadurch wird dieser Bereich des obersten Erdkörpers ausgedünnt und Scherprozessen unterworfen. Kontinentale Grabensysteme finden sich in Afrika (Ostafrikanisches Grabenbruchsystem), in Europa (Rhein-Bresse-Graben), in den USA (Basin and Range und Rio-Grande-Rift) oder in Asien (Baikal-Gabenzone) (Abb. 7.2). Man unterscheidet aktive und passive Grabenbrüche. Aktive Grabenbrüche entstehen durch eine **Aufwölbung der Asthenosphäre.** Dabei wird die Asthenosphäre in einem sehr breiten Bereich von mehreren 100 km aufgewölbt. Die folgende Ausdehnung der kontinentalen Kruste führt zu Spannungen und Abschiebungen und einer damit verbundenen Grabenbildung. Diese Aufwölbung kann bei aktiven Grabenbrüchen mehrere 100 km breite Riftsysteme bilden. Dabei werden auch die Flanken des Grabens in die Aufwölbung und Ausdehnung einbezogen. Passive Grabensysteme entstehen durch eine weiträumige Dehnung der Kruste.

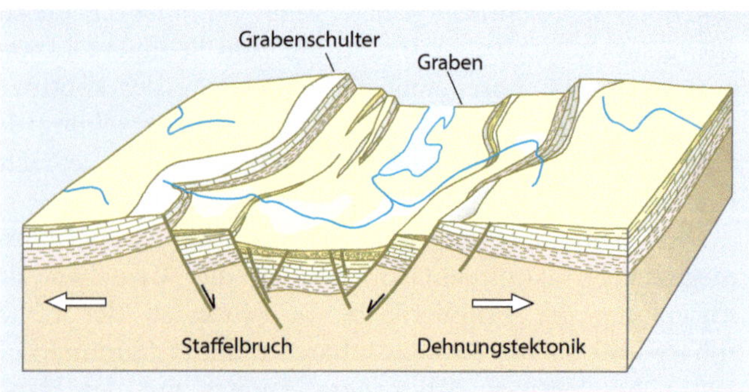

Abb. 7.13 Schematisches Profil durch einen kontinentalen Grabenbruch. (Verändert nach Frisch und Meschede 2013, Abdruck mit Genehmigung von W. Frisch und M. Meschede)

Kontinentale Gabenbrüche bilden eine Senke, die seitlich von den angehobenen Grabenschultern begrenzt wird (Abb. 7.13). Diese fallen flach nach außen ab und sind zum Grabenzentrum durch steile Abschiebungen gekennzeichnet. Oft gibt es mehrere parallele Abschiebungen mit unterschiedlich starkem Versatz, was als Staffelbruch bezeichnet wird. In Mitteleuropa bildet der **Oberrheingraben** ein markantes kontinentales Grabensystem. Die Grabenbildung ist mit weiteren endogenen Phänomenen gekoppelt, wie Vulkanismus, Erdbeben und einem erhöhten geothermischen Gradienten.

7.2.4 Bruchtektonische Prozesse und Reliefformen der Meso- und Mikroskale

Neben den großskaligen kontinentalen Grabenbrüchen bewirkt die tektonische Beanspruchung der kontinentalen Kruste die Entwicklung von tektonischen Bruchstrukturen auf kleineren Raumskalen. Derartige Bruchstrukturen treten bei kontinentalen Grabenbrüchen und Horsten der Mesoskale und bei mikroskaligen Stufen auf. Bruchstrukturen werden durch die Zug-, Druck- und lateralen Scherkräfte des tektonischen Systems verursacht (Abb. 7.14). Dabei werden die Spannungen im Gesteinskörper so groß, dass der Schwellenwert der plastischen Deformierbarkeit überschritten wird und ein Bruch eintritt. Es werden mehrere Bruchtypen unterschieden. Bei Verwerfungen und Störungen treten Verschiebungsbrüche auf, bei denen Gesteine gegeneinander bewegt werden. Wird das Gestein nur durchtrennt und nicht versetzt, liegen Trennungsklüfte vor, geringe Versatzbeträge führen zu Gleitungsklüften.

Eine **Abschiebung** *(normal fault)* ist eine geneigte Verwerfung, die durch Zugspannungen und Krustendehnung hervorgerufen wird. Dabei wird die Gesteinsformation auseinandergezogen und es entsteht ein vertikaler Versatz. Die relativ gehobene Scholle wird als Hochscholle bezeichnet, die relativ gesunkene Scholle wird Tiefscholle genannt. Eine **Aufschiebung** *(inverse fault)* entsteht durch auf die Gesteinsformation wirkende Druckspannungen, die zur Krustenverkürzung führen. Dabei gleitet ursprünglich nebeneinander liegendes Gesteinsmaterial an einer geneigten Verwerfung übereinander. Der Verkürzungsbetrag wird als Förderweite bezeichnet, der vertikale Versatz als Sprunghöhe. **Überschiebungen** liegen dann vor, wenn der Neigungswinkel der Störungsfläche < 45° beträgt, sie sind typisch für die Deckenüberschiebungen während einer Gebirgsbildung. **Horizontalverschiebungen** entstehen durch laterale Scherspannungen im Gesteinsmaterial, was zu aneinander vorbeigleitenden Bewegungen führt. Stufenformen von Verwerfungen im Größenbereich mehrerer m können nach aktuellen Erdbeben beobachtet werden (Abb. 7.15).

Durch den Versatz des Festgesteins an Verschiebungsbrüchen entstehen charakteristische **bruchtektonische Reliefformen.** Diese Formen und die dabei beteiligten

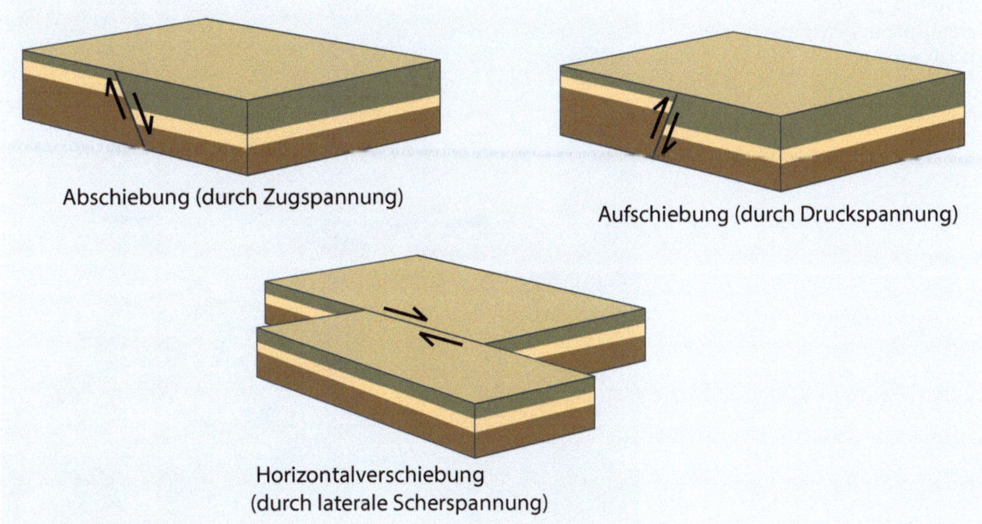

Abb. 7.14 Verschiebungsbrüche, die zu Verwerfungen und Störungen im Gestein führen

Abb. 7.15 Vertikaler Versatz einer Abschiebung durch ein Erdbeben am 28. Oktober 1983 in Challis, Idaho, USA. Die Blickrichtung erfolgt im Streichen der Verwerfung. Die Sprunghöhe beträgt im Vordergrund 2,6 m. Im unteren Teil der Verwerfungsfläche sind in Fallrichtung orientierte Striemungen (Rutschstreifen) zu erkennen. (Quelle: R.C. Bucknam, U.S. Geological Survey)

Gesteinsformationen werden häufig auch als Schollen bzw. Bruchschollen bezeichnet. Werden bei Abschiebungen Schollen zwischen zwei parallelen Abschiebungen abgesenkt, entsteht ein tektonischer Graben. Ein Horst entsteht durch die Heraushebung von Schollen zwischen zwei Abschiebungen. Eine Reliefform wird als Staffelbruch bezeichnet, wenn die Bruchschollen treppenförmig angeordnet sind. Bei schräg einfallenden Gesteinsschichten können Abschiebungen in die gleiche Richtung (synthetisch) einfallen. Antithetische Abschiebungen entstehen, wenn die Gesteinsschichten und Verwerfungsflächen gegeneinander einfallen. Hier entstehen Reliefformen, die als Pultschollen bezeichnet werden.

An Verschiebungsbrüchen treten zahlreiche Prozesse der Materialveränderung auf, die durch hohe Reibungskräfte und Spannungen verursacht werden. Die Gleitbewegungen können auf den Bruchflächen Spuren hinterlassen, die als **Harnische** bezeichnet werden (Abb. 7.16). Dabei können durch Umkristallisation Mineralfasern neu gebildet werden und durch die Verschiebung parallele Schrammen ins Festgestein gekratzt werden. Diese Flächen weisen daher häufig eine glatte Oberfläche auf. Eine weitere Erscheinung bilden Schleppungen nahe der Störungszone, wobei die Gesteinsschichten gegenüber der Bewegungsrichtung gebogen sind. Bei sehr hohen Scherbeanspruchungen von Störungszonen kann das Festgestein zerschert und völlig zerrieben und zertrümmert werden. Dieser Prozess wird als **Kataklase** bezeichnet. Die dabei entstehenden zertrümmerten Gesteine werden als Störungsbreccie bezeichnet. Wird dieses Trümmergestein durch mineralische Ausfällungen nachträglich verfestigt, liegen Kataklasite vor.

7.3 Lithologisch-strukturell gesteuerte Reliefformung

Die geomorphologische Formenbildung wird von den spezifischen Eigenschaften des geologischen Untergrundes gesteuert (Twidale 1971). Dazu sind zu rechnen:

- der Deformationsgrad der Kruste,
- der dreidimensionale Aufbau der Gesteinsstruktur,
- der lithologische Aufbau der Gesteine,
- die Rate der geomorphologischen Prozessaktivität,
- die Effektivität der geomorphologischen Prozesse.

Von besonderer Bedeutung sind die lithologische Zusammensetzung und der Aufbau der Gesteinsstruktur (Schmidt 1988). Die lithologische Zusammensetzung des Gesteins umfasst die mineralogische Ausstattung und sein Gefüge. Der Aufbau der Gesteinsstruktur beschreibt die gegenseitige Anordnung und Lage der Gesteinsschichten und -formationen. Die lithologische Steuerung der Reliefformung wird in unterschiedlichen Kapiteln dieses Lehrbuches behandelt. Die lithologisch-strukturell gesteuerte Reliefformung von Sedimentgesteinen wird im Folgenden bevorzugt dargelegt.

Abb. 7.16 Harnisch in Kalkstein auf der Zugspitze. (Quelle: R. Dikau)

Die Beziehungen zwischen:
- der Krustendeformation,
- der unterschiedlichen Resistenz des gehobenen und verformten Festgesteins,
- den an der Erdoberfläche wirkenden geomorphologischen Verwitterungs- und Erosionsprozessen und
- der zur Verfügung stehenden Zeit

entscheiden darüber, ob und wie stark sich Lithologie und Gesteinsstruktur in der geomorphologischen Form widerspiegeln. Sind die erosiven Prozesse an der Erdoberfläche sehr effektiv, wird sich die tektonische Struktur einer Falte nicht als Reliefform entwickeln können. Dies trifft auch auf mehr oder weniger gefaltete Sedimentgesteine zu. Diese können aus einer stratigraphischen Abfolge unterschiedlicher Gesteinszusammensetzungen bestehen, z. B. Sandsteine, Tonsteine und Kalksteine. Jeder dieser Gesteinstypen weist eine **unterschiedliche Festigkeit** und damit Resistenz gegenüber den erosiven Kräften auf. Aus resistenten Gesteinsschichten werden eher ausgeprägte Vollformen gebildet, deren Abtragung längere Zeit beansprucht als Reliefformen aus weniger resistenten Gesteinen, die weitaus kürzere Existenzzeiten aufweisen. Ob sich Lithologie und Gesteinsstruktur in einer Reliefform abbilden, hängt auch von der relativen Rate der erosiven Prozesse ab. Tektonische Faltungsprozesse vollziehen sich sehr langsam. Demgegenüber kann die Erosion an der Erdoberfläche eine höhere Effektivität, d. h. Abtragsrate pro Zeiteinheit, aufweisen.

Bewirkt die vertikale Hebung und Senkung der Erdkruste eine bruchlose Deformation und Verbiegung der Gesteinsschichten, entstehen **Flexuren,** die auch als Monokline bezeichnet werden. Sie sind häufig mit Auf- oder Abschiebungen verbunden, wenn der Deformationsschwellenwert des Gesteins zu einem späteren Zeitpunkt doch überschritten wird und Brüche im Gesteinsverband eintreten. Die geometrische Lage der schräggestellten Gesteinsschichten wird durch das **Streichen und Fallen** beschrieben (Abb. 7.17). Unter dem Streichen einer Gesteinsschicht verstehen wir die horizontale Schnittlinie der Schichtfläche mit der Horizontalebene. Der Wert des Streichens wird als Winkeldifferenz zwischen der Nordrichtung und der Schnittlinie angegeben. Unter Fallen wird die vertikale Neigung der Schichtfläche als Winkeldifferenz zu einer gedachten Horizontalebene verstanden. Die Streich- und Fallrichtung der geologischen Schicht bilden einen rechten Winkel. Bei einer elliptischen Aufwölbung wird die Orientierung der Faltungsachse durch den Winkel zur Nordrichtung und zur gedachten Horizontalebene beschrieben.

Durch tektonische Einengungsprozesse erfolgt eine Verbiegung der horizontalen Gesteinsschichten, die zu Überschiebungen und zu **Faltenstrukturen** unterschiedlicher Größe führen. Sie treten in unterschiedlichen geometrischen Mustern auf (Abb. 7.18).

Eine nach oben gewölbte Falte wird als **Antikline** (Sattel) bezeichnet, nach unten gewölbte Falten heißen Synkline (Mulde). Bei asymmetrischen Falten liegen unterschiedliche Neigungen der Falten-Schenkel vor. Als **Monokline** wird eine Gesteinsstruktur bezeichnet, die nur in eine Richtung einfällt. Isoklinalfalten weisen parallele Faltenschenkel auf. Bei weitergehenden Einengungsprozessen wird die Falte soweit deformiert, dass die Falte überkippt, was zu einer liegenden Faltenstruktur führt. Führt die Hebung zu konvexen Aufwölbungen mit rundem bis elliptischem Grundriss, entstehen Dome, bei denen die geologischen Schichten nach außen fallen. Beim Einsinken der Gesteinsschichten entstehen **tektonische Becken.**

Die tektonische Deformation der Kruste führt zu unterschiedlichen Faltungstypen und zu mehr oder weniger steil

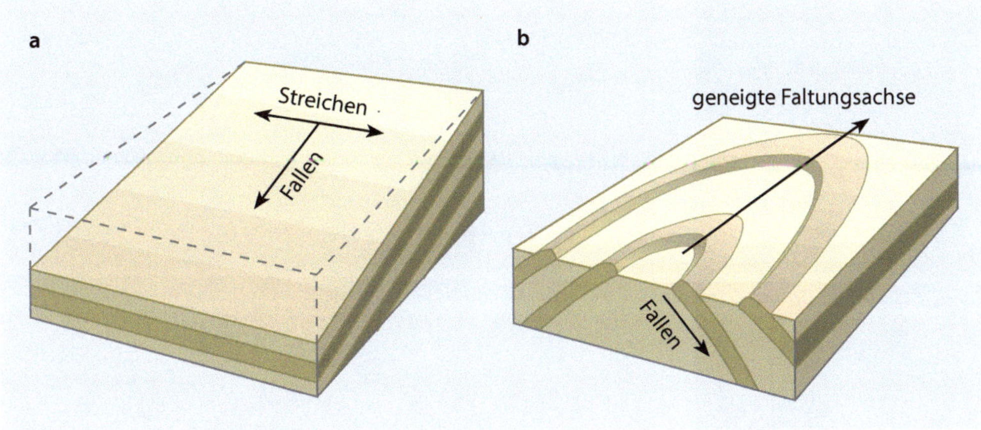

Abb. 7.17 Beschreibung der Anordnung und Lage von Gesteinsschichten tektonischer Falten **a** Geneigte Schichten eines Sedimentgesteins mit Angabe von Schichtstreichen und Schichtfallen. **b** Faltenstruktur einer Aufwölbung (Dom) mit geneigter, abtauchender Faltungsachse. (Verändert nach Huggett 2017: Fundamentals of Geomorphology. 4. Auflage. Verfasst von Richard John Huggett, veröffentlicht von Routledge. © Richard John Huggett 2017. Abdruck im Einvernehmen mit Taylor & Francis Books UK)

einfallenden Gesteinsschichten mit unterschiedlichen lithologischen Eigenschaften und damit unterschiedlichen Resistenzen (Abb. 7.19). Wie stark sich beide Eigenschaften des Untergrundes im geomorphologischen Reliefformcharakter niederschlagen, hängt von der Effizienz der geomorphologischen Prozesse und der zeitlichen Dauer ihrer Wirkung ab (Tab. 7.4). Verwitterung und Erosion führen zum differenzierten erosiven Angriff auf die mehr oder weniger gefalteten, gehobenen und geneigten Sedimentgesteine. Dabei werden weniger resistente Gesteinsschichten schneller und stärker abgetragen als harte Schichten. Sand- und Kalksteine weisen gegenüber Tonsteinen eine höhere Resistenz auf, was zur Bildung von Rücken und Stufen führt, während Tonsteine zur Talbildung und flachen Hangformen führen. Die Reliefformen können in die Gruppe aus horizontalen Gesteinsschichten und die Gruppe aus gefalteten Gesteinsschichten gegliedert werden. Fluviale Erosion und gravitative Massenbewegungen bilden die primären Prozesse für die Abtragung dieser Reliefformen.

7.3.1 Reliefformen aus horizontalen Gesteinsschichten

Bei horizontaler Lagerung der Gesteinsschichten und wenn diese Gesteinsschichten nicht von fluvialer Erosion zerschnitten werden, entstehen ausgedehnte Flächen, die als **Schichttafeln** bezeichnet werden. Sie zeigen keine Reliefformunterschiede. Beispiele bilden die aus Sedimentgesteinen aufgebauten Ebenheiten des südwestlichen Queensland in Australien. Mit zunehmender fluvialer Zerschneidung werden Reliefformen gebildet, die aus einer mehr oder

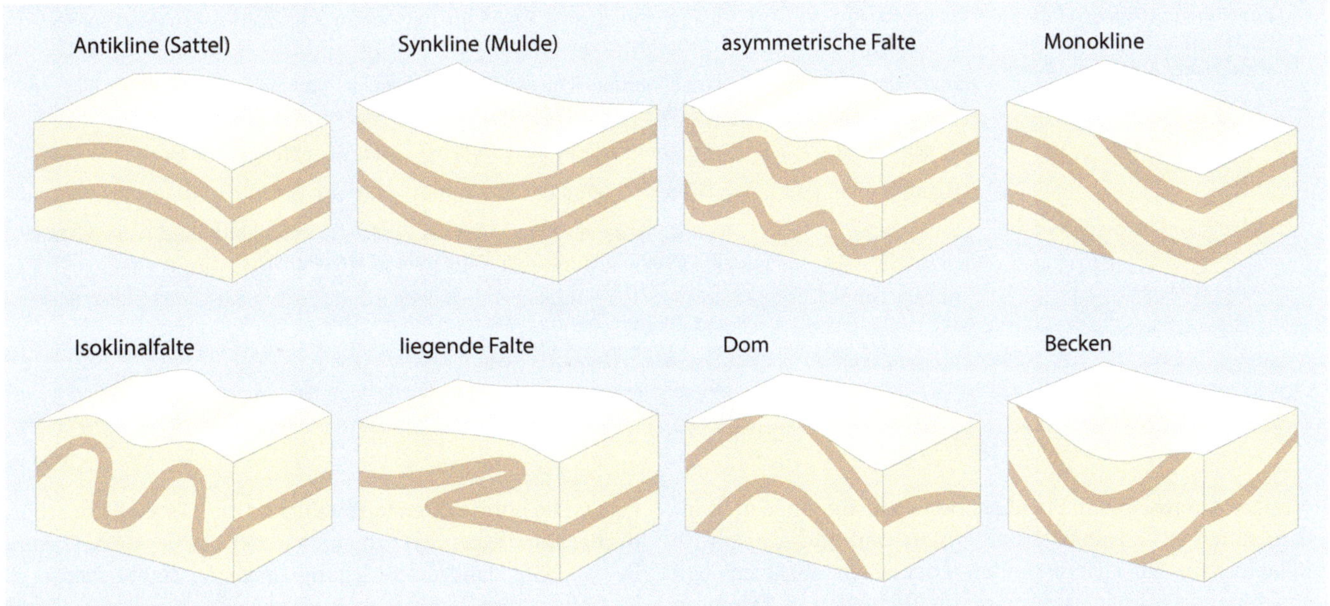

Abb. 7.18 Unterschiedliche tektonische Faltungstypen bei Sedimentgesteinen. (Verändert nach Huggett 2017: Fundamentals of Geomorphology. 4. Auflage. Verfasst von Richard John Huggett, veröffentlicht von Routledge. © Richard John Huggett 2017. Abdruck im Einvernehmen mit Taylor & Francis Books UK)

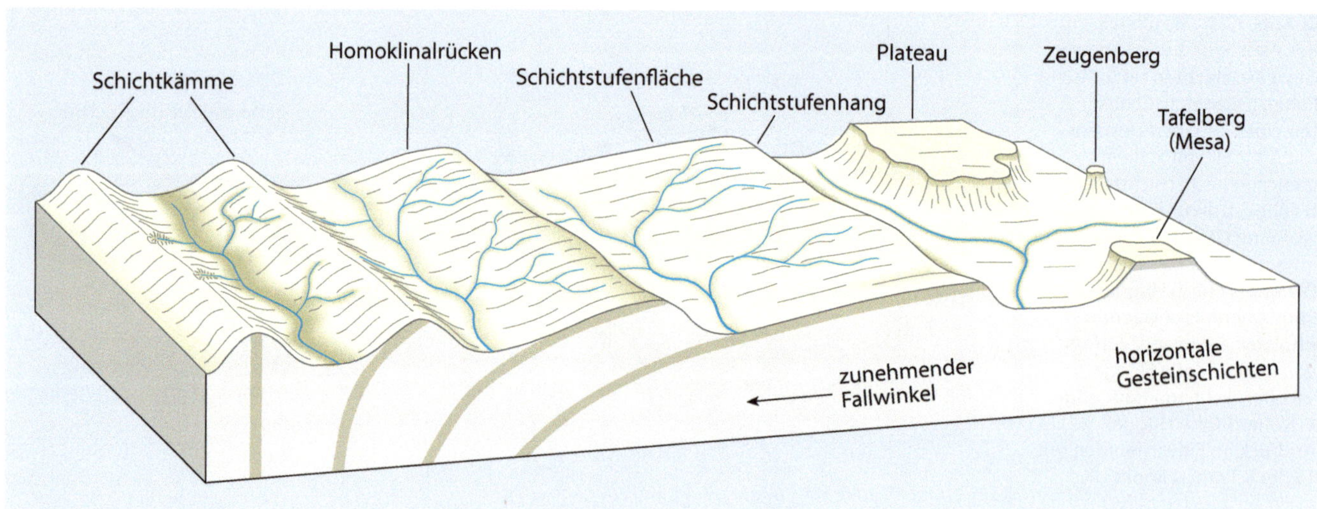

Abb. 7.19 Reliefformen aus unterschiedlich geneigten und resistenten Gesteinsschichten. Die dunkleren Schichten stellen härtere Gesteine dar. Der Verlauf der Flüsse wird in Abb. 7.28 beschrieben. (Verändert nach Huggett 2017: Fundamentals of Geomorphology. 4. Auflage. Verfasst von Richard John Huggett, veröffentlicht von Routledge. © Richard John Huggett 2017. Abdruck im Einvernehmen mit Taylor & Francis Books UK)

Tab. 7.4 Reliefformen aus Sedimentgesteinen unterschiedlicher Resistenz

Bildungsbedingungen	Reliefform	Beschreibung
Horizontale Gesteinsschichten		
Keine fluviale Einschneidung	Schichttafel	Ausgedehnte Ebene mit geringsten Reliefunterschieden
Resistente Deckschicht mit fluvialer Einschneidung	Plateau	Ausgedehnte flache Ebene, die durch Stufenhänge begrenzt ist
	Tafelberg (Mesa)	Flache Ebene, die durch Stufenhänge begrenzt ist
	Zeugenberg	Isolierter (kleinskaliger) Erosionsrest eines Tafelberges mit erhaltener oder abgetragener Gesteinsdecke
	Getreppte Stufe	Hang mit abwechselnden Steilhängen und Ebenen
	Gerippte Stufe	Getreppte Stufen mit geringmächtigen Gesteinsschichten
Gefaltete Gesteinsschichten		
Zunehmend stärker einfallende Gesteinsschichten mit unterschiedlicher Abtragsresistenz	Schichtstufe	Hangasymmetrische Reliefform mit steilem Schichtstufenhang und flachem Schichtflächenhang (Schichtfallen < 5°)
	Homoklinalrücken	Hangasymmetrische Reliefform mit steilem Stufenhang und flachem Flächenhang (Schichtfallen 5–30°)
	Schichtkamm	Hangsymmetrische Reliefform mit steilen Seitenhängen (Schichtfallen > 40°)
	Rampenstufe	Annähernd dreieckige Reliefform, die dem Hang eines Schichtkammes aufsitzt
Falten in unterschiedlichen Abtragsstadien	Synklinaltal (Jura-Relieftyp)	In einer Synkline verlaufendes Tal, dessen Geomorphometrie direkt die Struktur der gefalteten Gesteinsschichten widerspiegelt
	Appalachen-Relieftyp	Stark erodierte, abtauchende Antikline und Synkline mit homoklinalen Rücken und Tälern
	Reliefumkehr	Strukturelle Mulden (Synkline) bilden Relieferhebungen, strukturelle Sättel (Antikline) bilden Reliefvertiefungen (antiklinale Täler)

weniger ausgedehnten Ebenheit bestehen, die an den Rändern durch steile Hänge charakterisiert sind und als isolierte Reliefformen auf tieferliegenden Ebenheiten aufsitzen. Mit abnehmender Größe werden sie als **Plateau** und **Tafelberg** (Mesa) bezeichnet (Abb. 7.19). Es sind die Erosionsreste von Schichttafeln. Die geomorphologisch aktive Zone ist der Hang. Die hohe Widerstandsfähigkeit der Deckschicht schützt die darunter liegenden Schichten in der Fläche vor Abtragung. Bei weiterer Hangrückverlegung entstehen **Zeugenberge,** die als isolierte Erhebungen aufragen und einen geringen Durchmesser von wenigen Dekametern bis km aufweisen. Die isolierten Berge sind Zeugen der ehemals über die gesamte

Abb. 7.20 Erosionsreste einer ehemals weitflächigen Reliefform aus wenig geneigten Sedimentgesteinen unterschiedlicher Resistenz, Monument Valley, USA. (Quelle: Kornelia Jacobs)

Fläche existierenden Schichttafel. Ein bekanntes Beispiel dafür sind die Zeugenberge des Monument Valley in Arizona, USA (Abb. 7.20). Wenn die harte Decke des Zeugenberges abgetragen wird, entstehen eher abgerundete und schnell erodierende Formen, die schließlich gänzlich bis auf das Niveau der liegenden Gesteinsschicht abgetragen werden. Zerschneidet ein Fluss mit hoher Effektivität eine derartige Sedimentgesteinsfolge, entstehen **getreppte Hänge,** die durch eine vertikale Abfolge von Steilhängen und Verflachungen charakterisiert sind (Abb. 7.21). Gravitativ-hangaquatischer Abtrag und fluviale Einschneidung bilden hier die zentralen Erosionsprozesse. Die Steilhanghöhe wird durch die Mächtigkeit der resistenteren geologischen Schichten gesteuert.

7.3.2 Reliefformen aus geneigten Gesteinsschichten

Mit zunehmenden Fallwinkeln der Schichten von Sedimentgesteinen werden ihre unterschiedlichen lithologischen Resistenzen für die Reliefformung bedeutsamer. Es entsteht die asymmetrische Hangform einer **Schichtstufe** mit einem flachen Sockelhang, einem steilen Stufenhang (Schichtstufenhang) und gering geneigter Stufenfläche (Schichtstufenfläche) (Abb. 7.22 und 7.23). Der Fallwinkel der Gesteinsschicht erreicht bei Schichtstufen maximal 5°. Mit zunehmendem Schichtfallen von 5–30° entwickeln sich **Homoklinalrücken.** Bei sehr steilem Fallen der Gesteinsschichten über 40° entstehen durch die differenzierte Abtragung des Untergrundgesteins und die damit verbundene stärkere Abtragung des weniger resistenten Gesteins langgestreckte schmale Rücken, die als **Schichtkämme** bezeichnet werden (Abb. 7.24).

7.3.3 Reliefformen aus Faltungsstrukturen

Reliefformen, deren Geomorphometrie direkt aus der geometrischen Struktur der tektonischen Falte aufgebaut ist, treten weltweit eher selten und in Falten- und Überschiebungsgürteln auf. Voraussetzung dafür ist, dass die resistente Gesteinsschicht der Antikline die Formoberfläche bildet. Dabei bildet sich mit zunehmender Aufwölbung der Falte ein antiklinaler Rücken mit einer gestreckten Rückenachse, die nach beiden Seiten mit konvexer Wölbung abfällt. Hier spiegelt sich die Faltenstruktur direkt in der Geometrie der Reliefform wider (Abb. 7.25 und 7.26). Ein Beispiel bildet der Schweizer Jura. Häufig ist der Fall, dass die sich aufwölbende Falte von den exogenen erosiven Prozessen angegriffen und abgetragen wird. Die unterschiedliche Resistenz des Sedimentgesteins, die Geometrie der Falten und die erosiven Hang- und Fluvialprozesse führen zu einer Gruppe charakteristischer Reliefformen. Wird der Scheitelbereich der Antikline ausgeräumt, bilden sich antiklinale Täler, die von Homoklinalrücken und -tälern flankiert werden, die im Streichen der Gesteinsschichten verlaufen. Aus **Synklinalstrukturen** entwickeln sich synklinale Täler, deren Talhänge durch Gesteinsschichten gebildet werden, die in Richtung des Talzentrums einfallen.

Bei einfallender Gesteinsschichtung führt die Hang- und Fluvialerosion zu zickzackförmigen Rücken und Tälern. Die **antiklinale Struktur** entwickelt sich zu konvergierenden Homoklinalrücken in Fallrichtung der Antikline. Die synklinale Struktur führt zu divergierenden Homoklinalrücken in Fallrichtung der Synkline. Als Beispiel dieser Reliefform gelten die Appalachen im Osten der Vereinigten Staaten, die aus gefalteten und stark erodierten paläozoischen Gesteinen aufgebaut sind (Easterbrook 1999). Die unterschiedliche Erosionsresistenz von gefalteten Schichten kann auch zur Reliefumkehr führen. Besteht eine Synklinale aus Gesteinen mit hoher Resistenz und die benachbarte Antiklinale aus Gesteinen mit geringer Resistenz, kann im Laufe der Reliefentwicklung aus der synklinalen Hohlform ein Rücken und aus der antiklinalen Vollform ein Tal entstehen.

7.4 Tektonik, Flüsse und Gerinnenetze

Die Faltung von Gesteinsschichten und die unterschiedliche Lithologie des Untergrundes üben einen entscheidenden Einfluss auf die Entwicklung des fluvialen Systems aus (Schumm 2002). Dies betrifft die fluvialen Prozesse und Formen, die in ▶ Kap. 12 behandelt werden, sowie die auf Hängen ablaufenden Prozesse der gravitativen Massenbewegungen (▶ Kap. 10).

Die Entwicklung des fluvialen Systems ist im entscheidenden Maße von der Struktur und Lithologie des geologischen Untergrundes abhängig (Abb. 7.27). Das **Gerinnenetz von Flüssen** wird dadurch so stark beeinflusst, dass es sogar als diagnostisches Merkmal verwendet wird, um aus Luft- und Satellitenbildern geologische Untergrundeigenschaften zu ermitteln. In Systemen mit geneigten Sedimentgesteinen unterschiedlicher Resistenz entwickeln sich Flüsse entlang der Streichrichtung des Gesteins. Sie werden von benachbarten Flussstrukturen durch im Streichen verlaufende Rücken getrennt. Die Tributäre des Hauptflusses werden zwei Typen zugeordnet. Auf der Stufenfläche entwickeln sich Flüsse in Fallrichtung. Flüsse in Gegenfallrichtung fließen

Abb. 7.21 Fluviale Erosion in Sedimentgesteinen unterschiedlicher Resistenz, Grand Canyon, USA. Die gekoppelten Hangprozesse umfassen die gravitativen und hangaquatischen Regime. (Quelle: R. Dikau)

Abb. 7.22 Schichtstufenhang der Schwäbischen Alb mit flachem Sockelhang und steilem Stufenhang. Am rechten Bildrand und im Bildhintergrund sind von der Schichtstufe getrennte Zeugenberge zu erkennen. (Quelle: R. Dikau)

entgegen dem Einfallen der Gesteinsschichten und schneiden sich in den Stufenhang ein. Die Länge der Flüsse in Fall- und Gegenfallrichtung ist vom Fallwinkel des Gesteins abhängig. Das sich dabei entwickelnde Homoklinaltal ist durch ein spalierförmiges Gerinnebettmuster gekennzeichnet. Die fluviale Einschneidung in die weniger resistenten Gesteinsschichten ist mit einer lateralen Migration des Gerinnes verbunden, die als homoklinaler Versatz bezeichnet wird. Der Fluss in Streichrichtung folgt dabei der Basis der weniger resistenten geologischen Schicht. Die Asymmetrie des Homoklinaltales wird dadurch aufrechterhalten, dass die Flüsse in Gegenfallrichtung höhere Abtragsraten aufweisen als die Flüsse in Fallrichtung. Es muss hervorgehoben werden, dass neben dem fluvialen Abtrag am Stufenhang weitere Prozesse der Verwitterung und des Hangabtrags auftreten. Dazu zählen besonders gravitative Massenbewegungen, wie Sturzprozesse und Rutschungen, sowie hangaquatischer Abtrag durch Oberflächenabfluss. Mit dem zunehmenden Fallwinkel der Gesteinsschichten der Schichtkämme entwickeln sich Fall- und Gegenfallflüsse mit annähernd gleicher Länge.

Es können sieben Haupttypen von Flussgerinnenetzen unterschieden werden. (Abb. 7.28):

Abb. 7.23 Schichtstufe in New Mexico, USA. Deutlich zu erkennen ist das Einfallen der geologischen Schichten. Im Hintergrund ist eine Mesa zu erkennen. (Quelle: R. Dikau)

- **Dendritische Flussnetze** weisen ein verzweigtes baumähnliches Muster auf. Die Verzweigungen der Tributäre weisen irregulär in alle Richtungen. Dieses Muster findet sich überwiegend in horizontalen und einheitlich resistenten Gesteinsschichten, in wenig verfestigten Sedimenten und in homogenen Vulkangesteinen ohne ausgeprägte tektonische Einflüsse. Gefiederte Muster, die auf sehr steilen Hängen auftreten, bilden einen Subtyp, bei dem die fast parallelen Tributäre in einem spitzen Winkel auf den Hauptfluss treffen.
- Ein **paralleles Muster** ist durch mehr oder weniger parallele Hauptflüsse und ihre Tributäre gekennzeichnet, die diesen Hauptfluss in einem sehr spitzen Winkel treffen. Flüsse in Fallrichtung geologischer Schichten zeigen überwiegend parallele Muster. Sie entwickeln sich in einheitlich resistenten Schichten, bei höheren Hangneigungen oder bei starken Struktureinflüssen von asymmetrischen Falten, Monoklinen und Isoklinalfalten sowie durch eine Reihe paralleler Verwerfungen z. B. an Transformstörungen.
- **Spalierförmige Gerinnemuster** zeigen rechtwinklig angeordnete Gerinnerichtungen, bei denen die Tributäre den Hauptfluss rechtwinklig treffen. Es ist ein charakteristisches Muster für einfallende Sedimentgesteine mit abwechselnder Gesteinsresistenz und für jung abgelagerte glaziale Sedimente. Falten- und Überschiebungsgürtel, wie die Appalachen oder der Schweizer Jura, zeigen typische spalierförmige Gerinnemuster. Die Hauptflüsse in den Synklinaltälern zerschneiden die antiklinalen Rücken in engen Durchbrüchen (Klusen).
- Bei **radialen Gerinnebettmustern** folgen die Flüsse der Abdachung einer zentralen Erhebung nach allen Richtungen. Sie treten bei tektonischen Domstrukturen und Vulkankegeln und bei anderen einzelnen konischen Relieferhebungen auf.
- **Zentripedale Muster** weisen Flusssysteme auf, die in eine abflusslose Senke fließen und hier einen See speisen können. Sie sind typisch für die Caldera-Formen, vulkanische Krater, Dolinen, Uvalas und Poljen sowie tektonische Becken. Eine der weltweit größten Regionen mit interner Entwässerung bildet das Tibetanische Plateau.
- Ein **ringförmiges Gerinnebettmuster** zeigt Hauptflüsse, die in einem kreisförmigen Muster angeordnet sind und bei dem die Tributäre in rechten Winkeln abzweigen. Es entwickelt sich bei der Erosion tektonischer Domstrukturen, bei der die exogenen Prozesse aus den Gesteinsschichten unterschiedlicher Resistenz konzentrisch angeordnete Rücken erzeugen.

Abb. 7.24 Schichtkamm in New Mexico, USA, mit steil zum Betrachter einfallenden Schichten. (Quelle: R. Dikau)

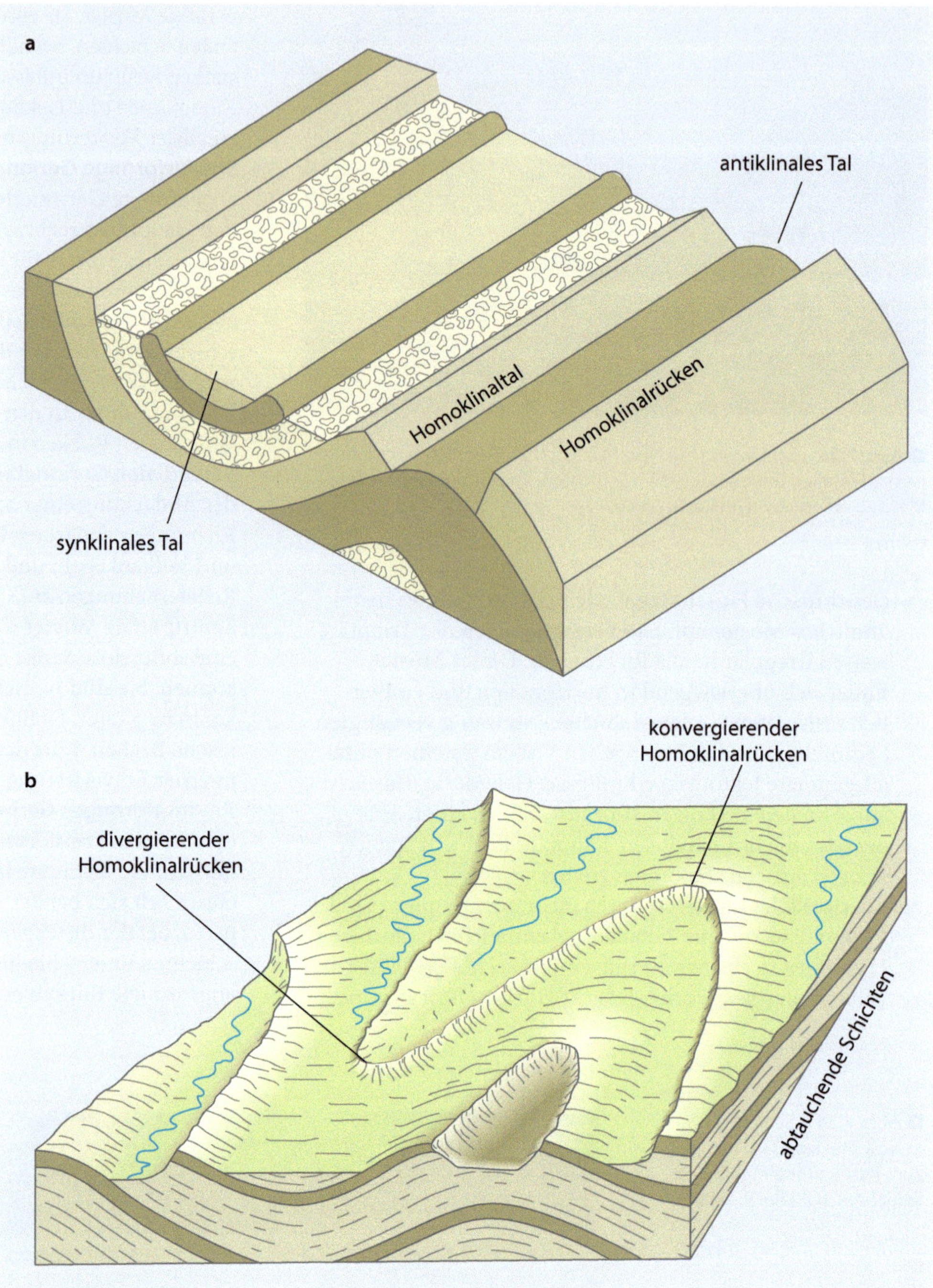

Abb. 7.25 Reliefformen aus Faltungsstrukturen. **a** Reliefformung durch Erosion antiklinaler und synklinaler Falten mit horizontaler Faltungsachse. Bei antiklinalen Tälern fallen die Gesteinsschichten nach außen, bei synklinalen Tälern in Richtung der Faltungsachse. Homoklinalrücken bilden die obersten Begrenzungen des Homoklinaltales. **b** Bei abtauchender (einfallender) Faltungsachse entwickeln sich konvergierende (Antiklinale) und divergierende (Synklinale) Homoklinalrücken. (Verändert nach Easterbrook, Don J. 1999: Surface Processes and Landforms, 2. Auflage. © 1999. Abdruck mit Genehmigung von Pearson Education, Inc., New York, New York)

- Bei **rechtwinkligen Mustern** bildet der Hauptfluss mit den Tributären mehr oder weniger ausgeprägte rechte Winkel, die eine geringere Regelmäßigkeit als das spalierförmige Muster darstellen. Es wird durch Klüfte und Verwerfungen gebildet, die Zonen geringerer Gesteinsresistenz aufweisen und daher leichter zu erodieren sind.

Anomale Gerinnebettmuster entwickeln sich unter Durchschneidung tektonischer Strukturen und unterschiedlicher lithologischer Gesteinsresistenz. Sie werden auch als diskordantes Gerinnenetz bezeichnet. Sie treten häufig in Falten- und Überschiebungsgürteln auf. In der geomorphologischen Forschung herrscht keine Einigkeit darüber, welche Phänomene zu dieser Gruppe zu

Abb. 7.26 Reliefform einer Antikline. (Quelle: R. Dikau)

rechnen sind. Generell versteht man unter einer Anomalie des Gerinnenetzes eine Situation, bei der ein Fluss eine Gebirgsregion auf einem komplizierteren Weg durchfließt, obwohl in unmittelbarer Nachbarschaft ein einfacherer Weg mit geringerem Widerstand vorgelegen hätte. Zu dieser Gruppe können mehrere Phänomene gerechnet werden:

- **Flussanzapfung**
  Flussanzapfungen entstehen, wenn ein Fluss eine höhere Erosionseffizienz aufweist als ein Nachbarsystem und durch rückschreitende Erosion diesen Nachbarfluss anzapft und seinen Abfluss vereinnahmt. Sie weisen häufig ein spalierförmiges Gerinnenetz mit einem deutlichen Knick im Gerinneverlauf auf. Bei einfallenden Gesteinsschichten kann dabei ein Fluss in Streichrichtung durch einen Fluss in Gegenfallrichtung angezapft werden. Der Anzapfungspunkt ist in der Regel durch eine deutliche Richtungsänderung des Gerinneverlaufes gekennzeichnet.
- **Antezedente Flüsse**
  Unter Antezedenz wird ein fluvialer Erosionsprozess in eine sich gleichzeitig tektonisch hebende Felsmasse verstanden. Das heißt, dass das fluviale Gerinne bereits vor der Hebung existierte und die Einschneidung mit der Hebung Schritt halten kann, sodass der Fluss seinen ursprünglichen Lauf nicht verändern muss. Die dabei entstehende Form wird antezedentes Durchbruchstal genannt. Antezedenz wird für die meisten der die känozoischen Orogene durchbrechenden Flüsse angenommen, wie in den Alpen (Inn, Rhein) und im Himalaya (Brahmaputra, Indus). In Mitteleuropa bildet das Rheintal im Rheinischen Schiefergebirge ein antezedentes Durchbruchstal.
- **Epigenetische Flüsse**
  Unter Epigenese wird ein fluvialer Erosionsprozess verstanden, bei dem sich im Laufe der Reliefentwicklung der Fluss in Sedimentschichten einschneidet und dabei erosionsresistentere Gesteine freigelegt werden. In diese schneidet sich der Fluss unter Beibehaltung der

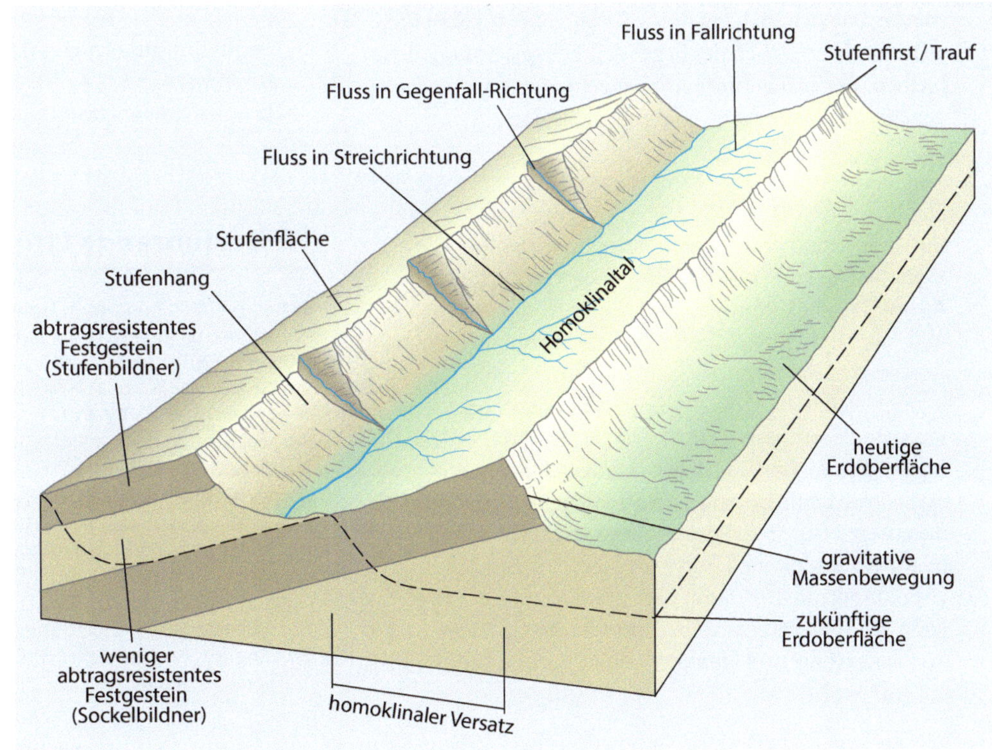

Abb. 7.27 Spalierförmiges Gerinnenetzmuster in einem Homoklinalsystem mit unterschiedlich resistenten Gesteinsschichten. Die dem Fallen folgende homoklinale Stufenrückverlegung führt zum seitlichen Versatz des Homoklinaltales. (Verändert nach Bloom 1998; Abdruck mit Genehmigung von Waveland Press, Inc. aus Bloom 1998: Geomorphology – A Systematic Anlaysis of Late Cenozoic Landforms. Long Grove, IL: Waveland Press, Inc., © 1998; Neuaufgelegt im Jahr 2004. Alle Rechte vorbehalten)

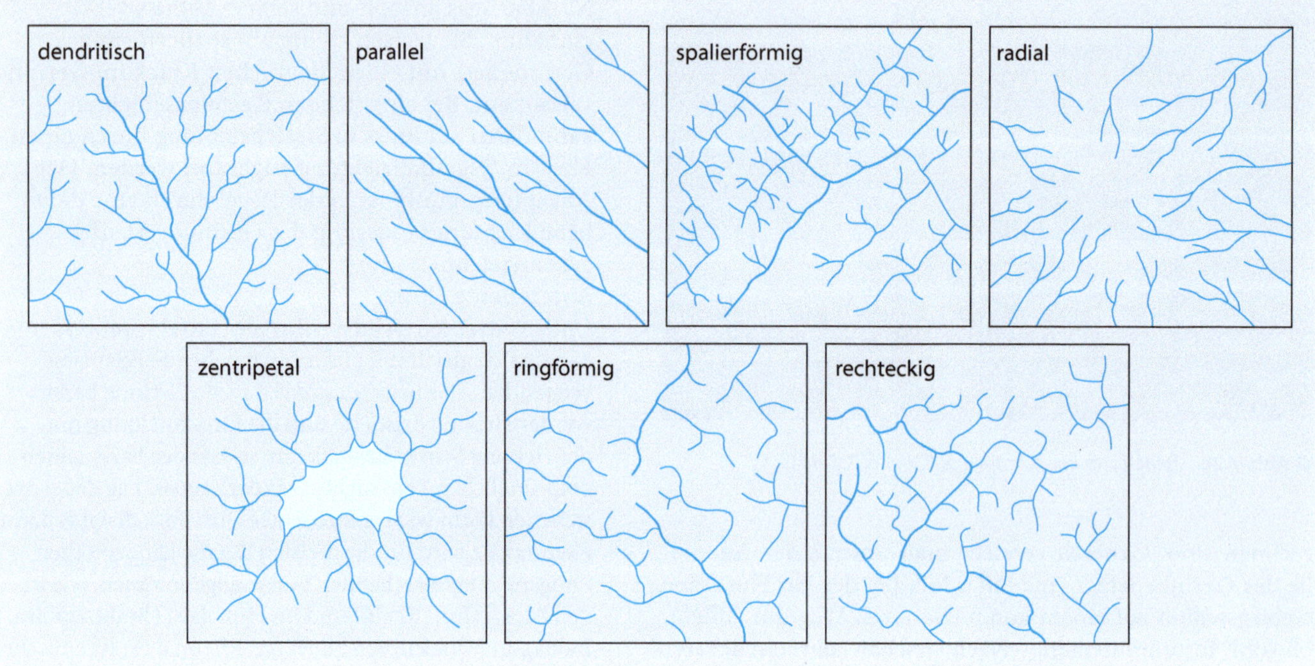

Abb. 7.28 Lithologisch-strukturell gesteuerte Gerinnebettmuster von Flüssen. (Verändert nach Huggett 2017, auf Basis von Twidale 2004: River patterns and their meaning. Earth-Science Reviews, 67: 159–218. © 2004. Abdruck mit Genehmigung von Elsevier)

vorhandenen Richtung des Gerinnes ein. Es entwickelt sich ein System epigenetischer Durchbruchstäler. Häufig findet sich Epigenese bei Festgesteinen, die diskordant von Sedimenten überlagert werden. Dabei kann das Gerinnenetzmuster, das sich im hangenden Sediment entwickelt hat, selbst nach Erreichen des liegenden Festgesteins erhalten bleiben. Bezüglich ihrer Lithologie und Struktur stellen epigenetische Flusssysteme eine Anomalie dar.

Fazit

Die endogenen Komponenten des geomorphologischen Hauptsystems tragen in beträchtlichem Ausmaß zur Reliefformung bei. Geologische und mineralogische Phänomene, d. h. tektonische Prozesse, Gesteinszusammensetzungen und -strukturen, können sich deutlich in der Gestalt der geomorphologischen Form, d. h. dem Charakter der Erdoberfläche in allen Raum- und Zeitskalen, niederschlagen. Wie stark diese Einflüsse sind und ob sich eine Dominanz durchsetzt, hängt von der Gesteinsresistenz und Bilanz der endogenen und exogenen Prozessrückkopplungen ab. Die damit befasste Geomorphologie kann auf Theorien der Geowissenschaften, z. B. der Plattentektonik und Manteldynamik, zurückgreifen, die ein großskaliges Raum-Zeit-Spektrum umfassen. Reliefformungen durch Erdbeben der Gegenwart und ihre Erforschung liefern Evidenzen für aktualistische Prinzipien der Geomorphogenese. Ob der physikalische Reduktionismus geeignet ist, kontinentweite Reliefformungen zu erklären, ist eine zukunftsträchtige Problemstellung der Geomorphologie.

Weiterführende Literatur

Bishop P (2007) Long-term landscape evolution: linking tectonics and surface processes. Earth Surf Process Landf 32:329–365

Bishop P (2011) Landscape evolution and tectonics. In: Gregory KJ, Goudie AS (Hrsg) The SAGE handbook of geomorphology. SAGE, Los Angeles, S 489–512

Burbank DW, Anderson RS (2001) Tectonic geomorphology. Blackwell Oxford

Chorley RJ, Schumm SS, Sugden DE (1984) Geomorphology. Methuen, London

Frisch W, Meschede M (2013) Plattentektonik – Kontinentalverschiebung und Gebirgsbildung. Wissenschaftliche Buchgesellschaft, Darmstadt

Götze H-J, Mertmann D, Riller U, Arndt J (2015) Einführung in die Geowissenschaften. Ulmer, Stuttgart

Grotzinger J, Jordan T (2017) Press/Siever Allgemeine Geologie, 7. Aufl. Springer, Berlin

Ollier C (1981) Tectonics and landforms. Longman, Harlow

Schmidt K-H (1988) Die Reliefentwicklung des Colorado Plateaus. Berliner Geographische Abhandlungen 49, Berlin

Summerfield MA (1991) Global geomorphology. Longman, Harlow

Summerfield MA (Hrsg) (2000) Geomorphology and global tectonics. Wiley, Chichester

Twidale CR (1971) Structural landforms: Landforms associated with granitic rocks, faults, and folded strata. MIT Press, Cambridge

Scheidegger AE (2004) Morphotectonics. Springer, Berlin

Schumm SA (2002) Active tectonics and alluvial rivers. Cambridge University Press, Cambridge

Reliefformung durch vulkanische Prozesse

R. Dikau et al., *Geomorphologie*, https://doi.org/10.1007/978-3-662-59402-5_8

Vulkane stellen Reliefformen dar, die durch den Austritt von Magma an die Erdoberfläche entstanden sind. Sie zählen zu den endogen erzeugten Formen. Das Magma des Erdinneren wird mobilisiert und durch Öffnungen in der Erdkruste an die Oberfläche transportiert. Dieser Transport kann durch ein breites Spektrum von stark explosivem Herausschießen bis zum ruhigen Ergießen in Form vulkanischer Effusionen erfolgen. Um die Geomorphometrie und Genese vulkanischer Reliefformen zu verstehen, müssen die Prozesse der vulkanischen Aktivität, die Eigenschaften der austretenden Materialien und die Bedingungen der Erdoberfläche bekannt sein. Vulkane entstehen an der Grenzschicht des Erdkörpers zur Atmosphäre (subaerische Vulkane), zu Ozeanen (submarine Vulkane), zu Seen (sublakustrine Vulkane) und zu Gletschern (subglaziale Vulkane). Zu den eruptiven Aktivitäten zählen der Austritt von Lava, Fluiden, Gasen und Gesteinsfragmenten. Sie bilden die Materialkomponenten des Vulkans.

8.1 Vulkane

Vulkane stellen einen eigenen Reliefformentyp dar, der sich aus unterschiedlichen vulkanogenen Prozessen entwickelt (Rittmann 1981; Ollier 1988; Thouret 1999). Die meisten Vulkane der Erde sind polyphasig, d.h., sie sind das Ergebnis verschiedener vulkanischer Eruptionen in mehreren zeitlichen Phasen. So bestehen Stratovulkane aus zahlreichen abwechselnden Schichten von Laven und vulkanischen Aschen, die sich im Zeitraum von Hunderttausenden Jahren zu Formen entwickelt haben, die Höhen über 3000 m erreichen können. Aufgrund ihrer exponierten Geomorphometrie stehen vulkanogene Reliefformen in starkem Maße mit den exogenen Prozessen der Erosion des geomorphologischen Systems in Rückkopplung. Die gravitativen Prozesse an Vulkanhängen zählen zu den schnellen geomorphologischen Prozesstypen mit den weltweit höchsten Magnituden, wie die Flankenkollapse auf Hawaii oder den Kanarischen Inseln.

8.2 Plattentektonik und Vulkanismus

Die **Klassifikation von Vulkanen** erfolgt auf Basis unterschiedlicher Faktoren (MacDonald 1972; Francis 1993; Bloom 1998). Dazu zählen:

- die chemische Zusammensetzung und Temperatur der Auswurfmassen,
- der physikalische Status der Auswurfmassen (gasförmig, flüssig, fest),
- die historische Entwicklung und heutige Aktivität des Vulkanismus (aktiv, ruhend, erloschen),
- die Gestalt des Auswurfschlotes (zentral rund oder linear in Spalten),
- der Typ der vulkanischen Aktivität (starker Gasaustritt, effusiver Lavaausfluss, explosiver Auswurf von Gesteinsfragmenten (Pyroklasten),
- die Gestalt der entstehenden Reliefform (Plateaus, Ebenheiten, Kegel, Calderas, Krater).

Weltweit sind heute über 500 aktive Vulkane bekannt, von denen pro Jahr etwa 50 ausbrechen. Die Verteilung von Vulkanen auf der Erde zeigt ein bestimmtes Verbreitungsmuster, das an den tektonisch vorgegebenen Plattengrenzen der Lithosphäre orientiert ist und damit den plattentektonischen Großstrukturen der Erde folgt (◘ Abb. 8.1 und ◘ Tab. 8.1). Die Definition des Aktivitätszustandes von Vulkanen ist nicht einheitlich geregelt. Das Global Volcanism Program (GVP 2018) definiert Vulkane als aktiv, wenn sie in den letzten ca. 10.000 Jahren mindestens einmal ausgebrochen sind. Aktive Vulkane können in der Gegenwart eruptieren oder ruhen. Ein erloschener Vulkan wird aufgrund der magmatischen Prozesse im Erdinnern auch in Zukunft keine Aktivität mehr zeigen. 80 % aller Vulkane der Erde sind an konvergierende und 15 % an divergierende Plattengrenzen gebunden. In diesen Zonen dringt Magma durch die lithosphärische Kruste auf und fließt als Lava aus, die an der Erdoberfläche erstarrt. Vulkane gehören zu den natürlichen Erscheinungsformen der tektonischen Entwicklung der Erdkruste. Das Magma besteht aus einer Mischung von Gesteinsschmelze, Gasen und bereits aus der Schmelze kristallisierten Mineralen. Die Magnitude oder Explosivität einer Eruption wird von den chemischen Eigenschaften dieser Mischung, ihrer Zähigkeit (Viskosität) und der in der Magmakammer zur Verfügung stehenden Menge bestimmt.

Es werden vier **Typen des Vulkanismus** unterschieden (◘ Tab. 8.1 und ◘ Abb. 8.2). Einige der weltweit bedeutendsten Vulkangebiete umfassen die Subduktionszonenvulkane des Pazifischen Ozeans, mit vulkanischen Inselbögen und Vulkanen an aktiven Kontinentalrändern. Die parallel dazu verlaufenden Tiefseegräben markieren die jeweilige Plattengrenze. Wenn man diese Verteilung auf einer Karte betrachtet, erkennt man ein kreisförmiges Muster, das als „Feuerring" *(ring of fire)* bezeichnet wird. In diesem Ring liegen etwa 65 % aller in den letzten 10.000 Jahren aktiven Vulkane der Erde. Dazu zählen folgende Vulkanketten: südamerikanische Anden, Westküste der USA und Kanadas, die Aleuten und Kurilen, Japan, die Philippinen, südostasiatische Inselbögen und die südwestpazifischen Inselgruppen. In diesem Ring sind die explosivsten Vulkane der letzten Jahrhunderte angesiedelt, wie der Krakatau (Indonesien, Ausbruch 1883), der Mt. St. Helens (Westküste der USA, Ausbruch 1980) und der Pinatubo (Philippinen, Ausbruch 1991). Etwa 10 % der subaerischen Vulkane befinden sich im Atlantischen Ozean, geringe Anteile treten in Afrika, dem Mittelmeerraum und dem Nahen Osten auf. Wenige Vulkane liegen als ozeanische Intraplattenvulkane vor, z. B. Hawaii, als Vulkane des mittelatlantischen

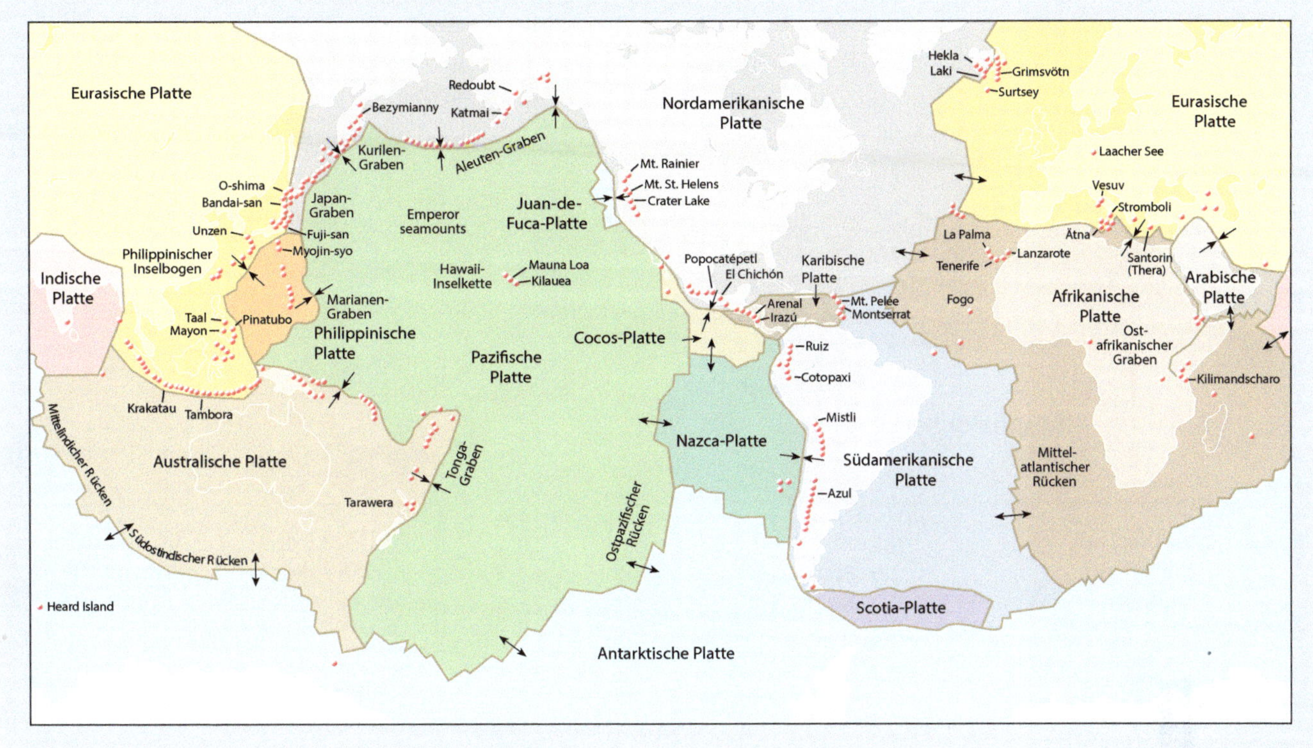

Abb. 8.1 Globale Verteilung aktiver und ruhender Vulkane. (Verändert nach Schmincke 2013, Abdruck mit Genehmigung von H.-U. Schmincke)

Tab. 8.1 Unterschiedliche Typen des Vulkanismus in Beziehung zu den plattentektonischen Strukturen der Erde

Plattentektonische Struktur	Typ des Vulkanismus	Beispiel
Kontinent	Kontinentale Intraplattenvulkane	Eifelvulkane
Aktiver Kontinentalrand	Subduktionszonenvulkane	Mt. St. Helens, USA
Mittelozeanischer Rücken	Submarine Vulkane (in Island auch subaerisch)	Laki, Island
Ozeanische Platte	Ozeanische Intraplattenvulkane	Kilauea, Hawaii

Rückens, z. B. Island, oder als kontinentale Intraplattenvulkane, z. B. Yellowstone, USA.

Die jährliche **Produktionsrate** des Magmas wird auf über 30 km^3 geschätzt (Abb. 8.2). Dabei entfallen etwa 12 % auf die extrusiven Produktionen und etwa 88 % auf die intrusiven Prozesse. Unter extrusiver Magmaproduktion wird allgemein ein Vulkanismus des effusiven oder explosiven Austritts von Magma an die Erdoberfläche verstanden. Der Prozess fördert fließende Lava oder fragmentiertes Auswurfsmaterial durch explosive Prozesse. Dieser subaerische Vulkanismus führt vorwiegend zum Aufbau von geomorphologischen Formen. Eine intrusive Magmaproduktion liegt dann vor, wenn die Gesteinsschmelze nicht bis an die Erdoberfläche gelangen kann und unterirdisch in die Gesteinsformationen der Kruste eindringt. Magmen, die in der Kruste zu Gestein erkalten und erstarren, bilden Plutone. Plutone haben ebenfalls eine hohe geomorphologische Bedeutung, da sie einerseits das aufliegende Gestein heben und stark deformieren können und andererseits ihre Gesteine (Plutonite) eine höhere Festigkeit als das umgebende, nichtmagmatische Gestein aufweisen. Wird ein Pluton erosiv freigelegt, entwickelt sich bevorzugt eine Vollform mit höheren Persistenzzeiten.

Für die **geomorphologischen Reliefformen,** die durch die vulkanische Aktivität gebildet werden, hat die mineralogische und chemische Zusammensetzung der Schmelze eine hohe Bedeutung. Extrusive und intrusive Magmen werden durch ihren Siliziumgehalt differenziert, der als prozentualer SiO_2-Gehalt ausgedrückt wird. Als sauer werden Gesteine mit einem SiO_2-Gehalt > 63 % bezeichnet, als intermediär mit 52–63 %, als basisch mit 52–45 % und als ultrabasisch mit < 45 % (Abb. 8.3). Durch ihren hohen SiO_2-Gehalt gehören die Vulkane in den Subduktionszonen zu den explosivsten der Erde.

Der durch die vulkanische Eruption entstehende innere Aufbau von Vulkanen und der sich entwickelnde Reliefformentyp sind von den Eigenschaften der geförderten Gesteinsschmelzen abhängig. Von besonderer Bedeutung sind ihr Gasgehalt und ihre dynamische Viskosität. Unter dynamischer

8

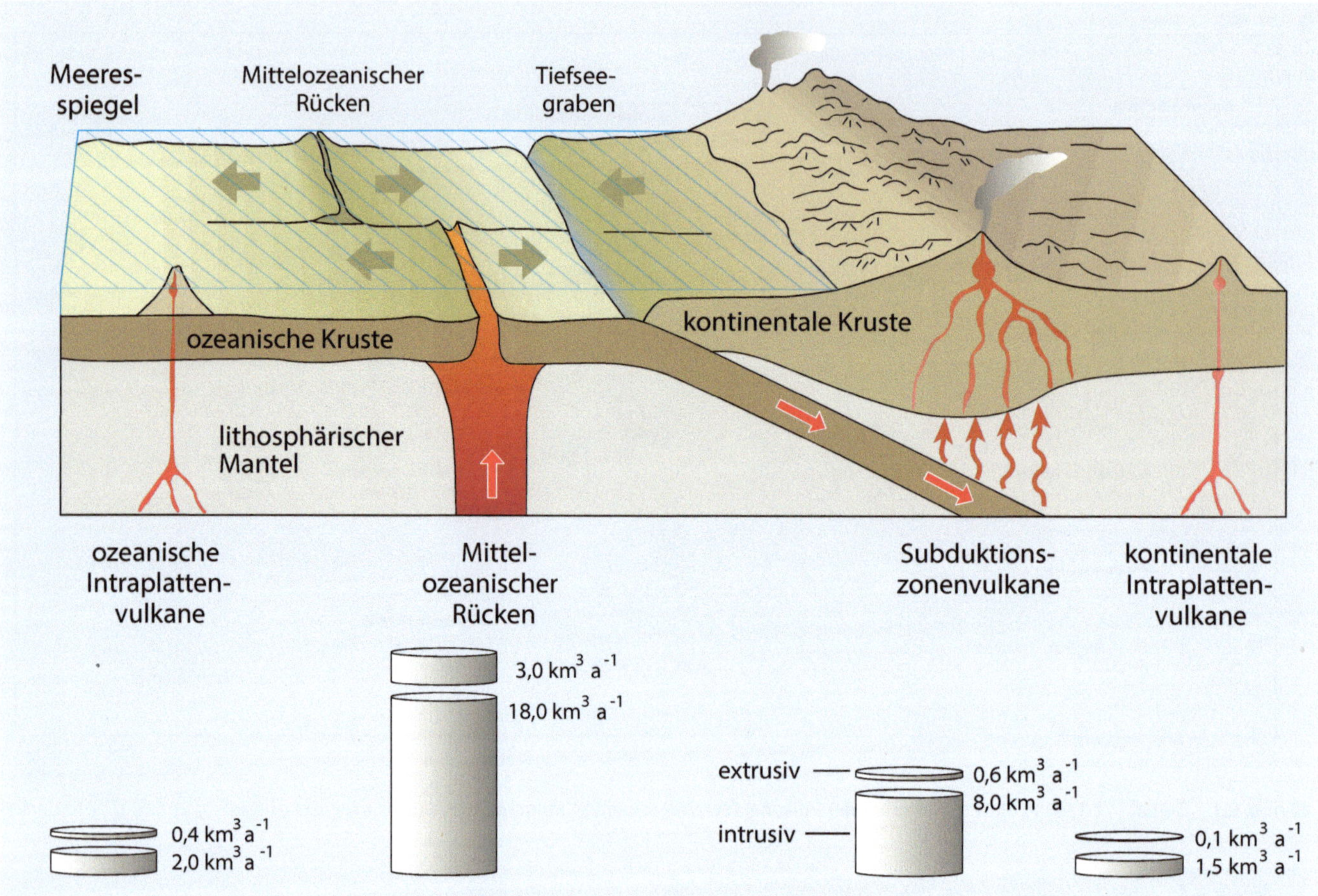

Abb. 8.2 Die wichtigsten Arten von Vulkanismus in Beziehung zu den plattentektonischen Prozessen und ihre jährliche Magmaproduktionsraten, die sich auf insgesamt 30 km³ summieren. (Verändert nach Schmincke 2013, zusammengestellt aus Press & Siever 1982 und Schmincke 1982, Abdruck mit Genehmigung von H.-U. Schmincke)

Viskosität wird die Zähigkeit der Schmelze verstanden, die durch ihre innere Reibung erzeugt wird. Sie wird durch die Beziehung zwischen der Scherspannung und der Verformungsrate der Schmelze ausgedrückt. Die dynamische Viskosität ist vom SiO_2-Gehalt der Schmelze abhängig (Abb. 8.4).

8.3 Typen vulkanischer Eruptionen

Bei Vulkanausbrüchen werden während der Eruption durch ein differenziertes Prozessgeschehen unterschiedliche **Auswurfprodukte** freigesetzt (Abb. 8.5; Tab. 8.2). Dazu sind im Einzelnen zu rechnen:

- **Vulkanische Gase** sind vom Magma und der Lava mitgeführte flüchtige Bestandteile (Wasserdampf, CO_2, H_2, CO, SO_2, H_2S), die während der Eruption austreten.
- Ein **Lavastrom** ist das an die Erdoberfläche ausströmende Magma. Als Lava wird die Gesteinsschmelze als auch das erstarrte Gestein bezeichnet.
- Ein **pyroklastischer Strom** ist eine heiße Glutlawine, die aus einer Mischung von Bims und Asche oder sehr kleinen Lavablöcken besteht. Sie bewegen sich mit sehr hoher Geschwindigkeit die Vulkanflanken hinab.
- Ein **pyroklastischer Fall** bezeichnet das Fallen von pyroklastischem Material, das vulkanische Lockergesteine aus Pyroklasten bildet. Die Pyroklasten werden bei Eruptionen aus dem Förderschlot ausgeworfen, durch die Luft transportiert und abgelagert. Pyroklastische Gesteine bestehen aus Aschen, Lapilli, Bomben, Blöcken, Bimssteinen und Schlacken unterschiedlicher Korngrößen, Gefügestruktur und Verfestigungsgrad.

Die **pyroklastischen Lockermaterialien** werden entsprechend ihrer Korngrößen und ihres Gefüges bezeichnet und klassifiziert. Folgende Begriffe werden verwendet: Asche (<2 mm), Lapilli (2–64 mm), Bomben und Blöcke (>64 mm). Unter Bomben werden zugerundete oder spindelförmige Lavafetzen verstanden, die während der Eruption im Lufttransport verformt wurden und erstarrt sind. Als Bims werden pyroklastische Fragmente bezeichnet, die bei einer explosiven Eruption von durch Entgasung aufgeschäumtem SiO_2-reichem Magma entstanden sind. Bims kann eine geringere Dichte als Wasser haben. Bei einer stärkeren Fragmentierung des Schaums bleiben nur Bruchstücke der glasig erstarrten Wände in Form feinkörniger Asche. Schlacken bestehen aus SiO_2-armer Lava mit hohem Blasenanteil.

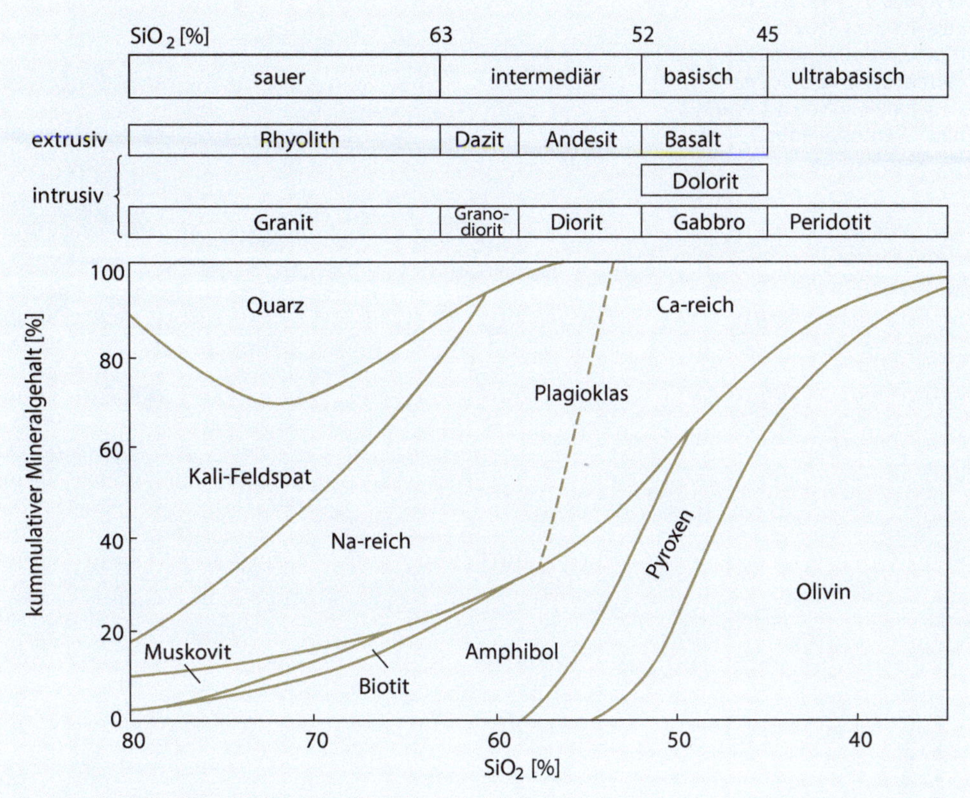

Abb. 8.3 Mineralogische Zusammensetzung extrusiver und intrusiver Magmatite und ihre Klassifikation in sauer, intermediär, basisch und ultrabasisch auf Basis ihres SiO_2-Gehaltes. (Verändert nach Summerfield 1991: Global Geomorphology. 1. Auflage. Verfasst von Michael A. Summerfield, veröffentlicht von Routledge. © M. A. Summerfield, 1991. Abdruck im Einvernehmen mit Taylor & Francis Books UK)

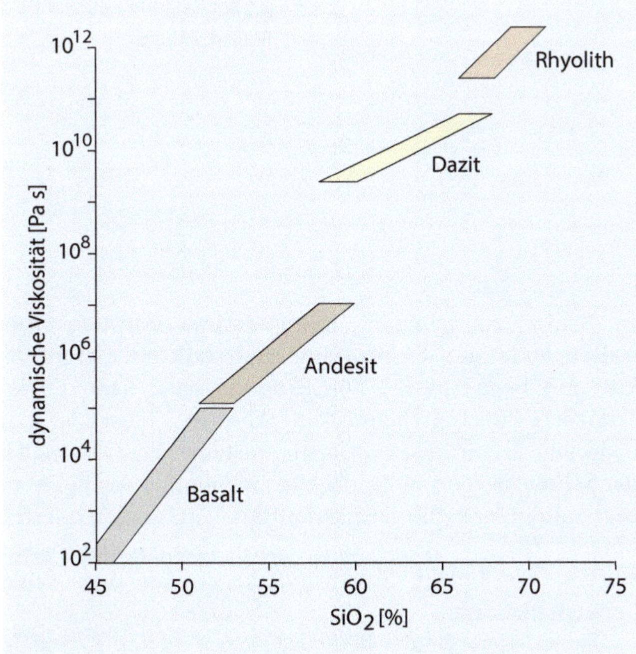

Abb. 8.4 Abhängigkeit der dynamischen Viskosität einer Gesteinsschmelze von ihrem SiO_2-Gehalt. Die dynamische Viskosität hat die Einheit Pa s (Pascal Sekunde) (N m^{-2} s). (Verändert nach Summerfield 1991: Global Geomorphology. 1. Auflage. Verfasst von Michael A. Summerfield, veröffentlicht von Routledge. © M. A. Summerfield, 1991. Abdruck im Einvernehmen mit Taylor & Francis Books UK)

Unter einem **Lahar** wird ein gravitativer Fließprozess verstanden, der ein Gemisch aus Wasser und vulkanischem Lockergestein transportiert. In Abhängigkeit von der Zusammensetzung des Mehrstoffgemisches reicht die Dynamik von Murgängen bis zu hyperkonzentrierten Flüssen (▶ Kap. 10). Sie können direkt während der Vulkaneruption entstehen, wenn vulkanische Aschen mittels großer Wassermengen (Gletscher- und Schneeschmelze, Ausbruch eines Kratersees) in Bewegung geraten. Ihre Entstehung kann auch nach Eruptionen erfolgen, wenn ältere Aschenablagerungen durch Starkniederschläge mobilisiert werden.

Die Destabilisierung der Vulkanflanken kann zu Hangrutschungen führen, die als Rotationsrutschung beginnen und als Schuttlawine zu großen Materialtransporten führen können. Sie werden auch als **Flankenkollaps** bezeichnet (▶ Abschn. 8.5). Mit den genannten Prozessen einer vulkanischen Eruption sind unterschiedliche Naturgefahrentypen verbunden, die sich durch unterschiedliche Reichweiten und Geschwindigkeiten sowie Magnituden deutlich unterscheiden (Dikau und Weichselgartner 2005).

Vulkanische Eruptionen können in unterschiedliche Typen klassifiziert werden. Die Basis der Gliederung bildet der Einfluss von Wasser auf die Eruptionsprozesse. Bei phreatomagmatischen Eruptionen ist magmaexternes Wasser beteiligt, wie Grund-, Meer- oder Gletscherschmelzwasser. Ist kein Wasser beteiligt, liegen magmatische Eruptionen vor. Hierbei erfolgt eine Entgasung des Magmas, z. B. durch CO_2- und Wasserdampfaustritt, die zur

8

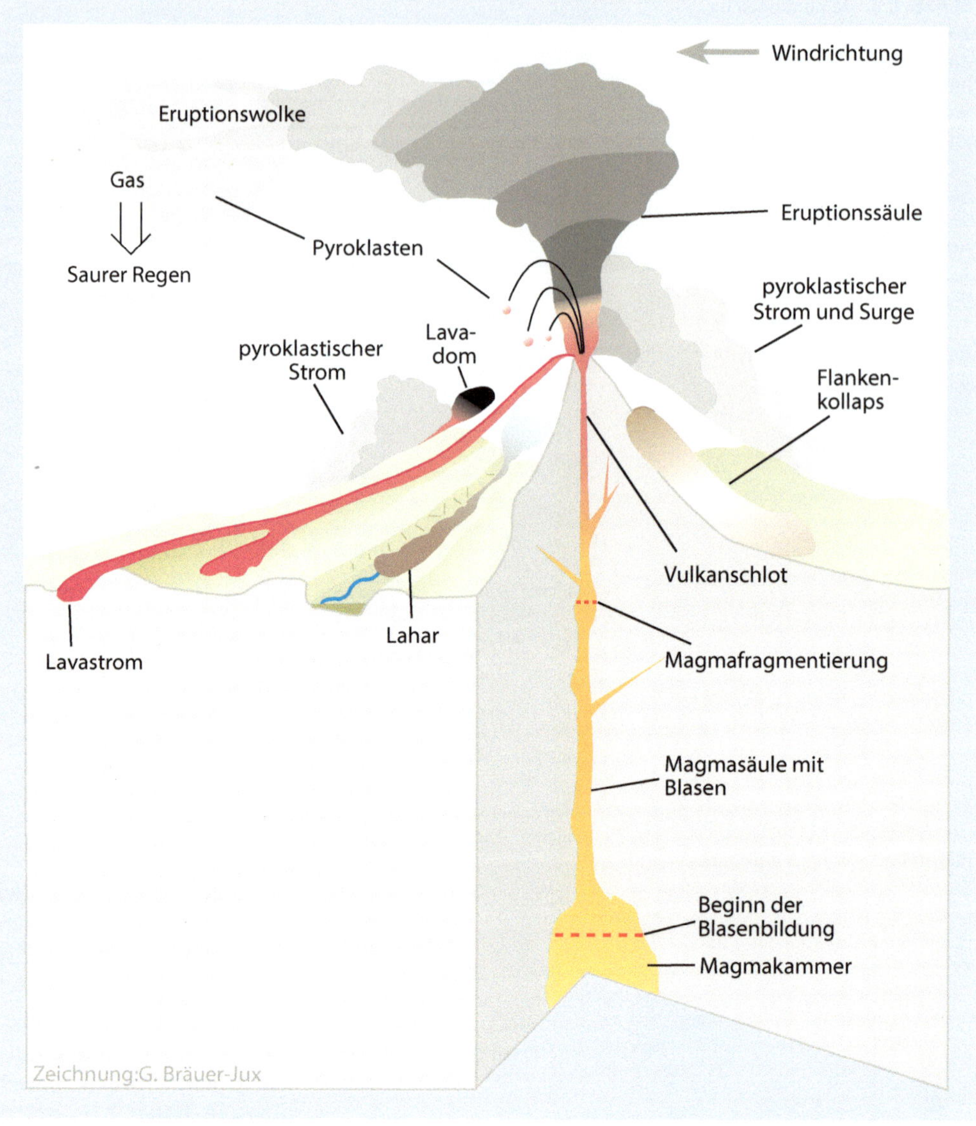

Abb. 8.5 Produkte der vulkanischen Aktivität. (Nach Dikau und Weichselgartner 2005, Abdruck mit Genehmigung von R. Dikau und J. Weichselgartner)

Blasenbildung in der Magmamasse führt. In Oberflächennähe wird das blasenhaltige Magma durch weitere Druckentlastung fragmentiert und in eine Dispersion überführt. Die Magmamasse teilt sich in Pyroklasten und Gas, die schließlich aus dem Förderschlot eruptieren. Die Explosivität von magmatischen Eruptionen wird in Explosionsklassen gegliedert. Als wichtigste Klassen werden die hawaiianischen, strombolianischen und plinianischen Explosionstypen unterschieden.

Der **hawaiianische Eruptionstyp** ist mit basischem Chemismus und geringer dynamischer Viskosität vorwiegend effusiv. Er fördert überwiegend Lava, die sich zu Lavaströmen entwickeln kann und Schildvulkane aufbaut. Ein höherer SiO_2-Gehalt und höhere Viskositäten führen beim **strombolianischen Typ** dazu, dass an der Oberseite der Magmasäule Gasblasen zerplatzen. Dabei lösen sich Magmafetzen aus der Schmelze und werden aus dem Schlot geschleudert. Die Eruptionssäule erreicht Höhen bis zu 10 km. Aschen, Lapilli und Lavaströme führen zu Schlackenkegeln. Die **plinianischen Eruptionstypen** weisen hohe SiO_2-Gehalte auf, sind stark bis extrem viskos und hochexplosiv. Die Eruptionssäule kann 65 km erreichen, die Aschendecken können Tausende km^2 bedecken. Derartige Eruptionen entstehen bei Gasgehalten der Schmelze von > 60 %, die zur Fragmentierung des Magmas führen und die Dispersion aus Gas, fragmentiertem Magma (insbes. Asche und Bims) und Gesteinsbruchstücken mit hohen Geschwindigkeiten aus dem Schlot herausschleudern.

Es existiert heute kein anerkannter internationaler Index für die Bestimmung der Magnitude von vulkanischen Eruptionen. Ein auf qualitativen und quantitativen Kriterien beruhender **vulkanischer Explosionsindex (VEI)**, der das gesamte Eruptionsvolumen mit anderen Parametern, wie der Höhe der Eruptionssäule, kombiniert, wurde Anfang der 1980er-Jahre vorgeschlagen (Tab. 8.3). Die Indexwerte VEI 0 bis VEI 6 wurden mit geschätzten Todesraten in Verbindung gebracht, wobei

Tab. 8.2 Klassifikation und Terminologie vulkanischer Lockergesteine (Schmincke 2013; Pichler und Pichler 2007)

Gesteinstyp	Begriff	Verfestigung	Korngröße	Begriff	Erklärung
Pyroklastische Gesteine	Tephra	Unverfestigt	<2mm	Asche	Während der Eruption fragmentiertes Magma
			2–64 mm	Lapilli	
			>64 mm	Vulkanische Bomben	Im Flug verformte Magmafetzen
				Blöcke	Feste Gesteinsbruchstücke
	Bimsstein		<2 mm	Bimsstein-Aschen	Aufgeschäumte SiO_2-reiche Lava
			2–64 mm	Bimsstein-Lapilli	
	Schlacke				Pyroklasten aus SiO_2-armer Lava mit hohem Blasenanteil
	Tuff	Verfestigt	<2 mm	Aschentuff	Verfestigte Asche
			2–64 mm	Lapillituff	Verfestigte Lapilli
			>64 mm	Agglomerate Schlackentuff pyroklastische Breccie	Verfestigte Schlacken und Blöcke
	Schlacken-Agglomerat				verschweißte Pyroklasten aus SiO_2-armer Lava mit hohem Blasenanteil
Hydroklastische Gesteine		Unverfestigt und verfestigt	Sehr klein pulverisiert	Asche, Lapilli, Schlacken	Durch externes Wasser beeinflusste Pyroklasten

Tab. 8.3 Vulkanischer Explosionsindex VEI mit Angabe des Eruptionsvolumens und der Höhe der Eruptionssäule

Explosionsindex VEI	Eruptionsvolumen (m^3)	Höhe der Eruptionssäule (km)	Qualitative Beschreibung
0	$<10^4$	<0,1	Nicht explosiv
1	10^4–10^6	0,1–1,0	Wenig explosiv
2	10^6–10^7	1–5	Mäßig explosiv
3	10^7–10^8	3–15	Mäßig – stark explosiv
4	10^8–10^9	10–25	Stark explosiv
5	10^9–10^{10}	>25	Sehr stark explosiv
6	10^{10}–10^{11}	>25	Sehr stark explosiv
7	10^{11}–10^{12}	>25	Sehr stark explosiv
8	$>10^{12}$	>25	Sehr stark explosiv

davon ausgegangen wird, dass die starken und sehr stark explosiven Ereignisse (VEI 4 – VEI 6) Todesopferzahlen von über 20 % der gesamten Bevölkerung im Umkreis des Vulkans nach sich ziehen. Der Index wird auch verwendet, um Wahrscheinlichkeiten für die Wiederkehr von Vulkaneruptionen anzugeben. Im Mittel wird danach eine Eruption mit VEI = 5 alle 10 Jahre auftreten, mit einem VEI = 7 dagegen nur alle 100 Jahre.

8.4 Vulkanische Reliefformen

Die vulkanische Aktivität in Form effusiver und explosiver Prozesse führt zum Aufbau von vulkanischen Reliefformen. Die Formbildung wird durch verschiedene Faktoren gesteuert, von denen der **Magmatyp,** d. h. seine Viskosität und mineralogisch-chemische Zusammensetzung, und der davon gesteuerte **Eruptionstyp** von

Tab. 8.4 Klassifikation vulkanischer Reliefformen (Rittmann 1962)

Magmaeigenschaft	Aktivitätstyp	Quantität des eruptierten Magmas			
		Wenig	⟶		Viel
Sehr flüssig, heiß, basisch, geringe Viskosität	Effusiv ↓	Lavastrom[1]	Exogene Dome[2]	Schildvulkan Islandtyp[3]	
				Schildvulkan Hawaiityp[4]	
Zunahme von Viskosität, Wasser-, Gas- und Silizium-gehalt ↓	Gemischt ↓	Schlackenkegel[5]	Stratovulkan[9]	Vulkanfelder mit mehreren Schlackenkegeln	
		Schlackenkegel mit Lavaströmen[6]			
Sehr viskos, relativ kalt, sauer	Explosiv ↓	Endogener Dom (Staukuppe)[7]	Explodierter endogener Dom mit pyroklastischem Strom[8]		
		Maar[10]	Maar mit Tuffring und Tuffkegel[11]	Calderavulkan[14]	Ingnimbritdecke
Extrem viskos	Explosiv, überwiegend Gas	Gasmaar[12]	Explosionskrater[13]		Reaktivierte Caldera

Die Zahlen beziehen sich auf die in Abb. 8.6 dargestellten Vulkanformen

Tab. 8.5 Beispiele für vulkanische Reliefformen

Vulkanische Reliefform	Beispiele
Schildvulkan (Islandtyp)	Skjaldbreiður (Island)
Schildvulkan (Hawaiityp)	Mauna Kea, Mauna Loa (Hawaii)
Schlackenkegel-Feld	Eifel (Deutschland)
Stratovulkan	Mount St. Helens (USA), (junger) Pico del Teide (Teneriffa), Vesuv (Italien), Ätna (Sizilien), Nevado del Ruiz (Kolumbien)
Maar	Schalkenmehrener Maar (Eifel)
Calderavulkan	Santorin-Caldera (Griechenland)

zentraler Bedeutung sind. Eruptionen andesitischer Magmen (Abb. 8.3 und 8.4) bilden eher Kegel um einen zentralen Förderschlot. Die große Vielfalt vulkanischer Reliefformen erschwert ihre eindeutige Klassifikation. Die Grundlage der Klassifikation nach Rittmann (1962) basiert auf der Viskosität und damit der mineralogischen Zusammensetzung und der Quantität des eruptierten Magmas sowie der Größenskale der erzeugten Vulkanformen (Tab. 8.4 und 8.5; Abb. 8.6).

Vulkane weisen ein **allometrisches Verhalten** auf. Das bedeutet, dass die zunehmende Menge des eruptierten Magmas in Form von Lava und Tephra Reliefformen erzeugt, die größer werden und dabei ihre Geomorphometrie verändern (Abb. 8.6). So wird z. B. ein gänzlich aus Tephra aufgebauter Schlackenkegel nur bis zu einer bestimmten Größe felsmechanisch stabil bleiben. Bei weiterer Magmenförderung bricht der Lavastrom seitlich aus dem Kegel aus und führt zu einer Veränderung der Geomorphometrie der Vulkanform. So liegen bei größeren Formen andesitischer Magmen abwechselnde Tephra- und Lavalagen vor, die Stratovulkane aufbauen. Vulkanische Reliefformen können in Beziehung zum Eruptionstyp und der eruptierten Magmen nur eine maximale Größe erreichen, die nach Rittmann (1962) als geomorphometrische Kapazität *(morphological capacity)* bezeichnet wird.

8.4.1 Lava

Basaltische Lava ist wegen ihrer geringen Viskosität dünnflüssig und hat hohe Eruptionstemperaturen von 1000–1200 °C. Durch diese Eigenschaften können sich **Lavaströme** entwickeln, die sich 100 km und mehr als relativ dünne Fließmasse ausbreiten können und glatte, glänzende Oberflächen aufweisen. Lavaströme, die wulstig und seilförmig strukturiert sind, werden Pahoehoe-Lava genannt. Sie entsteht dadurch, dass die Oberfläche des Lavastroms abkühlt, zähflüssig wird, und durch die weiterfließende Lava des Untergrundes zusammengeschoben und verformt wird (Stricklava, Seillava). Durch die während des Fließvorganges abgegebene Wärme erhöht sich bei sinkenden Temperaturen die Viskosität der Masse und die Pahoehoe-Lava kann in die Aa-Lava übergehen. Dabei findet eine interne Strukturveränderung statt, die zu einer geringeren Fließgeschwindigkeit führt (Abb. 8.7 und 8.8). Aa-Lavaströme bestehen aus unterschiedlichen Schichten von Lavabreccien und bilden randliche Schlackenwälle und eine grobblockige Oberflächenstruktur aus erkalteter und zerbrochener Aa-Lavamasse.

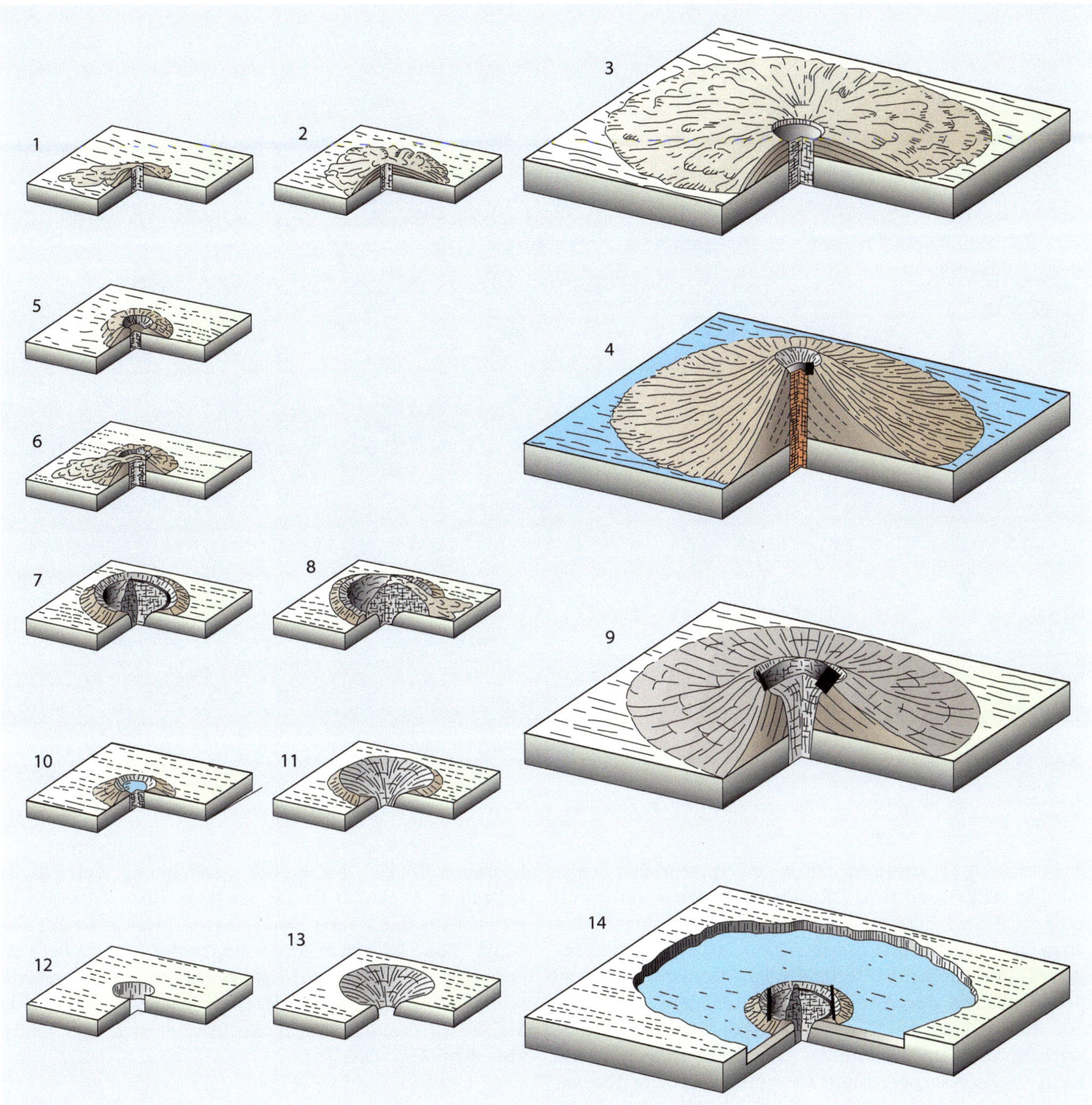

Abb. 8.6 Vereinfachte schematische Darstellung von vulkanischen Reliefformen in unterschiedlichen Größenskalen. Die Zahlen verweisen auf Tab. 8.4, die Darstellung ist nicht maßstabsgetreu. (Verändert nach Rittmann 1962, Fig. 57, S. 114)

Beim Abkühlen des Pahoehoe-Lavastromes reduziert sich das Volumen der Schmelze, was zur Bildung von Abkühlungsklüften in der Erstarrungsmasse und zur Ausbildung von Basaltsäulen führt. Sie haben häufig 5–7 Seitenflächen. Pahoehoe-Lavaströme können ihre hohen Transportstrecken nur erreichen, wenn sie sich nicht an der Erdoberfläche, sondern in selbstgeschaffenen unterirdischen Lavatunnel bewegen, die einen zu schnellen Wärmeverlust verhindern und die Schmelze flüssig und niedrigviskos halten. Erstarrt die Lava in den Tunnelsystemen, entstehen Lavarosetten, die radial angeordnete Kluftsysteme aufweisen (Abb. 8.9).

8.4.2 Schildvulkan

Unter einem Schildvulkan wird ein Vulkantyp verstanden, der eine flachkegelige Form aufweist. Er ist aus niedrig-viskoser basaltischer Lava aufgebaut und bildet sich

Abb. 8.7 Lavaströme mit Aa-Lavastrukturen, randlichen Schlackenwällen und grobblockiger Oberfläche der Eruption des Pico Viejo auf Teneriffa im Jahre 1798. (Quelle: R. Dikau)

8

aus effusiven Lavaströmen, die aus einem zentralen Schlot oder Spalten entweichen. Die initialen Formen werden als exogene Dome bezeichnet. Sie entstehen auf nahezu flachen Oberflächen durch Stapelung kurzer Lavaströme. Exogene Dome können bei fortlaufender Magmaförderung zu Schildvulkanen anwachsen, wobei der Islandtyp Höhen von 100–1000 m und der Durchmesser das 20fache der Höhe erreicht. Die Hangneigung der Oberfläche ist gering und kann in der Nähe des Kraters 20° erreichen. Der Hawaiityp des Schildvulkans hat sehr viel größere Ausmaße (Abb. 8.10). Die gestapelten basaltischen Lavadecken haben eine Mächtigkeit von wenigen m. Sie eruptieren aus zentralen Förderkratern und aus länglichen Riftzonen, die am Vulkan Kilauea auf Hawaii eine Länge von über 50 km erreichen. Allerdings befinden sich bei den Vulkaninseln im Pazifik (z. B. Hawaii) und Atlantik (z. B. Kanarische Inseln) 90 % des den Vulkan aufbauenden Gesteins unter Wasser. Ragt überhaupt kein Vulkan über den Wasserspiegel, liegt ein submariner Seamount vor, wovon weltweit Hunderttausende zu beobachten sind. Im Pazifik ist dies z. B. die Emperor-Seamount-Kette nordwestlich der Hawaii-Inselkette (Abb. 8.1), die nicht mehr aktive Vulkane des Hawaiisystems darstellen. Schildvulkane besitzen gemeinsam mit den Basaltplateaus und den Ignimbritschilden die größte Ausdehnung vulkanischer Reliefformen. Hawaii hat an der Basis einen Durchmesser von 400 km, der Mauna-Loa-Vulkan auf Hawaii ist mit über 10 km Höhe über dem Meeresboden der höchste Berg der Erde und mit 86.000 km^3 Lava der volumenreichste aktive Schildvulkan. Die beiden Hauptvulkane von Hawaii, der Mauna Loa und der Mauna Kea, erheben sich über 4000 m über dem Meeresspiegel.

8.4.3 Schlackenkegel

Die auf den Festländern am häufigsten auftretenden Vulkane sind die Schlackenkegel. Ihr Durchmesser erreicht maximale 2,5 km und Höhen von maximal 200 m, ihre Form ist kegelförmig (Abb. 8.11 und 8.12). Die Aktivität von Schlackenkegeln hält häufig nur wenige Tage, selten wenige Monate an. Nach einer ersten strombolianischen Förderphase entwickeln sich häufig Lavaströme. Das Eruptionsmaterial von Schlackenkegeln besteht aus Bomben und Lapilli (Tab. 8.2), die leicht verwittern und sekundäre Minerale bilden. Die Hangneigung von Schlackenvulkanen entwickelt sich bis zum Grenzneigungswinkel (angle of repose), der im Spätstadium der Entwicklung durch

Abb. 8.8 Lavaströme unterhalb des Gipfels des Pico del Teide („Junger Teide") auf Teneriffa (3718 m). Dahinter befindet sich der Eruptionskrater des Pico Viejo (3134 m). Der linke gebogene Rücken auf ca. 2500 m ist das erhaltene Anrissgebiet eines Flankenkollapsprozesses, der sich nach rechts bewegte und einen großen Teil des Las-Cañadas-Vulkans („Alter Teide") in den Atlantik beförderte. (Quelle: R. Dikau)

Abb. 8.9 Basaltische Lava-Rosette an der Nordabdachung des Pico del Teide auf Teneriffa. Die Rosette stellt die Füllung eines ehemaligen Lavatunnels dar, die Abkühlungsklüfte trennen die Basaltsäulen und haben sich senkrecht zur Abkühlungsfläche des Tunnels entwickelt. (Quelle: R. Dikau)

Abb. 8.10 Schildvulkan Mauna Loa auf Hawaii (1985). Der Vulkan gilt als der größte aktive Vulkan der Erde. (Quelle: J.D. Griggs, U.S. Geological Survey)

Abb. 8.11 Schlackenkegel Montaña Cascajo auf der Westflanke des Pico del Teide auf Teneriffa (die Eruptionsöffnung ist auf dem Bild nicht sichtbar). Im Mittelgrund ist ein Lavastrom zu erkennen, der Vordergrund wird durch Aschen, Lapilli und zugerundete Bomben aufgebaut. (Quelle: R. Dikau)

gravitative Rutschungsprozesse verflacht werden kann. Schlackenkegel sind eine typische Komponente des kontinentalen Intraplattenvulkanismus und treten in regionalen Gruppen und in Form von Vulkanfeldern auf, die Durchmesser von mehreren 100 km erreichen können. Beispiele in Mitteleuropa sind die Vulkanfelder der West- und Osteifel.

8.4.4 Stratovulkane

Treten intrusive und extrusive Prozesse in gemischter Form auf und sind bei der Entstehung der Vulkanform Tephren und Laven beteiligt, handelt es sich um einen Stratovulkan. Das Gestein wird im Vergleich zu Schildvulkanen zunehmend andesitisch und dazitisch, die Viskosität und der Siliziumgehalt der Schmelze nehmen gegenüber den basaltischen Magmen zu. Die Eruptionen sind häufig sehr explosiv. Stratovulkane weisen eine komplizierte Entstehungsgeschichte auf. Ihre Form ist häufig symmetrisch, wobei sich die Hangneigung bis 33° im Bereich des Grenzwinkels des vulkanischen Gesteins befindet (Abb. 8.13). Die Hänge von Stratovulkanen weisen eine leichte Konkavität auf, die mit der hohen Viskosität und den hohen SiO_2-Gehalten des Eruptionsmaterials erklärt

Abb. 8.12 Kraterrand des Schlackenkegels Boca Cangrejo auf der Westflanke des im Hintergrund sichtbaren Pico del Teide auf Teneriffa. (Quelle: R. Dikau)

werden kann. Die Höhe von Stratovulkanen kann mehrere 1000 m erreichen. Die eruptiven Magmen fließen als Lavastrom über zuvor geförderte und abgelagerte Tephra- und Lavaschichten und stabilisieren dadurch den zentralen Kegelbereich. In Eruptivgängen dringen intrusive Gesteine auf, die endogene Dome (Staukuppen) und Nadeln unterschiedlichster Form bilden. Durch diese Intrusiva wird der Kegel des Stratovulkans felsmechanisch weiter stabilisiert, sodass er zu beträchtlichen Höhen aufwachsen kann. Andererseits bilden die hangparallelen Gesteinsschichten gute Voraussetzungen für die Entwicklung hangparalleler Scherflächen (▶ Kap. 10). Auch können die Intrusiva zur Verformung der gesamten Gesteinsmasse führen, ihre Stabilität erniedrigen und zur Disposition von gravitativen Prozessen beitragen.

Die komplizierte Mischung aus eruptiven pyroklastischen Gesteinen, Laven und Intrusiva erschwert eine einfache Klassifikation, weshalb Stratovulkane auch als polygenetische

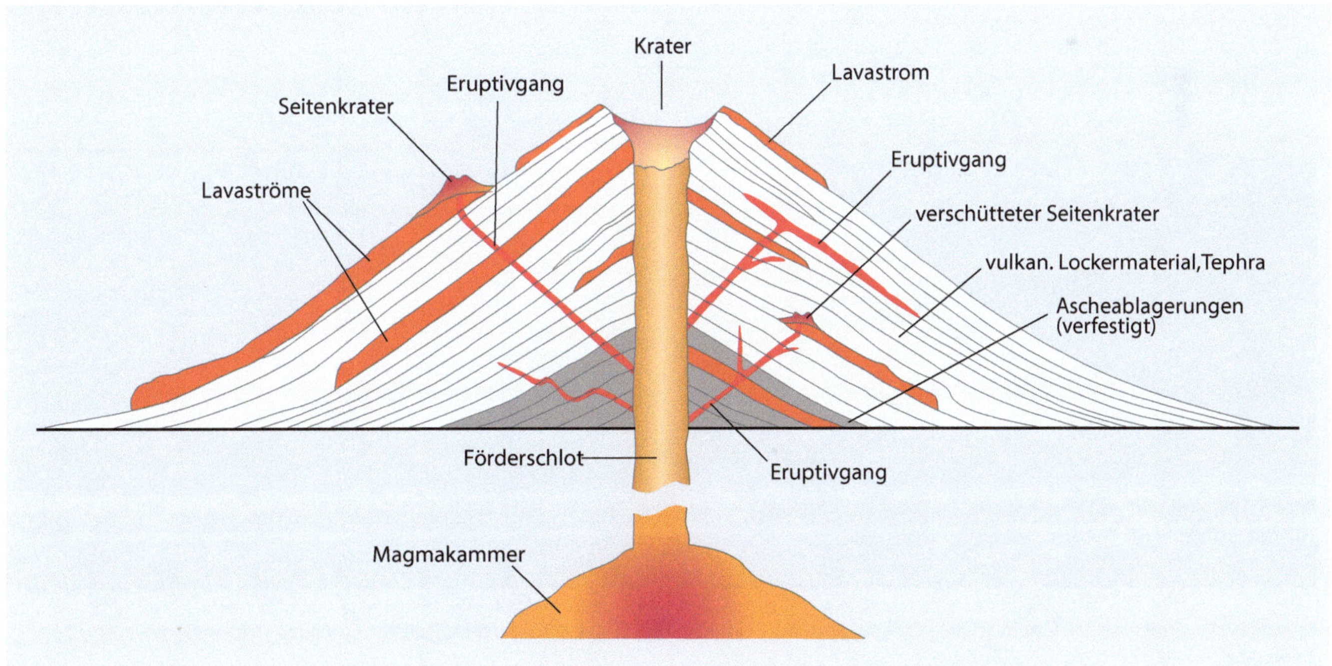

Abb. 8.13 Aufbau eines Stratovulkans mit typischen abwechselnden Lagen von Lava, pyroklastischen Gesteinen und Gesteinsfragmenten. (Verändert nach Huggett 2017, auf Basis von MacDonald 1972: Volcanoes. 1. Auflage. © 1972. Abdruck mit Genehmigung von Pearson Education, Inc., New York , New York)

Abb. 8.14 Stratovulkan Popocatépetl nahe Mexico City. (Quelle: R. Dikau)

Abb. 8.15 Stratovulkane Mount St. Helens (links) und Mount Rainier, USA (2004). (Quelle: John Pallister, Cascades Volcano Observatory, U.S. Geological Survey)

Abb. 8.16 Tephra- und Gaseruption des Doms im Krater des Mount St. Helens im Jahr 2004. Die Domstruktur ist im Vordergrund deutlich zu erkennen. Am linken Bildrand ist die Innenseite des Kraters der Eruption vom 18. Mai 1980 zu sehen. (Quelle: Cascades Volcano Observatory, U.S. Geological Survey)

und zusammengesetzte Vulkane bezeichnet werden. Stratovulkane sind typische Vulkane von Subduktionszonen. Beispiele von Stratovulkanen sind Cotopaxi in Ecuador, Popocatépetl in Mexico oder Mount St. Helens und Mount Rainier an der Westküste der USA (Abb. 8.14 und 8.15). Stratovulkane können im Laufe ihrer Entwicklung durch einen Flankenkollaps weitgehend zerstört und durch spätere Eruptionen wieder aufgebaut werden, wobei Dombildungen im zentralen Bereich und vulkanische Aschen in den Randbereichen des Vulkans vorherrschen. Insgesamt müssen Stratovulkan unter felsmechanischen Gesichtspunkten als überwiegend instabile Reliefformen betrachtet werden. Die regionalen und überregionalen Gefahrenpotenziale können am Beispiel der Eruption des Mt. St. Helens am 18. Mai 1980 studiert werden (Lipman und Mullineaux 1981).

8.4.5 Endogene Dome

Hoch-viskose Lava mit hohen SiO_2-Gehalten bilden endogene Dome, die auch als **Staukuppen** bezeichnet werden. Diese treten oft nach einer plinianischen Eruption aus dem Förderschlot auf. Sie weisen unterschiedliche Größen auf und können zu mehreren 100 m Höhe und Durchmesser anwachsen. Drei Jahre nach der Eruption von 1980, die mit einem Flankenkollaps einherging, hatte der zentrale Dom im Krater des Mt. St. Helens eine Höhe von 300 m erreicht. Dieser entstand am Ende der primären Eruptionsphase, nachdem der erste Dom mehrfach explodiert und wieder neu gebildet worden ist (Abb. 8.16).

8.4.6 Maare

Maare stellen Sprengtrichter dar, die durch **phreatomagmatische Eruptionen** entstanden und häufig mit Seewasser verfüllt sind. Sie treten mit Durchmessern bis 1,5 km und Tiefen bis 200 m in mesoskaligen Größen auf. Der während der Eruption entstehende Trichter hat sehr steile Wände, die extrem instabil sind und zum Kollaps der randlichen Materialien in den Trichter führen. Maare werden von einem **Tuffring** umgeben, der bis zu 50 m Höhe erreichen kann und leicht erodiert wird. Dieser Tuffring kann aus mehreren Schichten aufgebaut sein, wenn die eruptive Phase aus mehreren Ereignissen bestanden hat. Die bekanntesten Maare in Deutschland bilden die Vulkane der Westeifel, die zwischen 500.000 und 11.000 Jahren vor heute aktiv gewesen sind (Meyer 2013). Die Bildung eines Schlackenkegels wird häufig durch phreatomagmatische Eruptionen eingeleitet. Die drei Dauner Maare umfassen das Gemündener Maar, das Weinfelder Maar (Totenmaar) und das Schalkenmehrener Maar mit Durchmessern von 300–600 m (Abb. 8.17).

Die Hypothesen, dass der Magma-Wasser-Kontakt für die explosiven Eruptionen von Maaren verantwortlich ist, werden heute weitgehend akzeptiert. Die Hypothese, dass dieser Kontakt des aufsteigenden Magmas mit Wasser möglicherweise die explosiven Eruptionen auslöst, wird in der vulkanologischen Forschung kontrovers diskutiert (Schmincke 2013).

8.4.7 Calderavulkane

Als Calderavulkane werden vulkanische Reliefformen verstanden, die **Kollapsstrukturen** darstellen, die durch eine Eruption und **Leerung einer Magmakammer** entstanden sind (Abb. 8.18). Sie sind kreis- bis ellipsenförmig und weisen Durchmesser bis zu 60 km auf. Das Innere des Calderarings bildet ein Becken, das mit vulkanischen Aschenströmen (Ignimbrit) mehr oder weniger stark verfüllte wird. Der ehemalige Vulkankörper wird durch den Kollaps in Schollen zerlegt und in die Hohlräume der oberen Magamakammer abgesenkt. Häufig haben sich später im Becken aus dem nachströmenden Magma Aufwölbungen und Lavadome entwickelt. Wurde das Becken mit Meer- oder Seewasser verfüllt, ragen die Dome und die Calderaaufwölbung als Inseln hervor. In Europa gehört die in mehreren Phasen entstandene Santorin-Caldera zu den bekanntesten Vulkanen dieses Typs (Abb. 8.19). Die Innenhänge der Caldera sind von zahlreichen gravitativen Prozessen betroffen, die durch Erdbeben oder Niederschläge ausgelöst werden können.

Abb. 8.17 Schalkenmehrener Maar mit einem Durchmesser von ca. 550 m. Deutlich zu erkennen ist der erhöhte Tuffring, auf dessen Innenseite die Gemeinde Schalkenmehren liegt. (Quelle: R. Dikau)

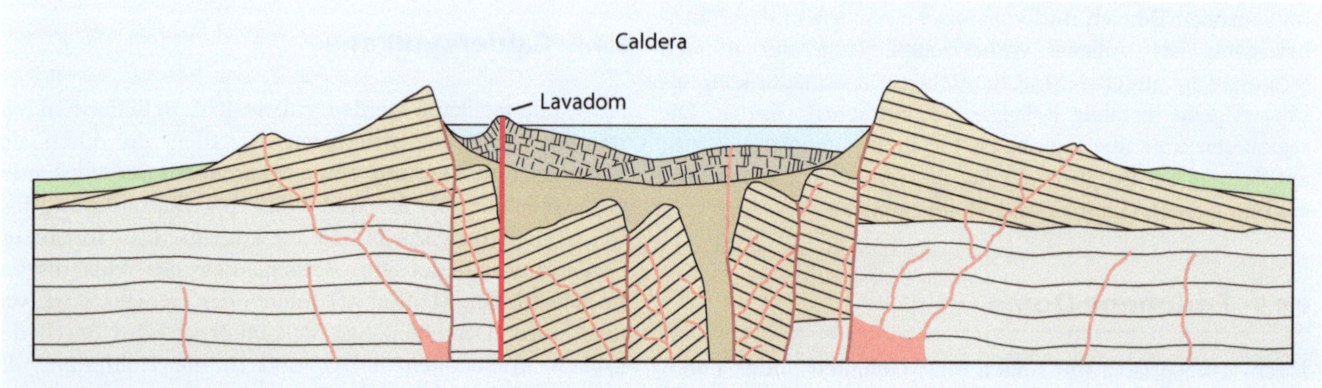

Abb. 8.18 Profilschnitt durch eine Caldera mit teilweiser Verfüllung des Beckens und Lavadom. (Verändert nach Huggett 2017, auf Basis von MacDonald 1972: Volcanoes. 1. Auflage. © 1972. Abdruck mit Genehmigung von Pearson Education, Inc., New York, New York)

8.5 Erosion vulkanischer Reliefformen

Die Bildung vulkanischer Reliefformen wird durch ihren Abbau durch erosive Prozesse begleitet und unterbrochen (Tab. 8.6). Dazu zählen gravitative Prozesse und nachgeordnet Prozesse der fluvialen, hangaquatischen, äolischen und litoralen Prozessgruppen. Ein gravitativer Prozesstyp wird durch **Rotationsrutschungen** gebildet. In vulkanischen Reliefformen bewegen sich diese Rutschungskörper auf den Scherflächen extrem langsam. Sie erreichen Breiten bis 110 km und Scherflächentiefen von über 10 km. Diese extreme Tiefe der Scherflächen bewirkt die Bewegung sehr großer Massen des vulkanischen Gesteins. Sie können bis in den unteren Grenzbereich der ozeanischen Kruste reichen. In der aktiven Phase des Prozesses kann daher der gesamte Vulkankörper mobilisiert werden und kollabieren. Sie zählen damit zu den Prozessen mit den weltweit höchsten Magnituden.

Zu den Abbauprozessen von Stratovulkanen und großen Schildvulkanen zählen weiterhin die gravitativen Massenbewegungen der **Flankenkollapse**, die bevorzugt an den Flanken der Kegel auftreten, jedoch auch die gesamte obere Reliefform betreffen können (Abb. 8.20). Stratovulkane

Abb. 8.19 Innenhänge (Vordergrund und Hintergrund) der 1500 BC eingebrochenen Santorin-Caldera mit einem Durchmesser von 10 km. (Quelle: R. Dikau)

Tab. 8.6 Gravitative Erosionsprozesse von vulkanischen Reliefformen und ihre synonymen Begriffe (vergl. ▶ Kap. 10)

Prozesstyp	
Synonyme deutsche Begriffe	**Synonyme englische Begriffe**
hybrid-komplex Flankenkollaps vulkanischer Bergsturz Steinlawine	*complex landslide* *rock avalanche* *volcanic debris avalanche* *rock-slide debris avalanche*
Rotationsrutschung	*rotational slide* *slump*
Lahar	*lahar* *debris flow* *hyperconcentrated flow*

zählen felsmechanisch zu den besonders instabilen Vulkantypen. Der Flankenkollaps stellt einen gravitativen Prozesstyp dar, der der hybrid-komplexen Prozessgruppe zuzuordnen ist (▶ Abschn. 10.5.6).

Die Depositionsmaterialien von Flankenkollapsen auf vulkanischen Ozeaninseln bedecken den submarinen Untergrund mit beträchtlichen Flächengrößen. Der Meeresboden um Hawaii und den Kanarischen Inseln weist Depositionsflächen von über 100.000 km^2 auf. Flankenkollapse können Ausbreitungsflächen erreichen, die mehr als das 5fache der Fläche der Vulkaninseln selbst betragen. Einige ihrer **submarinen Depositionen** erreichen mit Auslauflängen von 230 km, Mächtigkeiten von 50 m bis 2 km und Volumina von 5000 km^3 die höchsten Magnituden von gravitativen Massenbewegungen der Erde (Masson et al. 2002). Die mobilisierten Massen bewegen sich sehr schnell. Ihre Anrissgebiete auf dem Vulkankörper sind sehr deutlich in Form eines konkaven Amphitheaters entwickelt.

Beispiele für gravitative Abbauprozesse von Vulkanen sind auf den Kanarischen Inseln in hoher Anzahl zu finden (Masson et al. 2002; Schmincke 2013). In den letzten Jahrzehnten sind hier die Reliefformenrelikte von über 20 gravitativen Massenbewegungen mit höchsten Magnituden entdeckt worden (Masson et al. 2002; Hürlimann et al. 2004). Auf der Kanareninsel Teneriffa haben in den vergangenen 800.000 Jahren mehrere Flankenkollaps-Prozesse zu Massentransporten in die umgebenden submarinen Depositionsgebiete geführt. Das Orotavatal auf Teneriffa stellt die Erosionshohlform eines Flankenkollapses der Vulkaninsel dar (Hürlimann et al. 2004). Es hat die Form eines Amphitheaters, Flankenhöhen von 500 m und eine Breite von 10 km (Abb. 8.21). Die ursprüngliche Tiefe der Hohlform betrug 1000 m, sie wurde nach dem Abgang partiell mit vulkanischem Gestein verfüllt. Das Volumen der abgegangenen Masse wird auf 500 km^3 geschätzt, die Länge der submarinen

Abb. 8.20 Durch einen gravitativen Flankenkollaps verursachte Entwicklung eines Kraters am Mount St. Helens 5 Monate nach dem Ausbruch vom 18. Mai 1980. Der ehemalige Gipfel ist einem Krater mit einem Durchmesser von 2 km gewichen. (Quelle: Harry Glicken, U.S. Geological Survey)

Abb. 8.21 Das Orotavatal auf Teneriffa. Das „Tal" ist keine fluviale Erosionsform, sondern durch einen Flankenkollaps am alten Las-Cañadas-Vulkan („Alter Teide") zwischen 549 und 690 ka vor heute entstanden. Im Bereich des oberen Anrissgebietes sind zahlreiche Schlackenkegel jüngeren Alters zu erkennen. Im linken Hintergrund ragt der Teide („Junger Teide") empor. (Quelle: R. Dikau)

Abb. 8.22 Steiles Küstenkliff östlich des Orotavatales auf Teneriffa. Der steile Hangfuß ist eine wesentliche Ursache der felsmechanischen Instabilität des Hanges. (Quelle: R. Dikau)

Depositionsmasse beträgt 90 km. Das Alter des Prozesses wird mit 549–690 ka angegeben (Masson et al. 2002).

Neuere Forschungen haben die Bedeutung vulkanischer und nicht vulkanischer Faktoren für die Disposition von Flankenkollaps-Prozessen hervorgehoben (Masson et al. 2002; Hürlimann et al. 2004). Zu den nicht vulkanischen Faktoren zählen hohe Küstenkliffs (Abb. 8.22) und tief erodierte fluviale Canyons (Abb. 8.23). Die fluviale Erosion von Vulkanflanken führt zu tief in die Gesteine des Vulkankörpers eingeschnittenen Canyons. Die Einschneidungen führen zur Reduzierung der lateralen Festigkeit der Vulkanflanke, und sie können die seitlichen Begrenzungen der

Abb. 8.23 Tief eingeschnittener Canyon im Teno-Gebirge von Teneriffa, der nach rechts in den Ozean entwässert. Er trägt zur Reduktion der Festigkeit der Vulkanflanke bei. (Quelle: R. Dikau)

instabilen Masse bilden. Beide Reliefformen haben somit eine felsmechanisch destabilisierende Wirkung auf die Hangmaterialien, die sich in einer zeitabhängigen Abnahme der Scherfestigkeit des Gesteins ausdrückt.

Wenn Rotationsrutschungen oder Steinlawinen in das Meerwasser einfahren, können sie sehr hohe Tsunamiwellen erzeugen. Auf Inseln der Hawaii-Inselgruppe wurden Tsunami-Sedimente in einer Höhe von 300 m über dem heutigen Meeresspiegel gefunden.

Fazit

Die Reliefformung durch vulkanische Prozesse zählt zu den konstruktiven, reliefaufbauenden Vorgängen des endogenen Hauptsystems. Den sichtbarsten Ausdruck dieser Prozesse bilden die an die Erdoberfläche austretenden Magmen, die eine Vielzahl geomorphologischer Formtypen erzeugen. Ihre Lokalität und Verteilung wird durch die Prozesse der Plattentektonik gesteuert. Die mineralogisch-geochemische Zusammensetzung des Magmas entscheidet in hohem Maße über den entstehenden Reliefformtyp. Sein Aufbau wird unmittelbar von den destruktiv-erosiven Prozessen des exogenen Hauptsystems begleitet. Hohe Abbauraten vulkanogener Reliefformen werden auf den Kontinenten und vulkanischen Inseln erreicht. Hier führen die gravitativen Prozesse der Flankenkollapse zu extremen Magnituden der bewegten Massen. Sie stellen bedeutende Naturgefahren dar.

Weiterführende Literatur

Francis P (1993) Volcanoes: a planetary perspective. Oxford University Press, Oxford

Masson DG, Watts AB, Gee MJR, Urgeles R, Mitchell NC, Le Bas TP, Canals M (2002) Slope failures on the flanks of the Western Canary Islands. Earth-Sci Rev 57:1–35

Ollier CD (1988) Volcanoes. Blackwell, Oxford

Pichler H, Pichler T (2007) Vulkangebiete der Erde. Spektrum Akademischer Verlag, Heidelberg

Rittmann A (1962) Volcanoes and their activity. Wiley-Interscience, New York

Rittmann A (1981) Vulkane und ihre Aktivität. Enke, Stuttgart

Schmincke H-U (2013) Vulkanismus, 4. Aufl. Wissenschaftliche Buchgesellschaft, Darmstadt

Thouret J-C (1999) Volcanic geomorphology – an overview. Earth-Sci Rev 47:95–131

Exogene Prozesse und Reliefformung

Inhaltsverzeichnis

Verwitterung und Reliefformung

R. Dikau et al., *Geomorphologie*, https://doi.org/10.1007/978-3-662-59402-5_9

Das Fest- und Lockergestein unterliegt an der Erdoberfläche dem Wirkungsbereich des Gesteinszersatzes, der auch als Verwitterung bezeichnet wird. Dabei geraten die Fest- und Lockergesteine der Lithosphäre in Kontakt mit der Atmosphäre, Biosphäre, Hydrosphäre und Kryosphäre. Sie werden dadurch größtenteils irreversiblen Veränderungsprozessen unterworfen, die zu neuen chemischen und physikalischen Gesteinseigenschaften führen. Dazu zählen sowohl die Bildung von Mineralen als auch Veränderungen ihrer Dichte, Korngröße, Porosität oder mechanischen Festigkeit. Verwitterungsprozesse reduzieren die Resistenz des Festgesteins gegenüber den erosiven Prozessen, sodass diese auf geringere Schwellenwerte der Prozessauslösung treffen. Verwitterungsprozesse können zum Auf- und Umbau einer Verwitterungsdecke führen, die das unverwitterte Fest- und Lockergestein überdeckt. Die Verwitterungsdecke trennt die Erdoberfläche von den unverwitterten Gesteinen der obersten Lithosphäre. Je mächtiger diese Decke wird, desto stärker werden ihre Einflüsse auf das geomorphologische Geschehen, d. h. auf die an der Erdoberfläche wirkenden reliefformenden Prozesse. Für zahlreiche geomorphologische Prozesse in gekoppelten Systemen bilden die Verwitterungsprozesse und ihre Folgen eine zeitlich und räumlich variable Rahmenbedingung, was eine aktualistisch fundierte Retrodiktion erschwert. Die Lockergesteine der Verwitterungsdecke stellen eine zentrale Bedingung für die Bodenbildung dar, die sich in der Entwicklung von Bodenhorizonten mit charakteristischen chemischen und physikalischen Eigenschaften ausdrückt. Häufig tragen geomorphologische Formen Verwitterungsdecken und Böden, die nicht mit den aktuellen Bedingungen des Erdsystems erklärt werden können. Sie wurden in der Vergangenheit erzeugt und bilden systemische Bestandteile des Reliefformen-Palimpsestes. Methodisch können sie der Rekonstruktion historischer Formungs- und Umlagerungsprozesse dienen.

9

9.1 Definitionen von Verwitterung

Der Begriff Verwitterung enthält den Begriff Wetter und damit die Behauptung, dass die Einflüsse zeitlich kürzer (Wetter) und länger (Klima) wirkender atmosphärischer Phänomene, wie Strahlung, Temperatur und Niederschlag, die primären Determinanten der Verwitterungsprozesse darstellen. So definiert das Lexikon der Geographie Verwitterung als „physikalische Lockerung oder chemische Umwandlung eines Gesteinsverbands oder einer Kristallstruktur unter dem Einfluss der Atmosphäre" (Martin et al. 2005). Eine kritische Debatte in der Geomorphologie der letzten Jahre bezweifelt, dass Verwitterungsprozesse primär wetter- oder klimadeterminiert sind. Bereits in den 1980er-Jahren definierten Chorley et al. (1984) Verwitterung als **Reaktion von Mineralen der Lithosphäre,** die sich in verschiedenen Tiefen des Erdkörpers in einem Gleichgewichtszustand befunden haben, auf die Bedingungen an oder nahe der Erdoberfläche. Hier treten sie, so die Autoren, mit der Atmosphäre, Hydrosphäre, Kryosphäre und Biosphäre in Kontakt und verändern sich dabei überwiegend irreversibel in zunehmend klastische und verformbare Materialien. Sie erführen dadurch eine Volumenzunahme und verringerte Dichten und Korngrößen. Es bilden sich neue Minerale, die unter den aktuellen Bedingungen der Erdoberfläche geochemisch stabiler seien. Die Autoren behaupten weiterhin, dass die Reliefgenese zu beträchtlichen Anteilen von diesen Verwitterungsprozessen gesteuert würde.

In dieser Definition werden die Eigenschaften des Gesteins besonders hervorgehoben. Der Geomorphologe Kevin Hall bevorzugt ausdrücklich diese Definition von Verwitterung mit dem Vorschlag, die Hypothesen einer primären Klimasteuerung zu Hypothesen einer primären **Gesteinssteuerung der Verwitterungsprozesse** zu verlagern (Hall et al. 2012). Hall und seine Kollegen stellen fest, dass das Klima durch Temperatur und Feuchtigkeit zwar Einflüsse auf das Prozessgeschehen ausübe, dass jedoch die Eigenschaften des Gesteins determinieren, welche Prozesse tatsächlich stattfänden. Die Reihenfolge Klima–Gestein solle daher in die Reihenfolge Gestein–Klima verändert werden. Der Begriff Verwitterung sei deshalb durch den Begriff **Gesteinszersatz** *(rock decay)* zu ersetzen. Die englische Geomorphologin Heather Viles (Viles 2013) und die französische Geomorphologin Marie-Françoise André (André 2009) schlagen deshalb vor, die vereinfachten Ansätze zahlreicher bisheriger Verwitterungsansätze der Geomorphologie kritisch zu reflektieren und auf ein erweitertes prozessuales Fundament zu stellen. Dabei solle den biologischen Verwitterungsprozessen eine deutlich höhere Aufmerksamkeit als bisher geschenkt werden.

9.2 Typisierung von Verwitterungsprozessen

Verwitterungsprozesse können in die Gruppen der mechanischen, chemischen und biologischen Prozesse gegliedert werden (◻ Tab. 9.1). Die Ausprägung dieser Prozesse ist von den chemischen und physikalischen Eigenschaften des Gesteins und den exogenen Einflüssen auf den Gesteinskörper abhängig. Mechanische, chemische und biologische Verwitterungsprozesse treten in natürlichen Systemen selten getrennt auf. Wenn ein Gesteinsverband durch physikalische Verwitterungsprozesse mechanisch zerlegt wird, wird die dadurch vergrößerte und stärker exponierte Gesteinsoberfläche sofort intensiveren chemischen und biologischen Prozessen unterworfen sein. Die Verwitterung kann somit als die Anpassung der Eigenschaften des Fest- und Lockergesteins an die Rahmenbedingungen des geomorphologischen Systems verstanden werden.

9.2.1 Mechanische Verwitterungsprozesse

Mechanische Verwitterungsprozesse bewirken eine **Auflockerung und Zerlegung** des Gesteinsverbandes in kleinere Bestandteile. Diese Prozesse sind vor allem dort von

Tab. 9.1 Verwitterungstypen (André 2009; Hall et al. 2012; Viles 2013)

Verwitterungstyp	Verwitterungsprozess oder -agenz
Mechanisch	Thermische Ausdehnung und Kontraktion
	Thermische Ermüdung und Schocks
	Entlastung und Dilatation
	Gravitative Scherspannung
	Austrocknung und Befeuchtung
	Gefrieren und Tauen
	Salzwirkung
Chemisch	Lösung
	Hydration
	Oxidation und Reduktion
	Hydrolyse
	Carbonatverwitterung
Biologisch	Pflanzenwurzeln
	Säuren
	Mikroorganismen
	Flechten und Pilze
	Algen und Cyanobakterien
	Pflanzenersatz und -mineralisierung

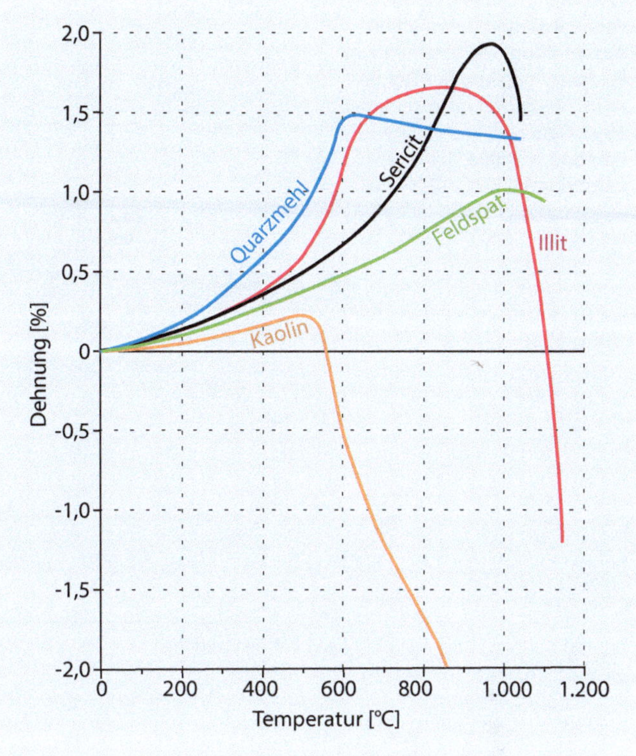

Abb. 9.1 Thermische Ausdehnung von Mineralen bei Temperaturerhöhung. (Verändert nach Strübel 1995, basierend auf Daten aus Zwetsch 1955, Abdruck mit Genehmigung von Springer-Verlag GmbH Deutschland und Göller Verlag GmbH)

Bedeutung, wo Fest- und Lockergesteine die Erdoberfläche bilden und externen Einflüssen direkt ausgesetzt sind. Das Produkt der mechanischen Verwitterung sind chemisch unveränderte Gesteinsfragmente mit einem breiten Korngrößenspektrum, das von einzelnen Tonteilchen bis zu massiven Blöcken reichen kann. In Festgesteinen führt die mechanische Verwitterung zur Gesteinszerlegung und der **Entwicklung von Trennflächengefügen.** Mechanische Verwitterungsprozesse basieren auf Eigenschaften der Einzelminerale sowie des gesamten Gesteinsverbandes. Verschiedene Formen der Volumenänderung stellen einen grundlegenden Mechanismus dar, der Gestein in kleinere Fragmente zerlegt. Sie können in solche der Felsmasse selbst sowie der Materialien der Kluftfüllungen des Materials klassifiziert werden. Die Grundlage der mechanischen Verwitterungsprozesse bilden physikalische Prozesse, die im Folgenden vorgestellt werden.

9.2.1.1 Thermische Ausdehnung und Kontraktion

Die Wärmeleitfähigkeit eines Minerals oder Festgesteins beschreibt den internen Wärmefluss entlang eines Temperaturgradienten. Sie wird durch den Wärmeleitkoeffizienten ausgedrückt. Die **Wärmeleitfähigkeit von Gesteinen** ist unter anderem von der mineralogischen Zusammensetzung sowie der Porosität, der Trennflächendichte und -richtung abhängig. So nimmt die Wärmeleitfähigkeit in die Tiefe mit abnehmender Porosität und Klüftung zu. Auch ein erhöhter Quarzanteil beeinflusst die Wärmeleitfähigkeit positiv. Prinzipiell erfahren Minerale bei Temperaturerhöhungen eine Ausdehnung, die als **thermische Dilatation** bezeichnet wird (Abb. 9.1). Diese Ausdehnung kann durch einen thermischen Ausdehnungskoeffizienten als Funktion der Temperatur beschrieben werden. Bei sehr hohen Temperaturen kann die Dilatation in eine Kontraktion übergehen. Als Maßeinheiten für den linearen bzw. volumetrischen Ausdehnungskoeffizienten wird die relative Verlängerung bzw. Volumenzunahme eines Kristallstabes pro 1 °C Temperaturerhöhung verwendet. Der Ausdehnungskoeffizient steigt mit zunehmendem SiO_2-Gehalt des Gesteins (Abb. 9.2). Allerdings sind die thermischen Eigenschaften und Reaktionen von Festgestein deutlich komplizierter, denn bestimmte Minerale, wie Calcit oder Quarz, besitzen ein stark richtungsabhängiges, also anisotropes, Expansionsverhalten. Das **anisotrope Verhalten** von Calcit oder Quarz äußert sich insofern, dass eine Temperaturerhöhung sowohl eine Expansion als auch eine Kontraktion in unterschiedliche Richtungen des Kristallgitters hervorruft.

9.2.1.2 Thermische Ermüdung und Schocks

Wenn eine thermische Ausdehnung oder Kontraktion von Festgestein zur Riss- und Kluftbildung oder gar zum Zersatz führt, können zwei Formen der thermischen Verwitterung ursächlich sein: Thermische Ermüdung *(thermal fatigue)* und thermische Schocks *(thermal shocks)*. Während in der

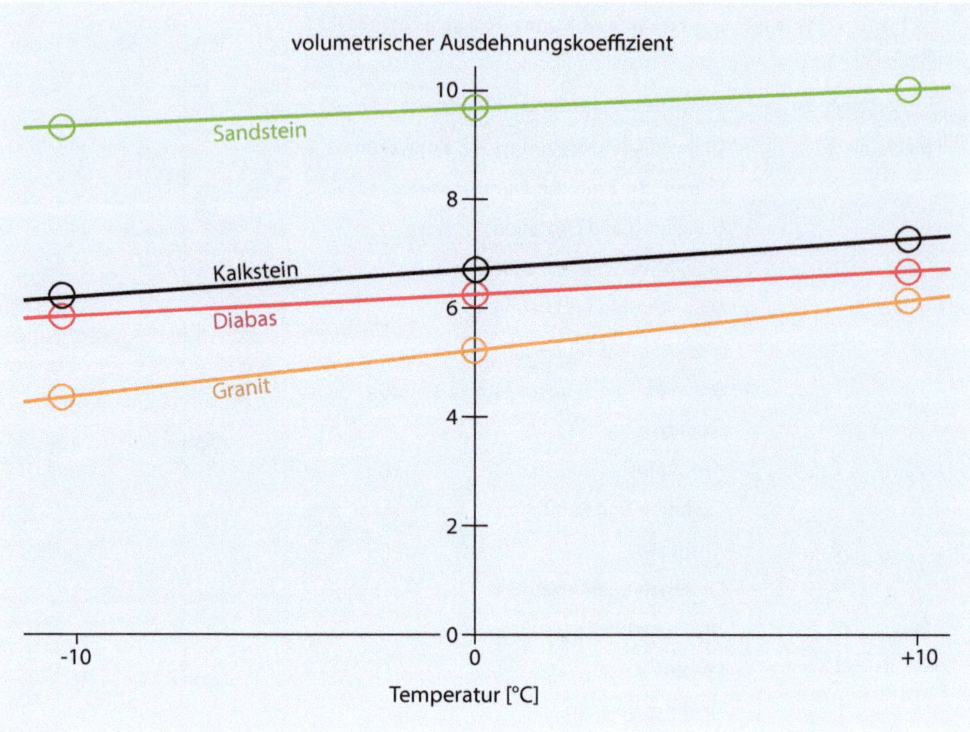

Abb. 9.2 Abhängigkeit des volumetrischen thermischen Ausdehnungskoeffizienten von Festgesteinen von der Temperatur. (Verändert nach Yershov 1998: General Geocryology. Cambridge University Press, Cambridge, GB. © 1998)

9

Geomorphologie lange Zeit der Begriff der Insolationsverwitterung verwendet wurde (lat. *insolare* = der Sonne aussetzen) und noch heute die deutschsprachige Literatur dominiert, ermutigen vor allem die angloamerikanische Geomorphologie sowie andere Disziplinen, wie die Materialwissenschaft, zwischen diesen beiden Mechanismen stärker zu unterscheiden und fundiertere Ursache-Wirkungs-Beziehungen zu beachten. Insbesondere Kevin Hall fordert eine Abkehr vom Begriff der Insolationsverwitterung, da die Sonneneinstrahlung grundsätzlich nicht die Verwitterungsursache darstelle (Hall et al. 2012). Sie ist nicht der einzige und häufig nicht primäre Einflussfaktor auf thermisch verursachte Spannungen im Festgestein. Besonders deutlich wird dies am Beispiel der thermischen Verwitterung durch **Vegetationsbrände.** Allein die hohe Temperatur des Feuers kann unabhängig vom Einfluss der Insolation hohe Expansions- und Kontraktionsreaktionen des Gesteins verursachen. Dieser thermische Verwitterungsmechanismus ist vor allem in Regionen wie Nordamerika und Australien von Interesse, in denen Vegetationsbrände nicht nur einen wichtigen ökologischen Faktor zur Aufrechterhaltung des Nährstoffkreislaufes darstellen, sondern starke thermische Einflüsse auf die Gesteinsoberflächen und damit auf den Verwitterungsprozess ausüben.

Thermische Ermüdung ist die progressive und permanente **strukturelle Deformation** in den obersten cm des Gesteinskörpers aufgrund von extremen Temperaturamplituden. Bedingt durch die relativ geringe Wärmeleitfähigkeit des Gesteins und den dadurch verursachten hohen Temperaturgradienten, dehnen sich die oberflächlichen Gesteinsschichten stärker aus als die inneren Schichten. In Wüstenregionen wurden auf dunklen Gesteinen Oberflächentemperaturen von 80 °C am Tag und negativen Temperaturen während der Nacht gemessen. Eine weitere Ursache der Gesteinsschwächung liegt in den unterschiedlichen Ausdehnungskoeffizienten individueller Minerale. Abhängig vom Ausdehnungskoeffizienten sowie strukturellen Gesteinseigenschaften, wie der Porosität, werden durch die differenzielle Expansion und Kontraktion subkritische **Spannungen entlang von Mineralgrenzen und Gesteinsschichten** aufgebaut. Sobald diese bei ausreichender Wiederholung die Elastizität des Festgesteins überschreiten, kann es zur mechanischen Ermüdung, zur Bildung oder Erweiterung von Mikrorissen und zum völligen Zersatz des Gesteinsverbandes kommen. In Abhängigkeit von der Lithologie und den strukturellen Eigenschaften kann der Gesteinszersatz granular in Form von grusartigen Gesteinsfragmenten oder als Abschuppung (Exfoliation) stattfinden.

Thermische Schocks stellen einzelne, plötzlich auftretende **Spannungen im Festgestein** dar, die, im Gegensatz zur thermischen Ermüdung, keine häufigen Wiederholungen von extremen Temperaturamplituden benötigen. Bereits eine einzige, sehr große Temperaturveränderung an der Gesteinsoberfläche, z. B. aufgrund einer kurzzeitigen Veränderung der Wolkendecke, kann hohe interne Spannungen aufbauen und zur irreversiblen Deformation führen (Hall et al. 2012). Die minimal notwendige Temperaturrate zur Auslösung von thermischen Schocks wird in der Geomorphologie kontrovers diskutiert. Aktuell wird ein Schwellenwert von $\geq 2\ °C\ min^{-1}$ angenommen, um eine Wirkung zu erzielen. Typische diagnostische Merkmale der Verwitterung durch thermische Schocks sind hierarchisch organisierte Netzwerke von geradlinigen oder polygonalen Mikrorissen. Im Gegensatz zur thermischen Ermüdung entstehen sie meist plötzlich und unabhängig von der vorher existierenden Klüftung und Gesteinsstruktur.

Abb. 9.3 Mechanische Verwitterung in granitischem Festgestein aufgrund von Entlastung und Dilatation, Yosemite Tal, USA. (Quelle: R. Dikau)

9.2.1.3 Entlastung und Dilatation

Durch die Abtragsprozesse des Festgesteins, z. B. Glazialerosion oder gravitative Felsstürze, entwickeln sich im Gesteinsverband Entspannungsvorgänge, die langfristig zu einer Gesteinsauflockerung führen. Durch derartige **Druckentlastungsvorgänge** bilden sich Horizontalspannungen, die zur Öffnung von Trennflächen und zu Kriech- und Gleitprozessen führen. Der verringerte Druck bewirkt unter natürlichen Bedingungen eine mechanische Dilatation des Festgesteins im rechten Winkel zur Erosionsfläche, die z. B. durch den Hang eines glazialen Troges, eine freie Kliffhangoberfläche oder einen Rundhöcker gegeben ist (Abb. 9.3).

Dadurch entstehen oberflächenparallele Kluftsysteme, die **Schwächezonen des Festgesteins** bilden. Im Rheinischen Schiefergebirge wurden Auflockerungstiefen von bis zu 50 m beobachtet (Prinz und Strauß 2018). Entlastung und Dilatation des Festgesteins führen zur Exfoliation, d. h. zur Ablösung von gekrümmten Gesteinspaketen aus dem Gesteinsverband. Die Kluftabstände können mehrere m erreichen, wobei die Mächtigkeit der getrennten Gesteinspakete mit zunehmender Tiefe zunimmt (Abb. 9.4). Am Beispiel des glazial und gravitativ geformten Yosemite-Tales in der Sierra Nevada Kaliforniens wird deutlich, dass Entlastung und Dilatation häufig in Graniten auftritt (Abb. 9.5).

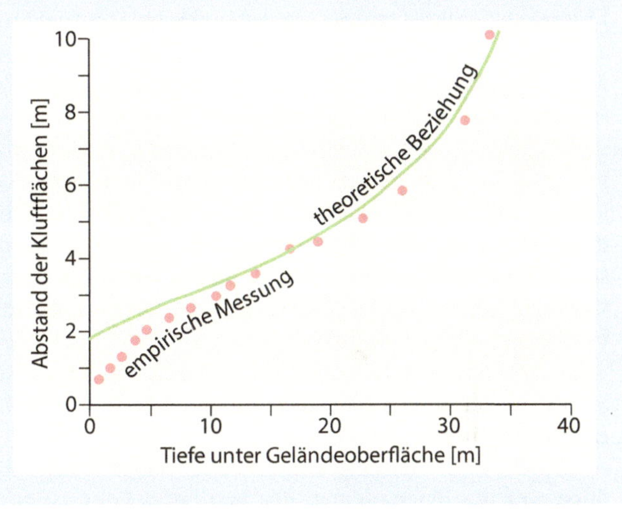

Abb. 9.4 Empirische und theoretische Beziehung zwischen der Tiefe der Gesteinsmasse und dem Kluftabstand. (Verändert nach Selby 1993: Hillslope Materials and Processes. 2. Auflage. Oxford University Press, Oxford. © 1992. Abdruck mit Genehmigung von Oxford University Press erteilt durch Copyright Clearance Center, Inc.)

9.2.1.4 Wirkung gravitativer Scherspannungen

Gravitative Scherspannungen im Gesteinskörper führen bei Überschreiten der Stabilitätsgrenzwerte zu Scherbrüchen und der **Entwicklung von Trennflächen.** Scherspannungen können auf verschiedenen Skalen erzeugt werden, die von makroskaligen tektonischen Bewegungen über mesoskalige Hangprozesse bis zu kleinskaligen Mikrorissbildungen reichen. Trennflächen reduzieren die Gesteinsfestigkeit in erheblichem Ausmaß und bilden einen zentralen Prozess des Gesteinszersatzes. Gravitative Scherspannungen werden deshalb den mechanischen Verwitterungstypen zugeordnet. Ihre detaillierte Beschreibung erfolgt in ► Kap. 5 und 10.

9.2.1.5 Austrocknung und Befeuchtung

Die Prozesse der Austrocknung und Befeuchtung von Untergrundmaterial ist für einen mechanischen Verwitterungsprozess verantwortlich, der in Fest- und Lockergesteinen auftritt, jedoch in Lockergesteinen, insbesondere in quellfähigen Tonen, sehr weit verbreitet ist. Das **Schrumpfen und Quellen** ist eine Folge der differenziellen Wasseradsorption an der inneren Oberfläche der

Abb. 9.5 Exfoliationsdom in granitischem Festgestein im Yosemite Tal, USA. Im Straßenaufschluss ist der mit zunehmender Tiefe zunehmende Kluftabstand deutlich zu erkennen. (Quelle: R. Dikau)

Partikel und der Wasseroberflächenspannung. Schrumpfungsrisse durch Austrocknung verlaufen im Materialkörper als Zugrisse orthogonal zur Oberfläche unter Bildung von Materialsäulen. Bei Wiederbefeuchtung nimmt die Zugspannung ab und die entstandenen Risse schließen sich mehr oder weniger vollständig. Aufgrund der Spannungsprozesse im Materialkörper wird der Ausgangszustand jedoch nicht wieder erreicht. Die Tonminerale der Smectite und Vermiculite quellen durch Befeuchtung besonders stark. Der Quellprozess kann zum Vielfachen des Ausgangsvolumens führen (Tab. 9.2). Wenn die Druckausbreitung behindert wird, z. B. unter Gebäuden oder in tieferen Schichten des Materialkörpers, kann sich ein Quelldruck aufbauen, der zu erheblichen Schäden an technischen Einrichtungen führen kann.

Quell- und Schrumpfungsprozesse haben starke Einflüsse auf die Eigenschaften des Fest- und Lockergesteins. Sie führen zur Schwächung des Materialkörpers und zu daraus folgenden Prozessen der Verwitterung durch Zersatz und zur Disposition von Rutschungsprozessen.

9.2.1.6 Gefrieren und Tauen

Der mechanische Verwitterungstyp des Gefrierens und Tauens, der als **Frostverwitterung** bezeichnet wird, beschreibt die schrittweise Ausdehnung von Mikrorissen und Poren sowie die daraus folgende Neubildung größerer Klüfte infolge der wiederholten Phasenänderung von Wasser zu Eis im wassergesättigten Gestein (Yershov 1998; French 2007; Ballantyne 2018). Das Ergebnis der Frostverwitterung ist der Gesteinszersatz zu überwiegend eckigen und scharfkantigen Materialkörpern mit Korngrößen von Schluff bis zu größeren Blöcken (Abb. 9.6).

Tab. 9.2 Ausdehnung von Tonmineralen durch Befeuchtung (Ritter et al. 2002)

Tonmineral	Ausdehnung durch Befeuchtung (%)
Ca-Montmorillonit	45–145
Na-Montmorillonit	1400–1600
Illit	15–120
Kaolinit	5–60

Das Trennflächengefüge im Festgestein begünstigt den Verwitterungsprozess. Die Blockgröße des Frostverwitterungsproduktes ist stark von der Dauer und Intensität der Temperaturvariationen sowie ihrer Eindringtiefe in den Gesteinskörper abhängig. Aktuell dominieren zwei skalenabhängige Modelle der Frostverwitterung, die Modelle der **Volumenexpansion** und der **Segregationseisbildung.** Die Volumenzunahme beim Gefrieren von Wasser zu Eis infolge von täglichen Gefrier-Tau-Zyklen galt lange Zeit als klassische Theorie zur Erklärung der oberflächennahen Felsverwitterung. Wasser in Gesteinsporen und Mikroklüften dehnt sich beim Gefrieren um ca. 9 % aus. Bei Temperaturen von −22 °C können sich dabei Kristallisationsdrücke von bis zu 207 MPa entwickeln. Die damit verbundenen Spannungen überschreiten deutlich die Festigkeit der meisten Gesteine und können theoretisch eine Klufterweiterung oder Porenvolumenzunahme herbeiführen. Allerdings ist die Verwitterungseffektivität der Volumenexpansion an bestimmte Voraussetzungen gebunden. Um beispielsweise Eisdrücke von 207 MPa zu erzeugen, muss ein geschlossenes und idealerweise wassergesättigtes System mit >90 % Wassergehalt existieren. Zudem muss eine schnelle Abkühlung

Abb. 9.6 Frostverwitterung in metamorphem Gestein auf 3000 m Höhe in den Schweizer Alpen. Der Durchmesser des Blockes beträgt ca. 2 m. (Quelle: R. Dikau)

von allen Seiten erfolgen, um einer Extrusion von Eis und der Wasserevaporation entgegenzuwirken. Da diese Voraussetzungen sicherlich im Labor, allerdings nur bedingt unter natürlichen Bedingungen gegeben sind, wird die Volumenexpansion zunehmend als sekundärer und oberflächennaher, wenn nicht sogar irrelevanter, Mechanismus der Frostverwitterung von Festgesteinen diskutiert (Ballantyne 2018). Diese Einwände betreffen die empirische Beobachtung, dass unter natürlichen Bedingungen vielmehr ein offenes Gesteinssystem mit saisonal schwankender Wassersättigung vorliegt sowie tägliche Frostzyklen meist nicht schnell und tief genug in den Fels eindringen. Neueste Labor- und Feldstudien schließen die Effektivität der Volumenexpansion als Verwitterungsmechanismus nicht aus, zeigen jedoch, dass eine lange Phase wiederholter Frostzyklen notwendig ist, um eine subkritische Felsermüdung, die zum Materialbruch führen kann, im oberflächennahen Fels hervorzurufen.

Einen weitaus bedeutenderen Mechanismus der Frostverwitterung stellt die Bildung von **Segregationseis** dar. In Analogie zum Frosthub von Böden in arktischen und hochalpinen Regionen beschreibt die Theorie der Eissegregation, dass es unter bestimmten Voraussetzungen in permeablem Festgestein zur **Eislinsenbildung** kommen kann. Laborversuche haben gezeigt, dass in porösen Gesteinen auch bei negativen Temperaturen stets ungefrorenes, unterkühltes *(supercooled)* Wasser existiert. Sobald Wasser im Fels zu einem initialen Eiskern gefriert, z. B. in Kluftspitzen, bewirkt die Kapillarwirkung im Porenraum die Migration von flüssigem Wasser entgegen der Schwerkraft in Richtung der Gefrierfront. Der Temperaturgradient im Fels bewirkt eine Saugspannung, sodass sich anlagerndes Wasser allmählich zum Wachstum eines Eiskörpers führt, der als Segregationseis bezeichnet wird. Anders als bei der Wasser-zu-Eis-Volumenexpansion reicht zur Bildung von Segregationseis eine Gesteinsfeuchtigkeit von mindestens 65 % aus, um den Prozess in Gang zu halten. Ebenso ist kein schnelles Gefrieren erforderlich, sondern ein konstant negatives Temperaturregime. Temperaturen zwischen −3 °C und −9 °C werden von den meisten Autoren als der effektivste Temperaturbereich *(frost cracking window)* für die Segregationseisbildung und damit für den Gesteinszersatz angenommen. Neue Feld- und Laborbeobachtungen weisen sogar Segregationseisbildungen nahe des Gefrierpunktes sowie bis zu Felstemperaturen von −15 °C nach. Bei tieferen Temperaturen nimmt die Viskosität des Wassers zu, sodass die Migration von Porenwasser in Richtung der Gefrierfront gehemmt ist.

Im Gegensatz zur Volumenexpansion wird die Eissegregation als Erklärung für eine **tiefreichende Felsverwitterung** infolge von jährlichen oder mehrjährlichen Temperaturvariationen angenommen. Das bedeutet, dass der wachsende Eiskörper zu einer Erweiterung des Trennflächengefüges führt und zur Entfestigung des Gesteinskörpers beiträgt. In permanent gefrorenem Festgestein liegt die Zone der Eissegregationsbildung nahe der Auftauschicht des Permafrostkörpers, d. h. deutlich unter der Materialoberfläche.

9.2.1.7 Salzverwitterung

Unter Salzverwitterung verstehen wir die Prozesse der **Ausfällung von Salzkristallen** in Hohlräumen von Fest- oder Lockergesteinen und die Ausdehnung dieser Salzkristalle durch Erwärmung. Diese Form der physikalischen Verwitterung tritt vor allem in ariden Regionen mit geringen Niederschlägen und hohen Verdunstungsraten auf, wie den trockenen Wüstenregionen der Erde und den ariden Regionen der hohen Breiten der Arktis. Durch den Salzgehalt des Meerwassers tritt die Salzverwitterung auch an den Küsten der Weltmeere auf (Abb. 9.7). Die Herkunft des Salzes entstammt unterschiedlichen Quellen. An der Bodenoberfläche und im Boden kann es ein Verwitterungsprodukt bilden oder als salzhaltiges Grundwasser vorliegen.

Abb. 9.7 Salzverwitterung von granitischem Festgestein bei Big Sur an der Westküste Kaliforniens. (Quelle: R. Dikau)

In Wüstenregionen steigt es durch kapillaren Aufstieg an die Oberfläche oder wird durch äolische Salzdeposition abgelagert. Zu den wichtigsten Salzen der Salzverwitterung gehören $CaSO_4$, K_2SO_4, $MgSO_4$, NaCl, KCl und Na_2CO_3. Die aus der gesättigten Lösung ausfallenden Salzkristalle üben einen Druck auf den umgebenden Gesteinsverband aus, der dadurch aufgelockert und geschwächt wird. Ein weiterer Mechanismus ist die thermische Ausdehnung zahlreicher Salze, die durch hohe thermische Ausdehnungskoeffizienten sehr verwitterungswirksam sein kann.

9.2.2 Chemische Verwitterungsprozesse

Unter chemischer Verwitterung werden sämtliche chemischen Reaktionen verstanden, die die Minerale in Fest- und Lockergesteinen verändern oder gänzlich auflösen (Blume et al. 2018). Die chemischen Reaktionen finden zwischen den Komponenten der Minerale, der Gase und Feststoffe der Atmosphäre sowie dem Boden und dem Grundwasser statt. Die Bedeutung der chemischen Prozesse für den Verwitterungsprozess ist von der Mineralzusammensetzung und der Struktur des Festgesteins, der chemischen Zusammensetzung des Wassers und der Temperatur abhängig. Im Unterschied zur physikalischen Verwitterung, die das Gestein mechanisch zerlegt, unterscheidet sich das Verwitterungsprodukt der chemischen Verwitterung grundlegend vom Ausgangsmaterial. Die physikalische Verwitterung hat eine hohe Bedeutung für die Effektivität der chemischen Prozesse. So erhöht die mechanische Zerkleinerung des Gesteins und die Klufterweiterung die Oberfläche des Materials in starkem Maße, sodass die **reaktive Oberfläche des Gesteins** stark erhöht wird (Abb. 9.8). In den meisten Fällen befinden sich Gesteine und Minerale nicht in einem Gleichgewichtszustand mit den Bedingungen an der Erdoberfläche und im oberflächennahen Untergrund. Der chemische Zersatz bildet somit eine Prozessgruppe, die in Bezug auf die Umweltbedingungen einen stabileren Zustand des Materials anstrebt. Dieses Streben nach Gleichgewicht ist mit der chemischen Veränderung und der Bildung neuer Mineraltypen verbunden.

9.2.2.1 Lösung durch Hydratation

Bei chemischen Verwitterungsprozessen kommt dem Wasser eine äußerst wichtige Rolle zu. Es wird durch den Niederschlag, Versickerungswasser und Wasserdampf in das System eingebracht und wirkt als Austauschagenz zwischen dem Gestein, dem Wasserkreislauf und der Atmosphäre. Die erste Stufe des chemischen Verwitterungsprozesses besteht in der **Lösung der Feststoffe im Wasser,** ohne eine chemische Reaktion einzugehen. Die dipolaren Eigenschaften des Wassers bewirken eine negative dielektrische Ladung auf der Seite des Sauerstoffatoms und eine positive Ladung auf der Seite der Wasserstoffatome. Das Wassermolekül lagert sich an den Außenflächen des Minerals an, was zur Schwächung seines Kristallgitters führt. Der Anlagerungsvorgang der Wasserdipole wird als **Hydratation** bezeichnet. Die Kristalle werden schließlich dissoziiert und in ihre Kationen- und Anionenbestandteile zerlegt, mit den dipolaren Wassermolekülen umgeben und mobil (Abb. 9.9). Die Lösung von Atomen aus dem Kristallgitter führt zur Instabilität des Minerals. Wenn die in Lösung gebrachten Ionen des Minerals durch Niederschlags- und Versickerungswasser abgeführt werden, kann der Lösungsprozess aufrechterhalten

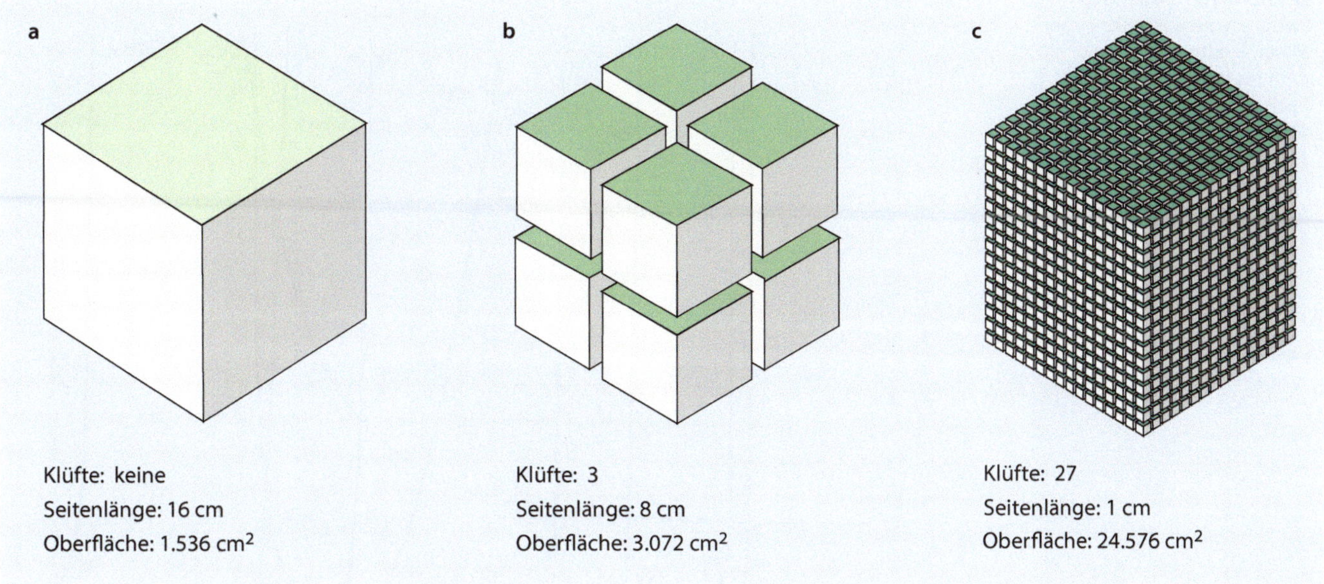

Abb. 9.8 Zunahme der Oberfläche eines idealisierten Festgesteinskörpers mit zunehmender Anzahl der Klüfte. (Verändert nach Easterbrook, Don J. 1999: Surface Processes and Landforms, 2. Auflage. © 1999. Abdruck mit Genehmigung von Pearson Education, Inc., New York, New York)

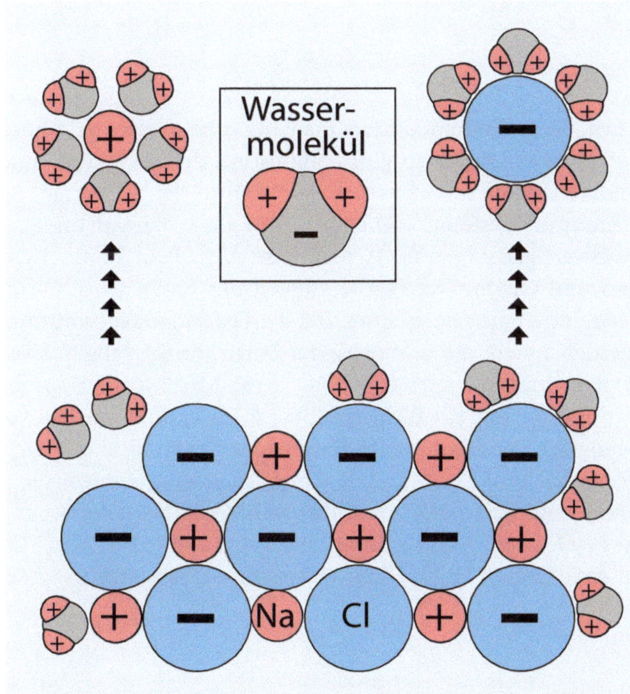

Abb. 9.9 Lösungsprozess des Minerals NaCl (Steinsalz) in Wasser. Das dipolige Wassermolekül lagert sich an den Ionen des NaCl-Kristalls an (Hydratation) und löst es aus dem Mineralverband. (Verändert nach Selby 1993: Hillslope Materials and Processes. 2. Auflage. Oxford University Press, Oxford. © 1992. Abdruck mit Genehmigung von Oxford University Press erteilt durch Copyright Clearance Center, Inc.)

werden. Dieser Prozess ist von den Mineraleigenschaften, der Ionenkonzentration in der wässrigen Lösung und von den chemischen Eigenschaften des Wassers abhängig, wobei der pH-Wert eine hohe Bedeutung hat.

Die Löslichkeit eines Stoffes wird als Konzentrationsmaß der Masse, des Volumens oder als molekulare Masse angegeben. Die Löslichkeit von Mineralen ist abhängig:

- vom Wasservolumen, das die Oberfläche des Minerals überströmt,
- von der Löslichkeit des Minerals,
- vom pH-Wert der Lösung und
- von der Temperatur.

Die Löslichkeit von Mineralen in Abhängigkeit vom pH-Wert der Lösung wird in Abb. 9.10 dargestellt. Der pH-Wert von Niederschlags- und Flusswasser liegt bei 6–7, von Meerwasser zwischen 8 und 9, von alkalischen Böden bei >7–10 und von sauren Böden zwischen 3 und 6. Zahlreiche Minerale sind durch den überwiegenden Teil der Wässer des Erdsystems bei pH-Werten zwischen 4 und 9 löslich. Aluminiumoxid ist nur bei pH-Werten unter 4 und über 9 löslich, woraus sich erklären lässt, warum Aluminium in Verwitterungsdecken zur Anreicherung neigt. Alkali- und Erdalkalimetalle sind löslicher als Silizium, Aluminium und Eisenverbindungen (Abb. 9.10).

Die Lösung eines Minerals in Wasser wird als **elektrolytische Dissoziation** bezeichnet. Aus dem Kristall werden Anionen (negativ geladene Atome, z. B. Cl^-) und Kationen (positiv geladene Atome, z. B. Na^+) freigesetzt. Im Wasser gelöste Ionen sind frei beweglich. Eine kongruente Lösung liegt dann vor, wenn der Lösungsprozess vollständig reversibel ist, wie z. B. bei der Dissoziation von Steinsalz (Halit) in Natrium- und Chlorionen:

$$NaCl \leftrightarrow Na^+ + Cl^-.$$

Die Umkehrreaktion der Bildung des Festkörpers Steinsalz aus den dissoziierten Ionen der Lösung wird als **Fällung** oder Ausfällung bezeichnet. Eine inkongruente Lösung liegt dann

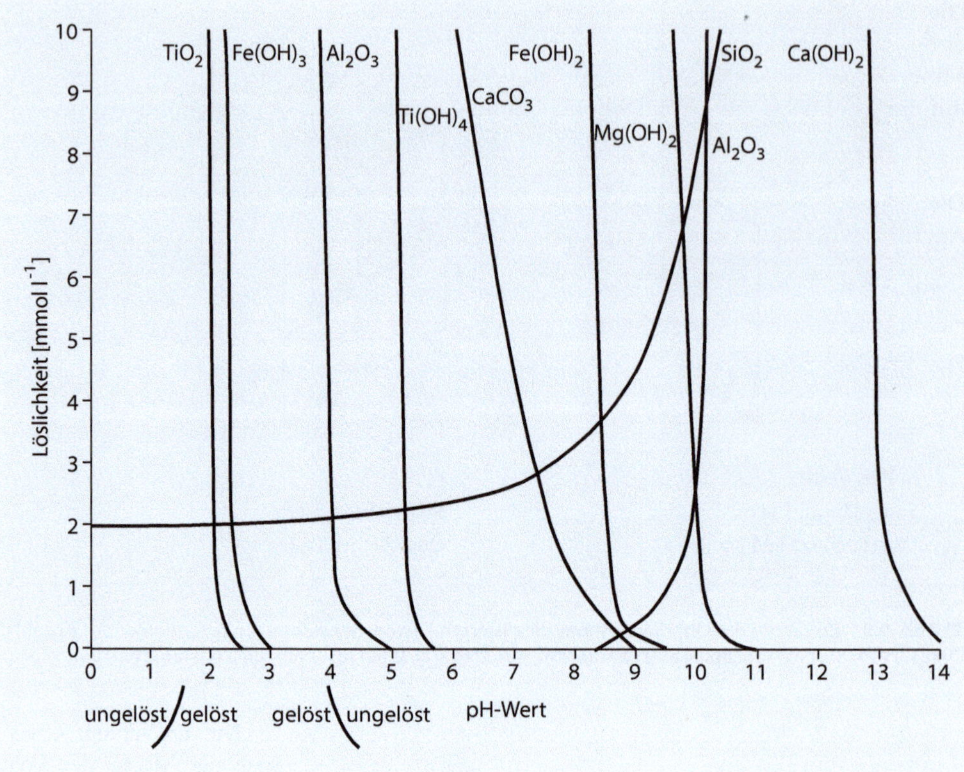

Abb. 9.10 Beziehung zwischen der Löslichkeit von Mineralen (mmol l^{-1}) und dem pH-Wert. (Verändert nach Loughnan 1969: Chemical weathering of the silicate minerals. Elsevier, New York, USA. © 1969 American Elsevier Publishing Company, Inc.)

vor, wenn eine vollständige Reversibilität nicht stattfindet und aus den dissoziierten Ionen neue Mineralverbindungen entstehen, wie bei der Hydrolyse von Kalifeldspäten. Natürliche Minerale mit sehr hoher Löslichkeit sind die Chloride der Alkalimetalle, Halit (NaCl) und Sylvin (KCl).

9.2.2.2 Hydration

Tritt durch die Befeuchtung infolge von Niederschlag oder Nebel Wasser zu bestimmten Salzen, erfahren sie durch den Einbau von Wassermolekülen in das Kristallgitter eine Volumenzunahme, die über 300 % betragen kann.. Dieser Prozess wird als Hydration oder Hydratisierung bezeichnet. Dabei entwickelt sich ein **Hydrationsdruck,** der eine Auflockerung des Materialverbandes bewirkt. Im Unterschied zur Lösung durch Hydratation handelt es sich hier um einen chemischen Verwitterungsprozess, da die chemischen Eigenschaften der Minerale verändert werden. Ein Beispiel bildet das Calciumsulfat (Anhydrit):

$$CaSO_4 + 2\,H_2O \rightarrow CaSO_4 \cdot 2\,H_2O.$$

Bei diesem Vorgang wird Anhydrit ($CaSO_4$) in Gips überführt. Der Einbau des Wassers in die Gitterstruktur führt zu einer Zerstörung der Gitterstruktur des Anhydrits und zu einer starken Volumenzunahme. Weitere Beispiele von Salzen sind in Tab. 9.3 dargestellt.

9.2.2.3 Oxidation und Reduktion

Oxidation und Reduktion bilden chemische Verwitterungsprozesse, bei denen Elektronen abgegeben (Oxidation) und aufgenommen (Reduktion) werden. Beide Vorgänge sind in Form einer **Redoxreaktion** insofern miteinander gekoppelt, als dass die Oxidation eines Stoffes mit der Reduktion eines anderen Stoffes verbunden ist. Zahlreiche Minerale der Untergrundgesteine enthalten Eisen und Mangan in einer zweiwertigen Form (Fe^{2+} bzw. Mn^{2+}), z. B. in Biotit, Pyroxen und Olivin. Die Zweiwertigkeit der Ionen wird hier als reduzierte Form bezeichnet. Bei der **Oxidationsverwitterung** werden Ionen, die in reduzierter Form im Kristallgitter vorliegen, durch Sauerstoff zu Fe^{3+} bzw. Mn^{4+} oxidiert. Dabei verliert das Ion ein Elektron (bzw. 2 Elektronen im Fall von Mangan). Die Bindung im Kristallgitter kann an dieser Stelle gesprengt und Eisen und Mangan freigesetzt werden, die in Oxide und Hydroxide überführt werden. So wird der Magnetit Fe_3O_4 (zweiwertiges und dreiwertiges Eisen: $Fe^{2+}Fe_2^{3+}O_4$) in den Hämatit Fe_2O_3 (dreiwertiges Eisen) umgesetzt:

$$4\,Fe_3O_4 + O_2 \rightarrow 6\,Fe_2O_3$$

Tab. 9.3 Volumenzunahme von Salzen durch Einbau von Wassermolekülen in das Kristallgitter des Minerals (Hydration)

Salz	Hydrat	Volumenzunahme (%)
Na_2CO_3	$Na_2CO_3 \cdot 10\,H_2O$	375
Na_2SO_4	$Na_2SO_4 \cdot 10\,H_2O$	315
$CaCl_2$	$CaCl_2 \cdot 2\,H_2O$	241
$MgSO_4$	$MgSO_4 \cdot 7\,H_2O$	223
$MgCl_2$	$MgCl_2 \cdot 6\,H_2O$	216
CaSO4	$CaSO_4 \cdot 2\,H_2O$	42

Die Oxidationsverwitterung von Silicaten führt unter Bildung von Oxiden und Kieselsäure zur Sprengung der Mineralstruktur. So verläuft die Oxidation von Pyroxenen mit Fe^{2+} nach folgender Reaktionsgleichung:

$$2\,Fe_2Si_2O_6 + O_2 + 8\,H_2O \rightarrow 2\,Fe_2O_3 + 4\,H_4SiO_4.$$

Die Schwächung des Kristallgitters führt zu einer erhöhten Angriffsfähigkeit gegenüber anderen Verwitterungsprozessen.

9.2.2.4 Hydrolyse

Den wichtigsten chemischen Verwitterungsprozess stellt die Hydrolyse dar, die bei entsprechenden Umweltbedingungen primäre Minerale chemisch vollständig zersetzt und umwandelt (◘ Abb. 9.11). Unter Hydrolyse wird die chemische Reaktion eines Minerals mit dem Wasserstoffkation (H^+) des dissoziierten Wassers verstanden. Dabei werden die Sauerstoffbrücken zwischen Metallionen (z. B. K^+, Na^+, Al^{3+}, Fe^{2+}) und dem Rest der Silicate, Phosphate und Carbonate gesprengt. Für die Hydrolyse besonders anfällig sind Minerale, die aus schwachen Säuren oder Basen bestehen (Carbonate und Silicate), die den größten Anteil der gesteinsbildenden Minerale liefern. Bei silicatischen Mineralen werden die Kationen Kalium (K^+), Natrium (N^+) und Magnesium (Mg^{2+}) durch das Wasserstoffion ausgetauscht. Dieser Prozess wird als **Silicatverwitterung** bezeichnet. Die Entfernung dieser Kationen aus den silicatischen Mineralen wird in ◘ Abb. 9.11 als **Basenabfuhr** (Basenauswaschung) bezeichnet. Als Beispiel für den Prozess der hydrolytischen Spaltung soll im Folgenden der Kalifeldspat Orthoklas dienen, der die chemische Formel $KAlSi_3O_8$ hat und in wässriger Lösung auf das in Ionen dissoziierte Wasser trifft:

$$KAlSi_3O_8 + H^+ + OH^- \rightarrow HAlSi_3O_8 + KOH$$

Durch den Austausch von K^+ durch H^+ bilden sich die aluminosilicatische Säure $HAlSi_3O_8$ und Kaliumhydroxid. Die aluminosilicatische Säure reagiert mit Wasser unter Bildung von Kieselsäure und dem Tonmineral Kaolinit.

Die Anlagerung des Wasserstoffions zerstört die Bindung zwischen den Si-, O- und Al-Atomen und führt zur völligen chemischen Zersetzung des primären Feldspatminerals. Das Ausmaß des chemischen Verwitterungsgrades der primären Minerale hängt von der relativen Mobilität

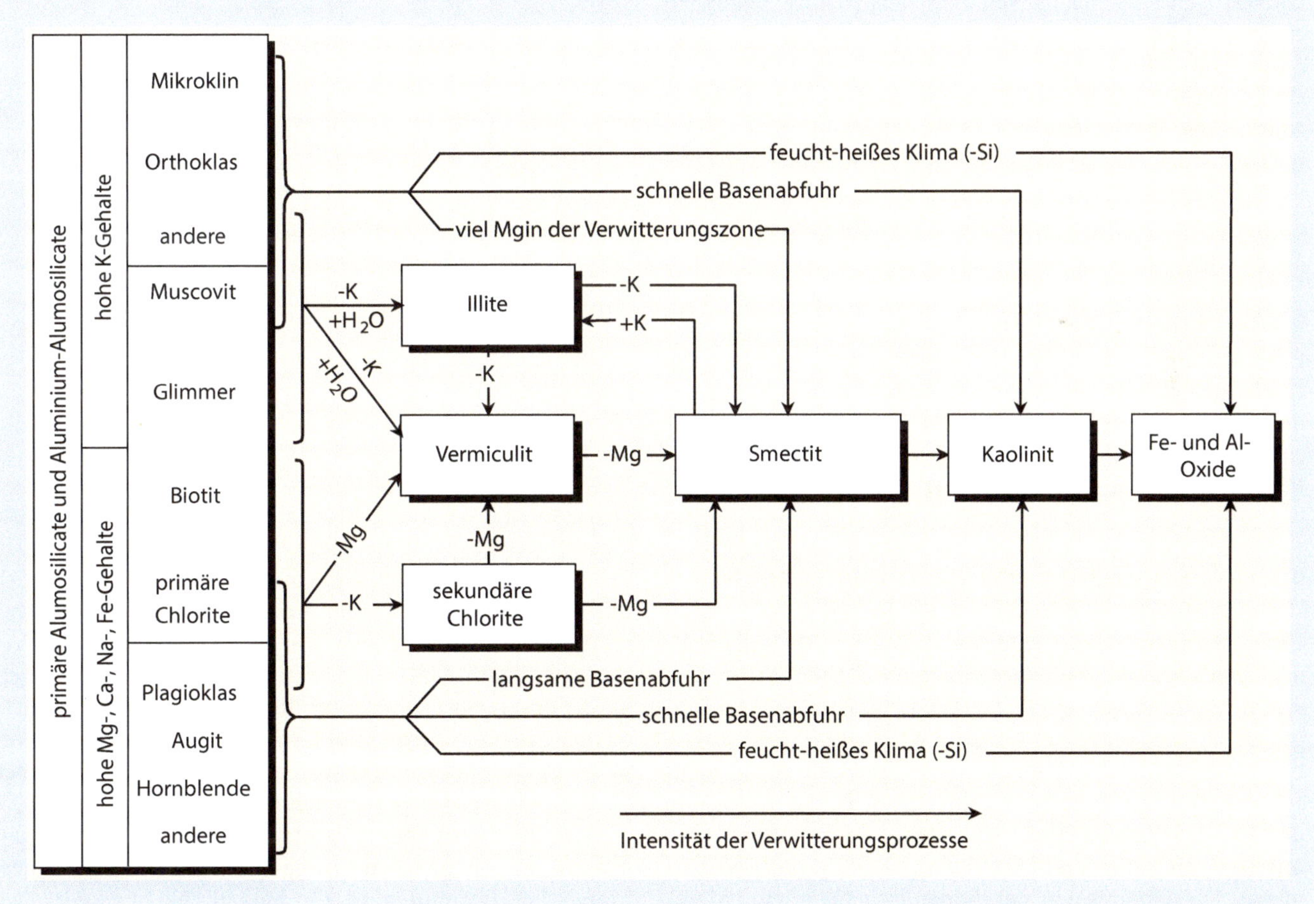

◘ **Abb. 9.11** Verwitterungsreihe für die Bildung verschiedener Tonminerale sowie Eisen- und Aluminiumoxiden aus Alumo- und Aluminium-Alumosilicaten. Jeder Verwitterungsprozess ist durch die Abfuhr von Kationen gekennzeichnet. Intensivierte Verwitterungsprozesse führen zur Bildung von Kaolinit sowie Fe- und Al-Oxiden. Die Entfernung der Kationen aus den silicatischen Mineralen wird als Basenabfuhr bezeichnet. Die Abfuhr und Zufuhr von Atomen und Molekülen wird mit „–" und „+" Zeichen markiert. Die Darstellung der K^+- und Mg^{2+}-Ionen stellt eine Auswahl der beteiligten Kationengruppe dar. (Nach Brady 1990: Nature and Properties of Soils. 10. Auflage. © 1990. Abdruck mit Genehmigung von Pearson Education, Inc., New York, New York)

der beteiligten Ionen ab. Der Kalifeldspat wird hydrolytisch zu Kaolinit umgebaut, wobei das Kaliumion den Prozess verlässt. Damit liegt eine inkongruente Reaktion vor, was bedeutet, dass eine chemisch vollständig veränderte, neue Festphase entstanden ist (Blume et al. 2018).

Bei einer partiellen Hydrolyse werden nicht sämtliche Kaliumionen ersetzt. Es entwickeln sich andere Tonminerale, z. B. das Dreischicht-Tonmineral Illit ($KAl_3Si_3O_{10}(OH)_2$).

$$3\,KAlSi_3O_8 + 2\,H^+ + 12\,H_2O \rightarrow KAl_3Si_3O_{10}(OH)_2 + 6\,H_4SiO_4 + 2\,K^+.$$

Die Produkte der chemischen Verwitterung sind von zahlreichen Randbedingungen abhängig. Dazu zählt der pH-Wert der Lösung, die Löslichkeit der primären Minerale, der räumliche Kontakt zwischen Primärmineral und dem Zerfallsprodukt sowie die Luft- und Wassertemperatur. So wird sich bei hohen Mg-Gehalten des Primärsilicates und neutralen bis schwachalkalischen Lösungen Smectit und bei erhöhter K-Konzentration Illit bilden. Ist die Lösung sauer und die Si-Konzentration der Lösung mäßig, wird die Kaolinit-Bildung vorherrschen. Die Abfuhr von Silizium wird als **Desilifizierung** bezeichnet.

9

Die beim Hydrolyseprozess entstehenden Tonminerale können sich in Abhängigkeit von den Randbedingungen chemisch weiter umwandeln, wobei diese Randbedingungen selbst zeitlichen Veränderungen unterworfen sind (◘ Abb. 9.11). Bei warmem Klima und einer schnellen Abfuhr der Reaktionsprodukte (abnehmende Si-Konzentration) wird der gebildete Smectit zu Kaolinit abgebaut und dieser kann weiter zu Eisen- und Aluminiumoxiden umgewandelt werden. Die Bildung von Tonmineralen wird als **Tonmineralneubildung** bezeichnet.

9.2.2.5 Carbonatverwitterung

Ein weiterer wichtiger Hydrolyseprozess bildet die Carbonatverwitterung. Hier wird Kalkstein ($CaCO_3$) unter dem Einfluss von Kohlensäure in die Ionen Hydrogencarbonat (HCO_3^-) und Calcium (Ca^{2+}) aufgespalten. Diese Prozesse werden im Detail in ► Kap. 16 erläutert.

9.2.3 Biologische Verwitterungsprozesse

Unter biologischer Verwitterung werden biophysikalische und biochemische Einflüsse von biologischen Lebewesen und ihren Produkten auf den Zersatz von Fest- und Lockergesteinen verstanden (◘ Tab. 9.4). Diese Einflüsse wirken hauptsächlich in den Bereichen der Einwirkung mechanischer Kräfte auf den Gesteinskörper, z. B. die Expansion und Kontraktion des Pflanzengewebes, und der Abgabe chemischer Verbindungen (z. B. Säuren, Gase) in die Gesteinsmasse. Die Organismen der Bodenflora (Wurzeln, Algen, Pilze, Bakterien) wirken auf unterschiedliche Weise auf den Verwitterungsprozess.

Pflanzenwurzeln, besonders die Wurzeln von Bäumen, bewirken in Trennflächengefügen einen mechanischen Druckaufbau, der zur Schwächung und ggf. Zerlegung des Gesteinspaketes führen kann. Dringen Pflanzenwurzeln in Diskontinuitäten des Gesteins ein, wird durch den Zell- und Wachstumsdruck eine Aufweitung der Trennflächen erfolgen. Diese Form der biologisch-mechanischen Verwitterung kann derart effektiv sein, dass auch größere Felsblöcke gesprengt werden. Auf diese Weise kann Festgestein, das gegenüber anderen physikalischen und chemischen Verwitterungsprozessen eher resistent ist, zerlegt und für weitere Verwitterungsprozesse vorbereitet werden.

Die **biochemischen Prozesse** der Verwitterung beeinflussen die chemischen Vorgänge des Gesteinszersatzes. Von hoher Bedeutung ist die biologische Erzeugung von Säuren durch den Abbau der pflanzlichen Streu. Die Säuren, z. B. Kohlensäure, Oxalsäure und Zitronensäure, bewirken eine Erhöhung der H^+-Ionenkonzentration und damit eine Beschleunigung der chemischen Reaktionen.

◘ **Tab. 9.4** Biologische Wirkungen auf Verwitterungsprozesse (Bland und Rolls 1998; Viles 2013)

Biologische Lebewesen und Phänomene	Wirkung auf Verwitterungsprozesse
Pflanzenwurzeln	Mechanische Druckkräfte und Gesteinszersatz CO_2-Bereitstellung Säure-Bereitstellung Mineralabbau
Organische und anorganische Säuren	Mineralabbau
Flechten und Pilze	Mechanische Druckkräfte und Gesteinszersatz Wasserspeicher und -bereitstellung Biofilme auf Gesteinsoberflächen und Temperatursteuerung Säure-Bereitstellung Mineralabbau
Marine Organismen	Mechanischer Gesteinszersatz Biofilme auf Gesteinsoberflächen Säure-Bereitstellung Mineralabbau
Mikroorganismen	Mechanische Druckkräfte und Gesteinszersatz CO_2-Bereitstellung Nitrifizierung (Abbau des Ammonium-Ions zu Nitrat-, Nitrit- und Wasserstoffionen) Säure-Bereitstellung Mineralabbau
Algen und Cyanobakterien	Mechanische Druckkräfte und Gesteinszersatz Wasserspeicher und -bereitstellung Metalllösung auf Gesteinsoberflächen
Pflanzenzersatz und -mineralisierung	CO_2-Bereitstellung Säure-Bereitstellung Mineralabbau

Von besonderer Bedeutung für die Prozesse der biologischen Verwitterung sind **Pilzhyphen,** die deutlich feiner als Pflanzenwurzeln sind. Als Hyphen werden Pilzzellen bezeichnet, die in Form von Fäden ausgebildet sind und zu Strängen zusammentreten. Sie können in die Struktur von Mineralen eindringen und starke Säuren produzieren.

Die dunkle Färbung abgestorbener Flechten führt auf Gesteinsoberflächen zur Herabsetzung der Albedo und damit punkthaft zu höheren Steintemperaturen. Infolge der erhöhten thermischen Gradienten wird der thermisch verursachte Gesteinszersatz gefördert. An Küsten bewirken marine Organismen den Zersatz von Gesteinsoberflächen (z. B. Muscheln). Unter bestimmten Bedingungen führen organische Organismen, wie Bakterien, Algen, Pilze und Flechten, durch chemische Prozesse zum Zersatz der Gesteinsoberfläche. Mikrobielle Organismen bewirken einen oxidativen Umbau des organischen Schwefels und Stickstoffs unter Bildung von Schwefelsäure (H_2SO_4) und Salpetersäure (HNO_3). Der Algen-, Bakterien-, Flechten- und Pilzbesatz von Mineraloberflächen führt durch die Ausscheidung von Säuren und Komplexbildnern zur Verwitterung des Fest- und Lockergesteins.

9.3 Verwitterungsresistenz und Verwitterungsgrad

9.3.1 Festgestein

Die chemische Verwitterungsresistenz von Festgesteinen wird primär von der **Löslichkeit der Minerale** gesteuert. Sie umfasst einen breiten Wertebereich von sehr leicht bis äußerst schwer löslichen Mineralen. Durch ihre leichte Löslichkeit weisen Salze die geringste Resistenz auf, gefolgt von den Carbonaten, z. B. Kalkstein, und den Silicaten, z. B. Plagioklas und Biotit. Die primären Silicate sind schwer löslich und gelten daher als stark verwitterungsresistent, z. B. Quarz. Die chemische Verwitterungsresistenz von primären Silicaten ist von zahlreichen Eigenschaften der Kristallstruktur und der Eisen-, Mangan-, Calcium- und Aluminiumgehalte abhängig. Höhere Gehalte von Eisen- und Mangan führen zu verstärkten Oxidations- und Abfuhrprozessen, die die Kristallstruktur schwächen und zu einer geringen chemischen Verwitterungsresistenz beitragen.

Der Verwitterungsgrad von Festgesteinen beschreibt die Intensität der Verwitterungsprozesse und den Verwitterungszustand des Materialkörpers. Er hat einen dominanten Einfluss auf die Gesteinsfestigkeit. Der Verwitterungszustand wird mit visuellen Merkmalen, z. B. der Verfärbung der Trennflächen (◘ Abb. 9.12) und mit felsmechanischen Parametern beschrieben. Dazu sind das Trennflächengefüge, der Grad der Gesteinszerlegung, der Entfestigungsgrad oder die Kornbindung zu rechnen. In der Praxis der Felsmechanik werden dazu genormte Merkblätter und Labor- und Feldversuche verwendet (◘ Tab. 9.5).

◘ **Abb. 9.12** Verfärbung von Trennflächen eines stark geklüfteten und entfestigten, hellen Kalksteins auf der Zugspitze. (Quelle: R. Dikau)

9.3.2 Verwitterungsdecken

Physikalische, chemische und biologische Verwitterungsprozesse führen zur mechanischen Zerkleinerung und zum chemischen Zersatz des Gesteinsverbandes und zur Bildung einer Verwitterungsdecke, wenn das System einen transportlimitierten Status innehat. Sie wird nach oben durch die Erdoberfläche und nach unten durch die unscharfe Grenze zum unverwitterten Gestein abgegrenzt, die als **Verwitterungsfront** bezeichnet wird. Das unverwitterte Gestein kann sowohl als Festgestein, z. B. Granit oder Sandstein, als auch als Lockergestein vorliegen, z. B. glazigene Sedimente der Grundmoräne oder äolische Sedimente einer Düne. In ◘ Abb. 9.13 wird die Verwitterungsdecke auf einem Festgestein dargestellt.

Die Entwicklung einer Verwitterungsdecke beginnt an der Gesteinsoberfläche und setzt sich in der Zeit in die Tiefe des Untergrundes fort. Diese vertikale Gliederung der Verwitterungsdecke wird als **Verwitterungsprofil** bezeichnet. In Abhängigkeit von den Bedingungen des Standortes kann die Mächtigkeit der Verwitterungsdecke höchst variabel sein. Einer Mächtigkeit von wenigen dm

Tab. 9.5 In der Felsmechanik verwendete Verwitterungsgrade von Festgesteinen und ihr Einfluss auf die Gesteinsfestigkeit (Prinz und Strauß 2018)

Verwitterungsklasse	Verwitterungsgrad Verwitterungszustand	Beschreibung/Erscheinungsbild	Kornbindung Festigkeit
F1	Unverwittert	Keine sichtbare Verwitterung, schwache Verfärbung an Trennflächen	Gute Kornbindung Sehr hart, fest und hoch
F2	Angewittert	Gestein fest bis gering entfestigt, Verfärbung der Kluftwandungen und der angrenzenden Gesteinsbereiche	Mäßige Kornbindung Mäßig hart bis fest
F3	Mäßig entfestigt	Gestein ist entfestigt (spürbar verändert), aber noch nicht mürbe. Verfärbungen der Kluftwandungen und des Gesteins	Geringe Kornbindung Mäßig fest, schwach absandend, halbfest
F4	Stark entfestigt	Gestein ist deutlich bis stark entfestigt, starke Verfärbungen der Kluftwandungen und des Gesteins	Gestein ist brüchig, mürbe, absandend und halbfest
F5	Zersetzt	Gestein ist völlig entfestigt oder zersetzt, Gesteinsgefüge jedoch erkennbar	Steif bis halbfest

9

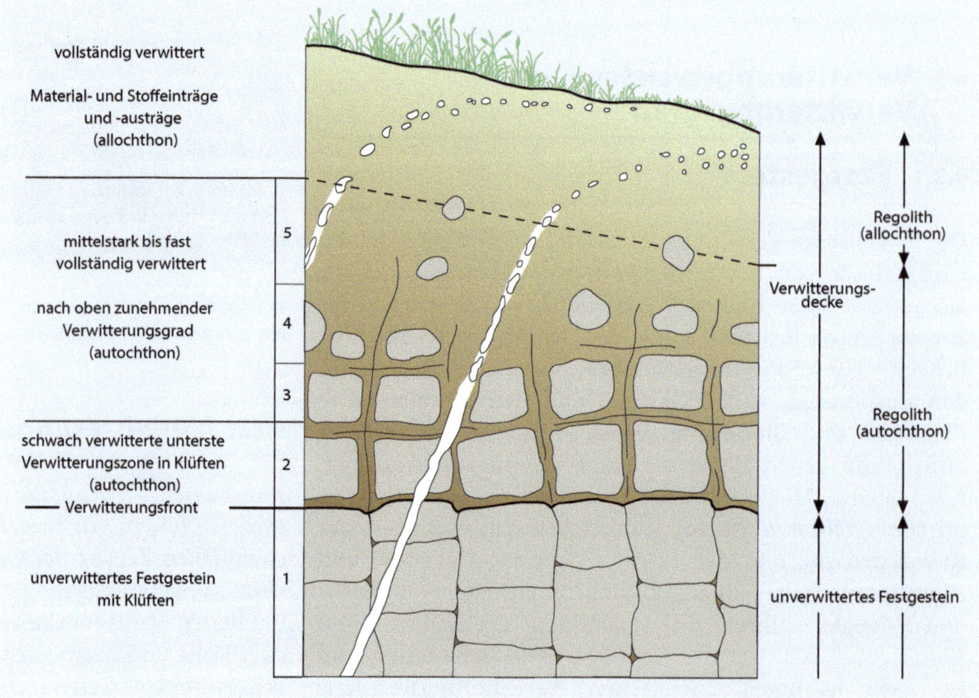

Abb. 9.13 Profil durch eine Verwitterungsdecke am Beispiel eines verwitterten Granits. Es werden verschiedene Begriffe und Klassifikationen dargestellt. Die Zahlen 1–5 verweisen auf die Verwitterungsklassen in Tab. 9.6. (Verändert nach Huggett 2017: Fundamentals of Geomorphology. 4. Auflage. Verfasst von Richard John Huggett, veröffentlicht von Routledge. © Richard John Huggett 2017. Abdruck im Einvernehmen mit Taylor & Francis Books UK)

in den gemäßigten Breiten stehen mehrere 100 m mächtige Verwitterungsdecken in den Tropen gegenüber. Von hoher Bedeutung ist, dass in der Verwitterungsdecke nicht nur physikalische und chemische Ab- und Umbauprozesse des am Ort vorhandenen Materials stattfinden. Sie bilden die **autochthone Prozessgruppe.** Die Verwitterungsdecke kann auch durch von außen einwirkende und nach außen wirkende Prozesse beeinflusst oder gesteuert werden. Dabei werden die obersten Schichten der Decke unterschiedlichen geomorphologischen Abtrags-, Transport- und Depositionsprozessen ausgesetzt, z. B. als Solifluktion, hangaquatische und gravitative Abtragsprozesse oder äolische Deposition, die zu massiven Veränderungen ihrer Eigenschaften führen können. Diese Prozessgruppe wird **allochthon** genannt.

Die vertikale Gliederung der Verwitterungsdecke wird in den verschiedenen Geo- und Ingenieurwissenschaften nicht einheitlich vorgenommen. Diese Uneinheitlichkeit wird dadurch bestimmt, mit welcher disziplinaren Sicht auf den Materialkörper geblickt wird. Außerdem überschneiden sich die Begrifflichkeiten und Problemsichten unterschiedlicher wissenschaftlicher Schulen und nationaler Kontexte.

Aus dieser Vielfalt soll hier eine Auswahl getroffen werden. Terminologisch werden die Begriffe Verwitterungsdecke, Verwitterungsprofil und Regolith synonym verwendet. Verwitterungsdecken weisen häufig eine deutliche vertikale Gliederung des Profils auf. Es können 5 Klassen unterschiedlicher Verwitterungsgrade unterschieden werden (▣ Tab. 9.6). Die obersten Bereiche der Verwitterungsdecke tragen den Bodenkörper, dessen Genese von zahlreichen Prozessen gesteuert oder beeinflusst wird, die nicht in Zusammenhang mit spezifischen Verwitterungsprozessen stehen müssen.

Verwitterungsdecken können vollständig abgetragen werden, sodass die untersten Schichten (Klasse V2 und V3) an die Oberfläche treten. Dies wird in ▣ Abb. 9.14 am Beispiel eines Granits gezeigt. Das System hat zum Zeitpunkt (a) bereits die Schichten V4 und V5 erosiv verloren. Die zeitliche Entwicklung zum Zustand (b) führt zur Erosion weiterer Verwitterungsprodukte (granitischer Grus) und zur Freilegung der entfestigten und fragmentierten granitischen Blöcke. Sie unterliegen nach ihrer Freilegung aus dem Materialverband den direkten Einflüssen anderer Sphären,

▣ Tab. 9.6 Verwitterungsklassen und -grade von Verwitterungsdecken und ihr Einfluss auf die Materialeigenschaften (Selby 1985)

Verwitterungsklasse	Verwitterungsgrad	Beschreibung, Erscheinungsbild
V5	Fast vollständig verwittert	Fast das gesamte Festgestein ist in eine Verwitterungsdecke umgewandelt, die ursprüngliche Gesteinsstruktur und das Gesteinsgefüge sind weitgehend verschwunden
V4	Stark verwittert	Über 50 % des Festgesteins sind verwittert, vollständige Farbveränderung des Festgesteins, Fragmente liegen als Blöcke vor
V3	Mittelstark verwittert	Weniger als 50 % des Festgesteins sind verwittert, Fragmente unverwitterten Festgesteins liegen als Blöcke vor
V2	Schwach verwittert	Leichte Farbveränderung des Festgesteins, erste Verwitterungsspuren besonders in Klüften, sehr geringe Festigkeitsverluste gegenüber dem unverwitterten Festgestein
V1	Unverwittertes Festgestein	Festgestein unterhalb der Verwitterungsfront, keine Farbveränderung, Festigkeitsverluste oder andere Hinweise auf Verwitterungsprozesse

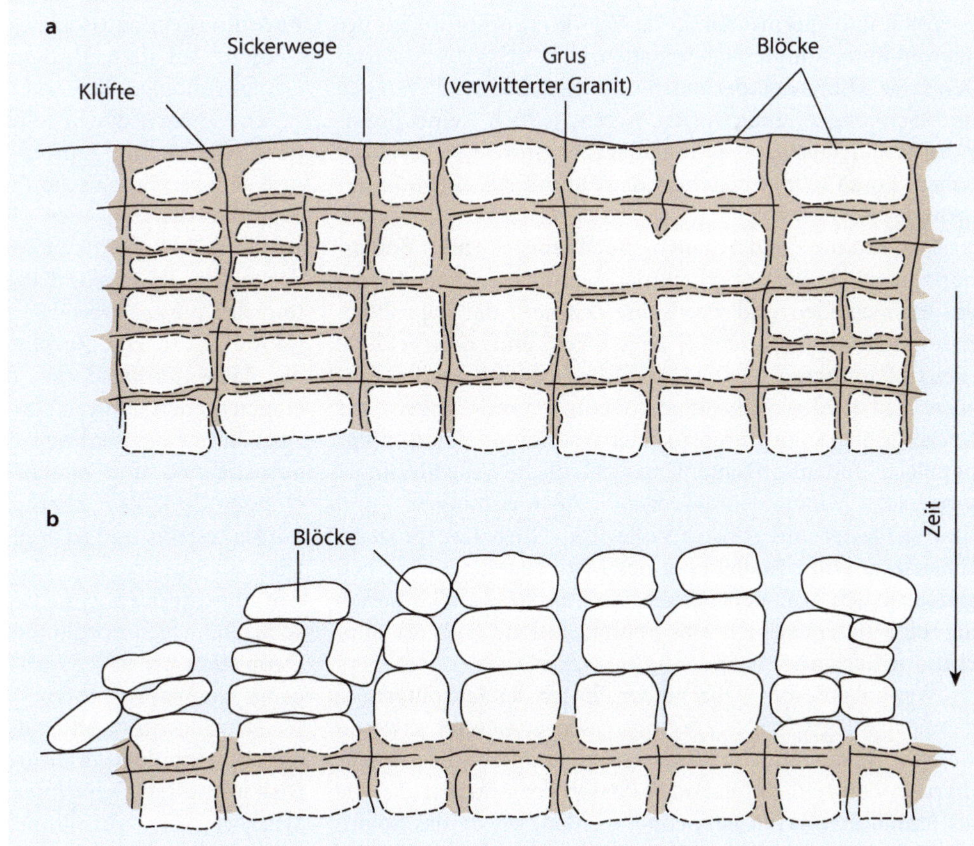

▣ Abb. 9.14 Freilegung der untersten Schichten der Verwitterungsdecke durch Erosionsprozesse. (In Anlehnung an Selby 1993, S. 173)

z. B. Strahlung, Temperatur, Niederschlag, Flechten, Mikroorganismen, Oberflächenwasser, was zu veränderten Verwitterungsprozessen führt.

In zwei Theorien der Genese von Verwitterungsdecken wird die hohe Bedeutung geomorphologischer Prozesse besonders hervorgehoben. Es sind dies die Theorien der Saprolitisierung und der Regolithisierung. Sie sollen im Folgenden näher erläutert werden.

9.3.2.1 Theorie der Saprolitisierung

Eine Differenzierung der Verwitterungsdecke in Saprolit und Solum erfolgt in wissenschaftlichen Arbeiten, die sich mit der Theorie einer differenzierten Genese des Bodenkörpers (Solum) und der liegenden Verwitterungsdecke (Saprolit) beschäftigen. Der deutsche Pedologe Peter Felix-Henningsen hat die Saprolitbildung im Rheinischen Schiefergebirge bis in Tiefen von 150 m nachweisen können (Felix-Henningsen 1990). Saprolite sind durch Verwitterungsprozesse entstanden, die bis in Tiefen von mehreren 100 m reichen können und mehrere Millionen Jahre angedauert haben. Sie entstanden durch eine Kombination von ausschließlich chemischem Gesteinszersatz, Elementeauswaschung und Mineralneubildung. Dabei bleiben die ursprüngliche Gesteinsstruktur als Primärgefüge und das Gesteinsvolumen unverändert, was als **isovolumetrische Verwitterung** bezeichnet wird. Sie tritt in subtropischen und tropischen Klimaten auf. Die chemischen Verwitterungsprozesse bewirkten eine Veränderung der physikalischen Eigenschaften des Gesteins durch Abnahme der mechanischen Stabilität und Zunahme der Materialporosität und -permeabilität. Im Verwitterungsprofil hat der Saprolit autochthone Eigenschaften, d. h., dass die Materialien zwar Klimaveränderungen und tektonischen Hebungen und Senkungen unterworfen waren, jedoch keine physikalischen Transport- und Umlagerungsprozesse erfahren haben. Lorz (2008) bezeichnet den Saprolit als eine Sonderform des Regoliths.

Das **Solum** bildet einen Bodenkörper mit Bodenhorizonten. Es liegt oberhalb des Saprolits, ist von diesem zu unterscheiden und wurde im Zeitraum der Saprolitgenese mehrfach vollständig abgetragen und neu gebildet (Felix-Henningsen 1990). Durch die bodenbildenden Prozesse entstanden im Solum Gefügeveränderungen des Lockergesteins. Sie führen zu einer Ausbildung oberflächenparalleler Bodenhorizonte. Unterschiedliche Verwitterungsprozesse, Mineralneubildungen, Auswaschungen und Einträge fester und gelöster Stoffe sowie Turbationsprozesse führten zu einer Neubildung des Materialgefüges, das sich grundsätzlich von der Gesteinsstruktur des autochthonen Saprolits unterscheidet. Das Solum wird deshalb als **allochthone Bildung** verstanden.

Wenn das Solum während der Phasen der Saprolitgenese geomorphologischen Abtragsprozessen ausgesetzt gewesen war, wurde der Materialkörper gänzlich oder teilweise erodiert. In den zeitlich folgenden Phasen der Abtragsruhe, die als **Stabilitätsphasen** bezeichnet werden, wurde das Solum aus dem Saprolit wieder neu gebildet. Der Saprolit bildet dabei den C-Horizont des sich entwickelnden Bodens, da die Saprolitisierungsprozesse alleine noch nicht zur Bildung eines Bodenkörpers führen können. Solum und Saprolit sind deshalb polyzyklische und polygenetische Bildungen. Die Entwicklung ihrer Eigenschaften muss in Zeiträumen betrachtet werden, in denen mehrfache Wechsel des Klimas, der tektonischen Aktivität und der geomorphologischen Aktivität stattgefunden haben. Sie sind daher das kumulative Produkt aller diachronen und synchronen Verwitterungs- und Materialtransportprozesse des Standortes.

9.3.2.2 Theorie der Regolithisierung

Der in den Geowissenschaften uneinheitlich verwendete Begriff Regolith wird in diesem Lehrbuch eingeführt, um die geomorphologische Beeinflussung der **Verwitterungsdecke** besonders hervorzuheben. Diese Beeinflussung beruht einerseits darauf, dass die Verwitterungsprozesse zu grundlegenden Veränderungen der Eigenschaften der oberflächennahen Fest- und Lockergesteine führen können (Robinson und Williams 1994; Taylor und Eggleton 2001). Die entstehende Verwitterungsdecke bildet dadurch eine zeitlich variable Randbedingung für geomorphologische Prozesse, z. B. eine abnehmende Scherfestigkeit durch Tonmineralneubildung und die damit verbundene zunehmende Disposition für gravitative Gleitprozesse. Geomorphologische Prozesse können andererseits die Verwitterungsdecke selbst aufbauen, beeinflussen oder gänzlich entfernen, z. B. durch äolische Einträge, solifluidalen Massentransport oder hangaquatische Erosion. Diese Einflüsse können dominant werden, sodass die bodenbildenden Prozesse und die Bodenhorizontentwicklung davon tiefgreifend beeinflusst werden. Auf diese Beziehung hat besonders der deutsche Geomorphologe Carsten Lorz hingewiesen (Lorz 2008).

Die Theorie der Regolithisierung bietet den Vorteil, eine über die Solum-Saprolit-Differenzierung hinausgehende und geomorphologische Prozesse stärker berücksichtigende Charakterisierung der Verwitterungsdecke vornehmen zu können. Regolith bezeichnet eine verwitterte Materialdecke, die die Eigenschaften eines Lockergesteins aufweist und das unverwitterte Fest- oder Lockergestein überlagert (◻ Abb. 9.13). Der Regolith setzt sich aus den Materialien der Verwitterungsdecke, dem darin entwickelten Boden, eingetragenen Materialien und Stoffen sowie chemischen Ausfällungen zusammen. Der Regolith lässt sich in eine **autochthone und allochthone Zone** gliedern. Die autochthone Zone liegt oberhalb des unverwitterten Fest- oder Lockergesteins und ist von diesem durch die Verwitterungsfront abgegrenzt. Der allochthone Regolith bildet das über der autochthonen Zone liegende Material, das durch unterschiedliche geomorphologische Abtrags-, Transport- und Depositionsprozesse sowie geochemisch-biologische Vorgänge charakterisiert ist.

Der allochthone Regolith weist immer eine Schichtung auf, die lithologisch begründet ist und als **lithologische Diskontinuität** bezeichnet wird. Sie kann durch abrupte Wechsel von Korngröße, Skelettgehalt, Farbe, Dichte, Wasserpermeabilität oder Lagerung charakterisiert sein.

Des Weiteren können sich an einer lithologischen Diskontinuität der Zurundungs- und Verwitterungsgrad der Klasten, die lithologische Zusammensetzung sowie die Form und Größe stabiler Minerale verändern. Die Schichtung des allochthonen Regoliths entsteht durch laterale und vertikale Materialtransportprozesse an der Erdoberfläche und im Regolithkörper selbst, sie hat deshalb einen polygenetischen Charakter. Wenn an ihrer Bildung mehrere Klimazyklen des Pleistozäns mitgewirkt haben, ist sie darüber hinaus polyzyklisch. Geomorphologische Gründe für die Schichtung können z. B. sein:

- Erosion durch hangaquatische oder gravitative Prozesse,
- Deposition durch fluviale, äolische, gravitative oder hangaquatische Prozesse,
- Transport durch Solifluktion, Kryoturbation und Bioturbation,
- Subkutane Transporte,
- Deposition durch künstlichen Auftrag von Fremdmaterial, z. B. Aushubmaterial oder Bauschutt.

9.3.3 Reliefformung und Bodenbildung

Es ist in diesem Lehrbuch nicht an vertiefte bodengeographische oder bodenkundliche Ausführungen gedacht. Dazu sei auf die Lehrbücher von Semmel (1993), Eitel und Faust (2013) und Blume et al. (2018) verwiesen. Die Beziehungen zwischen der Bodenentwicklung und geomorphologischen Prozessen und Formen beschreiben Gerard (1992), Semmel (1993), Ollier und Pain (1996), Birkeland (1999), Schaetzl und Anderson (2005) oder Lorz (2008).

Die oberen Bereiche der Verwitterungsdecke liefern das Material für die Bodenbildung, die einerseits von den bodenbildenden Prozessen und andererseits von den geomorphologischen Prozessen an der Erdoberfläche gesteuert wird. Die **Bodenentwicklung** beginnt an der Oberfläche der Verwitterungsdecke und setzt sich zur Tiefe hin fort. Die dabei entstehenden Bodenhorizonte weisen unterschiedliche Eigenschaften auf. Bodenbildung vollzieht sich in einem dreidimensionalen Materialkörper, der einerseits durch pedogene Prozesse vertikaler und lateraler Stoffflüsse charakterisiert ist und andererseits durch erosive und akkumulative geomorphologische Prozesse umgeformt oder gar zerstört wird. Die Bodenbildung ist somit immer eine Kopplung pedologischer und geomorphologischer Prozesse.

Die auf Jenny (1941) zurückgehende Theorie der Bodenentwicklung basiert auf der Vorstellung, dass der Boden eine Funktion bodenbildender Faktoren ist, die für pedologische Prozesse verantwortlich sind und die in ihrer Wechselwirkung zu charakteristischen Bodeneigenschaften führen:

$$\text{Boden} = f(G, K, O, R, M, Z)$$

mit:
G - Ausgangsgestein
K - Klima
O - Organismen
R - Relief
M - Mensch
Z - Zeit

Zu den **bodenbildenden Prozessen** sind spezielle chemische, physikalische und biologische Verwitterungsprozesse zu rechnen. Hieraus hat sich das traditionelle Bodenbildungskonzept, der ABC-Ansatz, als autochthone Betrachtungsweise entwickelt. Hinzu treten spezifische pedogene Prozesse, z. B. Humifizierung, Aggregatsbildung und -mischung, Tonverlagerung (Lessivierung), Podsolierung oder Versalzung. Sie führen zur Bildung von Bodenhorizonten als dem charakteristischsten Merkmal eines Bodenkörpers. Die Beziehung zwischen dem geomorphologischen und dem pedologischen System basieren auf mehreren grundlegenden Annahmen. Zum einen beeinflussen geomorphologische Prozesse die Bodenbildung und bodenbildende Prozesse verändern die Eigenschaften der Verwitterungsdecke. Zum anderen kann der Bodenkörper wertvolle Informationen für die retrodiktiv-geomorphologische Erklärung der Reliefentwicklung liefern.

Der Bodenkörper kann im allochthonen und autochthonen Regolith entwickelt sein. Die bodenbildenden Prozesse führen zur Entwicklung von Bodenhorizonten. Diese pedologischen Prozesse sind von den geomorphologischen Prozessen zu unterscheiden, die an der Oberfläche des Regoliths (z. B. Auftrag von Sediment) und im Regolith selbst (z. B. subkutane Tontransporte) wirken und die die **lithologische Schichtung** des Materials hervorrufen und verändern. Es liegt somit eine Wechselwirkung von zwei gekoppelten Systemen vor, die sich in mehr oder weniger starker Abhängigkeit zueinander entwickeln können. In ihrer Unterscheidung und Abgrenzung liegt eine beträchtliche Problemstellung der Geomorphologie und Bodenkunde. Sie wird dadurch verstärkt, dass **Schicht- und Horizontgrenzen** räumlich zusammentreffen können, sodass sich die Frage aufwirft, ob die geomorphologisch erklärbare Schichtgrenze, z. B. eine aus periglazialen Solifluktionsprozessen hervorgegangene Sedimentschicht, für die Entwicklung des pedologischen Horizontes verantwortlich ist. Eine derart auf die Eigenschaften des Regoliths bezogene Sichtweise ist im traditionellen Bodenentwicklungsmodell von Jenny (1941) nicht vorhanden.

Eine **Bodenentwicklungstheorie,** die die geomorphologischen Prozesse stärker berücksichtigt, hat die dem Standort zugeführten und die den Standort verlassenden Stoffe (Sedimente, gelöste Stoffe, organische Materialien, Gase etc.) stärker zu berücksichtigen, sodass folgende Funktionsgleichung formuliert werden kann:

$$Boden = f(E, A, TR, TF)$$

mit:
E - Stoffeintrag
A - Stoffaustrag
TR - Translokation
TF - Transformation

Auf Basis dieser Hypothese hat Lorz (2008) das Modell einer **materialorientierten Bodenevolution** entwickelt. Es geht davon aus, dass die Bodenentwicklung in der Verwitterungsdecke auf der Kopplung von vier Prozessgruppen beruht (▫ Abb. 9.15). Sie umfassen:

- Material- und Energieeinträge in das System,
- Material- und Energieausträge aus dem System,
- Translokationsprozess im System und
- Transformationsprozesse im System.

Material- und Energieeinträge und -austräge werden bei diesem Ansatz dominant auf der Oberfläche des Bodenkörpers, z. B. durch Erosion, Sedimentation oder Strahlung, und in den oberflächennahen Schichten auf lateralen Pfaden, z. B. durch Sickerwässer, stattfinden. **Translokationsprozesse** führen zur Verlagerung von Feststoffen und gelösten Ionen im Materialkörper. Von hoher geomorphologischer Bedeutung sind dabei unterirdische (subkutane) Sedimentabträge und -transporte im Porensystem der Verwitterungsdecke (subkutane Erosion), die zu ausgeprägter Tunnelbildung *(piping)* führen können. Als **Transformationsprozesse** werden die geochemischen, physikalischen und biologischen Prozesse verstanden, die zur Entwicklung des Bodenkörpers führen. Translokations- und Transformationsprozesse bilden zentrale Vorgänge der Horizontgenese.

Das diesem Ansatz folgende Bodenentwicklungsmodell kombiniert **progressive und regressive Prozesse** (▫ Abb. 9.16) (Birkeland 1999; Lorz 2008). Progressive Prozesse liegen dann vor, wenn die differenzierte Bodenhorizontbildung gefördert wird. Dabei wird der Bodenkörper mächtiger. Bodenbildend wirken laterale und vertikale Einträge und Austräge von gelösten Ionen und Feststoffen über die Bodenoberfläche und im Materialkörper der Verwitterungsdecke. In regressiven Systementwicklungen überwiegen Prozesse, die zu einfachen und flachen Bodenprofilen führen (Birkeland 1999). Die Sedimentdeposition auf der Oberfläche des Bodenkörpers führt zur Störung oder gar Beendigung der Bodenbildung, sodass die Bodengenese im deponierten Material von Neuem beginnen muss, d. h., dass die pedogenetische Uhr wieder auf „0" gestellt wird.

Bodenerosion führt zum Abtrag der obersten Bodenhorizonte und zur Profilverkürzung. Der vollständige Abtrag des Bodenkörpers kann als extremste Form der regressiven Bodenbildung betrachtet werden. Dies gilt insbesondere dann, wenn der Abtrag schnell erfolgt, z. B. als Bodenerosion durch landwirtschaftliche Nutzung, und weil die pedogenetische Uhr auf „0" gestellt wird. Das heißt, dass neues Material des Untergrundes an die Oberfläche oder in Oberflächennähe gelangt und den bodenbildenden Prozessen ausgesetzt wird. In Kaltklimaten kann zudem die Kryoturbation zur Zerstörung der Bodenhorizontierung führen. Regressive Prozesse liegen auch dann vor, wenn interne Schwellenwerte des Bodensystems überschritten werden. So kann die Tonanreicherung in einem Bodenhorizont (Lessivierung) zur Ausbildung einer wasserstauenden Schicht (sekundärer Pseudogley) führen. Dabei kann es zur häufigen Sättigung des Oberbodens kommen, was erhöhte Oberflächenabflüsse und Bodenabträge zur Folge hat.

9.3.4 Verwitterungsraten und Regolithmächtigkeit

Die Bedeutung hangerosiver Prozesse für die Bildung einer Verwitterungsdecke wurde bereits in der zweiten Hälfte des 19. Jahrhunderts durch den amerikanischen

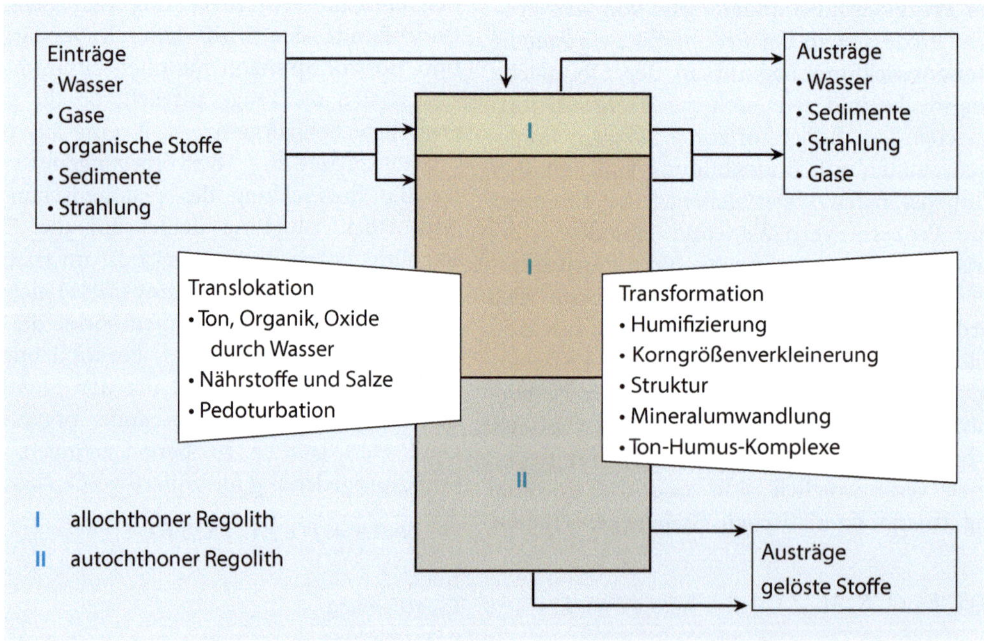

▫ **Abb. 9.15** Bodenentwicklungsmodell unter Einbeziehung verschiedener Einträge und Austräge sowie von Translokations- und Transformationsprozessen im Regolith. (Verändert nach Lorz 2008: Ein substratorientiertes Boden-Evolutions-Konzept für geschichtete Bodenprofile. Relief, Boden, Paläoklima, Bd. 23. Abdruck mit Genehmigung von C. Lorz und Gebrüder Borntraeger, Berlin – Stuttgart: ▶ www.borntraeger-cramer/series/relief)

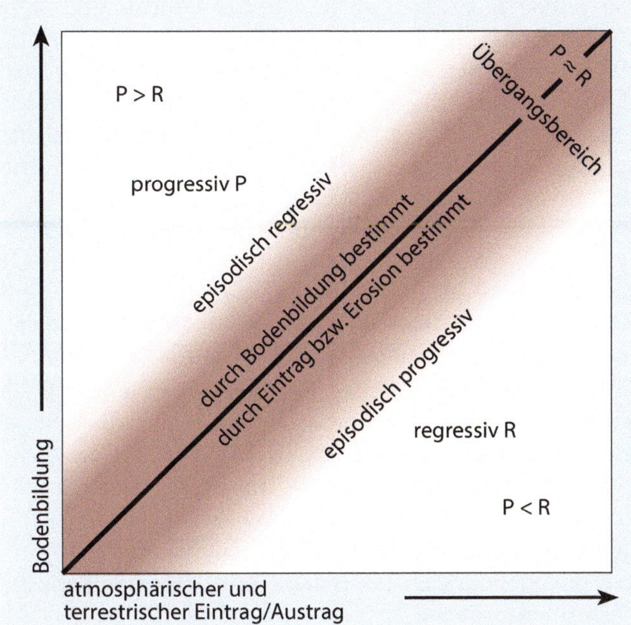

Abb. 9.16 Beziehung zwischen progressiven und regressiven Prozessen der Bodenbildung. (Verändert nach Lorz 2008: Ein substratorientiertes Boden-Evolutions-Konzept für geschichtete Bodenprofile. Relief, Boden, Paläoklima, Bd. 23. Abdruck mit Genehmigung von C. Lorz und Gebrüder Borntraeger, Berlin – Stuttgart: ▶ www.borntraeger-cramer/series/relief)

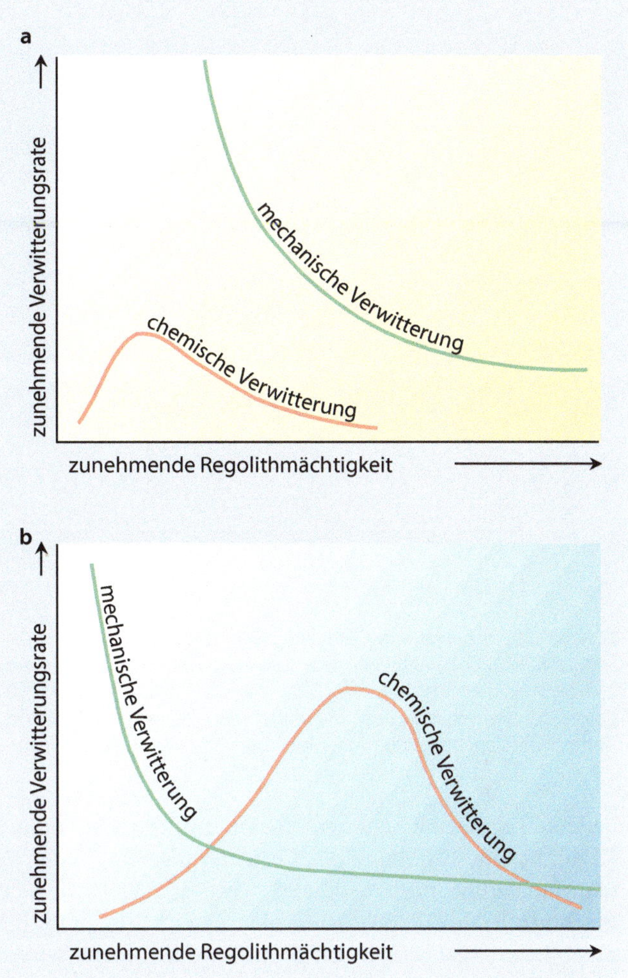

Abb. 9.17 Schematische Darstellung der relativen Verwitterungsraten und Regolithmächtigkeiten **a** bei verwitterungs- und **b** bei transportlimitierten Hängen. (Verändert nach Ritter et al. 2002: Process Geomorphology, 4. Auflage, Long Grove, IL, USA. Waveland Press, Inc. © 2002, Neuauflage 2006, alle Rechte vorbehalten. Abdruck mit Genehmigung von Waveland Press, Inc.)

Geomorphologen Grove Karl Gilbert hervorgehoben (Gilbert 1877). Gilbert formulierte die Hypothese, dass die Entwicklung jedes Hanges entweder durch die Verwitterungs- oder durch die Sedimenttransportprozesse dominiert wird. Er verwendete dafür die Begriffe verwitterungslimitiert und transportlimitiert (Abb. 9.17).

Auf verwitterungslimitierten Hängen ist die Rate der **Regolithproduktion** an der Verwitterungsfront geringer als die Rate der **Regolitherosion** an der Oberfläche. In diesem Fall bildet das Festgestein oder eine sehr schwach entwickelte, dünne Verwitterungsdecke die Reliefoberfläche. Diese Hänge finden wir bevorzugt in Trockenklimaten, in abtragungsbegünstigten Relieflagen (steil, konvex) der höheren Lagen der Mittelgebirge und in den Hochgebirgen mit hohen Abtragungsraten. Die mechanische Verwitterungsrate übersteigt die Raten der chemischen Verwitterung. Sie ist in diesen Systemen dann am höchsten, wenn die Verwitterungsdecke geringmächtig ist, da dann die atmosphärischen Einflüsse am effektivsten sind. Die geringe chemische Verwitterungsrate erhöht sich mit zunehmender Mächtigkeit der Verwitterungsdecke bis zu einem Maximalwert und unterliegt danach einem negativen Rückkopplungsmechanismus, da der Energie- und Wassertransport an die Verwitterungsfront aufgrund der zunehmenden Mächtigkeit der Verwitterungsdecke vermindert wird.

Im Gegensatz dazu werden transportlimitierte Hänge dann gebildet, wenn die Verwitterungsrate die Hangerosionsrate übersteigt und dadurch im Laufe der Zeit eine mächtige Regolithdecke aufgebaut werden kann. In diesem Fall ist das Verhältnis zwischen mechanischer und chemischer Verwitterung von der Mächtigkeit des Regoliths abhängig. Mit zunehmender Regolithmächtigkeit übersteigt die chemische die mechanische Verwitterungsrate. Auch hier gelten die Rückkopplungsmechanismen beider Verwitterungstypen bei zunehmender Regolithmächtigkeit. Transportlimitierte Hänge sind bevorzugt in humiden Klimaten anzutreffen.

Aus dieser Hypothese können allgemeinere theoretische Überlegungen abgeleitet werden, die in Abb. 9.18 dargestellt sind. Die **Mächtigkeit einer Verwitterungsdecke** an einem bestimmten Standort ist das Produkt der Beziehung zwischen der Verwitterungsrate und der Rate, mit der geomorphologische Hangprozesse die Decke aufbauen (Sedimenteintrag) und abbauen (Sedimenterosion). Diese Rate wird als geomorphologische Prozessrate bezeichnet. Im Fall der Stationarität, d. h. einer in der Zeit konstanten Mächtigkeit der Regolithdecke, entspricht die Verwitterungsrate der geomorphologischen Prozessrate. Beide Prozesstypen befinden sich in einem dynamischen Gleichgewicht, was

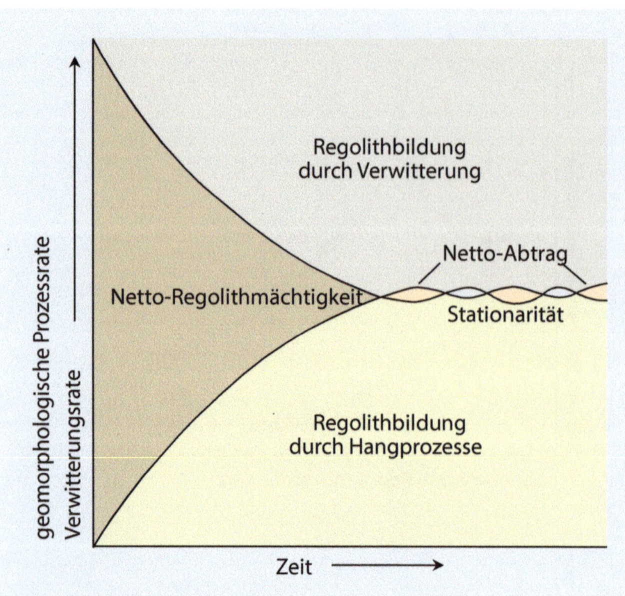

Abb. 9.18 Schematische Darstellung einer stationären Regolithmächtigkeit in Abhängigkeit von der Verwitterungsrate und der geomorphologischen Prozessrate. (Verändert nach Crozier 1986: Landslides. Causes, consequences and environment. © 1986 Routledge, London. Abdruck mit Genehmigung von Taylor & Francis Group durch PLSclear)

bedeutet, dass eine Sedimenterosion an der Oberfläche des Regoliths eine Erhöhung der Verwitterungsrate an der Verwitterungsfront nach sich zieht, bis die Gleichgewichtsmächtigkeit des Regoliths wieder erreicht ist. Ob diese Hypothese jemals empirisch getestet werden kann, wird die zukünftige Forschung zeigen.

Die Beziehung zwischen den Eigenschaften der Verwitterungsdecke und der **Geomorphometrie,** d. h. der Geometrie und Topologie des Reliefs, ist eine Folge der erosiven und akkumulativen Hangprozesse. Sie wirken sich auf die Mächtigkeit und Eigenschaft der Verwitterungsdecke, die bodenbildenden Prozesse und die Verteilung der Bodentypen am Hang aus. In der Bodenkunde ist zur Beschreibung dieser geomorphometrischen Variabilität des Bodenkörpers in den 30er-Jahren des 20. Jahrhunderts durch G. Milne das **Catena-Konzept** eingeführt worden (Milne 1935). Es besagt, dass zahlreiche Bodeneigenschaften in Beziehung zur Hangneigung und zur relativen Position des Bodenstandorts im Hangprofil stehen (Abb. 9.19). Diese laterale Variabilität des Bodens in einer Toposequenz wird durch seine spezifische Beziehung zu den Böden oberhalb und unterhalb des Standortes charakterisiert und beruht auf lithologischen, geomorphologischen, hydrologischen und menschlichen Faktoren (Birkeland 1999).

Das Verhältnis zwischen Geomorphometrie und Boden in Regionen mit starkem menschlichem Einfluss manifestiert sich darin, dass am Hangscheitel auf ebenen Hochflächen vorwiegend eine progressive Bodenbildung stattfindet. Am konvexen Oberhang setzt der Bodenabtrag ein, der sich im gestreckten Mittelhang erhöht und ein System der regressiven Bodenbildung charakterisiert. Am Unterhang herrschen Depositionsprozesse vor, die vorhandene Böden bedecken (fossilieren) und eine weitere Bodenentwicklung regressiv behindern. In beiden Fällen wird die pedogenetische Uhr auf „0" gestellt. Allerdings sind die am Unterhang akkumulierten Sedimente zumeist pedogenetisch vorgeprägt, d. h. kein pedologisch unbeeinflusstes Untergrundmaterial.

9.4 Verwitterungsprozesse und Reliefformung

Verwitterungsprozesse können auch unmittelbar an der Reliefformung im Festgestein mitwirken. Diese Vorgänge sind besonders bei Festgesteinsoberflächen zu beobachten, z. B. als Wabenmuster, Tafoni oder Pilzfelsen (Abb. 9.20).

Ob die Verwitterungsprozesse dominant sind und direkt zu derartigen prozesskorrelaten Reliefformen führen, ist eine äußerst umstrittene geomorphologische Fragestellung. So raten Hall et al. (2012) und andere Geomorphologen zu

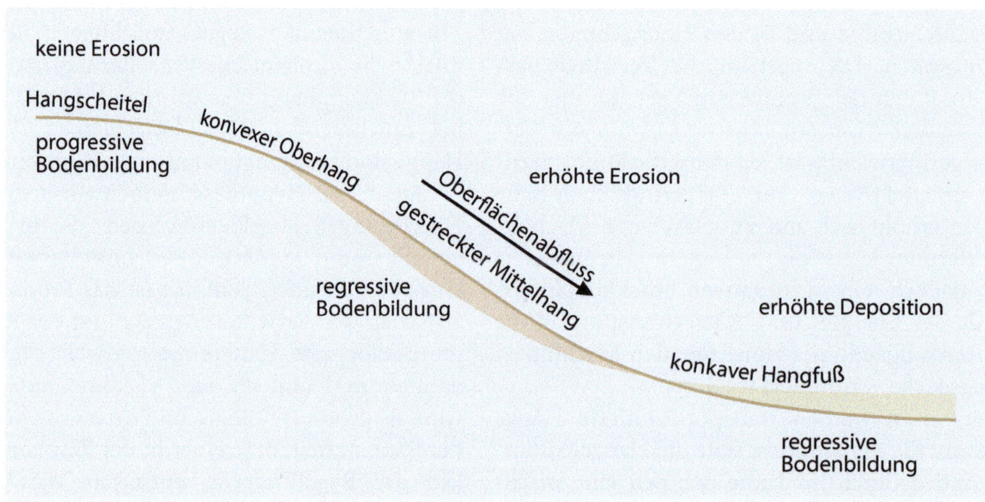

Abb. 9.19 Schematische Darstellung einer aus 4 Reliefelementen bestehenden Toposequenz. Geomorphologische, hydrologische und pedologische Prozesse stehen in Beziehung zur relativen Hangposition, die zur Ausbildung einer Boden-Catena führen. (In Anlehnung an Birkeland 1999)

Abb. 9.20 Pilzfelsen aus Tonschiefer des Pilzsockels und Sandstein des Pilzhutes, Arizona, USA. (Quelle: R. Dikau)

äußerster Vorsicht, eine zu einfache Ursache-Wirkungs-Beziehung zwischen Klima, Verwitterung und Reliefform herzustellen. Die Verwitterungsrate und ihre Abhängigkeit von den Randbedingungen des Systems, z. B. der Lithologie und Struktur des Untergrundes oder dem Klima, und die beteiligten Prozesse bilden zentrale Fragestellungen der Verwitterungsforschung, die heute die Grenzen der Geomorphologie weit überschreitet. Die Studien von Hales und Roering (2007, 2009) verbinden neue Erkenntnisse der Erforschung der Frostverwitterung mit der Reliefgenese in langen geomorphologischen Zeitskalen der Neuseeländischen Alpen. Die Forscher entwickelten ein Modell der Hangerosion durch Frostverwitterung und Eissegregation. Die genetische Hypothese lautet, dass die Eissegregation wie eine großskalige „Frostkreissäge" *(frost buzz saw)* wirkt, die zur intensiven mechanischen Verwitterung des Festgesteins führt und das Material für die gravitativen Fallprozesse bereitstellt.

Fazit

Für die geomorphologische Form-Prozess-Beziehung haben Verwitterungsprozesse des Fest- und Lockergesteins eine hohe Bedeutung. Sie stehen häufig am Beginn einer exogenen geomorphologischen Prozesskette. Im Festgestein führt die Verwitterung zum Gesteinszersatz und der Entfestigung und Schwächung des Gesteinsverbandes, sodass gravitative Kräfte die Gesteinsresistenz überwinden und zum Transport der Masse führen können. Verwitterungsprozesse steuern daher die Wirksamkeit der Abtragungsprozesse. Andererseits bewirken Verwitterungsprozesse die Bildung einer Verwitterungsdecke. Sie besteht aus den Verwitterungsprodukten des Festgesteins sowie aus Sedimenten, die aus den Nachbarsystemen zugeführt und in Nachbarsysteme abgegeben werden. Die Attribute der Verwitterungsdecke sind somit das Ergebnis ihrer lithologisch-strukturellen Basis, der geomorphologischen Prozesse und der externen Einflüsse des Klimas und des Menschen. Die Verwitterungsdecke bildet das Ausgangsmaterial der Bodengenese. Das Verständnis ihrer Bildungsprozesse erfordert die Integration geomorphologischer Erkenntnisse.

Weiterführende Literatur

André M-F (2009) From climatic to global change geomorphology: contemporary shifts in periglacial geomorphology. In: Knight J, Harrison S (Hrsg) Periglacial and paraglacial processes and environments. Geol. Soc, London, S 5–28

Birkeland PW (1999) Soils and geomorphology, 3. Aufl. Oxford University Press, Oxford

Bland W, Rolls D (1998) Weathering – an introduction to the scientific principles. Routledge, London

Blume H-P, Brümmer GW, Horn R, Kandeler E, Kögel-Knabner I, Kretzschmar R, Stahr K, Wilke B-M (2018) Scheffer/Schachtschabel: Lehrbuch der Bodenkunde, 16. Aufl. Springer, Berlin

Brady NC (1990) The nature and properties of soils, 10. Aufl. Macmillan, New York

Eitel B, Faust D (2013) Bodengeographie, 4. Aufl. Westermann, Braunschweig

Hall K, Thorn C, Sumner P (2012) On the persistence of ‚weathering'. Geomorphology 149–150:1–10

Jenny H (1941) Factors of soil formation. McGraw-Hill, New York

Lorz C (2008) Ein substratorientiertes Boden-Evolutions-Konzept für geschichtete Bodenprofile. Relief, Boden, Paläoklima 23. Gebrüder Borntraeger, Stuttgart

Loughnan FC (1969) Chemical weathering of the silicate minerals. Elsevier, New York

Ollier CD, Pain C (1996) Regoltih, soils and landforms. Wiley, Chichester

Selby MJ (1993) Hillslope materials and processes, 2. Aufl. Oxford University Press, Oxford

Semmel A (1993) Grundzüge der Bodengeographie, 3. Aufl. Teubner, Stuttgart

Viles H (2013) Linking weathering and rock slope instability: non-linear perspectives. Earth Surf Process Landf 38:62–70

Gravitative Massenbewegungen und Reliefformung

R. Dikau et al., *Geomorphologie*, https://doi.org/10.1007/978-3-662-59402-5_10

Die Prozesse der gravitativen Massenbewegungen benötigen in ihrer überwiegenden Mehrzahl kein Agens, um geomorphologisch wirksam zu werden. Allein die auf den Erdmittelpunkt gerichtete Gravitationskraft, die durch das Newton'sche Gravitationsgesetz der klassischen Mechanik beschrieben wird, verursacht den Massentransport. Im freien Fallprozess eines Steinschlags wird die weitgehend unbeeinflusste Form der Gravitationskraft beobachtbar. Bevor sich gravitative Massenbewegungen entwickeln können, müssen die Gesteinseigenschaften Grenzwerte der Stabilität unterschreiten, sodass Druck-, Zug- und Scherkräfte wirksam werden können, die die Masse verformen und zu ihrem Bruch führen. Sie disponieren den Gesteinskörper für den Massentransport und die Reliefformung. Gravitative Massenbewegungen treten in einer außerordentlich hohen Vielfalt auf. Sie erfordert eine kohärente Systematik und Typologie, an deren Entwicklung die internationale Forschergemeinschaft intensiv gearbeitet hat. Die Prozessgruppe zeigt extreme Magnituden- und Transportratenspektren der bewegten Massen. Ihre maximalen Ausprägungen können Volumen von mehreren 1000 km^3 erreichen, die in wenigen Minuten zu Tale fahren können. In der englischsprachigen Terminologie wird der Begriff *landslide* nicht nur für die Bezeichnung von Hangrutschungen im engeren Sinne verwendet, sondern für die Bezeichnung der gesamten Prozessgruppe der gravitativen Massenbewegungen. In manchen Darstellungen wird die Bezeichnung *mass movement* verwendet, die mit dem Begriff gravitative Massenbewegung übersetzt werden kann.

10.1 Klassifikation gravitativer Massenbewegungen

Unter gravitativen Massenbewegungen werden bruchlose und bruchhafte, hangabwärts gerichtete Verlagerungen von Fest- und/oder Lockergesteinen unter Wirkung der Schwerkraft verstanden. Ihre Klassifikation erfolgt auf Basis des dominanten Prozesstyps und des mobilisierten und transportierten Materials, das Festgestein, grobes Lockergestein und feines Lockergestein umfassen kann. Gravitative Massenbewegungen weisen eine äußerst große Spannbreite der zugrunde liegenden Prozesse und ihrer Geschwindigkeiten auf. So handelt es sich bei Bergstürzen und Murgängen um sehr schnelle Prozesse, während das Bodenkriechen oder Bergzerreißungen sehr langsam ablaufen. Bergzerreißungen oder vulkanische Flankenkollapse können mit Dutzenden oder Hunderten km^3 Volumen sehr hohe Magnituden erreichen. Die Mechanismen gravitativer Massenbewegungen beruhen auf den **Kräfteverhältnissen am Hang,** wobei den stabilisierenden Kräften destabilisierende Kräfte gegenüberstehen. Bei Störung des Hanggleichgewichtes, z. B. durch Niederschläge, Erdbeben oder technische Eingriffe, wird die Massenbewegung ausgelöst.

Gravitative Massenbewegungen können in fünf unterschiedliche **Prozesstypen** differenziert werden (Dikau et al. 1996):

- Fallen *(fall):* Fallprozesse liegen vor, wenn Untergrundmaterial größtenteils frei fallend, springend oder rollend abstürzt. Die Ablösung des Materials erfolgt entlang von Flächen, an der geringe oder keine Scherbewegungen stattfinden.
- Kippen *(topple):* Kippen bezeichnet eine Vorwärtsrotation von Untergrundmaterial eines Hanges um einen Punkt oder eine Achse unterhalb ihres Schwerpunktes.
- Gleiten *(slide):* Unter Gleiten wird ein Vorgang verstanden, bei dem Untergrundmaterial eine hangabwärts gerichtete Bewegung auf Gleitflächen oder dünnen Zonen intensiver Scherverformung vollzieht.
- Driften *(spread):* Driften bezeichnet eine laterale Bewegung von Untergrundmaterial mit einem Einsinken in die liegenden, weniger kompetenten Schichten ohne intensive Scherung auf Gleitflächen.
- Fließen *(flow):* Unter Fließen wird eine kontinuierliche, irreversible Deformation von Untergrundmaterial verstanden, bei der die Geschwindigkeitsverteilung der bewegten Masse der einer viskosen Flüssigkeit gleicht.
- Hybrid-komplex *(complex):* Eine hybrid-komplexe Massenbewegung liegt dann vor, wenn die gravitativen Prozesse in Kombination oder zeitlich sequenziell auftreten, wobei der initiale Prozesstyp während der Hangabwärtsbewegung in andere Prozesse transformiert wird.

Einführende Gesamtdarstellungen der gravitativen Prozessgruppe finden sich in Varnes (1978), Cruden und Varnes (1996) oder Dikau et al. (1996). Vertiefende Themen aus der Boden- und Felsmechanik werden durch Selby (1993), Förster (1996), Deutsches Institut für Normung (2012) und Prinz und Strauß (2018) behandelt. Gravitative Massenbewegungen bilden ein Themenfeld der Boden- und Felsmechanik, auf deren Wissens- und Erkenntnisfelder die Geomorphologie zurückgreift. Daneben gilt die Rheologie als wichtige Nachbardisziplin, die sich mit den viskosen, elastischen und plastischen Eigenschaften von Flüssigkeiten (Fluiden) und ihren Beziehungen zu den Locker- und Festgesteinen befasst und Erklärungen für die reliefformenden Prozesse des Kriechens und Fließens liefert.

10.2 Kräfte und Spannungen im Fest- und Lockergestein

Im Innern von Festkörpern wirken auf jedes Volumenelement Kräfte ein. Werden diese Kräfte auf eine Flächeneinheit des Elementes bezogen, werden sie als Spannungen bezeichnet. Die auf eine gedachte Fläche in einem Winkel einwirkende Spannung kann in zwei Komponenten zerlegt werden: die senkrecht zur Fläche wirkende Normalspannung σ und die tangential zur Fläche wirkende Scherspannung τ (◘ Abb. 10.1). Die einwirkende Normalspannung kann in Form positiver Druckspannungen und negativer Zugspannungen auftreten. Durch die einwirkende Spannung wird der Materialkörper bis zu einem maximalen Grenzwert belastet. Wird dieser Grenzwert überschritten,

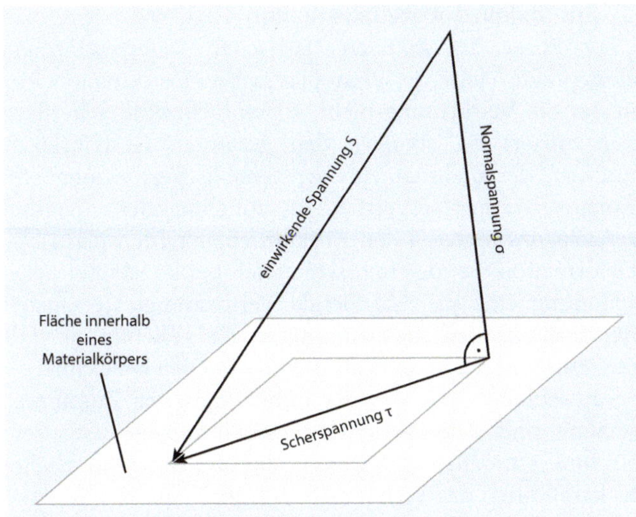

Abb. 10.1 Die auf eine gedachte Fläche innerhalb eines Materialkörpers in einem Winkel einwirkende Spannung S wird in die Komponenten der Normalspannung σ und der tangential wirkenden Scherspannung τ zerlegt. Die Maßeinheit der Spannung ist das Pascal (Pa), was 1 N m^{-2} entspricht. (Verändert nach Götze et al. 2015, Abdruck mit Genehmigung von Verlag Eugen Ulmer, Stuttgart)

erfolgt seine irreversible Verformung, d. h. eine bruchhafte oder bruchlose Veränderung seiner Formgestalt und seines Volumens. Dieser Grenzwert der maximalen Spannung kann als Ausdruck der Materialfestigkeit beschrieben werden. Die drei Grundkräfte und -spannungen in Materialkörpern werden in Tab. 10.1 dargestellt.

Die auf einen Materialkörper einwirkenden Spannungen führen zu **elastischen, plastischen und bruchhaften Verformungen.** Dieses Verhalten wird in Abb. 10.2 am Beispiel eines Metallstabes dargestellt, auf den eine Zugspannung ausgeübt wird und der dadurch eine Dehnung erfährt. Mit zunehmender Spannung besteht bis zu einer Proportionalitätsgrenze A eine lineare Abhängigkeit der Dehnung von der ausgeübten Zugspannung. Es liegt ein elastisches Materialverhalten vor, was bedeutet, dass die Verformung reversibel ist und bei Entlastung vollständig zurückgeht. In dieser Phase sind die Bindungskräfte zwischen den Materialpartikeln stark genug, um der Belastung ohne Bruch zu widerstehen. Eine Feder bildet ein mechanisches Modell für ein elastisches Materialverhalten. Wird die Spannung weiter erhöht, entwickeln sich an den schwächsten Verbindungsbrücken des Partikelsystems bzw. in Lokalitäten hoher Spannungen initiale Mikrobrüche, die auch als **Mikrorisse** bezeichnet werden. In dieser Phase entwickelt sich eine Kombination elastischen und plastischen Materialverhaltens, das zu einer Abnahme des Gradienten der Spannungs-Dehnungs-Beziehung führt. Das Material bleibt jedoch bis zur Elastizitätsgrenze B reversibel elastisch, wobei die entstandenen Mikrorisse das Material schwächen und somit zu einer Veränderung der Materialeigenschaft führen. Nach Überschreiten dieser Grenze bleibt die eingetretene Verformung auch nach Rückgang der Belastung erhalten. Damit liegt ein plastisches Materialverhalten vor. Die mechanische Beanspruchung führt in dieser Phase der Spannungs-Dehnungs-Beziehung jedoch noch nicht zu ausgeprägten Rissbildungen im Materialkörper. Mit weiterer Dehnung erreicht die Materialfestigkeit einen Grenzwert C, an dem es zum **Bruch** kommt, d. h., dass der Materialverband in zwei Teilelemente zerbricht. Dieses Materialverhalten wird als spröde bezeichnet. Ob der Materialkörper ein elastisches, plastisches oder sprödes Verformungs- und Bruchverhalten entwickelt, ist von seinen physikalisch-chemischen und mineralogisch-lithologischen Eigenschaften und von der Größe der auftretenden Spannungen abhängig. Weiterhin ist entscheidend, mit welcher Rate die Verformung stattfindet, d. h., mit welcher Rate die Spannung erhöht wird.

Die Anwendung der allgemeinen Beziehungen zwischen Spannung und Dehnung von Festkörpern auf die Eigenschaften von Fest- und Lockergesteinen kann durch die Charakterisierung ihrer **Sprödigkeit und Duktilität** erfolgen (Abb. 10.3). **Sprödes Materialverhalten** liegt dann vor, wenn das Gestein während der Belastung kein oder lediglich ein schwaches plastisches Deformationsverhalten zeigt. Nach Durchlaufen der elastischen und plastischen Phase gelangt das Material unmittelbar an den kritischen Festigkeitszustand, in dem es zum Bruch kommt, der auch als Sprödbruch bezeichnet wird. Die für dieses Versagen notwendige Scherspannung beschreibt die Scherfestigkeit des Gesteins, die den Maximalwert der Scherfestigkeit darstellt und auch als **Bruchscherfestigkeit** bezeichnet wird. Durch den Bruch entwickelt sich eine Scherfläche, die zu einer Reduktion der Materialfestigkeit führt. Die anschließende Deformation findet überwiegend als Materialverschiebung (Scherung) auf der gebildeten Scherfläche statt. Die nun

Tab. 10.1 Die drei in Materialkörpern wirkenden Kräfte und Spannungen. A = Fläche der Krafteinwirkung (Lawinenhandbuch 2000)

Kraft	Spannung	Gleichung	Deformation	Festigkeit
Druckkraft D	Druckspannung σ_D	$\sigma_D = D A^{-1}$	Stauchung Kompression Negative Längenänderungen	Druckfestigkeit
Zugkraft Z	Zugspannung σ_Z	$\sigma_Z = Z A^{-1}$	Dehnung Tension Positive Längenänderung	Zugfestigkeit
Scherkraft F_S	Scherspannung oder Schubspannung τ	$\tau = F_S A^{-1}$	Scherung laterale Verformung	Scherfestigkeit

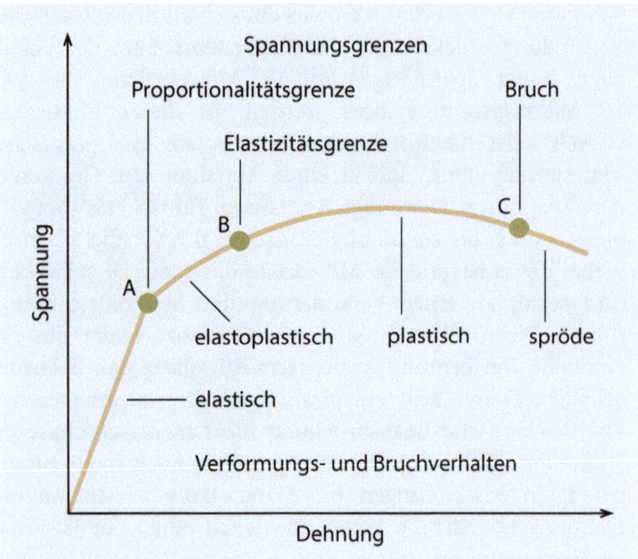

Abb. 10.2 Schematische Darstellung des Dehnungsverhaltens eines Materialkörpers mit zunehmender Spannung. Die Überschreitung bestimmter Spannungsgrenzen führt zu unterschiedlichen Verformungs- und Bruchverhalten. (Verändert nach Tipler und Mosca 2015: Mechanik deformierbarer Körper. In: Wagner (Hrsg.): Physik. 7. Auflage. Springer Spektrum, Berlin-Heidelberg. Abdruck mit Genehmigung von Springer Nature © 2015)

vorliegende Materialfestigkeit wird von den Reibungs- und Kohäsionseigenschaften dieser Fläche gesteuert. Die damit erreichte Festigkeit wird als **Gleit- oder Restscherfestigkeit** bezeichnet, die den Minimalwert der Scherfestigkeit darstellt. Sprödbrüche entwickeln sich in stark adhäsiven und zementierten Materialien bereits bei geringen Spannungswerten bis 250 kPa.

Ein **duktiles Materialverhalten** liegt vor, wenn nach einer Phase der initialen elastischen Deformation eine ausgeprägte Phase der elastoplastischen Deformation folgt, in der die Verformung nicht auf eine einzelne Scherfläche konzentriert ist, sondern den gesamten Gesteinskörper umfasst, der dadurch eine irreversible Verformung ohne Kohäsionsverlust erfährt. Mit zunehmender Spannung erreicht das Material den Zustand einer reinen plastischen Deformation, bei der sich schließlich bei konstanter Scherspannung eine gleichbleibende Verformungsrate einstellt. Die dazu erforderliche Spannung wird als Fließfestigkeit des Gesteins und der Prozess als duktiles Fließen bezeichnet.

In Abhängigkeit von der mineralogischen Zusammensetzung und dem Verwitterungsgrad zeigen Festgesteine ein unterschiedlich sprödes und duktiles Materialverhalten. Es kann durch das Verhältnis von Druck- und Zugfestigkeit beschrieben werden (Tab. 10.2).

10.3 Scherspannung und Scherfestigkeit

Die Scherspannung ist eine lineare Funktion der Normalspannung. Ihre Beziehung wird in der **Bruchbedingung nach Coulomb-Mohr** ausgedrückt (Abb. 10.4). Die Gleichung wurde durch den französischen Ingenieur Coulomb bereits im Jahre 1776 entwickelt:

$$\tau = c + \sigma \cdot \tan\varphi$$

Die Scherfestigkeit beschreibt den **Widerstand eines Materialkörpers** gegen ein tangentiales Verschieben entlang einer Scherfläche. Sie ist gleich der maximalen Scherspannung τ, der ein Materialkörper widerstehen kann, bevor er bricht und die Scherfläche entwickelt (Abb. 10.4). Die Scherfestigkeit wird durch die innere Reibung, die durch

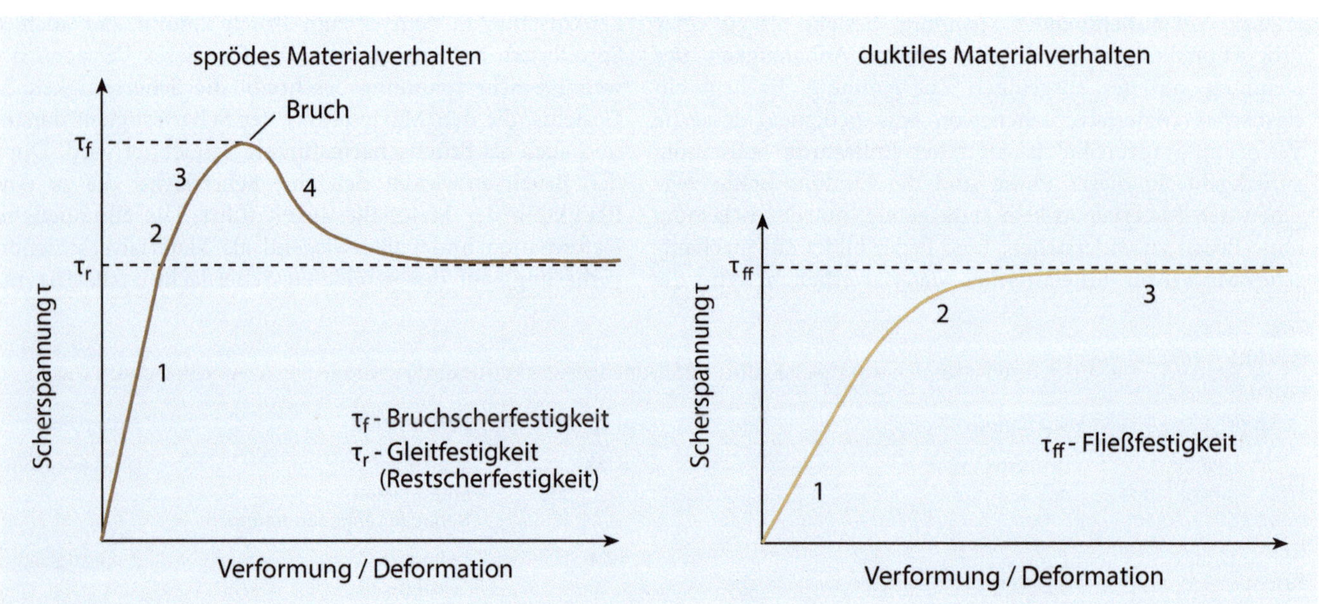

Abb. 10.3 Spannungs-Verformungs-Beziehung für spröde und duktile Fest- und Lockergesteine: 1) initiale elastische Phase, 2) elastoplastische Phase, 3) plastische Phase, 4) Festigkeitsreduktion. (Verändert nach Prinz und Strauß 2018, auf Basis von Dahms und Fritz 1998 aus Hiltmann und Stribrny (Hrsg.), Abdruck mit Genehmigung von Springer-Verlag GmbH Deutschland)

Tab. 10.2 Duktilität und Sprödigkeit von oberflächennahen Festgesteinen ausgedrückt als Verhältnis von Druckfestigkeit (q_u) und Zugfestigkeit (q_z) (Prinz und Strauß 2018)

Beschreibung	q_u/q_z	Gesteinsarten
Sehr spröde	>20	Rhyolithe, Granite, quarzitische Sandsteine
Spröde	20–10	Granite, Gneise, harte Sandsteine, Kalksteine, Dolomite, Tonschiefer
Duktil	10–5	Angewitterte Granite und Gneise, feste und mürbe Sandsteine, Tonschiefer
Sehr duktil	<5	Tonsteine, Mergelsteine, Phyllite, Anhydrite

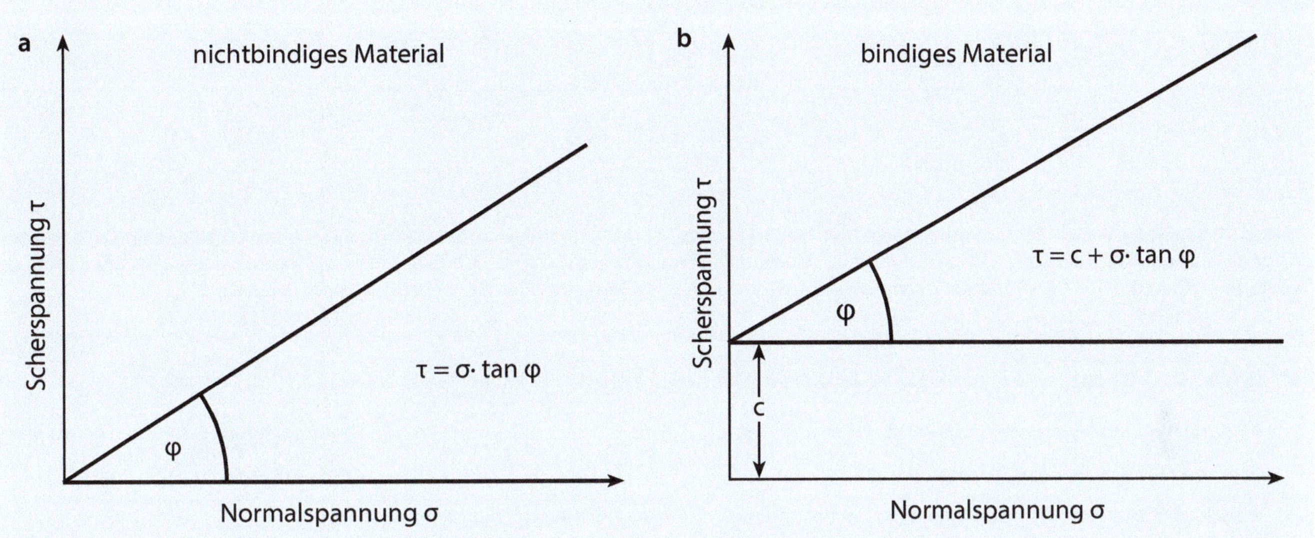

Abb. 10.4 Zusammenhang zwischen Scherspannung τ und Normalspannung σ. Die Funktionsgerade beschreibt ein Grenzgleichgewicht. **a** Bei kohäsionslosen, nichtbindigen Materialien, z. B. trockenem Sand, verläuft die Gerade durch den Nullpunkt. **b** Bei kohäsiven, bindigen Materialien, z. B. Lehm, wird die Scherfestigkeit zusätzlich durch die Kohäsion c beschrieben

den Reibungswinkel φ ausgedrückt wird, und die Kohäsion c beschrieben. Sie werden als Scherparameter bezeichnet und stellen charakteristische Materialkonstanten dar. Die Gerade der Bruchbedingung nach Coulomb-Mohr beschreibt somit den Sonderfall eines Grenzgleichgewichtes.

Der **Reibungswinkel** φ ist somit eine von der Normalspannung unabhängige Materialeigenschaft. Er bestimmt bei nichtbindigen, d. h. kohäsionslosen, Materialien mehr oder weniger allein die Scherfestigkeit. Bei diesen Materialien, z. B. trockenem Sand, beschreibt dieser Winkel den Grenzneigungswinkel der Böschung, die gerade noch stabil ist und die nach Überschreiten in Bewegung gerät, d. h. in einen aktiv instabilen Zustand übergeht. In diesem Fall gilt:

$$\text{Hangneigungswinkel} = \text{Reibungswinkel}\ \varphi$$

Dieser Hangneigungswinkel wird als *angle of repose* bezeichnet. Der Reibungswinkel erklärt sich aus den Reibungswiderständen zwischen den Kontaktstellen der Kornpartikel. Diese Kontaktflächen können bei Korngrößen <0,063 mm sehr klein sein und nur wenige Zehntausendstel des Korndurchmessers betragen (Förster 1996), was bei bereits geringen Normalspannungen zu extrem hohen Kornkontaktdrücken führt (Abb. 10.5). Der Reibungswinkel ist von der Rauigkeit der Kornoberflächen und der Kornform abhängig. Bei rauen Oberflächen kann es zu Verzahnungen der Körner und erhöhten Reibungswiderständen, also erhöhten Reibungswinkeln, kommen.

In kohäsiven, bindigen Lockergesteinen wird die Scherfestigkeit zusätzlich von der **Kohäsion** c bestimmt. Sie wird durch die zwischen den Partikeln wirkenden Haftkräfte verursacht, die auf unterschiedliche Bindungstypen und -kräfte zurückgeführt werden können (Tab. 10.3). Dieser Kohäsionstyp wird als echte oder wahre Kohäsion bezeichnet.

Die chemische Kohäsion zählt zu den stärksten Festigkeitseigenschaften in Festgesteinen, in Lockergesteinen bewirkt sie Zementierungen und Verkrustungen. Ionisch elektrostatische Bindungen sind besonders bei Tonen von hoher Bedeutung. Hier entwickeln ionische Brücken zwischen den Oberflächen der Tonminerale starke kohäsive Kräfte. Elektrostatische Bindungen können bei Montmorilloniten 80 % der Scherfestigkeit ausmachen, bei Kaolinit sinkt dieser Wert auf unter 20 %. Die Kohäsion von Tonen durch elektrostatische Kräfte ist vom Wassergehalt abhängig. Es konnte experimentell gezeigt werden, dass bei Wassergehalten über 40 % eine überproportionale Reduktion der Scherfestigkeit eintritt (Abb. 10.6).

Die Bestimmung der Scherfestigkeit kann in **Laborversuchen** durchgeführt werden. Es wird ein Versuchsaufbau

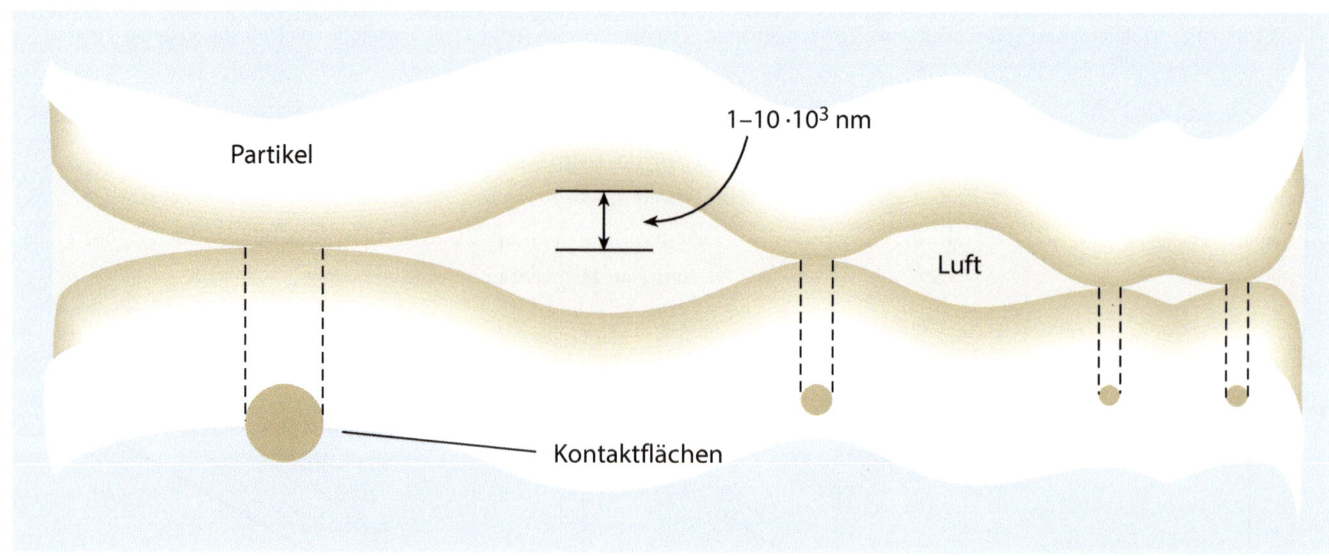

Abb. 10.5 Die auf wenige Kontaktflächen begrenzten Reibungskontakte zwischen Partikeln an einer Gleitfläche in einem Lockergestein. Die schematisch dargestellten Kontaktflächen verdeutlichen ihre relative Flächengröße. (Verändert nach Selby 1993: Hillslope Materials and Processes. 2. Auflage. Oxford University Press, Oxford. © 1992. Abdruck mit Genehmigung von Oxford University Press erteilt durch Copyright Clearance Center, Inc.)

10

Tab. 10.3 Bindungstypen und -kräfte zwischen Partikeln, die die Kohäsion zwischen Partikeln erzeugen (Selby 1993)

Bindungstyp und -kräfte zwischen Partikeln	Festigkeit des Korngerüstes (kN m^{-2})
Chemisch, ionisch, kovalent, hydrogen	10^4–10^5
Ionisch elektrostatisch, Wechselwirkungen zwischen tonangereicherten Oberflächen und Kationen	<1000
Kapillarkräfte, scheinbare Kohäsion durch Oberflächenspannungen in Wasserfilmen	<400
Van-der-Waals-Kräfte, Wechselwirkung polarer Moleküle	<10
Elektrostatisch (Coulomb'sche, d. h. echte Kohäsion), Anziehungs- und Abstoßungskräfte geladener Partikeloberflächen	1–10
Magnetische Kräfte zwischen eisenhaltigen Mineralen	0,1–1

gewählt, bei dem Materialproben von Fest- und Lockergesteinen einer tangential wirkenden Scherspannung ausgesetzt werden. Das Beispiel in Abb. 10.7 zeigt einen einfachen direkten Scherversuch in einem Rahmenschergerät zur Ermittlung der Scherfestigkeit eines Lockergesteins. Der obere Scherrahmen kann auf einem Sockel horizontal bewegt werden. Die Normalspannung σ wird durch eine vertikale Last erzeugt und kann variiert werden. Die horizontale Verformung erfolgt durch Verschiebung des oberen Scherrahmens mit der Scherspannung τ. Die Verschiebungsgeschwindigkeit wird konstant gehalten. Typische Geschwindigkeiten liegen zwischen 2 und 10 mm pro Stunde. Zu berücksichtigen ist, dass im Verlauf der Scherung die Scherfläche konstant verkleinert wird. Es wird beobachtet, dass bei spröden Materialien die Scherspannung τ bis zu einem Maximalwert τ_f ansteigt (Abb. 10.3), bei dem die Probe bricht und eine Scherfläche (Gleitfläche, Scherfuge) ausbildet, die den Materialkörper in zwei Teile trennt. Dieser Maximalwert gilt als Grenzzustand der Scherfestigkeit (τ_f= Bruchscherfestigkeit). Bei weiterer Verschiebung nimmt der Scherwiderstand wieder ab und erreicht schließlich den konstanten Wert τ_r der Restscherfestigkeit. Während des Bruchprozesses ist bei spröden Materialien eine Volumenzunahme im Bereich der Scherfläche zu beobachten, die als **Dilatanz** bezeichnet wird. Das Volumen der Gesteinsmasse vergrößert sich, da sich Mikrorisse im Gestein schon vor dem Bruch öffnen. Damit verändern sich auch zahlreiche Eigenschaften des Gesteins, wie die elektrische Leitfähigkeit oder die seismischen Geschwindigkeiten. Dilatanz führt zu einer fortschreitenden Auflockerung und Entfestigung und zu Abweichungen von den linearen Spannungs-Dehnungs-Beziehungen. Nach Eintritt des Bruches erfolgt in der Scherfuge eine Einregelung der Partikel, sodass geringere Kräfte nötig sind, um die Verschiebung aufrechtzuerhalten.

10.3.1 Porenwasser und Scherfestigkeit

Neben der echten Kohäsion, die durch Zementierung und interpartikuläre Bindungen verursacht wird, wirken im Porenraum weitere Kräfte, die durch das Porenwasser hervorgerufen werden. Wird eine Pore durch eine Wassersäule überlagert, entsteht ein Wasserdruck, der als **Porenwasserdruck** u

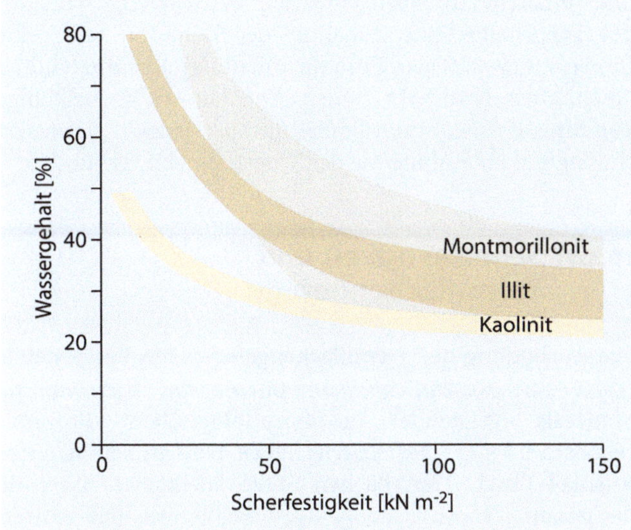

Abb. 10.6 Beziehung zwischen der Scherfestigkeit und dem Wassergehalt von drei silikatischen Tonmineralen. (Verändert nach Selby 1993: Hillslope Materials and Processes. 2. Auflage. Oxford University Press, Oxford. © 1992. Abdruck mit Genehmigung von Oxford University Press erteilt durch Copyright Clearance Center, Inc.)

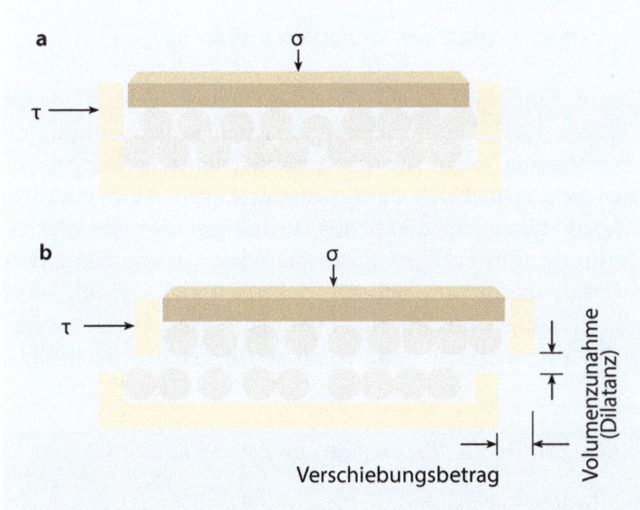

Abb. 10.7 Schematischer Aufbau eines Scherversuches im Rahmenschergerät. **a** Ausgangszustand der Probe. **b** Zustand nach Überschreiten der maximalen Scherfestigkeit, dem Materialbruch und der Entwicklung einer Scherfuge. Bei spröden Materialien erfolgt Materialentfestigung und Volumenzunahme (Dilatanz). (Verändert nach Selby 1993: Hillslope Materials and Processes. 2. Auflage. Oxford University Press, Oxford. © 1992. Abdruck mit Genehmigung von Oxford University Press erteilt durch Copyright Clearance Center, Inc.)

bezeichnet wird. Er berechnet sich aus der Höhe der Wassersäule h_p, der Wasserdichte D_W und der Erdbeschleunigung g. Der Betrag des Porenwasserdruckes ist in alle Richtungen gleich, er ist also nicht gerichtet. Im nicht gesättigten, d. h. nicht vollständig mit Wasser gefüllten, Porenraum treten außerdem Kräfte auf, die durch Oberflächenspannungen auf Wasserfilmen (Kapillarkräfte) und Haftungen von Wasser auf Partikeloberflächen (Adsorptionskräfte) hervorgerufen werden. Sie haben einen kohäsiven Effekt und werden als **scheinbare Kohäsion** bezeichnet. Die dabei auftretenden Kräfte werden als negativer Porenwasserdruck $-u$ bezeichnet. Die scheinbare Kohäsion wird mit zunehmendem Wassergehalt wieder abgebaut, bei Wassersättigung bricht sie zusammen.

Wenn das Porensystem vollständig mit Wasser gefüllt ist, treten weitere Effekte der Kräfteverteilung im Korngerüst auf. Nach Verschwinden der stabilisierenden Spannungen der scheinbaren Kohäsion bleibt die reine Kohäsion erhalten. Wird dieses System belastet, d. h. die Normalspannung durch eine Auflast erhöht, kann in wenig permeablen Gesteinen das Porenwasser nicht schnell genug drainieren, d. h. den Porenraum verlassen. Ein Teil der Normalspannung wird dadurch vom Korngerüst auf das Porenwasser übertragen, was zur Ausbildung eines **zusätzlichen (positiven) Porenwasserdruckes** u führt. Diese Druckerhöhung reduziert die vom Korngerüst übernommenen Spannungen, die auch als Korn-zu-Korn-Spannungen bezeichnet werden. Sie werden als wirksame oder effektive Normalspannung σ' bezeichnet.

In der Beziehung zwischen dem Wassergehalt und der effektiven Normalspannung können somit drei Fälle unterscheiden werden:

1. Fall: In einem vollständig trockenen Lockergestein entspricht der Porenwasserdruck dem Atmosphärendruck und der positive Porenwasserdruck u ist null. Die effektive Normalspannung entspricht der totalen Normalspannung:

   $$\sigma' = \sigma - 0$$

2. Fall: Bei Wassersättigung stellt sich ein positiver Porenwasserdruck ein, was zu einer Differenz zwischen der totalen Normalspannung σ (Auflastmasse der Feststoffpartikel und des Porenwassers) und dem Porenwasserdruck und damit zu einer verminderten effektiven Normalspannung führt:

   $$\sigma' = \sigma - u$$

3. Fall: In ungesättigten Lockergesteinen ist der Porenwasserdruck negativ und bewirkt eine Erhöhung der effektiven Normalspannung und damit eine Erhöhung der Scherfestigkeit des Materials:

   $$\sigma' = \sigma - (-u)$$

   Unter Berücksichtigung des Porenwasserdrucks muss damit die Coulomb-Mohr'sche Gleichung für die effektive Normalspannung σ' und für die effektiven Scherparameter c' und φ' umgeschrieben werden zu:

   $$\tau = c' + \sigma' \cdot \tan \varphi'$$

mit:
τ - Scherfestigkeit
c' - effektive Kohäsion
σ' - effektive Normalspannung
φ' - effektiver Reibungswinkel

Die effektive Normalspannung beschreibt damit den vom Korngerüst übernommenen Anteil der einwirkenden Kräfte. Sie wirken gerichtet und werden auf eine Flächeneinheit

10

bezogen. Die Theorie der effektiven Spannungen ($\sigma' = \sigma - u$) geht auf den Bodenmechaniker Karl von Terzaghi zurück (Terzaghi und Jelinek 1959), der in der ersten Hälfte des 20. Jahrhunderts die moderne Bodenmechanik begründete.

10.3.2 Scherfestigkeit und Ton

Der Tongehalt des Untergrundmaterials, auch Bindigkeit genannt, spielt für seine bodenmechanischen Eigenschaften eine besondere Rolle. Gegenüber der Einzelkornstruktur von kiesigen und sandigen Lockergesteinen treten mit abnehmender Korngröße und zunehmendem Tonmineralgehalt zusätzliche Kräfte auf, die seine Scherfestigkeit entscheidend beeinflussen. Mit dem Zutritt von Wasser in das tonhaltige Fest- oder Lockergestein kommt es zum **Quellen des Materials** (▶ Abschn. 5.6), was auf zwei Prozesse zurückzuführen ist (Prinz und Strauß 2018). Einerseits erfolgt die Wasseraufnahme in den Porenraum des Korngerüstes und an die Oberfläche des Tonminerals durch elektrostatische Anziehung und Van-der-Waals-Kräfte (osmotische Quellung durch Adsorption). Andererseits wird Wasser in die Schichten des quellfähigen Tonminerals eingelagert (interkristalline Quellung durch Absorption). Dieser Prozess ist reversibel. Bei Abnahme des Wassergehaltes geht der Quellmechanismus wieder in einen Schrumpfprozess über. Das Quellverhalten von Tonen und Tonsteinen führt zu Hebungen des Materialkörpers, die Werte bis 5 % der Ausgangshöhe und Quelldrücke bis 2 MN m^{-2} erreichen können. Schrumpfungen führen zu Rissbildungen im Lockergestein, die dafür verantwortlich sein können, dass Niederschlagswasser sehr schnell an die Scherfläche einer Hangrutschung gelangt.

Der Tongehalt und der Tonmineraltyp haben einen signifikanten Einfluss auf die Kohäsion c' und den Reibungswinkel φ' (◘ Tab. 10.4). Gegenüber kohäsionslosen Sanden und anderen Grobkorngemischen bewirkt eine Zunahme des Tongehaltes eine Zunahme der Kohäsion und seiner Bindigkeit, womit der Zusammenhalt der Kornbestandteile beschrieben wird. Mit hohen Anteilen stark quellfähiger Tonminerale (Montmorillonit, Illit) ist jedoch gleichzeitig eine signifikante Abnahme der Scherfestigkeit verbunden.

10.3.3 Scherfestigkeit und Trennflächengefüge

Die Ausbildung des Trennflächengefüges von Festgesteinen bildet eine wesentliche Komponente der Resistenz des Materials gegenüber geomorphologischen Prozessen (▶ Abschn. 5.4.1). Die Scherfestigkeit wird in signifikantem Ausmaß durch Trennflächen unterschiedlichen Typs und das gesamte Trennflächengefüge herabgesetzt. Die Existenz von Klüften, Schichtflächen und Schieferungsflächen im Gesteinsverband scheint seine Festigkeit in höherem Maße zu steuern als die Gesteinsmatrix selbst. Damit wird die Scherfestigkeit von Festgestein durch drei zentrale Faktoren gesteuert:

- Scherfestigkeit der Festgesteinsmatrix,
- Reibungseigenschaften der beiden Oberflächen der Trennfuge und
- Scherfestigkeit der Trennflächenfüllung.

Diese Situation kann im Scherversuch gezeigt werden (◘ Abb. 10.8). Die Beziehung zwischen Scherspannung und Verformung zeigt für die trennflächenfreie Festgesteinsmatrix die höchsten Festigkeitswerte. Das Kluftsystem der Matrix führt zur deutlichen Reduktion der für die Verformung notwendigen Scherspannung. Ist die Kluft darüber hinaus mit tonreichem Lockermaterial verfüllt, sinken die Reibungswinkel in noch geringere Wertebereiche. Ähnliche Versuchsergebnisse einer verringerten Scherfestigkeit

◘ **Tab. 10.4** Wertebereiche der effektiven Scherparameter φ' und c' ausgewählter Lockergesteine (Selby 1993; Prinz und Strauß 2018)

Lockergestein	Effektive Scherparameter	
	Effektiver Reibungswinkel φ' (°)	Effektive Kohäsion c' (kN m^{-2} bzw. kPa)
Kohäsionsloses Material		
Lockerer Sand	28–34	–
Dicht gelagerter Sand, einheitliche Korngröße	32–40	–
Dicht gelagerter Sand, gemischte Korngröße	38–46	–
Kies-Schotter-Gemische	35–45	–
Kohäsives, bindiges Material		
Weiche Bentonite	7–13	10–20
Schwach bindiges Material	25–28	0–5
Stark bindiges Material	15–25	10–25
Glaziale Tone	30–32	70–150
Moränenmaterial	32–35	150–250

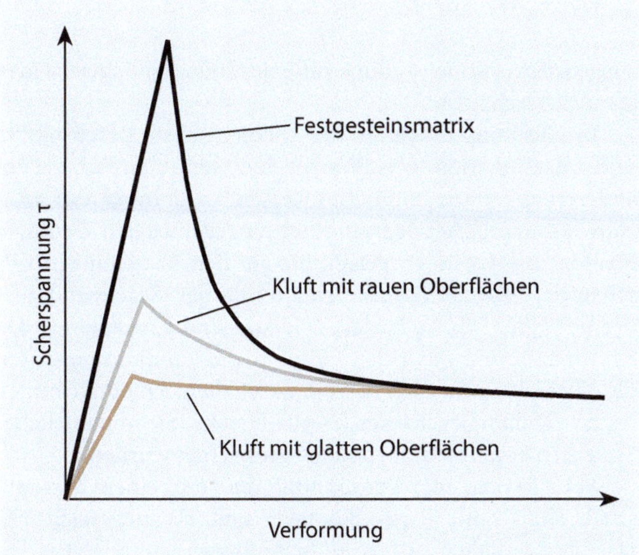

Abb. 10.8 Abhängigkeit der Gesteinsfestigkeit von Trennflächen im Laborexperiment. Gegenüber der Festgesteinsmatrix sind für das Kluftsystem signifikant geringere Spannungen erforderlich, um Verformungen zu erzeugen. (Verändert nach Selby 1993: Hillslope Materials and Processes. 2. Auflage. Oxford University Press, Oxford. © 1992. Abdruck mit Genehmigung von Oxford University Press erteilt durch Copyright Clearance Center, Inc.)

wurden an Schichtflächen von Sedimentgesteinen und an Schieferungsflächen von Metamorphiten ermittelt. Die Heterogenität des Festgesteins und seine Anisotropie bilden somit zentrale Eigenschaften der Resistenz gegenüber den angreifenden Kräften.

10.4 Gravitative Fließprozesse

Unter gravitativen Fließprozessen wird eine Prozessgruppe unterschiedlicher Ausprägung verstanden. Bei Wasser-Sediment-Gemischen tritt ein spezifisches Prozessverhalten auf, das von ihrer Viskosität, dem Fluidtyp und dem Fließverhalten gesteuert wird. Bewegt sich Wasser in einem Gerinne, muss der **Strömungswiderstand** überwunden werden, der durch die äußere und innere Reibung verursacht wird. Die äußere Reibung des Wassers an der Gerinnewand hat eine bremsende Wirkung. Die Folge ist ein nicht konstantes Geschwindigkeitsprofil, bei dem die Geschwindigkeit in der Flüssigkeitsmitte am höchsten ist und mit abnehmender Entfernung zur Gerinnewand kleiner wird.

Zum anderen wird der Strömungswiderstand durch die innere Reibung des Wassers verursacht. Die Theorie der laminaren Strömung basiert auf der Hypothese, dass sich in einer Flüssigkeit parallele, d. h. sich nicht kreuzende, Flüssigkeitsschichten aus Wassermolekülen entwickeln. Die **Reibungskräfte der Flüssigkeit** werden durch die Gleitprozesse an den Grenzflächen der Schichten verursacht. Die Flüssigkeitsschichten bewegen sich mit unterschiedlichen Schergeschwindigkeiten v, was zur Ausbildung des Geschwindigkeitsgradienten dv/dy zwischen der ruhenden Gerinnewand und der Flüssigkeitsoberfläche führt. Physikalisch können diese Kräfte durch den Newton'schen Reibungsansatz für die Grenzfläche zwischen zwei Flüssigkeitsschichten beschrieben werden mit:

$$F = A \cdot \eta \cdot dv/dy$$

Bei Verwendung der Scherspannung lautet die Gleichung:

$$\tau = \eta \cdot dv/dy$$

mit:
F - innere Reibungskraft
A - Berührungsfläche der Schichten
τ - Scherspannung
η - Viskositätskoeffizient
dv/dy - Geschwindigkeitsgradient

Mit η wird der Koeffizient der inneren Reibung beschrieben, der die dynamische Zähigkeit bzw. dynamische Viskosität oder Viskosität beschreibt. Je größer ihr Wert, desto weniger fließfähig ist das Material. Die **dynamische Viskosität** ist in starkem Maße vom inneren Aufbau des Materials, der Temperatur und dem Druck abhängig. Sie nimmt mit steigender Temperatur ab. Die Viskosität umfasst ein äußerst breites Wertespektrum (Tab. 10.5). Der Koeffizient hat die Maßeinheit Pascalsekunde (Pa s bzw. N s m^{-2}).

Aus Tab. 10.5 ist ersichtlich, dass Luft und Wasser eine sehr geringe dynamische Viskosität aufweisen, d. h. sehr dünnflüssig und fließfähig sind. Auch Wasser-Sediment-Gemische wie Solifluktionsloben und Murgänge sind fließfähig und in kurzen bis mittleren Zeitskalen (Sekunden bis Jahre) geomorphologisch wirksam. Aufgrund ihrer hohen inneren Reibung weisen Festgesteine eine sehr hohe Viskosität auf. Sie zeigen im Verhältnis zu den Wasser-Sediment-Gemischen erst in sehr lange Zeitskalen

Tab. 10.5 Dynamische Viskosität unterschiedlicher Fluide und Materialien als Ausdruck des inneren Reibungswiderstandes (Selby 1993; Tipler und Mosca 2015)

Material	Dynamische Viskosität bei 1,01 bar (N s m^{-2})
Luft (20 °C)	$1{,}8 \cdot 10^{-5}$
Wasser (60 °C)	$0{,}65 \cdot 10^{-3}$
Wasser (20 °C)	$1{,}01 \cdot 10^{-3}$
Wasser (0 °C)	$1{,}8 \cdot 10^{-3}$
Glyzerin (20 °C)	1,5
Solifluktionsloben (bei sehr hohem Wassergehalt)	10^{2}
Murgänge	$7{,}5 \cdot 10^{2}$
Fließende Lava	10^{1}–10^{5}
Gletschereis	10^{12}–10^{13}
Tonschiefer	10^{16}
Salz	10^{17}
Granit	10^{20}

Fließeigenschaften. Der Viskositätsansatz kann damit auf alle Flüssigkeiten und Festgesteine angewendet werden und ermöglicht eine Kopplung des mechanischen Verhaltens dieser beiden Materialtypen (Selby 1993).

Wenn die Viskosität einer Flüssigkeit bei sich verändernden Geschwindigkeiten konstant bleibt, wird sie als **Newton'sches Fluid** bezeichnet. Es entwickelt sich eine lineare Beziehung zwischen der Schubspannung und der Schergeschwindigkeit der Flüssigkeit (◘ Abb. 10.9). Zu diesem Fluidtyp zählt reines Wasser. Seine geringe Viskosität erklärt sich aus sehr geringen inneren Scherwiderständen, sodass die Funktion durch den Nullpunkt verläuft. Hier führt jede einwirkende Schubspannung unmittelbar zu einer Bewegung.

Die in geomorphologischen Systemen auftretenden Flüssigkeiten sind jedoch häufig **Mehrstoffgemische** aus Wasser, Sedimenten und Luft. In diesen Systemen verändert sich die Viskosität in Abhängigkeit von der zeitlichen Dauer des Prozesses, der Höhe der Schergeschwindigkeit und der Größe der Schubspannung. Sie werden als **nichtnewtonsche Fluide** bezeichnet und unterscheiden sich fundamental vom Fließverhalten der Newton'schen Fluide. Bei nichtnewtonschen Fluiden entwickelt sich der Fließprozess erst nach Überschreiten eines initialen Scherwiderstandes. Bis zum Erreichen dieses Grenzwertes verhält sich das Material plastisch, danach setzt der Fließmechanismus ein, sodass ein viskoplastisches Materialverhalten vorliegt (◘ Abb. 10.9). Der Prozess wird auch als plastisches Fließen oder Bingham-Fließen und die Flüssigkeit als **Bingham'sches Fluid** bezeichnet. In reinem Bingham'schem Material stellt sich nach Überschreiten des Grenzwertes eine lineare Beziehung zwischen der Schubspannung und der Schergeschwindigkeit ein. Dieses Verhalten wird in der Gleichung:

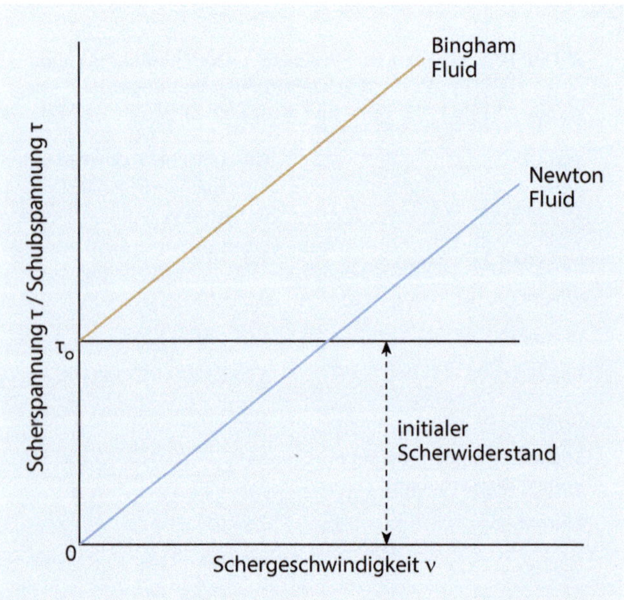

◘ **Abb. 10.9** Beziehung zwischen der Schub- bzw. Scherspannung und der Schergeschwindigkeit von Newton'schen und Bingham'schen (nichtnewtonschen) Fluiden

$$\tau = \tau_o + \eta \cdot \mathrm{d}v/\mathrm{d}y$$

ausgedrückt, wobei τ_0 die Größe des initialen Schwerwiderstandes beschreibt.

In Zusammenfassung der rheologischen Beschreibung und Klassifikation von Wasser-Sediment-Gemischen und anderen gravitativen Fließprozessen wird in ◘ Abb. 10.10 eine systematische Ordnung der amerikanischen Geologen Pierson und Costa vorgelegt, die auf den Beziehungen zwischen der Sedimentkonzentration und der Geschwindigkeit der bewegten Masse basiert (Pierson und Costa 1987). Die Klassifikation umfasst den Fluidtyp, die Fluidkomponenten, die Fließkategorie und das Fließverhalten. Die grau hinterlegten Flächen bezeichnen Wertebereiche, die in natürlichen Systemen empirisch noch nicht beobachtet wurden.

Bei ausreichender Verdünnung finden in einem Newton'schen Fluid keine Partikelkontakte statt. (Wertebereich <A). Das Fließverhalten ist flüssig. In Abflüssen von fluvialen Systemen liegt eine Mischung aus **Flusswasser,** gelösten Stoffen, Luft, suspendierten Partikeln und dem sohlennahen Sediment vor. Ab einer Sedimentkonzentration von ca. 9 % (Wertebereich A bis B) beginnen sich im Abfluss Wechselwirkungen zwischen den Feststoffpartikeln zu entwickeln, die zu kohäsiven Spannungen und zum Aufbau eines Scherwiderstandes führen. Es entsteht ein **hyperkonzentrierter Abfluss.** Zur Kohäsionserhöhung tragen besonders Tonminerale bei. Mit dem Einsetzen eines Scherwiderstandes im Abfluss geht der Newton-Fluidtyp in den Nichtnewton-Fluidtyp über. Dabei geht die Turbulenz im Abfluss zugunsten der laminaren Anteile stark zurück. Für das Fließverhalten dieser Materialien wird die Bezeichnung plastisch verwendet.

Mit weiter zunehmender Sedimentkonzentration überschreitet das Wasser-Sediment-Gemisch eine scharfe Grenze vom Wasserfluss zum Prozesstyp des Murgangs (Wertebereich B bis C). Der **Murgang** ist ein Nichtnewton-Fluidtyp mit ausgeprägtem Scherwiderstand und viskos-plastischem Fließverhalten. Er wird als Bingham'sches Fluid bezeichnet. Um diesen Prozess auszulösen, muss ein hoher initialer Scherwiderstand überwunden werden. Bei hoher Viskosität ist das Fließverhalten überwiegend laminar. Im Inneren der Masse bewirkt die hohe Sedimentkonzentration hohe Reibungskräfte und, in Abhängigkeit vom Feinsedimentgehalt, hohe kohäsive Spannungen. In Murgängen entstehen zwischen den Partikeln **intergranular-dispersive Kollisionen,** die einen zentralen Bewegungsmechanismus darstellen. Dadurch wird der Impuls der bewegten Partikel durch Stoßprozesse auf andere Partikel übertragen. Wenn die Partikelgröße und die Fließgeschwindigkeit des Murgangs besonders hoch sind, sind diese Kräfte besonders wirksam. Das Materialgemisch fließt als kohärente Masse, d. h., dass die beeinflussenden Kräfte auf den Wasser- und Sedimentanteil gemeinsam einwirken. Die Dichte von Murgängen erreicht mit Werten bis zu $2{,}6\ \mathrm{g\ cm^{-3}}$ extrem hohe Werte, sodass die Masse hohe Auftriebskräfte entwickeln kann, durch die selbst Blöcke mit einer mehrfachen Schichtdicke des Fluids schwimmend und rollend transportiert werden können.

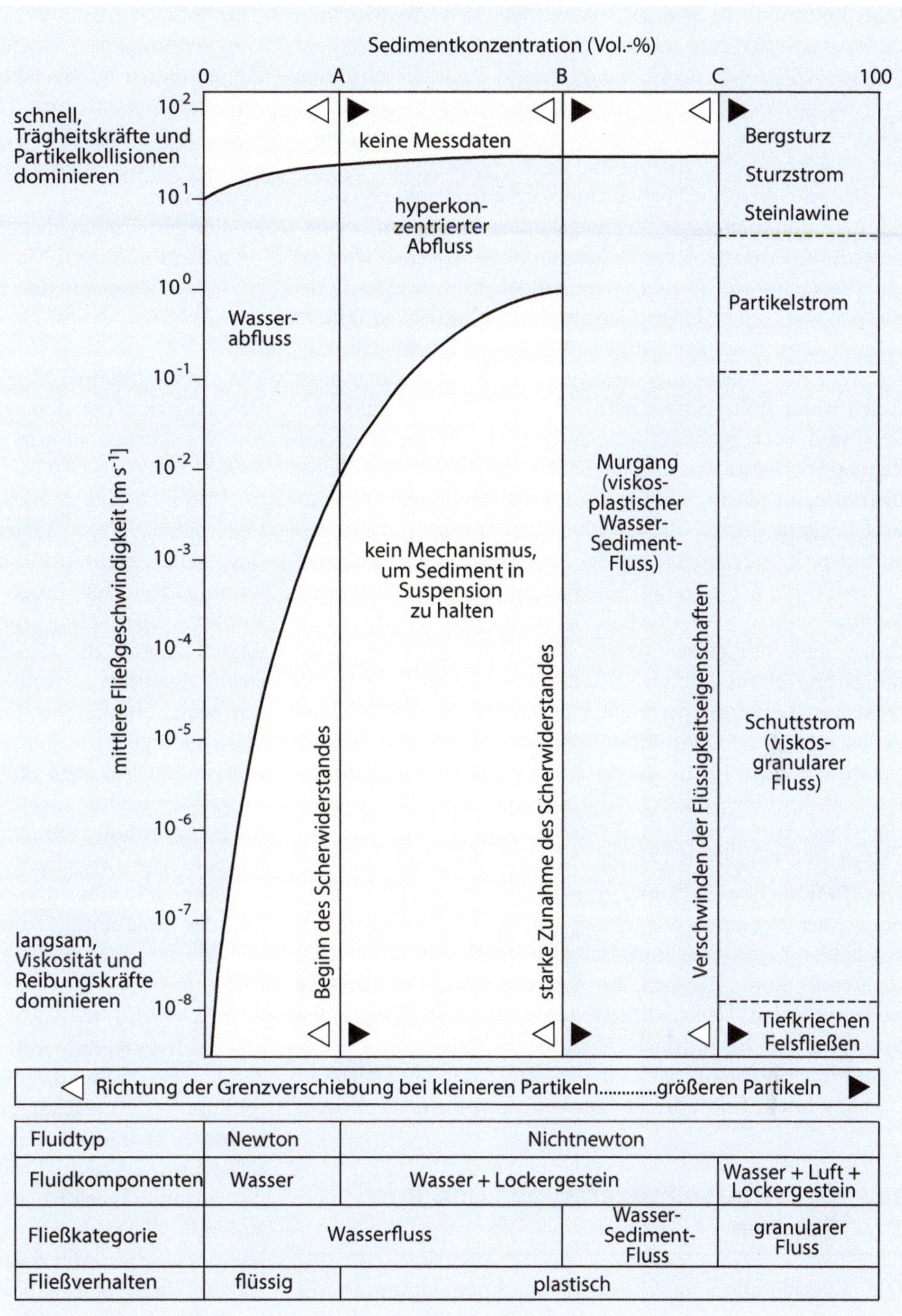

Abb. 10.10 Rheologische Klassifikation von Wasser-Sediment-Gemischen unterschiedlicher Zusammensetzung auf Basis der Beziehung zwischen Sedimentkonzentration und Fließgeschwindigkeit. Die Beschreibung der Grenzen A, B und C erfolgt im Text. (Verändert nach Pierson & Costa 1987, Fig. 4, S. 9. © The Geological Society of America)

Bei weiter erhöhter Sedimentkonzentration (Wertebereich >C), d. h. bei abnehmenden Wassergehalten und in Abhängigkeit von der Korngröße, verschwinden die Fluideigenschaften des Wasser-Sediment-Gemisches, und es entwickeln sich dominant feststoffgesteuerte Prozesse, die der Kategorie des **granularen Flusses** zugeordnet werden. In diesen Massen ist der Porenraum teilweise oder überwiegend mit Luft gefüllt, sodass die Spannungen im Materialkörper nicht mehr dominant durch die Porenflüssigkeit beeinflusst werden. Damit wird der Fließmechanismus überwiegend durch Trägheitskräfte dominiert, wobei der Impuls durch die Kollisionen zwischen den Partikeln übertragen wird. Die Kategorie des granularen Flusses umfasst eine große Spannbreite einzelner Prozesse. Bei sehr geringen Transportgeschwindigkeiten unter wenigen mm oder cm pro Jahr entwickeln sich Kriechprozesse. Bei Fließgeschwindigkeiten bis 0,1 $m\ s^{-1}$ treten viskos-granulare Schuttströme auf. Mit steigender Geschwindigkeit ab ca. 2 $m\ s^{-1}$, abnehmenden Reibungseffekten und abnehmender Viskosität verstärkt sich die Impulsübertragung durch die Partikelkollisionen, was zur Ausbildung des Partikelstroms führt. Oberhalb einer Fließgeschwindigkeit von ca. 35 $m\ s^{-1}$

und Volumina >1 Mio. m^3 entwickeln sich Steinlawinen und Bergstürze (Sturzströme), bei denen das Fließverhalten fast ausschließlich durch energiereiche Partikelkollisionen bei vernachlässigbaren Reibungswiderständen dominiert wird, sodass sich ein sehr schneller granularer Materialfluss mit Geschwindigkeiten über 200 km h^{-1} entwickelt.

Bei sehr geringen Fließgeschwindigkeiten, hoher Viskosität und dominierenden Reibungskräften treten im Wertebereich >C Prozesse des Kriechens auf. Das Kriechen wird als ein Prozesstyp des Fließens verstanden, der in langen Zeiträumen und ohne Bildung ausgeprägter Gleitflächen auftritt (Reuter et al. 1992; Prinz und Strauß 2018). Er entsteht häufig unter gleichbleibender Belastung, kann sich jedoch auch durch wiederholte Lastwechsel entwickeln. Dabei erfährt das Fest- und Lockergestein, in Anhängigkeit von der Zeit, eine dehnende Deformation. Der Kriechprozess ist eine Folge überwiegend plastischer, bruchloser Deformationen in Fest- und Lockergesteinen, die als Oberflächen- und Tiefkriechen auftreten. Kriechprozesse werden von zahlreichen Einflüssen gesteuert, wie die Luft- und Untergrundtemperatur und ihren Veränderungen, Wassergehalt, Hydratation, Porenwasserdruck, Feucht-Trocken-Zyklen, Tongehalt oder die Spannungsvergrößerung durch Auflast. Kriechprozesse werden in kohäsiven Lockergesteinen auf Hängen und in Festgesteinen beobachtet. Das **Oberflächenkriechen** betrifft die oberste Verwitterungsdecke. Es basiert auf Partikel-Partikel-Kontakten und zeigt ein konvexes Geschwindigkeitsprofil mit einer für Fließprozesse typischen Geschwindigkeitszunahme zur Oberfläche. Beispiele bilden das Boden- und Schuttkriechen. Das **Tiefkriechen** in Form des Felskriechens (Felsfließen) bezeichnet tief reichende Hangprozesse, die bevorzugt im Hochgebirge auftreten und Hangdeformationen im Bereich mehrerer km^3 hervorrufen können. Die quantitative Bedeutung von Tiefkriechprozessen in geomorphologischen Systemen ist heute noch weitgehend unbekannt. Unter bestimmten Bedingungen kann die Deformation beschleunigt und in schnelle Fall- oder Gleitprozesse transformiert werden.

10

10.5 Gravitative Prozesstypen und ihre Formen

Die **Klassifikation gravitativer Massenbewegungen** ist eine Problemstellung, die weit in die Forschungsgeschichte zurückreicht, was auf die hohe Diversität der Teilprozesse und die breit gefächerte Vielfalt von Prozesseigenschaften zurückzuführen ist. Eine internationale Vereinheitlichung der Terminologie wurde durch eine Arbeitsgruppe der UNESCO vorgelegt (WP/WLI 1993). Diese Systematik und Definition wurde in zahlreichen Lehrbüchern und Gesamtdarstellungen der Prozessgruppe übernommen, z. B. Brunsden und Prior (1984), DOE (1994), Cruden und Varnes (1996), Dikau et al. (1996) oder Turner und Schuster (1996). Die folgende Klassifikation und Terminologie greift auf diese Arbeiten zurück. Die Klassifikationssysteme basieren auf unterschiedlichen Eigenschaften der Prozesse, wie Prozessmechanismus, Untergrundmaterial, Aktivitätsgrad, Geschwindigkeit, Wassergehalt oder Geomorphometrie der bewegten Masse. Das in diesem Lehrbuch verwendete Klassifikationsschema (Tab. 10.6) fundiert auf einer Kombination von Prozessmechanismus und Materialeigenschaften. Die Differenzierung des Materialtyps basiert auf den Klassen:

- Festgestein, das als kohärente und konsolidierte Masse auftritt und
- Lockergestein in den Korngrößenbereichen <2 mm *und* >2 mm.

Die Lockergesteinsklasse >2 mm beinhaltet auch Korngrößengemische, bei denen gröbere Klasten in einer Matrix mit Korngrößen <2 mm enthalten sein können (Dikau et al. 1996).

Unter Gesichtspunkten der angewandten Geomorphologie spielen Prozesseigenschaften eine zentrale Rolle, die das Gefahrenpotenzial der Prozesse und die Faktorenkombination der Prozessauslösung betreffen. In diesem Kontext sollen einige prozessrelevante Faktoren, wie der Aktivitätsgrad, die Geschwindigkeit der bewegten Masse sowie dispositive, auslösende und kontrollierende Faktoren, näher erläutert werden (Dikau und Glade 2002). Da die von einem geomorphologischen Prozess ausgehende Gefahr immer eine Aussage über die Zukunft darstellt, d. h. eine Prognose umfasst, werden besondere Anforderungen an die geomorphologische Systemanalyse gestellt, worauf Stanley Schumm besonders hingewiesen hat (Schumm 1988). Er empfiehlt daher, die Systemeigenschaften der Sensitivität, der Singularität und der Komplexität bevorzugt in Gefahrenmodelle zu integrieren.

Aktivitätsgrad

Der Aktivitätsgrad von Massenbewegungen lässt sich in aktiv, fortschreitend, reaktiviert, ruhend, stabilisiert und reliktisch unterscheiden. Aktive Massenbewegungen befinden sich in rezenter Bewegung, während eine fortschreitende Aktivität die Ausbreitung der Bewegung in das bisher ungestörte umgebende Gebiet beinhaltet. Eine ruhende Massenbewegung ist rezent nicht in Bewegung, hat jedoch das Potenzial, wieder reaktiviert zu werden, was für die Naturgefahrenbewertung von höchster Wichtigkeit ist. Reliktische Massenbewegungen sind Zeugen sehr alter und beendeter, oft holozäner oder pleistozäner, Bewegungsaktivitäten. Neben dem eigentlichen Aktivitätsgrad muss die Verteilung der Aktivität berücksichtigt werden. So kann z. B. eine pleistozäne Großrutschung mit mehreren km Breite als Gesamtkörper reliktisch, in Teilen der Masse jedoch reaktiviert und aktiv sein. Erstmals auftretende und reaktivierte oder reaktivierbare Massenbewegungen müssen grundsätzlich unterschieden werden. Trotz des gleichen Untergrundmaterials weist z. B. ein ungestörter Hang eine maximale Bruchscherfestigkeit auf, während die Stabilität einer ruhenden Hangrutschung lediglich auf ihrer Restscherfestigkeit basiert. Sie kann somit bereits bei geringeren

Tab. 10.6 Klassifikation gravitativer Massenbewegungen (Cruden und Varnes 1996; Dikau et al. 1996). Gegenüber der Verwendung des Begriffs *„soil“* bzw. „Boden“ wird die Bezeichnung „Lockergestein/Hauptkorngröße <2 mm“ verwendet

Prozesstyp		Prozesssubtypen auf Basis des Untergrundmaterials		
		Festgestein	Lockergestein	
			Hauptkorngröße >2 mm	Hauptkorngröße <2 mm
Fallen *(fall)*		Steinschlag *(rock fall)* Felssturz *(rock fall, cliff fall)*	Fallen von Lockergestein *(debris fall, soil fall)*	
Kippen *(topple)*		Felskippung *(rock topple)*	Kippung von Lockergestein *(debris topple, soil topple)*	
Gleiten *(slide)*	Rotationsförmig *(rotational)*	Rotationsrutschung *(rotational slide, slump)*		
	Translationsförmig *(translational)*	Blockgleitung *(rock block slide)* Felsgleitung *(rock slide)*	Schuttrutschung *(debris slide)*	Schollenrutschung, Blatt-anbruch, Grasnarbenrutschung *(slab slide)*
Fließen *(flow)*		Tiefkriechen *(deep-seated creep)* Felsfließen, Sackung, Talzuschub, Bergzerreißung (*rock flow, sackung, deep-seated gravitational slope deformation* (DSGSD))	Murgang *(debris flow)* Lahar *(lahar)* Schuttstrom *(earthflow, soil flow)*	Bodenfließen *(soil flow)* Sandfließen *(sand flow)* Oberflächenkriechen *(surface creep)* Boden- und Schuttkriechen *(debris creep)* Schuttstrom, Schlammstrom *(earthflow, soil flow, mudflow)*
Driften *(lateral spreading)*		Felsdriften, Bergzerreißung *(rock spreading)*	Lockergesteinsdriften, Quicksanddriften, Quicktondriften *(soil spreading, debris spreading, quick clay sliding, quick clay flow, soil liquefaction)*	
Hybrid-komplex *(complex)*		Bergsturz, Sturzstrom, Steinlawine *(rock avalanche, rock fall avalanche, rock-slide avlanche)*		
			Fließgleitung *(flow slide)*	
		Flankenkollaps an Vulkanen, vulkanischer Bergsturz *(volcanic rock avalanche, volcanic rock-slide debris avalanche, volcanic debris avalanche)*		

Spannungen (z. B. durch unsachgemäße Eingriffe in den Hang) reaktiviert werden. In der Identifizierung von Reliefformen gravitativer Massenbewegungen liegt daher eine zentrale Aufgabe der Geomorphologie.

Bewegungsrate

Die Bewegungsrate ist eine weitere entscheidende Größe für die Naturgefahrenbewertung. Massenbewegungen können als schneller (Bergsturz, Murgang, Steinschlag) oder als langsam ablaufender Prozess (Felsfließen, Schuttstrom) auftreten. Entsprechend der empirisch beobachteten Bewegungsraten wird eine Klassifikation vorgenommen, die von extrem langsamen (wenige mm pro Jahr) bis zu extrem schnellen (mehrere Dutzend m pro Sekunde) Prozessen reicht (Tab. 10.7). Damit umfassen die Geschwindigkeiten der Prozessgruppe eine Spannbreite von zehn Größenordnungen.

Dispositive, auslösende und kontrollierende Faktoren

Nach einem Vorschlag von Crozier (1986) können zur Charakterisierung von Massenbewegungsprozessen grundsätzlich drei Faktorengruppen und drei Stabilitätszustände unterschieden werden (Abb. 10.11). Dispositive Faktoren charakterisieren den Hang in Bezug auf seine boden- oder felsmechanischen, hydrologischen und seine weiteren für die gravitativen Prozesse relevanten Eigenschaften. Diese Faktoren destabilisieren den Hang, ohne jedoch den Prozess auszulösen. Die auslösenden Faktoren initiieren die Massenbewegung durch Überschreiten des Grenzgleichgewichtes, d. h. des boden- oder felsmechanischen Schwellenwertes. Dadurch wird der Hang in den **aktiv instabilen Zustand** überführt, d. h., dass sich die Masse zu bewegen beginnt. Kontrollfaktoren, wie die Hangneigung und -krümmung oder die Hangstruktur, steuern die aktuellen Bewegungsvorgänge und sind für den Bewegungspfad, das Volumen, die Geschwindigkeit und die Reichweite der bewegten Masse mitverantwortlich. Die Kenntnisse über diese Faktorengruppe und ihre Verteilung im Raum bilden eine wesentliche Grundlage der Naturgefahrenanalyse.

Sicherheitsfaktor

Mit dem Sicherheitsfaktor (Sicherheitsbeiwert) *(factor of safety)* wird die Stabilität eines Hanges beschrieben. Der Faktor setzt die stabilisierenden Spannungen der Scherfestigkeit (rechte Seite der Coulomb-Mohr'schen Grenzbedingung) mit den destabilisierenden Kräften der Scherspannung in Beziehung. Wenn der Sicherheitsfaktor >1 ist, wird der Hang als stabil bzw. standsicher bezeichnet. Obwohl es häufig möglich erscheint, die Auslösung eines gravitativen Prozesses auf einen einzelnen Faktor zurückzuführen, z. B. einen Starkniederschlag oder ein Erdbeben, muss erkannt werden, dass das Versagen eines Hangsystems von einer Vielzahl von Faktoren und Prozessen verursacht wird. Sie wirken in **Rückkopplungen** in den unterschiedlichen zeitlichen und räumlichen Skalen. Der Verwitterungsprozess in einer vulkanischen Asche führt beispielsweise in langen Zeitskalen zur Tonmineralneubildung und damit zu einer Erhöhung der Tongehalte des Lockergesteins, die zu einem abnehmenden Reibungswinkel φ und damit zu einer Abnahme des Sicherheitsfaktors führen (Abb. 10.12). In einem frühen Stadium der Verwitterungsgeschichte des Untergrundes, d. h. bei noch geringeren Tongehalten, wird ein Starkniederschlag keinen gravitativen Prozess auslösen können, da der Sicherheitsfaktor des Hanges hoch und das System dispositiv stabil ist. Erst mit zunehmendem Alter und Tongehalt des Lockergesteins und abnehmendem Sicherheitsfaktor führen die auslösenden Faktoren und Prozesse den Hang in einen instabilen Zustand und immer näher an die Grenzbedingung, ohne jedoch den Prozess auszulösen. Die Widerstandsfähigkeit des Systems ist zu diesem Zeitpunkt noch hoch genug, um die externen Impulse zu absorbieren. In weiterer Nähe zur Grenzbedingung führt letztlich bereits ein moderater Auslöser in Form einer plötzlichen Auflast am Oberhang, z. B. durch Abladen von Bauschutt, das System in einen aktiv instabilen Zustand, d. h. zur Auslösung eines gravitativen Prozesses.

Tab. 10.7 Geschwindigkeitsklassen von gravitativen Massenbewegungen (Cruden und Varnes 1996)

Geschwindigkeitsklasse	Beschreibung	Geschwindigkeit	
		mm s^{-1}	
7	Extrem schnell	$>5 \times 10^{3}$	>5 m/s
6	Sehr schnell	5×10^{1}	3 m/min
5	Schnell	5×10^{-1}	1,8 m/h
4	Moderat	5×10^{-3}	13 m/Monat
3	Langsam	5×10^{-5}	1,6 m/Jahr
2	Sehr langsam	5×10^{-7}	16 mm/Jahr
1	Extrem langsam	$<5 \times 10^{-7}$	<16 mm/Jahr

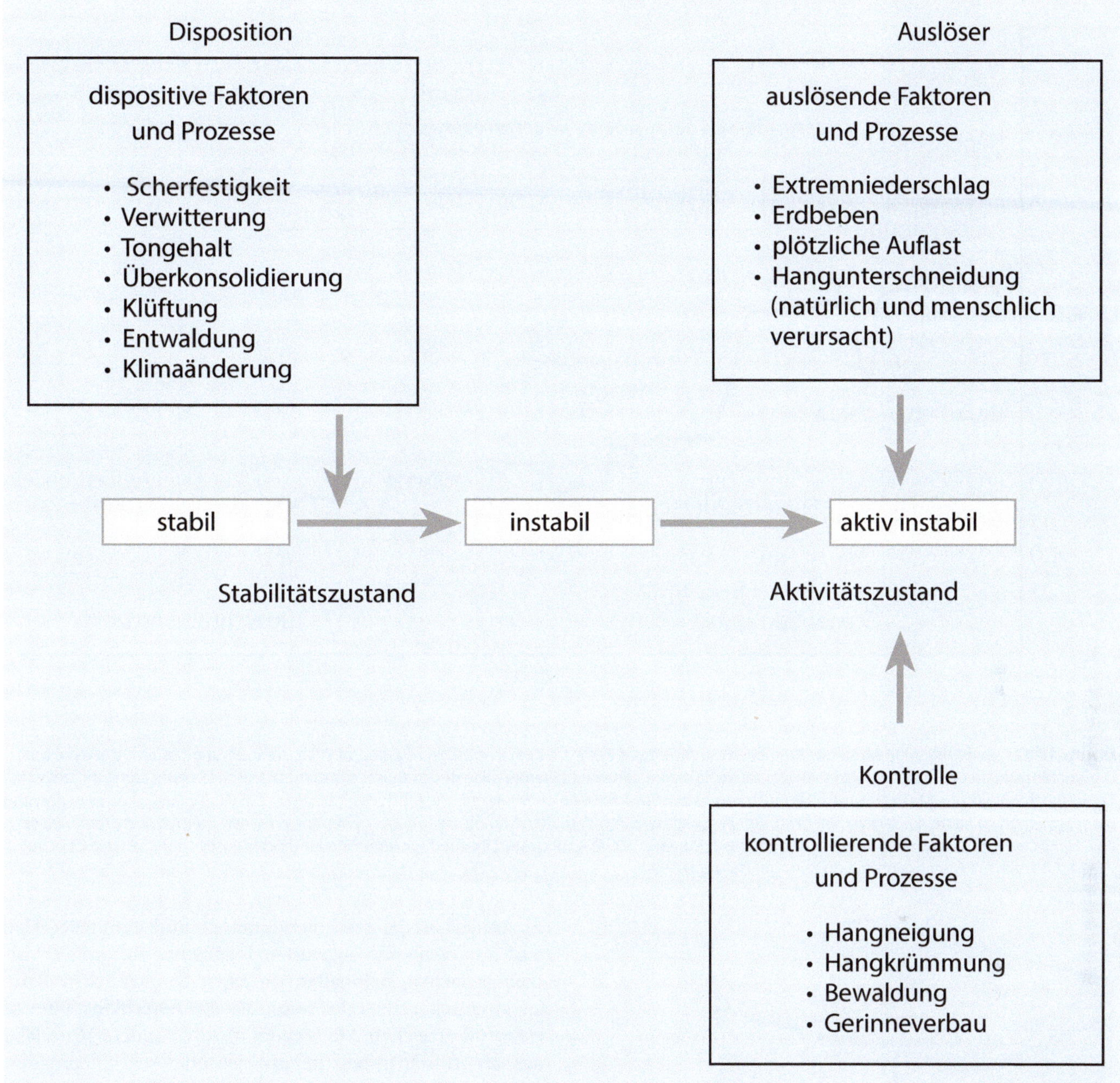

Abb. 10.11 Auswahl von dispositiven, auslösenden und kontrollierenden Faktoren und Prozessen sowie drei Stabilitätszustände zur Charakterisierung gravitativer Massenbewegungen. (In Anlehnung an Crozier 1986, Fig. 3.1b, S. 34)

10.5.1 Fallen

Das Fallen ist ein Prozess, bei dem eine Fest- oder Lockergesteinsmasse größtenteils frei fallend, springend oder rollend abstürzt (Abb. 10.13). In den meisten Fällen bewegt sich das Material in einer zusammenhängenden Masse. Die Ablösung des Materials und der anschließende Fallprozess münden in den Aufschlag, der sekundäre Folgeprozesse, z. B. die Aktivierung eines Schuttstroms, nach sich ziehen kann. Der Fallprozess tritt in verschiedenen Untertypen auf, die durch das Material und den Fallmechanismus bestimmt werden. Er kann in die Kategorien des Fallens von Festgestein und Lockergestein und auf Basis der **Größe der Sturzmasse** klassifiziert werden (Tab. 10.8; Abb. 10.14, 10.15 und 10.16). Die Mechanik dieser Prozesse ist, mit Ausnahme des Bergsturzes, sehr ähnlich. Die Akkumulationsmasse des Fallprozesses wird **Sturzhalde** genannt. Sie bildet das korrelate Sediment des Fallprozesses. Sturzhalden können in Abhängigkeit von ihrer Geomorphometrie in die Subtypen Schutthalde, Schuttkegel und zusammenwachsende Schuttkegel gegliedert werden (vgl. Abb. 4.3).

Die Materialquelle des Fallprozesses entstammt steilen Wänden oder Hängen, von denen ein oder mehrere Teile plötzlich abgelöst werden. Im Festgestein ist die

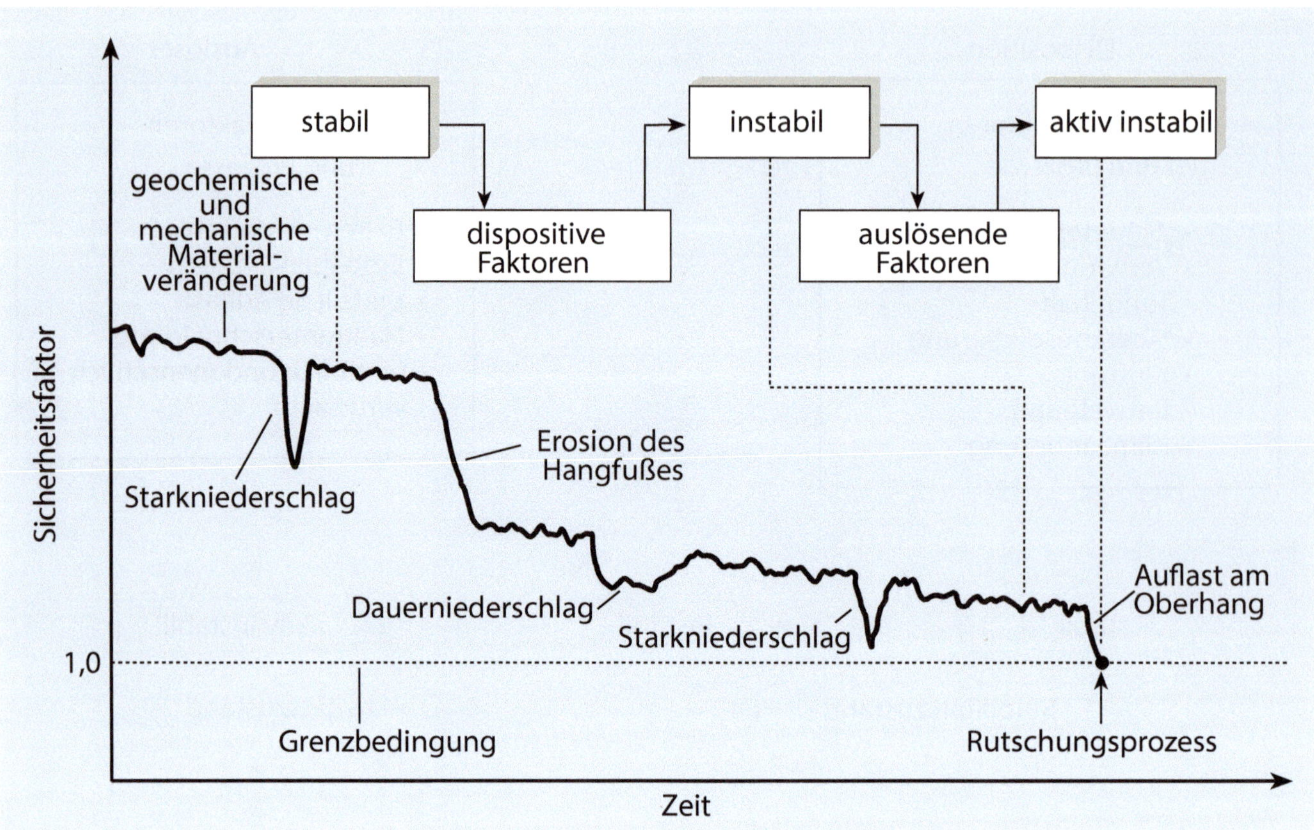

Abb. 10.12 Zeitabhängige Abnahme der Scherfestigkeit eines Fest- oder Lockergesteins ausgedrückt als Veränderung des Sicherheitsfaktors. Die Abnahme kann durch zeitlich variable dispositive Faktoren verursacht werden, wie geochemische und mechanische Verwitterungsprozesse (z. B. Tonmineralneubildung, Meersalzauswaschung), progressive Sprödbrüche oder tektonische Klufterweiterungen. Die Grafik zeigt, dass es in gravitativen Systemen im Laufe der Zeit zu einem komplexen, nichtlinearen Verhalten kommen kann, bei dem ohne empirisch identifizierbaren Auslöser eine Hangbewegung entstehen kann. (Verändert nach Popescu 1994: A suggested method for reporting landslide causes. Int Assoc Eng Geol Bull 50: 71–74. Abdruck mit Genehmigung von Springer Nature © 1994)

10

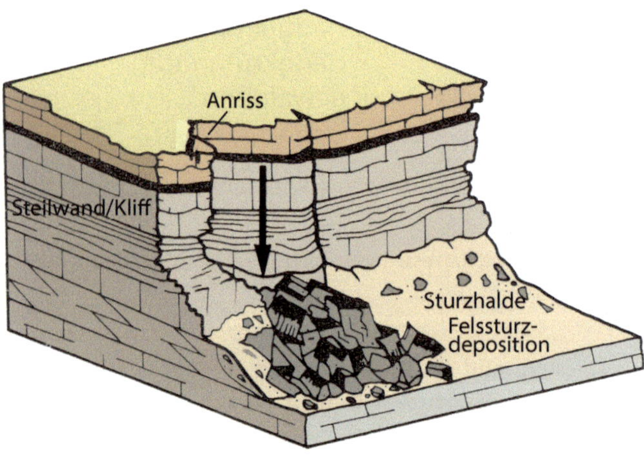

Abb. 10.13 Schematische Darstellung eines Fallprozesses im Festgestein eines Kliffs unter Bildung eines Anrisses in der Steilwand und einer Sturzhalde. (Verändert nach DOE 1994: Landsliding in Great Britain. S.53. Department of the Environment. Crown Copyright, Her Majesty's Stationery Office, HMSO, London)

Ablösung kleinerer Sturzmassen überwiegend das Ergebnis unterschiedlicher Verwitterungsprozesse. Steinschlag, Blocksturz und Felssturz treten vor allem dort auf, wo das Ausgangsmaterial stark zerklüftet ist und ein steiler Hang vorliegt. Wenn die abgelösten Fragmente ein großes Volumen erreichen, beinhalten sie einen beträchtlichen Betrag an kinetischer Energie, wenn sie die **Aufschlagstellen am Hangfuß** erreichen. Sie können dadurch andere Materialien aus der Aufschlagstelle herauslösen oder zu Folgeprozessen führen. Fallprozesse treten in unterschiedlichen Hangtypen auf, wie Küstenkliffe, steile Uferbänke von Flüssen, Plateauränder, Schichtstufenhänge oder Hänge in Hochgebirgen. Sie sind typisch für künstliche Böschungen, wie Straßenabhänge, Eisenbahnböschungen oder Steilhänge von Steinbrüchen.

Die international am häufigsten verwendete Klassifikation von Fallprozessen basiert auf der Herkunft und den Eigenschaften des Materials. Wir unterscheiden daher Fallprozesse von Fest- und Lockergestein. Weitere Gliederungsmöglichkeiten basieren auf der Magnitude der fallenden Masse. Die Klassifikation in Tab. 10.8 basiert auf der **Korngröße und Magnitude der Sturzmasse.**

Wie bei allen gravitativen Prozessen tritt der Fallprozess dann auf, wenn die destabilisierenden Kräfte die Materialstabilität überschreiten. Der Ablösungsprozess im Festgestein basiert auf gesteinsinternen und gesteinsexternen Faktoren:

Abb. 10.14 Durch Fallprozesse (Steinschlag) akkumulierte Sturzhalde am Fuß der Eigernordwand in den Schweizer Alpen. Der überwiegende Teil der Sturzhalde besteht aus Steinen und Blöcken kleinerer Korngrößen. (Quelle: R. Dikau)

- Vergrößerung von Klüften aufgrund von Frost- oder Wurzeleinflüssen. Hier besteht ein hoher klimatischer Einfluss durch Gefrier- und Tauprozesse in Klüften sowie Eissegregation, was besonders in Hochgebirgen und in den hohen Breiten eine bedeutende Rolle spielt.
- Verlust von Gesteinsbrücken in Klüften durch mechanische Zerkleinerung oder chemische Lösung.
- Zunahme des Kluftwasserdrucks.
- Überschreiten des Reibungsschwellenwertes durch seismische Erschütterung und Explosionen oder durch das Quellen von Tonen und Tonsteinen.
- Verlust der die Grobblöcke umgebenden Feinmaterialmatrix in Moränen oder in fluvialen Sedimenten.

10.5.2 Kippen

Der Kippprozess bezeichnet eine **Vorwärtsrotation** von Fest- oder Lockergestein eines Hanges um einen Punkt oder eine Rotationsachse unterhalb seines Schwerpunktes (Abb. 10.17). Dieser Punkt wird auch als die Scharnierregion eines Hanges bezeichnet. Der Kippprozess kann in einem schnellen Fall- oder Gleitprozess transformiert werden. Die Charakteristik des Kippprozesses besteht darin, dass die Vorwärtsrotation der kippenden Masse initial ohne grundlegenden Kollaps abläuft. Wie bei anderen Typen der gravitativen Prozessgruppe kann das Kippen in die Materialkategorien des Fest- und des Lockergesteins gegliedert werden.

Das Kippen tritt überwiegend an Säulen oder Pfeilern auf, die unterschiedlich stark vom Gesteinsverband getrennt wurden (Abb. 10.18). Im Festgestein wird dies durch Schicht- und Schieferungsflächen und Klüfte begünstigt, die parallel zur Hangfläche oder dem Ausstrich der Felsmassen entwickelt sind. Die Ablösung kann an einzelnen oder mehreren Oberflächen und an existierenden **Materialdiskontinuitäten** auftreten. Die primären Antriebskräfte für eine Kippung liegen in der Ablösung einer Materialsäule aus dem Materialverband, sodass die Gewichtskraft des Materials auf die räumlich beschränkte Basis der Säule und auf die im Liegenden deformierbaren Materialien übertragen wird. Die Hangneigung und die Ausdehnung der Basisfläche sind daher entscheidende prozessbeeinflussende Faktoren. Der Prozess erfasst steile Hänge unterhalb des Steilstufenrandes. Während Kippungen in Lockergesteinen bereits bei geringeren Hanghöhen entstehen können, ist ihr Auftreten im Festgestein an höhere Hänge gebunden. Sie können daher weit mehr Material mobilisieren als in Lockergesteinen. Das durch den Kippprozess aus dem Fest- oder Lockergesteinskörper initial

Abb. 10.15 Sturzhalde durch Fallprozesse (großer Blocksturz) im Yosemite-Tal in Kalifornien, USA. Der überwiegende Teil der Masse der Sturzhalde besteht aus wenigen Blöcken mit sehr großen Magnituden. (Quelle R. Dikau)

gelöste Material kann anschließend in einen Fallprozess übergehen. Häufig zerbricht das kippende und fallende Gestein in kleinere Komponenten, die das korrelate Sediment einer Sturzhalde aufbauen.

Kippungen im Festgestein werden durch Verwitterung sowie Auspressung und plastische Deformation des liegenden Materials verursacht, wobei das **Quellen und Schrumpfen** von tonhaltigen Gesteinen durch Hangwassereinflüsse prozessfördernd wirkt. Weitere dispositive Prozesse sind die Unterschneidung und Versteilung von Hängen durch Fluss- und Wellenerosion oder künstliche Hangeinschnitte. Auch kann die Entfernung von Hangmaterial aufgrund der Druckentlastung hohe Spannungsveränderungen hervorrufen und die Entwicklung von Dehnungsklüften (Zugklüften) zur Folge haben. Dehnungsklüfte schwächen den hangenden Gesteinskörper, was zur Kippungsbildung führen kann.

Die Bewegungsraten von Kippungen weisen eine große Spannbreite auf. Eine exponentielle Zunahme der Bewegungsraten kann über mehrere Tausend Jahre ablaufen und in einem Fallprozess enden, der nur wenige Sekunden andauert. Jedoch muss eine kontinuierliche Kippung nicht notwendigerweise in einem Fallprozess enden. In Abhängigkeit von der lokalen geologischen und geomorphologischen Situation ist es auch möglich, dass die Bewegungsrate zurückgeht oder gänzlich zur Ruhe kommt. Die klimatische Situation kann für die Auslösung des Kippungsprozesses von Bedeutung sein, jedoch sind Kippungen nur in den wenigsten Fällen das Ergebnis extremer Wetterbedingungen. In kurzen Zeitskalen können die Veränderung des durch Niederschlag verursachten Bodenwassers sowie Tau- und Gefriervorgänge prozessauslösend sein. In langen Zeitskalen ist der klimatische Einfluss vor allem auf die fortschreitende Schwächung des Festgesteins durch Verwitterung in Kopplung mit einer lithologisch verursachten Intensivierung und Vertiefung des Trennflächengefüges zurückzuführen.

Abb. 10.16 Sturzprozesse von Lockergestein an der rechten Lateralmoräne des Morteratsch-Gletschers in den Schweizer Alpen, die an dieser Stelle eine Höhe von ca. 100 m aufweist. Die Sturzprozesse umfassen selektiv die Steine und Blöcke des glazigenen Sedimentes, während die kleineren Korngrößen durch hangaquatische Prozesse abgetragen werden. Die Konzentration von größeren Korngrößen am Hangfuß ist das Ergebnis ihrer höheren kinetischen Energie und Fallreichweite. Am rechten Bildrand ist die Moräne mit dem glazifluvialen System des Gletscherbaches gekoppelt. (Quelle: R. Dikau)

Tab. 10.8 Klassifikation von Fallprozessen auf Basis ihrer Korngröße und Magnitude (Dikau et al. 1996)

Typ des Fallprozesses	Korngröße (K) und Magnitude (M) der Sturzmasse	Beschreibung
Steinschlag, Sturz von Lockergestein	K: <50 cm M: <10 m^3	Sturz einzelner Steine
Blocksturz	K: >50 cm M: 10–100 m^3	Sturz weniger großer Blöcke
Großer Blocksturz	M: >100 m^3	Sturz zahlreicher großer Blöcke
Felssturz	M: 10^4–10^6 m^3	Sturz einer überwiegend kohärenten Gesteinsmasse
Bergsturz	M: >10^6 m^3	Aus unterschiedlichen Prozessen (z. B. Fallen, Gleiten, Fließen) zusammengesetzter (hybrid-komplexer) gravitativer Prozess

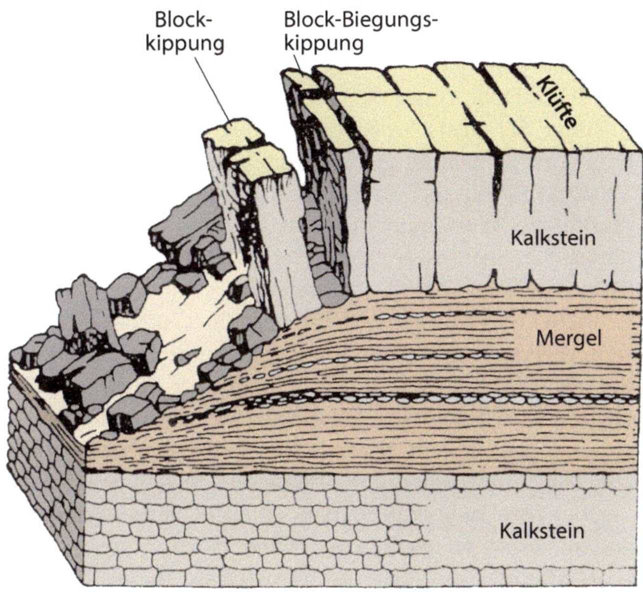

Abb. 10.17 Schematische Darstellung von Kippprozessen in Kalkstein mit liegenden Mergelschichten. Das kippende Festgestein geht in einen Fallprozess über, zerbricht während des Kippvorganges oder beim Aufschlag auf den Sockelhang und bildet eine Sturzhalde. Durch die Auflast kann im Mergel plastische Deformation und der Sekundärprozess eines Schuttstroms ausgelöst werden. (Verändert nach Dikau et al. 1996: Landslide Recognition. Identification, movement and causes. © 1996. Abdruck mit Genehmigung von John Wiley and Sons Inc. erteilt durch Copyright Clearance Center, Inc.)

Abb. 10.18 Gesteinssäulen mit vertikaler Klüftung und Disposition für eine Kippung im Monument Valley, USA. (Quelle: R. Dikau)

10.5.3 Gleiten

Unter Gleitprozessen werden Vorgänge verstanden, bei denen Fest- oder Lockergesteine eine hangabwärts gerichtete **Bewegung auf Gleitflächen** oder dünnen Zonen intensiver Scherverformung vollziehen. Die sich auf der Gleitfläche bewegende Masse kann unverformt bleiben, jedoch kann der initiale Gleitprozess während des Bewegungsvorganges in andere Prozesse transformiert werden. So kann die primäre Gleitung in den anschließenden Bewegungsphasen in einen Fließprozess übergehen. Die Gleitfläche kann mehr oder weniger flachgründig und parallel zur Hangfläche ausgebildet sein, wie bei Blockgleitungen. In diesem Fall liegen Translationsrutschungen vor. Sie kann auch als konkave Fläche im Fest- oder Lockergesteinsverband entwickelt sein, was für Rotationsrutschungen charakteristisch ist.

10.5.3.1 Translationsrutschung

Rutschungen mit einer hangparallelen Scherfläche werden als Translationsrutschungen bezeichnet (Abb. 10.19).

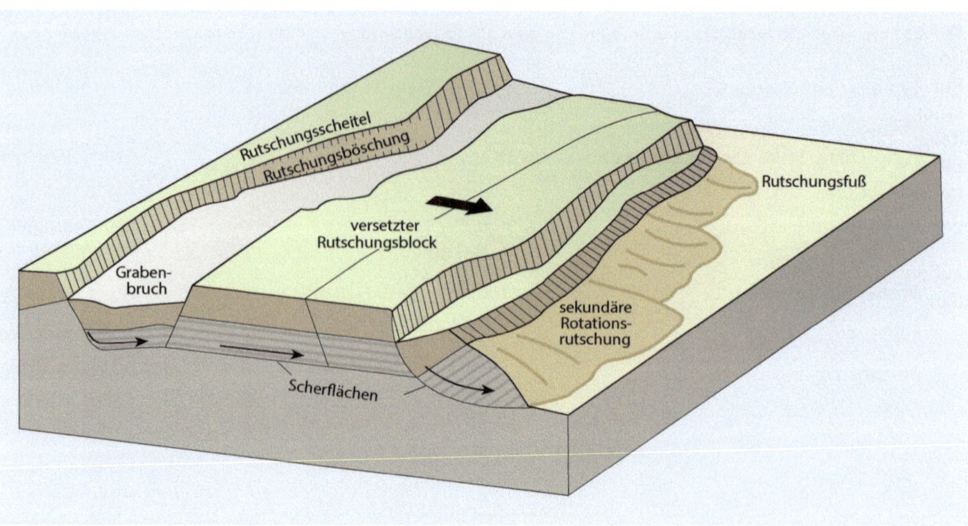

Abb. 10.19 Translationsrutschung in Form einer Blockgleitung. Dieser Rutschungstyp kann eine seitliche Ausdehnung von mehreren km und Scherflächentiefen bis zu 100 m erreichen. Am Rutschungsfuß hat sich eine sekundäre Rotationsrutschung entwickelt. (Verändert nach DOE 1994: Landsliding in Great Britain. S.57. Department of the Environment. Crown Copyright, Her Majesty's Stationery Office, HMSO, London)

Sie bilden den häufigsten Gleitprozess. Die Auslösung des Prozesses erfolgt dann, wenn die Scherfestigkeit des Fest- oder Lockergesteins durch die Scherspannungen am Hang überwunden wird. Der **Rutschungsblock** bewegt sich dem Hanggradienten folgend auf einer hangparallelen Scherfläche. Am Rutschungsfuß können sich sekundäre Rotationsrutschungen entwickeln.

Translationsrutschungen können in einer großen Magnitudenspannbreite auftreten. Blockgleitungen (Blockrutschungen) erreichen Mächtigkeiten bis zu 100 m. Im Verhältnis zur Längen- und Breitenausdehnung der Rutschung haben Translationsrutschungen eine geringe Mächtigkeit. Die Gleitfläche kann sich bereits bei sehr geringen Hangneigungen entwickeln. Nach Ablösung und Bewegung der gleitenden Masse kann sich im Rückhang durch Massenverlust eine Hohlform bilden, die als Graben bzw. Grabenbruch bezeichnet wird. Translationsrutschungen können kontinuierliche Bewegungen vollziehen, die von Beschleunigungsphasen unterbrochen werden. Die **Bewegungsraten** erreichen typischerweise Werte zwischen 50 und 150 mm pro Jahr. Schnellere Bewegungsraten, z. B. die Blockgleitprozesse im italienischen Piemont im November 1994 (Abb. 10.20 und 10.21), erreichten Bewegungsraten von mehreren m pro Tag. Translationsrutschungen treten bevorzugt bei oberflächenparalleler Schichtung von verschieden kompetenten Gesteinsserien auf. Diese Situation führt dazu, dass weniger resistente Schichten mit geringer Neigung gegen die freie Hangfläche einfallen. Prozessfördernd wirken auch andere hangparallele Gesteinsdiskontinuitäten, wie Kluftsysteme. Die Auslösung des Prozesses kann durch Versteilung, d. h. Entlastung, des Hangfußes, erosive Prozesse, künstliche Eingriffe (Böschungsversteilung, Belastungen durch technische Bauten oder Sedimentauftrag) oder hohe Grundwasserstände und Porenwasserdrücke erfolgen.

Translationsrutschungen in Form großer Blockgleitungen reagieren besonders sensitiv auf **Reaktivierungseinflüsse.** Kommt die Masse nach der initialen Entwicklung der Scherfläche zum Stillstand, befindet sich das System im Zustand der Restscherfestigkeit, d. h. in einem gegenüber den Vorbruchbedingungen instabileren Zustand. In dieser Situation führen technische Eingriffe in den Rutschungsfuß, punkthafte Wassereintritte, z. B. durch Rohrbrüche, oder natürliche Erosionsprozesse von Flüssen oder Wellen, zu Reaktivierungen des Gleitprozesses.

Neben der translationsförmigen Blockrutschung werden weitere Typen von Translationsrutschungen unterschieden, die als Schollenrutschung (Blattanbruch, Blaiken), Felsgleitung und Schuttrutschung bezeichnet werden. Schollenrutschungen weisen Scherflächentiefen von wenigen dm auf. Die Scherflächen entwickeln sich in der Regel an der Grenze zum unverwitterten oder leicht verwitterten Festgestein oder an pedogenetischen Horizontgrenzen. Die Diskontinuität des Untergrundmaterials an der Basis des Oberbodens bildet daher einen zentralen dispositiven Faktor für Schollenrutschungen. Sie können zu weitflächigen Bodenabträgen des nährstoffreichen Bodenhorizontes und dem vollständigen Verlust der Bodenproduktivität führen (Abb. 10.22).

An Hochgebirgshängen oder freien Felsflächen entwickeln sich translationsförmige **Felsgleitungen.** Die Bewegung erfolgt entlang einer mehr oder weniger ebenen oder leicht wellenförmigen Scherfläche. Dieser Rutschungstyp tritt bevorzugt an Hängen auf, bei denen die Hangneigung parallel zum Fallen des Festgesteins entwickelt ist. Dispositive Faktoren sind steile Felshänge, Schichtflächen oder Verwerfungsflächen, die hangparallel einfallen, und ausgeprägte Kluftsysteme. Häufige Auslöser bilden hohe Wasserdrücke im Poren- und Kluftsystem (Poren- und Kluftwasserdruck), die Entfernung des Widerlagers am Hangfuß oder Erdbebenerschütterungen. Die felsmechanischen Gründe liegen in Felsmassen, die eine derart große Schubspannung erzeugen, dass die Resistenz des intakten Festgesteins oder der Reibungswinkel an existierenden Diskontinuitäten überwunden werden kann. Dies kann auch durch die fortschreitende Schwächung

Abb. 10.20 Rutschungsböschung, Scherfläche und Rutschungsblock einer Translationsrutschung im Piemont, Italien. Der rechte Rutschungsblock ist ca. 2,50 m mächtig und hat sich von der Rutschungsböschung im linken Hintergrund nahezu unverformt ca. 200 m auf der Scherfläche bewegt. (Quelle: R. Dikau)

Abb. 10.21 Translationsrutschung in Form einer Blockgleitung im Piemont, Italien. Die Rutschungsblöcke haben eine Mächtigkeit von ca. 10 m. Sie sind auf der rechten Seite der Abbildung in Teilblöcke zerlegt, auf der linken Seite noch weitgehend unverformt. (Quelle: R. Dikau)

des Gesteinskörpers durch Verwitterung, die Entlastung der überlagernden Gesteinsschichten durch Erosion oder durch das Quellen hochplastischer, tonhaltiger, liegender Gesteinsschichten (Reibungswinkel $\varphi = 8-10°$) verursacht werden. In zahlreichen empirischen Studien wurden enge Beziehungen zwischen der Bewegung von Felsgleitungen und der Niederschlagsmenge festgestellt, wobei die Verzögerungszeiten zwischen dem Niederschlag und dem Beginn der Bewegung sehr kurz sein können.

Felsgleitungen weisen eine große Spannweite in Volumen und Geschwindigkeit auf. Sie stellen häufig ein enormes Gefahrenpotenzial dar und können zu katastrophalen Folgen führen. Eines der bekanntesten Beispiele ist die **Vajont-Felsgleitung** in den italienischen Alpen (Abb. 10.23), bei der am 9. Oktober 1963 über 270Mio. m^3 Gesteinsmasse in einen Stausee rutschten. Die erzeugte Flutwelle überflutete die Staumauer und tötete über 2000 Menschen (Dikau et al. 1996; Paolini und Vacis 2000; Paronuzzi und Bolla 2012).

10.5.3.2 Rotationsrutschung

Unter einer Rotationsrutschung wird eine mehr oder weniger **rotationsförmige Bewegung** von Fest- oder Lockergestein um eine gedachte Achse verstanden. Die Bewegung wird durch einen Gleitprozess verursacht, der eine konkave

Abb. 10.22 Flache Schollenrutschungen (neben weiteren gravitativen Massenbewegungen) im Südwesten Kolumbiens, die durch ein Erdbeben im Jahre 1994 ausgelöst wurden. Die Scherfläche der Schollenrutschung liegt an der Basis des A-Horizontes des Bodens und führt zu seiner weitgehenden Degradierung. (Quelle: Schuster & Highland 2003, Fig. 4, S. 9, U.S. Geological Survey)

Scherfläche hervorruft (s. Abb. 10.25). Charakteristisch für Rotationsrutschungen ist der geringe Grad der internen Verformung der bewegten Masse. Es ist häufig zu beobachten, dass die initial rotationsförmige Bewegung im Laufe des Prozesses in einen Fließprozess transformiert wird. Die Größe von Rotationsrutschungen ist variabel und umspannt Größenordnungen von wenigen Quadratmetern bis zu großen Körpern mit mehreren ha Ausdehnung. Der Prozess erzeugt ein ausgeprägtes Formenmuster, das eine Erkennung im Gelände erleichtert. Die starke Veränderung der Geomorphometrie des Hanges führt zu einem unregelmäßigen und unterbrochenen Gerinnemuster, das sich deutlich von den umgebenden ungestörten Hängen unterscheidet (Abb. 10.24, 10.25 und 10.26).

Während des Bruchprozesses kann die Masse durch weitere Rotationsmechanismen in mehrere Schollen zerlegt werden. Im Bereich des **Rutschungskopfes** neigen sich die rotierenden Blöcke rückwärts in den Hang hinein. Im Bereich des Rutschungsfußes entwickeln sich häufig Loben mit radialen Spannungsrissmustern, die ein fließendes Prozessverhalten zeigen. Die Bewegungsraten von Rotationsrutschungen umfassen eine weite Spannbreite. Sie reichen von wenigen cm pro Jahr bis zu mehreren m pro Sekunde.

Die wesentlichen Materialeigenschaften für die Disposition und Auslösung von Rotationsrutschungen sowie diagnostische Merkmale sind in Tab. 10.9 dargestellt. Durch Entwicklung der initialen Rutschungsböschung wird der Hang destabilisiert und nachfolgende Rutschungsprozesse werden ermöglicht, sodass sich der Rutschungsscheitel sukzessive rückschreitend hangaufwärts verlagert. Unter bestimmten Bedingungen kann sich damit aus einem einzelnen Prozess eine **Prozesskette** entwickeln, die bei genügender Zeit den Hangscheitel erreicht.

10.5.4 Gravitatives Fließen

In der Prozessgruppe der gravitativen Massenbewegungen bezeichnet das Fließen einen **Nichtnewton-Fluidtyp,** der die Kategorien des viskos-plastischen Murgangs, des Kriechens und die Gruppe der granularen Mechanismen umfasst. Er ist in Abgrenzung zu den flüssigkeitsgesteuerten Prozessen des Wasserabflusses und des hyperkonzentrierten Abflusses primär feststoffgesteuert. Gravitative Fließprozesse können sehr effektiv sein und Fest- und Lockergestein in hoher Magnitude transportieren. Gravitatives Fließen zeigt ein **plastisches Fließverhalten** mit kontinuierlicher irreversibler Materialdeformation.

Abb. 10.23 Katastrophale Felsgleitung von Vajont in den Dolomiten, italienische Alpen, vom 9. Oktober 1963. Die Rutschungsmasse bestand aus bis zu 350 m mächtigen Kalksteinschichten. Der Vordergrund zeigt die Rutschungsmasse, die den Stausee verfüllt hat. Der orographisch rechte Rutschungsanriss hat eine Höhe von ca. 200–300 m. (Quelle: R. Dikau)

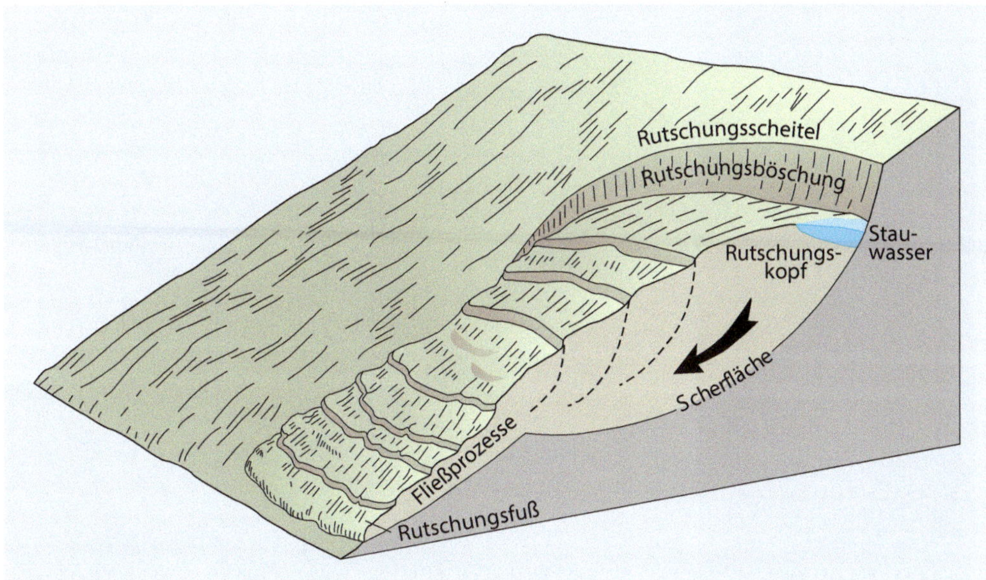

Abb. 10.24 Rotationsrutschung mit Ausbildung einer Bruchstruktur mit primärer konkaver Scherfläche und weiteren sekundären Scherungen. Der Rutschungskopf ist häufig gegen den Hang geneigt, sodass sich Stauwasser bilden kann, das der Scherfläche kontinuierlich Wasser zuführt und destabilisierend wirkt. Häufig wird der Gleitprozess in Richtung des Rutschungsfußes in plastische Fließprozesse transformiert. (Verändert nach Varnes 1978, vgl. Fig. 2.1)

Abb. 10.25 Rotationsrutschung in den Weinbergen des Rheinhessischen Tafellandes bei Bingen. Die rutschungssensitiven Schichten werden durch wechsellagernde paläogene Tone und Sande gebildet. (Quelle: R. Dikau)

10.5.4.1 Murgang

Der Murgang ist ein Nichtnewton-Fluidtyp in Form eines **Mehrstoffgemisches,** das aus Sediment, Wasser und Luft besteht. Das rheologische Verhalten des Murgangs wird von der Wasser- und Feststoffkomponente gesteuert und unterscheidet sich deutlich von hyperkonzentrierten Abflüssen und Wasserabflüssen (Tab. 10.10). Das Gemisch besitzt eine Scherfestigkeit und zeigt ein viskoplastisches Fließverhalten, das als **Bingham-Fließen** bezeichnet wird. Es wird durch die Kohäsion zwischen den Partikeln, den Auftrieb, die Reibungswiderstände zwischen den Partikeln und die daraus entstehenden Spannungen erklärbar. Durch den hohen viskosen Anteil kann in der bewegten Masse eine laminare Strömung entstehen, in der turbulente Störungen gedämpft werden. Die Fließgeschwindigkeit von Murgängen ist in erster Linie von der Art und Konzentration der Feststoffe abhängig. Der Murgang weist als Bingham-Fluid ein typisches Geschwindigkeitsprofil auf, das einen trogförmigen Abflussquerschnitt zeigt. Ein großer Teil der Masse bewegt sich in Form eines Pfropfens *(plug)* mit etwa gleicher Geschwindigkeit. Zu den Rändern und zur Sohle des Gerinnes erfolgt ein rascher Geschwindigkeitsabfall (Abb. 10.27).

Murgangsysteme sind durch die Komponenten Anrissgebiet, Murgerinne, Murkopf und Murkegel charakterisiert (Abb. 10.28, 10.29 und 10.30). Im Anrissgebiet wird das initiale Lockergestein bereitgestellt. Das Material fließt in einem **Murgerinne,** das in der Regel bereits vorhanden

Abb. 10.26 Rotationsrutschung an der englischen Südküste in Dorset. Der gesamte Rutschungskörper hat eine Mächtigkeit von ca. 200 m und reicht bis auf Meeresniveau. Er ist durch sekundäre Scherungen in mehrere Schollen zerlegt worden. Der Rutschungsfuß wird durch die Wellenerosion der Nordsee kontinuierlich beseitigt und destabilisiert, sodass die Gleitprozesse aktiv bleiben. Hangaquatische und gravitative Prozesse auf kleinerer Raumskale führen zu Fließstrukturen und zur Glättung der Oberfläche. (Quelle: R. Dikau)

Tab. 10.9 Dispositive Faktoren von Rotationsrutschungen und diagnostische Merkmale von reliktischen Rotationsrutschungen

Dispositive und auslösende Faktoren für Rotationsrutschungen	Diagnostische Merkmale von reliktischen Rotationsrutschungen
– steile Hänge – wenig konsolidierte Tone, Hangausbisse von Tonen – Schichtenfolge von durchlässigem über wenig durchlässigem Gestein – technische Hangunterschneidung – Hangfußerosion durch Flüsse und Wellen – Erhöhung des Grundwasserspiegels – Starkniederschläge – Schneeschmelze – Erdbeben	– hügelige Oberfläche – erkennbarer Rutschungsfuß mit ausgeprägtem, steilem Lobus – Rutschungskopf mit rückwärts gegen den Hang geneigten oder flachen Oberflächen – Zugrisse am Rutschungsscheitel – Vertiefungen mit Sediment und organischem Material verfüllt – Abflachung und Verfüllung der Oberfläche mit zunehmendem Alter bei Erhalt der Scherflächen und der internen Bruchstruktur

ist und durch vorherige Murgang- und/oder fluviale Prozesse (alpiner Wildbach) gebildet wurde (Abb. 10.28). Ein Ausbrechen aus diesen Gerinnen, vor allem an Gerinnekrümmungen, ist möglich und stellt eine besondere Naturgefahr dar. Das Murgerinne wird seitlich von zwei Sedimentwällen begrenzt, die als Levées bezeichnet werden. Der Depositionsraum wird **Murkegel** genannt (Abb. 10.29 und 10.30). Hier kann sich der Prozess lateral ausbreiten, durch Wasserverlust zum Stillstand kommen und lobenartige Ablagerungsformen (Murloben) mit ausgeprägten steilen Stirnbereichen (Murköpfe) bilden. Bei einem Weitertransport kann das Sediment einen Fluss erreichen und durch das fluviale System aufgenommen und weitertransportiert werden. Gegenüber fluvialen Depositionsformen weisen Murkegel in der Regel steilere Neigungen auf. Ihre Oberfläche hat eine konvexe Geomorphometrie und eine aufgrund der zahlreichen Ablagerungsformen unruhige Oberfläche *(hummocky topography)*.

Tab. 10.10 Eigenschaften von Murgängen im Vergleich zu hyperkonzentrierten Abflüssen und Wasserabflüssen (Selby 1993)

Prozesstyp	Sedimentkonzentration (Gew.-%)	Dichte (Mg m^{-3})	Scherfestigkeit (N m^{-2})	Fluidtyp	Sedimenteigenschaft
Murgang	70–90	1,8–2,6	>20	Nichtnewton, viskos-plastisch	Hochgradig unsortiert, Sehr feste Einbettung von Steinen und Blöcken im Feinsediment
Hyperkonzentrierter Abfluss	40–70	1,3–1,8	10–20	Nichtnewton	Schwach sortiert, Schwache stratigraphische Struktur
Wasserabfluss	1–40	1,01–1,3	<10	Newton	Sortiert, sehr gute stratigraphische Struktur

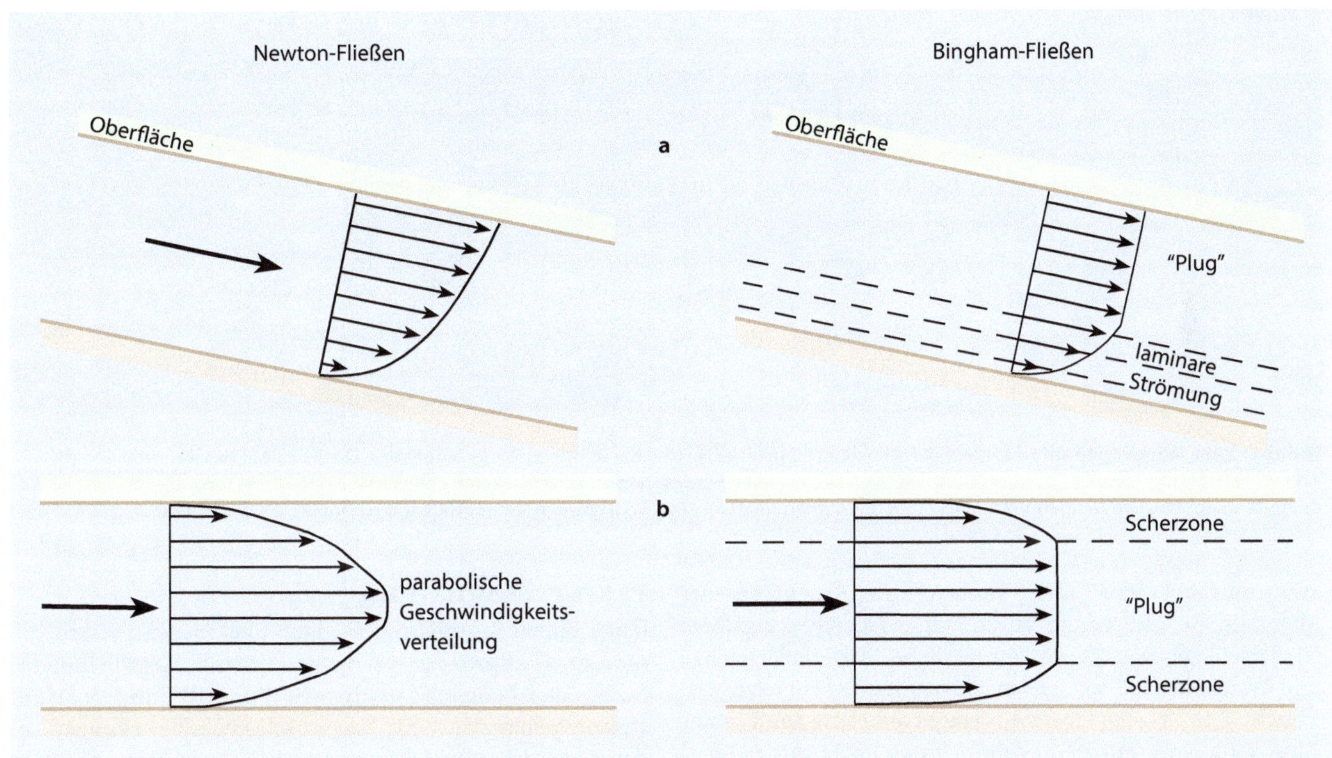

Abb. 10.27 Geschwindigkeitsverteilungen von Newton- und Bingham-Fluiden. **a** vertikales Längsprofil, **b** horizontales Oberflächenprofil. Murgänge zeigen ein Bingham-Fließverhalten und entwickeln im zentralen Bereich der Masse einen Pfropfen *(plug)* mit nahezu gleichen Fließgeschwindigkeiten. (Verändert nach Selby 1993: Hillslope Materials and Processes. 2. Auflage. Oxford University Press, Oxford. © 1992. Abdruck mit Genehmigung von Oxford University Press erteilt durch Copyright Clearance Center, Inc.)

Die Bildung der Levées des Murgerinnes (Abb. 10.28) ist dadurch zu erklären, dass die hohen Geschwindigkeitsgradienten an den Seiten des Murgangs Grobmaterial in die laterale Gerinnezone bringen, das hier durch Wasserentzug und Geschwindigkeitsreduktion deponiert werden kann. Murgänge können auf diese Weise auf ihrem Weg von der Quelle zur Senke größere Materialmengen verlieren. Sie können andererseits aufgrund ihrer hohen Dichte und Auftriebskräfte sehr große Blöcke transportieren. Diese Blöcke werden häufig als Geschiebe während des Massentransportes aus der Gerinnesohle aufgenommen. Der Murgang besitzt damit ein extrem hohes **Erosionspotential,** wobei Erosionstiefen von 10 m und mehr bei Einzelereignissen in wenigen Stunden möglich sind. In Abhängigkeit von ihrer Viskosität und Hangneigung können Murgänge große Distanzen überwinden.

Die Anrissgebiete von Murgängen in Hochgebirgen sind durch unkonsolidierte Fest- oder Lockergesteine in Form von allochthonem und autochthonem Schutt sowie glazigenen und periglazialen Sedimenten charakterisiert. Hierbei wird zwischen Hangmuren (Anrisse oft in unkonsolidierten Hangsedimenten am Fuß von Felswänden, Abb. 10.30) und Gerinnebettmuren (Mobilisierung von durch fluviale Prozesse oder vorausgegangene Murgänge akkumuliertem Material im Wildbach selbst) unterschieden. Der wichtigste **Auslöseprozess** besteht in einem hohen

Abb. 10.28 Murgerinne am Eintritt auf den Murkegel (Kegelapex) in den Kanadischen Rocky Mountains. Der Eintritt in das Haupttal und die Abnahme der Hangneigung erzeugen einen lateralen Depositionsraum, in dem sich der Murkegel entwickeln kann. Die Seitenwälle (Levées) sind deutlich erkennbar. Das Murgerinne wird zur Zeit der Aufnahme durch das Niedrigwasser eines Wildbaches genutzt. (Quelle: R. Dikau)

Wasserangebot und einer starken Durchfeuchtung des Materials. Er wird häufig durch langandauernde, ergiebige Niederschläge, konvektive sommerliche Starkniederschläge und Niederschläge mit gleichzeitiger Schneeschmelze verursacht. Die Ursache eines Murganges am Hang kann in der Auslösung eines initialen Gleitprozesses im Lockermaterial liegen. Durch weitere Aufnahme von Wasser erfolgt eine Transformation der Masse in das Bingham-Fluid des Murgangs. Dabei sind an Hangneigungen von über 27° nötig, während für die Initiierung im Gerinnebett schon deutlich geringere Gefälle (>15°) ausreichend sind. Die Anrissfläche und das Anrissvolumen eines Murganges können sehr klein sein. Durch die hohe erosive Leistung des Prozesses kann diese initiale Materialmenge durch Aufnahme von Sediment aus der Gerinnesohle und den Gerinneflanken während des Transportes schnell anwachsen. Auch im Gerinne selbst kann ein Übergang von einem Newton-Fließen in das Bingham-Fließen erfolgen. Diese Materialaufnahme und Prozesstransformation ist auch möglich, wenn ein Murgang mit hoher Geschwindigkeit auf andere Lockergesteinskörper, z. B. eine Sturzhalde, trifft.

10.5.4.2 Schuttstrom

Unter einem Schuttstrom wird ein überwiegend **viskos-granularer Fließprozess** verstanden. Seine Geschwindigkeit bewegt sich lediglich zwischen 10^{-8} und 10^{-1} m s^{-1}. Schuttströme gelten damit als langsame Massenbewegungen. An der Basis der Masse können auch Gleitprozesse auftreten. Ihr Anteil am gesamten Bewegungsmechanismus ist in der Forschung allerdings umstritten (Dikau et al. 1996). Schuttströme können sich bei ausreichendem Wasserangebot aus Rutschungsprozessen entwickeln. Dabei wird das Material des Rutschungsfußes in den viskos-granularen Prozesstyp transformiert (Abb. 10.24), wodurch sich die Reichweite der initialen Rutschungsmasse massiv verlängern kann.

10.5.4.3 Felsfließen

Unter Felsfließungen werden tiefreichende, langandauernde und sich mit sehr geringen Geschwindigkeiten bewegende Festgesteinskörper verstanden, die an großen Hangflanken in Hochgebirgen auftreten. Die Mechanismen sind noch nicht vollständig verstanden, es wird jedoch vermutet, dass sie durch eine Kombination von **Tiefkriechen** sowie Scher- und

Abb. 10.29 Landwirtschaftlich genutzter Murkegel von Umhausen im Ötztal, Österreich. Die konvexe Oberflächenform ist deutlich erkennbar. Die Murgangdepositionen (Seitenwälle, Murköpfe) wurden im Zuge der landwirtschaftlichen Nutzung von der Oberfläche entfernt. (Quelle: R. Dikau)

Driftprozessen verursacht werden. Es sind tiefreichende gravitative Hangdeformationen, die in der englischsprachigen Terminologie als *deep-seated gravitational slope deformation* (DSGSD) bezeichnet werden (Dikau et al. 1996). Weidner (2000) liefert eine ausführliche Diskussion der historischen Begriffsentwicklung und der Mechanismen des Phänomens. In Moser et al. (2017) wird der Prozesstyp zusammenfassend diskutiert und mit zahlreichen empirischen Beispielen erörtert. Die **Terminologie des Prozesses** ist nicht einheitlich. Dikau et al. (1996) bezeichnen die gesamte Prozessgruppe des Felsfließen als Sackung, Prinz und Strauß (2018) verwenden den Begriff Talzuschub, während Moser et al. (2017) von tiefgreifenden Hangdeformationen sprechen. Felsfließungen sind dadurch charakterisiert, dass ihr Volumen sehr groß ist und ihre Mächtigkeit mehrere 100 m erreichen kann. Ihre Bewegungsrate ist mit wenigen mm bis cm pro Jahr im Verhältnis zur Magnitude sehr gering. Felsfließungen können sich nur dort entwickeln, wo die Hänge hoch genug sind, um eine ausreichende Druckspannung im Festgestein zu erzeugen und eine ausreichende Materialstabilität vorliegt, um den Fließprozess ausbilden zu können. Solche Hänge sind typisch für:

- Täler in Regionen mit starker tektonischer Hebung,
- hohe Küstenkliffe und
- erst in jüngerer Vergangenheit eisfrei gewordene Hochgebirge.

In Anlehnung an die Arbeiten von Weidner (2000) wird in der hier verwendeten Systematik die Felsfließung in drei Prozessbereiche gegliedert. Sie umfassen die Bergzerreißung, die Sackung und den Talzuschub, die dem Ober-, Mittel- und Unterhang zugeordnet werden (Abb. 10.31).

Felsfließungen werden durch Tiefkriechmechanismen im mittleren Bereich hoher Talhänge verursacht. Hier herrschen sehr hohe Druckspannungen, die zum viskosen Fließen des Festgesteins führen und eine basale plastische Deformation des Materials hervorrufen. Dabei müssen sich nicht notwendigerweise Scherflächen ausbilden. Die Deformationszone der Massenbewegung kann sich auch auf geologisch vorgegebenen Flächen entwickeln, wie Trenn-, Schicht- und Schieferungsflächen. Das Tiefkriechen führt zu einem toposequenziell differenzierten Prozessgeschehen am Hang. Im Mittelhang kommt es durch die hohen Druckspannungen zum flächenhaften Einsinken des Gesteinskörpers, was als **Sackung** bezeichnet wird. Es entstehen spröd-bruchhafte Verformungen, was die Bildung von Verflachungen, Mulden, Spaltenzonen und Nackentälern nach sich zieht. Bei spezifischer Lithologie können hier vermutlich

■ **Abb. 10.30** Murkegel auf der Südinsel Neuseelands. Der kräftig entwickelte Murkegel besteht aus zahlreichen additiven Murgerinnen, Levées und Murköpfen unterschiedlichen Alters. (Quelle: R. Dikau)

auch laterale Driftprozesse auftreten, bei denen eine spröde Gesteinsdecke auf einer duktilen Unterlage driftet. Das Einsinken des Gesteinskörpers im Mittelhang führt im Oberhang zu Zugspannungen, die zu Hangzerreißungsklüften und Doppelgraten führen. Diese Zone der Felsfließung wird als **Bergzerreißung** bezeichnet (■ Abb. 10.32). In der Unterhangzone ist eine Ausbauchung und konvexe Aufwölbung der Oberfläche zu beobachten, die zu einer Übersteilung des Hangfußes und sogar zur Hebung der gesamten Talsohle führen können. Der Vorgang wird daher als **Talzuschub** bezeichnet. Gegenüber den Bereichen der Bergzerreißung und der Sackung findet hier ein Massenzuwachs statt. Im Übergangsbereich zwischen Sackung und Talzuschub kommt es häufig zur Ausbildung von Hangverflachungen, die bevorzugte Flächen für die Anlage von Siedlungen bilden (■ Abb. 10.33).

Alpine Felsfließungen treten häufig in metamorphen Gesteinen wie Gneisen, Glimmerschiefern oder Phylliten auf. Ihre Geschwindigkeit liegt häufig im Bereich von wenigen mm bis cm pro Jahr, allerdings sind auch höhere Bewegungsraten von mehreren m pro Jahr beobachtet worden (Moser et al. 2017). Felsfließungen bilden beträchtliche Gefahrenpotenziale, da die langsame kriechende Hangdeformation in eine beschleunigte Bewegung übergehen kann, sodass der Kollaps der Masse zu Prozessen hoher Magnituden führen könnte.

10.5.5 Driften

Unter Driften wird eine Bewegung von kohäsiven Fest- oder Lockergesteinsdecken verstanden, die einer deformierbaren, weicheren Materialmasse aufliegen. Der liegende Gesteinskörper weist duktile Eigenschaften auf. Er wird plastisch deformiert und führt dadurch zu mechanischen Beanspruchungen der hangenden spröden Gesteinsschichten. Das Driftphänomen umfasst eine äußerst diverse Prozessgruppe in unterschiedlichen Raum- und Zeitskalen mit unterschiedlichsten Bewegungsraten zwischen wenigen mm pro Jahr bis zu mehreren m pro Sekunde. Der Prozess wird sowohl in Festgesteinsmassen als auch in wenig konsolidierten Lockergesteinen beobachtet. Bei relativ homogenen Locker- und Festgesteinen zerbricht die hangende Masse in

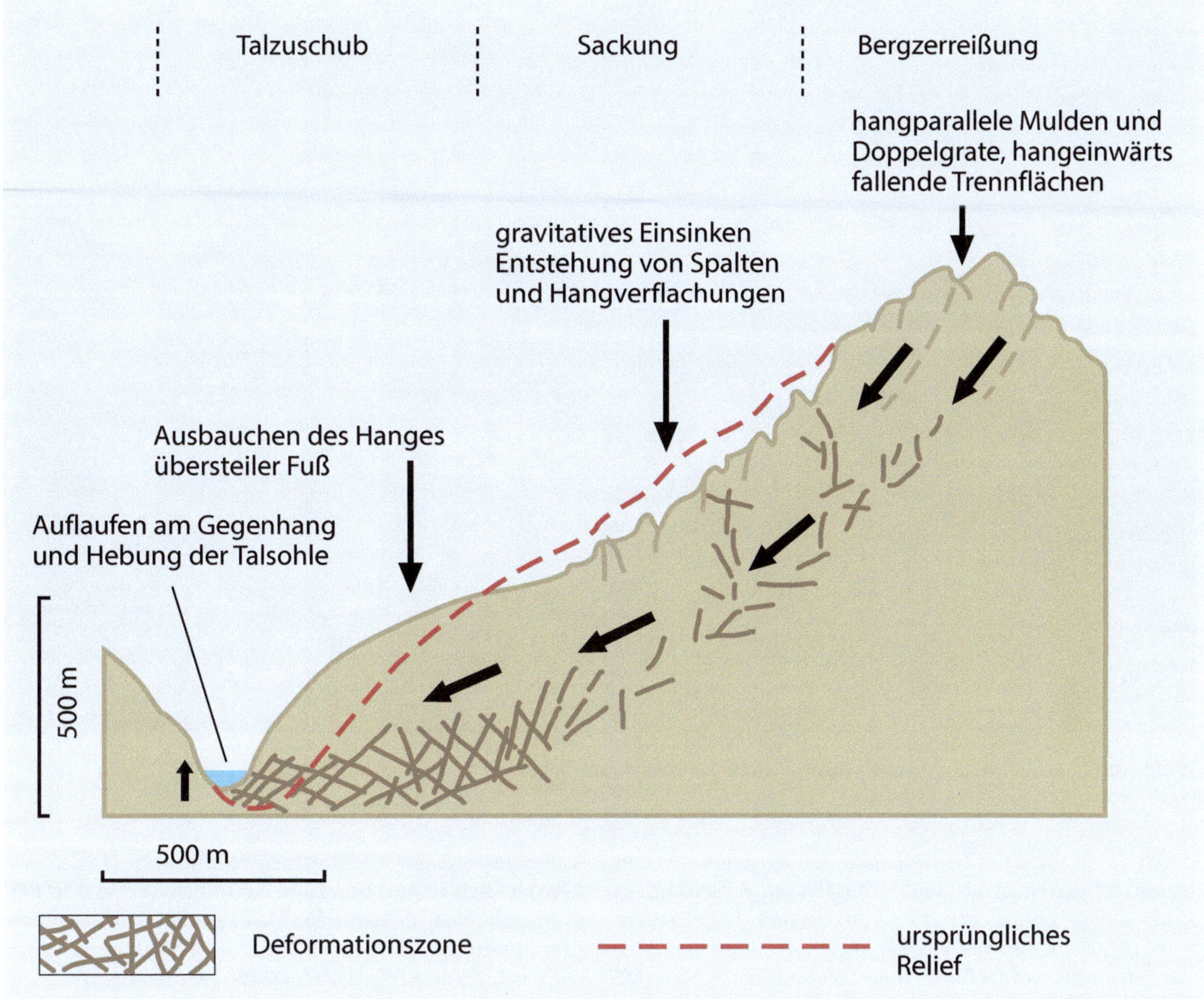

Abb. 10.31 Schematische Darstellung einer Felsfließung, die in die Hang- und Prozessbereiche der Bergzerreißung, der Sackung und des Talzuschubs gegliedert wird. (Verändert nach Weidner 2000, Abdruck mit Genehmigung von Stefan Weidner)

einzelne Teile, woraus sich **Horst- und Grabenstrukturen** entwickeln können, in die das unterliegende Material eingepresst werden kann (Abb. 10.34). Es wird heute angenommen, dass sich in den liegenden duktilen Materialien vermutlich keine Scherflächen entwickeln, sodass hier keine Gleitmechanismen auftreten. Die Bewegung der Gesteinsdecken ist eher passiv und in hohem Maße von den Eigenschaften der duktilen Schichten abhängig. An den Rändern derartig zerlegter Festgesteinsdecken können sich Ausbuchtungen im weicheren Material bilden. Auch sind hier häufig weitere gravitative Prozesse wie Fallen, Kippen und Rutschungen zu beobachten. In Hochgebirgen können Driftprozesse in den Oberhängen von Felsfließungen als Bergzerreißung auftreten und durch Zerlegung der Gesteinsmasse zu Doppelgraten, Grabeneinschnitten und Rissen führen (Abb. 10.34). Ihre Volumina können mehrere km^3 umfassen, wobei sie überwiegend sehr geringe Bewegungsraten aufweisen.

Driftprozesse in Lockergesteinen beruhen auf einer initialen plastischen Deformation und dem folgenden Kollaps der sensitiven liegenden Sedimentschichten, die wassergesättigt sind. Dadurch werden Senkungsprozesse oder sich erweiternde und fortpflanzende (progressive) Bruchprozesse des hangenden Materials erzeugt (Abb. 10.35). Der Festigkeitsverlust der sensitiven Schichten kann sich über sehr langen Zeitskalen von Jahrtausenden entwickeln. Auffällig sind die Plötzlichkeit des Eintretens des Prozesses und seine kurze Dauer, die häufig nur wenige Minuten beträgt. Die Prozesse treten bereits bei sehr geringen Hangneigungen und häufig in Küstenregionen auf.

In den kollabierenden hangenden Schichten kann eine Vielzahl von Folgeprozessen auftreten. Dazu zählen vertikale Absenkungen, Materialbruch, Rotationsrutschungen oder Fließprozesse in Form von **Quicksand.** Das Ausfließen von Sand aus den Untergrundschichten an die Oberfläche wird

10

Abb. 10.32 Bergzerreißungszone des Oberhanges der Felsfließung am Gigigrat im Turtmanntal, Wallis, Schweiz. (Quelle R. Dikau)

durch den Kollaps des Partikel- und Porensystems von sehr locker gelagerten Sand- und Schlufflinsen verursacht. Er kann durch Erdbebenerschütterungen und hohe Porenwasserdrücke verursacht werden, die zum Zusammenbruch des sensitiven Korngerüstes unter Bildung einer Materialsuspension führen. Damit verbunden sind ein plötzlicher Festigkeitsverlust und die Reduktion des Materialvolumens, was zu beträchtlichen Schäden an Bauwerken und Infrastrukturwerken führen kann.

In sensitiven Tonen kann es zum **Quicktondriften** kommen. Bei diesem Prozess kollabiert und verflüssigt sich eine Tonschicht im liegenden Untergrund, die in eine viskose Masse transformiert wird. Der sensitive Ton wird als **Quickton** bezeichnet. Er ist durch seine spezifische geochemische Zusammensetzung und Dynamik charakterisiert und wird unter marinen oder litoralen Bedingungen gebildet. Hier wurden während der letzten Eiszeit in küstennahen Regionen Tone sedimentiert, deren Stabilität durch stabile Meersalzstrukturen positiv beeinflusst wurde. Die holozäne Hebung der Sedimente führte zur Lösung und Auswaschung der Salzstrukturen aus dem Porenraum, sodass die Festigkeit der Tone kontinuierlich reduziert und das System in die Nähe der Grenzbedingung geführt wurde. Wie die Quickton-Katastrophe in Rissa (Norwegen) im Jahre 1978 gezeigt hat, benötigt ein derart sensitives System heute lediglich kleinskalige mechanische Auslöser, z. B. in Form einer künstlichen Hangunterschneidung, um den Kollapsprozess der Tonschichten zu initiieren (Dikau et al. 1996). Durch Progression kann der initiale Prozess Größenordnungen von mehreren km^2 annehmen. Auch seismische Erschütterungen können zu Quickton-Katastrophen führen, wie das Erdbeben in Alaska im Jahre 1964 gezeigt hat.

10.5.6 Hybrid-komplexe Prozesse

In der Gruppe der gravitativen Massenbewegungen versteht man unter hybrid-komplexen Prozessen eine Kombination unterschiedlicher gravitativer Prozesstypen. Der deutsche Begriff „komplex" basiert auf der traditionellen englischsprachigen Terminologie, die die Begriffe *complex landslide* oder *complex slope movements* für diese Prozessgruppe verwendet (WP/WLI 1993; Dikau et al. 1996). Ein typischer Prozessablauf ist beispielsweise dadurch charakterisiert, dass der initiale Prozess eine Translationsrutschung in Form einer Felsgleitung darstellt, die während der gleitenden Hangabwärtsbewegung in einen Fall- und dieser in einen Fließprozess transformiert wird. In diesem Sinne muss die Verwendung des Begriffs „komplex" von seiner Verwendung in ▶ Kap. 3 (komplexe Systeme) unterschieden werden, obwohl es durchaus möglich ist, dass das Prozessgeschehen komplex-nichtlinearen Gesetzen folgt. Es erscheint aus diesen Gründen sinnvoll, den gravitativen Prozessbegriff komplex *(complex)* durch den

Abb. 10.33 Felsfließung von Grächen im Mattertal, Schweiz. Die Sackungszone umfasst den gesamten zentralen Bildausschnitt. Sie weist eine Fläche von 13 km² und Bewegungsraten von 5 mm pro Jahr auf (Novarraz et al. 1998). Die Gemeinde Grächen liegt auf den Hangverflachungen der Sackung. Der zerrüttete Fels oberhalb der Waldgrenze bildet die Zone der Bergzerreißung, die das Quellgebiet für zahlreiche Blocksturzprozesse darstellt. (Quelle: R. Dikau)

Begriff **„hybrid-komplex"** (Hybrid = Mischung, Gebilde aus zwei oder mehreren Komponenten) zu ersetzen bzw. zu ergänzen. Er beschreibt das Verhalten dieser gravitativen Prozessgruppe angemessener.

10.5.6.1 Bergsturz

Der Bergsturz stellt den zentralen Prozess der hybrid-komplexen Prozessgruppe dar. Unter einem Bergsturz wird die Bewegung einer sehr großen Masse (>1 Mio. m³) meist trockenen Fest- und Lockergesteins verstanden, die durch den **Kollaps eines Hanges** oder eines Felskliffs ausgelöst wird. Die Masse kann sich mit Geschwindigkeiten über 100 km pro Stunde selbst bei geringen Hangneigungen über weite Distanzen bewegen. Die Reichweiten von Bergstürzen können mit >10 km ungewöhnlich hohe Werte erreichen, sodass sie zu den gravitativen Massenbewegungen mit der höchsten Mobilität zählen. Mit diesen Dimensionen kann der Bergsturzprozess extrem hohe Schäden verursachen. Der Ablauf lässt sich in die drei Phasen der Materialablösung aus dem Gesteinsverband, des Materialtransportes entlang eines geneigten Transporthanges und der Materialdeposition in einer Bergsturzmasse gliedern. Die Ablagerungsmassen von Bergstürzen können große Flächen bedecken und Auslaufstrecken erreichen, die bis zum Zehnfachen der Fallhöhe betragen. Die Depositionen weisen in der Regel eine hügelige Oberfläche auf, die durch Rücken und Senken gegliedert ist (Abb. 10.36). Bergstürze zählen damit zu den geomorphologisch effektivsten Prozessen. Das geomorphologische Standardwerk zu den Bergstürzen in den Alpen bildet die Arbeit von Abele (1974), der weitere Publikationen aus Geomorphologie und Felsmechanik gefolgt sind, z. B. Erismann und Abele (2001) oder Evans et al. (2006).

Durch die hohe Masse des Bergsturzmaterials entstehen spezifische Prozessbedingungen und -abläufe, die ihre **hohe Mobilität** erklären (Abele 1974; Erismann und Abele 2001; Evans et al. 2006). Dabei bildet die Reibung zwischen der Sturzmasse und dem Untergrund eine zentrale Rolle. Bergstürze mit großen Volumina fallen und gleiten kurz nach der Auslösung des Prozesses (Hangversagen im Festgestein) entlang des Transporthanges. Die Masse wird mit fortlaufender Bewegung in **Trümmerfragmente** zerlegt, die zunehmend ihre Kohäsion verlieren. Dabei entwickelt sich eine Mischung von Einzelpartikeln unterschiedlicher Korngrößen, die dazu führt, dass der Sturzprozess in ein **trocken-granulares Fließen** mit hohen Anteilen von Partikelkollisionen

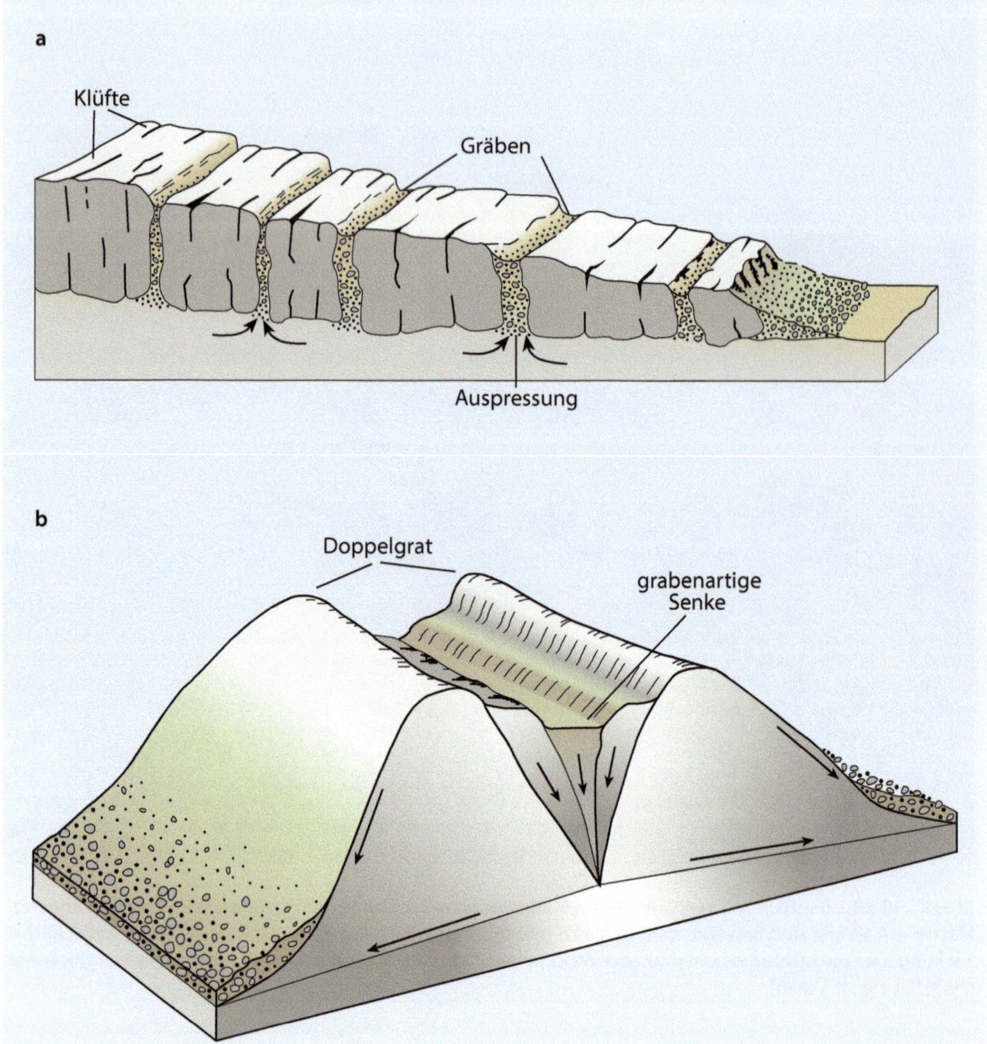

Abb. 10.34 Driftprozesse **a** durch eine Gesteinsabfolge, bei der sprödes über duktilem Untergrundmaterial liegt und **b** in der Bergzerreißungszone einer Felsfließung. (Verändert nach Dikau et al. 1996: Landslide Recognition. Identification, movement and causes. © 1996. Abdruck mit Genehmigung von John Wiley and Sons Inc. erteilt durch Copyright Clearance Center, Inc.)

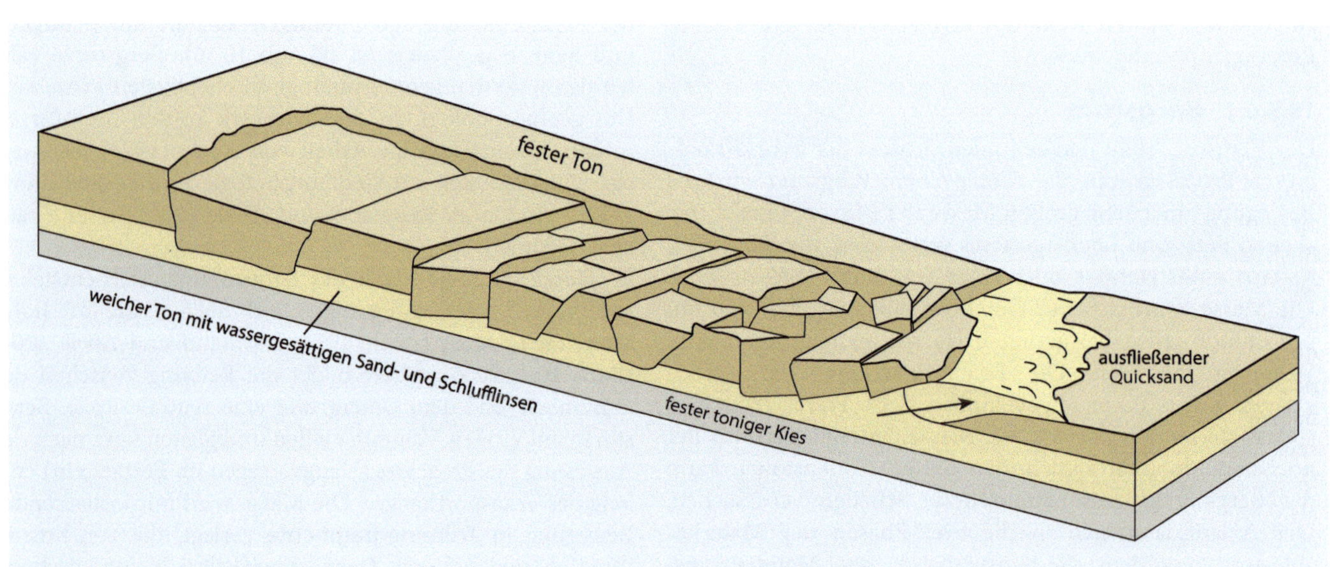

Abb. 10.35 Lockergesteinsdriften einer hangenden Tonschicht durch den plötzlichen Kollaps einer Sedimentschicht mit wassergesättigten Schluff- und Sandlinsen. Am Fuß der Driftform fließt Quicksand an die Oberfläche. (Nach Varnes 1978: Slope Movement Types and Processes. Transportation Research Board Special Report 176. Abdruck mit Genehmigung von National Academy of Sciences erteilt durch National Academies Press, Washington, D.C.)

Abb. 10.36 Depositionsgebiet des Eibsee-Bergsturzes nördlich der Zugspitze in den deutschen Alpen in Blickrichtung N von der Zugspitze auf die Bergsturz-Deposition. Der Prozess ereignete sich vor ca. 3700 Jahren. Die Sturzmasse brandete auf den Gegenhang auf und besteht aus Senken und Rücken. Der Eibsee hat vermutlich bereits vor dem Sturzprozess bestanden. Die Reichweite der Masse reicht bis zur heutigen Gemeinde Grainau am rechten Bildrand. Der Bildvordergrund zeigt einen Teil des Anrissgebietes des Bergsturzes, der den Gipfel der Zugspitze um ca. 300 m erniedrigt hat. (Quelle: R. Dikau)

transformiert wird. Während der Talfahrt kann die Masse Material aus der Unterlage der Fahrböschung aufnehmen. Dadurch können an der Basis der Bergsturzmasse Schmierungsprozesse durch Wasser oder wasser- und tonhaltige Sedimente entstehen. Diese undrainierte Belastung *(undrained loading)* führt zu einer Verringerung der Reibung, die die Mobilität der Masse stark erhöhen kann und zu sehr langen Auslaufstrecken führt. Weitere Begründungen für hohe Auslaufstrecken werden in der extremen **Reibungswärme an der Basis** des Bergsturzes vermutet, die zu Schmierungen durch Gesteinsschmelzen führt und heute durch Reibungsbrekzien, z. B. beim Bergsturz von Köfels, nachgewiesen werden kann. Außerdem kann die Wasseraufnahme aus dem Untergrund zu Verflüssigungsprozessen und sehr schnellen Erhöhungen des Porenwasserdruckes führen. Bei Kollapsprozessen von Vulkanflanken wird dieser Prozess als Flankenkollaps oder vulkanischer Bergsturz bezeichnet (▶ Abschn. 10.5.6.3). Dieser Begriff berücksichtigt, dass es sich bei der Materialmasse von Vulkanen um vulkanische Fest- und Lockergesteine handelt.

Zu den dispositiven und auslösenden Faktoren und Prozessen von Bergstürzen (Tab. 10.11) existieren kontroverse wissenschaftliche Erklärungen. Zu den wichtigsten **dispositiven Eigenschaften** zählen Lithologie und Gesteinsstruktur. Das hohe Bergsturzvorkommen in den nördlichen Kalkalpen weist darauf hin, dass Kalkstein in Kombination mit der tektonischen Deckenüberschiebung in langen Zeitskalen Gunstsituationen geschaffen haben, die durch tektonische und geochemische Materialentfestigung verstärkt wurden. Zu den wichtigsten auslösenden Prozessen von Bergstürzen zählen Erdbeben und Starkniederschläge. Die kontrollierenden Faktoren und Prozesse der abgehenden Bergsturzmasse umfassen sowohl die geomorphometrischen Eigenschaften der Fahrböschung als auch die bodenmechanischen Eigenschaften des Untergrundes. Von hoher Bedeutung sind die Reibungs- und Verflüssigungsprozesse während der Talfahrt des Bergsturzes. Im Sinne der geleisteten geomorphologischen Arbeit zählen Bergstürze zu den effektivsten und gefährlichsten geomorphologischen Prozessen. Die in kürzester Zeit bewegte Gesteinsmenge kann extrem hohe Magnituden erreichen (Tab. 10.12).

Die gewaltigen Ausmaße eines Bergsturzes und seine geomorphologischen Folgen lassen sich sehr gut am **Bergsturz von Köfels** im Ötztal (Österreich) erkennen. Er ist

Tab. 10.11 Dispositive, auslösende und kontrollierende Faktoren und Prozesse von Bergstürzen (Dikau und Glade 2002)

Faktoren und Prozesse		
Dispositiv	**Auslösend**	**Kontrollierend**
– Lithologie – tektonische Gesteinsüberschiebungen – Gesteinsstruktur – Kohäsionsverlust durch Verwitterung und Kluftvergrößerung – hoher Kluftwasserdruck – Permafrostdegradation – steile Hänge	– Erdbeben – Starkniederschläge	– Volumen des Bergsturzes (Größeneffekt nach Erismann und Abele 2001) – Winkel der Fahrböschung – Sturzhöhe – topographische Hindernisse – bodenmechanische Eigenschaften des Untergrundes – Reibungseigenschaften an der Basis und im Innern der Sturzmasse

Tab. 10.12 Eigenschaften von ausgewählten Bergstürzen unterschiedlicher Magnituden. Der Bergsturz auf Samar Island (Philippinen) gilt als das weltweit größte Volumen dieses Prozesstyps (Abele 1974; Erismann und Abele 2001; Evans und DeGraff 2002; Evans et al. 2006; v. Poschinger und Kippel 2009)

Ereignis	Volumen (km^3)	Material	Alter	Fläche der Ablagerungen (km^2)	Reichweite der Sturzmasse (km)
Samar Island (Philippinen)	135	Kalkstein	Holozän	450	?
Mt. Shasta (Kalifornien)	45	Vulkanite	300.000–380.000 Jahre vor heute	675	43
Flims (Nordalpen)	9,0	Kalkstein	9100–10.000 Jahre vor heute	52	25
Köfels (Zentralalpen)	2,5	Gneis	8700 Jahre vor heute	13	6
Eibsee (Nordalpen)	0,3	Kalkstein	3700 Jahre vor heute	15	9,5
Tschirgant (Nordalpen)	0,2	Dolomit	3000 Jahre vor heute	7	13
Val Pola (Zentralalpen)	0,041	Gabbro, Diorit	1987	3,36	3,9

mit einem Volumen von 2,5 km^3 einer der größten Bergstürze der Alpen (Abb. 10.37, 10.38 und 10.39). Der Bergsturz ereignete sich vor 8700 Jahren. Er brach aus der ostexponierten Flanke des Ötztales aus und bewegte sich mit etwa 50 $m\ s^{-1}$ auf einer Fahrböschung in den Talboden. Anschließend prallte er auf den Gegenhang und bewegte sich hier noch 500 m hangaufwärts, bevor er im Mittelhangbereich der Talflanke zum Stillstand kam. Die Sturzmasse zerbrach in kohärente Blöcke und verfüllte mit einer Sedimenthöhe von ca. 500 m die gesamte Breite des Ötztales. Die Masse bildete anschließend eine Sedimentbarriere für den Vorfluter der Ötztaler Ache, die sich aufstaute und einen See bildete. Der See wurde im Laufe der weiteren geomorphologischen Entwicklung mit Sedimenten verfüllt und bildet heute das Längenfelder Becken. Nach Überlaufen des Sees schnitt sich der Fluss in die Bergsturzmasse ein und bildete die Maurach-Schlucht. An der Basis der Schlucht wurden Reibungsbrekzien gefundenen, die vermuten lassen, dass sich an der Basis der Sturzmasse **Gesteinsschmelzen** entwickelt haben, die für ihre hohe Mobilität mitverantwortlich waren.

10.5.6.2 Fließgleitung

Die Fließgleitung *(flow slide)* wird als hybrid-komplexer Prozess betrachtet. Sie stellt eine plötzliche und schnelle **kombinierte Gleit- und Fließbewegung** von kohäsionslosen Lockergesteinen dar. Eine Fließgleitung entwickelt sich, wenn das initial auf einer Scherfläche gleitende Lockersediment seine Kohäsion verliert und in eine viskos fließende Masse transformiert wird. Der Kohäsionsverlust führt zu einer massiven Reduktion der Scherfestigkeit. Ob diese Transformation eintreten wird, ist in erster Linie von der Korngröße abhängig. Kohäsionsschwache Sande und Schluffe mit geringen Plastizitätszahlen (► Kap. 5) neigen zu Fließgleitungen, während in tonreichen Lockergesteinen eher Gleitprozesse auftreten.

10.5.6.3 Flankenkollaps

Unter einem Flankenkollaps wird ein hybrid-komplexer Prozess an Vulkanflanken verstanden, der in der englischen Terminologie als *rock avalanche, rock-slide debris avalanche* oder *volcanic debris avalanche* bezeichnet wird (Masson et al. 2002). In der deutschen Terminologie werden auch die Begriffe Schuttlawine, Trümmerlawine oder vulkanischer

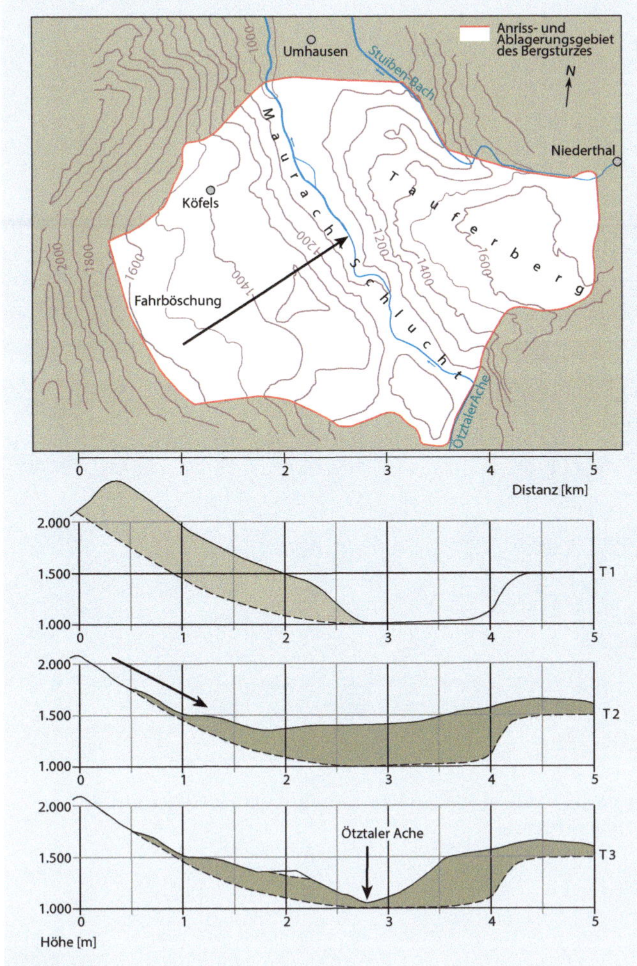

Abb. 10.37 Karte und Profilschnitte der Sturzmasse des Bergsturzes von Köfels zu drei Zeitpunkten. T1 = Sturzmasse vor Auslösung des Prozesses, T2 = Sturzmasse direkt nach Auslösung des Prozesses, T3 = heutige Situation. Der zentrale Bereich der Sturzmasse wurde durch die Ötztaler Ache erodiert. (Verändert nach Erismann und Abele 2001: Dynamics of rockslides and rockfalls. © 2001, Abdruck mit Genehmigung von Springer Nature)

Bergsturz verwendet. Da ein einheitlicher deutscher Terminus bisher nicht gefunden wurde, wird für diesen Prozesstyp der Begriff Flankenkollaps bevorzugt. Die dispositiven Faktoren, die Flankenkollapse als Abtragsprozesse an Vulkanflanken begünstigen, sind primär durch die abwechselnden Lagen von Lavaschichten und vulkanischen Lockergesteinen gegeben (▶ Kap. 8). Sie werden zusätzlich durch hydrothermale Prozesse und hohe Porenwasserdrücke beeinflusst. In den Wechselfolgen der vulkanischen Gesteine können sich bevorzugt Scherflächen entwickeln, auf denen die mobilisierte Felsmasse zu Tale fährt. Sie verliert dabei ihre innere Kohäsion und kann während der Bewegung in ein trocken-granulares Fließen mit hoher Partikelkollision transformiert werden, weshalb der Prozessbegriff vulkanischer Bergsturz die mechanischen Vorgänge recht gut beschreibt. Die Auslöser des Flankenkollapses können Erdbeben oder Magmaintrusionen in den Vulkankegel sein.

Fazit

Die Prozessgruppe der gravitativen Massenbewegungen zeichnet sich durch große Vielfältigkeit aus. Gemeinsam ist ihr die Rolle der Gravitation als prioritäre Kraft der erosiven Prozesse. Ihre reliefformende Wirksamkeit wird dann erreicht, wenn die Scherspannung die Scherfestigkeitseigenschaften der Gesteinsmasse überschreitet und erosive Materialtransporte eintreten. Gravitative Massenbewegungen können ein chaotisches Verhalten aufweisen, was bedeutet, dass geringste Variationen der Anfangsbedingungen zu einem nicht prognostizierbaren Prozessverlauf führen. Ihre hohe Bedeutung für die Dynamik und Genese geomorphologischer Hänge und gekoppelter fluvialer Systeme wird in der modernen Geomorphologie zunehmend erkannt. Die bewegten Massen können extreme Magnituden erreichen, was ein Verständnis ihrer felsmechanischen Eigenschaften sowie endogener und exogener Auslösemechanismen erfordert.

Abb. 10.38 Ausbruchsnische des Bergsturzes von Köfels mit einer Breite von ca. 2 km. Im linken Bildvordergrund sind Teile der aufgebrandeten Depositionsmasse zu erkennen (Blickrichtung nach Westen). (Quelle: R. Dikau)

Abb. 10.39 Depositionsmasse des Bergsturzes von Köfels, der von links in das Tal eingefahren ist. Im Vordergrund ist der ehemalige Seeboden des Langenfelder Beckens zu erkennen, das durch die Barriere des Bergsturzes lakustrin verfüllt wurde (Blickrichtung nach Norden). (Quelle: R. Dikau)

Weiterführende Literatur

Abele G (1974) Bergstürze in den Alpen, ihre Verbreitung, Morphologie und Folgeerscheinungen. Wiss Alpenvereinsheft 25, Dt Österr Alpenverein, München

Brunsden D, Prior DB (1984) Slope instability. Wiley, Chichester

Crozier MJ (1986) Landslides: causes, consequences and environment. Routledge, London

Dikau R, Brunsden D, Schrott L, Ibsen M (1996) Landslide recognition. Identification, movement and causes. Wiley, Chichester

Erismann TH, Abele G (2001) Dynamics of rockslides and rockfalls. Springer, Heidelberg

Förster W (1996) Mechanische Eigenschaften der Lockergesteine. Teubner, Stuttgart

Moser M, Amann F, Meier J, Weidner S (2017) Tiefgreifende Hangdeformationen. Springer Spektrum, Wiesbaden

Prinz H, Strauß R (2018) Ingenieurgeologie, 6. Aufl. Springer Spektrum, Berlin

Selby MJ (1993) Hillslope materials and processes. Oxford University Press, Oxford

Varnes DJ (1978) Slope movement types and processes. In: Schuster RL, Krizek RJ (Hrsg) Landslides analysis and control. Transportation Research Board, National Academy of Sciences, Special Report 176. Washington, D.C. 12–33

Hangaquatische Prozesse und Reliefformung – Bodenerosion durch Wasser

R. Dikau et al., *Geomorphologie*, https://doi.org/10.1007/978-3-662-59402-5_11

Unter hangaquatischen Prozessen werden die Vorgänge des Materialabtrags und -transportes sowie der Materialdeposition durch Wasser auf Hängen verstanden. Sie werden durch die Energie des Aufpralls der Regentropfen und den Oberflächenabfluss verursacht. Die Prozessgruppe setzt sich aus mehreren Teilprozessen zusammen. Sie gliedern sich in die Spritzwassererosion, flächenhafte Interrillenerosion, lineare Rillen- und Rinnenerosion sowie die lineare Graben- und Tunnelerosion. Hangaquatische Prozesse liegen vor, wenn keine anthropogenen Einflüsse auf das Hangsystem erfolgt sind, d. h. ein natürlicher Vorgang (natürlich-hangaquatisch) stattfindet. Wenn Eingriffe des wirtschaftenden Menschen in das Hangsystem in Form einer anthropogenen Landnutzung erfolgen, z. B. durch Entwaldung und Getreideanbau, wird diese Prozessgruppe als Bodenerosion durch Wasser (anthropogen-bodenerosiv) bezeichnet.

Die Verwendung des Begriffs Bodenerosion wurde vor Jahrzehnten durch die Übersetzung des englischen Begriffs *soil erosion* in die deutsche Geomorphologie eingeführt. Er beschreibt eine beträchtliche Spannbreite von Prozessen, die allerdings nicht nur erosiven Mechanismen folgen. Man unterscheidet Bodenerosion durch Wasser und Wind. Unter Bodenerosion durch Wasser wird einerseits jeder anthropogen beeinflusste hangaquatische Bodenabtragsprozess verstanden. Anderseits wird der Begriff auch verwendet, um Depositionsprozesse des transportierten Sedimentes am Hang oder Hangfuß zu benennen. Des Weiteren umfasst der Begriff den Bodenabtrag durch Bodenbearbeitung bzw. Bodenkultivierungsmaßnahmen *(tillage erosion)*, der häufig auch als Pflugerosion bezeichnet wird. Bodenerosion bildet damit einen Sammelbegriff für eine Vielzahl anthropogen verursachter Erosions-, Transport- und Depositionsprozesse. Durch die anthropogenen Eingriffe in das Hangsystem wird ein besonderer Typ von Einflussfaktoren geschaffen, die die hangaquatischen Prozesse massiv verändern und steuern. Derartige Eingriffe werden z. B. durch Waldrodungen, Nutzpflanzenanbau oder die technische Bodenbearbeitung vorgenommen. Gegenüber unbeeinflussten Bedingungen können durch diese Eingriffe die Prozessraten um mehrere Größenordnungen gesteigert werden.

11.1 Hangaquatische und bodenerosive Prozesse

Die Gruppe der hangaquatischen (◻ Abb. 11.1) und bodenerosiven (◻ Abb. 11.2) Prozesse umfasst das in ◻ Tab. 11.1 dargestellte Spektrum. Dabei werden die durch Wasser verursachten oberirdischen und unterirdischen Prozesse

◻ **Abb. 11.1** Hangaquatische Formen in Spanien. Die Hänge sind von menschlichen Eingriffen unbeeinflusst und durch die natürlichen hangaquatischen Prozesse der Spritzwassererosion, Interrillenerosion, Rillenerosion und Grabenerosion gekennzeichnet. Die Hänge tragen keine Böden, sodass die Abtragsprozesse direkt auf dem Untergrundgestein ablaufen. (Quelle: R. Dikau)

Abb. 11.2 Bodenerosionsprozess durch Oberflächenabfluss auf einer landwirtschaftlichen Nutzfläche während eines Niederschlages. Die Bodenpartikel werden durch die Spritzwassererosion und den Oberflächenabfluss aus dem Bodenkörper abgelöst und als Suspensionsfracht abtransportiert. (Quelle: R. Dikau)

von den Pflug- und Bearbeitungstechniken unterschieden. Die gesamte Prozessgruppe wird in zahlreichen Gesamtdarstellungen behandelt. Einführende Werke wurden von Richter (1998), Toy et al. (2002) und Morgan (2005) publiziert. In der Publikation von Roth (1996) werden erweiterte Grundlagen der physikalischen Ursachen der Wassererosion vorgestellt, auf die im folgenden Text mehrfach zurückgegriffen wird. Die Publikation „Bodenerosion" des Landesamtes für Umwelt, Naturschutz und Geologie (LUNG) Mecklenburg-Vorpommern liefert eine umfassende Darstellung der Themenstellung, die auch den Anforderungen der landwirtschaftlichen Praxis und des Natur- und Umweltschutzes Rechnung trägt (LUNG 2002). Zu den in diesem Kapitel verwendeten Begriffen der physikalischen Kräfte und Spannungen und ihrer Beziehung (Scherkräfte und Scherspannungen) sei auf Tab. 10.1 verwiesen.

11.2 Niederschlag und Oberflächenabfluss

Wenn der durch die Atmosphäre fallende flüssige Niederschlag die Erdoberfläche erreicht, teilt er sich in die Komponenten des Oberflächenabflusses, des Infiltrationswassers und der Bodenevaporation auf. Der Oberflächenabfluss bildet den Teil des Abflusses, der auf der Erdoberfläche eine gewisse Fließstrecke zurücklegt und im Hangbereich wieder versickert oder in einen Vorfluter, z. B. einen Bach, Fluss oder See, fließt. Er bildet die physikalische Ursache der hangaquatischen und bodenerosiven Prozessgruppe, die Roth (1996) als **Wassererosion** bezeichnet. Er fließt in einer dünnen Schicht flächenhaft ab, wobei die Struktur der Bodenoberfläche zur Konzentration des abfließenden Wassers in kleinsten Rillen und Rinnen führen kann. Oberflächenabfluss entsteht dann, wenn die Niederschlagsintensität die Infiltrationsrate des Bodens übersteigt und der Hang geneigt ist. Oberflächenabfluss kann auch durch Schneeschmelze erzeugt werden.

Die **Infiltration** ist für den bodenerosiven Prozess von zentraler Bedeutung, da durch sie der Niederschlag in den abtragswirksamen und abtragsunwirksamen Teil aufgetrennt wird. Je geringer die Wasserleitfähigkeit und der hydraulische Gradient, desto geringer wird die Infiltrationsrate sein, was zur Erhöhung des Oberflächenabflusses führt. Die Infiltrationsrate ist damit ein Maß für die **potenzielle Abtragsgefährdung** eines Hanges. Neben den Bodeneigenschaften ist die Infiltration vom Bodenwassergehalt abhängig. Mit zunehmender Niederschlags- und Infiltrationsdauer steigt der Bodenwassergehalt, wobei die Infiltrationsrate asymptotisch bis auf einen konstanten finalen Wert absinkt, der ungleich Null ist.

Die Entstehung von Oberflächenabfluss kann in Abhängigkeit von den Eigenschaften des Niederschlags und des Bodens in zwei unterschiedliche Prozesse eingeteilt werden:

- Wenn die Niederschlagsintensität die Infiltrationsrate übersteigt, bleibt der Boden bis auf wenige mm unter der Oberfläche ungesättigt und somit in einem negativen hydraulischen Potenzial mit scharf abgegrenzter Feuchtefront. Der sich entwickelnde Oberflächenabfluss wird nach dem amerikanischen Hydrologen Robert E. Horton als **Horton-Oberflächenabfluss** bezeichnet (vgl. ► Abschn. 1.2.1). Dieser Abflusstyp kann auch auftreten, wenn die Bodenoberfläche durch den Tropfenaufprall des Niederschlages verschlämmt wird.
- Bei lang anhaltenden Niederschlägen und tiefgründigen, durchlässigen Oberböden tritt der Oberflächenabfluss dann ein, wenn die Speicherkapazität des Bodens erreicht ist und die Infiltrationsrate ihren minimalen Wert annimmt. In diesem Fall tritt Oberflächenabfluss als eine Folge der Bodensättigung ein. Dieser Abflusstyp wird als **Dunne-Oberflächenabfluss** bezeichnet.

Tab. 11.1 Gruppe der natürlich-hangaquatischen und anthropogen-bodenerosiven Prozesse

Synonyme Prozessbegriffe	Prozess der Partikelablösung	Prozesse von Partikeltransport und -deposition
Natürlich-hangaquatische und anthropogen-bodenerosive Prozesse		
Planscherosion Spritzwassererosion Regentropfenerosion Tropfenaufprallerosion *(splash erosion)*	Punkthafter Aufprall von Regentropfen auf eine trockene bis feuchte bzw. wasserüberstaute Bodenoberfläche Planschwirkung, Prallwirkung	Als Suspension durch die Luft
Flächenhafte Erosion Schichterosion Zwischenrillenerosion Flächenspülung *(sheet erosion)*	Flächenhafter Oberflächenabfluss in dünnen Schichten Schichtabfluss	Als Suspension im Oberflächenabfluss
Rillenerosion *(rill erosion)*	Linearer Oberflächenabfluss in Rillen Konzentrierter Rillenabfluss	Als Suspension im Oberflächenabfluss
Rinnenerosion Vorübergehende (ephemere) Grabenerosion	Linearer Oberflächenabfluss in Rinnen Konzentrierter Rinnenabfluss Hangrutschungsprozesse an den Seitenhängen der Rinne	Als Suspension im Oberflächenabfluss Gravitativer Transport
Grabenerosion *(gully erosion)*	Linearer, konzentrierter Oberflächenabfluss in Gräben Hangrutschungsprozesse an den Seitenhängen des Grabens Murgänge	Als Suspension im Oberflächenabfluss Gravitativer Transport Hyperkonzentriertes Fließen Murgang
Tunnelerosion *(piping)*	Linearer, konzentrierter, unterirdischer Abfluss in Tunnel- und Röhrensystemen	Als Suspension im subkutanen Abfluss
Anthropogen-bodenerosiver Prozess		
Bodenerosion durch Bodenbearbeitung (synonym für unterschiedliche Bodenbearbeitungstechniken und -maschinen)	Mechanisch durch Pflug- und andere Bearbeitungstechniken	Durch Pflug und Schwerkraft

Beide Typen des Oberflächenabflusses können in unterschiedlichen Hangpositionen gleichzeitig auftreten. Auch im Jahresverlauf können beide Prozesse am gleichen Hang nacheinander auftreten. In feuchteren Winterperioden wird eher der Dunne-Typ, in trockenen Sommermonaten eher ein Horton-Typ zu erwarten sein.

11.3 Bodenmobilisierung

Die Bodenmobilisierung, d. h. die Ablösung von Bodenpartikeln aus dem Materialverband, basiert auf den zwei Teilprozessen des Tropfenaufpralls (Prall- oder Planschwirkung) und des Oberflächenabflusses (Abb. 11.3 und 11.4).

Beide Prozesse werden durch das Verhältnis der bodenablösenden Kräfte der Regentropfen, was als Erosivität bezeichnet wird, und der Ablösbarkeit der Bodenpartikel durch den Oberflächenabfluss, was als Erodierbarkeit bezeichnet wird, gesteuert. Beim Prozess der **Regentropfenerosion** hat die kinetische Energie der Regentropfen eine zentrale Bedeutung. Sie wächst mit der Fallgeschwindigkeit der Regentropfen, der Tropfenmasse und der Tropfenanzahl und wird mit folgender Gleichung berechnet:

$$E_{\mathrm{kin}} = {}^{1}/_{2} m v_r^{\,2}$$

mit:
E_{kin} - kinetische Energie des Regentropfens
m - Regentropfenmasse
v_r - Fallgeschwindigkeit des Regentropfens

Die kinetische Energie wächst mit dem Quadrat der Fallgeschwindigkeit. Der mittlere Durchmesser der Regentropfen steigt mit Zunahme der Niederschlagsintensität, jedoch ist diese Beziehung von den spezifischen Niederschlagsbedingungen der klimatischen Region abhängig. Empirisch ergibt sich damit die Möglichkeit, die kinetische Energie des Niederschlags aus den Intensitätswerten abzuleiten, die in Niederschlagsmessstationen ermittelt werden (Abb. 11.5).

Die **kinetische Energie der Regentropfen** erzeugt bodenablösende Kräfte. Mit wachsender Tropfengröße nehmen auch die Aufprallkräfte zu. Bei Tropfendurchmessern zwischen 3 und 5 mm werden maximale Aufprallkräfte zwischen 1 und 3,5 N gemessen. Die Kräfte des Aufpralls erzeugen Scherkräfte, die zur Ablösung der Partikel aus dem Bodenverband führen. Beim Aufprall auf eine

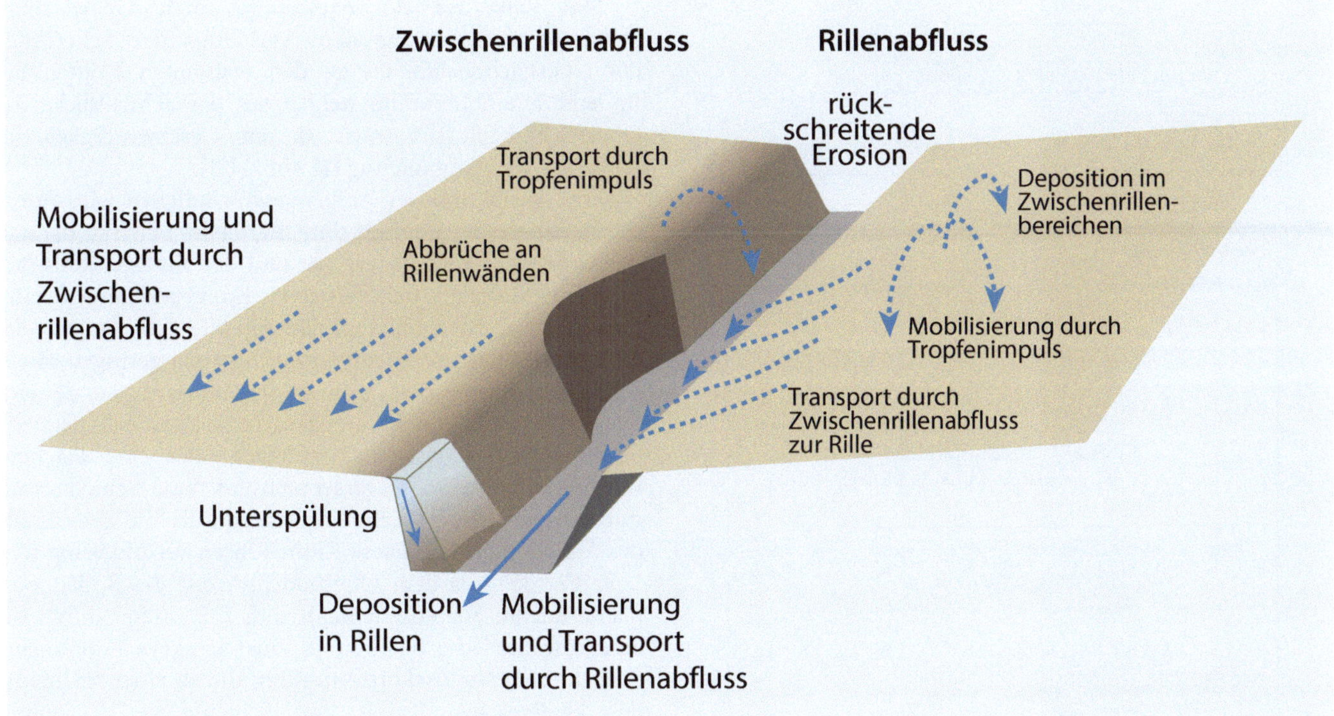

Abb. 11.3 Bodenerosionsprozesse durch Regentropfen sowie Zwischenrillen- und Rillenabfluss. Durch Unterspülung und Versteilung der Rillenwände entstehen gravitative Folgeprozesse und Abbrüche. Hohe Sedimenttransportraten führen zur Bodendeposition im Zwischenrillen- und –rillenbereich. (Verändert nach Gerlinger 1997: Erosionsprozesse auf Lößböden: Experimente und Modellierung. Mitt. Inst. für Wasserbau und Kulturtechnik Universität Karlsruhe (TH) 139, Karlsruhe, Abb. 2.1, S. 9)

trockene bis feuchte Oberfläche wird ein Teil der kinetischen Energie (25–40 %) seitlich umgelenkt und in laterale Scherkräfte transformiert. Dabei werden größere Partikel geschiebeartig bewegt und kleine Partikel bis zu 30 cm hoch geschleudert. Die dabei erreichten Geschwindigkeiten des Materialtransports sind ein Vielfaches höher als die Tropfenfallgeschwindigkeit.

Wird die Bodenoberfläche von **Oberflächenabfluss** überströmt, erfolgt eine Zunahme der Aufprallkräfte der Regentropfen, da die Tropfenmasse bei Berührung mit dem Wasserfilm zunimmt. Des Weiteren bewirkt der Tropfenaufschlag bei dünnen Wasserfilmen eine Zunahme der Turbulenz und damit eine Erhöhung der Schubspannung des Oberflächenabflusses, die weitere Bodenpartikel aus dem Bodenkörper ablösen kann. Die Rate der Bodenablösung durch den Tropfenaufprall ist somit auch von der Dicke des Oberflächenabflusses abhängig.

Die Menge Bodenmaterial, die durch die Aufprallkräfte der Regentropfen abgelöst wird, hängt von zahlreichen Bodeneigenschaften ab (Abb. 11.6 und 11.7). Dazu sind u. a. zu zählen:

- Scherwiderstand der Bodenoberfläche,
- Normalspannung,
- innere Reibung,
- Kohäsion,
- scheinbare Kohäsion,
- Bodenfeuchte,
- Porosität der Bodenoberfläche,
- Infiltrationskapazität.
- Korngrößenzusammensetzung,
- organischer Gehalt,
- Steinbedeckung der Bodenoberfläche,
- Aggregatstabilität.

Die **Bodenerodierbarkeit** ist in hohem Maße vom Scherwiderstand der Bodenoberfläche abhängig, die den abtragenden Kräften der Regentropfen und des Oberflächenabflusses eine Materialresistenz in Form von resistenten Spannungen entgegensetzt. Sie umfassen die Normalspannung der Partikel, die innere Reibung, die interpartikuläre, echte Kohäsion und die scheinbare Kohäsion, die durch Kapillarkräfte erzeugt wird. Mit zunehmender Bodenfeuchte verliert der Boden bis zur Sättigung seine scheinbare Kohäsion. Bleibt die Bodenfeuchte gleich, wird der Widerstand des Bodens gegenüber den Tropfenaufprallkräften durch die Korngrößenzusammensetzung, die Steinbedeckung der Bodenoberfläche sowie die stabilisierenden Kräfte der organischen Substanz gesteuert.

Die Bodenerodierbarkeit wird durch Prozesse der **Luftsprengung** beeinflusst, bei der die in Bodenaggregaten eingeschlossene Luft komprimiert wird (Auerswald 1993). Bei schneller Befeuchtung der Aggregate durch Sickerwässer kann die darin eingeschlossene Luft nicht schnell genug entweichen. Dadurch können im Aggregatinnern Drücke von bis zu 10^6 Pa aufgebaut werden. Wenn der Druck in der Pore die aggregierenden Kräfte übersteigt, werden die Aggregate gelockert. Es entstehen Mikroaggregate in Größen von 0,2–1 mm, die im weiteren Verlauf durch Dispergierung

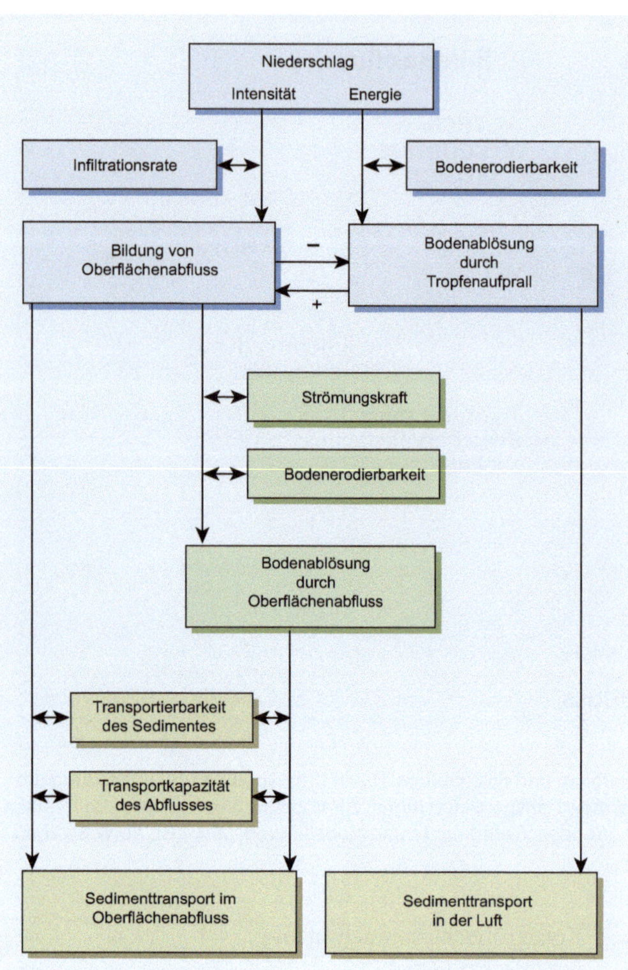

Abb. 11.4 Teilprozesse der hangaquatischen bzw. bodenerosiven Materialmobilisierung und des Materialtransportes durch Oberflächenabfluss und Tropfenaufprall. (Verändert nach Roth 1996: Physikalische Ursachen der Wassererosion. In: Blume HP, Felix-Henningsen P, Fischer WR, Frede H-G, Guggenberger G, Horn R, Stahr K (Hrsg.): Handbuch der Bodenkunde. Ecomed, Landsberg)

11

in die primären Korngrößen Ton, Schluff und Sand zerlegt werden. Unter Dispergierung wird die Trennung von aneinanderhaftenden Partikeln im Bodenkörper verstanden. Die derart destabilisierten Aggregate werden durch die Aufprallkräfte der Regentropfen weiter zerlegt und können auf diese Weise leicht abtransportiert werden.

Eine Folge des Tropfenaufpralls, des Aggregatzerfalls und des Oberflächenabflusses ist die **Verschlämmung der Bodenoberfläche.** Darunter versteht man die Verteilung und Ablagerung von Bodenmaterial in einer dünnen Schicht auf der Bodenoberfläche. Dadurch wird das Material in die Poren eingeschwemmt, die dadurch verstopfen und die Infiltrationsraten der Bodenoberfläche herabsetzen. Diese Abnahme kann bis zu 80 % des unverschlämmten Ausgangszustands betragen. In Folge der Verschlämmung, die im Laufe des Niederschlagsereignisses zunimmt, erhöhen sich der Anteil des Oberflächenabflusses und die Möglichkeit der Bodenablösung. Durch eine Bedeckung der Bodenoberfläche durch Steine kann die erosive Wirkung des Tropfenaufpralls signifikant reduziert werden (Abb. 11.8).

Die Rate der Bodenablösung durch Oberflächenabfluss ergibt sich aus dem Verhältnis der Scherkräfte des Oberflächenabflusses zu den resistenten Kräften des Bodens. Die Scherkräfte steigen mit der Schichtdicke des Oberflächenabflusses sowie dessen Geschwindigkeit als Funktion der Hangneigung (Abb. 11.9).

Eine Reduktion der Abflussgeschwindigkeit wird durch die Zunahme der **Rauheit der Oberfläche** bewirkt, die von der Größe der Bodenaggregate und der Auflage von organischem Material, beispielsweise Ernterückständen oder Laub, und Steinen abhängt. Beträgt die Schichtdicke des Oberflächenabflusses wenige mm, liegt bei geringen Fließgeschwindigkeiten eine laminare Strömung vor, bei der sich die Strombahnen nicht kreuzen. In diesem Fall liegt ein Schichtabfluss, Zwischenrillenabfluss oder eine Flächenspülung vor. Treffen Regentropfen auf diese Schicht, wird durch den Aufprall Turbulenz erzeugt, die die Scherkräfte des Abflusses erhöht. Diese Kräfte führen zur Ablösung weiterer Partikel aus dem Oberboden. Weist die Bodenoberfläche lineare Strukturelemente auf, z. B. Rillen durch die landwirtschaftliche Bearbeitung oder konkave Wölbungen, entsteht eine **Abflusskonzentration,** die zu einer Erhöhung der Fließgeschwindigkeit und Schichtdicke des Oberflächenabflusses führt. Dadurch geht das laminare in das turbulente Fließen über, was eine Erhöhung der Ablösungskräfte der Strömung bewirkt. Die Erosivität dieser **linearen Erosionsprozesse** übersteigt die Ablösungsrate der flächenhaften Zwischenrillenerosion um mehrere Größenordnungen. Auf der Oberfläche liegende Hindernisse (Steine, Pflanzenreste, herausragende Aggregate) erhöhen die Turbulenz des Abflusses weiter, sodass es beim Umfließen der Hindernisse zu Kolkbildungen kommt, die sich zu Rillen und Rinnen weiterentwickeln können.

Die **erosive Kraft des Oberflächenabflusses** kann durch die Strömungskraft in Form der Schubspannung bzw. Schergeschwindigkeit beschrieben werden. Sie steuern die Sedimentkonzentration und den Sedimentfluss im Oberflächenabfluss. Wie in Abb. 11.10 gezeigt wird, besteht eine überproportionale Abhängigkeit, die in Form einer Potenzfunktion dargestellt werden kann. Deutlich werden die Einwirkungen der kinetischen Energie des Niederschlages. Der Übergang der Interrillenerosion (IE) zur Rillenerosion (RE) erfolgt bei Überschreitung kritischer Schwellenwerte der ablösenden Schubspannung bzw. Schergeschwindigkeit des Oberflächenabflusses.

11.4 Materialtransport

Nach Ablösung von Partikeln aus dem Bodenkörper erfolgt der Sedimenttransport über die Luft und im Oberflächenabfluss. Beim **Sedimenttransport über den Luftweg** werden die durch die Scherkräfte des Tropfenaufpralls abgelösten Partikel radial in die Luft geschleudert. Wie weit der Partikel transportiert wird, ist von seiner Korngröße und dem Winkel abhängig, in dem er abgelöst wurde. Dieser wird vom Scherwiderstand der Bodenoberfläche, dem Auftreten und der Dicke des

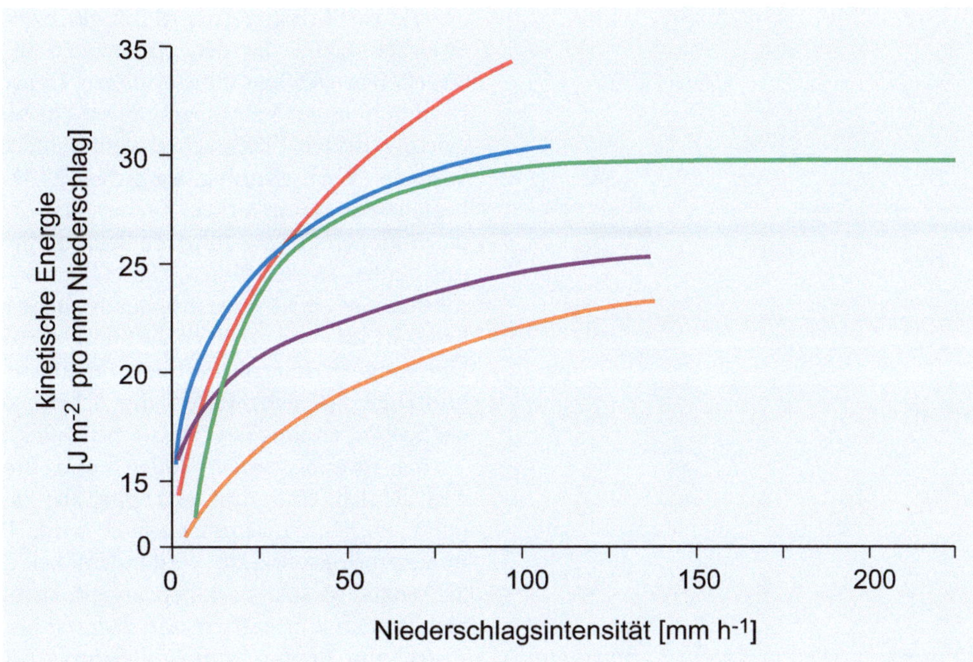

Abb. 11.5 Beziehung zwischen der Niederschlagsintensität und der kinetischen Energie des Niederschlags nach verschiedenen empirischen Untersuchungen in unterschiedlichen Ländern. (Verändert nach Selby 1993: Hillslope Materials and Processes. 2. Auflage. Oxford University Press, Oxford. © 1992. Abdruck mit Genehmigung von Oxford University Press erteilt durch Copyright Clearance Center, Inc.)

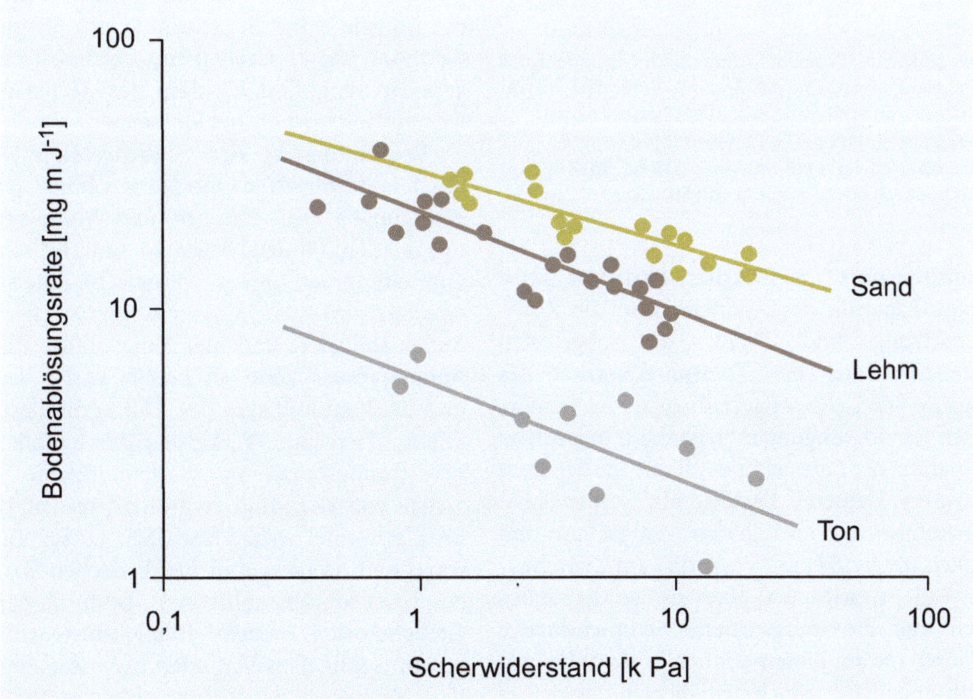

Abb. 11.6 Abhängigkeit der Rate der Bodenablösung durch Regentropfen vom Scherwiderstand der Bodenoberfläche für drei Bodenarten. (Verändert nach Roth 1996, auf Basis von Sharma et al. 1991: Soil detachment by single raindrops of varying kinetic energy. Soil Sci Soc Am J 55: 301–307. Abdruck mit Genehmigung der Soil Science Society of America. Genehmigung erteilt durch Copyright Clearance Center, Inc.)

Oberflächenabflusses und der kinetischen Energie des Regentropfens beeinflusst. Tritt der Prozess auf einer geneigten Hangfläche auf, wird ein selektiver Sedimenttransport entstehen, bei dem die hangabwärts gerichtete Transportmenge über der hangaufwärtsgerichteten Menge liegt. Die Sedimentbilanz des Hanges ist somit hangabwärtsbezogen, d. h., dass ein hangabwärts gerichteter Nettobodenabtrag erfolgt.

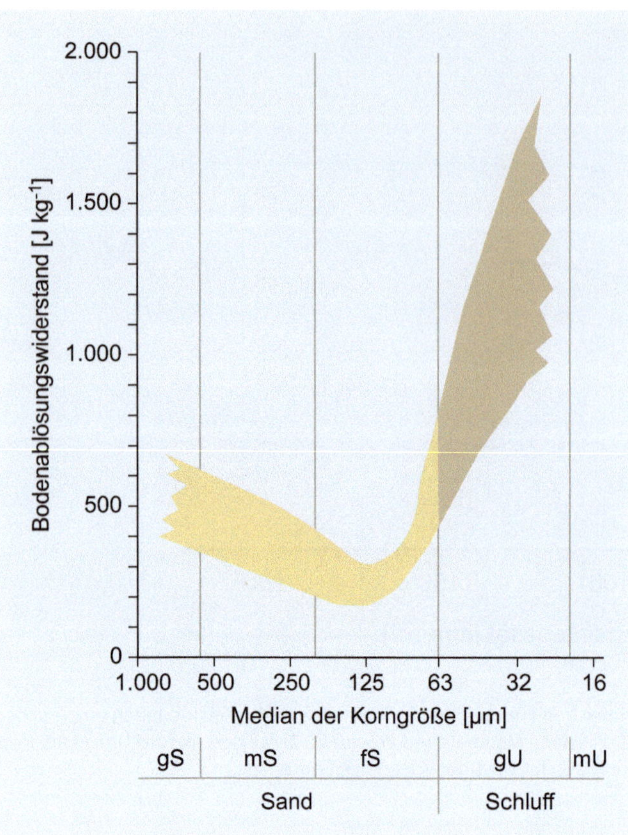

Abb. 11.7 Abhängigkeit der Bodenablösung durch Tropfenaufprall von der Korngrößenzusammensetzung des Bodens. (Verändert nach Roth 1996, auf Basis von Poesen & Savat 1981: Detachment and transportation of loose sediments by raindrop splash. Part II: Detachability and transportability measurements. Catena, Bd. 8, S. 19–41. © 1981. Abdruck mit Genehmigung von Elsevier)

Der **Sedimenttransport im Oberflächenabfluss** wird durch die Transportkapazität des Abflusses und die Korngrößenzusammensetzung und Dichte des abgelösten Sedimentes gesteuert. Unter der Transportkapazität des Oberflächenabflusses wird die Materialmenge verstanden, die bei bestimmten Randbedingungen maximal transportierbar ist. Nach Aufnahme der Partikel in das fließende Medium erfolgt der Transport kleinerer Partikel als Suspensionsfracht. Bleibt die Abflussdicke im Rahmen weniger mm und die Geschwindigkeit unter 10 cm s^{-1}, wie dies im Zwischenrillenabfluss der Fall ist, wird ein überwiegend laminares Fließen vorliegen und die transportierte Sedimentmenge gering bleiben. Durch die auf diesen dünnen Wasserfilm auftreffenden Regentropfen wird jedoch bei Überschreiten eines Schwellenwertes ein tropfeninduzierter Partikeltransport eintreten, der zu erhöhten Transportmengen sowie zum Transport von Korngrößen >63 µm führt.

Eine deutlich erhöhte Sedimenttransportkapazität wird erreicht, wenn der Oberflächenabfluss konvergiert und sich als Rillen- und Rinnenabfluss konzentriert. Diese Konzentration wird durch Ackerfurchen und Fahrspuren landwirtschaftlicher Fahrzeuge gefördert. Hier entwickelt sich voll turbulentes Fließen. Die **Oberflächenabflusskonzentration** bewirkt eine Erhöhung der Abflussgeschwindigkeit, die Werte erreichen kann, die den strömenden in einen instabilen **schießenden Abfluss** transformieren. Der schießende Abfluss ist durch hohe Schubspannungen charakterisiert, die bei einem erneuten Fließwechsel vom Schießen zurück in das Strömen (Wechselsprung, ▶ Abschn. 12.1.1) plötzlich auf sehr begrenztem Raum wirken. Die erhöhte Krafteinwirkung auf die Bodenoberfläche führt zu lokalen Erosionshohlformen und Stufen in den Rillen, die als Knickpunkte bezeichnet werden. Sie entwickeln sich durch rückschreitende Erosion hangaufwärts und vertiefen die linearen Erosionsformen. Der Übergang der Interrillenerosion zur Rillenerosion erfolgt bei kritischen Schwellenwerten der Schergeschwindigkeit und der Schubspannung des Oberflächenabflusses (Abb. 11.10).

Bei fortschreitender Rillen- und Rinnenerosion entwickelt sich eine Prozessgruppe, die als **Grabenerosion** *(gully erosion)* zusammengefasst wird. Darunter werden Bodenerosionsprozesse verstanden, bei denen der Oberflächenabfluss sehr stark konvergiert, sich in engen linearen Hohlformen konzentriert und dadurch bis in beträchtlichen Tiefen und Breiten zum Bodenabtrag führt (Poesen et al. 2003). Im Vergleich zu stabilen Flussgerinnen und ihren typischen Längsprofilen sind die Tiefenlinien von Gräben durch ausgeprägte Knickpunkte charakterisiert. Der rückwärtige Initialhang des Grabens (Grabenkopf) ist im Vergleich zur Reliefform, in die er sich einschneidet, sehr steil, ebenso wie seine Seitenwände. Im Vergleich zu fluvialen Gerinnen weisen Gräben eine größere Tiefe und eine geringere Breite auf, d. h., dass das Tiefen-Breiten-Verhältnis weitaus höher ist als bei Flüssen.

Die Initiierung der Grabenerosion wird überwiegend durch konzentrierten Oberflächenabfluss, gravitative Massenbewegungen (Rutschungen und Murgänge) und Tunnelerosion, d. h. Bodenabträge in unterirdischen (subkutanen) Tunnelsystemen *(piping)*, verursacht. Eine **subkutane Bodenerosionsform** entsteht dann, wenn Oberflächenabfluss in den Boden infiltriert und hier hangparallel abfließt. Bei diesem Abflussprozess kann an bereits vorhandenen Hohlräumen und Diskontinuitäten des Untergrundes, z. B. Durchwurzelung, Tiergänge, Verkittung durch Kalk oder Eisenoxide, Verdichtungshorizonte, Bodenhorizonte, ein Hohlraumsystem entstehen und vergrößert werden, das sich zu einem Erosionstunnel weiterentwickelt. Dieses Tunnelsystem kann vergrößert werden und bei Erreichen der Stabilitätsgrenze des Tunneldaches kollabieren, wodurch eine Initialform der Grabenerosion entsteht. Häufig entstehen Gräben bei starken und schnellen Veränderungen der Einflussfaktoren, wie Veränderungen der Landnutzung (z. B. Entwaldung) und der Niederschlagscharakteristika (z. B. zunehmende Intensität) oder bei singulären Wetterextremereignissen (z. B. selten auftretende sehr hohe Niederschlagsmengen). Von entscheidender Bedeutung sind sensitive Untergrundmaterialien mit geringer bodenmechanischer Stabilität gegenüber den Schubspannungen des Abflusses.

In Gräben werden hohe Sedimentmengen erodiert und transportiert. Ihr Prozessverhalten hat einen ausgeprägt episodischen Charakter, was bedeutet, dass Gräben über längere

■ **Abb. 11.8** Flächenhafte Bodenverluste von ca. 30 mm auf einer Messparzelle. Die Steinauflage des Oberbodens schützt die Bodenfläche vor der kinetischen Energie des Niederschlags und führt zur Bildung von Bodenpyramiden. (Quelle: R. Dikau)

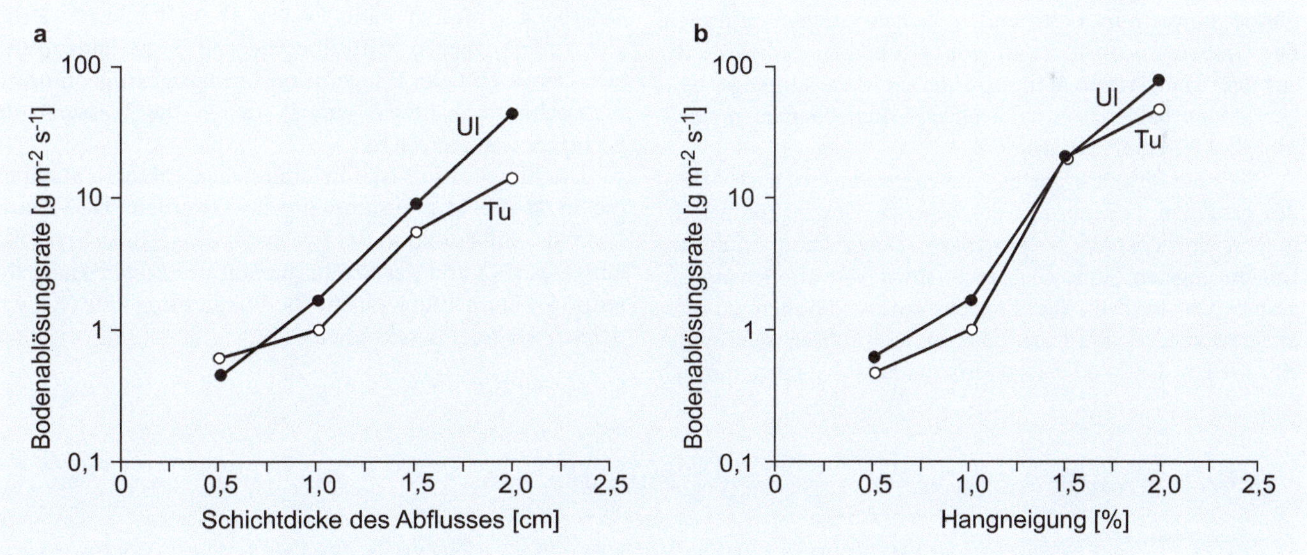

■ **Abb. 11.9** Abhängigkeit der Bodenablösungsrate von **a** der Schichtdicke des Oberflächenabflusses und **b** der Hangneigung für die Bodenarten lehmiger Schluff (Ul) und schluffiger Ton (Tu). (Nach einer Zusammenstellung von Roth 1996, auf Basis von Nearing et al. 1991: Soil detachment by shallow flow at low slopes. Soil Sci. Soc. Am. J. (55) 2: 339–344. Abdruck mit Genehmigung der Soil Science Society of America, Genehmigung erteilt durch Copyright Clearance Center, Inc.)

Zeiträume keinen Wasserfluss und Sedimenttransport aufweisen. In zahlreichen Grabensystemen sind die Beziehungen zwischen der Sedimentfracht und der Abflussmenge schwach ausgeprägt. Dies ist auch darauf zurückzuführen, dass an den Seitenhängen der Gräben **Hangrutschungen** auftreten können, die episodisch Sediment in den Graben transportieren,

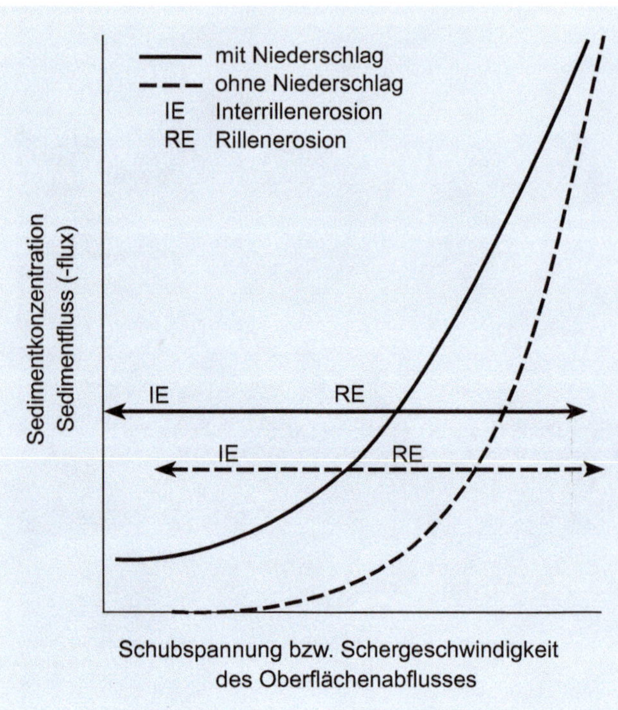

Abb. 11.10 Abhängigkeit der Sedimentkonzentration und des Sedimentflusses von der Schubspannung bzw. der Schergeschwindigkeit des Oberflächenabflusses. (Verändert nach Roth 1996: Physikalische Ursachen der Wassererosion. In: Blume HP, Felix-Henningsen P, Fischer WR, Frede H-G, Guggenberger G, Horn R, Stahr K (Hrsg.): Handbuch der Bodenkunde. Ecomed, Landsberg)

11

das durch den konzentrierten Abfluss erst mit beträchtlicher Zeitverzögerung weitertransportiert werden kann. Auch **Murgänge** können in bestehenden Gabensystemen auftreten. Die Grabenerosion führt zu einer deutlichen Zunahme der aus dem Hangsystem abtransportierten Materialmenge. Gräben zählen daher zu den instabilsten Reliefformen im geomorphologischen Palimpsest.

Bei einer fortgeschrittenen Grabenerosion wird nach Abtrag des gesamten Bodenprofils das liegende Untergrundmaterial in den Erosionsprozess einbezogen. Daher kann in diesem Fall im engeren Sinne auch nicht mehr von „Bodenerosion" gesprochen werden. Die Erosionsprozesse können zu derart gravierenden und irreversiblen Folgen führen, dass weder eine weitere land- oder forstwirtschaftliche Nutzung möglich ist, noch eine geotechnische Stabilisierung Erfolg verspricht. Dieser Prozessablauf ist dadurch charakterisiert, dass er zwar durch den technischen Eingriff initiiert wurde, jedoch mit fortgesetzter Prozessdauer unter natürlichen Randbedingungen abläuft, d. h. eine hangaquatische Charakteristik annimmt.

11.5 Bodenerosion durch Bodenbearbeitung

Die technische Bodenbearbeitung kann zu hohen Bodenabträgen führen. Diese Form der Bodenerosion wird zusammenfassend als Bodenerosion durch Bodenbearbeitung bezeichnet. Sie umfasst den Transport von Material der oberen Bodenhorizonte durch bodenbearbeitende Techniken. Dazu zählen sowohl die **Pflugbearbeitung** selbst als auch andere Techniken, bei denen Boden maschinell aus seiner Lage mobilisiert wird, wie das Grubbern oder die Tieflockerung. Der durch die Bearbeitungstechnik aus dem Bodenverband herausgehobene Materialkörper wird dem Gradienten folgend hangabwärts transportiert und an anderer Lokalität wieder deponiert. Der Prozess erreicht bei hohen Hangneigungen und hangabwärtiger Bodenbearbeitung hohe Transport- und Abtragsraten. Geringere Transportraten treten bei flacheren Hängen und hangaufwärtiger Bodenbearbeitung auf. Dieser Erosionstyp beschreibt somit die Nettobilanz eines technisch verursachten Bodentransportes auf einer landwirtschaftlichen Nutzfläche. Der Netto-Bodenversatz durch Pflugerosion ist in konvexen Hangpositionen von Hangrücken besonders hoch, da in diesen Lagen eine zunehmende hangabwärtige Hangneigung vorliegt und kaum Bodeneintrag aus einem Oberhang auftreten kann (▶ Kap. 4). In konkaven Reliefelementen dagegen tritt überwiegend Materialdeposition auf. Damit tritt die Pflugerosion bevorzugt in geomorphometrischen Lokalitäten auf, in denen die Wassererosion geringere Raten erreicht.

Die Pflugerosion ist von zahlreichen Faktoren abhängig, die in Tab. 11.2 zusammengefasst werden. Der Prozess kann als eine Funktion der Erosivität des technischen Pflugeinsatzes (P_E) und der Erodierbarkeit des Boden-Hang-Systems (S_E) betrachtet werden. Die Pflugerosionsrate (E_p) wird danach wie folgt beschrieben:

$$E_p = f(P_E, S_E)$$

Tab. 11.2 Auswahl von Faktoren der Pflugerosion (van Oost et al. 2006)

Pflugerosivität (P_E)	Erodierbarkeit des Boden-Hang-Systems (S_E)
Geräteeigenschaft: Form, Breite, Länge, Bereifung der Zugmaschine	**Bodeneigenschaften:** Korngröße, Permeabilität, Bodenfeuchte, Scherwiderstand
Bearbeitungstechnik: Pflugtiefe, -geschwindigkeit und -richtung	**Geomorphometrie:** Hangneigung, -länge und -wölbung
Gerätebedienung: Anpassung der Pflugtiefe während des Bearbeitungsganges Pflugrichtung	**Landwirtschaftliche Nutzfläche:** Feldgröße, -form und -lage

11.6 Reliefformen der hangaquatischen und bodenerosiven Prozesse

Durch hangaquatische und bodenerosive Prozesse werden charakteristische Abtrags- und Depositionsformen gebildet. Ihre räumliche Skale umfasst mehrere Größenordnungen, die von flächenhaften Verspülungsformen im Bereich weniger mm bis zu Grabensystemen reichen, die mehrere 100 m Tiefe und Breite erreichen können (▣ Tab. 11.3).

Hangaquatische Prozesse sind typische Phänomene in Regionen, deren Untergrund aus schwach konsolidierten Locker- oder Festgesteinen aufgebaut ist. Diese natürlichen geomorphologischen Systeme werden als *badlands* oder **Ödland** bezeichnet, die sich durch Vegetationsarmut und starke Erosionsraten auszeichnen (▣ Abb. 11.11). Sie sind für die landwirtschaftliche Nutzung ungeeignet. Die Reliefformen der Prozessgruppe der Bodenerosion sind am Hang häufig in **typischen Toposequenzen** angeordnet. Der Ober- und Mittelhang wird primär von Bodenabtragsprozessen dominiert, während der Hangfuß überwiegend durch Depositionsprozesse charakterisiert wird. Allerdings können in beiden Hangbereichen auch beide Prozesstypen synchron und diachron auftreten. So können in Hohlformen und Mulden des gesamten Hanges abgetragene

▣ **Tab. 11.3** Reliefformen hangaquatischer und bodenerosiver Prozesse. Die Bezeichnung der Formtypen kann sowohl für natürlich-hangaquatische als auch für anthropogen-bodenerosive Phänomene verwendet werden (DVWK 1996)

Formtyp	Formsubtyp		Ausmaß/Anzahl
Flächenhafte Abtragsformen	Kleinflächige Verspülung		Wenige mm tief
	Flächenhafte Form (durch flächenhafte Abspülung) einschließlich Kleinstrillen		<2 cm tief
Lineare Abtragsformen	Rille		2–10 cm tief
	Rinne		10–40 cm tief
	Gräben auf Hängen und in Talböden	Vorübergehende Gräben	>40 cm bis mehrere m tief und breit
		Permanente Gräben	>40 cm bis mehrere 100 m tief und breit
Flächenhaft lineare Abtragsformen	Parallele lineare Abtragsformen von Rillen und Rinnen		<10, 10–25 und >25 Einzelformen auf 10 m Acker- bzw. Hangbreite
Depositionsformen	Innerhalb von Abtragsformen (Rillen, Rinnen, Gräben) und Hangverflachungen		mm bis mehrere m mächtig
	Am Ende von Abtragsformen (Hangfuß, Uferböschung des Vorfluters)		Bis mehrere m mächtig
	In Tiefenlinien, Straßengräben, Hohlwegen etc.		Bis mehrere m mächtig
	In Talauen, Wasserspeicherwerken, Flussdeltas		Mehrere m bis >100 m mächtig

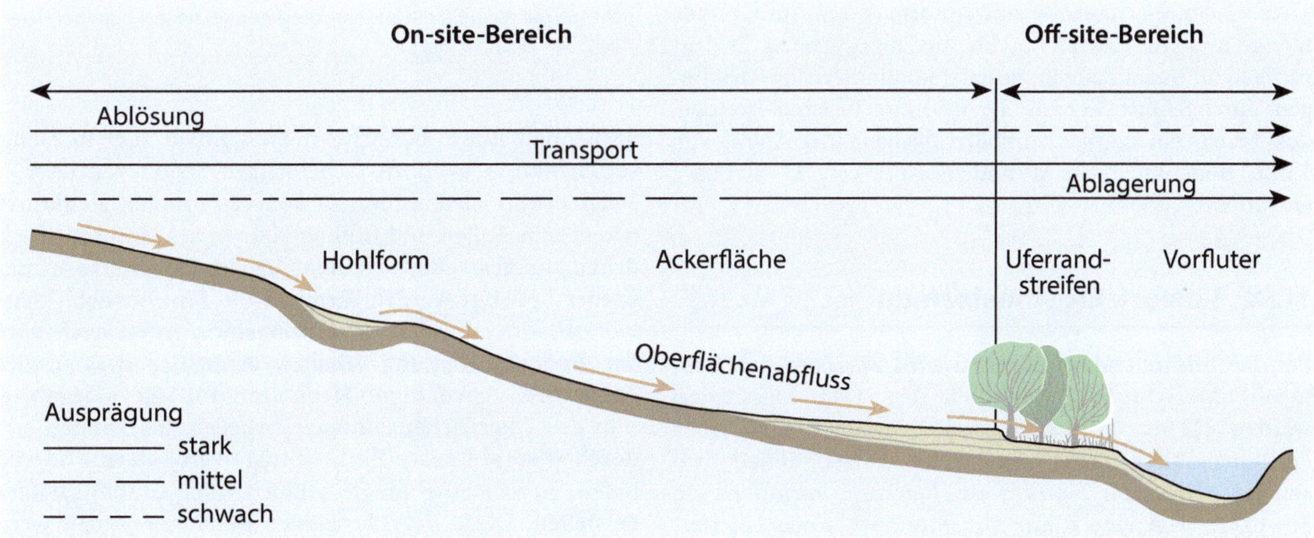

▣ **Abb. 11.11** Lokalität von Ablösungs-, Transport- und Ablagerungsbereichen der bodenerosiven Prozesse in toposequenzieller Anordnung am Hang. (Verändert nach DVKK-Merkblatt 239/1996: Bodenerosion durch Wasser – Kartieranleitung zur Erfassung aktueller Erosionsformen, S. 4)

Sedimente deponiert werden. Des Weiteren können die Depositionskörper am Hangfuß erosiv zerschnitten und abgetragen werden (◘ Abb. 11.11). Abtrag und Deposition können daher in unmittelbarer räumlicher Nachbarschaft auftreten. Darüber hinaus können das Wegenetz oder andere Verbauungen im Hangbereich als Sedimentfänger wirken, sodass sich ein kompliziertes Raummuster erosiver und akkumulativer Reliefelemente entwickelt, das von der typischen Catena-Anordnung beträchtlich abweichen kann (Houben 2012). Das mit Bodenabtrag, Sedimenttransport und -deposition charakterisierte geomorphologische Kaskadensystem, in dem Material aus einer Sedimentquelle über Zwischenspeicher zu den Sedimentsenken transportiert wird (Dikau 2012), kann somit hochgradig nichtlineare und entkoppelte Ursache-Wirkungs-Beziehungen aufweisen. Damit ergeben sich Probleme für die stratigraphische Analyse der korrelaten Sedimente der Kolluvien, da sie aus Materialmischungen von Quellen unterschiedlicher Genese und Alters bestehen können.

In der angewandten Bodenerosionsforschung und bei der Schadensbewertung der Bodenverluste auf Hängen und der Sedimentdepositionen in Senken haben sich die Begriffe ***On-site*** und ***Off-site*** etabliert. In diesem Kontext werden unter dem *On-site*-Bereich diejenigen Reliefelemente des Kaskadensystems verstanden, die dem Hang zuzuordnen sind. Die toposequenziell daran anschließenden Formen des fluvialen Systems werden als *Off-site*-Bereiche bezeichnet (◘ Abb. 11.11). Es handelt sich folglich um relative Ortsangaben in Bezug auf das betrachtete Objekt.

◘ **Abb. 11.12** Erosionsrillen auf einer landwirtschaftlichen Nutzfläche, die kurz nach der Bodenbearbeitung entstanden sind. Die Einzelrillen (Breite und Tiefe: je 2–3 cm) vereinigen sich zu größeren Rillen. In Hangverflachungen bilden sich temporäre Sedimentspeicher (Hangkolluvien). Die räumliche Struktur der Rillen wird durch die Bodenbearbeitung verursacht. Der Zwischenrillenbereich ist noch nicht stärker verspült, die Bodenaggregate sind noch weitgehend intakt. (Quelle: R. Dikau)

11.6.1 Flächenhafte Erosionsformen

Flächenhafte Abtragsformen entstehen durch **kleinflächige Verspülungen** der Bodenoberfläche, die zur Einebnung der Aggregate und Unebenheiten führen (◘ Abb. 11.13). Wenn ein Gefälle vorliegt, entwickeln sich **Kleinstrillen** mit einer Tiefe <2 cm. Flächenhafte Abtragsformen sind im Gelände nur schwer zu erkennen. Um die abgetragenen Bodenmengen zu quantifizieren, müssen kontinuierliche Messungen durchgeführt werden. Dabei muss beachtet werden, dass bereits ein kaum erkennbarer flächenhafter Abtrag von 1 mm Bodensäule einem Bodenverlust von 12–20 t ha^{-1} entspricht!

11.6.2 Lineare Erosionsformen

Bei den linearen Abtragsformen wird zwischen drei Subtypen unterschieden, die durch ihre Tiefe klassifiziert werden (◘ Abb. 11.12 und 11.13). Diese Reliefformen entstehen durch Tiefen- und Seitenerosion. **Rillen** weisen eine Tiefe von 2–10 cm auf, bei einer Formtiefe von 10–40 cm liegt eine Rinne vor. **Rinnen** können bei starken Bodenerosionsereignissen eine Breite von mehreren m erreichen. Treten die linearen Abtragsformen der Rillen und Rinnen gehäuft parallel auf, wird die Reliefform als flächenhaft linear bezeichnet. Sie können sich in Hangverflachungen auch zu fächerartigen Strukturen oder in Mulden und Tiefenlinien zu konvergierenden Strukturen entwickeln. Rillen und Rinnen können auf landwirtschaftlichen Nutzflächen durch die pflügende Bodenbearbeitung wieder beseitigt werden. Erreicht die Erosionstiefe Werte >40 cm, wird diese Bodenerosionsform meist auch nach der Bodenbearbeitung erhalten bleiben, sodass in den Folgejahren bevorzugte Strukturen für die Konzentration des Oberflächenabflusses vorliegen. Sie können sich durch weitere lineare Bodenabträge verbreitern und vertiefen, sodass ausgeprägte Gräben oder **Grabensysteme** entstehen. Diese Begriffe werden dann verwendet, wenn die Formen Tiefen von >40 cm erreichen, wobei vorübergehende und permanente Typen unterschieden werden. Vorübergehende (ephemere) Gräben können durch

Abb. 11.13 Erosionsrinnen auf einem geneigten Zuckerrübenstandort mit noch geringem Bedeckungsgrad. Rinnenbreite und -tiefe betragen ca. 10–15 cm. Der Zwischenrinnenbereich ist durch intensive Verspülungen und flächenhaften Bodenabtrag gekennzeichnet, die Bodenaggregate wurden weitgehend zerstört. (Quelle: R. Dikau)

die Bodenbearbeitung im Jahreszyklus mit bestimmten Bearbeitungstechniken wieder verfüllt werden, während dies bei permanenten Gräben nicht mehr möglich ist. Auf diese Weise wird das Grabensystem durch positive Rückkopplungseffekte vergrößert (Abb. 11.14).

11.6.3 Depositionsformen

Bei abnehmender Hangneigung, Abflussgeschwindigkeit und Schichtdicke verringert sich die Transportkapazität des Oberflächenabflusses. Es kommt zur selektiven Deposition, d. h., dass zuerst die Partikel mit den größten Korngrößendurchmessern sedimentiert werden. Bei einem weiteren Rückgang der Transportkapazität erfolgt sukzessive die vollständige Sedimentation der transportierten Partikel. Das transportierte und im Hangsystem (Hangfläche und Hangfuß) akkumuliert Material wird als **Kolluvium** bezeichnet (Abb. 11.15). Der Begriff Kolluvium wird allerdings nur verwendet, wenn der verantwortliche Prozess als Bodenerosionsprozess auftritt, d. h. durch landwirtschaftliche Tätigkeiten des Menschen verursacht wurde. Erreicht das Sediment das fluviale System und wird in der Talsohle von Flüssen deponiert, entstehen Talauen- oder Talsohlensediment.

Akkumulationsformen werden entsprechend ihrer Lokalität im Hangsystem, ihrer Mächtigkeit und ihrer räumlichen Ausdehnung klassifiziert. Auf Verflachungen oder in Hohlformen am Hang bilden sich Akkumulationsformen als **temporäre Zwischenspeicher,** z. B. innerhalb der Rillen, Rinnen oder Ackerfurchen (Abb. 11.16). Auch anthropogene Verbauungen im Hang (z. B. Wege oder Terrassen) können als Sedimentfänger fungieren. Diese Sedimente werden als Hangkolluvium bezeichnet, da sie auf der Hangfläche selbst zur Deposition gelangen. Weitere bevorzugte Akkumulationsgebiete bilden die Hangfußbereiche (Hangfußkolluvium) und der Übergangsbereich des Hanges zur Uferböschung eines Vorfluters (Uferrandstreifen). Über das Hangprofil hinausgehende Akkumulationsgebiete sind Tiefenlinien geringer Ordnung (Abb. 11.16), Straßengräben, Wasserableitungsgräben und Hohlwege.

11.7 Folgen der Bodenerosion durch Wasser

Die Bodenerosion durch Wasser führt zu weitreichenden Folgen auf den Hängen und in den der Sedimentkaskade folgenden Reliefelementen und -formen. Der Hang bildet die primäre Materialquelle, auf der Oberboden und, bei stärkerer Eintiefung, tiefere Bodenhorizonte und

11

Abb. 11.14 Grabenerosion auf der Nordinsel Neuseelands. Das Grabensystem Waiorongomai hat eine Breite von 1,4 km, die Gräben erreichen Tiefen bis zu 30 m. Das erodierte Sediment wird in Form einer Sedimentkaskade in das Talauensystem im Vordergrund transportiert und akkumuliert. Bei ausreichender Energie des linearen Abflusses erfolgt ein Weitertransport in den Hauptfluss und in den Pazifischen Ozean. Die *On-site*-Schäden umfassen die irreversible Zerstörung der land- und forstwirtschaftlichen Nutzfläche, *Off-site*-Schäden umfassen u. a. die Zerstörung der Talauenvegetation sowie verschiedener Brückenkonstruktionen und Fischhabitate. (Quelle: Thomas Parkner)

Lockergesteine mobilisiert werden. Sie gelangen nach bestimmten Transportzeiten und unter Nutzung bestimmter Transportwege in Raumlagen, in denen das Sediment wieder akkumuliert wird. Auf den Hängen können die physikalischen, chemischen und biologischen Eigenschaften der Böden mit unterschiedlicher Intensität verändert werden, die bis zur irreversiblen Zerstörung des gesamten Bodenkörpers führen können. Dazu zählen folgende Prozesse:

- Reduktion der nutzbaren Feldkapazität,
- Reduktion der Kationenaustauschkapazität,
- Verlust organischer Substanz.

Mit dem **Verlust ertragsrelevanter Bodeneigenschaften,** wie die nutzbare Feld- oder die Kationenaustauschkapazität, ist eine Reduzierung der Produktivität des Bodens für die landwirtschaftliche Nutzpflanzenerzeugung verbunden. Diese Erkenntnisse werden bis heute in der landwirtschaftlichen Praxis angewandt, um erosionsvermindernde **Bodenschutzmaßnahmen** zu entwickeln, wie die Veränderung der Fruchtfolge, Mulchtechniken oder alternative Maßnahmen der Bodenbearbeitung. Unter den Gesichtspunkten einer Gefahren- und Risikobewertung stehen damit den Chancen eines landwirtschaftlichen Ertrages Risiken der Bodendegradation gegenüber, die zu einer irreversiblen Bodenzerstörung führen können, die jegliche zukünftige Nutzung ausschließt (Morgan 2005, Montgomery 2010).

Akkumulationen in Materialsenken außerhalb des Hangsystems (*Off-site*-Depositionen) verbleiben unter bestimmten Bedingungen Jahrzehnte oder gar Jahrtausende in ihrer räumlichen Position, können jedoch remobilisiert werden. Damit verbunden sind Mobilisierungen der in ihnen gespeicherten Nährstoffe und toxischen Verbindungen, wie Schwermetalle oder pharmakologische Substanzen. Die in diesen Bereichen auftretenden Schäden werden als *Off-site*-Schäden bezeichnet. Gegenüber der *On-site*-Problematik rückte ihre Relevanz erst in den letzten Jahrzehnten in den Fokus des Forschungs- und Praxisinteresses (Dikau 2012).

Abb. 11.15 Sedimentdepositionen am Hangfuß einer landwirtschaftlichen Nutzfläche nach einem Niederschlagsereignis. Derartige Depositionen werden als Kolluvium bezeichnet. Sie können sich im Laufe von Jahrtausenden zu Sedimentkörpern akkumulieren, die in Mitteleuropa mehrere m Mächtigkeit erreichen können. (Quelle: R. Dikau)

Bodendepositionen können allerdings auch positive Folgen nach sich ziehen. Das bekannteste Beispiel war die jährliche **Überflutung des Nils,** die nährstoffhaltige Sedimente in Form der Suspensionsfracht auf den Talauen des Flusses akkumulierte und die Bodenfruchtbarkeit auf hohem Niveau hielt. Durch Erosion bedingte *On-site*-Schäden auf den Hängen des Einzugsgebietes des Flusses wurden damit von Folgeprozessen begleitet, die weitab von den Entstehungsorten des Sedimentes auftraten und, in diesem Fall, zu einem positiven Effekt führten. Durch die Fertigstellung des neuen Assuan-Staudammes im Jahre 1971 ist der natürliche Prozess der Talauensedimentation unterbrochen worden. Des Weiteren akkumuliert im Wasserreservoir hinter dem Damm die Suspensionsfracht. Mit dem Bau des Staudammes ist damit nicht nur ein Nutzen in Form einer hydrologischen Regulierung von Hochwässern und einer Bereitstellung von Wasser für die landwirtschaftliche Bewässerung verbunden, sondern auch ein Nachteil, der durch die allmähliche Verfüllung des Staudammes durch Sediment entsteht. Die Bodenerosionsprozesse führen weltweit zur **Sedimentation in Flussspeicherwerken,** die weiterreichende Folgen in Form der Reduktion der Wasserkapazität nach sich ziehen und inzwischen kontinentale Bedeutung erlangt haben. Falls die Speicherwerke für die Trinkwasser- oder Energieerzeugung genutzt werden, muss in Zukunft mit erhöhten Problemen der Wasserbewirtschaftung gerechnet werden.

Die Folgen der kontinentalen Sedimentspeicherung in technischen Wasserspeicherwerken werden auch weiter flussabwärts beobachtet. Der Sedimentmangel des Flusses führt im Gerinne zu Einschneidungen, die bis zu 10 m in wenigen Jahrzehnten betragen können und zu Grundwasserabsenkungen in den Talauen führen. An den Mündungsbereichen stark verbauter Flüsse, wie Nil, Colorado, Indus oder Mississippi, wird deutlich, dass der bis zu 95 % reduzierte Sedimenttransport zu starken **Sedimentdefiziten in den Flussdeltas,** d. h. den litoralen Komponenten des gesamten Kaskadensystems, führt. Diese Defizite ziehen weitere Folgen für die Küstendynamik nach sich, da die negativen Sedimentbilanzen des litoralen Systems zur Intensivierung der küstenerosiven Prozesse führen. So werden heute im Deltabereich des Jangtsekiang in China Küstenerosionsraten bis zu 10 m im Jahr gemessen. Derartige Fernwirkungen, d. h. über weite Distanzen wirkende Beziehungen zwischen den Phänomenen des geomorphologischen Systems, erfordern ein Verständnis des gesamten Systems von der Sedimentquelle bis zur Sedimentsenke und damit holistisch-systemische Forschungsansätze.

Abb. 11.16 Sedimentdeposition in einer Ackerfurche einer landwirtschaftlichen Nutzfläche (Kolluvium). Die einzelnen Schichten wurden durch Einzelniederschläge verursacht, die im Laufe der Vegetationsperiode einen kolluvialen Körper aufgebaut haben. Seine sedimentäre Struktur wird durch die folgende Bodenbearbeitung wieder zerstört werden. (Quelle: R. Dikau)

Material- und Bodenabträge durch hangaquatische und bodenerosive Prozesse umfassen ein breites Wertespektrum. Die wissenschaftliche Forschung der letzten 80 Jahre hat eine Fülle von **quantitativen Abtragsdaten** geliefert, eine Auswahl ist in Tab. 11.4 aufgelistet. Wie zahlreiche Studien gezeigt haben, werden in den vegetationslosen *badlands* (Abb. 11.1) Spitzenabträge der natürlichen Erosionsprozesse beobachtet. Sie zählen zu den weltweit höchsten Abtragsraten. Allerdings ist ihre räumliche Ausdehnung begrenzt und lediglich auf besondere Regionen mit wenig konsolidierten Lockergesteinen konzentriert.

Unter den besonderen Bedingungen der landwirtschaftlichen Nutzflächen, die auf allen Kontinenten der Erde hohe Flächenanteile einnehmen (Richter 1998), können ebenfalls Spitzenabträge gemessen werden, die vergleichbar mit den Abträgen der *badlands* sind. Bei extremen Niederschlägen mit hohen Intensitätsspitzen können diese Abtragswerte sogar in sehr kurzen Zeitskalen weniger Minuten erzeugt werden. Wenn ein hoher Deckungsgrad der Bodenoberfläche durch die natürliche Vegetation oder durch Nutzpflanzen gegeben ist, sinken die Bodenabträge auf geringe Werte oder werden gänzlich unterdrückt. Ein **hoher Deckungsgrad** kann durch eine hohe Individuendichte oder durch eine bestimmte Morphologie der Pflanzen gegeben sein, z. B. beim Vergleich von Getreide und Mais. Durchschnittliche Bodenverluste durch Bodenerosion im kontinentalen Maßstab liegen daher zwischen 10 und 25 t ha^{-1} pro Jahr. Mit derartigen Folgen für die Qualität der Böden, die Erzeugung von Nahrungsmitteln und die Funktionsweise der fluvialen und litoralen Systeme stellt die Bodenerosion durch Wasser ein Umweltproblem höchster Relevanz dar (Richter 1998; Montgomery 2010; Dikau 2012).

11.8 Bodenerosionsmessung und -modellierung, Bodenschutz

Die wissenschaftliche Auseinandersetzung mit den anthropogen verursachten Bodenerosionsprozessen begann in den 1930er-Jahren in den USA. Die katastrophalen Bodenverluste in der ***„Dust Bowl"*- Periode** der amerikanischen Landwirtschaft (▶ Kap. 13) erforderten ein grundlegendes Verständnis der bodenerosiven Prozessgruppe und daraus abgeleitete Bodenschutzmaßnahmen. Dazu wurde ein bis heute genutztes Forschungsdesign entwickelt, das neben Laborexperimenten auch die Erfassung des Bodenabtrags auf Messparzellen und landwirtschaftlichen Standorten umfasst. **Messparzellen** stellen künstlich eingegrenzte

Tab. 11.4 Beispiele von Boden- und Materialabträgen durch hangaquatische und bodenerosive Prozesse von Messparzellen, kleinen Einzugsgebieten und landwirtschaftlichen Nutzflächen

Räumliche Skale	Bodenbedeckung	Prozesstyp	Boden-/Materialverlust	Meßdauer	Region	Quelle
Messparzellen (2,0 ha)	Keine *(badland)*	Hangaquatische Interrillenerosion	$168\ t\ ha^{-1}$ (Summe)	Jahre	Spanien	Verschiedene Autoren, nach Nadel-Romero et al. (2011)
Kleines Einzugsgebiet (1,9 ha)	Keine *(badland)*	Hangaquatische Grabenerosion	$400\ t\ ha^{-1}$ (Summe)	Jahre	Spanien	Verschiedene Autoren, nach Nadel-Romero et al. (2011)
Messparzellen	Verschiedene landwirtschaftliche Nutzpflanzen	Bodenerosion, überwiegend Interrillen- und Rillenerosion	$2{,}7\ t\ ha^{-1}$ (langjähriges Mittel)	Jahre	Deutschland	Verschiedene Autoren, nach Auerswald et al. (2009)
Messparzellen	Brache	Bodenerosion, überwiegend Interrillen- und Rillenerosion	$80\ t\ ha^{-1}$ (langjähriges Mittel)	Jahre	Deutschland	Verschiedene Autoren, nach Auerswald et al. (2009)
Messparzellen, Hänge, Einzugsgebiete (bis 1000 km^2)	Verschiedene landwirtschaftliche Nutzpflanzen	Bodenerosion Gabenerosion	$1–65\ t\ ha^{-1}$ (langjähriges Mittel)	Jahre	Europa, USA Afrika, Australien, China	Verschiedene Autoren, nach Poesen et al. (2003)
Hang	Zuckerrübe mit 15 % Bedeckungsgrad	Bodenerosion, Interrillen-, Rillen- und Rinnenerosion	$242\ t\ ha^{-1}$ (Summe)	30 min	Süddeutschland	Dikau (1986)
Hang	Vegetationsperiode Zuckerrübe von Einsaat bis Ernte	Bodenerosion, Interrillen-, Rillen- und Rinnenerosion	$277\ t\ ha^{-1}$ (Summe)	7 Monate	Süddeutschland	Dikau (1986)

Tab. 11.5 Auswahl von Messmethoden in der Bodenerosionsforschung

Empirische Messmethode		Typische Raumskale	Untersuchte Prozesse und Einflussfaktoren (Auswahl)
Laborexperimente		30 cm–10 m	Spritzwassererosion, Interrillen- und Rillenerosion, Verschlämmung, Oberflächenrauheit, Infiltration, künstlicher Niederschlag, Tropfengröße und -energie
Geländeexperimente und Feldmessungen	Messparzellen	1–20 m	Spritzwassererosion, Interrillen- und Rillenerosion, Verschlämmung, künstlicher (Beregnung) und natürlicher Niederschlag, Vegetationstyp und -bedeckung, Hangneigung und -länge
	Feldmessungen auf bewirtschafteten Nutzflächen	10–300 m	Spritzwassererosion, Interrillen- und Rillenerosion, Grabenerosion, Pflugerosion, Verschlämmung, natürlicher Niederschlag, Vegetationstyp und -bedeckung, Fruchtfolgen
	Einzugsgebietsmessungen	1 ha - 10.000 km^2	Flächenhafte Bodenerosion, Sedimentaustrag durch Flüsse, großskalige Sedimentakkumulation in Kolluvien und Talauen, Geomorphometrie, Gebietsniederschlag, Bodentypverbreitung, Landnutzung
	Kontinente	Bis mehrere Mio. km^2	Flächenhafte Bodenerosion, Sedimentaustrag durch Flüsse, großskalige Sedimentakkumulation in Kolluvien und Talauen, Geomorphometrie

11

Messflächen dar, auf denen die Randbedingungen der Bodenerosion weitgehend bekannt sind und konstant gehalten werden können, z. B. die natürliche und künstliche Niederschlagsmenge, die Bodenart und Feldfrucht oder die Hangneigung (Auerswald et al. 2009). Auf diese Weise gelang es amerikanischen Wissenschaftlern des US Conservation Service, das **empirische Bodenerosionsmodell USLE** *(Universal Soil Loss Equation)* (Wischmeier und Smith 1978) zu entwickeln. Die USLE ist praxistauglich und ermöglicht den Landwirten, Bodenschutzmaßnahmen anzuwenden, um die zu erwartenden Bodenverluste zu reduzieren. Messparzellen gelten bis in die Gegenwart weltweit als zentrale Methode der Bodenerosionsforschung. Erweitert wird dieser methodische Ansatz durch Feldmessungen der Bodenabträge und ihrer Einflussfaktoren auf regulär bewirtschafteten landwirtschaftlichen Nutzflächen (Tab. 11.5). Der Vorteil der Vergrößerung der Raumskale besteht darin, dass die Bodenabträge unter realen Bedingungen der Ackerflächen und -schläge gemessen werden können. Jedoch können die Prozesse und ihre Einflussfaktoren, z. B. die erodierte Flächengröße oder die Bodeneigenschaften, nur mit einem gegenüber der Messparzelle erhöhten Fehler ermittelt werden. In den letzten Jahren hat sich die geomorphologische Forschung verstärkt den ***Off-site*-Folgen** der Bodenerosion zugewandt, sodass größerskalige geomorphologische Systeme in Form hydrologischer Einzugsgebiete thematisiert werden. Auch hier ist ein methodischer Skalensprung erforderlich, da Gebietsgrößen mehrerer 10.000 km^2 bis zu ganzen Kontinenten empirisch zu bemessen sind (Nadel-Romero et al. 2011).

Die Modellierung der bodenerosiven Prozesse erfolgt mit **Bodenerosionsmodellen,** die ein äußerst breites Spektrum umfassen. Der Entwicklung der empirischen USLE (ABAG, Allgemeine Bodenabtragsgleichung) in den Jahren 1940 bis 1970 folgte ihre Adaption nach Mitteleuropa durch die Arbeitsgruppe des Pedologen Udo Schwertmann (Schwertmann et al. 1990). Die empirische Allgemeine Bodenabtragsgleichung (ABAG) hat folgenden Aufbau:

$$A = R \cdot K \cdot L \cdot S \cdot C \cdot P$$

mit den Faktoren:

A - mittlerer, langjähriger Bodenabtrag
R - Regenfaktor
K - Bodenerodierbarkeitsfaktor
L - Hanglängenfaktor
S - Hangneigungsfaktor
C - Bodenbedeckungs- und Bodenbearbeitungsfaktor
P - Bodenschutzfaktor

Die Gleichung beschreibt den mittleren, langjährigen Bodenabtrag durch Interrillen- und Rillenerosion von Messparzellen und landwirtschaftlichen Nutzflächen mit mehrjährigen Fruchtfolgen. Sie ist nicht dazu geeignet, Bodenabträge einzelner Niederschlagsereignisse zu berechnen (Dikau 1986). Aufgrund ihres empirischen Charakters muss die Gleichung bei Anwendung außerhalb des Gültigkeitsbereiches in den USA neu kalibriert werden (Schwertmann et al. 1990; Gündra et al. 1995). Unter Gesichtspunkten der landwirtschaftlichen Praxis ist entscheidend, ob das Modell in der Lage ist, in der Raumskale der Ackerfläche sowie in der Zeitskale der Nutzungsperiode und der über Jahre verfolgten Fruchtfolgen angemessene Bodenschutzmaßnahmen zu ermitteln. Diese Maßnahmen müssen der landwirtschaftlichen Praxis genügen (z. B. Mulchen ohne Ertragseinbußen) und den ökonomischen Randbedingungen des Betriebes (z. B. Flächenstilllegung ohne ökonomische Verluste) entsprechen. Die Wirksamkeit der zu ergreifenden Maßnahmen und die Akzeptanz eines tragbaren Bodenverlustes können durch den Grenzwert des **tolerierbaren Bodenabtrags** ausgedrückt werden

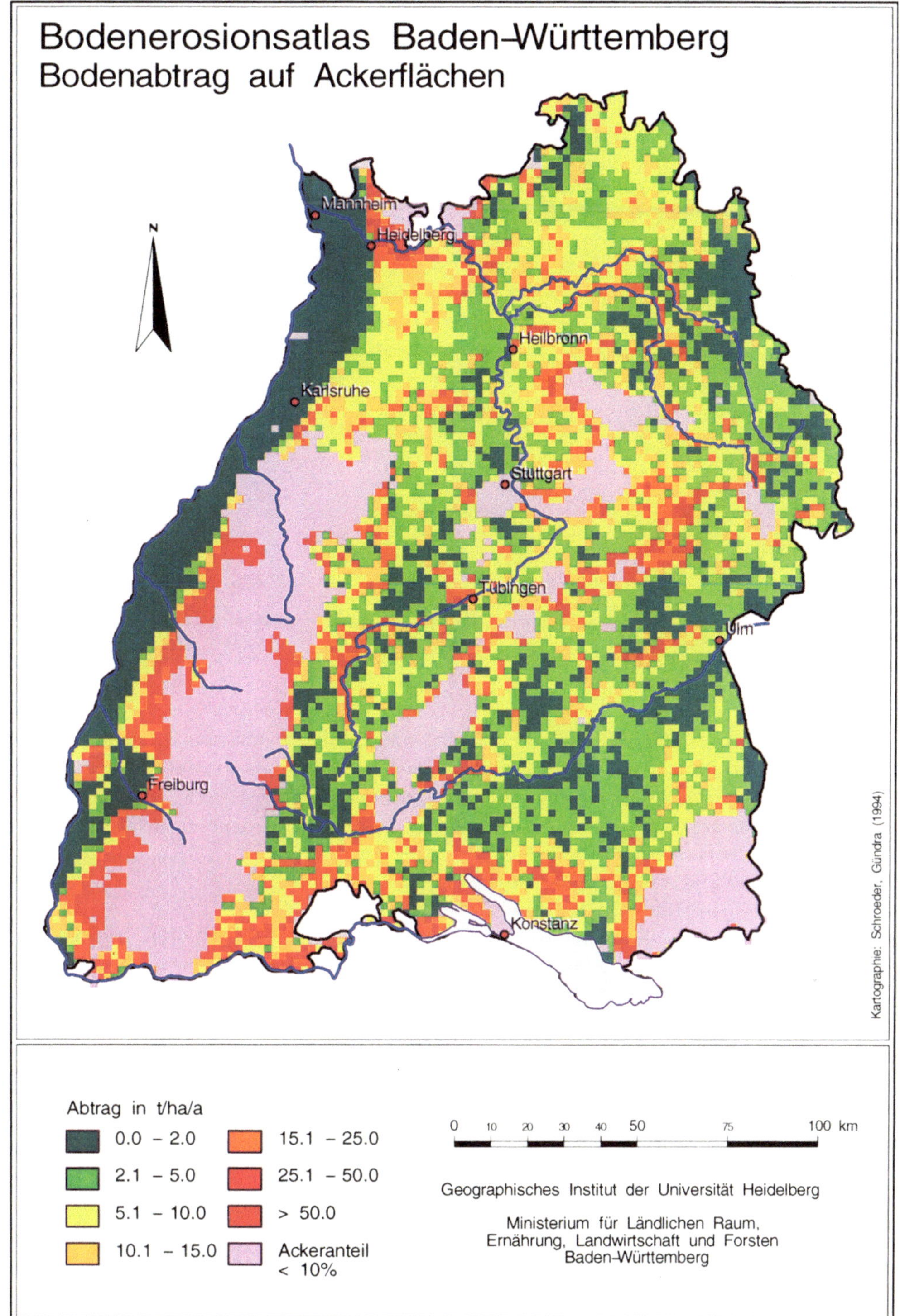

Abb. 11.17 Karte des modellierten Bodenabtrags auf Ackerflächen in Baden-Württemberg aus dem Bodenerosionsatlas des Bundeslandes. Die Bodenabträge wurden mit der Allgemeinen Bodenabtragsgleichung (ABAG) in regionalem Maßstab berechnet. (Aus Gündra et al. 1995)

Tab. 11.6 Faktoren, die zur Förderung und Minderung der Bodenerosion beitragen

Einflussfaktor	Bodenerosionsfördernd	Bodenerosionsmindernd
Bodeneigenschaften		
Korngröße	Hohe Schluff- und Feinsandgehalte	Mittlere Schluffgehalte, Lehme
Aggregatstabilität	Mechanische Verdichtung	Hoher Gehalt organischer Stoffe, Regenwürmer
Verschlämmung und Verkrustung	Hohe Schluff- und Feinsandgehalte	Hohe Aggregatstabilität
Organische Stoffe	Geringer Gehalt von Vegetationsrückständen	Organische Düngung
Wasserleitfähigkeit	Verdichtungen unterhalb der Pflugsohle	Hoher Grobporenanteil, z. B. durch Regenwurmgänge
Bodenchemie	Hoher Gehalt einwertiger Kationen (Na^+, K^+)	Hohe Ca-Sättigung
Vegetationsbedeckung/Landbautechnik		
Anbaufrucht	Mais, Zuckerrübe, Hopfen, Brache, Saatbettphase	Hoher Bedeckungsgrad durch Nutzpflanzen, Futterpflanzen, Getreide, Mulch, Zwischenfrucht, Streifenanbau
Bodenbearbeitung	Pflügen, Anbau in Gefällerichtung, schwere Landmaschinen	Direktsaat, nichtwendende Bodenbearbeitung (Grubber, Scheibenegge), hangparalleler Anbau, Doppelbereifung, niedriger Reifendruck, Bearbeitung nur bei trockenen Bodenkonditionen
Hanggestaltung	Lange Hänge, große Ackerfläche	Kurze Hanglänge, Terrassierung, Entwässerungsgräben

11

(Gündra et al. 1995). Seine Höhe und Sinnhaftigkeit ist umstritten. Es ist heute unbestritten, dass die Bodenverluste auf landwirtschaftlichen Nutzflächen bei Weitem nicht durch die **Bodenneubildungsrate** kompensiert werden können. Andererseits müssen ökonomische Aspekte der landwirtschaftlichen Produktivität, die Bodentiefe oder die Kosten von Schutzmaßnahmen berücksichtigt werden. Der tolerierbare Bodenabtrag hat daher einen normativen Charakter, der das Risiko eines Schadens der *On-site-* und *Off-site*-Systeme gegen den Nutzen (Chance) eines Gewinns aus der landwirtschaftlichen Produktion abzuwägen hat. In der Praxis werden heute tolerierbare Bodenabträge von wenigen $t\,ha^{-1}\,a^{-1}$ verwendet. Das Beispiel einer regionalen Bodenerosionsmodellierung auf Basis der ABAG wurde von Gündra et al. (1995) für das Bundesland Baden-Württemberg vorgelegt. Die Karte der Bodenabträge kann als Gefahrenhinweiskarte für Hotspots der Bodenerosion genutzt werden (Abb. 11.17).

Ab den 1980er-Jahren wurden **deterministische Modelle der Bodenerosion** entwickelt, die heute ein hohes analytisches Niveau der Prozessabbildung erreicht haben (Hebel 2003). Das Bodenerosionsmodell EROSION 3D simuliert den Bodenerosionsprozess auf der Skale des Einzugsgebietes (Schmidt 1996). Die prognostizierten Prozesse umfassen Infiltration, Oberflächenabfluss sowie Materialmobilisierung, -transport und -deposition. Sie werden für Einzelniederschläge berechnet (Schindewolf und Schmidt 2012). Durch wissenschaftliche Forschung und die landwirtschaftliche Praxis sind heute die wesentlichen bodenerosionsfördernden und -vermindernden Prozesse und ihre Einflussfaktoren bekannt (Tab. 11.6). Dem Landwirt und seinen Beratern steht damit ein ausreichendes Wissen zur Verfügung, um ausgewählte Feldfrüchte und angepasste Landbautechniken einzusetzen, um die Bodenabträge von landwirtschaftlichen Nutzflächen zu verringern (Pierce und Frye 2018).

11.9 Historische Bodenerosion

Die durch die landwirtschaftliche Aktivität des Menschen verursachte Bodenerosion ist kein neuartiges Phänomen (Bork et al. 1998; Montgomery 2010; Goudie und Viles 2016). Darüber wird in ► Kap. 19 dieses Lehrbuches ausführlich berichtet. Vor 7500 Jahren etablierten sich in Europa sesshafte menschliche Gesellschaften, die ein ausgeprägtes Siedlungswesen und landwirtschaftliche Produktionsweisen aufbauten. Damit wurden Rahmenbedingungen geschaffen, die die natürlichen Waldsysteme schrittweise in landwirtschaftliche Nutzflächen umwandelten. Infolge dieser Eingriffe in die natürlichen geomorphologischen Hangsysteme entwickelten sich in Mittel- und Westeuropa Bodenabtrags-, -transport- und -akkumulationsprozesse, die in mehreren Phasen des Holozäns Intensivierungen erfahren haben (► Kap. 19). Die Indizien für diese Abtrags- und Akkumulationsprozesse (Abb. 11.18 und 11.19) finden sich heute in gekappten Bodenprofilen, Waldrandstufen, Kolluvien und Auelehmdecken in den Talauen der Flüsse (Tab. 11.7). Diese **Sedimentarchive** werden als Indikatoren für die Rekonstruktion der historischen Bodenerosionsphasen verwendet.

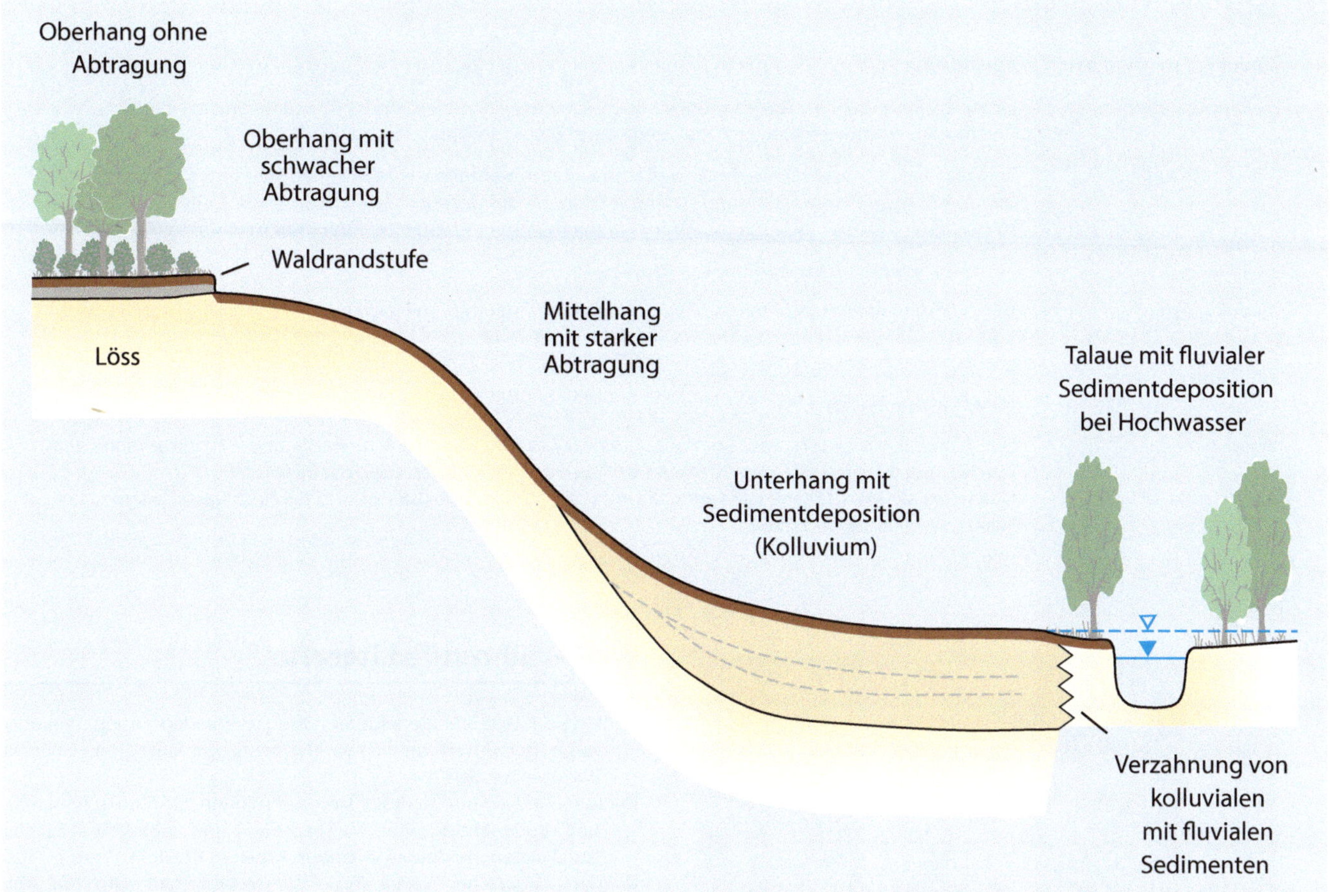

Abb. 11.18 Schematisierte Hangcatena in einer Lössregion Mitteleuropas, die durch Prozesse der Bodenerosion während der letzten Jahrtausende entstanden ist. (Verändert nach Eitel und Faust 2013, Abdruck mit Genehmigung von B. Eitel, D. Faust und Bildungshaus Schulbuchverlage, Westermann)

Fazit

Sobald der Mensch mit seinen landwirtschaftlichen Technologien in die natürlichen geomorphologischen Hangsysteme eingreift, werden die hangaquatischen Prozesse modifiziert, bei unsachgemäßer Handhabung verstärkt und in die Prozessgruppe der Bodenerosion transformiert. Die in Jahrtausenden entwickelten Böden der landwirtschaftlichen Nutzflächen können dabei degradiert oder gänzlich zerstört werden. Nur bodenkonservierende Maßnahmen im Rahmen gekoppelter sozial-ökologischer Systeme können diese Prozesse verändern und aufhalten. Eine ihrer Voraussetzungen ist das Wissen über die Funktionsweise hangaquatischer und bodenerosiver Prozesse. Die Übersetzung dieses Wissens in die gesellschaftliche Praxis der Nahrungsmittelsicherung und Bodenerhaltung ist eine Aufgabe höchsten Anspruchs. Im Hinblick auf die globalen Klimaveränderungen und ihren Folgen für die Bodenerosionsprozesse (UBA 2011) hat diese Fragestellung für die Geomorphologie eine hohe Priorität.

Tab. 11.7 Indikatoren für bodenerosive Prozesse in historischer Zeitskale

Bodenerosionsindikator	Erklärung
Gekappte Bodenprofile	Obere Bodenhorizonte werden erodiert, sodass mit der Zeit tiefere Bodenhorizonte an die Oberfläche treten und den Ap-Horizont bilden (z. B. gekappte Parabraunerde, Pararendzina)
Waldrandstufen	Bei Wald-Acker-Grenzen wird die Ackerfläche erodiert, während der Wald einen sehr guten Erosionsschutz bietet, sodass selektive Abtragung stattfindet und mit der Zeit eine Geländestufe von mehreren m Höhe entstehen kann
Kolluvium	Korrelate Sedimente der Bodenerosionsprozesse
Hangkolluvium	Durch Bodenerosionsprozesse am Hang mobilisiertes Material, das nach kurzer Transportstrecke im Hangbereich akkumuliert wird, d. h. das Hangsystem nicht verlässt
Hangfußkolluvium	Durch Bodenerosionsprozesse am Hang mobilisiertes Material, das nach Transport über die Hangfläche am Hangfuß akkumuliert wird
Auelehme	Durch Bodenerosionsprozesse am Hang mobilisiertes Material, das nicht im Hangbereich akkumuliert wird, sondern das fluviale System erreicht und bei Hochwasser in der Talaue deponiert wird Durch fluviale Aktivität im Flussgerinne und auf der Talaue mobilisiertes und bei Hochwasser wieder in der Talaue deponiertes Sediment

11

Abb. 11.19 Pararendzina in Mittelhanglage auf Versuchsgut Frankenforst bei Bonn mit einer Mächtigkeit des Ap-Horizontes von ca. 35 cm. Der Boden ist durch vollständige bodenerosive Kappung einer Parabraunerde aus Löss entstanden. Der Bodenverlust beträgt an diesem Standort mindestens 195 cm. (Quelle: R. Dikau)

Weiterführende Literatur

Auerswald K (1993) Bodeneigenschaften und Bodenerosion. Wirkungswege bei unterschiedlichen Betrachtungsmaßstäben. Gebrüder Borntraeger, Berlin

Dikau R (1986) Experimentelle Untersuchungen zu Oberflächenabfluss und Bodenabtrag von Meßparzellen und landwirtschaftlichen Nutzflächen. Heidelberger Geogr. Arbeiten 81, Heidelberg

DVWK – Deutscher Verband für Wasserwirtschaft und Kulturbau e. V. (1996) Bodenerosion durch Wasser – Kartieranleitung zur Erfassung aktueller Erosionsformen. DVWK-Merkblätter zur Wasserwirtschaft 239, Bonn

Pierce FJ, Frye WW (2018) Soil and water conservation. Routledge, London

Gerlinger K (1997) Erosionsprozesse auf Lößböden: Experimente und Modellierung. Mitt. Inst. für Wasserbau und Kulturtechnik Universität Karlsruhe (TH) 139, Karlsruhe

Gündra H, Jäger S, Schroeder M, Dikau R (1995) Bodenerosionsatlas Baden-Württemberg, Agrarforschung in Baden-Württemberg 24. Ulmer, Stuttgart

Montgomery DR (2010) Dreck – Warum unsere Zivilisation den Boden unter den Füßen verliert. Oekom, München

Morgan RPC (2005) Soil erosion and conservation. Blackwell Publishing, Oxford

LUNG (Hrsg) (2002) Bodenerosion. Landesamt für Umwelt, Naturschutz und Geologie (LUNG), Mecklenburg-Vorpommern, 2. überarbeitete Aufl. Beiträge zum Bodenschutz, Güstrow

Richter G (1998) Bodenerosion – Analyse und Bilanz eines Umweltproblems. Wissenschaftliche Buchgesellschaft, Darmstadt

Roth CH (1996) Physikalische Ursachen der Wassererosion. In: Blume HP, Felix-Henningsen P, Fischer WR, Frede H-G, Guggenberger G, Horn R, Stahr K (Hrsg) Handbuch der Bodenkunde. Ecomed, Landsberg, S 1–33

Schwertmann U, Vogl W, Kainz M (1990) Bodenerosion durch Wasser: Vorhersage des Abtrags und Bewertung von Gegenmaßnahmen. Ulmer, Stuttgart

Toy TJ, Foster GR, Renard KG (2002) Soil erosion: processes, prediction, measurement and control. Wiley, New York

UBA (2011) Wirkungen der Klimaänderungen auf die Böden. Umweltbundesamt Texte 16/2011. Umweltbundesamt, Dessau-Roßlau

Wischmeier WH, Smith DD (1978) Predicting rainfall erosion losses. A guide to conservation planning. Agriculture Handbook 537, U.S. Department of Agriculture, Washington, D.C.

Fluviale Prozesse und Reliefformung

R. Dikau et al., *Geomorphologie*, https://doi.org/10.1007/978-3-662-59402-5_12

Fluviale Prozesse und Formen umfassen geomorphologische Phänomene, die durch Fließgewässer hervorgerufen werden. Sie bilden eine Gruppe von Wasserläufen, die ständig oder zeitweise fließendes Wasser führen. Dafür werden auch die Begriffe Fluss, Strom oder Bach verwendet. Im fluvialen System erfolgt eine Umwandlung der potenziellen Energie der Solarstrahlung und der Gravitation in die kinetische Energie der Bewegung und Wärme. Der größte Teil dieser Energiemenge wird für die Reibungskräfte und die interne Turbulenz benötigt, während 2–4 % der gesamten Energie für den Fließvorgang zur Verfügung stehen, die in die mechanische Arbeit der fluvialen Erosion und des Transports umgewandelt wird. Der Charakter von fluvialen Systemen der Erde ist äußerst vielfältig. Er wird in hohem Maße durch die klimatische Situation bestimmt und entwickelt sich entlang der Gradienten von Niederschlag, Temperatur, Höhe und Saisonalität. Ungeachtet dieser hohen Variabilität bilden die fluvialen Systeme für den terrestrischen Sedimenttransport in die Ozeane das effektivste geomorphologische System. Durch fluviale Systeme erfolgen schätzungsweise 85–90 % der heutigen Sedimentflüsse von den Kontinenten in die Ozeane. Fluviale Prozesse erzeugen charakteristische Reliefformen. Das Tal bildet eine zentrale und weit verbreitete fluviale Erosionsform. Es ist gleichzeitig eine Reliefform, die hohe Magnituden der fluvialen Sedimente der Kontinente speichern kann.

12.1 Erosions-, Transport- und Depositionsprozesse in fluvialen Systemen

Flüsse zählen zu den effektivsten geomorphologischen Systemen. Ihre Erforschung ist ein Kernthema der fluvialen Geomorphologie (Charlton 2007; Knighton 2015) und der angewandten Disziplinen der Gewässergestaltung (Mangelsdorf und Scheuermann 1980; Kern 1995). Der zentrale Prozess fluvialer Systeme ist die Erosion des Flusses, was auch als **fluviale Einschneidung in den Materialuntergrund** bezeichnet wird. Flüsse können sich in Fest- und Lockergesteinen entwickeln. Bedingt durch die hohe Resistenz des Gesteinsuntergrundes weisen Flüsse in Festgestein häufig geringe Erosionsraten auf. Auch die Formveränderung vollzieht sich in geringen Raten. Typische, gering veränderliche Formen in Festgesteinen bilden die tief eingeschnittene Klamm in Hochgebirgen und die Talmäander in Mittelgebirgen. Flüsse in Lockergesteinen entwickeln sich dagegen in Sedimenten, die sie in der Regel selbst transportiert und deponiert haben. Sie können sich schnell und stark verändern, da das fluviale Sediment des Flussbettes eine weit geringere Resistenz als Festgestein aufweist.

12.1.1 Abfluss und Strömung in offenen Gerinnen

Die Fließgewässer des fluvialen Systems werden durch den Abfluss aus dem **Einzugsgebiet** gespeist. Er besteht aus den Komponenten des Oberflächenabflusses von den Hangflächen, dem Zwischenabfluss im Lockermaterial des Hanges sowie dem Grundwasserabfluss unter dem Einfluss der Schwerkraft (Baumgartner und Liebscher 1990). Das dem Fluss Wasser liefernde Einzugsgebiet wird durch die Wasserscheide gegen andere Einzugsgebiete abgegrenzt. Nach Niederschlägen steigt der Abfluss im Wasserlauf an (steigender Ast der Kurve), erreicht nach unterschiedlicher zeitlicher Verzögerung einen Scheitelabfluss, um danach in einer langsameren Rate abzufallen (abfallender Ast). Die graphische Darstellung dieser Wasserstandsänderungen wird als **Abflussganglinie** bezeichnet (▣ Abb. 12.1).

Das Fließgewässer bewegt sich in einem **fluvialen Gerinne** einer bestimmten Breite, Tiefe und Neigung mit variablen Geschwindigkeiten (▣ Abb. 12.2). Die höchste Fließgeschwindigkeit wird im Allgemeinen an der Wasseroberfläche und in der Gerinnemitte erreicht. Der Fließquerschnitt bezeichnet den mit Wasser gefüllten Querschnitt des Gerinnes. Das Gerinne bildet eine an die Talsohle oder die Hänge anschließende Reliefform des geomorphologischen Systems, die das abgetragene Material durch die Energie des fließenden Wassers in die Depositionsgebiete weitertransportiert. Die Hänge, die Talsohle und das Gerinne bilden die zentralen Reliefformtypen des Tales.

Die Fähigkeit eines Flusses, seinen Untergrund zu erodieren und Sediment zu transportieren, bedeutet, dass zwischen den Kräften des fließenden Wassers und den Resistenzkräften des Untergrundes eine Bilanzbeziehung vorliegt. Ihre Größe hängt davon ab, wie viel potenzielle Energie vorhanden ist, um einen Abfluss zu erzeugen, und wie viel Energie im System durch die verschiedenen Strömungswiderstände verbraucht wird. Um die Strömung im offenen Gerinne zu beschreiben, wurden verschiedene Kenngrößen entwickelt (▣ Tab. 12.1).

Eine zentrale Eigenschaft der Strömung von Wasser in offenen Gerinnen liegt im Unterschied zwischen der **laminaren und turbulenten Strömung.** Unter dem laminaren Fließen wird die Strömung eines Wasserkörpers verstanden, bei der sich die Wasserteilchen auf parallelen Bahnen bewegen. Dabei erfährt die Strömung einen Strömungswiderstand,

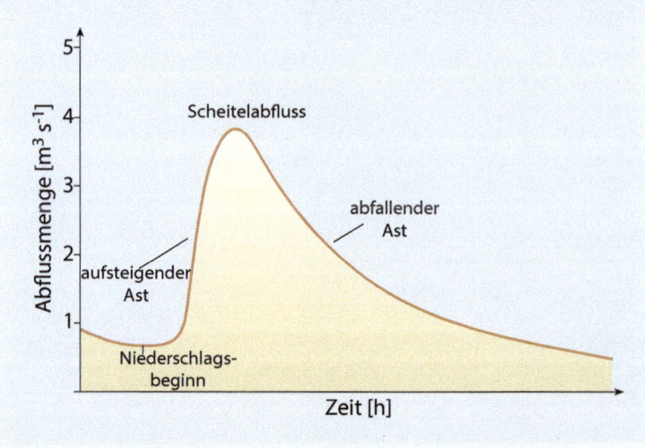

▣ **Abb. 12.1** Abflussganglinie nach einem Niederschlagsereignis

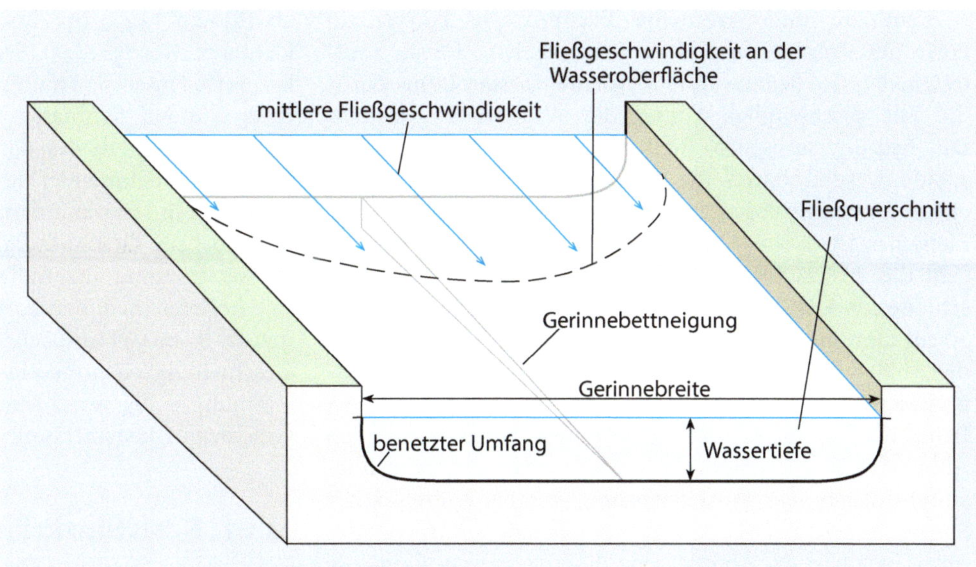

Abb. 12.2 Größen für die Beschreibung des Abflusses in einem fluvialen Gerinne. Der hydraulische Radius bildet das Verhältnis aus dem Fließquerschnitt und dem benetzten Umfang. (Verändert nach Summerfield 1991: Global Geomorphology. 1. Auflage. Verfasst von Michael A. Summerfield, veröffentlicht von Routledge. © M. A. Summerfield, 1991. Abdruck im Einvernehmen mit Taylor & Francis Books UK)

Tab. 12.1 Strömungstypen in offenen Gerinnen (Ritter et al. 2002)

Strömungstyp	Kriterien und Charakterisierung
Räumliche Variabilität der Geschwindigkeit	
Gleichförmige Strömung	Konstante Geschwindigkeit in Längsrichtung des Gerinnes
Ungleichförmige Strömung	Geschwindigkeitsveränderung in Längsrichtung des Gerinnes
Zeitliche Variabilität der Geschwindigkeit	
Stationäre Strömung	Keine Veränderung von Magnitude und Richtung der Geschwindigkeit in der Zeit
Nichtstationäre Strömung	Veränderung von Magnitude und Richtung der Geschwindigkeit in der Zeit
Grad der Partikelmischung	
Laminar	Komponenten des Fluids fließen entlang von parallelen Bahnen ohne wesentliche Vermischung benachbarter Schichten (Reynolds-Zahl <500)
Turbulent	Komponenten des Fluids fließen nicht auf parallelen Bahnen und bewegen sich wiederholt zwischen benachbarten Schichten. Dies führt zu ausgeprägten Impulsübertragungen an den Schichtgrenzen (Reynolds-Zahl >2000)
Strömend bzw. schießend	Froude-Zahl <1 bzw. >1

der eine Kraft bezeichnet, die der Bewegung des Fluids entgegenwirkt. Bei einer turbulenten Strömung werden die Wasserteilchen in der Strömung verwirbelt und vermischt. Die Strömungsgeschwindigkeit schwankt kontinuierlich in alle Richtungen des Fluids. Dabei werden zwischen den benachbarten Bereichen des Flusses ständig Wasserteilchen ausgetauscht, wobei Scherspannungen in eine Wirbelviskosität transferiert werden. Die Wirbelviskosität erhöht den Strömungswiderstand und die Energiedissipation beträchtlich. In turbulenten Strömungen ist die Dichte und Geschwindigkeit des Fluids sowie die Fläche des überströmten Körpers von zentraler Bedeutung. Ein hoher Anteil von Turbulenz wird durch das Gerinnebett erzeugt. Zunehmende Rauheit des Flussbettes und gröbere Korngrößen des Flussbettsedimentes erhöhen den Strömungswiderstand. Dadurch wird die Fließgeschwindigkeit an der Sohle gegenüber der Wasseroberfläche stark abgebremst.

Die laminare Strömung geht bei zunehmender Abflussgeschwindigkeit und -tiefe in die turbulente Strömung über. Dieser Übergang kann durch die dimensionslose **Reynolds-Zahl** Re bestimmt werden (Baumgartner und Liebscher 1990; Knighton 2015). Weist das Flussbett eine geringe Rauheit und damit geringe Reibungen auf, liegt mit einer Reynolds-Zahl <500 eine laminare Strömung vor. Bei hoher Rauheit des Flussbettes und höherer Fließgeschwindigkeit wird das turbulente Fließen bereits bei Werten um 500 erreicht. Mit zunehmender Fließgeschwindigkeit und Wassertiefe beginnt oberhalb einer Reynolds-Zahl von 500–2000 das laminare Fließen in den turbulenten Fließtyp überzugehen. Bei einem Wert >2000 liegt eine turbulente Strömung vor. In turbulenten Strömungen ist die Dichte und Geschwindigkeit des Fluids sowie die Fläche des überströmten Körpers von zentraler Bedeutung.

Laminare und turbulente Fließprozesse können in Form des strömenden und des schießenden Abflusses auftreten. Diese Fließzustände werden in erster Linie durch die Fließgeschwindigkeit und die Wassertiefe gesteuert. Die hydrodynamischen Bedingungen für beide Fließzustände werden durch die **Froude-Zahl** ausgedrückt, die einen dimensionslosen Index darstellt (Baumgartner und Liebscher 1990; Knighton 2015). Bei einer Froude-Zahl >1 geht das strömende in das schießende Fließen über. Das **schießende Fließen** tritt bei geringen Wassertiefen bis ca. 50 cm und hohen Fließgeschwindigkeiten auf. Dabei ist die Abflussgeschwindigkeit im Gerinne höher als die Ausbreitungsgeschwindigkeit der Wellen des Wasserkörpers. Beim Fließübergang vom schießenden zum strömenden Abfluss (z. B. an einem Wasserfall oder einer Geländestufe) entsteht ein **Wechselsprung,** der als hydraulischer Sprung bezeichnet wird. Dabei erfährt der sehr energiereiche schießende Abfluss eine Energieumwandlung, die sich in Form einer Wasserwalze äußert. Sie führt an der Wasseroberfläche zu einer Rückströmung des Abflusses. Die bei diesen Fließtypen verbrauchte Energie unterscheidet sich in hohem Maße vom Fließen im offenen Gerinne. Sie hat einen beträchtlichen Einfluss auf die Entwicklung von Rippeln und Dünen im Flussbett und auf die fluviale Erosionseffektivität an der Basis von Gerinnestufen und Wasserfällen.

An der Grenzfläche zwischen Wasserkörper und Gerinnebett werden die Wasserteilchen durch die **Sedimentpartikel des Flussbettes** abgebremst, die Geschwindigkeit nimmt daher von der Wasseroberfläche zum Gerinnebett ab (■ Abb. 12.3). In Flüssen mit einem Gerinnebett aus kleineren Korngrößen (Sand und Schluff) entwickelt sich bei turbulenter Strömung ein Geschwindigkeitsprofil mit einer dünnen laminaren unteren Schicht, der laminaren Basisströmung. In der darüber liegenden Zone entwickelt sich mit zunehmender Entfernung vom Gerinnebett eine Geschwindigkeitsveränderung mit parabolischer Form. Die höchste Geschwindigkeit ist an der Oberfläche der Wasserströmung anzutreffen. In höher turbulenten Flüssen mit höheren Sedimentkorngrößen von Blöcken und Steinen, z. B. in Gebirgsbächen, wird sich ein eher irreguläres Geschwindigkeitsprofil einstellen, wobei die laminare Basisströmung völlig verschwinden kann. Hier gestaltet sich die Geschwindigkeitsmessung der Strömung äußerst schwierig.

12.1.2 Resistenzkräfte

In einem fluvialen System kann die **Gesamtresistenz** durch die drei unterschiedlichen Komponenten der freien Wasseroberfläche, der Gerinneform und der Grenzfläche zwischen Fluid und Gerinnebett (Sohle und Wand) approximiert werden. Die Resistenz der freien Wasseroberfläche beschreibt den Energieverlust durch Störungen des Abflusses infolge von Oberflächenwellen, abrupten Neigungsänderungen und dem hydraulischen Sprung. Die Resistenz der Gerinneform beruht auf der **Rauheit des Gerinnes,** d.h. auf Partikelgröße und -struktur, im Längs- und Querprofil und auf der geomorphometrischen Ausprägung beider Profiltypen. Die Grenzflächenresistenz resultiert aus der Wasserbewegung

12

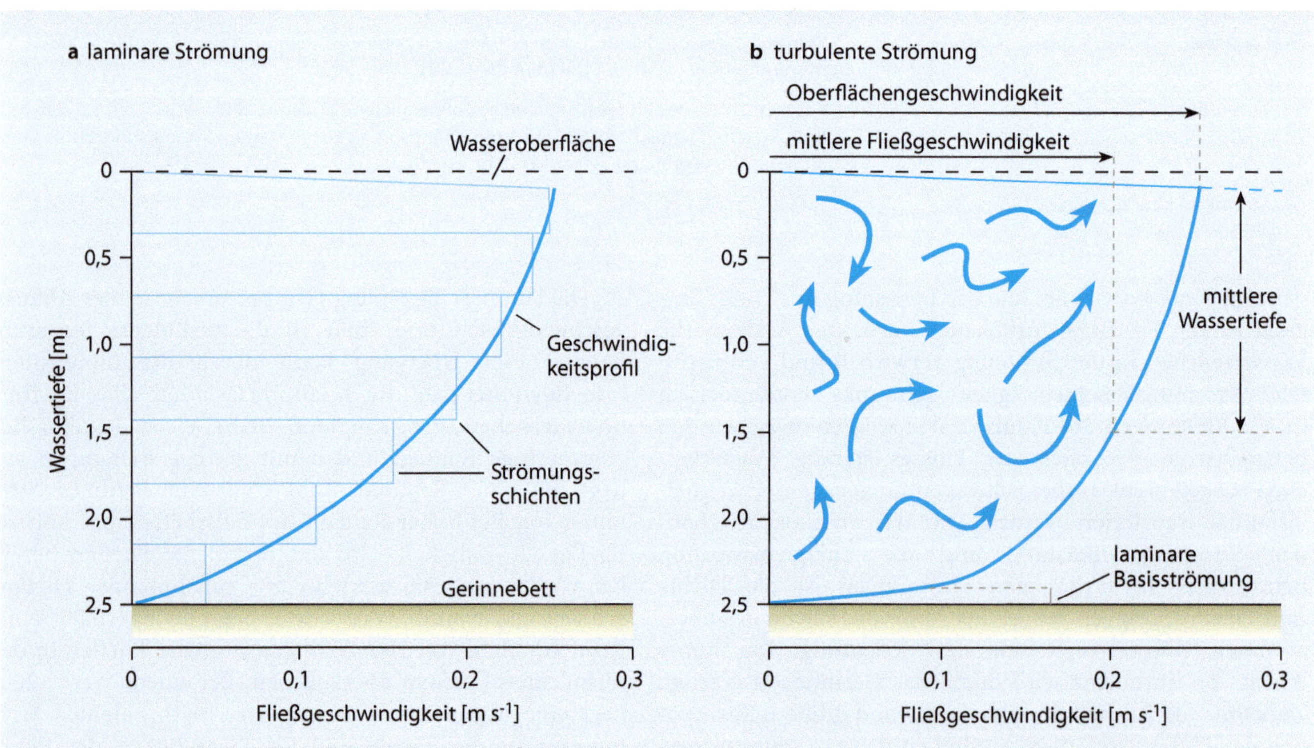

■ **Abb. 12.3** Geschwindigkeitsprofile des laminaren und turbulenten Abflusses in einem Fluss. (Verändert nach Summerfield 1991: Global Geomorphology. 1. Auflage. Verfasst von Michael A. Summerfield, veröffentlicht von Routledge. © M. A. Summerfield, 1991. Abdruck im Einvernehmen mit Taylor & Francis Books UK)

über individuelle klastische Partikelkörper (Kornrauheit) und Bettformen, wie Dünen und Rippeln. Der Einfluss der Rauheit des Gerinnes hängt von der Beziehung zwischen der Abflusstiefe und der Korngröße ab. Sie wird als relative Rauheit bezeichnet und kann numerisch beschrieben werden. Allgemein gilt, dass mit zunehmender Abflusstiefe der Einfluss der Partikelgröße auf die Gesamtresistenz abnimmt und dass die größten Partikel im Flussbett den größten Einfluss auf den Abfluss aufweisen.

12.1.3 Fluviale Erosion in Lockergesteinen

Die fluviale Erosion basiert auf den Prozessen der **fluvialen Abrasion** und der **Aufnahme des Partikels** des Gerinnebettes in den fließenden Wasserkörper. Als fluviale Abrasion wird der Abrieb der Partikel durch den Aufprall oder die schleifende Wirkung des fluvialen Sedimentes bezeichnet. Sie führt zur Zerkleinerung des Sedimentes und zur Erosion des Untergrundes. Weiter zählt dazu die chemische Lösung von Sedimenten.

Größere Partikel werden in der Regel nur über sehr kurze Strecken transportiert. Sie zeigen ein eher kurzzeitiges Transportverhalten, das von längeren Phasen der Bewegungsruhe abgelöst wird. Die in den Wasserkörper aufgenommene Sedimentmenge hängt von der erosiven Kraft des Abflusses und den Eigenschaften der Partikel des Gerinnebettes ab. Die **Erosionskompetenz** beschreibt die Fähigkeit des fließenden Wassers, eine bestimmte Korngröße der Partikel des Gerinnebettes aufzunehmen und zu transportieren. Die **Transportkapazität** beschreibt die maximale Sedimentmenge, die von einem Fluss als Bettfracht an einem bestimmten Punkt pro Zeiteinheit bewegt werden kann. Das Erosions-, Transport- und Depositionsverhalten eines Partikels hängt von seiner Masse, Korngröße, Dichte sowie vom Volumen und der Kornform ab. Für die Sedimentaufnahme aus dem Gerinne, d.h. der genuinen fluvialen Erosion, für den Transport und die Deposition sind kritische Fließgeschwindigkeiten notwendig. Dieser Zusammenhang wird im **Hjulström-Diagramm** dargestellt (◘ Abb. 12.4).

Für fluviale Prozesse beschreibt das Diagramm, dass mit zunehmender Fließgeschwindigkeit der Strömung zunehmend größere Partikelgrößen erodiert werden können. Bei sehr kleinen Korngrößen des Tons werden aufgrund der zunehmenden Kohäsionskräfte ebenfalls zunehmende Fließgeschwindigkeiten benötigt. Die **Grenzgeschwindigkeiten für Erosion und Deposition** liegen für Korngrößen oberhalb der Sandfraktion in einem schmalen Geschwindigkeitsband. Hier können also Erosion und Deposition bereits bei geringen Veränderungen der Fließgeschwindigkeit rasch wechseln. Als Folge entstehen für diese Korngrößen auf kurzen Transportstrecken stark wechselnde Gerinnebettformen. Die Suspensionsfracht kann hingegen auch bei geringen Fließgeschwindigkeiten über größere Distanzen transportiert werden.

Das Hjulström-Diagramm stellt eine idealisierte Beziehung zwischen Fließgeschwindigkeit und transportierter Partikelgröße her. Unter natürlichen Bedingungen modifizieren uneinheitliche Korngrößengemische, turbulentes Fließen und wechselnde Gerinnebettrauheiten die tatsächlich erforderlichen Grenzgeschwindigkeiten. Die kritische Erosions- bzw. Aufnahmegeschwindigkeit der Korngrößen hängt von ihrer variablen Position und Lage im

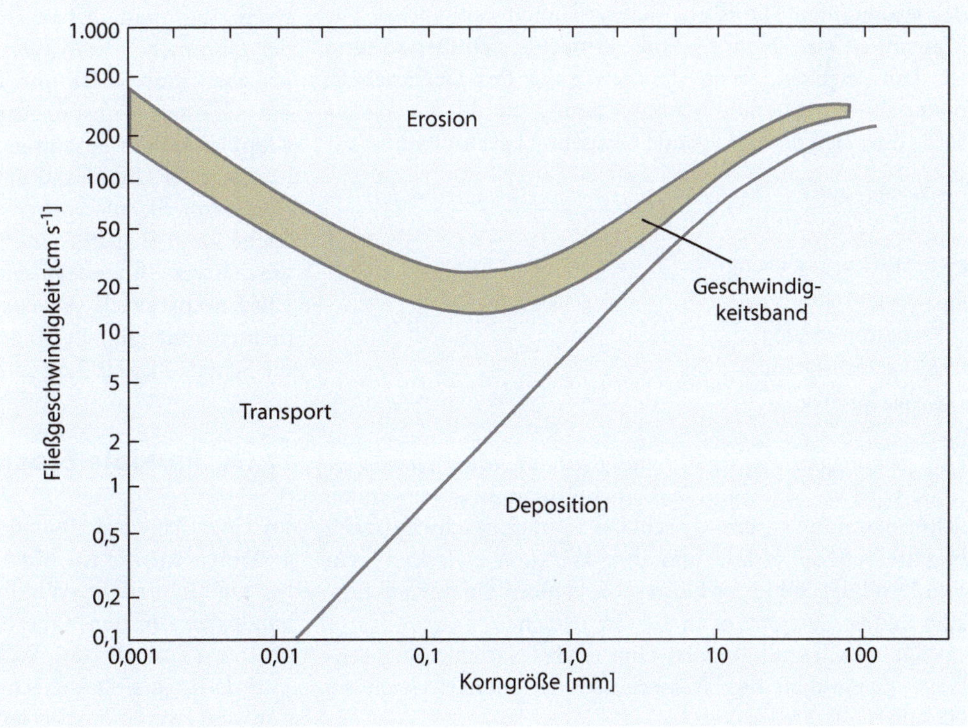

◘ **Abb. 12.4** Hjulström-Diagramm, das die empirische Beziehung zwischen der Korngröße und den kritischen Fließgeschwindigkeiten für Erosion, Transport und Deposition darstellt. (Verändert nach Hjulström 1935, Fig. 18, S. 298)

Gerinnebett ab, weshalb ihre Darstellung im Hjulström-Diagramm als Band erfolgt. Der Mittelsand und Grobschluff wird bei den geringsten Geschwindigkeiten erodiert, er besitzt weder die Kohäsionskräfte des Tones noch die Masse des Grobsandes und der größeren Korngrößen. Der untere Teil der Hjulström-Kurve zeigt die Geschwindigkeiten, an denen die in Bewegung befindlichen Partikel nicht weiter transportiert werden können und am Flussbett deponiert werden. Die Geschwindigkeit ist zusätzlich von der Korndichte und -form abhängig. Mit abnehmender Fließgeschwindigkeit beginnen zunächst die größeren Partikel zu sedimentieren, während die feineren noch in Transport verbleiben, was zu einer differenzierten Sedimentsortierung führt. Die Ton- und Schluffpartikel verbleiben bis zu Fließgeschwindigkeiten von 1–2 $\mathrm{cm\,s^{-1}}$ in Suspension. Eine endgültige Deposition erfolgt also erst, wenn die Fließgeschwindigkeit auf einen Wert nahe Null sinkt, wie in Stillwasserbereichen, Seen oder im Ozean. Zwischen dem Depositions- und dem Erosionsband der Kurve befindet sich der Transportbereich für die verschiedenen Korngrößen. Als Faustregel kann gelten, dass die Fließgeschwindigkeit, ab der die Erosion für Korngrößen über 0,5 mm beginnt, annäherungsweise proportional zur Quadratwurzel der Korngröße ist.

Das Hjulström-Diagramm stellt einen vereinfachten, **empirischen Ansatz** zur Beschreibung des fluvialen Sedimenttransports dar. Für eine stärker physikalisch basierte Beschreibung muss die Schubspannung des Wassers betrachtet werden. Wenn ein Fluid festes Material überströmt, entwickelt sich an der Grenzfläche eine Kraft, die auf die Umgebungswände des Gerinnes wirkt. Diese Kraft wird bei Gewässern als Sohlenschubspannung oder Grenzflächenspannung bezeichnet. Darunter wird die tangential auf die Grenzfläche des Festkörpers einwirkende Kraft des strömenden Fluids pro Flächeneinheit verstanden. Die Maßeinheit ist $\mathrm{N\,m^{-2}}$. Eine **kritische Schubspannung** ist dann erreicht, wenn die Bewegung des Gerinnebettmaterials einsetzt. Die Schubspannung an der Gewässersohle lässt sich durch folgende Gleichung beschreiben:

$$\tau_s = D_w g R s$$

mit:

τ_s - Sohlenschubspannung

D_W - Wasserdichte

g - Erdbeschleunigung

R - hydraulischer Radius

s - Gerinneneigung

Die Schubspannungsgeschwindigkeit an der Gewässersohle wird als Maßzahl für die Schubspannung verwendet. Schubspannung und Schubspannungsgeschwindigkeit beschreiben die Kräfte und ihre Wirkung zwischen dem Fluid und der Sohle des Flusses. Sie steuern die fluviale Erosion und Sedimentation an der Grenzfläche.

Die Geschwindigkeit ist eine höchst variable und sensitive Eigenschaft des Wasserflusses in offenen Gerinnen (Abb. 12.3). Sie variiert:

- mit der Entfernung zur Gewässersohle (im Mittel nimmt sie von der Sohle zur Oberfläche zu, die Form des Geschwindigkeitsprofils hängt von der Tiefe des Flusses und von der Rauheit der Gewässersohle ab) und
- mit der Entfernung vom Flussufer (die Geschwindigkeit zur Flussmitte nimmt im Mittel zu).

Auch wird eine Zunahme der Fließgeschwindigkeit mit der Abflussmenge beobachtet, jedoch kann diese Beziehung stark schwanken. Die kritische Schubspannung und Schubspannungsgeschwindigkeit wird durch auf die Partikel einwirkende **Hubkräfte** modifiziert (Abb. 12.2). Diese entstehen durch Geschwindigkeitsunterschiede an der Vorder- und Rückseite des Partikels und führen zu einer aufwärts gerichteten Kraft, die zu seiner Aufnahme in das Fluid beiträgt. Zusätzlich wirken im Lee des Partikels turbulente Wirbel, die einen ähnlichen Effekt hervorrufen.

In fluvialen Systemen bewirken lateral wirkende Kräfte eine zusätzliche Erosionskomponente. Sie wird als fluviale Seitenerosion oder **Ufererosion** bezeichnet (Abb. 12.5 und 12.6). Dieser Erosionstyp kann bis zu 50 % des gesamten Sedimenteintrags in das Gerinne liefern (Hey et al. 1982). Die fluviale Seitenerosion ist für die Verbreiterung des Gerinnes verantwortlich und beeinflusst damit eine Reihe weiterer Prozesse des Gerinnes. Die Ufererosion kann in den Prozess der Sedimentaufnahme durch den Fluss und die Veränderung der Disposition des Uferbankmaterials für gravitative Prozesse gegliedert werden. Die Sedimentaufnahme erfolgt durch die Kräfte des fließenden Wassers und ist von der Fließgeschwindigkeit und der Materialresistenz der Uferbank abhängig, die in starkem Maße von der **Ufervegetation** (Wurzeldichte, Vegetationstyp) beeinflusst wird. Dieser Prozess führt häufig zu lateralen Hangfußunterschneidungen und zur Bildung von Überhängen im kohäsiven Sediment. Überhänge werden bei Überschreitung der Grenzscher- und Grenzzugspannung durch gravitative Prozesse mobilisiert und an den Hangfuß oder direkt in das Gerinne transportiert (Abb. 12.5). Ein gravitativer Kippprozess der gesamten Uferbank tritt auf, wenn sich im Material der Uferbank Zugrisse entwickeln, die die Kippung der Sedimentsäule vorbereiten. Bei Ausbildung einer Scherfläche kann sich mit einer Rotationsrutschung ein weiterer gravitativer Prozesstyp entwickeln. Die Schwächung des Uferbankmaterials ist von den Wassergehalten des Sedimentes abhängig. Er steuert durch den Porenwasserdruck die Scherfestigkeit des Materials in entscheidendem Maße.

12.1.4 Fluviale Erosion in Festgesteinen

Im Unterschied zu fluvialen Systemen, die sich in Lockergesteinen entwickeln, sind Flüsse im Festgestein weit weniger gut untersucht. Wir finden derartige Flusssysteme am häufigsten in den Oberläufen tektonisch aktiver Hochgebirge (Tinkler und Wohl 1998). Flüsse im Festgestein sind dadurch gekennzeichnet, dass die Gerinne keine oder nur sehr wenig Lockersedimente enthalten und dass die

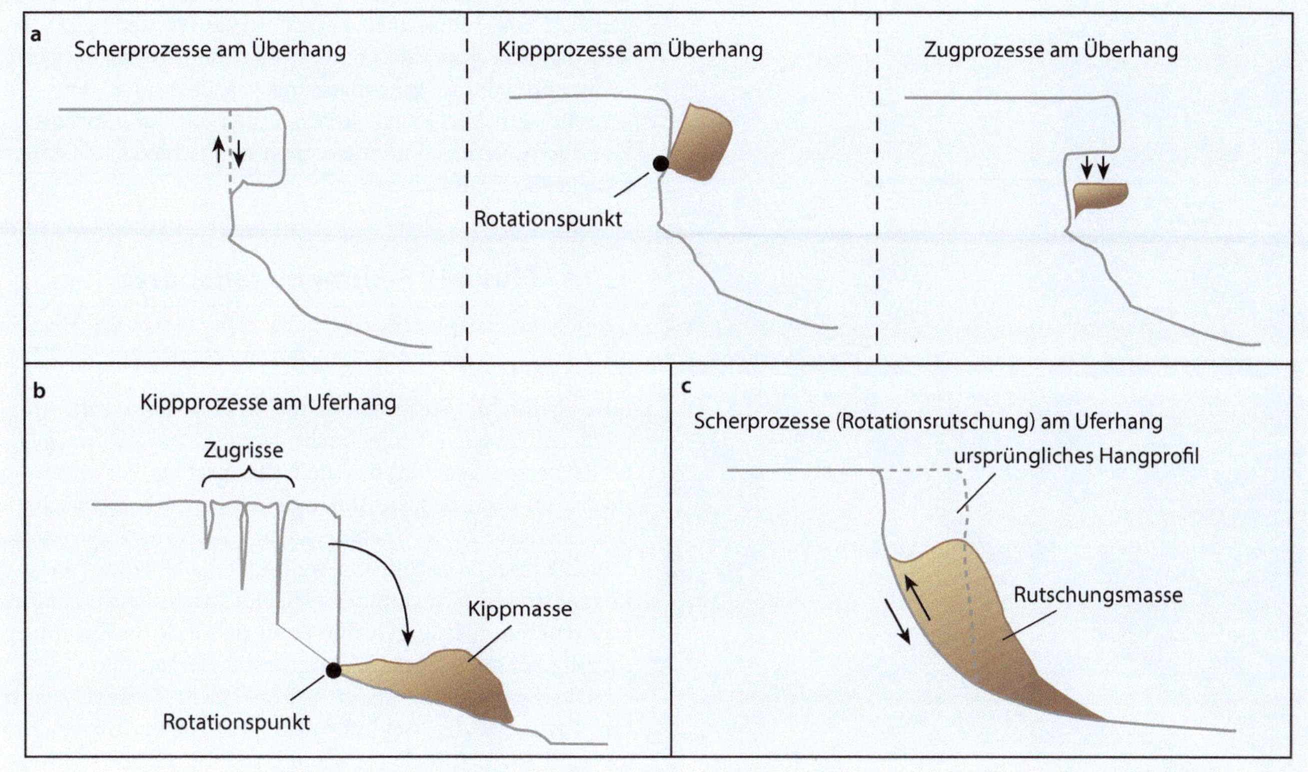

Abb. 12.5 Typen der lateralen Ufererosion in kohäsiven Sedimenten von Flüssen. (Teilabbildung **a** verändert nach Thorne 1982, Fig. 9.7, S. 250 © John Wiley & Sons Ltd. Teilabbildung **b** und **c** verändert nach Ritter et al. 2002. Abdruck mit Genehmigung von Waveland Press, Inc. aus Ritter et al. Process Geomorphology, 4. Auflage, Long Grove, IL, USA. Waveland Press, Inc. © 2002. Neuauflage 2006, alle Rechte vorbehalten)

Abb. 12.6 Fluviale Ufererosion im Lockersediment einer fluvialen Deposition (untere Sedimentschichten) und darüber abgelagerten glazigenen Sedimenten eines Endmoränenwalls. Der obere Teil des Uferanbruchs ist nur bei Hochwasser aktiv. (Quelle: R. Dikau)

gesamte Sedimentdeposition während der Hochwasserereignisse mobilisiert werden kann (Abb. 12.7). Sie könnten potenziell weit mehr Material transportieren als tatsächlich für den Transport zur Verfügung steht. Die Flussbett- und Ufererosion wird damit durch die Resistenz des Festgesteins beherrscht. In der Regel ist diese Resistenz sehr hoch, sodass Veränderungen der Gerinnegeometrie durch einzelne Hochwasserereignisse nur selten beobachtet werden können. Das Quer- und Längsprofil dieser Flüsse stellt daher ein integrales Ergebnis unterschiedlicher Prozesstypen und -eigenschaften über eher längere Zeitskalen dar.

Abb. 12.7 Fluviale Erosion im Festgestein. (Quelle: R. Dikau)

Die wichtigsten fluvialen Erosionsprozesse in Festgesteinen bilden die fluviale Korrasion, das Ausbrechen *(plucking, quarrying)*, die Auskolkung (Evorsion) und die chemische Lösung. Als **fluviale Korrasion** wird die schleifende Bearbeitung und Abtragung von Materialoberflächen durch das fluvial transportierte Sediment bezeichnet. Die Korrasionsrate wird erheblich erhöht, wenn der Abfluss der Sedimente enthält, die eine mechanische Schleifwirkung auf den Untergrund ausüben, dabei selbst zerkleinert werden und den Felsuntergrund tiefer legen. Wenn Festgesteinsblöcke in den Abfluss aufgenommen und transportiert werden, liegen analog zu glazialen Prozessen **Prozesse des Ausbrechens** *(plucking)* vor. Die Größe der Blöcke wird von der Kluftdichte und der Schichtmächtigkeit des Gesteins bestimmt. Fluvial korrasive Prozesse treten daher häufig in Festgesteinen mit dünnen Schichtpaketen und engen Kluftabständen auf. **Auskolkungsprozesse** laufen z. B. am Fuß von Wasserfällen durch stehende Wellen mit hohen vertikalen Erosionskräften ab.

Flüsse in Festgestein entwickeln ihr Gerinne in Materialtypen mit hoher mechanischer Resistenz, sodass sie über sehr lange Zeiträume erhalten bleiben können. Durch die hohe Festigkeit des Untergrundes bedingt, sind ihre Erosionsraten gering. Allerdings sind aktuelle Messungen aus fluvialen Hochenergiesystemen in Taiwan bekannt, bei denen durch extreme Abflüsse infolge tropischer Zyklonen Eintiefungsraten von mehreren cm in 24 h ermittelt wurden nachdem das Gerinne gänzlich von Sedimenten befreit wurde (Abb. 12.22). Festgesteinsflüsse sind durch hohe Gerinneneigungen und geringe Sedimentfrachten gekennzeichnet, sodass der Fluss das gesamte zur Verfügung stehende Material abtransportieren kann. Irregularitäten können durch unterschiedliche Gesteinsfestigkeiten verursacht sein.

12.1.5 Fluviale Sedimenttransporte

Die in einem Fluss transportierten Materialien lassen sich in Abhängigkeit von ihrem Transportverhalten in die Typen **Lösungsfracht, Suspensionsfracht** und **Bettfracht** untergliedern. Unter Lösungsfracht werden im Wasser gelöste Stoffe verstanden, die aus den chemischen Verwitterungsprozessen stammen. In Abhängigkeit von den Eigenschaften des Einzugsgebietes (geologischer Untergrund, Vegetation, Relief, Klima, Verwitterung, menschliche Nutzung) weist die Lösungsfracht eine äußerst variable Zusammensetzung auf. In kleineren Einzugsgebieten kann sich in ihrer Zusammensetzung der geologische Untergrund widerspiegeln.

Die Suspensions- oder Schwebfracht besteht aus festen Partikeln der Schluff- und Ton-Korngrößenfraktion. Sie sind klein und leicht genug, um durch die Turbulenz in Schwebe gehalten zu werden. Die Sandfraktion kann ebenso wie Kiese bei starker Strömung durch die Strömung in den Suspensionszustand gelangen. Der größte Teil der Suspensionsfracht wird nahe dem Gerinnebett transportiert. Die Bettfracht besteht aus mittel- bis grobkörnigen Partikelgrößen (Kiese, Steine, Blöcke) (Abb. 12.8 und 12.9). Sie werden bevorzugt an der Gewässersohle durch rollende, hüpfende und gleitende Prozesse transportiert. In Abhängigkeit von den Fließbedingungen kann Sand auch als Bettfracht transportiert werden. Die Bettfracht bewegt

Abb. 12.8 Bettfracht des Rheins bei Flusskilometer 818 in ca. 3 m Wassertiefe bestehend aus Sanddünen über kiesiger Unterlage. Die Kiese sind zugerundet und bestehen aus unterschiedlichen Gesteinen. Die fluvialen Dünen weisen deutlich ausgeprägte Luv- und Leehänge auf und bestehen aus sandigen Korngrößen. Die Fließrichtung erfolgt von links nach rechts. (Quelle: Emil Gölz)

Abb. 12.9 Bettfracht eines fluvialen Systems auf der Südinsel Neuseelands. Die deponierte Bettfracht wird bei geringem Wasserstand sichtbar und bildet Sedimentbänke. Das Korngrößenspektrum umfasst Schluff, Sand, Kies und Steine (gerundet). Der Stromstrich und die aktive Ufererosion befinden sich im rechten Bildhintergrund. (Quelle: R. Dikau)

sich langsamer als der Abfluss. Befindet sich ein Partikel einmal in Bewegung, werden größere und rundere Partikel schneller transportiert. In zahlreichen Flüssen der Erde übersteigt die Suspensionsfracht die Bettfracht.

Die Beziehung zwischen dem Schwebstoffgehalt und dem Abfluss eines Flusses wird von verschiedenen Variablen beeinflusst. Es ist zu beobachten, dass die Scheitel der Abflussganglinien des Schwebstoffes und des Abflusses zeitlich unregelmäßig gegeneinander verschoben sind. In Annäherung kann diese Beziehung in Form einer Potenzfunktion ausgedrückt werden:

$$S = aQ^b$$

mit:
S - Schwebstoffgehalt
Q - Abfluss
a, b - Parameter zur Beschreibung des Einzugsgebietes

12.1.6 Fluviale Depositionsprozesse

Der fluviale Depositionsprozess setzt dann ein, wenn die Schubspannungsgeschwindigkeit unter den Schwellenwert der **Depositionsgeschwindigkeit** sinkt (Abb. 12.4). Dieser Schwellenwert ist kleiner als die für die Aufnahme des Partikels erforderliche Strömungsgeschwindigkeit. Die Depositionsgeschwindigkeit ist eng mit der Korngröße korreliert, sodass zunächst die größeren Partikel deponiert werden und mit weiter zurückgehender Strömungsgeschwindigkeit kleinere Korngrößen zur Deposition gelangen. Im Ergebnis können vertikale und horizontale Differenzierungen der Korngrößen des deponierten Sediments, aber auch komplizierte Sedimentmuster entstehen (Schäfer 2005).

Fluviale Depositionen können in unterschiedliche Klassen eingeteilt werden. **Gerinnebettdepositionen** umfassen Sedimente mit variabler Verweildauer, Korngrößenzusammensetzung und Sedimentstruktur im Gerinnebett selbst (Abb. 12.9). Diese Sedimente werden bevorzugt während Hochwasserereignissen mobilisiert, die zur gänzlichen oder teilweisen Entleerung des Gerinnebettes führen. Bei nachlassendem Wasserstand wird das Sediment wieder deponiert. Das fluviale Sediment wird in derartigen Leerungs-Füllungs-Zyklen durch das Gerinnebett bewegt. Tritt der Fluss bei Hochwasser über seine Ufer, kommt es zur **Deposition von Uferwällen.** Sie bilden wenig erhöhte, gerinneparallele Rücken, die mehrere 100 m breit werden können und ihren Scheitel in Gerinnenähe haben (Abb. 12.10). Sie sind das Ergebnis der abnehmenden Fließgeschwindigkeit des Flusses, wenn dieser sein Gerinnebett verlässt und mit zunehmender Entfernung vom Gerinne abnehmende Korngrößen deponiert. Uferwälle sind daher eher grobkörnige Hochflutsedimente, die hohe Depositionsraten erreichen können. Am Mississippi wurden im Jahre 1973 Nettodepositionsraten von 53 cm in zwei Monaten gemessen (Ritter et al. 2002).

Mit zunehmender Entfernung vom Gerinne entwickelt sich ein flaches Sedimentationsmuster, das **als Flutflächensediment** oder Auenlehm bezeichnet wird (Abb. 12.10). Es wird durch Altwasserarme und Altwasserseen unterbrochen. Die Altwasservertiefungen, die durch aufgegebene Gerinnestrecken entstanden sind, füllen sich mit kleinen Korngrößen der Schluff- und Tonfraktion. Bei vollständiger Füllung kann im Laufe der Zeit ihre Form nicht mehr von der Talsohle unterschieden werden. Wenn der Fluss bei steigendem Wasserstand die Uferwälle durchbricht, entstehen Sedimentationskörper, die **Durchbruchsfächer** genannt werden.

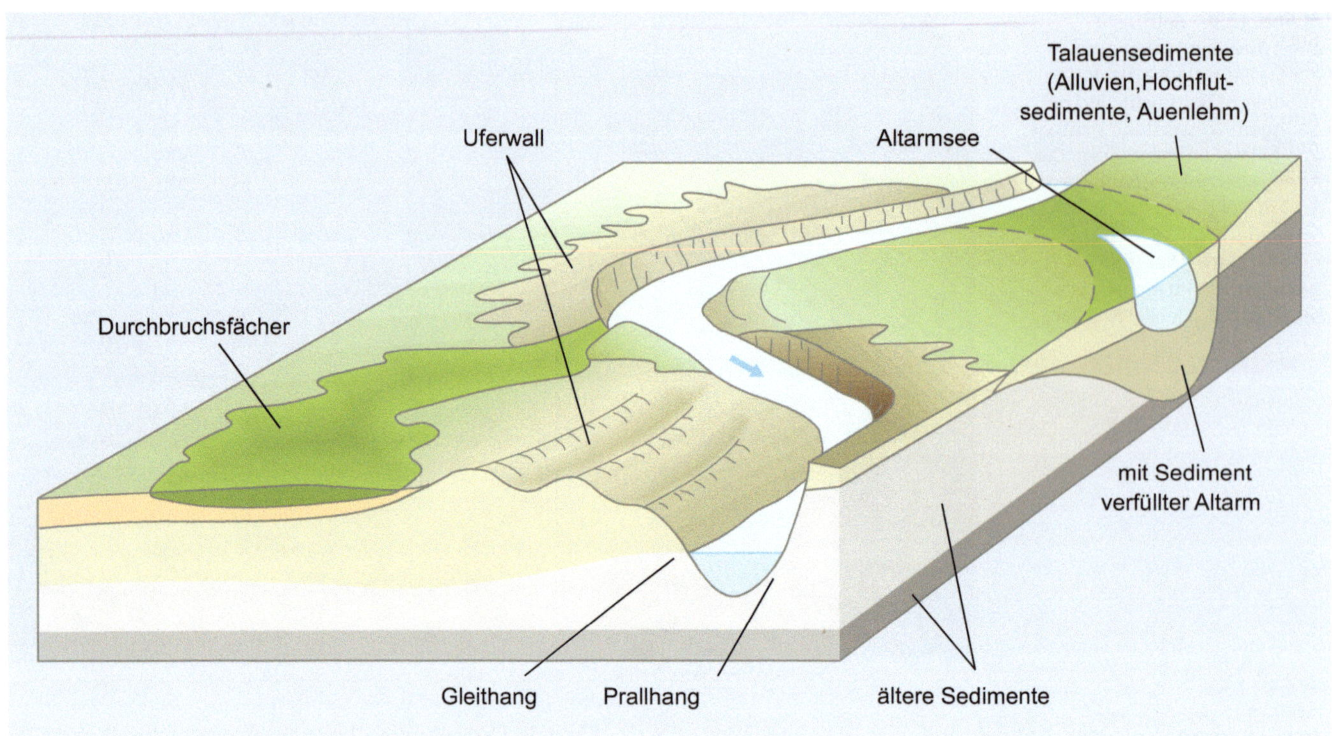

Abb. 12.10 Schematischer Aufbau fluvialer Depositionen in der Talaue am Beispiel eines mäandrierenden Flusses. (Verändert nach Easterbrook, Don J. 1999: Surface Processes and Landforms, 2. Auflage. © 1999. Abdruck mit Genehmigung von Pearson Education, Inc., New York, New York)

12.2 Längsprofil von Flüssen

Das Längsprofil eines Flusses beschreibt die Veränderung seiner Neigung und Höhe entlang seines Laufes von der Quelle bis zur Mündung (Abb. 12.11). Diese Veränderung kann auf verschiedenen Skalenebenen betrachtet werden (Schumm 1977, 2005). Wird der gesamte Lauf von Flüssen betrachtet, zeigt sich in vielen Fällen ein **konkaves Längsprofil,** dessen Neigung und Höhe mit zunehmender Entfernung von der Quelle abnimmt und das als Anpassung an ein dynamisches Gleichgewicht erklärt wird. Die Zunahme des Abflusses ist mit einer Abnahme der Neigung verbunden. Beim flussabwärts gerichteten Sedimenttransport des Flusses kann somit eine abnehmende Neigung die gleiche Materialmenge und Korngröße bewegen. In der Regel nimmt die Korngröße des Sedimentes flussabwärts mit abnehmender Gerinneneigung ab, jedoch ist die Korrelation von zahlreichen weiteren Einflüssen abhängig und häufig nicht eindeutig.

Bei zahlreichen Flüssen der Erde wird das konkave Längsprofil von Flusslaufversteilungen und -verflachungen unterbrochen. Eine kurze Steilstufe des Gerinnes wird als **Knickpunkt** *(knickpoint)* bezeichnet (Robert 2003). Ein Knickpunkt im Gerinne eines Flusses ist ein deutlicher Indikator für die aktive Anpassung der Gerinneneigung an die Veränderung der Einflussfaktoren des Systems. Knickpunkte werden durch Prozesse erzeugt, die die Erosionsbasis des Flusses relativ erniedrigen. Die Erosionsbasis eines Flusses bezeichnet den tiefsten Punkt, bis zu dem die Einschneidung möglich ist. Dies kann ein See, der Ozean, ein Nebenfluss oder eine Senke sein.

Knickpunkte können durch tektonische Verwerfungen, seitlichen Eintrag von Sediment, z. B. durch einen Nebenfluss oder durch gravitative Prozesse, oder durch eine Tieferlegung der Erosionsbasis, z. B. durch Absinken des Meeresspiegels, verursacht werden. Eine lokale Erosionsbasis im Gerinne selbst liegt nur bei resistenten Festgesteinen, künstlichen Dämmen, Dämmen aus Baumstämmen oder Wehren vor. An der Lokalität der erniedrigten Erosionsbasis beginnt unmittelbar der **Einschneidungsprozess,** da der Fluss versucht, ein neues Gleichgewicht zwischen Gerinneneigung, Abfluss, Erosion und Deposition zu erreichen. Der Knickpunkt wandert (migriert) in der Zeit flussaufwärts (Abb. 12.12). Im Festgestein und im kohäsiven Lockergestein kann der Migrationsprozess für lange Zeiträume andauern, während der Knickpunkt in kohäsionslosem Untergrund bereits nach kurzer Distanz verschwindet. Die Rate der rückschreitenden Erosion und die Prozesse an der Steilstufe des Knickpunktes sind daher von der Resistenz des Untergrundmaterials und der Schubspannung der Strömung abhängig.

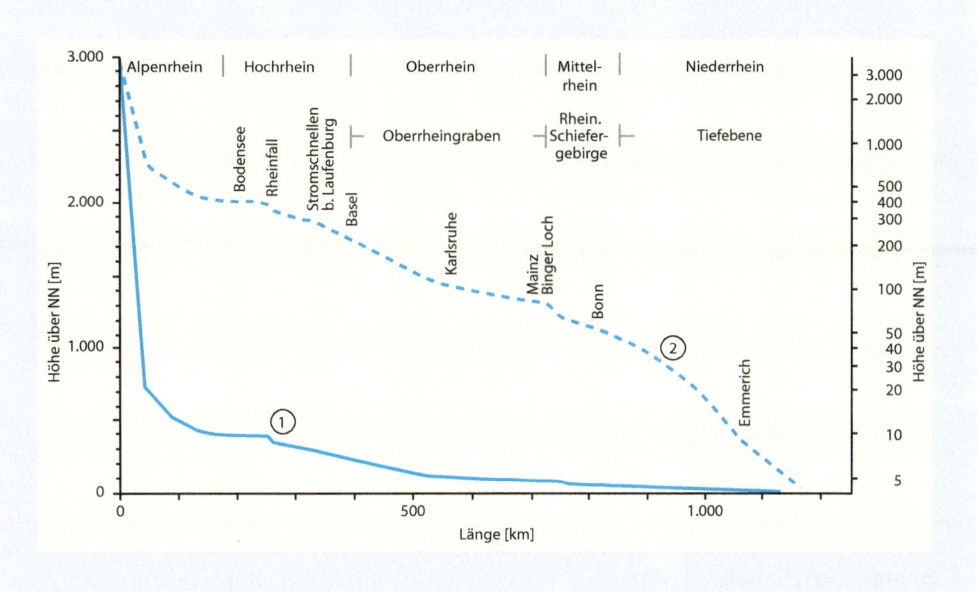

Abb. 12.11 Längsprofil des Rheins mit (1) linearer und (2) logarithmischer Höhenskale. (Verändert nach Ahnert 2015, Abb. 15.1, S. 202. Abdruck mit Genehmigung von Verlag Eugen Ulmer, Stuttgart)

Abb. 12.12 Fluss im Festgestein mit Knickpunkt und Wasserfall. (Quelle: R. Dikau)

An Stromschnellen, Katarakten oder an der Basis von Wasserfällen entstehen durch Auskolkungsprozesse (Evorsion) Strudeltöpfe durch auf der Stelle rotierende Wasserwalzen des hydraulischen Sprungs. Auch dieser Erosionsprozess wird durch im Abfluss transportierte Sedimente unterstützt und verstärkt. Während extremer Hochwasserereignisse können durch derartige Auskolkungsprozesse Hohlformen entstehen, die mehrere m Tiefe und Durchmesser aufweisen können und zur Destabilisierung der Rückwände des Wasserfalls führen. Der folgende gravitative Fall- oder Kippprozess der Wand führt zu einer flussaufwärts gerichteten Rückverlegung der Stufe, d.h. zu ihrer Migration. Auf diese Weise wird im fluvialen System ein im Unterlauf wirkender Impuls in Richtung des Oberlaufes transferiert.

12.3 Fluviale Erosions- und Depositionsformen

Erosions- und Depositionsformen fluvialer Systeme umfassen die Reliefeinheiten des Flussbettes, des Gerinnes und der fluvialen Depositionskörper der Talauen (Talsohlen) und Deltas. Talauen sind sehr flache Reliefeinheiten mit leichten Neigungen in Richtung des Gerinnegefälles, die bei Hochwasser noch überflutet werden können (Abb. 12.24). Die **Sohlenstruktur des Gerinnebettes** ist ein zentrales Merkmal des fluvialen Systems. Sie entsteht durch synchrone und diachrone Erosions- und Depositionsprozesse. Dazu sind Sedimentbänke, Flachwasserbereiche, Inseln, Kolke, Kaskaden, Stromschnellen und Becken zu rechnen, die die Gewässersohle gliedern. Sie entstehen durch variable Eigenschaften des Abflusses, der Menge und Korngröße der Sedimentfracht, der Gerinneneigung und der Vegetation.

Flüsse in Festgesteinen weisen meist keine ausgeprägten Talauen auf (◘ Abb. 12.21). Die Gerinne alluvialer Flüsse sind im Gegensatz dazu sehr mobil und damit an veränderte Abflussbedingungen höchst anpassungsfähig. Das fluviale Sediment wird im Gerinne stromabwärts transportiert und bei Überschwemmungen in den Talauen deponiert (◘ Abb. 12.13). In Abhängigkeit von der räumlichen Variabilität des Abflusses, den Korngrößen des alluvialen Sedimentes, der Sedimentanlieferung aus dem Oberlauf und der Ufererosion bildet sich eine charakteristische **Gerinnegeometrie.** In Flüssen im Festgestein kann bei starken Abflussereignissen das Gerinne bis zur Felssohle geleert und durch nachfolgende Ereignisse wieder verfüllt werden (◘ Abb. 12.21). Dieses komplizierte Muster des fluvialen Systems wird zusätzlich davon beeinflusst, dass in zahlreichen Flusssystemen der Erde große Volumina des alluvialen Sedimentes in der letzten Kaltzeit und in früheren Phasen des Holozäns deponiert worden sind und damit nicht das Korrelat der Prozesse des heutigen Flusssystems darstellen (Bibus 1980).

12.3.1 Gerinnebettmuster

12

Das Gerinnebettmuster eines fluvialen Systems ist in erster Linie eine Folge der Anpassung des Gerinnes an die variablen Bedingungen der Abflussmenge sowie der Menge und Korngröße der Sedimentfracht. Auf diese Zusammenhänge hat besonders der amerikanische Geomorphologe Stanley Schumm hingewiesen (Schumm 1977, 2005) (◘ Tab. 12.2; ◘ Abb. 12.14). Eine Quantifizierung dieser Eigenschaften basiert auf der **Bestimmung des Talweges,** der die Linie der maximalen Tiefe des Gerinnebettes bezeichnet.

Im Grundriss können vier alluviale Gerinnebettmuster unterschieden werden: gerade, mäandrierende, verzweigte und anastomosierende Flüsse (Twidale 2004). Ein zentrales Unterscheidungsmerkmal ist die **Sinuosität,** die die Irregularität des Gerinneverlaufes beschreibt. Die Sinuosität ist durch das Verhältnis der Gerinnelänge (gemessen in der Gerinnemitte) zur Tallänge (gemessen in der Talachse) charakterisiert. Sie beschreibt das Ausmaß der Windungen eines Gerinnes und hat für gerade Flüsse den Wert 1. Verzweigte Flüsse haben einen Wert von 1–1,5 und mäandrierende Flüsse weisen eine Sinuosität von >1,5 auf. Eine zweite Eigenschaft betrifft die **Stärke der Verzweigung** von Gerinnen. Sie repräsentiert das Ausmaß der Teilung eines Gerinnes in mehrere Stromstriche und das Auftreten von Inseln und Sedimentbänken aus Sand oder Kies, die eine Depositionsform im Gerinne darstellen. Inseln sind mit Vegetation bewachsen und von längerer Lebensdauer als Sand- oder Kiesbänke. Sie können mit Verzweigungsparametern beschrieben werden, die den prozentualen Anteil der Gerinnelänge angeben, die Inseln oder Sedimentbänke enthalten. Wenig verzweigte Flüsse haben einen Parameterwert von 2, stark verzweigte Flüsse Werte bis zu 6. Wenn das Gerinnebett aus sich teilenden und nach mehreren km wieder vereinigenden Gerinnen besteht, liegen anastomosierende Gerinne vor. Sie haben große Inseln und mehrere, relativ stabile Gerinnezweige. Eine Sonderform bilden anabranchierende Flüsse, die aus mehreren Gerinnen bestehen, die durch vegetationsbestandene und eher langlebige alluviale Inseln und Rücken voneinander getrennt sind.

Die **Sedimentfracht** eines Flusses bildet eine zentrale Eigenschaft der Klassifikation fluvialer Gerinne (◘ Tab. 12.2). Beträgt der Anteil der Bettfracht an der Gesamtfracht <3 %, liegen Suspensionsfrachtflüsse vor, bei 3–10 % handelt es sich um eine gemischte Fracht, bei >11 % liegen Bettfrachtflüsse vor. Für jeden dieser Typen werden

◘ Abb. 12.13 Mobiler Talboden eines Gebirgsflusses in Kanada. Das transportierte fluviale Sediment hat bei Hochwasser den Talboden überschüttet und die Vegetation geschädigt. (Quelle: R. Dikau)

Tab. 12.2 Klassifikation von Charakteristika des Gerinnes auf Basis der Zusammensetzung der Sedimentfracht (Schumm 1977)

Typ der Sedimentfracht	Bettfracht in % der Gesamtfracht	Charakteristika des Gerinnes
Suspensionsfracht	<3	Breiten-Tiefen-Verhältnis <10 Sinuosität >2,0 eher geringe Neigung des Talweges
Gemischte Fracht	3–11	Breiten-Tiefen-Verhältnis 10–40 Sinuosität 1,3–2,0 mittelstarke Neigung des Talweges
Bettfracht	>11	Breiten-Tiefen-Verhältnis >40 Sinuosität <1,3 eher steile Neigung des Talweges

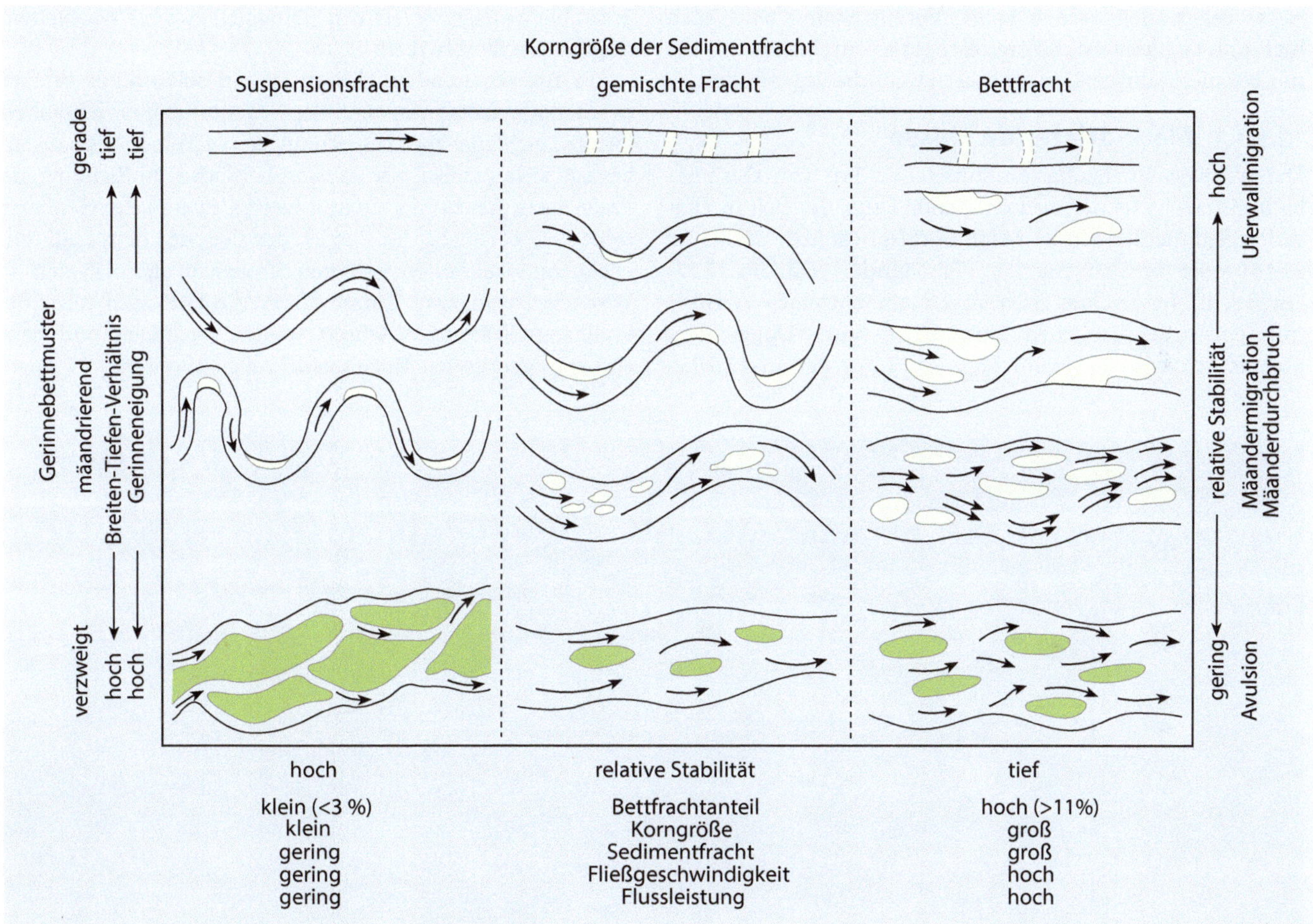

Abb. 12.14 Klassifikation von Gerinnemustern auf Grundlage der Korngröße der Sedimentfracht und der relativen Stabilität. (Verändert nach Schumm 2005: River Variability and Complexity. Cambridge University Press, Cambridge, GB. © 2005)

spezifische Breiten-Tiefen-Verhältnisse, Sinuositätswerte und Neigungen des Talweges angegeben.

12.3.1.1 Gerade Flüsse

Ein gerades Gerinnebettmuster ist im fluvialen System eher selten anzutreffen. Sie finden sich als kerbtalförmige Eintiefungen in das Festgestein oder in Hangsedimenten der Oberläufe von Hochgebirgsflüssen. Häufig werden sie von Klüften und Verwerfungslinien beeinflusst. Als alluviale Gerinneform treten sie eher selten auf. Jedoch treten bereits in geraden Flüssen Strukturen auf, die in ähnlicher Form auch bei mäandrierenden Flüssen zu beobachten sind. Im Gerinne von geraden Flüssen können sich **alternierende Sedimentstrukturen** entwickeln, die den Talweg in einen schleifenförmigen Verlauf zwingen. In Flüssen mit gemischter Korngröße der Sedimentfracht entwickeln sich abwechselnd tiefere Kolke (Stillwasserbereiche) *(pools)* und flachere Stromschnellen *(riffles)* (Huggett 2017). Die

Kolke entwickeln sich direkt gegenüber der Uferbänke, während die Stromschnellen zwischen den Kolken lokalisiert sind. Die Verengung des Gerinnequerschnitts führt im Bereich der Stromschnellen zu einer Erhöhung der Fließgeschwindigkeit und zu einer selektiven Anreicherung gröberer Korngrößen. Hier entwickeln sich häufig stehende Wellen im Wasserkörper. Die Abstände zwischen den Kolken betragen in der Regel das fünf- bis siebenfache der Gerinnebreite. Bei einer Weiterentwicklung des **Kolk-Stromschnellen-Gerinnetyps** *(pools and riffles)* kann sich ein mäandrierendes Gerinnemuster entwickeln. In Gebirgsbächen höherer Neigung (>3 % Gefälle) tritt an die Stelle dieses horizontalen Gerinnenbettmusters eine vertikal gestufte Struktur, die als **Kolk-Stufen-Struktur** *(pools and steps)* bezeichnet werden kann. Voraussetzung sind auch hier unterschiedliche Korngrößen mit Durchmessern, die nur bei mehrjährigen Hochwassern weiterbewegt werden.

12.3.1.2 Mäandrierende Flüsse

Der weltweit am häufigsten auftretende Typ von Gerinnebettmustern bietet der mäandrierende Fluss, der sich in alluvialen Sedimenten (**freier Mäanderfluss**) (▪ Abb. 12.15 und 12.16) oder in Festgesteinen (**Talmäander**) (▪ Abb. 12.17) entwickelt. Er zeichnet sich durch ein einzelnes Gerinne mit einem einheitlichen Stromstrich aus. Unter dem **Stromstrich** wird in einem Fluss die Linie der maximalen Fließgeschwindigkeit an der Wasseroberfläche verstanden. In der Regel befindet sich diese Linie über dem **Talweg des Gerinnes,** d. h. über der größten Wassertiefe. Mäandrierende Flüsse haben einen gewundenen Flusslauf, dessen Breite relativ stabil bleibt. Im Längsverlauf hat das Gerinne eine überwiegend einheitliche Tiefe, jedoch weist der Gerinnequerschnitt eine ausgeprägte Asymmetrie auf. Die tiefsten Bereiche befinden sich dort, wo der Stromstrich an den steilen Außenhang des Mäanderbogens gedrückt wird, der Prallhang genannt wird. Der Innenhang des Mäanderbogens ist flacher geneigt und wird als Gleithang bezeichnet. Durch diesen Verlauf des Stromstrichs wird bei einem mäandrierenden Fluss am Prallhang lateral erodiert und am Gleithang akkumuliert. Die Deposition am Gleithang erfolgt auf seiner gesamten geneigten Fläche in Abhängigkeit vom Wasserstand des Flusses (▪ Abb. 12.18).

In mäandrierenden Flüssen ist ein **sekundäres Wasserzirkulationsmuster** von zentraler Bedeutung. Eine schraubenförmige, sich quer zur Fließrichtung entwickelnde Wasserwalze bewegt sich parallel zur Wasseroberfläche in Richtung des Prallhanges, taucht hier ab und bewegt sich an der Gewässersohle zum Gleithang. Im Bereich der zwischen dem Prall- und Gleithang lokalisierten flacheren Stromschnellen teilt sich die Wasserwalze in zwei Einzelwalzen, die sich zum folgenden Prallhang-Gleithang-Abschnitt wieder vereinigen und dann eine entgegengesetzte Rotationsrichtung aufweisen.

▪ **Abb. 12.15** Flussmäander des Merced River im Yosemite Valley, USA. (Quelle: R. Dikau)

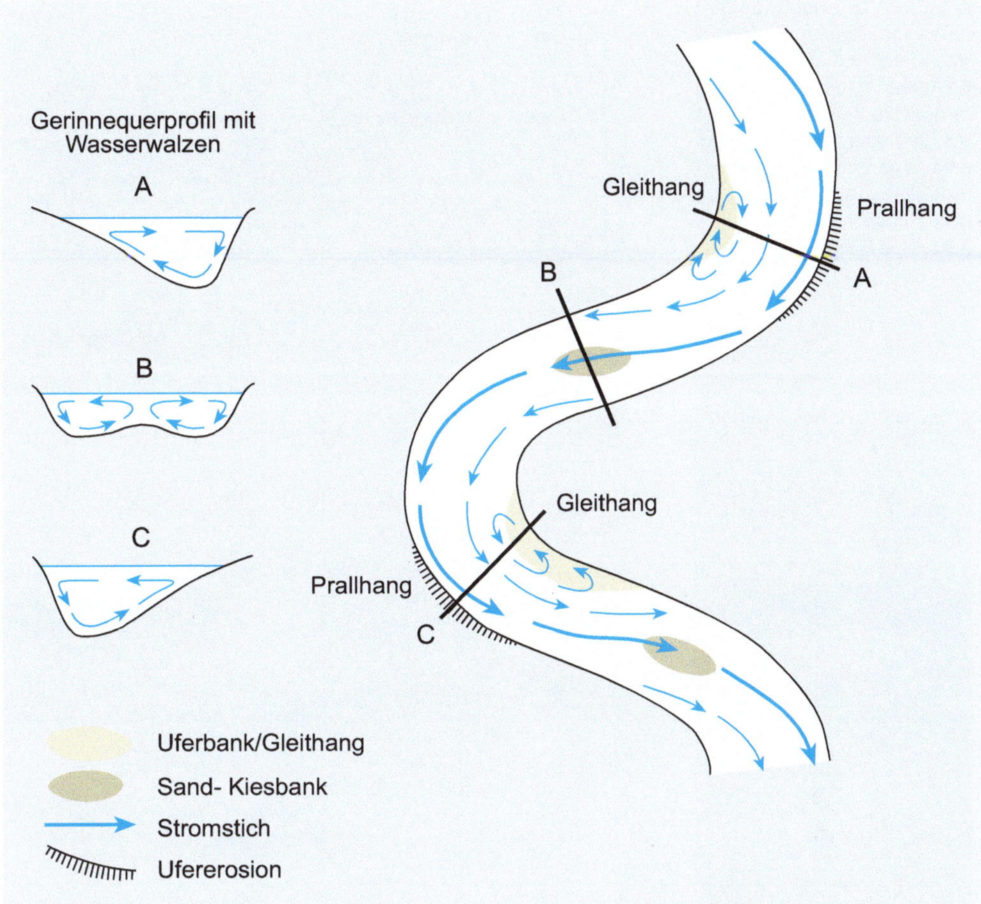

Abb. 12.16 Komponenten von Flussmäandern. (Verändert nach Huggett 2017: Fundamentals of Geomorphology. 4. Auflage. Verfasst von Richard John Huggett, veröffentlicht von Routledge. © Richard John Huggett 2017. Abdruck im Einvernehmen mit Taylor & Francis Books UK)

Abb. 12.17 Talmäander der Mosel bei Trittenheim. (Quelle: R. Dikau)

Dieses laterale Erosions- und Depositionsverhalten bewirkt eine Mäandermigration in der Talsohle, d. h. eine seitliche Ausweitung und flussabwärts gerichtete Verlagerung der Mäanderbögen. Weitere Laufverlegungen werden durch Mäanderdurchbrüche (Avulsion) verursacht, bei denen der Uferwall des Gerinnes zwischen zwei Mäanderbögen durchbrochen wird und zu einer plötzlichen Veränderung und Verkürzung des Gerinnelaufes führt. Dabei wird ein neuer Flusslauf gebildet. Diese Prozesse können zu einem anastomosierenden Gerinnebettmuster führen. Auf diese Weise abgetrennte Mäanderbögen können temporär als Altwasserarme erhalten bleiben.

12.3.1.3 Verzweigte Flüsse

Mit zunehmender Sedimentfracht und einem Anteil der Bettfracht über 11 %, steigendem Breiten-Tiefen-Verhältnis und zunehmender Gerinneneigung wird das Gerinne instabil und entwickelt ein **verzweigtes Muster** (Abb. 12.19). Der Stromstrich verzweigt sich und separiert längliche Kies- und Sandbänke, die durch Vegetationsbedeckung stabilisiert werden können. Bei stark variabler Wasserführung des Flusses und wechselnden Erosions- und Akkumulationsphasen im Gerinne des verzweigten Flusses wird die Vegetationsentwicklung behindert oder gänzlich unterdrückt. Bei ufervollem Abfluss ist die gesamte

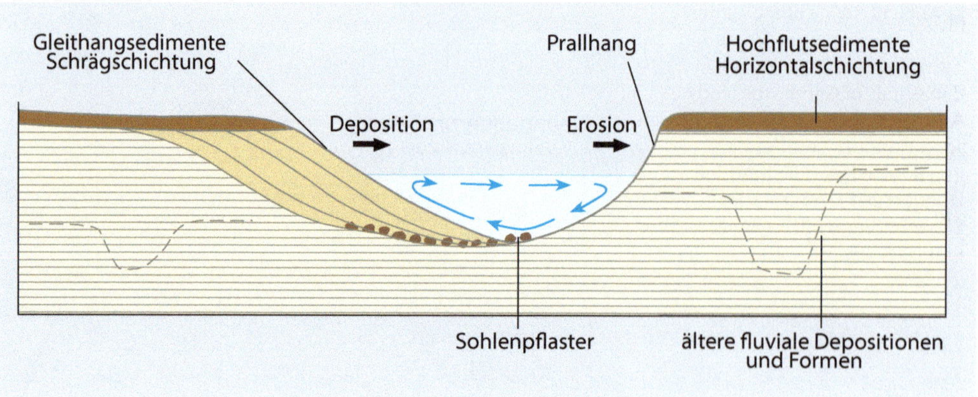

Abb. 12.18 Depositionstypen und -formen an einem Mäanderbogen mit Prall- und Gleithang. Unterscheidung zwischen schräg geschichteten Gleithangsedimenten und parallel geschichteten Hochflutsedimenten. (Verändert nach Huggett; auf Basis von Butzer 1976, Fig. 8-5, S. 159)

Abb. 12.19 Verzweigter Fluss auf der Südinsel Neuseelands. (Quelle: R. Dikau)

Breite des Gerinnes mit Wasser bedeckt, bei fallendem Wasserstand werden die Sedimentbänke und Inseln sichtbar. Die Breite verzweigter Flüsse kann 20 km und mehr betragen. Die Verzweigungstendenz eines Flusses steigt bei hoher Abflussvariabilität und positiven Nettosedimentbilanzen, d.h. bei Akkumulationsvorgängen. Vermutlich ist dieses fluviale Verhalten auf das enge Geschwindigkeitsband zurückzuführen, das die Erosions- und Depositionsschwellenwerte bei Bettfrachttransporten trennt (Abb. 12.4). Die **Transportraten** verzweigter Flüsse sind bei hohen Abflüssen sehr variabel. Diese Variabilität wird ebenfalls durch systeminterne Prozesse verursacht, wie die lineare Durchschneidung von Sedimentbänken oder die Abtrennung eines alten zugunsten eines neuen Gerinnearmes. Durch derartige Prozesse bewegen sich hohe Sedimentmengen flussabwärts, jedoch ist die generelle Sedimentbilanz der meisten verzweigten Systeme eher positiv, d. h. deponierend. Dies gilt vor allem in glazifluvialen Schmelzwasserflüssen und alluvialen Schwemmfächern. Verzweigte Flüsse bilden sich somit bevorzugt bei:

- hoher Sedimentlieferung von den Hängen, Nebenflüssen und Gletschern,
- hohem Anteil der Bettfracht,
- leicht erodierbaren Uferbänken und sehr variabler Wasserführung.

12.3.1.4 Anastomosierende Flüsse

Anastomosierende Flüsse bestehen aus mehreren Gerinnen, die sich verzweigen und wieder vereinigen. Im Unterschied zu verzweigten Flüssen, deren Verzweigung innerhalb eines einzigen Gerinnes erfolgt, bestehen anastomosierende Flüsse aus **mehreren verbundenen Gerinnen,** die durch Festgesteine oder stabile alluviale Sedimentkörper voneinander getrennt sind. Derartige Gerinnetypen können durch einen steigenden Meeresspiegel oder durch Barrieren im Flusslauf entstehen, die zu einem Rückstau des Abflusses führen. Anastomosierende

Flüsse sind durch ein Nettodepositionsverhalten gekennzeichnet, wobei Uferdammbildungen, Uferdammdurchbrüche sowie Durchbruchsfächerbildungen häufig auftreten. Die Akkumulationsraten sind bei diesen Flusstypen sehr hoch, sie können 30–100 cm in 100 Jahren erreichen. Der Gerinnetyp tritt bei hohen Konzentrationen von Schwebfracht auf, wobei die laterale Ausdehnung des Systems eingeschränkt ist. Im Unterschied zu mäandrierenden und verzweigten Flüssen tritt der anastomosierende Typ selten auf.

12.3.1.5 Anabranchierende Flüsse

Anabranchierende Flüsse bestehen aus mehreren Gerinnen, die durch vegetationsbestandene und eher langlebige alluviale Inseln oder Rücken voneinander getrennt sind. Die Inseln entstehen bei Durchbrüchen in der Talaue oder durch den Aufbau von fluvialen Sedimentationskörpern. Der anabranchierende Prozess ist weiter verbreitet und kann gerade, mäandrierende und verzweigte Flüsse beeinflussen und verändern. Er tritt bevorzugt bei erhöhten Hochwasserfrequenzen auf, wenn die Uferbänke stabil sind, die Gerinne blockiert werden und Laufverlagerungen größeren Ausmaßes auftreten.

12.3.2 Fluviale Erosionsformen

Die fluvialen Erosionsprozesse führen im Laufe der Reliefentwicklung zu spezifischen **Talformen** (◻ Tab. 12.3). Als Tal wird eine längliche Hohlform des Reliefs mit seitlichen Talhängen und einer mehr oder weniger ausgeprägten Talsohle bezeichnet. Das Tal bildet die charakteristischste fluviale Erosionsform. Täler entstehen meistens, aber nicht immer, durch fluviale Erosionsprozesse, häufig treten sie in Verbindung mit tektonischen Prozessen auf (◻ Abb. 12.20). Manche als Täler bezeichnete Reliefformen sind, wie das Death Valley im Westen der USA, gänzlich durch tektonische Prozesse entstanden (Schumm 2002). **Ein Klassifikationsschema für Talformen** basiert auf der geomorphometrischen Ausprägung ihrer Querprofile. Wir unterscheiden die Hauptgruppen Klamm (◻ Abb. 12.20), Schlucht (◻ Abb. 12.21), Kerbtal (◻ Abb. 12.22), Sohlental (◻ Abb. 12.24), Kastental und Muldental sowie Mischformen dieser Grundtypen. Talformen sind das Ergebnis der Wirkung fluvialer Prozesse in langen Zeitskalen. Sie tiefen sich dabei in den Untergrund ein und verbreitern sich. Manche Täler bilden eine Talsohle, in der Sediment deponiert werden kann. Mit den fluvialen Prozessen sind hangerosive Prozesse gekoppelt. Dazu zählen hangaquatische Prozesse, Bodenerosion und gravitative Massenbewegungen. Die resultierende Talform wird stark vom Verhältnis zwischen den hangerosiven Prozessen und der fluvialen Erosionsleistung bestimmt (◻ Tab. 12.3).

Eine besondere Form der fluvialen Erosion bilden **epigenetische und antezedente Durchbruchstäler.** Ein Durchbruchstal wird durch fluviale Erosionsprozesse einer Gebirgsschwelle geschaffen. Das epigenetische Durchbruchstal (griech. *epi* = auf, über) bildet sich dann, wenn die Erosion des Reliefs die liegenden resistenteren Gesteinsschichten erreicht und sich in diese Schichten fluvial eintieft. Den Vorgang der gänzlichen Abtragung der hangenden, weniger resistenten Schichten wird als Exhumierung bezeichnet. Bei Erreichen des liegenden Gesteins bleibt die Fließrichtung des Flusses erhalten. Ein antezedentes Durchbruchstal (lat. *antecedere* = vorausgehen) entsteht, wenn der fluviale Eintiefungsprozess einen sich tektonisch hebenden Block der Erdkruste, z. B. einen Antiklinalrücken, zerschneidet. Der fluviale Prozess ging der tektonischen Hebung voraus und kann mit der Hebung des Krustenblockes Schritt halten. Beide Prozesse laufen in unterschiedlichen Raum-Zeit-Skalen ab. Während die epigenetischen Durchbruchstäler in kontinentalen und subkontinentalen Skalen von Bedeutung sind, beschränken sich antezedente Durchbruchstäler auf die mesoskaligen Reliefformen der innerkontinentalen Bruchtektonik.

12.3.3 Fluviale Depositionsformen

Die fluvialen Depositionsprozesse erzeugen eine Vielzahl von Reliefformen innerhalb des Gerinnes, am Gerinneufer, in den Talauen und an der Mündung des Flusses (◻ Tab. 12.4). Depositionsformen im Gerinnebett umfassen

◻ **Tab. 12.3** Auswahl von Talformen als typische fluviale Erosionsformen

Talform	Charakteristika
Klamm/Schlucht	Senkrechte, oft überhängende Wände, starke Tiefenerosion bei geringer Hangabtragung
Kerbtal	V-förmiger Talquerschnitt ohne ausgeprägte Talsohle, starke Tiefenerosion bei starker Hangabtragung
Sohlental	Breite Talsohle, starke Hangabtragung und Sedimentdeposition in der Talsohle
Kastental	Kastenförmig, sehr breite Talsohle, sehr starke Hangabtragung und Sedimentdeposition in der Talsohle
Muldental	Keine ausgeprägte Talsohle, geringe Tiefenerosion bei starker Hangabtragung

Abb. 12.20 Talform der Klamm im Hochgebirge Taiwans, das extrem hohe tektonische Hebungsraten aufweist. (Quelle: R. Dikau)

kurzzeitig existierende Formen, wie Rippeln und Dünen (Abb. 12.8), Uferbänke in geraden Flüssen sowie in längeren Zeitskalen gebildete geneigte Sedimentationsebenen der Gleithänge von freien Mäandern. Weiterhin sind hier die Formstrukturen von Stromschnellen und Stillwasserbereichen (*pools* und *riffles*) einzuordnen. Die Verfüllung von Flussaltarmen und Gerinneabschnitten stellt eine Depositionsform dar, die über sehr lange Zeitskalen erhalten bleiben kann (Abb. 12.10).

Die am weitesten verbreitete Depositionsform von Flüssen bildet die Talsohle, die durch eine Kombination von Gerinnebett- und Überschwemmungsdepositionen gebildet wird (Abb. 12.23 und 12.24). In Abhängigkeit von der Magnitude des Hochwassers sind Teile der Talsohle oder der gesamte Depositionsraum des Systems betroffen.

Bei größeren Flüssen kann die Breite der **Talsohle** mehrere km erreichen (Abb. 12.19) und nicht selten 20–40 km und mehr betragen. Talsohlen mit sehr geringen Hangneigungen und schwachkonvexen Wölbungen des Querschnitts finden sich heute an den großen Flüssen Mississippi, Amazonas und Nil. Die Konvexität entsteht durch die bevorzugte Sedimentation von transportiertem Material in den ufernahen Bereichen, in denen die Fließgeschwindigkeit einen hohen Gradienten aufweist und hier eine bevorzugte Bettfrachtdeposition auftritt. Mit zunehmender Entfernung vom Gerinne erhöht sich der relative Anteil der Schwebfracht und damit der Ton- und Schluffanteil der Sedimente. Als Ergebnis wächst der **Bereich des Uferwalls** schneller als der restliche Bereich der Talsohle. Die Höhenunterschiede können bis zu 15 m erreichen. Schmalere Talsohlen weisen bei geringer Neigung ein eher konkaves Querprofil auf. Hier finden sich weniger entwickelte Uferwälle, häufig fehlen sie ganz. Auf derart schmalen Tal-

12

Abb. 12.21 Talform der Schlucht im Hochgebirge Taiwans. Die Talsohle der Schlucht ist temporär mit Sediment verfüllt, das bei Hochwasser (Wasserstandsschwankungen von 5–10 m) abtransportiert werden kann. Das Grobsediment im Bildhintergrund wurde von rechts durch einen Murgang in das fluviale System eingebracht (Kopplung). Die mittleren und kleineren Korngrößen des eingetragenen Sedimentes wurden weitgehend abtransportiert. (Quelle: R. Dikau)

Abb. 12.22 Kerbtäler im oberen Bereich von Einzugsgebieten in der Coast Range, Kalifornien, USA. Die fluviale Einschneidung ist bis zu den Wasserscheiden fortgeschritten. (Quelle: R. Dikau)

Tab. 12.4 Klassifikation unterschiedlicher fluvialer Depositionstypen und -formen (Knighton 2015)

Reliefelement des fluvialen Systems	Depositionstyp und -form	Beschreibung
Gerinne, Flussbett	Vorübergehende Gerinnedeposition	Überwiegend kurzzeitig deponierte Bettfracht Bildung von Pico- (Rippeln) und Mikroformen (Dünen) Kiesanhäufungen, Querrücken, Steinstufen
	Sedimentbank Uferbank	Gerinnedeposition größerer Korngrößen Mikro- und Mesoformen (Stromschnellen, Sand- und Kiesbänke) größere Mesoformen (Sedimentationszonen) Uferbänke bei geraden Flüssen
	Gleithang	Geneigte Gleithangdeposition bei mäandrierenden Flüssen
	Gerinnefüllung	Depositionen in Fluss-Altarmen und sich verfüllenden Gerinneabschnitten
Talsohle	Uferwall	Wallartige Deposition am Gerinnerand
	Vertikale Sedimentablagerung	Überwiegend feinkörnige Deposition in der Talaue aus Überflutungsprozessen
	Durchbruchsfächer *(crevasse splay)*	Lokale Deposition von meist sandigem Sediment nach Durchbruchsprozessen des Uferwalls *(crevasses)*
Flussterrassen	Festgestein	Geringmächtige Depositionen auf ehemaligen Talsohlen, die durch Tieferlegung des Gerinnebettes erhalten bleiben
	Lockergestein	Depositionen ehemaliger Talsohlen, die durch Tieferlegung des Gerinnebettes erhalten bleiben
Flussmündung	Deltasedimente	Deposition an der Mündung eines Flusses in einen See oder Ozean Deltaform wird durch Sedimenteigenschaften und -lieferung sowie der Kopplung zwischen fluvialen und marinen Prozessen gesteuert
Piedmont (Fußzonen von Gebirgen und Höhenzügen)	Alluviale Schwemmfächer	Depositionen von perennierenden oder ephemeren Flüssen, die aus steilen Einzugsgebieten in flachere Reliefformen münden Abnahme der Korngröße des Sedimentes mit zunehmender Entfernung zum Apex
	Bajada	Mehrere zusammenwachsende, verzahnte Schwemmfächer, die eine alluviale Ebene bilden

Abb. 12.23 Talsohle des Merced River im Yosemite Valley, USA. Das durch fluviale Tiefen- und laterale Ufererosion angeschnittene fluviale Sediment setzt sich aus zugerundeten Kiesen und Blöcken zusammen. (Quelle: R. Dikau)

Abb. 12.24 Sohlental des Brühlbaches bei Bad Urach in der Schwäbischen Alb. Der flach ausgeprägte Talboden ist von den gestreckten Talhängen durch ein vertikal konkaves Reliefelement deutlich abgegrenzt. (Quelle: R. Dikau)

sohlen ist der Energiegradient vom Gerinne zum Rand der Depositionsfläche geringer als bei breiteren Talsohlen, sodass deponiertes Material durch folgende Hochwasserprozesse leichter wieder erodiert werden kann. Derartige Reliefelemente finden sich in zahlreichen Flusssystemen mittlerer Größe.

12.3.3.1 Flussterrassen

Unter einer Flussterrasse wird eine nahezu ebene Reliefform verstanden, die hangauf- und hangabwärts durch geneigte Hänge begrenzt ist. Eine fluviale Talfüllung tritt dann ein, wenn das im Einzugsgebiet produzierte Sediment die Transportkapazität des Flusssystems überschreitet. Der Depositionsprozess wird häufig ausgelöst durch:

- glazifluviale Prozesse im Vorfeld von Gletschern,
- Wetter- und Klimaveränderungen,
- Veränderungen der Erosionsbasis, der Hangneigung oder der Sedimentfracht,
- menschliche Eingriffe in das Einzugsgebiet oder Gerinne.

Wenn eine tektonische Bewegung ausgeschlossen werden kann, wird das Verhältnis zwischen Sedimentfracht und Abfluss primär durch die klimatischen Prozesse gesteuert. Andererseits kann eine tektonische Hebung die

Einschneidung fördern und zur Bildung eines Terrassenkörpers führen (Schumm 2002). Ebenso kann eine eustatische Meeresspiegelabsenkung zu einer rückschreitenden Erosion und Knickpunktmigration in das Festland hinein führen. Ein wenig veränderter oder steigender Meeresspiegel fördert dagegen die Lateralerosion und die Verbreiterung des Tales. Ein Beispiel für die Kombination von tektonischer Hebung und den klimatischen Wechseln zwischen Warm- und Kaltzeit des Pleistozäns bilden die Terrassen des Rheintales zwischen Bingen und Bonn (◘ Abb. 12.25).

Terrassen werden in die Klassen der **Festgesteinsterrassen** *(bedrock terraces)* und der **Akkumulationsterrassen** *(accumulation terrraces)* gegliedert (◘ Abb. 12.26). Beide Terrassentypen sind durch zyklische Abfolgen von Tiefen- und Seitenerosion bzw. Sedimentakkumulation gekennzeichnet. Festgesteinsterrassen, die auch als Felssohlenterrassen bezeichnet werden, entstehen durch die Einschneidung des Flusses in das Festgestein und eine nachfolgende intensive Seitenerosion, die das Tal verbreitert. Das Festgestein ist nach dieser Lateralerosionsphase häufig mit einer geringen Sedimentauflage bedeckt. In einer weiteren Phase schneidet sich der Fluss erneut in das Festgestein ein und hinterlässt die Terrassenform. Das zentrale Merkmal von Festgesteinsterrassen bildet die durch laterale Erosion entstandene Verflachung des Talbodens (◘ Abb. 12.27). Die Genese dieses Terrassentyps beruht auf einer tektonischen Hebung oder einer Erniedrigung der Erosionsbasis (Zeitphase 1), die durch eine lange Periode der Stabilität mit konstanten Bedingungen abgelöst wird (Zeitphase 2), in der das Tal weder verfüllt noch weiter erodiert wird. Eine erneute Veränderung der Randbedingungen (Zeitphase 3) führt zur erneuten Einschneidung in das Festgestein und zur Entwicklung der Terrassenform.

Die Oberflächen von Akkumulationsterrassen sind Relikte älterer Talböden. Die Terrassenform entwickelte sich durch fluviale Einschneidung in das alluviale Sediment des Talbodens. Der Übergang zu einer Erosionsphase kann durch klimatische Veränderungen, geringere Sedimentfrachten, konstantere Wasserführung, Veränderungen der Erosionsbasis durch Meeresspiegelabsenkungen oder tektonische Hebungen verursacht werden. Akkumulation und Erosion können in mehreren zeitlich aufeinanderfolgenden Phasen auftreten, sodass die dabei gebildeten Terrassentreppen ein **zyklisches Systemverhalten** darstellen. Die Bildung fluvialer Terrassen durch Klimaveränderungen beruht auf der Charakteristik der Abflüsse, der Sedimenttransporte, des Erosions- und Depositionsverhaltens des Flusses sowie der Eigenschaften des Einzugsgebietes. Beispiele klimatisch verursachter zyklischer Abfolgen der Terrassenbildung

◘ **Abb. 12.25** Flussterrassen des Rheins bei Oberwesel im oberen Bildbereich. Die steilen Hänge des Rheintales gehen mit einer konvexen Geländestufe in die gering geneigten Ebenheiten der Terrassenflächen über. (Quelle: R. Dikau)

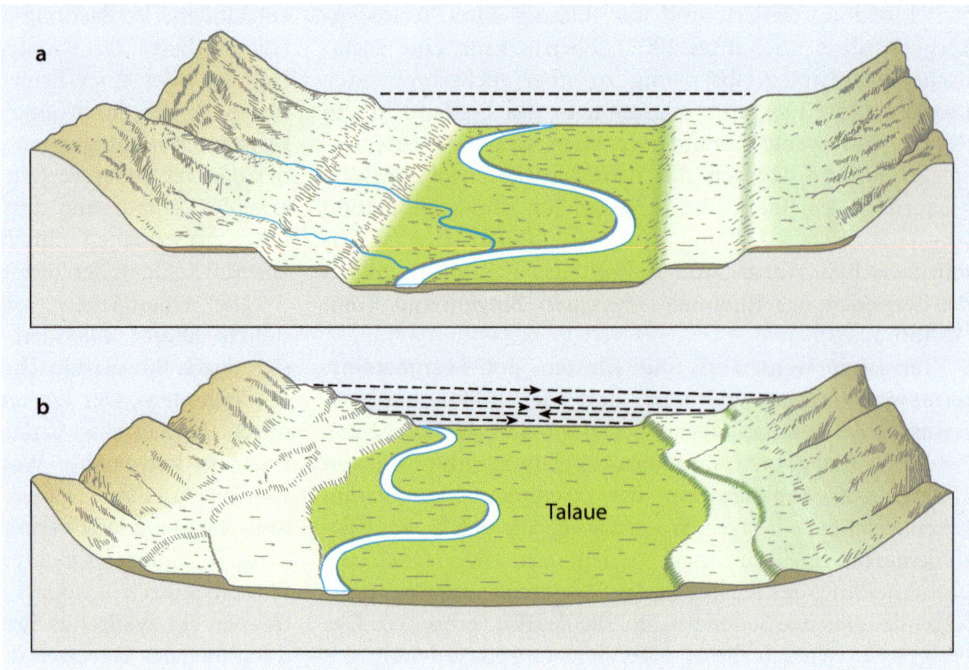

Abb. 12.26 Entwicklung von Flussterrassen als **a** Festgesteinsterrasse in Festgestein mit einer dünnen fluvialen Sedimentauflage und **b** als Akkumulationsterrasse in alluvialen Sedimenten. (Verändert nach Huggett 2017, auf Basis von Sparks 1960 und Thornbury 1954, Fig. 6.5, S. 158 © John Wiley and Sons)

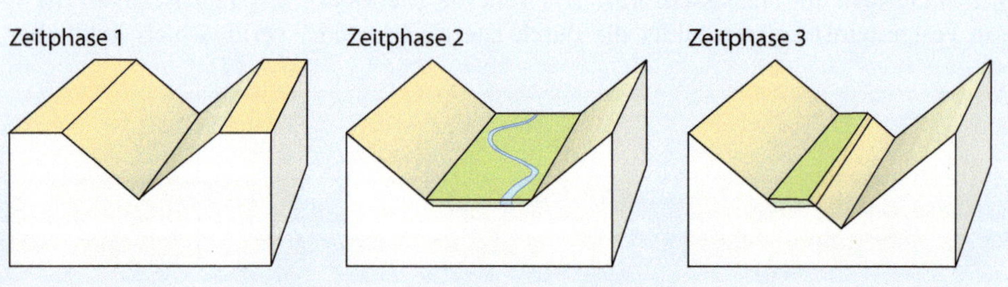

Abb. 12.27 Schematische Darstellung der diachronen Entwicklung einer Festgesteinsterrasse. (Verändert nach Huggett 2017: Fundamentals of Geomorphology. 4. Auflage. Verfasst von Richard John Huggett, veröffentlicht von Routledge. © Richard John Huggett 2017. Abdruck im Einvernehmen mit Taylor & Francis Books UK)

12

finden sich in zahlreichen Flusstälern Mitteleuropas. Ein bekanntes Beispiel einer **Terrassentreppe** findet sich im Mittelrheintal zwischen Bingen und Bonn, deren Entstehung auf tektonische und klimatische Ursachen zurückzuführen ist (Bibus 1980). Durch die tektonische Hebung war der Rhein gezwungen, sich antezedent in das Rheinische Schiefergebirge einzuschneiden (Abb. 12.28).

Ein weiterer Bildungsmechanismus für Terrassen liegt vor, wenn ein Fluss durch rückschreitende Erosion ein anderes Einzugsgebiet anzapft. Wenn dadurch die Erosionsbasis des angezapften Flusses erniedrigt wird, kann dieser sich rückschreitend einschneiden und Terrassen ausbilden. Ein bekanntes Beispiele bildet die Flussanzapfungsgeschichte der Donau und des Rheins in Süddeutschland und der Nordschweiz (Zöller 2017).

12.3.3.2 Schwemmfächer

Eine weitere Komponente des fluvialen Systems bilden alluviale Schwemmfächer. Sie entwickeln sich dann, wenn ein Fluss mit einer hohen Gerinneneigung in das flacher geneigte Hauptal des Fflusses oder in das Vorland eines Gebirges austritt (Abb. 12.29 und 12.30). Dieser Austritt ist mit einer **Erweiterung des Gerinnequerschnitts** verbunden. Die abnehmende Energie der Strömung und die daraus folgende Abnahme der Transportkapazität führen zur Deposition der Sedimentfracht. Durch die Aufhöhung des eigenen Flussbetts sucht sich der Fluss immer wieder einen anderen Lauf, sodass im Laufe der Zeit ein

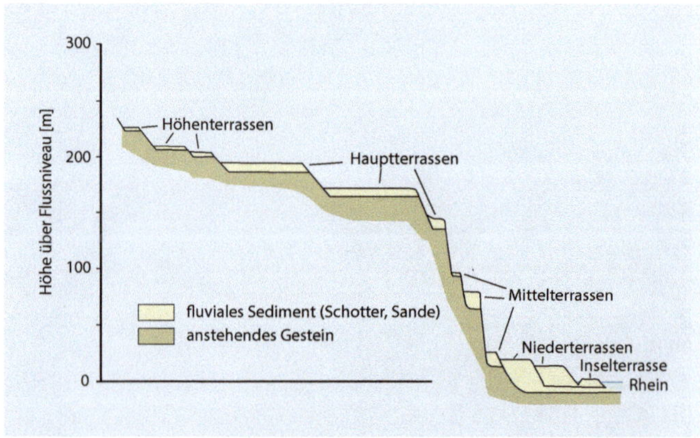

Abb. 12.28 Terrassentreppe des Mittelrheintals im Rheinischen Schiefergebirge. (Verändert nach Ahnert 2015; auf Basis von Bibus 1980)

Abb. 12.29 Reliefformen-Palimpsest eines Schwemmfächers am Austritt eines Seitentales in das Haupttal. Der Seitenfluss erodiert den von ihm selbst geschaffenen Schwemmfächer. Der vormals mäandrierende Hauptfluss erodiert die distale Zone des Schwemmfächers, der insgesamt eine negative Sedimentbilanz aufweist. (Quelle: U.S. Geological Survey)

Abb. 12.30 Schwemmfächer am Austritt eines Flusses aus dem Gebirge in Südkreta mit einem überwiegend verzweigten Gerinnemuster und positiver Sedimentbilanz. (Quelle: R. Dikau)

halbkreisförmiger Depositionskörper entsteht. Die Bildung von Schwemmfächern ist von hohen Sedimentproduktionsraten im Gebirge sowie von hohen Niederschlägen abhängig, die zu hohen fluvialen und gravitativen Sedimenttransporten führen. Schwemmfächer treten in allen Regionen der Erde auf, am intensivsten wurden sie in semiariden Gebieten untersucht. Hier liegen episodische Hochwasserereignisse und geringe Vegetationsbedeckungen in den Einzugsgebieten vor, die zu hohen Erosions- und Akkumulationsraten führen.

Obwohl sich Schwemmfächer in allen Regionen der Erde bilden und eine ähnliche Geomorphometrie des Grundrisses aufweisen, unterscheiden sich oft die individuellen Depositionsprozesse beträchtlich. Schwemmfächer weisen einen proximalen (zentralen) und einen distalen (randlich entfernten) Bereich auf, ihr Längsprofil ist konkav gewölbt. Der oberste Bereich des Schwemmfächers wird als **Apex** bezeichnet. In vielen Fällen nimmt die Korngrößenzusammensetzung von der proximalen zur distalen Zone ab. Der das Gebirge verlassende Flusslauf entwickelt sich zu einem verzweigten Gerinnebettmuster, das Sediment wird in einer radialen Anordnung akkumuliert. Benachbarte Schwemmfächer können zusammenwachsen, sodass die typische Fächerform verloren geht und ein einheitlicher Depositionskörper entsteht.

Schwemmfächer zeichnen sich durch eine Vielzahl von unterschiedlichen Fließprozessen aus, die vom Newton'schen Wasserfluss bis zu Murgängen reichen können. Der Prozesstyp jedes Einzelereignisses ist abhängig von der aktuell zur Verfügung stehenden Sedimentmenge im Einzugsgebiet sowie von der den Abfluss verursachenden Niederschlagsmenge. Auf zahlreichen Schwemmfächern treten beide Prozesstypen synchron und diachron auf, was auch durch die systeminterne Sedimentspeicherfüllung und -leerung verursacht werden kann.

Nachdem der Fluss das Gebirge verlassen hat, tritt durch die plötzliche Veränderung der hydraulischen Randbedingungen die Sedimentdeposition ein. Die nicht mehr in sein Gerinne gezwungene Strömung breitet sich auf der Oberfläche des Schwemmfächers aus, was mit einer deutlichen Reduktion der Fließtiefe und -geschwindigkeit verbunden ist und zur Deposition der Sedimentfracht führt. Durch die Infiltration von Wasser in das Schwemmfächersediment verliert der Fluss Wasseranteile, was zur gänzlichen Versickerung führen kann, bevor der Fluss den distalen Bereich seines Fächers erreicht. Schwemmfächer repräsentieren eine Reliefform, deren Elemente unterschiedlichen Bildungsphasen zugeordnet werden und damit unterschiedliche Alter aufweisen.

Fazit

Die Wasser- und Sedimentbewirtschaftung von Flusssystemen zählt zu den komplizierten und anspruchsvollen Aufgaben der modernen Gesellschaften (Downs und Gregory 2004). Neben Erkenntnissen der hydrologischen Funktionsweise dieser Systeme erfordert sie ein fundiertes Wissen über die geomorphologischen Prozesse und Formen und ihre Veränderungen. Die fluviale Geomorphologie liefert daher eine der Grundlagen für ihre nachhaltige Nutzung. Diese Themenstellung wird umso bedeutender, je mehr in die fluvialen Systeme technisch eingegriffen wird. Fluviale Form-Prozess-Systeme zeichnen sich primär durch die Aktivität von Fließgewässern aus. Sie erzeugen typische Reliefformen in einem breiten Spektrum von Raum- und Zeitskalen. Die großen Flüsse der Kontinente bilden die zentralen Transportsysteme für die terrestrischen Sedimentflüsse in die Weltmeere. Der Flussverbau durch Staudämme seit Mitte der 1950er-Jahre führt zu reduzierten Sedimentfrachten, Tiefenerosion und weitergehenden Folgen negativer Sedimentbilanzen in den Mündungsgebieten der Küstenzonen.

Weiterführende Literatur

Baumgartner A, Liebscher H-J (1990) Allgemeine Hydrologie – Quantitative Hydrologie. Gebrüder Borntraeger, Berlin

Bibus E (1980) Zur Relief-, Boden- und Sedimententwicklung am unteren Mittelrhein. Frankfurter Geowiss Arbeiten, Serie D – Physische Geographie 1, Frankfurt

Charlton R (2007) Fundamentals of fluvial geomorphology. Routledge, London

Hjulström F (1935) Studies of the morphological activity of rivers as illustrated by the River Fyris. Bull Geol Inst Uppsala 25:221–527

Kern K (1995) Grundlagen naturnaher Gewässergestaltung: Geomorphologische Entwicklung von Fließgewässern. Springer, Berlin

Knighton D (2015) Fluvial forms and processes: a new perspective, 2. Aufl. Routledge, London

Leopold LB, Maddock T (1953) The hydraulic geometry of stream channels and some physiographic implications. US Geological Survey Prof Pap 252. Washington, D.C.

Mangelsdorf J, Scheuermann K (1980) Flussmorphologie – Ein Leitfaden für Naturwissenschaftler und Ingenieure. Oldenburg, München

Schäfer A (2005) Klastische Sedimente. Fazies und Sequenzstratigraphie. Springer Spektrum, Heidelberg

Schumm SA (2005) River variability and complexity. Cambridge University Press, Cambridge

Tinkler KJ, Wohl EE (1998) Rivers over rock: fluvial processes in bedrock channels. Am Geophys Union, Geophys Monogr Ser 107:323

Äolische Prozesse und Reliefformung – Bodenerosion durch Wind

R. Dikau et al., *Geomorphologie*, https://doi.org/10.1007/978-3-662-59402-5_13

Äolische Systeme werden durch die Kräfte des Windes gesteuert. Sie führen zur Entwicklung spezifischer Reliefformen und treten in Regionen mit geringer oder fehlender Vegetationsbedeckung und Bodenfeuchte auf. Die Wüsten der Erde mit Sedimenten geringer Korngrößen bilden daher die bevorzugten Gebiete der äolischen Aktivität. Daneben treten diese Phänomene in Systemen auf, die nicht durch Trockenklimate gekennzeichnet sind und oberflächliche Feinsedimente enthalten, wie Küstenregionen oder proglaziale Relieftypen. Entfernt der Mensch in Systemen mit hoher geomorphologischer Sensitivität die Vegetationsdecke und betreibt Landbau, schafft er Bedingungen, die zur katastrophalen Winderosion mit Verlust des fruchtbaren Bodens und weitreichenden Folgen für die menschliche Gesellschaft führen können. Die Skale äolischer Prozesse umfasst ein äußerst großes Spektrum, das von der Bewegung einzelner Sandkörner bis zu globalen Sedimenttransporten in der Erdatmosphäre reicht. Diese Prozesse tragen entscheidend zur Nährstoffdüngung der Ozeane bei.

13.1 Wind als geomorphologisches Agens

Wind umfasst Luftbewegungen in der Atmosphäre, die durch die Windgeschwindigkeit und Windrichtung beschrieben werden. Wind erzeugt spezifische Reliefformen, die als **äolische Formen** bezeichnet werden, die überwiegend in den ariden Gebieten der Erde auftreten (Besler 1992, Livingstone und Warren 2019). Wind entsteht durch Luftdruckunterschiede in der Atmosphäre. Je stärker der Druckgradient ausgebildet ist, umso höhere Windgeschwindigkeiten entstehen. Im Bereich der atmosphärischen Grenzschicht der untersten 1000 m erfährt die mittlere horizontale Windgeschwindigkeit aufgrund des Luftdruckgradienten und der von der Erdoberfläche hervorgerufenen Reibung eine Abnahme. Wind ist ein sehr wirksames geomorphologisches Agens. Die Erforschung der **Sedimenttransporte durch Wind** ist auf den britischen Wüstenforscher Ralph Alger Bagnold zurückzuführen, der in den 1930er-Jahren die grundlegenden Gesetzmäßigkeiten des Sandtransportes erforscht und in einem bis heute geschätzten Lehrbuch *The Physics of Blown Sand and Desert Dunes* publiziert hat (Bagnold 1947). Die Winderosion zählt zu den weltweit bedeutendsten Prozessen der Bodendegradation und -zerstörung (◘ Abb. 13.1). In den Trockengebieten bedroht sie die Nahrungssicherheit entscheidend.

Die geomorphologische Wirkung des Windes basiert auf den durch die Luftströmung erzeugten Kräften. Sie wirken auf die Partikel der Erdoberfläche ein, die den Kräften der Luftströmung einen **Strömungswiderstand** entgegensetzen (◘ Abb. 13.2). Ähnlich wie ein sich bewegender Wasserkörper ist Wind ein turbulentes Medium. Die **Turbulenz** hat zahlreiche Folgen für die Windströmung. Sie unterscheidet sich signifikant von den Eigenschaften einer laminaren Strömung.

Trifft Wind auf ein Hindernis, wird ein Winddruck erzeugt. Er bewirkt im Materialkörper eine horizontal wirkende **Schub- oder Scherspannung** *(drag)*. Gleichzeitig erzeugt der Winddruck eine senkrecht zur Strömung wirkende **Hubkraft** *(lift)*. Sie entsteht durch das Druckgefälle zwischen Vorder- und Rückseite des Partikels, das eine Sogwirkung in den Luftstrom hinein erzeugt. Zusätzlich wirken im Lee des Partikels turbulente Wirbel, die einen ähnlichen Effekt hervorrufen. Die **resistenten Spannungen** umfassen die Normalspannung des Partikels, die interpartikuläre, echte Kohäsion und die scheinbare Kohäsion,

◘ **Abb. 13.1** Winderosion auf einer frisch gepflügten landwirtschaftlichen Nutzfläche in Kansas, USA, im Jahre 2018. (Quelle: Mark Vandever, U.S. Geological Survey)

13

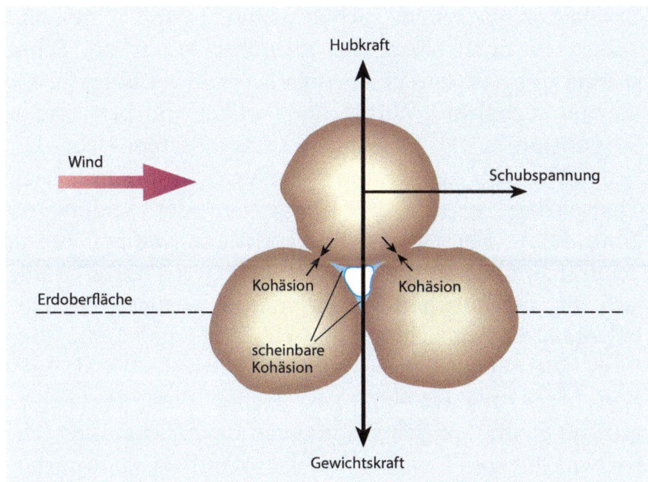

Abb. 13.2 Die an Körner an der Erdoberfläche angreifenden Kräfte und Spannungen der Luftströmung und die resistenten Kräfte und Spannungen des Untergrundmaterials. (Verändert nach Wiggs 2011: Sediment mobilisation by the wind. In: Thomas DSG (Hrsg.) Arid Zone Geomorphology – Process, Form and Change in Drylands. 3. Auflage. Abdruck mit Genehmigung von John Wiley and Sons Inc. erteilt durch Copyright Clearance Center, Inc.)

die durch Kapillarkräfte erzeugt wird (► Abschn. 10.3). Eine wichtige Eigenschaft des turbulenten Windes ist die Beziehung zwischen der Höhe über der Erdoberfläche und der Windgeschwindigkeit. Wie in Wasserflüssen und anderen turbulenten Fluiden nimmt oberhalb einer sehr dünnen laminaren Strömungsschicht die Geschwindigkeit des Windes mit zunehmender Höhe über der Oberfläche nichtlinear zu (Abb. 13.3). Die Abnahme der Windgeschwindigkeit mit Abnahme der Höhe wird durch die Reibung der Luftströmung an der Erdoberfläche verursacht.

Die Veränderung der Windgeschwindigkeit mit der Höhe kann durch folgende Gleichung von Bagnold (1947) ausgedrückt werden:

$$v_z = 5{,}75\, v_s \log(z\, z_0^{-1})$$

mit:

v_z - Windgeschwindigkeit in der Höhe z

v_s - Schubspannungsgeschwindigkeit des Windes

z - Höhe über der Erdoberfläche

z_0 - Dicke der Luftschicht mit der Windgeschwindigkeit 0

Der Gleichungsparameter z_0 beschreibt die Dicke der sehr dünnen, oberflächennahesten Luftschicht, in der keine Luftströmung auftritt oder diese mit $z \gg z_0$ nur äußerst geringe Werte erreicht. Ihr Ausmaß hängt von der **Oberflächenrauigkeit ab.** Auf flachen, granularen Oberflächen beträgt die Dicke dieser Luftschicht ca. 1/30 der Korngröße des Oberflächenmaterials. So wird z. B. bei einem

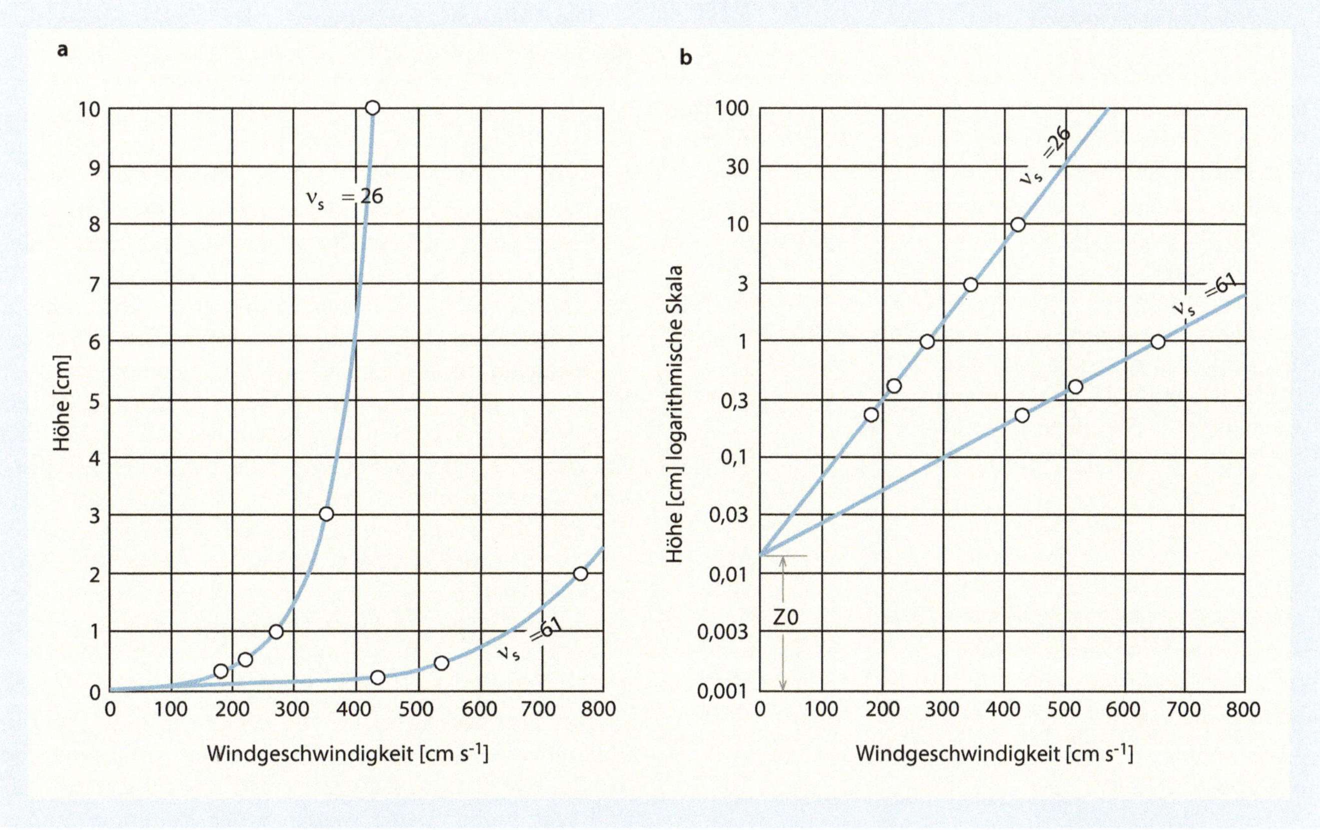

Abb. 13.3 Nichtlineare Beziehung zwischen der Windgeschwindigkeit und der Höhe über der Erdoberfläche für zwei Schubspannungsgeschwindigkeiten v_s mit **a** linearer und **b** logarithmischer Skala der Höhe. Der Parameter z_0 beschreibt die Dicke der Luftschicht mit der Windgeschwindigkeit 0. (Verändert nach Bagnold 1947: The Physics of Blown Sand and Desert Dunes. Springer Netherlands, Amsterdam. Abdruck mit Genehmigung von Springer Nature erteilt durch Copyright Clearance Center, Inc.)

Oberflächenmaterial mit einer durchschnittlichen Korngröße von 30 cm bis zu einer Höhe von 1 cm Windstille herrschen. Erst ab dieser Höhe entwickelt sich eine Luftströmung. Über dem Zentrum von Großstädten können z_0-Werte von 5 m erreicht werden. Mit dem Parameter z_0 kann somit die Oberflächenrauigkeit beschrieben werden. Ihre Variabilität steuert wesentlich die Schubspannungsgeschwindigkeit des Windes und damit die Effektivität des Windes für die geomorphologische Reliefformung.

Die **Schubspannungsgeschwindigkeit** v_s beschreibt die höhenabhängigen Schubspannungen der Luftströmung. Sie ist direkt proportional zur Rate der mit der Höhe logarithmisch zunehmenden Windgeschwindigkeit. Unter stationären Windbedingungen kann daher v_s als Maß für den von der Höhe abhängigen Geschwindigkeitsgradienten des Windes verwendet werden. Je stärker der Wind weht, desto stärker sind die Schubspannungen an der Erdoberfläche und desto flacher wird die in ◘ Abb. 13.3 dargestellte Höhen-Geschwindigkeits-Funktion. Es besteht somit eine Proportionalität zwischen höhenabhängiger Schubspannungsgeschwindigkeit und Windgeschwindigkeit.

Die Schubspannung kann mit folgender Gleichung beschrieben werden:

$$\tau = D_l v_s^2$$

mit:

τ - Schubspannung des Windes

D_l - Dichte der Luft

v_s - Schubspannungsgeschwindigkeit

13

Wenn der Wind eine Oberfläche mit Partikeln überströmt, existiert eine **kritische Schubspannungsgeschwindigkeit** v_{sc}, ab der die Bewegung des Partikels einsetzt. In erster Annäherung wird dieser Prozess von der Beziehung zwischen Windgeschwindigkeit und Partikelgröße gesteuert. Allerdings kann der Bewegungsprozess durch weitere Eigenschaften, wie die Oberflächenrauigkeit, die Bodenfeuchtigkeit, resistente Salzkrusten oder die Vegetationsbedeckung, beeinflusst werden. Für die Partikelbewegung zahlreicher Wüstensande wurden Schwellenwerte von ca. 16 km h^{-1} gemessen (Bagnold 1947). Die kritische Schubspannungsgeschwindigkeit kann durch folgende Gleichung abgeschätzt werden:

$$v_{sc} = A\sqrt{\frac{D_p - D_l}{D_l} g\, d}$$

mit:

v_{sc} - kritische Schubspannungsgeschwindigkeit

A - Konstante, die für Wind 0,1 beträgt

D_p - Dichte des Partikels

D_l - Dichte der Luft

d - Korngröße

g - Erdbeschleunigung

Die vertikale Geschwindigkeit und Flughöhe der von der Oberfläche aufgenommenen Partikel werden durch die Schubspannungsgeschwindigkeit und die abwärts gerichtete **Gravitation** gesteuert. Schubspannung und Gravitation wirken in unterschiedliche Richtung. Wenn die Schubspannungsgeschwindigkeit einen Schwellwert überschreitet, können turbulente Wirbel die Partikel anheben und als **Suspension** in die Atmosphäre transportieren. Dabei können Höhen bis zu mehreren km erreicht werden. Dieser Transporttyp betrifft die Korngrößen der Schluff- und Tonfraktion. Hat die aufwärts gerichtete Komponente der Schubspannungsgeschwindigkeit geringere Werte, werden sich die angehobenen Partikel nur in wenigen cm Höhe bewegen. Sie vollziehen dabei eine hüpfende Bewegungsform. Die hüpfende Bewegung der Partikel wird als **Saltation** bezeichnet (◘ Abb. 13.4). Treffen diese Partikel auf größere Steine, werden sie an deren Oberfläche durch elastischen Rückprall zurück in das Windfeld transportiert. Treffen sie auf kleinere Korngrößen, können sie andere Partikel in den Saltationsprozess oder in die Windturbulenz und damit in den Suspensionstransport führen. Bei größeren Korngewichten werden die Partikel nicht mehr durch die Luft bewegt. Grobsande und Kiese bewegen sich dann rollend, gleitend, kriechend oder in Form kleinster Sprünge vorwärts. Dieser Prozess wird als **Reptation** bezeichnet, wobei aufprallende Saltationspartikel den Reptationsprozess verstärken. Der Saltationsprozess ist vorwiegend in einer oberflächennahen Schicht bis zu ca. 2 m Höhe konzentriert und für den größten Anteil der äolischen Massentransporte verantwortlich, während die Reptation nur zu ca. 7–25 % an der gesamten Sedimentfracht beteiligt ist.

Die Beziehung zwischen der kritischen Schubspannungsgeschwindigkeit und der Korngröße wurde durch Bagnold (1947) in einer Graphik dargestellt (◘ Abb. 13.5). Mit zunehmender Korngröße sind höhere Schubspannungsgeschwindigkeiten erforderlich, um die Partikel in die Luftströmung aufzunehmen, d. h. den **erosiven Schwellenwert** zu überschreiten. Diese Beziehung gilt für Korngrößen >0,1 mm. Bei geringeren Korngrößen der Ton- und Schlufffraktion erfordern molekulare und elektrostatische Kräfte der Kohäsion höhere Scherspannungen, um die Partikel aus dem Partikelverband zu entfernen. Wenn dieses Korngrößenspektrum in die Luftströmung aufgenommen wurde, können sie große Transportstrecken zurücklegen, die eine globale Skale erreichen. Depositionsprozesse setzen dann ein, wenn die Schubspannungsgeschwindigkeiten spezifische Schwellenwerte unterschreiten. Das bedeutet, dass transportierte Korngrößengemische selektiv abgelagert werden.

Der **Saltationsprozess** beginnt oberhalb des Korngrößenschwellenwertes von ca. 0,08 mm. Hier werden zunehmend höhere Schwellenwerte der kritischen Schubspannungsgeschwindigkeit benötigt, um die Partikel zu bewegen. Eine sehr sensible Korngröße für den Saltationsprozess liegt zwischen 0,08 und 0,4 mm, d. h. in der Fein- und unteren Mittelsandfraktion. In den Trockenregionen der Erde ist Sand in dieser Korngröße reichlich vorhanden und sehr mobil. Dabei werden große Volumina erodiert. Sind die Resistenzkräfte der Oberfläche überwunden, wird das Sediment durch die Schubspannung und Hubkräfte der reinen Luftströmung in den Saltationsprozess

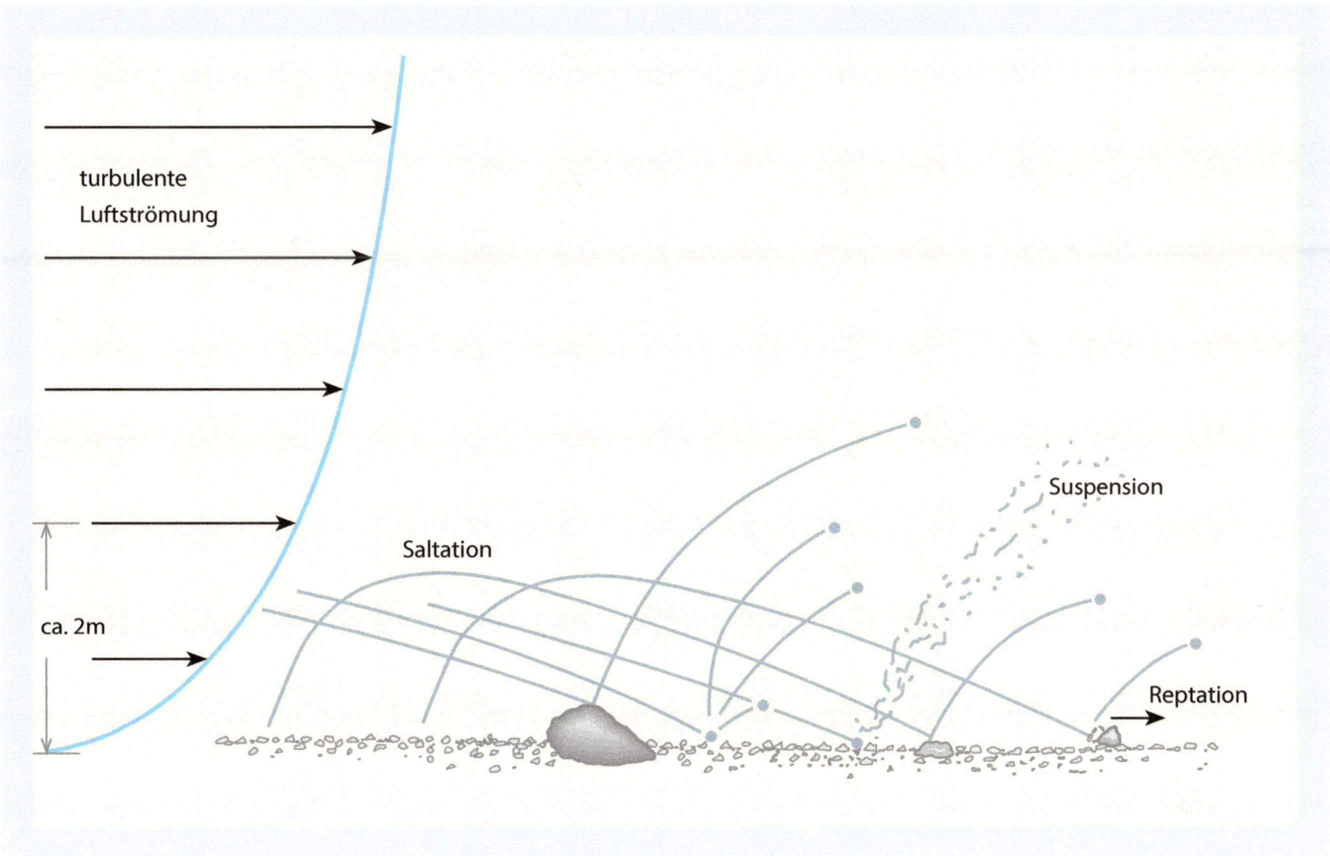

Abb. 13.4 Die drei wichtigsten Typen des äolischen Materialtransportes: Suspension, Saltation und Reptation. (Verändert nach Greeley und Iversen 1985: Wind as a geological process on Earth, Venus and Titan. 1. Auflage. Cambridge University Press, Cambridge, GB. Copyright © 1985)

aufgenommen. Dieser Schwellenwert wird **statischer Schwellenwert** genannt. Befinden sich bereits Partikel in der Luftströmung, beeinflussen sie die Aufnahme weiterer Partikel aus der Materialoberfläche. Insbesondere bewirkt der Aufprall von Saltationspartikeln auf ruhende Partikel einen zusätzlichen Impuls. Für diese Situation gilt ein zweiter, niedrigerer Schwellenwert, der in Abb. 13.5 als **ballistischer Aufprall-Schwellenwert** bezeichnet wird. Er liegt bei ca. 80 % des Schwellenwertes für die reine Luftströmung.

Der Kornaufprallprozess der Saltation hat Konsequenzen für die Sandtransportrate des Windfeldes und für die Deposition des transportierten Sandes. Bei einer Reduktion der Windgeschwindigkeit führen die am statischen Schwellenwert in die Luftströmung aufgenommenen Partikel nicht notwendigerweise zu einer Reduktion des Sandtransportes. Erst wenn der ballistische Aufprall-Schwellenwert unterschritten wird, setzt der Depositionsprozess ein. Das bedeutet, dass die zunehmenden Fluggeschwindigkeiten der saltierenden Partikel zu einem nichtlinearen Zuwachs der transportieren Sandmasse führen (Abb. 13.6). Die Saltation ist daher ein sich selbst verstärkender Prozess, d. h. ein Prozess mit positiver Rückkopplung.

13.2 Erosionsprozesse und -formen durch Wind

Die beiden wichtigsten geomorphologischen Erosionsprozesse sind die **Abrasion** und die **Deflation** (Goudie et al. 1999). Sie erzeugen charakteristische Reliefformen (Tab. 13.1). Abrasion entsteht, wenn die äolisch transportierten Sandpartikel auf exponierte Hindernisse treffen und diese, vergleichbar mit einem Sandstrahlgebläse, mechanisch beeinflussen. Dabei wird zwischen der Abrasion durch Aufprall und der Abrasion durch Abschleifen/Abschmirgeln unterschieden. Auf diese Weise kann exponiertes Festgestein oder Gesteinsschutt abgetragen werden. Abrasionsprozesse treten überwiegend bis zu einer Höhe von 2 m über der Erdoberfläche auf. Hier dominiert der Saltationsprozess. Abrasion durch Aufprall findet auch dann statt, wenn die auftreffenden Partikel weicher sind als die getroffene Oberfläche. Selbst Eiskristalle bei Temperaturen zwischen −10 °C und −25 °C können zur Abrasion härterer Mineralkristalle führen. In Kombination mit Prozessen der Salzverwitterung kann die Abrasion aus Quarzsanden Korngrößen der Schlufffraktion erzeugen, die wiederum sehr weit

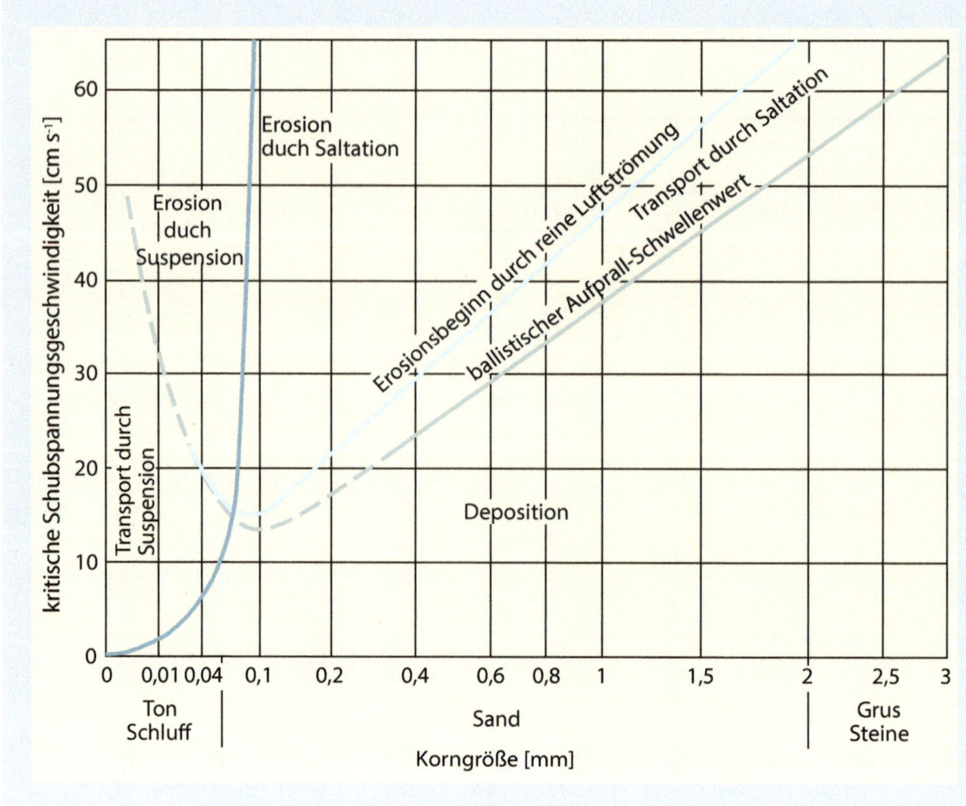

Abb. 13.5 Beziehung zwischen der Korngröße und den kritischen Schubspannungsgeschwindigkeiten für äolische Erosions-, Transport- und Depositionsprozesse der Suspension und Saltation. (Verändert nach Bagnold 1947: The Physics of Blown Sand and Desert Dunes. Springer Netherlands, Amsterdam. Abdruck mit Genehmigung von Springer Nature erteilt durch Copyright Clearance Center, Inc.)

13

transportiert werden können. Vermutlich wird der größte Anteil der durch Windsuspension transportierten Sedimentmengen durch Abrasion erzeugt.

Die äolische Abrasion von Festgestein führt zu typischen Reliefformen, z. B. Windkanter und Pilzfelsen (Abb. 13.7). **Windkanter** sind auf der Reliefoberfläche liegende kantige Steine und Blöcke, die mehrere abgeflachte und polierte Oberflächenfacetten aufweisen. Sie sind das Produkt unterschiedlicher abrasiver Windrichtungen. Die Geomorphometrie von **Pilzfelsen** lässt darauf schließen, dass die maximale Abrasion in einer Schicht von lediglich 10–40 cm über der Erdoberfläche wirkt und sehr selten eine Höhe >2 m erreichen. Allerdings müssen bei der Genese von Pilzfelsen auch bodennahe Verwitterungsprozesse in Betracht gezogen werden.

Unter **Yardangs** werden Abrasionsformen verstanden, die größer als einzelne Pilzfelsen sind und Ausmaße von 100 m Länge und maximal 1000 m Breite erreichen können. Es sind stromlinienförmige Reliefformen mit ausgeprägten konvexen Rücken, die in zahlreichen Trockengebieten der Erde auftreten. Für ihre Bildung sind verschiedene Prozesse verantwortlich. Initial scheinen fluviale Erosionsprozesse in Seesedimente zu einer Abfolge von Rücken und Tälern zu führen, die infolge von Abrasions- und Deflationsprozessen weiterentwickelt werden. Auf den sehr steilen Hängen dieser Rücken führen gravitative Massenbewegungen zum weiteren Abtrag. Zurück bleibt ein gerundeter Rücken.

Unter Deflation werden **Auswehungsprozesse** von oberflächennahen Sedimenten verstanden, die zum äolischen Abtransport des Materials führen. Durch die Prozesse der Deflation werden die kleineren Korngrößen des Tones, Schluffes und Sandes aus den Oberflächenmaterialien ausgetragen, was zu einer selektiven Konzentration gröberer Materialien von Steinen, Blöcken und Schutt führt. Die beteiligten Prozesse werden als korngrößendifferenzierte Erosion bezeichnet. Das zurückbleibende Grobsediment überlagert das feinere Material und schützt es vor weiterer Abtragung (Abb. 13.8). Derartige Oberflächen bedecken große Flächen der Wüstengebiete der Erde, sie sind jedoch auch in anderen Prozessregionen mit geringerer Vegetationsbedeckung zu finden, wie in Hochgebirgen oder in periglazialen Regionen. Sie haben unterschiedliche Bezeichnungen, wie Hammada in den arabischen Ländern oder Wüstenharnisch in Nordamerika. Wenn die Stein- oder Blockbedeckung kontinuierlich die gesamte Oberfläche bedeckt, liegen Wüsten- oder Steinpflasterung bzw. **Deflationsplaster** vor.

Deflationswannen sind geschlossene Hohlformen in zahlreichen Trockengebieten der Erde. Zu ihrer Bildung tragen primär Deflationsprozesse bei, es können aber auch weitere Prozesse, wie Lösung, Ausfällung oder die Aktivität von den Untergrund besiedelnden Tieren beteiligt sein. Sie erreichen Größen von wenigen m^2 bis mehrere 100 km^2 und Tiefen von über 100 m. Häufig sind sie aus wenig resistenten Lockergesteinen oder Sedimenten entstanden. Als äolische Erosionsformen haben Deflationswannen negative Massenbilanzen der oberflächennahen Sedimentkörper.

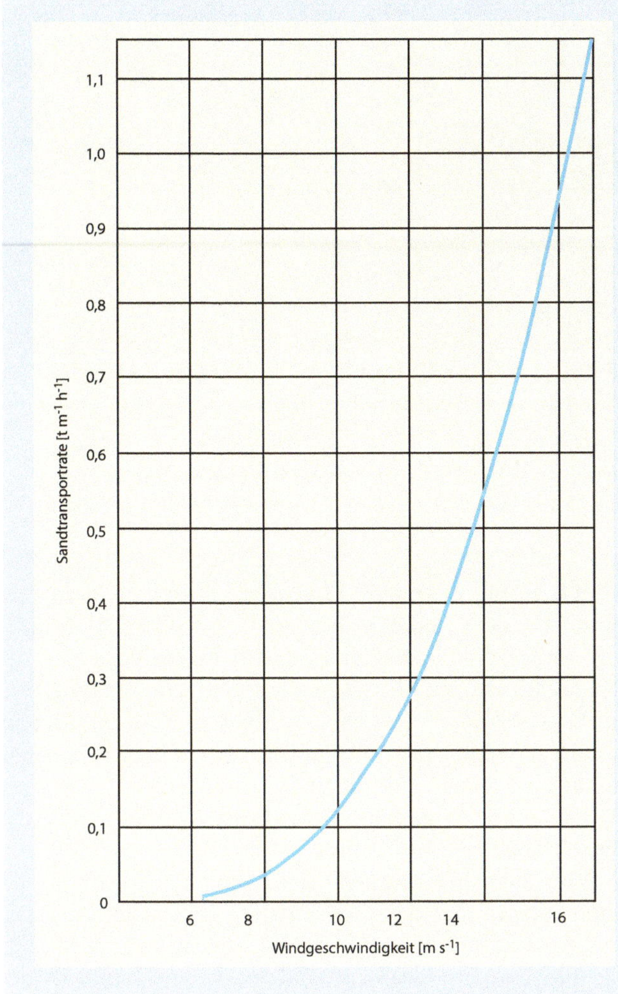

Abb. 13.6 Nichtlineare Beziehung zwischen Windgeschwindigkeit und Sandtransportrate. (Verändert nach Bagnold 1947: The Physics of Blown Sand and Desert Dunes. Springer Netherlands, Amsterdam. Abdruck mit Genehmigung von Springer Nature erteilt durch Copyright Clearance Center, Inc.)

13.3 Reliefformen durch Winddeposition

Die durch die Winddeposition erzeugten Reliefformen umfassen eine außerordentliche Spannweite, die von Windrippeln des Mikroreliefs bis zu den Dünenmeeren der Megaskale reicht (Tab. 13.2) (Thomas 2011, Livingstone und Warren 2019). Die auffälligsten und größten Reliefformen äolischer Depositionen sind die **Dünenmeere** oder Ergs der Sahara. Sie bilden geomorphologische Megaformen mit sehr hohen Sedimentvolumina und sind mit anderen äolischen Reliefformen in einem äolischen Reliefformen-Palimpsest verschachtelt. Innerhalb von Sandmeeren treten strukturierte Muster von aus Sand aufgebauten Reliefformen auf, die entsprechend ihrer Größe als **Windrippeln, Dünen und Draas** bezeichnet werden. Sie gehen ineinander über und können durch bestimmte Spannbreiten der Höhe und der Wellenlänge charakterisiert werden. Eine weitere Megaformengruppe liegt in Sandplatten vor. Auch wenn derartige flache Sandkörper keine Dünen tragen, treten Sandplatten häufig in Nachbarschaft von Dünenfeldern auf.

13.3.1 Windrippeln

Windrippeln bilden die kleinste der äolischen Akkumulationsformen (Abb. 13.9). Sie entwickeln sich als wellenartige Sandrücken, die im rechten Winkel zur vorherrschenden Windrichtung orientiert sind. Ihre Höhe liegt zwischen 0,5 cm und 100 cm und die Wellenlänge liegt überwiegend unter 5 m. Nur in seltenen Fällen erreichen Windrippeln Wellenlängen bis zu 30 m. Die Höhe der Rippeln wächst mit zunehmender Korngröße. Windrippeln können sich innerhalb von Minuten oder Stunden bilden und bei wechselnden Windeigenschaften innerhalb kurzer Zeit verändern. Es existieren heute verschiedene Hypothesen zu ihrer Entstehung (Livingstone und Warren 1996). Windrippeln können unterschieden werden in solche, die nur durch Scherspannungen des Windes gebildet werden **(aerodynamische Rippeln)** und solche, die durch den Aufprall von Sandpartikeln der Saltation und Reptation

Tab. 13.1 Typen und Größen äolischer Abrasions- und Deflationsformen

Erosionsprozess	Reliefform	Charakteristika	Höhe	Breite
Abrasion	Windkanter	Durch Korrasion geschliffene Einzelsteine	cm–dm	cm–dm
	Pilzfelsen	Freistehende Felssockel mit geringerem Durchmesser des Sockels	<2 m	wenige m
	Yardang	Langgestreckte Rücken aus Festgestein	Wenige m (in Ausnahmen bis 200 m)	bis 100 m (in Ausnahmen bis 1000 m) (Längen-Breiten-Verhältnis oft 4:1)
Deflation	Deflations-pflaster Wüstenpflaster	Korngrößendifferenzierte Ausblasung feiner Materialen Stein- und Blockbedeckung		Bis mehrere 1000 km^2
	Hammada	Steinwüste aus kantigem Felsschutt		Bis mehrere 100 km^2
	Deflationswanne	Geschlossene, abflusslose Hohlform		m^2 bis mehrere 100 km^2

Abb. 13.7 Windkanter auf einer Deflationsoberfläche, Namibia. (Quelle: Carmen Krapf 2002, Geological Survey of South Australia)

Abb. 13.8 Deflationspflaster, das sich durch korngrößendifferenzierte äolische Erosion und Verlust der kleineren Korngrößen an der Oberfläche bildet, Mojave-Wüste, USA. (Quelle: Ann Dittmer 2002)

13

(Aufprallrippeln) entstehen. Ein Erklärungsansatz der Genese von Aufprallrippeln basiert auf der Hypothese, dass eine Irregularität der Sandfläche vorliegen muss, die eine Störung des Reptationsprozesses hervorruft. Die daraus entstehende Depositionstendenz der Sandpartikel führt zur Akkumulation eines Sandkörpers, der sich schließlich zur Rippelform weiterentwickelt.

13.3.2 Dünen

Dünen bilden eine charakteristische äolische Akkumulationsform mit Höhen bis zu 100 m (Lancaster 1995). Zahlreiche Dünen zeigen ein charakteristisches Querprofil, das als **Gleichgewichtsprofil** bezeichnet wird (Abb. 13.10, 13.11 und 13.12). Es besteht aus dem Luvhang, an dem Sanderosion und -transport stattfindet, dem konvexen Dünenkamm und dem Leehang, der den Depositionsbereich der Düne darstellt. Die Hangneigung des Luvhanges liegt zwischen 10° und 15°, die des Leehanges zwischen 30° und 35°. Dünen treten häufig benachbart zu anderen Dünen in großen Dünenfeldern auf. Zwischen der Dünenhöhe und dem Abstand zum Kamm der nächsten Düne besteht eine Korrelation.

Die Sandverfügbarkeit und die Eigenschaften des Windsystems sind dafür verantwortlich, ob die Düne vertikal wächst, sich bewegt oder ihre Form verändert. Häufige Prozesse am Leehang sind trockene Sandflüsse und Rutschungen (Abb. 13.13). Das Wachstum und die Geomorphometrie einer Düne hängen in hohem Maße von der Sedimenttransportrate sowie der Luvhang-Erosion und Leehang-Deposition ab. Messungen der Sandtransporte in den oberflächennahen Schichten des Windfeldes zeigen, dass die Windgeschwindigkeit vom Fuß des Luvhanges zum Dünenkamm stark zunimmt. Diese Zunahme ist mit einer zunehmenden Sedimenttransportrate im Bereich von 1–2 Größenordnungen verbunden. Der Kamm ist daher das aktivste Reliefelement der Düne. Die Aufrechterhaltung des Gleichgewichtes der Dünenform erfordert eine Vorwärtsbewegung der Reliefform, da die Erosion des Luvhanges durch die Deposition des Leehanges ausgeglichen werden

Tab. 13.2 Typen und Größen äolischer Depositionsformen

Akkumulationsform	Höhe	Wellenlänge	Fläche	Raumskale
Dünenmeer (Erg)			>30.000 km²	Megaform
Dünenfelder			<30.000 km²	Megaform
Draa	Bis 450 m	500–7000 m		Makroform
Düne	Bis 100 m	<500 m		Mesoform
Windrippeln	Bis 1 m	<5 m maximal bis 30 m		Mikroform

Abb. 13.9 Windrippeln im Great Sand Dunes National Park, USA. (Quelle: John J. Mosesso, U.S. Geological Survey)

Abb. 13.10 Sanddüne in Utah, USA. (Quelle: U.S. Geological Survey)

muss, wobei die **Dünenbewegungsrate** von ihrer Höhe beeinflusst wird. Die Bewegungsrate unterschiedlicher Dünentypen weist variable Werte auf.

Dünen treten in einer äußerst großen Vielfalt auf, sodass mehrere Klassifikationssysteme entwickelt werden mussten. Grundlegende Voraussetzung für die Bildung bestimmter Typen sind die Sandverfügbarkeit, Windenergie (Windgeschwindigkeit), Vegetationsbedeckung und die Variabilität der Windrichtung (Abb. 13.14 und 13.15).

Des Weiteren lassen sich Dünen danach klassifizieren, ob sie sich auf einer Fläche als freie Düne entwickeln können oder ob sie an Relief- oder Vegetationseinflüsse gebunden sind. Entsprechend lassen sich primäre Typen der freien und der gebundenen Dünen unterscheiden (Abb. 13.16 und Tab. 13.3). **Freie Dünen** werden auf Basis ihrer Geomorphometrie gegliedert, **gebundene Dünentypen** gliedern sich anhand verschiedener Relief- und Vegetationseinflüsse, wie Felsformen oder Oasen. Freie Dünen können durch ihre Orientierung als Transversaldünen bezeichnet werden und je nach Form lineare, sternförmige und flächenhafte Subtypen aufweisen. Transversaldünen bedecken bis zu 40 % der heute aktiven oder bereits stabilisierten Dünenmeere (Ergs) und werden mit sehr großen Sandvolumina und relativ ineffektiven Windverhältnissen in Verbindung gebracht. Entwickelt sich der Dünenkamm zu einer geschwungenen Form, wird von einem barchanoiden Rücken gesprochen, der sich zu Barchanen oder Longitudinaldünen weiterentwickeln kann.

Barchane stellen isolierte Dünen mit einer leeseitigen Öffnung dar. Sie migrieren frei über Festgesteins- oder Grobsedimentflächen (Abb. 13.17). Dabei weisen sie ein annähernd konstantes Sandvolumen und eine annähernd ähnliche Geomorphometrie auf. Das bedeutet, dass die barchanoiden Prozesse einen Ausgleich zwischen Erosion, Transport und Akkumulation aufbauen und über

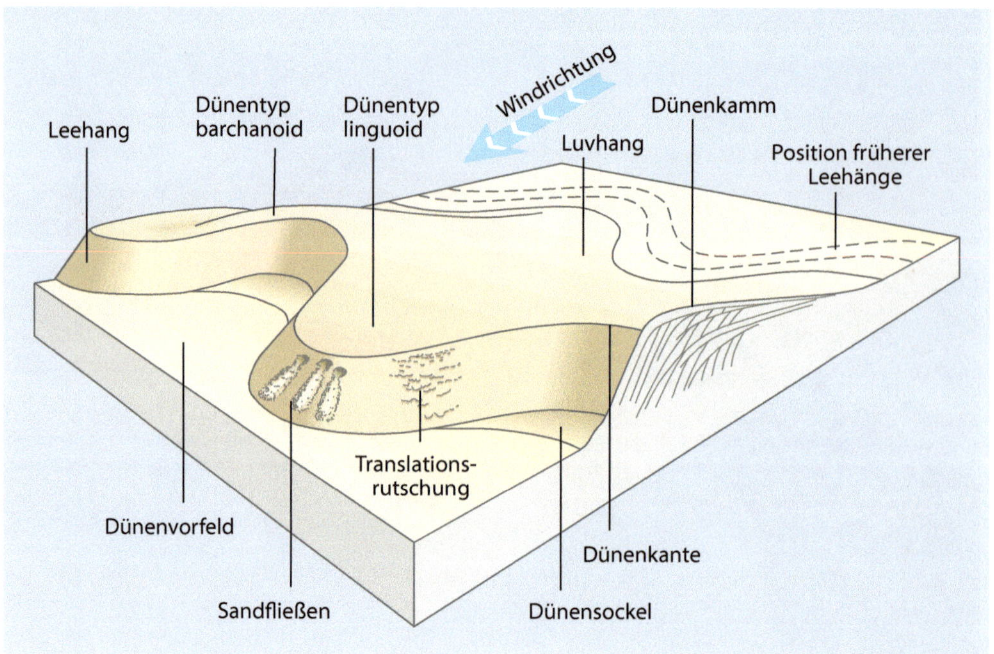

Abb. 13.11 Reliefelemente einer Dünenform. (Verändert nach Livingstone und Warren 1996, Abdruck mit Genehmigung von I. Livingstone und A. Warren)

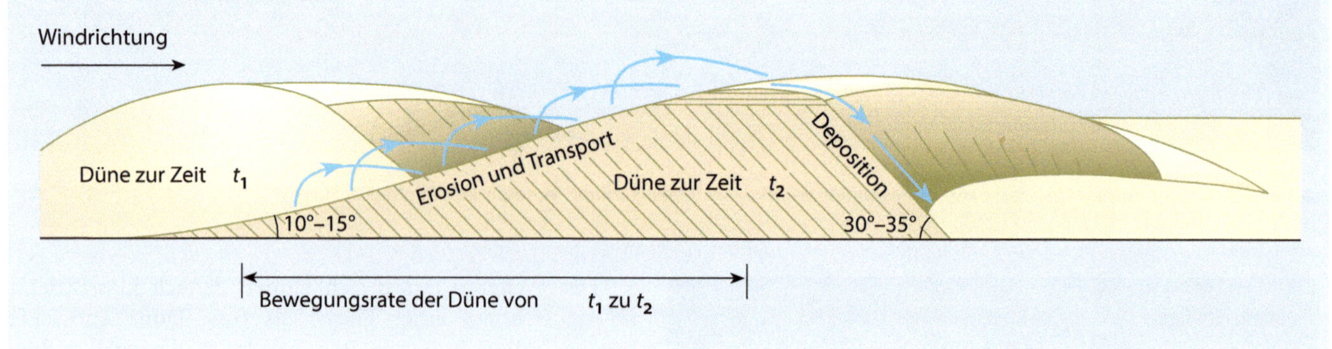

Abb. 13.12 Mechanismus der Vorwärtsbewegung und der Bewegungsrate einer Düne. (Verändert nach Cooke et al. 1993: Desert Geomorphology. UCL Press, London, GB. Copyright © 1993)

13

eine gewisse Zeitperiode erhalten können. Dieses Systemverhalten wird als dynamisches Gleichgewicht bezeichnet (Livingstone und Warren 1996).

Longitudinaldünen sind große längsgestreckte Rücken, die sich über Hunderte von km erstrecken können. Sie sind typisch für Wüsten mit konstanten oder saisonal wechselnden Windverhältnissen. Dieser Dünentyp bedeckt ca. 30 % der Gesamtfläche aller äolischen Depositionskörper der Erde. Zahlreiche Längsdünensysteme der Erde sind heute nicht mehr aktiv und mit einer geringen Vegetationsdecke bedeckt. Ihre Entstehung ist durch eine dominante Windrichtung zu erklären. Diese Windrichtung wird durch andere, mit einem bestimmten Winkel auftreffende, effektive Winde unterstützt, die bei Erreichen des Dünenkammes eine Geschwindigkeitsänderung erfahren und nahezu parallel zum Dünenkamm wehen. Dabei wird eine dominante longitudinale Transportrate aufrechterhalten. Häufig sind die Flächen zwischen den Rücken dieser Dünen als Hammada ausgebildet. Zibar- oder Walrückendünen sind niedrige, langgestreckte und runde Rücken ohne erkennbare leeseitige Depositionshänge.

Sterndünen erreichen eine Höhe von mehreren 100 m und Durchmessern von mehreren km. Sie weisen einen Gipfel auf, um den radial mehrere Rücken angeordnet sind (Abb. 13.18). Sie entstehen bei einer hohen Variabilität der Windrichtungen. Unter einem Dom wird ein Sandrücken ohne erkennbare Leedepositionshänge verstanden. Lineardünen zeigen auf beiden Seiten des Rückens steile Depositionshänge. Sie sind entsprechend der Windrichtung abwechselnd aktiv.

Gebundene Dünen werden durch Vegetation, das Relief oder lokal verfügbare Sedimentquellen hervorgerufen und gesteuert (Abb. 13.15). Vordünen und Leedünen werden durch das Windfeld im Umfeld eines Hindernisses gebildet. Steigende Dünen und Echodünen hängen von der Hangneigung des Hindernisses ab. Bei einer Neigung des Luvhanges des Hindernisses von <30° wird der Sand überweht, bei >30° wird der Sand akkumuliert und bildet eine Sandrampe.

Abb. 13.13 Leehang einer Düne in White Sands, New Mexico, USA, mit den gravitativen Prozessen einer Translationsrutschung und trockenem Sandfluss. (Quelle: U.S. Geological Survey)

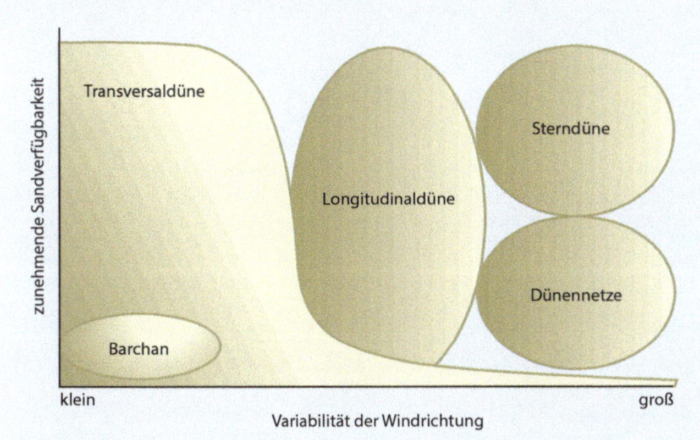

Abb. 13.14 Typisierung von Dünen auf Basis der Sandverfügbarkeit und der Variabilität der Windrichtung. (Spekulatives Modell nach Livingstone & Warren 1996, Abdruck mit Genehmigung von I. Livingstone und A. Warren)

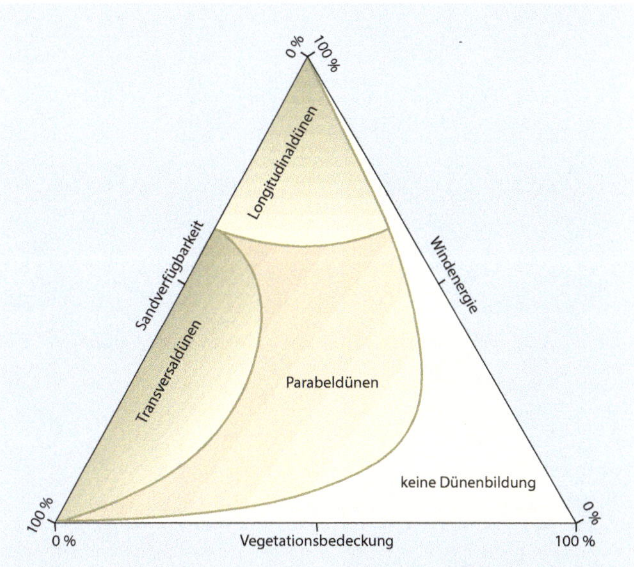

Abb. 13.15 Typisierung von Dünen auf Basis der Sandverfügbarkeit, der Windenergie und der Vegetationsbedeckung. (Verändert nach Hack 1941)

Bei >50° bildet sich in einer Entfernung vor dem Luvhang, die etwa dem Dreifachen der Höhe des Hindernisses entspricht, eine **Echodüne.** Im Leehang von Hindernissen bilden sich durch die Verringerung der Windgeschwindigkeit fallende Dünen. Lunette sind halbmondförmige Dünen, die häufig im Lee von Deflationswannen entstehen und aus Material aus der Wanne aufgebaut sind.

Die Vegetationsbedeckung kann einen beträchtlichen Einfluss auf die Entwicklung von Dünen haben. Unter einer **Kupste** (Nabkha) werden Sandhügel verstanden, die dadurch entstehen, dass Pflanzenbewuchs den transportierten Sand einfängt und akkumuliert. Der Sand dient der Pflanze als Wachstumsuntergrund, sodass ein durchwurzelter Hügel entsteht, der sich deutlich von der umgebenden Fläche abhebt.

Parabeldünen sind luvseitig geöffnete und halbmondförmig geformte Sandakkumulationen. Sie bilden sich in vegetationsbewachsenen Randregionen von Wüsten. Der zentrale bogenförmige Luv- und Leehang der Düne bildet eine konvexe Form, der den Hörnern der Düne vorauseilt. Sie sind also zum einströmenden Windfeld hin geöffnet und dürfen nicht mit den Barchanen verwechselt werden, bei denen die Dünenhörner dem Windfeld vorauseilen. Parabeldünen entstehen aus Ausblasungsflächen, z. B. im Bereich von Meeresstränden. Hier sind auch Blowout-Dünen anzutreffen.

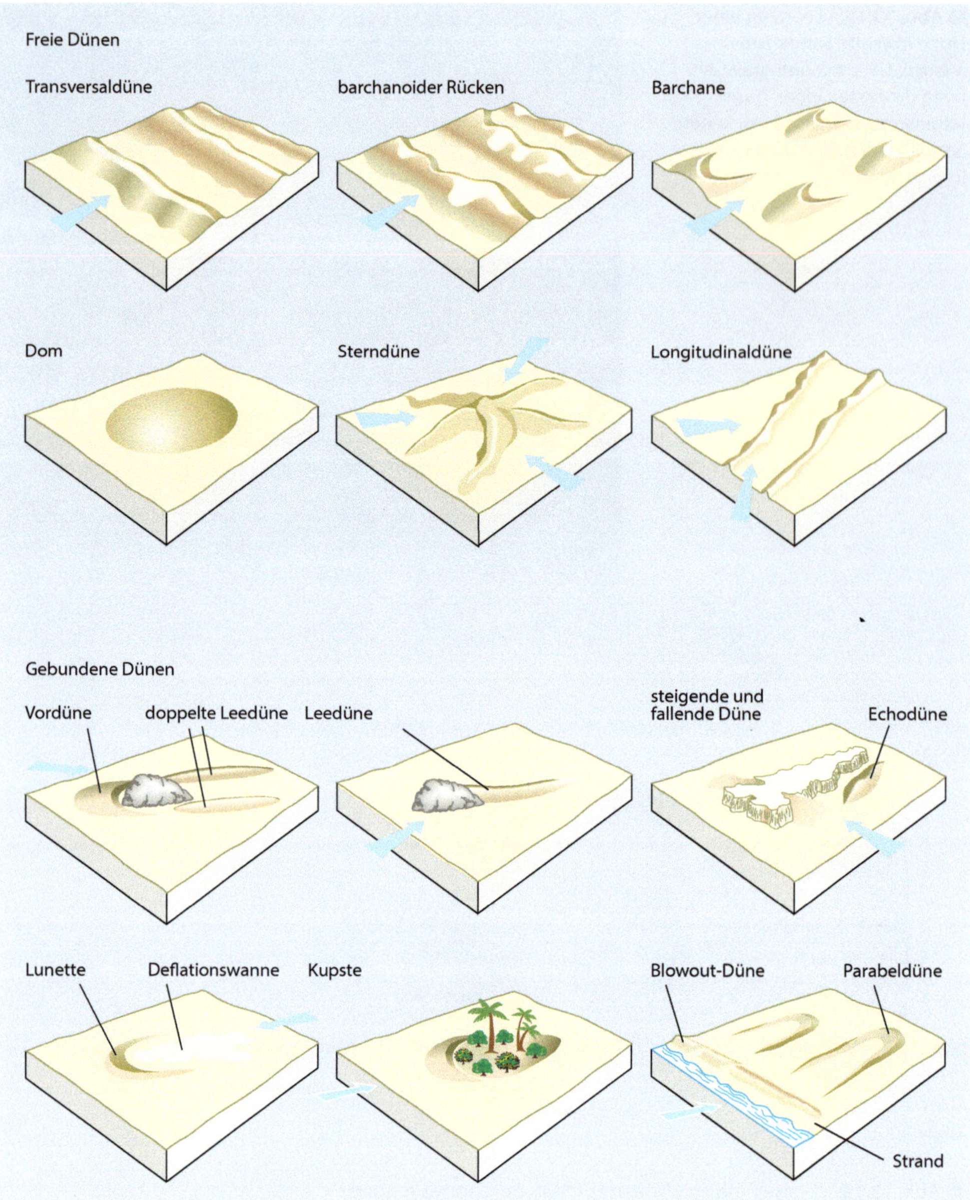

Abb. 13.16 Klassifikation von Dünen in freie und gebundene Typen. (Freie Dünen auf Basis von McKee 1979, U.S. Geological Survey, Prof. Paper 1052. Gebundene Dünen nach Huggett 2017 und Livingstone & Warren 1996, Abdruck mit Genehmigung von I. Livingstone und A. Warren)

13

13.3.3 Draas

Als Draa werden **Riesendünen** bezeichnet, die Höhen von mehreren 100 m und Wellenlängen von 500–7000 m erreichen können (Abb. 13.19). Im Gegensatz zu den bisher beschriebenen Dünen treten Draas nur in den großen Ergs auf. Ihre geomorphometrischen Eigenschaften zeigen, dass sie aus sich überlagernden Dünen des gleichen Typs oder aus sich überlagernden Dünen unterschiedlichen Typs aufgebaut sein können (Tab. 13.2). Wenn Draas an Volumen zunehmen, erreichen sie eine kritische Größe, die es ermöglicht, dass sich an ihren Flanken kleinere und einfachere Dünen entwickeln. Auf diesen dem Draa aufgesetzten Dünen entwickeln sich darüber hinaus häufig Sandrippelmuster. Insgesamt sind also drei unterschiedliche geomorphologische Formen in verschachtelter Anordnung entwickelt. Draas bilden damit ein äolisches Reliefformen-Palimpsest.

Draa-Reliefformen können unterschiedliche geomorphometrische Eigenschaften (Sterndraa, Querdraa, Längsdraa) und verschiedene Alter aufweisen. Eine Längsform, die mehrere km Länge erreichen kann, wird als Zibardüne oder Walrücken bezeichnet. Sie ist vermutlich eine reliktische Form aus dem Pleistozän. Aus der Ägyptischen Wüste ist eine Reliefform bekannt, die bei einer Breite von 1–3 km und einer Höhe von 50 m eine Längserstreckung von 300 km aufweist. Ihre Bildung erfordert starke und unimodale Windfelder.

13.3.4 Dünenfelder und Dünenmeere

Oberhalb der Größe von Dünen liegen äolische Akkumulationsformen der Makro- und Megaskale. Es sind dies die **Dünenfelder** und **Dünenmeere (Ergs)**, die den

Tab. 13.3 Klassifikation von freien und gebundenen Dünen (Huggett 2017)

Primärer Dünentyp	Klassifikations-kriterium	Typ	Beschreibung
Freie Dünen	Transversal	Transversal-/Querdüne	Asymmetrischer Rücken
		Barchanoider Rücken	Transversaldüne mit halbmondförmigen Rücken
		Barchan	Halbmondförmig mit leeseitiger Öffnung
		Dom	Runder oder elliptischer Hügel
	Linear	Longitudinal-/Längsdüne (Silk)	Längsgestreckter Rücken
	Sternförmig	Sterndüne	Zentraler Gipfel mit drei oder mehr radialen Rücken
Gebundene Dünen	Reliefgebunden	Vordüne	Bogenförmige Düne im Luv und mit seitlichen Rücken im Lee eines Hindernisses
		Leedüne	Gestreckte Düne im Lee eines Hindernisses
		Steigende (Sandrampen) und fallende Düne	Sandakkumulation im Lee und Luv eines Hindernisses
		Echodüne	Länglicher Rücken parallel und vor einem Hindernis
		Lunette (Bogendüne)	Halbmondförmige Düne mit luvseitiger Öffnung am Leerand von Deflationswannen
	Vegetationsgebunden	Kupste (Nabkha)	Sandhügel durch verwurzelte Pflanzen aufgefangener Sand
		Parabeldüne	U- oder V-förmige Düne mit luvseitiger Öffnung
		Blowout-Düne	Sandrücken am Rand einer Reliefvertiefung oder -mulde
		Küstendüne	Dünen landwärts eines Strandes

Abb. 13.17 Freie Dünen in Form eines Barchanfeldes, Kalifornien, USA. (Quelle: Kevin Mulligan, 2002)

■ **Abb. 13.18** Sterndünen in Namibia. (Quelle: Frank Eckardt, 2002)

weitaus größten Teil der äolischen Sandspeicher der Erde umfassen (■ Abb. 13.20 und 13.21, ■ Tab. 13.4).

Unter Dünenfeldern werden Sandakkumulationen verstanden, die Flächen bis etwa 30.000 km^2 bedecken und mindestens 10 individuelle Dünenkörper tragen. Der Abstand dieser individuellen Dünen ist größer als die Dünenwellenlänge. Sie enthalten eher kleine und einfache Dünensysteme. Typische Lokalitäten sind intramontane Becken, z. B. das Death Valley in den Vereinigten Staaten oder die Wüstenregionen des Südwestens von Nordamerika. Dünenmeere oder Ergs sind Sandakkumulationsflächen von >30.000 km^2, die größere Dünenkörper (Draas) enthalten. Etwa 60 % der Dünenmeere der Erde sind mit Sand bedeckt. Sie bilden die wichtigsten äolischen Sedimentspeicher. Der größte Teil des äolisch erodierten, transportierten und deponierten Sandes der Erde (ca. 85 %) befindet sich in 50–60 Sedimentkörpern, die jeweils eine Fläche von über 32.000 km^2 einnehmen (Cooke et al. 1993). Etwa 45 % dieser Flächen befinden sich in Asien, 34 % in Afrika und 20 % in Australien.

Dünenmeere sind auf Regionen in Gürteln von 20–40° nördlicher und südlicher Breite mit weniger als 150 mm Jahresniederschlag beschränkt (■ Tab. 13.4). Der Erg Oriental in der Nordsahara Algeriens umfasst bei einer Fläche von 192.000 km^2 ein Sedimentvolumen von knapp 5000 km^3, die Simpson-Wüste in Zentralaustralien hat ein Sedimentvolumen von lediglich 300 km^3, was auf eine geringe durchschnittliche Sedimentmächtigkeit von 1 m zurückzuführen ist. Entwickeln sich Dünenmeere in tektonischen Senkungsgebieten, können sich Sedimentmächtigkeiten von über 1 km entwickeln.

Die Steuerung des **Sedimenthaushaltes von Dünenmeeren,** ihre Sedimentmächtigkeit, räumliche Ausdehnung und Bewegung, unterscheidet sich signifikant

■ **Abb. 13.19** Draa-Riesendünen in der Namib-Wüste, Namibia. (Quelle: Carmen Krapf 2002, Geological Survey of South Australia)

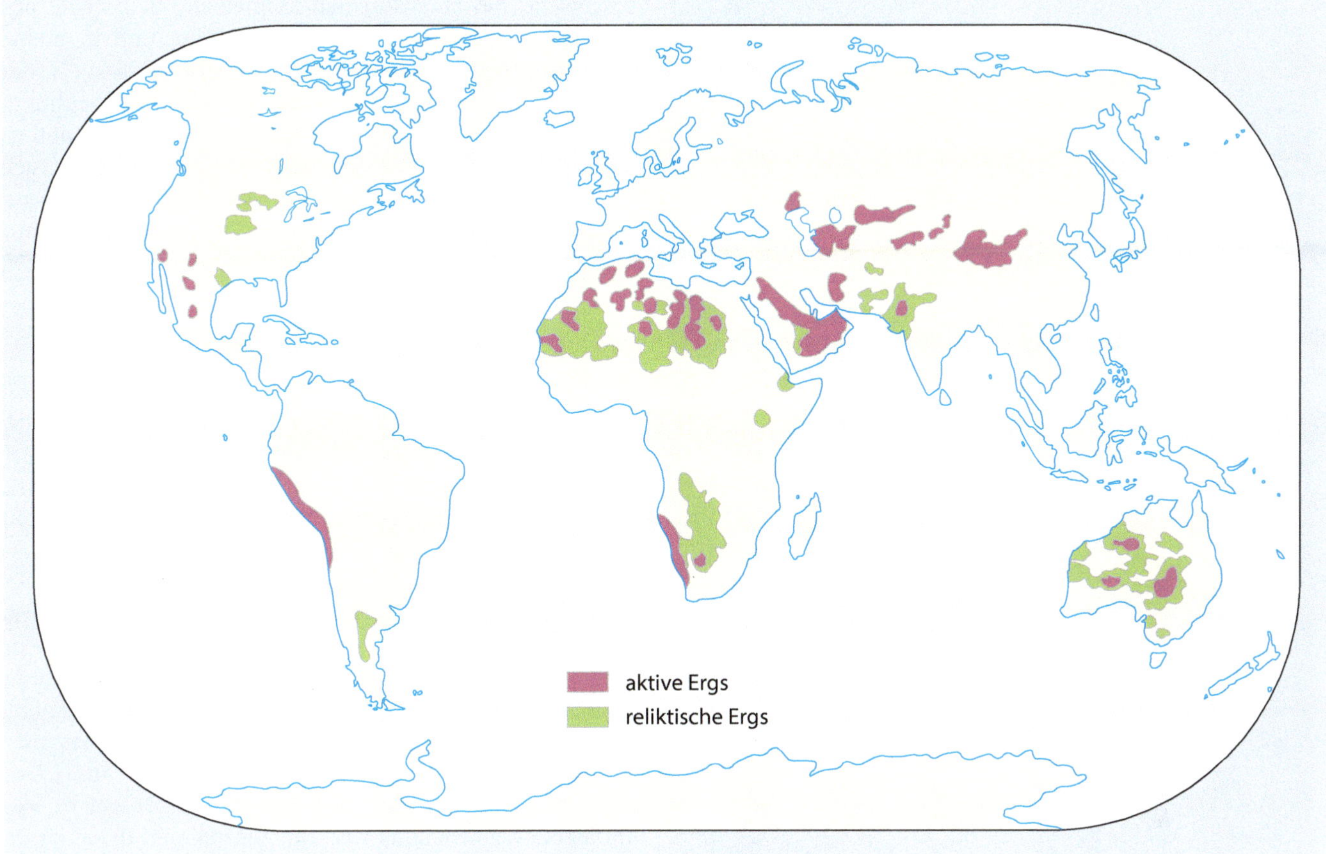

Abb. 13.20 Die größten äolischen Sedimentspeicher der Erde bilden die Dünenmeere (Ergs). (Zusammengestellt aus Sarnthein 1978, Thomas 2011 und Wilson 1973)

von Dünensystemen. Für die Größe von Dünenmeeren ist die Verfügbarkeit von Sand der wichtigste Einflussfaktor. Die Sedimentquellen von Flusssystemen, Küsten und äolischen Sandkörpern sind dabei von entscheidender Bedeutung. Dünenmeere entwickeln sich daher in Nähe zu fluvialen und litoralen Quellen der Hochenergieküsten. Äolische Liefersysteme umfassen des Weiteren Dünenfelder oder andere Dünenmeere, die in einer lateralen Sedimentkaskade große Sandvolumina durch die Wüstenregionen transportieren. Auf diese Weise migrieren große Sandmagnituden über Hunderte von km. Die räumliche Ausdehnung von Dünenmeeren wird primär durch die Windgeschwindigkeit gesteuert. Hohe Sandvolumina sind in den leeseitigen Zonen hoher Windenergie zu finden. Dünenmeere migrieren generell in starken Windfeldern schneller als in schwächeren Windfeldern. Zudem bilden sich Dünenmeere vorwiegend dort, wo mit Sand gesättigte Windflüsse divergieren und die Windenergie abfällt, weil die Divergenz des Windfeldes die Transportkapazität des Windes reduziert. Die Windrichtung und Interaktion von Windsystemen hat damit einen entscheidenden Einfluss auf die Komplexität der Dünenmeerbildung.

13.3.5 Löss und Staub

Unter Löss wird ein schluffreiches, ungeschichtetes äolisches Sediment verstanden. Er bedeckt heute weite Teile Europas und Zentralasiens, der mittleren und östlichen USA, des südlichen Südamerikas und Regionen West- und Nordafrikas und Australiens (Abb. 13.22). Die Mächtigkeit dieser Depositionen kann in Deutschland bis zu 40 m betragen, in anderen Regionen der Erde wurden 100 m und mehr beobachtet. Seine stabile Struktur führt zur Bildung und zum Erhalt von nahezu senkrechten Wänden. Löss ist das Depositionsprodukt äolischer Prozesse des Pleistozäns, in dem ausreichend Sedimente zur Verfügung standen, die ausgeblasen, über weite Strecken transportiert und wieder deponiert werden konnten (Zöller 2017). Die mangelnde Vegetationsbedeckung in den geomorphologisch aktiven periglazialen, glazifluvialen und küstennahen Ebenen und die Steppenvegetation in den Depositionsgebieten waren für die Lössgenese von entscheidender Bedeutung.

Löss ist ein Lockergestein, hat eine gelblich Farbe und hohe Schluffgehalte von 60–85 %. In Mitteleuropa setzte mit Beginn des Holozäns die Entkalkung des Lösses bis in

Abb. 13.21 Dünenmeer (Erg) in der Namib-Wüste, Namibia. (Quelle: Frank Eckardt, 2002)

Tiefen von 150 cm ein. Die Bildung von Eisenoxid und Tonmineralen führte zur Verbraunung und zur Entwicklung eines Lösslehms. Die sich bildenden Böden der Parabraunerden weisen eine hohe Fruchtbarkeit auf und bilden wertvolle Ackerstandorte (Blume et al. 2018).

Als Staub werden atmosphärische Sedimente mit Korngrößen der Ton- und Schlufffraktion bezeichnet. Sie werden aus Standorten mit fehlender Vegetationsbedeckung ausgeweht. Bei Staubstürmen können die Sedimente über sehr große Strecken transportiert werden und in mehreren Monaten hemisphärische Ausmaße erreichen (Goudie et al. 1999). Die Quellgebiete der feinkörnigen Sedimente können natürliche Standorte sein, z. B. Wüsten, abflusslose Senken oder Küstenebenen. Eine wesentliche Quelle bilden auch landwirtschaftliche Nutzflächen, auf denen Bodenerosionsprozesse zum Abtrag der Oberböden führen können.

13.4 Bodenerosion durch Wind

Als Bodenerosion durch Wind wird die **Winderosion** bezeichnet, die durch menschliche Tätigkeiten verursacht wird und einen äolischen Abtrag des Oberbodens bewirkt, der über den natürlichen Verlusten liegt (Hassenpflug 1998). In Deutschland ist in erster Linie das Bundesland Schleswig-Holstein von den Gefahren der Winderosion betroffen, sodass ein **Schutzprogramm** entwickelt wurde, das die Ursachenanalyse und praktische Maßnahmen der Erosionsverminderung umfasst. Die Ergebnisse wurden in der Schrift *Winderosion in Schleswig-Holstein* publiziert (Duttmann et al. 2011). Die Publikation *Bodenerosion* des Landesamtes für Umwelt, Naturschutz und Geologie (LUNG) Mecklenburg-Vorpommern liefert eine umfassende Darstellung der Themenstellung, die auch den Anforderungen der landwirtschaftlichen Praxis und des Natur- und Umweltschutzes Rechnung trägt (LUNG 2002).

Eine der gravierendsten Umweltkatastrophen der USA stellt die ***„Dust Bowl"*-Katastrophe** der 1930er-Jahre dar. Sie wird von Worster (2004) und Montgomery (2010) detailliert beschrieben. Als eine der gravierendsten durch den Menschen verursachten Katastrophen zeigt sie, welche ernsthaften Folgen **nicht angemessene Eingriffe** in ein natürliches regeneratives Boden-Vegetation-System haben können. Die Katastrophe wurde durch die Kombination einer mehrere Jahre anhaltenden **Dürreperiode** und dem Austrocknen der Oberböden mit unzureichenden landwirtschaftlichen Nutzungen und Nutzungstechniken ausgelöst. In der Periode zwischen 1931 und 1938 führten starke Staubstürme zur Ausblasung landwirtschaftlich genutzter Böden bis in Tiefen von 1–2 m und damit zum Verlust der Grundlagen landwirtschaftlicher Nutzungen (Abb. 13.23).

Tab. 13.4 Sedimentvolumina ausgewählter Dünenmeere (Ritter et al. 2002)

Dünenmeer (Erg)	Fläche (km²)	Durchschnittliche Sedimentmächtigkeit (m)	Sedimentvolumen (km³)
Erg Oriental (Nordsahara)	192.000	26	4992
Issaouane-n-Irarraren (Nordsahara)	38.500	43	1655
Erg Occidental (Nordsahara)	103.000	21	2163
Simpson-Wüste (Australien)	300.000	1	300
Namib Erg (Südwestafrika)	34.000	20	680

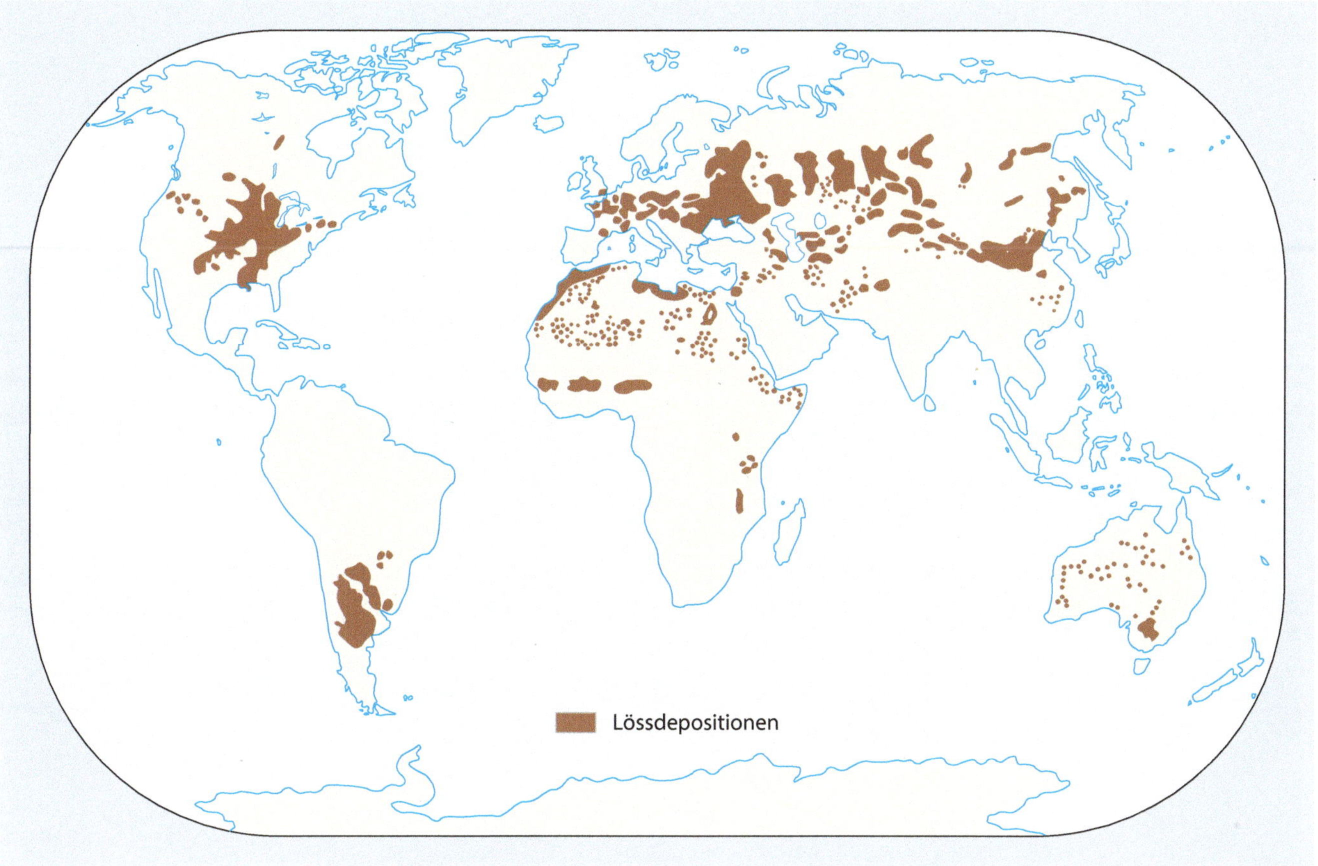

Lössdepositionen

Abb. 13.22 Regionen der Erde mit Lössdepositionen. (Verändert nach Livingstone und Warren 1996, Abdruck mit Genehmigung von I. Livingstone und A. Warren)

Abb. 13.23 Vollständige und flächendeckende Ausblasung des Bodens durch Winderosion in den USA im Jahre 1977. Die linke Hand des Landwirts zeigt die Bodenoberfläche vor dem Erosionsereignis. (Quelle: U.S. Department of Agriculture, Natural Resources Conservation Service)

Insgesamt waren 200.000–400.000 km^2 landwirtschaftlicher Nutzflächen mit unterschiedlichen Bodenverlusttiefen betroffen. Weitere massive Bodenverluste wurden durch Löss- und Sanddepositionen verursacht, welche die Oberböden bedeckten und weitere landwirtschaftliche Nutzungen erschwerten oder gänzlich verhinderten (Abb. 13.24). Die

13

Abb. 13.24 Sedimentdeposition des Wohnhauses und landwirtschaftlicher Geräte während der *„Dust Bowl"*-Katastrophe in South Dakota, USA. (Quelle: U.S. Department of Agriculture, Soil Conservation Service)

Zerstörung der landwirtschaftlichen Nutzfläche führte zu Nährstoff- und Produktionsverlusten und damit zu Bodenwertverlusten, die über 3 Mio. Landwirte zur Migration in westliche und nordwestliche Bundesstaaten zwangen. Als nationale Folge dieser Winderosionskatastrophe wurde in den USA Bodenerosion als nationale Bedrohung betrachtet, im Jahre 1935 der **Soil Conservation Service** gegründet und ein US-Bodenschutzprogramm entwickelt, das bis heute Bodenschutzmaßnahmen vorschreibt. Die numerische Modellierung der Bodenerosion durch Wind (Webb und McGowan 2009) liefert fundierte wissenschaftliche Erkenntnisse, die in praxistaugliche Maßnahmen umsetzbar sind.

Fazit

Geomorphologische Systeme, die durch äolische Prozesse dominiert werden, zählen gegenüber natürlichen und anthropogenen Systemveränderungen zu den sensitivsten Regionen der Erde. Wind kann zur Mobilisierung der Baumaterialien der Reliefformen führen, wenn die schützende Vegetationsdecke fehlt und die Resistenz der Locker- und Festgesteine überwunden wird. Treten Managementfehler in der landwirtschaftlichen Nutzung hinzu, können Bodenverluste zur irreversiblen Schädigung der Grundlagen der Nahrungsmittelproduktion führen. Das wohl eindrücklichste und sehr gut dokumentierte Beispiel dieser menschlich verursachten Prozesse bildet die *„Dust Bowl"*-Katastrophe in den USA der 1930er-Jahre. Wer seine Böden als „Dreck" behandelt, wie der amerikanische Geomorphologe David Montgomery sich ausdrückt (Montgomery 2010), muss mit bedrohlichen Folgen rechnen. Der globale Klimawandel wird das Problem der äolischen Prozesse verstärken, jedoch sind, wie Bodenschutzprogramme in den USA und Afrika zeigen, die Landwirtschaft betreibenden Gesellschaften durchaus in der Lage, Adaptionen vorzunehmen. In diesem Themenbereich liegt ein weites Betätigungsfeld für die angewandte Geomorphologie.

Weiterführende Literatur

Bagnold RA (1947) The physics of blown sand and desert dunes. Springer Netherlands, Amsterdam

Besler H (1992) Geomorphologie der ariden Gebiete. Wissenschaftliche Buchgesellschaft, Darmstadt

Cooke R, Warren A, Goudie A (1993) Desert geomorphology. UCL Press, London

Duttmann R, Hassenpflug R, Bach M, Lungershausen U, Cordsen E (2011) Winderosion in Schleswig-Holstein. Kenntnisse und Erfahrungen über Bodenverwehungen und Windschutz. Schriftenreihe Geologie und Boden 15, Landesamt für Landwirtschaft, Umwelt und ländliche Räume Schleswig-Holstein, Flintbek.

Goudie AS, Livingstone I, Stokes S (1999) Aeolian environments, sediments and landforms. Wiley, Chichester

Lancaster N (1995) Geomorphology of desert dunes. Routledge, London

Livingstone I, Warren A (1996) Aeolian geomorphology: an introduction. Longman, Harlow

Livingstone I, Warren A (2019) Aeolian geomorphology. A new introduction. Wiley, Chichester

LUNG (2002, Hrsg.) Bodenerosion. Landesamt für Umwelt, Naturschutz und Geologie (LUNG), Mecklenburg-Vorpommern, 2. überarbeitete Aufl. Beiträge zum Bodenschutz, Güstrow

Montgomery DR (2010) Dreck. Warum unsere Zivilisation den Boden unter den Füßen verliert. Oekom, München

Thomas DSG (2011) Aeolian landscapes and bedforms. In: Thomas DSG (Hrsg.) Arid zone geomorphology – process, form and change in drylands, 3. Aufl. Wiley, Chichester, S 427–454

Worster D (2004) Dust Bowl. The southern plains in the 1930s. Oxford University Press, Oxford

Glaziale und glazifluviale Prozesse und Reliefformung

R. Dikau et al., *Geomorphologie*, https://doi.org/10.1007/978-3-662-59402-5_14

Das glaziale System wird durch Gletscher charakterisiert, die oberirdische Eismassen darstellen und mit Sediment, Wasser und Luft durchsetzt sind. In gefrorenem Zustand besitzt Wasser thermische und mechanische Eigenschaften, die sich in hohem Maße von flüssigem Wasser unterscheiden. Geomorphologische Systeme, die durch Gletschereis hervorgerufen und weiterentwickelt werden, unterscheiden sich daher deutlich von fluvial gebildeten Systemen. Der Gletscher wird als Speicher aufgefasst, der durch Energie- und Masseinput in der Kryosphäre gebildet wird. Er besitzt spezifische mechanische Eigenschaften, z. B. seine plastische Deformierbarkeit oder sein Bruch- und Schmelzverhalten. Ein Gletscher bildet ein äußerst effektives geomorphologisches Agens mit hohen Potenzialen für die Reliefformung durch glaziale Erosion sowie den Transport und die Deposition von Sedimenten.

14.1 Gletscher als Input-Output-System

Terrestrische Gletscher können in Eisschilde, Eiskappen und Gletscher gegliedert werden. **Eisschilde** sind flächenhafte Eismassen sehr großer Ausdehnung (Inlandeis), die das Relief fast vollständig bedecken und an den Rändern Eisströme ausbilden, die als *Outlet*-Gletscher in die Ozeane fließen können. Die ausgedehntesten Eisschilde der Erde sind das antarktische und das grönländische Eisschild, die Eismächtigkeiten bis zu 4 km erreichen können. Die höchstgelegenen und zentralen Sektoren eines Eisschildes werden als Eisdom bezeichnet. **Eiskappen** bedecken ebenfalls vollständig das Relief, sind jedoch wesentlich kleiner als Eisschilde. Bei geringer mächtigen Eismassen wird die Gletschergeometrie vom Relief beeinflusst. Es bilden sich **Talgletscher,** deren Eiskörper der Geomorphometrie des Tales folgt (◘ Abb. 14.1). Wenn bei einem Eisvorstoß der Talgletscher das Gebirge verlässt und in das Vorland vorstößt, liegt ein Piedmont- oder **Vorlandgletscher** vor. Bei kräftigen Vorstößen, z. B. während der letzten Vereisung des Quartärs in das Alpenvorland Süddeutschlands, vereinigen sich einzelne Eisströme in den alpinen Tälern zu einem Eisstromnetz. Sie bildeten große Eiskörper, die als Piedmontgletscher in das Vorland abflossen. Bedecken sehr große Eisschilde ganze Teile von Kontinenten, liegt eine **Inlandvereisung** vor, wie der Skandinavische und Laurentische Eisschild während der letzten Eiszeit.

Auf Basis ihrer unterschiedlichen thermischen Eigenschaften können **temperierte und kalte Gletscher** unterschieden werden. Für die geomorphologische Wirksamkeit von Gletschern ist die thermische Situation an der Gletscherbasis von entscheidender Bedeutung, die durch:

14

◘ **Abb. 14.1** Der Gornergletscher als Beispiel für einen alpinen Talgletscher in den Walliser Alpen, Schweiz. (Quelle: R. Dikau)

- den Wärmefluss von der Gletscheroberfläche,
- den Wärmefluss vom Gesteinsuntergrund (geothermischer Wärmefluss) und
- durch eisinterne Reibung

gesteuert wird (Sugden und John 1976). Diese Wärmequellen führen zu den zwei fundamentalen Eistypen von Gletschern, die als warmes und kaltes Eis bezeichnet werden. Kaltes Eis befindet sich unter dem Druckschmelzpunkt, während warmes Eis überwiegend im Bereich des Druckschmelzpunktes vorliegt. Unter Druckschmelzpunkt wird die **Schmelztemperatur von Eis** verstanden, die sich einstellt, wenn die Eismasse einem mechanischen Druck ausgesetzt wird, z. B. durch die Auflage eines Eis- oder Gesteinskörpers. Dadurch wird die Schmelztemperatur des Eises herabgesetzt. Ein temperierter oder warmbasaler Gletscher liegt dann vor, wenn sich das Eis des Gletscherkörpers und das Eis an der Gletscherbasis im Bereich des Druckschmelzpunktes befinden. Bei einem kalten oder kaltbasalen Gletscher liegt die Eistemperatur des Gletscherkörpers und der Gletscherbasis unter dem Druckschmelzpunkt. Wenn ein Gletscher gleichzeitig unterschiedliche thermische Zustände in verschiedenen Bereichen seiner Gletscherbasis aufweist, liegt ein polythermisches Regime vor.

Die Entwicklung von Eisschilden und Gletschern ist von unterschiedlichen Einflussfaktoren und Bildungsbedingungen abhängig (▣ Abb. 14.2). Grundlegende Einflussfaktoren sind die topographische Lage und Reliefeigenschaften, die das Niederschlags- und Temperaturregime steuern. Bleibt durch geringe Strahlungsenergien winterlicher Schneefall im Sommer erhalten, kann Gletschereis gebildet werden. Die Einflussfaktoren steuern die **Massenbilanz** eines Gletschers, ihre Veränderungen bilden die Ursache für seine Volumen- und Längenänderungen.

Gletschereis bildet sich durch die Umwandlung von Schnee zu Firn und Eis während der **Schneemetamorphose**. Dabei werden kleinere Schneekristalle durch Verdichtung, Schmelzen, Wiedergefrieren und Materialverlagerung zu größeren Körner des Firns umgewandelt (Wilhelm 1975; Knight 1999). Damit verbunden sind ein Entweichen der im Neuschnee enthaltenen Luft und eine Erhöhung der Dichte der Masse, die bei Neuschnee ca. 0,1, bei Firn 0,5 und bei Gletschereis 0,9 g cm^{-3} beträgt. Unter Firn wird Altschnee der vergangenen Winter bezeichnet, der in den folgenden Sommern nicht abgeschmolzen ist. Der grobkörnige Firn, der noch eine Wasserdurchlässigkeit besitzt, wird im Laufe der Zeit in Gletschereis umgewandelt, das keine Wasserdurchlässigkeit mehr aufweist. Die Zeitdauer der Umwandlungsprozesse ist in hohem Maße von der Lufttemperatur und der Luftfeuchte abhängig.

Ein Gletscher wird als glaziales System bezeichnet, das ein **Input-Output-System** von Energie und Masse darstellt (▣ Abb. 14.3 und 14.4). Neben dem aus der Schneemetamorphose hervorgehenden Eiskörper erhält ein Gletscher Einträge aus den umgebenden Fest- und Lockergesteinssystemen. Er unterliegt der Schwerkraft und erhält Energie aus der Solarstrahlung und dem geothermischen Wärmefluss. Die Output-Komponenten umfassen Gletschereis, Schmelzwasser und Wasserdampf sowie Sedimente und Wärme.

Der Eiskörper eines Talgletschersystems wird in das **Nähr-** und das **Zehrgebiet** gegliedert, die als Akkumulations- und Ablationsgebiet bezeichnet werden. Im Akkumulationsgebiet erfährt der Gletscher durch Schneemetamorphose, Schnee- und Eislawinen sowie wiedergefrierendes Schmelzwasser einen Eiszuwachs, im Zehrbereich durch Eisschmelze, Sublimation, Verdunstung, Eisabbrüche und Abkalben einen Eisverlust. An der Gleichgewichtslinie herrscht eine ausgeglichene Eisbilanz, d. h., dass der Massenzuwachs dem

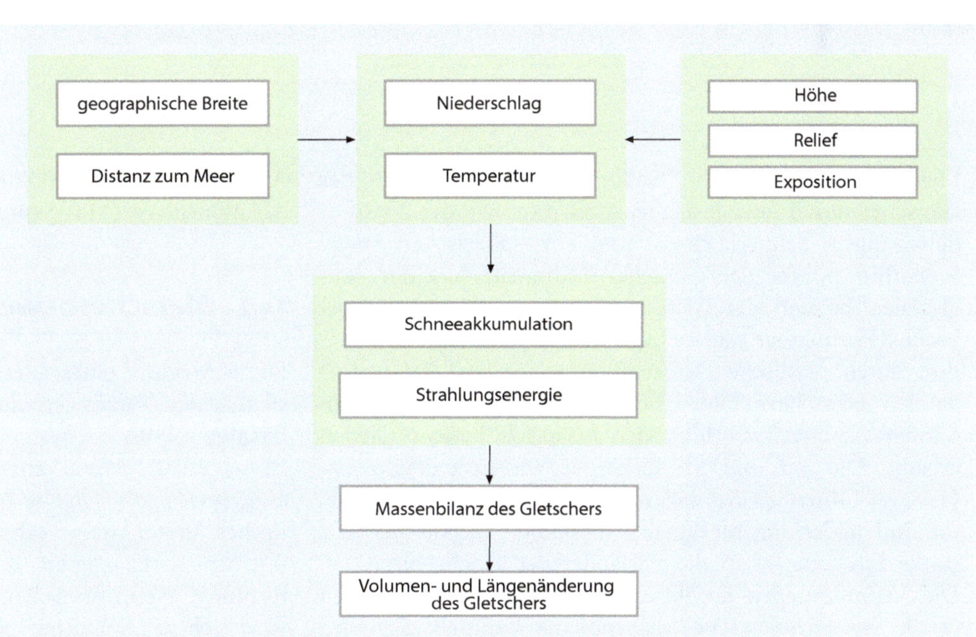

▣ **Abb. 14.2** Einflussfaktoren und Bildungsbedingungen für das Auftreten von Gletschern. (Verändert nach Summerfield 1991, auf Basis von Boulton 1974)

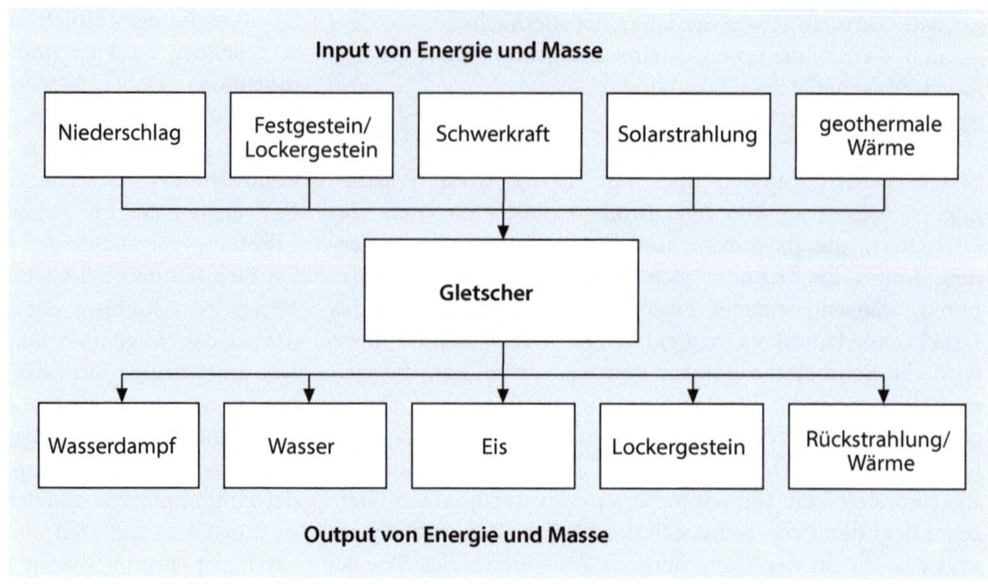

Abb. 14.3 Gletscher als Input-Output-System der Umwandlung von Energie und Masse. (Verändert nach Sugden und John 1976: Glaciers and Landscapes. A Geomorphological Approach. © Edward Arnold Ltd., 1976, Abdruck mit Genehmigung von John Wiley & Sons Ltd. durch PLSclear)

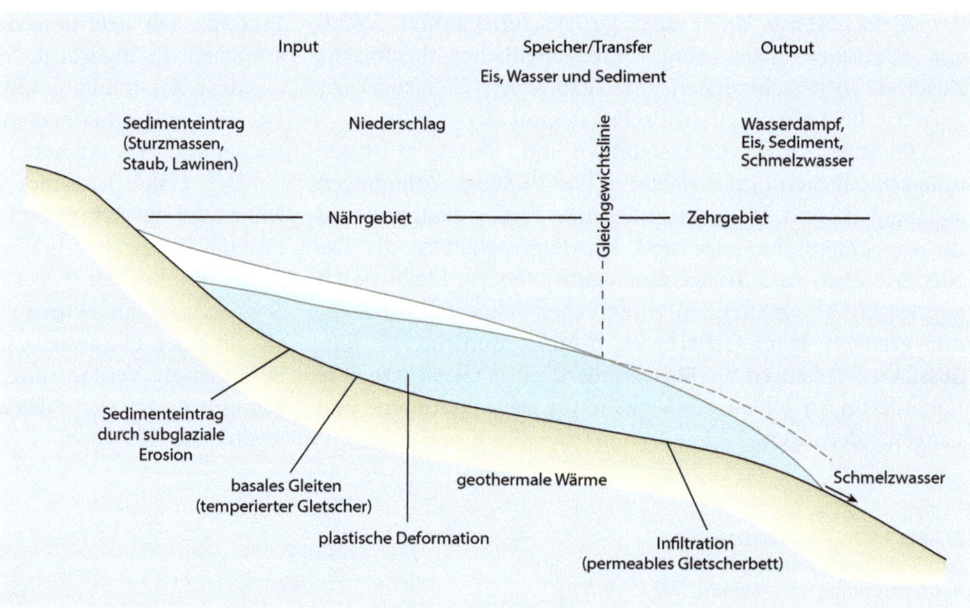

Abb. 14.4 Komponenten eines Talgletschersystems

14

Massenverlust entspricht. **Sedimenteinträge** erfährt der Gletscher durch laterale Hangprozesse (gravitative Massenbewegungen, Schneelawinen) und atmosphärischen Staub. Weiterhin nimmt der Gletscher Sedimente aus der subglazialen Erosion des Gletscherbettes auf. Gletschereis ist leicht deformierbar und bewegt sich aufgrund der Gravitation durch plastische Deformation talabwärts. Bei warmbasalen Gletschern bildet sich an der Gletscherbasis ein dünner Schmelzwasserfilm, der zusätzlich basales Gleiten erlaubt. Die auf und im Eiskörper wirkenden Schmelzprozesse führen zu Schmelzwasseraustritten am Gletschertor und bilden ein Merkmal u. a. alpiner Talgletscher, das starke Einflüsse bis in die Vorländer der Hochgebirge hat. Die Veränderungen der Eismasse von Gletschern werden durch die glaziologische Massenbilanz ermittelt. Sie wird für das Haushaltsjahr aufgestellt, das in eine winterliche Akkumulationsphase (Oktober–April) und eine sommerliche Ablationsphase (Mai–September) gegliedert wird.

14.2 Gletscherbewegung

Die Bewegung eines Gletschers beruht auf den zwei physikalischen Vorgängen des **plastischen Fließens** und des **basalen Gleitens** (Bennett und Glasser 2009; Benn und Evans 2010). Wenn ein Eiskörper einer Scherspannung ausgesetzt wird, zeigt er bis zur Elastizitätsgrenze ein elastisches Verformungsverhalten. Wird dieser Schwellenwert überschritten, reagiert die Masse mit irreversibler Verformung. Wenn die Scherspannung aufrechterhalten bleibt, wird sich der Eiskörper plastisch verformen, er beginnt zu fließen. Dabei nimmt die Verformungsrate mit ansteigender

Scherspannung exponentiell zu. Dieses **Verformungsverhalten von Eis** wurde in Laborexperimenten, Messungen in Bohrlöchern und in Eistunneln empirisch nachgewiesen. Es kann in Form einer Potenzfunktion ausgedrückt werden:

$$\varepsilon = A\,\tau^{n}$$

mit:
ε - Verformungsrate von Eis
τ - Scherspannung
A, n - Konstanten

Diese Gleichung wird nach ihrem Entwickler das Glen'sche Fließgesetz genannt (Glen 1955). Experimentelle Werte für *n* werden im Mittel mit 3 angegeben, was bedeutet, dass eine Verdopplung der Scherspannung zu einer Verachtfachung der Deformationsrate führt. Das bedeutet, dass mit zunehmender Tiefe und damit zunehmender Scherspannung eine starke Zunahme der Verformungsfähigkeit der Eismasse vorliegt. Wird der Schwellenwert der Verformbarkeit überschritten, kommt es zum Bruch.

Der **interne Deformationsprozess** in einem Gletscher beruht hauptsächlich auf Schervorgängen zwischen den Eiskristallen, die durch das Eigengewicht des Eiskörpers verursacht werden. Die Experimente von Glen zeigten, dass die Deformationsrate von Eis in hohem Maße von der Eistemperatur abhängt, was in der temperaturabhängigen Konstanten *A* ausgedrückt wird. So hat *A* bei einer Eistemperatur von 0 °C einen Wert von 0,17. Bei einer Eistemperatur von −13 °C liegt der A-Wert bei 0,0017 und ist damit zwei Größenordnungen niedriger. Ein an einer geneigten Felsunterlage festgefrorener Eiskörper eines kalten Gletschers wird sich somit ohne Schmelzvorgänge hangabwärts deformieren. Neben der Eismächtigkeit hängt diese Rate von der Neigung der Eisoberfläche ab. Beobachtungen zeigen, dass die **Bewegungsrate** an der Eisoberfläche eines Gletschers am größten ist und mit der Tiefe abnimmt. Weiterhin kann beobachtet werden, dass die Fließrichtung von der Oberflächenneigung des Gletschers abhängt und nicht von der Neigung des Felsbettes, solange die Eismächtigkeit deutlich über den Höhenunterschieden des Gletscherbettes liegt.

Der zweite für die Bewegung eines Gletschers verantwortliche Prozess ist das **basale Gleiten**, das nur bei warmen Gletschern auftritt. Es wird durch eine an der Gletscherbasis vorhandene dünne Schmelzwasserschicht verursacht, die durch Druckschmelzen entstanden ist und wie ein Schmierfilm wirkt, auf dem der Gletscher gleiten kann.

Die **Bewegungsraten eines Gletschers** basieren somit auf den beschriebenen Prozessen der plastischen Deformation und des basalen Gleitens (Abb. 14.5). Aufgrund der basalen und lateralen Reibung und vergleichbar mit den Strömungsprozessen in viskosen Flüssigkeiten, nimmt die Fließgeschwindigkeit des Gletschers von der Mitte zu den Rändern ab und von der Basis zur Oberfläche zu. Dieses Fließverhalten kann deutlich an unterschiedlichen Strukturen der Gletscheroberfläche erkannt werden (Abb. 14.6). Durch die Eisakkumulationsprozesse eines Gletschers weist

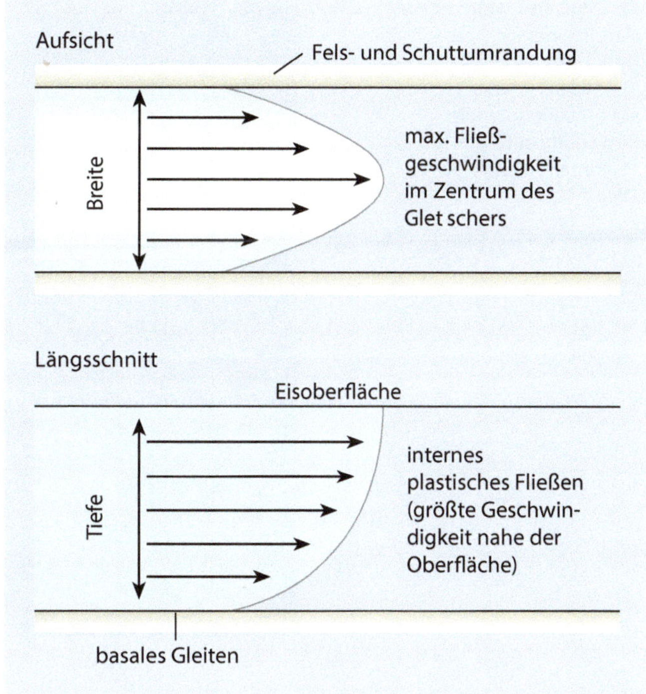

Abb. 14.5 Aufsicht und Längsschnitt eines temperierten Talgletschers

der Eiskörper im Nährgebiet Bewegungsvektoren auf, die in Richtung der Gletscherbasis verlaufen. Unterhalb der Gleichgewichtslinie verändert sich die Bewegungsrichtung zur Oberfläche, da hier Ablationsprozesse zu Verlusten der Eismasse führen.

Die **Geschwindigkeit von Gletschern** ist abhängig von der Eismächtigkeit, der Eistemperatur, der Neigung des Gletscherbettes und den Materialdeformationsprozessen an der Gletscherbasis. Des Weiteren wird sie vom Gletschertyp und der Breiten- und Höhenlage der Eismasse beeinflusst. Talgletscher erreichen in den mittleren Breiten maximale Geschwindigkeiten von 50–400 m a^{-1}. In bestimmten antarktischen Eisschelfregionen werden Geschwindigkeiten von über 2 km a^{-1} erreicht, die Eisströme der Eisschilde erreichen bis zu 5 km a^{-1} (Evans 2005).

Die Gletscherbewegung und räumlich unterschiedliche Eisgeschwindigkeiten erzeugen in der Eismasse ausgeprägte **Zug- und Druckspannungen,** die starke Einflüsse auf ihre Stabilität haben. Die Spannungsverteilung in der Eismasse ist davon abhängig, ob sie gedehnt oder komprimiert wird. Überfließt der Gletscher steile, konvexe Reliefstufen, wird sich seine Geschwindigkeit erhöhen und eine Dehnung eintreten *(extending flow)*. In flachen, konkaven Reliefstrecken reduziert sich die Geschwindigkeit und führt zum kompressiven Fließen *(compressing flow)*. Beide Fließtypen beeinflussen die Spannungen in der Masse. Überschreiten die auf das Eis einwirkenden Scherspannungen seine Scherfestigkeit, kommt es zur Rissbildung und zum Bruch. Dies ist besonders in oberflächennahen und randlichen Bereichen des Gletschers der Fall. Es entstehen **Gletscherspalten** unterschiedlichen Typs, die bei Hochgebirgsgletschern

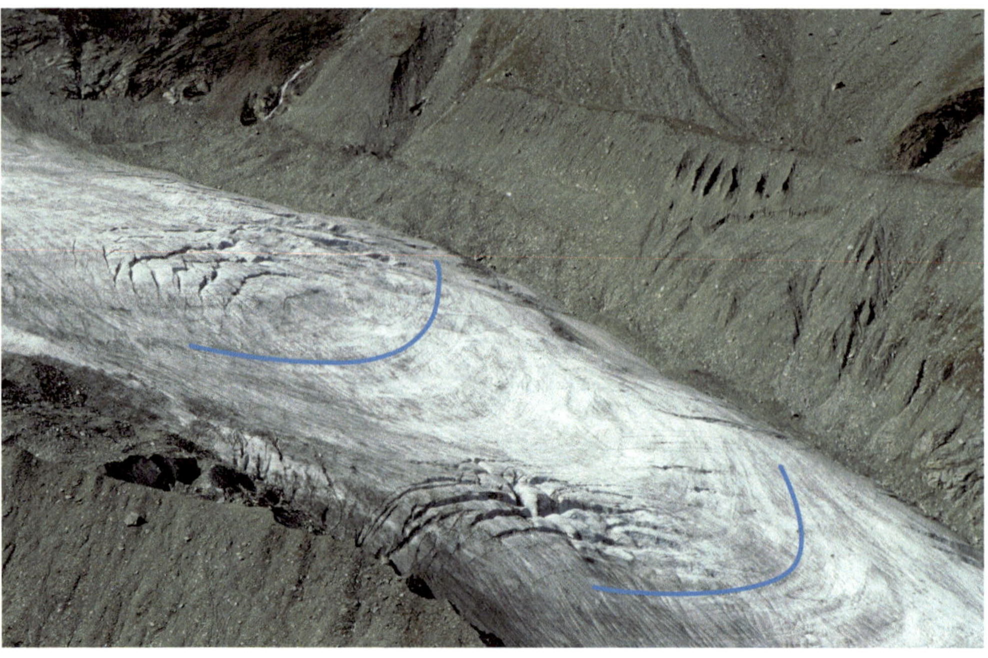

Abb. 14.6 Ogiven (farblich hervorgehoben) zeigen die zur Mitte des Gletschers zunehmende Bewegungsrate des Eiskörpers. (Quelle: R. Dikau)

Tiefen bis zu 30 m erreichen können (Abb. 14.7). Ihre Tiefe ist limitiert, da mit zunehmender Eistiefe die Verformungsfähigkeit des Eises zunimmt und das zunehmend plastische Fließverhalten den Bruch der Eismasse verhindert.

14.3 Glaziale Erosions- und Transportprozesse

Die **glaziale Erosion** wird durch verschiedene glaziale Prozesse der Abrasion, der Stauchung und des Bruchs von Festgestein verursacht. Weitere Prozesse umfassen die Einarbeitung des Gesteinsschutts in die basale Zone des Gletschers und die glazifluviale Schmelzwassererosion (Humbrey 1994). Das thermische System eines Gletschers ist für die glaziale Erosion von hoher Bedeutung. So wird der Abrasionsprozess bei kalten Gletschern fehlen, da keine Gleitbewegungen des Gletschers an der Gletscherbasis auftreten. Die Abrasion tritt nur bei temperierten Gletschern auf.

Die **glaziale Abrasion** bezeichnet den Abrieb von Festgestein. Er wird durch an der Gletscherbasis transportierten Gesteinschutt bewirkt, der eine schleifende und kratzende Wirkung erzeugt. Dieser Prozess hinterlässt Gletscherschrammen und poliert die Felsmasse. Das Erosionsprodukt sind feinkörnige Partikel mit Korngrößen <100 µm (Feinstsand, Schluff und Ton), die mit den glazialen Schmelzwässern in die Gletscherbäche gelangen und für ihre Trübung (Gletschermilch) verantwortlich sind.

Die glaziale Abrasion ist von verschiedenen Einflüssen abhängig. Dazu zählen die Anwesenheit und Konzentration basalen Schutts, die basale Gleitgeschwindigkeit des Gletschers, die Rate, mit der Gesteinsschutt an die Gletscherbasis gelangt, die Gesteinshärte und die Eismächtigkeit. Die an der Basis des Gletschers herrschenden Reibungskräfte sind in hohem Maße von der Eismächtigkeit abhängig (Abb. 14.8). Sie bestimmt die Normalspannung am Kontakt zwischen dem Schutt an der Gletscherbasis und dem Material des Gletscherbettes. Bei temperierten Gletschern können die Reibungskräfte durch den basalen Wasserdruck reduziert werden, was als effektive Abrasionsrate bezeichnet wird.

Bei zunehmender effektiver Normalspannung wird ein Punkt erreicht, bei dem die Reibung zwischen den basalen Partikeln und dem Gletscherbett ein Maximum erreicht. Danach beginnt der Gletscher die Partikel zu überfließen, was zu einer Reduktion der **Abrasionsrate** führt und schließlich zum Ende des Partikeltransportes. Für die glaziale Abrasion sind weiterhin die Härtedifferenz zwischen dem Gesteinschutt an der Gletscherbasis und dem Gletscherbett, die Größe und Form des basalen Gesteinsschutts und die Abtransportrate des erodierten Materials durch die Schmelzwässer des Gletschers verantwortlich.

Ein zweiter glazialer Erosionsprozess von Festgestein entsteht durch den Auflastdruck des Gletschers an der Gletscherbasis. Dabei werden in ungeklüftetem Festgestein **Druckspannungen** hervorgerufen, die zum Gesteinsbruch führen und sichelartige Risse und Formen hervorrufen. Sie sind auf den polierten Felsoberflächen häufig zu erkennen und werden als Parabelrisse, Sichelbrüche oder Sichelwannen bezeichnet. Unter dem glazialen Erosionsprozess des ***plucking*** und ***quarrying*** werden zwei separate Prozesse verstanden. Die Spannungen der aufliegenden Eis-Sediment-Masse führen im Festgestein zur Bildung von Scherspannungen, Mikrorissen und Trennflächen, was schließlich zu einer Zerlegung des Festgesteines in einzelne Gesteinsfragmente führt (Abb. 14.9). Die Fragmente können daraufhin durch Anfrieren in die Basis der Eismasse integriert und damit abtransportiert werden. Der Prozess wird durch subglaziale Hohlräume und Höhlen begünstigt, sodass er bei schnellen und geringmächtigen Gletschern sehr effektiv ist.

▣ **Abb. 14.7** Bruchstrukturen im Gletschereis des Turtmanngletschers in den Schweizer Alpen. (Quelle: Simon Dikau)

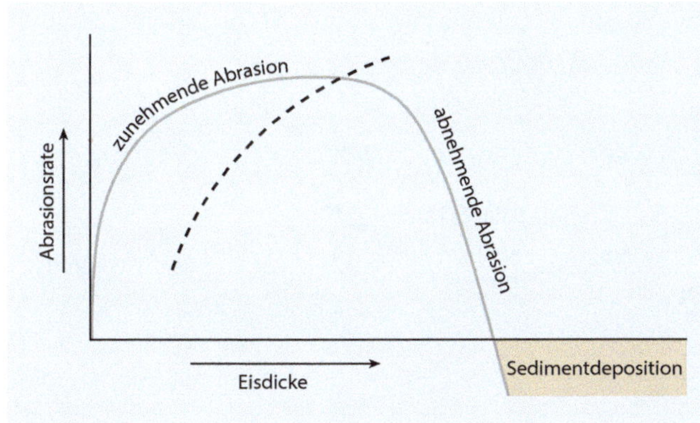

▣ **Abb. 14.8** Abhängigkeit der Abrasionsrate von der Eismächtigkeit. (Verändert nach Boulton 1982, Abdruck mit Genehmigung von Springer Nature)

Ein bereits vor der Eisbedeckung durch Trennflächen entfestigtes Festgestein ist besonders stark von der glazialen Erosion betroffen. Das **Trennflächengefüge** führt zur reduzierten felsmechanischen Stabilität (▶ Kap. 5). Dies gilt auch für stark gefaltete und dünn geschichtete Gesteine. Die Trennflächen können sich z. B. durch Druckentlastung, tektonische Scherbeanspruchungen oder mechanische Wirkungen von Segregationseis ausgebildet haben. Dies führt zur leichteren Erosion von großen Felsblöcken an der Gletscherbasis und hohen Erosionsleistungen. Damit wird deutlich, dass die Effektivität der glazialen Erosionsprozesse in starkem Maße von den **Gesteinseigenschaften** abhängig ist (Winkler 2009). Neben der Ausprägung des Trennflächengefüges sind die mineralogische Zusammensetzung und die Festigkeit der Gesteinsmatrix von hoher Bedeutung. Eine Vertiefung dieser felsmechanischen Hypothesen wurde durch den neuseeländischen Geomorphologen Samuel McColl vorgelegt (McColl 2012). Er behauptet, dass die lithologischen und felsmechanischen Eigenschaften des Festgesteins und seine Stabilität weitgehend unabhängig von den glazialen Prozessen sind. Dagegen würden die Eiskörper eher eine sekundäre Steuerung der glazialen Erosion von Festgesteinen bewirken. Von besonderer Bedeutung sei dabei das Spannungs-Deformations-System (▶ Kap. 10), das durch die tektonische und glaziale Vorgeschichte der Felsmasse erzeugt wurde.

Die **Sedimentaufnahme** in den Gletscher und sein Transport durch den Gletscher werden durch unterschiedliche Prozesse dominiert. Kleinere Korngrößen gelangen in das Gletschereis, wenn beispielsweise im Lee von Hindernissen durch Regelation Schmelzwasser wieder gefriert. Größere Blöcke werden durch Eisdeformationen in den Gletscher inkorporiert. Erst diese Aufnahme von Sediment führt zum Erosionspotenzial eines Gletschers. Es werden verschiedene Transportwege (Trajektorien) für glaziale Sedimente unterschieden (▣ Abb. 14.10).

Abb. 14.9 Trennflächen an der Leeseite eines Rundhöckers im Vorfeld des Feegletschers in den Walliser Alpen, Schweiz. Die Felsmasse wurde in den letzten Jahren eisfrei. An der Gesteinskante sind abrasive Formen und *quarrying*-Formen zu erkennen. (Quelle: R. Dikau)

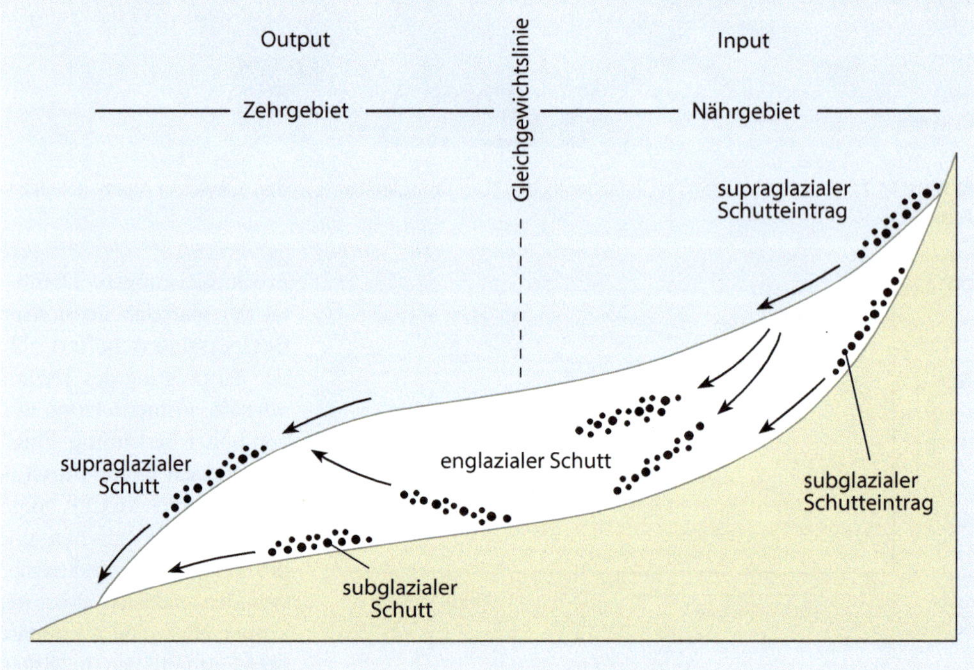

Abb. 14.10 Trajektorien des Schutttransportes in Gletschern. (Verändert nach Summerfield 1991: Global Geomorphology. 1. Auflage. Verfasst von Michael A. Summerfield, veröffentlicht von Routledge. © M. A. Summerfield, 1991. Abdruck im Einvernehmen mit Taylor & Francis Books UK)

Der englaziale Transportweg wird in erster Linie durch die Bewegungsvektoren der Eismasse gesteuert, die im Akkumulationsgebiet in Richtung der Gletscherbasis und im Ablationsgebiet in Richtung der Gletscheroberfläche weisen. Das Akkumulationsgebiet geht an der Gleichgewichtslinie in das Ablationsgebiet über.

Subglazialer Schutt wird an der Gletscherbasis durch Anfrieren in die Eismasse integriert und durch die Gletscherbewegung transportiert. Bei Gletscherbetten, die aus Lockergesteinen bestehen, stellt dies die dominante Form der subglazialen Erosion dar. Der supraglaziale Transport wird überwiegend durch gravitativ auf den Gletscher gestürztes Material gespeist, z. B. Steinschlag oder Felsstürze. Er ist typisch für alpine Talgletscher und Kare. In der Ablationszone (Zehrgebiet) kann das Sediment auf der Gletscheroberfläche liegen bleiben, während es in der Akkumulationszone (Nährgebiet) durch Schneebedeckung und Eismetamorphose in das Gletschereis eingearbeitet wird und auf konkaven Trajektorien in der Eismasse transportiert wird. Dieser Schutt wird als englazial bezeichnet. Er kann auf diesem Transportweg bis zur Gletscherzunge transportiert werden, in der Ablationszone ausschmelzen oder an die Gletscherbasis gelangen und hier die subglaziale Schuttmasse vermehren. Wenn durch kompressives Fließen in der Ablationszone Scherflächen entstehen, kann der subglaziale Schutt in einen englazialen und, in den unteren Teilen der Ablationszone, in einen supraglazialen Transportprozess transformiert werden. Nach Abschmelzen des Gletschereises kann supraglazialer Schutt proglazial (randglazial) sedimentiert werden (◘ Abb. 14.11). Er bildet ein glaziales Sediment.

Die von der Gletschererosion erzeugten und transportierten Sedimente bilden ein unsortiertes Gemisch aus Ton, Schluff, Sand, Kies, Steinen, Blöcken und Großblöcken. Die transportierten und dabei bearbeiteten Sedimente sind kantengerundet, was auf die schleifende Wirkung des Eises zurückzuführen ist. Eine Kornzurundung durch glazifluviale Prozesse an der Gletscherbasis muss ebenfalls in Betracht gezogen werden. Im Gegensatz dazu weisen supraglaziale Sturzmassen des Zehrgebietes kantige Kornfraktionen auf, da sie keinen weiteren Erosionsprozessen unterworfen waren.

14.4 Glaziale Akkumulationsprozesse

Glaziale Akkumulationsprozesse können in Bezug auf ihre Position zum Gletscher in subglaziale, supraglaziale und proglaziale Prozesstypen eingeteilt werden. Weiterhin wird eine aktive glaziale Deposition und Sedimentverformung von passiven Depositionstypen unterschieden. **Aktive Depositionsprozesse** werden von sich bewegenden Gletschern verursacht, während passive **Depositionsprozesse** *(dumping)* durch das Ausschmelzen von Schutt aus stagnierendem Eis hervorgerufen werden. Bei subglazialen Depositionen werden drei Mechanismen unterschieden:

- Ausschmelzen von Sediment aus dem Gletschereis,
- basales Absetzen von Sediment,
- basales Fließen des Sedimentkörpers, bei dem das nicht konsolidierte, wassergesättigte Material stromlinienförmig verformt wird.

Der aktive Depositionsprozess tritt nur bei sich aktiv bewegenden, temperierten Gletschern auf, während der passive Prozesstyp auch bei kalten Gletschern auftreten kann.

Die supraglaziale Schuttdeposition im Zehrgebiet wird durch:

- Ausschmelzen von Sediment aus der Gletscheroberfläche,
- Sturzprozesse von Festgestein aus Felswänden (◘ Abb. 14.12),
- Sturz- und Fließprozesse von Lockergestein aus Seitenmoränen

verursacht. Auf der Gletscheroberfläche führen langsame Kriech- und schnellere Schmelzwassertransportprozesse zur weiteren Sedimentbewegung.

Die proglaziale Deposition beruht auf unterschiedlichen Mechanismen. Ein Bewegungspfad beruht darauf, dass wassergesättigtes Moränenmaterial unter dem Eis herausgedrückt und abgelagert wird. Weitere Sedimente werden passiv akkumuliert, indem supra- und englazialer Schutt aus dem Eiskörper ausschmilzt. Stößt der Gletscher erneut vor, können diese Depositionen sekundär bewegt und gestaucht werden. Die Materialdepositionen in Gletscherrandlagen sind daher extrem verformt und lassen häufig keine Schlüsse auf die verursachenden Depositionsprozesse zu.

◘ **Abb. 14.11** Supraglazialer Schutt auf der Stirn des schmelzenden Chessjengletschers oberhalb Saas Fee in den Walliser Alpen, Schweiz. Auf der rechten Bildseite kommt der Felsuntergrund zum Vorschein, der mit ehemals supraglazialem Schutt bedeckt ist. (Quelle: R. Dikau)

Abb. 14.12 Supraglazialer Schutt aus Sturzprozessen am Feegletscher, Walliser Alpen, Schweiz. (Quellen: R. Dikau)

14.5 Glaziale Erosions- und Akkumulationsformen

14.5.1 Glaziale Erosionsformen

Glaziale Erosionsformen im Festgestein umfassen eine Vielzahl von Phänomenen unterschiedlicher Größe und Gestalt (Benn und Evans 2010). Ihre Gliederung erfolgt in Größenklassen und nach unterschiedlichen geomorphometrischen Ausprägungen (Tab. 14.1). Die weltweit größten glazialen Eismassen der Gegenwart bilden die Eisschilde der Antarktis und von Grönland. Während der Vereisungen des Quartärs waren weite Regionen Nordeuropas und Nordamerikas mit glazialen Eisschilden bedeckt, die am Ende der Eiszeiten jeweils abschmolzen und reichhaltige glaziale Reliefformen hinterlassen haben. Die Täler der europäischen Alpen waren während der Vereisungen bis unter die Gipfelregionen mit Gletschereis von Eisstromnetzen gefüllt, die lokal Mächtigkeiten von mehreren km erreichen konnten (Abb. 14.13).

Dabei wurde das mit Beginn des Quartärs existierende fluvial geprägte Relief überformt und zu einem glazialen Reliefformensystem umgestaltet. Dieses System ist mit seinen wesentlichen Komponenten bis heute erhalten geblieben. Zahlreiche Reliefformen der Gegenwart sind somit Relikte aus den vergangenen Vereisungen. Am Ende der letzten Vereisung (Würm- bzw. Weichsel-Glazial) und mit Beginn des Holozäns ca. 11.500 vor heute wurde die dominierende glaziale Reliefformung der alpinen Systeme durch andere Prozesstypen, wie gravitative Sturz-, fluviale Transport- oder periglaziale Kriechprozesse abgelöst. Seitdem wird das ererbte Formenspektrum der Eiszeiten von holozänen Prozessen überformt und verändert. Die kurze Phase der **Kleinen Eiszeit** (ca. 1280–1850 AD) führte zu mehrmaligen spätholozänen Gletschervorstößen geringen Ausmaßes, die zu einer Beeinflussung des holozänen Reliefs führten. Die Hochstandsphase ist heute in manchen Tälern und Karen als 1850-Moräne dokumentiert (Maisch et al. 1999). Es ist ein Reliefformen-Palimpsest entstanden, dessen Entschlüsselung seit über einhundert Jahren eine Aufgabe der Geomorphologie darstellt.

Die dominierende Form der alpinen Vergletscherung bildet das **Trogtal,** das einen U-förmigen bis parabelförmigen Querschnitt aufweist (Abb. 14.13 und 14.14). Trogtäler bilden eine Reliefformenassoziation und gliedern sich in eine Vielzahl von Reliefeinheiten unterschiedlicher Skale, Geomorphometrie, materieller Zusammensetzung und Genese. Trogtäler sind die dominantesten Formen der linearen glazialen Erosion. Sie zeigen im Längsprofil häufig eine getreppte Struktur, die durch eine differenzierte glaziale Tiefenerosion in starker Abhängigkeit von der Gesteinsfestigkeit verursacht wurde. Die Talsohle wird dadurch in eine Kaskade von Hohlformen gegliedert, die häufig mit einer Seenbildung verbunden ist.

Das Trogtal entsteht durch linear-glaziale Erosion von Talgletschern oder von Eisschilden. Eine wesentliche Voraussetzung der Talgenese bildete ein präglaziales Talrelief fluvialen Ursprungs, das zu einer Konvergenz der Eisbewegung führen konnte. Welchen Anteil **glazifluviale Prozesse** der Gletscherbasis an der glazialen Talgenese aufweisen, ist ein aktuelles Forschungsthema der Glazialgeomorphologie. Ohne Zweifel kann das an der Gletscherbasis fließende und mit Sediment befrachtete Schmelzwasser unter hohem Druck hohe abrasiv-erosive Kräfte entfalten. Die Effektivität der glazialen Erosion ist weiterhin von der Eismächtigkeit und der Eisgeschwindigkeit abhängig. Liegt der heutige Talboden unter dem Meeresspiegel, liegt ein Fjord vor, der durch die

Tab. 14.1 Glaziale Erosionsformen in Festgestein mit unterschiedlicher Skale und Geomorphometrie (Huggett 2017)

Reliefform	Beschreibung
A: Stromlinienförmige Reliefformen durch glaziale Abrasion und *plucking*	
Skale: mm bis Tausende km	
Glaziale Schilde	Weitflächige Ausdehnung von Festgestein mit geringen Reliefunterschieden, teilweise mit parallelen furchenartigen Rinnen
Trogtal	Glazial überformtes Tal, häufig U- bis parabelförmig, Talboden oberhalb des Meeresspiegels
Fjord	Glazial überformtes Tal, häufig U- bis parabelförmig, Talboden unterhalb des Meeresspiegels
Hängetal	Seitental eines Trogtales, dessen Talboden oberhalb des Talbodens des Haupttales liegt
Transfluenzpass	Gebirgspass, der durch glaziales Überfließens des Grates in das Nachbartal überformt wurde
Felsdrumlin	Längsgestreckte Vollform in Festgestein, die durch die glaziale Abrasion nicht beseitigt werden konnte.
Felsrinne	Furchenartige, flache Formen in Festgestein, entstanden durch Festgesteinsblöcke an der Basis vorstoßender Gletscher
Gletscherschrammen	Schrammen und Kratzer auf Festgesteinsoberflächen
Polierte Festgesteinsoberflächen	Glatte Festgesteinsoberflächen durch Schleifwirkungen kleiner Korngrößen
B: Teilweise stromlinienförmig asymmetrische Reliefformen durch glaziale Abrasion und *plucking*	
Skale: 1 m bis 10 km	
Kar	Halbrunde Hohlform im Talschluss glazial geformter Täler und an Berggipfeln
Karriegel/Karschwelle	Erhöhte Felsstufe vor dem übertieften Karboden
Fels- oder Talstufe	Im Talverlauf auftretende Schwelle im Festgestein, die mit einer Gefällsversteilung verbunden ist und die im getreppten Längsprofil glazialer Täler häufig auftretende Becken trennt
Rundhöcker *(roche moutonnée)*	Rücken aus Festgestein mit flacher Luvseite (Abrasion) und steiler Leeseite *(plucking)*
C: Nicht stromlinienförmige Reliefformen durch Bruch von Festgestein	
Skale: 1 cm bis mehrere dm	
Parabelrisse, Sichelbrüche oder Sichelwannen	Halbrunde, sichelförmige Mikrorisse und Hohlformen im Festgestein, häufig auf polierten Gesteinsoberflächen
D: Reliefformen durch Glazialerosion, Frostverwitterung und gravitative Prozesse	
Skale: 100 m bis 1000 km	
Karling	Einzelner, frei stehender Festgesteinsgipfel, der durch seine Position nicht durch glaziale Erosion überformt wurde
Grat	Steiler Festgesteinsrücken zwischen glazial geformten Tälern
Nunatakker	Festgesteinsgipfel oder -grat, die während der Vereisung des Gebirges nicht von Eis bedeckt waren

Überflutung eines terrestrischen Trogtales entstanden ist. In den oberen Hangbereichen von Trogtälern können sich tributäre Hängetäler entwickelt. Sie münden seitlich mit einer steilen Geländestufe in das Haupttal (s. Abb. 14.18). Ihre Entstehung erklärt sich aus der geringeren Effektivität der glazialen und glazifluvialen Erosion in den Kopfregionen der glazialen Tröge, da hier die Eismächtigkeit gegenüber dem Haupttal geringer war. In zahlreichen Hängetälern befinden sich heute noch Gletscherreste, deren Anzahl durch die Klimaerwärmung kontinuierlich abnimmt (▶ Kap. 20). **Transfluenzpässe** und Felsdrumlins treten in kleineren Skalenbereichen unter 1000 m auf. Sie erklären sich aus abrasiven Prozessen an Felshindernissen, die der Gletscher überströmte hat und nicht vollständig abtragen konnte.

In der Skale weniger mm bis cm treten Formen auf, die als Gletscherschrammen bezeichnet werden (Abb. 14.15). Großflächige **glaziale Abrasion** führt zu polierten Festgesteinsoberflächen (Abb. 14.16). Diese Formen sind durch die an der Gletscherbasis angefrorenen Sedimente unterschiedlicher Korngrößen und Härte entstanden, die durch die Gletscherbewegung mit hohem Druck über das liegende Festgestein bewegt wurden. Die Korngröße der Sedimente entscheidet über die Größe und Gestalt der entstehenden Erosionsformen. Bei großen Korngrößen entstehen stromlinienförmig-asymmetrische Reliefformen. Ihre Breite liegt im Skalenbereich bis mehrerer Dutzend m, ihre Längserstreckung kann 10 km erreichen.

Die Formengruppe der **Kare** bildet halbrunde, amphitheaterförmige Hohlformen am oberen Ende von glazialen

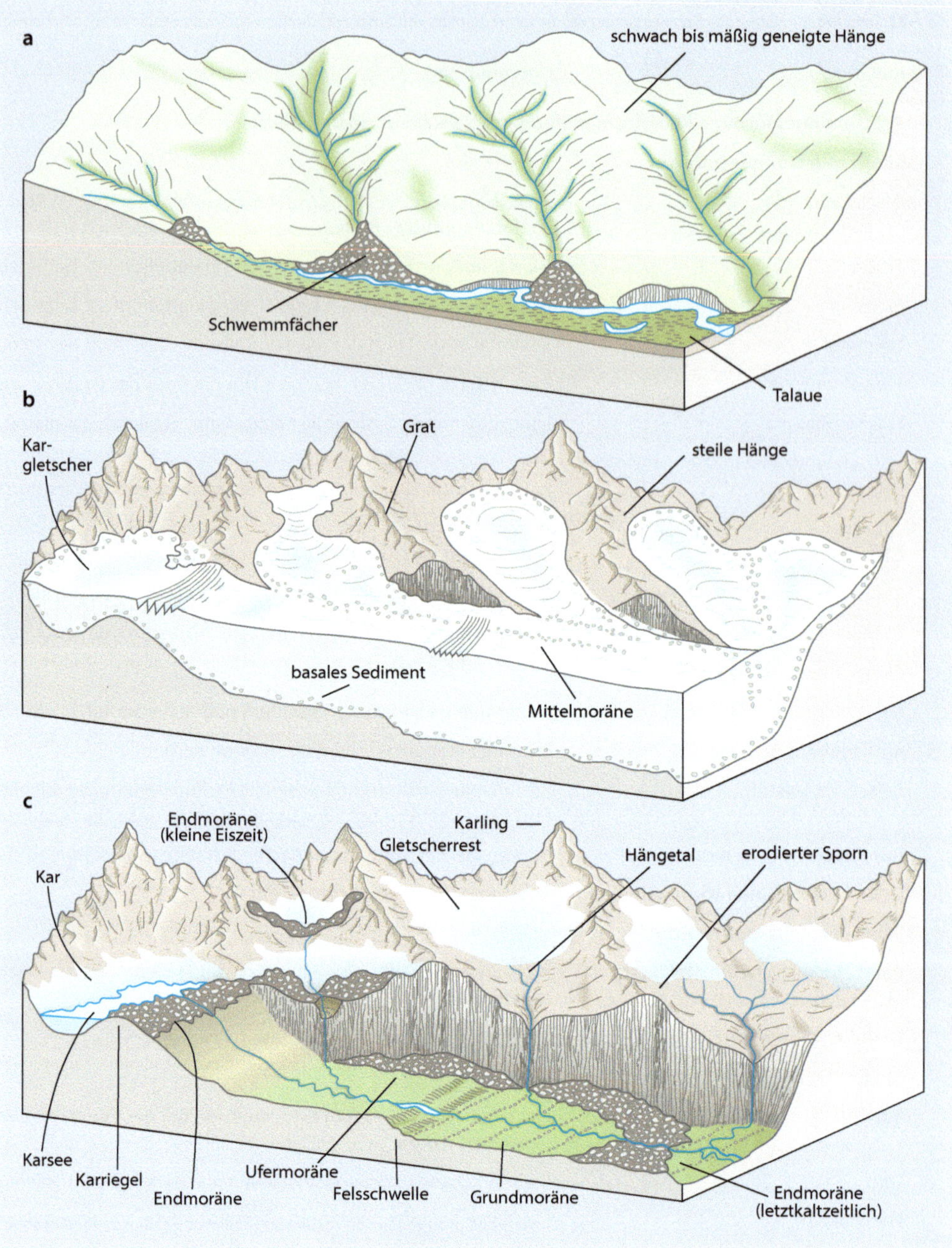

Abb. 14.13 Glaziale Erosions- und Akkumulationsformen **a** vor, **b** während und **c** nach einer Eiszeit. (Verändert nach Huggett 2017, auf Basis von Trenhaile 1998 © Oxford University Press, Canada)

Tälern und ihren Tributären (Abb. 14.17 und 14.18). Sie weisen einen sehr steilen Rückhang auf, der in einen tiefen und flachen Karboden mündet, der durch seine Übertiefung heute häufig von einem Karsee verfüllt ist. Kare können durch einen Karriegel, der eine Endmoräne des Maximalstandes der Kleinen Eiszeit (1850er-Endmoräne) tragen kann, gegen das Haupttal begrenzt sein. So wie die Trogtäler sind Kare das Ergebnis der glazialen Erosion des Pleistozäns. Sie können heute als Nährgebiete aktiver Talgletscher dienen, individuelle Kargletscher enthalten oder gänzlich eisfrei sein. Die Theorie der Entwicklung alpiner Kare beruht auf der Hypothese einer positiven Rückkopplung zwischen einer sich in der Zeit vergrößernden Eismasse und ihrem zunehmenden Potenzial für die glaziale Erosion. Die Kargenese erforderte bereits vor der Vereisung existierende Hohlformen an Talhängen und Gipfelregionen des Hochgebirges. In diesen Konkavitäten konnte Schnee akkumulieren und zu Gletschereis transformiert werden. Der sich bildende Kargletscher führte zur glazialen Erosion, die die Hohlform vergrößerte und damit höhere Volumina für die Eismasse ermöglicht, die eine erhöhte Erosion nach sich zog. Die steilen Seiten- und Rückhänge des Kares waren intensiven Verwitterungsprozessen ausgesetzt sowie von gravitativen Prozessen gekennzeichnet.

In den Gipfel- und Gratregionen glazialer Systeme und in Nachbarschaft zu den Karen finden sich Reliefformen, die als **Grate** und **Karlinge** bezeichnet werden. Ihre Genese ist mit glazialen und nichtglazialen Prozessen zu erklären (Polygenese). Grate bilden die Gipfelregion der Rückhänge von Karen. Sie werden heute durch Verwitterung und gravitative Abtragsprozesse rückverlegt und zugespitzt. Wachsen

Abb. 14.14 Glaziales Trogtal Val Roseg im Engadin, Schweiz. (Quelle: R. Dikau)

Abb. 14.15 Gletscherschrammen und polierte Festgesteinsoberfläche, die durch glaziale Abrasion verursacht wurden. (Quelle: R. Dikau)

auf diese Weise mehrere Karrückwände zusammen, kann ein Karling entstehen. Der bekannteste Karling der Alpen ist das Matterhorn, das durch vier Karrückwände charakterisiert ist (Abb. 14.17).

Rundhöcker sind längsgestreckte, stromlinienförmig asymmetrische Reliefformen in Größenskalen weniger m bis mehrerer km (Abb. 14.19). Die Luvseite des Rundhöckers ist flach, die Leeseite steil und häufig zerklüftet ausgebildet. Diese Asymmetrie erklärt sich aus den differenzierten Prozessen der glazialen Erosion temperierter Gletscher. An der Luvseite haben Abrasionsprozesse durch schleifende Wirkungen zur Abflachung des Festgesteins geführt, während die Leeseite überwiegend durch *plucking*-Prozesse gekennzeichnet ist, da hier eine deutlich geringere Druckspannung herrschte oder ein subglazialer Hohlraum ausgebildet war. Auf der Oberfläche von Rundhöckern finden sich ausgeprägte Gletscherschrammen und polierte Bereiche, die Indizien für die abrasive Wirkung des an der Basis des Gletschers angefrorenen Schutts darstellen.

14.5.2 Glaziale Akkumulationsformen

Glaziale Akkumulationskörper bilden eine äußerst diverse und schwer zu klassifizierende Gruppe von Reliefformen. An ihrer Genese ist nicht nur die Dynamik der Eismasse selbst, sondern eine Vielzahl weiterer nichtglazialer Prozesse im glazialen System verantwortlich. Grundsätzlich müssen die glazialen Akkumulationsformen als Ergebnis der Materialdeposition und der mechanischen Materialdeformation durch die Eismasse erklärt werden. Da empirische Daten über die Prozesse an der Gletscherbasis schwer zu erhalten sind und die Prozesswirkungen sich häufig erst in langen Zeitskalen einstellen, besteht die

Abb. 14.16 Polierte Festgesteinsoberflächen in den Rocky Mountains, USA. (Quelle: R. Dikau)

Abb. 14.17 Kare des Matterhorns in den Schweizer Alpen. (Quelle: Markus Dikau)

Abb. 14.18 Gletscherreste in Karen tributärer Hängetäler (rechter Bildhintergrund) im Engadin, Schweiz. Die rechte Bergkette mit dem Piz Morteratsch bildet einen Grat, der linke Gipfel des Piz Bernina einen Karling. Im Vordergrund fließt der Vadret Pers-Gletscher als Talgletscher mit mehreren Mittelmoränen zu Tal, der am rechten Bildrand auf den Morteratschgletscher trifft. (Quelle: R. Dikau)

Abb. 14.19 Rundhöcker im Vorfeld eines Gletschers in Norwegen. Der Gletscher strömte von rechts über das Felshindernis. (Quelle: R. Dikau)

Notwendigkeit, aktualistische Prinzipien, qualitative und quantitative Modelle und multiple Arbeitshypothesen anzuwenden. Die in Tab. 14.2 vorgelegte Gliederung glazialer Akkumulationsformen basiert auf der Beziehung der Relieformen zu ihrer Position zum bzw. im Eiskörper (supraglazial, subglazial, englazial, proglazial) und zu ihrer

Tab. 14.2 Glaziale Akkumulationsformen (Winkler 2009; Huggett 2017)

Orientierung in Bezug auf die Eisfließrichtung	Reliefform	Beschreibung
A: Supraglazial (im aktiven Prozess der Eisbewegung)		
Parallel	Seitenmoräne	Moräne *auf* den seitlichen Oberflächen eines Talgletschers
	Mittelmoräne	Moräne *im und auf* dem Eiskörper des Talgletschers, die aus Material der Seitenmoränen von zwei zusammenfließenden Gletschern gebildet wird
Quer	Bergsturzmoräne Depositionen aus gravitativen Prozessen	Häufig quer zur Bewegungsrichtung *auf* den Gletscher stürzende oder einfahrende Massen
Ohne Orientierung	Schuttkegel Blöcke, Gletschertische, Hohlformfüllungen	Sedimente unterschiedlicher Korngrößen *auf* der Gletscheroberfläche, die bei ausreichender Mächtigkeit eine eisisolierende Wirkung haben können
B: Proglazial (aus supraglazialen Depositionsprozessen)		
Parallel	Lateralmoräne	Moräne *an der Seite* eines Talgletschers
	Moränendecke	Flächige, ungegliederte Formen im Gletschervorfeld zumeist aus supra- und englazialen Sedimenten
Ohne Orientierung	Ablationsmoräne	Ungerichtete Sedimentmasse im Gletschervorfeld mit unruhiger Oberfläche, entstanden durch das Abtauen eines ehemaligen Toteiskerns
C: Subglazial (aus Deformations- und Depositionsprozessen)		
Parallel	Drumlin	In Eisfließrichtung gestreckter Rücken
Ohne Orientierung	Grundmoräne	Ausgedehnte Ebenheiten mit geringen Reliefunterschieden
	Kuppige Grundmoräne	Grundmoräne mit ausgeprägt kuppigem Relief, zahlreichen Voll- und Hohlformen, Toteislöchern und Seen
D: Proglazial (aus Depositionsprozessen)		
Quer	Endmoräne	Wallartige Reliefform an der Gletscherstirn, die den Höchststand eines Gletscher- oder Eisschildvorstoßes markiert
	Stauchendmoräne	Endmoränen durch glazitektonische Scher- und Überschiebungsprozesse in gefrorenen Sedimenten
	Aufpressungsmoräne	Endmoräne durch Aufpressung ungefrorener Sedimente
	Satzendmoräne	Endmoräne durch passive Deposition von supraglazialen Sedimenten

Orientierung in Relation zur Fließrichtung der Eismasse (parallel, quer, richtungslos).

Eine weitverbreitete glaziale Akkumulationsformengruppe bilden die **Moränen,** deren Genese ein breites Spektrum an Prozesstypen umfasst. Sie werden teilweise durch Deformationsprozesse und durch Prozesse der Materialdeposition hervorgerufen. Ihre Terminologie und genetische Erklärung unterlag in der Vergangenheit zahlreichen Wandlungen, sodass die in geomorphologischen Lehrbüchern und Lexika zu findenden Erklärungen uneinheitlich sind (Winkler 2009). Unter Moränen werden wallartige, glazigene Reliefformen verstanden, die an den Rändern von Gletschern auftreten. Des Weiteren werden zu dieser Formengruppe auch Moränen gerechnet, die in der Eismasse selbst und auf der Eismasse auftreten bzw. die aus Sedimenten aufgebaut sein können, die nicht glazigenen Ursprungs sind.

Supraglaziale Reliefformen auf aktiven Gletschern umfassen Seitenmoränen (supraglaziale Lateralmoräne), Mittelmoränen, Stauchendmoränen und Schuttkegel. **Seitenmoränen** sind Sedimentkörper *auf* der Oberfläche des sich aktiv bewegenden Gletschers (Abb. 14.20). Sie erhalten ihre Sedimente durch gravitative und hangaquatische Transportprozesse von den Seitenhängen des Trogtales und von anderen Moränen des Gletschers. Weiteres Sediment wird durch das Austauen englazialen Schuttes geliefert, der entsprechend der Schutttrajektorien unterhalb der Gleichgewichtslinien an die Gletschergrenzen transportiert wird.

Eine Moräne, die sich im und auf dem aktiven Eiskörper des Talgletschers befindet und sich parallel zur Fließrichtung des Eiskörpers bewegt, wird als **Mittelmoräne** bezeichnet (Abb. 14.21). Sie entsteht durch die Sedimentaufnahme aus Seitenmoränen von zwei zusammenfließenden Gletschern, die aktiv in den fließenden Eisstrom integriert werden.

Abb. 14.20 Seitenmoräne *auf* beiden randlichen Oberflächen der Eismasse des Morteratsch-Gletschers im Engadin, Schweizer Alpen. Die davon zu unterscheidende orographisch rechte Lateralmoräne des holozänen Höchststandes von 1850 grenzt sich deutlich gegen den Gletscher und das Festgestein ab. In der orographisch rechten Bildmitte trifft der Vadret Pers-Gletscher auf den Morteratsch-Gletscher (s. Abb. 14.18). (Quelle: R. Dikau)

Abb. 14.21 Mittelmoränen durch den Zusammenfluss von mehreren Kargletschern am Piz Palü im Engadin, Schweizer Alpen. Einige der Karrückwände tragen Hängegletscher, die vermutlich kaltbasal und am Felsuntergrund angefroren sind. (Quelle: R. Dikau)

Werden supraglaziale Sedimente randlich an den Gletschergrenzen deponiert, entstehen parallel zur Eisbewegung orientierte Formen der **Lateralmoräne,** die als Lateralmoräne alpinen Typs bezeichnet wird (Winkler 2009) (Abb. 14.20 und 14.22). Sie entsteht durch die passive Deposition *(dumping)* supraglazialen Sedimentes an den seitlichen Gletscherbegrenzungen. Dabei wird das auf der Gletscheroberfläche deponierte Sediment gravitativ und hangaquatisch an die Gletscherränder transportiert und abgelagert. Murgänge spielen dabei die wesentliche Rolle.

Eine dritte Gruppe von glazialen Formen entsteht an der Gletscherbasis durch mechanische Deformationsprozesse in Kopplung mit Depositionsprozessen. Die Glazialgeomorphologie betont besonders die Bedeutung der Deformationsprozess, die lediglich zu einer Verformung bereits akkumulierter Sedimente führen (Benn und Evans 2010). Die Formen können in Bezug auf die Bewegungsrichtung der Eismasse und ihrer Raumskale klassifiziert werden. **Drumlins** sind in Eisfließrichtung gestreckte Rücken mit Höhen bis zu 50 m und Längserstreckungen zwischen 10 m und 20 km. Sie bestehen in der Regel aus Grundmoränenmaterial, das selten auch einen Festgesteinskern aufweist. Drumlins treten gewöhnlich als Drumlinfelder auf, die über 100 Einzelformen umfassen können und beispielsweise in Süddeutschland weit

Abb. 14.22 Lateralmoräne des abschmelzenden Hohlichtgletschers in den Schweizer Alpen. Sie zeigt den letzten Gletscherhöchststand um 1850. Zwischen den Moränenwällen liegt die vom Gletscher getrennte und mit Sediment bedeckte ältere Gletscherzunge. (Quelle: Markus Dikau)

verbreitet sind. Zur Drumlingenese existieren mehrere Hypothesen. Die wenig akzeptierte glazifluviale Hypothese basiert auf der Annahme, dass das subglaziale Schmelzwasser vorhandenes Grundmoränenmaterial erodiert und den Drumlin als Erosionsform zurücklässt. Glazigene Hypothesen deuten Drumlins als Resultat subglazialer Verformungen unverfestigter Sedimente. Sie basieren auf der entscheidenden Rolle der Dilatanz des Gletscherbettmaterials. Sie besagt, dass ein bestimmtes Verhältnis zwischen der Scherspannung des Gletschers und der Scherfestigkeit des Untergrundes vorliegen muss, um zu einer stromlinienförmigen Drumlinbildung zu gelangen. Die Voraussetzung ist, dass das Untergrundmaterial Dilatanzeigenschaften aufweist, was bedeutet, dass es sich innerhalb bestimmter Scherspannungsgrenzen des Eiskörpers ausdehnt. Wenn dieser Schwellenwert erreicht ist, wird sich der Untergrund verformen und diese Verformung aufrechterhalten, selbst wenn die Scherspannung des Gletschereises zurückgeht. Wenn ein unterer Schwellenwert erreicht wird und die Dilatanzeigenschaft verloren geht, wird auch die Verformung des Untergrundes enden. Durch diese Vorgänge wird das subglaziale Sediment zu stabilen Reliefformen akkumulieren, die eine stromlinienförmige Geomorphometrie erhalten. Die Dilatanz-Hypothese besagt somit, dass die Drumlinbildung eine Funktion der Eismächtigkeit ist.

Grundmoränen bilden eine Assoziation von Reliefformen mit äußerst variabler Geomorphometrie, die von sehr ebenen Flächen bis zu Hügeln mit Reliefunterschieden von über 100 m reichen können. Diese Reliefformen weisen keine spezifische Orientierung zur Eisfließrichtung auf. Sie wurden an der Basis der Eismasse gebildet und treten an die Oberfläche, wenn der Eiskörper abschmilzt. Aufgrund der Sedimentmächtigkeit und -genese werden die Begriffe Grundmoräne (Inlandvereisung und alpine Vorlandvergletscherung) und Deckenmoräne (alpine Vergletscherung) unterschieden. Das Korngrößenspektrum der Reliefformen von Grund- und Deckenmoränen weist ein großes Spektrum auf. Es ist häufig ungeschichtet und wenig sortiert. Die Sedimentstruktur verweist auf den polygenetischen Charakter der subglazialen Formung, die Gleit-, Deformations-, Depositions-, Fließ- und Scherprozesse umfassen können. Das grobe Lockergestein der Grundmoränen (Grobsediment) wird auch als Geschiebe bezeichnet. Die trapezförmige Gestalt des Geschiebes und die Strukturierung der Oberfläche durch Schrammen und Kritzungen sind ein Indikator für die Schleifprozesse an der Basis des sich bewegenden Gletschers.

Die an der Stirn von Gletschern und Eisschilden gebildeten Reliefformen werden als **Endmoränen** bezeichnet.

Ihre Orientierung ist quer zur Bewegungsrichtung der Eismasse ausgerichtet. Endmoränen sind ein Indikator für die maximale Ausdehnung eines Gletschervorstoßes. Sie können an den Rändern kontinentaler Eisschilde über 100 m Höhe und Erstreckungen bis über 100 km erreichen. In Abhängigkeit von ihrer Genese setzen sich Endmoränen aus supra- und englazialen sowie proglazialen Sedimenten glazifluvialen und lakustrinen Ursprungs zusammen. Ihre Entstehung wird auf drei Prozesstypen zurückgeführt. **Stauchendmoränen** sind Endmoränen, die durch glazitektonische Scher- und Überschiebungsprozesse an der Gletscherstirn und in den gefrorenen Sedimenten an der Gletscherbasis entstehen. Die Voraussetzungen bilden eine kalte Gletscherbasis und dauerhaft gefrorene Sedimente unter und vor der Gletscherstirn. Bei vorstoßenden Gletschern wird dieses Sediment geschert, überkippt und überschoben, sodass sich im Vorfeld ein Endmoränenrücken aufbaut. **Aufpressungsmoränen** entstehen unter und vor der Gletscherstirn durch Sedimentstauchungen und -deformationen eines vorstoßenden Gletschers *(bulldozing)* bei ungefrorenen Sedimenten (◻ Abb. 14.23). Vergleichbar mit der Genese von Lateralmoränen entwickelt sich der dritte Moränentyp der **Satzendmoräne** durch passive Deposition von supraglazialen Sedimenten vor der Gletscherstirn *(dumping)*. Sie erfordern im Regelfall eine über längere Zeiträume stationäre Gletscherfront und können in Kombination mit saisonalen Aufpressungsprozessen auftreten.

14.6 Glazifluviale Prozesse und Formen

Schmelzwasser bildet eine Komponente des glazialen Systems. Es erodiert, transportiert und deponiert Sedimente des glazialen Systems durch fluviale Prozesse, die unter dem Einfluss des Gletschers stehen. Die Prozesse und Formen werden deshalb als glazifluvial bezeichnet. Das Schmelzwasser wird primär durch die Oberflächenschmelze des Gletschereises geliefert, wobei die Ablationszone mit abnehmender Entfernung zur Gletscherzunge die höchsten Abflussraten liefert. Sedimentführendes Schmelzwasser an der Gletscherbasis bildet ein wirkungsvolles erosives und akkumulatives Potenzial. Glazifluviale Prozess führen zu einem charakteristischen Formenmuster und prozesskorrelaten Sedimenten (◻ Abb. 14.24 und ◻ Tab. 14.3). Mit der subglazialen Zone, dem Eisrand und der proglazialen Zone können drei zentrale Formungslokalitäten unterschieden werden, in denen Erosions- und Akkumulationsprozesse auftreten.

Subglaziale Erosionsprozesse führen zu ähnlichen oder gleichen Reliefformen wie fluviale Prozesse. Ein wesentlicher Unterschied besteht darin, dass glazifluviale Wasserflüsse an der Gletscherbasis durch hohe Drücke und Sedimentfrachten gekennzeichnet sind. Dies verleiht ihnen ein hohes **fluviales Erosionspotenzial.** Weiterhin verursachen die an der Gletscherbasis auftretenden Gerinne angepasste depositive Reliefformen. Die subglazialen Prozesse durch Schmelzwasser sind generell durch eine Dominanz der Erosionspotenziale gekennzeichnet. In Abhängigkeit von Typ der Vergletscherung führen sie zu subglazialen Rinnen, die bei Inlandeis oft radial zum ehemaligen Eisrand orientiert sind. Diese Rinnen können in Nordeuropa Tiefen von mehreren 100 m erreichen. Rinnen älterer Vereisungen sind heute vollständig mit Sedimenten verfüllt, während Rinnen der jüngsten Vereisung als Reliefformen sichtbar erhalten geblieben sind. Da sie durch Schmelzwasser-Tunnelsysteme an der Basis der Eismasse gebildet werden, werden sie auch Tunneltäler genannt. In Festgesteinen entwickeln sich tief eingeschnittene Talformen geringer Breite, die als Klamm bezeichnet werden. Ihre Genese ist umstritten.

◻ **Abb. 14.23** Endmoräne als Aufpressungsmoräne des Briksdalsbreen-Gletschers in Norwegen. (Quelle: R. Dikau)

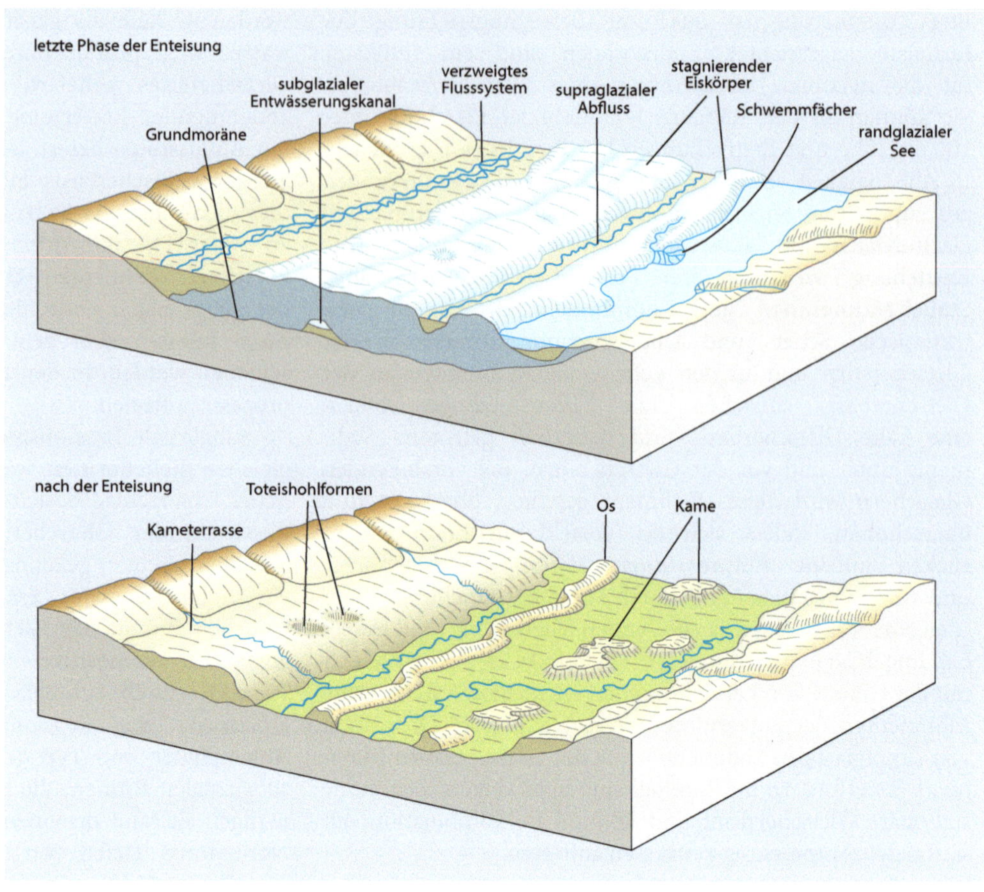

Abb. 14.24 Reliefformen während der letzten Phase der Enteisung und nach Abschmelzen des gesamten Eiskörpers. (Verändert nach Huggett 2017, auf Basis von Flint: Glacial and Quaternary Geology. 1. Auflage. John Wiley & Sons Limited, Chichester, GB. Copyright © 1971)

Tab. 14.3 Glazifluviale Prozesse und Formen (Huggett 2017)

Glazifluvialer Prozess	Reliefform	Beschreibung
Subglaziale Erosion	Tunneltal (in Lockergesteinen) Rinne (in Festgesteinen)	Breite, ausgedehnte Schmelzwassergerinne in Locker- und Festgesteinen
	Klamm	Tiefe und schmale Talform in Festgesteinen
Subglaziale Deposition	Os	Langgestreckter Wall aus Lockergesteinen
Eisranderosion	Schmelzwasserrinne	Schmelzwassergerinne im direkten Eiskontakt oder distalen Bereich der Lateralmoräne
	Überlaufrinne	Schmelzwassergerinne durch Leerung eines proglazialen Sees
Eisranddeposition	Kame	Unterbrochene Rücken aus Sedimenten supraglazialer Flüsse oder kleinerer Wasserkörper
	Kameterrasse	Terrassenartige Reliefformen zwischen der Eismasse und dem benachbarten Hang
	Kamedelta	Schwemmfächer aus Sedimenten supraglazialer Flüsse in supra- oder proglazialen Seen oder dem Meer
Proglaziale Erosion	*Scablands*	Tief erodierte Reliefformen durch Ausbruch von eiszeitlichen Eisstauseen im Nordwesten der USA
	Überlaufrinne oder -gerinne	Einschnitt in Sedimentdämme oder in Festgesteine, der zum Überlaufen eines Sees führt
Proglaziale Deposition	Sander	Glazifluviale Depositionsfläche
	Delta	Glazifluviale Depositionsfläche in Deltaform
	Verzweigter Fluss	Glazifluviales Flusssystem mit verzweigtem Muster auf Talsandern

Die am weitesten verbreitete subglaziale Depositionsform in Regionen der ehemaligen Inlandvereisung bilden die **Oser** (Ehlers 1994; Benn und Evans 2010; Ehlers 2011). Sie entstanden durch glazifluviale Depositionsprozesse in subglazialen Gerinnen. Ihre prozesskorrelaten Sedimente bestehen überwiegend aus Sand und Kies. Die Ausmaße können Längen von mehreren 100 km und Höhen bis zu 60 m erreichen. Aufgrund ihrer Abhängigkeit von den subglazialen Schmelz- und Abflussbedingungen und des hydrostatischen Drucks im Fluid können sie auch bergauf verlaufen. Generell führt die hohe glazifluviale Aktivität bei stagnierenden und zerfallenden Inlandgletschern zu hohen Sedimenttransportraten in den subglazialen Flusssystemen.

Schmelzwasser ist ebenfalls für die **Erosionsprozesse am Eisrand** verantwortlich. Sie führen zu Rinnen, die in direktem Kontakt zur Eismasse stehen oder im distalen Bereich der Lateralmoräne verlaufen. Tief eingeschnittene Rinnen können dann entstehen, wenn ein proglazialer Schmelzwassersee überläuft und glazifluviale Erosion erfolgt. **Kame** entstehen in der letzten Phase des Eisabbaus von Talgletschern und Inlandeismassen. Im Unterschied zu Osern bilden sie unterbrochene, wenig strukturierte Reliefformen. Ihre Genese erklärt sich aus der Deposition der Sedimentfracht supraglazialer Abflüsse. Sie weisen häufig keine Beziehung zur Fließrichtung der Eismasse auf. Wenn im Bereich zwischen dem stagnierenden Eis und den begrenzenden Hängen glazifluviale Sedimentation auftritt, entstehen Sedimentkörper, die nach der Enteisung zu Reliefformen führen, die als Kameterrassen bezeichnet werden. Schwemmfächer aus Sedimenten supraglazialer Flüsse, die sich in supra- oder proglaziale Seen oder in litoralen Lokalitäten bilden, führen zu Kamedeltas.

Das **proglaziale System** wird vom Schmelzwasser des Gletschers gesteuert und ist durch hohe Sedimentfrachten und Fließgeschwindigkeiten charakterisiert. Wenn Moränenwälle oder Gletschereis das Tal blockieren, entwickeln sich Seen, die periodisch oder episodisch zu Wasser- und Sedimentausträgen führen können. Die mehrfachen Ausbrüche von Eisrandseen im Nordwesten der USA während der letzten Eiszeit (Missoula-Fluten) führten zu Abflüssen höchster Magnituden, die als Megafluten bezeichnet werden. Sie erodierten die Deckenbasalte des Columbia River Plateaus tiefgreifend. Heute sind in zahlreichen Regionen der Erde derartige Ausbrüche von eiszeitlichen Eisrandseen rekonstruiert worden (Herget 2012). Durch das starke Abschmelzen alpiner Gletscher in den letzten Jahrzehnten werden zunehmend Erosionsprozesse im proglazialen System aktiv, die in besiedelten Regionen zu erhöhten Risiken führen. Wenn sich proglaziale Seen hinter Moränenwällen bilden, kann die Erosion der Sedimente zum Ausbruch des Sees führen. Plötzliche Ausbrüche von Schmelzwasser aus einem Gletscher oder einem Eisschild werden als Jökulhlaup bezeichnet. Sie führen zu Erosions- und Depositionsprozessen mit sehr hohen Magnituden.

Die dominante proglaziale Depositionsform bildet der **Sander** (▣ Abb. 14.25). Er stellt ein glazifluviales System dar, in dem überwiegend Ablagerungsprozesse des den Eiskörper verlassenen Flusses stattfinden. Sander treten vor Talgletschern des Hochgebirges (Talsander) und vor Inlandeismassen auf. Sie gelten als die effektivsten Depositionsgebiete für die glazifluvialen Sedimente. Wenn supraglaziale Sedimente, z. B. aus lateralen Sturz- oder glazifluvialen Abflussprozessen, im proglazialen Vorfeld deponiert werden, verzahnen sich die Sedimente unterschiedlicher Genese. Durch die hohe Sedimentfracht entwickeln sich auf der gesamten Breite der Sanderflächen verzweigte Flusssysteme.

▣ **Abb. 14.25** Komponenten des proglazialen Gletschervorfeldes mit Gletscherzunge, Rundhöcker, kleinskaliger Sander als proglaziales Delta, Gletscherbach, proglazialem See und Endmoräne (Hintergrund) in einem glazialen Trogtal in Norwegen. (Quelle: R. Dikau)

14.7 Die nordischen und alpinen Vereisungen in Mitteleuropa

Die Rekonstruktion der nordischen und alpinen Vereisungen des Pleistozäns in Mitteleuropa ist seit den fundamentalen Arbeiten von Penck und Brückner (1909) zu den alpinen Vereisungen und Woldstedt (1929) zu den nordischen Vereisungen ein bevorzugtes Forschungs- und Lehrgebiet der Geomorphologie und Quartärgeologie. Das Eiszeitalter hat nicht nur starke Reliefveränderungen durch die von Skandinavien und den Alpen einströmenden Gletscher hervorgerufen. Die nicht vergletscherten Regionen Mitteleuropas zwischen den Eiskörpern waren periglazialen Prozessen ausgesetzt (▶ Kap. 15), deren Einflüsse im heutigen Reliefformen-Palimpsest häufig erhalten geblieben sind. Einführende Darstellungen sind von Liedtke und Marcinek (2002), Eberle et al. (2007) und Zöller (2017, Hrsg.) publiziert worden. Weiterführende und umfassende Lehrbücher haben Liedtke (1981), Ehlers (1994), Klostermann (2009) und Ehlers (2011) vorgelegt.

Fazit

Die Formung der Erdoberfläche durch Gletscher ist ein regionales Phänomen. Es erfordert eine spezifische kaltklimatische Situation, die die Bildung von Gletschereis ermöglicht und in der Zeitskale des Quartärs zyklisch aufgetreten ist. In Kopplung mit dem lithologisch-tektonischen System, den geomorphometrischen Bedingungen und den atmosphärischen Einflüssen entwickelte sich ein charakteristisches glaziales Reliefformenspektrum. In der Gegenwart kennzeichnet das glaziale System die Hochgebirge und die Polargebiete der Erde in unterschiedlichem Ausmaß. Die Schmelze des Gletschereises führt zur Bildung einer zweiten, glazifluvialen Formengruppe, die in starkem Maße durch fluviale Prozesse unter den Bedingungen einer terrestrischen Eismasse gebildet wird. Jede thermische Veränderung der Atmosphäre führt zur schnellen Reaktion des glazialen und glazifluvial-geomorphologischen Systems. Die schnellen klimatischen Veränderungen der Gegenwart zeigen geomorphologische Wirkungen, die bereits innerhalb einer Forschergeneration zu ungewöhnlich reichhaltigen empirischen Befunden führen. Sie können auch zur Prüfung aktualistischer Prinzipien der Glazialgeomorphologie genutzt werden.

Weiterführende Literatur

Benn DI, Evans DJA (2010) Galciers & glaciation, 2. Aufl. Arnold, London
Bennett MR, Glasser NF (2009) Glacial geology, 2. Aufl. Wiley, Chichester
Ehlers J (2011) Das Eiszeitalter. Spektrum, Heidelberg
Evans DJA (2005 Hrsg.) Glacial landsystems. Hodder Arnold, London
Herget J (2012) Am Anfang war die Sintflut. Wissenschaftliche Buchgesellschaft, Darmstadt
Humbrey MJ (1994) Glacial environments. UCL Press, London
Knight PG (1999) Glaciers. Stanley Thornes, Cheltenham
Liedtke H (1981) Die nordischen Vereisungen in Mitteleuropa. Forschungen zur deutschen Landeskunde 204. Zentralausschuß für deutsche Landeskunde, Trier
Maisch M, Burga CA, Fitze P (1999) Lebendiges Gletschervorfeld – von schwindenden Eisströmen, schuttreichen Moränenwällen und wagemutigen Pionierpflanzen im Vorfeld des Morteratschgletschers, 2. Aufl. Geographisches Institut Universität Zürich, Zürich
Penck A, Brückner E (1909) Die Alpen im Eiszeitalter, 3 Bände. Trauchnitz, Leipzig
Sugden DE, John BS (1976) Glaciers and landscapes. A geomorphological approach. Arnold, London
Wilhelm F (1975) Schnee- und Gletscherkunde. De Gruyter, Berlin
Winkler S (2009) Gletscher und ihre Landschaften. Wissenschaftliche Buchgesellschaft, Darmstadt
Woldstedt P (1929) Das Eiszeitalter. Grundlinien einer Geologie des Diluviums. Enke, Stuttgart

Periglaziale Prozesse und Reliefformung

R. Dikau et al., *Geomorphologie,* https://doi.org/10.1007/978-3-662-59402-5_15

Die Formung des Reliefs in den kalten Regionen der Erde ist ein traditionelles Themenfeld der Geomorphologie, dessen Erkundung bis weit in das 19. Jahrhundert zurückreicht. Tiefe Lufttemperaturen und die Phasenübergänge von Wasser zu Eis und von Eis zu Wasser führen in diesen Regionen zu einer Vielzahl geomorphologischer Phänomene. Heute bilden die kalten und nicht vergletscherten Regionen der Erde, die als periglaziale Systeme bezeichnet werden, ein wichtiges Forschungsfeld zahlreicher Erdsystemwissenschaften. Derartige Systeme sind thermodynamisch durch kalte und gefrorene Fest- und Lockergesteine ausgezeichnet, die zyklische Temperaturrhythmen und variable Eis- und Wassergehalte aufweisen. Sie führen zu charakteristischen mechanischen Folgeprozessen im Untergrundmaterial und zu periglazialen Reliefformen. Der Dauerfrost (Permafrost) im Untergrundmaterial ist eine der Eigenschaften, die die Formung steuert. Die Periglazialgeomorphologie muss somit thermodynamische und mechanische Prozesse und ihre Kopplungen verstehen, um Erkenntnisse über die Reliefformung gewinnen zu können. Die gegenwärtige Erwärmung des Weltklimas führt zu ungewöhnlich schnellen Veränderungen des zentralen Einflussfaktors auf die periglazialen Systeme der Polarregionen und Hochgebirge. Die Gewinnung prognostischen Wissens über die Reliefformveränderung zählt daher zu den vordringlichsten Aufgaben der Geomorphologie.

15.1 Periglaziale Systeme

Der Begriff Periglazial geht auf den polnischen Geologen Lozinski (1909) zurück, der darunter ein periglaziales Verwitterungssystem im Umfeld des ehemaligen Inlandeises Nordeuropas verstand, in dem ein „periglaziales Klima“ zu Spaltenfrost und mechanischer Gesteinszertrümmerung führte. In dieser Definition beschreibt die **periglaziale Zone** eine Region mit spezifischen klimatischen Bedingungen, die in den Nordpolarregionen bis nach Süden zur Baumgrenze reicht und in alpinen Systemen die Region zwischen der Schnee- und der Baumgrenze umfasst. Der Ansatz basierte auf der Dominanz von Gefrier- und Tauprozessen sowie auf der Existenz eines dauernd gefrorenen Untergrundes, d. h. dem Auftreten von Permafrost. Eine derartige regionale und prozessuale Einschränkung des Begriffs Periglazial wird heute nicht mehr genutzt (Yershov 1998; Knight und Harrison 2009).

Der Periglazialforscher Hugh French definiert periglaziale Systeme als Systeme der kalten und nicht vergletscherten Regionen der Erde mit charakteristischen Prozessen und Reliefformen (French 2007, 2011). Bei sinkenden Luft- und Untergrundtemperaturen erfährt das geomorphologische System eine spezifische, von Gefrornis gekennzeichnete Dynamik, die eine große Vielfalt von nichtglazialen Prozessen und Formen hervorruft. **Permafrost** stellt für periglaziale Systeme ein zentrales, jedoch kein ausschließliches Merkmal dar. Von hoher Bedeutung für die Formentwicklung sind gleichermaßen die Einflüsse der täglichen und saisonalen Untergrundgefrornis und die Einflüsse des saisonalen Schnees auf die thermischen Prozesse. Neben diesen als **zonale Prozesse** bezeichneten Vorgängen der Formentwicklung wirken in periglazialen Systemen **azonale Prozesse.** Damit werden Prozesse bezeichnet, die auch für Regionen typisch sind, in denen eher warme, nichtglaziale Klimate vorherrschen. Dazu sind z. B. fluviale, äolische oder limnische Prozesse zu rechnen, die allerdings in kaltklimatischen Systemen spezifische Charakteristika und Ausprägungen erhalten. Des Weiteren sind azonale, eisinduzierte Prozesse zu berücksichtigen, z. B. die Küstenerosion durch Meereis oder der Sedimenttransport auf Flusseis.

Die Periglazialgeomorphologie ist eine Teildisziplin der Geomorphologie, die mit den genannten kältebezogenen, nichtglazialen Reliefformen und ihren verantwortlichen Prozessen beschäftigt ist. Sie untersucht die Wirkungen des täglichen, saisonalen und perennierenden Frostes auf die Reliefformung. Mit dieser Themenstellung steht sie mit anderen Disziplinen in enger Beziehung. So beschäftigt sich beispielsweise die **Geokryologie** überwiegend mit den thermischen Eigenschaften der Atmosphäre und des Untergrundes und dem Auftreten von Permafrost. Diese Merkmale des Untergrundes sind für die periglaziale Geomorphologie von zentraler Bedeutung, aber nicht allein für die Reliefformung verantwortlich. Weitere Faktoren betreffen die lithologischen Charakteristika des Locker- und Festgesteins sowie die Wirkungen von azonalen Prozesstypen auf die Reliefformung.

Im Unterschied zum eher unscharfen Begriff des Periglazials beschreibt der Begriff **paraglazial** geomorphologische Prozesse, Sedimente und Reliefformen in Umgebung eines Gletschers, die unmittelbar durch den Eisauf- und -abbau bedingt sind (Ballantyne 2018). Die Disziplin der paraglazialen Geomorphologie hat das Ziel, Erkenntnisse darüber zu gewinnen, auf welche Weise sich glaziale Systeme an nichtglaziale Bedingungen anpassen. Beispiele bilden der Eisabbau in den europäischen Alpen am Ende der letzten Eiszeit (Würm), der Fest- und Lockergesteine freilegte, die eine hohe Instabilität aufwiesen und zu hohen Prozessaktivitäten führten (Messenzehl 2018). Der schnelle Eisabbau nach Ende der Kleinen Eiszeit (ab 1850) und in der Gegenwart liefern paraglaziale Prozessbedingungen, die die Grundlagen für die Anforderungen des Aktualismus liefern können.

15.2 Periglazialzonen der Erde

Die Periglazialregionen der Erde können unter Berücksichtigung der oben genannten Definition auf Basis des Auftretens geomorphologischer Formen und klimatischer Schwellenwerte in verschiedene Zonen gegliedert werden (◘ Abb. 15.1) (Karte 1979; French 2007): die Frostschuttzone, die subpolare Tundrenzone, die boreale Waldzone, die subpolaren Zonen ozeanischer und kontinentaler Ausprägung sowie die Hochgebirge.

Die Frostschuttzone umfasst die hochpolaren und polaren Wüsten und Halbwüsten der Arktis. Hier sind intensive Prozesse des Gesteinszersatzes zu beobachten, die zu

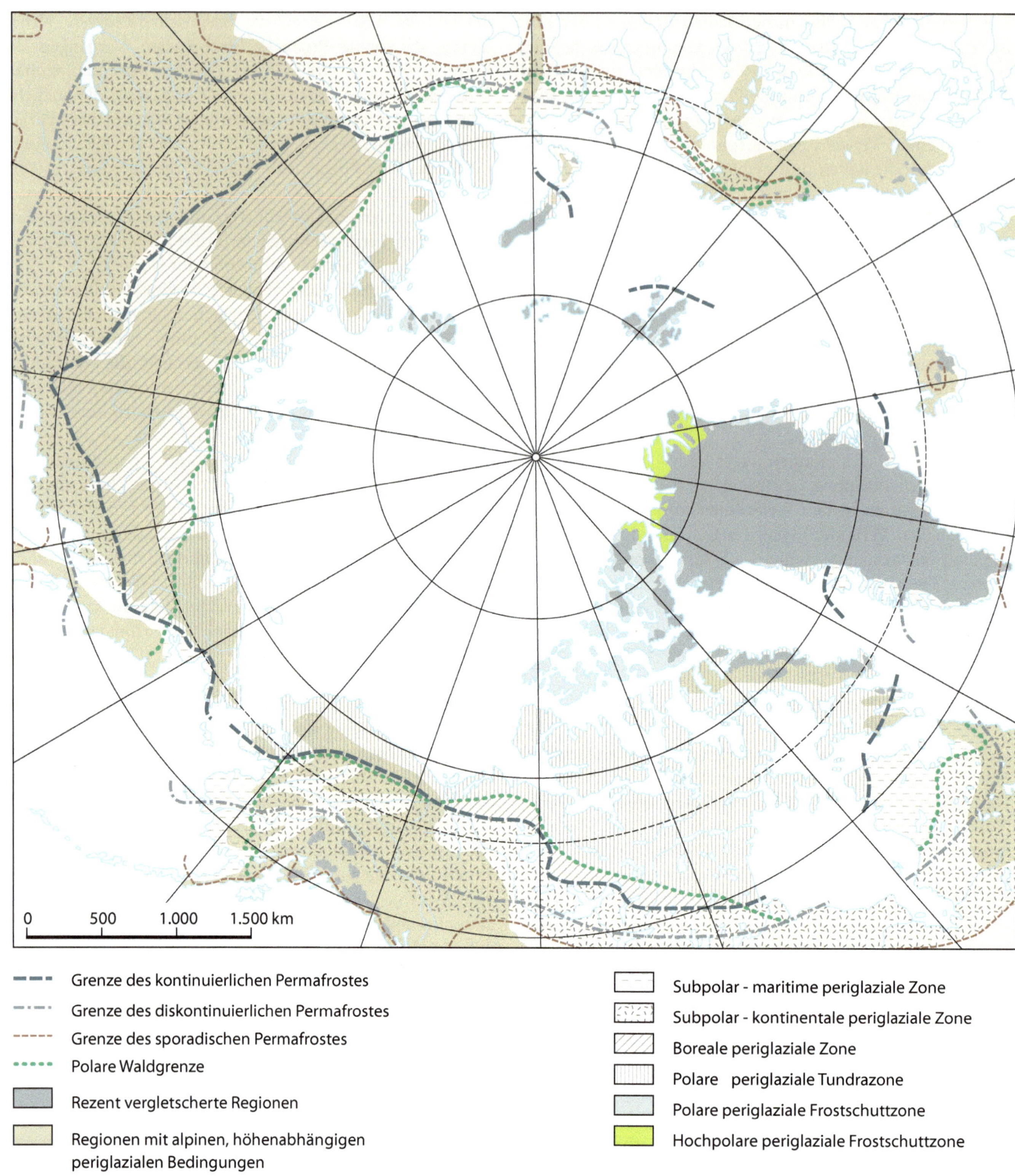

Abb. 15.1 Gliederung der heutigen periglazialen Zone der Nordhalbkugel. (Verändert nach Karte 1979: Räumliche Abgrenzung und regionale Differenzierung des Periglaziärs. Bochumer Geographische Arbeiten 35. Abdruck mit Genehmigung des Westdeutschen Universitätsverlages)

Sedimenten mit unterschiedlichen Korngrößen führen. Die subpolare Tundrenzone ist weitgehend baumfrei bis baumarm und zeichnet sich durch Vegetationsmuster von Zwergsträuchern, Flechten und Moosen sowie kleinwüchsigen Birken und Weiden aus. Die boreale Waldzone erstreckt sich im nördlichen Kanada und Eurasien. Hier überwiegen Koniferen sowie Birken und Pappeln. Die subpolaren Zonen ozeanischer und kontinentaler Ausprägung erstrecken sich äquatorwärts in Anschluss an die boreale periglaziale Zone. Dort, wo keine boreale Waldzone vorhanden ist, erstreckt sich die subpolare Zone an die polare periglaziale Tundrenzone und korrespondiert dadurch mit der polaren

Waldgrenze. Neben der räumlichen Zonierung der periglazialen Zonen der hohen Breiten bilden die Hochgebirge die zweite Gruppe der periglazialen Regionen der Erde. In Hochgebirgen treten die periglazialen Zonen in bestimmten Höhenlagen auf und sind expositionsabhängig. Diese Zonen umfassen das Tibetplateau, die Hochgebirge der mittleren und niederen Breiten der Nord- und Südhemisphäre sowie die subantarktischen und antarktischen Inseln und die eisfreien Regionen des antarktischen Kontinents.

Die periglazialen Regionen umfassen ca. 25 % der Erdoberfläche. Sie bilden eine Komponente der Kryosphäre. Diese umfasst die Wasserkörper der Erde, die in gefrorenem Zustand vorliegen, also Eisschilde und Gebirgsgletscher, das arktische und antarktische Meereis, saisonale Schneedecken, den Dauerfrostuntergrund (Permafrost) und den saisonal gefrorenen Untergrund.

15.3 Energiebilanz und thermische Austauschprozesse zwischen Atmosphäre und Untergrund

Die Temperaturen der Erdoberfläche und des Untergrundes sind das Ergebnis ihrer Energiebilanz zwischen den Wärme- und Feuchtigkeitstransportprozessen an der Oberfläche und im Untergrund (Lauer und Bendix 2006). Das räumliche Muster und die zeitliche Entwicklung der Oberflächen- und Untergrundtemperatur sind von einem Gefüge unterschiedlicher groß- und kleinskaliger Faktoren abhängig. Dazu zählen klimatische Steuerungsfaktoren (z. B. solare Einstrahlung, Lufttemperatur, Niederschlag), die Geomorphometrie (z. B. Höhe, Exposition, Hangneigung, Wölbung), die Materialeigenschaften des Locker- und Festgesteines (z. B. Korngröße, Trennflächengefüge, Porenraum, Eisgehalt, Wärmeleitfähigkeit) sowie die Eigenschaften der Oberfläche (z. B. Gletscher- und Schneebedeckung, Vegetation). Das Zusammenwirken der Faktoren der Energiebilanz bestimmt die **Wärmeflüsse** an der Oberfläche und in den Untergrund und damit die Oberflächen- und Untergrundtemperatur. Dieses komplizierte Prozessgefüge erfordert ein erweitertes Verständnis der Wärmeübertragung an der Erdoberfläche und im Baumaterial der Reliefformen (Ballantyne 2018).

Die Energiebilanz von steilen, zerklüfteten Festgesteinswänden und grobklastischem, porösem Lockermaterial wird von Gruber (2005) dargestellt. Stark vereinfacht und ohne Berücksichtigung von Oberflächeneinflüssen, z. B. durch die Vegetation oder Gletscher, kann die Energiebilanz von Locker- und Festgestein, also der Wärmeaustausch zwischen Atmosphäre und Untergrund, durch folgende Energiebilanzgleichung beschrieben werden (Williams und Smith 1995):

$$Q^* = Q_{LE} + Q_H + Q_G$$

Die wichtigste Energiequelle für Felswände und Lockermaterialen ist die **solare Einstrahlung** Q^*. Sie trifft in Form von kurzwelliger und langwelliger Strahlung auf die Oberfläche (Lauer und Bendix 2006). Während die langwellige Strahlung von den großskaligen atmosphärischen Verhältnissen gesteuert wird und somit über große Gebiete relativ konstant sein kann, variiert die kurzwellige Strahlung in Abhängigkeit vom Azimut- und Zenitwinkel der Sonne und der Sonnenscheindauer räumlich und zeitlich in starkem Maße. Des Weiteren wird je nach Albedo der Oberfläche ein Anteil der kurz- und langwelligen Strahlung wieder in die Atmosphäre reflektiert. In der Energiebilanz beschreibt die **latente Wärme** Q_{LE} den Wärmeanteil, der bei den Phasenübergängen zwischen den Aggregatszuständen von Wasser produziert bzw. konsumiert wird. Der turbulente Transport von sensibler bzw. **fühlbarer Wärme** wird in der Energiebilanzgleichung durch Q_H beschrieben. Sensible Wärme entsteht durch Konvektions- und Advektionsprozesse in der Atmosphäre, z. B. wenn warme Winde auf kältere Oberflächen treffen. Q_G beschreibt den Wärme- und Energietransport im Untergrund, der durch drei unterschiedliche thermische Mechanismen gesteuert wird. Ein Großteil des Wärmetransportes findet in Fest- und Lockergesteinen durch den Prozess der Wärmeleitung (**Konduktion**) statt. Befindet sich Permafrost in diesen Materialien, verhalten sich die Hohlraumsysteme des Untergrundes (eisgefüllte Poren und Trennflächen) semikonduktiv (Krautblatter 2009). Denn im Zuge des saisonalen oder täglichen Gefrierens und Tauens werden große Mengen latenter Wärme produziert bzw. konsumiert, welche den konduktiven Wärmetransport signifikant beeinflussen (Williams und Smith 1995). Zusätzlich zur Konduktion tragen **konvektive Luftzirkulationen** in offenen, luftgefüllten Poren von Sedimentkörpern und im offenen Trennflächengefüge von Festgesteinskörpern zur Erwärmung bzw. Abkühlung des Untergrundes bei. Treten hingegen im Hohlraumsystem Wasserzirkulationen auf, z. B. nach der Schneeschmelze (Draebing et al. 2014) oder nach Niederschlagsereignissen, tragen **advektive Prozesse** zur Temperaturzunahme bzw. -abnahme des Untergrundes bei.

Der Energie- und Wärmeaustausch zwischen Atmosphäre und der Oberfläche von Locker- und Festgesteinen kann auf unterschiedlichen zeitlichen Skalen betrachtet werden. Die einzelnen thermischen Parameter der Energiebilanzgleichung können in stündlichen, täglichen, saisonalen und jährlichen Zeitskalen wirksam werden. Aufgrund des thermischen Gleichgewichtes befinden sind die Wärmeflüsse im Gleichgewicht, sodass sich der Energie-Input in den Untergrund und der Energie-Output an die Atmosphäre ausgleichen.

15.4 Der Gefrier- und Tauprozess

Das Charakteristikum periglazialer Systeme ist eine Untergrundtemperatur von ≤ 0 °C. Derartige Systeme werden als **kryotisch** *(cryotic ground)* bezeichnet (Harris und Murton 2005; Ballantyne 2018). Sie definieren sich ausschließlich über die Temperatur, unabhängig davon, ob Eis oder Wasser vorhanden ist. Die Begriffe **Untergrundgefrornis** *(frozen ground)* bzw. **Gefrornis** werden dann verwendet, wenn Untergrundeis in verschiedenen Formen und Ausprägungen vorliegt. Dabei ist zu berücksichtigen, dass der Phasenübergang von Wasser zu Eis nicht nur temperaturgesteuert ist, sondern ebenfalls vom Poren- und Kluftwasserdruck, der Ionenzusammensetzung des Wassers und der Hohlraumgröße abhängig ist. Da das Untergrundeis für die Formung des Reliefs, d. h. für die geomorphologischen Systeme, eine besondere Bedeutung hat, werden im folgenden Text bevorzugt die Begriffe Untergrundgefrornis bzw. Gefrornis verwendet.

Die Untergrundgefrornis tritt in unterschiedlichen Erscheinungsformen und Zyklizitäten als **permanent gefrorener Untergrund** (Permafrost) und als jährlicher, saisonaler und täglicher **Gefrier-Tau-Prozess** auf. In Periglazialgebieten durchläuft die Erdoberfläche im Verlauf eines Zyklus eine Temperaturschwankung, die aus der Gefrier- und der Tauphase besteht (◘ Abb. 15.2). Die Amplituden der Phasen werden durch die Oberflächentemperatur und die Wärmeleitfähigkeit des Untergrundes gesteuert.

Die Wärmeleitung von Feststoffen, Flüssigkeiten und Gasen ist dadurch charakterisiert, dass der Energietransport durch Schwingungen und Wechselwirkungen der Atome und Moleküle erfolgt, die dabei selbst nicht transportiert werden. Die Effizienz der Wärmeleitung hängt von der **Wärmeleitfähigkeit** des Materials ab und wird in der Maßeinheit W m^{-1} K^{-1} ausgedrückt. Materialien weisen unterschiedliche Wärmeleitfähigkeiten auf. Typische Werte werden in ◘ Tab. 15.1 aufgeführt. Es wird deutlich, dass Luft, Wasser und Schnee schwache Wärmeleiter sind, während die Wärmeleitfähigkeit von Eis im Bereich der Werte von Gesteinen liegt. Das bedeutet, dass Luft und Schnee eine gute isolierende Wirkung aufweisen.

In einem **Gefrier-Tau-Zyklus** eines geomorphologischen Systems verändern sich die Energieaustauschprozesse zwischen der Fest- und Lockergesteinsoberfläche und der Atmosphäre in der Zeitspanne des Zyklus. Dieser kann unterschiedliche Zeitskalen umfassen. Für das periglaziale System sind tägliche Zyklen (Tag-Nacht) und saisonale Zyklen (Frühjahr-Sommer-Herbst-Winter) von besonderer Bedeutung. In der Gefrier- und Tauphase bewirken die Übergänge von Wasser zu Eis und von Eis zu Wasser mechanische Verformungsprozesse des Untergrundmaterials, die geomorphologische Konsequenzen nach sich ziehen.

15

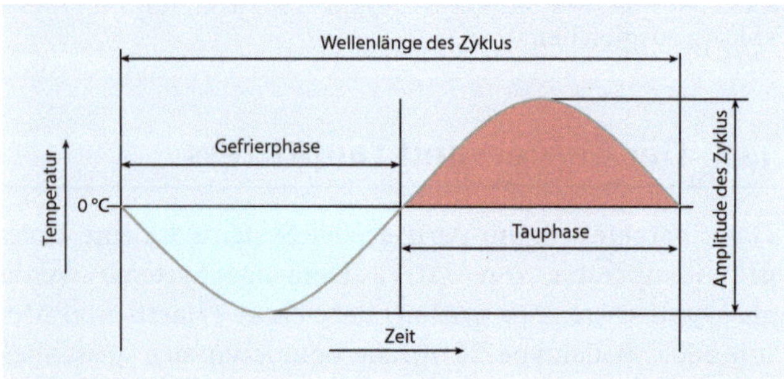

◘ **Abb. 15.2** Schematische Temperaturentwicklung in einem Gefrier-Tau-Zyklus

◘ **Tab. 15.1** Wärmeleitfähigkeit verschiedener Materialien (Williams und Smith 1995; French 2007; Ballantyne 2018)

Material	Wärmeleitfähigkeit (W m^{-1} K^{-1})
Luft	0,025
Neuschnee	0,086
Holz	0,12–0,16
Organisches Material	0,25
Schnee verfestigt	0,34
Wasser bei 0 °C	0,56
Beton	1,3–1,7
Schiefer	1,5
Toniges Lockergestein (feucht)	1,58
Sandiges Lockergestein (feucht)	1,8
Granit	1,7–4,0
Eis bei 0 °C	2,24
Tonminerale	2,92
Stahl	35–52

15.4.1 Eisbildungsprozesse

Wirkt Frost, d. h. eine Temperatur unter 0 °C, auf Locker- oder Festgesteine ein, können zwei fundamentale Prozesse beobachtet werden, die zu wesentlichen Anteilen die periglazialen Bedingungen der geomorphologischen Systeme steuern. Das sind die Volumenexpansion durch **Poren- und Klufteis** und die Bildung von **Segregationseis** (◘ Abb. 15.3). Die beiden Prozesstypen werden durch folgende Faktoren beeinflusst:

- Reines Wasser gefriert bei 0 °C und erweitert beim Phasenübergang vom flüssigen in den festen Zustand sein Volumen um etwa 9 %. Das in den Hohlräumen des Untergrundmaterials (Poren- und Trennflächensysteme) vorhandene Wasser erfährt somit eine Volumenexpansion, die zur Expansion des Materials führt.
- Wenn das Wasser im Poren- oder Trennflächensystem gelöste Salze enthält, ergibt sich eine Erniedrigung der Gefriertemperatur unter die 0-°C-Grenze.
- In porösen Materialien kann bei länger andauernden Frostbedingungen eine Wassermigration, auch gegen die Schwerkraft, in Richtung der Gefrierfront erfolgen, was als Eissegregation bezeichnet wird.
- In Abhängigkeit von der Mineralzusammensetzung des Untergrundes können Adsorptionskräfte Wassermoleküle an sich binden, die trotz Frostbedingungen zu einem dünnen, ungefrorenen Wasserfilm auf der Partikeloberfläche führen.

Die Prozesse der Volumenexpansion und Segregationseisbildung wirken in unterschiedlichen Raum- und Zeitskalen

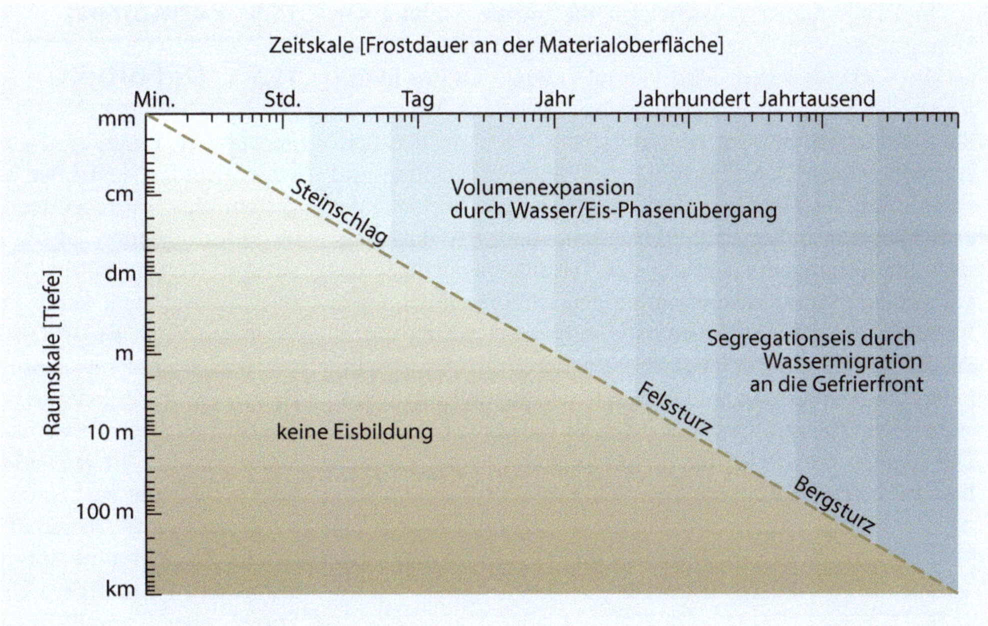

Abb. 15.3 Raum- und Zeitskalen der Bildung von Untergrundeis und Auswirkungen durch Volumenexpansion und Segregationseisbildung. Je länger die Frosteinwirkung an der Erdoberfläche anhält, desto tiefer können die Gefrierprozesse in den Untergrund eindringen. (Verändert nach Wegmann, Mitt. VAW 161, 1998)

(Abb. 15.3) und steuern die Verwitterungs- und Formungsprozesse in periglazialen Systemen in hohem Maße. In Festgesteinen wirken die periglazialen Verwitterungsprozesse durch Volumenzunahme des gefrierenden Wassers oberflächennah und führen zu Steinschlagprozessen geringer Magnitude. Das in größeren Tiefen gebildete Segregationseis benötigt längere Zeitskalen der Frosteinwirkung auf den Materialkörper und ist in besonderem Maße an die Kluftsysteme des Trennflächengefüges gekoppelt. Die Entfestigung findet in tieferen Regionen der Gesteinsmasse statt und führt zum Gesteinszersatz und folgend zu Felssturz- und Bergsturzprozessen mit höheren und höchsten Magnituden.

Die physikalischen Vorgänge der Volumenexpansion und der Eissegregation stellen die Basis für die Erklärung der wichtigsten periglazialen Formungsprozesse in der Phase der Bildung des Untergrundeises dar (Ballantyne 2018). Die **Volumenzunahme des Wassers** beim Phasenübergang vom flüssigen in den festen Zustand führt zu einem Gefrierdruck in den Hohlräumen des Fest- und Lockergesteins. Unter 0 °C steigt der Gefrierdruck linear an und erreicht bei −22 °C einen extrem hohen Wert von 207 MPa. Dieser Wert wird als Überlagerungsdruck in der Erdkruste erst bei ca. 7 km Tiefe erreicht. Die Volumenexpansion kann im Kluftsystem von Festgesteinen die Absprengung von Klasten hervorrufen. In Lockergesteinen erfolgt eine Hebung der Masse, die als Frosthub bezeichnet wird. Dieser Vorgang wird in der klassischen Verwitterungsforschung als physikalische Frostverwitterung bezeichnet (▶ Kap. 9). Die Effektivität des Prozesses ist von verschiedenen Materialeigenschaften und der Anzahl der Gefrier-Tau-Zyklen abhängig, d. h. davon, wie oft die Temperaturkurve des gesamten Materials die 0-°C-Grenze durchläuft. Allerdings wird diese Erklärung heute als zu einfach angesehen, da für die Frostverwitterung spezifische Bedingungen vorherrschen müssen. So muss das Gestein vollständig wassergesättigt sein und der Frost muss von allen Seiten und sehr schnell einwirken können. Außerdem kann ein maximaler Gefrierdruck von 207 MPa nur in geschlossenen Systemen unter Laborbedingungen erreicht werden, was weder bei Locker- noch bei Festgesteinen möglich ist, da hier offene und permeable Systeme vorliegen. Empirische Befunde legen daher nahe, dass die Prozesse der Volumenexpansion und ihre mechanischen Folgen nur für oberflächennahe Lokalitäten und für Klufterweiterungen in Festgesteinen sowie für oberflächennahe Frosthubprozesse in Lockergesteinen verantwortlich sein können.

Ein alternativer Prozess der Genese von Untergrundeis in periglazialen Systemen ist die **Bildung von Segregationseis.** Die Formungsprozesse resultieren dabei im Wesentlichen aus dem sukzessien Aufbau eines Eiskörpers im Fest- und Lockergestein durch Wassermigration, der als Segregationseis bezeichnet wird. Segregationseis entwickelt sich als Eislinse. Es existieren heute mehrere Theorien der Eislinsenbildung, die ein Feld der aktuellen Periglazialforschung darstellen und von Ballantyne (2018) zusammengefasst werden. Im Poren- und Kluftsystem der Gesteinsmasse wird das Wasser durch eine vom Temperaturgradienten abhängige **Frost-Saugspannung** *(cryosuction)* in Richtung der Gefrierfront transportiert. In Lockergesteinen entstehen Eislinsen und Eisbänder, deren Ausmaß von den verfügbaren Wassermengen abhängt. Da der Frost parallel zur Oberfläche in den Untergrund eindringt, bilden sich die Eislinsen parallel zur Oberfläche des Lockergesteins, d. h. zu den Isothermen im Untergrundmaterial. Ihre Dicke umfasst ein breites Spektrum, das von wenigen mm bis zu mehreren m reicht. Eislinsenbildung ist im Lockergestein der periglazialen Systeme ein weitverbreiteter Prozess und von hoher geomorphologischer Bedeutung. Segregationseis führt hier zu intensiven Frosthubprozessen, Materialsortierungen und Frostkriechen.

In Festgesteinen vollzieht sich die initiale Bildung von Segregationseis im Porensystem. In Analogie mit den Prozessen in Lockergesteinen wird vermutet, dass sich das in den Poren des permeablen Festgesteines enthaltene Wasser an die Gefrierfront bewegt. Hier gefriert es initial an den Spitzen von Mikrorissen und führt zur Weiterentwicklung und räumlichen Fortpflanzung des Mikrorissnetzes. Im Laufe der Zeit bilden sich Segregationseislinsen, die zu Makrorissen und zur Volumenerweiterung des Trennflächengefüges des Festgesteins führen. Damit verbunden ist eine zunehmende Entfestigung der Gesteinsmasse, sodass die Segregationseisbildung als ein zentraler Prozess der Frostverwitterung betrachtet wird (▶ Kap. 9). Die durch das Segregationseis entstehenden Diskontinuitäten werden als Frostrisse bezeichnet. Der Temperaturbereich für die Bildung von Segregationseis liegt zwischen −3 und −6 °C (Hallet 2006).

15.4.2 Eisabbauprozesse

Wirkt eine Temperatur über 0 °C auf Eis in Fest- und Lockergesteinen ein, erfolgt eine Eisschmelze, die boden- und felsmechanische Konsequenzen nach sich zieht. Im Lockergestein bewirkt der Tauprozess eine zeitabhängige **Taukonsolidation** *(thaw consolidation)* (Ballantyne 2018), die als Setzung des Lockergesteins während der Tauphase (Kuntsche 2000) definiert ist. Der Prozess umfasst mehrere Komponenten:

- Volumenreduktion des Untergrundeiskörpers,
- Reduktion der Porengröße durch Reorganisation des Korngerüstes und der Partikelaggregate,
- Stauwirkung der ev. vorhandenen tiefer liegenden Permafrostschichten,
- Erhöhung des Porenwasserdrucks,
- Abfluss von Porenwasser und des Schmelzwassers der Eislinsen,
- Abnahme der Scherfestigkeit.

15

Im Gegensatz dazu wird der Eisabbauprozess im Festgestein in hohem Maße durch das Trennflächengefüge gesteuert. Das felsmechanische **Fels-Eis-Modell** von Krautblatter et al. (2013) basiert auf der Vorstellung, dass die Schmelzwirkung von Eis in freien Felswänden in zwei Zeitskalen abläuft und damit zwei unterschiedliche Raumskalen umfasst. In tieferen Bereichen der Felsmasse wirken Wärmeimpulse in langen Zeitskalen von Jahrhunderten bis Jahrtausenden in Form langsamer, kriechender Deformationsbewegungen. Schnelle Reaktionen der Felsmasse sind auf die Deformations- und Scherprozesse in den oberflächennahen Trennflächensystemen zurückzuführen. Hier bewirken sommerliche, kurzskalige Wärmeimpulse eine Eisdeformationen und die Entwicklung von Scherbrüchen an Fels-Eis-Grenzen. Dies führt zur Reduktionen der Scherfestigkeit der Masse.

15.5 Permafrost

15.5.1 Definition

Permafrost beschreibt eine thermische Eigenschaft des Untergrundes. Darunter versteht man Fest- und Lockergestein, das während der Dauer von mindestens zwei aufeinanderfolgenden Jahren eine Temperatur von unter 0 °C aufweist (Davis 2001). Das Vorhandensein von Eis und/oder Wasser stellt keine Bedingung für die Definition von Permafrost dar. Es ist daher sinnvoll, Permafrost als **perennierend kryotischen Untergrund** zu definieren, wobei der Begriff kryotisch lediglich über die Temperatur definiert ist. Der Begriff Gefrornis sollte dann verwendet werden, wenn Untergrundeis in jedweder Form, Ausprägung und zeitlichen Zyklizität vorhanden ist.

Es lässt sich trockener Permafrost, der in den trockenen arktischen und antarktischen Regionen auftritt, von eisreichem Permafrost unterscheiden. Bei Letzterem ist der Poren- oder Trennflächenraum des Untergrundmateriales teilweise oder gänzlich mit Eis gefüllt. Ein warmer Permafrost liegt vor, wenn die mittlere jährliche Temperatur am Permafrostspiegel (◘ Abb. 15.4) zwischen 0 °C und −5 °C liegt, als kalt wird Permafrost bezeichnet, wenn diese Temperatur unter −5 °C sinkt. Sowohl die thermischen Eigenschaften als auch das Poren- und Klufteis des Untergrundes und ihre Veränderungen haben eine hohe Bedeutung für die geomorphologischen Prozesse der periglazialen Zone. Ein terminologischer Überblick kann ◘ Tab. 15.2 entnommen werden.

Die solare Einstrahlung und die positiven Lufttemperaturen des Sommers führen im Permafrostkörper zur Bildung einer Schicht, die im Sommer Temperaturwerte über 0 °C erreicht, die im Winter wieder unter 0 °C absinken. Diese Schicht wird in thermischer Definition als saisonal kryotischer Untergrund *(seasonally cryotic ground)* bezeichnet. Wenn in dieser Schicht saisonale Eisschmelze und -gefrornis stattfinden und Wasser auftritt, wird sie als **Auftauschicht** *(active layer)* bezeichnet (◘ Abb. 15.4). Saisonale Gefrier-Tau-Rhythmen sind ein weitverbreitetes Phänomen der Periglazialgebiete, das in Permafrostregionen auftritt und ebenfalls in Regionen ohne Permafrost zu beobachten ist. Wie in ◘ Abb. 15.4 dargestellt wird, entwickelt sich hier ein einseitiges herbstliches Wiedergefrieren, das von der Oberfläche in den Untergrund vordringt.

Die sommerliche Auftauschicht stellt die oberste Schicht des eisgebundenen Permafrostsystems dar. Der spätwinterlichen vollständigen Gefrornis folgt das Tauen im Frühjahr. Es beginnt an der Materialoberfläche und setzt sich in die Tiefe fort. Die Basis der Auftauschicht wird als **Permafrostspiegel** bezeichnet. Im Gegensatz zum Tauen ist der Gefrierprozess ein zweiseitiger Vorgang. Von der Geländeoberfläche setzt er sich als **herbstliches Wiedergefrieren** *(freezeback)* in die Tiefe fort. Bei kaltem Permafrost beginnt

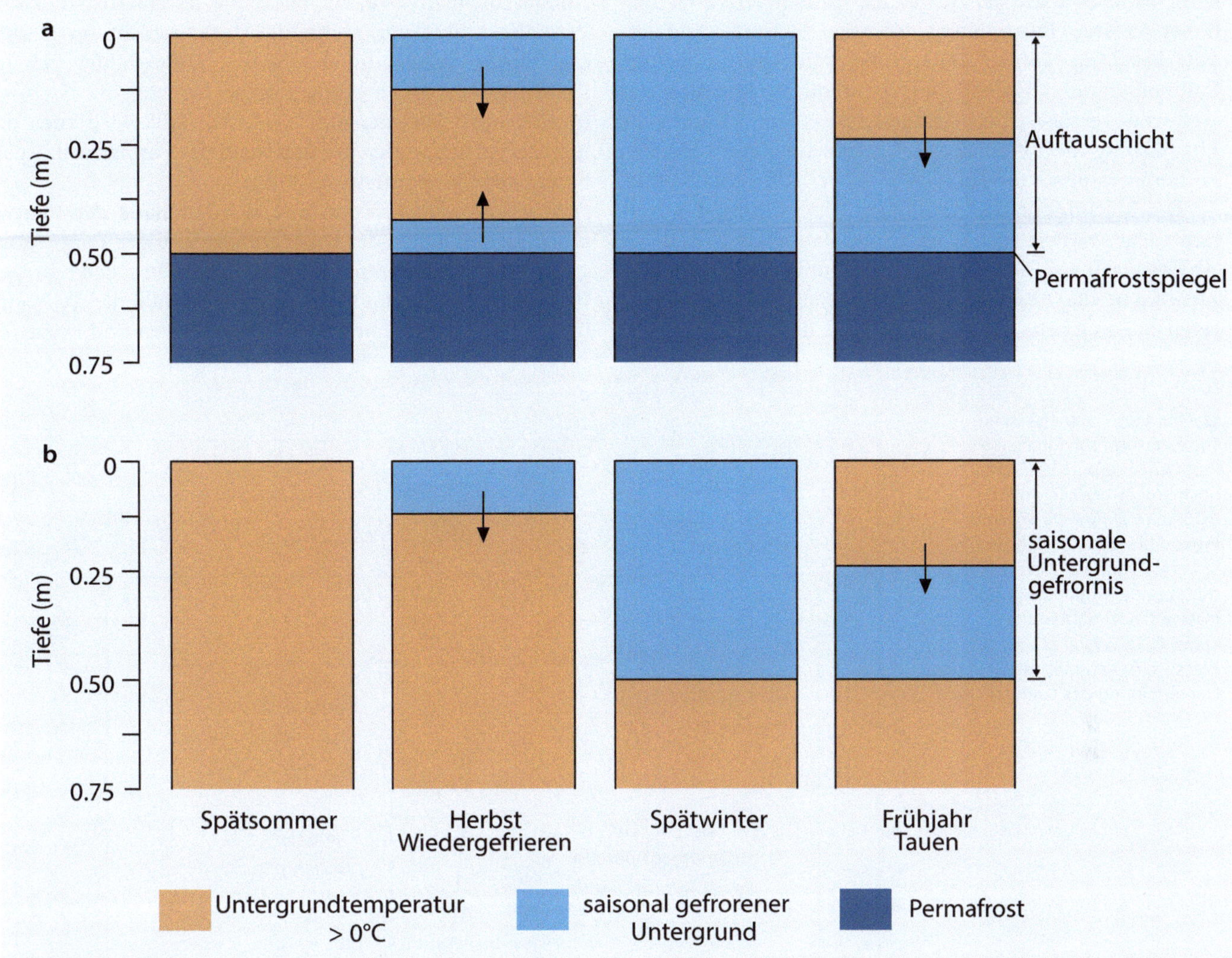

Abb. 15.4 Jahreszeitliche Entwicklung der Untergrundgefrornis und -schmelze **a** in einem Permafrostsystem und **b** in einem System mit saisonaler Untergrundgefrornis ohne Permafrost. (Verändert nach Ballantyne 2018: Periglacial Geomorphology. Wiley Blackwell, Chichester. © 2017. Abdruck mit Genehmigung von John Wiley and Sons Inc. erteilt durch Copyright Clearance Center, Inc.)

Tab. 15.2 Terminologie von Komponenten des Permafrostsystems (Ballantyne 2018)

Typ	Beschreibung
Perennierend kryotisches System	Mehrere Jahre bis Jahrtausende anhaltende Temperatur von Fest- und Lockergestein unter 0 °C
Saisonal kryotisches System	Im Verlauf der Jahreszeiten vorübergehende (ephemere) Temperatur von Fest- und Lockergestein unter 0 °C
Täglich kryotisches System	Im Verlauf des Tages ephemere Temperatur von Fest- und Lockergestein unter 0 °C
Permafrost	Temperatur von Fest- und Lockergestein unter 0 °C für mindestens zwei aufeinanderfolgende Jahre
Auftauschicht	Oberste Schicht des Permafrostkörpers mit sommerlicher Eisschmelze und winterlicher Wiedergefrornis
Syngenetischer Permafrost	Zeitlich parallele Sedimentation von Lockergestein und der Bildung von Permafrost
Epigenetischer Permafrost	Zeitlich nachfolgende Bildung von Permafrost in einem bereits vorhandenen Sedimentkörper
Polygenetischer Permafrost	Hybride Permafrostgenese (syngenetisch und epigenetisch)

der Gefrierprozess zusätzlich am Permafrostspiegel und entwickelt sich aufwärts in Richtung der Oberfläche. Das thermische Regime des Untergrundes ist in hohem Maße von der Schneebedeckung abhängig. Eine **Schneedecke** schirmt den Untergrund gegen Temperatureinwirkungen der Atmosphäre ab und erhöht die Albedo. Je dicker die Schneeschicht und je mehr Luft darin eingeschlossen ist, desto isolierender wirkt sie. Ein gefrorener Untergrund kann dadurch auch bei steigenden Lufttemperaturen und hoher solarer Einstrahlung gefroren bleiben. Andererseits kann ein warmer Untergrund gegenüber sinkenden Lufttemperaturen isoliert und somit die Ausbreitung der Gefrornis verzögert oder verhindert werden. So kann die Entwicklung des Permafrostes gegenläufig zur aktuellen Lufttemperatur stattfinden.

Die Mächtigkeit und räumliche Ausdehnung der Auftauschicht variiert beträchtlich in Raum und Zeit. In Abhängigkeit von den thermischen Bedingungen des Sommers kann die Auftauschicht eine Mächtigkeit von mehreren m erreichen. Aktiver Permafrost liegt vor, wenn die Auftauschicht im Winter vollständig durchfriert. Inaktiver Permafrost liegt vor, wenn die Auftauschicht im Winter nicht mehr vollständig durchfriert. Dabei bildet sich im Permafrostkörper eine ungefrorene Schicht, die Niefrostbereich oder **Talik** genannt wird. Als Talik wird auch der niemals gefrorene Bereich unterhalb des Permafrostkörpers bezeichnet (Subpermafrost-Talik).

Ein Permafrostkörper lässt sich auf Basis der thermischen Eigenschaften des Untergrundes und der Temperaturgradienten definieren (◘ Abb. 15.5). In den oberen Bereichen des Permafrostkörpers schwankt die Temperatur im Laufe eines Jahres zwischen positiven und negativen

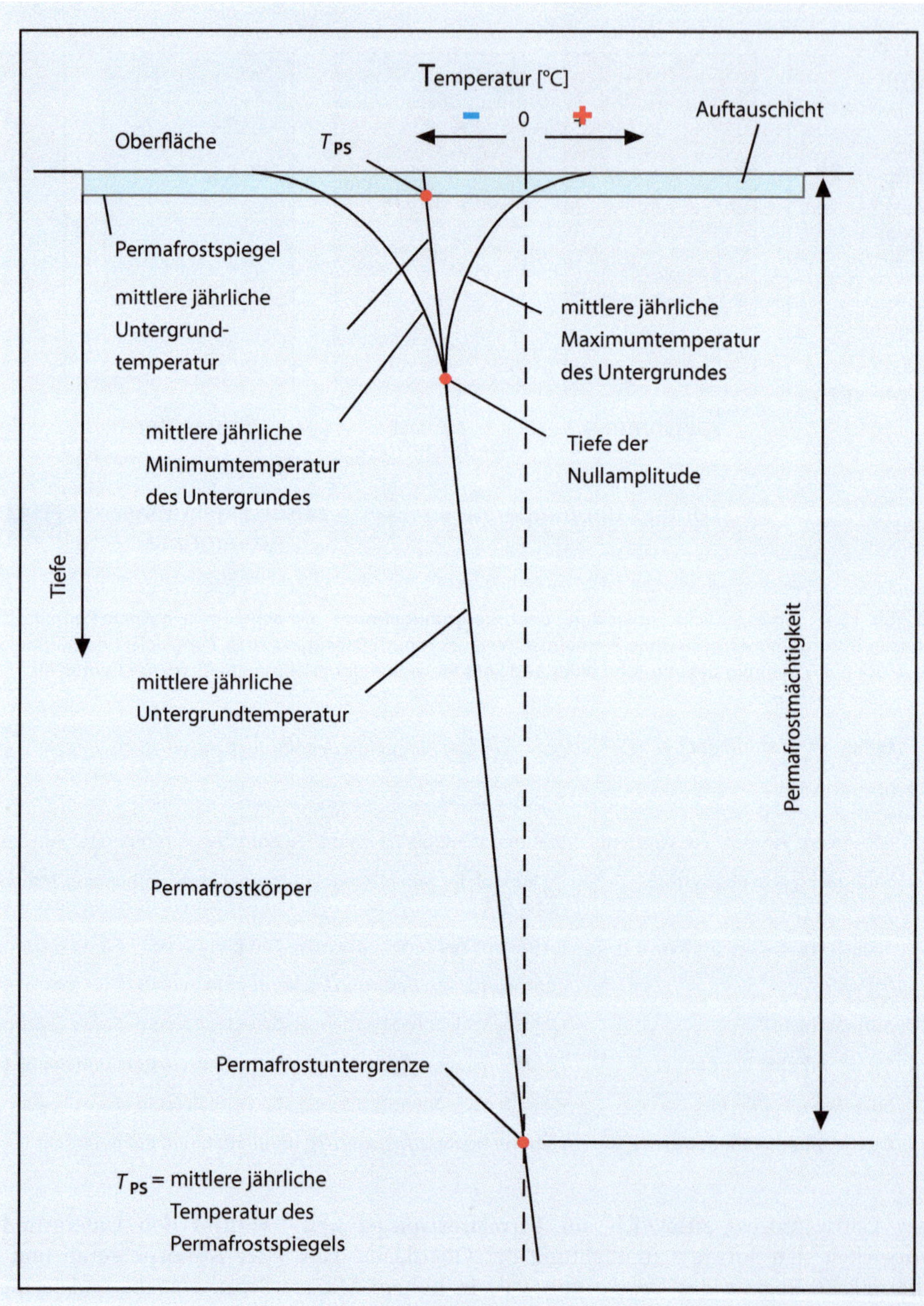

◘ **Abb. 15.5** Schematisches Temperaturprofil durch einen Permafrostkörper. (Verändert nach Brown 1970: Permafrost in Canada. University Toronto Press. Abbildungsvorlage auf S. 11, Abb. 6: Typical ground temperature regime in permafrost and non-permafrost areas. © University of Toronto Press 1970. Abdruck mit Genehmigung des Verlags)

Werten. In einer bestimmten Tiefe treten keine Schwankungen mehr auf. Sie wird als **Tiefe der Nullamplitude** (*zero annual amplitude,* ZAA) bezeichnet. Häufig liegt diese Tiefe bei 20–30 m. Der Permafrostkörper wird nach unten durch die **Permafrostbasis** oder Permafrostuntergrenze abgegrenzt. Die Mächtigkeit des Permafrostkörpers ist mit zunehmender Tiefe von der Bilanz des Wärmegewinns (geothermischer Gradient) und dem Wärmeverlust an der Erdoberfläche abhängig.

Das thermische System des Permafrostes wird von Einflüssen der Atmosphäre und des Untergrundes hervorgerufen und gesteuert. Wichtige Einflüsse bilden die mittlere jährliche Lufttemperatur, die Schneebedeckung, die Vegetationsbedeckung und die Materialeigenschaften des Untergrundes, wie Porosität, Infiltrationskapazität, Korngröße oder kapillare und adhäsive Eigenschaften der Partikel und des Poren- und Trennflächenraumes. Die chemische Zusammensetzung des Poren- und Kluftwassers und die gegenüber der Oberfläche veränderten Druckverhältnisse des Untergrundes können zu einer **Gefrierpunkterniedrigung** führen. In dieser Situation kann das Untergrundwasser bei Unterschreiten der 0-°C-Grenze flüssig bleiben. Der geothermische Gradient, d. h. die Rate des Wärmeflusses aus dem Erdinneren, erzeugt eine Temperaturzunahme von ca. 1 °C pro 30–60 m Tiefe. Jede Veränderung der klimatischen Bedingungen wird eine Veränderung der Permafrostmächtigkeit nach sich ziehen, wobei eine Temperaturzunahme zu einer Zunahme der Mächtigkeit der Auftauschicht und zu einer Zunahme der Permafrosttemperatur führen wird.

Unter geomorphologischen Gesichtspunkten werden Permafrostsysteme in syngenetische und epigenetische Typen unterschieden. Bei einem syngenetischen Permafrost erfolgen die Sedimentation des Lockergesteins und die Permafrostbildung in diesen Sedimenten zeitlich parallel. Sie weisen damit das gleiche Alter auf. Epigenetischer Permafrost entwickelt sich in bereits existierenden Fest- und Lockergesteinen, er ist somit jünger als das Material, das er thermisch beeinflusst. Wenn beide Typen kombiniert auftreten, liegt ein polygenetischer Permafrost vor.

15.5.2 Klassifikation und Verbreitung

Das Permafrostphänomen ist anhand unterschiedlicher Kategorien klassifiziert worden (Tab. 15.3). Die Gliederung auf Basis der jeweiligen Flächenanteile an der Gesamtfläche führt zu den Typen des kontinuierlichen, diskontinuierlichen, sporadischen und fleckenhaften Permafrostes. Weitere Kategorien umfassen die Temperatur, die Region und den Eisgehalt. Von besonderer Bedeutung ist der systemische Status des heutigen Permafrostsystems, da aus ihm weitreichende paläoklimatologische Erkenntnisse abgeleitet werden können. Des Weiteren können in

Tab. 15.3 Klassifikation des Permafrostphänomens (French 2007; Ballantyne 2018)

Kategorie	Permafrosttyp	Klassengrenzen/Erklärung
Flächenanteil an der Gesamtfläche	Kontinuierlich	>90 %
	Diskontinuierlich	50–90 %
	Sporadisch	10–50 %
	Fleckenhaft	<10 %
Temperatur	Warm	−5 °C–0 °C
	Kalt	< −5 °C
Region	Polar	Polargebiete
	Alpin	Hochgebirge
	Montan	Hochplateaus und -gebirge
	Submarin	Arktische Kontinentalschelfe
Systemischer Status und historische Entwicklung	Gleichgewichtspermafrost	Thermischer Gleichgewichtszustand zwischen heutiger Untergrundtemperatur und geothermischem Wärmefluss
	Ungleichgewichtspermafrost (reliktisch)	Bildung unter von heute abweichenden Bedingungen der Vergangenheit
	Permafrost der Vergangenheit	Retrodiktiv gewonnene Erkenntnis über Permafrost in Periglazialsystemen der Vergangenheit
Eisgehalt	Eisgebunden	Permafrost mit Eisgehalt
	Eiszementiert	Eiszement durch intergranulares Poreneis
	Eisübersättigt	Poren- und Trennflächenvolumen übersteigender Eisgehalt von Fest- und Lockergesteinen
	Salin	Gefrierpunkterniedrigung des Porenwassers durch Salzgehalt

Festgesteinen reliktische Permafrostvorkommen auftreten, die in einer kalten Vergangenheit aufgebaut wurden, mit der heutigen klimatischen Situation nicht mehr im Gleichgewicht stehen, jedoch starke Einflüsse auf die heutige Festigkeit der Felsmasse ausüben können.

Saisonale Winter-Sommer-Rhythmen und Permafrost finden sich in den hohen Breiten der Polarregionen und den Hochgebirgen der niederen Breiten (◘ Abb. 15.6). French (2007) nennt einen klimatischen Grenzwert, der alle Regionen in die periglaziale Zone einschließt, die eine mittlere jährliche Lufttemperatur (*mean annual air temperature*, MAAT) von <+3 °C aufweisen. Dazu gehören sowohl Regionen, in denen frostaktive Bedingungen dominieren (mittlere jährliche Lufttemperatur <−2 °C), als auch Regionen in denen Frostaktivitäten auftreten, aber nicht unbedingt dominant sind (mittlere jährliche Lufttemperatur −2° C bis +3 °C). Es sind 24 % des Festlandes von Permafrost beeinflusst, wobei Alaska mit ca. 82 %, Kanada und Russland mit ca. 50 % und China mit ca. 20 % der Landesflächen betroffen sind. Die Polargebiete der Nordhalbkugel bilden somit die bedeutendsten globalen Verbreitungsregionen für Permafrost. Mit ca. 2,3 Mio. km² Verbreitungsfläche tragen die Hochgebirge der Nordhemisphäre zu einem Anteil unter 10 % bei.

Der Aufbau der **polaren Permafrostkörper** wird in einem schematischen Profil in ◘ Abb. 15.6 dargestellt. Die Mächtigkeit des Permafrostes, d. h. die Tiefe der Permafrostbasis und der Beginn des Subpermafrost-Taliks, nimmt mit abnehmender geographischer Breite ab. Bis ca. 65° nördlicher Breite liegt die Zone des kontinuierlichen Permafrostes vor (◘ Tab. 15.3). Hier existiert ein durchgehender Permafrostkörper, der nur im Sommer eine obere dünne Auftauschicht ausbildet. Südlich daran schließen sich die Zonen des diskontinuierlichen und des sporadischen Permafrostes an. Sie sind durch eine Abnahme der Tiefe der Permafrostbasis und die Entwicklung von Intrapermafrost-Taliks gekennzeichnet. Hier unterschreitet der Untergrund zunehmend auch im Winter nicht mehr die 0-°C-Grenze. Der Permafrostkörper löst sich in vereinzelte Permafrostareale auf, die fleckenhaft auftreten. Damit verbunden ist eine starke Zunahme der sommerlichen Auftauschicht.

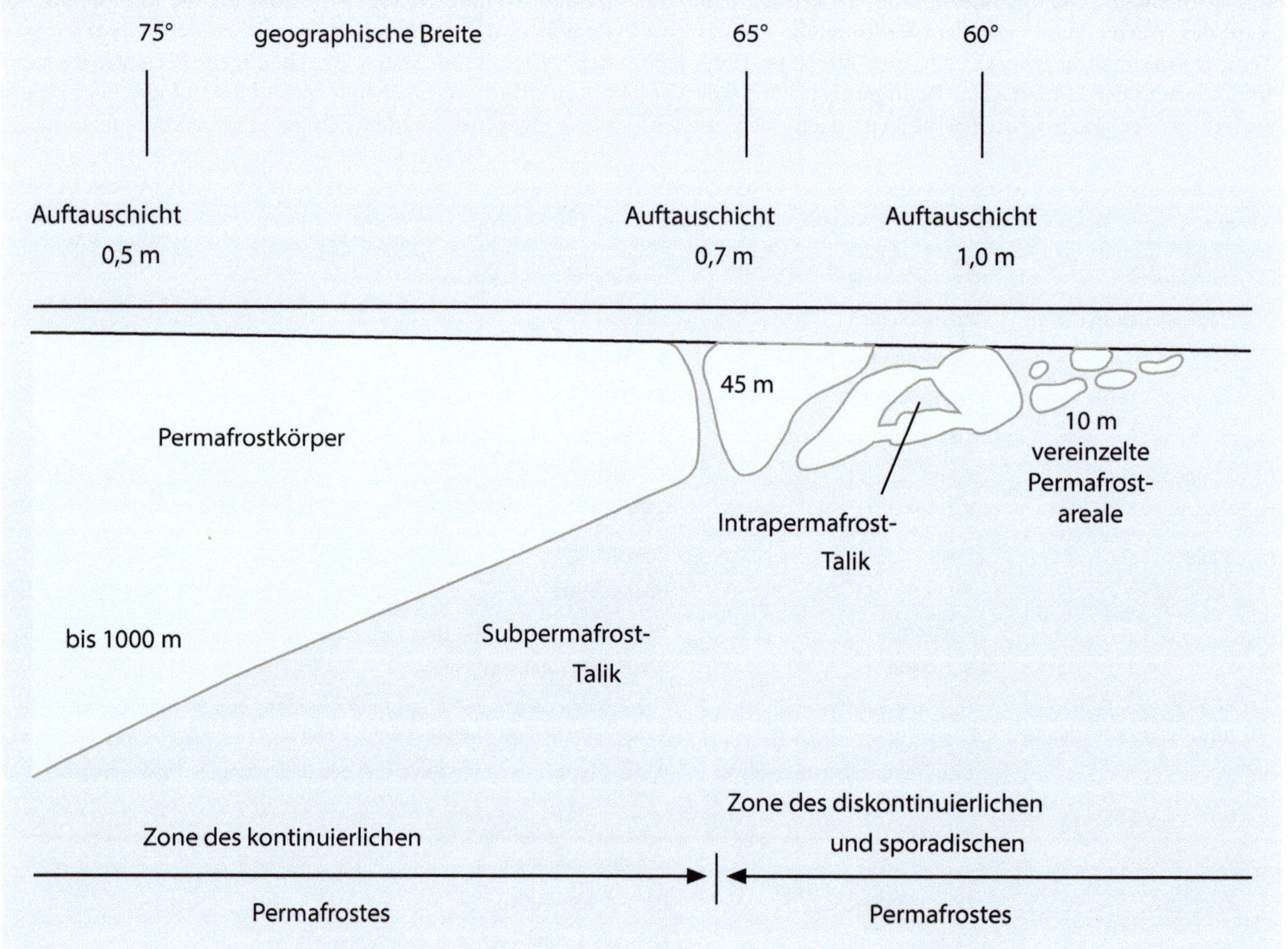

◘ **Abb. 15.6** Schematisches Profil durch einen Permafrostkörper in den hohen Breiten der Nordhalbkugel. (Verändert nach Brown 1970: Permafrost in Canada. University Toronto Press. Abbildungsvorlage auf S. 8, Abb. 4: Typical vertical distribution an thickness of permafrost. © University of Toronto Press 1970. Abdruck mit Genehmigung des Verlags)

15

Der Permafrostkörper kann beträchtliche Tiefen erreichen. So wurden in Nordamerika durchschnittliche Tiefen von 250–400 m gemessen, in Sibirien werden maximale Tiefen von 1000 m und mehr erreicht. Diese mächtigen reliktischen Permafrostkörper sind allerdings von den aktuellen klimatischen Verhältnissen entkoppelt. Sie wurden in früheren Phasen der Eiszeiten des Quartärs in Regionen gebildet, die nicht vom Eis bedeckt waren.

Unterschiede der den Permafrost beeinflussenden Bedingungen haben dazu geführt, verschiedene **Permafrostregionen der Erde** räumlich zu differenzieren (◘ Abb. 15.7). Dazu zählen der polare Permafrost der Arktis und Antarktis, der alpine Permafrost der Hochgebirge und der Plateaupermafrost, besonders des Tibetplateaus. Weiterhin existiert submariner Permafrost in den kontinentalen Schelfgebieten Nordsibiriens und Nordamerikas. Der polare Permafrost wird in erster Linie durch die mittlere jährliche Lufttemperatur (*mean annual air temperature,* MAAT) gesteuert. Für seine südliche Grenze wurde ein MAAT-Schwellenwert von ca. −6 bis −8 °C ermittelt, für den diskontinuierlichen Permafrost liegt dieser Wert bei etwa −1 bis −2 °C.

Die thermischen und hydrologischen Eigenschaften der Auftauschicht, die Gefrier-Tau-Zyklen, die Eistypen beim Permafrostauf- und abbau und die damit verbundenen Prozesse des Gesteinszersatzes und der Materialdeformation bilden spezifische Bedingungen für die geomorphologischen Prozesse in den Permafrostregionen.

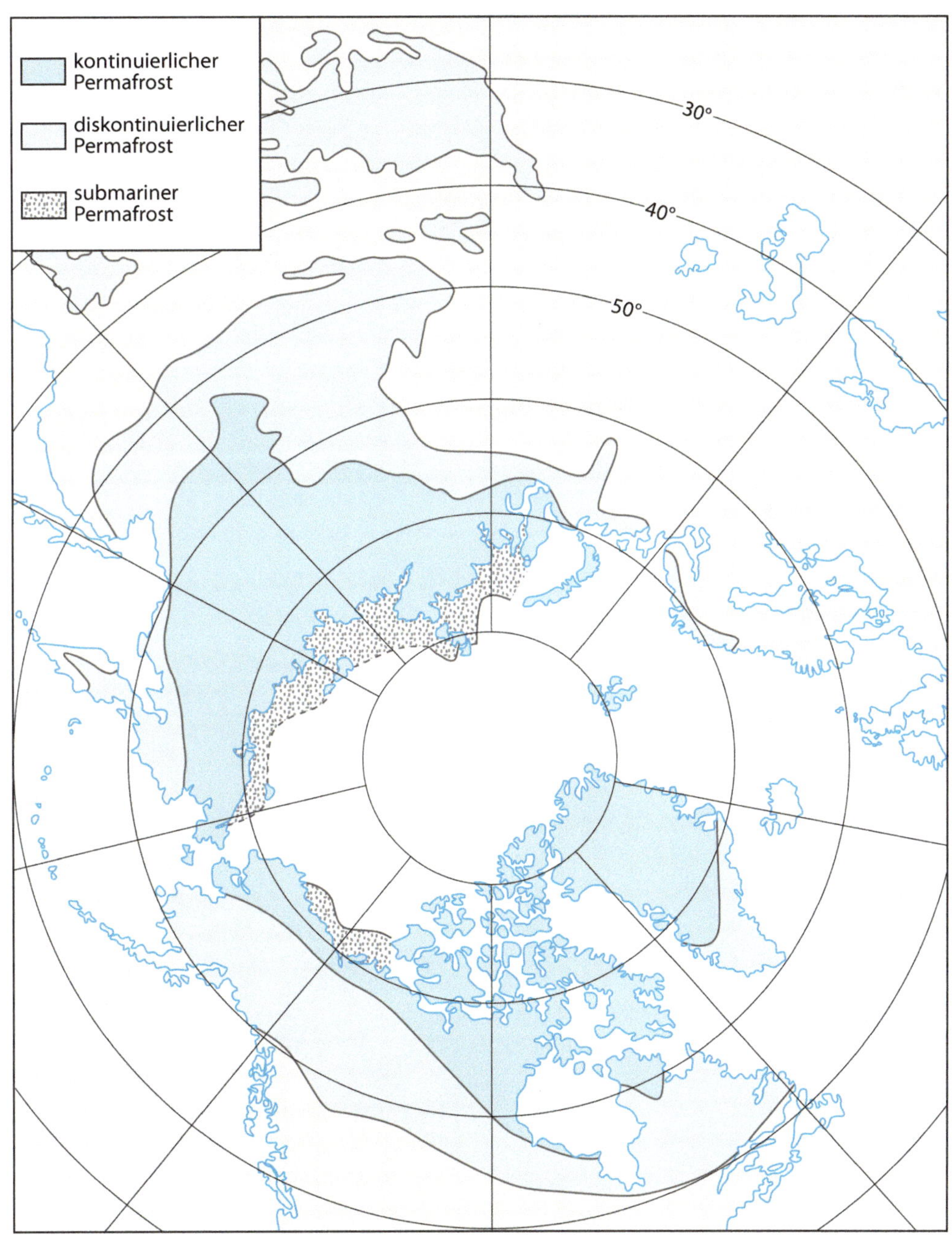

◘ **Abb. 15.7** Permafrostverbreitung auf der nördlichen Hemisphäre. (Verändert nach Blümel 1999: Physische Geographie der Polargebiete. Teubner Studienbücher. Gebrüder Borntraeger, Berlin – Stuttgart: ▶ www.borntraeger-cramer.de/9783443071530)

15.6 Untergrundeis

Eine charakteristische Komponente des gefrorenen Untergrundes bildet das Untergrundeis (◘ Abb. 15.8 und 15.9). Zahlreiche Reliefformen werden durch die Bildung und die Schmelze von Untergrundeis verursacht. Häufig wird diese Erscheinung auch als Bodeneis bezeichnet, obwohl es sich im strengen Sinne nicht um einen Boden im pedologischen Sinne handeln muss.

Durch den Gefrierprozess entstehen unterschiedliche Typen von Untergrundeis, dessen Eigenschaften das mechanische Verhalten des Untergrundes in starkem Maße steuern und für die Entwicklung und den Ablauf der geomorphologischen Prozesse relevant sind. Untergrundeis kann nach unterschiedlichen Kriterien klassifiziert werden (◘ Tab. 15.4). Vor dem Gefriervorgang kann das Wasser aus der Atmosphäre, von der Erdoberfläche oder aus dem Untergrund stammen. Es wird durch unterschiedliche Transportprozesse

◘ **Abb. 15.8** Untergrundeis in der Permafrostregion Alaskas. Die linke Seite des Eiskörpers ist bereits bis auf eine dünne Decke ausgeschmolzen. (Quelle: Benjamin Jones, Alaska Science Center, U.S. Geological Survey)

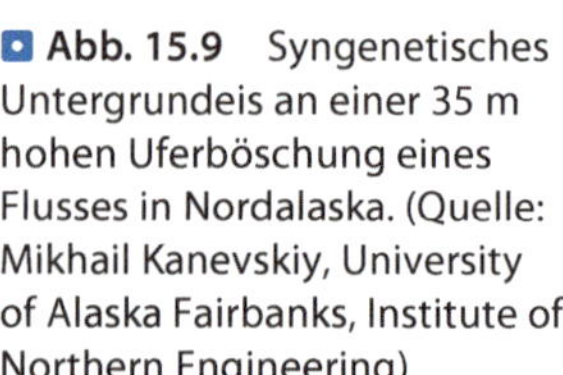

◘ **Abb. 15.9** Syngenetisches Untergrundeis an einer 35 m hohen Uferböschung eines Flusses in Nordalaska. (Quelle: Mikhail Kanevskiy, University of Alaska Fairbanks, Institute of Northern Engineering)

in flüssigem und gasförmigem Zustand zur Verfügung gestellt. Durch den Gefrierprozess bilden sich verschiedene Typen von Untergrundeis. Für die Beschreibung des Untergrundeises können grundsätzlich zwei Attribute verwendet werden. Der **Eisgehalt** in Lockergesteinen beschreibt das prozentuale Verhältnis der Eismasse zur Masse der Trockensubstanz der mineralischen Bestandteile. Der Gehalt des Untergrundes an **übersättigtem Eis** wird durch den Eisgehalt beschrieben, der das verfügbare Porenvolumen des Untergrundmaterials überschreitet. Damit ist verbunden, dass nach dem vollständigen Tauen das vorherige Materialvolumen wieder erreicht wird und in Mulden an der Oberfläche des Materialkörpers ein freier Wasserkörper entsteht, der als Muldenrückhalt bezeichnet wird. Dieses Wasser kann durch seinen prozentualen Anteil am Gesamtvolumen von Sediment und Porenwasser quantifiziert werden.

Die genetische Klassifikation weist nach Mackay (1972) weitere Typen von Untergrundeis aus (◘ Tab. 15.4):

- Thermische Kontraktion und Zugspannungen führen im Untergrundmaterial zu Spalten und Rissen und dem Eindringen von Oberflächenwasser. Nach der Gefrornis bilden sich Spalteneis, mit Tiefen von 0,2–70 cm, und größere Eiskeile, die mehrere m Tiefe und Breite erreichen können.
- Segregationseis entwickelt sich in Fest- und Lockergesteinen. Die Bewegung von Porenwasser in Richtung der Gefrierfront durch die Saugspannung einer Gefrierfront *(cryosuction)* führt zur Bildung von Eislinsen.
- Intrusionseis bildet sich beim Eindringen von Wasser in den saisonal oder perennierend gefrorenen Untergrund. Dabei entsteht Pingoeis.
- Poreneis entsteht durch die Gefrornis von autochthonem Porenwasser. Es tritt in oberflächennahem Permafrost und in der Auftauschicht von Locker- und Festgesteinen auf.
- Eine bestimmte Eisbildung an der Erdoberfläche wird als Nadeleis bezeichnet. Darunter werden parallele Eisstrukturen verstanden, die sich mit einer Länge bis zu 30 mm senkrecht zur Oberfläche bilden.
- Weitere Eistypen treten als Meereis, Flusseis, Seeeis, Gletschereis oder als Eisschilde auf.

15.7 Formungsprozesse in periglazialen Systemen

Der gefrierende und tauende Untergrund hat spezifische Eigenschaften, die für die geomorphologischen Prozesse der Verwitterung, des Abtrags, des Transportes und der Deposition von hoher Bedeutung sind. Das Spektrum geomorphologischer Formungsprozesse der periglazialen Regionen wird in ◘ Tab. 15.5 dargestellt. Die mechanischen Eigenschaften des gefrorenen und des tauenden Untergrundes unterscheiden sich in hohem Maße von Systemen, die nicht von einer Frostdynamik beeinflusst sind. Es ist daher sinnvoll, geomorphologische Formungsprozesse in periglazialen Systemen grundsätzlich in mehrere Typen zu gliedern. Einerseits sind geomorphologische Prozesse zu beobachten, die sich nur in kaltklimatischen Regionen entwickeln können und die als genuin **zonale Reliefformung** bezeichnet werden, z. B. Eiskeile oder Pingos. Das für periglaziale Systeme konstituierende zonale Merkmal bildet der perennierend gefrorene Untergrund, d. h. das von den thermischen Bedingungen des Permafrostes beeinflusste Locker- und Festgestein, das Untergrundeis und die Gefrier- und Tauprozesse in der sommerlichen Auftauschicht. Andererseits werden Prozesse beobachtet, die nicht an das Auftreten von Permafrost gebunden sind und

◘ **Tab. 15.4** Geomorphologisch wirksame Eistypen (Mackay 1972)

Herkunft des Wassers vor dem Gefrieren	Wassertransportprozess	Prozess der Hohlraumbildung/ Eisbildungsprozess	Typ des Untergrundeises
Untergrundeis			
Atmosphärisches Wasser	Wasserdampfdiffusion		Eis in offenen Hohlräumen
Oberflächenwasser	Gravitation	Risse durch thermische Kontraktion	Spalteneis
			Eiskeil
		Risse durch Zugspannung	Eis in Zugrissen
Untergrundwasser (Boden- und Grundwasser)	Wasserdampfdiffusion		Eis in geschlossenen Hohlräumen
	Sauspannung, Druck, Gravitation, Wärme, Osmose	Segregation	Segregationseis (Eislinsen) (abwärtsgerichtete Gefrornis)
			Segregationseis (Eislinsen) Aggradationseis (aufwärtsgerichtete Gefrornis)
	Druck	Intrusion	Intrusionseis
	Gravitation	Gefrornis von autochthonem Porenwasser	Poreneis
Andere geomorphologisch wirksame Eistypen			
Nadeleis, Meereis, Flusseis, Seeeis, Gletschereis, Eisschilde			

Tab. 15.5 Klassifikation periglazialer Phänomene und daraus folgende geomorphologische Prozesse und Formen (Ballantyne 2018)

Periglaziales Phänomen	Geomorphologische Folgen
Thermische Kontraktion	
Thermische Kontraktion des mineralischen Untergrundes Bildung von Rissen und polygonalen Rissnetzen Eisbildung	Eiskeile Eiskeilpolygone Sandkeile
Hohlform-Sedimentation	Eiskeil-Pseudomorphosen (sedimentär verfüllte Eiskeile)
Eissegregation und -intrusion	
Eissegregation	Palsa
Eisinjektion	Pingo
Thermokarst	
Schmelze von Untergrundeis	Absenkung des Untergrundes durch Einsturzhohlräume
Thermische Erosion	Hangaquatische Grabenerosion Tunnelerosion durch subkutane Wasserflüsse auf dem Permafrostspiegel Rückschreitende Tau-Rutschung
Saisonale Gefrornis	
Auf- und Abbau von Nadeleis	Gehobene und versetzte Materialdecken
Frosthub in der Auftauschicht	Gehobene und versetzte Materialdecken
Frostmusterbildung	Materialringe, -polygone, -netze und -streifen
Kryoturbation	Lockergesteins- und Bodenverformung
Gravitative Prozesse in Lockergesteinen	
Solifluktion	Solifluktionsloben
Permafrostkriechen	Plastische Deformation von Eis Scherung im Eiskörper Blockgletscher
Blockbewegung	Wanderblöcke
Scherungen und Gleiten in der Auftauschicht	Rutschungen
Periglazialer Murgang	Fließen Murgerinne, Murkegel
Gravitative Prozesse in Festgesteinen	
Fallen Kippen	Steinschlag, Blocksturz, Felssturz, Bergsturz, Sturzhalde (Schutthalde, Schuttkegel, zusammenwachsende Schuttkegel)
Nivale Prozesse	
Schneelawinen	Sedimenttransporte in der Schneemasse Lawinenkegel
Weitere azonale Prozesse	
Hangaquatische Prozesse	Schicht-, Rillen- und Interrillenerosion, Grabenerosion, Schwemmfächer Erosionsrillen, Tunnel, Gräben, Abluation
Fluviale Prozesse	Verzweigte und mäandrierende Flüsse
Äolische Prozesse	Dünen, Deflationswannen
Küstenprozesse	Kliffe

15

in Periglazialgebieten auftreten. Dazu zählt die **saisonale Gefrornis ohne Permafrost.** Die gravitativen Prozesse auf Hängen weisen sowohl zonale, z. B. Permafrostkriechen, als auch azonale Komponenten, z. B. Sturzprozesse oder Murgänge, auf. Weitere azonale Prozesse bilden hangaquatische, fluviale oder äolische Prozesse der trockenen und vegetationsarmen Ebenen. Des Weiteren bilden küstenerosive Prozesse sowie die Formbildung durch Lösungsprozesse relevante azonale Prozessgruppen. Zwar sind **azonale Prozesse** nicht an einen vorhandenen Permafrostkörper gebunden, sie erhalten im periglazialen Regime der kaltklimatischen Regionen jedoch spezielle Charakteristika.

Die hohe Bedeutung von Sturzprozessen in periglazialen Hangsystemen erfordert eine sorgfältige Typologie der entstehenden Reliefformen. Dazu werden in ▶ Kap. 4 und ◘ Abb. 4.3 die Reliefformen Schutthalde, Schuttkegel und zusammenwachsende Schuttkegel eingeführt. Wenn keine eindeutige Zuordnung der empirisch ermittelten Reliefformen zu diesen Typen möglich oder gewünscht ist, wird der übergeordnete prozessuale Begriff **Sturzhalde** verwendet.

15.7.1 Formung durch thermische Kontraktion

Eiskeile und polygonale Eiskeilnetze bilden die am weitesten verbreitete Erscheinung in den Permafrostregionen (◘ Abb. 15.10 und 15.11). Sie entstehen durch **Expansions- und Kontraktionsprozesse** der Untergrundmaterialien bei Temperaturänderungen. Durch eine Erniedrigung der Lufttemperatur kann es durch thermische Kontraktion zur **Rissbildung** im Untergrundmaterial kommen. Diese Risse können entweder mit Eis, mineralischem Lockersediment oder einer Kombination von beiden verfüllt werden. Eiskeile sind keilförmige, nach unten spitz zulaufende Eiskörper. Sie entwickeln sich, wenn Wasser der Schneeschmelze im Frühjahr in den vorher entstandenen Riss eindringt und gefriert. **Eiskeile** entwickeln sich am leichtesten in wenig konsolidierten Sedimenten. Bevorzugte Gebiete

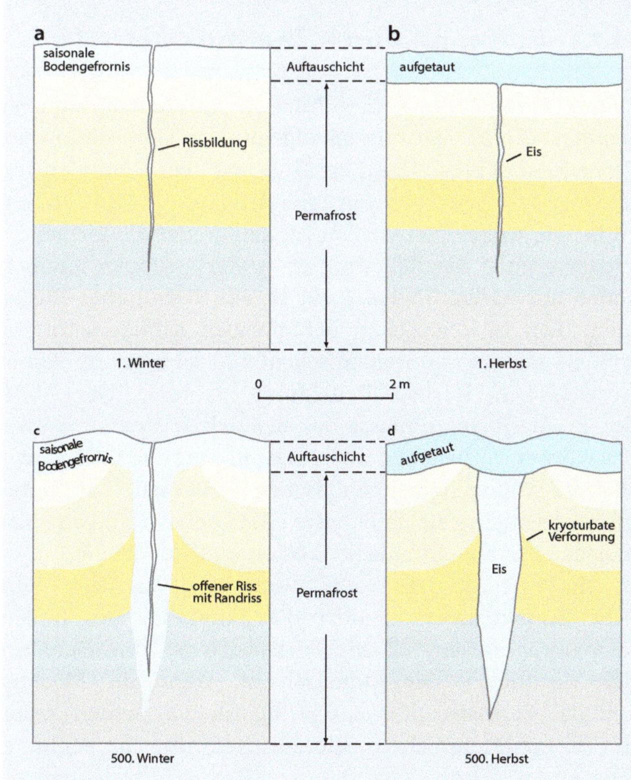

◘ **Abb. 15.10** Schematische Entwicklung eines Eiskeils. (Verändert nach Lachenbruch 1962, Abdruck mit Genehmigung der Geological Society of America)

ihrer Genese sind schwach drainierte und feuchte Tundrentiefländer, in denen kontinuierlicher Permafrost auftritt. In den trockenen ariden polaren Wüsten, wie den hocharktischen Inseln, der Antarktis oder dem Tibetplateau, sind Eiskeile nicht sehr gut ausgebildet. Dies ist in erster Linie auf einen Feuchtigkeitsmangel zurückzuführen. Sehr ausgedehnte Eiskeilfelder existieren heute in Zentralalaska, Nordkanada und Sibirien.

Eine Folge des degradierenden Permafrostkörpers bilden mit Sediment verfüllte Eiskeile, die als **Eiskeilpseudomorphosen** bezeichnet werden. Sie entwickeln sich durch langsame Eisschmelze bei parallelem Sedimenteintrag von oben und von den Seiten der keilförmigen Struktur in die entstehenden Hohlräume. Die sedimentäre Struktur unterscheidet sich deutlich sichtbar von den, den ehemaligen Eiskeil umgebenden Sedimenten, sodass die Form des früheren Eiskerns erkennbar bleibt (◘ Abb. 15.12). Eiskeilpseudomorphosen werden als Anzeiger für das Auftreten von Permafrost der Vergangenheit unter einem periglazialen Klima angesehen, sie sind ein Relikt aus den pleistozänen Kaltzeiten.

In eisfreien ariden Gebieten, in denen sehr tiefe Wintertemperaturen herrschen, wie in der Antarktis und in Grönland, können mit Sand bzw. mittel- bis grobkörnigem Material verfüllte Sandkeile auftreten. Hier werden starke Winde und die relative Abwesenheit von Feuchtigkeit für den Sedimenteintrag in die Untergrundrisse verantwortlich gemacht. Untergrundrisse, die durch thermische Kontraktion gebildet werden, bilden polygonale Netze, die sehr große Regionen der Arktis und Subarktis bedecken. In wenig konsolidierten Sedimenten erreichen die Polygone Durchmesser von 15–40 m. In Festgestein sind derartige Netze weniger gut entwickelt, wenn sie auftreten, erreichen sie Durchmesser von 5–15 m.

15.7.2 Formung durch Eissegregation und -injektion

Unter **Palsas** werden Torfhügel in Permafrostgebieten verstanden, die aus einem Kern aus geschichtetem Segregationseis sowie aus Torf und mineralischem Bodenmaterial aufgebaut sind. Diese Reliefformen erreichen eine Höhe von maximal 10 m und einen Durchmesser bis zu 100 m. Sie treten in Mooren und Feuchtgebieten auf, wo sie als niedrige Hügel in Erscheinung treten. Palsas gehören zu den Permafrosterscheinungen, in denen organisches Material den Untergrund besonders effektiv vor der atmosphärischen Wärme schützt. Dies ist vor allem in den südlichen Grenzregionen des diskontinuierlichen Permafrostes evident, in denen Permafrost häufig auf Moorgebiete beschränkt ist. Dieser Schutz begründet sich durch die geringe Wärmeleitfähigkeit des organischen Materials gegenüber den mineralischen Lockersedimenten (◘ Tab. 15.1). Häufig erreicht die Torflage eine Mächtigkeit von 1–5 m. Palsas entstehen durch das Wachstum von Segregationseis, welches die Bodenoberfläche anhebt. Das Segregationseis wächst im

Abb. 15.11 Eiskeilpolygone und tauende Eiskeilpolygone durch Permafrostdegradation in Alaska. (Quelle: Josh Koch, U.S. Geological Survey)

Laufe der Zeit, sodass typische Palsa-Hügel entstehen. Auf der erhöhten Formoberfläche wird potenziell isolierender Schnee leicht vom Wind verblasen, sodass der Frost hier schneller und tiefer eindringen kann.

Eine weitere hügelförmige Reliefform der Permafrostregionen bilden **Pingos.** Es sind perennierende Vollformen, die ebenfalls einen Eiskern enthalten. Pingos sind an spezielle und limitierende geomorphologische und hydrologische Bedingungen gebunden. Sie entwickeln sich in den Zonen des diskontinuierlichen und kontinuierlichen Permafrostes und erreichen Ausmaße von wenigen m bis über 60 m Höhe sowie Durchmesser von bis zu 300 m. Der Eiskern ist durch eine permanent gefrorene Sedimentschicht von 1–10 m Mächtigkeit überlagert. Ihre Form ist häufig konisch, jedoch ist der Gipfel meist durch Risse charakterisiert oder weist Eindellungen auf, die auf eine Degradation des Pingos, d. h. des Eiskerns, hinweisen. Ihre vertikale Wachstumsgeschwindigkeit kann Werte bis zu 20 cm a^{-1} erreichen. Pingos entstehen durch die Entwicklung eines Wasserdrucks im Lockergestein infolge einer Injektion von Wasser. In Abhängigkeit von den Ursachen des Wasserdrucks können Pingos in zwei Gruppen gegliedert werden. Hydraulische (offene) Pingos bilden sich dadurch, dass Grundwasser in Taliks unter artesischem Druck gerät und nach oben in den Permafrostkörper gedrückt wird. Das Wasser gefriert zu Injektionseis, über dem sich an der Oberfläche eine Pingoform aufwölbt. Hydrostatische (geschlossene) Pingos entstehen bei Permafrost-Aggradation unter entleerten Thermokarstseen. Die ungefrorenen Seesedimente und das Grundwasser werden durch neugebildeten Permafrost von allen Seiten eingeschlossen. Dadurch entwickeln sich im Grundwasserkörper hydrostatische Drücke, die den ungefrorenen Wasserkörper nach oben drücken. Gleichzeitig wird Injektionseis in Poren gebildet, was zum Aufwölben der Oberfläche führt.

15

15.7.3 Formung durch Thermokarst

Unter Thermokarst werden Prozesse und Reliefformen verstanden, die in Zusammenhang mit der Degradation von Permafrost stehen. Der Begriff „Karst" wird aus der geomorphologischen Prozessgruppe der Lösung von Kalkstein entliehen, wobei festzustellen ist, dass weder die formenden Prozesse noch die Reliefformen beider Gruppen Ähnlichkeiten aufweisen. Thermokarst ist ein thermisches Phänomen, dem in den Zeiten der globalen Klimaerwärmung, z. B. in den nordamerikanischen und sibirischen Permafrostregionen, höchste Bedeutung zukommt. Der Abbau des Permafrostes umfasst das Schmelzen des im Permafrostkörper enthaltenen Eises. Damit verbunden sind eine Vielzahl von geomorphologischen Prozessen, wie Untergrundabsenkungen, gravitative Massenbewegungen oder hangaquatische und fluviale Erosion und Deposition.

Thermokarst tritt auf, wenn die mittlere jährliche Bodentemperatur oder die Amplitude der Bodentemperatur ansteigt. Damit verbunden ist eine Zunahme der Mächtigkeit der Auftauschicht. Wenn die Mächtigkeit des Permafrostkörpers gering ist, wie in den Zonen des diskontinuierlichen, sporadischen und fleckenhaften Permafrostes, kann der gesamte Permafrost degradieren und das Untergrundeis vollständig ausschmelzen. Dieser Prozess kann lateral erfolgen, wenn z. B. ein Fluss durch laterale Ufererosion Untergrundeis freilegt, und vertikal

Abb. 15.12 Eiskeilpseudomorphose in einem Lockergestein in Norddeutschland (Maßstabslänge: 100 cm). Die auf- und abwärtsgerichtete Sedimentverformung wird als kryoturbate Struktur bezeichnet. (Quelle: R. Dikau)

Abb. 15.13 Absenkung des Untergrundes und Vegetationszerstörung durch Permafrostabbau (Thermokarst). (Quelle: Josh Koch, U.S. Geological Survey)

ablaufen, wenn die thermischen Eigenschaften der Auftauschicht durch die steigende Lufttemperatur verändert werden. Thermokarstphänomene entwickeln sich bevorzugt in wenig konsolidierten Lockergesteinen, da sich Segregationseis bevorzugt in Materialien mit geringen Korngrößen entwickelt. Diese Situation ist großflächig in den Polar- und Subpolargebieten der Erde vorhanden. Dabei müssen ausgeprägte Mächtigkeiten des Untergrundeises vorliegen, sodass die ariden Polargebiete der hohen Breiten weniger stark von Thermokarstprozessen betroffen sind. Des Weiteren tritt das Phänomen ausgeprägt in den Zonen des diskontinuierlichen und sporadischen Permafrostes auf, da hier die Untergrundtemperaturen nahe 0 °C liegen.

Untergrundabsenkung durch Eisschmelze führt zu Wasserverlusten durch Versickerung und Verdunstung. Der Volumenverlust bewirkt die Absenkung der Oberfläche, die zur Zerstörung der Vegetationsdecke führt (Abb. 15.13). Gleichzeitig wird die Auftauschicht mächtiger. Thermische Erosion im Untergrundmaterial entsteht, wenn Niederschläge, Oberflächenabfluss und tauender Permafrost zu Wasserflüssen auf dem Permafrostspiegel führen. Der Wasserfluss bewegt sich linear entlang von schmelzenden Eiskeilnetzen und bewirkt hangaquatische Graben- und Tunnelerosion und laterale Rutschungen.

Eines der auffälligsten und am weitesten verbreiteten Phänomene der Permafrostdegradation in den Subpolargebieten stellen **Schmelzwasserseen** (Thermokarstseen) und wasserfreie Senken dar. Ihr Durchmesser beträgt häufig bis zu 300 m, selten wenige km. Sie erhalten ihr Wasser aus dem Schmelzwasser des Untergrundeises, das durch die Absenkung des Untergrundes in der entstehenden Senke akkumuliert wird. In kälteren Permafrostregionen, in denen Eiskeilnetze auftreten, führt die Eisschmelze zu Wasseransammlungen im Zentrum des Eiskeilpolygons und Wasserflüssen entlang der schmelzenden Eiskeile (Abb. 15.11). Im Laufe der Zeit führen beide Prozesse zur Konvergenz der Oberflächenwässer und zur Seebildung.

Die Auftauschicht des Permafrostköpers kann unter bestimmten bodenmechanischen Bedingungen instabil werden und von gravitativen Prozessen *(active-layer failures)* in Form von **Translationsrutschungen** und **hybrid-komplexen Fließgleitungen** (▶ Kap. 10) gekennzeichnet sein. Sie bilden eine zentrale Prozessgruppe des Thermokarstes in Lockergesteinen. Wird die gesamte Mächtigkeit der Auftauschicht inklusive der eventuell vorliegenden Vegetationsdecke oberflächenparallel bewegt und nahezu intakt hangabwärts transportiert, liegt eine Translationsrutschung mit hoher Gleitkomponente vor *(active-layer detachment slides)*. Der Permafrostspiegel bildet hier die Scherfläche des Prozesses, die sich häufig in Tiefen weniger m befindet. Eine Fließgleitung *(flow slide)* entsteht dann, wenn das initial gleitende Lockersediment seine Kohäsion und damit Scherfestigkeit verliert und in eine viskos fließende Masse transformiert wird. Ob diese Transformation eintreten wird, ist in erster Linie von der Korngröße abhängig, wobei kohäsionsschwache Sande und Schluffe mit geringen Plastizitätszahlen zu Fließgleitungen neigen, während in tonreichen Lockergesteinen eher Gleitprozesse auftreten. Gleitprozesse in der Auftauschicht entwickeln sich bevorzugt durch hohe sommerliche Niederschlagsmengen, Zunahmen der Mächtigkeit der Auftauschicht durch Waldbrände, Hangfußerosion an Flussufern und Küsten oder durch künstliche Böschungen.

Einen der effektivsten und schnellsten Prozesse des Materialtransportes in degradierenden Permafrostsystemen stellen **rückschreitende Rutschungen** *(retrogressive thaw slumps)* dar. Die in ▪ Abb. 15.14 gezeigten Reliefformen wurden durch mehrere gekoppelte Prozesstypen erzeugt. Die Hangprozesse umfassen rückschreitende (retrogressive) Translationsrutschungen und Fließgleitungen in der Auftauschicht des Permafrostkörpers. Sie entfernen die Vegetation und die Auftauschicht. Der nun offen liegende Permafrostspiegel ist verstärkter Schmelze ausgesetzt und wird durch hangaquatische Prozesse überformt, die Gräben und Schwemmfächer bilden. Dabei entwickelt sich eine neue Auftauschicht. Die Entwicklung einer neuen isolierenden Vegetationsdecke wird allerdings erst mit starker zeitlicher Verzögerung folgen. Die Masse der Fließgleitung erreicht schließlich über einen Erosionsgraben im proximalen Prallhang das fluviale Gerinne, das dadurch massiv gestört und mit Sediment verfüllt wird. Dies führt zu einer Abdrängung des Stromstriches und lateraler Ufererosion am distalen Gleithang des Flusses.

Die Disposition der Rutschungen wurde vermutlich durch die fluvialen Prozesse am Prallhang aufgebaut, die den Hangfuß lateral erodierten und zu initialen gravitativen Prozessen führten. Sie setzten sich sodann rückschreitende in das Hangsystem fort. Generell können Rückschreitungsraten bis zu 3 m a^{-1} erreicht werden (French 2007). Das Hangsystem unterliegt vermutlich einer positiven Rückkopplung, da sowohl eine steile und damit bodenmechanisch instabile Rutschungsböschung vorliegt als auch der freigelegte Permafrostspiegel unter Bildung einer neuen Auftauschicht weiter absinken wird.

15.7.4 Formung durch saisonale Gefrier-Tau-Zyklen

Das saisonale Gefrier-Tau-Verhalten des Untergrundes kann innerhalb und außerhalb von Permafrostregionen auftreten. Die Rhythmik erzeugt in kaltem Permafrost ein zweiseitiges Gefrieren, während in Regionen ohne Permafrost die Gefrornis einseitig einsetzt (▪ Abb. 15.4). Der Permafrostkörper verhindert die Versicherung von Porenwasser, sodass die Auftauschicht sehr hohe Wassergehalte aufweist, was in den Regionen ohne Permafrost nicht auftritt. Saisonale Gefrier-Tau-Rhythmen führen zu spezifischen Prozessen im Untergrundmaterial, was weiterreichende Konsequenzen für die Entwicklung von Reliefformen nach sich zieht.

15.7.4.1 Auffrieren von Klasten

Saisonale Gefrier-Tau-Zyklen führen zum Auffrieren von Gesteinsbruchstücken und Körnern aus dem Untergrund an die Materialoberfläche. Dazu existieren zwei Hypothesen, die heute im empirischen Test geprüft werden. Die **Frostschub-Hypothese** beruht auf der Vorstellung, dass sich während des Gefrierprozesses unter dem Klast Eis bildet, das ihn aufwärtsschiebt. Während des Tauvorganges wird der entstandene Hohlraum mit Lockergestein verfüllt, sodass er nicht mehr in seine ursprüngliche Lage absinken kann und eine Nettoaufwärtsbewegung vollzieht. Die **Frostzug-Hypothese** postuliert, dass die in den Untergrund absinkende Gefrierfront dazu führt, dass der obere Teil des Klasts in das ihn umgebene Lockersediment einfriert. Mit zunehmender Gefrornis werden diese

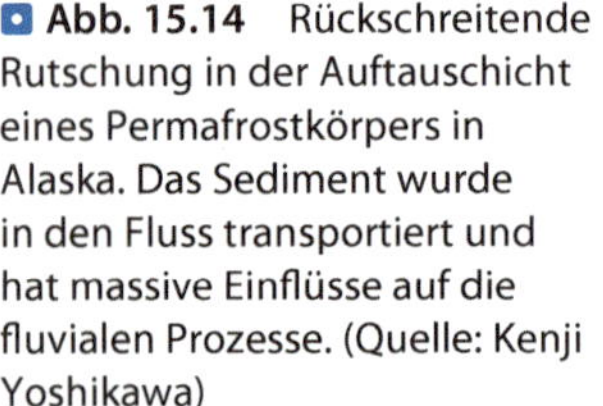

▪ **Abb. 15.14** Rückschreitende Rutschung in der Auftauschicht eines Permafrostkörpers in Alaska. Das Sediment wurde in den Fluss transportiert und hat massive Einflüsse auf die fluvialen Prozesse. (Quelle: Kenji Yoshikawa)

Lockersedimentschichten und die angefrorenen Klasten durch den Frosthubprozess angehoben. Der entstehende Hohlraum wird während der Tauphase mit Lockergestein verfüllt, wodurch ein Zurücksinken des Klasts verhindert wird und eine Nettoaufwärtsbewegung entsteht.

15.7.4.2 Frostmusterbildung mit Materialsortierung

Unter dem Begriff Frostmuster *(patterned ground)* werden frostinduzierte musterförmige Phänomene an der Materialoberfläche verstanden. Es werden granulometrisch sortierte *(sorted pattern)* von nichtsortierten Mustern *(nonsorted pattern)* unterschieden. Beim sortierten Typ erfolgt eine Materialsortierung granulometrisch durchmischter Lockergesteine (◘ Abb. 15.15). Diese Sortierung führt zu Materialmustern an der Erdoberfläche, die als Steinringe, Steinpolygone, Steinnetze und Steinstreifen bezeichnet werden. Materialsortierungen und Musterbildungen sind häufig in Permafrostregionen anzutreffen, jedoch treten derartige Phänomene auch in Systemen auf, die keiner Frostdynamik unterliegen. Eine Klassifikation basiert auf den Kriterien der geometrischen Form (Kreise, Polygone usw.) und dem Sortierungsgrad des Materials.

Einzelne Steinringe weisen einen Durchmesser bis zu 3 m auf und besitzen einen Feinmaterialkern, der von einem Ring aus größeren Korngrößen umgeben ist. Der Kernbereich ist häufig konvex aufgewölbt, die Steine des Rings können tangential eingeregelt und aufgerichtet sein. Für die geomorphologische Massenverlagerung haben diese Prozesse nur eine geringe Bedeutung, da lediglich Strukturbildungen am Standort erzeugt werden. Einzelne Steinringe verbinden sich zu Steinnetzen und Steinpolygonen. Die Rate der Materialtransporte und damit die geomorphologische Bedeutung erhöht sich mit zunehmender Hangneigung. Dabei wird das sortierte Lockergestein hangabwärts gerichtet deformiert, es kommt zur Bildung von Steinstreifen. Bei nichtsortierten Streifenmustern auf Hängen können auch hangaquatische Prozesse beteiligt sein.

15.7.4.3 Differenzieller Frosthub

Die Entstehung von **Frostmusterstrukturen** ist polygenetischer Natur und wird auf zwei Prozesse zurückgeführt, den differenziellen Frosthub und die auftriebsgesteuerte Zirkulation (Ballantyne 2018). Der Ansatz des differenziellen Frosthubs bildet eine klassische Theorie für die Entstehung von Frostmusterphänomenen (Washburn 1979). Die Hebung des Lockergesteins wird durch die Eislinsenbildung des Segregationseisprozesses hervorgerufen. Frosthub entsteht durch den Druck des sich bildenden Eises parallel zur Richtung des maximalen Temperaturgradienten, der sich häufig im rechten Winkel zur Erdoberfläche entwickelt. Das Ausmaß des Frosthubs ist von Eigenschaften des Untergrundes abhängig. Er steigt mit zunehmender Untergrundfeuchtigkeit und geringerer Vegetationsbedeckung. Des Weiteren tritt eine räumlich differenzierte Eisbildung auf, die zu einer uneinheitlichen Verteilung der Frosthubrate führt. Im Verlauf mehrerer Gefrier-Tau-Zyklen entwickelt sich dadurch eine wellige Reliefoberfläche. Mehrere positive Rückkopplungsprozesse, z. B. differenzielle Frosteindringtiefen, führen schließlich zu unterschiedlichen Frostmusterstrukturen.

15.7.4.4 Auftriebsgesteuerte Zirkulation

Der Ansatz der auftriebsgesteuerten Zirkulation basiert auf der Hypothese von **Konvektionszellen** im aufgetauten Lockergestein. Sie beruht auf der Beobachtung, dass durch das von der Oberfläche eisreicher Lockergesteine eindringende Tauen im Frühjahr eine starke Abnahme der Lagerungsdichte des Materials mit der Tiefe entsteht. Die Abnahme wird:

◘ **Abb. 15.15** Frostmuster durch Materialsortierung in Form eines Steinnetzes in Norwegen. (Quelle: R. Dikau)

- durch die Taukonsolidation der oberen Materialschichten und
- durch die Freisetzung von Wasser aus der Eislinsenschmelze der unteren Materialschichten in der Nähe des Permafrostspiegels

verursacht. Dieser Unterschied kann Werte bis 0,8 g cm^{-3} erreichen (Ballantyne 2018) und instabile Dichtelagen in der Auftauschicht erzeugen. Der Unterschied der Lagerungsdichte während der Schmelze des saisonal gefrorenen Untergrundes führt zur Aufwärtsbewegung des gesättigten Materials geringerer Dichte (im Zentrum von Frostmusterbildungen) und zur Abwärtsbewegung des Materials höherer Dichte (am Rand von Frostmusterbildungen). Eine weitere Hypothese vermutet eher, dass das Material an der Basis der Auftauschicht durch einen auftriebsgesteuerten **Diapirismus** an die Oberfläche transportiert wird. Eine dritte Hypothese vermutet eine Genese der Konvektionszellen durch **Dichtedifferenzen von Porenwasser** unterschiedlicher Temperaturen.

Die Hypothesen für die Entwicklung von Frostmusterphänomenen an der Materialoberfläche basieren auf der Vorstellung von konvektiven Zellen in der Auftauschicht. Sie werden durch die Prozesse des differenziellen Frosthubs und der auftriebsgesteuerten Zirkulation initiiert und führen zu Materialbewegungen in der Lockergesteinsmasse (Ballantyne 2018). Dazu zählen:

- vertikale Bewegung von Tiefenklasten größer Korngrößen an die Oberfläche der Sedimentmasse,
- vertikale Bewegung von Oberflächenklasten mit großen Korngrößen an den Zellenrand,
- laterale Bewegung von Tiefenklasten geringer Korngrößen von den Rändern zum Zentrum der Zelle,
- Anreicherung von Oberflächenklasten mit großen Korngrößen an den Rändern der Zelle,
- Anreicherung von Tiefen- und Oberflächenklasten mit kleinen Korngrößen im Zentrum der Zelle.

15

Entwickeln sich diese Prozesse auf geneigten Flächen, liegt eine zusätzliche gravitative Komponente vor, die zu einer hangabwärtigen Verformung des Materials und zu **Steinstreifen** führt. Neue Forschungsansätze und numerische Simulationen durch Kessler und Werner (2003) lassen den Schluss zu, dass Frostmusterstrukturen durch Prozesse der Selbstorganisation entstehen.

15.7.4.5 Frostmusterbildung ohne Materialsortierung

Nichtsortierte Frostmusterbildungen umfassen Polygone, Netze, Streifen und Hügelformen des Mikro- und Nanoreliefs. Ihr gemeinsames Charakteristikum ist, dass bei der Entstehung keine Materialsortierung auftritt und eine mehr oder weniger starke Vegetationsbindung vorliegt. Sie werden in unterschiedliche Gruppen von **Frosthügeln** *(frost boils, mud boils, stony earth circles, earth hummocks)* klassifiziert. Ihre Genese ist überwiegend an Permafrost gebunden, jedoch sind Formen bekannt, z. B. isländische Thufure, die ohne Permafrostbedingungen entstehen. Genetische Erläuterungen liefert Ballantyne (2018).

15.7.4.6 Kryoturbation

De Begriff Kryoturbation wird unter zwei Gesichtspunkten verstanden. In der Singularform des Begriffs *(cryoturbation)* wird darunter ein **Prozess im Materialuntergrund** beschrieben, der unter den Bedingungen der saisonalen Gefrier-Tau-Rhythmik zu internen Bewegungen und Verformungen von Lockergesteinen führt. Im Sinne von Washburn (1979) zählt dazu die Zerstörung der Bodenhorizontierung und ein Massentransport *(mass displacement)*, der das anorganische und organische Material als Ganzes innerhalb der Lockergesteinsmasse verformt und bewegt. Dadurch kann eine spezifische Pedogenese entstehen, durch die größere Mengen organischer Substanz in den Untergrund transportiert werden und hier den Kohlenstoffspeicher vergrößern. In der Pluralform des Begriffs der kryoturbaten Strukturen *(cryoturbations* oder *cryoturbation structures)* werden **Lockergesteins- und Bodenstrukturen** beschrieben, die durch wiederholte Gefrier-Tau-Zyklen entstanden sind und in Permafrost- und Nichtpermafrostregionen auftreten. Die von Vandenberghe (2013) publizierte Typologie von kryoturbaten Strukturen umfasst sechs unterschiedliche Typen (Ballantyne 2018). Die in ◘ Abb. 15.12 gezeigt Struktur weist auf- und abwärtsgerichtete Sedimentverformungen auf, die im Randbereich eines Eiskeils entstanden sind. Weitergehende genetische Erläuterungen liefert Ballantyne (2018).

15.7.5 Gravitative Prozesse und Formen in Lockergesteinen periglazialer Systeme

Die gravitativen Prozesse der periglazialen Regionen erfahren unter den Bedingungen der saisonalen Gefrier-Tau-Rhythmik spezifische Modifikationen, deren Effektivitäten die Entwicklung der Reliefformen mehr oder weniger stark beeinflussen. Sie wurden in der Systematik von ◘ Tab. 15.5 in mehrere Prozesstypen gegliedert, die dem Vorschlag von Ballantyne (2018) folgen. Die Prozesse der gravitativen Massenbewegungen werden in zwei Hauptklassen gegliedert, die primär durch die Hangneigung und die Existenz einer Verwitterungsdecke charakterisiert sind. Gravitative Prozesse in Lockergesteinen zählen zu den transportlimitierten Phänomenen (▶ Abschn. 3.3.3). Unter den Bedingungen der Zyklizität der Gefrier- und Tauprozesse ermöglichen die Existenz einer Verwitterungsdecke und maximale Hangneigungen von ca. 35° Materialbewegungen durch Hub-, Setz-, Gleit- und Fließprozesse. Von hoher Bedeutung ist, dass die hohe Impermeabilität des Permafrostkörpers zu einer reduzierten Versickerung und Grundwasserneubildung und damit zu hohen Wassergehalten in der Auftauschicht führt.

15.7.5.1 Solifluktion

Der Begriff Solifluktion wurde Anfang des 20. Jahrhunderts erstmals als das langsame Fließen von wassergesättigten Lockergesteinen beschrieben (◘ Abb. 15.16, ◘ Tab. 15.6). In dieser ursprünglichen Bedeutung war der Prozess an keine spezifische klimatische Bedingung gekoppelt. Im Laufe der Entwicklung der Periglazialgeomorphologie wurde die Solifluktion als ein typischer Prozess der Periglazialregionen angesehen, sie ist jedoch nicht an die Existenz von Permafrost gebunden. Der Solifluktionsprozess umfasst vier unterschiedliche Prozesse der Gruppen des zyklischen Gerierens und Tauens des Untergrundmaterials sowie die daraus folgende Materialdeformation und -bewegung. Dazu zählen das Nadeleiskriechen, das Frostkriechen, die Gelifluktion sowie ein propfenähnliches Fließen *(plug-like flow)* (Matsuoka 2001; Ballantyne 2018).

■ Nadeleiskriechen

Unter Nadeleiskriechen *(needle-ice creep)* wird ein Prozess der Materialbewegung an der Oberfläche von Reliefformen verstanden (Lawler 1988). Es ist eine typische Erscheinung des Nacht-Tag-Rhythmus des Gefrier-Tau-Zyklus. Er wird dadurch verursacht, dass kurzskalige, nächtliche Absenkungen der Lufttemperatur unter die 0-°C-Grenze zur oberflächlichen Gefrornis führen. Dabei entstehen parallel angeordnete Eisnadeln, die sich mit einer Länge bis zu 30 mm senkrecht zur Oberfläche entwickeln. Nadeleis entsteht durch den Eissegregationsprozess, bei dem kaltes Bodenwasser durch das Porensystem bis knapp unter oder an die Bodenoberfläche transportiert wird, an der eine Lufttemperatur von unter 0 °C herrschen muss. Der Gefrierprozess setzt latente Wärme frei, die dafür sorgt, dass das Porenwasser flüssig bleibt und der Wassertransportprozess an die Oberfläche aufrechterhalten werden kann. Der Prozess hält solange an, bis der Bodenwasserspeicher erschöpft ist oder die Oberflächentemperatur über den Gefrierpunkt steigt. Das Eiskristallwachstum führt zu einer senkrechten **Anhebung** von einzelnen Klasten der Sand- und Steinfraktion. Bei Eisschmelze erfolgt eine vertikale, der Schwerkraft folgende, Abwärtsbewegung, was zu einem Nettomaterialtransport von wenigen cm führt. Dieser Mechanismus wird als Nadeleiskriechen bezeichnet. Der Hebungsbetrag einzelner Partikel erreicht meist ca. 3 cm und kann in Einzelfällen bis zu 10 cm betragen. In Abhängigkeit von der Anzahl der Gefrier-Tau-Zyklen können Nettobewegungsraten bis zu

◘ **Abb. 15.16** Solifluktionsloben mit Vegetationsbedeckung in der Meretschialp, Wallis, Schweiz. (Quelle: R. Dikau)

◘ **Tab. 15.6** Teilprozesse des Solifluktionsprozesses (Matsuoka 2001; Ballantyne 2018)

Teilprozess	Erklärung
Nadeleiskriechen	Hub- und Setzungsprozesse durch Eiskristallauf- und abbau an der Reliefoberfläche
Frostkriechen	Hub- und Setzungsprozesse des oberflächennahen Lockergesteins durch Eisauf- und -abbauprozesse
Gelifluktion	Elastoplastisches Verformungs- und Bruchverhalten des oberflächennahen Lockergesteins
Pfropfenähnliche Deformation	Scherverformung und -bruch an der Basis der Auftauschicht unter Bedingungen des kalten Permafrostes

100 cm a^{-1} erreicht werden (Ballantyne 2018). Im Vergleich zu den anderen Teilprozessen der Solifluktion wird die volumetrische Abtragsrate als gering eingeschätzt.

Frostkriechen

Unter Frostkriechen *(frost creep)* wird der Transport von Lockergesteinen aufgrund von Hub- und Setzungsprozessen verstanden, die durch Gefrier- und Tauprozesse verursacht werden. Der **Frosthub** und der anschließende Tauprozess bewirkten eine hangabwärts gerichtete Bewegung von Partikeln des Untergrundes. Wie in Abb. 15.17 gezeigt wird, bewegt sich ein Partikel während des Gefriervorganges von der Position P_1 in die Position P_2 im rechten Winkel zur Oberfläche. Während des Tauvorganges erfolgt eine gravitative **Materialsetzung.** Das Partikel bewegt sich der Schwerkraft folgend von Position P_2 in Position P_5, wird jedoch aufgrund des Gelifluktionsprozesses (s. u.) sowie kohäsiver und kapillarer Kräfte in die Positionen P_3 und P_4 gezwungen. Dies wird als rückläufige *(retrograde)* Bewegung bezeichnet. Der Hubprozess tritt sowohl durch die Gefrornis von Porenwasser als auch durch die Bildung von Segregationseis auf, wobei Eislinsen weit höhere Hebungsraten erzeugen als Poreneis.

Frostkriechprozesse können sowohl bei täglichen *(diurnal frost creep)* als auch bei saisonalen Gefrier-Tau-Zyklen *(saisonal frost creep)* auftreten. Die Raten des Frostkriechprozesses sind räumlich und zeitlich sehr variabel und hängen von der Anzahl der Gefrier-Tau-Zyklen, der Hangneigung, der Vegetationsdecke, der verfügbaren Feuchtigkeit des Untergrundmateriales und der allgemeinen Sensitivität des Materials auf die Frostaktivität ab. Diese ist bei Material mit einem hohen Schluffanteil am höchsten. Typische Bewegungsraten liegen bei 0,5–5 cm a^{-1}. Aktuelle Forschungen zeigen, dass das Frostkriechen bei Hängen mit einer Neigung zwischen 10° und 14° ein dominanter Prozess ist (Ballantyne 2018). Der Begriff des Frostkriechens beinhaltet somit einen Hub- und einen Setzungsprozess.

Gelifluktion

Der Prozess der Gelifluktion basiert auf den bodenmechanischen Vorgängen während der einseitigen **Tauphase** des Frühjahrs. Die von der Oberfläche in den gefrorenen Untergrund vorrückende Schmelzfront führt zur Wasserverfügbarkeit, Materialsetzung *(thaw settlement)* und **Taukonsolidation** *(thaw consolidation)*. Sie erzeugen

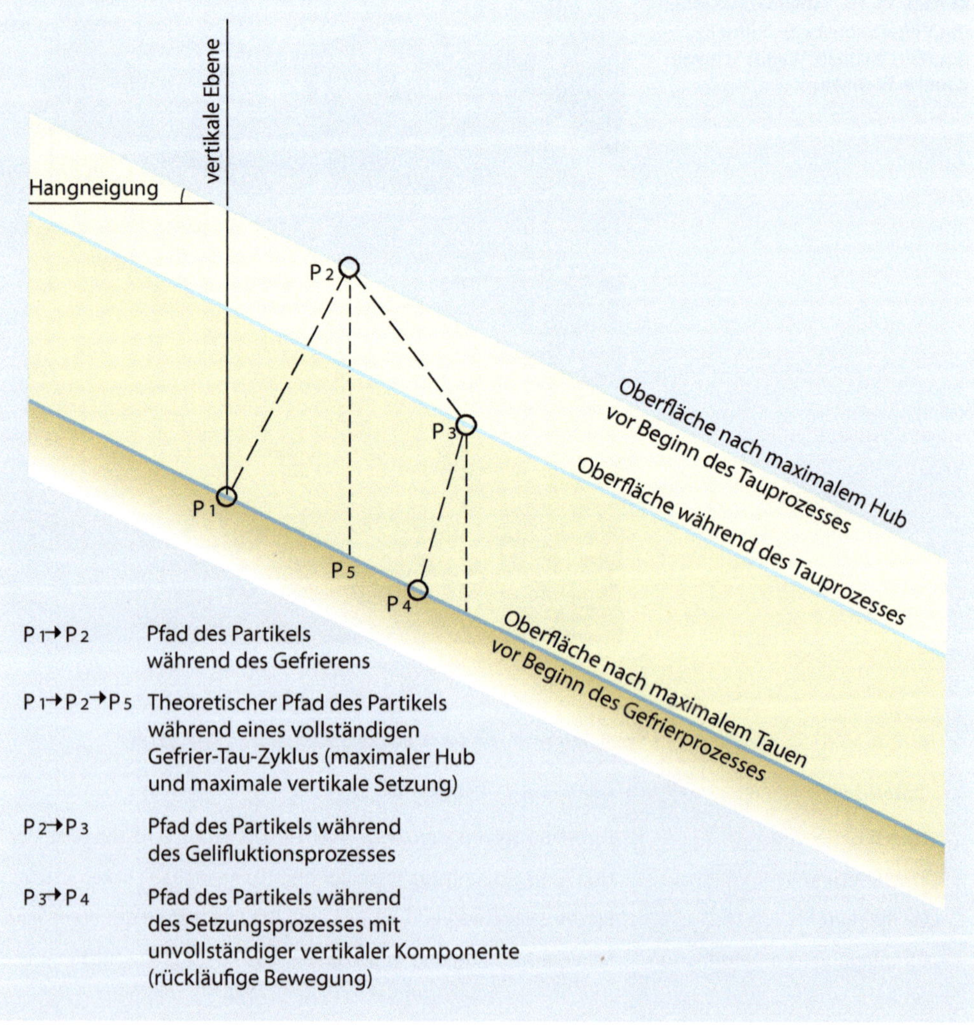

Abb. 15.17 Idealisierter Bewegungspfad eines Partikels in einem Gefrier-Tau-Zyklus im Lockergestein eines Hanges. (Verändert nach Washburn 1979, Abbildungsrechte liegen bei A.L. Washburn)

15

im aufgetauten Materialkörper positive Porenwasserdrücke. Gleichzeitig erzeugt der positive Porenwasserdruck einen **Strömungsdruck** *(seepage pressure)* in Richtung der Oberfläche. Die Folge dieser Prozesse ist eine Reduktion der Normalspannungen und damit der Scherfestigkeit des Korngerüstes (Ballantyne 2018). Ein dritter Prozess der Materialentfestigung durch Gelifluktion wird auf mikroskalige **Scherprozesse** an den Oberflächen von Eislinsen an der Schmelzfront zurückgeführt. Der Gelifluktionsprozess basiert somit auf einem elastoplastischen Verformungs- und Bruchverhalten eines Lockergesteins, das durch einen erhöhten Porenwasserdruck gekennzeichnet ist. Geschwindigkeitsmessungen zeigen typische Geschwindigkeitszunahmen in Richtung der Materialoberfläche. In ◘ Abb. 15.17 wird dies durch die Bewegung des Partikels von Position P_2 zu P_3 veranschaulicht. In diesem System bildet die Vegetationsdecke einen entscheidenden Einflussfaktor, dessen Bedeutung in ► Kap. 18 vorgestellt wird.

▪ Pfropfenähnliches Fließen

Der solifluidale Teilprozess des pfropfenähnlichen Fließens tritt ausschließlich in Regionen mit kaltem Permafrost auf. Hier treten sowohl an der Basis als auch in Oberflächennähe der Auftauschicht Eislinsen auf, die durch das doppelseitige **Wiedergefrieren** *(two-sided freeze-back)* im Herbst entstanden sind. In diesen Systemen werden im Spätsommer hangabwärts gerichtete Bewegungen der gesamten Auftauschicht in Form eines Pfropfens *(plug)* beobachtet. Dieses Deformationsmuster bedeutet, dass sich die Masse mit nahezu gleicher Geschwindigkeitsverteilung bewegt, was auf Scherprozesse an der Basis der Auftauschicht zurückgeführt werden muss. Dabei erhöht die Schmelze der Eislinsen den Porenwasserdruck und den Strömungsdruck in der Matrix des Korngerüstes, was zur Reduktion der Scherfestigkeit der gesamten Auftauschicht führt. In der neueren Solifluktionsforschung haben besonders Harris et al. (2008) und Matsuoka (2010) diese Prozesse untersucht.

▪ Solifluktionsloben

Solifluktionsprozesse können in Lockergesteinen mit und ohne Vegetationsbedeckung auftreten. Sie werden als gebundene und ungebundene Solifluktion bezeichnet. In empirischen Studien wurden Bewegungsraten von 2–20 cm pro Jahr gemessen. Durch diesen Prozess entstehen **Solifluktionsloben,** die häufig Mächtigkeiten von einem m nicht überschreiten und in Ausnahmefällen bis zu 3 m mächtig werden können. Sie bestehen aus einer Lobenkante und einem Lobenkörper, der von der Lobenkante eingefasst wird (◘ Abb. 15.18). Loben, deren Lobenkante unbewachsen ist, werden als ungebundene Solifluktionsloben *(stone-banked solifluction lobes)* bezeichnet, Loben, deren Kante vegetationsbewachsen ist heißen gebundene Solifluktionsloben *(turf-banked solifluction lobes)*. Der Solifluktionsprozess kann bereits ab Hangneigungen von 1° wirksam werden und tritt gewöhnlich bei Hangneigungen zwischen 5° und 20° auf. Durch die Bewegung der Masse werden gröbere Komponenten des Lockergesteins hangparallel eingeregelt.

15.7.5.2 Periglaziale Murgänge

Unter periglazialen Murgängen werden gravitative Fließprozesse verstanden (► Kap. 10), die ihre Anrissgebiete in der Periglazialzone der Hochgebirge entwickeln (Keller 1994). Falls ein Permafrostkörper vorliegt, bilden die Lockergesteine der Auftauschicht ihre Sedimentquellen. Häufig sind schnelle Schneeschmelzen und sommerliche

◘ **Abb. 15.18** Solifluktionslobe im Turtmanntal, Wallis, Schweiz. Die Lobe überfährt eine ältere Lobe, was zum Absterben ihrer Vegetationsdecke führt. (Quelle: R. Dikau)

Starkniederschläge verursachende Ereignisse, die die Auftauschicht rasch sättigen und initiale Gleitprozesse auslösen. Bleibt die Wasserzufuhr hoch, entwickelt sich Bingham'sches Fließen mit der Ausbildung von Levées und Murkegeln. Die Sedimente der Murgänge erreichen häufig das fluviale System der Wildbäche und können zur Abdämmung des Flusses führen.

15.7.5.3 Permafrostkriechen

Blockgletscher bilden eine typische Reliefform der periglazialen Systeme, deren Bildung Permafrost erfordert. Es sind loben- oder zungenförmige Reliefformen aus ganzjährig gefrorenen, unkonsolidierten Sedimenten, die mit Poreneis und Eislinsen übersättigt sind (Haeberli 1985; Barsch 1996; Humlum 2000). Sie erreichen mittlere Ausmaße in der Länge von 200–400 m, in der Breite von 100–150 m und Mächtigkeiten von 40–50 m (◘ Abb. 15.19). Die Gefrornis von Blockgletschern kann Jahrtausende anhalten. Die gefrorenen Sedimente weisen unterschiedliche Korngröße auf. Der Eisgehalt kann 50–90 % des Gesamtvolumens betragen. Das Eis wird unter den Bedingungen des Permafrostes aus Schnee- und Wasserniederschlägen und daraus gespeistem Sicker- und Grundwasser gebildet. Diese Ausprägung des Permafrostes wird auch als Eisübersättigung bezeichnet. Die Oberfläche von Blockgletschern besteht aus grobblockigem Material, dessen Korngröße von den Sedimentquellen abhängt, aus denen der Blockgletscher gespeist wird. Abhängig von den prozesskorrelaten Sedimenten des Quellgebietes können Blockgletscher nach Barsch (1996) in zwei Typen gegliedert werden. Speisen sich Blockgletscher aus gravitativen Sturzhalden werden sie als „Blockgletscher aus Schutthalden" *(talus rock glacier)* bezeichnet. Wenn sie aus glazigenem Sediment von Moränen entstehen, wird der Terminus „Blockgletscher aus Moränen" *(moraine rock glacier)* verwendet. Von manchen Wissenschaftlern wird ein dritter Typ als glazigener Blockgletscher *(glacigenic rock glacier)* bzw. schuttbedeckter Gletscher *(debris-covered glacier)* bezeichnet (Ballantyne 2018, S. 242).

Mit dem Begriff **Protaluswall** *(protalus rampart)* werden quergestreckte Reliefformen aus Sedimenten beschrieben, die sich am Fuß von perennierenden Firn- oder Eisfeldern entwickeln (◘ Abb. 4.3) Ihre Entstehung wird auf eine Vielzahl von Transportprozessen zurückgeführt (Ballantyne 2018). Die Klasten dieser Formen umfassen ein großes Korngrößenspektrum, das bis zur Blockgröße reichen kann. Zu den heute diskutierten Bildungsprozessen zählen Sturzprozesse aus Felswänden, Gleit- und Rollprozesse auf dem Firn oder Eisfeld, supranivale (auf dem Schnee) Murgänge, hangaquatische Prozesse und Schneekriechen, sedimentreiche Schneelawinen oder die Aufarbeitung und der Transport glazigener Sedimente. Die Genese dieser Reliefformen ist ebenso umstritten wie die Beziehungen zwischen Protaluswällen und Blockgletschern unter Sturzhalden. Barsch (1996) behauptete, dass Protaluswälle embryonale Blockgletscher darstellen, was allerdings zur Problemstellung führt, dass sie auch in Regionen ohne Permafrostbedingungen auftreten können. Andere Forscher vermuten, dass pronivale Protaluswälle und Blockgletscher unter Sturzhalden gänzlich unterschiedliche Entwicklungspfade zurückgelegt haben.

Blockgletscher bewegen sich durch plastische Deformation der Eismasse. Dieser Bewegungstyp wird auch als **Permafrostkriechen** bezeichnet. Er ist besonders effektiv, wenn die Eistemperatur nahe der 0-°C-Grenze liegt, der Wassergehalt der Masse hoch ist, sowie eine starke Neigung des Untergrundes vorliegt. Alpine Blockgletscher treten bevorzugt in der Höhenstufe des diskontinuierlichen Permafrostes auf. Hier treten MAAT-Werte zwischen −1/−2 °C und −6/−8 °C und Jahresniederschläge zwischen 500 und 2500 mm auf (◘ Abb. 15.20). Blockgletscher

◘ **Abb. 15.19** Blockgletscher mit steiler Stirn am Ausgang eines glazialen Kars im Turtmanntal, Wallis, Schweiz. (Quelle: R. Dikau)

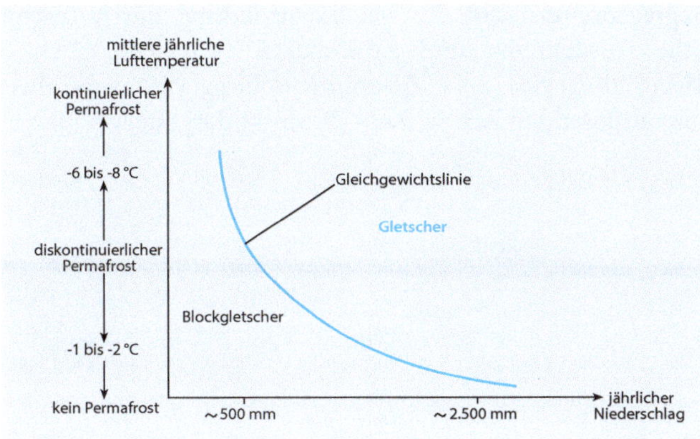

Abb. 15.20 Idealisierte Darstellung des Auftretens von Blockgletschern in Abhängigkeit von der mittleren jährlichen Lufttemperatur und dem Jahresniederschlag. (Verändert nach Haeberli 1985, erstmals publiziert in Haeberli 1983, Abdruck mit Genehmigung von W. Haeberli)

bewegen sich in Abhängigkeit der Faktoren des periglazialen Systems mit Geschwindigkeiten zwischen 0,1 m und mehreren m pro Jahr. Sie können aufgrund ihres Eisgehaltes und Aktivitätszustandes, d. h. ihrer Geschwindigkeit, in aktive, inaktive und reliktische Typen klassifiziert werden (Nyenhuis 2006). Neben den glazialen und gravitativen Systemen stellen Blockgletscher effektive Sedimenttransportsysteme der kaltklimatischen Zone dar.

15.7.6 Gravitative Prozesse und Formen in Festgesteinen periglazialer Systeme

Gravitative Prozesse in Festgesteinen bilden in den periglazialen Regionen der Polargebiete und der Hochgebirge der mittleren und niederen Breiten ein weitverbreitetes geomorphologisches Phänomen. Sie treten überwiegend als **Fall-, Gleit- und Kippprozesse** an freien Felsflächen auf. Ihre Magnitude umfasst ein breites Spektrum. Dazu sind in der Prozessgruppe des Kippens die Felskippungen, in der Prozessgruppe des Fallens der Steinschlag, Blocksturz und Felssturz und in der hybrid-komplexen Prozessgruppe der Bergsturz zu rechnen (▶ Kap. 10). Felsgleitungen treten bevorzugt als Translationsrutschungen auf. Periglaziale Bergstürze erreichen als hybrid-komplexe Prozesse Magnituden über 10^6 m^3. Die höchsten Frequenzen treten bei Steinschlägen und Kippungen auf. Die korrelaten Sedimente der Fallprozesse werden direkt am Hangfuß als Sturzhalden deponiert, die in den Typen der Schutthalden, Schuttkegel und zusammenwachsenden Schuttkegel auftreten (Abb. 15.21). Sie können im Laufe der Zeit anwachsen und die freie Felswand vollständig bedecken. Das Sturzsediment in Halden- und Kegelform kann mit Formen anderer Prozesse, z. B. Murgänge oder Schneelawinen, als Reliefformen-Palimpsest entwickelt sein (Abb. 4.3). Felshang und Sedimentdeposition bilden eine geomorphologische Toposequenz. Die Erforschung der geomorphologischen Formung von Festgesteinen unter periglazialen Bedingungen ist ein verhältnismäßig neues Forschungsgebiet der Periglazialgeomorphologie. Einen Überblick liefern Krautblatter (2009), Messenzehl (2018) und Ballantyne (2018). Dabei werden die felsmechanischen Prozesse in der Felswand unter Permafrosteinfluss besonders berücksichtigt.

Die **Festgesteinshänge** werden durch die dispositiven Faktoren und Prozessen der Felsmasse und durch externe Einflüsse von stabilen in instabile Zustände transformiert (Abb. 10.11). Der gravitative Prozess setzt ein, wenn die auslösenden Faktoren und Prozesse den instabilen in einen aktiv instabilen Zustand überführen, wobei kontrollierende Einflüsse den aktiven Prozessverlauf lenken. Die Festigkeit

Abb. 15.21 Toposequenz bestehend aus einer freien Felsfläche mit lokalen Sedimentspeichern, drei zusammenwachsenden Schuttkegeln und einem Blockgletscher (Vordergrund) in der Zone des diskontinuierlichen Permafrostes eines alpinen Systems, Wallis, Schweizer Alpen. (Quelle: R. Dikau)

von Festgesteinen ist in starkem Maße von der Lithologie und der Ausprägung des Trennflächensystems abhängig. Zu den periglazialen Einflüssen auf die Entfestigung der Gesteinsmasse zählen in erster Linie oberflächennahes Kluftеis, tiefes Segregationseis und die Materialermüdung durch thermische Ausdehnung und Kontraktion (▶ Abschn. 9.2.1). In ◘ Tab. 15.7 wird eine Zusammenstellung der dispositiven und auslösenden Faktoren und Prozesse dargestellt.

◘ **Tab. 15.7** Dispositive und auslösende Faktoren und Prozesse für erosive Prozesse in Festgesteinen in periglazialen Systemen (Krautblatter 2009; Messenzehl 2018; Ballantyne 2018)

Dispositive Faktoren und Prozesse	
Gesteinsmatrix	Mineralogische Zusammensetzung und Gefüge
	Porenwasser und – druck
Trennflächensystem	Trennflächengenese und – typ
	Trennflächengeometrie
	Trennflächendichte
	Mikrotrennflächen
	Kluftwasser und – druck
	Dilatation und Scherung
Verwitterung	Thermische Ausdehnung und Kontraktion
	Thermische Ermüdung und Schocks
	Gefrieren und Tauen (Frostverwitterung)
	Chemische Lösung
Glaziale und paraglaziale Prozesse Geomorphologische Vergangenheit	Entlastung und Dilatation
	Paraglazialer Spannungsabbau
	Sedimentspeicher im Hangsystem sekundäre Fallprozesse
Gefrier-Tau-Zyklen	Saisonal (überwiegend arktische Systeme)
	Täglich (überwiegend alpine Systeme)
	Klufteisbildung und – druck
	Poreneisbildung und – druck
Niederschlag	Saisonaler Schneedeckenaufbau und -abbau
Segregationseisbildung	Eislinsenbildung
	Eislinsendruck
	Eislinsenscherung
Permafrostschmelze	Poreneisschmelze
	Klufteistemperatur
	Klufteisschmelze
	Klufwasserdruck
	Klufteisdeformation
	Fels-Eis-Scherung
	Fels-Fels-Trennflächenscherung
Auslösende Faktoren und Prozesse	
Erdbeben	Krustendynamik (kontinental)
	Glazial-isostatische Hebung (regional)
Niederschlag	Sommerliche Starkniederschläge
Lufttemperatur	Kurzzeitige sehr hohe Temperaturwerte

15.7.7 Hangaquatische Prozesse und Formen in periglazialen Systemen

In periglazialen Systemen treten hangaquatische Prozesse in den Erscheinungen der gesamten Prozessgruppe (► Kap. 11) einschließlich der Tunnelerosion auf. Hier kommt der Schneeschmelze, dem sommerlichen Niederschlag und der wasserstauenden Wirkung des Permafrostes eine besondere Bedeutung zu. Die Prozesse sind in erster Linie in den Regionen und Hangflächen wirksam, in denen keine Vegetationsdecke vorhanden ist. Wie in ◘ Abb. 15.14 zu erkennen ist, bilden die Oberflächen von rückschreitenden Rutschungen derartige Lokalitäten, auf denen die Rutschung die Vegetationsdecke entfernt hat und nachfolgend hangaquatische Prozesse wirksam werden können. Hangaquatische Prozesse in periglazialen Systemen werden durch den deutschen Geomorphologen Herbert Liedtke als **Abluation** bezeichnet (Liedtke 1981, 1990).

15.7.8 Fluviale Prozesse und Formen in periglazialen Systemen

In periglazialen Regionen weisen Flüsse sehr komplizierte hydraulische und hydrologische Eigenschaften auf. Der Abfluss wird überwiegend durch die **Schneeschmelze** gesteuert und ist eher temperatur- als niederschlagsabhängig. Die Infiltration im Einzugsgebiet und der Basisabfluss werden durch den Permafrost stark herabgesetzt. Bei Regenniederschlägen in den Sommermonaten wird der direkte Abflussanteil durch die Schneeschmelze erhöht. Die saisonale Variabilität der Abflüsse ist sehr hoch. Selbst im Winter kann unter dem Flusseis ein Abfluss stattfinden. Allerdings sind diese Abflüsse des Winters stark reduziert oder gänzlich verschwunden, da die Auftauschicht gefroren ist und keine Oberflächen- und Zwischenabflüsse stattfinden. Da periglaziale Regionen klimatisch häufig semiaride oder aride Bedingungen aufweisen, sind die Abflüsse lediglich während der Schneeschmelze und der sommerlichen Regenniederschläge ausgeprägt.

Durch diese zeitliche Einschränkung der Wasserflüsse werden die fluvialen geomorphologischen Prozesse der Periglazialregionen traditionell eher als unbedeutend eingeordnet. Diese Ansicht muss heute jedoch revidiert werden. In periglazialen Flusssystemen wirken spezielle Prozesse, die nur in kalten Klimaten auftreten. Neben den Prozessen der fluvial-mechanischen Uferunterschneidung wird die seitliche **Flussmigration** und **Ufererosion** von Prozessen der fluvial-thermalen Erosion gesteuert (◘ Abb. 15.22 und 15.9). Das im Verhältnis zur Permafrosttemperatur wärmere Flusswasser verursacht die Schmelze des Flussufers, das aus gefrorenen Sedimenten unterschiedlicher Herkunft und Korngröße besteht und mit Eiskeilen durchsetzt sein kann. Diese Prozesse können hohe laterale Migrationsraten verursachen. In Alaska wurden 4–6 m a^{-1} gemessen (French 2017). Typisch sind Folgeprozesse von Uferrutschungen, die sich zu **rückschreitenden Rutschungen** im gekoppelten Hangsystem weiterentwickeln können (◘ Abb. 15.14). Derartige Prozesse beschleunigen sich bei Permafrostdegradation. Der Sedimenttransport periglazialer Flüsse besteht im Unterschied zu temperierten Klimaten vorwiegend aus der grobsedimentären Bettfracht, d. h. mittel- bis grobkörnigen Partikelgrößen (Kiese, Steine, Blöcke). Bei Einträgen aus Hangrutschungen können Feinsedimente hinzutreten. Die Sedimentausträge erreichen ähnliche Werte wie bei Flüssen mit anderen, nicht frostdynamischen Einflüssen. In periglazialen Systemen dominiert das verzweigte Gerinnebettmuster, jedoch treten auch weitere Muster auf,

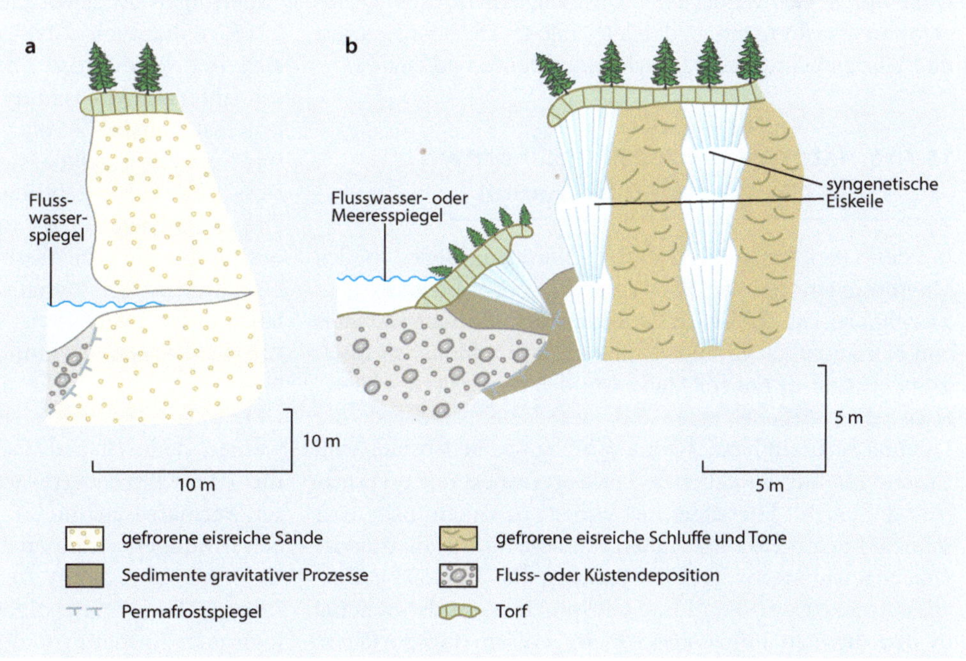

◘ **Abb. 15.22** Thermische Erosion an Flussufern (**a**, **b**) und Meeresküsten (**b**). (Verändert nach French 2007: The Periglacial Environment. Chichester, Wiley. Abdruck mit Genehmigung von John Wiley and Sons Inc. erteilt durch Copyright Clearance Center, Inc.)

Abb. 15.23 Mäandrierender Fluss in der Periglazialregion im Nordwesten Alaskas mit hohen Sedimentdepositionen im Gerinne und geringen sommerlichen Abflussmengen. (Quelle: Kenji Yoshikawa)

wie der mäandrierende Flusstyp (Abb. 15.23), der nach Abschluss der Schneeschmelze geringe Abflussmengen und hohe Flussbettdepositionen aufweist.

15.7.9 Äolische Prozesse und Formen in periglazialen Systemen

Periglaziale Regionen, in denen Trockenheit herrscht, sind durch ausgeprägte äolische Prozesse gekennzeichnet (vgl. ▶ Kap. 13). Dies gilt in besonderem Maße für die gesamte Nordhemisphäre und die Antarktis während der Kaltzeiten. Wind als geomorphologisches Agens der heutigen polaren Wüsten wirkt durch Gefriertrocknung von Sedimenten oder Windabrasion reliefformend und bildet Tafoni, Deflationswannen und Wüstenpflaster sowie Lössakkumulationen und Dünen.

15.7.10 Litorale Prozesse und Formen in periglazialen Systemen

In den Periglazialregionen der Nordhemisphäre bilden **Meeresküsten** (▶ Kap. 17) äußerst weitverbreitete geomorphologische Systeme. Die Küsten des arktischen Ozeans von Nordamerika, Grönland, Sibirien und zahlreichen Inselgruppen sind in hohem Maße von der Dynamik des Meereises, der Wellenenergie und des Untergrundeises der Landmasse beeinflusst. Geomorphologisch bedeutsam sind Küsten aus unkonsolidierten Lockergesteinen unter Permafrosteinflüssen. Energiereiche Wellen bewirken hier eine schnelle Schmelze des Untergrundeises und thermische Unterschneidungen der Uferböschung (Abb. 15.22). Daraus entwickeln sich Kipp- und Gleitprozesse, die das Material in den direkten Einflussbereich der Wellen transportieren. Hier erfolgen schnelle Eisschmelze und mariner Sedimenttransport. In Alaska und Nordkanada wurden Ufererosionsraten von 2–20 m a^{-1} gemessen (French 2017).

15.8 Periglaziale Systeme und Klimaveränderungen

Der wohl folgenschwerste menschliche Eingriff in die polaren und alpinen Periglazialgebiete der Erde besteht in der globalen **Klimaerwärmung** der letzten Jahrzehnte. Die temperaturgesteuerten Gefrier-Tau-Rhythmen mit täglichen und saisonalen Amplituden sind starken Veränderungen unterworfen (Matsuoka 2006; Haeberli et al. 2015; Ballantyne 2018). In beiden Systemen erwärmt sich der Permafrost und wird zunehmend Tauprozessen unterworfen. Dadurch wird eine Vielzahl von Folgeprozessen ausgelöst, die von der Veränderung der polaren und borealen Ökosysteme bis zur **Thermokarsterosion** und Felsinstabilität hochalpiner Systeme reichen. Die arktischen Fluss- und Küstensysteme sind ebenso betroffen wie die Eisbedeckung und -schmelze der Ozeane und die Dynamik der antarktischen und grönländischen Eismassen. Von weitreichender Bedeutung für die Klimaerwärmung der Zukunft ist die Frage, in welcher Quantität die arktische Permafrostdegradation CO_2 und CH_4 in die Atmosphäre freilässt. Vermutlich werden dadurch positive Rückkopplungseffekte erzeugt, die das Klimasystem weiter erwärmen und zu weiterer Permafrostschmelze führen. Bereits geringe Klimaerwärmungen können Kipp-Punkte *(tipping points)* bewirken und damit zu abrupten Systemveränderungen führen. Die langfristigen Folgen für die geomorphologischen Systeme in den Periglazialregionen der Erde sind noch nicht abschätzbar, die heutigen Beobachtungen können jedoch erste Hinweise liefern, wie die Veränderungen verlaufen werden.

Fazit

Die seit Jahrzehnten betriebene geomorphologische Periglazialforschung vollzieht heute eine Verlagerung ihrer Schwerpunkte. Die klassifizierenden, retrodiktiven und prozessanalytischen Schwerpunkte der Vergangenheit werden heute durch die Erkenntnisgewinnung über degradierende Periglazialsysteme erweitert. Dabei hat der degradierende Permafrost eine besondere Bedeutung, da er das geomorphologische System in empirisch bisher nicht bekannten Raten verändern wird. Mit dieser Schwerpunktverlagerung ist auch eine zunehmende Bedeutung der Prozessgeomorphologie und der angewandten Geomorphologie verbunden. Die Nutzung geomorphologischer Befunde für retrodiktive Aussagen über das Paläosystem, etwa das Paläoklima, wird durch prognostische Aussagen über die zukünftigen geomorphologischen Prozesse und ihre Folgen abgelöst werden müssen. Damit sind ausgezeichnete Grundlagen für geomorphologische Beiträge zur Gefahren- und Risikoforschung gegeben. Mit diesen Perspektiven steht die Periglazialgeomorphologie im Verbund mit den Erdsystemwissenschaften in der Verantwortung einer Klimafolgenforschung und – lehre für thermisch hochgradig sensitive Regionen. Ihre zukünftige Entwicklung betrifft gleichermaßen die menschlichen Gesellschaften als auch die damit gekoppelten weltumfassenden ökologischen Systeme.

Weiterführende Literatur

Ballantyne CK (2018) Periglacial geomorphology. Wiley Blackwell, Chichester

Blümel WD (1999) Physische Geographie der Polargebiete. Teubner, Stuttgart

Davis N (2001) Permafrost. A guide to frozen ground in transition. University of Alaska Press, Fairbanks.

French H (2011) Periglacial environments. In: Gregory KJ, Goudie AS (Hrsg) The SAGE Handbook of Geomorphology. SAGE, Los Angeles, S 393–411

French HM (2017) The periglacial environment, 4. Aufl. Wiley Blackwell, Chichester

Haeberli W (1985) Creep of mountain permafrost: Internal structure and flow of rock glaciers. Mitteilungen der Versuchsanstalt für Wasserbau, Hydrologie und Glaziologie an der Eidgenössischen Technischen Hochschule Zürich 77. Zürich

Karte J (1979) Räumliche Abgrenzung und regionale Differenzierung des Periglaziärs. Bochumer Geographische Arbeiten 35. Schöningh, Paderborn

Knight J, Harrison S (2009) Periglacial and paraglacial processes and environments. Geol Soc, Special Publication 320, London

Nyenhuis M (2006) Permafrost und Sedimenthaushalt in einem alpinen Geosystem. Bonner Geographische Abhandlungen 116, Bonn

Washburn AL (1979) Geocryology. Arnold, London

Williams PJ, Smith MW (1995) The frozen earth. Cambridge University Press, Cambridge

Lösungsprozesse und Reliefformung

R. Dikau et al., *Geomorphologie*, https://doi.org/10.1007/978-3-662-59402-5_16

Mit dem Begriff Karst werden geomorphologische Systeme beschrieben, die aus speziellen Reliefformtypen, Höhlen und einem ausgeprägten unterirdischen Wasserkörper bestehen. Diese Phänomene sind auf stark lösliche Festgesteine zurückzuführen, wie Kalkstein, Marmor oder Gips. Das in karbonatischen Gesteinen entwickelte Karstwasser versorgt ca. 20–25 % der Weltbevölkerung mit Grundwasser, was seine hohe Bedeutung für die menschlichen Gesellschaften hervorhebt. Der Karst ist ein offenes System, das in ein hydrogeologisches und ein geomorphologisches Teilsystem untergliedert wird. Die Karstphänomene sind ein Produkt ihrer gekoppelten Prozesse und Eigenschaften. Neben der Löslichkeit der Karstgesteine bilden ihre Lithologie und Struktur sowie ihr Trennflächengefüge (sekundäre Porosität) eine Voraussetzung für die Karstgenese. Das unterirdische Karstwassersystem und seine Fähigkeit, die strukturell verursachten Wasserwege des Festgesteins in ein Hohlraumsystem unterschiedlicher Raumskalen zu transformieren (tertiäre Porosität) stellen den Motor des Karstsystems dar. Reliefformgenese an der Erdoberfläche und unterirdisches Hohlraumsystem erfahren eine gekoppelte Genese, die in dieser Form nur in Karstsystemen auftritt.

16.1 Lösungsprozesse von Kalkstein

Lösungsfähige Gesteine, an denen Verkarstungsprozesse stattfinden können, bedecken etwa 20 % der eisfreien Festlandsflächen. Sie sind im Wesentlichen aus vier unterschiedlichen Mineralgruppen aufgebaut: Carbonate, Sulfate, Chloride und Silicate (◘ Tab. 16.1).

Kalkstein ist weltweit das dominante Karstgestein. Er besteht überwiegend aus dem Mineral Calcit (Calciumcarbonat, $CaCO_3$) und gehört entweder zur Gruppe der biogenen oder zur Gruppe der chemischen Sedimentgesteine. Ein Mineral, das zusätzlich Magnesium enthält, wird als Dolomit ($CaMg(CO_3)_2$) bezeichnet. Dolomitisches Gestein enthält mindestens 50 % $CaMg(CO_3)_2$. Der Verkarstungsprozess erfährt seine effektivste Ausprägung bei einem $CaCO_3$-Gehalt von >80 %, wenn das Gestein größere Mächtigkeiten erreicht, mechanisch stabil ist und eine hohe Trennflächendichte aufweist. Diese Bedingungen sind in den von Slowenien bis Albanien reichenden Dinariden besonders ausgeprägt.

16

◘ Tab. 16.1 Löslichkeit von ausgewählten Mineralen in Wasser bei 25 °C (Ford und Williams 2007)

Mineral	Zusammensetzung	Löslichkeit (mg l^{-1})
Carbonate		
Calcit	$CaCO_3$	400
Dolomit	$CaMg(CO_3)_2$	300
Sulfate		
Gips	$CaSO_4 \cdot 2H_2O$	2400
Chloride		
Sylvin	KCl	264.000
Halit (Steinsalz)	NaCl	360.000
Silikate		
Quarz	SiO_2	12
Hydroxide		
Gibbsit	$Al(OH)_3$	0,001

Eine zweite Gruppe von lösungsfähigen Gesteinen bilden die Evaporite, welche im Warmwasser von Küstenlagunen, marinem Flachwassern und in Wüstengebieten entstanden sind. Sie treten in geringerer Verbreitung als die Carbonate auf. Dazu zählen Gips ($CaSO_4 \cdot 2H_2O$), Anhydrit ($CaSO_4$) und Steinsalz (NaCl).

Silikatische Gesteine sind im geringen Maß ebenfalls Verkarstungsprozessen unterworfen. Wegen der geringen Löslichkeit von Quarz spielt hier vor allem die Lösung des Zements zwischen den Klasten von Sandsteinen und Konglomeraten eine besondere Rolle. Dieses Kapitel wird sich überwiegend mit der Lösung des Kalksteins befassen.

Die Effektivität des Verkarstungsprozesses ist in hohem Maße von der Geschwindigkeit der **Wasserbewegung im Gestein** abhängig, die von seiner Porosität und Permeabilität gesteuert wird (Trudgill 1986). Eine hohe Porosität beschleunigt den Lösungsprozess, da größere Wassermengen durch das Gestein sickern können. Für den Lösungsprozess ist die **primäre Porosität** von geringerer Bedeutung. Sie nimmt mit der Gesteinsalterung durch Zementierungs- und Rekristallisationsprozesse ab. Die **sekundäre Porosität** beschreibt die Öffnung von Trennflächen entlang von Schichtgrenzen und von Brüchen und Klüften aufgrund der mechanischen Beanspruchungen. Diese Trennflächen sind für den Lösungsprozess von primärer Bedeutung, da sie die Permeabilität des Gesteins für den Wasserfluss signifikant erhöhen. In Folge entwickeln sich im lösungsfähigen Gestein Lösungshohlräume in Form von Röhren und Höhlen, die den **tertiären Porositätstyp** bilden und charakteristisch für Karstsysteme sind. Das bedeutet, dass die Reliefformung durch Lösungsprozesse in erster Linie davon abhängt, wie effektiv sich das Versickerungswasser entlang von Fließwegen durch das Festgestein bewegen kann.

Der Lösungsprozess, der als **Korrosion** bezeichnet wird, bildet die zentrale Komponente des gesamten Verkarstungsprozesses (◘ Abb. 16.1). Das Mineral Calcit weist in reinem Wasser eine sehr geringe Löslichkeit von 12–15 mg l^{-1} auf. In Verbindung mit Regenwasser ist $CaCO_3$ jedoch sehr viel stärker löslich, was auf seinen Gehalt an Kohlenstoffdioxid (CO_2) zurückzuführen ist. Wasser, das mit der Atmosphäre im Gleichgewicht steht, enthält immer eine gewisse Menge CO_2 (abhängig von Temperatur und CO_2-Partialdruck der Luft, siehe unten) in gelöster Form:

$$CO_2 \rightleftarrows CO_2(aq)$$

Dabei handelt es sich um eine Gleichgewichtsreaktion. Das bedeutet, dass Hin- und Rückreaktion in beide Richtungen gleichzeitig ablaufen, aber so, dass sich mit der Zeit ein Gleichgewichtszustand einstellt, bei dem die Konzentrationen auf beiden Seiten in einem bestimmten Verhältnis stehen.

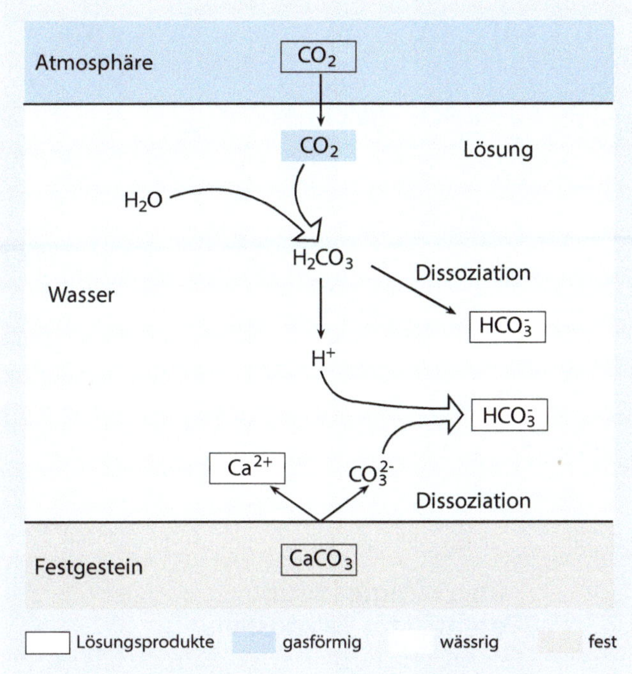

Abb. 16.1 Chemische Reaktion der Lösung von Kalkstein in Wasser. (Verändert nach Trudgill 1985: Limestone Geomoprhology. Longman, Harlow. Fig. 2.8, S. 17. Abdruck mit Genehmigung von S. T. Trudgill)

Das in Wasser gelöste CO_2 reagiert zum Teil in einer Gleichgewichtsreaktion mit den Wassermolekülen unter Bildung einer schwachen Säure, der Kohlensäure H_2CO_3:

$$CO_2\ (aq) + H_2O \rightleftarrows H_2CO_3$$

Die Kohlensäure dissoziiert wiederum in einer Gleichgewichtsreaktion in ein hydratisiertes Proton (bzw. Wasserstoffkation) H^+ (aq) und das Hydrogencarbonatanion HCO_3^-:

$$H_2CO_3 \rightleftarrows H^+(aq) + HCO_3^-$$

Das hydratisierte Proton geht dabei eine so enge Bindung mit Wasser ein, dass oft H_3O^+ statt „H^+ (aq)“ in die Gleichung eingesetzt wird (soll diese Reaktion dargestellt werden, muss auf der linken Seite der Gleichung ein H_2O-Molekül addiert werden). Stoffe, die Protonen an einen Reaktionspartner übertragen können, werden als Säure bezeichnet. Ein geringer Teil des HCO_3^- dissoziiert in einem weiteren Schritt zu H^+ (aq) und dem Carbonation CO_3^{2-} (aq), was in diesem Kontext vernachlässigt werden kann. Im Wasser treten somit sämtliche in den Gleichgewichtsreaktionen genannten Moleküle gleichzeitig auf, den weitaus größten Teil stellen das (gelöste) CO_2-Molekül und HCO_3^-. Die genaue Lage dieser Gleichgewichte hängt stark vom pH-Wert ab.

Gerät Kalkstein in Kontakt mit diesem Wasser, löst sich der Calcit, $CaCO_3$, mithilfe des H^+ (aq) der dissoziierten Kohlensäure leicht in folgender Reaktion:

$$CaCO_3\ (Calcit)\ +\ H^+\ (aq) \rightleftarrows Ca^{2+} + HCO_3^-$$

Die Säure wird bei dieser Reaktion neutralisiert. Es entstehen Calcium- und Hydrogencarbonationen, die eine wesentlich höhere Löslichkeit in Wasser haben als $CaCO_3$ in reinem Wasser. Diese Gleichgewichtsreaktion läuft ab, bis ein Sättigungsgleichgewicht erreicht wird. Wird es nicht erreicht, z. B. durch Zufuhr von weiterem CO_2-haltigem Wasser, können weiterhin Carbonationen aus dem Kalkstein in Lösung gehen.

Zusammenfassend können diese Reaktionsgleichungen wie folgt geschrieben werden:

$$CaCO_3\ (Festgestein)\ +\ H_2O\ +\ CO_2\ (aq) \rightleftarrows Ca^{2+} + 2\ HCO_3^-$$

Die Bildung des Hydrogencarbonations wird somit aus zwei Quellen gespeist, zum einen aus der dissoziierten Kohlensäure und zum zweiten durch die Lösung von $CaCO_3$ mithilfe des H^+-Ions der Kohlensäure.

Wenn kein Bodenkörper ausgebildet ist, wird das atmosphärische Wasser direkt die Oberfläche des Kalksteins erreichen. Noch effektiver kann die Lösung von Kalk durch Bodenwasser sein. Darunter wird das in einem Bodenkörper vorhandene Wasser verstanden, das aus Komponenten des Sickerwassers und des Haftwassers besteht. Wie viel Kalk im Wasser gelöst werden kann, hängt stark von der CO_2-Konzentration im Wasser ab, die wiederum direkt vom **Partialdruck des CO_2** in der im Gleichgewicht stehenden Atmosphäre abhängt (Pfeffer 2010). In einem Gasgemisch wird unter Partialdruck der Teildruck eines gasförmigen Bestandteils des Gases verstanden. Der Partialdruck des CO_2 an der Atmosphäre-Wasser-Grenzfläche wird vom CO_2-Gehalt der Atmosphäre und dem Luftdruck an der Wasseroberfläche gesteuert. Der CO_2-Gehalt der Atmosphäre liegt heute bei 0,041 Vol.-%. Sehr viel höhere CO_2-Gehalte bis 10 Vol.-% können in der Bodenluft, in der Luft der Vegetationsstreu auf Bodenoberflächen und in Karsthöhlen auftreten. Die CO_2-Gehalte der Bodenluft entstammen der Wurzelatmung (Respiration) und der mikrobiologischen Aktivität beim Ab- und Umbau der organischen Substanz. Aufgrund der verstärkten mikrobiellen Aktivität in den Sommerhalbjahren werden in dieser Zeit höhere CO_2-Mengen produziert als im Winterhalbjahr. Beim Versickerungsprozess im Bodenkörper und einem CO_2-Gehalt der Bodenluft von 5 Vol.-% kann das Bodenwasser etwa 150-mal mehr CO_2 aufnehmen als unter normal-atmosphärischen Bedingungen.

Für eine gegebene CO_2-Konzentration kann der Kalkstein bis zu einer bestimmten Konzentration in Lösung gehen. Die $CaCO_3$- und CO_2-Konzentrationen stehen bei einer gesättigten Lösung in einem thermodynamischen Gleichgewicht, was in Abb. 16.2 für eine Wassertemperatur von 10 °C dargestellt wird (Kurve A – D – B). Im Konzentrationsbereich oberhalb der **Gleichgewichtskurve** ist die Lösung untersättigt, d. h., dass weiter Kalkstein gelöst werden kann, was als kalkaggressiv bezeichnet wird. Bei einer Konzentration auf der Gleichgewichtslinie finden weder Lösung noch Ausfällung statt (gesättigte Lösung). Die unterhalb der Kurve vorliegende Konzentration ist übersättigt und kann $CaCO_3$ ausfällen. Der Prozess der Kalklösung bzw. -ausfällung ist

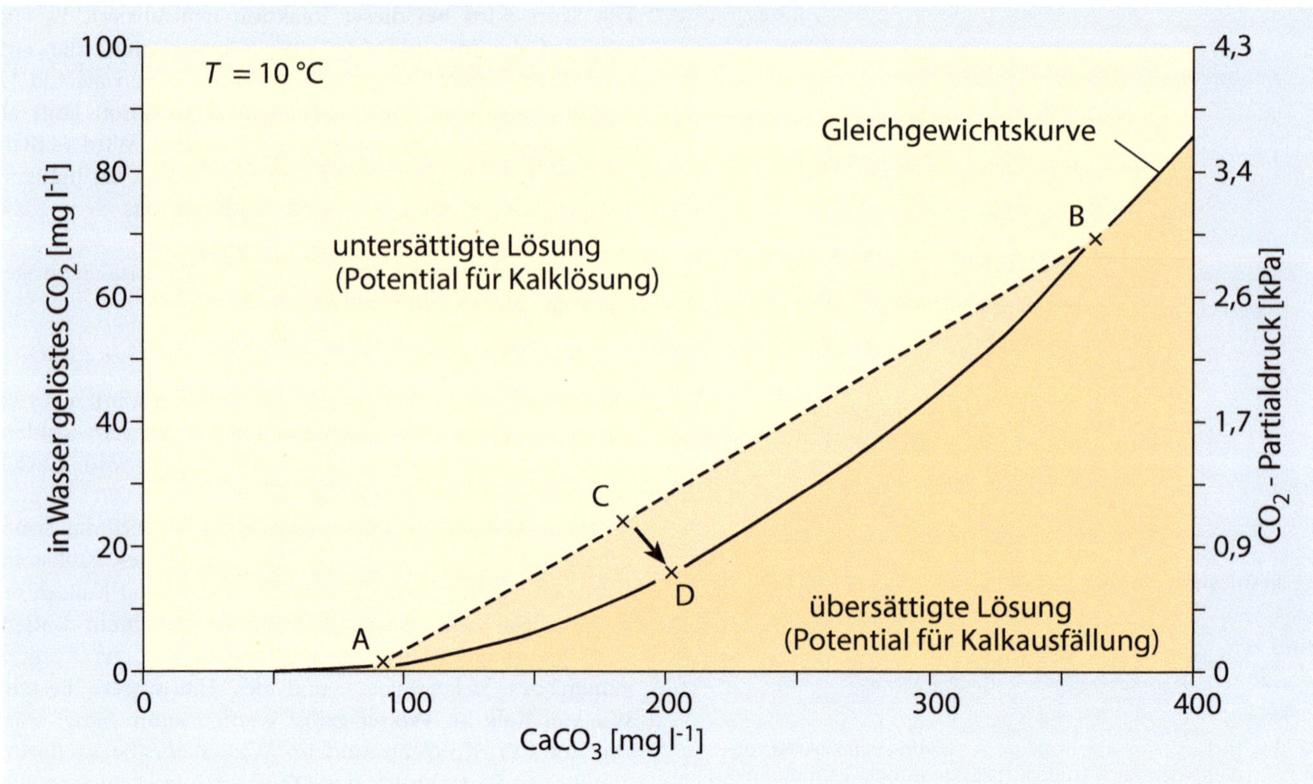

Abb. 16.2 Gleichgewichtsbeziehung (Kurve A – D – B) zwischen dem CO_2-Gehalt des Wassers, dem CO_2-Partialdruck und der Konzentration von gelöstem Kalk bei einer Wassertemperatur *T* von 10 °C. Werden zwei Kalkwässer mit den Gehalten A und B gemischt, entsteht eine Konzentration C, die eine weitere Kalklösung zulässt. (Verändert nach Gunn 1986: Solute processes and karst landforms. In: Trudgill (Hrsg.) Solute Processes. Fig. 9.4, S. 377 © John Wiley & Sons Limited)

16

somit reversibel und kann in beide Reaktionsrichtungen ablaufen, was in den gezeigten Reaktionsgleichungen durch den Doppelpfeil ausgedrückt wird. Wenn das Bodenwasser mit hohem CO_2-Gehalt den Kalkstein erreicht, wird es $CaCO_3$ lösen. Dabei wird CO_2 verbraucht und es entsteht ein Ungleichgewicht des Bodenwassers zum CO_2-Gehalt der Bodenluft, was zu einer weiteren Aufnahme von CO_2 aus der Bodenluft in das Bodenwasser führt. Auf diese Weise wird der Lösungsprozess des Kalksteins aufrechterhalten.

Das beschriebene System kann unter Gesichtspunkten eines offenen und eines geschlossenen Systems betrachtet werden. Das System ist offen, wenn die drei Komponenten Festgestein, Wasser und Luft ungehindert miteinander reagieren können und die Bedingungen aufrechterhalten bleiben, bis das thermodynamische Gleichgewicht erreicht ist. Wenn sich nur zwei dieser Komponenten in Reaktion befinden, ist das System geschlossen. Im idealen offenen Fall reagiert im Wasser gelöstes CO_2 zu dissoziierter Kohlensäure, die mit Kalkstein reagiert und diesen unter Bildung der Ionen Ca^{2+} und HCO_3^- löst, während zugleich das verbrauchte gelöste CO_2 solange durch CO_2 aus der Bodenluft ersetzt wird, bis in der Lösung das Gleichgewicht erreicht ist.

Die **Mischungskorrosion** beschreibt einen Effekt, wenn sich zwei Karstwässer mischen, die beide gesättigt sind, aber unterschiedliche CO_2-Gehalte aufweisen. Dieser Prozess wurde vom Schweizer Karstforscher Alfred Bögli entdeckt und lässt sich anhand der Punkte A und B in der Gleichgewichtskurve in Abb. 16.2 beschreiben (Bögli 1964 und 1978). Keine der beiden Lösungen kann allein weiteren Kalk lösen. Nach ihrer Mischung liegt die chemische Zusammensetzung der Lösung auf der geraden Verbindungslinie zwischen den Punkten A und B in Punkt C, also im Feld der untersättigten Lösung, sie ist kalkagressiv. Weil sich ein neues Gleichgewicht einstellt, entstehen freie H^+-Ionen, die weiteres $CaCO_3$ des Festgesteins lösen können. Dabei wird der Lösungspfad von Punkt C zu Punkt D beschritten, bis im Punkt D das Gleichgewicht wieder erreicht wird.

Zusammenfassend werden die Einflüsse auf den Lösungsprozess von Kalkstein in Tab. 16.2 dargestellt. Von zentraler Bedeutung sind die Eigenschaften des Festgesteins selbst und biogene Effekte, die einen hohen Einfluss auf den CO_2-Gehalt des Sickerwassers haben.

16.2 Komponenten des Karstwassersystems

In Karstsystemen treten die **Versickerungsprozesse** des Niederschlags in das Fest- und Lockergestein des Untergrundes in modifizierter Form auf (Baumgartner und Liebscher 1990). Karstsysteme zeichnen sich häufig durch geringe Mächtigkeiten der Lockergesteinsdecken und der darin entwickelten Böden aus. Weiterhin besitzt das Festgestein durch die Lösungsprozesse eine hohe

Tab. 16.2 Einflüsse auf die Löslichkeit von Kalkstein

Einflussfaktor	Bezug zum Lösungsprozess des Kalksteins
Atmosphäre	CO_2-Gehalt, Niederschlagsmenge, pH-Wert des Niederschlags
CO_2-Partialdruck in der Bodenluft	$CaCO_3$-Löslichkeit
Temperatur	CO_2-Löslichkeit
Mischungskorrosion	$CaCO_3$-Löslichkeit
Porosität und Permeabilität des Festgesteins	Wassergehalt, Wasserfluss, CO_2-Gehalt, $CaCO_3$-Löslichkeit
Trennflächen im Festgestein	Wasserfluss, $CaCO_3$-Löslichkeit
Tiefe, Druck und Temperatur des Gesteinskörpers	$CaCO_3$-Löslichkeit
Biologische Einflüsse	Biogene CO_2-Produktion

Trennflächendichte in Form von Klüften (hohe Klüftigkeit), sodass das Niederschlagswasser schnell versickern kann und eine rasche Grundwasserzirkulation eintritt. In der Karstgeomorphologie hat sich für die Komponenten des Karstwassersystems daher eine erweiterte Prozessbetrachtung und Terminologie entwickelt (Ford und Williams 2007), deren Komponenten in Abb. 16.3 und Tab. 16.3 schematisch dargestellt werden.

16.2.1 Karstaquifere

Locker- und Festgesteine, in denen Grundwasser zirkulieren kann, werden als Aquifere oder **Grundwasserleiter** bezeichnet. In Porengrundwasserleitern zirkuliert das Grundwasser vornehmlich im Porensystem, was typisch für Lockergesteine und in ihnen entwickelte Böden ist. Bei Aquiferen im Festgestein erfolgt die Wasserzirkulation überwiegend in Trennflächensystemen, d. h. in den **Diskontinuitätsflächen** des Festgesteins. Dieser Aquifer wird allgemein als Kluftgrundwasserleiter bezeichnet (Baumgartner und Liebscher 1990). In Karstgebieten bilden darüber hinaus die **Lösungshohlräume** einen spezifischen Aquifertyp. Die Klassifikation der Karstaquifere basiert auf den Eigenschaften Versickerungstyp, Untergrundmaterial, Fließtyp, Höhlennetzwerk, Speichertyp, Speicherkapazität und Abfluss-Versickerungs-Beziehung. Karstaquifere sind in hohem Maße anisotrop und heterogen. Sie bestehen aus drei hydraulisch gekoppelten Systemen des Wasserflusses und der Wasserspeicherung:

- die poröse Matrix des Locker- und Festgesteins (primäre Porosität),
- das Trennflächensystem der Klüfte, Schicht- und Schieferungsflächen (sekundäre Porosität) und
- das System der Lösungshohlräume von Röhren und Höhlen (tertiäre Porosität).

Für den Karstaquifer ist typisch, dass sich die **Porosität und Permeabilität** des Festgesteins durch die Entwicklung der Lösungshohlräume in der Zeit erhöht. Dies führt einerseits zu einer Zunahme des primären Porenraums der Festgesteinsmatrix. Andererseits wird die Permeabilität des Trennflächengefüges (Kluftpermeabilität) erhöht. Erreicht der Lösungshohlraum Breiten von >1 cm liegt eine Lösungshohlraum-Permeabilität vor. Die vielfältigen Einflüsse auf die Festgesteine in Karstregionen und die unterschiedlichen Entwicklungszeiten der Karstsysteme führen zu einer ausgeprägten räumlichen Variabilität der Porosität und Permeabilität des Gesteinsuntergrundes. Sie erschweren klassifikatorische und nomothetische Einordnungen.

16.2.2 Vadose Zone

Karstwassersysteme lassen sich in eine vadose (wasserungesättigte) und eine darunter liegende phreatische (wassergesättigte) Zone untergliedern. Die vadose Zone entsteht durch die Lösungsverwitterung des Kalksteins. Im unverwitterten Zustand können Kalksteine eine geringe primäre Porosität von <2 % aufweisen. Die im Laufe der Zeit zunehmende Porosität und Permeabilität führt zu einer erhöhten Wasserwegsamkeit des Festgesteins. Die in die Lösungsprozesse einbezogen Trennflächensysteme erweitern sich allmählich und führen zu zunehmenden Wasserflüssen in die Tiefen der Gesteinsmasse. Mit der Tiefenausdehnung der erhöhten **Wasserwegsamkeit** senkt sich die Oberfläche des Karstwasserspiegels, sodass sich eine ungesättigte, vadose Zone entwickeln kann, die im Laufe der Karstgenese mächtiger wird. Eine vadose Zone kann sich somit erst entwickeln, wenn mit zunehmender Kalklösung der Wasserspeicherraum des Festgesteins zunimmt. Gleichzeitig mit der Entwicklung der vadosen Zone wird durch die Lösungsverwitterung die Oberfläche der Reliefform tiefergelegt. Die Mächtigkeit der vadosen Zone ist somit eine Funktion der Lösungsrate an der Formoberfläche und der Absenkung des Karstwasserspiegels. In stark verkarsteten Kalksteingebirgen kann die Mächtigkeit der vadosen Zone 2 km erreichen (Ford und Williams 2007). Weitere Steuerungsprozesse der Mächtigkeit der vadosen Zone bilden die tektonische Hebung der Gesteinsmasse und die Absenkung des Vorfluterniveaus durch fluviale Erosion und Meeresspiegelabsenkungen. Die Entwicklung der vadosen Zone folgt somit der **Absenkung der phreatischen Zone** im Festgestein. In der vadosen Zone ist das Hohlraumsystem nicht vollständig mit Wasser gefüllt, d. h. ungesättigt. Nur in

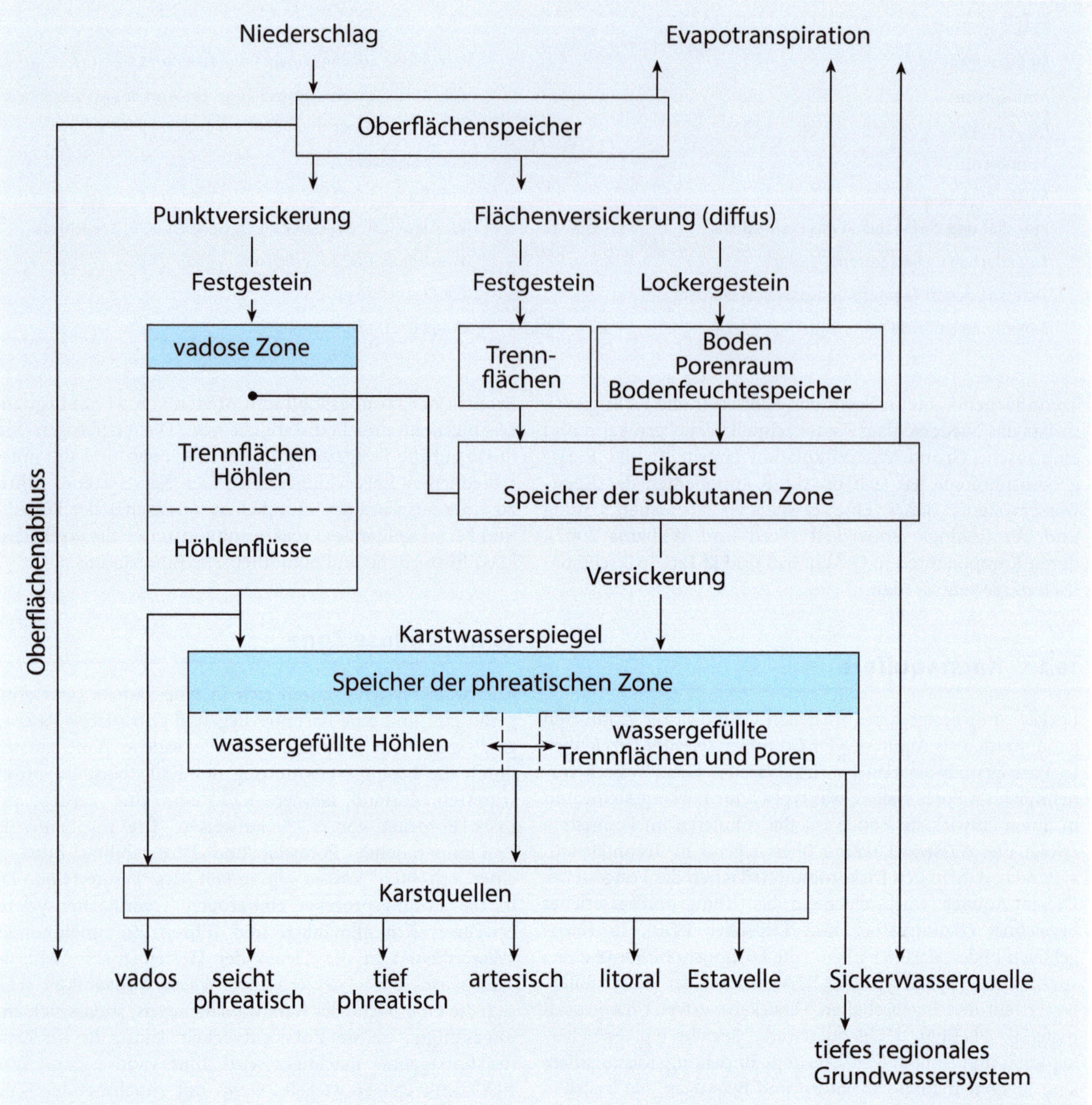

Abb. 16.3 Komponenten des Karstwassersystems mit unterschiedlichen Wasserflüssen, Speichern und Kopplungen. (Verändert nach Ford & Williams 2007: Karst Hydrogeology and Geomorphology. © 2007 John Wiley & Sons Ltd, Chichester, GB)

16

bestimmten Jahreszeiten füllt sich das System mit Wasser. In der liegenden phreatischen Zone sind sämtliche Hohlräume mit Wasser gesättigt. Der Oberflächenspiegel der phreatischen Zone wird als **Karstwasserspiegel** bezeichnet, der jahreszeitlichen Schwankungen unterworfen ist.

Der oberste Bereich der vadosen Zone wird durch eine spezifische Verwitterungs- und Infiltrationszone des Kalksteines gebildet, die als subkutane Zone oder **Epikarst** bezeichnet wird. Hier werden die höchsten Lösungsraten des gesamten Karstsystems beobachtet. Der Epikarst weist eine außerordentlich hohe lithologische, strukturelle und räumliche Variabilität auf und erreicht typische Mächtigkeiten von 3–10 m (Ford und Williams 2007). In Regionen mit breiten (mehrere m) und tiefen (10–100 m) Klüften kann die Mächtigkeit bis zu 100 m betragen. Manche Klüfte können mit allochthonen Lockergesteinen verfüllt sein, die durch gravitative oder hangaquatische Prozesse eingetragen wurden. Die hohen Lösungsraten des Epikarstes sind auf die Nähe zum auflagernden Bodenkörper zurückzuführen, der die wichtigste biogene CO_2-Quelle des Karstsystems

Tab. 16.3 Karsthydrologische Terminologie für die Aquifere und Zonen

Phänomen	Gliederung/Erklärung
Aquifer	
Karstaquifer	Festgesteinskörper mit der Eigenschaft der Karstwasserzirkulation in Lösungshohlräumen eines Karstsystems
Karstwasser	Im Karstsystem befindliches und zirkulierendes Wasser
Porengrundwasserleiter	Gesteinskörper mit der Eigenschaft der Wasserzirkulation in Poren
Kluftgrundwasserleiter	Wasserzirkulation in den Trennflächensystemen der Klüfte und Schichtflächen
Karstwasserspiegel	Oberfläche des Karstwasserkörpers, die die vadose von der phreatischen Zone trennt
Zonen	
Vados (ungesättigt)	Epikarst (subkutane Zone) oberster Bereich der vadosen Zone im verkarsteten Festgestein
	Freie Versickerungszone im verkarsteten Festgestein
Epiphreatisch	Zeitweise gesättigte Zone
Phreatisch (gesättigt)	Seichte phreatische Zone
	Tiefe phreatische Zone (bathyphreatische Zone)
	Stagnierende phreatische Zone

darstellt. Wie Ford und Williams (2007) feststellen, können bis zu 80 % der gesamten Lösungsmenge des Kalksteins eines Einzugsgebietes aus dem Epikarst stammen, wobei die Effektivität der Lösungsprozesse mit zunehmender Tiefe und Entfernung zur CO_2-Quelle des Bodens graduell abnimmt. Die im Festgestein auftretenden vertikalen Klüfte verengen sich daher häufig mit zunehmender Tiefe, was eine Abnahme der Permeabilität des Festgesteins hervorruft (Abb. 16.4). Als Folge kann sich im Epikarst ein isoliertes Grundwasserstockwerk ausbilden, das als schwebendes Grundwasser (Baumgartner und Liebscher 1990) bezeichnet wird. Die Porosität der Festgesteinsmatrix des Epikarstes liegt bei fortgeschrittenen Lösungsprozessen typischerweise über 20 %. Bei wenig verwitterten Kalksteinen im Liegenden des Epikarstes, d. h. in der tieferen vadosen Zone, liegt sie unter 2 % (Ford und Williams 2007). Die variablen Eigenschaften und die daraus folgenden variablen Wasserflüsse unterscheiden den Epikarst signifikant von den liegenden Bereichen der vadosen Zone.

Abb. 16.4 Epikarst in Marmor, New South Wales, Australien. Das linke Kluftsystem verengt sich mit zunehmender Entfernung vom Bodenkörper an der Oberfläche. (Quelle: Ken Grimes, 2001)

16.2.3 Flächen- und Punktversickerung

Das Oberflächenwasser sickert auf verschiedenen Wegen in den Gesteinsuntergrund und durchströmt das Karstwassersystem auf verschiedenen Wasserpfaden (Abb. 16.3). Dabei wird Kalkstein mit (bedeckter Karst) und ohne Lockergesteinsdecke (nackter Karst) unterschieden. Die **diffuse Flächenversickerung** erfolgt in den Poren des Locker- und Festgesteins und im Trennflächensystem des Festgesteins. Die Matrix des Lockergesteins ist zeitweise ungesättigt oder gesättigt und bildet einen Wasserspeicher, der als Bodenfeuchtespeicher bezeichnet wird. Er liefert Sickerwasser in den Epikarst. Die Trennflächen des Festgesteins ohne Lockergesteinsdecke bilden den zweiten zentralen Wasserpfad in den Epikarst. Gemeinsam bilden sie den Wasserspeicher der subkutanen Zone. Nach starken Niederschlägen kann sich dieses System vollständig mit Sickerwasser füllen und einen schwebenden **Epikarstaquifer** bilden. Der Weitertransport des Sickerwassers des Epikarstes in die tieferen Bereiche der vadosen Zone erfolgt über Trennflächen- und Röhrensysteme, die in die Karsthöhlen und Höhlenflüsse münden. Ein weiterer Versickerungsweg des Oberflächenwassers verläuft als räumlich **konzentrierte Punktversickerung** über wasserwegsame Pfade von der Oberfläche des Festgesteins in die Tiefen der vadosen Zone. Dies erfolgt durch bis an die Oberfläche reichende Klüfte und Schichtflächen, geschlossene Hohlformen (Dolinen, Ponore in Poljen), Flussläufe (Flussschwinden) und durch die Höhlen des Karstsystems.

Abb. 16.5 Karstquelle Blautopf in Blaubeuren am Südrand der Schwäbischen Alb. Der trichterförmige Quelltopf hat eine Tiefe von 21 m. Er hat ein Einzugsgebiet von 160 km^2 in Kalksteinen des Oberjuras und schüttet bis zu 33 $m^3 s^{-1}$. (Quelle: R. Dikau)

16.2.4 Phreatische Zone

Der Karstwasserkörper der phreatischen Zone erhält Sickerwasser direkt aus dem Wasserspeicher des Epikarstes und aus den Wasserflüssen der vadosen Zone. Im Wasserspeicher der phreatischen Zone entwickelt sich ein hydrostatischer Druck, dessen Größe durch die Höhendifferenz zwischen dem Karstwasserspiegel (hydraulisches Potenzial) und den Austrittspunkten und -flächen des Karstwassers aus dem Gebirge bestimmt wird. Das hydraulische Potenzial und die vertikale hydraulische Leitfähigkeit der phreatischen Zone bestimmen, bis in welche Tiefe das Karstwasser zirkulieren kann und damit die Mächtigkeit der phreatischen Zone. Auf diese Weise kann Karstwasser unter Druck an Quellen austreten oder gar aufwärts führende Strecken überwinden (Bögli 1978). Die phreatische Zone kann Mächtigkeiten von 400 m und mehr erreichen.

16.2.5 Karstquellen

Die Eigenschaften des Karstaquifers und der Fließprozesse des Karstwassers steuern die Wege, durch die das Karstwasser das System über verschiedene Karstquelltypen verlässt (Abb. 16.3). Aufgrund der hohen Wasserwegsamkeit des verkarsteten Kalksteins können diese Quellen größere Wassermengen schütten. Sie weisen eine unterschiedliche chemische Zusammensetzung auf, die auch genutzt werden kann, um Aufschluss über die Herkunft und die Pfade des Karstwassers zu erhalten. Grundsätzlich gilt, dass die Raumposition von Karstquellen sehr variabel ist. Sie entstehen beispielsweise in einem Vorfluterniveau von heutigen oder ehemaligen Flusssystemen im Karstgebiet (Abb. 16.5) sowie an Küsten im Niveau des Meeresspiegels als litorale Quellen. Weitere Einflussfaktoren sind der stratigraphische Aufbau des Gesteins (stauende Schichten) und die Gesteinsstruktur (Faltenstruktur). Verwerfungen führen häufig zu artesischen Quellen, die mit hohem Druck das Karstsystem verlassen. Verlässt Karstwasser das System ohne Eintritt in die phreatische Zone, liegen vadose Quellen vor. Der direkte Austritt aus dem Epikarst führt zu Schüttungen aus Sickerwasserquellen. In Abhängigkeit von den Fließbahnen und -tiefen im phreatischen Aquifer liegen seicht phreatische oder tief phreatische Quellen vor. Eine Sonderform einer Karstquelle bildet die Estawelle (Wechselschwund), die entweder als Quelle oder als Schluckloch (Ponor) wirken kann.

Tab. 16.4 Klassifikationskriterien und Terminologie der Geomorphologie von Karstregionen

Karstphänomen	Erklärung	Beispiel
Holokarst	Reine Lösungsprozesse und Lösungskarstformen	Karren, Staupolje, Dolinen, Kegelkarst
Epikarst (subkutane Zone)	Oberster Bereich der vadosen Zone mit Verwitterung und Infiltration und ggf. einem Bodenkörper	
Biokarst	Kalkausfällungen durch anorganische und organische Prozesse	Kalktuffbarrieren Wasserfälle
Fluviokarst	Gekoppelte Lösungs- und Fluvialprozesse	Trockental
Gravikarst	Mit schnellen und langsamen gravitativen Prozessen gekoppelte Lösungsprozesse	Einsturzdoline Lösungsdoline
Glaziokarst	Gekoppelte Lösungs- und Glazialprozesse	Karren und Dolinen in Karen Karren auf Rundhöckern
Küstenkarst	Küstenprozesse in lösungsfähigem Gestein	Küstenkarren
Strukturkarst	Poljebildung im Faltengebirge	Strukturpolje
Bedeckungsgrad	**Erklärung**	**Beispiel**
Nackter oder freier Karst	Festgestein ohne Lockergesteinsdecke	Kalkplateau
Bedeckter Karst	Festgestein mit Lockergesteinsdecke, ggf. mit Bodenkörper	Kalkplateau mit Rendzina

16.3 Geomorphologische Prozesse und Reliefformen in Karstregionen

Die Löslichkeit des Untergrundmaterials in Karstregionen führt zu speziellen und charakteristischen geomorphologischen Formen (Tab. 16.4). Sie werden in Lehrbüchern der Karstgeomorphologie systematisiert und beschrieben (z. B. Cvijić 1893; Sweeting 1972; Dreybrodt 1988; Jennings 1985; Ford und Williams 2007; Pfeffer 2008 und 2010). Regionen mit reinen Lösungskarstformen, z. B. die Dinariden oder Südchina und Indonesien, werden als Holokarst bezeichnet. Im Gegensatz dazu sind die meisten Karstregionen Mitteleuropas das Resultat lösungsdominierter Prozesse, die in polygenetischer Kopplung mit fluvialen Erosions- und Akkumulationsprozessen auftreten. Diese Systeme werden als Fluviokarst bezeichnet. Im Glaziokarst wirken Karstprozesse gemeinsam mit glazigenen Prozessen, wie in den Alpen und Pyrenäen in Europa. Der Begriff Thermokarst wird für Phänomene periglazialer Gebiete verwendet, in denen das Untergrundeis schmilzt und zu Kollapserscheinungen führt (► Abschn. 15.7.3). Er darf damit nicht mit der Kalklösung in Verbindung gebracht werden.

Eine weitere Differenzierung von geomorphologischen Prozessen in Karstregionen basiert auf der Geschwindigkeit von gravitativen Prozessen, deren Disposition durch den Lösungsprozess beeinflusst wird. Wir unterscheiden langsame gravitative Prozesse, z. B. bei der Entwicklung einer Lösungsdoline, und schnelle Prozesstypen, z. B. der Kollaps einer Einsturzdoline. Karstregionen können auf Basis des Bedeckungsgrades des verkarstungsfähigen Gesteins unterschieden werden. So wird ein Festgestein ohne Lockergesteinsdecke als unbedeckter, freier oder nackter Karst bezeichnet, während im bedeckten Karst auf dem Festgestein eine Lockergesteinsdecke entwickelt ist. Zwischen beiden Formen existieren graduelle Übergänge und hohe räumliche und zeitliche Variabilitäten.

16.3.1 Oberirdische Reliefformen

Die geomorphologischen Prozesse der Karstregionen weisen eine hohe Diversität auf und erzeugen Reliefformen mit einer weiten Spannbreite von räumlichen und zeitlichen Skalen. Sie reichen in ihren Ausmaßen von wenigen mm breiten Karren bis zu mesoskaligen Mittelgebirgen und Ebenen (Abb. 16.6).

16.3.1.1 Karren

Eine der kleinstskaligen und vielfältigsten Formengruppe stellen Karren dar. Sie finden sich auf den Oberflächen des Kalksteins (Abb. 16.7) und können in unterschiedlichen Typen auftreten. Der Karstforscher Bögli (1978) klassifiziert Karren nach dem Grad der Bedeckung in freie oder unbedeckte Karren, teilweise bedeckte Karren und bedeckte Karren. Weiterreichende Klassifikationen dieser umfangreichen Formengruppe liefern Ford und Williams (2007) und Pfeffer (2010). Die Karrenbildung ist von den Eigenschaften des Gesteins, den Niederschlagsbedingungen und den vorhandenen Boden- und Vegetationsdecken abhängig.

Karren des unbedeckten Karstes treten in vielfältigen Formen auf, die durch unterschiedliche Lösungsbedingungen gebildet werden. Dazu zählen die Befeuchtung der Oberfläche, Niederschlagsabfluss, flächenhafte Überspülung, konzentrierter Abfluss und stehendes Oberflächenwasser. Rillenkarren und Rinnenkarren zählen zu den freien Karren und entwickeln sich durch Niederschlagsabfluss

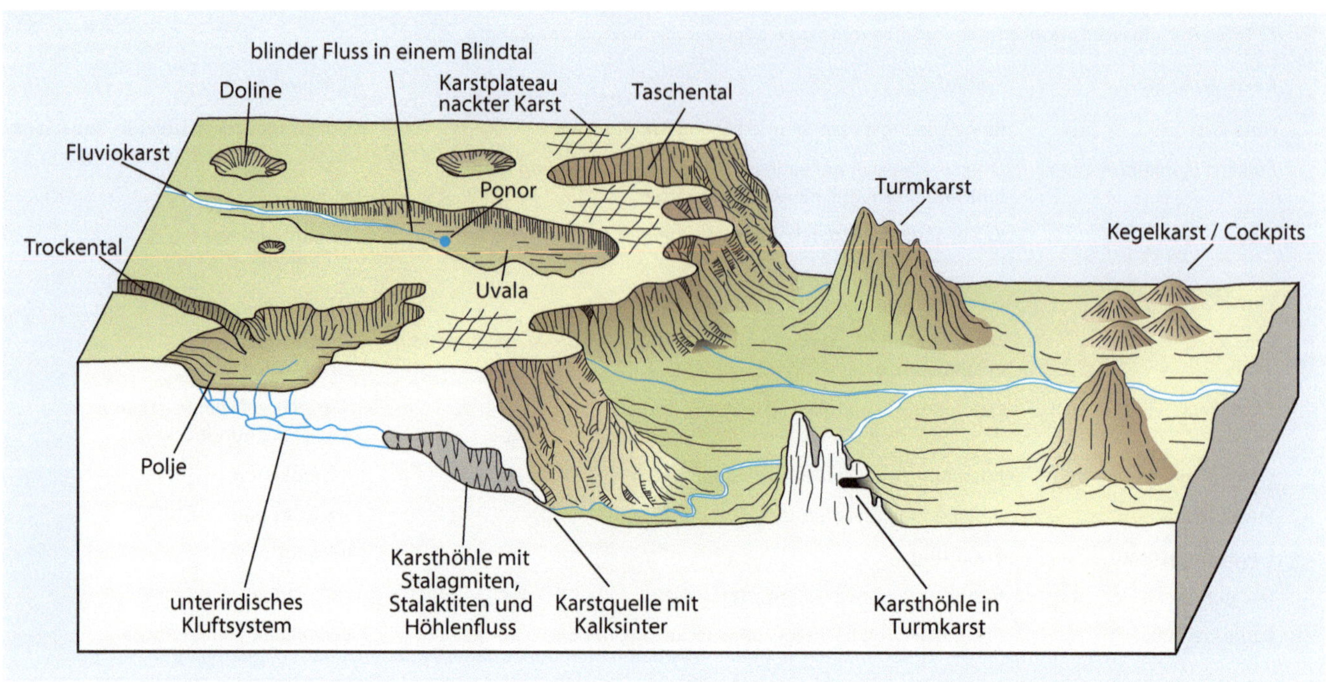

Abb. 16.6 Schematische Darstellung von zentralen Phänomenen des Karstsystems. (Verändert nach Huggett 2017: Fundamentals of Geomorphology. 4. Auflage. Verfasst von Richard John Huggett, veröffentlicht von Routledge. © Richard John Huggett 2017. Abdruck im Einvernehmen mit Taylor & Francis Books UK)

16

Abb. 16.7 Rillenkarren. (Quelle: K. Eibisch)

auf der Oberfläche des Kalksteins. Sie haben eine längliche Form und weisen Breiten zwischen wenigen mm und mehreren m und Tiefen weniger mm bis weniger dm auf. Sie können Längen bis zu 20 m erreichen (Abb. 16.7). Sie treten häufig in Vergesellschaftung auf und bedecken als Karrenfelder große Flächen des Festgesteins. Der gelöste Kalkstein wird durch Splash, Abtropfen, Abfließen und Versickerung abgeführt. Zahlreiche Karrentypen entwickeln sich unter Boden- und Vegetationsdecken. Sie werden auch als Kryptokarst bezeichnet. In Regionen mit flach-

Abb. 16.8 Hohlkarre. (Quelle: J. Eichel)

lagernden Kalksteinen sind **Kluftkarren** zu beobachten, die in Kluftkarrenfeldern *(limestone pavement)* auftreten. Sie bilden regelmäßige Muster. Unter Lockergesteins- und Bodendecken sowie Vegetation entwickeln sich Karren mit rundlichen Formen, welche als Hohl- oder Bodenkarren bezeichnet werden (Abb. 16.8). Hier beschleunigt das mit CO_2 angereicherte Infiltrationswasser die Lösungsprozesse.

16.3.1.2 Geschlossene Hohlformen

Geschlossene Hohlformen bilden die typischste Formengruppe der Karstregionen. Ihre räumliche Spannbreite ist beträchtlich. Ihr Charakteristikum ist der fehlende externe Zu- und Ablauf durch ein oberirdisches Flusssystem und ihre hydraulische Verbindung mit dem Karstaquifer. Geschlossene Hohlformen weisen Durchmesser von wenigen m bis zu vielen km und Tiefen zwischen 2 und über 500 m auf. Dolinen treten in runden bis elliptischen Formen auf. In Abhängigkeit von ihren Bildungsprozessen sind ihre Profile halbrund-konkav bis kastenförmig. Bei hohen Lösungsraten entwickeln sich Dolinenfelder, deren Dichte 2500 Objekte pro km^2 erreichen kann (Ford und Williams 2007).

In Abb. 16.9 sind unterschiedliche Dolinentypen dargestellt. Eine auf Kalkplateaus häufig auftretende Form bildet die **Lösungsdoline** (Abb. 16.10 und 16.11). Sie entstehen bevorzugt in Bereichen höherer Kluftdichten im Festgestein, z. B. bei Kluftkreuzungen und Lineamenten, die erhöhte Wasserflüsse und Lösungsraten erzeugen. Dies führt eher zur räumlich konzentrierten Lösung des Festgesteins und weniger zu einer flächenhaften gleichmäßigen Lösung und Tieferlegung des Materials. Die Lösung führt zur Entwicklung einer Oberflächenvertiefung, die Oberflächenwasser aufnehmen kann und in einer positiven Rückkopplung zur Verstärkung des Lösungsprozesses führt. Geringe Neigungen der Festgesteinsoberfläche begünstigen ihre Entwicklung. Bei größeren Hangneigungen bilden sich asymmetrische Grundrisse. Die Vegetations- und Bodenbedeckung erhöht die Lösungsrate des Festgesteins und damit die Dolinenbildungsrate. Das Einspülen von nichtlöslichen Lockergesteinen in den Dolinenboden kann andererseits zur Behinderung der Versickerung führen, sodass Wasserfüllungen des Dolinenbodens auftreten können. Rutschungen an den Dolinenflanken führen zur Abflachung der Hänge.

Eine **Einsturzdoline** entsteht durch den Kollaps des Daches von Karsthöhlen nach unterschreiten der felsmechanischen Stabilität des Festgesteins (Abb. 16.12). Sie weisen ein größeres Tiefen-Breiten-Verhältnis als Lösungsdolinen auf. Ihre Seitenwände sind steil, häufig senkrecht und in Festgesteinsmaterial ausgebildet. Im Laufe der Zeit können ihre Flanken durch Sturz- und Lösungsprozesse abgeflacht werden. Der Boden der Einsturzdolinen ist mit Sturzmaterial verfüllt. Stürzt die Masse in eine wassergefüllte Höhle, füllt sich ihr Boden mit Wasser.

Zahlreiche Einsturzdolinen entwickeln sich in Regionen, in denen die Hohlräume im lösungsfähigen Gestein durch Rückstände der Kalksteinverwitterung (Residuen) überlagert werden. Derartige Decken weisen eine geringe Stabilität und Dispositionen für einen Deckenkollaps auf. Der entstehende Dolinentyp bildet ein typisches Phänomen des bedeckten Karstes und wird als **Erdfall** bezeichnet. **Schwunddolinen** (Suffusionsdolinen) liegen dann vor, wenn Verwitterungsdecken- und Bodenmaterial oder Depositionen anderer Prozesse, z. B. glazigene oder fluviale Sedimente, in geöffnete Lösungsklüfte oder Schächte eingetragen werden und diese teilweise oder gänzlich verfüllen. Eine besondere Form der Lösungsdolinen in tropisch-humiden Regionen, insbesondere in Jamaica, stellen **Cockpits** dar. Es sind geschlossene Hohlformen, deren Geomorphometrie von den oben beschriebenen Dolinentypen signifikant abweicht. Ihre Seitenhänge sind deutlich konvex gewölbt. In tropischen Klimaten entwickeln sich derartige Dolinen schnell, sodass sie rasch zusammenwachsen und sich zu polygonalen oder sternförmigen Mustern entwickeln.

Uvalas sind Hohlformen ohne oberirdischem Abfluss mit wellenförmigen Tiefenbereichen und eingeschalteten verschachtelten Dolinen unterschiedlichen Durchmessers und Tiefe. Der Durchmesser von Uvalas kann bis zu 1000 m betragen und ihre Tiefe kann 200 m erreichen. Der Hypothese von Cvijić (1893), dass Uvalas durch Weiterentwicklung und Vergrößerung von Dolinen und ihr Zusammenwachsen entstanden sind, wird heute nicht mehr gefolgt. Es wird die Hypothese formuliert, dass tektonische Verwerfungen und Faltungsstrukturen in Kombination mit Lösungsprozessen zu ihrer Genese geführt haben.

Geschlossene Hohlformen mit Größen oberhalb der Dolinen und Uvalas werden **Poljen** genannt (Abb. 16.13 und 16.14). Es sind große geschlossene und länglich gestreckte Becken mit flachen und ebenen Böden. Poljen treten besonders häufig in gefalteten Gesteinen auf, wobei lösliche und nicht lösliche Gesteine in enger Nachbarschaft auftreten können. Die Bildung und Lokalität bestimmter Poljentypen ist daher struktur- und lithologieabhängig. So folgen Poljen häufig dem Streichen bzw. Schichtfallen eines Gebirges. Der Poljeboden kann von episodischen oder perennierenden Flüssen durchflossen werden, die im Winter zu Hochwasser führen und sich zu Seen ausdehnen können. Diese Flüsse schütten aus randlichen Karstquellen

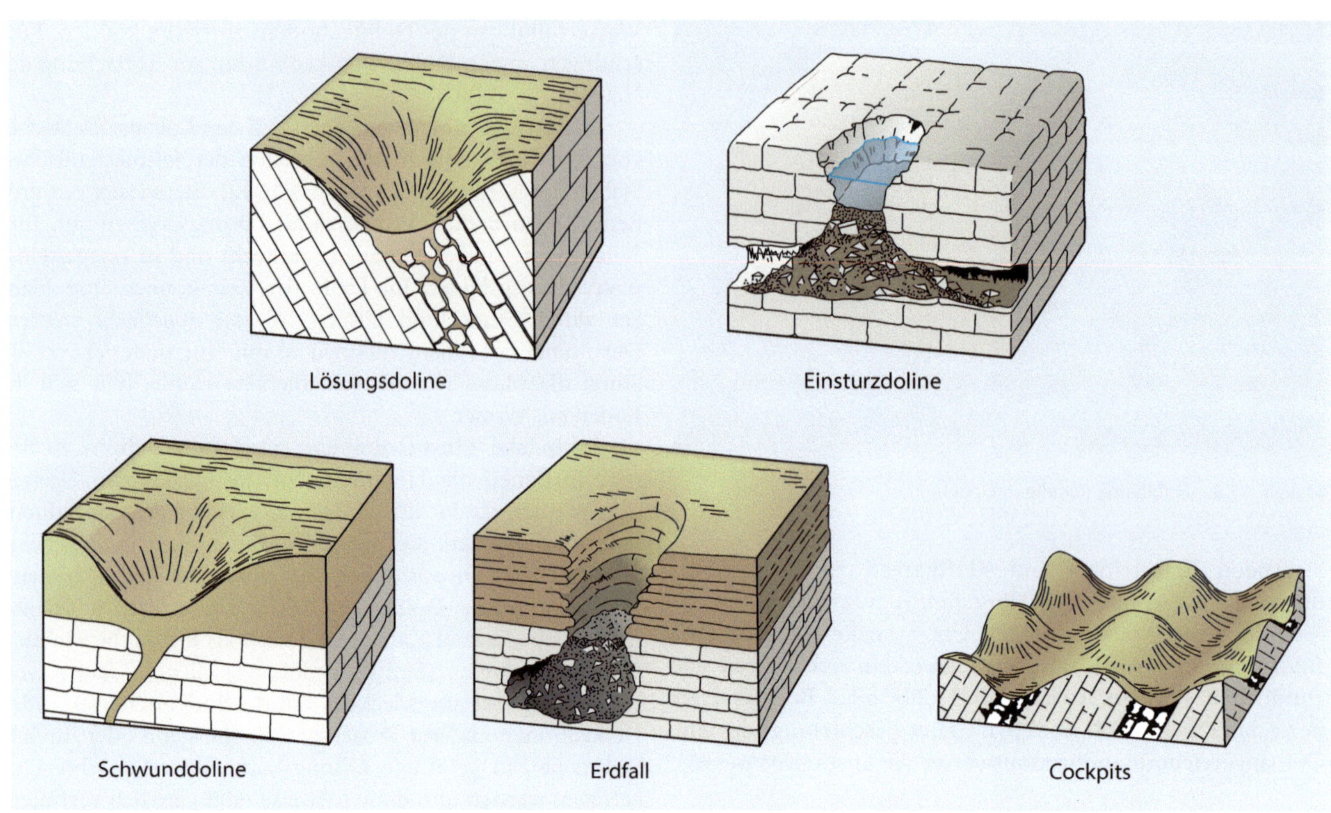

Abb. 16.9 Unterschiedliche Dolinentypen. (Verändert nach Jennings 1985: Karst Geomorphology. 2. Auflage. Basil Blackwell, Oxford. Genehmigung vermittelt durch Copyright Clearance Center, Inc. Abdruck mit Genehmigung von John Wiley & Sons)

Abb. 16.10 Lösungsdolinen auf der Schwäbischen Alb. (Quelle: R. Dikau)

Abb. 16.11 Lösungsdoline in den Dinariden. (Quelle: R. Dikau)

Abb. 16.12 Die Einsturzdoline Crveno Jezero (Roter See) am östlichen Rand des Imotski Polje in Kroatien in den Dinariden im Jahre 1985. Hier liegt kreidezeitlicher Kalkstein auf Dolomit, der stärker verwittert wurde und zum Einsturz der Kalksteindecke einer Karsthöhle führte. Die Doline hat eine Gesamttiefe von 500 m und einen Durchmesser von 400 m, die sichtbare Wasserfläche liegt 250 m unter dem Rand der Doline, auf dem der Fotograph steht. Die kollabierte Karsthöhle hatte eine Deckenhöhe von 1000 m. (Quelle: R. Dikau)

und verschwinden in **Ponoren** (Schlucklöchern), die in die Aquifere führen und das Karstwasser zu Karstquellen von tieferliegenden Poljen leiten.

Poljeböden schneiden gefaltete Kalksteinformationen oder mächtige Sedimentgesteine auf einem lokalen Vorfluterniveau. Dieses Niveau wird durch die Höhenlage des Ponors bestimmt. Die Ausmaße von Poljen in Kroation erreichen Längen von 60 km und Breiten von 8 km. Der Boden des Polje geht mit einem deutlichen Neigungswechsel in die umgrenzenden Hänge über. Polje sind polygenetische Formen. Für die Bestimmung eines Karstpoljes müssen grundsätzlich mehrere Kriterien erfüllt sein. Dazu sind zu rechnen:

- flacher Poljenboden in Festgestein,
- flacher Poljeboden in Lockergestein, z. B. in fluvialen Sedimenten,
- geschlossene Becken mit steilen Randhängen auf mindestens einer Seite,
- Entwicklung eines Karstaquifers.

Es können drei **Poljetypen** unterschieden werden (Abb. 16.15). Das **Randpolje** ist eine Reliefform in der Nachbarschaft ausgedehnter, nicht löslicher Gesteine. Es erhält seine Wasserzuflüsse von außerhalb der Karstregion entspringenden Flüssen (allochthone Flüsse) und wird daher hydrologisch von außen gesteuert. Dieser Poljetyp entwickelt sich dort, wo die Grundwasserspiegelschwankungen des nicht verkarstungsfähigen Gesteins in das des Kalkgesteins übergehen. Dadurch verbleibt der allochthone Fluss an der Oberfläche des Karstgesteins, während die Korrosion nur am Poljerand (laterale Korrosion) auftritt. Die fluvialen Depositionen dichten den Poljeboden ab und verhindern eine fluviale Erosion. Diese Genese wird als Poljebildung im Vorfluterniveau bezeichnet. Eine weitere Form der Poljebildung bei Nachbarschaft von verkarstungsfähigem und -unfähigem Gestein ist die Ausweitung eines Blindtales, das in Kalkgebirgen durch Versickerung des Flusswassers entsteht. Fluviale Hochflutsedimente, welche in der Talaue und auf Schwemmkegeln akkumuliert werden (Abb. 16.14), dichten den Untergrund teilweise gegen Versickerung ab. Die seitliche Korrosion gewinnt damit an relativer Effizienz und führt zur beckenartigen Ausweitung des Tales.

Strukturpolje bilden weltweit den wichtigsten Poljetyp. Die Genese des **Strukturpolje** wird in hohem Maße durch die lithologische und tektonische Situation gesteuert. Ihr geologischer Untergrund besteht aus verkarstungsfähigen und nicht verkarstungsfähigen Gesteinen (Abb. 16.15). Sie sind häufig mit tektonischen Gräben assoziiert und können durch die flächenhafte korrosive Ausweitung eines tektonischen Beckens in verkarstungsfähiges Gestein hineinreichen. Derartige Becken erstrecken sich in Streichrichtung der tektonischen Struktur. Dabei bildet sich eine mit fluvialen Sedimenten bedeckte Felsfläche. Die korrosive Erweiterung ist besonders dann effektiv, wenn der Poljeboden permanent oder jahreszeitlich schwankend im Vorfluterniveau des Karstwassers liegt. Dieser strukturbegründete Poljetyp erzeugt die größten Poljeformen der Erde, es ist der dominante Reliefformentyp im Karst der Dinariden. Die Entwässerung erfolgt über eine Vielzahl von Ponoren im Poljeboden, die Wassermengen von mehreren 100 $m^3\ s^{-1}$ aufnehmen können.

Unter einem **Staupolje** werden Poljetypen verstanden, die vollständig in verkarstungsfähigem Gestein entwickelt sind (Abb. 16.15). Sie werden weder von einem allochthonen Wasserzulauf noch von der tektonischen Struktur beeinflusst, sondern von den jahreszeitlichen Schwankungen des Karstwasserspiegels dominiert. Es handelt sich hier um eine autochthone Poljenentwicklung. Bei Hochwasser steigt die perennierende Karstwasseroberfläche, und damit die phreatische Zone, in die Hohlräume der vadosen Zone. Dieser episodisch wassergefüllte Bereich zwischen vadoser und phreatischer Zone wird als epiphreatische Zone bezeichnet. Das unterirdische Karstwasser tritt an die Oberfläche des Poljebodens und führt zu episodischen Überflutungen. Es

Abb. 16.13 Polje mit horizontalem Poljeboden und Poljerand mit teilweise bedecktem Karst in Kroatien. (Quelle: R. Dikau)

Abb. 16.14 Polje mit horizontalem Poljeboden auf Kreta. Teile des rechten Poljerandes werden vom Schwemmfächer eines einmündenden Flusses bedeckt. (Quelle: R. Dikau)

entwickelt sich eine fluviale und limnische Depositionsebene, die das Karstgestein horizontal kappt. In dieser Phase der Poljengenese, d. h. in der Phase der Ausbildung der epiphreatischen Zone im Niveaubereich des Poljebodens, erreichen die am Hangfuß wirkenden lateralen Lösungsprozesse ihre höchste Effektivität. Die hohe Lösungsaggressivität des Niederschlagswassers und die Abdichtung des Poljebodens führen zu einer Dominanz der lateralen Poljenausdehnung.

16.3.1.3 Offene Hohlformen und Ebenheiten

In Karstregionen treten offene Hohlformen und Ebenheiten auf, die als **Karstrandebenen** *(karst margin plains)* oder **Korrosionsflächen** *(corrosion plains)* bezeichnet

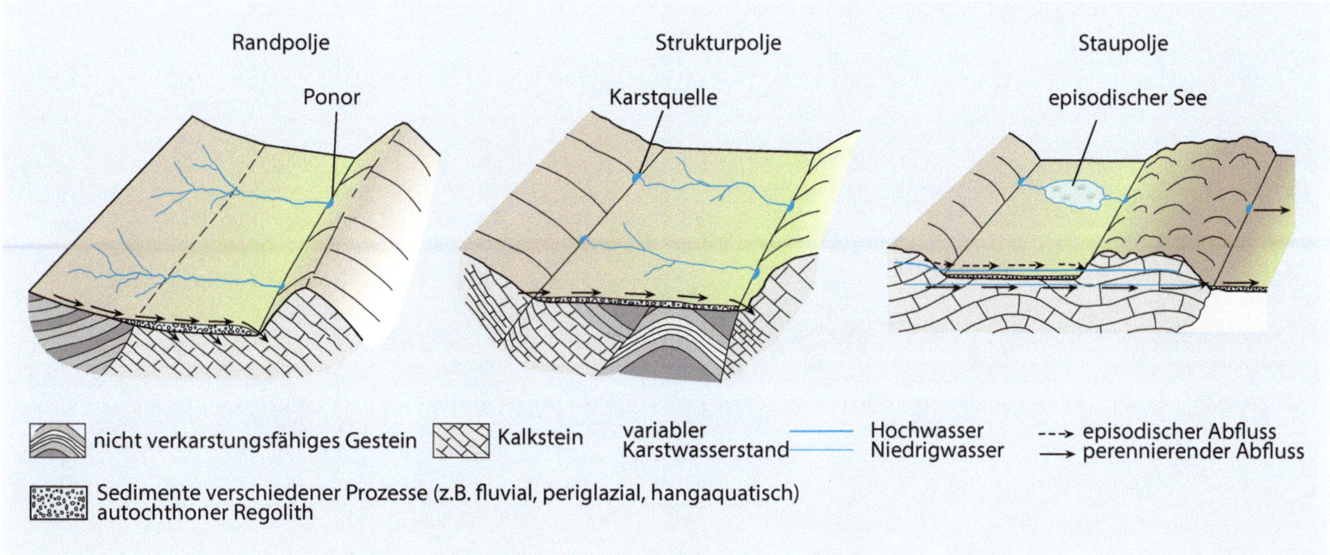

Abb. 16.15 Unterschiedliche Poljetypen. (Verändert nach Ford & Williams 2007: Karst Hydrogeology and Geomorphology. © 2007 John Wiley & Sons Ltd, Chichester, GB)

werden (Abb. 16.16). Korrosionsflächen treten bevorzugt am Rand von Karstregionen auf. Sie erstrecken sich in das Karstgebiet hinein, können mit Randpoljen verbunden sein und ausgedehnte Ebenheiten bilden. Die Korrosionsflächen weisen sehr geringe Höhenunterschiede auf und können mit dünnen fluvialen Sedimentschichten bedeckt sein. Der liegende Kalkstein weist eine strukturunabhängige Kappung auf. Ihre Genese wurde in der Karstforschung jahrzehntelang kontrovers diskutiert, und es bestehen mehrere Hypothesen, die ihre Genese auf eine Kombination von Teilprozessen zurückführen. So wird angenommen, dass die entscheidende laterale Ausdehnung einer Korrosionsfläche dann erfolgte, wenn sich im Randgebirge im Niveau der Korrosionsfläche eine epiphreatische Zone entwickelt hat, die durch aggressives episodisches Niederschlagswasser hohe Lösungsraten bewirkte. Im Laufe ihrer Genese können Korrosionsflächen tektonisch gehoben werden. Als Folge wird das vados-phreatische Hohlraumsystem des Untergrundes tiefgreifend verändert und die laterale, epiphreatische Lösungsdynamik durch vertikale Lösungsprozesse abgelöst. Allochthone Flüsse schneiden sich daraufhin in die Fläche ein, wie in Abb. 16.16 am Beispiel der Cetina in den Dinariden gezeigt wird.

16.3.1.4 Residuale Formen auf Karstebenheiten

Karstebenheiten können eine Vielzahl unterschiedlich geformter Vollformen aufweisen, die als residuale Formen des Lösungsprozesses angesehen werden. Sie bilden Vollformen, die eine kegel- und turmförmige Geomorphometrie aufweisen und aus sehr reinem Kalkgestein bestehen. Die gesamte Reliefformengruppe wird als **Kegelkarst** *(cone karst)* bezeichnet. Die Phänomene des Kegelkarstes treten in den feucht-warmen Klimaten der Tropen, Randtropen und der sommerheißen Gebiete Monsunasiens auf (Pfeffer 2010). In diesen Regionen bewirken die intensiv ablaufenden Lösungsprozesse ein rasches Wachstum und Zusammenwachsen der Dolinen. In einer späteren Phase der Genese wird die ursprüngliche Oberfläche des Kalksteins schließlich zerstört und tiefergelegt. Die verbleibenden residualen Vollformen bilden auf diesen neuen Oberflächen kegel- oder turmförmige Reliefformen mit einer kugelförmig-symmetrisch-konvexen Geomorphometrie. Die sie trennenden Hohlformen werden als Cockpits bezeichnet. Sie können Sedimentdepositionen enthalten und von Seen bedeckt sein. Dieses System wird als **Cockpitkarst** bezeichnet (Abb. 16.6). Der **Turmkarst** besteht aus turmartig aufragenden Formen mit senkrechten, häufig überhängenden Wänden (Ford und Williams 2007; Pfeffer 2010). Die Vollformen des Turmkarstes können Höhen von über 100 m erreichen und finden sich häufig auf heute mit fluvialen Sedimenten bedeckten Ebenheiten. Die Genese der Formen des Kegel- und Turmkarstes wird dadurch erklärt, dass die Entwicklung der Vollform zu einer räumlich differenzierten Lösungseffektivität führt. Während die konvexe Kuppe der Form eher geringmächtige oder gar keine Böden trägt und damit geringe biogene CO_2-Gehalte an das Sickerwasser liefern kann, sind die konkaven Depressionen des Cockpitkarstes und die fluvialen Ebenen des Turmkarstes durch CO_2-reiche Sickerwässer mit hoher Lösungseffektivität gekennzeichnet. Im Verlauf der Genese entsteht die Vollform als residuale Reliefform auf einer sich tieferlegenden Ebenheit.

16.3.1.5 Fluviokarst

Führen Wasser- und Sedimenttransporte durch Flüsse zur Erosion und Akkumulation in Karstregionen, handelt es sich um **fluvialen Karst** bzw. Fluviokarst (Abb. 16.6). Allochthone Täler entstehen durch die fluviale Erosion von Flüssen, die in Regionen mit nichtlöslichen Gesteinen entspringen. Im Karstgebiet ist ihre Wasserführung so stark, dass sie nicht vollständig im Untergrund versickern und damit fluviale Prozesse wirksam werden

Abb. 16.16 Tektonisch gehobene Korrosionsfläche in den Dinariden, in die sich die Cetina eingeschnitten hat. (Quelle: R. Dikau)

können (Abb. 16.16). Typisch für Karstregionen sind tiefe Schluchten, da die fluviale Erosion rasch erfolgt und die Talhänge nicht schnell genug abgeflacht werden können. Hier bewirken Lösungs- und fluviale Erosionsprozesse gemeinsam hohe Einschneidungsraten. Eindrucksvolle Beispiele für Schluchten im Fluviokarst sind der Grand Causses im Massif Central Südfrankreichs mit Schluchttiefen von 300–500 m sowie das Durchbruchstal der Donau in der Schwäbischen Alb.

Blindtäler werden durch Flüsse geschaffen, die eine Karstregion unabhängig von ihrer Herkunft (allochthon oder autochthon) durchqueren und ihren Abfluss in den Untergrund verlieren. Sie können an **Flussschwinden** trockenfallen, wie an der Donauversickerung im Durchbruchstal durch die Schwäbische Alb zu beobachten ist (Abb. 16.17). Ebenso können Flüsse im Fluviokarst am blinden Ende eines Tales, im Zentrum einer Doline oder eines Uvalas in einem Schluckloch (Ponor) verschwinden (Abb. 16.6 und 16.18). Die Entstehung eines Blindtales lässt sich darauf zurückführen, dass der durchströmende Fluss durch die Versickerung stromabwärts Wasser verliert, das nun nicht mehr für den Sedimenttransport zur Verfügung steht. Mit der Zeit entwickelt sich im Längsprofil des Flusses eine Sedimentschwelle, die zum Wasserstau und zur Versickerungszunahme führt, bis der gesamte Abfluss in den Untergrund versickert ist. Lediglich bei Hochwasser wird ein durchgehender Abfluss und Sedimenttransport ermöglicht. Diese Täler werden auch als halbblinde Täler bezeichnet.

Trockentäler sind Talformen in Karstregionen, die kein deutlich entwickeltes Flussgerinne aufweisen und nur während extremer Niederschlagsereignisse episodische Abflüsse entwickeln. Sie stellen die häufigste fluviale Form in Karstregionen dar und sind häufig von Dolinen durchsetzt. Ihre Seitenhänge sind sehr steil. Häufig entwickeln sich die flussabwärtigen Teile eines blinden Tales zu einem Trockental weiter, nachdem der Fluss gänzlich sein Oberflächenwasser in den Untergrund abgegeben hat. In Mitteleuropa treten Trockentäler besonders häufig in der Schwäbischen und der Fränkischen Alb auf.

Taschentäler sind Täler in Karstregionen mit steilen Hängen, die abrupt an einer Felswand enden, an der Karstquellen entspringen. Ihre in das Kalksteinplateau zurückgreifende Erosion basiert auf einer **korrosiven Quellerosion,** die den Kalkstein an der Basis löst, zu einer Quellnische und zum Nachsturz der hangenden Schichten führt. Ihre Ausmaße werden durch die Eigenschaften des Kalksteins und der Schüttungsmenge der Quelle gesteuert. Typische Tallängen erreichen 8–10 km und Talbreiten bis zu 1 km. Die Taltiefen können 300–400 m betragen. Diese Reliefformen treten häufig in der Schwäbischen Alb auf, ein Beispiel ist das Quelltal bei Bad Urach (Abb. 16.19).

Abb. 16.17 Flussschwinde im Durchbruchstal der Donau durch die Schwäbische Alb am 2. Juni 2011. Wasserstandsmarken: 1) Mittelwert Wasserstand der letzten 20 Jahre (0,83 m). 2) 2-jährlicher Hochwasserstand (2,83 m). (Quelle: Bodo Rüdenburg)

Abb. 16.18 Ponore in einem Polje in den Dinariden. (Quelle: R. Dikau)

16.3.1.6 Ausfällungsprozesse und -formen

An Karstquellen, Wasserfällen und in Flussgerinnen entwickeln sich häufig Karstformen, die als Kalktuff oder Tuff bezeichnet werden. Es handelt sich dabei um **Kalkausfällungen**, an denen häufig biologische Prozesse beteiligt sind, weshalb diese Phänomene auch als **Biokarst** bezeichnet werden. Ihre Genese ist darauf zurückzuführen, dass das den Gesteinsverband verlassende Karstwasser hohe HCO_3^-- und CO_2-Gehalte aufweist. Ist der CO_2-Partialdruck höher als in der Atmosphäre, entgast CO_2 aus der

Abb. 16.19 Talschluss eines Taschentales der Schwäbische Alb (Quelltal mit dem waldbedeckten Bad Uracher Wasserfall im linken Hintergrund). (Quelle: R. Dikau)

Lösung in die Atmosphäre, was zu einem Ungleichgewicht der Lösungsgleichung führt.

$$CaCO_3\ (\text{Festgestein}) + H_2O + CO_2\ (aq) \rightleftarrows Ca^{2+} + 2\ HCO_3^-$$

16

Es wird dadurch ausgeglichen, dass $CaCO_3$ aus der Lösung ausfällt und als Kalktuff und Travertin akkumuliert wird. Die Ausfällungsprozesse sind besonders dann sehr effektiv, wenn eine große Oberfläche des Wasserkörpers vorliegt, was bevorzugt an Geländestufen und Wasserfällen auftritt und das Wasser schneller fließt und dadurch stärker entgast. Des Weiteren nehmen Pflanzen und Bakterien CO_2 aus dem Wasser auf und verschieben ebenfalls das chemische Gleichgewicht. Kalktuff besteht aus einer Mischung von Kalk, Bakterien, Algen und höheren Pflanzen. Bakterien haben für die Ausfällungsprozesse eine große Bedeutung. Kalktuffakkumulationen können zu hohen Dämmen und Wasserfällen führen, die über 100 m Höhe erreichen und zur Bildung von Seen beitragen. Die weltweit bekannteste durch Kalktuffausfällungen gebildete Seengruppe sind die Plitwicer Seen in Kroatien, die aus 16 einzelnen Seen bestehen, die kaskadenartig angeordnet sind (Abb. 16.20 und 16.21). Die Dämme erreichen Höhen von 30 m. Aufgrund ihrer biogenen Genese besitzen Kalktuffe eine hohe Porosität.

16.3.2 Karsthöhlen

Verkarstungsfähige Gesteine sind nicht nur für die Entwicklung spezifischer Formen der Erdoberfläche verantwortlich. Durch die Lösungsprozesse können sich innerhalb des Gesteinsverbandes ausgeprägte **Höhlensysteme** unterschiedlichster Geometrie entwickeln. Die Höhlenentwicklung ist von zahlreichen Faktoren abhängig, wie Trennflächen im Festgestein, Verwitterungsprozesse an der Oberfläche und im Festgestein oder Sturzprozesse im Höhlenraum (Verbruch). Die Wissenschaft, die sich mit Karsthöhlen beschäftigt, wird Speläologie oder Höhlenkunde genannt (Ford und Ewers 1978; Gillieson 1996; Kempe und Rosendahl 2008).

Die Geomorphologie schließt diese unterirdischen, bis Hunderte von m tief reichenden Lösungshohlräume in ihre systematische Formen- und Prozessklassifikation ein, da einige der Höhlensysteme eine direkte Kopplung mit den Lösungsprozessen an der Erdoberfläche und dem Epikarst aufweisen und in bestimmten Fällen mit Reliefformen prozessual gekoppelt sind (Ford und Williams 2007). Höhlen werden deshalb auch als Fortsetzung der geomorphologischen Formung in das anstehende Gestein betrachtet. Gegenüber

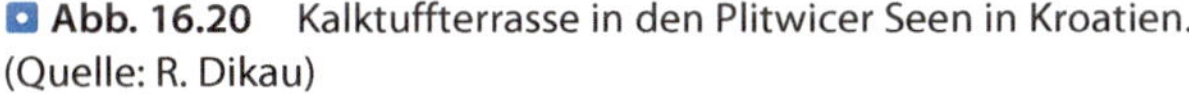

Abb. 16.20 Kalktuffterrasse in den Plitwicer Seen in Kroatien. (Quelle: R. Dikau)

Abb. 16.21 Der Kalktuff an den Plitwicer Seen ist an vielen Stellen vollständig mit Moosen und höheren Pflanzen bedeckt. (Quelle: R. Dikau)

den oberirdischen Reliefformen und unter Gesichtspunkten der Formengröße und -anzahl sind Höhlensysteme eher unbedeutend, auch wenn einzelne Höhlensysteme eine Länge von Dutzenden km aufweisen können. Gleichwohl bilden sie faszinierende Phänomene, die durch ihre sekundären Akkumulationsformen der Kalksinter und der Höhlensedimente für die Öffentlichkeit sowie für die Paläoklimaforschung und Archäologie eine herausragende Rolle spielen. Des Weiteren bilden vadose Höhlen Wasserwege mit schnellen Abflüssen, die regional eine hohe praktische Bedeutung für die Wasserversorgung und -qualität aufweisen.

Eine Karsthöhle wird als eine Öffnung im Untergrundgestein definiert, die groß genug ist, um für den Menschen zugänglich und damit empirisch beobachtbar zu sein (Abb. 16.22). Die genetisch-prozessuale Definition für eine Karsthöhle besagt, dass der Hohlraum groß genug sein muss (>5–15 mm), um den **hydrodynamischen Schwellenwert** des laminaren zum turbulenten Fließen zu durchbrechen (Ford und Williams 2007). Die Klassifikation von Höhlensystemen kann nicht auf Basis der an der Erdoberfläche auftretenden Reliefformen und Prozesse erfolgen. Sie beruht dagegen auf den Eigenschaften des Karstwasserkörpers und seiner Beziehung zum Hohlraumsystem des Gesteinskörpers. Eine einfache Klassifikation von Karsthöhlen beruht auf einer Unterscheidung der vadosen und der phreatischen Anteile des Höhlensystems (Abb. 16.23). In Abhängigkeit von der Entwicklung des Karstwasserspiegels können sich in einem Höhlensystem phreatische und vadose Phasen zeitlich abwechseln (Ford und Ewers 1978).

Die **Höhlengenese** bildet eines der schwierigsten Probleme der Karstgeomorphologie (Ford und Williams 2007). Auf Basis der Theorie der Kalklösungsprozesse stellen Kempe und Rosendahl (2008) computergestützte Modelle vor, die einen Einblick in die Hypothesen der Höhlengenese vermitteln. Die initialen Prozesse umfassen die Erweiterung des Trennflächengefüges im Festgestein durch die Kalklösung. Im Kalkstein umfasst das Trennflächensystem die genetischen Typen der Klüfte und Schichtflächen (▶ Kap. 5). Das dreidimensionale Trennflächengefüge wird im Laufe der Zeit aufgeweitet. Dieser Prozess vollzieht sich in zwei zeitlichen Phasen und ist von der Rückkopplung zwischen der Lösungsrate, der Kalkkonzentration im Wasser, der Öffnungsweite der Trennflächen und der Wasserdurchflussmenge abhängig. In der ersten Phase entwickelt sich die Öffnungsweite in eher

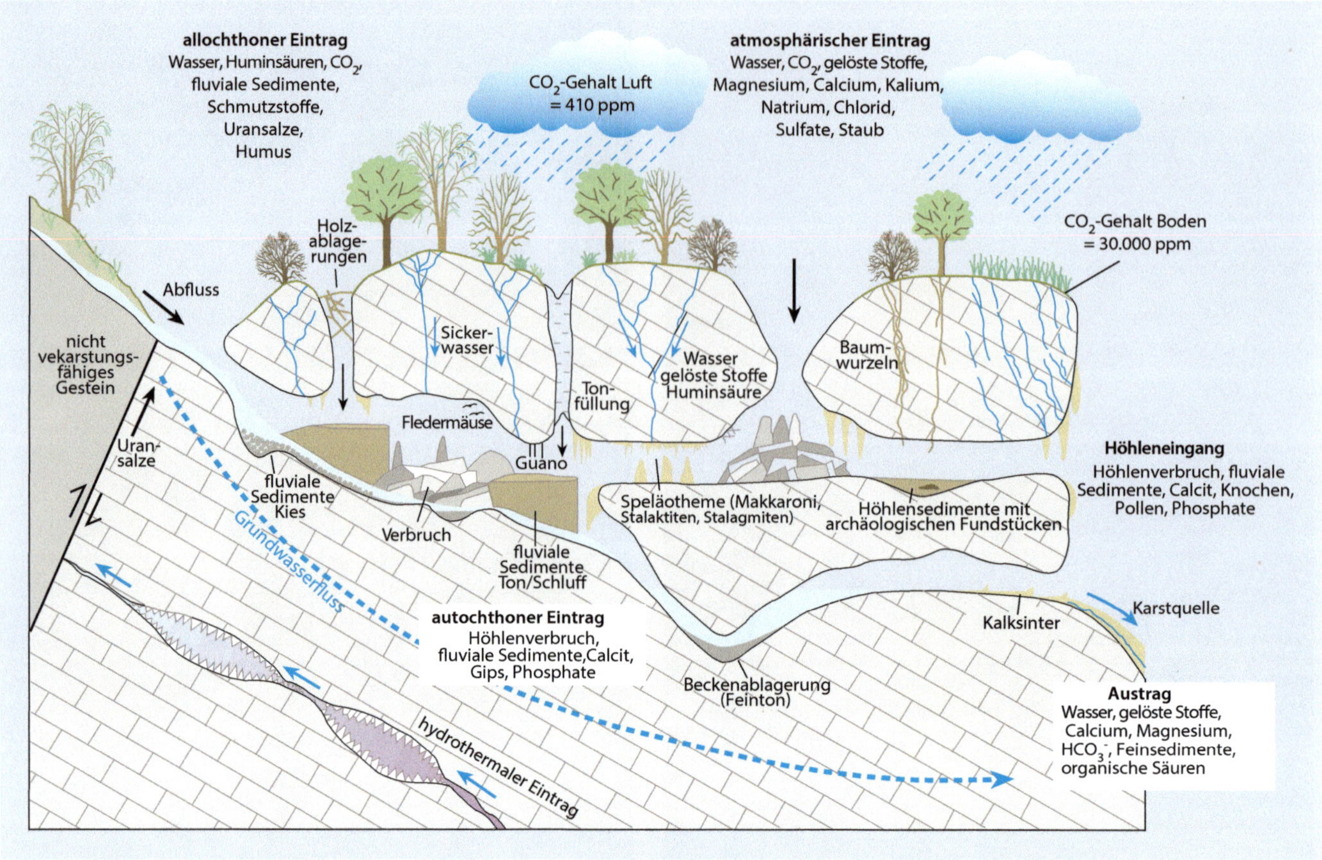

▣ **Abb. 16.22** Profilschnitt durch eine Karsthöhle. (Verändert nach Huggett 2017, auf Basis von Gillieson 1996: Caves. Processes, Development and Management. Blackwell, Oxford. Abdruck mit Genehmigung von John Wiley and Sons Inc. erteilt durch Copyright Clearance Center, Inc.)

geringeren Raten, die zu einem kontinuierlichen Anstieg der Wasserdurchflussmenge führen (▣ Abb. 16.24). In dieser Phase ist der Wasserfluss laminar.

Nach Modellannahmen von Dreybrodt (2008) kann die initiale Phase Zeitskalen von 10^4 bis 10^5 Jahren umfassen. Bei einem Schwellenwert der Öffnungsweite schlägt die laminare Strömung der ersten Phase in eine turbulente Strömung der zweiten Phase um, was als Durchbruch bezeichnet wird. Damit verbunden ist eine massive Zunahme der Lösungsrate, der Aufweitung der Trennfläche und der Durchflussmenge des Kluftwassers. Damit ist die in das System einsickernde Wassermenge der Epizone nicht mehr in der Lage, den Hohlraum vollständig zu sättigen, sodass ein frei fließender vadoser Höhlenfluss entstehen kann. Die Lösungsraten der Höhlenwandungen steigen nun um mehrere Größenordnungen und es können Höhlensysteme mit mehreren km Ausdehnung entstehen.

Die Höhlenentwicklung findet sowohl in der vadosen als auch in der phreatischen Zone statt. Diese Unterscheidung kann durch den Strömungstyp weiter differenziert werden (▣ Tab. 16.5). In beiden Zonen können laminare und turbulente Strömungen auftreten, die zu charakteristischen **Leitformen** im Höhlenquerschnitt und an den Höhlenwänden führen. Die unterschiedlichen Leitformen sind somit auf die

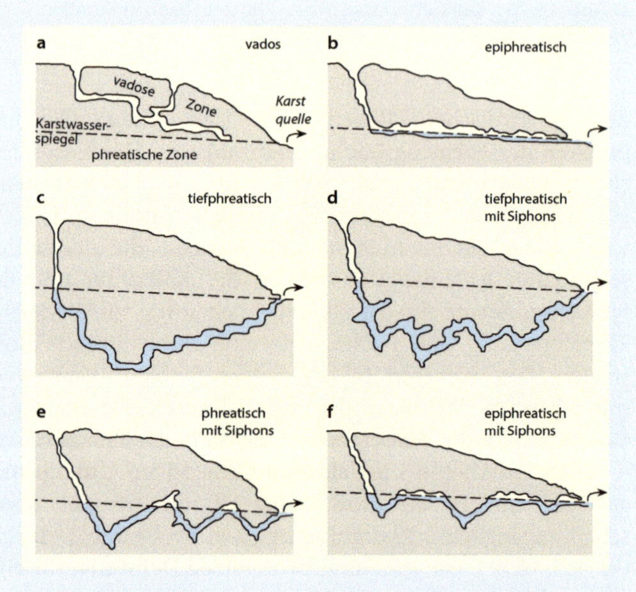

▣ **Abb. 16.23** Typisierung von Karsthöhlen in Beziehung zur Lage des Karstwasserspiegels, des vadosen und phreatischen Anteils und der Geomorphometrie des Höhlenschlauches. (nach Huggett 2017 und Ford & Ewers 1978, Abdruck mit Genehmigung von D. Ford)

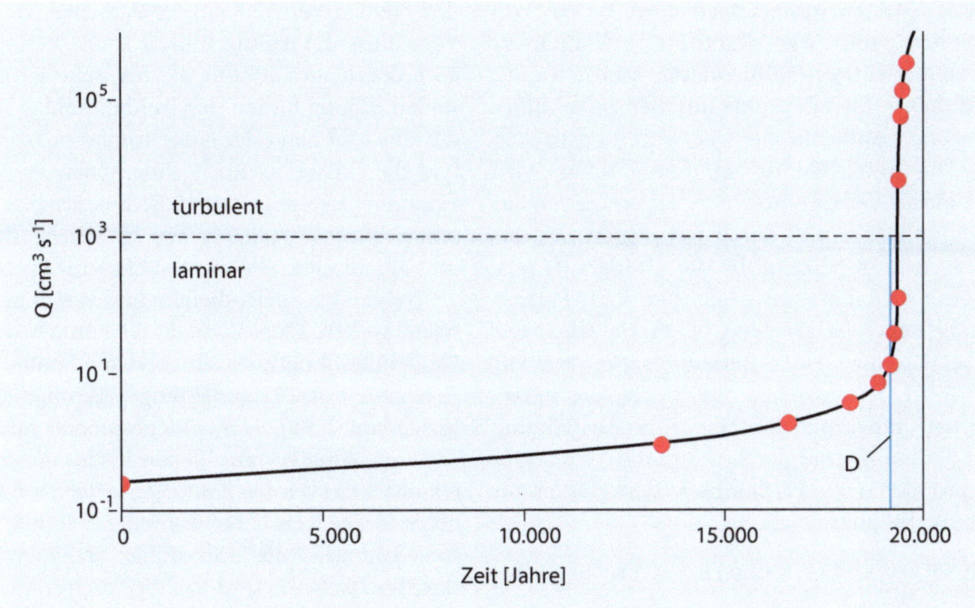

Abb. 16.24 Modellierung der zeitlichen Entwicklung der Wasserdurchflussmenge *Q* in einer Trennfläche im Kalkstein. Der Umschlag von der laminaren zur turbulenten Strömung im Zeitraum D ist mit einer massiven Zunahme der Lösungsrate, der Trennflächenaufweitung und der damit verbundenen Durchflussmenge verbunden. (Verändert nach Dreybrodt 2008, In: Kempe & Rosendahl (Hrsg.), Abbildungsrechte liegen bei W. Dreybrodt)

Tab. 16.5 Klassifikation von Karsthöhlen auf Basis ihrer Entwicklungsprozesse (Ford und Williams 2007; Kempe 2008)

Höhlenzone	Strömungstyp	Wasserbewegung	Wasserkreislauf und -geschwindigkeit	Leitformen (Auswahl)
Vados	Laminar	Hypogen	Geschlossen und langsam	Glatte Höhlendecken (Laugdecken) Waagerechte Laughohlkehlen
		Epigen	Offen und schnell	
	Turbulent	Epigen	Offen und schnell	Tiefe Höhlencanyons mit Mäand-rierung Bachmühlen im Höhlenboden Wandhohlkehlen in Fließrichtung Tiefe Erosionskolke
Phreatisch	Laminar	Hypogen	Geschlossen und langsam	Rundliche Deckenkolke Bodenschlucklöcher
	Turbulent	Epigen	Offen und schnell	Rundliche Röhren (Anastomosen) Elliptische Höhlenquerschnitte Bachmühlen im Höhlenboden Längliche muschelförmige Vertiefungen (Fließfacetten, Scallops)

spezifischen Prozesse der Wasserbewegung zurückzuführen (Kempe 2008).

Eine **hypogene Höhlenentwicklung** liegt vor, wenn der Hohlraum weitgehend entkoppelt von der Strömung des offenen Karstwasserkörpers entsteht. In diesen Höhlen findet eine überwiegend vertikale, sehr langsame Wasserbewegung statt, die durch das Eindringen von warmem, geothermischem Tiefenwasser angetrieben wird. Die Dichteunterschiede des kalten und des warmen Wassers bewirken einen Konvektionsprozess, der lösungsfähiges Wasser zur Höhlendecke transportiert, das hier spezifische Lösungsformen (z. B. Deckenkolke) bildet. Dieser Strömungstyp ist laminar und die Strömungsgeschwindigkeit sehr langsam. Eine **epigene Höhlenentwicklung** erfolgt überwiegend in horizontaler Richtung. Die Wasserbewegung erfolgt aufgrund eines Druckgradienten zwischen der Oberfläche des Karstwasserleiters und der Karstquelle. In diesen Systemen überwiegt die turbulente Strömung, der Wasserkreislauf ist offen und die transportierten Wassermengen sind hoch. Beide Wasserbewegungstypen können in vadosen und phreatischen Bereichen auftreten, jedoch überwiegen die hypogenen Prozesse eher in der phreatischen und die epigenen Prozesse eher in der vadosen Zone.

In Karsthöhlen treten unterschiedliche Typen von Materialdepositionen auf, wie Kalksinter, Höhlenverbruch (Einsturzmaterial der Höhlendecke und -wand), allochthone Sedimente fluvialer, vulkanischer oder anderer Genese sowie autochthone Verwitterungsdecken (◘ Abb. 16.22). Die Sinterbildung in Karsthöhlen wird durch den Partialdruck des CO_2 gesteuert. Sickerwasser, das den Kalkstein durchflossen und durch Lösung HCO_3^--Ionen gebildet hat, tritt in Höhlen in die Höhlenluft aus. Dabei erfolgt eine CO_2-Entgasung, da der CO_2-Partialdruck der Lösung höher ist als der CO_2-Partialdruck der Höhlenluft. Dabei wird die Lösung stark übersättigt, was zur $CaCO_3$-Fällung führt. Es entstehen Kalksinter, die unterschiedliche Formen annehmen können. Ihre Ausprägung wird durch den Sättigungsgrad der Lösung, die Menge des Sickerwassers und den CO_2-Partialdruck der Höhlenluft gesteuert. Es gilt die Fällungsgleichung:

$$Ca^{2+} + 2\,HCO_3^- \rightarrow CaCO_3\ (\text{Sinter}) + CO_2 + H_2O$$

Die Kalksinterung in Höhlen erfordert ein vadoses Milieu. Im Unterschied zum Kalktuff weisen **Kalksinter** eine geringe Porosität auf, was auf ihre nicht biogene Bildung zurückzuführen ist. Sie werden als **Speläotheme** bezeichnet. Sie erreichen Höhen von wenigen mm bis zu mehreren Dutzend m und treten in mannigfaltigen Formen auf, die von Kempe und Rosendahl (2008) dokumentiert werden. Als Makkaroni werden dünne Röhrchen bezeichnet, die mehrere m lang werden können. Sie entstehen durch punktuelle Sickerwasseraustritte am Höhlendach, bei denen ein vertikales nach unten gerichtetes dünnes Wachstum eintritt. Kalkfahnen und Gardinen wachsen auf geneigten Höhlenwänden zu dünnen gewellten Kalkschichten. Irreguläre Formen der Speläotheme werden als Excentriques bezeichnet. Sie enthalten im Innern eine wasserführende dünne Kapillare. Ihre Wachstumsgeschwindigkeit erreicht 1 mm in 100 Jahren. Bei größerflächigen Wasseraustrittsstellen im Dach der Hohlform bilden sich **Stalaktiten,** die zu größeren Durchmessern anwachsen können und eine konische Form aufweisen. Sie wachsen nach unten und durch oberflächlich ablaufendes Wasser in die Breite, sodass sich, ähnlich wie bei Baumringen, radiale Schichten bilden. Sie erreichen eine Länge von mehreren m.

Das auf den Höhlenboden tropfende Wasser zerspritzt, was zu intensiver CO_2-Entgasung und $CaCO_3$-Ausfällung führt. Es bilden sich **Stalakmiten,** die vom Höhlenboden in die Höhe wachsen. Die Wachstumsraten liegen bei unter einem mm bis zu 2 cm pro Jahr. Maximale Höhen erreichen über 30 m. Ist genügend Zeit für die Sinterbildung dieses Typs vorhanden, können Stalaktiten und Stalakmiten zu einer durchgehenden Kalksäule zusammenwachsen. Am Boden von Karsthöhlen bilden sich verschiedene Formen von Bodensintern, Sinterdämmen, Sinterbecken und sogar auf Wasseroberflächen schwimmenden Sinterflößen. Auch in Höhlen bilden sich aufwachsende Sinterschichten zu meterdicken Kalkschichten. Treten im Verlauf der Höhlengenese Instabilitäten von Wand und Decke auf, kollabiert der Höhlenraum zu einem Verbruch, der zum gänzlichen Verschluss der Höhle führen kann. Verbruchmaterial kann auch durch autochthone mechanische Frostverwitterung entstehen. Häufig finden sich in Karsthöhlen fluviale Sedimente, die allochthonen oder autochthonen Ursprungs sein können und die ein weites Korngrößenspektrum vom Kies bis zum Feinton aufweisen. Weitere Sedimenttypen entstammen äolischen (Löss), vulkanischen (Aschen, Lahardepositionen) und organischen (Pflanzenwachstum) Prozessen.

Neben den Speläothemen finden sich in Karsthöhlen zahlreiche weitere Depositionen. Sie können von prähistorischen Höhlenbewohnern stammen, deren Spuren als Fossilien oder Artefakte, wie Steinwerkzeuge, sichtbar sind (Kempe und Rosendahl 2008). Höhlendepositionen bilden somit äußerst wichtige Archive, aus denen nicht nur die Höhlengenese rekonstruiert werden kann. Der geschützte Raum einer Karsthöhle führte zum Erhalt zahlreicher Funde aus menschlichen Besiedelungen, die von hoher archäologischer Bedeutung sind. Speläotheme sind wichtige Zeugen des Paläoklimas und bilden als „steinerne Baumringe" ein zentrales Archiv der Paläoklimaforschung.

16.4 Materialhaushalt geomorphologischer Karstsysteme

Im Unterschied zum klastischen Charakter des transportierten geomorphologischen Sedimentes auf Hängen oder in fluvialen Systemen erfolgt der Massentransport in Karstsystemen überwiegend in gelöster Form. Es ist daher auch nicht gerechtfertigt, von einem Sedimenthaushalt zu sprechen, weshalb der Begriff Materialhaushalt verwendet werden sollte. Der Materialhaushalt geomorphologischer Systeme bei Dominanz von Lösungsprozessen beinhaltet ein lösungsfähiges Sedimentgestein (Quelle), den Lösungsprozess selbst, den Transport der Lösungsfracht und die Akkumulation (Senke) des gelösten Stoffes ortsnah in Kalksintern oder ortsfern in den Weltmeeren. Die Weltmeere stellen die megaskalige Senke der gelösten Kalksteine dar. Der Materialhaushalt von Kalklösungssystemen erfolgt durch Massenbilanzgleichungen unter Einschluss der Ionenkonzentration, der Abflussrate des Vorfluters und der Größe des entwässerten Gebietes. Es beinhaltet die Größe des unterirdisch entwässerten Raumes, der in lösungsfähigen Gesteinen nicht mit dem oberirdischen Einzugsgebiet identisch ist. Derartige Massenbilanzen werden in Form von regionalen **Abtragsraten** in der Maßeinheit Menge pro Fläche und Zeit angegeben. Die in Flüssen gemessene Kalkmenge wird somit auf die Größe des Einzugsgebietes hochgerechnet. In erster Annäherung können mittlere Abtragsraten durch eine Beziehung zum Gebietsabfluss eines Einzugsgebietes abgeschätzt werden (◘ Abb. 16.25). Ein Vergleich mit den Abtragsraten der Feststoffe ermöglicht eine Bilanzierung der Effektivität unterschiedlicher Prozesstypen in geomorphologischen Systemen.

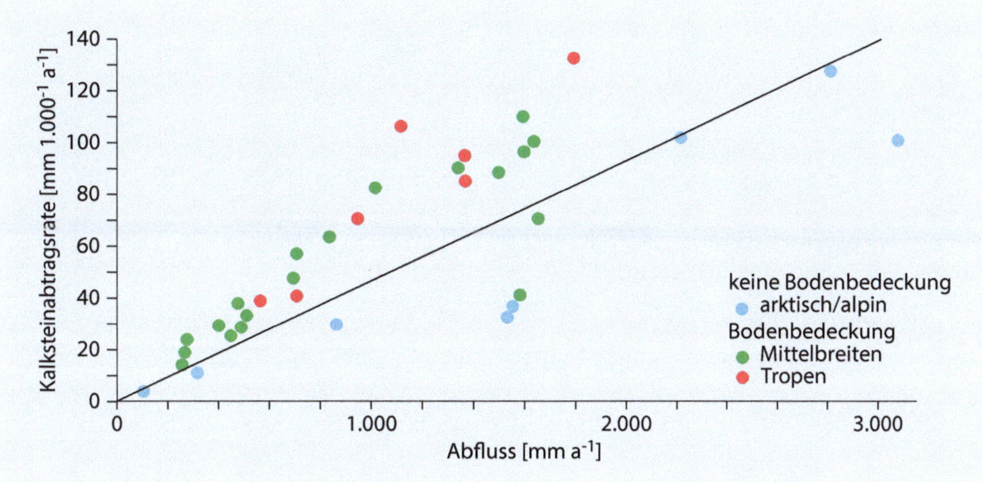

Abb. 16.25 Karstabtragsraten als Funktion des Abflusses für arktische und alpine Regionen sowie tropische und mittlere Breiten mit und ohne Bodenbedeckung. (Verändert nach Jennings 1985: Karst Geomorphology. 2. Auflage. Basil Blackwell, Oxford. Abdruck mit Genehmigung von John Wiley & Sons erteilt durch Copyright Clearance Center, Inc.)

Fazit

Die Entwicklung von Reliefformen durch Lösungsprozesse stellt eine Singularität der Geomorphogenese dar. Das als Karst bezeichnete System besteht aus den beiden Teilsystemen des hydrogeologischen Karstwassers und der geomorphologischen Formung an der Erdoberfläche und im Hohlraumsystem des Gesteinskörpers. Atmosphärische, lithosphärische, hydrosphärische und biosphärische Prozesse befinden sich in chemischen und biochemischen Rückkopplungen, die zu spezifischen Phänomenen führen, die nur in Karstsystemen auftreten. Die unterirdischen Höhlensysteme des Karstes können unschätzbare Archive für die Rekonstruktion von Paläosystemen und der jüngeren Menschheitsgeschichte enthalten. Die hohen Durchflussraten des Karstwassers durch die Hohlräume des Untergrundes und seine geringe Filterkapazität erzeugen hohe Verwundbarkeiten gegenüber der Wasserverschmutzung, die in allen Karstregionen der Erde zugenommen hat. Nicht zuletzt haben die Reliefformen und Höhlen der Karstregionen einen besonderen ästhetischen Reiz. Es erscheint daher angebracht, weitere Karstregionen der Erde unter besonderen Schutz zu stellen.

Weiterführende Literatur

Bögli A (1978) Karsthydrologie und physische Speläologie. Springer, Heidelberg

Cvijić J (1893) Das Karstphänomen. Geogr Abhandlungen 5(3):217–329

Dreybrodt W (1988) Processes in karst systems. Springer, Heidelberg

Ford D, Williams P (2007) Karst hydrogeology and geomorphology. Wiley, Chichester

Gillieson D (1996) Caves. Processes, development and management. Blackwell, Oxford

Jennings JN (1985) Karst geomorphology. Blackwell, Oxford

Kempe S, Rosendahl W (2008, Hrsg.) Höhlen. Wissenschaftliche Buchgesellschaft, Darmstadt

Pfeffer K-H (2010) Karst. Gebrüder Borntraeger, Stuttgart

Sweeting MM (1972) Karst landforms. Macmillan, London

Trudgill S (1985) Limestone geomorphology. Longmann, Harlow

Küstenprozesse und Reliefformung

R. Dikau et al., *Geomorphologie*, https://doi.org/10.1007/978-3-662-59402-5_17

Ein Küstensystem, das auch als litorales System bezeichnet wird, ist eine Zone der Wechselwirkungen der Landmasse mit den marinen Systemen der Ozeane, der Seen und der Atmosphäre. Die geomorphologische Entwicklung von Küsten ist eine Folge des litoralen Energieaustausches, der die Formung der Küste durch Erosion und Akkumulation hervorruft. Die Wellen haben den größten Anteil an der Küstenformung. Sie entstehen durch die Umwandlung der Sonnenenergie in die atmosphärischen Phänomene der Winde, die die thermische Energie aus dem Bereich der Tropen in Richtung der Pole transportieren. Küstenprozesse treten in unterschiedlichen Raum- und Zeitskalen auf. Auf großen räumlichen Skalen bilden die tektonische Struktur, der geologische Aufbau und die quartären Meeresspiegelschwankungen dominante Steuerungsfaktoren des Küstensystems. Im Bereich der Mesoskalen wirken Prozesse des Küstenaufbaus und -abbaus und Formbildungen der Strände, Watten, Strandhaken, Dünen oder Kliffe. In Mikroskalen bilden Rippeln oder Strandhörner die prozesskorrelaten Reliefformen. Die Küstensysteme sind mit den geomorphologischen Systemen der Kontinente und ihren fluvialen Sedimenttransporten eng gekoppelt. Menschliche Eingriffe in die Flusssysteme ziehen prozessuale Konsequenzen im litoralen System nach sich.

17.1 Prozesse der Küstenzone

Küsten bilden ein geomorphologisches System, in dem unterschiedliche Umweltbedingungen den Input und Output von Energie und Masse hervorrufen (▫ Abb. 17.1). Sie steuern die räumlich-zeitliche Differenzierung des Küstensystems und die Entwicklung der Küstenformen der Erde (Masselink et al. 2011). Das Küstensystem besteht aus mehreren Komponenten. Der externe **Energieantrieb des Windes** steuert oder beeinflusst die hydrodynamischen Prozesse der Wellen, der Gezeiten (Tiden)

17

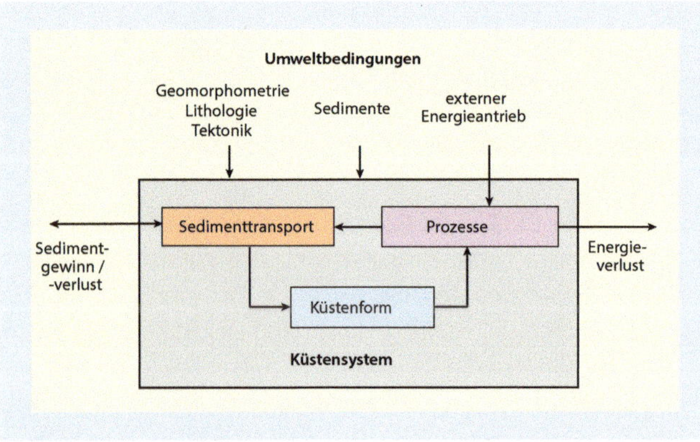

▫ **Abb. 17.1** Das geomorphologische Küstensystem mit den Komponenten der externen Umweltbedingungen sowie den internen Rückkopplungen zwischen hydrodynamischen Küstenprozessen, Sedimenttransporten und der Küstenform. (In Anlehnung an Masselink et al. 2011 und Cowell & Thom 1994)

und der Küstenströmungen. Der **Sedimenttransport** wird von den Interaktionen zwischen dem Meerwasser und dem Materialuntergrund gesteuert und ist von den erosiven und akkumulativen Prozessen des Systems abhängig.

17.1.1 Wellen

Das steuernde Agens von geomorphologischen Prozessen in Küstenzonen ist die Meereswelle. Meereswellen stellen Wasseroberflächenwellen dar. Die Welle bezieht ihre Energie aus dem **Energietransfer** des Windes auf die Wasseroberfläche des Ozeans. Dabei wird Reibung erzeugt, die zu Störungen im Oberflächenwasser führen. Sie führen zu Auslenkungen der Wasserpartikel, die sich in positiver Rückkopplung mit dem Windfeld verstärken und zu Wellen entwickeln. Wellen weisen im Entstehungsgebiet eine stark irreguläre Form auf, da die Entstehungsbedingungen Wellenkörper unterschiedlicher Höhen erzeugen. Die Entwicklung einer bestimmten Wellenhöhe ist von verschiedenen Faktoren abhängig, z. B. der Windstärke, der Zeitdauer des Windes aus einer bestimmten Richtung (Einwirklänge) und der Größe der Wasserfläche, auf die der Wind einwirkt.

Nach einer gewissen Entfernung vom Entstehungsort beginnen Wellen spezifische Strukturen auszubilden, die durch charakteristische Perioden, Wellenhöhen und -längen gekennzeichnet sind. Unter einer **Wellenperiode** wird das Zeitintervall zwischen zwei aufeinanderfolgenden Wellenkämmen an einem bestimmten Punkt verstanden. Der strukturbildende Prozess wird **Wellendispersion** genannt. Er erzeugt regelmäßige Wellenkörper, die als Dünung bezeichnet werden und die sich über Tausende km fortbewegen können. Diese Wellentypen weisen ein geringes Verhältnis zwischen Wellenhöhe und Wellenlänge auf. Die das Entstehungsgebiet verlassende Dünung umfasst gewöhnlich mehrere Wellensysteme mit unterschiedlichen Wellenlängen.

Die Wasserpartikel in Wellen vollziehen kreisförmige Orbitalbahnen (▫ Abb. 17.2), die Schubspannungen erzeugen und deren Durchmesser mit zunehmender Tiefe schnell kleiner werden. An der Basis der **Orbitalbewegung** treten keine Schubspannungen mehr auf. Wasserpartikel einer frei oszillierenden Welle vollziehen in Richtung des Partikelflusses nahezu kreisförmige Bewegungen mit Vorwärtsbewegungen am Wellenkamm, Aufwärtsbewegungen an der Wellenfront, Rückwärtsbewegungen im Wellental und Abwärtsbewegungen am Wellenrücken. Der Wasserkörper bewegt sich langsam in Richtung der Wellenausbreitung, da sich das Wasser auf dem Wellenkamm schneller bewegt als im Wellental. Tiefwasserwellen weisen daher zwei Energieformen auf. Die Wellenhöhe oberhalb des Stillwasserniveaus bestimmt die potenzielle Energie, während die Bewegung der Wasserpartikel die kinetische Energie der Welle beschreibt.

Voll ausgebildete **Tiefwasserwellen** erfahren während ihres Weges über den Ozean nur geringfügige Veränderungen. Die Orbitalgeschwindigkeit eines Wasserpartikels einer Tiefwasserwelle kann durch folgende Formel ausgedrückt werden:

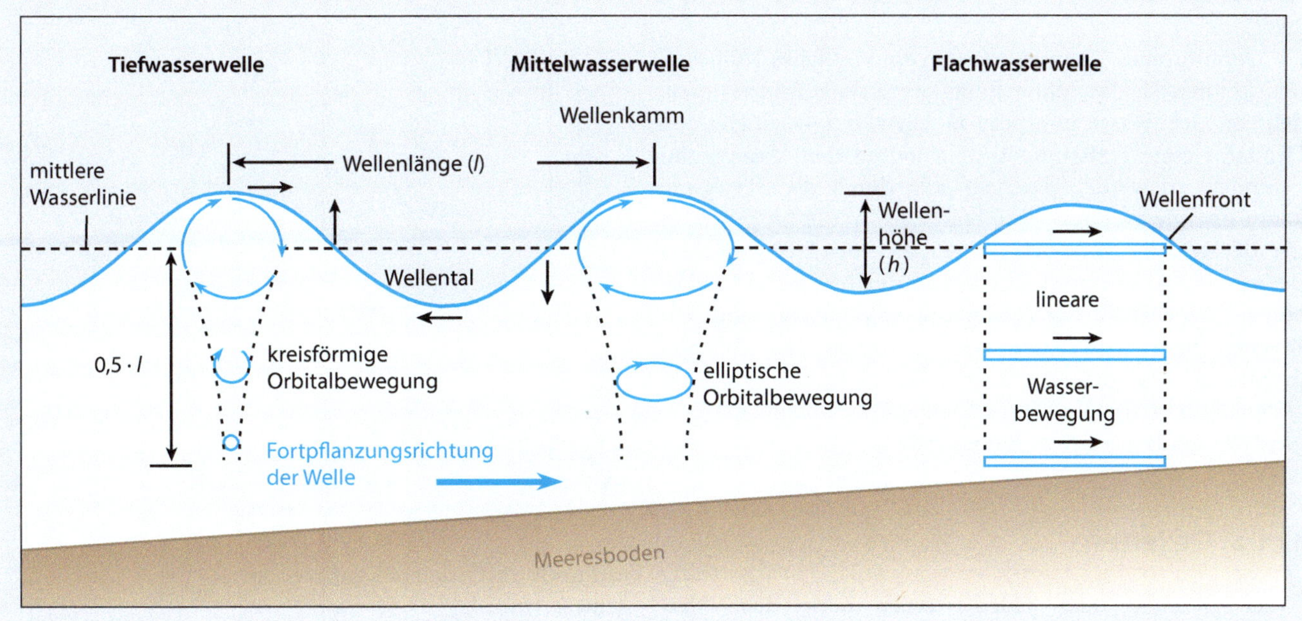

Abb. 17.2 Variablen zur Beschreibung von Wellen in großen, mittleren und flachen Wassertiefen. Die Orbitalbewegung beschreibt die Kreisbahnen von Wasserpartikeln. (Verändert nach Huggett 2017; auf Basis von Komar, Paul D.: Beach Processes and Sedimentation, 2. Aufl., © 1988. Abdruck mit Genehmigung von Pearson Education, Inc., New York, New York)

$$\omega = \pi \cdot h \cdot t_w^{-1}$$

mit:
ω - Orbitalgeschwindigkeit eines Wasserpartikels
h - Orbitaldurchmesser (Wellenhöhe)
t_w - Wellenperiode

Die Wellenperiode beschreibt die Zeit, die ein Partikel benötigt, um beim Wellendurchgang eine vollständige Orbitalbewegung zu vollziehen.

Wenn sich die Tiefwasserwelle einer Landmasse nähert, gibt sie ihre Energie in der Grenzzone zwischen Ozean und Festland ab (Masselink et al. 2011). Sie kommt in Kontakt mit dem Meeresboden. Wenn die Wassertiefe etwa die Hälfte der Wellenlänge beträgt, setzt eine Transformation der Orbitalbewegung zu einer **Mittelwasserwelle** ein. Die Orbitalbewegung wird flacher, erhält eine elliptische Form, und die Rotationsachse der Orbitalbewegung bewegt sich in Richtung der Wasseroberfläche. Bei weiter abnehmender Wassertiefe wird die Orbitalbewegung zerstört und es entwickelt sich ein neuer Wellentyp, die **Flachwasserwelle**. Sie unterscheidet sich von der Orbitalwelle dadurch, dass die Wasserpartikel eine ausschließliche Vorwärtsbewegung vollziehen und der rückwärts gerichtete Bewegungsanteil zusammenbricht. Diese asymmetrische Bewegungskomponente ist für die Sedimenttransporte im Strandbereich der Küste von hoher Bedeutung, da sie einen wichtigen Beitrag zur Massenbilanz des litoralen Systems liefert. Die Geschwindigkeit und Länge der Flachwasserwelle kann durch folgende Gleichungen beschrieben werden:

$$v_w = \sqrt{g \cdot h_{wt}}$$

$$l = t_w \cdot \sqrt{g \cdot h_{wt}}$$

mit:
v_w - Wellengeschwindigkeit
l - Wellenlänge
g - Erdbeschleunigung
t_w - Wellenperiode
h_{wt} - Wassertiefe

Die Veränderung des Wellentyps beim Kontakt mit dem Meeresboden ist mit der Verkürzung der Wellenlänge und einer Zunahme der Wellenhöhe verbunden, was zu einer Versteilung der Wellenform führt. Bei Erreichen eines Grenzwinkels tritt eine **Verformung des Wellenkörpers** ein, die mit einem Wasseraustritt aus dem Wellenkamm verbunden ist. Das Wasser des Wellenkamms stürzt vorwärts in das Wellental, was als **Wellenbrechen** bezeichnet wird. Die Lokalität und Ausdehnung der Brecherzone ist von der Geomorphometrie des Meeresbodens abhängig. Die Ausbildung des Brechertyps wird von der Wellenlänge, -höhe und -periode und von der Neigung des Meeresbodens gesteuert. Die geomorphologische Bedeutung der Brecher liegt darin, dass sie einerseits Sedimente in Richtung des Strandes transportieren und daher eine positive Rolle für den Sedimenthaushalt des Strandes spielen können. Andererseits verursachen Brecher häufig Küstenabbauprozesse, da sie bei Stürmen mit großen Wellenhöhen Sand in die seewärtige Richtung transportieren und bei Kliffküsten in entscheidendem Maße zur Klifferosion beitragen (Bird 2008).

Wenn orbitale Tiefwasserwellen ein vertikales Kliff treffen, können sie fast ohne Energieverluste reflektiert werden, da der Wassertransport in einer frei oszillierenden Orbitalbewegung stattfindet, ohne durch den Untergrund behindert zu werden. Deshalb geht durch die Bewegung kaum Energie verloren. Eine brechende Welle hingegen, in der der gesamte Energiebetrag in die vorwärts gerichtete Bewegung transformiert wurde, kann extrem hohe Drücke auf die Materialien der Landmasse ausüben. So kann ein Brecher, der sich über den Wellenkamm in das Wellental dreht und die dabei eingefangene Luft komprimiert, kurzzeitige Drücke von über 600 kPa erzeugen und eine extreme erosive Wirkung erzielen (Bloom 1998).

17.1.2 Gezeiten

Unter Gezeiten oder Tiden werden periodische Veränderungen des Wasserstandes verstanden, die Amplituden von mehreren m erreichen und mehrere Stunden anhalten können. Der Begriff Tide stammt aus dem germanischen Wort „Tyd“ (Zeit) und wird heute in der niederdeutschen Sprache als „de Tid“ (die Zeit) verwendet. Die **Wasserstandsänderungen** werden durch Anziehungs- und Fliehkräfte der Erde und die Anziehungskräfte des Mondes und der Sonne hervorgerufen. Dabei hat der Mond aufgrund seiner geringen Entfernung zur Erde eine besondere Bedeutung. Seine Anziehungskräfte werden durch die Sonne verstärkt oder abgeschwächt, je nach Position von Sonne und Mond zur Erde. Die gezeitenerzeugenden Kräfte bewirken, dass auf der mondzugewandten Seite der Erde ein Flutberg der Wasseroberfläche entsteht, weil die Anziehungskraft des Mondes am stärksten ist. Eine besonders hohe Flut (Springflut) tritt dann auf, wenn Erde, Mond und Sonne bei Vollmond auf einer Achse stehen. Ein zweiter Flutberg bildet sich auf der mondabgewandten Seite der Erde, weil die Anziehungskraft des Mondes dort geringer ist als die Fliehkraft.

17

Die in ◘ Abb. 17.3 dargestellte Tidebewegung und die Amplitude des Tidenhubs sind jedoch nicht nur von Flieh- und Anziehungskräften abhängig. Weitere Einflüsse bilden die Behinderungen des Abflusses der Flüsse des Festlandes durch hohen Tidenhub, Behinderungen des Wasserzulaufes von Flüssen und Meeren in die Küstenzone durch saisonale Winde sowie atmosphärische Druckunterschiede. Tiden sind durch steigende und fallende Wasserhöhen und damit durch zeitlich veränderte Wellenaufprallzonen charakterisiert, die für die geomorphologische Formung der Küste von hoher Bedeutung sind. Jedes Weltmeer hat ein eigenes charakteristisches **Tidenmuster.** Der Tidenprozess ist die zentrale Steuergröße für die Entwicklung der Reliefformen der Meeresböden und Küsten der flachen Weltmeere, wie das Patagonienschelf, die Hudsonstraße oder die Beringstraße. Der höchste Tidenhub der Erde tritt in der Bay of Fundy in Ostkanada auf, in der ein Wert von 16–20 m gemessen wird.

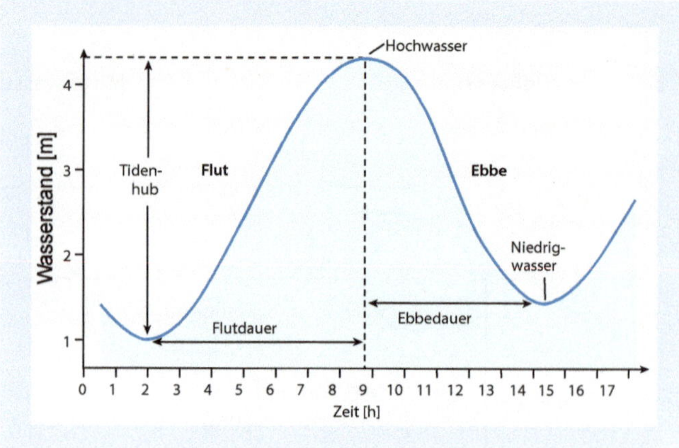

◘ **Abb. 17.3** Tidekurve als Darstellung der Ganglinie der Tidewasserstände an einem Pegelstandort. (Verändert nach Kelletat 2013, Abdruck mit Genehmigung von D. Kelletat)

17.1.3 Küstennahe Strömungen

Neben der Wellenbewegung und den Gezeiten bilden die küstennahen Strömungen einen dritten Typ der Wasserbewegung, der Einflüsse auf die geomorphologischen Prozesse der Küste hat. Diese Strömungen bewegen sich parallel oder im rechten Winkel zur Küste und haben starke Einflüsse auf die litoralen Sedimenttransporte. Sie rufen Kopplungsprozesse zwischen den Wellen, der Sedimentbewegung und der Entwicklung von Erosions- und Depositionsformen der Küste hervor (Davis Jr. und Fitzgerald 2004). Die Strömungen der küstennahen Zone sind mikro- bis mesoskalige Prozesse. Sie unterscheiden sich von den großskaligen Meeresströmungen, Tidenströmungen und windverursachten Strömungen.

Küstennahe Strömungen können in zwei Typen klassifiziert werden (◘ Abb. 17.4). Beide Typen werden durch Wellen erzeugt, die in einem bestimmten Winkel auf die Küste auftreffen. Die Wasserströmung der Welle wird dabei in die zwei Komponenten einer küstenparallelen und einer nahezu orthogonalen Ausrichtung aufgeteilt (◘ Abb. 17.5). Die **küstenparallele Strömung** kann erhebliche Sedimentvolumina über lange Entfernungen transportieren, weshalb sie für die Küstenformung von besonderer Bedeutung ist. Das sich in einem nahezu rechten Winkel durch die Brandungszone wieder seewärts bewegende Strömungsfeld wird als **Rip-Strömung** bezeichnet. Sie bildet eine starke und schmale Rückströmung von Meerwasser. Rip-Strömungen, die auch Brandungsrückströme genannt werden, sind eine Folge des Wassergewinns der Küste durch die auftreffenden Wellen. Sie entwickeln Zirkulationszellen mit regelmäßigen Abständen und können Längen von 60 bis 750 m und Geschwindigkeiten bis 1 m s^{-1} erreichen. Sie zählen zu den gefährlichsten Ursachen von Badeunfällen an Sandstränden.

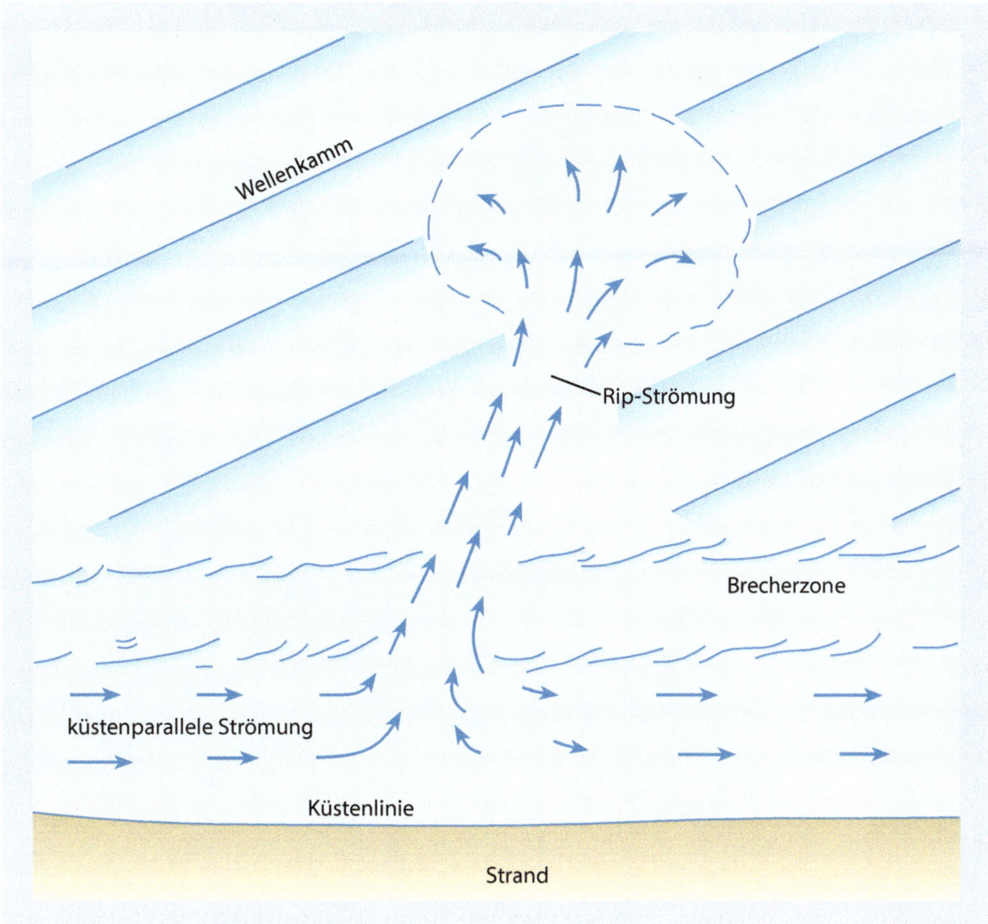

Abb. 17.4 Küstennahe Strömungsfelder in küstenparalleler und nahezu orthogonaler Ausrichtung in Form der Rip-Strömung. (Verändert nach Easterbrook, Don J. 1999: Surface Processes and Landforms, 2. Auflage. © 1999. Abdruck mit Genehmigung von Pearson Education, Inc., New York, New York)

Wenn die Wellen in einem Winkel auf die Küste treffen, wird der küstennahe Teil der Welle zu einem früheren Zeitpunkt eine geringere Wassertiefe erreichen als der küstenfernere Teil und dabei abgebremst werden (Abb. 17.6). Der Wellenteil, der sich noch in tieferem Wasser befindet, bewegt sich mit gleicher Geschwindigkeit weiter und eilt dem langsameren Teil voraus. Die resultierende Wirkung dieser differenzierten Geschwindigkeit und Energie der Welle ist eine Beugung oder Krümmung der Welle in Richtung der Küstenlinie, was als **Refraktion der Welle** bezeichnet wird (ABCD zu A′B′C′D′ in Abb. 17.6). Das Refraktionsmuster der Welle ist daher eine Funktion der Wassertiefe. Entscheidend bei diesem Vorgang ist, dass der Energietransport einer Welle in orthogonaler Richtung zum Wellenkamm erfolgt. Die konvergierenden Orthogonalen der Wellenkämme führen daher an Küstenspornen zu einer Konzentration der Wellenenergie und in Buchten zu ihrer Energiedissipation. Aus diesen Gründen sind die Sporne eher durch hohe und energiereiche Wellen und intensiver Klifferosion und die Buchten eher durch sandige Strände und energiearme Wellen- und Depositionssysteme gekennzeichnet (s. Abb. 17.5).

17.2 Geomorphologische Prozesse und Formen der Küstenzone

Diee geomorphologischen Prozesse der Küstenzone gliedern sich in Verwitterungsprozesse, Küstenerosions- sowie Küstenaufbauprozesse (Tab. 17.1). Sie werden primär durch die einwirkenden Kräfte des Meeres und seine geochemischen Eigenschaften gesteuert. Die **Verwitterungsprozesse** der Küstenzone erfahren gegenüber den terrestrischen Ausprägungen eine spezifische Modifikation, die durch die Befeuchtungs- und Austrocknungsprozesse des Meerwassers und durch das Meersalz verursacht werden (Woodroffe 2002). Die Wellenerosion ist ein äußerst effektiver Abbauprozess, da hohe Energiebeträge in das Materialsystem eingebracht werden. Auch Winderosion und biologische Erosion führen zum Materialabtrag der Küsten. Treffen Gletscher oder Inlandeismassen auf Küsten sind starke Erosionsprozesse zu erwarten. Küstenaufbauprozesse basieren auf unterschiedlichen Prozesstypen. In Abhängigkeit von den terrestrischen und marinen Einflüssen werden flussdominierte, gezeitendominierte und wellendominierte Küstensysteme unterschieden. Sie sind mit effizienten Sedimenttransporten und -depositionen verbunden.

Abb. 17.5 Rip-Strömungen (Brandungsrückströme) am Sandstand der Kliffküste Kaliforniens bei Big Sur, USA. Sandstrand der Bucht und sandfreier Sporn sind das Ergebnis der Wellenrefraktion. (Quelle: R. Dikau)

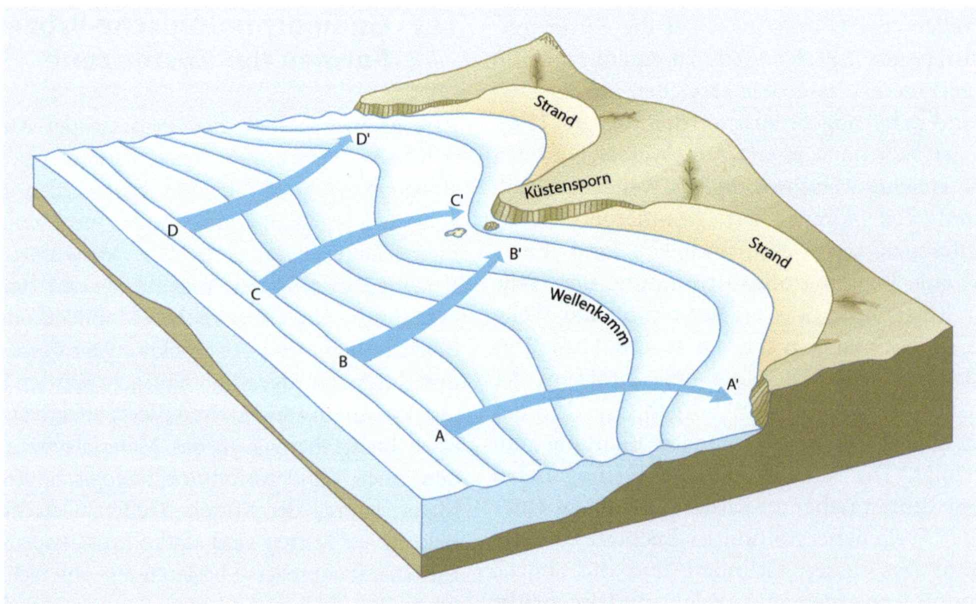

Abb. 17.6 Wellenrefraktion durch Geschwindigkeits- und Energiedifferenzierung einer auflaufenden Welle an einer gebuchteten Küste mit Angabe des Bewegungspfades der Welle, z. B. B → B'. (Verändert nach Easterbrook, Don J. 1999: Surface Processes and Landforms, 2. Auflage. © 1999. Abdruck mit Genehmigung von Pearson Education, Inc., New York, New York)

Tab. 17.1 Geomorphologische Prozesse in Küstensystemen (Viles und Spencer 1995)

Prozesstyp	Prozessausprägung
Verwitterung	Befeuchtung und Austrocknung
	Salzverwitterung
	Biologische Verwitterung
Erosionsprozesse	Wellenerosion
	Glazialerosion
	Wassererosion an älteren Meeresspiegelständen
	Winderosion
	Biologische Erosion
Anorganische Aufbauprozesse	Wellendeposition
	Glazialdeposition
	Fluviale Deposition
	Winddeposition
	Vulkanische Deposition
Organischer Aufbau	Bildung von Korallenriffen
	Aufbau von Mangrovenküsten und Salzmarschen

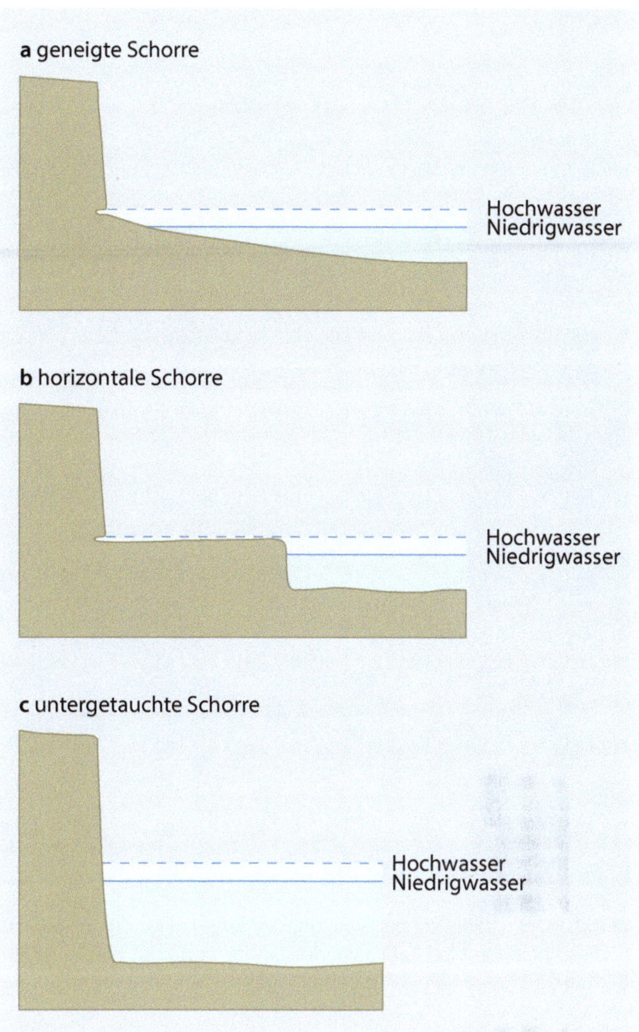

Abb. 17.7 Typen von Kliffküsten mit unterschiedlichen Ausprägungen der Schorre (Abrasionsplattform). (Verändert nach Huggett 2017: Fundamentals of Geomorphology. 4. Auflage. Verfasst von Richard John Huggett, veröffentlicht von Routledge. © Richard John Huggett 2017. Abdruck im Einvernehmen mit Taylor & Francis Books UK)

Küstensedimente entstehen einerseits durch lokale Erosionsprozesse, z. B. durch die Bildung einer Abrasionsplattform an einer Kliffküste. Andererseits entstammen sie weiter entfernten Sedimentquellen und gelangen durch küstenparallele Strömungen und fluviale Systeme des Festlandes in das lokale Litoralsystem. Es wird vermutet, dass heute auf einer globalen Skale fluviale Systeme etwa zwei Größenordnungen mehr Sediment in das Küstensystem eintragen, als die Küstenerosion selbst erzeugen kann (Davidson-Arnott 2010). Dieses systemische Wissen ist von hoher Bedeutung, da die Ausprägung und Lokalität eines bestimmten Küstentyps in starkem Maße von der Sedimentverfügbarkeit abhängt. Die primären Sedimentquellen bilden die Materialfracht der Flüsse, die Erosion von Küstenspornen und -kliffen und die erneute Erosion und Umlagerung von bereits sedimentierten Küstensedimenten aus dem Schelfbereich. Zu den biologischen Aufbauprozessen zählen die Riffbildung durch Korallen, die Bildung eines Mangrovenbewuchses in den Tropen und Subtropen und die Bildung von biologischen Verlandungssystemen der Watten in den mittleren und höheren Breiten.

17.2.1 Erosive Prozesse an Kliffküsten

Erosive Prozesse sind charakteristisch für Kliffküsten, die in Festgestein (Felsküsten) oder Lockergestein entwickelt sein können. Sie bestehen aus einem steilen Kliff und der dem Kliff vorgelagerten Schorre. Die Schorre ist der Bereich, der durch die Energie der Welle in starkem Masse verändert wird. Bei Kliffküsten bezeichnen wir die Schorre auch als Abrasionsplattform (Abb. 17.7, 17.8 und 17.9).

An Kliffküsten wirken mehrere Prozesse in engen Rückkopplungen (Abb. 17.10). Dazu zählen die mechanische Wellenerosion, die physikalische und chemische Verwitterung, die biogene Erosion sowie gravitative Massenbewegungen (Sunamura 1992). Die **mechanische Wellenerosion** bildet an Kliffküsten den wichtigsten Erosionsprozess (Bird 2008). Unter **Abrasion,** Wellenabrasion oder Abrasionserosion wird die reibende Wirkung von wellenverursachten Wasserströmungen verstanden. Sie bewirkt das Rollen, Gleiten und Schleifen von Sand, Kies und Blöcken auf der gering geneigten Felsoberfläche der Abrasionsplattform sowie den Transport dieser Sedimente an die steile Kliffwand. Der Aufprall erzeugt im Kliffmaterial sehr hohe Drücke und Druckdifferenzen, die das Material ermüden, schwächen und zur Entwicklung und

Abb. 17.8 Kliffküste mit geneigter Schorre und sandigen Sedimenten an der Südostküste Australiens bei mittlerem Wasserstand. Die aktive Klifferosion erfolgt bei hohen Wasserständen und zeigt sich an Sedimenten von gravitativen Massenbewegungen (Fallen, Kippen, Gleiten) am Klifffuß. Der Felspfeiler rechts im Vordergrund zeigt zahlreiche Zugrisse und Dispositionen für Kippungen. (Quelle: R. Dikau)

Abb. 17.9 Kliffhang und Abrasionsplattform in Festgestein an der Ostküste Australiens. Der Hangfuß wird durch gravitatives Sturzmaterial vor weiterer Unterschneidung geschützt. Die frischen Sturzquellen im Fels erscheinen in helleren Farben. Das Volumen des Sturzmaterials lässt sich im Vergleich zur Person oben rechts im Bild schätzen. (Quelle: R. Dikau)

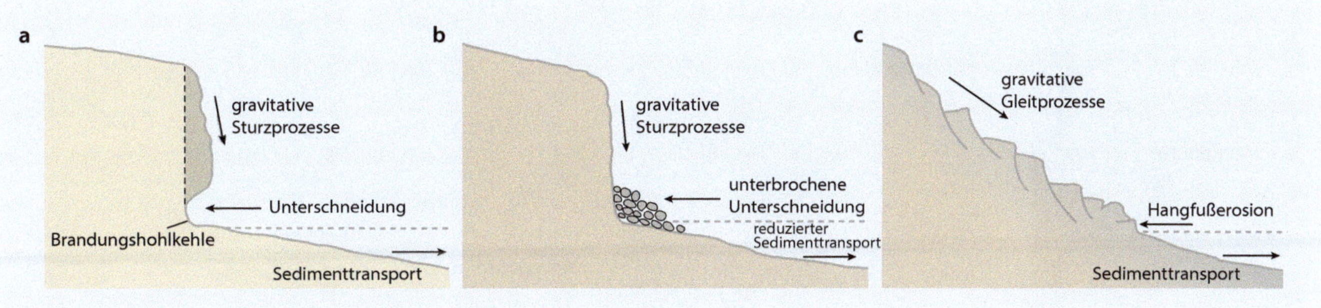

Abb. 17.10 Materialtransportprozesse an einer Kliffküste am Beispiel einer geneigten Schorre. **a** Hangunterschneidung und Materialtransport durch die Welle bewirken eine Instabilität der Kliffwand und die Entwicklung einer Brandungskehle. **b** Sturzmaterial am Hangfuß schützt vor weiterer Unterschneidung. **c** Hangfußerosion fördert gravitative Gleitprozesse. (Verändert nach Davies 1980: Geographical Variation in Coastal Development. Fig. 49, S. 76. Longman, Harlow. Abdruck mit Genehmigung von Pearson Education Limited. © J.L. Davies 1972, 1977, 1980. Alle Rechte vorbehalten)

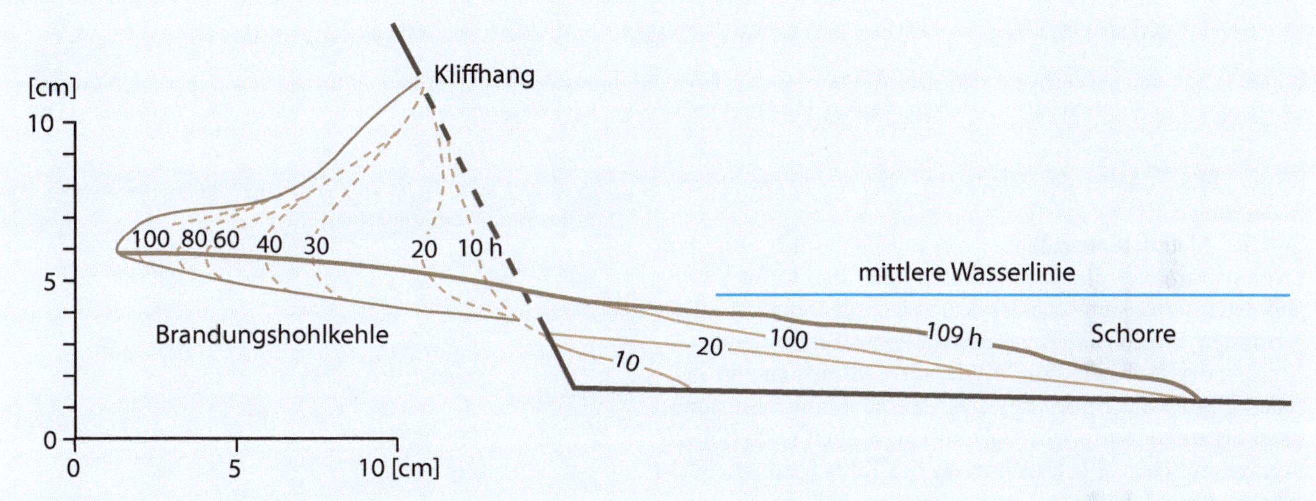

Abb. 17.11 Simulation einer Brandungshohlkehle und Entwicklung einer Schorre aus dem prozesskorrelaten Sediment im Laborexperiment. Die Dauer des Experimentes betrug 109 h. (Verändert nach Sunamura 1976: Feedback relationship in wave erosion of laboratory rocky coast. J Geol 84: 427-437. Abdruck mit Genehmigung von University of Chicago Press Journals erteilt durch Copyright Clearance Center, Inc.)

Aufweitung von Klüften führt. Den höchsten Druck erzeugt die brechende Welle, gefolgt von den reflektierten Wellen. Die gelockerten Gesteinsblöcke brechen als scharfkantiger Schutt aus der Wand und akkumulieren am Kliffuß oder auf der Schorre. Die effektivste Position der mechanischen Wellenerosion befindet sich im Wasserstandsbereich mit der höchsten Frequenz, die zwischen den Wasserständen des mittleren Hoch- und Niedrigwassers liegt. Die Steilheit des Kliffs verursacht eine Vielzahl gravitativer Prozesse von Stürzen, Kippungen und Gleitungen. Dabei hat der Prozess der Hangunterschneidung eine besondere Bedeutung, da damit der Hangfuß steil bleibt und günstige Voraussetzungen für die folgenden gravitativen Prozesse schafft.

Kliffküsten nehmen etwa 80 % der Küstensysteme der Erde ein (Komar 1998). Sie weisen unterschiedliche Formen auf, deren Genese durch die litoralen Prozesse, das Untergrundmaterial und die Meeresspiegelschwankungen gesteuert wird. Die Beziehung und Eigenschaften dieser Prozesse bestimmen den **Klifftyp.** Entscheidend ist das Verhältnis der Rate der marinen Erosion zur Rate der Hangerosion.

Dominieren Hangprozesse wird am Kliffuß Sediment akkumuliert, dominieren Wellenerosionsprozesse wird das Akkumulationsmaterial abtransportiert. Dabei entsteht eine Rückkopplung zwischen den Klifferosionsprozessen und der Sedimentmenge am Kliffuß (◘ Abb. 17.10). Dies kann an einem Laborexperiment demonstriert werden (◘ Abb. 17.11).

Bei diesem Experiment wird ein schwach zementierter Sand zu einem Kliff geformt und künstlich erzeugten Wellen ausgesetzt. In der initialen Phase der Wellenerosion (0–10 h) bleibt die Klifferosionsrate moderat, da die Wellen nur eine geringe abrasive Energie aufweisen. Nachdem sich an der Kliffbasis prozesskorrelates Sediment akkumuliert hat (10–20 h) erhöht sich die Erosionsrate durch eine positive Rückkopplung, da die Wasser-Sand-Mischung der Welle eine höhere abrasive Effektivität als reines Wasser aufweist. Bei einer weiteren Erhöhung und Verlängerung der Schorre (20–109 h) bewirkt sie eine Verminderung der Aufprallenergie der Welle. Sie bricht bereits auf der Schorre, verliert Energie und steht mit der weiteren Erosionsrate des Kliffs in einer negativen Rückkopplung. Für die Stabilität eines

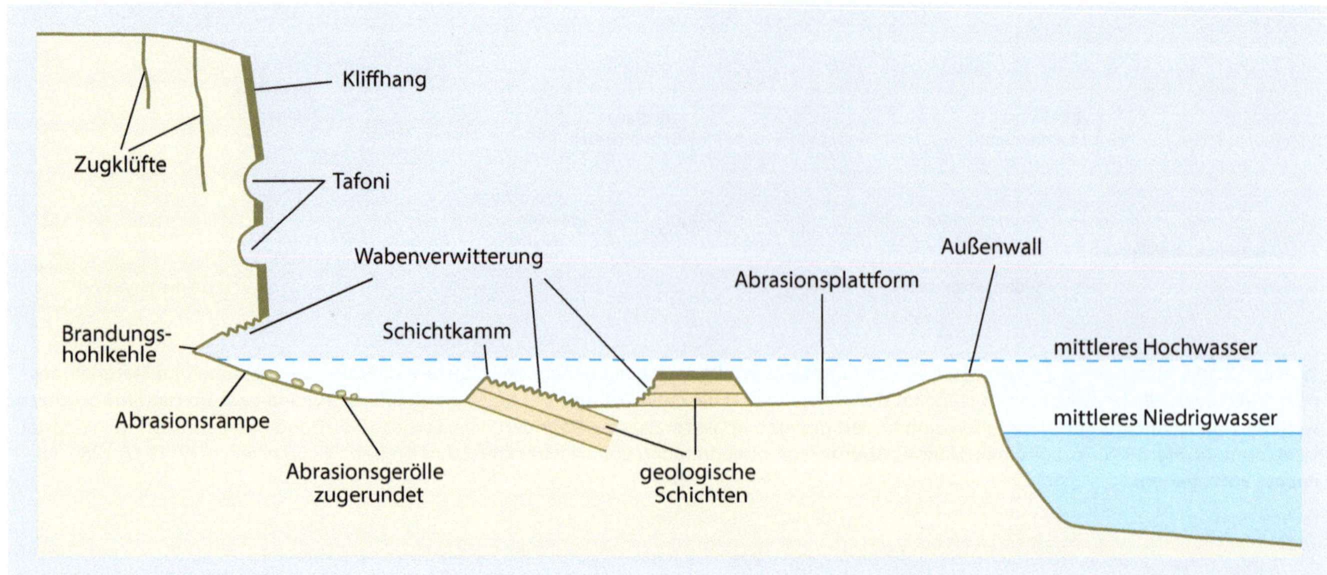

Abb. 17.12 Komponenten des Kliffhangs und der vorgelagerten Abrasionsplattform aus Festgestein. (Verändert nach Bird 2008: Coastal Geomorphology: An Introduction. 2. Auflage. Abdruck mit Genehmigung von John Wiley and Sons. Copyright © 2008 John Wiley & Sons Ltd)

Küstenkliffs ist daher der Erhalt der Schorre von besonderer Bedeutung.

Die Materialbeschaffenheit des Kliffs spielt für die Erosionsprozesse, die Erosionsraten und die Kliffgeomorphometrie eine entscheidende Rolle (Tab. 17.2). Die geringsten Erosionsraten weisen resistente Festgesteine, wie Granit oder Kalkstein, auf. Kliffe aus Sedimenten mit glazialer, glazifluvialer oder fluvialer Genese können Erosionsraten bis zu 10 m pro Jahr, vulkanische Aschen noch höhere Beträge erreichen. Die **Erosionsrate** des Kliffs wird erheblich gesenkt, wenn Sturz- und Gleitmaterial am Kliffuß akkumuliert wird. Erst wenn diese, das Kliff schützende, Sedimentmenge durch den Wellen- und Strömungsprozess wieder entfernt wird, kann die Prozessrate wieder zunehmen. Der Klifferosionsprozess ist daher von episodischer Natur.

Die Wellenabrasion wird durch die Spanne des Tidenwasserspiegels, die Wellenenergie, die atmosphärischen Bedingungen und die Gesteinseigenschaften der Härte, Klüftung und Permeabilität gesteuert. Das Ergebnis des Prozesses ist eine leicht seewärts geneigte **Abrasionsplattform,** die häufig geologische Schichten kappt. Die Gesteinsbruchstücke bilden ein effektives Erosionswerkzeug der Welle und entstammen entweder dem lokalen Kliff oder sind durch küstenparallele Strömungen und Wellen herantransportiert worden. Die Abrasionsplattform ist in unterschiedliche Reliefelemente und -formen gegliedert (Abb. 17.12) (Bird 2008).

Der steile Kliffhang bildet die Rückwand der Abrasionsplattform und erreicht häufig nahezu vertikale Neigungen (Abb. 17.13). Von der Basis des Kliffs, die häufig durch eine Brandungshohlkehle gekennzeichnet ist, führt eine leicht bis stärker geneigte **Abrasionsrampe** zur Abrasionsplattform. Auf der Abrasionsrampe liegt die höchste Aufprallenergie der Welle. Damit Wellen abrasiv wirken können, muss ein laufender Materialabtransport von der Abrasionsrampe an die Kliffbasis gewährleistet sein. Wird die Abrasionsrampe durch starke Materialakkumulationen überlagert, wird die abrasive Wirkung der Wellen verringert (Abb. 17.9). Die Abflachung und Verbreiterung der Abrasionsrampe zu einer Abrasionsplattform wird durch die speziellen Verwitterungsprozesse

Tab. 17.2 Erosionsraten von Kliffküsten aus unterschiedlichen Gesteinen (Bird 2008)

Gesteinstyp	Erosionsrate (m a^{-1})
Granit	<0,001
Kalkstein	0,001–0,01
Flysch	0,01–0,1
Neogene Sedimentgesteine	0,1–1
Lockergesteine	1–10
Vulkanische Aschen	>10

Abb. 17.13 Steile Kliffküste in Südengland. Die Abrasionsplattform wird aktiv mit Festgesteinen aus dem Kliffhang beliefert und ist mit zugerundeten Abrasionsgeröllen bedeckt. (Quelle: R. Dikau)

■ **Abb. 17.14** Kliffhang und Abrasionsplattform an der Nordküste von Taiwan. Die Plattform wird durch einen geomorphologisch resistenten Schichtkamm oberhalb des aktuellen Wasserspiegels durchzogen. An der Kliffbasis sind zugerundete Abrasionsgerölle zu erkennen. Der Oberhang des Kliffs zeigt Formen der Tafoniverwitterung. (Quelle: R. Dikau)

■ **Abb. 17.15** Abrasionsplattform eines Kliffs aus Festgestein an der Südostküste Australiens bei Niedrigwasser. Die Plattform ist durch intensive physikalische und chemische Verwitterungsprozesse gekennzeichnet, die hauptsächlich für den Gesteinszersatz verantwortlich sind. Dabei kommt der Salzverwitterung eine dominante Rolle zu. Im linken Bildvordergrund ist Wabenverwitterung zu erkennen. Der Materialabtransport der Residuen erfolgt durch die Wellen des Tidehochwassers. (Quelle: R. Dikau)

der Küste gefördert, die besonders zwischen den Wasserständen des mittleren Hoch- und Niedrigwassers sehr effektiv sind (■ Abb. 17.15). Die Sprühzone direkt oberhalb des mittleren Hochwassers ist durch intensive chemische Verwitterung gekennzeichnet. In nicht karbonatischen Gesteinen entsteht eine Reihe von charakteristischen geomorphologischen Formen, die der Abrasionsplattform aufsitzen (■ Abb. 17.12 und 17.15). Weitere Prozesse bilden die Tafoniverwitterung an der Kliffwand und die Wabenverwitterung auf der Abrasionsplattform. Struktur, mineralogische Zusammensetzung und Härteunterschiede der die Plattform aufbauenden Gesteine führen zur Bildung von Schichtkämmen und Erhebungen (■ Abb. 17.14). Höher und tiefer gelegene Bereiche der Abrasionsplattform, die für längere Zeit entweder trocken oder feucht bleiben, werden durch die geschilderten Prozesse nicht beeinflusst. Der Abtransport der Verwitterungsprodukte erfolgt während der Phase des Tidehochwassers. In Südengland wurden durch Verwitterung und Abtransport Erosionsbeträge von 0,6 mm pro Jahr gemessen (Bird 2008).

17.2.2 Wellendominierte, aufbauende Küsten

Zu den aufbauenden Küstensystemen zählen die Sand- und Kiesküsten. In diesen Systemen wird die Energie, vergleichbar mit den fluvialen Prozessen in alluvialen Talauen, durch Sedimenttransport und -deposition aufgebraucht. Sandige und kiesige Sedimente werden unter dem Einfluss der Wellen und der Strömung bewegt und abgelagert. Sie erzeugen einen charakteristischen Küstenaufbau, der als **litorale Serie** der aufbauenden Küsten bezeichnet wird (■ Abb. 17.16). Dabei handelt es sich um eine vereinfachte Idealvorstellung eines geomorphologischen Systems, das durch antreibende, höherskalige Kräfte permanenten Veränderungen unterworfen ist. Die litorale Serie ist der Ausdruck eines Gleichgewichtes zwischen den steuernden Kräften der Wellen, der Wasserströmungen und den resistenten Eigenschaften des Küstensedimentes. Für bestimmte Wasser- und Sedimentbedingungen kann daher ein spezifisches Gleichgewichtsprofil angenommen werden (Bird 2008; Masselink et al. 2011). Hinzu kommt, dass Wellen und Strömungen einer täglichen (Gezeiten) und saisonalen (Winter/Sommer) Veränderung unterliegen, die die litorale Serie beeinflussen und modifizieren.

Der **Strand** ist der flache Bereich zwischen dem Küstenkliff bzw. der Stranddüne und der mittleren Wasserhöhe, die als mittlere Wasserlinie bezeichnet wird. Er stellt eine Sedimentakkumulation dar, die bei hohen und extremen Tidebedingungen und starkem Wellengang in das Prozessgeschehen involviert wird. Auf ihm akkumuliert die energieverlierende, rücklaufende Welle Material. Wenn die auflaufende Welle (**Strandwelle**) den Strand überflutet, verliert sie durch Reibung an Geschwindigkeit und durch Infiltration in den sandigen Untergrund an Wassermasse, was zur Sedimentakkumulation führt. Dieser Prozess wird in der Zeit abgeschwächt, da nur noch höhere Wasserstände dieses Strandniveau erreichen können.

Der Fläche des Strandes aufgesetzt bilden sich Sedimentkörper, die als winterliche und sommerliche **Strandwälle** bezeichnet werden. Sie bilden küstenparallele Rücken, die häufig durch kurze und energiereiche Brandungsprozesse während der Hochwasserereignisse entstehen. Sie können Höhen von einigen m erreichen. Ihr Kamm kann 8–10 m über der mittleren Hochwasserlinie liegen, was die hohe Bedeutung von Tidehochwasser für die Energieeinträge und die Formungsdynamik an diesem Küstentyp erklärt.

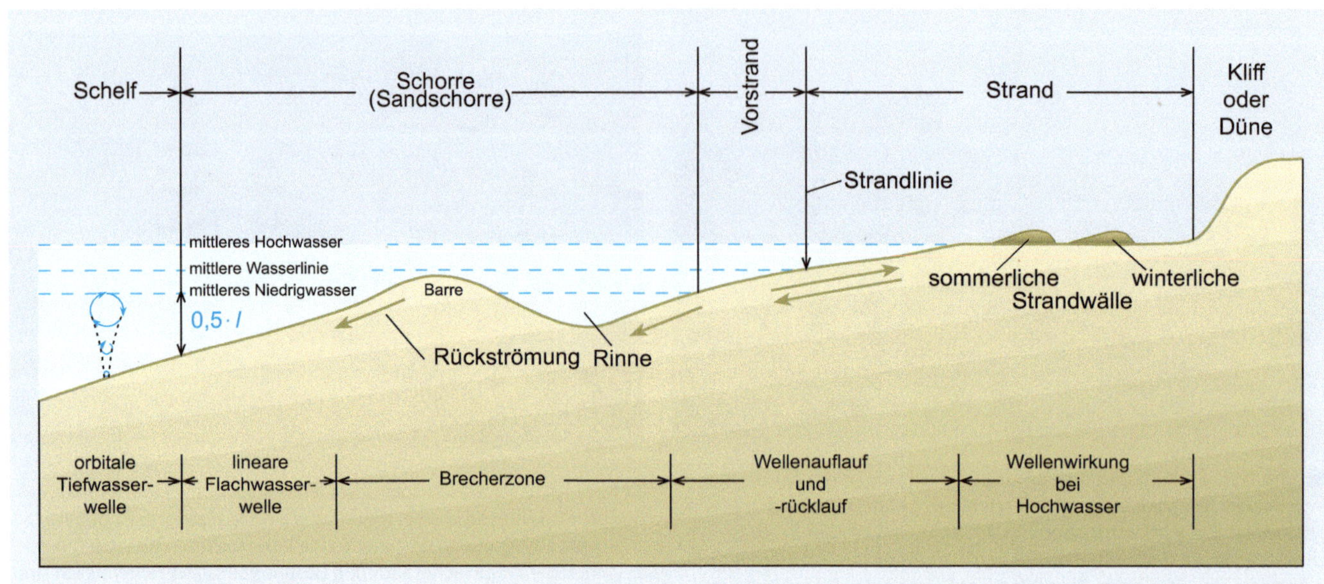

Abb. 17.16 Elemente eines wellendominierten, aufbauenden, sandigen Küstensystems. Sie bilden eine litorale Serie. (Verändert nach Kelletat 2013, Abdruck mit Genehmigung von D. Kelletat)

An den Strand schließt seewärts der **Vorstrand** an. Seine Hangneigung ist größer als die des Strandes und äußerst variabel. Das Sediment bewegt sich hier mit der auflaufenden energiereichen Welle hangaufwärts und mit dem energieärmeren Rücklauf hangabwärts. Der Vorstrand ist daher ein Bereich eines ausgeglichenen Sedimenthaushaltes. Die Neigung des Vorstrandes ist von der Korngröße des Materials abhängig, wobei größere Korngrößen (Kiesküsten) steilere Vorstrandneigungen erzeugen. Während Hochwasserereignisse am Strand akkumulativ wirken, führen sie im Vorstrandsystem zur Abflachung und zum seewärtigen Sedimenttransport. Das erodierte Material kann in Niedrigwasserphasen dem System wieder zugeführt werden. Bloom (2002) berichtet von Beobachtungen, dass die höchsten Erosionsbeträge einer Sandküste in den ersten 6 h des Hochwassers eintreten und 50 % des verlorenen Sandes in den ersten 12 h nach Ende des Hochwassers wieder am Vorstrand akkumuliert wurden.

17

Auf den Vorstrand folgt seewärts die **Schorre,** die die Brandungsregion darstellt, in der die orbitale Bewegung der Tiefwasserwelle Bodenkontakt erhält und abgebremst wird. Hier entwickeln sich spezifische Formen der Barren und Rinnen (Abb. 17.16). Sie treten in einer großen geomorphometrischen Vielfalt auf. Auf flach geneigten Küsten können sich mehrere Barrensysteme entwickeln. Ihre Genese ist entscheidend von der brechenden Welle und ihren Eigenschaften abhängig. Sie steuert die Lokalität, Größe und Tiefe der Barren sowie die zwischen der Barre und dem Vorstrand liegenden tiefen Rinnen. Barren treten besonders häufig an Gezeitenküsten auf. Durch die Depositionsprozesse im Schorrenbereich können sie Material akkumulieren und bis über den Meeresspiegel aufwachsen. Ein spezieller Bildungsprozess für **Brecherbarren** ist, dass Material, das durch die lineare Flachwasserwelle und den Brecher strandwärts transportiert wird, auf die Rückströmung des Vorstrandes trifft. Dabei entsteht an der Wellenbasis ein Energieverlust, der zur Akkumulation führt. In Abhängigkeit von der Geomorphometrie des Küstenverlaufes, der Wellenhöhe, dem Tidenhub, der Neigung der Schorre, der Korngröße des Materials und anderen Faktoren treten Barrensysteme in hoher Vielfalt auf. In Kombination mit einem gekrümmten Küstenverlauf können sie als regelmäßig angeordnete Rücken ausgebildet sein, die durch Rip-Strömungen unterbrochen werden. Sie weisen hier Längen von 20 bis 300 m auf und können als Rücken mit dem Strand verbunden sein. Diese Phänomene werden als innere Barren bezeichnet. Äußere Barren weisen eine regelmäßige Rückenstruktur auf und können Längen bis zu 2 km erreichen. Sie sind halbmondförmig gekrümmt und stabiler als die inneren Barren.

An wellendominierten Aufbauküsten tritt ein weiterer **Sedimenttransportprozess** hinzu, der parallel zur Küstenlinie erfolgt *(longshore sediment transport).* Er ist für den Sedimenthaushalt von litoralen Systemen von hoher Bedeutung und wird durch küstenparallele Strömungen erzeugt, die in erster Linie durch Wellen entstehen, die in einem speziellen Winkel auf die Küste treffen. Da sie selten vollständig refraktiert werden, behalten sie einen vorwärtsgerichteten Impuls. Ihre Geschwindigkeit ist abhängig von der Wellenhöhe, die höchste Geschwindigkeit erreichen sie in der Mitte der Schorre. Diese Strömungen transportieren Sedimente, die durch die Welle aufgenommen werden. Die Transportrate ist von der Brecherhöhe und -neigung abhängig.

Der küstenlaterale Transport kann in zwei Prozesstypen unterteilt werden (Abb. 17.17). Bei großen Brechern

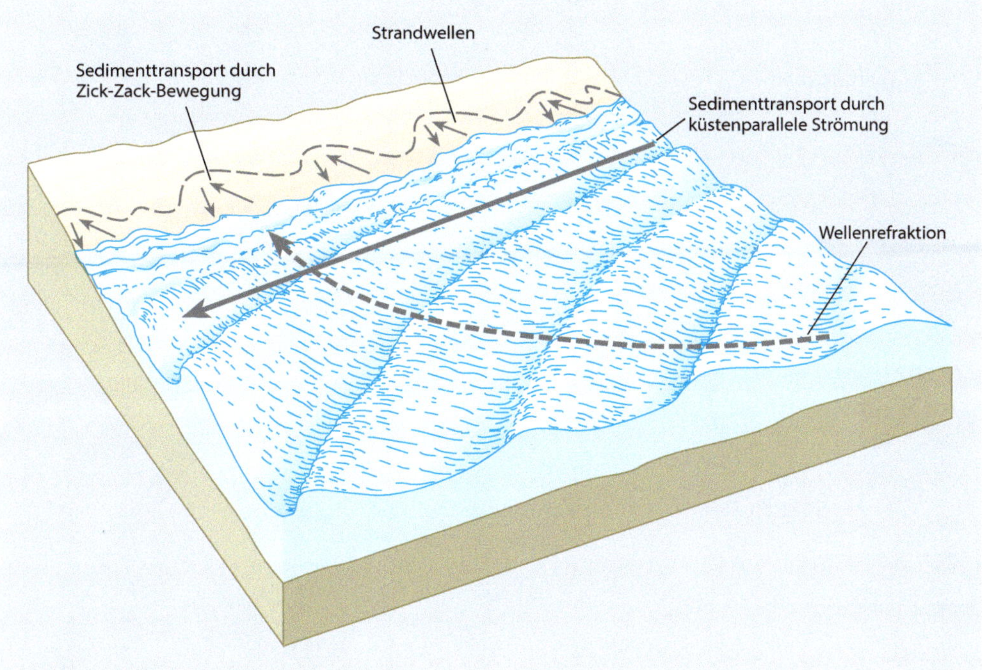

Abb. 17.17 Zwei Typen von Sedimenttransportprozessen an einer wellendominierten Aufbauküste. (Verändert nach Kelletat 2013, Abdruck mit Genehmigung von D. Kelletat)

wird ihre hohe Energie für hohe Transportraten durch die küstenparallele Strömung im Bereich der Sandschorre sorgen. Bei kleineren Brechern und geringeren Energiebeträgen wird der Transport überwiegend am Vorstrand durch Strandwellen stattfinden. Hier wird das Sediment durch die Welle in einem Winkel strandaufwärts und beim Wellenrücklauf, der Schwerkraft folgend, rechtwinklig zur Strandlinie transportiert. Dadurch entsteht eine zickzackförmige Bewegungsbahn der Partikel.

Die beschriebenen Prozesse führen zu einer hohen Vielfalt von **Küstenformen** der aufbauenden Küste. Bei Krümmung oder Einbuchtungen der Küstenlinie und in einem Winkel auftreffenden Wellenfronten entwickeln sich mehrere Akkumulationsphänomene, die der bisherigen Transportrichtung folgen oder einem zur Küstenlinie gekrümmten Verlauf aufweisen. Dazu gehören die Küstenformen der Strandhaken, **Nehrungen** und Nehrungsinseln (Abb. 17.18 und 17.19). Strandhaken entwickeln sich als Ende einer Nehrung geradlinig oder landeinwärts. Nehrungen bilden sich vor Meeresbuchten und können diese gegenüber dem Ozean vollständig oder weitgehend abtrennen. Der abgetrennte Meeresteil wird als **Lagune** bezeichnet. Sie bildet einen Akkumulationsraum für litorale und fluviale Sedimente und wird durch ein brackisches Milieu charakterisiert. An der deutschen Ostseeküste wird eine abgetrennte Meeresbucht als Haff bezeichnet. Da mit dieser Abtrennung eine Begradigung der Küstenlinie verbunden ist und das Sediment teilweise aus Liefergebieten stammt, in denen Kliffabbauprozesse vorherrschen, werden Nehrungsküsten auch als Ausgleichsküsten bezeichnet (Abb. 17.20).

17.2.3 Gezeitendominierte Küsten

An Küsten mit Gezeitenwirkungen, die einen Tidenhub von über einem m und geringe bis mittlere Wellenhöhen aufweisen, entwickeln sich gezeitendominierte Systeme, die während des Tidehochwassers mehrere Stunden mit Meerwasser bedeckt sind und danach mehrere Stunden trocken liegen (Abb. 17.21). Diese Situation tritt an Flachküsten, in Lagunen, in Ästuaren und zwischen Nehrungsinseln und dem Festland auf. Die in diesen Küstentyp ein- und ausströmenden Wasservolumina führen zu einem aufbauenden Küstensystem, das als **Watt** bezeichnet wird (Abb. 17.22). Hier liegen Akkumulationsprozesse von Sedimenten der Sand- bis Tonfraktion vor, die in enger Kopplung mit biologischen Prozessen stehen.

Erreicht der Akkumulationskörper des Wattsystems eine Geländehöhe, die vom Tidehochwasser nicht mehr erreicht werden kann und nur bei Springflutereignissen überschwemmt werden, liegen **Marschen** oder Salzmarschen vor. Die bei Ebbe trockenfallenden Wattflächen sind durch Rinnensysteme gegliedert, durch die das abströmende Wasser in das offene Meer abfließt. Die hohe Strömungsgeschwindigkeit bewirkt vertikale und laterale Erosionsprozesse, die im Laufe der Zeit zur Lageveränderung der Rinnen führen. Diese lageinstabilen, dendritischen Entwässerungssysteme münden in größere **Wattrinnen,** die als Priele bezeichnet werden. Die Priele bilden eine wichtige Komponente der Sedimentdynamik des Watts und sind eher lagestabil.

Watten werden in Sandwatten und Schlickwatten gegliedert. Bei höheren Energieumsätzen werden eher

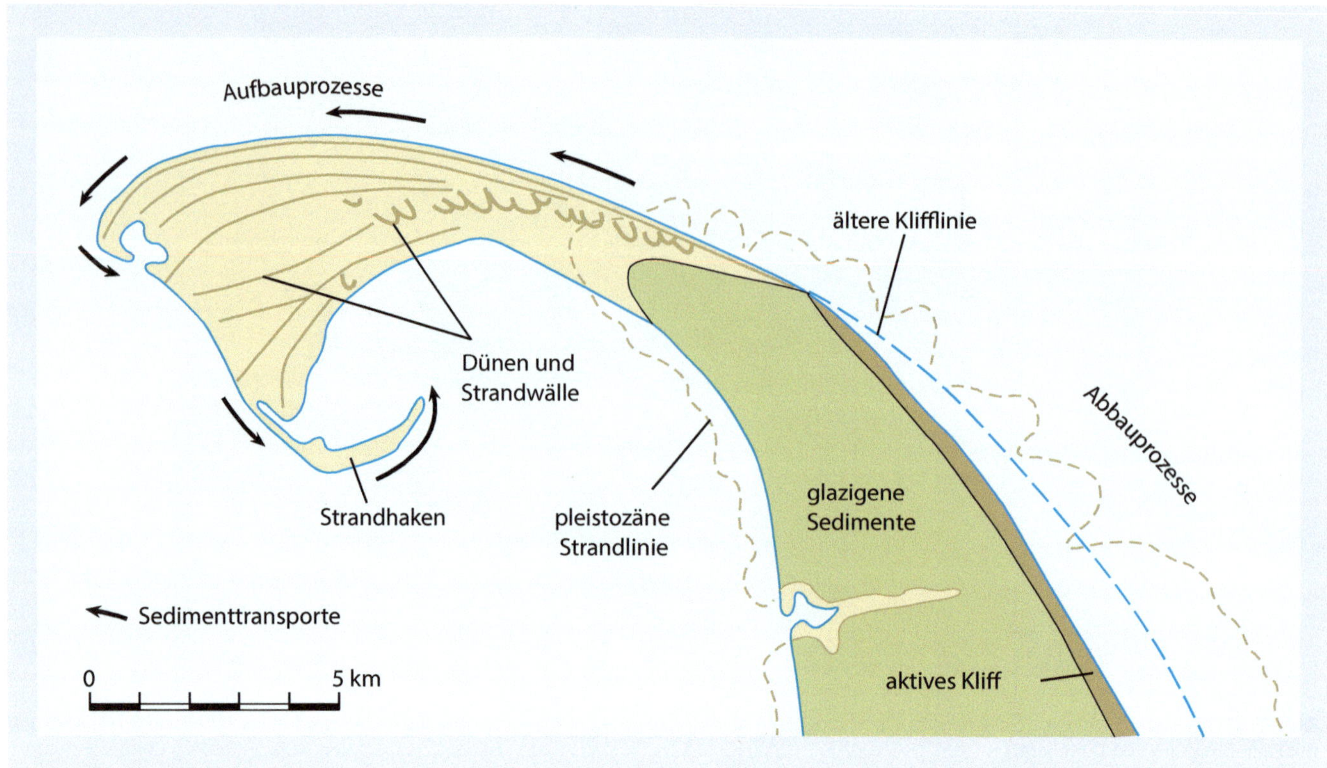

Abb. 17.18 Erosive Abbauprozesse an einem aktiven Kliff, küstenparallele Sedimenttransporte und akkumulative Aufbauprozesse führen an einer Nehrungsküste zur Entwicklung eines Strandhakens. (Verändert nach Bird 2008: Coastal Geomorphology: An Introduction. 2. Auflage. Abdruck mit Genehmigung von John Wiley and Sons. Copyright © 2008 John Wiley & Sons Ltd)

Sandkorngrößen akkumuliert, Schlickwatten bestehen überwiegend aus Tonen und Schluffen. Das Schlickwatt ist durch eine intensive biologische Aktivität gekennzeichnet, bei der Würmer, Krebse, Muscheln und Schnecken die obersten Sedimentschichten besiedeln und eine intensive **Bioturbation** verursachen. Das Sediment ist hier mit Verwesungsrückständen der biologischen Wattbewohner durchsetzt. Die Wattfläche hat eine sehr geringe Neigung, ist leicht konvex gekrümmt und hat an den Hängen zu den Prielen steile Neigungen. Die höher gelegenen Flächen der Watten sind häufig mit salzresistenten Pflanzen bewachsen. Sie stabilisieren den Untergrund, führen zur Reduktion der Strömungsgeschwindigkeit und begünstigen die Sedimentakkumulation. Sie wachsen bis über die Hochwasserlinie der Tide auf und bilden mit der Zeit Festlandsflächen.

17

Die Sedimente, die den gezeitendominierten Küstentyp aufbauen, entstammen:

- Flussfrachten, die durch die Küstenströmung verteilt werden,
- Materialien aus der Klifferosion und
- Materialien aus der Meeresboden- und Stranderosion.

In der Nordsee entstammt ein großer Teil der Sand- und Schlickmarsch-Sedimente aus der Erosion von aus Lockergesteinen aufgebauten Küstenkliffen sowie den Küstendünen. Sandwattflächen finden sich im Bereich zahlreicher gezeitendominierter Küsten, obwohl sie überwiegend wellendominiert sind. Im Sandwattbereich ist die Wellenenergie noch stark genug, um Schluff- und Tonkorngrößen weiterhin in Suspension zu halten und ihre Deposition zu verhindern. Andererseits können Wellen und Küstenströmungen Sand auf der Oberfläche der Schorre deponieren. Diese sandigen Depositionsflächen können Kliffen, alluvialen Küstenebenen, Ästuaren oder Deltas vorgelagert sein. Sie sind von zahlreichen Sandrücken besetzt und von Prielen durchzogen. Bei Schlickwatten liegen die Sedimente in Ton- und Schluffkorngrößen mit organischen Bestandteilen vor. Sie werden von Prielsystemen durchzogen und sind teilweise von Seegrassvegetation besiedelt.

Watttypen treten in den verschiedenen Klimazonen der Erde in unterschiedlicher Ausprägung auf. Von besonderer Bedeutung sind die Differenzierung der biologischen Aktivität und das Artenspektrum. In den Tropen und Subtropen bilden die **Mangrovenwatten** mit verschiedenen Baumarten als Pioniervegetation den überwiegenden Watttyp. Sie wachsen im oberen Teil des Sand- und Schlickwatts und an den Küsten von Ästuaren und Lagunen. In den Tropen bedecken sie auch die Gebiete, die in den gemäßigten Klimazonen von den Salzmarschen eingenommen werden. Während hochenergetischer Zyklone (Hurrikans, Taifune) können Mangrovenwälder stark dezimiert und in Richtung des Festlandes zurückgedrängt werden. Sie regenerieren sich jedoch rasch, sodass die gezeitendominierte Küstenlinie, in längeren Zeitskalen betrachtet, erhalten bleibt.

Küsten können im Bereich von Flussmündungen durch fluviale Prozesse beeinflusst werden. Gezeitendominierte Prozesse weisen auch für diese Systeme eine hohe Bedeutung auf. Hier werden Mündungsbuchten von Flüssen, wie

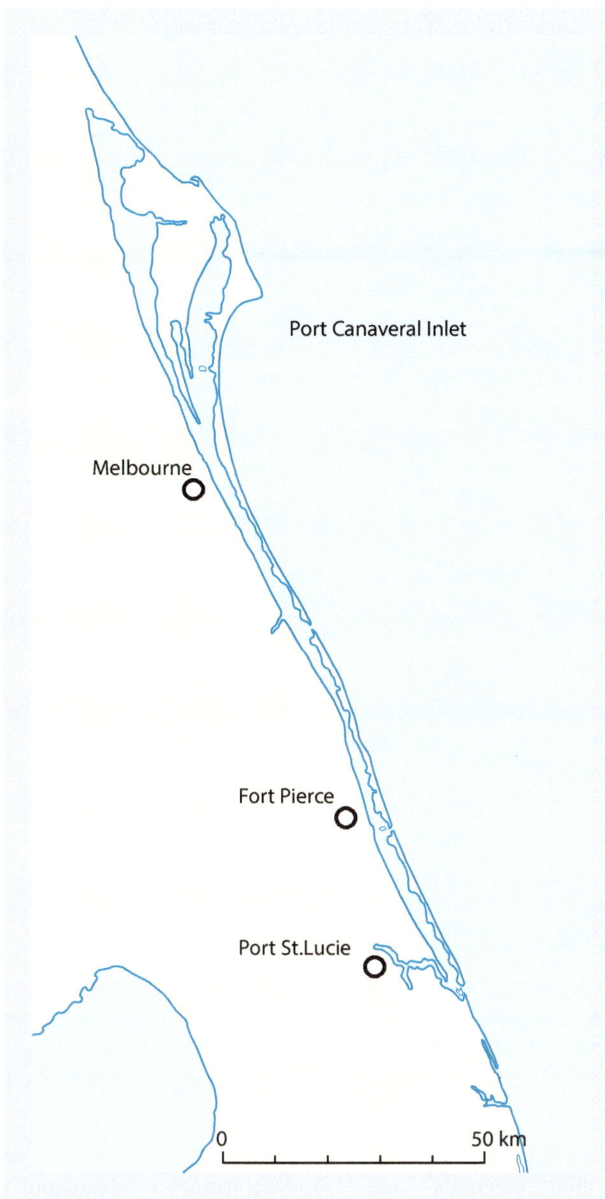

Abb. 17.19 Nehrungen an der Ostküste Floridas. Sie bilden eine Barriere vor tropischen Wirbelstürmen und sind eine wichtige Komponente des amerikanischen Küstenschutzes. Der Verlauf der Nehrungen lässt auf die primäre Strömungsrichtung an der Küste schließen. (Aus Dikau & Weichselgartner 2005, Abdruck mit Genehmigung von R. Dikau und J. Weichselgartner)

der Seine, der Elbe oder der Themse, durch die Gezeitenströmungen beeinflusst. Diese Mündungsbuchten werden als **Ästuare** bezeichnet (Abb. 17.23). Es sind enge und langgestreckte trichterförmige Buchten, die sich über eine fluviale Schwemmlandebene erstrecken oder sich landeinwärts entlang eines Flusslaufes ausbilden. Das Ästuar ist dabei der seewärts geöffnete Teil eines marin überfluteten Tales eines Flusses, der den Gezeitenprozessen unterworfen ist und bei dem eine Mischung von Fluss- und Meerwasser stattfindet. Ästuare erhalten ihre Sedimente aus dem Einzugsgebiet des Flusses und aus marinen Quellen.

Die Form des Ästuars ist das Ergebnis der Anpassungsprozesse zwischen dem Fassungsvermögen des Flussgerinnes und dem Wasservolumen, das durch die Gezeiten in das Ästuar einströmt. So ist der Energieumsatz des seewärtigen Teiles eher wellen- und gezeitendominiert, der landwärtige Teil eher flussdominiert. Dies spiegelt sich auch in der Sedimentfazies wieder. Die meisten Ästuare der Erde befinden sich in Küstenebenen. In Europa bilden die Flüsse Seine, Loire, Rhein oder Elbe ausgeprägte Ästuarsysteme. Die **oszillierenden Gezeitenströmungen** bewirken, dass Ästuare hohe Sedimenttransportraten aufweisen und tiefe Erosionsrinnen ausbilden. Im Gegensatz zum flussdominierten Delta werden sie daher eher von geringeren Sedimentakkumulationsraten bestimmt.

17.2.4 Flussdominierte Küsten

Flussdominierte Küsten entstehen in Regionen, in denen Flüsse große Sedimentmengen in die Küstenregion transportieren und deponieren. Tritt der Fluss in einen stehenden Wasserkörper ein, bleibt seine Strömung noch für eine gewisse Strecke erhalten, die etwa dem vierfachen seiner Mündungsbreite entspricht. Danach beginnt sich das Flusswasser durch den Einfluss des Windes, der Wellen und der Küstenströmung zu verteilen. Wegen der Dichteunterschiede des Fluss- und Meerwassers durch Differenzen des Salzgehaltes, der Wassertemperatur und der Sedimentfracht tritt in den meisten Fällen ein Phänomen auf, bei dem das Flusswasser auf dem stehenden Meerwasser vorwärts weiterfließt. Dabei wird die Geschwindigkeit stark abgebremst und die Schleppkraft herabgesetzt. Infolge dieser Prozesse werden

Abb. 17.20 Nehrung mit Lagune bei Point Reyes, nördlich von San Francisco, USA. (Quelle: R. Dikau)

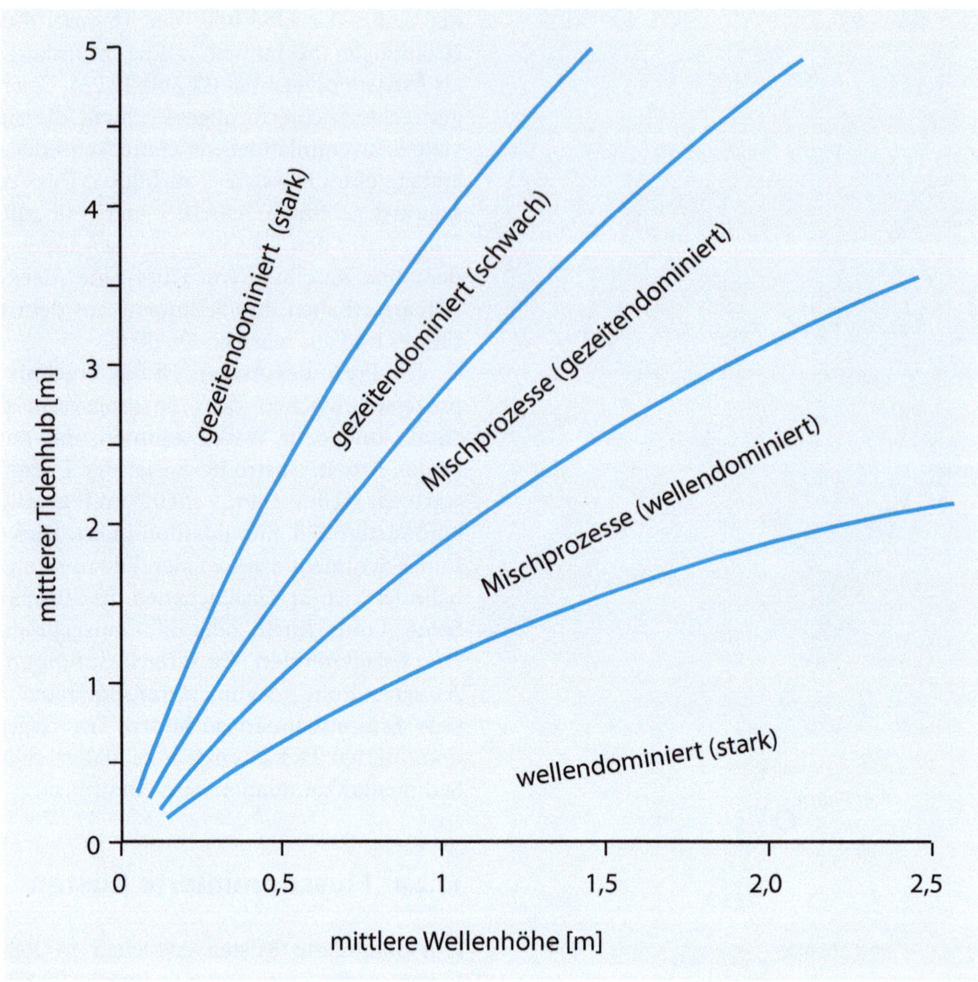

Abb. 17.21 Geomorphologische Formung durch gezeiten- und/oder wellendominierte Prozesse in der Küstenzone als Funktion des mittleren Tidenhubs und der mittleren Wellenhöhe. (Verändert nach Masselink et al. 2011, auf Basis von David & Hayes 1984 und Hayes 1979: Barrier island morphology as a function of tidal and wave regime. In: Leatherman SP (Hrsg.) Barrier Islands. Academic Press, New York, USA. 1-27 © 1979 Academic Press, Inc.)

17

Abb. 17.22 Schlickwatt an der Nordseeküste. (Quelle: Renate Zimmermann-Dikau)

die gesamte Bodenfracht und der überwiegende Teil der Suspensionsfracht nahe des Eintrittspunktes des Flusses in das Meer abgegeben. Hier erfolgen die Akkumulation und die **Formung eines Deltas**. Die Existenz eines Deltas setzt voraus, dass der Fluss mehr Sediment anliefert, als durch Wellen, Gezeiten und Küstenströmungen abtransportiert werden kann. Bei positiver Massenbilanz entwickelt sich eine aufbauende Küste und das Delta wächst in Richtung des offenen Meeres. Das Delta bildet somit die charakteristische Reliefform einer flussdominierten Küste, die in unterschiedliche Reliefelemente gegliedert werden kann (Abb. 17.24).

Die **Deltaform** kann durch drei Reliefelementtypen differenziert werden, die eine **Toposequenz** bilden. Sie können mehr oder weniger ausgeprägt entwickelt sein und weisen unterschiedliche Sedimenteigenschaften auf. Es sind dies die Reliefelemente:

- Deltaoberflächenelement,
- Deltaböschungselement,
- Deltabodenelement.

Die Neigung ihrer Sedimentschichten variiert in Abhängigkeit von der toposequenziellen Position. Die **Sedimente** der drei Reliefelemente werden nach einem Vorschlag von Grove Karl Gilbert als *topset beds*, *foreset beds* und *bottomset beds* (Oberflächen-, Böschungs- und Bodenschichten)

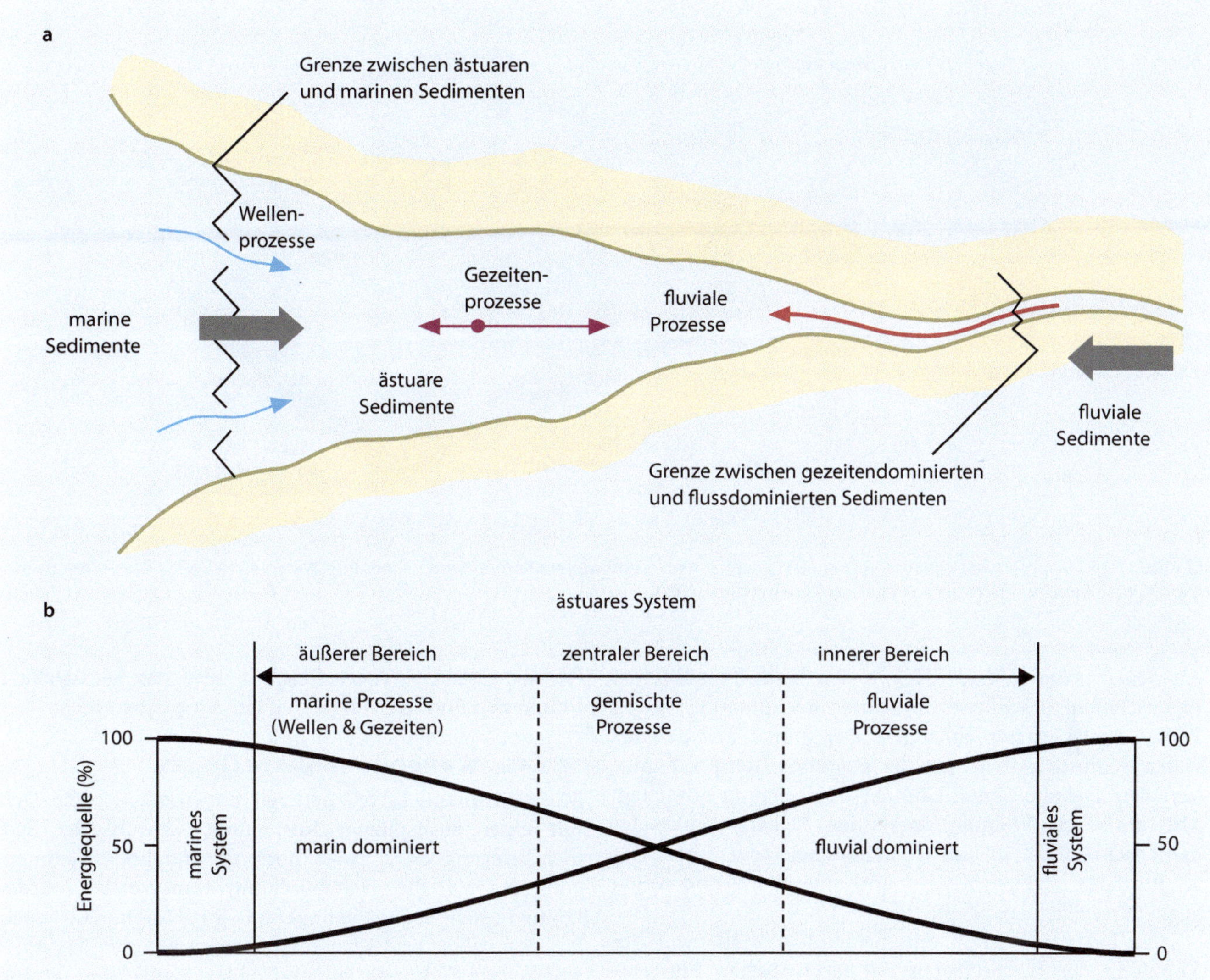

Abb. 17.23 Komponenten eines Ästuars mit den Einflussbereichen der wellen- und gezeitendominierten und überwiegend fluvialen Prozesse. (Verändert nach Dalrymple et al. 1992, Abdruck mit Genehmigung von SEPM Society for Sedimentary Geology)

bezeichnet. Die Sedimente der proximalen Deltaoberflächenelemente sind nahezu horizontal geneigt, während die Böschungsschichten parallel zum Deltahang einfallen. Die Korngrößenzusammensetzung der Schichten verkleinert sich mit zunehmender Entfernung von der Flussmündung. Im Bereich des distalen Deltabodens sedimentiert überwiegend die Tonfraktion der vom Fluss in Suspension transportierten Sedimente und bildet die Bodenschichten. Dieser Bereich vor dem Delta fällt mit geringen Neigungen in Richtung des kontinentalen Schelfs ab.

Die über dem Meeresspiegel liegenden Bereiche der Deltaform können weiter differenziert werden. In der proximalen Position des **Deltaapex** wird die Talaue des Flusses nicht mehr durch Talhänge begrenzt. Das Gerinne verzweigt sich in mehrere Mündungsarme mit gleichzeitiger Verbreiterung der Akkumulationsflächen. Dieser Bereich der Deltaform wird fluvial gesteuert und enthält zwischen den Flussarmen fluviale Reliefelemente, wie flache Buchten, Talauen oder Uferdämme. Der daran anschließende Bereich der Deltaform wird gelegentlich durch Gezeitenmeerwasser überflutet. Hier treten fluviale und marine Prozesse gemeinsam auf. Als Ergebnis entwickeln sich Salzmarschen, Watten, Mangrovenwatten, Strandwälle, flache Buchten oder Lagunen. Hier kommen überwiegend feinere Korngrößen zur Akkumulation. Die energiereichen Mündungsarme des Flusses enthalten überwiegend die gröberen Korngrößen der Bettfracht, die in Richtung der Deltaböschung transportiert werden. In dieser Position liegt eine kontinuierliche Wasserbedeckung der Deltaform vor. Dabei erfolgt zunächst die Deposition des Grobsedimentes, was zur Bildung von Mündungsbarren führen kann, die sich in unterschiedlichen Formen

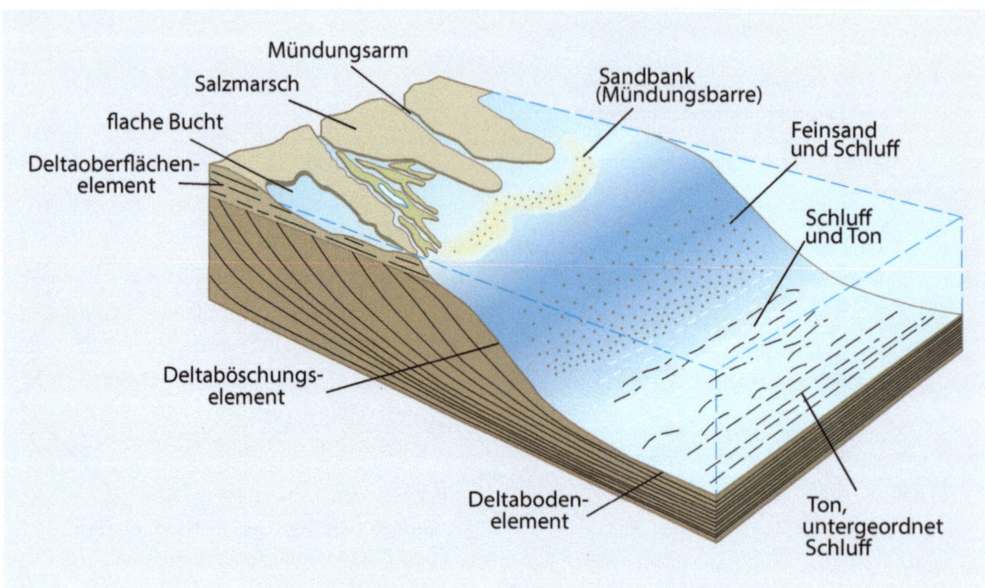

Abb. 17.24 Toposequenzielle Anordnung von Reliefelementen und weitere Komponenten eines flussdominierten Deltas. (Verändert nach Martin und Eiblmaier (Hrsg.) Lexikon der Geowissenschaften 2000)

entwickeln können und die von den hydrodynamischen Eigenschaften des Flusses und ihrer Beeinflussung durch Wellen und Gezeiten abhängen. Der größte Teil des fluvialen Sedimentes wird auf der **Deltaböschung** akkumuliert. Die Deltaböschung kann 11–12° Neigung erreichen. Mit konkaver Wölbung geht das Deltaböschungselement schließlich in das Deltabodenelement über, das als **Prodelta** bezeichnet wird und eine ebene und wenig gegliederte Fläche darstellt.

Die Deltaform ist in entscheidendem Maße von der Kopplung der Eigenschaften des terrestrischen Flusseinzugsgebietes und des marinen Küstensystems abhängig. In Beziehung zur Dominanz der terrestrischen und marinen Prozesse können drei **Deltatypen** unterschieden werden (Abb. 17.25), die fluss-, wellen- und gezeitendominierte Ausprägungen aufweisen.

17

17.2.4.1 Flussdominierte Deltas

In flussdominierten Deltas überwiegt die Sedimentdeposition durch mehrere Gerinne eines Flusses, der ein großes Einzugsgebiet entwässert. Die Deposition erfolgt ohne nennenswerte Einflüsse durch Wellen- oder Gezeitenprozesse. Die Küstenlinie derartiger Deltas ist hochgradig gezackt, der Fluss erzeugt einen fingerförmigen Grundriss (Fingerdelta). Die Deltaform besteht aus Watten und Marschen sowie aus offenen und geschlossenen Buchten. Das Mississippi-Delta ist ein typisches Delta mit diesen Charakteristika. Weitere Beispiele sind das Solo-Delta in Indonesien und das Wolga-Delta im Kaspischen Meer.

17.2.4.2 Wellendominierte Deltas

Mit zunehmender Wellenenergie entwickelt sich ein Delta mit einer zugespitzten Küstenlinie. Obwohl die Sedimentlieferung des Flusses hoch ist und hohe Sedimentvolumina an die Deltaböschung transportiert werden, können sich keine gefingerten Strukturen entwickeln. Wellenprozesse und Küstenströmungen nehmen das fluvial angelieferte Sediment auf und bilden Sandküsten, Strandhaken und Nehrungen. Beispiele bilden das Donau-Delta im Schwarzen Meer und das Ebro-Delta im Mittelmeer. Mit zunehmender Wellenenergie wird die Deltaküstenlinie bogenförmig entwickelt. Die Wellenenergie verhindert ein starkes fingerförmiges Wachstum und verteilt das Sediment über die Schorre. Als Beispiel dient das Niger-Delta in Nigeria. Der Fluss entwickelt mehrere Arme, die durch Marschen getrennt sind. Das Delta erhält eine zerlappte Form. Das Nildelta ist ebenfalls in diese Deltaklasse einzuordnen.

Steigende Wellenenergien, die in einem schmalen und steilen Schorrebereich die Küste erreichen, erzeugen spitz zulaufende Deltaformen, wie das Tiber-Delta im Mittelmeer oder das Sao-Francisco-Delta in Brasilien. Das durch den Fluss angelieferte Sediment wird an den Flussmündungen durch Wellen und Küstenströmungen schnell verteilt. Die Sandfraktion wird in Strandwällen akkumuliert, sodass

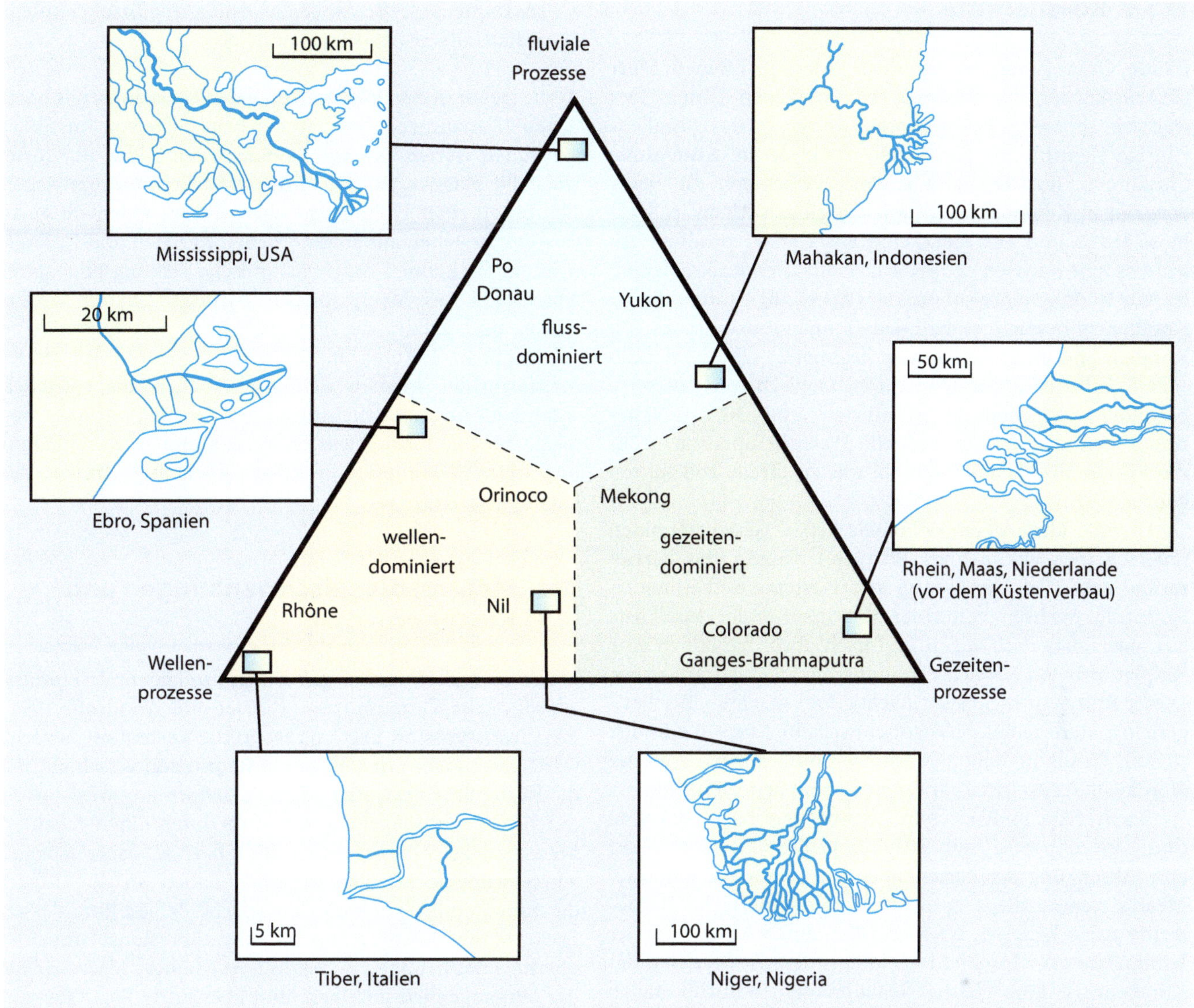

Abb. 17.25 Klassifikation und Beispiele von Deltatypen auf Basis von fluss-, wellen- und gezeitendominierten Prozessen. (Verändert nach Galloway, WE 1975: Process Framework for Describing the Morphologic and Stratigraphic Evolution of Deltaic Deposition Systems. In: Broussard, ML (Hrsg.): Deltas, Models for Exploration. S. 87-98, Abb. 3, S. 92: Schematic diagram illustrating the threefold division of deltas [...]. Abdruck mit Genehmigung der Houston Geological Society)

ein flach und spitz zulaufendes Delta entsteht. Bei weiter erhöhter Wellenenergie entsteht ein gerader Küstenverlauf ohne Deltaakkumulationsflächen.

17.2.4.3 Gezeitendominierte Deltas

Mit zunehmenden Einflüssen der Gezeiten wird die Energie der Wellen durch die unterschiedlichen Wasserstände auf eine größere Fläche verteilt. Somit verringern sich die geomorphologisch wirkenden Kräfte im Küstensystem insgesamt. Die breiten Schorreflächen und das Watt reduzieren die Wellenenergie beträchtlich. Hier entwickeln sich gezeitendominierte Ästuardeltas mit trichterförmigen Flussmündungen, die durch eine Mischung aus Gezeiten- und Flussströmungen entstehen. Ein weniger starker Tidenhub und moderate Wellenenergien führen zu Deltaformen, die aus der Küstenlinie heraustreten und mehrere Flussarme und zerlappte Formen entwickeln. Hier liefert der Fluss hohe Sedimentmengen in das Küstensystem, die im Umfeld der Mündung akkumuliert werden. Als Beispiel dient das Mahakan-Delta in Indonesien. Dort sind auf der Deltafläche ausgedehnte Mangrovenwatten und weiter landwärts Mangrovenwälder etabliert. In Europa war das Rhein- und Maas-Delta vor dem Küstenverbau gezeitendominiert.

17.2.5 Korallenriffe

Bilden Organismen an der Küste oder im offenen Meer Gesteinskörper, sprechen wir von biogenen Riffen. Der weltweit am weitesten verbreitete Rifftyp ist das Korallenriff. Korallenriffe bilden Küsten, wenn sie die Küstenlinie umsäumen. **Korallen** sind marine Nesseltiere, die überwiegend in Kolonien leben, mit einzelligen Algen in Symbiose leben und ein Kalkskelett aus $CaCO_3$ produzieren. Mit der Zeit wachsen neue Korallen auf alten Kalkskeletten, die zur Bildung einer submarinen Erhebung führen, die als Korallenriff bezeichnet wird. Das Temperaturoptimum von Korallen und ihren Symbionten liegt bei 25–29 °C, weshalb sich Korallenriffe überwiegend in tropischen Gewässern, besonders zwischen 30° nördlicher und 30° südlicher Breite, befinden. Erhöht sich die Wassertemperatur, stößt die Koralle ihre Symbionten ab, was zu ihrem Tod führen kann.

Unter küstengeomorphologischen Gesichtspunkten unterscheiden wir mehrere **Rifftypen.** Saum- und Barriereriffe stehen in Verbindung mit Küsten des Festlandes. Saumriffe wachsen von einer Kontinent- oder Inselküste aus meerwärts nach außen und nach oben. Sie bilden eine Riffplattform im Bereich des mittleren Tideniedrigwassers. Dieser Rifftyp ist nicht sehr mächtig und sitzt auf einer Festgesteinsunterlage auf. Sehr gut entwickelte Saumriffe finden sich im Pazifik in Tahiti, Neuguinea und Indonesien, an der Nordküste Australiens, vor Ostafrika und in der Karibik.

Barriereriffe bilden sich in einer bestimmten Entfernung und nahezu parallel zur Küstenlinie. Ihre Genese ist auf eine Absenkung der küstenbildenden Landmasse oder auf Meeresspiegelanstiege zurückzuführen. Zahlreiche **Barriereriffe** entwickeln sich aus Saumriffen durch Absenkung der Landmasse oder Insel und nachfolgendem Aufwachsen des Korallenriffs. Eine gleiche Reaktion der Saumriffkorallen erfolgt bei ansteigendem Meeresspiegel. Das bekannteste Barriereriff ist das Great Barrier Reef, das mit einer Länge von ca. 2000 km vor der Ostküste Australiens liegt. Es entstand durch die spätquartäre Meerestransgression.

Befindet sich ein Korallenriff weit ab von der kontinentalen Landmasse, liegt ein isoliertes Riff vor. Der wichtigste isolierte Rifftyp ist das **Atoll.** Es weist einen runden bis ovalen Grundriss auf und umfasst eine zentrale Lagune. Diese Riffe basieren auf Saumriffen von Inseln, die von tektonischen Absenkprozessen während des Neogens und Quartärs betroffen wurden. Das Saumriff wächst und bildet zunächst ein Barriereriff und in Folge ein Atoll, wobei die zentrale Inselmasse unter den Meeresspiegel abtaucht. Wie Barriereriffe unterliegen Atolle der Verkarstung, wenn das Kalkgestein während niedriger Meeresspiegelphasen der Atmosphäre ausgesetzt ist. Es können folgende Atolltypen unterschieden werden:

- Ozeanische Atolle mit vulkanischem Fundament in einer Tiefe von über 550 m,
- Schelfatolle mit einem Sockel des kontinentalen Schelfs und einer Tiefe <550 m,
- zusammengesetzte Atolle, bei denen ringförmige Riffe Relikte älterer Atolle umschließen.

Atolle treten in den Weltmeeren des Westpazifiks, des nördlichen Tasmanmeeres und an der Nordküste von Australien auf. Einen vierten Typ von Korallenriffen bilden Plattformriffe, die massive isolierte Riffe darstellen. Sie entwickeln sich bis zu einer Höhe leicht oberhalb des Tideniedrigwassers und bestehen aus abgestorbenen Korallen und Rifforganismen. Sie können durch tektonische Hebung oder durch Absenkung des Meeresspiegels entstehen. Durch Regenwasser und Salzwasser entwickeln sich Karstphänomene, wie Höhlen, Lösungsbuchten oder Trichter. Auf diesen Plattformriffen können sich Inseln bilden, die entstehen, wenn bei Stürmen Bruchstücke der Korallen auf die Oberfläche der Plattform geworfen werden und als Korallensand und -kies akkumuliert werden. Auch hier treten Verkarstungsprozesse auf.

17.3 Meeresspiegelschwankungen und Küstenprozesse

Meeresspiegelschwankungen haben fundamentale Einflüsse auf sämtliche Küstenprozesse (Carter und Woodroffe 1997). Eine **Transgression** liegt vor, wenn die Küstenlinie landeinwärts verschoben wird. Bei einer **Regression** verschiebt sich die Küstenlinie meerwärts. Eine Reliefformung wird sowohl durch einen ansteigenden als auch durch einen fallenden Meeresspiegel hervorgerufen (▢ Tab. 17.3). Meeresspiegelveränderungen der Vergangenheit haben an den Küsten der Erde deutliche geomorphologische Relikte hinterlassen. Dazu zählen Küstensedimente und Abrasionsplattformen oberhalb der heutigen Wasserlinie, die höhere Meeresspiegel der Vergangenheit anzeigen, und überflutete Flusstäler und Mündungen, die tiefere Meeresspiegel in der Vergangenheit anzeigen. Häufig ist es schwierig zu unterscheiden, ob tiefere oder höhere Küstenlinien der Vergangenheit durch eine Veränderung des Meeresspiegels, eine tektonische Bewegung oder durch eine Kombination von beiden verursacht wurden. Die Veränderung wird als relative Meeresspiegelveränderung bezeichnet. Auch muss bedacht werden, dass hochenergetische Tsunamiwellen Küstensedimente in höhere Positionen oberhalb der heutigen Wasserlinie transportiert haben können.

An zahlreichen Küsten der Erde finden sich Reliefformen und Sedimenttypen litoraler Prozesse, die oberhalb des heutigen Meeresspiegels und außerhalb der aktuellen Prozessreichweite angesiedelt sind. Sie verweisen auf einen höher gelegenen Meeresspiegel der Vergangenheit und einer anschließenden meerwärtigen Verlagerung der Küstenlinie, d. h., dass ein Rückzug des Meeres (Regression) stattgefunden hat. Dies kann durch tektonische Hebung der Landmasse oder durch einen fallenden Meeresspiegel verursacht worden sein. Der Verlauf der früheren Küstenlinie kann an zahlreichen marinen

Tab. 17.3 Reliefformen und Prozesse der Regression und Transgression an Küsten (Kelletat 2013)

Relative Meeresspiegelveränderung	Küstenveränderung	Reliefformen, Sedimente und Prozesse
Regression des Meeresspiegels Sinken des mittleren Meeresspiegels Negative Strandverschiebung	Meerwärtige Verlagerung der Küstenlinie Vorrückende Küste	Steilwände, Klifferosion, Brandungshohlkehlen
		Verflachungen, Terrassen, Abrasionsterrassen, Abrasionsplattformen, Abrasionserosion
		Terrassentreppen, Abrasionserosion
		Terrassensedimente mit kiesigen und blockigen Korngrößen im Liegenden und sandigen Korngrößen im Hangenden Bioturbation Aktive Abrasionserosion bei hohem Meeresspiegel, gefolgt von Strandbildung und fallendem Meeresspiegel
		Höher gelegene Korallenriffe Korallenriffbildung
		Strandwälle mit meerwärts abnehmender Kammhöhe Wellendominierte Prozesse an Flachküsten Lockersedimentküsten
		Überlagerung mariner durch terrestrische Sedimente Fazieswechsel Trockenfallen von Teilen des Schelfs Ablösung litoraler durch terrestrische Prozesse
		Positiver Sedimenthaushalt Extensive Dünenentwicklung
Transgression des Meeresspiegels Steigen des mittleren Meeresspiegels Positive Strandverschiebung	Landwärtige Verlagerung der Küstenlinie Zurückweichende Küste	Strandwälle mit meerwärts zunehmender Kammhöhe wellendominierte Prozesse an Flachküsten Lockersedimente
		Ertrunkene Dünen Stranddünenbildung
		Brandungshohlkehlen
		Verflachungen, Terrassen, Abrasionsterrassen, alte Schorren, Abrasionsplattformen, Abrasionserosion
		Überlagerung mariner durch terrestrische Sedimente Fazieswechsel Überflutung von Teilen des Schelfs Ablösung terrestrischer durch Küstenprozesse
		Negativer Sedimenthaushalt

Reliefformen und ihren Sedimenteigenschaften oberhalb des heutigen Meeresspiegels rekonstruiert werden. Dazu gehören Steilwände (Klifferosion), Terrassen (Abrasion) (Abb. 17.26 und 17.27) und relikte Korallenriffe (Korallenriffbildung). Die Höhe solcher Formen über dem heutigen Meeresspiegel kann einige m betragen, jedoch bei starken tektonischen Hebungsbeträgen bis zu 1000 m erreichen, wie in Kalabrien. Hier wurden in dieser Höhe altquartäre marine Sedimente gefunden. Weltweit verbreitet sind Geländebefunde von quartären Küstenlinien bis in Höhen von etwa 200 m, die auf tektonische Hebungsprozesse des Festlandes zurückzuführen sind.

Eine Transgression des Meeresspiegels liegt vor, wenn das Meer vorrückt und die Küstenlinie landwärts verlagert wird, d. h. eine positive Strandverschiebung stattfindet und die ältere Küstenlinie unter den Meeresspiegel abtaucht. Zu erkennen ist dies an unter der heutigen Wasserlinie vorhandenen Kliffhängen und Abrasionsplattformen, die bis in Tiefen von über 1000 m, z. B. auf Hawaii, reichen können. Gründe können glazialeustatische Meeresspiegelanstiege oder tektonische Absenkungen sein. An den australischen Küsten wurden alte Küstenlinien in Tiefen von 60–130 m gefunden. Im Unterschied zur Meeresspiegelregression sind Transgressionsphasen schwieriger nachzuweisen, da der neu entstandene Meeresboden durch die Wellenaktivität stark überformt wird. Insgesamt bilden Regressionen und Transgressionen des Meeresspiegels wichtige Einflussfaktoren auf den Sedimenthaushalt des geomorphologischen Küstensystems.

Abb. 17.26 Abrasionsterrassen 10 m über dem heutigen Meeresspiegel an der Pazifikküste Kaliforniens bei Big Sur, USA. (Quelle: R. Dikau)

Abb. 17.27 Abrasionsterrassen 120 m über dem heutigen Meeresspiegel an der Pazifikküste Kaliforniens bei Big Sur, USA. Im Vordergrund ist Klifferosion durch die halbrunde Rutschungsböschung einer Hangrutschung zu erkennen. (Quelle: R. Dikau)

17.4 Küstenklassifikation

Die Küstengeomorphologie entwickelte seit Ende des 19. Jahrhunderts mehrere Küstenklassifikationssysteme. Sie haben das Ziel der Gruppierung von unterschiedlichen individuellen Küstenausprägungen auf Basis ausgewählter Reliefformeigenschaften und formender Prozesse. Der **genetische Klassifikationstyp** unterscheidet Deltaküsten, Strandküsten, Kliffküsten und Mangrovenküsten. Er basiert auf unterschiedlichen Kriterien, wie Region, z. B. atlantische und pazifische Küsten, Plattentektonik, Klima, Küstenprozesse, initiale und überprägende Prozesse, Stabilität und Instabilität, Steilheit oder geologischer Aufbau. Ein heute in der Küstengeomorphologie weitverbreitetes genetisches

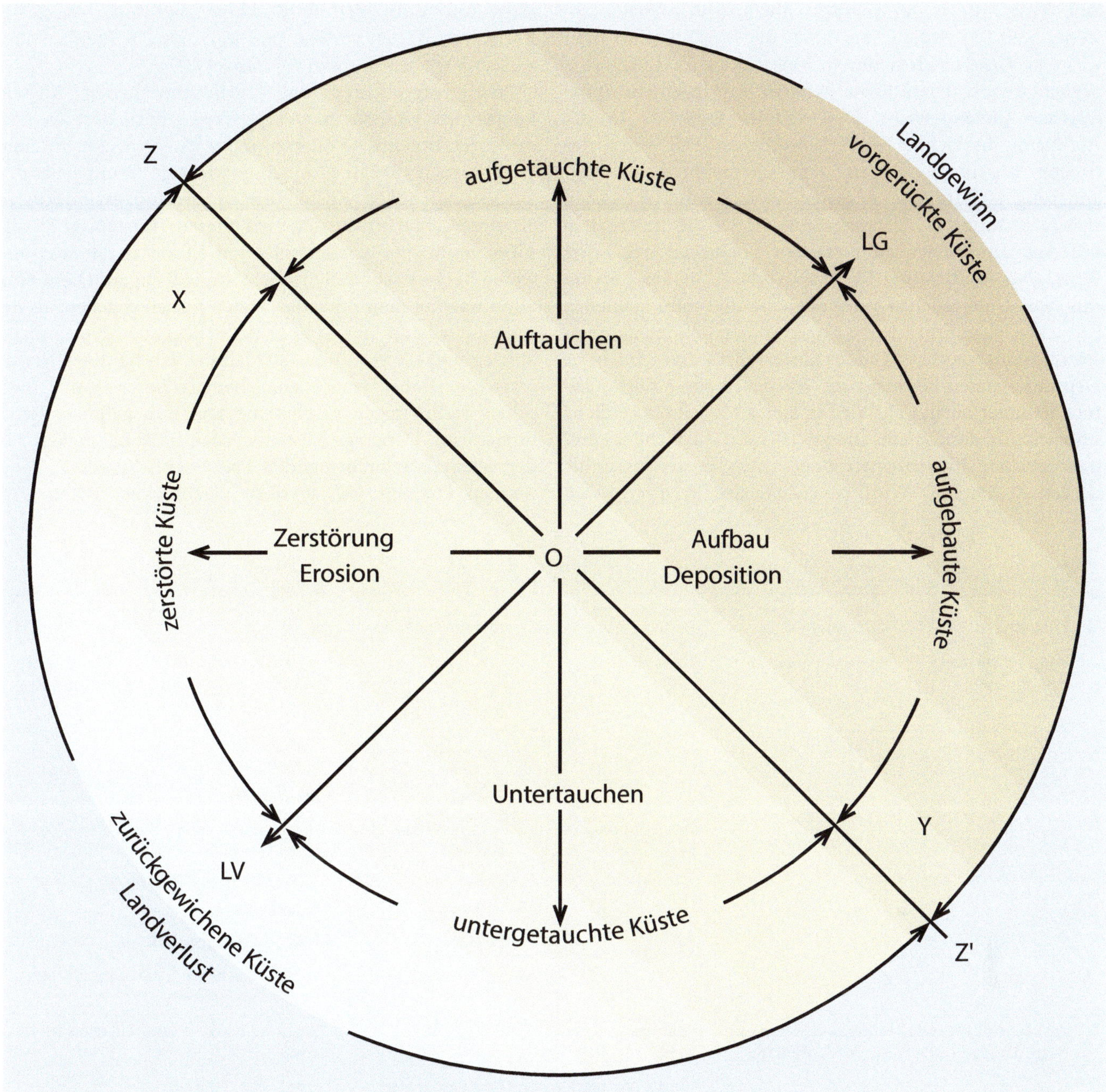

Abb. 17.28 Unterschiedliche Küstentypen auf Basis einer genetischen Klassifikation der vorgerückten und zurückgewichenen Küsten. Die Systematik beruht auf den Kategorien Auftauchen, Untertauchen, Zerstörung und Aufbau. Eine Balance zwischen den horizontalen und vertikalen Komponenten führt zu Küsten im dynamischen Gleichgewicht (ZOZ'). (Verändert nach Valentin 1954, Abb. 7, S.50)

Klassifikationssystem wurde von Valentin (1954) entwickelt und ist in Abb. 17.28 dargestellt. Der Autor unterscheidet **Küstengestaltstypen** und basiert seine Systematik auf den Haupttypen der vorgerückten Küsten, die Festland gewinnen, und zurückgewichenen Küsten, die Festland verlieren.

Die vorgerückten Küsten werden weiter in aufgetauchte und aufgebaute Küsten unterteilt, die zurückgewichenen Küsten gliedern sich in untergetauchte und zerstörte Küsten. Diese Klassifikation ist deshalb so bedeutsam, da sie die Veränderungen des relativen Verhältnisses von Festland und Meer (Festlandgewinn oder -verlust) als auch das Verhältnis von vertikalen Bewegungen (Landmasse und absoluter Meeresspiegel, d. h. das Auftauchen und Untertauchen) zur horizontalen Bewegung des Sedimentes (Zerstörung und Aufbau) berücksichtigt. Das Auftauchen und Untertauchen erhält damit den gleichen **Systemstatus** wie die Erosion oder der Aufbau der Küsten. In Abb. 17.28 beschreibt die Linie ZOZ' eine Küste, die weder vorrückt noch zurückweicht, entweder weil das Auftauchen durch die Erosion (ZO) oder weil das Untertauchen durch Aufbauprozesse (Z'O) ausgeglichen wird. Diese Küste befindet sich in einem **dynamischen Gleichgewicht.** Der zentrale Punkt O in der Abbildung bezeichnet den theoretischen Fall eines statischen Küstensystems, an dem überhaupt keine Veränderung auftritt. Die stärksten Veränderungen ergeben sich in Richtung LG (Landgewinn), in der das Auftauchen mit Aufbauprozessen zum raschen Vorrücken der Küste führt, und in Richtung LV (Landverlust), in der Erosion mit dem Untertauchen verbunden ist und zum schnellen Zurückweichen führt. Hohe Erosionsraten können zur Zerstörung einer auftauchenden Küste führen (X) und hohe Depositionsraten können zum Vorrücken einer Küste führen, die untertaucht (Y). Wird in dieses Modell die zeitliche Entwicklung des Systems integriert, kann die Genese einer individuellen Küstenregion oder eines Küstenabschnitts dargestellt werden. Wird eine Zeitachse in das Modell integriert, kann der Entwicklungspfad jeder Küste in Beziehung zu den vertikal und horizontal wirkenden Prozessen dargestellt werden (Bloom 1998).

Die vorgerückten und zurückgewichenen Küstenhaupttypen können in weitere Typen gegliedert werden, die durch organische oder anorganische Prozesse differenziert werden (◘ Tab. 17.4). Eine wichtige Gruppe bei den zurückgewichenen Küsten bilden die **Ingressionsküsten** als untergetauchte Küsten. Bei diesem Küstentyp ist das Meer in bereits existierende und litoral nicht oder nur wenig beeinflusste Reliefformen eingedrungen. Diese Situation war mit dem Ende der letzten Eiszeit gegeben, als der gegenüber heute über 100 m tiefer liegende Meeresspiegel anstieg und bis vor etwa 6000 Jahren sein heutiges Niveau erreichte. Dabei wurde das ehemals unter atmosphärischen Bedingungen geschaffene und nun geflutete Relief umgeformt. Derartige Küsten werden in Abhängigkeit von den ehemals reliefformenden Prozessen gegliedert. Dabei wurden ehemals glaziale und glazifluviale Systeme im

◘ Tab. 17.4 Klassifikation von Küstentypen und ihre verantwortlichen Prozesse (Valentin 1954; Kelletat 2013)

Küstenhaupttyp	Küstennebentyp	Bildungsprozess und Prozessmodifikation		Küstentyp
Vorgerückte Küste (Landgewinn)	Aufgetauchte Küste	Tektonisch		Meeresbodenküste Aufgetauchte Barren und Abrasionsplattformen
	Aufgebaute Küste	Organischer Aufbau		Mangrovenküste Seetangküste
			Zoogen	Korallenriffe
		Anorganischer Aufbau	Schwache Gezeitenwirkung	Haff- und Nehrungsküste, Dünenwallküste
			Starke Gezeitenwirkung	Wattküste, Priele, Nehrungsinseln, Ästuarküste
			Fluvial	Delta, Schwemmlandküste
			Vulkanogen	Vulkanische Küste (Lavazungen, Kraterinseln, Vulkankegel)
Zurückgewichene Küste (Landverlust)	Untergetauchte Küste (Ingressionsküste)	Tektonisch, strukturell		Bruch- und Verwerfungsküste Canaleküste
		Glazial und glazifluvial	Erosiv-gerichtet	Fjordküste, Schärenküste
			Erosiv-ungerichtet	Förden, Bodden, Schärenküste, Drumlinküste
			Akkumulativ	Oserküste, Moränenküste
		Fluvial		Canaleküste, Riaküste
		Äolisch		Deflationswannenküste, Dünentalküste
		Litoral		Untergetauchte ehemalige Küstenformen und -sedimente
		Gesteinslösung		Dolinenküste, Kegelkarstküste
		Flächenbildung		Pedimentküste, Rumpfflächenküste
	Zerstörte Küste	Anorganisch	Klifferosiv	Kliffküste, Abrasionsplattform
			Periglazial	Thermoabrasionsküste
			Glazial	Eiskliffküste
		Organisch		Bioerosionsküste

Abb. 17.29 Riaküste der Bucht von Kotor an der Adriaküste Montenegros. (Quelle: R. Dikau)

Festgestein zu **Fjord- und Schärenküsten.** Der Fjord ist ein ehemaliges glaziales Trogtal, während Schären glazigene Rundhöcker darstellen. In Lockergesteinen entwickelten sich ehemalige glaziale Zungenbecken zu **Bodden** und glazifluviale Rinnen zu **Förden.** Werden ehemalige Akkumulationsformen geflutet, liegen Os-, Drumlin- und Moränenküsten vor. Bei untergetauchten Flussunterläufen entsteht eine **Riaküste** (Abb. 17.29). Werden strukturgeomorphologisch begründete Reliefformen geflutet, entstehen längsgestreckte schmale Inselgruppen, die als **Canaleküste** bezeichnet werden. Da auch hier fluviale Prozesse an der Küstenbildung beteiligt waren, wird diese Gruppe sowohl den strukturellen als auch den fluvialen Prozessen zugeordnet.

Andere Ingressionsküsten finden sich im Bereich der überfluteten äolischen Prozessregionen (Deflationswannen, Dünentalküste), der Lösungsprozesse (Dolinen- und Kegelkarstküste) und der Flächenbildung (Pedimentküste, Rumpfflächenküste). Küstenprozesse in periglazialen Regionen umfassen eine beträchtliche Spannbreite. Auf der Nordhemisphäre sind davon besonders die Nordküsten Russlands, Grönlands und Nordamerikas betroffen. Wenn Küsten aus Lockergesteinen aufgebaut sind und Permafrost enthalten, kann durch Wellenprozesse der exponierte Eiskörper schnell schmelzen und unterschnitten werden. Dabei entstehen **thermoabrasive Brandungshohlkehlen** sowie **rückschreitende Rotationsrutschungen** und Kippprozesse. Thermoabrasionsprozesse entwickeln sich somit durch eine Kopplung von mechanischer Erosion und Eisschmelze.

In der zeitlichen Entwicklung führen daher transgressive (steigender Meeresspiegel) und regressive (sinkender Meeresspiegel) Veränderungen des Meeresspiegels sowie konstante Meeresspiegel zu **Umformungen** des vorherrschenden Küstentyps. Ein Beispiel ist in Abb. 17.30 dargestellt, in der sich die relative Bedeutung der fluvial-, wellen- und gezeitendominierten Prozesse eines Ästuarsystems in der Zeit verändern. Bei einer sehr großen Sedimentzufuhr in das ästuare System, z. B. durch Hochwasserereignisse mit hoher Sedimentfracht des fluvialen Systems, wird bei einem relativ konstanten Meeresspiegel eine aufbauende Küste entstehen. Das Ästuare wird verfüllt und zu einer ausschließlich wellen- oder gezeitendominanten Deltaküste mit Strandflächen, Watten und Marschen umgeformt. Bei einer Transgression des Meeresspiegels wird ein derartiges Küstensystem einen gegenläufigen Entwicklungspfad nehmen, der wieder zu einem reinen Ästuarsystem führt.

17.5 Erosionsraten und Sedimenthaushalt

Der Sedimenthaushalt eines Küstensystems beschreibt die Bilanz zwischen Sedimentzufuhr und -abtransport für einen definierten Abschnitt der Küstenlinie. Ein steigender Meeresspiegel führt überwiegend zu einem negativen Sedimenthaushalt, d. h., dass die Küste Sediment verliert, während eine regressive Meeresspiegelveränderung zu einem positiven Sedimenthaushalt beiträgt (Tab. 17.5).

Der Sedimenthaushalt von Küsten kann durch einzelne Wetterereignisse nachhaltig verändert werden. Energiereiche Sturmfluten und tropische Zyklone können zu starken Erhöhungen der Wasserstände und Wellenergien führen, die in wenigen Stunden zu hohen Sedimentverlusten des Küstensystems führen. Weitere Ursachen eines negativen Sedimenthaushaltes von Nehrungsküsten bestehen in wasserbaulichen Veränderungen in den Einzugsgebieten der Flüsse durch den Staudammbau. Staudämme wirken nicht nur als Rückhalte- und Regulierungsbecken für das Flusswasser. Sie bilden Sedimentfallen, die dem Fluss das fluviale Sediment entziehen, das im Staubecken deponiert wird. Auf seinem Weg zum Ozean führt die Sedimentarmut nicht nur zur Erosion des fluvialen Gerinnes. Erreicht der Fluss die Küste, wird seine geringere Sedimentfracht zu einer negativen Sedimentbilanz des litoralen Systems führen und zu einer verstärkten Küstenerosion beitragen können. Erosionsraten bis zu $10\ \mathrm{m\,a^{-1}}$ an der Front von Flussdeltas sind keine Seltenheit.

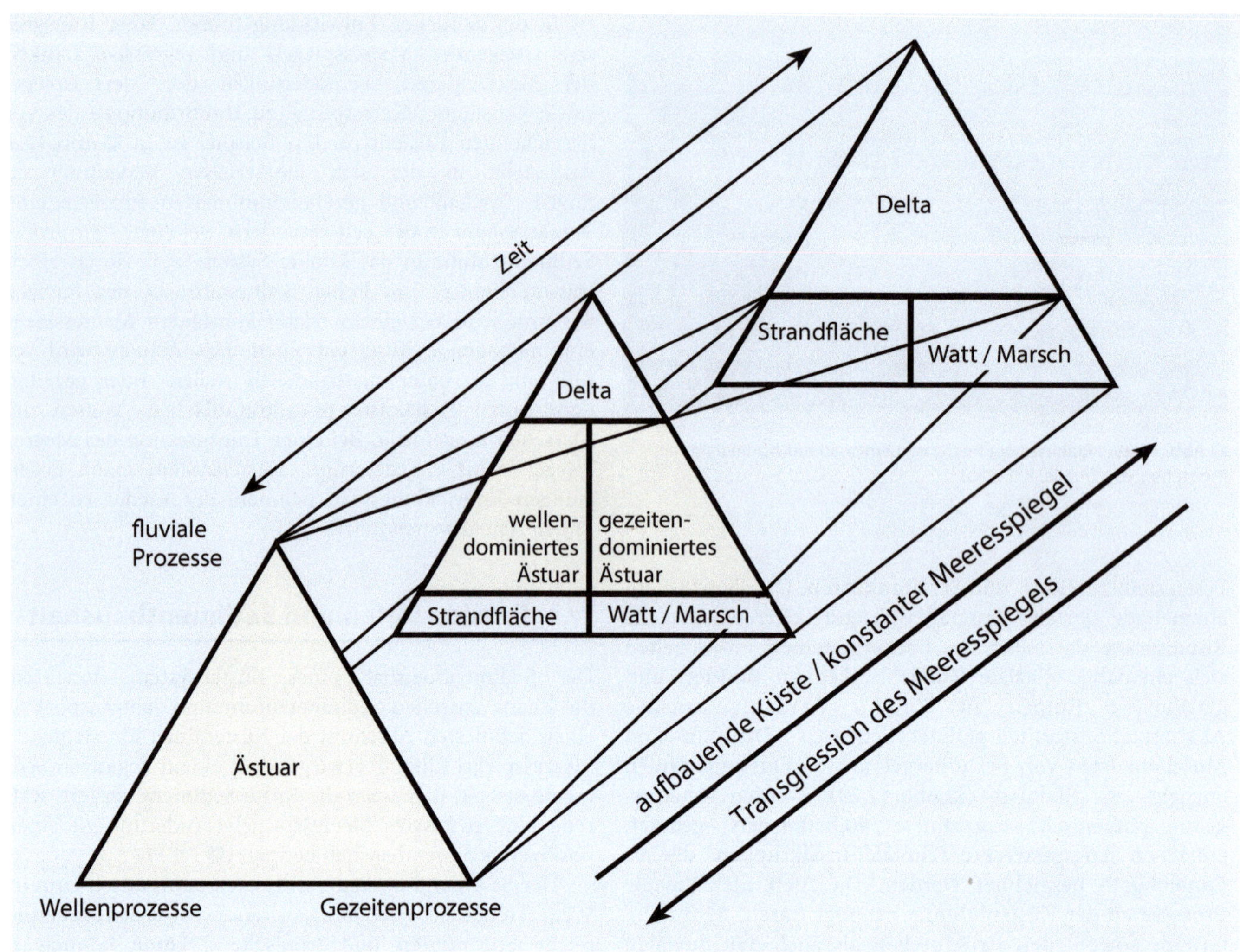

Abb. 17.30 Zeitliche Entwicklungspfade von Küstensystemen aus Lockergesteinen in Bezug auf die Dominanz von fluvialen Prozessen, Wellenprozessen und Gezeitenprozessen. Dargestellt wird eine sich aufbauende Küste bei relativ konstantem Meeresspiegel und eine zurückweichende Küste durch die Transgression des Meeresspiegels. (Verändert nach Dalrymple et al. 1992, Abdruck mit Genehmigung von SEPM Society for Sedimentary Geology)

17

Tab. 17.5 Empirisch ermittelte Raten unterschiedlicher Küstenprozesse. (Nach verschiedenen Autoren)

Dominanter Prozess	Region	Erosionsrate
Thermoabrasion	Nordalaska Nordwestkanada	2–4 m a^{-1} 43 m seit 1912 1–2 km im Holozän
	Nordsibirien	4–6 m a^{-1}
Eisklifferosion durch Kalbung	Antarktis	1 km a^{-1}
Strandhakenwachstum	Nordengland	6 km seit 1530
Deltawachstum oder -erosion	China	10 m a^{-1}
Deltaerosion durch Dammbau im Landesinneren	Nildelta nach 1962	Bis zu 120 m a^{-1}
Standerosion durch hohe Wellen von Hurrikans	Atlantische Küsten der USA	Durchschnittlich 0,8 m a^{-1}
	Golfküste	Durchschnittlich 1,8 m a^{-1}
Klifferosion	England (kristallines Gestein)	0 m in 100 a

Fazit

Die Küstenzonen der Erde sind bevorzugte Siedlungsgebiete. Schon heute lebt die Hälfte der Weltbevölkerung in einem 100 km breiten Küstensaum. Die Folgen der tropischen Zyklone in Asien und Nordamerika oder Tsunamifolgen zeugen von den hohen bis extremen Gefahren und Risiken dieser Systeme (Carter 1995). Unter geomorphologischen Gesichtspunkten bilden Küsten die Kopplung zwischen terrestrischen und marinen Systemen, deren Mechanismus verstanden werden muss, um Küstenaufbau- und -abbauprozesse prognostizieren zu können. Da in Küstensystemen unterschiedliche Prozesstypen auftreten und raumzeitlich variable Bedingungen der Erosion, des Transportes und der Deposition der Fest- und Lockergesteine vorliegen, bildet die Küstengeomorphologie ein wissenschaftliches Erkenntnisgebiet mit anspruchsvollen Problemstellungen. Dazu zählen seit Mitte des 20. Jahrhunderts wasserbauliche Eingriffe in die Flusssysteme, die mit Sedimentrückhalt und -verarmung verbunden sind. Sie bewirken Fernwirkungen auf die Küsten, die für negative Sedimentbilanzen verantwortlich sind und küstenerosive Prozesse beschleunigen.

Weiterführende Literatur

Bird E (2008) Coastal geomorphology, 2. Aufl. Wiley, Chichester

Carter RW (1995) Coastal environments: an introduction to the physical, ecological and cultural systems of coastlines. Academic Press, San Diego

Davidson-Arnott R (2010) Introduction to coastal processes and geomorphology. Cambridge University Press, Cambridge

Davies JL (1980) Geographical variation in coastal development. Longman, Harlow

Davis R Jr, Fitzgerald D (2004) Beaches and coasts. Blackwell, Oxford

Galloway WE (1975) Process framework for describing the morphologic and stratigraphic evolution of deltaic deposition systems. In: Broussard ML (Hrsg) Deltas, models for exploration. Houston Geol Soc, Houston, S 87–98

Kelletat D (2013) Physische Geographie der Meere und Küsten, 3. Aufl. Gebrüder Borntraeger, Stuttgart

Komar PD (1998) Beach processes and sedimentation. Prentice Hall, Upper Saddle River

Masselink G, Hughes MG, Knight J (2011) Introduction to coastal processes and geomorphology, 2. Aufl. Hodder, London

Valentin H (1954) Die Küsten der Erde. Beiträge zur allgemeinen und regionalen Küstenmorphologie. Pet Geogr Mitt Ergänzungsheft, vol 246. Perthes, Gotha

Biogeomorphologie

R. Dikau et al., *Geomorphologie,* https://doi.org/10.1007/978-3-662-59402-5_18

18.1 Ziel und Gegenstand der Biogeomorphologie

Die Biogeomorphologie ist eine Disziplin an der Schnittstelle von Geomorphologie, Biologie und Ökologie (■ Abb. 18.1). Sie untersucht Rückkopplungen zwischen geomorphologischen Prozessen und Formen auf der einen und Lebewesen sowie ökologischen und evolutionären Prozessen auf der anderen Seite (Corenblit et al. 2011; Coombes 2016).

Erste Überlegungen zu Interaktionen zwischen geomorphologischen Prozessen und Lebewesen erfolgten bereits im 17. und 18. Jahrhundert durch Charles Darwin (1769–1859) und Alexander von Humboldt (1808–1882) (■ Abb. 18.2). Darwin untersuchte den Einfluss von Regenwürmern auf den Boden und die von ihnen geschaffenen picoskaligen geomorphologischen Formen. Weitere biogeomorphologische Pionierforschung folgte am Ende des 19. und Anfang des 20. Jahrhunderts durch Grove Karl Gilbert (1877), der untersuchte, wie die Vegetation die Erosion durch hangaquatische Prozesse abschwächt. Weitere Studien wurden von Henry Chandler Cowles (1899, 1901) zur gemeinsamen Entwicklung von Vegetation und geomorphologischen Formen, z. B. Sanddünen, vorgelegt. Im Jahre 1935 wurde von Arthur Tansley der Begriff Ökosystem eingeführt, welcher die Gesamtheit aller Organismen, ihrer Umwelt und die Interaktionen zwischen Organismen und ihrer Umwelt in einem System beschreibt. In den folgenden Jahrzehnten kam es durch die Schärfung der Disziplingrenzen in den Naturwissenschaften und dem Paradigmenwechsel hin zur Quantifizierung von geomorphologischen und ökologischen Prozessen zu einem Interessensverlust an Interaktionen zwischen Lebewesen und ihrer Umwelt, insbesondere geomorphologischen Prozessen. In der Geomorphologie wurde ab den

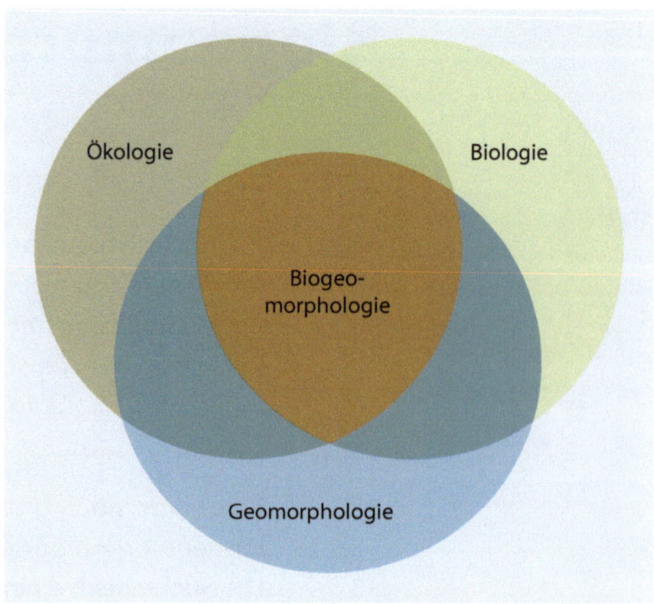

■ **Abb. 18.1** Biogeomorphologie als Disziplin an der Schnittstelle von Geomorphologie, Biologie und Ökologie

18

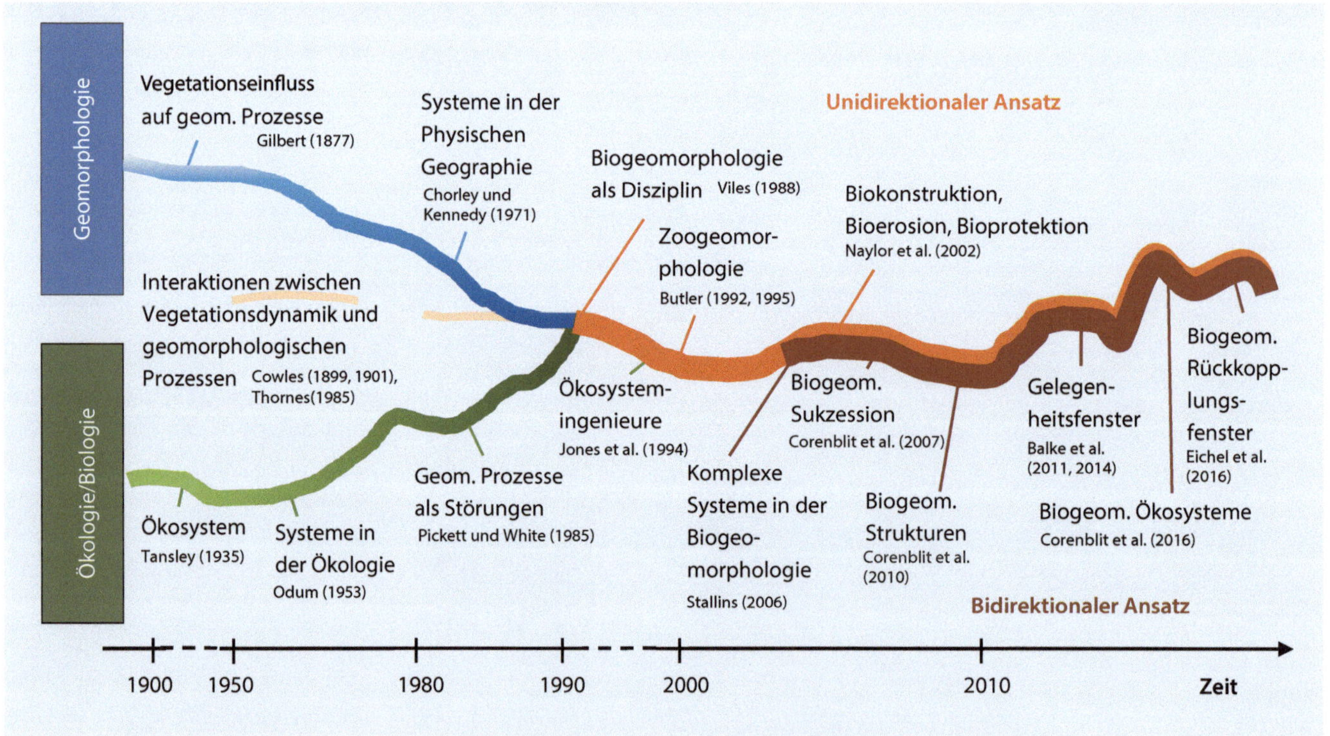

■ **Abb. 18.2** Darstellung der Entwicklung der Disziplin Biogeomorphologie aus der Geomorphologie, Ökologie und Biologie. Die zugrunde liegenden Konzepte entwickelten sich von einem unidirektionalen zu einem aktuellen bidirektionalen Ansatz

1950er-Jahren zunehmend an der Quantifizierung von geomorphologischen Prozessen auf kleinen Skalen gearbeitet, während sich die Ökologie vor allem mit der Zusammensetzung von Pflanzengemeinschaften und der Quantifizierung der Ökosystemdynamik beschäftigte. Wenn in den folgenden Jahrzehnten geomorphologische Prozesse in der Ökologie bzw. ökologische Prozesse in der Geomorphologie betrachtet wurden, dann erfolgte dies vor allem in eine spezielle Richtung. In der Ökologie wurden geomorphologische Prozesse v. a. als Störungen der biotischen Prozesse angesehen (Pickett und White 1985), während in der Geomorphologie die Einflüsse von Organismen auf geomorphologische Prozesse untersucht wurden (Thornes 1985). Gleichzeitig wurden sowohl in der Ökologie (Odum 1953) als auch in der physischen Geographie und Geomorphologie (Chorley und Kennedy 1971), systemische Ansätze von Tansley (1935) und Bertalanffy (1950) aufgegriffen (► Kap. 3) und damit wichtige Grundlagen für die sich entwickelnde systemische Biogeomorphologie gelegt.

Im Jahre 1988 wurde in der Publikation *Biogeomorphology* durch die englische Geomorphologin Heather Viles die Biogeomorphologie als Disziplin vorgestellt und eingeführt. Sie definiert Biogeomorphologie als „Ansatz der Geomorphologie, der die Rolle von Organismen berücksichtigt" (Viles 1988, S. 1). In den späten 1980er- und 1990er-Jahren folgten Studien zum Einfluss von Organismen auf geomorphologische Prozesse. Es wurde untersucht, wie Algenmatten und Seegras an Küsten Sedimente stabilisieren und Organismen die Lösungsverwitterung in Karstgebieten verstärken können (Viles 1988). Die gegenseitige Beeinflussung des biologischen und des geomorphologischen Systems wurde in dieser Phase der Disziplinentwicklung als einseitig gerichtet (unidirektional) betrachtet, d. h., dass nur Einflüsse von Organismen auf das geomorphologische System berücksichtigt wurden. Gleichzeitig wurde die Disziplin der Zoogeomorphologie als Teildisziplin der Biogeomorphologie eingeführt (Butler 1995). Sie beschäftigt sich mit dem Einfluss von Tieren auf geomorphologische Prozesse. Der allgemeine Einfluss von Organismen auf geomorphologische Prozesse wurde schließlich von Naylor et al. (2002) in drei Prozesse unterschieden:

- **Biokonstruktion:** Die Schaffung von geomorphologischen Formen durch Organismen, z. B. Korallenriffe.
- **Bioerosion:** Der biologische Beitrag zu Abtragungsprozessen, z. B. der Zersatz von Festgestein durch Organismen, z. B. Seepocken.
- **Bioprotektion:** Die Verringerung von Abtragungsprozessen durch Organismen, z. B. der Schutz von Gesteinsoberflächen durch Flechten, welche Temperaturschwankungen puffern.

Anfang der Jahrtausendwende wurden wechselseitige Rückkopplungen und ökologische Konzepte in die systemischen Ansätze der Biogeomorphologie integriert (Stallins 2006), sodass nun auch **bidirektionale Ansätze** verfolgt wurden (Corenblit et al. 2011) (◘ Abb. 18.2). Dadurch wurde es möglich, die gegenseitige Beeinflussung zwischen geomorphologischen Prozessen und Formen und Organismen sowie ökologischen Prozessen zu beschreiben. Im letzten Jahrzehnt wurde ein starker Fokus auf die konzeptionelle Entwicklung gelegt, um biogeomorphologische Prozesse und Formen in Raum und Zeit zu beschreiben und zu kategorisieren (◘ Tab. 18.1). Es wurden neue Ansätze, Systemkategorien und Begriffe eingeführt, die erforderlich sind, um die Charakteristika von biogeomorphologischen Prozessen auf verschiedenen Raum- und Zeitskalen beschreiben zu können. Dazu zählen:

- Das Wirken von spezifischen Tier- und Pflanzenarten, die als **Ökosystemingenieure** bezeichnet werden, in kurzer Zeitskale (Tage bis Jahrzehnte) und kleiner Raumskale (cm^2 bis m^2),
- **Gelegenheits- und Rückkopplungsfenster,** in denen sich Ökosystemingenieure etablieren und wirken können, die auf einer mittleren Zeitskale (Jahre bis Jahrzehnte) und in einer mittelgroßen Raumskale (m^2 bis ha) anzusiedeln sind und
- **Biogeomorphologische Sukzessionen,** die geomorphologische und ökologische Entwicklungen auf einer längeren Zeitskale (Jahrzehnte bis Jahrhunderte) und in einer größeren Raumskale (ha bis km^2) verknüpfen.

Biogeomorphologische Prozesse schaffen auf verschiedenen Raum- und Zeitskalen biogeomorphologische Strukturen und Formen. Dazu zählen:

- **Biogeomorphologische Strukturen** in Pico- bis Mikroskale (cm^2 bis ha),
- **biogeomorphologische Formengesellschaften** in Mesoskale (ha bis km^2) durch Kopplung von biogeomorphologischen Prozessen und Strukturen auf kleineren Raum- und Zeitskalen und
- **biogeomorphologische Ökosysteme**, wie Flüsse und Küsten, die höherskalige Systeme mit speziellen biogeomorphologischen Formen und Prozessen bilden.

In der biogeomorphologischen Disziplin hat die „Arbeit am Begriff" bisher ausschließlich in der englischen Sprache stattgefunden. In diesem Lehrbuch wird erstmals der Versuch unternommen, ein konsistentes deutsches Begriffssystem zu schaffen. Es ist mit den deutschen Begrifflichkeiten und Kategorien der systemischen Geomorphologie kompatibel. Um das Studium der englischsprachigen Fachliteratur zu erleichtern, werden zentrale Begriffe in beiden Sprachen aufgeführt. Der Fokus in diesem Kapitel liegt auf biogeomorphologischen Rückkopplungen zwischen Pflanzen und geomorphologischen Prozessen, für eine detaillierte Beschreibung der Zoogeomorphologie wird auf Butler (1995) und Coombes (2016) verwiesen.

18.2 Biogeomorphologische Prozesse

Biogeomorphologische Prozesse sind empirisch beobachtbare Prozesse in der Relief- und Biosphäre, welche aus Rückkopplungen zwischen geomorphologischen Prozessen,

Tab. 18.1 Zentrale Konzepte der Biogeomorphologie, welche in Verbindung mit biogeomorphologischen Prozessen, biogeomorphologischen Strukturen und Formen und biogeomorphologischen Ökosystemen stehen

Biogeomorphologische Phänomene	Erläuterung
Biogeomorphologischer Prozess	
Ökosystemingenieur *(ecosystem engineer)* (Jones et al. 1994)	Bestimmte Organismen (Ökosystemingenieure) können ihre Umwelt, insbesondere geomorphologische Prozesse, Formen und Materialeigenschaften, wesentlich verändern (biogeomorphologische Ingenieurtätigkeit) und dadurch Lebensräume für sich und andere Arten schaffen, verändern und erhalten
Response-, Effekt- und Rückkopplungseigenschaften von Pflanzen *(response, effect and feedback traits)* (Violle et al. 2007; Corenblit et al. 2015)	Um als Ökosystemingenieure wirken zu können, müssen Pflanzenarten Eigenschaften besitzen, durch welche sie (1) trotz aktiver geomorphologischer Prozesse einen Lebensraum dauerhaft besiedeln können (Response-Eigenschaften), (2) die auftretenden geomorphologischen Prozesse, Formen und Materialeigenschaften beeinflussen können (Effekteigenschaften) und (3) auf die durch ihren eigenen Einfluss hervorgerufenen Veränderungen reagieren können (Rückkopplungseigenschaften)
Gelegenheitsfenster (*Windows of Opportunity*, WoO) (Balke et al. 2014)	In geomorphologisch aktiven Lebensräumen benötigen Pionierpflanzen Zeitfenster mit geringerer oder fehlender geomorphologischer Aktivität (störungsfreie Periode), um sich erfolgreich an einer bestimmten Lokalität anzusiedeln. Ist diese Ansiedlung erfolgreich, kann sich das System dauerhaft von einem unbewachsenen zu einem bewachsenen Zustand ändern
Biogeomorphologisches Rückkopplungsfenster *(biogeomorphic feedback window)* (Eichel et al. 2016)	Biogeomorphologische Rückkopplungen treten unter bestimmten Bedingungen auf. Diese hängen vom Verhältnis zwischen der Frequenz und Magnitude der auftretenden geomorphologischen Prozesse und den Eigenschaften der Pflanzenarten an einer bestimmten Lokalität ab
Biogeomorphologische Sukzession *(biogeomorphic succession)* (Corenblit et al. 2007, 2009)	Die biogeomorphologische Sukzession beschreibt die gemeinsame Entwicklung von geomorphologischen Prozessen und Formen mit der Artenzusammensetzung in der Zeitskale von Jahrzehnten bis Jahrhunderten. Durch biogeomorphologische Rückkopplungen nimmt die Effektivität von geomorphologischen Prozessen ab, bis schließlich biotische Prozesse dominieren
Biogeomorphologische Form	
Biogeomorphologische Strukturen *(biogeomorphic structures)* (Corenblit et al. 2010)	Ökosystemingenieur-Prozesse können Formelemente erzeugen. Reliefformen setzen sich aus Formelementen zusammen. Diese Reliefformen werden als biogeomorphologische Strukturen bezeichnet und besitzen charakteristische geomorphologische und ökologische Eigenschaften, z. B. eine spezifische Geomorphometrie und Artenzusammensetzung
Biogeomorphologische Formengesellschaft *(biogeomorphic landform pattern)* (Corenblit und Steiger 2009)	Höherskalige, zusammenhängende Muster von geomorphologischen Formen, die durch kumulative Veränderungen von Erosions-, Transport- und Depositionsprozessen im Rahmen von Ökosystemingenieurtätigkeiten durch biogeomorphologische Rückkopplungen entstanden sind
Biogeomorphologisches Ökosystem	
Biogeomorphologisches Ökosystem *(biogeomorphic ecosystem)* (Corenblit et al. 2015)	Ökosysteme, die durch hohe geomorphologische Instabilität und Aktivität gekennzeichnet sind und deren geomorphologische und ökologische Struktur und Funktion wesentlich durch biogeomorphologische Rückkopplungen bestimmt wird

z. B. Wasserflüssen, und biologischen Prozessen, z. B. Wurzelwachstum, resultieren. Biogeomorphologische Prozesse werden durch Ökosystemingenieure ermöglicht, welche sich nur unter bestimmten Umweltbedingungen ansiedeln können. Damit treten biogeomorphologische Prozesse unter spezifischen Gegebenheiten auf und verändern sich in Zeit und Raum im Rahmen einer **biogeomorphologischen Sukzession**. Biogeomorphologische Prozesse wurden bisher insbesondere in Flüssen und Talauen, an Küsten und auf Küstendünen und auf Hängen von Lateralmoränen beobachtet.

18.2.1 Ökosystemingenieure

Die Beeinflussung von geomorphologischen Prozessen und Formen durch Pflanzen und Tiere ist ein globales Phänomen (Corenblit et al. 2011; Coombes 2016). In Flüssen und Talauen erhöhen Pflanzen die Oberflächenrauigkeit, verringern die Fließgeschwindigkeit und bewirken die Deposition von Sedimenten (Gurnell 2014). Flusskrebse erhöhen den Austrag von Feinsedimenten aus Flussbetten und Uferbereichen von Fließgewässern (Statzner et al. 2000), an Küsten erhöhen Pflanzen die Depositionsmengen von Sedimenten, z. B. durch die Verringerung der Windgeschwindigkeit im Lee von Dünen (▶ Kap. 13). An Felsküsten zersetzen Bakterien, Algen und Seegurken durch biochemische Prozesse das von ihnen besiedelte Gestein und führen zur Bioerosion. An Hängen beeinflussen Pflanzen durch eine Veränderung der kinetischen Energie des Niederschlags und die Erhöhung der Oberflächenrauigkeit hangaquatische und bodenerosive Prozesse. Grabende Tiere, wie Dachse oder Murmeltiere, destabilisieren Hänge durch Bioturbation und können zu einem erhöhten Sedimentaustrag führen (Coombes 2016). Auch durch Windwurf entwurzelte Bäume können den Materialtransport an Hängen deutlich erhöhen (Pawlik 2013). Der Einfluss von Lebewesen auf geomorphologische Prozesse kann somit nicht ignoriert werden. Eine Zusammenfassung zum Einfluss verschiedener Lebewesen auf geomorphologische Prozesse hat Coombes (2016) erstellt.

Die biogeomorphologische Forschung hat gezeigt, dass bestimmte Tier- und Pflanzenarten einen signifikant stärkeren Einfluss auf geomorphologische Prozesse ausüben als andere Arten. Sie werden als Ökosystemingenieure *(ecosystem engineers)* bezeichnet (Jones et al. 1994). Durch ihre Einflussnahme auf die Art und Rate der geomorphologischen Prozesse an ihrem Wuchsort schaffen sich Ökosystemingenieurarten eine für sich passendere Umgebung, die beispielsweise stabiler, reicher an Feinsediment oder feuchter ist. Der Einfluss von Ökosystemingenieuren beschränkt sich jedoch nicht nur auf geomorphologische Prozesse, sie verändern auch die Verfügbarkeit von Ressourcen, z. B. Nährstoffen, für sich selbst und andere Arten. Ingenieurarten steuern dadurch die Artenzusammensetzung und Ökosystemfunktionen. Dieser Veränderungsprozess wird als **biogeomorphologische Ökosystemingenieurtätigkeit** bezeichnet. Der Biber ist ein bekanntes Beispiel für einen tierischen Ökosystemingenieur in Flusssystemen, der durch das Aufstauen von Fließgewässern zu Seen neue Lebensräume für sich und andere Organismen schafft (Polvi und Wohl 2011).

Pflanzenarten, die als Ökosystemingenieure auf ihre Umwelt einwirken, weisen spezielle funktionelle Eigenschaften *(plant functional traits)* auf. Diese beschreiben die morphologischen, physiologischen und phänologischen Merkmale einer Pflanze, welche es ihr ermöglichen zu überleben, sich zu etablieren und zu vermehren (Violle et al. 2007). **Funktionelle Pflanzeneigenschaften** können in Bezug zur gesamten Pflanze stehen, z. B. zu ihrer Wuchsform und ihrer Fortpflanzung (◻ Abb. 18.3).

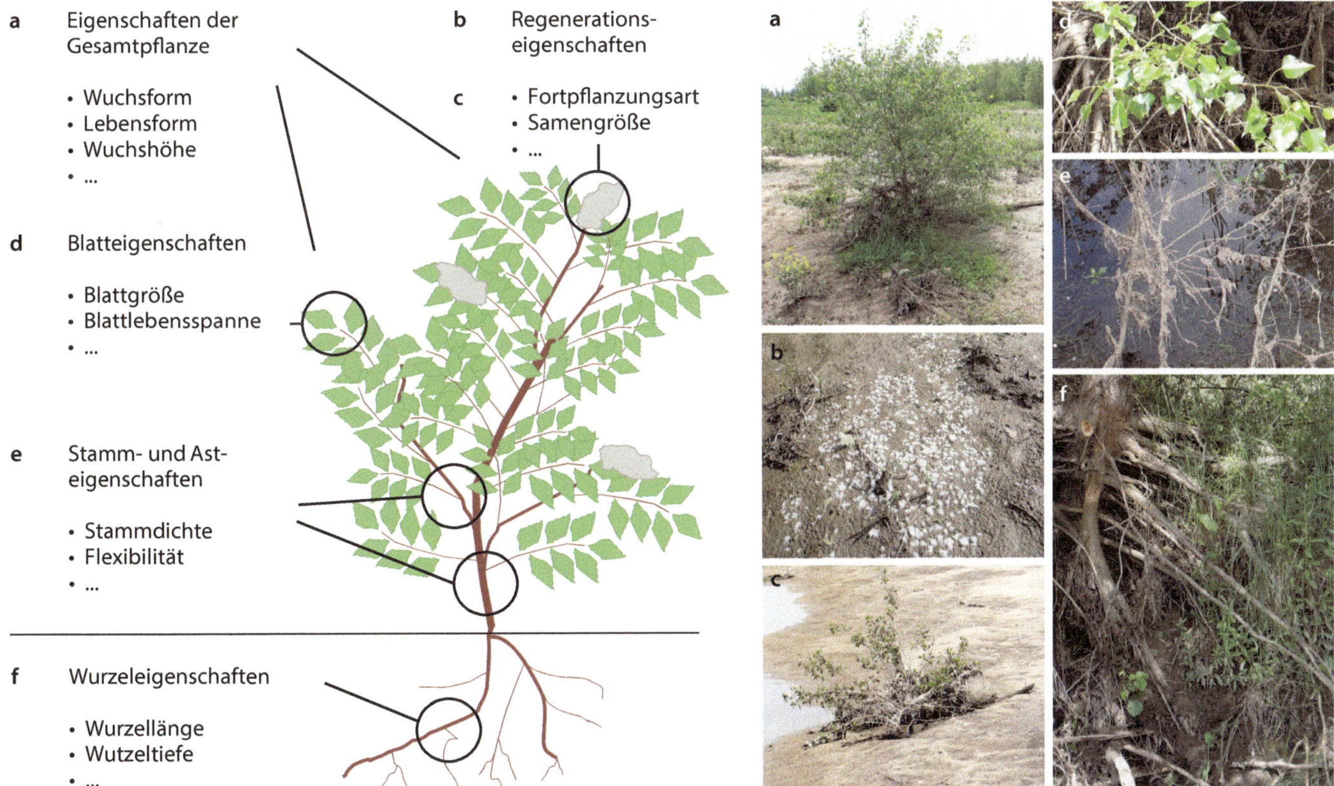

◻ **Abb. 18.3** Überblick über funktionelle Pflanzeneigenschaften am Beispiel der Schwarzpappel (*Populus nigra* L.). **a** Eigenschaften der Gesamtpflanze, z. B. die Wuchsform als Strauch in jungem Alter. **b** Regenerationseigenschaften, wie die Verbreitung der Samen durch Wind und Wasser. **c** Regeneration der Schwarzpappel aus Pflanzenfragmenten. **d** Blatteigenschaften, wie rautenförmige bis dreieckige, lang zugespitzte Blätter. **e** Stamm- und Asteigenschaften, wie flexible Zweige. **f** Wurzeleigenschaften, wie lange Wurzeln, die auch mit Wurzeln anderer Schwarzpappelindividuen verwachsen können. (Quelle: J. Eichel)

Spezielle funktionelle Pflanzeneigenschaften, die eine biogeomorphologische Ökosystemingenieurtätigkeit ermöglichen, können in drei Typen eingeteilt werden (Corenblit et al. 2015):

- Response-Eigenschaften *(response traits)*,
- Effekteigenschaften *(effect traits)* und
- Rückkopplungseigenschaften *(feedback traits)*.

Response-Eigenschaften ermöglichen es dem Ökosystemingenieur, trotz aktiver geomorphologischer Prozesse einen bestimmten Ort dauerhaft besiedeln zu können und auf die Einwirkungen von geomorphologischen Prozessen, z. B. fluvialer Erosion, zu reagieren. Bei der Schwarzpappel (*Populus nigra* L.), einer Ökosystemingenieurart an Flüssen, werden diese Response-Eigenschaften von bestimmten Regenerationseigenschaften gebildet. Dazu zählen beispielsweise zahlreiche und sehr kleine, schwimmfähige Samen, die durch Wind und Wasser transportiert werden können und schnell keimen (◘ Abb. 18.3b). Zusätzlich ist es den Schwarzpappeln auch möglich, sich vegetativ zu vermehren. Einzelne Sprossteile (z. B. Äste), die beispielsweise bei einem Hochwasser oder Sturmereignis abgebrochen sind, können wieder austreiben und dadurch schnell neue Wuchsorte besiedeln (◘ Abb. 18.3c). Zusätzlich bilden Schwarzpappeln, wie andere Arten der Weichholzaue, elastischeres Holz als andere Baumarten aus, wodurch ins Flusswasser ragende Äste Zugkräfte höherer Fließgeschwindigkeiten ohne einen spröden Bruch überstehen (◘ Abb. 18.3e).

Effekteigenschaften sind funktionelle Pflanzeneigenschaften, durch die Ökosystemingenieure geomorphologische Prozesse und Formen beeinflussen können. Bei der Schwarzpappel sind dies dichter Ast- und Blattwuchs, in denen sich organisches und mineralisches Material sammeln kann (◘ Abb. 18.3a, d, e). Außerdem kann die Schwarzpappel lange Wurzeln ausbilden, die mit den Wurzeln anderer Schwarzpappelindividuen verwachsen können. Schwarzpappelwurzeln erhöhen die Scherfestigkeit des Gerinnebettmaterials und verringern damit die fluviale Erosion (◘ Abb. 18.3f).

Unter **Rückkopplungseigenschaften** werden funktionelle Pflanzeneigenschaften verstanden, die es dem Ökosystemingenieur ermöglichen, auf die von ihm hervorgerufenen Veränderungen zu reagieren. Dadurch kann er in seiner veränderten Umwelt überleben. Die Schwarzpappel kann ihr Wurzelwachstum im Verlauf ihres Lebens anpassen. Neue Wuchsorte entstehen im Uferbereich von Fließgewässern oft nach Hochwasser, im Gerinnebett bei Niedrigwasser oder bei episodischer Wasserführung. In verwilderten Gewässern können neu entstandene Sedimentbänke eine Chance für die Ansiedlung von Pflanzen bieten, auf denen die Konkurrenz noch nicht etabliert ist. Für die erfolgreiche Ansiedlung der Schwarzpappel im oder am Gerinnebett werden tiefreichende Wurzeln zur Verankerung benötigt. Hält die Pappel gegenüber der Dynamik des fließenden Wassers stand, werden ihr Stamm und ihre Äste lokal die Oberflächenrauigkeit erhöhen und die Fließgeschwindigkeit verringern. Ihre Wurzeln führen zur Ablagerung des im Fluid transportierten Sedimentes. Auf diese Weise kreiert die Pappel einen Ort, an dem die Transportkapazität des fließenden Wassers abnimmt und Akkumulation stattfinden kann. Der Spross der Pappel wird mit der Zeit verschüttet und die Einflüsse von Temperatur, Luftdruck, Einstrahlung, Flusswasser etc. werden für den nun verschütteten Stammteil verändert. Mit zunehmendem Alter bildet die Schwarzpappel deshalb Wurzeln direkt am Stamm (Adventivwurzeln), um das akkumulierte Sediment effektiv vor fluvialer Erosion zu schützen, sich darin zu verankern und das frische Material als Nährstoffquelle zu nutzen (Corenblit et al. 2014).

Für zahlreiche Pflanzeneigenschaften ist eine Zuordnung zu Response-, Effekt- oder Rückkopplungseigenschaften schwierig. Wurzeln mit einer hohen Zugfestigkeit ermöglichen den Pflanzen zwar die dauerhafte Ansiedlung in einem dynamischen Lebensraum, wie dem Flussbett. Gleichzeitig verändern sie durch eine Stabilisierung der Sedimente das Flussbett, sodass Sedimentbänke und -inseln entstehen können. Ökosystemingenieurarten benötigen **funktionelle Eigenschaften,** um in ihrer Umwelt bestehen und sie verändern zu können (Corenblit et al. 2015). Neben der Schwarzpappel sind Arten der Familie der Weidengewächse *(Salicacea)* und Igelkolben (*Sparganium erectum* L. s. l.) weitere Ökosystemingenieurarten in Flusssystemen, während Mangroven (*Avicennia*-Arten, *Rhizosphora*-Arten), Seegras (z. B. *Zostera marina* L.) und Schlickgräser (*Spartina*-Arten) Ökosystemingenieure an Küsten darstellen.

Ingenieurarten sind nicht immer an ihrer Größe oder Häufigkeit zu erkennen. In einem glazialen System der Alpen konnte an einer Lateralmoräne gezeigt werden, dass Ökosystemingenieure geomorphologische Systeme beeinflussen, indem ihre Effekteigenschaften die thermischen, chemischen, hydrologischen und mechanischen Material- und Oberflächeneigenschaften des Hanges verändern (Eichel et al. 2016, 2017). In diesem System bildet die **Silberwurz** (*Dryas octopetala* L.) die dominante Ökosystemingenieurart (◘ Abb. 18.4). Sie ist eine niederliegende Zwergstrauchart, die in alpinen und polaren Regionen auftritt. Der Einfluss dieser Art auf die Formeigenschaften des Moränenhangs ist mit den Ökosystemingenieurtätigkeiten anderer Arten in Flüssen, Talauen und an Küsten vergleichbar.

Die wichtigsten Effekteigenschaften der Silberwurz umfassen eine Mattenwuchsform, Wurzeln in Symbiose mit Mykorrhiza-Pilzen und eine mächtige organische Matte (◘ Abb. 18.4a). Am Hang erhöht die dichte Silberwurzmatte, welche von niederliegenden Zweigen und dichtstehenden Blättern gebildet wird, die Oberflächenrauigkeit und verringert die Fließgeschwindigkeit des Oberflächenabflusses (◘ Abb. 18.4b). Sedimente mit geringen Korngrößen (Feinboden) und organisches Material können in und unter der Silberwurzmatte akkumuliert werden. Durch diese Korngrößen werden die Eissegregation und die Entstehung von Eislinsen (► Kap. 15) im liegenden Lockergestein gefördert. Durch die Veränderung des inneren Reibungswinkels und der Kohäsion erhöhen die Wurzeln der Silberwurz und die

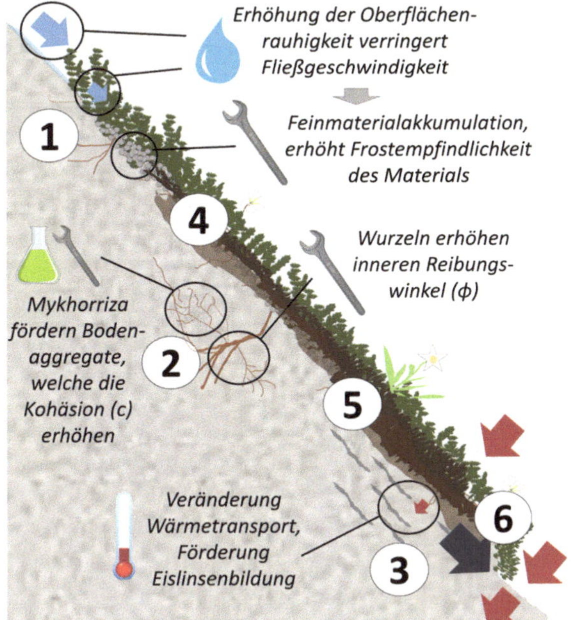

Abb. 18.4 Biogeomorphologische Ökosystemingenieurtätigkeit der Silberwurz (*Dryas octopetala* L.) an einem Lateralmoränenhang. **a** Effekteigenschaften der Silberwurz. **b** Einflüsse der Effekteigenschaften auf thermale, chemische, hydrologische und mechanische Material- und Oberflächeneigenschaften des Lateralmoränenhangs. **c** Ökologische und geomorphologische Auswirkungen der Ökosystemingenieurtätigkeit. (Quellen: J. Eichel, Fotos 1,2,4,5,6 und K. Eibisch, Foto 3)

mit den Feinwurzeln assoziierten Mykorrhiza-Pilze die Scherfestigkeit des Materials im Wurzelraum. Die mächtige organische Matte der Silberwurz, die aus akkumuliertem Feinboden und organischem Material gebildet wird, verändert zusätzlich den Wärmetransport in den Bodenkörper. Die Amplitude der Bodentemperatur wird reduziert, wodurch Eissegregation, die Bildung von Eislinsen und damit Prozesse des saisonalen Frostkriechens und der Gelifluktion gefördert werden. Saisonales Frostkriechen und Gelifluktion führen zu gebundenen Solifluktionsprozessen und Solifluktionsloben (Abb. 18.4c) (Eichel et al. 2017). Dadurch wird das ökologische und geomorphologische Umfeld des Ökosystemingenieurs verändert (Abb. 18.4c). Das Auftreten von hangaquatischen Prozessen, Nadeleiskriechen und des Frostkriechens im Tag-Nacht-Rhythmus wird unter der Silberwurzmatte verringert. Unter der Silberwurzmatte wird durch die Ansammlung von Sediment und organischem Material die Bodenbildung gefördert, sodass sich auf einem zunehmend nährstoffreicheren Boden weitere Pflanzenarten ansiedeln können.

Die Abfolge der Veränderungen, die der Ökosystemingenieur in seinem Umfeld hervorruft, kann als **Ökosystemingenieurprozess** beschrieben werden (Jones et al. 2010). Durch die biogeomorphologische Ökosystemingenieurtätigkeit werden zunächst strukturelle Veränderungen im System erzeugt. Dies kann z. B. die Veränderung der Geomorphometrie des Hanges, die Entstehung einer Geländestufe oberhalb der Pflanze oder die Bildung von Sedimentbänken in Flussgerinnen sein. Strukturelle Veränderungen stehen häufig in Verbindung mit abiotischen Veränderungen des Lebensraums, z. B. die Veränderung der Materialzusammensetzung oder der Bodentemperatur im Umfeld des Ökosystemingenieurs. Diese Veränderungen führen zu biotischen Anpassungen, wie die Ansiedlung neuer Pflanzenarten. Im Laufe der Zeit beeinflussen die durch den Ökosystemingenieur hervorgerufenen Veränderungen auch den Ökosystemingenieur selbst. Entweder kann er sich durch seine **Rückkopplungseigenschaften** an diese Veränderungen anpassen, oder er wird aus dem von ihm geschaffenen Lebensraum durch konkurrenzstärkere Arten ausgeschlossen. In sehr langen Zeitskalen könnte eine Systementwicklung daher derart abgelaufen sein, dass eine evolutionäre Anpassung zwischen den funktionellen Eigenschaften der Ökosystemarten und ihrer Umwelt stattgefunden hat. Damit haben die Veränderungen, die der Ökosystemingenieur in seiner Umwelt hervorgerufen hat, zu Anpassungen seiner Eigenschaften an den neuen Lebensraum geführt. Diese Anpassungen verändern den Lebensraum, sodass sich ein positiver Rückkopplungsmechanismus entwickeln konnte, der als positive Nischenkonstruktion *(positive niche construction)* bezeichnet wird (Odling-Smee et al. 2003).

18.2.2 Gelegenheitsfenster und biogeomorphologisches Rückkopplungsfenster

Eine zentrale Problemstellung der Biogeomorphologie besteht in der Frage, unter welchen geomorphologischen Bedingungen sich Pflanzen ansiedeln und ausreichend wachsen können, um Einfluss auf das geomorphologische System nehmen zu können. Geomorphologische Prozesse unterschiedlicher Frequenz und Magnitude wirken meist störend auf das Pflanzenwachstum. Störungen durch Überflutungen oder Sedimenttransporte, z. B. im Gezeitenbereich von Nehrungsküsten, auf Dünen, Hängen oder an Flussufern, können die Ansiedelung von Keimlingen verhindern und das System in einem vegetationsfreien Zustand fixieren. Um das System in einen bewachsenen Zustand mit stabilisierenden biogeomorphologischen Rückkopplungen zu versetzen, muss die Störungsstärke oder -frequenz unter den artspezifischen Schwellenwert sinken oder aussetzen. Diese störungsschwachen oder -freien Phasen werden als Gelegenheitsfenster *(Windows of Opportunity)* für die Pflanzenentwicklung bezeichnet (Balke et al. 2014). Die Bedingungen, unter denen nach erfolgreicher Ansiedlung und Wachstum biogeomorphologische Rückkopplungen stattfinden können, stellen ein biogeomorphologisches Rückkopplungsfenster *(biogeomorphic feedback window)* dar (Eichel et al. 2016).

Damit sich Ökosystemingenieurarten erfolgreich ansiedeln können, müssen ihre **Samen** verbreitet werden. Dies wird hauptsächlich durch Hochwasser, Küstenüberflutungen (hydrochore Ausbreitung) und den Wind (anemochore Ausbreitung) verursacht. Nach der Ablagerung der Samen sollten diese für eine längere Zeitdauer nicht mehr durch störende geomorphologische Prozesse bewegt werden, damit sie keimen und ausreichend lange Wurzeln ausbilden können, um folgenden Störungen zu widerstehen (Balke et al. 2011). Die benötigte Dauer des Gelegenheitsfensters wird durch die Stärke der folgenden Störung, die Wachstumseigenschaften der Art sowie die Umweltbedingungen, z. B. der Salzgehalt des Bodens, die Temperatur und die Wasserverfügbarkeit, gesteuert. Für Salzwiesen und Mangrovenarten an Gezeitenküsten wurde die Länge des benötigten Zeitraums auf bis zu fünf aufeinanderfolgende störungsfreie Tage geschätzt. An Flussufern, z. B. für Pappeln oder Weiden, wird ein wesentlich längerer störungsfreier Zeitraum von mehreren Jahren benötigt, da die Fließgeschwindigkeiten während eines Hochwassers deutlich stärker sind als an den Gezeitenküsten (Balke et al. 2014).

18

Unter welchen Bedingungen biogeomorphologische Rückkopplungen auftreten können, wurde durch Eichel et al. (2016) empirisch für Lateralmoränen ermittelt, indem die Frequenz und Magnitude der geomorphologischen Prozesse mit der Resistenz und Resilienz der Pflanzenarten in Beziehung gesetzt wurden (◘ Abb. 18.5). Die Resistenz einer Art hängt davon ab, welche Widerstandskräfte sie einer Störung entgegensetzen kann. Dazu zählt die Zugfestigkeit von Wurzeln bei Hangbewegungen oder die Zugfestigkeit und Elastizität des Pappelholzes. Die Resilienz einer Pflanzenart hängt von der Zeitspanne ab, die sie benötigt, um nach einer Störung den gleichen biologischen Vorstörungszustand zu erreichen, z. B. die gleiche Biomasse. Kann die durch die Störung verlorene Biomasse schnell nachwachsen, besitzt die Art eine hohe Resilienz. Benötigt sie in Relation zur Störungsfrequenz einen langen Zeitraum, weist die Art eine niedrige Resilienz auf.

Die Bedingungen, unter denen biogeomorphologische Rückkopplungen auftreten können, werden als biogeomorphologisches Rückkopplungsfenster bezeichnet (◘ Abb. 18.6). Es wird durch die Eigenschaften:
- der Frequenz und Magnitude der geomorphologischen Prozesse sowie
- der Resistenz und Resilienz der Ökosystemingenieurarten

beschrieben. Um diesen Systemzustand zu erreichen, muss ihr Wertespektrum spezielle Größen umfassen.

Auf Lateralmoränenhängen treten biogeomorphologische Rückkopplungen vor allem zwischen dem Ökosystemingenieur Silberwurz und Solifluktionsprozessen auf. Damit sich der Ökosystemingenieur erfolgreich ansiedeln kann (Ansiedlungsschwellenwert) (◘ Abb. 18.6), benötigt er ein Gelegenheitsfenster, z. B. eine ausreichend lange Zeitdauer zwischen zwei Murgängen. Hat sich die Pflanze ansiedeln können, muss sie ausreichend wachsen und ihre Effekteigenschaften ausreichend entwickeln, um geomorphologische Prozesse beeinflussen zu können. Für Lateralmoränen wurde gezeigt, dass der Ansiedlungsschwellenwert bei einem Bodendeckungsgrad der Pflanze von 35 % liegt (Eichel et al. 2016). Dieser Schwellenwert wird auch als **Ingenieurtätigkeitsschwellenwert** bezeichnet. Sind Frequenz oder Magnitude der geomorphologischen Prozesse zu hoch, können sich lediglich Arten ansiedeln, die sich schnell etablieren und nach Störungen schnell nachwachsen können. Diese Pionierarten besitzen eine hohe **Resilienz** (◘ Abb. 18.6a) und damit spezielle **Response-Eigenschaften,** um trotz aktiver geomorphologischer Prozesse einen Lebensraum besiedeln zu können. Am Lateralmoränenhang ist dies beim Alpen-Leinkraut (*Linaria alpina* (L.) Mill.) (◘ Abb. 18.6b) der Fall, das bei aktiven Prozessen wachsen kann. Diese Art wird als Schuttkriecher bezeichnet, der durch flexiblen Wuchs und das Wurzelnetz an Schuttbewegungen angepasst ist. Im Gegensatz dazu dominieren in Systemen ohne geomorphologische Prozesse Arten, die keine Widerstandsfähigkeit gegenüber geomorphologischen Störungen besitzen (geringe Resistenz) und sehr langsam wachsen (geringe Resilienz). Diese Arten sind häufig konkurrenzstärker als Ökosystemingenieure (◘ Abb. 18.6a). Auf Lateralmoränen sind dies z. B. die Europäische Lärche (*Larix decidua* Mill.) und Weidensträucher (*Salix* spp.) (◘ Abb. 18.6b), welche durch ihre größere Wuchshöhe den Lichteinfall auf die bodenbedeckende Vegetation stark einschränken, was die Silberwurz nicht toleriert. Bei Überschreiten eines damit verbundenen **Konkurrenzschwellenwertes** wird die

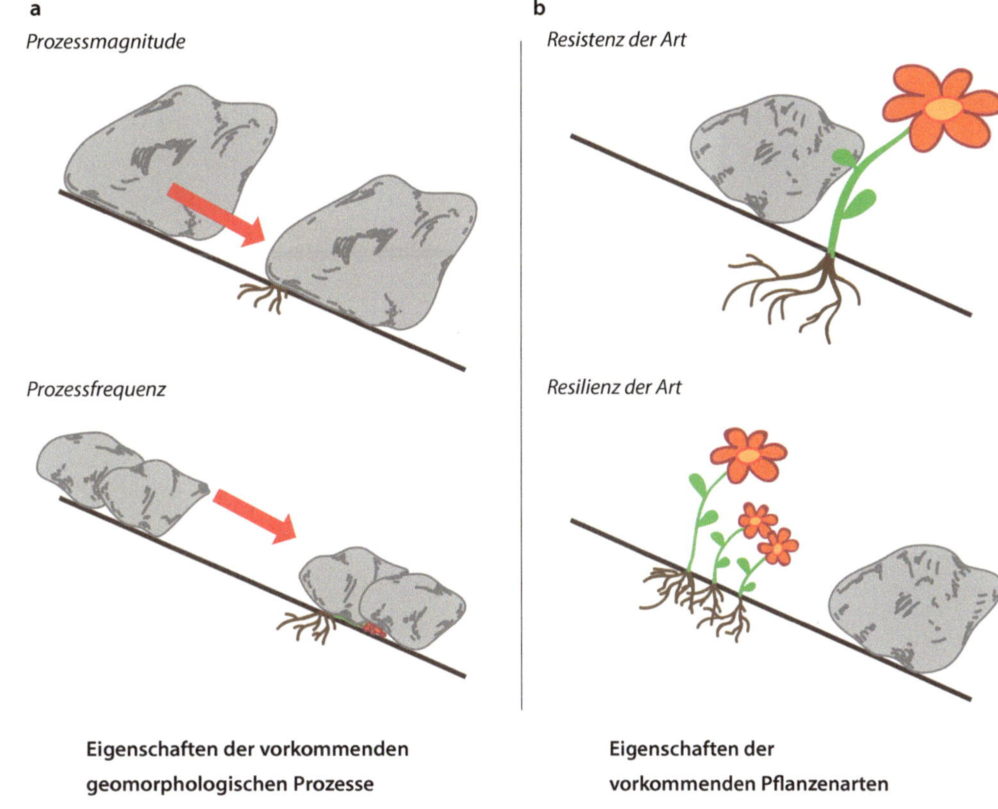

Abb. 18.5 Bedingungen für biogeomorphologische Rückkopplungen. Ob Rückkopplungen auftreten, hängt von der Beziehung zwischen **a** der Magnitude und Frequenz der geomorphologischen Prozesse (geomorphologisches Prozessregime) und **b** der Resistenz und Resilienz der Pflanzenarten ab

Silberwurz mit der Zeit verdrängt und kann nicht mehr als Ökosystemingenieur wirken (Abb. 18.6b). Somit treten in geomorphologisch wenig aktiven Systemen keine oder kaum biogeomorphologische Rückkopplungen auf.

Sowohl Gelegenheits- als auch Rückkopplungsfenster treten in Raum und Zeit variabel auf. Im Raum können sich Ökosystemingenieurarten häufig an Lokalitäten ansiedeln, an denen die Prozessfrequenz und -magnitude niedriger als in der unmittelbaren Nachbarschaft ist, z. B. auf Gerinnebänken in Flüssen oder im Lee von Steinen und Blöcken auf Lateralmoränenhängen. Die Lokalität, an der Ökosystemingenieure im Flussgerinne wirken können, bezeichnet Gurnell (2014) als **Hotspot der Ökosystemingenieurtätigkeit** *(ecosystem engineering hotspot)*. Es konnte gezeigt werden, dass die Existenz dieser Hotspots von der Resistenz und Resilienz der *Salicacea*-Ökosystemingenieurarten und der Frequenz und Magnitude der fluvialen Prozesse abhängen (Hortobágyi et al. 2017). Somit besitzen unterschiedliche Ökosystemingenieurarten auch unterschiedliche Gelegenheits- und Rückkopplungsfenster.

18.2.3 Biogeomorphologische Sukzession

Die Vegetationssukzession ist ein zentraler ökologischer Prozess, bei dem es für einen längeren Zeitraum nach einer Störung, z. B. durch ein Hochwasser, zu einer gerichteten, graduellen Veränderung der Artenzusammensetzung und der Struktur des Ökosystems kommt. In einigen Ökosystemen, wie Flüssen, Küsten, Küstendünen oder Lateralmoränenhängen, sind diese Prozesse eng an die Dynamik der geomorphologischen Prozesse gekoppelt. Die Entwicklung und Kopplung geomorphologischer und ökologischer Prozesse in der Zeit wird als biogeomorphologische Sukzession bezeichnet und kann in vier Phasen unterteilt werden (Abb. 18.7) (Corenblit et al. 2007):

- geomorphologische Phase,
- Pionierphase,
- biogeomorphologische Phase,
- ökologische Phase.

Die biogeomorphologische Sukzession beginnt nach Störungen mit hohen Magnituden, wie Hochwasser, Sturmfluten oder Murgängen, die die vorhandene Vegetation zerstören. In der **geomorphologischen Phase** sind abiotische Prozesse dominant und aktiv (Abb. 18.7a). Geomorphologische Prozesse beherrschen und strukturieren in dieser Phase das Ökosystem und verhindern die Ansiedlung von Pflanzenarten. Gleichzeitig können sie Samen, ganze Pflanzen oder einzelne Pflanzenteile transportieren, die für die Ansiedlung benötigt werden. In hochalpinen Tälern können beispielsweise ganze Grassoden mit Schneelawinen hangabwärts transportiert werden, die an ihrem Ablagerungsort erneut anwachsen. In Flüssen ist die geomorphologische Phase durch starke fluviale Erosion und Deposition geprägt, z. B. während oder nach einem Hochwasserereignis, bei welchem Samen, Äste oder entwurzelte Bäume transportiert werden (Corenblit et al. 2007) (Abb. 18.7b). An Küstendünen kommt es durch äolische Prozesse zur Erosion und Akkumulation von Dünen, hier

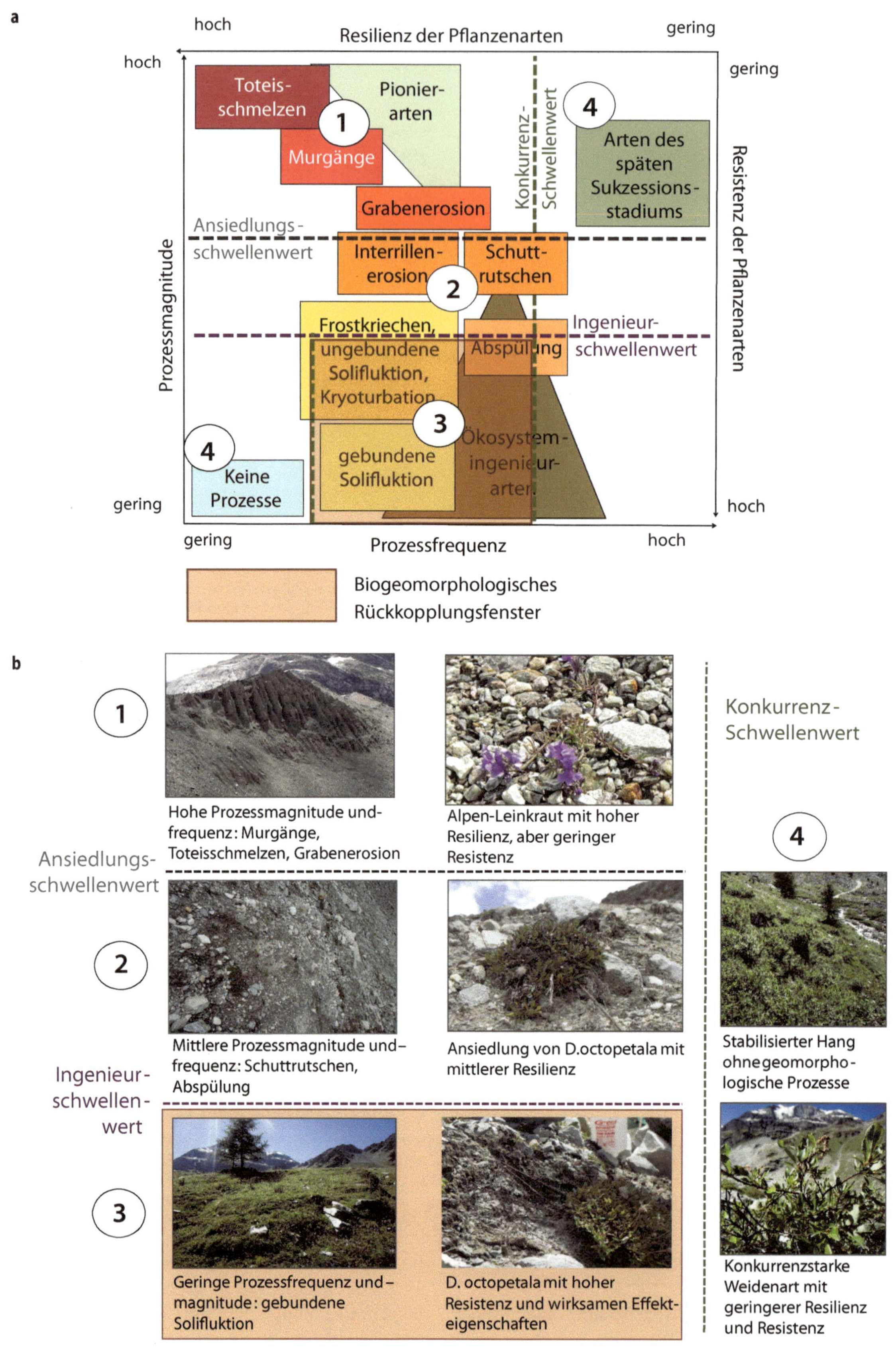

Abb. 18.6 Bedingungen für das Auftreten eines biogeomorphologischen Rückkopplungsfensters. **a** Die Beziehung zwischen der Prozessfrequenz und -magnitude sowie der Resistenz und Resilienz der Pflanzenarten bestimmen das biogeomorphologische Rückkopplungsfenster, in dem Ökosystemingenieurarten und geomorphologische Prozesse in Wechselwirkung stehen. (Verändert nach Eichel et al. 2016, Copyright © 2015 John Wiley & Sons, Ltd.). **b** Komponenten des Rückkopplungsfensters mit den wichtigsten geomorphologischen Prozessen, den Pflanzenarten und Schwellenwerten. (Quelle: J. Eichel)

18

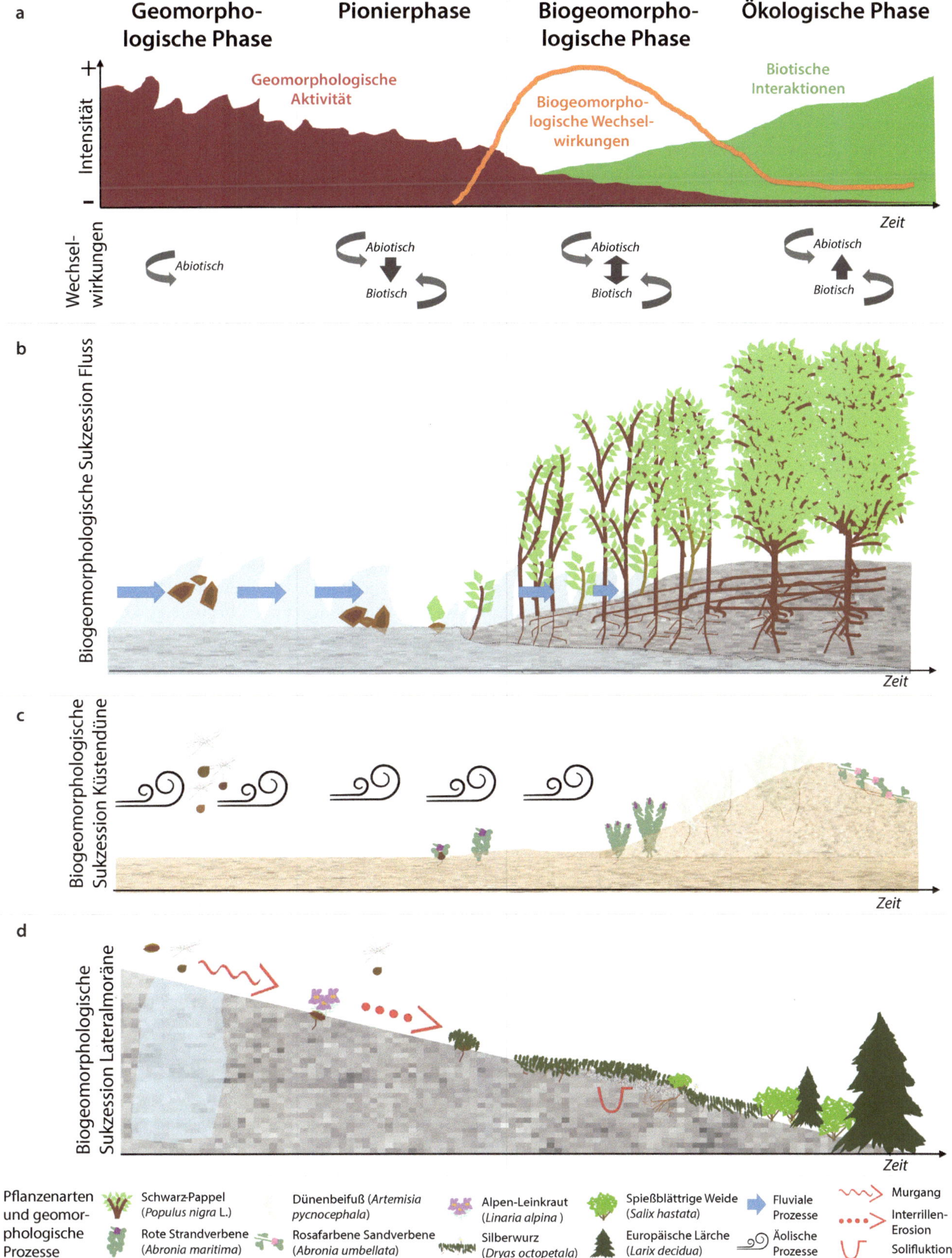

Abb. 18.7 Schematische Darstellung der Phasen der biogeomorphologischen Sukzession. **a** Biogeomorphologische Sukzessionsphasen und ihre wesentlichen Charakteristika. **b** Biogeomorphologische Sukzession in einem fluvialen System. **c** Biogeomorphologische Sukzession auf Küstendünen. **d** Biogeomorphologische Sukzession auf Lateralmoränen. (Nach Informationen aus und in Anlehnung an Corenblit et al. 2007, Corenblit et al. 2014, Tobias 2015 und Eichel et al. 2016)

werden Samen bevorzugt durch den Wind transportiert (Corenblit et al. 2015) (◻ Abb. 18.7c). An Lateralmoränen tritt die geomorphologische Phase meist unmittelbar nach dem Gletscherrückzug auf. An den steilen Innenhängen der Moränen dominieren hangaquatische und gravitative Erosionsprozesse (▶ Abschn. 20.5). Hinzu treten Absetzbewegungen der glazigenen Sedimente durch die Schmelze von Toteis (◻ Abb. 18.7d). Hangaquatische und gravitative Prozesse können Pflanzensamen transportieren. Häufig findet die Ausbreitung von Pflanzenarten auf Lateralmoränen durch den Wind statt. Auf lokaler Skale, z. B. an einem Prallhang oder in einem Murgerinne, kann die geomorphologische Phase einen zeitlich kontinuierlichen Charakter aufweisen. In regionaler Skale tritt sie zeitlich episodisch auf, z. B. nach Hochwasser, Stürmen, Tsunamis, Murgängen und in direkter Nähe zu Gletschern. Die Phase kann während eines Hochwassers oder einer Sturmflut einige Stunden bis Tage, an Lateralmoränenhängen mehrere Jahre bis Jahrzehnte andauern. Proglaziale Systeme sind geomorphologisch häufig für mehrere Jahrzehnte nach dem Gletscherrückzug hochaktiv.

In der **Pionierphase** bestimmen abiotische Prozesse das Auftreten von biotischen Prozessen (◻ Abb. 18.7a). Pflanzensamen werden durch geomorphologische Prozesse abgelagert, deren Frequenz und Magnitude über Keimung und Wachstum der Pflanzen entscheiden. Die geomorphologischen Prozesse wirken als Filter und bestimmen, welche Arten sich erfolgreich ansiedeln können. In Flüssen, an Küsten und auf Küstendünen ist das Leben der sich ansiedelnden Ökosystemingenieure in dieser Phase von der Keimung und Ausbildung von ausreichend langen Wurzeln geprägt, um sich erfolgreich zu verankern, Zugang zum Grundwasser zu gelangen, um damit der sommerlichen Trockenheit und winterlichen Überflutung widerstehen zu können (Corenblit et al. 2015) (◻ Abb. 18.7b, c). In dieser Phase sind Ökosystemingenieure, wie Weidengewächse in Flüssen und Strandhaferarten (*Ammophila* spp.) auf Küstendünen, sehr tolerant gegenüber dem Untertauchen bzw. dem Verschütten durch fluvial oder äolisch neu abgelagerte Sedimente. Auf Lateralmoränen treten in der Pionierphase v. a. kurzlebige Pionierarten auf, wie das Alpen-Leinkraut (*Linaria alpina* L.) (◻ Abb. 18.7d). In Flusssystemen, an Küsten und auf Küstendünen dauert die Pionierphase bis zu einigen Monaten und überschneidet sich mit der sommerlichen Vegetationsperiode. Auf Lateralmoränen dauert diese Phase wesentlich länger und kann mehrere Jahre bis Jahrzehnte erreichen, in welcher geomorphologische Prozesse mit hohen Magnituden, wie Murgänge, dominieren (Eichel et al. 2013).

18

Wenn die angesiedelten Ökosystemingenieure beginnen, ihre Umwelt zu beeinflussen, beginnt die **biogeomorphologische Phase,** die von Wechselwirkungen zwischen abiotischen und biotischen Prozessen geprägt ist (◻ Abb. 18.7a). Im Fluss etabliert sich in dieser Phase die Ökosystemingenieurpopulation und verändert ihre Wachstumsstrategie. Die Schwarzpappel (*Populus nigra* L.) konzentriert sich nun auf die Ausbildung von stabilen Stämmen und wird innerhalb von zwei bis drei Jahren als gesamter Strauch gegenüber den Schubspannungen des Flusswassers resistent. Gleichzeitig bildet sie horizontal wachsende Wurzeln (Lateralwurzeln) und Adventivwurzeln aus, um die Verankerung im Boden weiter zu verstärken (Corenblit et al. 2014). Oft treiben aus den Lateralwurzeln durch klonale Vermehrung neue Sprösslinge aus. Während das immer dichter werdende Wurzelsystem die Sedimente stabilisiert, wird durch den Zuwachs der oberirdischen Biomasse bei kleineren Überflutungen immer mehr Feinsediment sowohl in den Populationen selbst gehalten als auch in dessen Lee akkumuliert. Es entstehen Sedimentbänke, die sich über den Mittelwasserstand erheben können.

Ähnliche biogeomorphologische Rückkopplungen finden in dieser Phase auch in **Küstendünensystemen** statt (▶ Kap. 13). Im Lee der Ökosystemingenieurarten Rote Strandverbene (*Abronia maritima* Nutt. ex S. Watson) in Kalifornien oder der Binsen-Quecke (*Elymus farctus* (Viv.)) in Europa und Asien lagert sich durch die Verringerung der Windgeschwindigkeit Sand ab und kleine Dünenformen, wie Kupsten, entstehen (Tobias 2015). Diese werden von weiteren Ökosystemingenieurarten, wie dem Dünenbeifuß (*Artemisia pycnocephala* (Less.) DC.) oder dem Gewöhnlichen Strandhafer (*Ammophila arenaria* (L.) Link), besiedelt. Sie erhöhen die Stabilität der Kupsten, was weitere Sandablagerungen begünstigt. Die Dünen gewinnen an Mächtigkeit und können sich im Laufe der Zeit zu Parabeldünen und anderen größeren Dünenformen entwickeln (◻ Abb. 18.7c). Auf **Lateralmoränen** ist die biogeomorphologische Phase wesentlich durch Rückkopplungen zwischen der Silberwurz und gebundenen Solifluktionsprozessen geprägt, die die hangaquatischen Prozesse ablösen. Pflanzenarten späterer Sukzessionsstadien, wie die Spießblättrige Weide (*Salix hastata* L.), siedeln sich in der Silberwurzmatte an (◻ Abb. 18.7d). Die biogeomorphologische Phase dauert Jahre bis Jahrzehnte an und ist der Zeitraum, in dem die Entwicklung von biogeomorphologischen Formen, wie bewachsenen Sedimentbänken und gebundenen Solifluktionsloben, stattfinden kann.

In der **ökologischen Phase** dominieren biotische über abiotische Prozesse. Die in der biogeomorphologischen Phase entstandenen geomorphologischen Formen stabilisieren sich und biotische Interaktionen strukturieren das Ökosystem (◻ Abb. 18.7a). In Flüssen bildet die Schwarzpappel-Bestände, die zur Baumform heranwachsen und dadurch konkurrenzstärker werden und die Geschlechtsreife erreichen (◻ Abb. 18.7b). Die Bestände werden nicht mehr von fluvialen Prozessen beeinflusst. In Küstendünensystemen besiedeln Arten des späteren Sukzessionsstadiums, wie die rosafarbene Sandverbene (*Abronia umbellata* Lam.) und Straucharten, häufig die Leeseite der stabilisierten Dünen (◻ Abb. 18.7c). Auf stabilisierten Lateralmoränenhängen verdrängen die konkurrenzstärkeren Arten, z. B. die Spießblättrige Weide (*Salix hastata* L.) und die Europäische Lärche (*Larix decidua* Mill.), den Ökosystemingenieur Silberwurz (◻ Abb. 18.7d). Das Erreichen der letzten Phase der biogeomorphologischen Sukzession kann somit am Auftreten von **spätsukzessionalen**

Arten festgestellt werden. Weitere Indikatoren bilden die geringe geomorphologische Aktivität und die Bildung eines autogenen Bodens (Eichel et al. 2013; Bätz et al. 2015). Die ökologische Phase kann mehrere Jahrzehnte bis Jahrhunderte andauern. Sie endet mit dem Auftreten geomorphologischer Prozesse hoher Magnitude, wie einem extremen Hochwasser, einer Sturmflut, einem Felssturz oder eines Gletschervorstoßes. Dabei wird das etablierte Ökosystem wieder zerstört und die biogeomorphologische Sukzession beginnt erneut. Es handelt sich somit um einen zyklischen Prozess, dessen Frequenz durch Faktoren beeinflusst werden kann, die nicht unmittelbar mit geomorphologischen Prozessen oder dem Auftreten von Ökosystemingenieurarten in Beziehung stehen müssen.

Als starke Einflussfaktoren auf die Geschwindigkeit der biogeomorphologischen Sukzession in Flusssystemen wurden die Bodenentwicklung durch Ansammlung von organischem Material in den Ökosystemingenieurpopulationen und Grundwasserspiegelschwankungen identifiziert. Diese beeinflussen das Pflanzenwachstum und somit deren Resistenz und Resilienz gegenüber der geomorphologischen Störung positiv und beschleunigen die biogeomorphologische Sukzession (Bätz et al. 2015, 2016). Häufig ist auch der Lebenszyklus von Ökosystemingenieurarten eng an die biogeomorphologische Sukzession gekoppelt (Corenblit et al. 2014). Das heißt, dass die biologische Entwicklung dieser Arten (Ausbreitung, Keimung, Wachstum von der Jungpflanze zur adulten Pflanze, Fortpflanzung, Tod) an den Ablauf der biogeomorphologischen Sukzession angepasst ist.

Biogeomorphologische Sukzessionen können auf verhältnismäßig kleinen Flächen auftreten, z. B. auf einzelnen sich stabilisierenden Sedimentbänken, während in direkter Nachbarschaft geomorphologische Prozesse dominieren. Das heißt, dass im Raum verschiedene biogeomorphologische Sukzessionsstadien unmittelbar nebeneinander (synchron) auftreten können. Dieses Muster von gekoppelten geomorphologischen Formen und Prozessen und Vegetationssukzessionsstadien verändert sich in der Zeit (diachron) durch Ökosystemingenieurtätigkeiten und durch zerstörende geomorphologische Prozesse. Diese Systemeigenschaft wird als biogeomorphologische Mosaikdynamik *(biogeomorphic patch dynamics)* bezeichnet (Eichel 2017).

18.3 Biogeomorphologische Formen

Durch die Veränderung der Material- und Oberflächeneigenschaften des Systems können Organismen geomorphologische Prozesse beeinflussen und spezifische Formen erzeugen. Aufgrund ihrer biogeomorphologischen Genese werden sie als biogeomorphologische Formen bezeichnet. Es können kleinskalige Formelemente und Formen und höherskalige Formengesellschaften unterschieden werden. Damit verbunden ist die heute diskutierte grundsätzliche Fragestellung, welchen Beitrag Lebewesen zur geomorphologischen Formung der Erdoberfläche geleistet haben und ob die Erdoberfläche ihre heutige Reliefgestalt auch ohne den Einfluss von Lebewesen erhalten hätte. Damit erhebt sich die Problemstellung der Effekte kleinskaliger biologischer Prozesse auf die geomorphologische Formung in der kontinentalen Makro- und Megaskale.

18.3.1 Biogeomorphologische Strukturen

Ökosystemingenieurprozesse können Formelemente erzeugen. Sie bauen spezifische Reliefformen auf, die als biogeomorphologische Strukturen bezeichnet werden. Sie bestehen häufig aus einer **Kombination von Formelementen,** welche durch Ökosystemingenieurprozesse entstanden sind, und Formelementen, die durch rein abiotische geomorphologische Prozesse geschaffen wurden (Corenblit et al. 2010). Biogeomorphologische Strukturen unterscheiden sich durch ihre Geomorphometrie und Materialeigenschaft von ihrer Umwelt und verbessern die **Überlebenschancen des Ökosystemingenieurs** selbst und/oder anderer Pflanzenarten (Corenblit et al. 2010, 2016; Eichel et al. 2017) (◘ Abb. 18.8). In Flüssen können bewachsene Sedimentbänke und Inseln derartige Formen darstellen. Neben Ökosystemingenieurarten ist für ihre Entstehung häufig totes Holz verantwortlich, in dessen Lee sich Sediment ablagert (◘ Abb. 18.8a), sowie lebendes Holz, welches wieder auskeimt (◘ Abb. 18.8b), oder im Fluss mitgeführte Bäume (Gurnell 2014). Diese Formen entstehen insbesondere in großen Flüssen mit verzweigtem Gerinnebettmuster. An Küsten, die durch organischen Aufbau geprägt sind, z. B. Wattküsten, bilden bewachsene Inseln zwischen wasserführenden Rinnen ein Beispiel für biogeomorphologische Strukturen. In Küstendünensystemen stellen Kupsten und Parabeldünen biogeomorphologische Strukturen dar (◘ Abb. 18.8c). An Lateralmoränenhängen und in periglazialen Systemen werden biogeomorphologische Strukturen durch gebundene Solifluktionsloben gebildet (◘ Abb. 18.8d).

18.3.2 Biogeomorphologische Formengesellschaften

Biogeomorphologische Formengesellschaften sind Assoziationen von biogeomorphologischen Formen, die spezifische räumliche Muster bilden und durch die kumulativen Veränderungen von Erosions-, Transport- und Depositionsprozessen durch Ökosystemingenieurtätigkeiten entstanden sind (Corenblit und Steiger 2009). Sie prägen die **geomorphologische und ökologische Struktur** eines Systems in hohem Maße. Beispiele für solche Formengesellschaften sind verzweigte Flusssysteme mit bewachsenen Sedimentbänken und Pionierinseln, Rinnennetzwerke und bewachsene Inseln in gezeitendominierten Systemen, Küstendünensysteme oder Solifluktionslobenfelder (◘ Abb. 18.9).

Die Entwicklung von biogeomorphologischen Formengesellschaften in Flüssen und Talauen hängt vom Verhältnis zwischen der Vegetationsentwicklung und **Störungen**

Abb. 18.8 Biogeomorphologische Strukturen in verschiedenen geomorphologischen Systemen. **a** Initiale Sedimentbank in der linken Bildmitte in einem fluvialen System, deren Akkumulation durch Totholz gefördert wird. **b** Totholz und junge *Salicacea*-Sprösslinge, hinter welchen feinkörniges Sediment akkumuliert wurde. **c** Initiale Düne im Lee von Strandpflanzenarten in einem Küstendünensystem. **d** Gebundene Solifluktionslobe mit lateraler Lobenkante in einem alpinen Lateralmoränensystem. (Quelle: J. Eichel)

durch fluviale Prozesse ab (Francis et al. 2009) und ist eng an den Prozess der biogeomorphologischen **Sukzession** geknüpft. In ihrem Verlauf entstehen auf lokaler Skale und unter den Bedingungen des biogeomorphologischen Rückkopplungsfensters stabile vegetationsbewachsene Sedimentbänke, die sich zu Pionierinseln weiterentwickeln können (Corenblit et al. 2016). In den unbewachsenen Bereichen dominiert weiterhin vertikale und laterale fluviale Erosion. In einer längeren Zeitskale entstehen im verzweigten Flusssystem Muster von biogeomorphologischen Formengesellschaften (Abb. 18.9a). Läuft die biogeomorphologische Sukzession sehr schnell ab, z. B. durch eine schnelle Vegetationsbesiedlung bei Grundwassereinfluss, kann sich auch ein mäandrierendes Gerinnebettmuster entwickeln (Bätz et al. 2016). In einem Laborexperiment konnte gezeigt werden, dass eine **stabilisierende Ufervegetation** vorhanden sein muss, um stabile Flussgerinne auszubilden, andernfalls setzt sich ein verzweigtes Flusssystem ohne stabile Gerinne durch (Tal und Paola 2007). Das bedeutet, dass zahlreiche Gerinnebettmuster das Ergebnis von kleinskaligen biogeomorphologischen Prozessen darstellen.

18

Auch in gezeitendominierten Systemen sind biogeomorphologische Formengesellschaften durch einen Wechsel von bewachsenen Inseln und unbewachsenen Rinnen gekennzeichnet (Abb. 18.9b). Computermodelle gekoppelter Vegetation-Form-Entwicklungen konnten zeigen, wie derartige Muster entstehen können (Temmerman et al. 2007). So führen kleinskalige Prozesse zwischen Küstenpflanzen (*Spartina*-Ökosystemingenieurarten) und Küstenprozessen zur Sedimentdeposition und Entstehung von bewachsenen Inseln. Dies führt zu veränderten Wasserflüssen und Gerinneerosion. Wie Stallins und Parker (2003) zeigen, steuern in Küstendünensystemen lokale biogeomorphologische Prozesse das Verhältnis zwischen Störungen (litorale und äolische Prozesse) und der Vegetationsbesiedlung. Auf diese Weise können sich initiale Kupsten entwickeln, die zusammenwachsen und sich durch die Vegetationsbesiedlung weiter stabilisieren und Formengesellschaften von Dünenfeldern ausbilden (Abb. 18.9c). Solifluktionslobenfelder in periglazialen Systemen entstehen in langen Zeitskalen von Jahrzehnten bis Jahrtausenden durch die Musterbildung von Solifluktionsloben, deren Entwicklung von der Ökosystemingenieurtätigkeit abhängen kann (Abb. 18.9d) (▸ Abschn. 15.7.5). Ihre

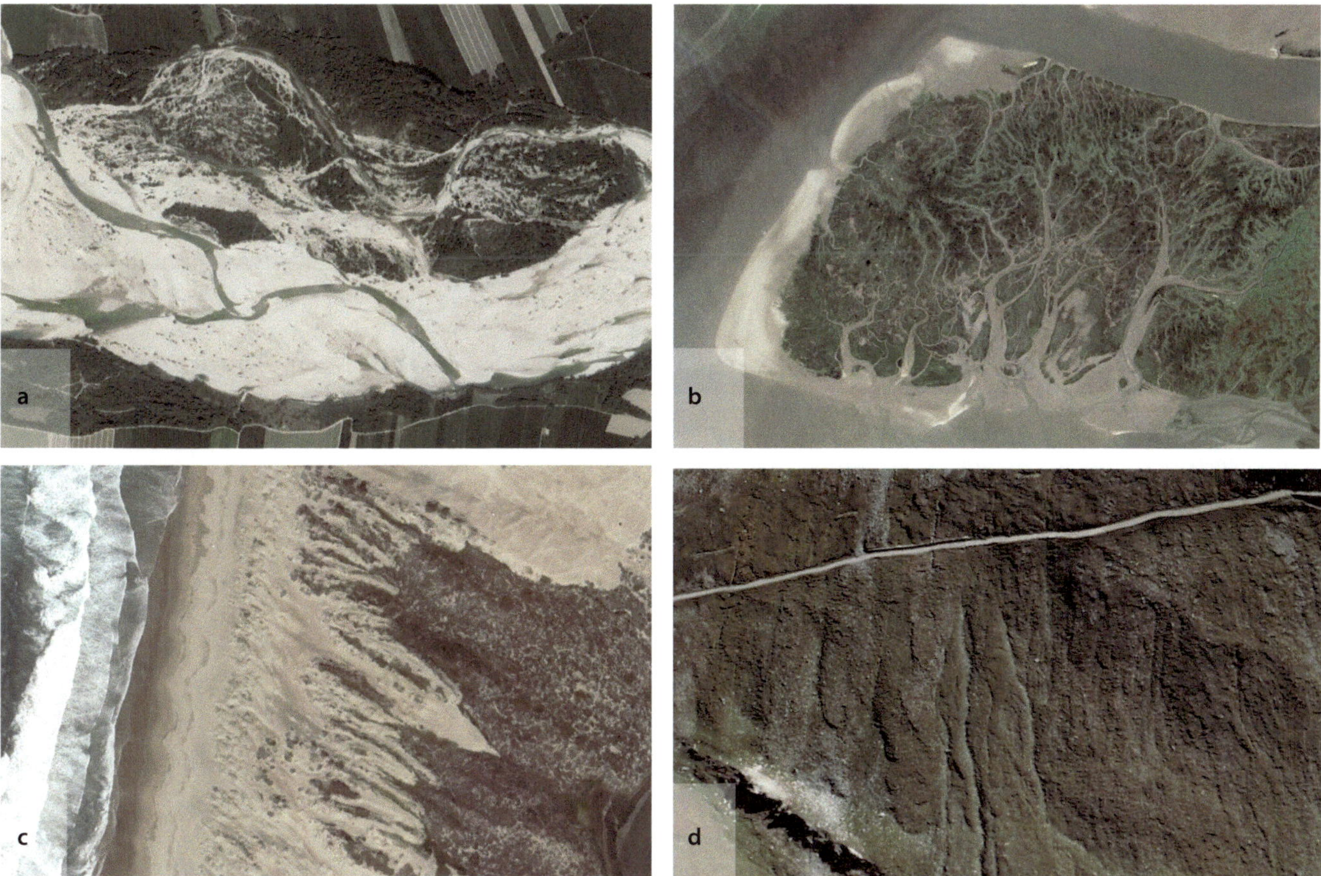

Abb. 18.9 Beispiele für biogeomorphologische Formengesellschaften. **a** Verzweigtes Gerinnebett des Tagliamento (Italien) mit bewachsenen Sedimentbänken und Pionierinseln. **b** Gezeitendominiertes System im Mündungsbereich der Schelde (Belgien). **c** Küstendünensystem im Morro Strand Beach State Park (USA) mit Kupsten in Meeresnähe und weiterentwickelten, bewachsenen Dünen in Richtung des Landesinneren. **d** Große, sich überlagernde gebundene Solifluktionsloben in einem Solifluktionslobenfeld am Furkapass (Schweiz). (Quellen: **a** GoogleEarth © 2018 Google, Image Landsat/Copernicus, Aufnahmedatum: Juni 2017. **b** GoogleEarth © 2018 Google, Image Landsat/Copernicus, Aufnahmedatum: Mai 2018. **c** GoogleEarth, © 2018 Google Data CSUMB SFML, CA OPC, Image © 2019 TerraMetrics. **d** GoogleEarth Image © 2019 DigitalGlobe Image © 2019 Flotron/Perrinjaquet © 2018 Google)

Entwicklung ist bislang noch nicht ausreichend untersucht. Biogeomorphologische Formengesellschaften können sich in ihrer zeitlichen Entwicklung stark verändern oder völlig zerstört und anschließend durch die biogeomorphologische Sukzession wieder neu aufgebaut werden.

18.3.3 Die Suche nach einem topographischen Zeichen des Lebens

Ob sich an den Oberflächen der Reliefformen der Erde, d. h. an ihrer Geomorphometrie, der Einfluss von Lebewesen erkennen lässt, wurde durch die amerikanischen Wissenschaftler Dietrich und Perron (2006) in der Publikation *The search for a topographic signature of life* diskutiert. Bei ihrer Suche nach einem topographischen Zeichen des Lebens prüften sie, ob auf einer großen Raumskale Reliefformen existieren, die ausschließlich durch das Auftreten von biotischen Einflüssen entstanden sein könnten. Die beiden Autoren formulierten die Hypothese, dass durch ihren Einfluss auf das Klima Lebewesen in großen Skalen geomorphologische Prozesse durchaus wesentlich beeinflussen können. Die dadurch entstehenden geomorphologischen Formen wiesen eine andere Geomorphometrie auf als Formen, die ausschließlich durch abiotische Prozesse hervorgerufen würden. Eine geomorphologische Form, die ausschließlich existiert, weil es Leben auf der Erde gibt, konnten sie jedoch nicht finden.

Was bedeutet diese Problemstellung für die Biogeomorphologie? Sämtliche in diesem Kapitel vorgestellten **Reliefformtypen,** die wir auch als geomorphologische Formen bezeichnet haben, werden auch ohne Pflanzeneinfluss erzeugt, z. B. unbewachsene Sedimentbänke in Flüssen, vegetationsfreie Dünen oder ungebundene Solifluktionsloben. Allerdings kann durch biogeomorphologische Rückkopplungen die Entstehung der Reliefformtypen einem anderen **Entwicklungspfad** folgen und zu einer historischen Kontingenz führen. Das bedeutet auch, dass Reliefformtypen mit einer veränderten Geomorphometrie und veränderten Materialeigenschaften entstehen können. In Mesoskalen können bewachsene Gerinnebänke länger und mächtiger werden als unbewachsene Bänke. Das fluviale System kann dadurch in kürzerer Zeit in einen stabileren, weniger sensitiven Zustand gelangen. Wir halten es daher für gerechtfertigt, diese Formen mit einer angepassten Terminologie als **biogeomorphologische Formen** zu bezeichnen. Allerdings lassen sich auf der Mikro- und Nanoskale durchaus Formen finden, die ausschließlich durch Lebewesen entstehen, z. B. Termitenhügel, fluviale Sedimentbecken durch Biberdämme oder Hohlformen durch entwurzelte Bäume auf Hängen. Die von Dietrich und Perron (2006) aufgeworfene Fragestellung sollte daher weiterverfolgt werden.

18.4 Biogeomorphologische Ökosysteme

Als biogeomorphologische Ökosysteme *(biogeomorphic ecosystems)* bezeichnen Corenblit et al. (2015) Systeme, in denen biogeomorphologische Prozesse und Formen wesentlich die geomorphologische und ökologische Systemstruktur und -funktion bestimmen. Beispiele für Strukturen sind geomorphologische Formen und Artenzusammensetzungen, während Sedimenttransporte und die Bodenentwicklung spezifische Systemfunktionen darstellen. Somit erfordert das Verständnis von biogeomorphologischen Ökosystemen sowohl Wissen über geomorphologische Prozesse und Formen als auch über Organismen und ökologische Prozesse. Beispiele für biogeomorphologische Ökosysteme sind Flüsse, Wattküsten, Küstendünen oder Lateralmoränen.

Fazit

In den letzten Jahrzehnten hat die junge Disziplin der Biogeomorphologie eine rasante Entwicklung vollzogen. Durch die Integration von geomorphologischen und ökologischen Theorien und Konzeptionen, biogeomorphologischen Studien im Gelände und im Labor sowie mit Computermodellierungen konnten umfangreiche biogeomorphologische Erkenntnisse erzielt werden. Sie zeigen, wie eng geomorphologische Formen und Prozesse, Organismen und ökologische Prozesse in zahlreichen Raum- und Zeitskalen gekoppelt sind. Für die Zukunft sind die Herausforderungen der Biogeomorphologie in folgenden Gebieten zu sehen:

- Quantifizierung von Prozessen und ihren Rückkopplungen auf verschiedenen Raum- und Zeitskalen,
- Erweiterung der biogeomorphologischen Forschung auf weitere Ökosysteme,
- Anwendung der Forschungsergebnisse auf praktische Problemstellungen.

Biogeomorphologische Erkenntnisse haben bereits Maßnahmen des Küstenschutzes bereichert. Dort werden Ansätze des „Bauens mit der Natur" *(building with nature)* angewandt (Temmerman et al. 2013). Als Schnittstellendisziplin der Geomorphologie, Biologie und Ökologie ist die Biogeomorphologie eine neue Disziplin mit hohen Entwicklungspotenzialen.

Weiterführende Literatur

Balke T, Herman PM, Bouma TJ (2014) Critical transitions in disturbance-driven ecosystems: identifying windows of opportunity for recovery. J Ecol 102:700–708

Corenblit D, Baas A, Bornette G (2011) Feedbacks between geomorphology and biota controlling earth surface processes and landforms: a review of foundation concepts and current understandings. Earth-Sci Rev 106:307–331

Corenblit D, Baas A, Balke T (2015) Engineer pioneer plants respond to and affect geomorphic constraints similarly along water-terrestrial interfaces world-wide. Glob Ecol Biogeogr 24:1363–1376

Dietrich WE, Perron JT (2006) The search for a topographic signature of life. Nature 439:411–418

Eichel J (2017) Biogeomorphic dynamics in the Turtmann glacier forefield, Switzerland. Dissertation, Universität Bonn, Bonn

Eichel J, Corenblit D, Dikau R (2016) Conditions for feedbacks between geomorphic and vegetation dynamics on lateral moraine slopes: a biogeomorphic feedback window. Earth Surf Process Landf 41:406–419

Gurnell A (2014) Plants as river system engineers. Earth Surf Process Landf 39:4–25

Stallins JA (2006) Geomorphology and ecology: unifying themes for complex systems in biogeomorphology. Geomorphology 77:207–216

Geomorphologisches Arbeiten

Inhaltsverzeichnis

Die in den vorangehenden 18 Kapiteln vorgestellte Systematik der geomorphologischen Formen und der reliefformenden Prozesse macht deutlich, dass die Geomorphologie mit einer Vielzahl geomorphologischer Phänomene und Problemstellungen konfrontiert ist. Diese gilt es im Rahmen wissenschaftlicher Studien zu bearbeiten, um neue Erkenntnisse zu gewinnen und vorherrschende Paradigmen zu prüfen. Die in den folgenden ► Kap. 19 und 20 vorgestellten Fallstudien sollen Einblicke in ausgewählte Themenstellungen und Formen des geomorphologischen Arbeitens ermöglichen. Die vorgestellten Studien weisen einen unterschiedlichen Charakter auf, gleichwohl zeigen sie, wie wichtig ein systemischer und ganzheitlicher methodologischer Ansatz für die Erforschung komplexer geomorphologischer Phänomene ist.

Die Fallstudie in ► Kap. 19 ist eine Metaanalyse in der Zeitskale der letzten 7500 Jahre über Folgen der menschlichen Eingriffe in geomorphologische Hangsysteme in Mitteleuropa. Sie umfasst somit eine Komponente eines sozial-ökologischen Systems im Anthropozän. Die Eingriffe begannen in der Kulturstufe der Jungsteinzeit (Neolithikum), in der die agrarische Nutzung der Böden in bevorzugten Regionen einsetzte. Die Folge waren historische Bodenerosionsprozesse, deren Intensität Schwankungen unterworfen war und die bis in die Gegenwart anhalten. Die historische Bodenerosionsforschung hat in Mitteleuropa eine lange Tradition und geht bis in die 1950er-Jahre zurück. Die gesellschaftliche Bedeutung der historischen Bodenerosion liegt jedoch nicht nur darin, dass Böden abgetragen und als Sedimente deponiert und in Flüsse transportiert werden. Mit dem Bodenverlust geht auch die Ressource des Bodens selbst als Grundlage der Nahrungsmittelproduktion verloren. Die geomorphologische Fragestellung ist somit mit einer gesellschaftlichen Fragestellung auf das Engste verwoben. Heute müssen die weltweite Bedeutung der Bodenerosion und ihre weitergehenden Folgen erkannt werden, um angemessene Gegenmaßnahmen ergreifen zu können.

Die in ► Kap. 20 vorgestellten Studien und Forschungsergebnisse weisen einen regionalen Charakter auf und umfassen die Ergebnisse geomorphologischer Arbeiten in einem alpinen System der zentralen Schweizer Alpen während der letzten 40 Jahre. Der Ansatz des Forschungsprogramms zielt auf die Beobachtung und Erklärung des gesamten Spektrums geomorphologischer Formen und Prozesse im Turtmanntal, das mit 110 km^2 Größe ein linkes Seitental des alpinen Rhônetales bildet. Die Zeitskale der Forschungen umfasst das Jungquartär seit der maximalen Vereisung der Würm-Kaltzeit. Während sich die früheren Arbeiten primär mit Lockergesteinen auseinandergesetzt haben, wurde der Schwerpunkt in den letzten Jahren auf die Quelle der Sedimente und damit auf die Stabilität von Festgesteinswänden gelegt. Die Felsstabilität und ihre Beeinflussung durch den Permafrost und die Schneebedeckung sind aufgrund der klimatischen Veränderungen zu dringlichen Forschungsaufgaben in der Hochgebirgsforschung geworden, was durch die geomorphologischen Studien im Turtmanntal frühzeitig erkannt wurde. Gleichzeitig wurde mit der Hypothese skalenabhängiger Prozesse eine der zentralen Fragen der Geomorphologie thematisiert. Die geomorphologischen Arbeiten im Turtmanntal verdeutlichen, dass das Forschungsdesign einen langen Atem benötigt, um Erkenntnisse über alpine Systeme zu gewinnen und bestehende Paradigmen zu prüfen. Wenn den menschlichen Einflüssen auf die Hochgebirgssysteme und ihren Folgen in Form der Klimaveränderung der nächsten Jahrzehnte nachgegangen werden soll, erhält diese Behauptung eine besondere Brisanz. Die veränderten Einflüsse erhöhen die Intensität und Magnitude von Naturgefahren sowie die daraus erwachsenden Risiken. Prognostische Aussagen erfordern erweiterte Erkenntnisse der Funktionsweise geomorphologischer Systeme und folglich nichtreduktionistische Betrachtungen der Komplexität der Prozessregime.

Historische Bodenerosion, Sedimentspeicherung und ihre Bedeutung im Kohlenstoffkreislauf

R. Dikau et al., *Geomorphologie,* https://doi.org/10.1007/978-3-662-59402-5_19

19.1 Historische Bodenerosionsforschung

In Abhängigkeit von den lokalen natürlichen Begebenheiten, landwirtschaftlichen Nutzungssystemen und der lokalen Siedlungsdynamik unterlagen Hangsysteme in Mitteleuropa in den vergangenen Jahrtausenden einer mehr oder weniger intensiven land- und forstwirtschaftlichen Nutzung. Die schrittweise Umwandlung der natürlichen Waldsysteme in landwirtschaftliche Nutzflächen führte zu Bodenabtrags-, -transport- und -akkumulationsprozessen in den Hang- und Flusssystemen, die heute in gekappten Bodenprofilen, Waldrandstufen, Kolluvien und Auenlehmdecken in den Talauen der Flüsse sichtbar sind. Der Prozess der Bodenerosion hat sich seit Beginn der Landnutzung vor 7500 Jahren intensiviert. In diesem Zeitraum wechselten sich Phasen mit steigenden und abnehmenden Erosionsraten aufgrund der Variabilität der zwei externen Einflussfaktoren des Klimas und des Menschen ab. Maßgeblich war dabei die komplizierte Rückkopplung zwischen Bevölkerungsdynamik, Landnutzungssystemen, Bodenbearbeitungstechniken und Kulturfruchtarten in Kombination mit der Intensität, Menge und dem Auftrittszeitpunkt der Niederschläge sowie der Temperatur.

Der Begriff „historisch" schließt im Folgenden prähistorische Zeitphasen mit ein, also auch solche vor dem Beginn der schriftlichen Überlieferung. Die historische Bodenerosionsforschung befasst sich mit vergangenen bodenerosiven Prozessen. Sie ist damit ein Teil der geomorphologischen Holozänforschung. Ziel dieses interdisziplinären Forschungsfeldes ist es, insbesondere das Ausmaß der Bodenerosion und der damit verbundenen Sedimentflüsse in Hang- und Flusssystemen in vergangenen Kulturphasen unter sich wandelnden Landnutzungssystemen und klimatischen Bedingungen zu ergründen. Die historische Bodenerosionsforschung befasst sich mit folgenden Fragestellungen:

- Welches Ausmaß erreichte die Bodenerosion unter historischen Landnutzungsbedingungen?
- Wie stark war der menschliche Einfluss auf die Sedimentflüsse in Hang- und Flusssystemen?
- Welche Bedeutung kommt dem Einflussfaktor Mensch im Vergleich zu klimatischen Einflüssen zu?
- Führte die Bodenerosion zu einer Bodendegradation, die die Bevölkerung zur Flächenaufgabe und Abwanderung zwang?

Die Zeitskale der historischen Bodenerosionsprozesse umfasst die vergangenen 7500 Jahre. Grundlage für die Untersuchung des Phänomens ist das Prozessverständnis, das in der aktuellen Bodenerosionsforschung gewonnen wird. Dabei ist zu berücksichtigen, dass die historischen Randbedingungen, z. B. die Niederschlagsintensität, Rauigkeit der Bodenoberfläche, Feldgröße oder Wuchshöhe der Pflanzen, mit hoher Wahrscheinlichkeit anders ausgeprägt waren als heute. Derartige Unsicherheiten werden daher in Kooperation mit anderen Disziplinen, wie der Archäobotanik, der Archäologie, der Umweltgeschichte sowie der historischen Geographie, bearbeitet. Sie liefern wichtige Erkenntnisse, um das Wissen über die Einflussfaktoren auf die historische Bodenerosion während vergangener Landnutzungsphasen zu verbessern.

Die Erforschung historischer Bodenerosionsprozesse folgt dem Schließverfahren der Abduktion (▶ Kap. 2). Die Spuren des Prozesses, die wir heute in den Hangsystemen finden, z. B. in den Daten der Sedimentarchive, können unterschiedliche Ursachen haben. So ist das Fehlen eines neolithischen Kolluviums in den Tälern nicht zwingend ein Beleg dafür, dass im Neolithikum keine Bodenerosion stattgefunden hat. Neolithische Kolluvien werden aufgrund ihrer pedogenetischen Überprägung häufig als solche gar nicht erkannt. Vielfach bleiben diese alten Kolluvien auch auf den Hochflächen zurück, wo sie bis heute die Senken eines ehemaligen Mikroreliefs ausfüllen. Die Hänge waren mancherorts, wie im Rheinland, bis in die jüngere Bronzezeit noch bewaldet, sodass es keine Eintragswege in die Täler hinein gab (Gerlach et al. 2012). Bei der Interpretation der heute vorliegenden oder fehlenden Evidenzen vergangener Prozesse, also Reliefformen mit spezifischer Geomorphometrie und Materialeigenschaft, ist die Möglichkeit derartiger Kontingenzen (▶ Kap. 2) zu berücksichtigen.

Mit dem Phänomen der historischen Bodenerosion als **interdisziplinärem Forschungsfeld** beschäftigen sich neben der Geomorphologie zahlreiche andere Disziplinen, wie die Geoarchäologie, Bodenkunde oder die Umweltgeschichte und Archäologie. Eine Quantifizierung der Bodenerosion und der damit verbundenen Sedimentflüsse und -speicherung ist zudem für angrenzende biogeochemische Fragestellungen im Rahmen der Erdsystemwissenschaften von Interesse.

19.2 Historische Bodenerosion in Mitteleuropa

Die historische Bodenerosion ist in Mitteleuropa ein vergleichsweise gut untersuchtes Phänomen. Es existieren zahlreiche Fallstudien, die den Prozess auf unterschiedlichen Skalen (Punkt-, Hang-, Einzugsgebietsskale) untersuchen. Eine Übersicht zum Stand der Forschung liefern Dotterweich (2008), Dreibrodt (2010) und das Werk zur Bodenerosion und Landschaftsentwicklung in Mitteleuropa seit dem Mittelalter von Bork et al. (1998). Dank umfangreicher archäologischer Forschungen kommt eine im Vergleich zu anderen Regionen umfangreiche siedlungs- und landnutzungshistorische Datengrundlage hinzu.

19.2.1 Hangsysteme in Mitteleuropa um 7500 vor heute und heute

Die landwirtschaftliche Nutzung in Mitteleuropa begann um 7500 Jahre vor heute in den für den Kulturfruchtanbau besonders günstigen **Lössgebieten.** Aufgrund ihrer guten Eigenschaften für die landwirtschaftliche Bodennutzung, z. B. ein hohes Wasserhaltevermögen, gute Durchlüftung, Nährstoffreichtum und leichte Bearbeitbarkeit, unterlagen diese Flächen einer überwiegend kontinuierlichen Nutzung. Die im Folgenden exemplarisch erläuterte Entwicklung der Hangsysteme während des Holozäns wird an Beispielen aus diesen intensiv genutzten Gebieten vorgenommen.

Das **Holozän** ist die jüngste Warmzeit des Quartärs (▫ Abb. 19.1), die ca. 11.500 Jahre vor heute begann. Das in Mitteleuropa einsetzende mildere Klima ermöglichte eine weitgehend geschlossene Bewaldung. Noch vor Beginn des Holozäns verdrängten Birken und Kiefern die zunächst waldoffene Pioniervegetation, bevor sich zwischen dem 9. und 7. Jahrtausend vor heute, in Abhängigkeit von der Einwanderungsrichtung der Bäume und den ökologischen Standortbedingungen, wie Bodenqualität und Höhenstufe, unterschiedliche Waldtypen ausdifferenzierten (Küster 1995, 1998; Sirocko 2010).

Bis in die Zeit um 7500 vor heute schützte die durchgängige Waldbedeckung die Hangsysteme vor Bodenabtragsprozessen. Die Bodenentwicklung schritt unter den Einflüssen der bodenbildenden Faktoren (Klima, Ausgangsgestein, Relief, Schwerkraft, Flora, Fauna, Wasser, Zeit) voran (Blume et al. 2018). Der Homo sapiens hatte in dieser geomorphologischen Entwicklungsphase als bodenbildender Faktor in Mitteleuropa noch wenig Bedeutung. Zu Beginn des Holozäns waren mesolithische Jäger und Sammler, die hoch mobile Gemeinschaften mit häufig wechselnden Lagerplätzen bildeten, in den natürlichen Wäldern ansässig (Sirocko 2010). Feste Siedlungen oder landwirtschaftliche Nutzungen, d. h. Rodungen von Flächen und der gezielte Anbau von Kulturfrüchten, spielten zu dieser Zeit noch keine Rolle.

Durch die natürlichen pedogenetischen Prozesse bildeten sich in den Lössgebieten Mitteleuropas – außerhalb der Trockengebiete – **Parabraunerden.** Es gibt Hinweise darauf, dass Parabraunerden schon zu Beginn des Neolithikums

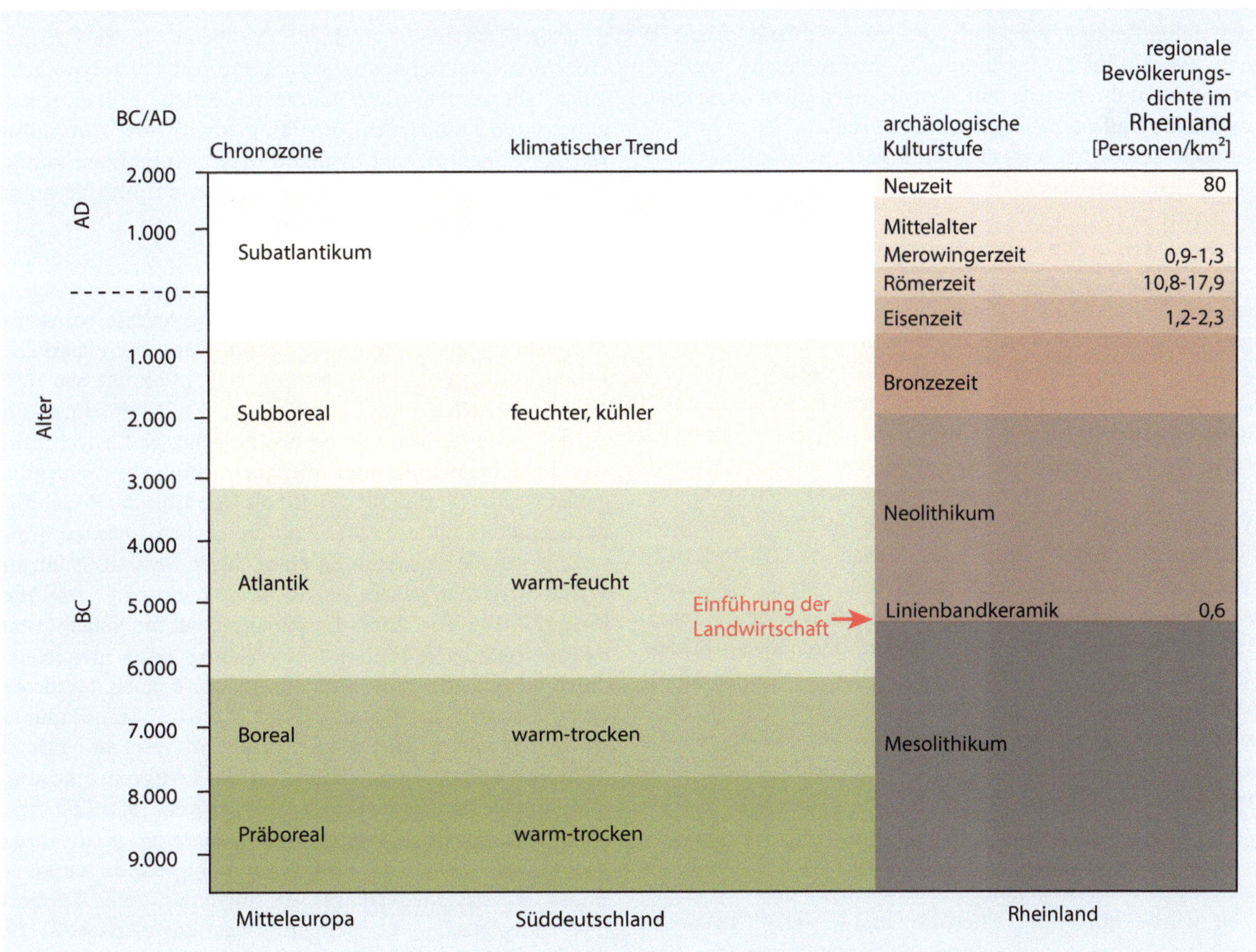

▫ **Abb. 19.1** Übersicht über die vegetationsgeschichtlichen Abschnitte, klimatischen Trends, menschheitsgeschichtlichen Epochen und Bevölkerungsdichten in Mitteleuropa während des Holozäns. Es ist zu beachten, dass die vegetationsgeschichtlichen Abschnitte und menschheitsgeschichtlichen Epochen regional unterschiedlich beginnen und die klimatischen Trends sich regional unterschiedlich auswirken. (Nach Daten aus Friedmann 2011; Zimmermann et al. 2009; Brunotte et al. 1994)

in vielen Lössgebieten existierten (Langohr 1990; Leopold et al. 2011; Gerlach et al. 2012; Heinrich et al. 2017). Die durchschnittliche Mächtigkeit der rezenten Parabraunerden aus Löss wird auf rund 2,30 m geschätzt (◘ Abb. 19.2). In niederschlagsreichen Gebieten und bei starker Tonverlagerung bzw. Tonanreicherung im Unterboden konnten aus den Parabraunerden allmählich auch aufgrund der Staunässe für Ackerbau schlecht nutzbare Pseudogleye entstehen (Blume et al. 2018).

In der wärmsten Phase des Holozäns, dem **Atlantikum** (◘ Abb. 19.1), begann um 7500 in den Lössgebieten Mitteleuropas vor heute der Mensch Wälder zu roden, um landwirtschaftliche Nutzflächen zu schaffen. Mit dieser neuen Wirtschaftsweise wurden erstmals **bodenerosive Prozesse** initiiert, die die Transformation der bis dahin weitgehend natürlichen Hangsysteme in geomorphologische Kontrollsysteme in Gang setzten. Durch den Bodenabtrag wurden die Hangsysteme im Laufe der Landnutzungsgeschichte stark verändert. Die Bodenprofile wurden zunehmend gekappt und/oder durch die Deposition von kolluvialen Sedimenten überlagert (◘ Abb. 19.2). Die Geomorphometrie und die Böden heutiger Hangsysteme unterscheiden sich daher deutlich von denen der früheren, landwirtschaftlich unbeeinflussten Systeme. Die ursprüngliche, weitverbreitete Parabraunerde auf den Hängen der Lössgebiete wurde im Laufe der Zeit durch ein Mosaik:

- unterschiedlich stark erodierter Formen bzw. unterschiedlicher Degradationsstadien der Parabraunerde sowie
- Kolluvien in den Depositionszonen der Toposequenzen

ersetzt (Schulz 2007). Das aus den Hangsystemen ausgetragene Material wurde in die fluvialen Systeme transportiert. Hier wurde es als **Talauensediment** bzw. Hochflutsediment in den Talböden der Flüsse sedimentiert oder durch den Fluss abtransportiert. Im Hangfußbereich kam es zur Verzahnung von Kolluvien und Talauensedimenten. Durch die Akkumulation der Kolluvien in konkaven Hangbereichen und insbesondere am Hangfuß wurden Reliefunterschiede zunehmend verringert (◘ Abb. 19.2). Umgekehrt konnten durch selektiven Abtrag Waldrandstufen und durch linienhafte Bodenerosionsprozesse Reliefunterschiede in Form von Gräben geschaffen werden. Insbesondere in der ersten Hälfte des 14. Jahrhunderts sowie in der zweiten Hälfte des 18. Jahrhunderts führten sommerliche Starkregenereignisse zur katastrophalen **Grabenerosion,** die vielerorts zur Einschneidung tiefer Gräben führte (Bork et al. 1998). Auf irreversibel geschädigten Ackerflächen musste die Nutzung sogar eingestellt werden. Die eingeschnittenen Kerbtäler wurden unter der neu entstehenden Waldbedeckung konserviert. In den Lössregionen wurde hingegen weiterhin Landwirtschaft betrieben und die Gräben wurden durch Nachsturz, künstliche Verfüllung und/oder Kolluvien sukzessive verfüllt (Bork 1983; Preston 2001; Gerlach 2006).

19.2.2 Die externen Einflussfaktoren Klima und Mensch

Die durch Bodenerosionsprozesse in den vergangenen Jahrtausenden erfolgte Veränderung der aus Löss aufgebauten Hangsysteme in Mitteleuropa stand unter dem Einfluss der zwei externen Faktoren Klima und Mensch. Der Mensch schaffte durch die **Rodungen** und nachfolgende Offenhaltung der Flächen die Voraussetzungen für den Bodenerosionsprozess. Des Weiteren wurde durch die Art der Bodenbearbeitung und die Kulturfruchtauswahl ein weiterer Prozess initiiert, der als **Bodenerosion durch Bodenbearbeitung** bezeichnet wird. Das Klima beeinflusste den Prozess in erster Linie durch den Niederschlag und durch die Lufttemperatur, die darüber hinaus das Kulturpflanzenwachstum und die Erntetermine steuern. Beide Faktoren zeichnen sich durch eine hohe räumliche und zeitliche Variabilität und Kontingenz aus, deren Rekonstruierbarkeit stark von den verfügbaren und verwendeten Daten abhängt. Um diese hohe Variabilität und Kontingenz zu berücksichtigen, sollten Rekonstruktionen der Prozesse und ihrer Einflüsse in historischen Zeitskalen in Form von multiplen Szenarien erfolgen. Das bedeutet, dass für die einzelnen Einflussparameter mehrere plausible Hypothesen aufgestellt werden, wie z. B. unterschiedliche Annahmen zur angebauten Kulturfrucht, zur Pflugtechnik oder zum mittleren Jahresniederschlag. Anhand dieser Annahmen können mehrere denkbare Bodenerosionsszenarien mithilfe numerischer Modelle simuliert werden.

19.2.2.1 Menschliche Einflüsse

Die Voraussetzungen für bodenerosive Prozesse wurden in Mitteleuropa erstmalig mit der Einführung der bäuerlichen Lebensweise in der Jungsteinzeit (Neolithikum) vor 7500 Jahren geschaffen. Die Domestikation von Wildpflanzen und Tieren sowie die Verbreitung neolithischer Kulturtechniken, wie die Pflugtechnik oder Viehzucht, über ihr Ursprungsgebiet hinaus (Scharl 2014) wird als **Neolithische Revolution** bezeichnet (Childe 1928). Mit dieser bedeutenden Innovation war die Entwicklung einer durch Sesshaftigkeit und Vorratswirtschaft gekennzeichneten Lebensweise verbunden (Scharl 2014). Von ihrem Ursprungsgebiet im Nahen Osten, das als fruchtbarer Halbmond bezeichnet wird, breitete sich die neue Lebens- und Produktionsweise nach Nordosten über die Balkanhalbinsel, das nördliche Transdanubien sowie das obere Theissgebiet aus und erreichte um ca. 5600–5500 cal BC den Rhein und die Lössgrenze nördlich der Mittelgebirgszone (Schier 2009, ◘ Abb. 19.3). Zwischen 5300–5200 cal BC erfolgte die Ausdehnung in die linksrheinischen Ebenen, die Becken- und Hügellandschaften des Elsass und des Niederrheins, das niederländische Limburg, den südbelgischen Haspengau sowie das Pariser Becken (Schier 2009). In dieser Phase wurden die fruchtbaren Lössgebiete als Siedlungsstandorte bevorzugt. Eine erneute Fortsetzung des Neolithisierungsprozesses erfolgte dann erst

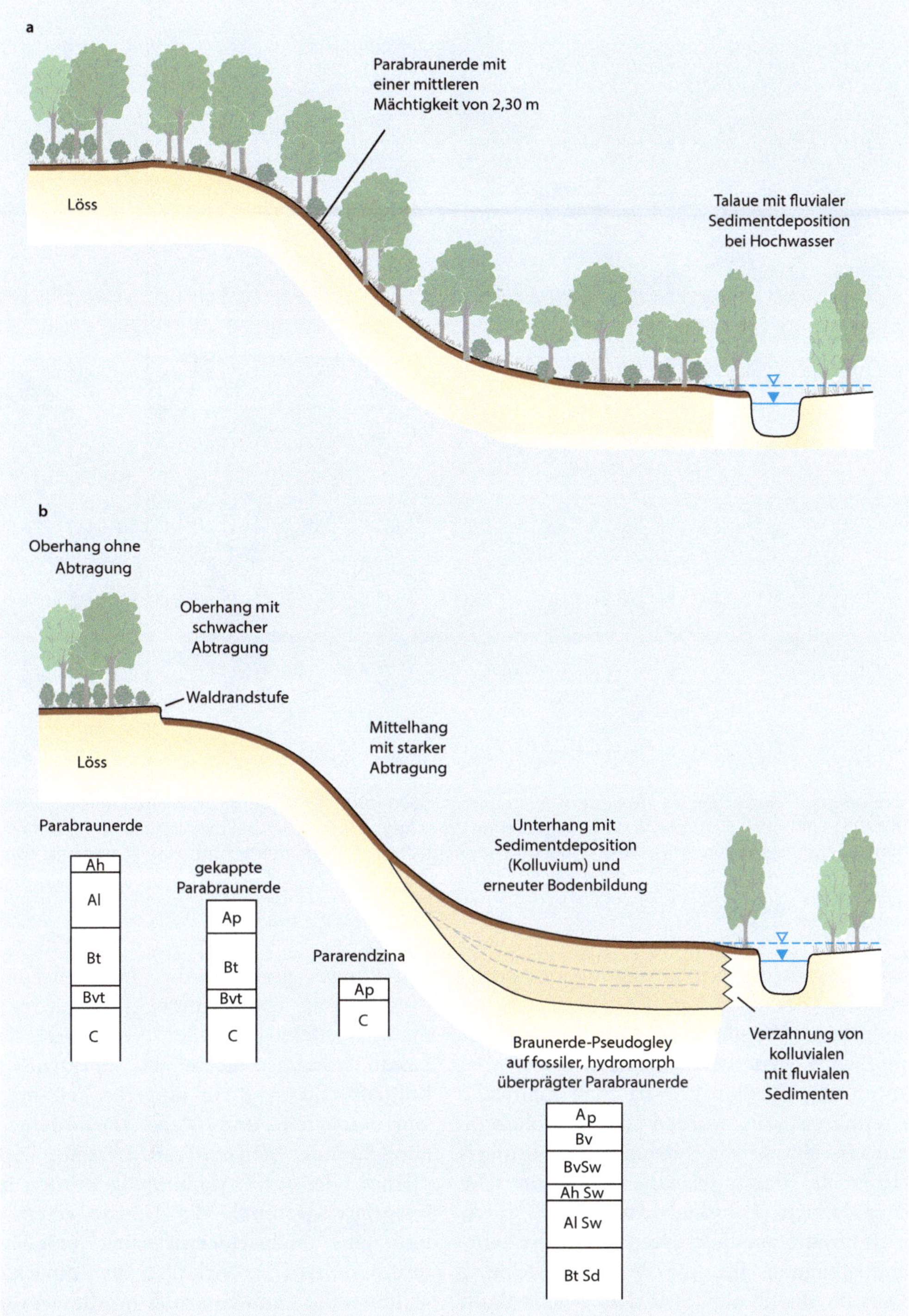

Abb. 19.2 Schematisierte Darstellung einer Hangcatena in einer Lössregion Mitteleuropas. **a** Catena vor Beginn der landwirtschaftlichen Nutzung. **b** Catena nach Beginn der landwirtschaftlichen Nutzung und den Wirkungen intensiver Bodenerosionsprozesse. (Verändert nach Eitel und Faust 2013, Abdruck mit Genehmigung von B. Eitel, D. Faust und Bildungshaus Schulbuchverlage, Westermann)

wieder ab 4400–3800 cal BC, wobei auch Regionen außerhalb der günstigen Lössstandorte besiedelt wurden (Schier 2009). Möglich war dies aufgrund neuer Anbautechniken, die durch Feuereinsatz das Unkraut bekämpften, durch Holzkohle die Albedo erniedrigten (= Bodenerwärmung) und durch Holzasche dem Boden Nährstoffe zuführen konnten (Rösch et al. 2017). Dadurch entstand auch eine durch Mikro-Pflanzenkohle schwarz gefärbte Parabraunerde, die früher als Schwarzerde angesprochen wurde (Gerlach et al. 2012; Gerlach 2017). Die neuen Anbautechniken ermöglichten nun auch an weniger günstigen Standorten mit feuchterem und kühlerem Klima eine erfolgreiche

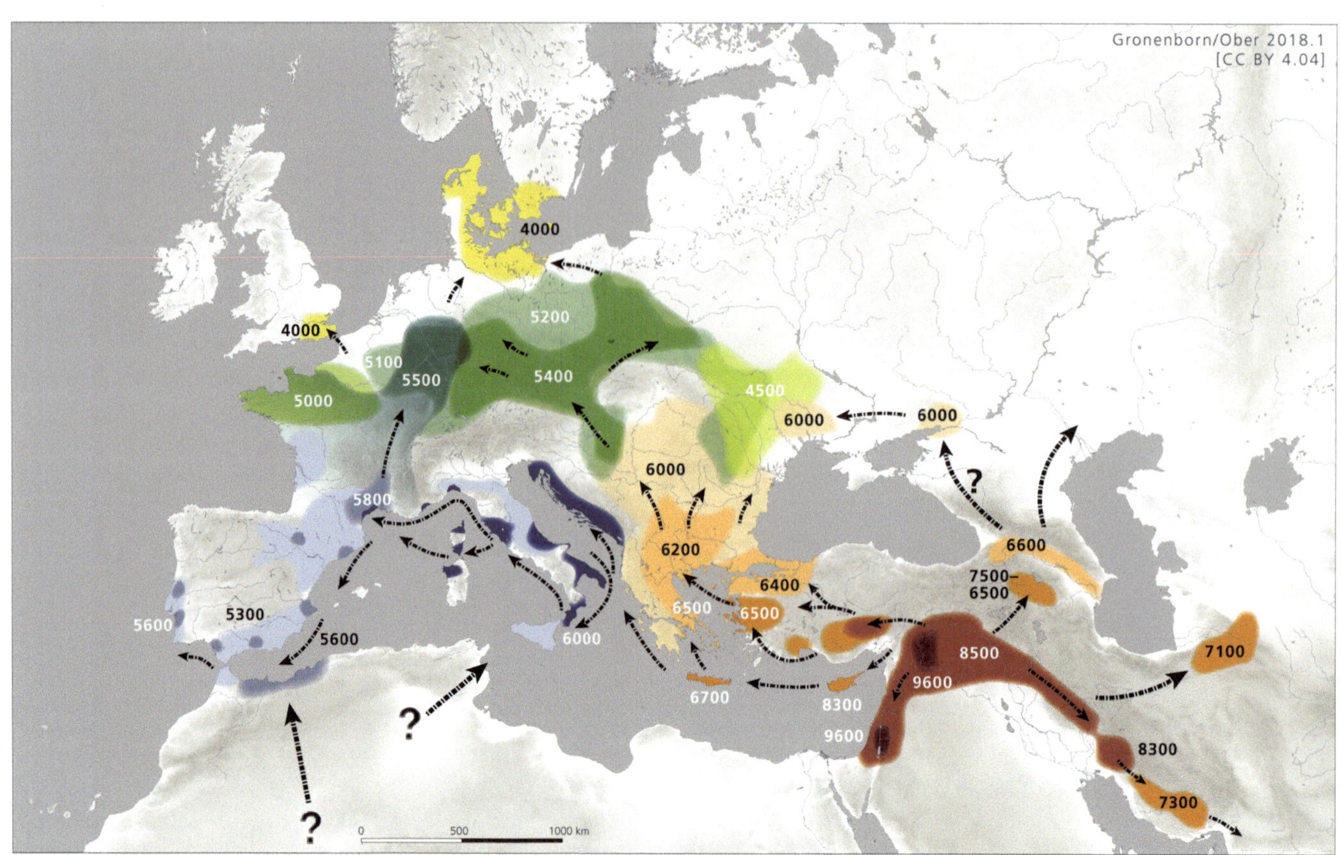

Abb. 19.3 Ausbreitung der bäuerlichen Lebensweise in Westeurasien, 9600–4000 cal BC. (Abdruck mit freundlicher Genehmigung durch © Gronenborn und Ober 2018 (Römisch-Germanisches Zentralmuseum) unter folgender Lizenz: Creative Commons Attribution 4.0 International (▶ http://creativecommons.org/licenses/by/4.0/). Diese Abbildung ist öffentlich verfügbar unter ▶ https://www.academia.edu/9424525/Map_Expansion_of_farming_in_western_Eurasia_9600_-_4000_cal_BC_update_vers._2018.1_AWRW)

Landwirtschaft und damit die Neolithisierung des nördlichen Voralpenlandes, des südlichen Küstengebietes der Ostsee, der Sandgebiete Westjütlands, Nordwestdeutschlands und der nördlichen Niederlande (Schier 2009).

Seit ihrer Einführung hat die Landwirtschaft zahlreiche Veränderungen erfahren. Sie wurden durch politische Rahmenbedingungen, ein sich wandelndes Ernährungsverhalten, die Höhe des durch pflanzliche und tierische Nahrungsmittel gedeckten Kalorienbedarfs oder durch agrartechnische Innovationen hervorgerufen. Eine entscheidende Randbedingung für die Weiterentwicklung der Landwirtschaft in Mitteleuropa seit dem Neolithikum war die Zunahme der Bevölkerungsdichte (Abb. 19.1) und die damit verbundene Steigerung des Nahrungsmittelbedarfs. Neben der Ausweitung der landwirtschaftlichen Nutzfläche erforderte dies eine **Intensivierung** des landwirtschaftlichen Produktionsprozesses durch Neuerungen, wie die Dreifelderwirtschaft, effektivere Pfluggeräte oder Düngemethoden. So wurde mit der Einführung der Zwei- und Dreifelderwirtschaft die Brache als regelmäßiges Element in das Anbausystem integriert und eine intensivere und dauerhaftere Nutzung der Ackerflächen ohne Erschöpfung der Bodennährstoffe ermöglicht (Seidl 2006). Die Einführung des **Pfluges**, insbesondere des wendenden Pfluges, gestaltete die Unkrautbekämpfung sowie die Einarbeitung von Ernterückständen in das Oberbodenmaterial effektiver. Zudem veränderte sich im Laufe der Landnutzungsgeschichte das Spektrum der angebauten **Kulturfrüchte,** z. B. in jüngerer Zeit mit der Einführung von Kartoffeln und Mais. Hackfrüchte oder stickstoffanreichernde Pflanzen (z. B. Luzerne, Lupinen) als Futterpflanze oder zur Gründüngung wurden in die Fruchtfolge integriert, wodurch die Brache ersetzt werden konnte und eine Mehrfelderwirtschaft möglich wurde. Einen umfassenden Überblick über die Entwicklungen und Innovationen der Landwirtschaft in Mitteleuropa seit dem Neolithikum bieten z. B. Lüning et al. (1997), Seidl (2006) und Schulze (2014).

Aus geomorphologischer Perspektive ist die Auswirkung der Innovationen auf den Bodenerosionsprozess entscheidend (Tab. 19.1). Die Wirkung der Brache hängt vor allem vom Typ der **Brache** ab. Die Erosionsanfälligkeit einer reinen Schwarzbrache (gepflügt, vegetationslos) ist deutlich höher als die einer Grünbrache mit Beweidung oder einer besömmerten Brache durch Leguminosen. Aufgrund der weiten Verbreitung der begrünten Brache (Seidl 2006; Abel 1978) ist der Einfluss dieser Innovation auf die Erosionsraten als gering einzustufen (Bork et al. 1998). Der

Tab. 19.1 Innovationen in der Landwirtschaft und ihre Bedeutung für den Bodenerosionsprozess

Innovationen in der Landwirtschaft (Auswahl)	Erläuterung	Auswirkung auf den Bodenerosionsprozess (− = mindernd + = steigernd)
Wintergetreide	Aussaat bereits im Herbst, d. h. längere Vegetationsbedeckung des Bodens gegenüber Sommergetreide	−
Hackfrüchte: Mais, Kartoffeln, Rüben	Großer Reihenabstand und erst spät nach der Aussaat eintretende ausreichende Bodenbedeckung Mais: hohe Pflanzenhöhe (Tropfwassererosion)	+
2- und 3-Felderwirtschaft	Einführung der Brache als regelmäßiges Element im Anbauzyklus Unterschiedliche Formen der Brache: Schwarzbrache, Grünbrache	Je nach Form der Brache + oder −
Verbesserte 3-Felderwirtschaft	Ersatz der Brache durch Anbau von Futterpflanzen, Hack- oder Blattfrüchten	−
Pflug, wendender Pflug	Je nach Gewicht der eingesetzten Maschinen: Zerstörung der Bodenstruktur, Verdichtung der Böden, effektivere Unkrautbekämpfung, Einarbeitung von Ernterückständen	+
Mechanisierung der Landwirtschaft: schweres Gerät	Zerstörung der Bodenstruktur Bodenverdichtung	+
Flurbereinigung	Vergrößerung der Ackerschläge	+
Waldweide, Streuentnahme, Plaggen aus Wäldern	Auflichtung und Verheidung der Waldbestände durch Verarmung der Böden und selektiven Abfraß	+

wendende Pflug hingegen wird den Bedeckungsgrad durch Unkräuter negativ beeinflusst und sich daher eher erosionsfördernd ausgewirkt haben. Der Anbau von Wintergetreide bedeutete eine längere Bedeckung des Bodens, da die Winterfrucht statt im Frühjahr bereits im Herbst gesät wird. Die Einführung von Kartoffeln und Mais ist dagegen wegen ihres weiten Reihenabstandes und der erst spät nach der Aussaat eintretenden Bodenbedeckung erosionsfördernd (Schwertmann 1987).

Auch in der Wald- und Forstwirtschaft existierten in historischer Zeit andere Nutzungsformen als heute. Insbesondere die **Waldweide** war in einem langen Zeitraum vom Neolithikum bis ins 19. Jh. eine weitverbreitete Nutzungsform. Schon die Wälder des Spätneolithikums zeigten ab etwa 3400 v. Chr. ein zunehmend vom Menschen verändertes Waldbild, erkennbar u. a. an einer Zunahme von Eichen (Brunotte et al. 1994). Diese frühen Wirtschaftswälder wandeln sich im Endneolithikum in stark aufgelichtete Wälder mit dem Charakter einer Parklandschaft. Die anthropogenen Veränderungen des Waldes können mit intensiver Viehwirtschaft (Waldweide) erklärt werden, möglicherweise in Kombination mit der Brandwirtschaft (Zimmermann et al. 2005) Übernutzung durch Waldweide fand auch verstärkt im Spätmittelalter und in der Frühneuzeit statt (Küster 1995). Hinzu kamen übermäßige Holznutzungen sowie Streu- und Humusentnahmen, die zur Verarmung der Waldböden und zur Verheidung führten. Inwieweit diese Nutzungsformen die Bodenerosion förderten oder minderten, ist kaum untersucht. Erst im 19. Jahrhundert führte die Einführung einer nachhaltigen und streng reglementierten Forstwirtschaft zu einem schonenderen Umgang mit der Ressource des Waldes.

Wertvolle Informationen für das Verständnis der historischen Landwirtschaft und der Randbedingungen vergangener Bodenerosionsprozesse liefern Untersuchungen der **experimentellen Archäologie,** wie das interdisziplinäre Projekt zum neolithischen Brandfeldbau in Forchtenberg in Baden-Württemberg (Ehrmann et al. 2009; Rösch et al. 2017).

19.2.2.2 Klimatische Einflüsse

Um den Einfluss der holozänen Klimaverhältnisse auf Bodenerosionsprozesse verstehen zu können, sind Kenntnisse darüber erforderlich, wie sich Niederschlag und Temperatur auf die prozessrelevanten Parameter auswirken. Dazu zählen (UBA 2011; Li und Fang 2016):

- Niederschlagsmenge und -intensität,
- Verteilung der Niederschläge innerhalb des Jahres,
- Auftrittszeitpunkte von Starkniederschlägen,
- Dauer der Vegetationsperiode bzw. Wachstumsphasen,
- Schneemenge,
- Bodenfeuchte.

Weiterhin müssen anbautechnische Daten in die Analyse integriert werden, wie:

- Aussaat, Ernte- und Bodenbearbeitungstermine,
- Auswahl der Kulturfrüchte.

Neben durchschnittlichen Temperatur- und Niederschlagsschwankungen ist die Bedeutung klimatischer

Extremereignisse für historische Bodenerosionsprozesse zu berücksichtigen. Laut einer Hypothese von Bork et al. (1998) fand in Deutschland im Zeitraum zwischen 1313 und 1350 AD etwa 50 % des gesamten mittelalterlich bis neuzeitlichen Bodenabtrags statt. Ein erheblicher Teil davon wird Extremniederschlägen zugeschrieben, insbesondere dem 1000-jährigen Niederschlagsereignis im Jahre 1342 AD.

Über den Einfluss **holozäner Klimaschwankungen** auf historische Bodenerosionsprozesse in Mitteleuropa ist bisher wenig bekannt. Beim Versuch, die relative Bedeutung von Klima und Mensch für die Entwicklung des Bodenerosionsprozesses zu quantifizieren, kommen Notebaert et al. (2011b) für das Einzugsgebiet der Dijle (Belgien) zu dem Ergebnis, dass seit dem frühen Holozän bis heute die klimatische Variabilität (angenommene Variabilität des Niederschlags: maximal 4 %) zu einer Zunahme der Bodenerosion um lediglich 9 % geführt hat, während Landnutzungsveränderungen eine Steigerung um 6000 % hervorgerufen haben sollen. Das bedeutet, dass während des gesamten Holozäns die Landnutzungsveränderungen einen deutlich stärkeren Einfluss auf die Bodenerosionsprozesse ausgeübt haben als die klimatischen Veränderungen.

Eine zeitlich und räumlich hochauflösende Untersuchung aus den rheinischen Lössbörden konnte fast alle Kolluviationsereignisse, d. h. Prozessereignisse der Sedimentdeposition, und dazwischen liegende Ruhezeiten, d. h. Zeiträume ohne Sedimentdepositionen, mit lokalen Landnutzungsänderungen in Verbindung bringen (Protze 2014). In einer Studie kommt Lang (2003) für die Lösshügelländer Süddeutschlands zu dem Schluss, dass, abgesehen von Extremereignissen, klimatische Veränderungen weniger direkt den Bodenerosionsprozess als vielmehr das menschliche Verhalten beeinflussten. Der Autor zählt dazu spezielle Anpassungsstrategien, z. B. die Aufgabe landwirtschaftlicher Nutzflächen aufgrund klimatischer Verschlechterungen, die Auswahl besser angepasster Kulturfrüchte oder die Änderung der Aussaat- oder Erntetermine. Untersuchungen zur Wirkung vergangener und zukünftiger Niederschlags- und/oder Temperaturvariabilitäten auf den Bodenerosionsprozess in Mitteleuropa und angrenzenden Gebieten zeigen eine komplizierte Beziehung zwischen Klimaveränderungen und Bodenerosion (Li und Fang 2016) (◘ Tab. 19.2).

19

Im Rahmen der in ◘ Tab. 19.2 berücksichtigten Klimavariabilität sind die klimatischen Einflüsse auf den Bodenerosionsprozess begrenzt. Die Simulationen zeigen, dass insbesondere **Bodenschutzmaßnahmen**, z. B. keine Bodenbearbeitung oder Grünlandnutzung, dazu führen, dass die angenommenen Niederschlags- bzw. Temperaturvariabilitäten keinen wesentlichen Einfluss auf die Bodenerosion haben (Klik und Eitzinger 2010; Scholz et al. 2008). Forschungsbedarf besteht allerdings darin, die Häufigkeit und Intensität von Extremereignissen in derartige Simulationen zu integrieren (Klik und Eitzinger 2010). Aufgrund der bisher verfügbaren Untersuchungen ist zu vermuten, dass die Landnutzung und die Bodenbearbeitung einen wesentlich stärkeren Einfluss auf historische Bodenerosionsprozesse hatten, als das Klima im Wertebereich seiner holozänen Schwankungen.

19.2.3 Rekonstruktion historischer Bodenerosionsprozesse

Die Intensität des Bodenerosionsprozesses während früherer Nutzungs- und Klimaepochen ist für zahlreiche wissenschaftliche und praktische Problemstellungen von hohem Interesse. Zum einen bietet das Verständnis vergangener Prozesse Aufschlüsse über mögliche zukünftige Entwicklungen, zum anderen ist eine Abschätzung der abgetragenen Böden und der akkumulierten Kolluvien und fluvialen Sedimente für weitergehende Fragestellungen von besonderer Bedeutung, wie dem Einfluss der Bodenerosion auf die kontinentalen Sedimentflüsse und Kohlenstoffbilanzen oder die in Sedimenten der Talauen gespeicherten Schadstoffe.

Zur Rekonstruktion historischer Bodenerosionsprozesse werden verschiedene **Sedimentarchive** herangezogen. Darunter werden unterschiedliche Sedimenttypen, wie Kolluvien, Sedimente fluvialer Schwemmfächer, Talauensedimente oder Seesedimente, verstanden, deren Eigenschaften Rückschlüsse auf die sedimentbildenden Prozesse zulassen. Das Sediment bildet, ähnlich einem Aktenschrank oder Gebäude (*archivum* = lat. Aktenschrank), ein Archivgut, das prozesskorrelate Informationen enthalten kann. Enthält das Sediment spezielle Bestandteile, z. B. durch Menschen erzeugte Holzkohlen in Kolluvien, liegt ein **Proxydatum** vor (*proxy* = engl. Stellvertreter). Es kann als ein indirekter Anzeiger der Bodenakkumulations- und -erosionsprozesse genutzt werden. Des Weiteren liefert der Profilaufbau der Böden, z. B. gekappte, d. h. erodierte Bodenprofile, wichtige Hinweise zum früheren Bodenerosionsprozess. Die Aussagekraft der Archive hinsichtlich des Bodenerosionsprozesses variiert aufgrund ihrer unterschiedlichen Entstehungsprozesse deutlich (Dotterweich 2008). **Historische Quellen**, z. B. dokumentierte Augenzeugenberichte über starke Bodenabträge während eines Starkniederschlags, bieten weitere Anhaltspunkte, mit denen die Informationen aus den Sedimentarchiven ergänzt werden können.

Wenn die frühere Bodenprofilmächtigkeit bekannt ist, kann anhand der durch den Bodenabtrag verkürzten Bodenprofile die ursprüngliche Bodenmächtigkeit abgeleitet werden. Zur Ermittlung des ursprünglichen Bodenprofils werden möglichst ungestörte Standorte herangezogen, z. B. solche mit langer Waldbedeckung. In den Lössgebieten Mitteleuropas ist die **Parabraunerde** der Bodentyp, der durch Bodenerosion unterschiedlich stark degradiert bzw. gekappt wurde (◘ Abb. 19.4a und b). Bei diesem Bodentyp dienen die Entkalkungsgrenze und die Ober- bzw. Untergrenze des B_t-Horizontes als Markerhorizonte. Es gilt dabei die Annahme, dass diese Grenzen in einer konstanten Tiefe unter der Geländeoberfläche ausgebildet waren. Ihre aktuelle Tiefe unter der Geländeoberfläche erlaubt es, den Bodenabtrag sowie die Überlagerung des Bodens durch Sedimente zu bestimmen. In der Regel wird eine mittlere Mächtigkeit des ursprünglichen Bodenprofils angenommen und auf das gesamte Untersuchungsgebiet übertragen. Diese

Tab. 19.2 Untersuchungen zum Einfluss vergangener oder zukünftiger Niederschlags- und/oder Temperaturvariabilität auf den Bodenerosionsprozess in Mitteleuropa; konv = konventionelle Bodenbearbeitung, red = reduzierte Bodenbearbeitung mit Zwischenfrüchten, kons = konservierende Bodenbearbeitung mit Zwischenfrüchten und Mulchen, keine = keine Bodenbearbeitung mit Zwischenfrüchten, z. T. mit Mulchen (Li und Fang 2016, erweitert)

Autoren	Untersuchungsgebiet V_1 und V_2 = Vergleichszeiträume	Klimavariabilität N = prozentuale Zu- oder Abnahme des Niederschlags [a, b] [%] T = Durchschnittliche Jahresmitteltemperatur [°C]	Relative Zu- oder Abnahme der Bodenerosion [%] (Referenzwert in t ha^{-1} a^{-1})
Notebaert et al. 2011b	Dijle (Belgien) (V_1 = um 7500 vor heute V_2 = heute)	N: +4[a]	+9 (0,042)
Klik und Eitzinger (2010)	NO Österreich (V_1 = 1961–1990 V_2 = 2040–2060)	N: −6,9[a] T: +1	Konv: +19,2 (2,6) Keine: −50 (0,4) Grünland: 0 (0)
Klik und Eitzinger (2010)	NO Österreich (V_1 = 1961–1990 V_2 = 2040–2060)	N: −5,4[a] T: +2,6	Konv: −53,9 (2,6) Keine: −50 (0,4) Grünland: 0 (0)
Klik und Eitzinger (2010)	NO Österreich (V_1 = 1961–1990 V_2 = 2040–2060)	N: −12,2[a] T: +1,3	Konv: +19,2 (2,6) Keine: −25 (0,4) Grünland: 0 (0)
Klik und Eitzinger (2010)	NO Österreich (V_1 = 1961–1990 V_2 = 2040–2060)	N: −17,9[a] T: +2,1	Konv: +53,9 (2,6) Keine: +250 (0,4) Grünland: 0 (0)
Scholz et al. (2008)	Oberösterreich (V_1 = 1960–1989 V_2 = 2070–2099)	N: −4,7[a]	Konv: −10,6 (11,4) Red: −18,7 (6,2) Kons: −24,1 (1,6) Keine: −14,3 (2,1)
Michael et al. (2005)	Hang bei Bernsdorf (Sachsen, Deutschland) (V_1 = 1981–2000 V_2 = 2035–2050)	N: −4,4[b]	Konv: +66 (3,4)
Michael et al. (2005)	Hang bei Methau (Sachsen, Deutschland) (V_1 = 1981–2000 V_2 = 2035–2050)	N: −4,4[b]	Konv: +22 (2)

[a]Bezug: durchschnittlicher Jahresniederschlag.
[b]Bezug: durchschnittlicher kumulativer Niederschlag aller Niederschlagsereignisse mit Intensitäten >0,1 mm min^{-1} für die Monate Juni, Juli und August

Methode ist auch in Einzugsgebieten anwendbar, deren Böden in solifluidalen Deckschichten (▶ Abschn. 5.5) entwickelt sind (Houben 2012; Brown et al. 2009).

Kolluvien bilden aufgrund ihrer relativ geringen Verlagerungsdistanz Hang- und Hangfußsedimente (▶ Abschn. 11.6.3). Das bedeutet, dass sie in der toposequenziellen Lage des Mittel- und Unterhanges sedimentiert wurden. Kolluviale Sedimente bilden somit das Archiv mit der kürzesten räumlichen Entfernung zur Sedimentquelle. Bei hohen Transportmengen können sie mikroskalige Talformen der oberen Einzugsgebiete vollständig verfüllen. Kolluviale Sedimentkörper werden durch Einzelniederschläge aufgebaut. Die dabei entstehenden einzelnen Schichten werden jedoch in der Regel durch die nachfolgende Bodenbearbeitung zerstört (▶ Kap. 11). Oftmals ist Fremdmaterial, wie Keramik oder Holzkohle (◘ Abb. 19.4c), in das kolluviale Material eingelagert, das deutliche Indizien für das Wirken des Menschen liefert (Preston 2001). Beides, das Sediment wie das Fremdmaterial, sollte zur Bestimmung des Verlagerungszeitraumes genutzt werden. Die Datierung des Sedimentes ergibt einen Zeitraum für seine letzte Verlagerung, während die Datierung der Fremdmaterialien ein Maximalalter der Depositionsprozesse liefert (Schulz 2007).

Das **räumliche Muster der Bodenerosion** und die Kolluvienakkumulation werden durch die Geomorphometrie des Hanges gesteuert. Der Abtrag erfolgt häufig im Ober- und Mittelhangbereich, die Akkumulation am Unterhang und in konkaven Hangbereichen sowie Mulden und Gräben (▶ Kap. 11). Durch die kleinparzellierte Landnutzung und die Begrenzung einzelner Ackerschläge in den historischen Landnutzungsphasen durch Hecken, Mauern und Pflanz-

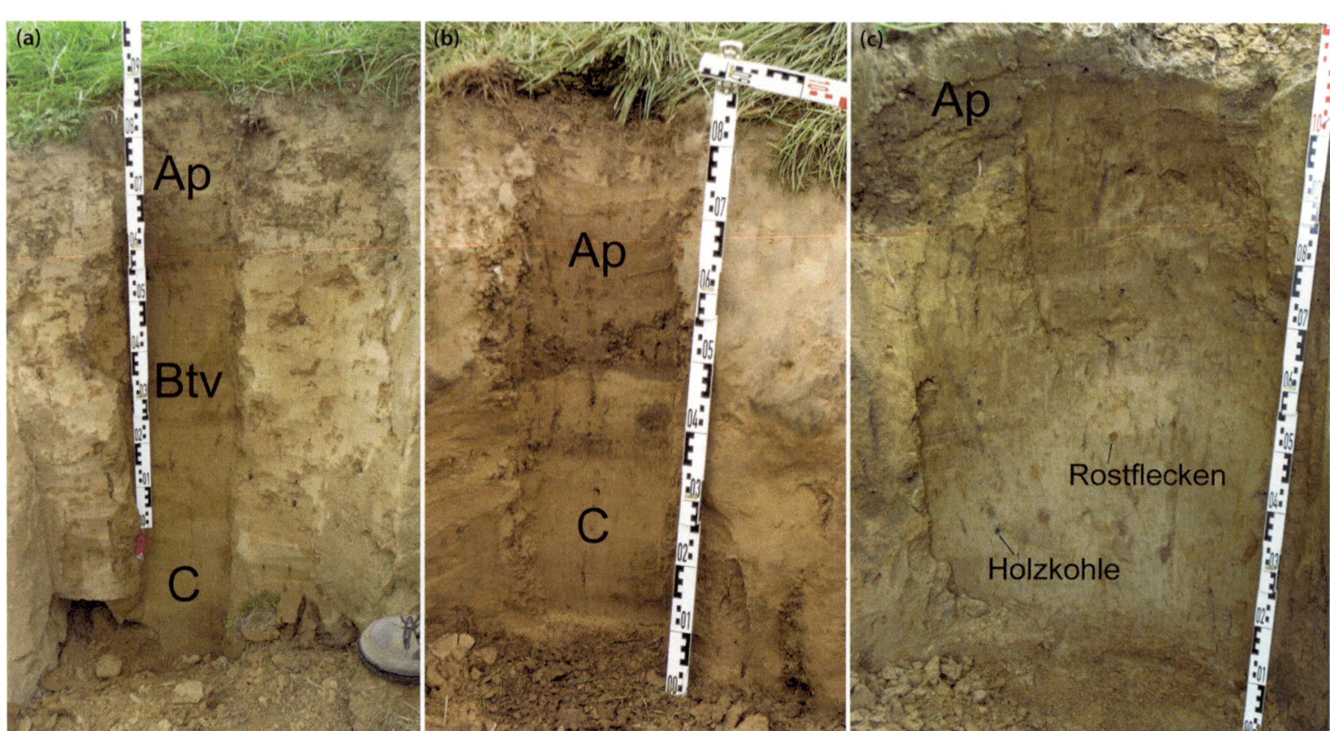

Abb. 19.4 Folgen der Bodenerosion auf dem Versuchsgut Frankenforst im Pleiser Hügelland bei Bonn. **a** Degradierte Parabraunerde mit einer Mächtigkeit von 85 cm. Der Bodenverlust beträgt 145 cm (230–285 cm). **b** Pararendzina mit einer Mächtigkeit von 35 cm. Der Bodenverlust beträgt mindestens 195 cm (230–235 cm). **c** Kolluvium mit einer Mächtigkeit von 110 cm. Die Einlagerungen von Holzkohle sowie rötliche Rostflecken durch die Pseudovergleyung sind deutlich zu erkennen. (Quelle: R. Dikau)

streifen haben sich diese Muster im Laufe der Nutzungsgeschichte immer wieder verändert. Die **Sedimentkaskaden** des Hangsystems wurden stark modifiziert, sodass, abweichend vom Catena-Prinzip, an zahlreichen Lokalitäten äußerst irreguläre Muster von Erosion und Deposition entstanden sind (Abb. 19.5). In einer Studie von Peter Houben wurden Kolluvien in sämtlichen Formelementetypen und toposequenziellen Lagen des Hanges ermittelt (Houben 2008). Die hohen Korrelationen zwischen der Hangposition, der Wölbung und der Hangneigung und den kolluvialen Sedimentmächtigkeiten anderer Studien konnten dabei nicht bestätigt werden.

In Mitteleuropa erreichen Kolluvien unterschiedliche Mächtigkeiten. Sie sind von folgenden Einflüssen abhängig:

19

- Depositionsort,
- Intensität des Bodenerosionsprozesses,
- Dauer der Landnutzung,
- zeitlich nachfolgende Remobilisierungsprozesse,
- Grad der Hang-Gerinne-Kopplung,
- Austrag des mobilisierten Materials in das fluviale System.

Beispiele für mächtige Kolluvien werden in Tab. 19.3 aufgeführt.

Talauensedimente, die auch als Alluvien oder Hochflutsedimente bezeichnet werden, sind nur indirekt mit dem Bodenerosionsprozess auf den Hängen verknüpft, da das Material zunächst aus dem Hangsystem ausgetragen und flussabwärts durch Hochwasser als fluviales Sediment in den Talauen akkumuliert wird (▶ Kap. 12). Talauen haben ein größeres Einzugsgebiet als das Formelement des Hangfußes und enthalten ein integrales Mischsignal aus den im gesamten Einzugsgebiet stattfindenden Erosions-, Transport- und Depositionsprozessen. Ausschlaggebend für die Aussagekraft fluvialer Sedimente für den Bodenerosionsprozess ist der Grad der **Hang-Gerinne-Kopplung** (▶ Kap. 3). Rückschlüsse auf den Bodenerosionsprozess im Hangsystem sind daher nur sehr bedingt zu ziehen. Zudem ist im fluvialen Archiv ein klimatisches Signal enthalten, dessen relative Bedeutung gegenüber dem anthropogenen Signal schwierig zu interpretieren ist. Einen umfassenden Überblick zu dieser Thematik in west- und mitteleuropäischen Flusssystemen liefern Notebaert und Verstraeten (2010).

Seesedimente können ein zeitlich sehr hoch aufgelöstes Signal des Sedimenteintrags in Seen enthalten. Falls eine Prozesskopplung vorliegt, enthalten die Sedimentschichten eines Seebodens ein kumulatives Signal der im Einzugsgebiet stattfindenden geomorphologischen Prozesse. Dieses Signal kann sich allerdings im Zeitverlauf der Seeentwicklung verändern. Die Seesedimente als Proxy für den Bodenabtrag im Einzugsgebiet zu verwenden, ist daher mit Problemen verbunden, die eine besondere wissenschaftliche Analyse erfordern. Dazu zählt insbesondere, dass das Seesediment keine Auskunft über das im Hangsystem

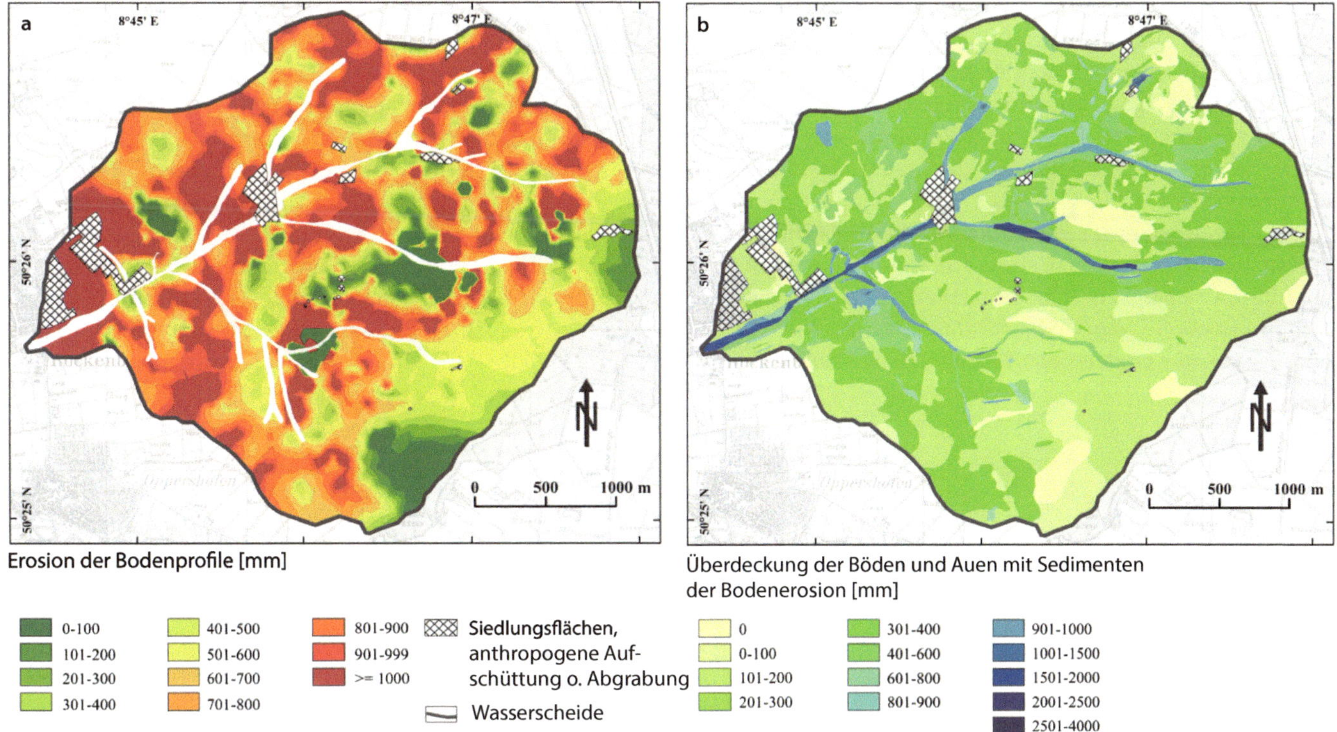

Abb. 19.5 Beträge und Verbreitungsmuster der holozänen Bodenerosion und Überdeckung im Rockenberg-Einzugsgebiet in der Wetterau. Bodenerosion und -deposition weisen ein kleinräumig hoch variables Muster auf. Erosionsmengen von oberflächennahem Untergrund ohne Horizontausbildung sind nicht erfasst worden. (Aus Houben 2008, Abb. 3, S. 178. Abbildung und Genehmigung von P. Houben zur Verfügung gestellt)

Tab. 19.3 Auswahl von Fallstudien der Kolluvien-Forschung mit Angabe sehr mächtiger kolluvialer Sedimente

Region	Mächtigkeiten	Autoren
Lahr-Emmendinger Vorbergzone	6 m (mittlere Mächtigkeit)	Seidel und Mäckel (2007)
Kaiserstuhl	5 m (mittlere Mächtigkeit)	Seidel und Mäckel (2007)
Pleiser Hügelland bei Bonn	6 m (maximale Mächtigkeit)	Preston (2001)
Kölner Bucht (Altdorfer Delle)	4,5 m (maximale Mächtigkeit)	Schulz (2007)
Kölner Bucht (Elsbachtal)	7 m (maximale Mächtigkeit, Aufbau seit der Eisenzeit)	Becker (2005)
Kölner Bucht (Merzbachtal)	3–5 m (Aufbau seit der Römerzeit)	Schalich (1978)
Pulheimer Bach	6 m (Aufbau seit der Römerzeit)	Gerlach (2006)
Vilstal (Oberpfalz)	>7 m (maximale Mächtigkeit)	Beckmann (2007)

gespeicherte Sediment geben kann. Entscheidend ist hier die Kopplung zwischen dem Hang- und dem Seesystem. Generell genügt es also nicht, lediglich ein Archiv zu nutzen, um historische Bodenerosionsraten zu quantifizieren, ohne die geomorphologische Struktur und Dynamik des Liefergebietes verstanden zu haben. Nur möglichst vollständige Sedimentbilanzen und die Quantifizierung von Abtrag, Sedimentspeicherung und Austrag in allen Komponenten der Sedimentkaskade können verlässliche Aussagen zur historischen Bodenerosion und den Sedimentflussprozessen im Einzugsgebiet liefern.

19.2.4 Holozäne Sedimentbilanzen

Die quantitative Rekonstruktion von Bodenerosionsprozessen der Vergangenheit und des menschlichen Einflusses auf die Sedimentflüsse in Hang- und Flusssystemen erfordert einen holistischen Ansatz. Das bedeutet, dass sämtliche Quellen- und Senkenkomponenten der Sedimentkaskade und ihre Kopplungen analytisch zu erfassen sind (▶ Kap. 3). Der geomorphologische Ansatz der Sedimenthaushaltsmodellierung (▶ Kap. 4) erfüllt diese Anforderung und wurde in der historischen Bodenerosionsforschung

z. B. durch Schulz (2007), Houben (2008, 2012), Notebaert et al. (2011a) oder Smetanová et al. (2017) angewandt.

Auf Basis einer Sedimentbilanz für das Rockenberg-Einzugsgebiet in der Wetterau untersuchte Houben (2008, 2012) auf einer Zeitskale von 7500 Jahren die Funktionsweise einer Sedimentkaskade, die durch das langjährige landwirtschaftliche Wirken des Menschen beeinflusst ist. Dabei identifiziert der Autor die **Hänge als primären Sedimentspeicher,** der 62 % des erodierten Bodenmaterials aufnimmt. Lediglich 9 % verbleiben nach Verlassen des Hangsystems in den Talauen des Einzugsgebietes. 29 % des Materials verlassen das Einzugsgebiet über das fluviale System (◘ Abb. 19.6a). Die Talauen bilden in dieser Studie eher einen untergeordneten Sedimentspeicher. Der quantitativen Rekonstruktion der historischen Bodenerosion auf Basis von Proxydaten fluvialer Sedimente sind somit analytische Grenzen gesetzt.

Zeitlich differenzierte Sedimentbilanzen ermöglichen es, die zeitliche Entwicklung der einzelnen Komponenten des Systems sowie die Veränderung ihrer Bedeutung in der Sedimentkaskade zu erfassen. Anhand von Sedimentbilanzen ermitteln Notebaert et al. (2011a) eine Zunahme der Bodenerosion im Einzugsgebiet der Dijle in Belgien (758 km²) für drei verschiedene Zeitphasen um das

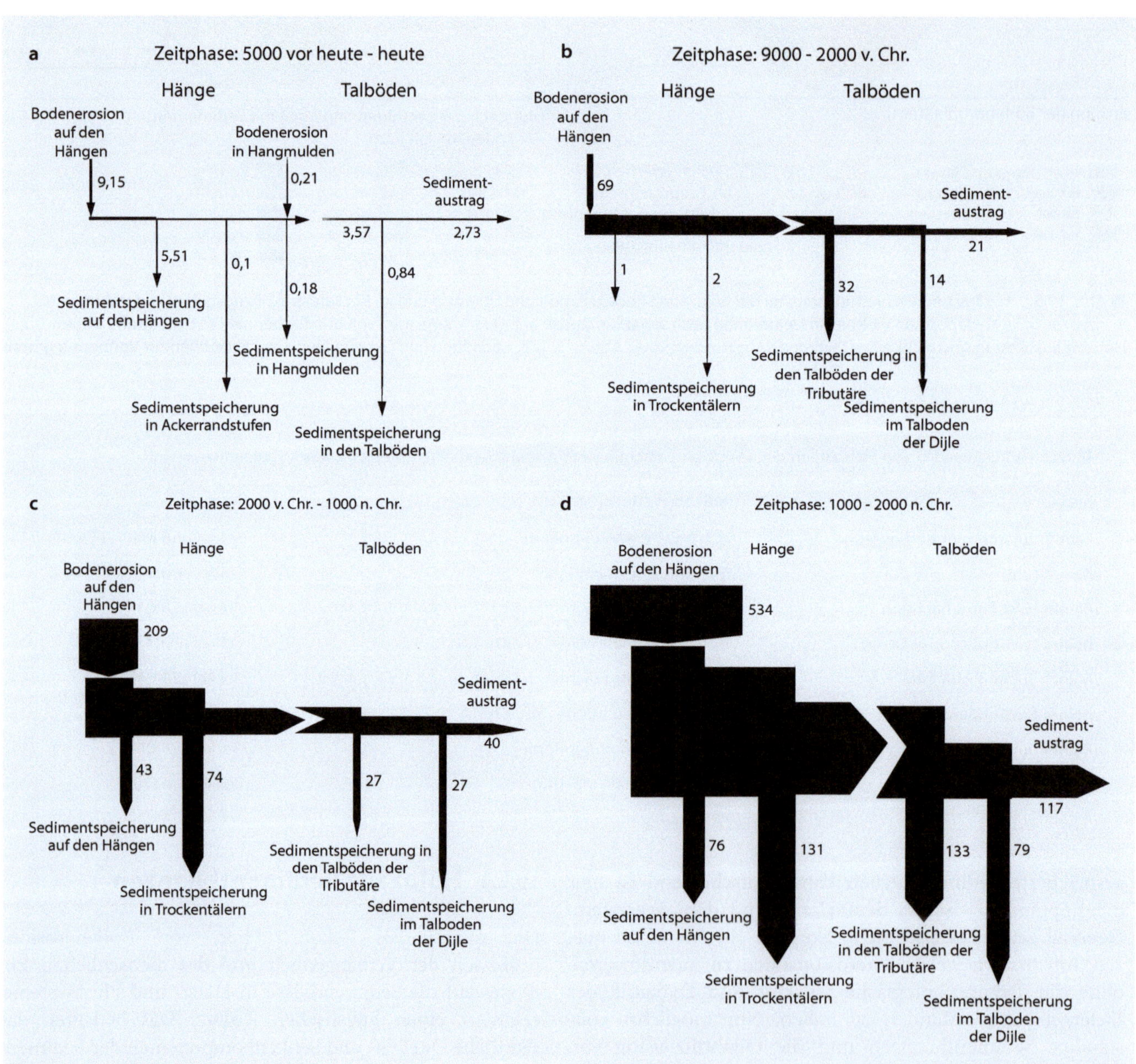

19

◘ **Abb. 19.6** Beispiele für Sedimentkaskaden und holozäne Sedimentbilanzen bodenerosiver Systeme in Mitteleuropa (Angaben in Mt). **a** Sedimentbilanz des Einzugsgebietes Rockenberg (10 km²) in der Wetterau für die 5000-jährige Phase landwirtschaftlicher Nutzung. (Verändert nach Houben 2012, © Abdruck mit Genehmigung von Elsevier). **b, c, d** Sedimentbilanzen des Einzugsgebietes der Dijle in Belgien (758 km²) für drei historische Zeitphasen seit 9000 v. Chr. bis heute. (Verändert nach Daten aus Notebaert et al. 2011a)

Dreifache und folgend um das 2,5fache (Abb. 19.6b). Die Bilanz zeigt die starke Bedeutung des kolluvialen Speichers im Zeitraum 2000 v. Chr. bis 1000 n. Chr., während ab 1000 n. Chr. der fluviale Speicher an Bedeutung gewinnt. Auf der Zeitskale des gesamten Holozäns zeigt diese Fallstudie ähnliche Sedimentspeichermengen im Hangsystem und in den Talauen. Erkennbar ist ein zeitverzögerter Beginn des Anstiegs der Talauensedimentation gegenüber der kolluvialen Deposition. Die Zeitverzögerung führen die Autoren auf einen Schwellenwert der Bodenerosion und des Sedimenttransportes in die Talauen zurück.

19.2.5 Skalen und Regionalisierung

Die Bilanzierung von Sedimenten auf der Skale des Einzugsgebietes erfordert es, Daten von Bohrpunkten mit wenigen cm^2 Flächengröße auf größere Flächen zu übertragen. Dieses Verfahren wird auch als *upscaling* oder **Regionalisierung** bezeichnet. Damit verbunden ist eine Auseinandersetzung mit dem in der Geomorphologie ubiquitären Skalenphänomen von Reliefformen und Prozessen (▶ Kap. 3). Außerdem kann die Sedimentationsgeschichte zwischen den einzelnen Standorten eines Einzugsgebietes stark variieren, was als Ausdruck der Singularität und historischen Kontingenz dieser Systeme angesehen werden muss. Daher können die Erkenntnisse, die an einem Standort aus einem Archiv gewonnen werden, nicht ohne Weiteres auf Reliefeinheiten der gleichen Skale übertragen oder gar auf das gesamte Einzugsgebiet extrapoliert werden. Die Herausforderung für die multiskalige Analytik besteht darin,

- die kleinskaligen Unterschiede von Abtrag und Deposition, d. h. ihre Singularität, zu erfassen
- sowie deren Auswirkungen auf großräumige Sedimentbilanzen, z. B. mithilfe von Bodenkarten, abzuschätzen.

Aufgrund dieser Problemstellungen ist eine methodische Konzeption erforderlich, die Punkt-Fläche-Transformationen ermöglicht und die diversen Datenquellen und -typen sowie ihre Methoden integriert. Ein international erstmaliger Versuch zur Systematisierung dieser systemisch und methodologisch höchst anspruchsvollen Problemstellung und ihrer Lösung wurde von Schlummer et al. (2014) vorgestellt. Die Punkt-Fläche-Transformation dieser Studie bezieht Ansätze der Regionalisierung zur Ermittlung von Erosionstiefen und Kolluvienmächtigkeiten auf Basis verschiedener Datenquellen und Modelltypen ein (Tab. 19.4). Dazu zählen Bodenerosionsmodelle oder verschiedene statistische Verfahren, die Bodentiefen und Sedimentmächtigkeiten an einzelnen Bohrstandorten extrapolieren. Beim APU-Ansatz basieren die empirischen Befunde auf der durchschnittlichen Erosionstiefe und Kolluvienmächtigkeit einer geomorphologischen Reliefeinheit, die durch eine Klassifikation der Hangneigung ermittelt wird. Die innerhalb jeder Reliefeinheit verfügbaren punkthaften Daten, d. h. Bodentiefen und Sedimentmächtigkeiten an einzelnen Standorten, werden gemittelt und auf die gesamte Fläche der Reliefeinheit extrapoliert (Rommens et al. 2005).

19.2.6 Historische und aktuelle Bodenerosionsraten

In einer deutschlandweiten Analyse datierter Kolluvien ermitteln Dreibrodt et al. (2010) mittlere historische Bodenerosionsraten für verschiedene historische Landnutzungsphasen (Abb. 19.7, Tab. 19.5). Diese Studien zeigen einen diskontinuierlichen **Anstieg der Bodenerosionsraten** in den vergangenen 7500 Jahren. Phasen geringen Bodenabtrags, wie das Neolithikum, die Römerzeit sowie die römische Eisenzeit und das beginnende Frühmittelalter, alternieren mit Phasen hoher Raten, wie der späten Bronzezeit, der Übergang zur vorrömischen Eisenzeit, das Mittelalter und die Neuzeit. Nach den Befunden dieser Analyse haben sich die Raten vom Neolithikum bis zur Neuzeit mehr als verzehnfacht. Der für Europa geschätzte **tolerierbare Bodenabtrag** von 0,3–1,4 t ha^{-1} a^{-1} (Verheijen et al. 2009) wurde damit bereits in der Bronzezeit überschritten (Tab. 19.5). Bei derartigen

Tab. 19.4 Regionalisierungsansätze in der historischen Bodenerosionsforschung. APU = *average per unit approach*. IDW = *inverse distance weighting* (Schlummer et al. 2014)

Modellierungsansatz	Datenquellen	Autoren
Kartengestützter Ansatz basierend auf geowissenschaftlicher Kartierung und Kartenmodellen	Räumliche Verbreitung von Kolluvien in Bodenkarten (1:10.000; 1:50.000) und Geologischen Karten (1:25.000)	Van Hooff und Jungerius (1984) Seidel und Mäckel (2007) Förster und Wunderlich (2009)
Interpolationsverfahren (Kriging, IDW)	Punktuelle Erosionstiefe und Kolluvienmächtigkeit aus Bohrstockkartierungen	Fuchs et al. (2011) Rommens et al. (2005)
Mittelung und Extrapolation (APU)	Punktuelle Erosionstiefe bzw. Kolluvienmächtigkeit aus Bohrstockkartierungen in Kombination mit einem DHM (Hangneigung)	Rommens et al. (2005) Notebaert et al. (2009)
Numerische Modellierung (Bodenerosionsmodelle, z. B. WATEM/SEDEM)	DHM Bodenkarten Landnutzungsdaten	De Moor und Verstraeten (2008) Notebaert et al. (2011b)

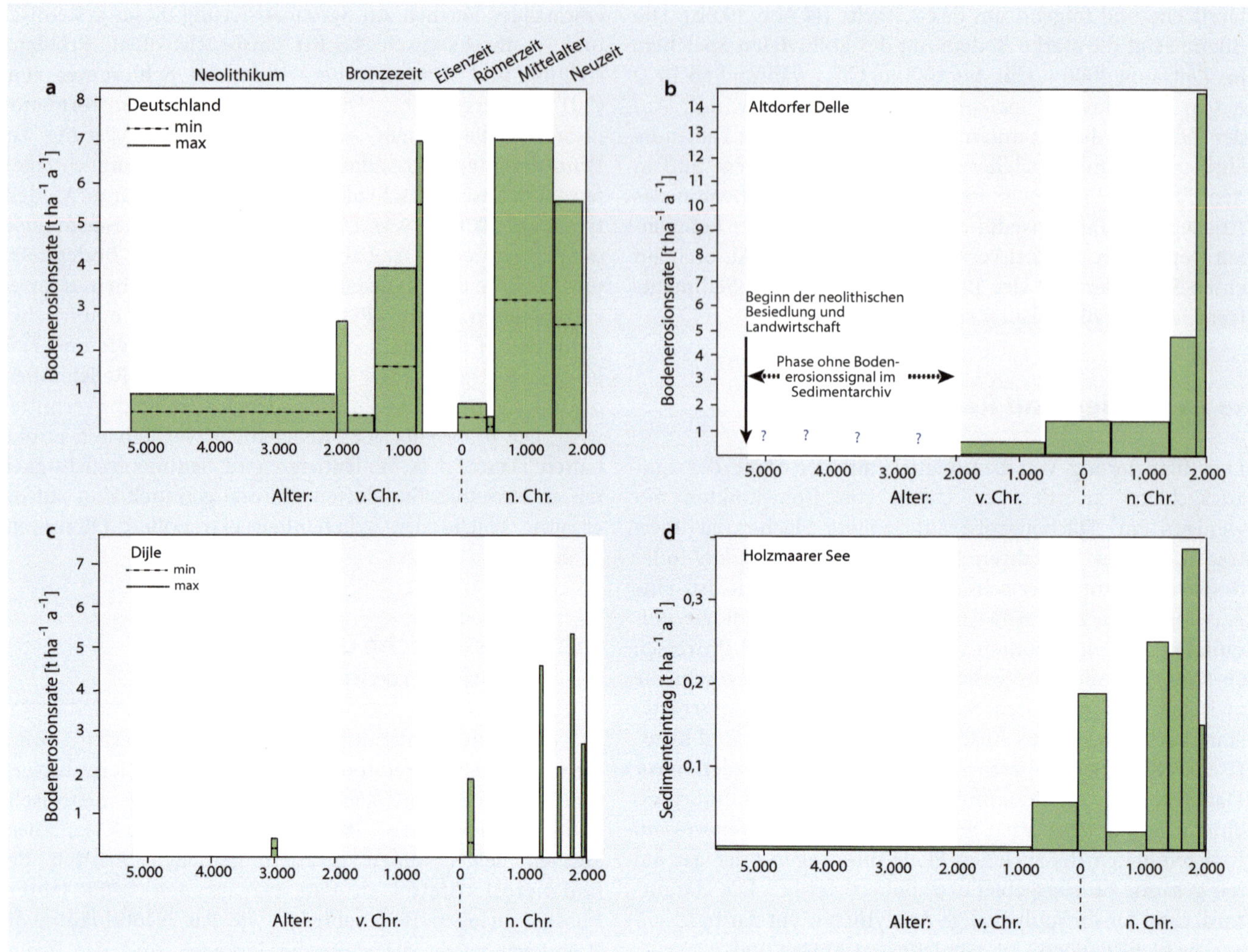

Abb. 19.7 Bodenerosionsraten für verschiedene historische Landnutzungsphasen aus verschiedenen Studien und Regionen in Mitteleuropa. **a** Deutschland. (Nach Daten aus Dreibrodt et al. 2010) **b** Altdorfer Delle in der Kölner Bucht. (Nach Daten aus Schulz 2007) **c** Einzugsgebiet der Dijle in Belgien. (Nach Daten aus Notebaert et al. 2011b) **d** Sedimenteintrag in den See des Holzmaares in der Eifel. (Nach Daten aus Zolitschka 1998)

Mittelungen lokaler Bodenerosionsraten zur Schätzung höherskaliger, regionaler Daten ist zu berücksichtigen, dass die ausgewählten Standorte vermutlich nicht ausreichend repräsentativ sind, um sie als Basis für eine Regionalisierung zu verwenden. Die Regionalisierung lokaler Daten auf die Fläche Mitteleuropas bleibt daher ein interessantes zukünftiges Forschungsproblem.

19

Auf **kleinerer Raumskale** ist die Untersuchung von Schulz (2007) die z. Z. umfassendste empirische Studie zur Sedimentbilanzierung. In dem seit dem Neolithikum kontinuierlich besiedelten, aus Löss aufgebauten Einzugsgebiet der Altdorfer Delle (Größe: 1,2 ha) in der Kölner Bucht wurde im Zeitraum der letzten 4000 Jahre insgesamt 670.500 m^3 Boden erodiert. Dies entspricht einer mittleren Tieferlegung des Einzugsgebietes um 52 cm oder 0,13 mm a^{-1}. Dem entspricht eine mittlere jährliche Bodenerosionsrate von 2,1 t ha^{-1}. Von der Bronzezeit bis zum 19. und 20. Jahrhundert sind die Bodenerosionsraten um mehr als das 20fache angestiegen (Abb. 19.7b, Tab. 19.5). Obwohl die Altdorfer Delle allein in der Linearbandkeramik (5500–5000 v. Chr.) für mehr als zwei Jahrhunderte besiedelt war (Clare et al. 2014), identifiziert Schulz (2007) keine Kolluvien, die in das Neolithikum datieren und entsprechend keine neolithische Bodenerosion.

Dem Schließverfahren der Abduktion folgend sind für das **Fehlen neolithischer Kolluvien** multiple Hypothesen für Ursachen mit unterschiedlicher Wahrscheinlichkeit aufzustellen:

- Die neolithische Landnutzung verursachte nur eine sehr geringe Bodenerosion und damit geringe Depositionen kolluvialer Sedimente.
- Auf den Hochflächen wurde Ackerbau betrieben, die Hänge waren jedoch bewaldet, sodass es keine Eintragspfade in die Täler gab.
- Neolithische Kolluvien wurden vornehmlich in siedlungsnahen Gruben und den Mulden des periglazialen Mikroreliefs auf der Hochfläche akkumuliert, die nicht durch die ausgewählten Beprobungsstandorte erfasst werden konnten (Gerlach et al. 2012).

Tab. 19.5 Beispiele für Bodenerosionsraten in Mitteleuropa für unterschiedliche historische Landnutzungsphasen. Die Rekonstruktion der Bodenerosionsraten basiert auf der Bilanzierung von Kolluvien (K), auf der Bilanzierung des abgetragenen Bodenkörpers anhand der Profilverkürzung der Parabraunerde (P) oder auf der Modellierung mit Bodenerosionsmodellen (M)

Kulturphase und Zeitskale	Untersuchungsgebiet und Flächengröße (ha)	Bodenerosionsrate ($t\ ha^{-1}\ a^{-1}$)	Autoren
Neolithikum			
4700–2650 v. Chr.	Falloh (2,16)	$0{,}1–0{,}6^{K}$	Reiß et al. (2009)
3800–2500 v. Chr.	Reddersknüll (1,15)	$0{,}2–1{,}4^{K}$	Reiß et al. (2009)
Um 3000 v. Chr.	Dijle (75.800)	$0{,}15–0{,}3^{M}$	Notebaert et al. (2011b)
Neolithikum	Regionale Schätzung für Deutschland (ohne Grabenerosion)	0,5–0,9	Dreibrodt et al. (2010)
Metallzeiten/Römerzeit			
Frühe Bronzezeit	Einzugsgebiet unterhalb des neolithischen Erdwerks Salzmünde (2,74)	$0{,}4–0{,}6^{K}$	Dreibrodt et al. (2013)
2000–600 v. Chr.	Altdorfer Delle (1,02)	$0{,}6^{P}$	Schulz (2007)
Späte Bronzezeit	Regionale Schätzung für Deutschland (ohne Grabenerosion)	1,6–4	Dreibrodt et al. (2010)
Eisenzeit	Glasow (2,3)	$1{,}5^{K}$	Bork et al. (1998)
600 v. Chr. – 450 n. Chr.	Altdorfer Delle (1,02)	$1{,}4^{P}$	Schulz (2007)
50–400 n. Chr.	Falloh (2,16)	$0{,}6^{K}$	Reiß et al. (2009)
Um 200 n. Chr.	Dijle (75.800)	$0{,}26–1{,}91^{M}$	Notebaert et al. (2011b)
Übergang zur vorrömischen Eisenzeit	Regionale Schätzung für Deutschland (ohne Grabenerosion)	5,5–7	Dreibrodt et al. (2010)
Römische Eisenzeit/Römisches Reich	Regionale Schätzung für Deutschland (ohne Grabenerosion)	0,4–0,7	Dreibrodt et al. (2010)
Mittelalter			
450–1350 n. Chr.	Altdorfer Delle (1,02)	$1{,}4^{P}$	Schulz (2007)
800–1200 n. Chr.	Reddersknüll (1,15)	$1{,}2^{K}$	Reiß et al. (2009)
Um 1300 n. Chr.	Dijle (75.800)	$4{,}62^{M}$	Notebaert et al. (2011b)
1100–1300 n. Chr.	Glasow (2,3)	$1{,}8^{K}$	Bork et al. (1998)
Mittelalter	Einzugsgebiet unterhalb des neolithischen Erdwerks Salzmünde (2,7)	$2{,}5–3{,}5^{K}$	Dreibrodt et al. (2013)
Beginnendes Frühmittelalter	Regionale Schätzung für Deutschland (ohne Grabenerosion)	0,2–0,4	Dreibrodt et al. (2010)
Mittelalter	Regionale Schätzung für Deutschland (ohne Grabenerosion)	bis zu 3,3–7	Dreibrodt et al. (2010)
Neuzeit bis um 1800			
1210–1800 n. Chr.	Wolfsschlucht (6)	10^{K}	Bork et al. (1998)
1350–1780 n. Chr.	Glasow (2,3)	$0{,}9^{K}$	Bork et al. (1998)
1350–1800 n. Chr.	Altdorfer Delle (1,02)	$4{,}8^{P}$	Schulz (2007)
Frühneuzeit	Einzugsgebiet unterhalb des neolithischen Erdwerks Salzmünde (2,47)	$2{,}7–3{,}5^{K}$	Dreibrodt et al. (2013)
Um 1650 n. Chr.	Dijle (75.800)	$2{,}11^{M}$	Notebaert et al. (2011b)
Um 1775 n. Chr.	Dijle (75.800)	$5{,}3^{M}$	Notebaert et al. (2011b)
19. bis 21. Jahrhundert			
1800–1934 n. Chr.	Glasow (2,3)	$1{,}5^{K}$	Bork et al. (1998)
1800–2001 n. Chr.	Altdorfer Delle (1,02)	$14{,}5^{P}$	Schulz (2007)

(Fortsetzung)

Tab. 19.5 (Fortsetzung)

Kulturphase und Zeitskale	Untersuchungsgebiet und Flächengröße (ha)	Bodenerosionsrate ($t\ ha^{-1}\ a^{-1}$)	Autoren
1935–1995 n. Chr.	Glasow (2,3)	24^{K}	Bork et al. (1998)
Aktuell	Einzugsgebiet unterhalb des neolithischen Erdwerks Salzmünde (2,8)	$4{,}4–13{,}3^{K}$	Dreibrodt et al. (2013)
Neuzeit	Regionale Schätzung für Deutschland (ohne Grabenerosion)	2,5–5,5	Dreibrodt et al. (2010)
Aktuell	Dijle (75.800)	$2{,}73^{M}$	Notebaert et al. (2011b)
Aktuell	Regionale Schätzung für Deutschland (ohne Grabenerosion)	2,7	Auerswald et al. (2009)

- Neolithische Kolluvien wurden in nachfolgenden Landnutzungsphasen remobilisiert und ausgetragen.
- Neolithische Kolluvien wurden nach ihrer Ablagerung durch bodenbildende Prozesse derart modifiziert, dass ihre Identifikation heute erschwert oder verhindert wird (Gerlach et al. 2012).

Aus dieser Vielfalt an Hypothesen wird ersichtlich, wie notwendig es ist, monokausalen Erklärungen kritisch zu begegnen und abduktive Schließverfahren einzusetzen.

In einer Modellierungsstudie auf **größerer Raumskale** simulierten Notebaert et al. (2011b) für verschiedene historische Landnutzungsszenarien Bodenerosionsprozesse und Sedimentdepositionen für das Einzugsgebiet der Dijle in Belgien (758 km^2) (Abb. 19.7c). Die Autoren ermitteln Steigerungen der Bodenerosionsraten vom Neolithikum bis heute um das 9- bis 18fache (Tab. 19.5). Für die Zeitspanne vom Neolithikum bis zur Frühneuzeit beobachten sie gar eine Steigerung um das 18- bis 35fache. Der Vergleich dieser Modellierungsstudie:

- mit den empirischen Befunden für das Einzugsgebiet der Dijle (Notebaert et al. 2011a) und
- den Ergebnissen von Schulz (2007) für die Altdorfer Delle

zeigt, dass beide Methoden vergleichbare Größenordnungen der Bodenerosionsraten für die historischen Landnutzungsphasen ermitteln. Zu berücksichtigen ist jedoch, dass die unterschiedliche zeitliche Auflösung der Studien keinen direkten Vergleich erlaubt. Für die heutige Landnutzungsphase liegt die modellierte Rate allerdings deutlich unter der in der empirischen Studie ermittelten Rate (Notebaert et al. 2011a). Auch wenn hinsichtlich der Validierung der Modelle Forschungsbedarf besteht, wird dieser Ansatz als vielversprechend angesehen, um historische Bodenerosionsraten unter Einbeziehung historischer Landnutzungsdaten abzuleiten und so die **Wissenslücken empirischer Bilanzen** für die großen Raumskalen (>1000 km^2) zu füllen (Schlummer et al. 2014).

Seesedimente erlauben Aussagen zum Sedimenteintrag in einen See mit einer hohen zeitlichen Tiefe, d. h. für eine lange Zeitskale, und mit einer jährlichen Auflösung. Bei der Ableitung von Bodenerosionsraten aus dem Sedimenteintrag muss mit Unsicherheiten gerechnet werden, da Umlagerungsprozesse innerhalb eines Einzugsgebietes häufig nicht bekannt sind. Die Seesedimente des Holzmaares in der Eifel bieten eine jährliche Auflösung des Sedimenteintrags, der von Zolitschka (1998) als Proxy für die Bodenerosion im Einzugsgebiet verwendet wird. Die Befunde des Autors zeigen einen zeitlich diskontinuierlichen Anstieg des Sedimenteintrags. Die gemittelten Sedimenteinträge für acht historische Zeitphasen zeigen eine Verzehnfachung der Raten der Zeitspanne 7900–8000 v. Chr. (0,015 $t\ ha^{-1}\ a^{-1}$) bis zur Zeitspanne 1815–1950 n. Chr. (0,15 $t\ ha^{-1}\ a^{-1}$) (Abb. 19.7d).

Besonders hohe Bodenerosionsraten vermuten Bork et al. (1998) für die erste Hälfte des 14. Jahrhunderts. Katastrophale **Starkniederschläge**, insbesondere das tausendjährige Niederschlagsereignis im Juli 1342, führten in dieser Zeit zu ausgeprägten Bodenerosionsprozessen, extremer Grabenerosion und zur Bildung von markanten fluvialen Schwemmfächern. Allein für das Jahr 1342 schätzen Bork et al. (1998, S. 197) eine durchschnittliche Bodenerosionsrate von 382 $t\ ha^{-1}\ a^{-1}$ für Deutschland sowie Raten von 56 $t\ ha^{-1}\ a^{-1}$ für die Jahre 1313–1318.

Bei den in Tab. 19.5 zusammengestellten Bodenerosionsraten ist zu berücksichtigen, dass sie aufgrund unterschiedlicher Erhebungsmethoden (Auswahl des Sedimentarchivs, Anzahl und Auswahl der Beprobungsstandorte, Zeitskale, Raumskale) nicht ohne weiteres vergleichbar sind. Oftmals fehlen ausreichende archäologische und siedlungshistorische Daten, um einen realistischen Zeitraum der Landnutzung zu rekonstruieren. Weiterhin sind Probleme der Singularität und Kontingenz geomorphologischer Systeme in Erwägung zu ziehen.

19.2.7 Holozäne Sedimentspeicherung in großen Raumskalen

Auf globaler Raumskale bilden der Sedimenthaushalt von Kontinenten, die kontinentalen Sedimentflüsse und die damit gekoppelten Kreisläufe von Kohlenstoff, Stickstoff, Phosphor oder Schwefel den Gegenstand aktueller

Forschungen der Erdsystemwissenschaften (Vörösmarty et al. 2003; Syvitski et al. 2005; van Oost et al. 2007; Schmidt 2008). Als Komponente des globalen Sedimenthaushaltes und des **Kohlenstoffkreislaufes** sind Schätzungen von großskaligen Bodenerosionsraten von Flusseinzugsgebieten und Kontinenten von hohem Interesse. Eine in der Geomorphologie behandelte Fragestellung besteht darin, wie sich die Komponenten des Sedimenthaushaltes eines geomorphologischen Systems mit der **Einzugsgebietsgröße** verändern (Syvitski et al. 2005; De Vente et al. 2007). Anhand der Sedimentbilanzen aus insgesamt 67 Einzugsgebieten der Größenordnung von 10^{-2} bis $10^5\,km^2$ untersuchten Hoffmann et al. (2013) diese Fragestellung. Die Analyse umfasst die Speicherung kolluvialer und fluvialer Sedimente in Mitteleuropa. Die Autoren entwickelten ein empirisches Gesetz für die **Skalierung der Sedimentspeicherung** (Abb. 19.8). Durch die Extrapolation auf die Skale des außeralpinen Rheineinzugsgebietes mit einer Flächengröße von $125.000\,km^2$ wird die Speicherung kolluvialer Sedimente auf 67 ± 39 Gt geschätzt. Die fluviale Speichermasse wird auf 59 ± 13 Gt geschätzt. Daraus resultiert eine durchschnittliche Bodenerosionsrate von $1{,}2\,t\,ha^{-1}\,a^{-1}$ für die letzten 12.000 Jahre. Für die Fläche der gesamten Bundesrepublik Deutschland ohne den alpinen Anteil ($340.000\,km^2$) schätzen Bork et al. (1998) seit dem 8. Jh. bis heute, d. h. für die letzten 1300 Jahre, einen Bodenabtrag von 67 Gt, was einer Rate von $1{,}5\,t\,ha^{-1}\,a^{-1}$ entspricht.

In diesen Problemstellungen und methodischen Entwicklungen bestehen ohne Zweifel erhebliche Forschungsbedarfe für die Geomorphologie. Weitere Differenzierungen der Konfiguration von Einzugsgebieten, ihre Geomorphometrie, Landnutzung, Landnutzungsdauer oder die Beschaffenheit des oberflächennahen Untergrundes und ihrer Böden werden in derartige Modellansätze integriert werden müssen.

19.2.8 Rückwirkungen zwischen Bodenerosion und historischen Gesellschaften

Bodenerosionsprozesse sind eine Folge des anthropogenen Eingriffs in das natürliche Hangsystem. Die dadurch verursachte Bodendegradation hat massive Auswirkungen auf die von der Ressource Boden abhängigen menschlichen Gesellschaften. Die Wechselwirkungen zwischen Bodenerosion und historischen Gesellschaften ist daher als interdisziplinäre Fragestellung zu behandeln, bei der sich die geomorphologische Forschung eng mit der Archäologie, Umweltgeschichte, Sozialökologie und historischen Geographie vernetzt.

In der Monographie *Dreck* setzt sich der amerikanische Geomorphologe David Montgomery (Montgomery 2010) mit den möglichen Zusammenhängen zwischen den Folgen der Bodenerosion und dem Niedergang historischer Gesellschaften auseinander. Montgomery's zentrale Hypothese lautet, dass die Bodenerosion zum Untergang früherer Zivilisationen beitrug und der Umgang der Menschen mit dem Boden über die Lebensdauer von Kulturen entscheiden kann. So könne Bodendegradation die Voraussetzungen dafür schaffen, dass wirtschaftlicher Niedergang, klimatische Extreme und Krieg schließlich zum **Kollaps einer Gesellschaft** führen. Der Kollaps kann in Form eines

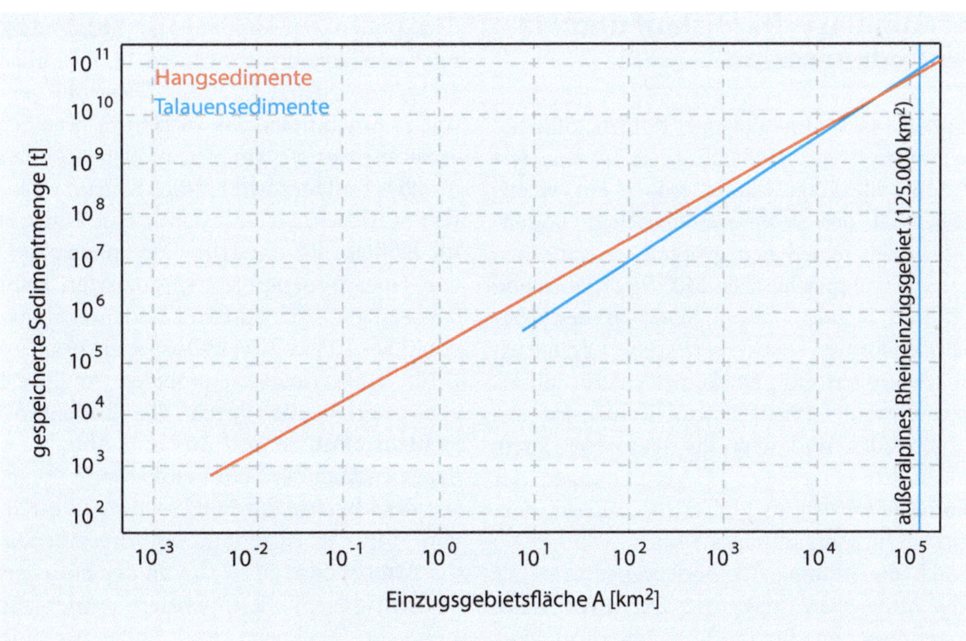

Abb. 19.8 Skalierung der holozänen Sedimentspeicherung in Hang- und Talauensystemen in Mitteleuropa. Der rote Graph wird durch das Potenzgesetz $S = (364 \pm 168)\ 10^6\ (A/A_{ref})^{1{,}08 \pm 0{,}07}$ beschrieben. Der blaue Graph wird durch das Potenzgesetz $S = (184 \pm 24)\ 10^6\ (A/A_{ref})^{1{,}23 \pm 0{,}06}$ beschrieben. S = gespeicherte Sedimentmenge, A = Einzugsgebietsfläche, A_{ref} = Referenzeinzugsgebietsfläche (hier: $10^3\,km^2$). (Nach Hoffmann et al. 2013: Carbon burial in soil sediments from Holocene agricultural erosion, Central Europe. Glob Biogeochem Cycles 27: 828–835. Abdruck mit Genehmigung der American Geophysical Union erteilt durch Copyright Clearance Center, Inc., © 2013)

drastischen Bevölkerungsrückganges und in einer Verringerung der sozialen Komplexität eintreten (Petridis und Fischer-Kowalski 2016). Ein Beispiel ist die seit dem 5. Jahrhundert n. Chr. von polynesischen Siedlern bewohnte Osterinsel im Südostpazifik, deren Kultur sich durch Waldrodung und Erosion der geringmächtigen Böden ihrer natürlichen Lebensgrundlage beraubte und ein drastischer Rückgang der Bevölkerungszahlen und letztlich der Niedergang ihrer Kultur folgte (Montgomery 2010).

Ein prominentes jüngeres Beispiel für die Wechselwirkung der Bodenerosion mit dem gesellschaftlichen System ist die in ▶ Abschn. 13.4 beschriebene ***„Dust Bowl"*-Katastrophe** der 1930er-Jahre in den USA. Aufgrund der Zerstörung der landwirtschaftlichen Nutzfläche und der resultierenden Nährstoff- und Produktionsverluste wurden über 3 Mio. Landwirte gezwungen, in westliche und nordwestliche Bundesstaaten zu migrieren.

In Mitteleuropa treten Bodenerosionsprozesse heute überwiegend als schleichende Prozesse auf. In historischen Zeitskalen vermutet Montgomery (2010) mehrere Zyklen von Rodung, Bodenerosion, Migration, Bevölkerungsrückgang und Phasen erneuter Bodenbildung. Zusammenhänge zwischen der Aufgabe (Wüstfallen) mittelalterlicher Ortschaften als Folge außergewöhnlicher Witterungs- und Bodenerosionsereignisse in der ersten Hälfte des 14. Jahrhunderts in Mitteleuropa haben Bork et al. (1998) herausgearbeitet. Für die mittelalterliche Ortswüstung Drudevenshusen in Südniedersachsen stellen die Autoren die Hypothese auf, dass der Verlust der fruchtbaren Bodendecke der Ackerflur eine der Ursachen für eine langandauernde Abwanderung sowie die Aufgabe des Ortes gewesen sei (Bork et al. 1998; Bork 2006).

19.3 Globaler Kohlenstoffkreislauf und die Rolle der Bodenerosion

Die Rolle der Bodenerosion im globalen Kohlenstoffkreislauf und für die Emission von Treibhausgasen ist eine erst in jüngerer Zeit erforschte Fragestellung, jedoch ein wichtiger Anwendungsbereich der geomorphologischen Bodenerosionsforschung. Böden bilden den größten terrestrischen Kohlenstoffspeicher. Global speichern sie 2400 Pg **organischen Bodenkohlenstoff** (*soil organic carbon*, SOC) in den oberen 200 cm des Bodenkörpers (Berhe et al. 2007). Zeitgleich sind sie eine der wichtigsten CO_2-Quellen der Atmosphäre. Durch die Photosynthese der Pflanzen wird Kohlenstoff aus der Atmosphäre gebunden und über die Biomasse (Streu, Wurzeln) in den Boden eingetragen. C-Verbindungen der abgestorbenen Biomasse werden im Boden mineralisiert, d. h. mikrobiell vollständig zu anorganischen Stoffen (CO_2, H_2O) abgebaut, und durch die Atmung der Bodenorganismen als CO_2 wieder in die Atmosphäre freigesetzt. Der nicht mineralisierte Anteil verbleibt im Boden und unterliegt dort Stabilisierungsprozessen, die ihn weitgehend vor dem mikrobiellen Abbau schützen (Blume et al. 2018).

Die Bodenerosionsprozesse mobilisieren und transportieren den **SOC-reichen Oberboden** und führen damit zu einer Verlagerung von SOC von den Erosions- zu den Depositionsstandorten im Hangsystem und in die fluvialen Sedimentkaskaden, Seen und Ozeane. In den verschiedenen Komponenten der Sedimentkaskaden treten Verluste oder Gewinne im Kohlenstoffdepot der Sedimente und der in ihnen eventuell entwickelten Böden auf. Die zeitlich variable Speicherung des mit dem Sediment verlagerten Kohlenstoffs und seine Mengen sind bisher unzureichend verstandene Prozesse im globalen Kohlenstoffzyklus (Lal 2003; Aufdenkampe et al. 2011; Stallard 1998; Van Oost et al. 2007; Doetterl et al. 2016; Xiao et al. 2018).

Im Wesentlichen beeinflusst der Bodenerosionsprozess die Dynamik des SOC durch folgende Mechanismen (van Oost et al. 2007; Doetterl et al. 2016; Xiao et al. 2018):

- Durch die Mobilisierung und den Transport von Bodenmaterial führt die Bodenerosion zu einem Verlust von SOC am Erosionsstandort und zur Freilegung SOC-ärmerer Bodenhorizonte. Durch den erneuten Aufwuchs von Vegetation und der Rückführung ober- und unterirdischer Biomasse in den Boden wird der verlagerte Kohlenstoff an den Erosionsstandorten teilweise ersetzt.
- Während der Ablösung aus dem Materialkörper und während des Transportes werden Bodenaggregate zerstört. Der mit dem Bodenmaterial mobilisierte Kohlenstoff kann dadurch einer beschleunigten Zersetzung (Mineralisierung) ausgesetzt sein.
- An den Depositionsstandorten wird autochthoner und allochthoner SOC sedimentär überdeckt und vor weiterer Mineralisierung geschützt. Dadurch wird eine Kohlenstoffstabilisierung verursacht.

In welchen Quantitäten diese Prozesse Kohlenstoffflüsse aus dem Boden in die Atmosphäre und aus der Atmosphäre in den Boden hervorrufen, ist Forschungsgegenstand zahlreicher Bilanzierungsstudien (z. B. Stallard 1998; Lal et al. 2004; van Oost et al. 2007). Diese Studien gelangen zu konträren Ergebnissen. Es ist strittig, welchen Einfluss Bodenerosionsprozesse auf die globale C-Bilanz ausüben, d. h., ob die Bodenerosion zum Abbau oder zur Speicherung von SOC beiträgt und damit eine **Nettosenke oder -quelle** für Kohlenstoff darstellt. Die Spanne der Ergebnisse reicht von einer bodenerosionsinduzierten Kohlenstoffquelle von 0,37–1 Pg a^{-1} bis zu einer bodenerosionsinduzierten Senke von 0,56–1 Pg a^{-1} (van Oost et al. 2007).

In einer jüngeren globalen Analyse bilanzieren Wang et al. (2017) die durch die Bodenerosion verursachten Kohlenstoffflüsse und Zu- und Abnahmen im Kohlenstoffdepot entlang der Sedimentkaskade. Sie stellen fest, dass die seit dem Beginn der Landwirtschaft durch die Umwandlung von Wald- in Ackerland hervorgerufenen **C-Emissionen** in die Atmosphäre zu 37 % von der bodenerosionsinduzierten Kohlenstoffsenke kompensiert werden. Ein Großteil davon werde in Kolluvien und Talauensedimenten gespeichert (◘ Abb. 19.9). Zudem finde an den Bodenerosionsstandorten durch die erneut wachsenden Pflanzen weiterhin Photosynthese statt, durch die ein erheblicher Teil des erodierten Kohlenstoffes im Boden ersetzt würde.

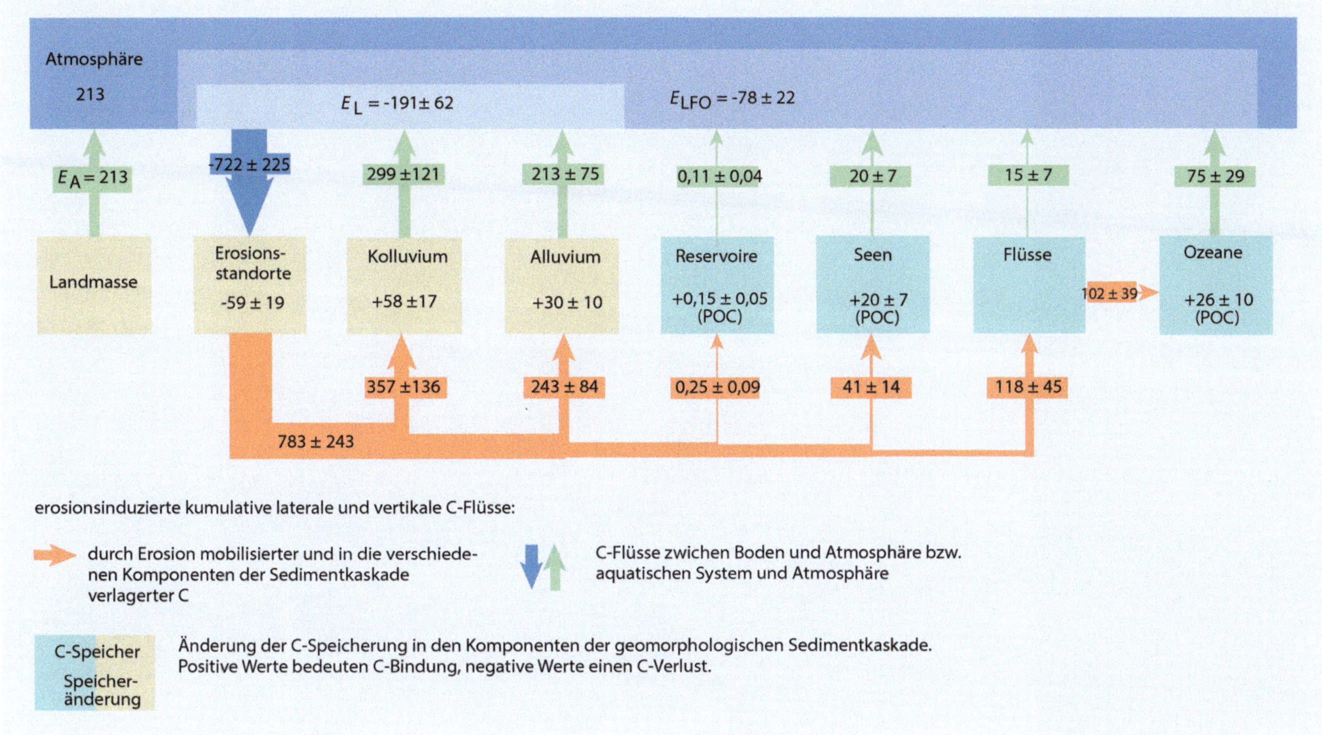

Abb. 19.9 C-Flüsse der globalen bodenerosionsverursachten C-Bilanz für die Zeitphase der landwirtschaftlichen Nutzung des Holozäns. Alle Angaben erfolgen in Pg. E_A = C-Emission, die durch anthropogenen Landnutzungswandel hervorgerufen wird. E_L und E_{LFO} = erosionsverursachter vertikaler Nettokohlenstofffluss von der Landoberfläche und dem Kaskadensystem Landoberfläche → Fluss → Ozean. POC = in Reservoiren, Seen und Ozeanen stabilisierter terrestrischer partikulärer organischer Kohlenstoff. (Verändert nach Wang et al. 2017: Human-induced erosion has offset one-third of carbon emissions from land cover change. Nat Clim Chang 7: 345–350. © 2017. Abdruck mit Genehmigung von Springer Nature)

Fazit

Die Erforschung vergangener bodenerosiver Prozesse ist ein wichtiger Baustein, um die zukünftige Entwicklung der Hangsysteme und der Bodenfruchtbarkeit unter sich verändernden klimatischen und gesellschaftlichen Bedingungen besser prognostizieren zu können. Da bodenerosive Prozesse an das gesellschaftliche System gekoppelt sind, sind Ansätze erforderlich, die den Charakter historischer sozial-ökologischer Systeme berücksichtigen und sowohl kulturwissenschaftliche als auch naturwissenschaftliche Konzepte benötigen. Eine große Herausforderung besteht in der Quantifizierung der historischen Bodenerosion auf der globalen Raumskale, die gerade im Hinblick auf die vergangene und zukünftige Veränderung der globalen Stoffkreisläufe von hoher Relevanz ist.

Weiterführende Literatur

Bork HR, Bork H, Dalchow C, Faust B, Piorr HP, Schatz T (1998) Landschaftsentwicklung in Mitteleuropa – Wirkung des Menschen auf Landschaften. Klett-Perthes, Gotha

Doetterl S, Berhe AA, Nadeu E, Wang Z, Sommer M, Fiener P (2016) Erosion, deposition and soil carbon: a review of process-level controls, experimental tools and models to address C cycling in dynamic landscapes. Earth-Sci Rev 154:102–122

Dotterweich M (2008) The history of soil erosion and fluvial deposits in small catchments of central Europe: deciphering the long-term interaction between humans and the environment – A review. Geomorphology 101:192–208

Dreibrodt S, Lubos C, Terhorst B, Damm B, Bork HR (2010) Historical soil erosion by water in Germany: scales and archives, chronology, research perspectives. Quat Int 222:80–95

Hoffmann T, Schlummer M, Notebaert B, Verstraeten G, Korup O (2013) Carbon burial in soil sediments from Holocene agricultural erosion, Central Europe. Glob Biogeochem Cycles 27:828–835

Houben P (2012) Sediment budget for five millennia of tillage in the Rockenberg catchment (Wetterau loess basin, Germany). Quat Sci Rev 52:12–23

Montgomery DR (2010) Dreck – Warum unsere Zivilisation den Boden unter den Füßen verliert. Oekom, München

Schlummer M, Hoffmann T, Dikau R, Eickmeier M, Fischer P, Gerlach R, Holzkämper J, Kalis AJ, Kretschmer I, Lauer F, Maier A, Meesenburg J, Meurers-Balke J, Münch U, Pätzold S, Steininger F, Stobbe A, Zimmermann A (2014) From point to area: upscaling approaches for Late Quaternary archaeological and environmental data. Earth-Sci Rev 131:22–48

Schulz W (2007) Die Kolluvien der westlichen Kölner Bucht. Gliederung, Entstehungszeit und geomorphologische Bedeutung. Dissertation, Universität zu Köln, Köln

Wang Z, Hoffmann T, Six J, Kaplan JO, Govers G, Doetterl S, Van Oost K (2017) Human-induced erosion has offset one-third of carbon emissions from land cover change. Nat Clim Change 7:345–350

Geomorphologie im Turtmanntal

R. Dikau et al., *Geomorphologie*, https://doi.org/10.1007/978-3-662-59402-5_20

Hochgebirgssysteme, wie das Turtmanntal in den zentralen Schweizer Alpen, zeichnen sich durch eine hohe Aktivität geomorphologischer Prozesse aus. Aufgrund der steilen Hänge, der großen Reliefunterschiede, der hohen potenziellen Energie sowie der lithologisch-tektonischen und klimatischen Bedingungen dieser Systeme können die Raten der Erosion, des Sedimenttransportes und der Sedimentdeposition räumlich und zeitlich stark variieren. Daraus resultiert eine räumlich verschachtelte Hierarchie aus Reliefformen unterschiedlichen Alters, die ein kompliziertes Formen-Palimpsest bilden. Zur Entschlüsselung dieses Palimpsestes benötigen Geomorphologen einen holistischen und multiskaligen Systemansatz.

Die geomorphologischen Forschungsarbeiten im Turtmanntal befassen sich in einer nunmehr über 40-jährigen Zeitspanne seit Mitte der 1970er-Jahre mit zahlreichen Phänomenen der Hochgebirgsgeomorphologie. Zentrale Fragestellungen umfassen die vergangene, aktuelle und zukünftige Dynamik glazialer und periglazialer Prozesse, wie Blockgletscher, Sturzprozesse und Solifluktionsphänomene. Neben der Erfassung der Sedimentquellen ist die Beurteilung des Sedimentflusses und seiner Konnektivität zum Rhônetal von wesentlicher Bedeutung. Auch Forschungsthemen, wie die biogeomorphologische Wechselwirkung zwischen Vegetation und geomorphologischen Prozessen im Gletschervorfeld des Turtmanngletschers sowie die paraglaziale Instabilität von Festgesteinswänden im Permafrost der Hängetäler, stehen im Fokus der Untersuchungen. Die Frage der Raum- und Zeitskale der geomorphologischen Phänomene liegt dabei allen Arbeiten im Turtmanntal zugrunde. Durch die Verknüpfung abduktiver Feldbeobachtungen und Modellierungen mit prozessbasierten Feldmessungen, z. B. die geophysikalische Detektion von Permafrost in Fels- und Lockergesteinen, erfolgt eine holistische und multiskalige Systemanalyse.

20.1 Geomorphologischer Überblick

Das Turtmanntal befindet sich in den südwestlichen Schweizer Alpen im Kanton Wallis und mündet als ein südliches Hängetal in das Rhônetal (Abb. 20.1). Zu den umgebenden Nachbartälern zählen das Mattertal im Osten und das Val d'Anniviers im Westen. Das Nord-Süd-orientierte hochalpine Tal erstreckt sich vom Rhônetal mit dem Ort Turtmann (620 m ü. NN) über die Ortschaften Unterems, Oberems und Ergisch bis 15 km nach Süden zum Turtmann- und zum Brunegggletscher. Der Hauptvorfluter des 110 km^2

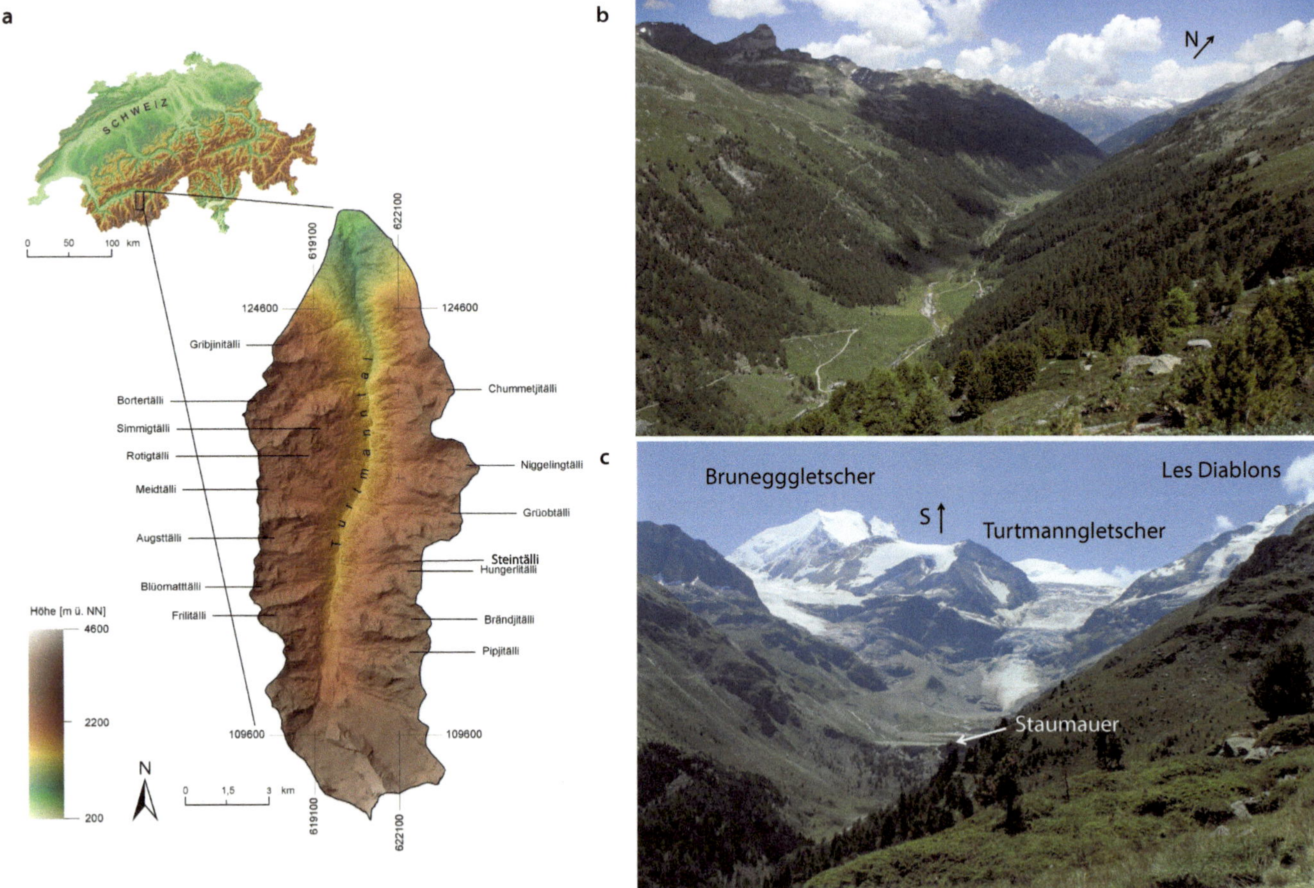

Abb. 20.1 Das Turtmanntal im Kanton Wallis, Schweiz. **a** Lokalität des Tales und Lage seiner 15 Hängetäler (nach Nyenhuis 2005). **b** Blick in Richtung Norden zum Rhônetal. **c** Blick in Richtung Süden zum Stausee, dem Gletschervorfeld, dem Turtmann- und Brunegggletscher sowie dem Gletscher Les Diablons. (Quelle: K. Meßenzehl)

großen Einzugsgebietes ist die Turtmänna, welche bei Turtmann in die Rhône mündet. Begrenzt wird das Turtmanntal im Westen durch die Gipfel des Bella Tola (3025 m ü. NN), der Turtmannspitze (3080 m ü. NN) und der Les Diablons (3069 m ü. NN), im Osten durch das Schwarzhorn (3201 m ü. NN) und das Äussere Barrhorn (3610 m ü. NN). Das Brunegghorn (3833 m ü. NN) und das Bishorn (4153 m ü. NN) bilden die höchsten Gipfel im Süden.

Aufgrund der inneralpinen Lage ist das Turtmanntal durch ein trockenes, kontinentales Klima geprägt. Nahe gelegene Klimastationen verzeichnen hohe Jahresdurchschnittstemperaturen zwischen 10,2 °C (Klimastation Sion, 482 m ü. NN) und 4,3 °C (Klimastation Zermatt, 1638 m ü. NN). Im Vorfeld des Turtmanngletschers lag die Jahresdurchschnittstemperatur im Jahr 2014 bei 1,8 °C (Klimastation: Staumauer Turtmann, 2180 m ü. NN). Die Topographie schirmt das Tal von aus Westen und Südwesten kommenden Niederschlägen ab, sodass geringe Jahresniederschläge von 600–900 mm auftreten. Nach regionalen Modellen von Nyenhuis et al. (2005) ist das Auftreten von Permafrost auf 33 % der Fläche des Tales wahrscheinlich.

Die Lithologie des Tales wird von metamorphen Gesteinen der Siviez-Mischabel-Decke dominiert, welche vor allem aus Paragneisen und Glimmerschiefern besteht. Diese Gesteine werden von den Sedimenten der Barrhorn-Serie überlagert, welche als helle Kalke und Marmor vereinzelt in westlichen und südöstlichen Bereichen anstehen.

Das Turtmanntal zeichnet sich durch eine zweigeteilte Geomorphometrie aus (■ Abb. 20.1). Während der untere Talabschnitt einen schmalen, V-förmigen Kerbtalcharakter aufweist und damit eine Besiedlung oder landwirtschaftliche Nutzung weitestgehend verhindert, öffnet sich das Tal im südlichen Teil zu einem typischen glazialen Mulden- bzw. Trogtal. Im breiteren Talboden liegen die Siedlung Gruben/Meiden (1818 m ü. NN) und vereinzelte Häuser (Stafeln). Im Vergleich zu anderen hochalpinen Tälern ist das Turtmanntal nur schwach anthropogen überprägt und kaum touristisch erschlossen. Oberhalb der Trogschultern (2300–2400 m ü. NN) besteht das Turtmanntal aus 15 Ost- bzw. West-orientierten Hängetälern, die „Tällis" genannt werden und sich bis in eine Höhe von 3300 m ü. NN erstrecken. Die Trogschultern liegen im Bereich der oberen Waldgrenze, welche aufgrund der Almwirtschaft deutlich erniedrigt ist. Die meisten Tällis sind heute vom Haupttal durch Festgesteinsriegel oder Moränenmaterial sedimentologisch weitgehend entkoppelt.

Für das letztglaziale Maximum (LGM) (24.500–18.000 Jahre vor heute) wird eine vollständige Vergletscherung der Hängetäler durch lokale Gletschersysteme und des gesamten Haupttales angenommen. Mit Beginn des Spätglazials vor ca. 18.000 Jahren unterlagen die Hängetäler sowie das Haupttal einem sukzessiven Eisabbau, welcher durch kürzere Gletschervorstöße unterbrochen wurde. Von besonderer Bedeutung sind die Vorstöße der Jüngeren Dryaszeit (10.750 bis 9610 v. Chr), der Kleinen Eiszeit (1280–1850 AD) sowie in den 1980–90er-Jahren. Die heute noch gut erhaltenen Egesen-Moränen der Jüngeren Dryaszeit im Zentrum der Hängetäler zeigen, dass dieser Gletschervorstoß die Talmitte und nicht die Felswände erreichte. Bedingt durch die Temperaturzunahme in den letzten Jahrzehnten weisen heute nur noch wenige der Hängetäler einen lokalen Gletscher auf (z. B. der Rothorngletscher im Hungerlitälli). Der Turtmann- und der Bruneggletscher bilden die beiden Hauptgletscher im südlichsten Teil des Tales. Sie bedecken 12,6 km^2 und damit 13,8 % der Taloberfläche. Langzeitbeobachtungen des Schweizer Gletschermessnetzes GLAMOS zeigen für den Turtmanngletscher einen gesamten Längenverlust von 1513 m zwischen 1885 und 2016. Allein zwischen 2014 und 2015 wurde ein Längenverlust von 133 m verzeichnet (■ Abb. 20.2).

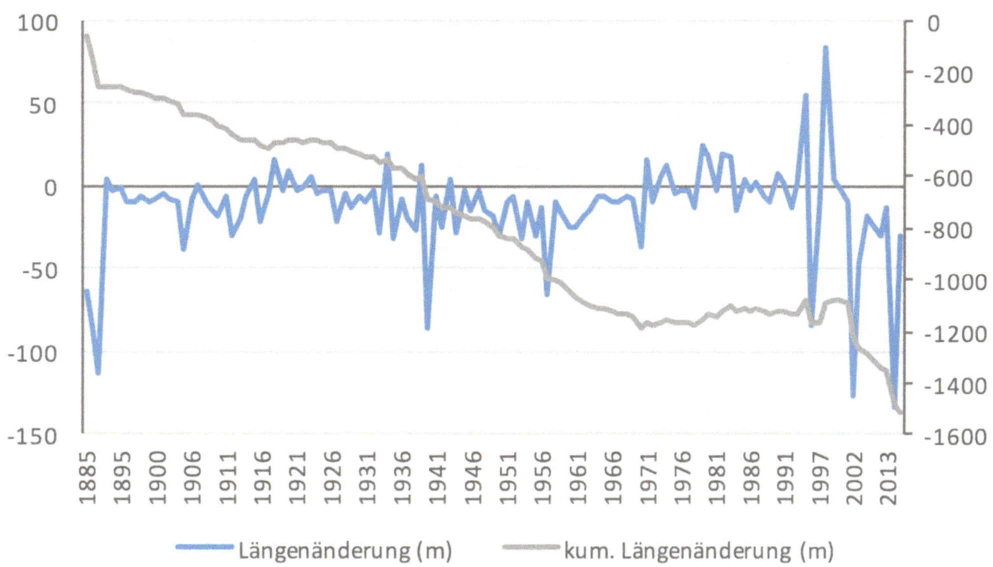

■ **Abb. 20.2** Längenveränderung und kumulierte (kum.) Längenänderung des Turtmanngletschers seit dem Ende der Kleinen Eiszeit (Basierend auf Gletscherberichte 1881–2018)

20.2 Geomorphologische Forschung im Turtmanntal

Die geomorphologische Forschung im Turtmanntal geht bis in die 1970er-Jahre zurück. In Tab. 20.1 wird ein Überblick der Forschungsarbeiten und ihrer Themenschwerpunkte gegeben.

20.2.1 Erste periglaziale und glaziale Forschungsarbeiten (1977 bis 2000)

Im Zentrum der ersten Forschungsarbeiten standen die Beschreibung und Inventarisierung der periglazialen und glazialen Phänomene sowie ihre Beziehungen zu klimatischen Veränderungen. Im Rahmen einer kartographischen Blockgletscherinventarisierung im Maßstab 1:25.000 wurde eine erste periglaziale Untersuchung zur mesoskaligen Permafrostverteilung in Lockergesteinen durchgeführt (Dikau 1978). Ein Blockgletscherinventar für das Gesamttal wurde durch Van Tatenhove entwickelt (Van Tatenhove und Dikau 1990). Im Hängetal des Grüobtällis widmete sich Broccard (1998) dem lokalen, tiefer liegenden Permafrostvorkommen. In glazialen Studien beschäftigten sich Eybergen (1986) mit der Geomorphologie von Stauchendmoränen *(push moraines)* im Vorfeld des Turtmanngletschers sowie Van der Meer und Van Tatenhove (1992) mit der Geomorphometrie und Genese spätglazialer Drumlins im Hängetal Augsttälli. Die

Tab. 20.1 Forschungsarbeiten im Turtmanntal

Forschungsschwerpunkte	Dissertationen	Studienabschlussarbeiten (Diplom-, Bachelor- und Masterarbeiten)	Publikationen
Glaziale und glazifluviale Formen und Prozesse		Wolf (2006) Grünewald (2011)	Eybergen (1986) Van der Meer und Van Tatenhove (1992) Van der Meer (1997)
Permafrostverbreitung, Blockgletscherverbreitung und -kinematik	Nyenhuis (2005) Roer (2005)	Pfeffer (2000) Roer (2001) Witsch, von (2001) Elverfeldt, von (2002) Nyenhuis (2002)	Dikau (1978) Van Tatenhove und Dikau (1990) Broccard (1998) Roer (2003) Nyenhuis et al. (2005) Roer et al. (2005a) Roer et al. (2005b) Kääb et al. (2007) Roer und Nyenhuis (2007) Roer et al. (2007) Gärtner-Roer und Nyenhuis (2010) Müller et al. (2016)
Geomorphometrie	Rasemann (2004)		Rasemann et al. (2004) Otto et al. (2007)
Sedimenthaushalt, Geomorphologische Kartierung	Otto (2006)	Knopp (2001) Otto (2002) Bedehäsing (2007)	Otto und Dikau (2004) Otto et al. (2009)
Vegetationsverbreitung, Biogeomorphologie	Hörsch (2002) Kleinod (2008) Eichel (2016)	Eichel (2012) Hoffmann (2014) Wienhold (2014) Eibisch (2015) Unger (2015) Schulte-Kellinghaus (2015)	Kleinod und Menz (2007) Eichel et al. (2013) Eichel et al. (2016) Eichel et al. (2017) Eichel et al. (2018) Eichel (2018) Draebing und Eichel (2017) Draebing und Eichel (2018)
Sturzhaldendetektion und -genese, Felsrückverwitterung	Otto (2006)	König (2006)	Otto und Sass (2006)
Verwitterung und Instabilität von Festgesteinswänden, Felspermafrost	Krautblatter (2009) Draebing (2015) Messenzehl (2018)	Draebing (2009) Oertel (2009) Ortlieb (2012) Vollmer (2012) Halla (2013) Gorus (2013) Ewald (2014) Brandschwede (2015)	Krautblatter und Hauck (2007) Krautblatter (2010) Krautblatter et al. (2013) Krautblatter und Draebing (2014) Draebing et al. (2014) Draebing et al. (2017a, b) Messenzehl et al. (2017) Messenzehl und Dikau (2017) Messenzehl et al. (2018)

jährliche Bildung von subglazialen, linienhaften Erosionsformen im Festgestein *(flutes)* des Turtmanngletschervorfeldes wurde durch Van der Meer (1997) untersucht.

20.2.2 Mesokalige Studien im Graduiertenkolleg 437 (2000 bis 2006)

Im Rahmen des Bonner Graduiertenkollegs 437 „Das Relief – eine strukturierte und veränderliche Grenzfläche" der Deutschen Forschungsgemeinschaft (GRK 437) wurden die geomorphologischen Studien erweitert (Otto und Dikau 2010). Mehrere Diplomarbeiten und Dissertationen widmeten sich der mesoskaligen Charakterisierung des Reliefs und seiner Form-Prozess-Wechselbeziehungen. Es wurde ein breites, disziplinübergreifendes Spektrum unterschiedlicher wissenschaftlicher Ansätze sowie Methoden der Datenerhebung und -auswertung angewandt. Dabei lieferten die Luftbilddaten und Höhenmodelle der HRSC-Kamera *(High Resolution Stereo Camera-Airborne)* erstmals hoch aufgelöste (1 m, 50 cm) Daten der Oberfläche des gesamten Tales (Otto et al. 2007). Ein geomorphometrischer Katalog der Reliefformen zur Ableitung von Reliefform-Assoziationen und Toposequenzen wurde durch Rasemann (2004) entwickelt. Otto und Dikau (2004) erstellten eine geomorphologische Karte im Maßstab 1:25.000, die eine Grundlage für die Sedimenthaushaltsstudien und die Quantifizierung aller paraglazialer Sedimentspeicher durch Otto (2006) wurde (Otto et al. 2009). Unter Anwendung photogrammetrischer Analysen und terrestrischer Vermessungen befassten sich Roer (2005) und Nyenhuis et al. (2005) mit der Verbreitung und Kinematik von Blockgletschern (Gärtner-Roer und Nyenhuis 2010). Auf Grundlage des Blockgletscherinventars unternahm Nyenhuis (2005) Feldmessungen zur hochwinterlichen Schneedecke und zu lokalen Materialeigenschaften und entwickelte einen empirisch-statistischen Ansatz zur Modellierung der regionalen Permafrostverbreitung im Turtmanntal.

Die Arbeiten des Graduiertenkollegs 437 zeichneten sich durch die Anwendung und Weiterentwicklung geophysikalischer Detektionsverfahren aus, insbesondere zur Untersuchung von Locker- und Festgesteinen im alpinen Permafrost. Während Otto und Sass (2006) zur Bewertung der lokalen Felsrückverwitterung und Sturzhaldenakkumulation die Methoden des Georadars, der Refraktionsseismik-Tomographie (SRT) und der elektrischen Resistivitätstomographien (ERT) im Hungerlitälli kombinierten, adaptierte und optimierte Krautblatter (2009) das ERT-Verfahren zur räumlichen und zeitlichen Detektion von alpinem Felspermafrost im Steintälli an der Wasserscheide zum Mattertal (Krautblatter und Hauck 2007).

20.2.3 Prozessstudien und die Frage der Skalen (seit 2010)

Aufbauend auf den Arbeiten im Graduiertenkolleg 437 stehen in der jüngsten Forschungsphase die Bedeutung der Raum- und Zeitskalen sowie prozessbasierte Fragestellungen im Zentrum. Draebing (2015) untersuchte den Einfluss der Schneedecke auf thermische und felsmechanische Prozesse in steilen Permafrostwänden im Steintälli. Die eingesetzten und weiter entwickelten Methoden umfassen SRT- und ERT-Verfahren (Draebing et al. 2014; Draebing 2015). In der ersten biogeomorphologischen Studie im Turtmanntal widmete sich Eichel (2016) der biogeomorphologischen Rückkopplungen im Vorfeld des Turtmanngletschers. Eines der Ergebnisse bildet ein skalenübergreifendes Konzept zur Erklärung der Struktur und Funktion des biogeomorphologischen Ökosystems von Lateralmoränen. Die Frage der Raum- und Zeitskalen bildet einen zentralen Schwerpunkt der Untersuchung von Festgesteinswänden in den 15 Hängetälern. In einer multiskaligen Untersuchung aus Labor-, Feld- und GIS-basierten Studien befasste sich Messenzehl (2018) mit den räumlich-zeitlichen Kontrollfaktoren der Verwitterung und Instabilität alpiner Felswänden. Eines der Ergebnisse bildet ein paraglaziales Modell zur Disposition von Sturzprozessen nach einem Gletscherrückzug, welches die Abhängigkeit der Skale und die Trennflächeneigenschaften der Felswände integriert (Messenzehl et al. 2017).

20.3 Von der geomorphologischen Kartierung zum holistischen Systemverständnis

Eine der wichtigsten Methoden für die Bewertung und Darstellung der geomorphologischen Prozessaktivität in Hochgebirgssystemen und ihres Reliefformen-Palimpsests ist die geomorphologische Detailkartierung. Sie wurde durch Otto (2006) im Rahmen des GRK 437 getestet und durchgeführt (Otto und Dikau 2004). Ein Ausschnitt der geomorphologischen Karte für die Nordflanke des Hungerlitällis wird in ◘ Abb. 20.3 dargestellt. Die geomorphologische Karte im Maßstab 1:25.000 basiert auf der Legende der GMK 25 (Stäblein 1980) und ihrer Erweiterung für das Hochgebirge (GMK Hochgebirge: Kneisel et al. 1998). Die GMK Hochgebirge erweitert die Legende der GMK 25 um alpine Formen und Prozesse, z. B. Blockgletscher, Lawinenkegel und Solifluktionsloben. Beide Legenden stellen Baukastenansätze dar, die eine hinreichend sachlich differenzierte geomorphologische Bestandsaufnahme des Tales ermöglichen.

Die geomorphologische Karte des Turtmanntales stellt eine kartographische Abbildung der geomorphologischen Phänomene im Maßstab 1:25.000 dar. Der gewählte Maßstab bedeutet, dass der spezifische Raumskalenbereich der Meso- und Mikroskale empirisch erfasst und kartographisch codiert wurde (▶ Kap. 4). Es wurde damit eine Auswahl aus dem Reliefformen-Palimpsest berücksichtigt. Die Reliefformen, aktuellen Prozesse, rekonstruierten Prozesse und Zusatzinformationen der Karte bilden in ihrem gesamten Gefüge eine synoptische Beschreibung des geomorphologischen Systems des Turtmanntales. Sie basiert auf dem aktuellen Erkenntnisstand über die geomorphologischen Phänomene und ihre Attribute, sowie auf der

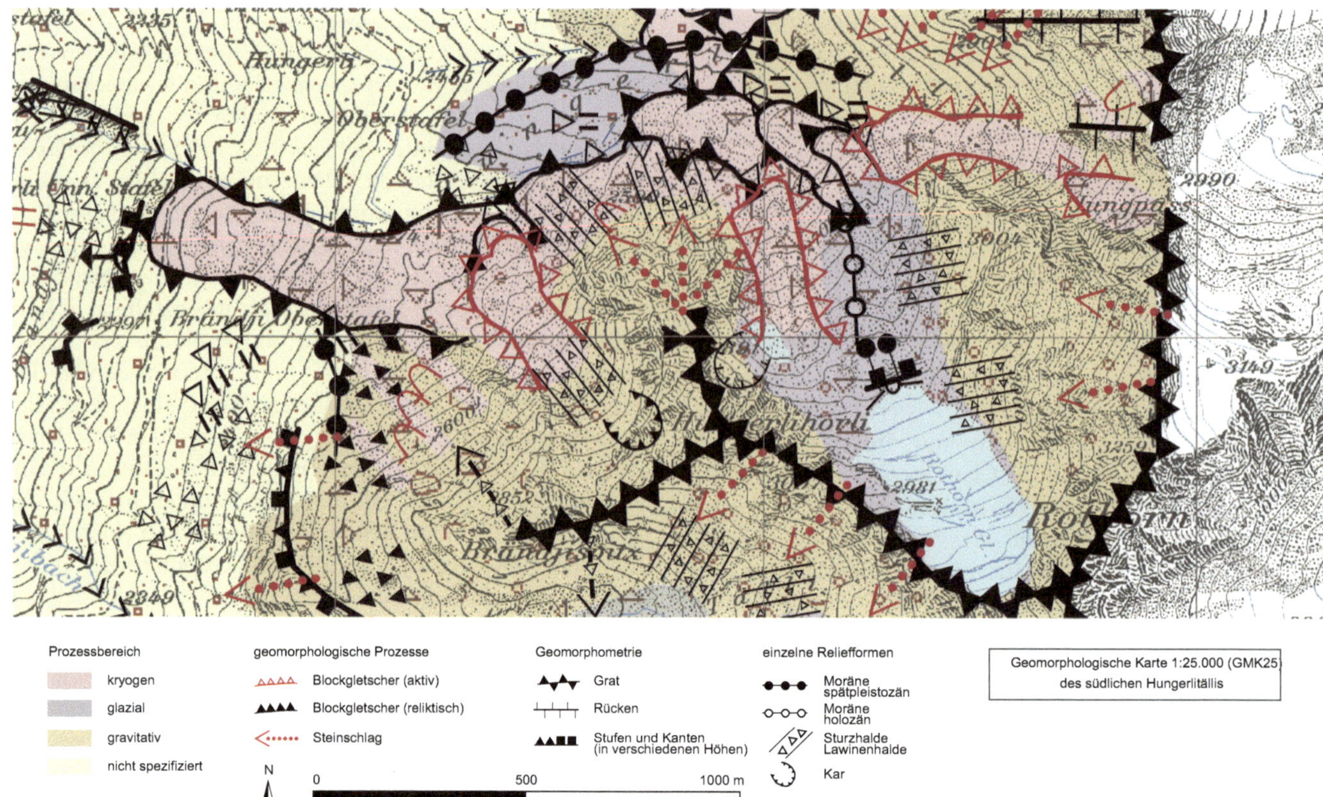

Abb. 20.3 Ausschnitt der geomorphologischen Karte des Turtmanntales im Maßstab 1:25.000 für das südliche Hungerlitälli. (Aus Otto JC und Dikau R 2004: Geomorphologic system analysis of a high mountain valley in the Swiss Alps. ZFG, Bd. 48, Ausg. 3. Schweizerbart, Stuttgart: ► www.schweizerbart.de/journals/zfg)

Geländeerfahrung des Kartierenden. Karten dieses Typs weisen prinzipielle Limitierungen auf, z. B. ihr statischer Charakter, die es erschweren, quantitative Daten über das geomorphologische Geschehen, z. B. Bewegungsraten von Felswänden, zu integrieren. Grundsätzlich besitzt die geomorphologische Karte eine hohe wissenschaftliche Aussagekraft mit vielseitigen Anwendungsmöglichkeiten. Die geomorphologische Detailkarte stellt eine einheitliche und eine mit anderen Hochgebirgstälern vergleichbare Grundlage für weitere wissenschaftliche Fragestellungen dar. Die geomorphologische Karte des Turtmanntales bildet die Basis für weiterentwickelte geomorphologische Arbeiten. Dazu gehören qualitative und quantitative Modellierungen des Sedimenthaushaltes und der Sedimentkaskaden sowie Studien und Detailkartierungen in größeren Maßstäben.

Die im Turtmanntal von Otto (2001) kartierten primären Prozessbereiche, ihre prozentualen Flächenanteile sowie die charakteristischen Reliefformen und Einzelprozesse werden in Tab. 20.2 dargestellt und wie folgt zusammengefasst:

- Der größte Flächenanteil wird von einer Prozessgruppe eingenommen, der in der Kartierungslegende als denudativ bezeichnet wird. Damit wird eine undifferenzierte Prozessgruppe beschrieben, die flächenhaft bevorzugt auf den Trogschultern des Haupttales auftritt. Dazu sind hangaquatische, gravitative, einige periglaziale (z. B. Solifluktion) und äolische Prozesse zu rechnen. Der Begriff wird in diesem Lehrbuch nicht verwendet (► Kap. 3).
- Die Hängetäler werden bevorzugt durch gravitative, periglaziale und glaziale Prozesse und Formen geprägt.
- Glaziale und glazifluviale Prozesse prägen das Gletschervorfeld, die Hänge des Haupttales werden durch gravitative Prozesse sowie Schutt- und Lawinenhalden geprägt.

20.4 Geomorphologische Aktivität im Gletschervorfeld

Zwischen Weisshorn, Bishorn und Brunegghorn befinden sich die Eismassen des Turtmann- und des Brunegggletschers. Sie umfassen 85 % der Gletscherbedeckung des Turtmanntales. Während der Kleinen Eiszeit konvergierten beide Gletscher und reichten bis auf den Boden des Haupttales. Seit dem Ende der Kleinen Eiszeit sind beide Gletscher stark zurückgeschmolzen, unterbrochen von kleineren Vorstößen des Turtmanngletscher in den 1920er- und 1980er-Jahren (Abb. 20.2). Heute erreicht nur noch die Zunge des Turtmanntalgletschers den Boden des oberen Tales (Abb. 20.28).

20

Tab. 20.2 Dominante Prozessbereiche und ihr prozentualer Flächenanteil mit charakteristischen Reliefformen und Prozessen des Sedimenttransportes im Turtmanntal (Otto 2001)

Prozessbereich	Flächenanteil (%)	Prozesse, Reliefformen und andere Phänomene (Auswahl)	Flächenhafte Farbsignatur in der geomorphologischen Karte
Denudativ	37,8	Erdfließen, Loben, Kriechbewegungen, Murgänge, Levées, Murgerinne	Ocker
Gravitativ	30,8	Sturzprozesse und Sturzhalden, Rutschungen, Anrisszonen, Sackungen, Lawinen	Braun
Glazial/nival	20,4	Gletscher und Moränen, Gletscherschliff, Rundhöcker, Schneelawinen, Lawinenhalden	Violett
Periglazial	4,0	Permafrost, periglaziales Kriechen, Frosthub, Solifluktion, Blockgletscher	Helles Violett
Fluvial	1,8	Fließgewässer, fluviale Akkumulations- und Erosionsformen, Terrassen, Schwemmfächer, Kerbtäler	Grün
Glazifluvial	0,2	Sedimentation und Erosion durch Schmelzwasser im Gletschervorfeld	Dunkelgrün
Anthropogen	0,7	Straßen, Siedlungen, Lawinenverbau, Staudämme	Grau
Komplex	4,3	Kombination verschiedener Prozessbereiche	Kombinierte Streifensignatur

Das geomorphologische System des Gletschervorfeldes wird durch folgende Formen und Prozesse dominiert (Abb. 20.4):
- rechte Lateralmoränen der Kleinen Eiszeit,
- hangaquatische und gravitative Erosion der Lateralmoränen,
- biogeomorphologische Prozesse auf den Lateralmoränen und im Talboden,
- glaziale und glazifluviale Akkumulation von Sedimenten im Talboden,
- glazifluviale Erosion von Sedimenten im Talboden.

Das glazigene Sediment der Lateralmoränen und das bei Eisschmelze anfallende Obermoränenmaterial stellen die wesentlichen **Sedimenteinträge** in das Gletschervorfeld dar. Eine weitere Sedimentlieferung erfolgt durch Sturzprozesse von den umgebenden Felswänden sowie durch glazifluviale Einträge des Hängegletschers Les Diablons. Ebenso werden beträchtliche Sedimentmengen und Grassoden durch **Schneelawinen** eingetragen. Die maximale Gletscherausdehnung des Turtmanngletschers am Ende der Kleinen Eiszeit vor fast 170 Jahren führte zur maximalen Aufschüttung von heute bis zu 120 m hohen **Lateralmoränen** und einer 5 m hohen **Endmoräne.** Die durch die Gletscherschmelze sukzessive eisfrei werdenden Moränenwälle werden durch gravitative, hangaquatische und periglaziale Prozesse überprägt. Die orographisch rechte Lateralmoräne des Turtmanngletschers wird heute durch den **Gletscherbach** des Brunegggletschers zerschnitten (Abb. 20.4) und erfährt eine intensive **Überformung** durch Murgänge, Lawinen, Translationsrutschungen, Solifluktion und hangaquatische Prozesse. Mit zunehmender Distanz zum schmelzenden Gletscher, d. h. mit zunehmendem Alter der Lateralmoränen, erfolgt eine zunehmende Vegetationsbedeckung sowie biogeomorphologische Dynamik und Stabilisierung der Moränenhänge (Abb. 20.5).

20.5 Biogeomorphologische Aktivität im Gletschervorfeld

An den Lateralmoränen des Turtmanngletschers konnte eine Abfolge von verschiedenen geomorphologischen Prozessen mit zunehmendem Reliefformalter, also zunehmender Entfernung zum Gletscher, festgestellt werden (Abb. 20.5). Diese Abfolge wurde von Eichel (2016) in einem Modell des **paraglazialen Übergangs** von aktiven zu stabilen Lateralmoränenhängen beschrieben (Abb. 20.6).

Unmittelbar nach Gletscherrückzug (Phase I) dominieren gravitative und hangaquatische Prozesse und führen zur Entstehung von charakteristischen Gräben *(gully)*, welche die Hänge prägen (Abb. 20.6a). Mit zunehmender Zeitdauer nach dem Gletscherrückzug (Phase II) nimmt die Hangneigung ab. Auf den Hängen dominieren nun ungebundene und gebundene Solifluktionsprozesse (Abb. 20.6b). Nach mehreren Jahrzehnten bis Jahrhunderten (Phase III) kann schließlich eine Stabilisierung der Moränenhänge eintreten, die durch Bodenbildung und eine dichte Vegetationsbedeckung mit Bäumen und Sträuchern gekennzeichnet ist (Abb. 20.6c). Im Turtmanngletschervorfeld konnte beobachtet werden, dass **biogeomorphologische Prozesse** einen der wichtigsten Einflussfaktoren für den paraglazialen Übergang darstellen (Abb. 20.6d). So kann mit abnehmendem Sedimenttransport in der späten Grabenbildungsphase ein Ansiedlungsschwellenwert für Ökosystemingenieure überschritten werden (Abb. 20.6a, d). Erreichen die Ökosystemingenieure, wie die Zwergstrauchart Silberwurz (*Dryas octopetala* L.), eine bestimmte Biomasse oder einen bestimmten Deckungsgrad,

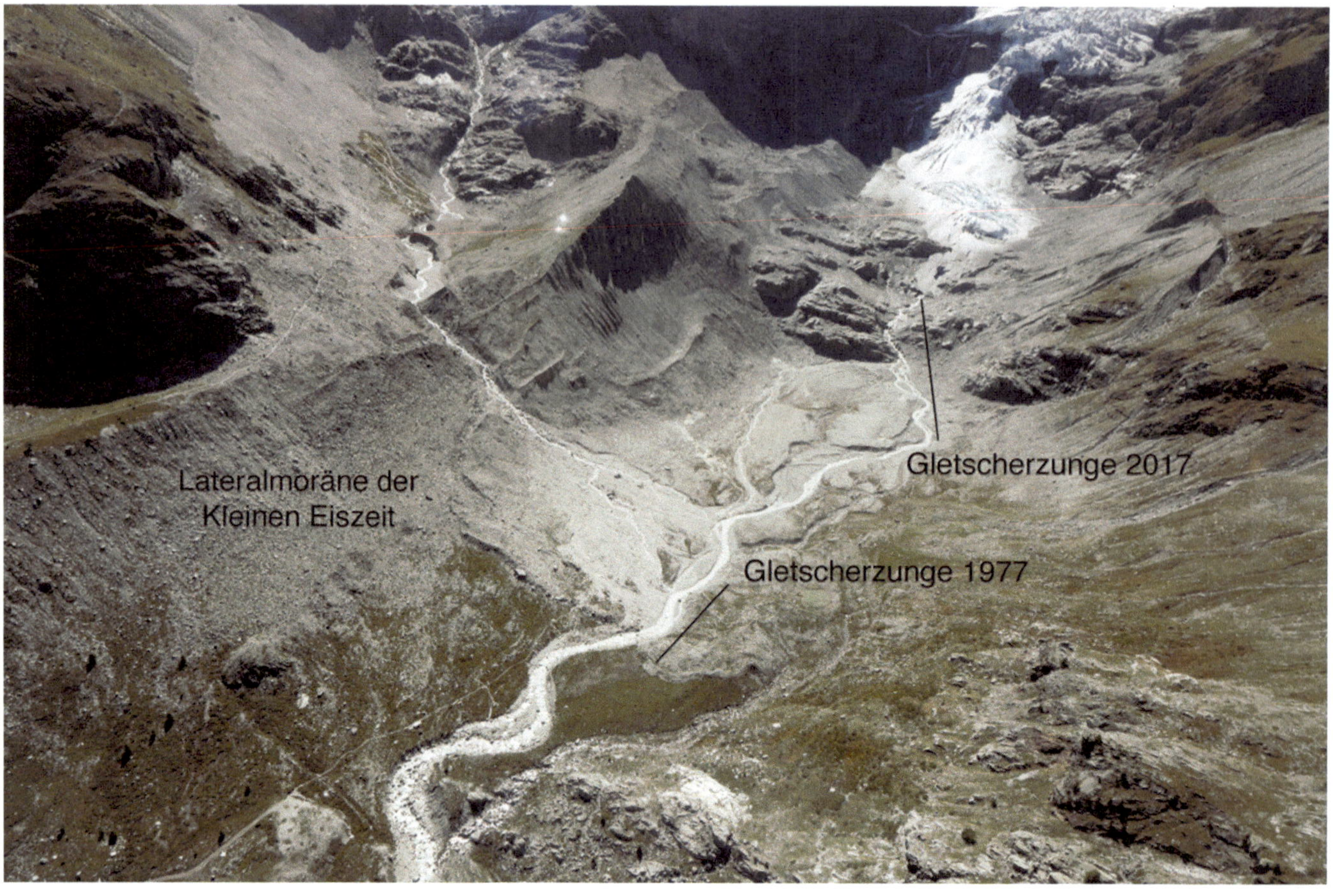

■ Abb. 20.4 Turtmanngletscher (rechter Hintergrund) und geomorphologische Formen des Gletschervorfeldes im Jahr 2017. Der Bach des Brunegggletschers mündet von links in den Gletscherbach des Turtmanngletschers. Die rechte Lateralmoräne der Kleinen Eiszeit erreicht eine Höhe von 120 m. Der Gletscherbach erodiert glazigene und glazifluviale Sedimente. Die Gletscherstände von 1977 und 2017 umfassen den 40-jährigen Zeitraum der geomorphologischen Arbeiten im Turtmanntal. (Quelle: Simon Dikau)

■ Abb. 20.5 Vegetationsbedeckung der rechten Lateralmoräne der Kleinen Eiszeit des Turtmanngletschers. Die Vegetationsdichte steigt von den jüngeren (rechts) zu den älteren proximalen Moränenoberflächen (links). (Quelle: J. Eichel)

beeinflussen sie die geomorphologischen Prozesse in hohem Maße. Der Sedimenttransport nimmt weiter ab und gebundene Solifluktionsprozesse beginnen die Solifluktionsphase zu dominieren (■ Abb. 20.6b, d). In dieser Phase können insbesondere gebundene Solifluktionsloben entstehen, was an einer prägnanten Solifluktionslobe auf einem rechten Lateralmoränenhang beobachtet wurde (Eichel et al. 2017). Durch die Ökosystemingenieurtätigkeit werden die Bodenentwicklung und die Ansiedlung von weiteren Pflanzenarten, wie Baum- und Straucharten, gefördert. Diese stabilisieren den Moränenhang weiter, sodass der Übergang zur Stabilisationsphase erfolgen kann (■ Abb. 20.6c, d). In dieser Phase kann es zur Verdrängung von Ökosystemingenieuren durch konkurrenzstärkere Baum- und Straucharten kommen, womit die Ökosystemingenieurtätigkeit endet.

Es konnte im Turtmanngletschervorfeld auch beobachtet werden, dass der paraglaziale Übergang in Raum und Zeit variabel ist. So unterscheidet sich die **paraglaziale**

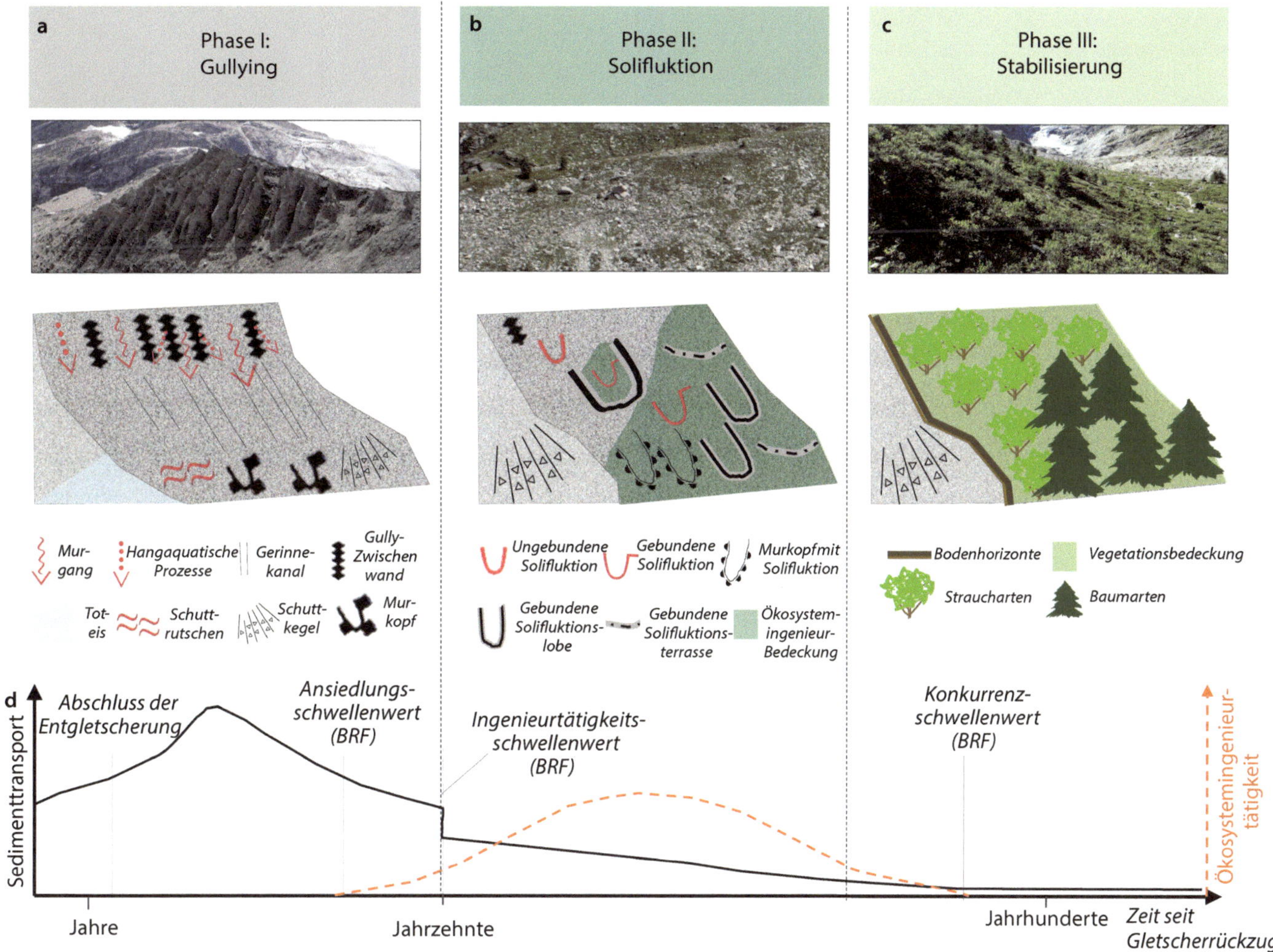

Abb. 20.6 Modell des paraglazialen Übergangs für alpine Lateralmoränen: **a** Phase I mit dominanten Gullying-Prozessen (hangaquatische Grabenerosion); **b** Phase II mit dominanten Solifluktionsprozessen; **c** Phase III mit Stabilisierung unter Vegetationsbedeckung; **d** Veränderungen des Sedimenttransports auf den Hängen mit zunehmender Zeitdauer seit Gletscherrückzug durch biogeomorphologische Prozesse. (Nach Eichel et al. 2018: From active to stable: paraglacial transition of alpine lateral moraine slopes. Land Degrad Dev 29:4158–4172 © John Wiley & Sons Ltd)

Anpassung von proximalen, also gletscherwärts gelegenen, und distalen Lateralmoränenhängen wesentlich (Draebing und Eichel 2018). Dies kann mit verschiedenen Material- und Geomorphometrieeigenschaften erklärt werden, welche zu einer schnelleren Anpassung der distalen Moränenhänge führen. Auf den flacheren Hängen dominieren bereits wenige Jahrzehnte nach Gletscherrückzug ungebundene und gebundene Solifluktionsprozesse, während die steilen proximalen Moränenhänge in diesem Zeitraum vor allem von hangaquatischer Grabenerosion überformt werden. Es besteht somit eine **Pfadabhängigkeit** der paraglazialen Anpassung, welche zu einer divergenten Formentwicklung der Moränenhänge führt. Weiterhin spielen aktive geomorphologische Prozesse auf Hängen oberhalb des Gletschervorfelds für die paraglaziale Anpassung der Lateralmoränen eine wichtige Rolle. Sind die oberhalb liegenden Hänge sedimentologisch an das Gletschervorfeld gekoppelt, z. B. im Fall sehr kurzer oder fehlender distaler Moränenhänge, können externe Hangprozesse, wie Schneelawinen und Steinschläge, nicht nur Sedimente in das Gletschervorfeld eintragen, sondern auch die Vegetationsbesiedlung der Moränen einschränken (Eichel et al. 2018). Dies zeigt sich im Turtmanngletschervorfeld insbesondere im ältesten Bereich der rechten Lateralmoräne (Abb. 20.7) und führt zu einem Nebeneinander von Flächen eines Mosaiks mit verschiedenen geomorphologischen Prozessen und Vegetationssukzessionsstadien. Die kontinuierliche Störung des geomorphologischen Systems durch externe Prozesse führt somit zu einer zeitverzögerten und räumlich heterogenen paraglazialen Anpassung und Vegetationssukzession, welche als **biogeomorphologische Mosaikdynamik** beschrieben werden kann (Eichel 2016).

20.6 Geomorphometrie des Turtmanntales

Die Grundlagen der geomorphometrischen Disaggregation des Turmanntales und der Systematik der Reliefeinheiten in variablen Skalen wurden durch die Dissertation von Rasemann gelegt (Rasemann 2004). Sie bieten einen

Abb. 20.7 Biogeomorphologische Mosaikdynamik auf der rechten Lateralmoräne des Turtmanngletschers. Es existiert ein Nebeneinander von Flächen mit aktiven geomorphologischen Prozessen (A) und verschiedenen Sukzessionsstadien der Vegetation (V). (Quelle: J. Eichel)

Katalog der Reliefformen und eine multiskalige geomorphometrische Analyse des Gesamttales. Des Weiteren werden die spezifischen Eigenschaften der Geomorphometrie von geomorphologischen Hochgebirgssystemen erörtert. Die Hängetäler des Turtmanntales werden aus digitalen Höhenmodellen abgeleitet, katalogisiert und geomorphometrisch charakterisiert. In der Raumskale des Mikro- und Mesoreliefs untersucht Rasemann exemplarisch die geomorphometrische Struktur von Blockgletscheroberflächen und Eigenschaften von Toposequenzen (s. Abb. 20.10). Die Arbeit demonstriert die analytische Leistungsfähigkeit digitaler Techniken für die geomorphologische Erkundung von Hochgebirgssystemen.

20

Welche Bedeutung der digitalen Geomorphometrie in Hochgebirgssystemen zukommen kann, wird in den Arbeiten zur Beziehung zwischen Permafrost, Felsstabilität und Schneebedeckung deutlich, die in ▶ Abschn. 20.9 vorgestellt werden. Die mikroskalige Geomorphometrie der Festgesteinsoberflächen bildet einen entscheidenden Steuerfaktor für das Prozessgeschehen. Sowohl eine geomorphometrische Taxonomie als auch digitale Techniken (▶ Kap. 4) liefern hier wertvolle Voraussetzungen für die Transformation der reduktionistischen Ansätze in die höheren systemischen Raumskalen.

20.7 Das alpine Sedimentkaskadensystem des Turtmanntales: Von der Quelle zur Senke

Das Sedimentkaskadensystem des Turtmanntales lässt sich in vier **gekoppelte Subsysteme** mit unterschiedlichen Flächenanteilen untergliedern:

- Hängetäler (42 %) (Subsystem I),
- Talflanken des Haupttales (37 %) (Subsystem II),
- Gletschervorfeld (20 %) (Subsystem III),
- Talgrund des Haupttales (1 %) Subsystem IV).

Sie werden in Abb. 20.8 graphisch dargestellt.

In Anlehnung an Chorley und Kennedy (1971) fasst Abb. 20.9 die Subsysteme des Turtmanntales schematisch zu einem **Kaskadenmodell** zusammen und ergänzt dieses um quantitative Informationen zu den von Otto et al. (2009) berechneten Sedimentvolumina. Der **Grad der Konnektivität** zwischen den einzelnen Subsystemen prägt den Gesamtsedimentfluss des Tales und steuert den Sedimentaustrag ins Rhônetal. So zeigt Abb. 20.9, dass zwar große Sedimentvolumina im Gletschervorfeld und in den Hängetälern gespeichert sind, die fehlende Konnektivität zum fluvialen System des Haupttales jedoch einen Austrag des grobklastischen Sedimentes verhindert. Der **Sedimentaustrag** in das Rhônetal besteht heute überwiegend aus feinklastischen Sedimenten

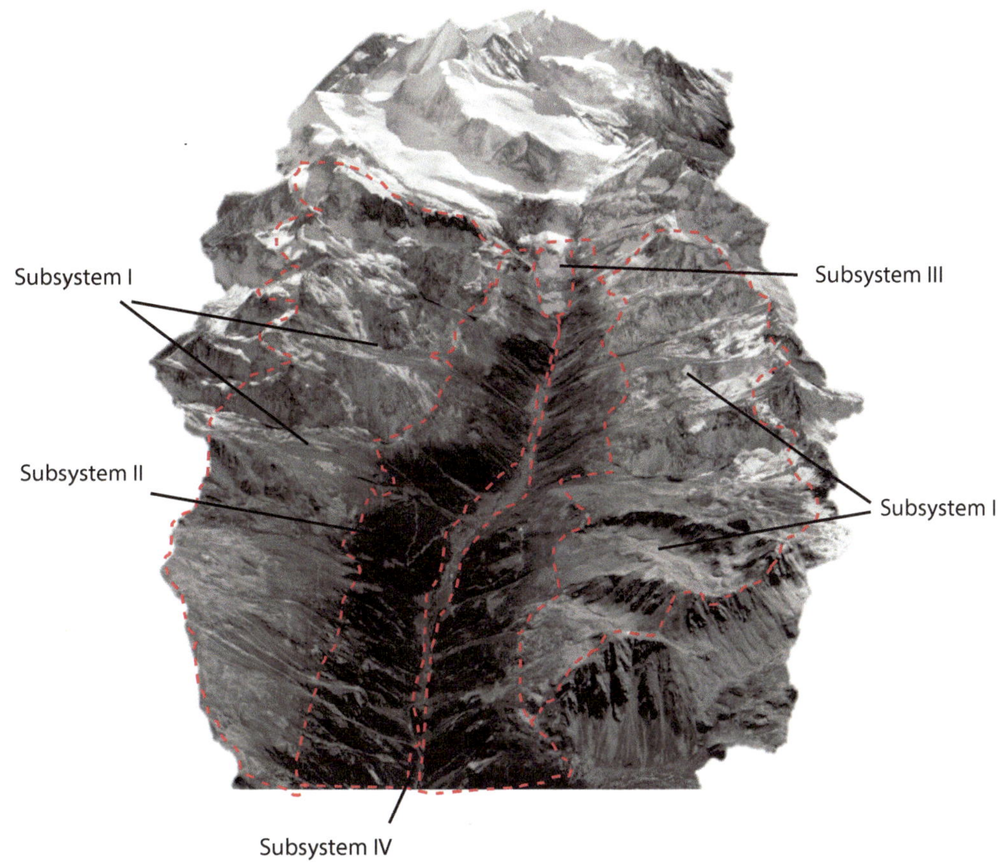

Abb. 20.8 Die vier dominanten Subsysteme des mesoskaligen Sedimentkaskadensystems des Turtmanntales in vereinfachter Darstellung. (In Anlehnung an Otto et al. 2009, Bildgrundlage von Google Earth © 2018 Google)

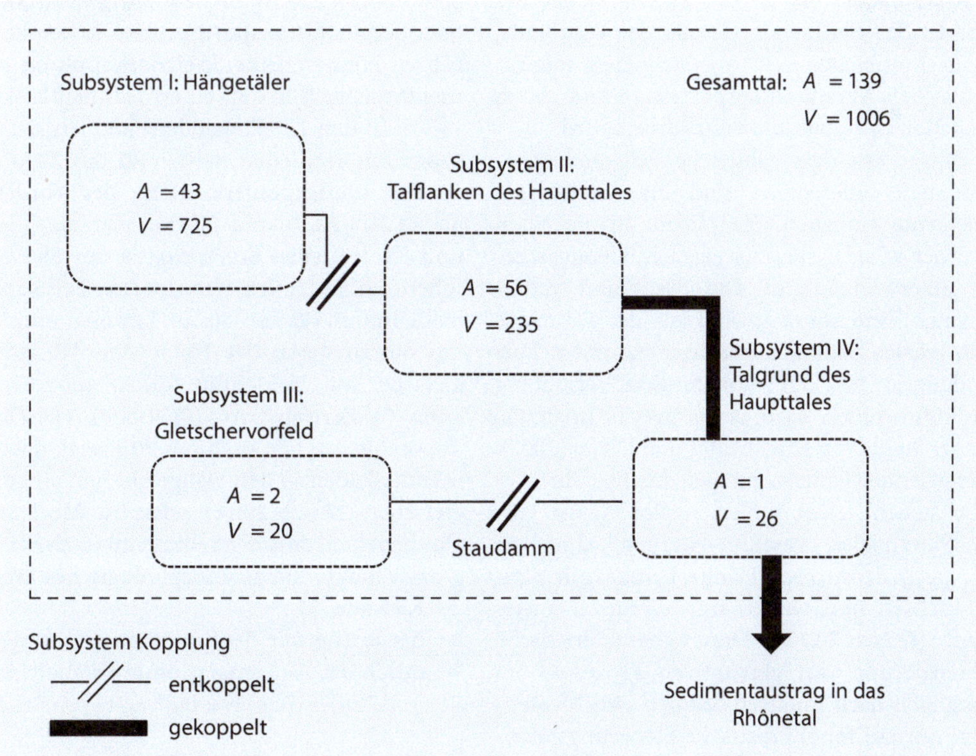

Abb. 20.9 Das Sedimentkaskadensystem und der Sedimenthaushalt des Turtmanntales in vereinfachter Darstellung. *A* = Oberfläche der Reliefformen in 10^6 m². *V* = Volumen der Reliefformen in 10^6 m³. Die Sedimentspeicherung und Kopplung bzw. Entkopplung zwischen den vier Subsystemen (Hängetal, Talflanke, Gletschervorfeld und Talgrund) bestimmen den Sedimentfluss und -austrag ins Rhônetal. (Verändert nach Otto et al. 2009, Abdruck mit Genehmigung von John Wiley & Sons Ltd)

fluvialen und glazifluvialen Ursprungs. Im Folgenden erfolgt eine Beschreibung des Sedimentkaskadensystems des Turtmanntales im Hinblick auf die dominanten Sedimentquellen, Speicher, Speicherkopplungen und Transportwege in den Subsystemen sowie ihre mesoskalige Konnektivität.

20.7.1 Sedimentspeicherfüllung und Toposequenzen der Hängetäler und des Gletschervorfeldes

Die geomorphologischen Systeme der 15 Hängetäler des Turtmanntales sind durch eine Vielfalt geomorphologischer Prozesse geprägt, deren Aktivitäten seit dem letztglazialen Maximum zur kontinuierlichen Akkumulation paraglazialer Sedimentspeicher geführt haben. Otto et al. (2009) identifizierten in den Hängetälern 593 individuelle Sedimentspeicher (◻ Abb. 20.10). In Abhängigkeit vom gewählten Modelltyp wurde eine gesamte Sedimentfüllung von 501–725 Mio. m^3 für alle 15 Hängetäler berechnet.

Die Sedimentspeicher des Tales werden zu ca. 25 % durch gravitative Prozesse erzeugt. Aufgrund der **Dominanz von Sturzprozessen** säumen heute mächtige Sturzhalden in Form von Schutthalden und Schuttkegeln vor allem nordexponierte Felswände sowie Lokalitäten in der Nähe von Hängegletschern. Zur Terminologie der Begriffe Sturzhalde, Schutthalde und Schuttkegel sei auf ▸ Kap. 4 verwiesen. Ausgeprägte Beispiele von Sturzhalden befinden sich an den metamorphen, nordexponierten Felshängen im Hungerlitälli (◻ Abb. 20.11) sowie unterhalb der steilen, nordexponierten Kalk- und Marmorwände des Pipjitällis (◻ Abb. 20.12). Die Quelle des Sturzmaterials bildet das anstehende Gestein der Felswände, welches durch eine Kombination aus frostbedingten, thermischen und chemischen Verwitterungsprozessen und durch Permafrostdegradation entfestigt und destabilisiert wird.

Zu berücksichtigen ist, dass zahlreiche Felswände geomorphometrisch stark differenziert sind und konkav-gestreckte Reliefelemente enthalten. Sie bilden die primären Sedimentspeicher der Wände, die einer eigenen Füllungs-Leerungs-Dynamik unterworfen sind. Die die Wand verlassene Sedimentmenge kann somit sowohl aus der Felsmasse als auch aus den lokalen Sedimentspeichern stammen. Eine Helikoptererkundung im Jahr 2017 konnte diese Vermutung bestätigen, allerdings wurden dazu bisher im Turtmanntal, vergleichbar mit der Studie von Krautblatter und Dikau (2007), noch keine weitergehenden Untersuchungen durchgeführt.

20

Während die steilen, felsdominierten Nordhänge vornehmlich von Sturzhalden gesäumt werden, sind die südexponierten, permafrostfreien Hänge bereits mit alpinen Matten bewachsen und weisen nur vereinzelt anstehenden Fels auf (◻ Abb. 20.13). Diese charakteristische Nord-Süd-Differenzierung von gravitativen Prozessen im Turtmanntal lässt sich nach jüngsten Studien von Messenzehl (2018) nicht nur auf topoklimatische Steuerungsfaktoren (Hangneigung, Gefrier-, Tau- und Permafrostprozesse) zurückführen, sondern auch auf das Hangeinfallen bzw. -ausfallen der tektonisch bedingten Trennflächen.

Den größten Flächenanteil der Sedimentfüllung in den Hängetälern umfassen mit 37 % die spätpleistozänen und holozänen **Moränenablagerungen** (◻ Abb. 20.10 und 20.11). Loben- oder zungenförmige Blockgletscher bedecken 11 % der Hängetäler (◻ Abb. 20.10). Während die meisten **Blockgletscher** aus Sturzhalden entstehen (◻ Abb. 20.11), können auch Moränenwälle der Jüngeren Dryas und der Kleinen Eiszeit (◻ Abb. 20.14) ein Quellgebiet darstellen. Das Blockgletscherinventar von Nyenhuis et al. (2005) weist in den Hängetälern 83 Blockgletscher aus. Das Schmelzwasser der 38 aktiven Blockgletscher ist eine wichtige Wasserquelle und speist die perennierenden Gerinnesysteme der Hängetäler. Während intakte und aktive Blockgletscher vor allem in nordexponierten Positionen zwischen 2362 m und 2892 m vorzufinden sind (Otto und Dikau 2004), liegen die 21 fossilen Blockgletscher überwiegend in südexponierten Lagen unterhalb von 2661 m und können bis an die Trogschulter reichen (s. ◻ Abb. 20.18). Neben Blockgletschern und Felswänden bilden die Formen und Prozesse der gebundenen (2300–2900 m) und ungebundenen **Solifluktion** (bis 3400 m) eine wesentliche Komponente des periglazialen Prozessbereiches (◻ Abb. 20.15). Der Prozess tritt in der räumlichen Mikroskale auf und weist in den genannten Höhenstufen eine häufig flächendeckende Verteilung auf.

Die geomorphometrischen Analysen von Rasemann (2004), Otto et al. (2009) und Gärtner-Roer und Nyenhuis (2010) zeigen, dass die unterschiedlichen Typen der paraglazialen Sedimentspeicher in bestimmten toposequenziellen Hangpositionen auftreten. Aufgrund der räumlichen und prozessualen Nachbarschaftsbeziehungen zwischen den Sedimentspeichern entsteht ein spezifisches Formgefüge, in dem Sedimenttransportprozesse Systemkopplungen herbeiführen können. Eine **Speicherkopplung** mit aktivem Sedimenttransfer führt zu einer Sedimentkaskade (vergl. Caine 1974). In den 15 Hängetälern können sieben **Toposequenztypen** unterschieden werden (◻ Tab. 20.3).

Der nordexponierte Hang des Vorderen Hungerlihorlis (◻ Abb. 20.10 und 20.11) zeigt die Toposequenztypen I und III, in denen Sturzprozesse zur aktiven Kopplung zwischen der instabilen, verwitterten Felswand und der Sturzhalde führen (◻ Abb. 20.10). Lawinen und Murgänge können das Sturzmaterial der Halde remobilisieren. Aktive Blockgletscher am Haldenfuß führen zum hangabwärts gerichteten Weitertransport (◻ Abb. 20.14). Die Übersicht der Toposequenztypen in ◻ Tab. 20.3 zeigt, dass die meisten Sedimentkaskaden in den Hängetälern in einem inaktiven Blockgletscher (◻ Abb. 20.11) oder im Moränenmaterial enden. Das bedeutet, dass der Sedimentfluss der Hänge aufgrund

- der Inaktivität geomorphologischer Prozesse in der Kaskade,
- der Korngröße des Sturzmaterials und/oder
- durch das Auftreten geomorphometrischer Barrieren und Puffer *(barriers, buffers)* (Fryirs et al. 2007)

vom fluvialen System entkoppelt ist. Die glazialen und glazifluvialen Reliefformen erreichen im Gletschervorfeld ein Volumen von 19,6 Mio. m^3 (Otto et al. 2009).

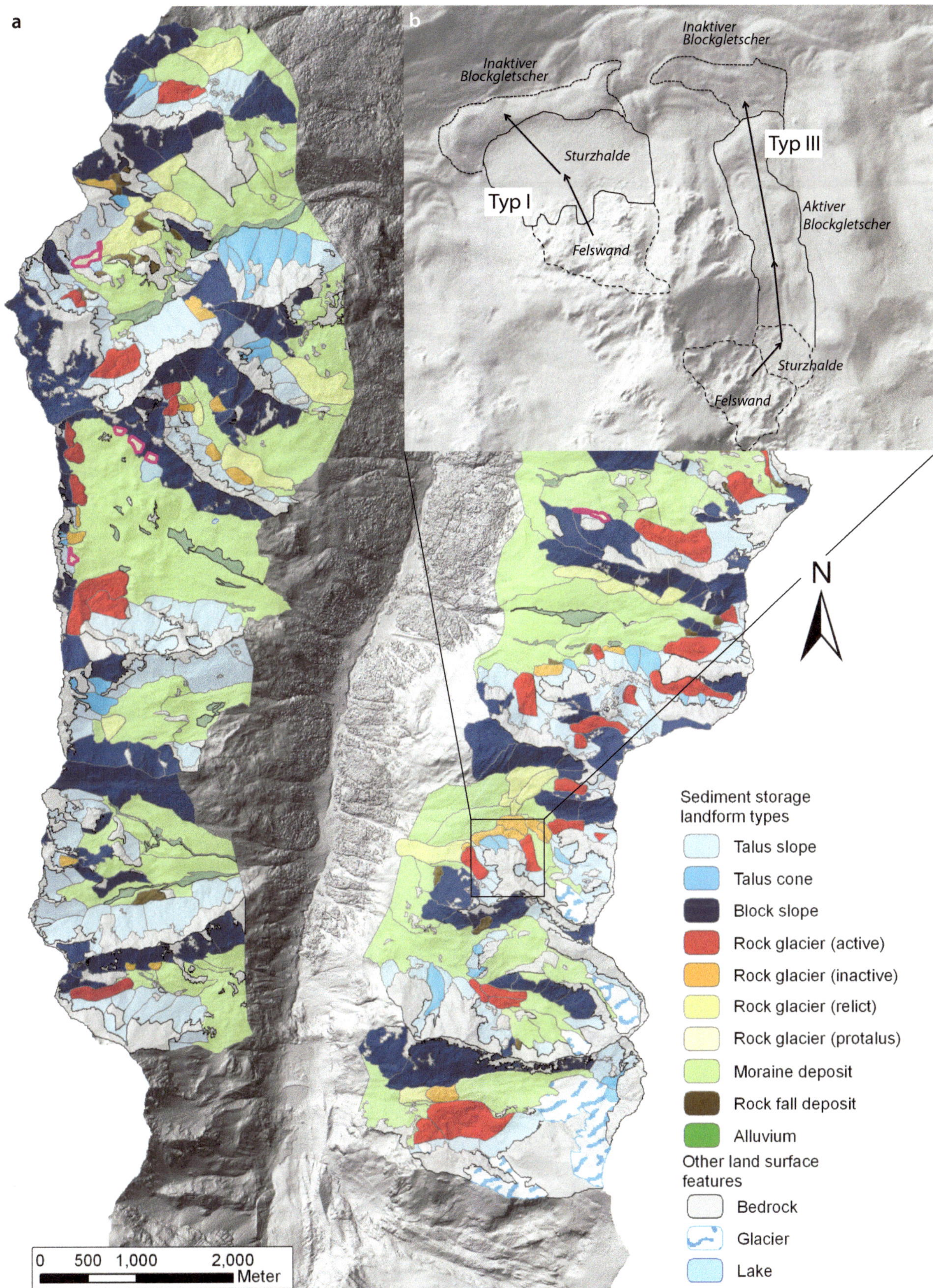

Abb. 20.10 Darstellung geomorphologischer Formen des zentralen Turtmanntales. **a** Reliefformen und Sedimentspeicher in den Hängetälern. (Aus Otto 2006, Abdruck mit Genehmigung von J.C. Otto). **b** Toposequenzen des Typs I und III des südlichen Hungerlitällis auf Basis eines digitalen Höhenmodells. (Verändert nach Rasemann 2004, Abdruck mit Genehmigung von S. Rasemann)

Abb. 20.11 Rothornkar mit Rothorngletscher (links) und Sturzhalden aus metamorphem Gestein am nordexponierten Vorderen Hungerlihorli des Hungerlitällis. Weitere Reliefformen bilden aktive Blockgletscher und Moränen. (Quelle: K. Meßenzehl)

Abb. 20.12 Sturzhalde unterhalb einer 60–90° geneigten, 200 m hohen Felswand aus Marmor und Kalkstein im Pipjitälli. (Quelle: K. Meßenzehl)

Abb. 20.13 Gigigrat und südexponierte Talseite des Hungerlitällis mit einer Bergzerreißung, inaktiven, vegetationsbewachsenen Sturzhalden, reliktischen Blockgletschern und einer spätpleistozänen Lateralmoräne. (Quelle: Markus Dikau)

Abb. 20.14 Das Hängetal des Pipjitällis gegen Ost. Im rechten Bildhintergrund sind die Felswände des Äußeren Barrhorns sichtbar, die aus Marmor aufgebaut werden. Im Talzentrum befindet sich ein Blockgletscher, der vermutlich aus Moränenmaterial der Jüngeren Dryas und der Kleinen Eiszeit gespeist wurde. Im rechten Bildmittelpunkt ist ein aktiver Blockgletscher aus Schutthalden mit steiler Stirn zu erkennen. (Quelle: Markus Dikau)

Abb. 20.15 Solifluktionsloben durch gebundene und ungebundene Solifluktion an der Stirn des Gigigrates zwischen Hungerli- und Grüobtälli. (Quelle: Markus Dikau)

Tab. 20.3 Typen und Häufigkeiten der Sedimentspeicher-Toposequenzen im Turtmanntal. Kopplung und Entkopplung bestimmen den Sedimentfluss in der Sedimentkaskade. Pfeile (Zeichen: →) zwischen Sedimentspeichern signalisieren, dass diese beiden Formen miteinander gekoppelt, also räumlich und prozessual verbunden, sind. Masse und Energie werden aus dem Speicher in das folgende Subsystem weitergegeben. Sedimentspeicher können entkoppelt sein (Zeichen: //), da ein Prozess inaktiv wurde, z. B. eine glaziale Deposition oder eine geomorphometrische Barriere in Form eines Festgesteinsriegels vorliegt (Otto 2006)

Toposequenztyp	Topologische Beziehung zwischen Sedimentspeichern	Häufigkeit (%)
I	Felswand → Sturzhalde//(Protaluswall)//Moränenablagerung//(Alluvium)	45
II	Felswand → Sturzhalde → Blockgletscher (aktiv)//Moränenablagerung//(Alluvium)	20
III	Felswand → Sturzhalde → Blockgletscher (aktiv)//Blockgletscher (inaktiv)//Blockgletscher (relikt)// Moränenablagerung//(Alluvium)	2
IV	(Felswand)//Sturzhalde, in-situ-Verwitterungsschutt (inaktiv) → Blockgletscher (aktiv)//Moränenablagerung//(Alluvium)	6
V	Gletscher → Moränenwall → Blockgletscher//Moränenablagerung//(Alluvium)	11
VI	(Felswand)//Sturzhalde (inaktiv)//Moränenablagerung//(Alluvium)	9
VII	Felswand → Sturzmaterial//Moränenablagerung//(Alluvium)	7

20.7.2 Sedimenttransporte in das Rhônetal – Natürliche und anthropogene Entkoppelung

Pleistozäne und holozäne Sedimente glazifluvialen Ursprungs verfüllen heute zu wesentlichen Teilen den 300 m breiten **Talboden** des Turtmanntales (Abb. 20.8). Seine Sedimentfüllung umfasst 26,3 Mio. m^3 (Otto et al. 2009). Die glazifluvialen Prozesse des Vorfluters der Turtmänna führten zu typischen **glazifluvialen Sedimentbewegungen** und vier ausgeprägten Terrassenkörpern. Diese geomorphologische Situation änderte sich im Jahre 1958 durch den Bau einer Staumauer im oberen Turtmanntal und der Ableitung der oberen Turtmänna zum

Wasserkraftkomplex Moiry grundlegend. Die **Staumauer** im Turtmanngletschervorfeld ist innerhalb der Moränenwälle des Maximalstandes der Kleinen Eiszeit lokalisiert. Eine zweite Staumauer wurde für den Rückhalt des groben Lockergesteins errichtet. Seit dem Staudammbau ist das Gletschervorfeld innerhalb des Maximalstandes der Kleinen Eiszeit auf 60 % seiner Länge anthropogen beeinflusst. Die Dammkonstruktionen führen zum vollständigen Sedimentverlust des Vorfluters (▫ Abb. 20.1). Infolgedessen ist der Sedimentfluss zwischen dem Gletschervorfeld und dem Rhônetal heute entkoppelt. Mit Ausnahme der Schneelawinen findet der heutige **Sedimenteintrag** in den Talboden des Haupttales fast ausschließlich über die Hänge zwischen den Trogschultern (2400 m ü. NN) und dem Talboden statt. Zu den sedimentproduzierenden und -transportierenden Prozessen zählen:

- Felsverwitterungsprozesse,
- gravitative Prozesse,
- fluviale Prozesse und
- Schneelawinen.

Die Anrisse von Schneelawinen setzen häufig auf den vorderen Hängen der die Hängetäler trennenden Grate an. **Fossile Blockgletscher,** die sich über die Trogschulter ins Haupttal erstrecken (▫ Abb. 20.10), stellen wichtige Sedimentspeicher und -quellen dar. Eine Remobilisierung ihres Grobsedimentes wird durch Murgänge sowie durch saisonale und episodische Lawinen verursacht. Die zahlreichen polygenetischen Sturz- und Lawinenkegel im Talboden waren vor dem Staumauerbau mit dem fluvialen System der Turtmänna gekoppelt und wurden durch die fluviale Seitenerosion angeschnitten. Dieser Erosions- und Transportprozess ist durch den Staumauerbau fast gänzlich zum Erliegen gekommen. Die Trogschultern und die talseitigen Formelemente der Hängetalgrate sind durch tiefgreifende Felsfließungen gekennzeichnet. Die großskaligen gravitativen Bewegungen führen, wie am Gigigrat zu beobachten ist (▫ Abb. 20.16), im Prozessbereich der Bergzerreißung zu geöffneten Spalten im Festgestein sowie zu hangparallelen Zerreißungsgräben.

Die Sedimenttransporte in den Hängetälern sind heute vom Haupttal entkoppelt. Die fluvialen und gravitativen Prozesse der Hängetäler weisen eine zu geringe Effektivität und Reichweite auf, um die Trogschulter zu überwinden (▫ Abb. 20.17). Das **Grobschuttsystem der Hängetäler** bildet ein geschlossenes System, das konstant durch die Hänge weiter beliefert wird. Im Vergleich zu anderen alpinen Tälern bildet das Turtmanntal in dieser Hinsicht keine Singularität. In zahlreichen anderen Hochgebirgssystemen wird ein Großteil der Hangsedimente in den oberen

▫ **Abb. 20.16** Zone der Bergzerreißung der gravitativen Felsfließung am Gigigrat zwischen dem Hungerli- und dem Grüobtälli mit Ausbildung eines typischen Doppelgrates. (Quelle: Simon Dikau)

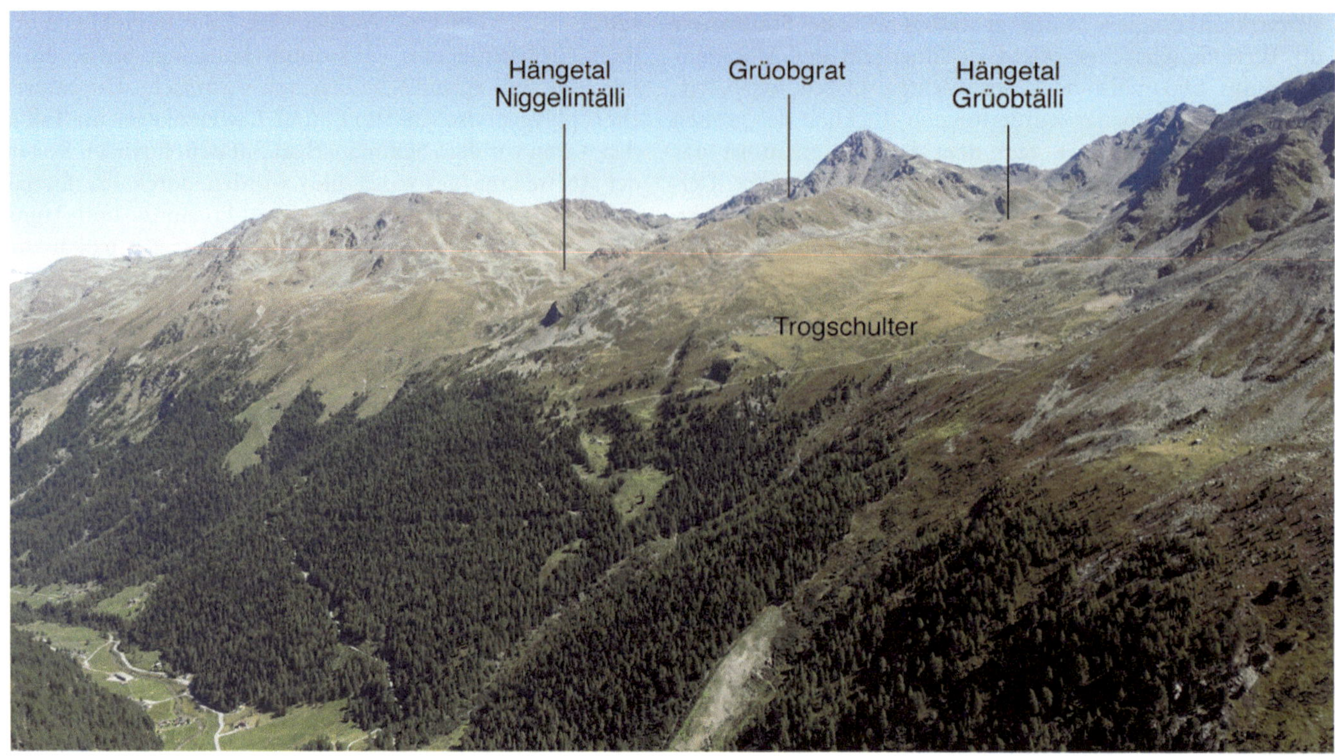

Abb. 20.17 Die Hängetäler Niggelintälli (Bildmitte) und Grüobtälli (rechte Bildseite) sind heute geomorphologisch vom Haupttal weitgehend entkoppelt, was bedeutet, dass fast keine Sedimenttransporte über die Trogschulter hinaus erfolgen. (Quelle: Markus Dikau)

Einzugsgebieten gespeichert und ist heute vom fluvialen System des Hauptttales entkoppelt. Wann und unter welchen Bedingungen eine Speicherkopplung mit Sedimentausträgen aus den Subsystemen zukünftig stattfinden wird, ist eine der zentralen Fragestellungen der Hochgebirgsgeomorphologie und von großer Relevanz für die **Naturgefahrenbewertung** und für die zukünftige Wasserbewirtschaftung. In Anbetracht einer weiteren Klimaerwärmung ist zu vermuten, dass in Zukunft die geomorphologische Prozessaktivität, z. B. von Murgängen und Sturzprozessen, zunehmen wird und damit eine Remobilisierung der gespeicherten Sedimentkörper an bestimmten Lokalitäten stattfinden könnte.

20.8 Blockgletscher als Indikatoren der Permafrostverbreitung

20

Blockgletscher stellen im Turtmanntal dominante periglaziale Reliefformen dar (Abb. 20.11 und 20.14) und zählen zu den dominanten **grobklastischen Sedimentspeichern** des Tales. Die 83 identifizierten Blockgletscher umfassen ein Sedimentvolumen von insgesamt 0,05–0,07 km^3 (Nyenhuis 2005) und tragen mit 4–15 % zur Sedimentfüllung der Hängetäler bei (Otto 2006). Mit mittleren Sedimentmächtigkeiten zwischen 8,4 m und 12 m sind die Blockgletscher wesentlich geringmächtiger als in anderen alpinen und arktischen Regionen, die Blockgletschermächtigkeiten von 15–80 m erreichen können (Ballantyne 2018).

20.8.1 Räumliche Blockgletscherverbreitung und Prozessaktivität

In einem mesoskaligen Inventar konnte Nyenhuis (2005) aufzeigen, dass knapp die Hälfte aller Blockgletscher (46 %) aktiv sind, während 29 % bzw. 25 % der Blockgletscher bereits einen inaktiven bzw. reliktischen (fossilen) Zustand erreicht haben (Abb. 20.11). Die **Klassifizierung der Aktivität** erfolgte durch eine Charakterisierung der **Blockgletscherstirn** und -oberfläche. So weisen aktive Blockgletscher eine sehr steile, vegetationsfreie Stirn auf (Abb. 20.14). Ihre Neigungen übersteigen meist 35° und damit den kohäsionslosen Böschungswinkel für dieses Lockergestein. Inaktive Blockgletscher können ebenfalls eine steile Stirn aufweisen, ihre Stabilität kann aufgrund des häufigen Vegetationsbewuchses höher sein. Die wesentlich flacheren Stirnbereiche reliktischer Blockgletscher besitzen deutliche **Kollapsstrukturen** und sind stark mit Sträuchern oder kleinen Bäumen bewachsen.

Das Blockgletscherinventar von Nyenhuis (2005) zeigt signifikante räumliche Unterschiede der **Blockgletscheraktivität**. Wie in anderen alpinen Tälern befinden sich im Turtmanntal aktive Blockgletscher vor allem in strahlungsarmen nördlichen Expositionen (NW, N, NO) sowie in Höhenbereichen zwischen 2500 und 2800 m ü. NN (Abb. 20.10, 20.11). Durch Messungen der **Oberflächengeschwindigkeiten** konnte Roer (2005) für aktive Blockgletscher durchschnittliche horizontale Bewegungsraten zwischen wenigen mm und einigen m pro Jahr ermitteln. Im Vergleich zu anderen Blockgletschern in den europäischen Alpen weisen zahlreiche Blockgletscher im Turtmanntal überdurchschnittlich schnelle Kriechbewegungen auf. So wurden im Hungerli- und Grüobtälli maximale Raten von bis zu 5 m pro Jahr gemessen. Aktive Blockgletscher stellen damit sehr effektive Sedimenttransportprozesse im Kaskadensystem der Hängetäler dar und können bis zu 1,1 Mt Sediment pro Jahr transportieren (Gärtner-Roer und Nyenhuis 2010).

Neben der steilen Stirn sind **Mikrostrukturen** an der Blockgletscheroberfläche (Rasemann 2004) deutliche Zeichen ihrer Aktivität. Aufgrund des räumlich und zeitlich differenzierten Fließverhaltens aktiver Blockgletscher entstehen interne Spannungen in der oberflächennahen Materialschicht und im Untergrund, welche an der Blockgletscheroberfläche zur Ausbildung von Gräben und Rücken führen können. Zum Beispiel zeigt der aktive Talus-Blockgletscher in ◻ Abb. 20.11 nahe seines Wurzelbereiches unterhalb des Kares ausgeprägte Längsstrukturen parallel zur Fließrichtung und im Gegensatz dazu Querstrukturen nahe der Stirn infolge des kompressiven Fließens.

Inaktive Blockgletscher befinden sich vorwiegend im Talboden der Hängetäler zwischen 2400 und 2700 m ü. NN. Ihre Bewegungsraten betragen weniger als 0,01 m pro Jahr (Roer 2005). Während 90 % der aktiven Blockgletscher im Turtmanntal aus Sturzhalden entstehen, d. h. aus Sedimenten aktiver Sturzprozesse von Felswänden, haben inaktive und reliktische Blockgletscher ihr Sedimentquellgebiet überwiegend in spätglazialen und holozänen Moränenkörpern. Die Inaktivität lässt sich auf mehrere Ursachen zurückführen. Auf die veränderten mechanischen Kriechprozesse des ausschmelzenden Eiskörpers verweist Barsch (1996). Die zu geringe Schuttlieferung aus den Quellgebieten wird durch Nyenhuis (2005) hervorgehoben. Dieser Systemzustand tritt dann ein, wenn sich der Blockgletscher von seiner glazialen Sedimentquelle entfernt und gleichsam sedimentär verhungert. Zu beachten ist weiterhin, dass Blockgletscher nach Erreichen des Talbodens auf geringere Hangneigungen treffen, die das lokale Spannungssystem des Kriechprozesses beeinflussen. Um diese Problemstellungen zu erkunden, werden weitere Forschungsanstrengungen erforderlich sein. Die 21 reliktischen Blockgletscher nahe der Trogschulter des Haupttales sind eindeutig eisfrei. Sie reichen bis in heute vermutlich permafrostfreie Höhenbereiche um 2200 m ü. NN und stellen damit **Indikatoren für Permafrostbedingungen** während des Übergangs vom Spätglazial zum Holozän dar (◻ Abb. 20.18).

◻ **Abb. 20.18** Reliktischer Blockgletscher (HuHH4) am Ausgang des Hängetales Hungerlitälli, der die Trogschulter überwunden hat und vermutlich während der spätglazialen Kältephase der Jüngeren Dryas aktiv war. Der im Zentrum sichtbare Grat trennt das Hungerlitälli (links) vom Brändjitälli (rechts). Der Talboden des Hungerlitällis ist ausgedehnt mit Blockgletschern unterschiedlicher Aktivitätsgrade sowie Moränen des spätglazialen Gletschervorstoßes (Egesen) bedeckt. (Quelle: Markus Dikau)

20.8.2 Modellierung der regionalen Permafrostverbreitung

Die räumliche Verteilung der aktiven, inaktiven und relikten Blockgletscher in den Hängetälern des Turtmanntales spiegelt die geomorphologischen, klimatologischen und hydrologischen Voraussetzungen der **Blockgletschergenese** wider. Zur Entstehung und Bewegungsaktivität von Blockgletschern sind neben einem ausreichenden Sedimentangebot hinreichend steile und strahlungsarme Reliefpositionen und niedrige Lufttemperaturen nötig. Darüber hinaus ist das Vorhandensein von Permafrost im Untergrund eine wesentliche Bedingung. Die räumliche Verteilung von unterschiedlich aktiven Blockgletschern kann somit als dominanter Indikator genutzt werden, um die **aktuelle und historische Permafrostverbreitung** in alpinen Tälern abschätzen zu können (Haeberli 1985).

Auf Basis des Blockgletscherinventars der Hängetäler entwickelte Nyenhuis (2005) einen Modellierungsansatz zur Ermittlung der regionalen Permafrostverbreitung. Er berücksichtigte die potenzielle solare Einstrahlung und geomorphometrische Attribute. Die prognostizierten **Permafrostwahrscheinlichkeiten** des Modells PSIM (Permafrostsimulation nach Indikatormethode) sind in ◘ Abb. 20.19 dargestellt. Während in Regionen mit Wahrscheinlichkeitswerten unter 60 % Permafrost ausgeschlossen wird, ist auf einer Fläche von etwa 37 km^2 (33 % der Talfläche) Permafrost wahrscheinlich. In nördlichen Expositionen ab einer Geländehöhe von 2500–2600 m ü. NN dominiert flächenhafter Permafrost, während die südexponierten Hänge bis 3000 m ü. NN vermutlich permafrostfrei sind. Die Modellvalidierung durch lokale Geländemessungen, d. h. auf einer kleineren Raumskale, zeigt allerdings, dass die Permafrostverbreitung variabler ist. So konnten im zentralen Rothornkar (◘ Abb. 20.11) weder Temperaturmessungen noch geophysikalische Erkundungen ein Vorhandensein von Permafrost nachweisen (Nyenhuis 2005). Es zeigt sich, dass die Korngröße des Lockergesteins, die hydrologischen und thermischen Eigenschaften der Schneebedeckung und die mikroskalige Geomorphometrie einen starken Einfluss auf die lokale Permafrostverteilung ausüben. Die stärkere Berücksichtigung der kleinskaligen Systemeigenschaften von Blockgletschern kann somit zu einer Verbesserung zukünftiger Permafrostsimulationen führen.

20.8.3 Blockgletscherbewegung und Klimaveränderungen

Aufgrund der hohen Geschwindigkeiten und der geringen Sedimentmächtigkeiten der Blockgletscher im Turtmanntal ist zu vermuten, dass das periglaziale System sehr sensitiv auf Klimaveränderungen reagiert (Nyenhuis 2005). Für zahlreiche aktive Blockgletscher im Turtmanntal wurde zwischen 1975 und 2006 eine signifikante **Geschwindigkeitszunahme** um 26–390 % festgestellt (Roer 2005). Der Blockgletscher HuHH3 im Hungerlitälli (◘ Abb. 20.18) erreichte jährliche Maximalgeschwindigkeiten von 3,30 m (◘ Abb. 20.20) (Gärtner-Roer und Nyenhuis 2010). Dies wird vor allem auf den Anstieg der atmosphärischen Temperaturen seit Mitte der 1990er-Jahre in den europäischen Alpen zurückgeführt. Lokale

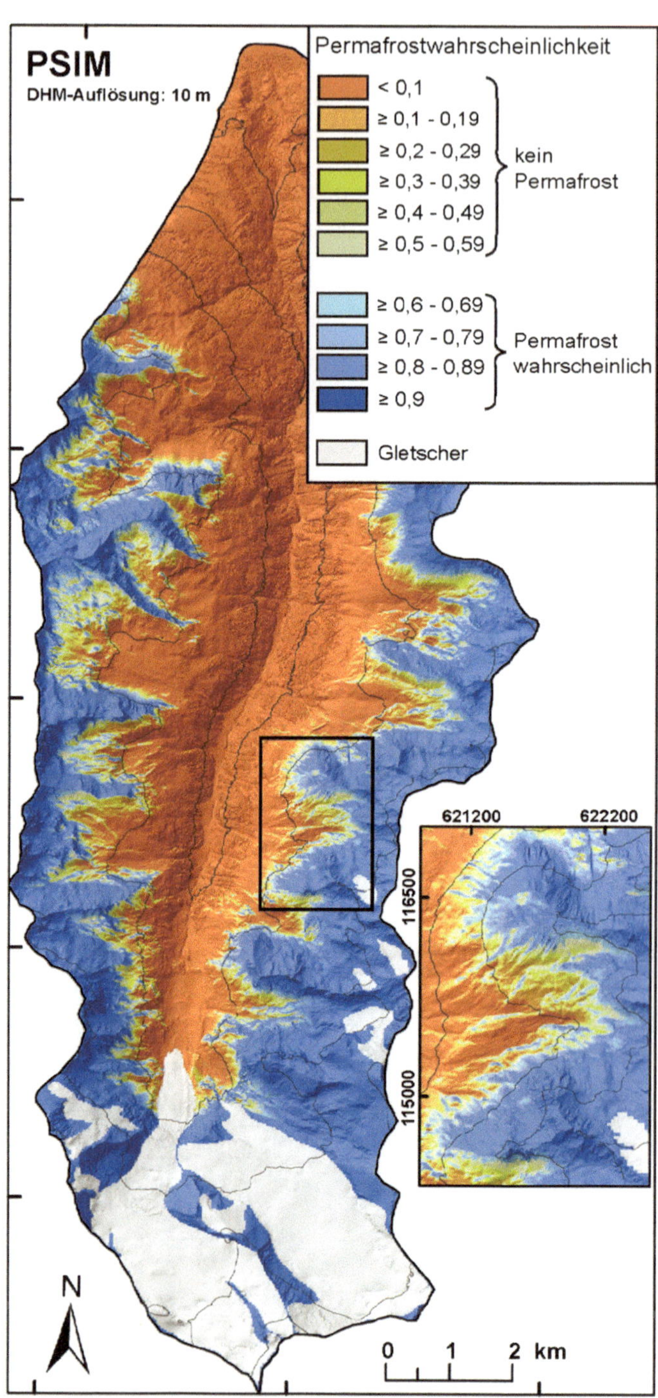

◘ **Abb. 20.19** Karte der modellierten Permafrostwahrscheinlichkeit im Turtmanntal mit dem Modell PSIM. Der Kartenausschnitt zeigt das Hängetal Hungerlitälli. (Nach Nyenhuis 2005, Abdruck mit Genehmigung von M. Nyenhuis)

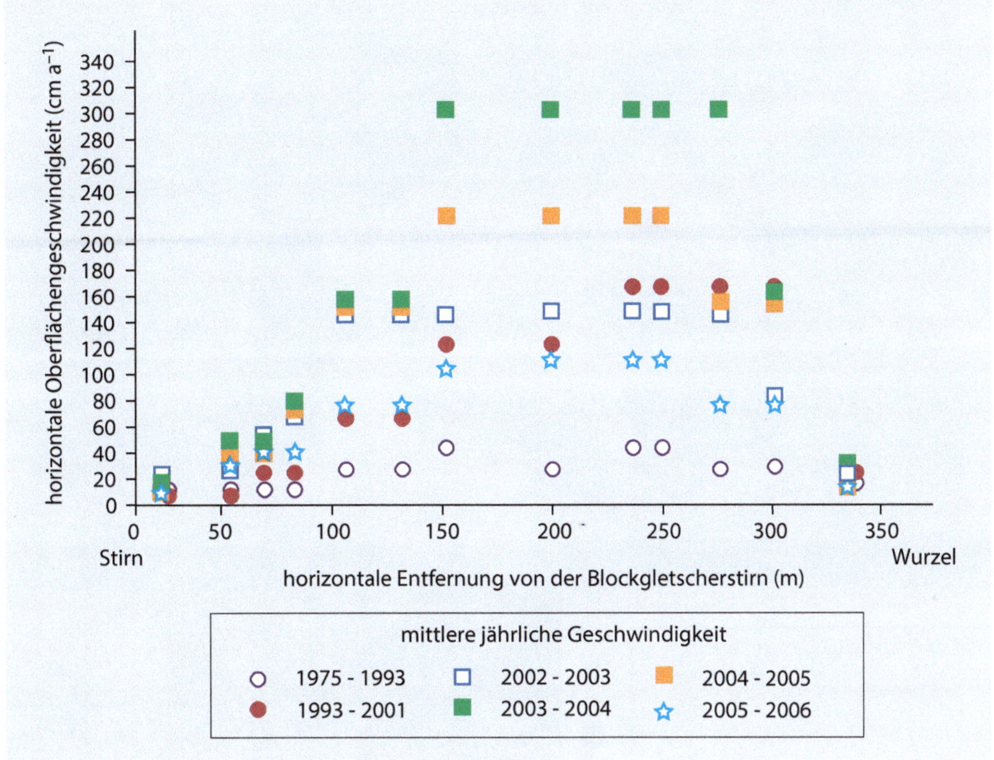

Abb. 20.20 Mittlere Jährliche Horizontalgeschwindigkeiten des aktiven Blockgletschers HuHH3 im Hungerlitälli (Abb. 20.18) in unterschiedlichen Perioden der Jahre 1975–2006. (Verändert nach Gärtner-Roer und Nyenhuis 2009, Abdruck mit Genehmigung von I. Gärtner-Roer, M. Nyenhuis und Springer-Verlag GmbH Deutschland)

Bewegungsmessungen verdeutlichen allerdings, dass eine direkte Kausalbeziehung zwischen Temperaturzunahme und Beschleunigung des Kriechprozesses nicht vorliegt. Stattdessen ist der Prozess der **Blockgletscherbewegung** aufgrund kleinräumiger Faktoren, wie dem Substrat oder dem Vorhandensein von Schmelzwasser im Scherbereich, von besonderer Bedeutung (Roer et al. 2005a, b). Die zukünftige Blockgletscherdynamik bedarf also eines langfristigen Messprogramms auf lokaler Skale, um klimabedingte Veränderungen der Permafrostverbreitung besser prognostizieren und die bodenmechanischen Mechanismen im Sedimentkörper grundlegender verstehen zu können. Neue Forschungsanstrengungen befassen sich mit der numerischen Modellierung der Blockgletscherbewegung auf Basis der Eisbildung, der Eistemperatur, der Hangneigung und der Zufuhr von Sedimenten aus den Speichern der Sedimentkaskade (Müller et al. 2016).

20.9 Permafrost und Felsdeformationen im Festgestein des Steintälligrates

An der Wasserscheide zwischen Turtmanntal und Mattertal bildet der Steintälligrat ein Untersuchungsgebiet für die Detektion von **Felspermafrost**, seine Veränderungen und die daraus resultierenden **Bewegungen des Festgesteins** (Abb. 20.21, s. a. Abb. 20.26). Die Erforschung des alpinen Felspermafrostes ist ein vergleichsweises junges Forschungsthema der Geomorphologie. Aufgrund der geomorphometrischen und klimatischen Variabilität und der operativen Erreichbarkeit im Hochgebirgssystem sind derartige Untersuchungen technisch anspruchsvoll. Die saisonale und langzeitliche Erhöhung der Lufttemperatur und die **Erwärmung des Permafrostes** in den Felswänden der Hängetäler bilden Steuerfaktoren für Sturzprozesse und tiefreichende **felsmechanische Deformationen.** Im Turtmanntal gehen die ersten Studien zum Felspermafrost auf Krautblatter (2009) zurück. Als einer der ersten Geomorphologen adaptierte und modifizierte er bestehende Techniken der elektrischen Resistivitätstomographie (ERT) für die räumliche und zeitliche Detektion von Permafrost in steilen Festgesteinswänden. In mehrjährigen Geländearbeiten zwischen 2005 und 2008 führten Krautblatter (2009) und Kollegen umfangreiche **ERT-Messungen** im Steintälli (3050–3150 m ü. NN) an der Wasserscheide zum Mattertal durch. Aufgrund des starken Gletscherrückzuges um ca. 300 m seit dem Ende der Kleinen Eiszeit sind heute große Felsbereiche des Steintällis nicht mehr vom Eis des nordöstlichen Rothorngletschers bedeckt (Abb. 20.21a), sodass der stark zerklüftete und geschieferte metamorphe Paragneis heute den atmosphärischen Veränderungen verstärkt ausgesetzt ist. Mithilfe von fünf parallelen, 80 m langen ERT-Messstrecken (Abb. 20.21b) sowie der Refraktionsseismik-Tomographie (SRT) konnten Krautbatter und Draebing (2014) eine hohe kleinskalige Heterogenität des zerklüfteten Festgesteins aufzeigen. Die geophysikalischen Untersuchungen lieferten:

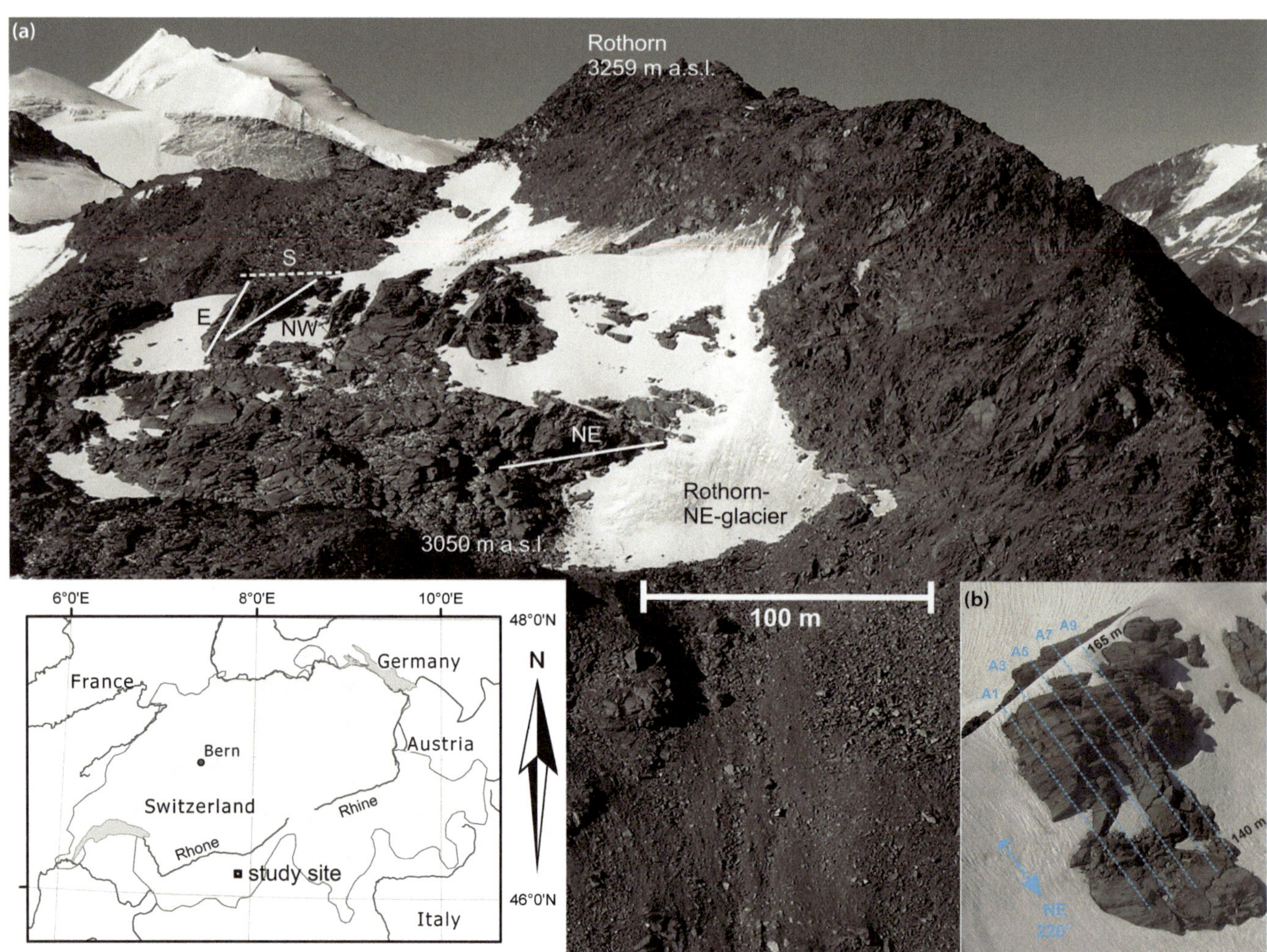

Abb. 20.21 a Das Untersuchungsgebiet Steintälli an der Wasserscheide zwischen Turtmanntal und Mattertal. Die Wasserscheide wird durch den Steintälligrat gebildet. Die geophysikalischen Messstrecken sind mit Buchstaben gekennzeichnet. b Aufbau der ERT-Messstrecke mit 5 Transsekten. (Verändert nach Krautblatter 2009, Fig. 21, S. 62, Abdruck mit Genehmigung von M. Krautblatter)

- bis zu 10 m tief reichende Untergrundinformationen über die räumliche und zeitliche Permafrostverbreitung,
- monatliche und jährliche Gefrier-Tau-Zyklen des Felspermafrostes sowie
- Informationen über Einflüsse eis- und wassergefüllter Trennflächen auf den Felspermafrost.

Die Befunde werden in Abb. 20.22 dargestellt und lassen sich wie folgt zusammenfassen (Krautblatter und Hauck 2007; Krautblatter 2009; Krautblatter und Draebing 2014):

- Die **Permafrostverteilung** des Untergrundes ist in hohem Maße von der Exposition der Felsmasse abhängig. Im nordostexponierten Hang konnte ein mächtiger Permafrostkörper mit einer 2–10 m mächtigen Auftauschicht detektiert werden.
- **Permafrostlinsen** können auch in strahlungsintensiven Hängen auftreten. Begünstigend für ein Auftreten von Felspermafrost wirken kleinskalige geomorphometrische Effekte (z. B. Überhänge und Konkavitäten), das grobblockige, stark zerklüftete Felsmaterial und das laterale Anfrieren von Gletschereis und Firn sowie die Schneedecke.
- Tiefreichende Trennflächen mit Öffnungsweiten bis mehreren dm enthalten **Klufteisfüllungen** (Abb. 20.23). Das Klufteis kühlt die Felsmasse ab und steuert das räumliche Muster von Permafrost in der Felsmasse.

Die Arbeiten im Steintälli verdeutlichen, dass alpiner Permafrost einen signifikanten Einfluss auf die **Stabilität der Felshänge** ausübt, indem er den Felszersatz und die Bildung von Gleitflächen im Festgestein fördert. Messtechnisch können felsmechanische Deformationen und kriechende Felsbewegungen im Permafrostfels über **Dehnungsmessungen** mit dem Crackmeter (Abb. 20.23) und dem Extensometer (Abb. 20.24) quantifiziert werden. Die jährlichen Extensometermessungen entlang des Steintälligrats zeigten einen deutlichen Felsversatz mit Raten von mehreren mm pro Jahr (Krautblatter 2009). Die Daten deuten auf einen signifikanten Zusammenhang zwischen der felsmechanischen

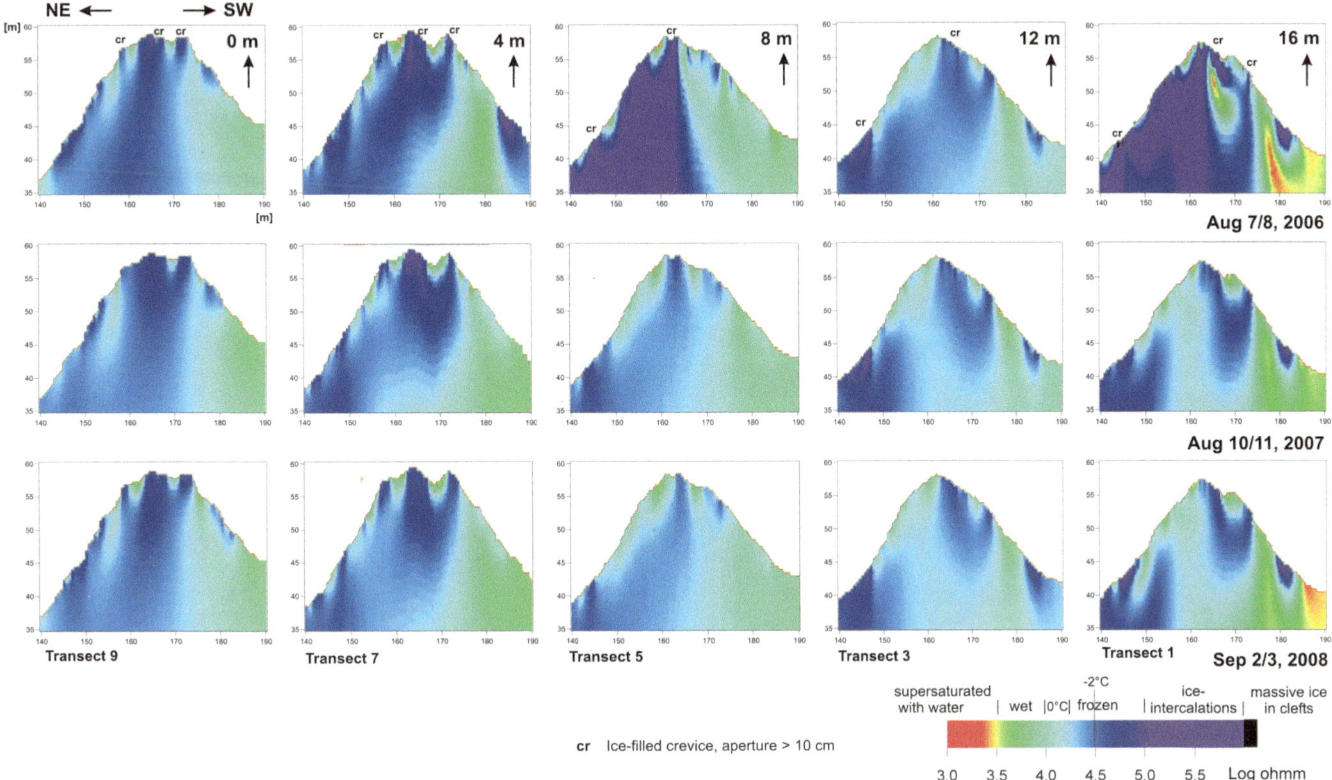

Abb. 20.22 Vertikale zweidimensionale Schnitte der elektrischen Resistivitätstomographien (ERT) durch den Steintälligrat. Die Messung erfolgte in Abständen von 4 m zu den Messzeiten August 2006, August 2007 und September 2008. Die roten und grünen Farben verweisen auf Festgesteine und Trennflächen ohne Permafrost und Eisfüllungen. Die blauen bis schwarzen Farben verweisen auf Permafrost und Klufteisfüllungen. (Nach Krautblatter 2009, Fig. 55, S. 119, Abdruck mit Genehmigung von M. Krautblatter)

Reaktion des Festgesteins und dem lokalen Permafrostvorkommen. Zwischen 2006 und 2008 waren drei- bis viermal höhere Deformationsraten in Nordostexposition als in Südwestexposition zu beobachten. Die Bewegungsraten nehmen exponentiell mit der durchschnittlichen Lufttemperatur zu und erreichen im Spätsommer die höchsten Werte. In weiterführenden Untersuchungen wurde aufgezeigt, dass die saisonale und jährliche Temperaturerhöhung der gefrorenen Permafrostfelsmasse und das Auftauen des Klufteises die **Scher- bzw. Zugfestigkeit** der Felswände deutlich herabsetzen, während gleichzeitig die Scher- bzw. Zugspannungen aufgrund hydrostatischer Drücke durch Volumenexpansion von Eis und Eissegregation zunehmen (Krautblatter et al. 2013).

Trotz der überwiegend steilen Hangneigungen (>45°) sind große nordostexponierte Flächen des Steintälligrates bereits ab dem Spätsommer, teilweise auch perennierend, schneebedeckt (Abb. 20.21). Mit der raumzeitlichen Variabilität der Schneedecke am Steintälligrat beschäftigten sich die Arbeiten von Draebing (2015). Durch die Verknüpfung von:

- mehrjährigen Temperaturmessungen im oberflächennahen Fels,
- kontinuierlichen Fotosequenzen der Schneedecke,
- wiederholten Laserscans und
- saisonalen Schneehöhenmessungen mit Lawinensonden

konnten die zeitlich und räumlich heterogenen Schneebedingungen detektiert und auf die Einflussfaktoren zurückgeführt werden (Draebing et al. 2017a). Die Exposition und insbesondere die kleinskalige Geomorphometrie des 50 m langen Felshanges (▶ Kap. 4, ▶ Abschn. 20.6). steuern die Mächtigkeit der Schneedecke und den Bedeckungszeitraum bis zur Schneeschmelze (Draebing 2015). Während der flache und konkave Hangfuß die Akkumulation einer persistenten Schneedecke begünstigt, können am steilen Oberhang nur geringmächtige Schneedecken akkumulieren. An der schattigen nordwestexponierten Felsflanke und der strahlungsintensiven Südwestflanke ist die Schneeperiode zudem vier bis sieben Mal kürzer als am Hangfuß (Draebing et al. 2017a).

Durch diese Arbeiten wurde empirisch nachgewiesen, dass die alpine Schneedecke das thermische Regime im Permafrostfels, v. a. die Eigenschaften der Auftauschicht, und damit die mechanischen Bewegungsprozesse einer Felswand signifikant beeinflussen. Obwohl bekannt ist, dass Schnee den Energieaustausch zwischen Atmosphäre und Untergrund modifiziert, z. B. durch eine veränderte Albedo und Konduktivität, und je nach Mächtigkeit und Porosität zur Kühlung bzw. Erwärmung des Untergrundes beiträgt, war der Einfluss der Schneedecke auf steile Felswände mit Permafrost weitgehend unbekannt. Draebing et al. (2014) entwickelten ein thermomechanisches

Abb. 20.23 **a** Schneefreier zerklüfteter Grat des Steintällis im September 2005, tiefreichende Trennflächen mit Öffnungsweiten bis mehrere dm. **b** Trennfläche mit Kufteisfüllung . (Quelle: Michael Krautblatter). **c** Crackmeter zur Messung der Kluftöffnung und -schließung. (Quelle: Daniel Draebing)

Abb. 20.24 Extensometermessung am Steintälligrat zur Detektion fels- und eismechanischer Deformationen. (Quelle: K. Meßenzehl)

Modell, das das Verhältnis zwischen Scherfestigkeit und Scherspannung und die Wärmetransporte im zerklüfteten und schneebedeckten Permafrostfels (Abb. 20.25) simuliert. So wird die Felsinstabilität von Permafrostwänden vornehmlich auf die Interaktion zwischen konduktiven, advektiven und konvektiven Wärmetransporten im schneebedeckten bzw. schneefreien Gesteinskörper zurückgeführt. Das Modell berücksichtigt vier saisonale Schneephasen nach Luetschg et al. (2003).

Die Modellierungsergebnisse sagen aus, dass im Frühsommer und Herbst zwei stabilitätskritische Zeitfenster auftreten, in denen die kumulativen Scherspannungen des Hanges die Scherfestigkeiten deutlich überschreiten und gravitative Massenbewegungen wahrscheinlich werden lassen. Die empirischen Validierungen des Modells durch Halla (2013) zeigten, dass die Felsmasse des Steintälligrats zwischen 2012 und 2015 als stabil zu klassifizieren ist. Extensometer- und Crackmetermessungen belegen divergente und konvergente Bewegungen (Draebing et al. 2014, 2017a). Schneewächten können zur Bildung von Segregationseis und zur verstärkten Öffnung von Trennflächen beitragen (Draebing et al. 2017b). Die wiederholte Öffnung und Schließung von Trennflächen unter dem Einfluss einer Schneedecke trägt damit effektiv zur Felsverwitterung und zur Vorbereitung tiefliegender Gleitflächen bei.

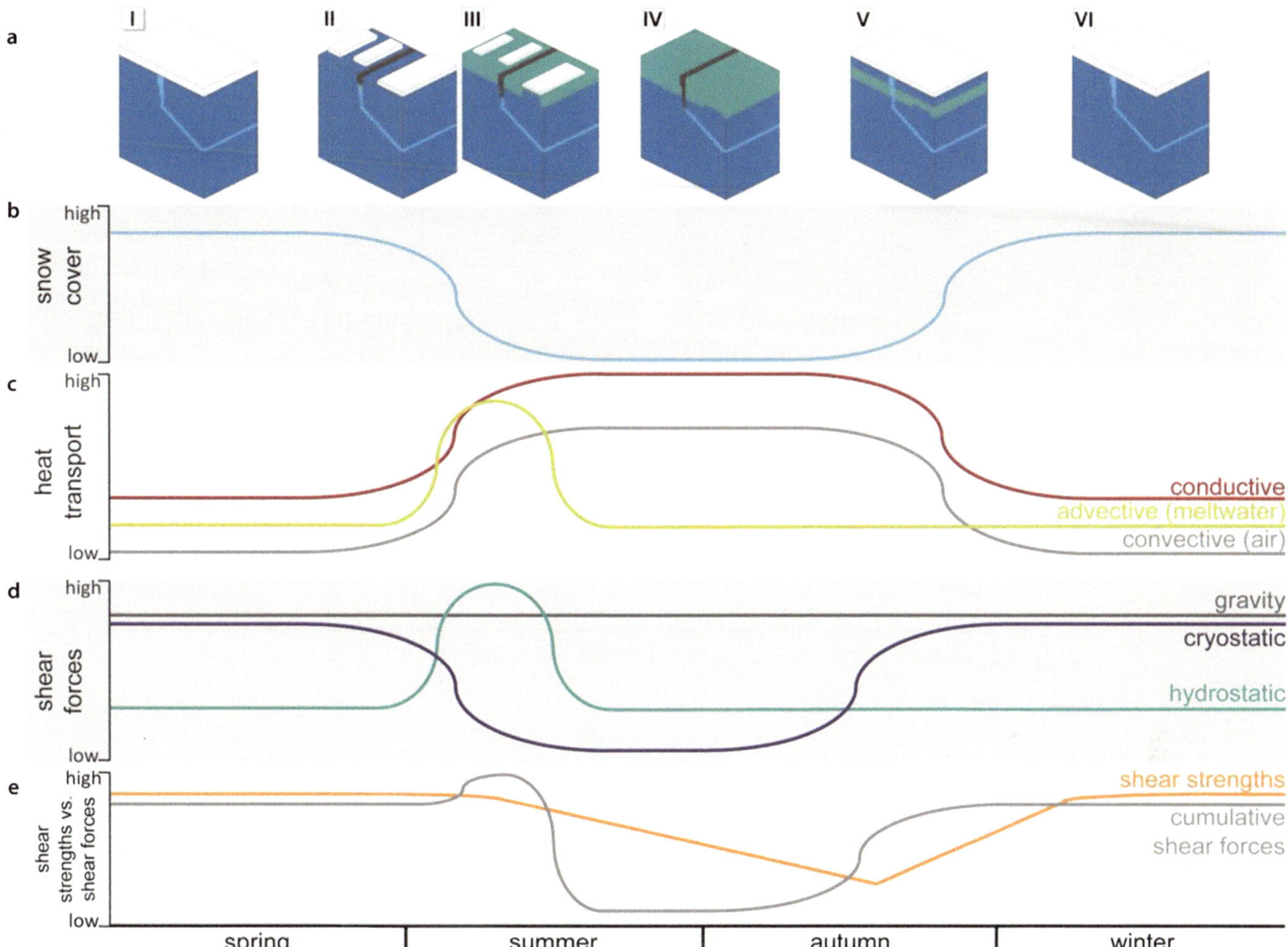

Abb. 20.25 Thermomechanisches Modell für die Beziehung zwischen Scherfestigkeit und Scherspannung in einem Festgestein mit Permafrost für vier saisonale Schneephasen. Berücksichtigt werden Wärmetransporte im zerklüfteten und schneebedeckten Material (Konduktion, Advektion und Konvektion) sowie die Kombination aus kryostatischen und hydrostatischen Drücken. **a** Schematisches Blockbild der Gesteinsmasse, einer Kluft und der Schneebedeckung. **b** Schneebedeckung. **c** Wärmetransport. **d** Scherspannung. **e** Verhältnis zwischen Scherfestigkeit und Scherspannung. (Nach Draebing et al. 2014: Interaction of thermal and mechanical processes in steep permafrost rock walls: a conceptual approach. In: Geomorphology 226: 226–235. © 2014. Abdruck mit Genehmigung von Elsevier)

Die mehrjährigen Arbeiten der Forscher am Steintälligrat verdeutlichen, dass die Permafrostverbreitung in hochalpinen Felswänden räumlich und zeitlich signifikant von:

- ihrer Geomorphometrie,
- den kleinskaligen Materialeigenschaften,
- der Existenz eisgefüllter Klüfte sowie
- der saisonalen Schneebedeckung

gesteuert werden.

20.10 Sturzprozesse und Sturzhalden nach Gletscherrückzug

Sturzprozesse zählen zu den aktivsten geomorphologischen Prozessen im Turtmanntal. Sturzprozesse und die entstehenden Sedimentkörper am Hangfuß sind von besonderem geomorphologischem Interesse für den Sedimentfluss, den Sedimenthaushalt und für die Reliefentwicklung in langen Zeitskalen. In den Hängetälern des Turtmanntales wurden folgende Fragenstellungen untersucht:

- Welche Faktoren steuern die räumliche und zeitliche Aktivität von Felsinstabilitäten und Sturzprozessen in hochalpinen Tälern?
- Welchen Einfluss haben der spätglaziale und holozäne Gletscherrückzug auf die Intensität und raumzeitliche Aktivität von Sturzprozessen?
- Welche Bedeutung haben Sturzprozesse für die Sedimentproduktion und den Sedimentfluss in alpinen Tälern?

20.10.1 Ergodizität als Prinzip zur Analyse paraglazialer Sturzprozesse

Für das letztglaziale Maximum (LGM) wird eine vollständige Vergletscherung der Hängetäler des Turtmanntales durch lokale Gletschersysteme angenommen. Zahlreiche Berggipfel

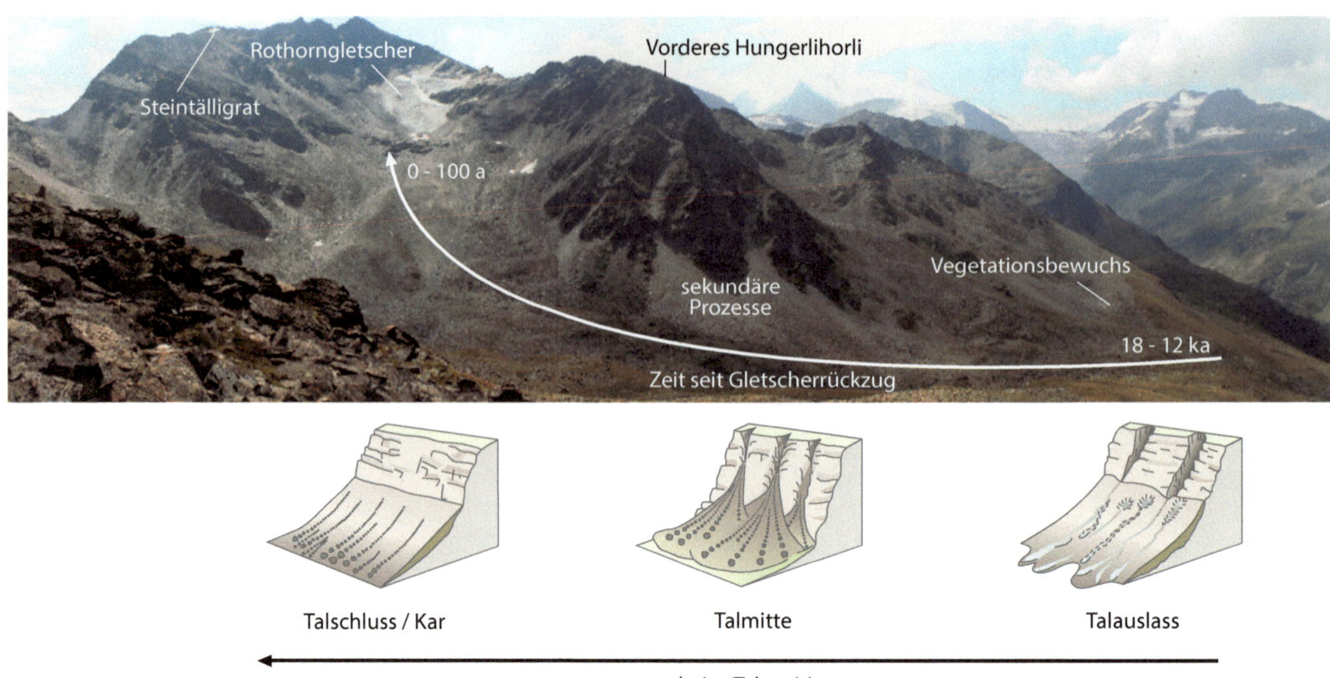

◻ **Abb. 20.26** Anwendung des ergodischen Prinzips im südlichen Hungerlitälli. Im Bildzentrum befindet sich das Vordere Hungerlihorli mit seinen Sturzhalden, links das Kar des Rothorngletschers, rechts das Haupttal des Turtmanntales. Schematische Abbildungen der Sturzhalden unter Verwendung von ◻ Abb. 4.3. Die Sturzhalden der Talmitte werden bereits durch sekundäre Prozesse (Lawinen, hangaquatische Prozesse) überformt, die Sturzhalden des Talauslasses zeigen Vegetationsbewuchs. (Verändert nach Messenzehl 2018, Abdruck mit Genehmigung von K. Meßenzehl)

des Tales bildeten vermutlich eisfreie Nunatakker, die während der Vergletscherung über das Eis hinausragten. Der vor ca. 18.000 Jahren einsetzende Gletscherabbau führte zur sukzessiven Freilegung der Felshänge. Dieser Prozess kann heute noch an zahlreichen proglazialen Lokalitäten im Turtmanntal beobachtet werden. Im Sinne des **paraglazialen Konzepts** von Ballantyne (2002) befinden sich die eisfreien Felswände in einem instabilen Zustand und streben einem neuen, nichtglazialen Gleichgewicht zu. Das bedeutet, dass das Festgestein auf die hohen mechanischen Spannungen, die sich während der Vergletscherung aufgebaut haben, und die atmosphärischen Bedingungen nach Eisfreiwerden mit einer verstärkten **Disposition für Sturzprozesse** reagieren. Da für die Hängetäler des Turtmanntales keine Datierungen zu den spätglazialen und holozänen Gletscherrückzugsphasen vorliegen, wurden Aussagen über das relative Alter der Sturzhalden und einzelner Sturzereignisse mithilfe des **ergodischen Prinzips** getroffen (Paine 1985, ▶ Kap. 2). Dabei wird die fehlende zeitliche Information durch die relative räumliche Position der Formelemente und Formen zwischen dem Talauslass und dem glazialen Kar des Talschlusses angenähert (◻ Abb. 20.26) (Messenzehl 2018). Dieser Zeit-durch-Raum-Substitution liegt die Annahme zugrunde, dass sich während des Eisabbaus die Gletscher der Hängetäler vom Gletscher des Haupttales an den Trogschultern (Talauslass der Hängetäler) trennten, sodass sukzessive Gletschervorfelder entstanden und Festgesteinswände eisfrei und damit atmosphärenexponiert wurden. Das Alter der Lockergesteine und der Oberflächen der Festgesteine in den Hängetälern nimmt somit mit zunehmender Entfernung vom Talauslass ab (◻ Abb. 20.26). Die daraus abgeleitete Hypothese lautet, dass von der relativen Raumposition der Felswände und Sturzhalden auf das relative Alter der paraglazialen **Anpassungsphase** seit Beginn des Eisabbaus geschlossen werden kann.

Es konnte gezeigt werden, dass über 50 % der Sturzprozesse in den Hängetälern in den jüngeren Regionen des Talschlusses auftreten (◻ Abb. 20.27), in denen die Felswände in den letzten Jahrhunderten eisfrei wurden (Messenzehl et al. 2017). Entsprechend nimmt die heutige Aktivität von Sturzprozessen in Richtung des Talauslasses ab.

Auch die Akkumulationsformen der **Sturzhalden** erfahren mit zunehmendem Alter, d. h. der Zeitspanne seit dem LGM, eine im Raum erkennbare Veränderung (◻ Abb. 20.26). Das Sturzmaterial im mittleren Talbereich wird durch sekundäre Prozesse des Schutttransportes überprägt und remobilisiert. Dazu zählen Schneelawinen sowie hangaquatische Prozesse. In Richtung des Talauslasses wird eine abnehmende gravitative Aktivität der Felswände beobachtet, die zu Vegetations- und Flechtenbewuchs sowie intensiven Verwitterungsprozessen der prozesskorrelaten Sedimente der Sturzhalden führen. Diese Phänomene lassen eine abgeschlossene paraglaziale Anpassung vermuten. Im Gegensatz dazu befinden sich in den Karen des Talschlusses die jüngsten Sturzhalden und geomorphologisch aktive Felswände, die bis heute das **paraglaziale Signal** enthalten und abbauen (Messenzehl 2018). Diese differenzierte räumliche Aktivität der Sturzhalden in den Hängetälern lässt auf eine zeitlich variierende paraglaziale Anpassung der

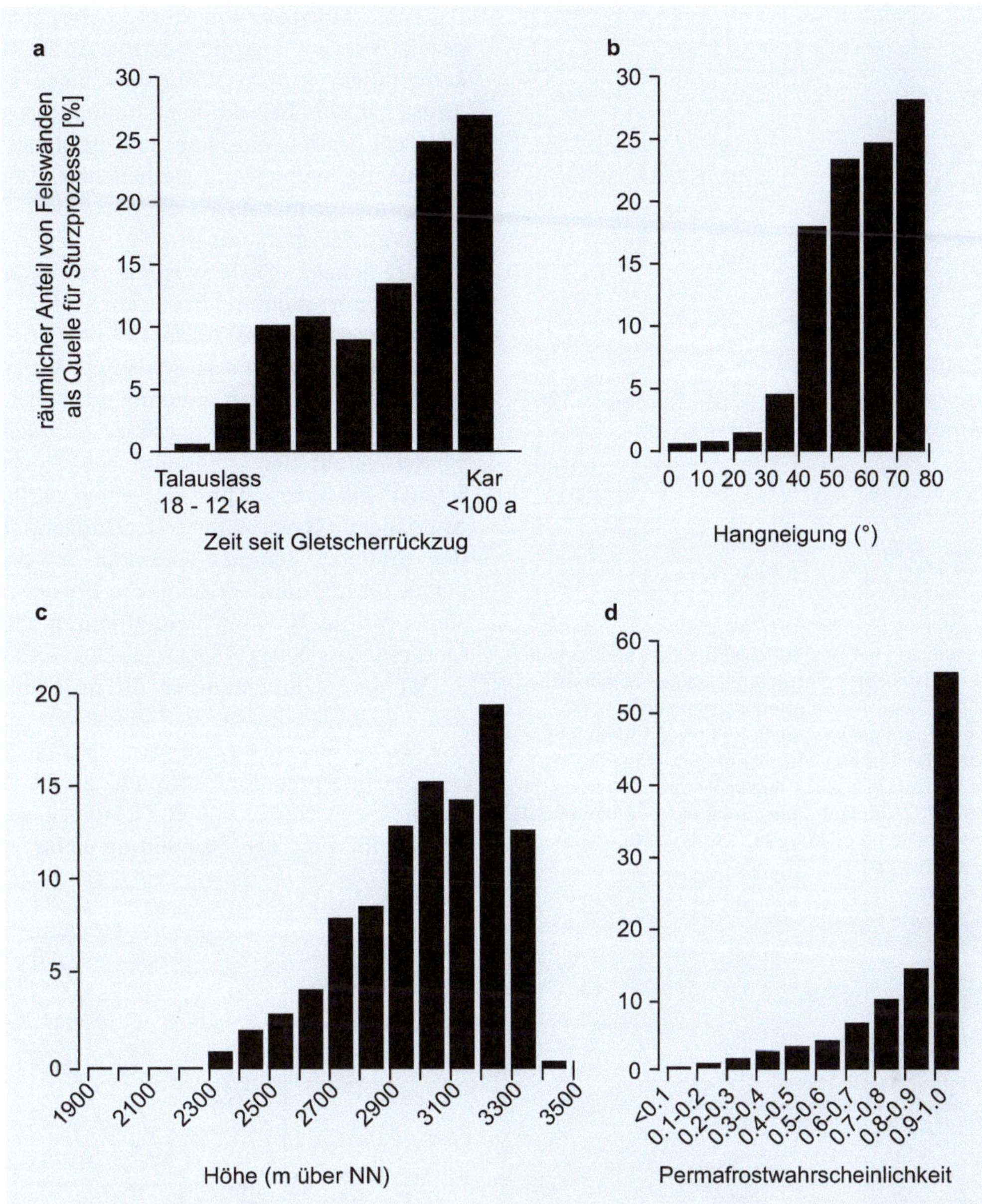

Abb. 20.27 Räumlicher Anteil von Felswänden als Quelle für Sturzprozesse (%) im Turtmanntal in Bezug auf **a** die relative Lage der Felswände zwischen Talschluss und Talauslass und damit der Zeitspanne seit dem Gletscherhöchststand der letzten Eiszeit (LGM), **b** die Hangneigung der Felswände, **c** die Höhe der Felswände und **d** die Wahrscheinlichkeit des Auftretens von Felspermafrost. (Verändert nach Messenzehl et al. 2017: Regional-scale controls on the spatial activity of rockfalls (Turtmann valley, Swiss Alps) – A multivariate modelling approach. In: Geomorphology 287: 29–45. © 2017. Abdruck mit Genehmigung von Elsevier)

Felswände schließen. Dabei ist die Aktivität der Sturzprozesse nach Gletscherrückzug zunächst erhöht, um folgend exponentiell abzunehmen. Dieses Verhalten lässt sich in Form eines paraglazialen Entleerungsmodells ***(exhaustion model)*** beschreiben (Abb. 20.28) (Messenzehl et al. 2017).

20.10.2 Paraglaziale, topoklimatische und felsmechanische Steuerungsfaktoren auf unterschiedlichen Skalen

Die spätglazialen und holozänen Sturzprozesse führten nach Untersuchungen von Otto (2006) zu 220 Sturzhalden (Abb. 20.10), die 25 % des gesamten Sedimentvolumens der Hängetäler umfassen (Otto et al. 2009). Qualitative und quantitative Eigenschaften von Sturzhalden werden häufig als Indikatoren genutzt, um Rückschlüsse auf die Quellgebiete des Festgesteins zu ziehen. So können von der Lokalität der Sturzhalden im Turtmanntal und ihrer prozesskorrelaten Sedimente mit **abduktiv-retrogressiven Schließverfahren** nicht nur Hypothesen über die raumzeitliche Aktivität von Sturzereignissen nach Gletscherrückzug formuliert, sondern auch Steuerungsfaktoren der Felsinstabilität abgeleitet werden. Die regionalen Modellierungen von Messenzehl et al. (2017) zeigen, dass die Hangneigung, die solare Einstrahlung, die Rauigkeit und Exposition das

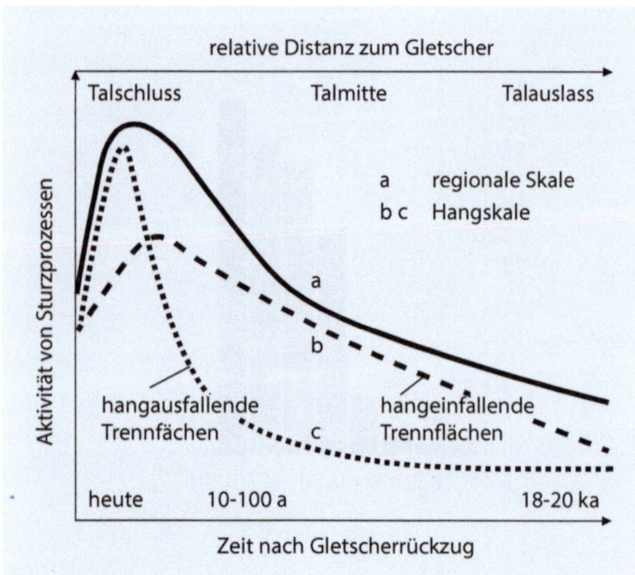

Abb. 20.28 Paraglaziale Modelle für die Aktivität von Sturzprozessen in Abhängigkeit von der Zeit seit dem Eisfreiwerden der Felswände. **a** Paraglaziales Entleerungsmodell. **b** Verzögerte paraglaziale Anpassung von Felswänden mit hangeinfallenden Trennflächen und hoher Gesteinsfestigkeit. **c** Schnelle paraglaziale Reaktion von Felswänden mit hangausfallenden Trennflächen und geringer Gesteinsfestigkeit. (Verändert nach Messenzehl et al. 2017: Regional-scale controls on the spatial activity of rockfalls (Turtmann valley, Swiss Alps) – A multivariate modelling approach. In: Geomorphology 287: 29–45. © 2017. Abdruck mit Genehmigung von Elsevier)

regionale Auftreten von Sturzprozessen steuern. Es konnte gezeigt werden, dass die **Historizität der Wände** einen starken Einfluss auf das Prozessgeschehen ausübt. Die starke Kausalität zwischen der Vergletscherungsgeschichte und der Aktivität der Felswand lässt sich als Signal der paraglazialen Anpassung deuten, und sie bedeutet, dass die paraglaziale Anpassung primär durch die postglaziale Permafrostdegradation im Fels gesteuert wird.

Auf lokaler Skale werden **Sturzhalden als Archive** genutzt, um abduktiv bzw. retrospektiv auf die Aktivität von Sturzereignissen sowie auf potenzielle Kontrollfaktoren der Felsinstabilität zu schließen. Vegetationsfreie Sturzhalden, auf denen mit zunehmender Distanz zur Felswand die Blockgrößen graduell größer und sphärischer werden, verweisen auf die Dominanz von Sturzprozessen *(gravitational fall sorting)* und auf einen geringen Einfluss von Murgängen (Abb. 20.11). Im Hungerlitälli lassen sich aus den mittleren Sedimentvolumina der Sturzhalden (0,06–0,46 × 10^6 m^2) mittlere holozäne Erosionsraten des Festgesteins von ca. 700 mm in 1000 Jahren ableiten (Otto 2006; Otto und Sass 2006).

Werden Sedimentkörper, die im Laufe von Jahrtausenden aufgebaut wurden, als Indikatoren für heute beobachtete Prozesse genutzt, können erhebliche Unsicherheiten bei der Interpretation auftreten. So ist zu beachten, dass sekundäre Prozesse, z. B. Rutschungen und Murgänge, die Fragmentierung der Sturzblöcke beim Aufprall oder die

20

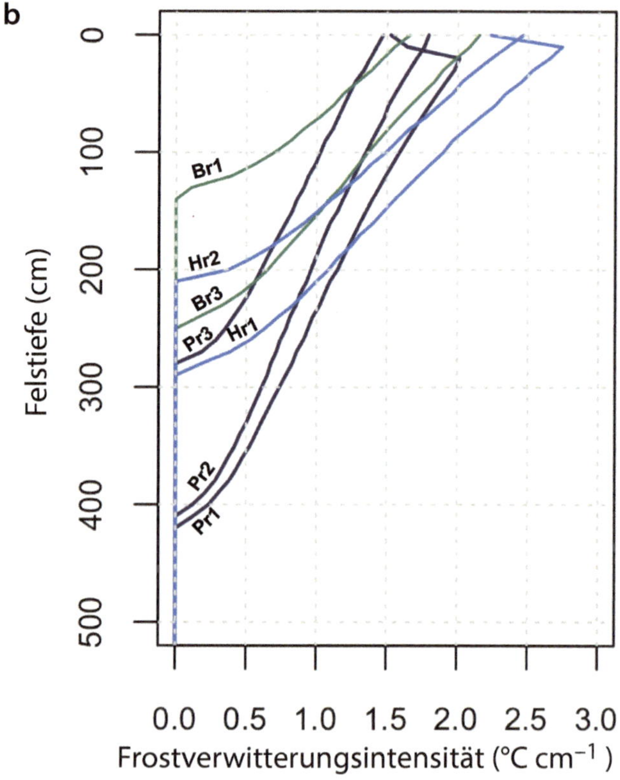

Abb. 20.29 Messgerät und Messergebnisse für die kontinuierliche Erfassung der Felstemperatur. **a** Miniaturtemperaturlogger im Fels (Quelle: K. Meßenzehl). **b** Tiefen der Frostverwitterung (frost cracking) auf Basis der Felstemperaturen von 2014–2016 und dem Modell von Hales & Roering (2007). Lokalität der Felstemperaturlogger: Br1, Br3 = Brändjitälli (Nordhang). Hr1, Hr2 = Hungerlitälli (Vorderes Hungerlihorli, Nordhang). Pr1, Pr2, Pr3 = Pipjitälli (Nordhang). (Aus Messenzehl et al. 2018: Linking rock weathering, rockwall instability and rockfall supply on talus slopes in glaciated hanging valleys (Swiss Alps). Perm Perigl Proc 9: 133–151. © 2018. Abdruck mit Genehmigung von John Wiley & Sons, Ltd.)

in-situ-Verwitterung der Sturzblöcke das korrelate Sediment überprägen und zu neuen Form- bzw. Materialeigenschaften führen. Um die abduktiven Hypothesen zu stützen und ein aktualistisches Systemverständnis zu erhalten, wurden daher im Turtmanntal zusätzlich prozessbasierte Untersuchungen an den Felswänden und damit an der Quelle für Sturzprozesse durchgeführt. So ergaben **Analysen des Trennflächengefüges** am Vorderen Hungerlihorli, dass 75 % der Stürze als Steinschlag (<10 m^3) und Blockstürze (14–61 m^3) auftreten (Messenzehl und Dikau 2017). Der Kluftabstand ist hier die wesentliche kleinskalige Steuerungsgröße der Blockmagnitude, während die Trennflächenorientierung den kinematischen Versagensmechanismus (z. B. Kippen, Keilausbruch) bestimmt. Die Magnitude und Frequenz des Sturzprozesses wird zudem durch thermische Prozesse im Fels gesteuert, z. B. durch die saisonale Bildung von Segregationseis im wassergesättigten Fels. In einem zweijährigen Felstemperaturmonitoring mithilfe von Miniaturtemperaturloggern (▣ Abb. 20.29a) konnte Messenzehl (2018) unter Anwendung des thermischen Modells nach Hales und Roering (2007) zeigen, dass saisonale Eissegregation zu einer Zerklüftung der oberen 400 cm der Felsmasse führt (▣ Abb. 20.29b). Je nach Trennflächengeometrie sind damit Sturzprozessen kleiner und mittlerer Magnituden wahrscheinlich.

Die mesoskalige Bewertung von Sturzprozessen in einem alpinen System erfordert folglich Kenntnisse der kleineren Skalen. Im Turtmanntal ist die postglaziale und großräumige Aktivität von Sturzprozessen felsmechanisch durch das **kleinskalige Trennflächengefüge** präkonditioniert, das zur massiven Entfestigung des Gesteinskörpers führt. Diese felsmechanische Eigenschaft dominiert die Intensität und Geschwindigkeit der paraglazialen Anpassung des Systems während des Gletscherrückzugs seit dem LGM. Im metamorphen Festgestein des Turtmanntales spielen die Einfallrichtung bzw. Orientierung des Trennflächengefüges parallel zur tektonisch bedingten Schieferungsfläche sowie die Gesteinsfestigkeit eine bedeutende Rolle (Messenzehl 2018). Aufgrund der tektonischen Faltung im Zuge der alpidischen Orogenese fallen im Turtmanntal die Hauptkluftsysteme und die Schieferungsflächen nach Westen bis Südwesten ein. In den Ost-West- bzw. West-Ost-orientierten Hängetälern führt dies:

- an nordexponierten Hängen zu hangeinfallenden und
- an südexponierten Hängen zu hangausfallenden Trennflächen.

Dieses Trennflächengefüge hat sich parallel zur metamorphen Schieferung entwickelt. Neben dem klassischen Entleerungsmodell nach Ballantyne (2002) sind somit zwei weitere **Modelle der paraglazialen Felsinstabilität** anwendbar. An Wänden mit **hangeinfallenden Trennflächen,** und in Kombination mit einer hohen Gesteinsfestigkeit, ist die felsmechanische Stabilität nach dem Gletscherrückzug zunächst erhöht. Es erfolgt eine Verzögerung der paraglazialen Stürze mit zeitlich langsam abnehmender Aktivität (▣ Abb. 20.28, Kurve b). Im Gegensatz dazu ist an Felswänden mit geringer Gesteinsfestigkeit und **ausfallenden Trennflächen** eine schnelle paraglaziale Reaktion in Form hoher Erosionsraten zu erwarten (▣ Abb. 20.28, Kurve c). Sobald hier die instabile Felsmasse abgetragen ist, nimmt die Rate der Sturzprozesse exponentiell rasch ab, bis ein neuer Status der Felswände erreicht ist.

Fazit

Die Folge einer weiteren Erwärmung der europäischen Alpen ist ein fortgesetzter Rückzug der Hochgebirgsgletscher und die Erwärmung sowie das Auftauen des Permafrostes im Fest- und Lockergestein. Die aktualistische Schlussfolgerung der Forschungsarbeiten im Turtmanntal lautet, dass auch zukünftige Veränderungen der alpinen Kryosphäre unmittelbar Auswirkungen auf die Aktivität und Konnektivität geomorphologischer Prozesse im Kaskadensystem haben werden. So sind in Zukunft zunehmende Instabilitäten des Festgesteins und daraus folgende gravitative Massenbewegungen zu erwarten. Des Weiteren wird auch eine verstärkte Remobilisierung von Sedimentspeichern wahrscheinlich, die zu erhöhten Sedimenttransportraten entlang der Sedimentkaskaden führen werden. Angesichts der zunehmenden Besiedlung und wirtschaftlichen als auch touristischen Aktivitäten in vielen Hochgebirgsregionen wird damit der dringende Bedarf einer verstärkten Prozess- und Systemforschung deutlich. Das Ziel der Geomorphologie muss es sein, in interdisziplinärer Zusammenarbeit zuverlässige Aussagen zu Naturgefahren zu liefern und damit zu einem verbesserten Risikomanagement beizutragen. Die 40-jährigen Forschungsarbeiten im Turtmanntal verdeutlichen, dass auf den unterschiedlichen Raum- und Zeitskalen disparate Systemeigenschaften und Prozesse wirksam sind, die horizontal und vertikal interagieren und damit zu neuen, emergenten Systemreaktionen führen können. Die große Herausforderung, der sich Geomorphologen in Zukunft stellen sollten, besteht daher in einer stärkeren Erkenntnisgewinnung über das multiskalige geomorphologische System. Dabei müssen komplexe und nichtlineare Systemreaktionen in den Fokus der Forschung rücken. Möchte die Geomorphologie zu aktuellen Problemstellungen des Anthropozäns beitragen, wird ihr dies mit einer systembasierten und skalenübergreifenden Forschung gelingen.

Weiterführende Literatur

Ballantyne CK (2018) Periglacial geomorphology. Wiley Blackwell, Chichester

Draebing D (2015) Influences of snow cover on thermal and mechanical processes in steep permafrost rock walls. Dissertation, Universität Bonn, Bonn

Eichel J (2016) Biogeomorphic dynamics in the Turtmann glacier forefield, Switzerland. Dissertation, Universität Bonn, Bonn

Krautblatter M (2009) Detection and quantification of permafrost change in alpine rock walls and implications for rock instability. Dissertation, Universität Bonn, Bonn

Messenzehl K (2018) Rock slope instability in alpine geomorphic systems, Switzerland. Dissertation, Universität Bonn, Bonn

Nyenhuis M (2005) Permafrost und Sedimenthaushalt in einem alpinen Geosystem. Dissertation, Universität Bonn, Bonn

Otto J-C (2006) Paraglacial sediment storage quantification in the Turtmann Valley, Swiss Alps. Dissertation, Universität Bonn, Bonn

Rasemann S (2004) Geomorphometrische Struktur eines mesoskaligen alpinen Geosystems. Dissertation, Universität Bonn, Bonn

Roer I (2005) Rockglacier kinematics in high mountain geosystems (Turtmann valley, Swiss Alps). Dissertation, Universität Bonn, Bonn

Serviceteil

R. Dikau et al., *Geomorphologie*, https://doi.org/10.1007/978-3-662-59402-5

Physikalische Einheiten

A	Fläche der Krafteinwirkung
c	Kohäsion
c'	Effektive Kohäsion
D_W	Wasserdichte
D_p	Dichte des Partikels
D_l	Dichte der Luft
d	Korngröße
D	Druckkraft
E_{kin}	Kinetische Energie des Regentropfens
E_P	Pflugerosionsrate
F	Innere Reibungskraft
F_S	Scherkraft
g	Erdbeschleunigung
h_p	Höhe der Wassersäule
h	Orbitaldurchmesser (Wellenhöhe)
h_{wt}	Wassertiefe
I_A	Aktivitätszahl
I_P	Plastizitätszahl
l	Wellenlänge
m	Regentropfenmasse
m_T	Trockenmasse der Tonfraktion
m_D	Trockenmasse der Fraktion <0,4 mm
P_E	Pflugerosivität
Q	Abfluss
Q^*	Solare Einstrahlung
Q_{LE}	Latente Wärme
Q_H	Fühlbare Wärme
Q_G	Wärme- und Energietransport im Untergrund
q_u	Druckfestigkeit von Festgesteinen
q_z	Zugfestigkeit von Festgesteinen
R	Hydraulischer Radius
s	Gerinneneigung
S	Schwebstoffgehalt
S_E	Erodierbarkeit des Boden-Hang-Systems
t_w	Wellenperiode
u	Porenwasserdruck
v	Schubspannungsgeschwindigkeit
v_r	Fallgeschwindigkeit des Regentropfens
v_s	Schubspannungsgeschwindigkeit des Windes
v_{sc}	Kritische Schubspannungsgeschwindigkeit
v_w	Wellengeschwindigkeit
v_z	Windgeschwindigkeit in der Höhe z
w_L	Fließgrenze
w_P	Ausrollgrenze
w_S	Schrumpfgrenze
z	Höhe über der Erdoberfläche
z_0	Dicke der Luftschicht mit der Windgeschwindigkeit 0
Z	Zugkraft
ε	Verformungsrate von Eis
η	Viskositätskoeffizient
σ	Normalspannung
σ'	Effektive Normalspannung
σ_D	Druckspannung
σ_Z	Zugspannung
τ	Scherspannung Schubspannung Scherfestigkeit
τ_f	Bruchscherfestigkeit
τ_{ff}	Fließfestigkeit
τ_r	Gleitfestigkeit Restscherfestigkeit
τ_o	Größe des initialen Schwerwiderstandes
τ_s	Sohlenschubspannung
φ	Reibungswinkel
φ'	Effektiver Reibungswinkel
ω	Orbitalgeschwindigkeit eines Wasserpartikels

Literatur

Abel W (1978) Geschichte der deutschen Landwirtschaft vom frühen Mittelalter bis zum 19. Jahrhundert. In: Günther F (Hrsg) Deutsche Agrargeschichte, Bd 2. Ulmer, Stuttgart

Abele G (1974) Bergstürze in den Alpen, ihre Verbreitung, Morphologie und Folgeerscheinungen. Wiss Alpenvereinsheft 25. Dt Österr Alpenverein, München

Ahnert F (Hrsg) (1989) Landforms and landform evolution in West Germany. Catena Supp 15. CATENA, Reiskirchen

Ahnert F (2015) Einführung in die Geomorphologie, 5. Aufl. Ulmer, Stuttgart

Allison R (2002) Applied geomorphology: theory and practice. Wiley, Chichester

Anderson RS, Anderson SP (2010) Geomorphology. Cambridge University Press, Cambridge

André M-F (2009) From climatic to global change geomorphology: contemporary shifts in periglacial geomorphology. In: Knight J, Harrison S (Hrsg) Periglacial and paraglacial processes and environments. Geological Society, London, S 5–28

Auerswald K (1993) Bodeneigenschaften und Bodenerosion. Wirkungswege bei unterschiedlichen Betrachtungsmaßstäben. Gebrüder Borntraeger, Berlin

Auerswald K, Fiener P, Dikau R (2009) Rates of sheet and rill erosion in Germany – a meta-analysis. Geomorphology 111:182–193

Aufdenkampe AK, Mayorga E, Raymond PA, Melack JM, Doney SC, Alin SR, Aalto RE, Yoo K (2011) Riverine coupling of biogeochemical cycles between land, oceans, and atmosphere. Front Ecol Environ 9:53–60

Bagnold RA (1947) The physics of blown sand and desert dunes. Springer, Netherlands

Baker VR (1996) Hypotheses and geomorphological reasoning. In: Rhoads BL, Thorn CE (Hrsg) The scientific nature of geomorphology. Wiley, Chichester, S 57–85

Baker VR (2008) Planetary landscape systems: a limitless frontier. Earth Surf Process Landf 33:1341–1353

Baker VR (Hrsg) (2013) Rethinking the fabric of geology. Geological Society of America, Boulder

Baker VR, Twidale CR (1991) The reenchantment of geomorphology. Geomorphology 4:73–100

Balke T, Bouma TJ, Horstman EM (2011) Windows of opportunity: thresholds to mangrove seedling establishment on tidal flats. Mar Ecol Prog Ser 440:1–9

Balke T, Herman PM, Bouma TJ (2014) Critical transitions in disturbance-driven ecosystems: identifying windows of opportunity for recovery. J Ecol 102:700–708

Ballantyne CK (2002) Paraglacial geomorphology. Quat Sci Rev 21: 1935–2017

Ballantyne CK (2018) Periglacial geomorphology. Wiley Blackwell, Chichester

Ballantyne CK, Harris C (1994) The periglaciation of Great Britain. Cambridge University Press, Cambridge

Barsch D (1969) Studien zur Geomorphogenese des Zentralen Berner Juras. Basler Beiträge zur Geographie 9:221

Barsch D (1981) Studien zur gegenwärtigen Geomorphodynamik im Bereich der Oobloyah Bay, N-Ellesmere Island, N.W.T., Kanada. In: Barsch D, King L (Hrsg) Ergebnisse der Heidelberg-Ellesmere Island-Expedition. Heidelberger Geographische Arbeiten 69:123–161

Barsch D (1996) Rockglaciers. Springer, Heidelberg

Barsch D, Caine NT (1984) The nature of mountain geomorphology. Mt Res Dev 4:287–298

Barsch H, Billwitz K, Bork H-R (2000) Arbeitsmethoden in Physiogeographie und Geoökologie. Klett-Perthes, Gotha

Bartels A, Stöckler M (2009) Wissenschaftstheorie. Mentis, Paderborn

Bätz N, Verrecchia EP, Lane SN (2015) The role of soil in vegetated gravelly river braid plains: more than just a passive response? Earth Surf Process Landf 40:143–156

Bätz N, Colombini P, Cherubini P, Lane SN (2016) Groundwater controls on biogeomorphic succession and river channel morphodynamics. J Geophys Res Earth Surf 121:2016JF004009

Baumgartner A, Liebscher H-J (1990) Allgemeine Hydrologie - Quantitative Hydrologie. Gebrüder Borntraeger, Berlin

Beaumont C, Kooi H, Willett S (2000) Coupled tectoncis – surface process models with applications to rifted margins and collisional orogens. In: Summerfield MA (Hrsg) Geomorphology and global tectonics. Wiley, Chichester, S 29–55

Becker WD (2005) Das Elsbachtal. Die Landschaftsgeschichte vom Endneolithikum bis zum Hochmittelalter. Rheinische Ausgrabungen 56. Philipp von Zabern, Mainz

Beckinsale RP, Chorley RJ (1991) The history of the study of landforms or the development of geomorphology, Bd 3: Historical and regional geomorphology 1890–1950. Routledge, London

Beckmann S (2007) Kolluvien und Auensedimente als Geoarchive im Umfeld der historischen Hammerwerke Leidersdorf und Wolfsbach (Vils/Opf.). Dissertation, Universität Regensburg. Regensburger Beiträge zur Bodenkunde, Landschaftsökologie und Quartärforschung 12, Regensburg

Bedehäsing J (2007) Analoge und digitale geomorphologische Kartographie im Turtmanntal/Mattertal, Schweizer Alpen. Diplomarbeit. Geographisches Institut, Universität Bonn, Bonn

Benn DI, Evans DJA (2010) Glaciers & glaciation, 2. Aufl. Arnold, London

Bennett MR, Glasser NF (2009) Glacial geology, 2. Aufl. Wiley, Chichester

Berhe AA, Harte J, Harden JW, Torn MS (2007) The significance of the erosion-induced terrestrial carbon sink. BioScience 57:337–346

Besler H (1992) Geomorphologie der ariden Gebiete. Wissenschaftliche Buchgesellschaft, Darmstadt

Bibus E (1980) Zur Relief-, Boden- und Sedimententwicklung am unteren Mittelrhein. Frankfurter Geowiss Arbeiten, Serie D – Physische Geographie 1, Frankfurt

Biermann PR, Montgomery DR (2014) Key concepts in geomorphology. Freemann, New York

Bird E (2008) Coastal geomorphology, 2. Aufl. Wiley, Chichester

Birkeland PW (1999) Soils and geomorphology, 3. Aufl. Oxford University Press, Oxford

Bishop MP, Shroder JF (2004) Geographic information science and mountain geomorphology. Springer, Berlin

Bishop P (2007) Long-term landscape evolution: linking tectonics and surface processes. Earth Surf Process Landf 32:329–365

Bishop P (2011) Landscape evolution and tectonics. In: Gregory KJ, Goudie AS (Hrsg) The SAGE handbook of geomorphology. SAGE, Los Angeles, S 489–512

Bland W, Rolls D (1998) Weathering – an introduction to the scientific principles. Routledge, London

Bloom AL (1998) Geomorphology, 3. Aufl. Prentice Hall, London

Bloom AL (2002) Teaching about relict, no-analog landscapes. Geomorphology 47:303–311

Blotevogel HH (1997) Einführung in die Wissenschaftstheorie: Konzepte der Wissenschaft und ihre Bedeutung für die Geographie. Diskussionspapier 1/1997, Geographisches Institut, Gerhard-Mercator-Universität-GH Duisburg (als Manuskript vervielfältigt), Duisburg

Blume H-P, Brümmer GW, Horn R, Kandeler E, Kögel-Knabner I, Kretzschmar R, Stahr K, Wilke B-M (2018) Scheffer/Schachtschabel: Lehrbuch der Bodenkunde, 16. Aufl. Springer, Berlin

Blümel WD (1999) Physische Geographie der Polargebiete. Teubner, Stuttgart

Bodenkundliche Kartieranleitung (KA) (2005) Bodenkundliche Kartieranleitung. 5. Aufl. Schweizerbart´sche Verlagsbuchhandlung, Stuttgart

Bögli A (1964) Mischungskorrosion, ein Beitrag zum Verkarstungsproblem. Erdkunde 18:83–92

Bögli A (1978) Karsthydrologie und physische Speläologie. Springer, Heidelberg

Böhme G (2005) Naturerfahrung: über Natur reden und Natur sein. In: Gebauer M, Gebhard U (Hrsg) Naturerfahrung. Wege zu einer Hermeneutik der Natur. Die Graue Edition, Zug, S 9–27

Böhme G (2008) Invasive Technisierung. Technikphilosophie und Technikkritik. Die Graue Edition, Zug

Böhme G, Manzei A (Hrsg) (2003) Kritische Theorie der Technik und der Natur. Fink, München

Bork HR (1983) Die holozäne Relief- und Bodenentwicklung in Lössgebieten. Beispiele aus dem südöstlichen Niedersachsen. CATENA Supp 3:1–93

Bork H-R (2006) Landschaften der Erde unter dem Einfluss des Menschen. Wissenschaftliche Buchgesellschaft, Darmstadt

Bork HR, Bork H, Dalchow C, Faust B, Piorr HP, Schatz T (1998) Landschaftsentwicklung in Mitteleuropa – Wirkung des Menschen auf Landschaften. Klett-Perthes, Gotha

Boulton GS (1982) Processes and patterns of glacial erosion. In: Coates DR (Hrsg.) Glacial Geomorphology. Springer, Dordrecht, S 41–87

Bracken LJ, Wainwright J (2006) Geomorphological equilibrium: myth and metaphor? Trans Inst Br Geogr NS 31:167–178

Brady NC (1990) The nature and properties of soils, 10. Aufl. Macmillan Publ. Company, New York

Brandschwede A (2015) Tiefgreifendes Felsfließen in den zentralen Walliser Alpen, Schweiz. Bachelorarbeit, Geographisches Institut, Universität Bonn, Bonn

Bremer H (1988) Allgemeine Geomorphologie. Gebrüder Borntraeger, Berlin

Bremer H (1999) Die Tropen – Geographische Synthese einer fremden Welt im Umbruch. Gebrüder Borntraeger, Berlin

Broccard A (1998) Géomorphologie du Turtmanntal (Valais). Diplomarbeit, Geographisches Institut Universität Lausanne, Lausanne

Brown EH (1980) Historical geomorphology – principles and practice. Z Geomorphol Supp 36:9–15

Brown RJE (1970) Permafrost in Canada. Its Influence on Northern Development. University Toronto Press, Toronto

Brown TG (2011) Dating surfaces and sediments. In: Gregory KJ, Goudie AS (Hrsg) The SAGE handbook of geomorphology. SAGE, Los Angeles, S 192–209

Brown AG, Carey C, Erkens G, Fuchs M, Hoffmann T, Macaire J-J, Moldenhauer K-M, Walling DE (2009) From sedimentary records to sediment budgets: multiple approaches to catchment sediment flux. Geomorphology 108:35–47

Brückner H, Schellmann G (2006) Potenziale neuer Datierungsmethoden für die geomorphologische Forschung. In: Deutscher Arbeitskreis für Geomorphologie (Hrsg) Die Erdoberfläche Lebens- und Gestaltungsraum des Menschen. Z Geomorphol Supp 148:193–110

Brunotte E, Immendorf R, Schlimm R (1994) Die Naturlandschaft und ihre Umgestaltung durch den Menschen: Erläuterungen zur Hochschulexkursionskarte Köln und Umgebung. Kölner Geographische Arbeiten 63. Geographisches Institut der Universität zu Köln, Köln

Brunsden D (1990) Tablets of stone: toward the ten commandments of geomorphology. Z Geomorphol Supp 79:1–37

Brunsden D (1996) Geomorphological events and landform change. Z Geomorphol 40:273–288

Brunsden D (2001) A critical assessment of the sensitivity concept in geomorphology. Catena 42:99–123

Brunsden D, Kesel RH (1973) The evolution of the Mississippi River bluff in historic time. J Geol 81:576–597

Brunsden D, Prior DB (1984) Slope instability. Wiley, Chichester

Brunsden D, Thornes J (1979) Landscape sensitivity and change. Trans Inst Br Geogr NS 4:463–484

Büdel J (1981) Klima-Geomorphologie. Gebrüder Borntraeger, Berlin

Bull WB (1991) Geomorphic responses to climatic change. Oxford University Press, Oxford

Burbank DW, Anderson RS (2001) Tectonic geomorphology. Blackwell, Oxford

Burr DM, Howard AD (2015) Planetary Geomorphology: Proceedings of the 45th Annual Binghamton Geomorphology Symposium, 2014. Geomorphology 240:1–146

Burt TP, Chorley RJ, Brunsden D, Cox NJ, Goudie AS (2008) The history of the study of landforms or the development of geomorphology, Bd 4: quaternary and recent process and forms (1890–1965) and the mid-century revolutions. Geological Society, London

Butler DR (1992) The grizzly bear as an erosional agent in mountainous terrain. Z Geomorphol 36:179–189

Butler DR (1995) Zoogeomorphology: animals as geomorphic agents. Cambridge University Press, Cambridge

Butzer KW (1976) Geomorphology from the Earth. Harper & Row, New York

Caine N (1974) The geomorphic processes of the alpine environment. In: Ives JD, Barry RG (Hrsg) Arctic and alpine environments. Methuen, London, S 721–748

Carrier M (2009) Wege der Wissenschaftsphilosophie im 20. Jahrhundert. In: Bartels A, Stöckler M (Hrsg) Wissenschaftstheorie. Paderborn, Mentis, S 15–44

Carter RW (1995) Coastal environments: an introduction to the physical, ecological and cultural systems of coastlines. Academic Press, San Diego

Carter RWG, Woodroffe CD (1997) Coastal evolution: late quaternary shoreline morphodynamics. Cambridge University Press, Cambridge

Chamberlin TC (1965) The method of multiple working hypotheses. Science 148:754–759 (Erstveröffentlichung 1890, 15:92–96)

Charlton R (2007) Fundamentals of Fluvial Geomorphology. Routledge, London

Childe VG (1928) The most ancient East: the oriental prelude to European prehistory. Kegan Paul, Trench

Chorley R (1962) Geomorphology and general systems theory. U.S. Geological Survey Prof Paper 500-B, Washington, D.C.

Chorley RJ (1972) Spatial analysis in geomorphology. Methuen, London

Chorley RJ (1978) Bases for theory in geomorphology. In: Embleton C, Brunsden D, Jones DKC (Hrsg) Geomorphology: present problems and future prospects. Oxford University Press, Oxford, S 1–13

Chorley RJ, Kennedy BA (1971) Physical geography – a systems approach. Prentice-Hall, London

Chorley RJ, Dunn AJ, Beckinsale RP (1964) The history of the study of landforms or the development of geomorphology, Bd 1: geomorphology before Davis. Methuen, London

Chorley RJ, Beckinsale RP, Dunn AJ (1973) The History of the Study of Landforms or the Development of Geomorphology, Bd 2: the life and work of William Morris Davis. Methuen, London

Chorley RJ, Schumm SS, Sugden DE (1984) Geomorphology. Methuen, London

Church M (1996) Space, time and mountain: how do we order what we see? In: Rhoads BL, Thorn CE (Hrsg) The scientific nature of geomorphology. Wiley, Chichester, S 147–170

Church M (2010) The trajectory of geomorphology. Progr Phys Geogr 34:265–286

Clare L, Heller K, Ismail-Weber M, Mischka C (2014) Die Bandkeramik im Altdorfer Tälchen bei Inden. Rheinische Ausgrabungen 69. Philipp von Zabern – Wissenschaftliche Buchgesellschaft, Darmstadt

Cooke R, Warren A, Goudie A (1993) Desert geomorphology. UCL Press, London

Coombes MA (2016) Biogeomorphology. In: International Encyclopedia of geography: people, the Earth, environment and technology. Wiley, Chichester

Corenblit D, Steiger J (2009) Vegetation as a major conductor of geomorphic changes on the Earth surface: toward evolutionary geomorphology. Earth Surf Process Landf 34:891–896

Corenblit D, Tabacchi E, Steiger J, Gurnell AM (2007) Reciprocal interactions and adjustments between fluvial landforms and vegetation dynamics in river corridors: a review of complementary approaches. Earth-Sci Rev 84:56–86

Corenblit D, Steiger J, Gurnell AM (2009) Control of sediment dynamics by vegetation as a key function driving biogeomorphic succession within fluvial corridors. Earth Surf Process Landf 34:1790–1810

Corenblit D, Steiger J, Delmotte S (2010) Abiotic, residual and functional components of landforms. Earth Surf Process Landf 35:1744–1750
Corenblit D, Baas A, Bornette G (2011) Feedbacks between geomorphology and biota controlling Earth surface processes and landforms: a review of foundation concepts and current understandings. Earth-Sci Rev 106:307–331
Corenblit D, Steiger J, González E (2014) The biogeomorphological life cycle of poplars during the fluvial biogeomorphological succession: a special focus on Populus nigra L. Earth Surf Process Landf 39:546–563
Corenblit D, Baas A, Balke T (2015) Engineer pioneer plants respond to and affect geomorphic constraints similarly along water-terrestrial interfaces world-wide. Glob Ecol Biogeogr 24:1363–1376
Corenblit D, Steiger J, Charrier G (2016) Populus nigra L. establishment and fluvial landform construction: biogeomorphic dynamics within a channelized river. Earth Surf Process Landf 41:1276–1292
Cowell PJ, Thom BG (1994) Morphodynamics of coastal evolution. In: Carter RWG, Woodroffe CD (Hrsg.) Coastal Evolution. Cambridge University Press, Cambridge, S 33–86
Cowles HC (1899) The ecological relations of the vegetation on the sand dunes of Lake Michigan. University of Chicago Press, Chicago
Cowles HC (1901) The plant societies of Chicago and its vicinity. The Geographic Society of Chicago, Chicago
Crozier MJ (1986) Landslides: causes, consequences and environment. Routledge, London
Cruden DM, Varnes DJ (1996) Landslide types and processes. In: Turner AK, Schuster RL (Hrsg) Landslides investigation and mitigation. Transportation Research Board, National Research Council, Special Report 247, Washington, D.C., S 36–75
Culling WEH (1960) Analytical theory of erosion. J Geol 68:336–344
Cvijić J (1893) Das Karstphänomen. Geogr Abhandlungen 5(3):217–329
Dalrymple JB, Blong RJ, Conacher AJ (1968) A hypothetical nine unit landsurface model. Z Geomorphol Supp 12:60–76
Dalrymple RW, Zaitlin BA, Boyd R (1992) Estuarine facies models: conceptual basis and stratigraphic implications. J Sed Petr 62:1130–1146
Davidson-Arnott R (2010) Introduction to coastal processes and geomorphology. Cambridge University Press, Cambridge
Davies JL (1980) Geographical variation in coastal development, 2. Aufl. Longman, Harlow
Davis Jr R, Fitzgerald D (2004) Beaches and coasts. Blackwell, Oxford
Davis N (2001) Permafrost. A guide to frozen ground in transition. University of Alaska Press, Fairbanks.
Davis WM (1899) The geographical cycle. Geogr J 14:481–504
Davis WM (1926) The value of outrageous geological hypotheses. Science 63:463–468
Davis RA, Hayes MO (1984) What is a wave-dominated coast? Mar Geol 60:313–329
De Moor JJW, Verstraeten G (2008) Alluvial and colluvial sediment storage in the Geul River Catchment (The Netherlands) – combining field and modeling data to construct a Late Holocene sediment budget. Geomorphology 95:487–503
De Regt H, Buskes CJJ, Kleinhans MA (2017) Philosophie der Geo- und Umweltwissenschaften. In: Lohse S, Reydon T (Hrsg) Grundriss Wissenschaftsphilosophie. Meiner, Hamburg, S 413–439
De Vente J, Poesen J, Arabkhedri M, Verstraeten G (2007) The sediment delivery problem revisited. Prog Phys Geogr 31:155–178
Dearing J (2004) Non-inear dynamics. In: Goudie A (Hrsg) Encyclopedia of geomorphology. Routledge, London, S 721–725
Demek J, Embleton C, Kugler H (1982) Geomorphologische Kartierung in mittleren Maßstäben. Pet Geogr Mitt Ergänzungsheft 281. Haak, Gotha
Deutsches Institut für Normung (2012) Erkundung und Untersuchung des Baugrunds. DIN-Taschenbuch 113. Beuth, Berlin
Dietrich WE, Perron JT (2006) The search for a topographic signature of life. Nature 439:411–418
Dikau R (1978) Refraktionsseismische Untersuchungen an Blockgletschern im Turtmanntal – Wallis/Schweiz. Magisterarbeit, Geographisches Institut, Universität Heidelberg, Heidelberg
Dikau R (1986) Experimentelle Untersuchungen zu Oberflächenabfluss und Bodenabtrag von Meßparzellen und landwirtschaftlichen Nutzflächen. Heidelberger Geographische Arbeiten 81, Heidelberg
Dikau R (1988) Entwurf einer geomorphographisch-analytischen Systematik von Reliefeinheiten. Heidelberger Geographische Bausteine 5, Heidelberg
Dikau R (1989) The application of a digital relief model to landform analysis in geomorphology. In: Raper J (Hrsg) Three-dimensional applications in geographical information systems. Taylor & Francis, London, S 51–77
Dikau R (1992) Computergestützte Geomorphographie. Habilitationsschrift. Fakultät für Geowissenschaften Universität Heidelberg, Heidelberg
Dikau R (1994) Computergestützte Geomorphographie und ihre Anwendung in der Regionalisierung des Reliefs. Pet Geogr Mitt 138:99–114
Dikau R (2006a) Komplexe Systeme in der Geomorphologie. Mitt Österr Geogr Ges 148:125–150
Dikau R (2006b) Oberflächenprozesse – ein altes oder ein neues Thema? Geogr Helv 2006(3):170–180
Dikau R (2011) Komplexe nichtlineare Systeme und Panarchie. In: Gebhardt H, Glaser R, Radtke U, Reuber P (Hrsg) Geographie. Spektrum, Heidelberg, S 354–356
Dikau R (2012) Raumlagebeziehungen in geomorphologischen Systemen. Bodenerosion, Sedimentspeicher, Gefahren, Risiken. Geographie und Schule 196:17–21
Dikau R, Glade T (2002) Gefahren und Risiken durch Massenbewegungen. Geogr Rundsch 54:38–45
Dikau R, Schmidt J (1999) Georeliefklassifikation. In: Schneider-Sliwa R, Schaub D, Gerold G (Hrsg) Angewandte Landschaftsökologie – Grundlagen und Methoden. Springer, Heidelberg, S 217–244
Dikau R, Weichselgartner J (2005) Der unruhige Planet. Der Mensch und die Naturgewalten. Wissenschaftliche Buchgesellschaft, Darmstadt
Dikau R, Zeese R (2011) Definition und Entwicklung der Geomorphologie. In: Gebhardt H, Glaser R, Radtke U, Reuber (Hrsg) Geographie, 2. Aufl. Spektrum, Heidelberg, S 350–352
Dikau R, Brabb EE, Mark RM, Pike RJ (1995) Morphometric landform analysis of New Mexico. In: Pike R, Dikau R (Hrsg) Advances in geomorphometry. Z Geomorphol Supp 101:109–126
Dikau R, Brunsden D, Schrott L, Ibsen M (1996) Landslide Recognition. Identification, movement and causes. Wiley, Chichester
Dikau R, Rasemann S, Schmidt J (2004) Hillslope, form. In: Goudie A (Hrsg) Encyclopedia of geomorphology. Routledge, London, S 516–521
DOE (1994) Landsliding in Great Britain. Department of the Environment. Crown Copyright. Her Majesty's Stationery Office, HMSO, London
Doetterl S, Berhe AA, Nadeu E, Wang Z, Sommer M, Fiener P (2016) Erosion, deposition and soil carbon: a review of process-level controls, experimental tools and models to address C cycling in dynamic landscapes. Earth-Sci Rev 154:102–122
Dotterweich M (2008) The history of soil erosion and fluvial deposits in small catchments of central Europe: deciphering the long-term interaction between humans and the environment – a review. Geomorphology 101:192–208
Downs PW, Gregory KJ (2004) River channel management: towards sustainable catchment hydrosystems. Hodder Arnold, London
Draebing D (2009) Veränderungen des Auftauverhaltens von Felspermafrost im Steintälli, Turtmanntal, Schweiz. Diplomarbeit, Geographisches Institut, Universität Bonn
Draebing D (2015) Influences of snow cover on thermal and mechanical processes in steep permafrost rock walls. Dissertation, Universität Bonn, Bonn
Draebing D, Eichel J (2017) Spatial controls of turf-banked solifluction lobes and their role for paraglacial adjustment in glacier forelands. Perm Perigl Proc 28:446–459
Draebing D, Eichel J (2018) Divergence, convergence, and path dependency of paraglacial adjustment of alpine lateral moraine slopes. Land Degrad Dev 29:1979–1990

Draebing D, Krautblatter M, Dikau R (2014) Interaction of thermal and mechanical processes in steep permafrost rock walls: a conceptual approach. Geomorphology 226:226–235

Draebing D, Haberkorn A, Krautblatter M, Kenner R, Phillips M (2017a) Thermal and mechanical responses resulting from spatial and temporal snow cover variability in permafrost rock slopes. Perm Perigl Proc 28:140–157

Draebing D, Krautblatter M, Hoffmann T (2017b) Thermo-cryogenic controls of fracture kinematics in permafrost rockwalls. Geophys Res Lett 44:3535–3544

Dreibrodt S, Lubos C, Terhorst B, Damm B, Bork HR (2010) Historical soil erosion by water in Germany: scales and archives, chronology, research perspectives. Quat Int 222:80–95

Dreibrodt S, Jarecki H, Lubos C, Khamnueva SV, Klamm M, Bork HR (2013) Holocene soil formation and soil erosion at a slope beneath the Neolithic earthwork Salzmünde (Saxony-Anhalt, Germany). Catena 107:1–14

Dreybrodt W (1988) Processes in Karst Systems. Springer, Heidelberg

Dreybrodt W (2008) Von der Kluft zum Urkanal – Chemie und Physik der Höhlenentstehung. In: Kempe S, Rosendahl W (Hrsg) Höhlen. Verborgene Welten. Wissenschaftliche Buchgesellschaft, Darmstadt, S 39–53

Duttmann R, Hassenpflug R, Bach M, Lungershausen U, Cordsen E (2011) Winderosion in Schleswig-Holstein. Kenntnisse und Erfahrungen über Bodenverwehungen und Windschutz. Schriftenreihe Geologie und Boden 15, Landesamt für Landwirtschaft, Umwelt und ländliche Räume Schleswig-Holstein, Flintbek

DVWK (Hrsg) (1996) Bodenerosion durch Wasser – Kartieranleitung zur Erfassung aktueller Erosionsformen. Deutscher Verband für Wasserwirtschaft und Kulturbau e. V. (DVWK). Merkblätter zur Wasserwirtschaft 239, Bonn

Easterbrook DJ (1999) Surface processes and landforms, 2. Aufl. Prentice Hall, Upper Saddle River

Eberle J, Eitel B, Blümel WD, Wittmann P (2010) Deutschlands Süden – vom Erdmittelalter zur Gegenwart. Spektrum, Heidelberg

Egner H (2010) Theoretische Geographie. Wissenschaftliche Buchgesellschaft, Darmstadt

Ehlers J (2011) Das Eiszeitalter. Spektrum, Heidelberg

Ehlers J (1994) Allgemeine und historische Quartärgeologie. Enke, Stuttgart

Ehrmann O, Rösch M, Schier W (2009) Experimentelle Rekonstruktion eines jungneolithischen Wald-Feldbaus mit Feuereinsatz – ein multidisziplinäres Forschungsprojekt zur Wirtschaftsarchäologie und Landschaftsökologie. Praehist Z 84:44–72

Eibisch K (2015) Biogeomorphologische Untersuchungen zur Analyse von Hangstabilisierung durch geomorphologische Ingenieurarten im Turtmanntal, Schweiz. Masterarbeit, Geographisches Institut, Universität Bonn, Bonn

Eichel J (2012) Geomorphologische Aktivität und Vegetationssukzession im Vorfeld des Turtmanngletschers, Wallis, Schweiz. Diplomarbeit, Geographisches Institut, Universität Bonn, Bonn

Eichel J (2016) Biogeomorphic dynamics in the Turtmann glacier forefield, Switzerland. Dissertation, Universität Bonn, Bonn

Eichel J (2018) Links between life and landscapes. Nat Geosci 11:154

Eichel J, Krautblatter M, Schmidtlein S, Dikau R (2013) Biogeomorphic interactions in the Turtmann glacier forefield, Switzerland. Geomorphology 201:98–110

Eichel J, Corenblit D, Dikau R (2016) Conditions for feedbacks between geomorphic and vegetation dynamics on lateral moraine slopes: a biogeomorphic feedback window. Earth Surf Process Landf 41:406–419

Eichel J, Draebing D, Klingbeil L, Wieland M, Eling C, Schmidtlein S, Kuhlmann H, Dikau R (2017) Solifluction meets vegetation: the role of biogeomorphic feedbacks for turf-banked solifluction lobe development. Earth Surf Process Landf 42:1623–1635

Eichel J, Draebing D, Meyer N (2018) From active to stable: paraglacial transition of alpine lateral moraine slopes. Land Degrad Dev 29:4158–4172

Eitel B (2011) Bodengeographie. In: Gebhardt H, Glaser R, Radtke U, Reuber (Hrsg) Geographie, 2. Aufl. Spektrum, Heidelberg, S 498–505

Eitel B, Faust D (2013) Bodengeographie, 4. Aufl. Westermann, Braunschweig

Embleton C (Hrsg) (1984) Geomorphology of Europe. Macmillian, London

Embleton C, Thornes J (1979) Process in geomorphology. Edward Arnold, London

Erismann T, Abele G (2001) Dynamics of rockslides and rockfalls. Springer, Heidelberg

Evans DJA (Hrsg) (2004) Geomorphology: critical concepts in geography, Bd 7. Routledge, London

Evans DJA (Hrsg) (2005) Glacial landsystems. Hodder Arnold, London

Evans IS (1972) General geomorphometry, derivations of altitude and descriptive statistics. In: Chorley RJ (Hrsg) Spatial analysis in geomorphology. Methuen, London

Evans IS (1990) General geomorphometry. In: Goudie A (Hrsg) Geomorphological techniques. Unwin, London, S 31–37

Evans SG, DeGraff JV (2002) Catastrophic landslides: effects, occurrence, and mechanisms. Geol Soc Am, Rev Eng Geol 15

Evans SG, Mugnozza GS, Strom A, Hermanns RL (2006) Landslides from massive rock slope failure, NATO science series: IV: earth and environmental sciences 49. Springer Netherlands, Amsterdam

Ewald A (2014) Sturzprozesse und Hangexposition in alpinen Systemen, Wallis, Schweiz. Bachelorarbeit, Geographisches Institut, Universität Bonn, Bonn

Eybergen F (1986) Glacier snout dynamics and contemporary push moraine formation at the Turtmannglacier, Wallis, Switzerland. INQUA Symposium on genesis and lithology of glacial deposits. Amsterdam, S 217–231

Falkenburg B (2012) Mythos Determinismus. Wieviel erklärt uns die Hirnforschung. Springer, Heidelberg

Felix-Henningsen P (1990) Die mesozoisch-tertiäre Verwitterungsdecke (MTV) im Rheinischen Schiefergebirge. Relief, Boden, Paläoklima 6. Gebrüder Borntraeger, Berlin

Fleck L (1980) Entstehung und Entwicklung einer wissenschaftlichen Tatsache. Suhrkamp, Frankfurt a. M.

Flint RF (1971) Glacial and quaternary geology, 1. Aufl. Wiley, Chichester

Ford D, Williams P (2007) Karst hydrogeology and geomorphology. Wiley, Chichester

Ford DC, Ewers O (1978) The development of limestone cave systems in the dimensions of length and depth. Can J Earth Sci 15:1783–1798

Förster H, Wunderlich J (2009) Holocene sediment budgets for upland catchments: the problem of soilscape model and data availability. Catena 77:143–149

Förster W (1996) Mechanische Eigenschaften der Lockergesteine. Teubner, Stuttgart

Francis P (1993) Volcanoes: a planetary perspective. Oxford University Press, Oxford

Francis RA, Corenblit D, Edwards PJ (2009) Perspectives on biogeomorphology, ecosystem engineering and self-organisation in island-braided fluvial ecosystems. Aquat Sci 71:290

French HM (2007) The periglacial environment. Wiley, Chichester

French HM (2011) Periglacial environments. In: Gregory KJ, Goudie AS (Hrsg) The SAGE handbook of geomorphology. SAGE, Los Angeles, S 393–411

French HM (2017) The periglacial environment, 4. Aufl. Wiley-Blackwell, Chichester

Friedmann A (2011) Zeitliche Dynamik und zeitlicher Wandel. In: Gebhardt H, Glaser R, Radtke U, Reuber (Hrsg) Geographie, 2. Aufl. Spektrum, Heidelberg, S 544–551

Frisch W, Loeschke J (1993) Plattentektonik. Wissenschaftliche Buchgesellschaft, Darmstadt

Frisch W, Meschede M (2013) Plattentektonik – Kontinentalverschiebung und Gebirgsbildung. Wissenschaftliche Buchgesellschaft, Darmstadt

Frodeman R (1995) Geological reasoning: geology as an interpretative and historical science. Geol Soc Am Bull 107:960–968

Frodeman R (2000) Earth matters – the earth sciences, philosophy, and the claims of community. Prentice Hall, Upper Saddle River

Frodeman R (2003) Geo-logic: breaking ground between philosophy and the earth sciences. State University New York Press, Albany

Fryirs KA, Brierley GJ, Preston NJ, Kasai M (2007) Buffers, barriers and blankets: the (dis)connectivity of catchment-scale sediment cascades. Catena 70:49–67

Fryirs K, Brierley GJ, Erskine WD (2012) Use of ergodic reasoning to reconstruct the historical range of variability and evolutionary trajectory of rivers. Earth Surf Process Landf 37:763–773

Fuchs M, Will M, Kunert E, Kreutzer S, Fischer M, Reverman R (2011) The temporal and spatial quantification of Holocene sediment dynamics in a meso-scale catchment in northern Bavaria, Germany. Holocene 21:1093–1104

Gähde U (2009) Modelle der Struktur und Dynamik wissenschaftlicher Theorien. In: Bartels A, Stöckler M (Hrsg) Wissenschaftstheorie. Mentis, Paderborn, S 45–65

Gallagher K, Jones SJ, Wainright J (2008) Landscape Evolution: Denudation, Climate and Tectonics over Different Time and Space Scales. Geological Society, London

Galloway WE (1975) Process framework for describing the morphologic and stratigraphic evolution of deltaic deposition systems. Broussard ML (Hrsg) Deltas, Models for Exploration. Geological Society, Houston, S 87–98

Gärtner-Roer I, Nyenhuis M (2010) Volume estimation, kinematics and sediment transfer rates of active Rockglaciers in the Turtmann valley, Switzerland. In: Otto JC, Dikau R (Hrsg) Landform – structure, evolution, process control. Lecture notes in earth sciences 115. Springer, Heidelberg, S 185–198

Gebhardt H, Glaser R, Radtke U, Reuber P (Hrsg) (2011) Geographie. Physische Geographie und Humangeographie, 2. Aufl. Spektrum, Heidelberg

Gerard J (1992) Soil geomorphology. Chapman & Hall, London

Gerlach R (2006) Holozän: Die Umgestaltung durch den Menschen seit dem Neolithikum. In: Kunow J (Hrsg) Urgeschichte im Rheinland. Verl. des Rhein. Vereins für Denkmalpflege und Landschaftsschutz, Köln, S 87–98

Gerlach R (2017) Geoarchäologie vor Ort. Beispiele aus dem Rheinland. Geogr Rundsch 9:4–11

Gerlach R, Baumewerd-Schmidt H, van den Borg K, Eckmeier E, Schmidt MWI (2006) Prehistoric alteration of soil in the Lower Rhine Basin, Northwest Germany – archaeological, 14C and geochemical evidence. Geoderma 136:38–50

Gerlach R, Fischer P, Eckmeier E, Hilgers A (2012) Buried dark soil horizons and archaeological features in the Neolithic settlement region of the Lower Rhine area, NW Germany: formation, geochemistry and chronostratigraphy. Quat Int 265:191–204

Gerlinger K (1997) Erosionsprozesse auf Lößböden: Experimente und Modellierung. Mitt. Inst. für Wasserbau und Kulturtechnik Universität Karlsruhe (TH) 139, Karlsruhe

Gierer A (1998) Zufall und naturgesetzliche Notwendigkeit. In: von Graevenitz G, Marquard O (Hrsg) Kontingenz. Fink, München, S 123–139

Gilbert GK (1877) Report on the geology of the Henry Mountains. United States Geographical and Geological Survey of the Rocky Mountains Region, Washington D.C., United States Government Printing Office

Gilbert GK (1896) The origin of hypotheses, illustrated by the discussion of a topographic problem. Science 3:1–12

Gillieson D (1996) Caves. Processes, Development and Management. Blackwell, Oxford

Glen, JW (1955) The creep of polycrystalline ice. Proc. Royal Society A228, London, S 519–538

Gletscherberichte 1881–2018: Die Gletscher der Schweizer Alpen. Jahrbücher der Expertenkommission für Kryosphärenmessnetze der Akademie der Naturwissenschaften Schweiz (SCNAT) herausgegeben seit 1964 durch die Versuchsanstalt für Wasserbau, Hydrologie und Glaziologie (VAW) der ETH Zürich. No. 1-136. Zürich

GoogleEarth © 2018 Google, Image Landsat/Copernicus, Aufnahmedatum: Juni 2017. GoogleEarth © 2018 Google, Image Landsat/ Copernicus, Aufnahmedatum: Mai 2018. GoogleEarth, © 2018 Google Data CSUMB SFML, CA OPC, Image © 2019 TerraMetrics. GoogleEarth Image © 2019 DigitalGlobe Image© 2019 Flotron/Perrinjaquet © 2018 Google

Gorus N (2013) Hochalpine Permafrostdynamik im Festgestein des Steintällis, Wallis, Schweiz. Diplomarbeit, Geographisches Institut, Universität Bonn, Bonn

Götze H-J, Mertmann D, Riller U, Arndt J (2015) Einführung in die Geowissenschaften, 2. Aufl. Ulmer, Stuttgart

Goudie A (2018) Human impact on the natural environment. Wiley-Blackwell, Chichester

Goudie AS, Viles HA (2016) Geomorphology in the Anthropocene. Cambridge University Press, Cambridge

Goudie AS, Livingstone I, Stokes S (1999) Aeolian environments. Sediments and landforms. Wiley, Chichester

Greeley R (2013) Introduction to planetary geomorphology. Cambridge University Press, Cambridge

Greeley R, Iversen JD (1985) Wind as a geological process on Earth, Venus and Titan. Cambridge University Press, Cambridge

Gregory KJ (2010) The earth's land surface: landforms and processes in geomorphology. SAGE, Los Angeles

Gregory KJ Goudie AS (Hrsg) (2011) The SAGE handbook of geomorphology. SAGE, Los Angeles

Gregory KJ, Walling DE (1973) Drainage basin form and process. Arnold, London

Grotzinger J, Jordan T (2017) Press/Siever Allgemeine Geologie, 7. Aufl. Springer, Berlin

Gruber S (2005) Mountain permafrost: transient spatial modelling, model verification and the use of remote sensing. PhD, University of Zürich, Zürich

Grünewald C (2011) Geomorphologische und glaziologische Prozesse im Zungenbereich des Turtmanngletschers, Wallis, Schweiz. Diplomarbeit, Geographisches Institut, Universität Bonn, Bonn.

Gündra H, Jäger S, Schroeder M, Dikau R (1995) Bodenerosionsatlas Baden-Württemberg, Agrarforschung in Baden-Württemberg 24. Ulmer, Stuttgart

Gunn J (1986) Solute processes and karst landforms. In: Trudgill ST (Hrsg) Solute processes. Wiley, Chichester, S 363–437

Gunnell Y, Fleitout L (2000) Morphotectonic evolution of the Western Ghats, India. In: Summerfield MA (Hrsg) Geomorphology and global tectonics. Wiley, Chichester, S 321–338

Gurnell A (2014) Plants as river system engineers. Earth Surf Process Landf 39:4–25

GVP (2018) Global Volcanism Program. ► https://volcano.si.edu/ . Zugegriffen: 30. Mai 2018

Hack JT (1941) The dunes of the western Navajo country. Geogr Rev 31:240–263

Hack JT (1960) Interpretations of erosional topography in humid temperate regions. Am J Sci 258-A:80–97

Hacking I (1996) Einführung in die Philosophie der Naturwissenschaften. Reclam, Stuttgart

Haeberli W (1983) Permafrost-glacier relationships in the Swiss Alps – today and in the past. Versuchsanstalt für Wasserbau, Hydrologie und Glaziologie, ETH Zürich, Schweiz

Haeberli W (1985) Creep of mountain permafrost: internal structure and flow of rock glaciers. Mitteilungen der Versuchsanstalt für Wasserbau, Hydrologie und Glaziologie an der Eidgenössischen Technischen Hochschule Zürich 77. Zürich

Haeberli W, Nötzli J, Springman S (2015) Matterhorn „for ever"? In: Anker D (Hrsg) Matterhorn – Berg der Berge. AS, Zürich, S 294–301

Haines-Young R, Petch J (1986) Physical geography: its nature and methods. Harper & Row, London

Haken H (1982) Synergetik. Springer, Berlin

Hales TC, Roering JJ (2007) Climatic controls on frost cracking and implications for the evolution of bedrock landscapes. J Geophys Res Earth Surf 112 H F2: F02033-13

Hales TC, Roering JJ (2009) A frost "buzzsaw" mechanism for erosion of the eastern Southern Alps, New Zealand. Geomorphology 107:241–253

Hall K, Thorn C, Sumner P (2012) On the persistence of 'weathering'. Geomorphology 149–150:1–10

Halla C (2013) Bewegungsprozesse im Festgestein des Periglazials im Steintälli, Mattertal, Schweiz. Diplomarbeit, Geographisches Institut, Universität Bonn, Bonn

Hallet B (2006) Why do freezing rocks break? Science 314(5802):1092–1093

Hammond EH (1964a) Analysis of properties in land form geography: an application to broad-scale land form mapping. Ann Assoc Am Geogr 54:11–19

Hammond EH (1964b) Classes of land surface form in the forty-eight states, USA. Ann Assoc Am Geogr 54, Map Supp No 4, 1:5,000,000

Hard G (1973) Die Geographie. Eine wissenschaftstheoretische Einführung. Walter de Gruyter, Berlin

Harris C, Murton JB (2005) Cryospheric Systems: glaciers and permafrost. Geological Society, London (Special Publication 242)

Harris C, Smith JS, Davies MCR, Rea B (2008) An investigation of periglacial slope stability in relation to soil properties based on physical modelling in the geotechnical centrifuge. Geomorphology 93:437–459

Harrison S (2001) On reductionism and emergence in geomorphology. Trans Inst Br Geogr NS 26:327–339

Hartke K-H, Horn R (2009) Die physikalische Untersuchung von Böden. Schweizerbart'sche Verlagsbuchhandlung, Stuttgart

Harvey D (1969) Explanation in geography. Arnold, London

Hassenpflug W (1998) Bodenerosion durch Wind. In: Richter G (Hrsg) Bodenerosion. Analyse und Bilanz eines Umweltproblems. Wissenschaftliche Buchgesellschaft, Darmstadt, S 69–82

Hayes MO (1979) Barrier island morphology as a function of tidal and wave regime. In: Leatherman SP (Hrsg) Barrier Islands. Academic Press, New York, S 1–27

Hebel B (2003) Validierung numerischer Erosionsmodelle in Einzelhang- und Einzugsgebiets-Dimension. Physiogeographica – Basler Beitr Physiogeogr 32, Basel

Heinrich S, Stäuble H, Schneider B, Tinapp C (2017) Linienbandkeramik (LBK) im Dünnschliff – Mikromorphologische Untersuchungen zur Verfüllungsgeschichte von Gruben. In: Becker V, O'Neill A (Hrsg) Archäologische Defizite – Forschungslücken, methodische Grenzen oder Abbilder der Wirklichkeit? Fokus Jungsteinzeit – Berichte der AG Neolithikum, Bd 8

Hengl T, Reuter HI (2009) Geomorphometry: concepts, software, applications. Elsevier, Amsterdam

Herget J (2012) Am Anfang war die Sintflut. Wissenschaftliche Buchgesellschaft, Darmstadt

Hey R, Bathurst J, Throne CR (Hrsg) (1982) Gravel-bed rivers. Wiley, New York

Hjulström F (1935) Studies of the morphological activity of rivers as illustrated by the River Fyris. Bull Geol Inst Uppsala 25:221–527

Hoffmann K (2014) Wechselwirkungen zwischen Solifluktionsprozessen und Vegetation im Vorfeld des Turtmanngletschers, Wallis, Schweiz. Bachelorarbeit, Geographisches Institut, Universität Bonn, Bonn

Hoffmann T, Schlummer M, Notebaert B, Verstraeten G, Korup O (2013) Carbon burial in soil sediments from Holocene agricultural erosion, Central Europe. Glob Biogeochem Cycles 27:828–835

Hörsch B (2002) Zusammenhang zwischen Vegetation und Relief in alpinen Einzugsgebieten des Wallis (Schweiz). Ein multiskaliger GIS und Fernerkundungsansatz. Dissertation Universität Bonn, Bonn

Hortobágyi B, Corenblit D, Steiger J, Peiry JL (2017) Niche construction within riparian corridors. Part I: Exploring biogeomorphic feedback windows of three pioneer riparian species (Allier River, France). Geomorphology 305:94–111

Horton RE (1945) Erosional development of streams and their drainage basins: hydrological approach to quantitative morphology. Geol Soc Am Bull 56:275–370

Houben P (2008) Scale linkage and contingency effects of field-scale and hillslope-scale controls of long-term soil erosion: anthropogeomorphic sediment flux in agricultural loess watersheds of Southern Germany. Geomorphology 101:172–191

Houben P (2012) Sediment budget for five millennia of tillage in the Rockenberg catchment (Wetterau loess basin, Germany). Quat Sci Rev 52:12–23

Houben P, Hoffmann T, Zimmermann, A Dikau R (2006) Land use and climatic impacts on the Rhine system during the period of agriculture (RheinLUCIFS). Catena 66: 42–52

Hoyningen-Huene P (2009) Reduktion und Emergenz. In: Bartels A, Stöckler M (Hrsg) Wissenschaftstheorie. Mentis, Paderborn, S 177–197

Huggett R (2011) Process and form. In: Gregory KJ, Goudie AS (Hrsg) The SAGE handbook of geomorphology. SAGE, Los Angeles, S 174–191

Huggett R (2017) Fundamentals of geomorphology. Routledge, London

Huggett R, Cheesman J (2002) Topography and the environment. Pearson, Harlow

Humbrey MJ (1994) Glacial environments. UCL Press, London

Hume D (1978) Ein Traktat über die menschliche Natur. Meiner, Hamburg (Erstveröffentlichung 1748)

Humlum O (2000) The geomorphic significance of rock glaciers: estimates of rock glacier volumes and headwall recession rates in West Greenland. Geomorphology 35:41–67

Hürlimann M, Marti J, Ledesma A (2004) Morphological and geological aspects related to large slope failures on oceanic islands. The huge La Orotava landslides on Teneriffe, Canary Islandes. Geomorphology 62:143–158

Inkpen R, Wilson G (2013) Science, philosophy and physical geography. Routledge, London

Jefremow JK (1949) Versuch einer morphographischen Klassifikation der Elemente und einfachen Formen des Reliefs (russ.). Woprosy Geografii 11, Moskau

Jennings JN (1985) Karst geomorphology, 2. Aufl. Basil Blackwell, Oxford

Jenny H (1941) Factors of soil formation. McGraw-Hill, New York

Jones CG, Lawton JH, Shachack M (1994) Organisms as ecosystem engineers. Oikos 69:373–386

Jones CG, Gutiérrez JL, Byers JE (2010) A framework for understanding physical ecosystem engineering by organisms. Oikos 119:1862–1869

Kääb A, Frauenfelder R, Roer I (2007) On the response of rockglacier creep to surface temperature increase. Global Planet Change 56:172–187

Karte J (1979) Räumliche Abgrenzung und regionale Differenzierung des Periglaziärs. Bochumer Geographische Arbeiten 35. Schöningh, Paderborn

Keller F (1994) Interaktion zwischen Schnee und Permafrost. Mitt. Versuchsanstalt für Wasserbau, Hydrologie und Glaziologie an der Eidgenössischen Technischen Hochschule Zürich 127. Zürich

Kelletat D (2013) Physische Geographie der Meere und Küsten, 3. Aufl. Gebrüder Borntraeger, Stuttgart

Kempe S (2008) Vom Urknall zur unterirdischen Kathedrale – Höhlenformen und ihre Entstehung. In: Kempe S, Rosendahl W (Hrsg) Höhlen. Verborgene Welten. Wissenschaftliche Buchgesellschaft, Darmstadt, S 54–64

Kempe S, Rosendahl W (Hrsg) (2008) Höhlen. Verborgene Welten. Wissenschaftliche Buchgesellschaft, Darmstadt

Kennedy BA (2006) Inventing the earth. Blackwell, Oxford

Kern K (1995) Grundlagen naturnaher Gewässergestaltung: Geomorphologische Entwicklung von Fließgewässern. Springer, Berlin

Kessler MA, Werner BT (2003) Self-organization of sorted patterned ground. Science 299:380–383

King LC (1967) The morphology of the earth. Oliver & Boyd, Edinburgh

Kirkby MJ (1971) Hillslope processes: response models based on the continuity equation. In: Brunsden D (Hrsg) Slope: form and process. Trans Inst Brit Geogr, Spec Publ 3:15–30

Kleinod K (2008) Fernerkundungsgestützte Modellierung kleinräumiger Biodiversität am Beispiel des Turtmanntales in der Schweiz. Dissertation, Universität Bonn, Bonn.

Kleinod K, Menz G (2007) Relationships between Landform and Phyto-Diversity in the Turtmann Valley, Switzerland. Grazer Schr Geogr Raumforsch 43:89–94

Klik A, Eitzinger J (2010) Impact of climate change on soil erosion and the efficiency of soil conservation practices in Austria. J Agric Sci 148:529–541

Klostermann J (2009) Das Klima im Eiszeitalter. Schweizerbart'sche Verlagsbuchhandlung, Stuttgart

Kneisel C, Lehmkuhl F, Winkler S (1998) Legende für geomorphologische Kartierungen in Hochgebirgen (GMK Hochgebirge). Trierer Geographische Studien 18, Trier

Knight J, Harrison S (2009) Periglacial and paraglacial processes and environments. Geological Society, London (Special Publication 320)

Knight PG (1999) Glaciers. Stanley Thornes, Cheltenham

Knighton D (2015) Fluvial forms and processes: a new perspective, 2. Aufl. Routledge, London

Knopp F (2001) Untersuchungen zum Sedimenthaushalt eines hochalpinen Hängetales im Turtmanntal, Wallis, Schweiz. Diplomarbeit, Geographisches Institut, Universität Bonn, Bonn

Komar PD (1998) Beach Processes and sedimentation. Prentice Hall, Upper Saddle River

König O (2006) Korngrößenmuster auf Oberflächen alpiner Sedimentspeicher. Diplomarbeit, Geographisches Institut, Universität Bonn, Bonn

Kooi H, Beaumont C (1996) Large-scale geomorphology: classical concepts reconciled and integrated with contemporary ideas via a surface process model. J Geophys Res 101:3361–3386

Krautblatter M (2009) Detection and quantification of permafrost change in alpine rock walls and implications for rock instability. Dissertation Universität Bonn, Bonn

Krautblatter M (2010) Patterns of multiannual aggradation of permafrost in rock walls with and without hydraulic interconnectivity (Steintälli, Valley of Zermatt, Swiss Alps). In: Otto JC, Dikau R (Hrsg) Landform – structure, evolution, process control. Lecture notes in earth sciences 115. Springer, Heidelberg, S 199–219

Krautblatter M, Dikau R (2007) Towards a uniform concept for the comparison and extrapolation of rockwall retreat and rockfall supply. Geogr Ann 89 A:21–40

Krautblatter M, Draebing D (2014) Pseudo 3-D P wave refraction seismic monitoring of permafrost in steep unstable bedrock. J Geophys Res Earth Surf 119:1–13

Krautblatter M, Hauck C (2007) Electrical resistivity tomography monitoring of permafrost in solid rock walls. J Geophys Res Earth-Surface 112:1–14

Krautblatter M, Funk D, Günzel FK (2013) Why permafrost rocks become unstable. A rock-ice-mechanical model in time and space. Earth Surf Process Landf 38:876–887

Kugler H (1964a) Großmaßstäbige geomorphologische Kartierung und geomorphologische Reliefanalyse. Dissertation Universität Leipzig, Leipzig

Kugler H (1964b) Die geomorphologische Reliefanalyse als Grundlage großmaßstäbiger geomorphologischer Kartierung. Wiss Veröff Dt Inst f Ldk N.F. 21/22:541–655

Kugler H (1974) Das Georelief und seine kartographische Modellierung. Dissertation B, Martin-Luther-Universität Halle, Wittenberg

Kugler H (1975) Zur Methodik der geomorphologischen Rayonierung des Territoriums der Deutschen Demokratischen Republik. Pet Geogr Mitt 119:270–278

Kugler H (1985) Allgemeine Geomorphologie. In: Hendl M, Bramer H (Hrsg) Lehrbuch der Physischen Geographie. Harri Deutsch, Thun, S 77–157

Kugler H, Schaub D (1997) Allgemeine Geomorphologie. In: Hendl M, Liedtke H (Hrsg) Lehrbuch der Allgemeinen Physischen Geographie, 3. Aufl. Perthes, Gotha, S 141–231

Kuhn T (1976) Die Struktur wissenschaftlicher Revolutionen, 2. Aufl. Suhrkamp, Frankfurt a. M.

Kuntsche K (2000) Geotechnik. Vieweg, Braunschweig

Küster HJ (1995) Geschichte der Landschaft in Mitteleuropa. Von der Eiszeit bis zur Gegenwart. Beck, München

Küster HJ (1998) Geschichte des Waldes. Von der Urzeit bis zur Gegenwart. Beck, München

Lachenbruch AH (1962) Mechanics of thermal contraction cracks and ice-wedge polygons in permafrost. Geological Society of America, Washington, D.C. (Special Paper 70)

Lal R (2003) Soil erosion and the global carbon budget. Env Int 29: 437–450

Lal R, Griffin M, Apt J, Lave L, Morgan MG (2004) Managing soil carbon. Science 304:393

Lancaster N (1995) Geomorphology of desert dunes. Routledge, London

Lane SN, Richards KS (1997) Linking river channel from and process: time, space and causality revisited. Earth Surf Process Landf 22:249–260

Lang A (2003) Phases of soil erosion-derived colluviation in the loess hills of South Germany. Catena 51:209–221

Langohr R (1990) The dominant soil types of the Belgian Loess Belt in the early Neolithic. In: Cahen D, Otte M (Hrsg) Rubané et Cardial: Actes du Colloque de Liège, novembre 1988. Université de Liège, Liège, S 117–124

Lauer W, Bendix J (2006) Klimatologie. Westermann, Braunschweig

Lawinenhandbuch (2000) Herausgeber: Land Tirol, Österreich. Tyrolia, Innsbruck-Wien

Lawler DM (1988) A bibliography of needle ice. Cold Reg Sci Technol 15:295–310

Leopold LB, Langbein WB (1962) The concept of entropy in landscape evolution. US Geological Survey, Prof Paper 500-A. Washington, D.C.

Leopold LB, Maddock T (1953) The hydraulic geometry of stream channels and some physiographic implications. U.S. Geological Survey, Prof. Paper 252. Washington, D.C.

Leopold M, Hürkamp K, Völkel J, Schmotz K (2011) Black soils, sediments and brown Calcic luvisols: a pedological description of a newly discovered neolithic ring ditch system at Stephansposching. Eastern Bavaria, Germany. Quat Int 243:293–304

Leser H (2009) Geomorphologie. Westermann, Braunschweig

Leser H, Stäblein G (Hrsg) (1975) Geomorphologische Kartierung. Institut für Physische Geographie der Freien Universität Berlin, Berlin

Li Z, Fang H (2016) Impacts of climate change on water erosion: a review. Earth-Sci Rev 163:94–117

Liedtke H (1981) Die nordischen Vereisungen in Mitteleuropa. Forsch. zur Deutschen Landeskunde 204. Steiner, Trier

Liedtke H (1990) Abluale Abspülung und Sedimentation in Nordwestdeutschland während der Weichsel-(Würm-)Eiszeit. In: Liedtke H (Hrsg.) Eiszeitforschung. Wissenschaftliche Buchgesellschaft, Darmstadt, S 261–269

Liedtke H, Marcinek J (2002) Physische Geographie Deutschlands, 3., überarb. u. erw. Aufl. Klett-Perthes, Gotha

Lipmann PW, Mullineaux DR (1981, Hrsg) The 1980 Eruptions of Mount St. Helens, Washington. U.S. Geological Survey, Prof Paper 1250. Washington, D.C.

Livingstone I, Warren A (1996) Aeolian Geomorphology: an introduction. Longman, Harlow

Livingstone I, Warren A (2019) Aeolian geomorphology. A new introduction. Wiley, Chichester

Lorz C (2008) Ein substratorientiertes Boden-Evolutions-Konzept für geschichtete Bodenprofile. Relief, Boden, Paläoklima 23. Gebrüder Borntraeger, Berlin, Stuttgart

Loughnan FC (1969) Chemical weathering of the silicate minerals. Elsevier, New York

Luetschg M, Bartelt P, Lehning M, Stoeckli V, Haeberli W (2003) Numerical simulation of the interaction processes between snow cover and alpine permafrost. In: Proc. 8th International Conference on Permafrost, Zurich, Switzerland, S 697–702

LUNG (Hrsg) (2002) Bodenerosion. Landesamt für Umwelt, Naturschutz und Geologie (LUNG), Mecklenburg-Vorpommern, 2., überarb. Aufl. Beiträge zum Bodenschutz, Güstrow

Lüning J, Jockenhövel A, Bender H, Capelle T (1997) Deutsche Agrargeschichte. Vor- und Frühgeschichte. Ulmer, Stuttgart

MacDonald GA (1972) Volcanoes. Prentice-Hall, London

Mackay JR (1972) The world of underground ice. Ann Am Assoc Geogr 62:1–22

Mainzer K (2008) Komplexität. Fink, Paderborn

Maisch M, Burga CA, Fitze P (1999) Lebendiges Gletschervorfeld – von schwindenden Eisströmen, schuttreichen Moränenwällen und wagemutigen Pionierpflanzen im Vorfeld des Morteratschgletschers, 2. Aufl. Geographisches Institut Universität Zürich, Zürich

Mangelsdorf J, Scheuermann K (1980) Flussmorphologie – Ein Leitfaden für Naturwissenschaftler und Ingenieure. Oldenburg, München

Martin C, Eiblmaier M (Hrsg) (2000) Lexikon der Geowissenschaften, Bd 6. Spektrum, Heidelberg

Martin C, Brunotte E, Gebhardt H, Meurer M, Meusburger P, Nipper J (Hrsg) (2005) Lexikon der Geographie. Spektrum, Heidelberg

Masselink G, Hughes MG, Knight J (2011) Introduction to coastal processes and geomorphology, 2. Aufl. Hodder, London

Masson DG, Watts AB, Gee MJR, Urgeles R, Mitchell NC, Le Bas TP, Canals M (2002) Slope failures on the flanks of the western Canary Islands. Earth-Sci Rev 57:1–35

Matsuoka N (2001) Solifluction rates, processes and landforms: a global review. Earth-Sci Rev 55:107–134

Matsuoka N (2006) Monitoring periglacial processes: towards construction of a global network. Geomorphology 80:20–31

Matsuoka N (2010) Solifluction and mudflow on a limestone periglacial slope in the Swiss Alps: 14 years of monitoring. Perm Perigl Proc 21:219–240

McColl ST (2012) Paraglacial rock-slope stability. Geomorphology 153–154:1–16

McKee ED (Hrsg) (1979) A study of global sand sees. U.S. Geological Survey Prof Paper 1052. U.S. Geological Survey, Reston, Va.

Meschede M (2018) Geologie Deutschlands, 2. Aufl. Springer Spektrum, Berlin

Messenzehl K (2018) Rock slope instability in alpine geomorphic systems, Switzerland. Dissertation, Universität Bonn, Bonn

Messenzehl K, Dikau R (2017) Rockfall frequency and magnitude of rockwall-talus systems (Swiss Alps): the importance of structural and thermal properties. Earth Surf Process Landf 42:1963–1981

Messenzehl K, Meyer H, Otto J-C, Hoffmann T, Dikau R (2017) Regional-scale controls on the spatial activity of rockfalls (Turtmann valley, Swiss Alps) – a multivariate modelling approach. Geomorphology 287:29–45

Messenzehl K, Viles H, Otto J-C, Ewald A, Dikau R (2018) Linking rock weathering, rockwall instability and rockfall supply on talus slopes in glaciated hanging valleys (Swiss Alps). Perm Perigl Proc 9:133–151

Meyer W (20134) Geologie der Eifel, 4. Aufl. Schweizerbart'sche Verlagsbuchhandlung, Stuttgart

Michael A, Schmidt J, Enke W, Deutschländer T, Malitz G (2005) Impact of expected increase in precipitation intensities on soil loss – results of comparative model simulations. Catena 61:155–164

Milne G (1935) Composite units for the mapping of complex soil associations. Trans. 3rd Int. Cong. Soil Sci. 1:345–347

Mittelstraß J (1982) Wissenschaft als Lebensform. Suhrkamp, Frankfurt a. M.

Mittelstraß J (1992) Leonardo-Welt: Über Wissenschaft, Forschung und Verantwortung. Suhrkamp, Frankfurt a. M.

Mittelstraß J (Hrsg) (2004) Enzyklopädie – Philosophie und Wissenschaftstheorie, Bd 1–4. Metzler, Stuttgart

Montgomery DR (2010) Dreck – Warum unsere Zivilisation den Boden unter den Füßen verliert. Oekom, München

Morgan RPC (2005) Soil erosion and conservation. Blackwell, Oxford

Moser M, Amann F, Meier J, Weidner S (2017) Tiefgreifende Hangdeformationen. Springer Spektrum, Wiesbaden

Müller J, Vieli A, Gärtner-Roer I (2016) Rock glaciers on the run. Understanding rock glacier landform evolution and recent changes from numerical flow modeling. The Cryosphere 10:2865–2886

Murray AB, Lazarus E, Ashton A, Baas A, Coco G, Coulthard T, Fonstad M, Haff P, McNamara D, Pelletier J, Reinhardt L (2009) Geomorphology, complexity, and the emerging science of the Earth's surface. Geomorphology 103:496–505

Nadel-Romero E, Martinez-Murillo JF, Vanmaercke M, Poesen J (2011) Scale-dependency of sediment yield from badland areas in Mediterranean environments. Prog Phys Geogr 35:297–332

Naylor LA, Viles HA, Carter NEA (2002) Biogeomorphology revisited: looking towards the future. Geomorphology 47:3–14

Nearing MA, Bradford JM, Parker SC (1991) Soil detachment by shallow flow at low slopes. Soil Sci Soc Am J 55(2):339–344

Notebaert B, Verstraeten G (2010) Sensitivity of West and Central European river systems to environmental changes during the Holocene: a review. Earth-Sci Rev 103:163–182

Notebaert B, Verstraeten G, Rommens T, Vanmontfort B, Govers G, Poesen J (2009) Establishing a Holocene sediment budget for the river Dijle. Catena 77:150–163

Notebaert B, Verstraeten G, Vandenberghe D, Marinova E, Poesen J, Govers G (2011a) Changing hillslope and fluvial Holocene sediment dynamics in a Belgian loess catchment. J Quat Sci 26(1):44–58

Notebaert B, Verstraeten G, Ward P, Renssen H, Van Rompaey A (2011b) Modeling the sensitivity of sediment and water runoff dynamics to Holocene climate and land use changes at the catchment scale. Geomorphology 126:18–31

Novarrez F, Bonnard C, Dupraz H, Huguenin H (1998) Grand glissements de terrain et climat. VERSINCLIM – Comportements passé, présent et futur des grands versants instables subactifs en fonction de l'évolution climatique, et évolution en continu des mouvements en profondeur. Rapport final PNR 21. vdf – Hochschulverlag AG an der ETH Zürich, Zürich

Nusser K-H (2018) Der blinde Fleck der Evolutionstheorie. Alber, Freiburg

Nyenhuis M (2002) Ermittlung der regionalen Permafrostverbreitung durch Anwendung GIS-basierter Modelle und Erstellung eines Blockgletscherinventars im Turtmanntal, Schweiz. Diplomarbeit, Geographisches Institut, Universität Bonn, Bonn

Nyenhuis M (2005) Permafrost und Sedimenthaushalt in einem alpinen Geosystem. Dissertation, Universität Bonn, Bonn

Nyenhuis M (2006) Permafrost und Sedimenthaushalt in einem alpinen Geosystem. Bonner Geographische Abhandlungen 116, Bonn

Nyenhuis M, Hoelzle M, Dikau R (2005) Rock glacier mapping and permafrost distribution modelling in the Turtmanntal, Valais, Switzerland. Z Geomorphol 49:275–292

Odling-Smee FJ, Laland KN, Feldman MW (2003) Niche construction: the neglected process in evolution. Princeton University Press, Princeton

Odoni NA, Lane SN (2011) The significance of models in geomorphology: from concepts to experiments. In: Rhoads BL, Thorn CE (Hrsg) The scientific nature of geomorphology. Wiley, Chichester, S 154–173

Odum EP (1953) Fundamentals of Ecology. W B. Saunders Co., Philadelphia

Oertel D (2009) Paraglaziale Fels- und Gletschervorfeld-Dynamik im Turtmanntal, Wallis, Schweiz. Diplomarbeit, Geographisches Institut, Universität Bonn, Bonn

Ollier CD (1981) Tectonics and landforms. Longman, Harlow

Ollier CD (1988) Volcanoes. Blackwell, Oxford

Ollier CD (1991) Ancient landforms. Belbaven Press, London

Ollier CD, Pain C (1996) Regolith, Soils and Landforms. Wiley, Chichester

Ortlieb C (2012) Der Einfluss periglazialer Phänomene auf kriechende Felshänge im Turtmanntal, Wallis, Schweiz. Diplomarbeit, Geographisches Institut, Universität Bonn, Bonn

Otto J-C (2001) Das geomorphologische System des Turtmanntales: Form, Substrat, Prozesse. Diplomarbeit, Geographisches Institut, Universität Bonn, Bonn

Otto J-C (2006) Paraglacial sediment storage quantification in the Turtmann Valley, Swiss Alps. Dissertation, Universität Bonn, Bonn

Otto J-C, Dikau R (2004) Geomorphologic system analysis of a high mountain valley in the Swiss Alps. Z Geomorphol 48:323–341

Otto J-C, Dikau R (2010) Landform – structure, evolution, process control. Springer, Heidelberg (Lecture Notes in Earth Sciences 115)

Otto J-C, Sass O (2006) Comparing geophysical methods for talus slope investigations in the Turtmann valley (Swiss Alps). Geomorphology 76:257–272

Otto J-C, Kleinod K, König O, Krautblatter M, Nyenhuis M, Roer I, Schneider M, Schreiner B, Dikau R (2007) HRSC-A data: a new high-resolution data set with multipurpose applications in physical geography. Prog Phys Geog 31:179–197

Otto J-C, Schrott L, Jaboyedoff M, Dikau R (2009) Quantifying sediment storage in a high alpine valley (Turtmanntal, Switzerland). Earth Surf Process Landf 34:1726–1742

Oya M (2001) Applied geomorphology for mitigation of natural hazards. Kluwer, Dordrecht

Paine ADM (1985) Ergodic reasoning in geomorphology: time for a review of the term? Progr Phys Geogr 9:1–15

Paolini M, Vacis G (2000) Der fliegende See. Chronik einer angekündigten Katastrophe. Reinbek, Hamburg

Paronuzzi P, Bolla A (2012) The prehistoric Vajont rockslide: an updated geological model. Geomorphology 169–170:165–191

Parsons AJ (1988) Hillslope form. Routledge, London

Pawlik Ł (2013) The role of trees in the geomorphic system of forested hillslopes. A review. Earth-Sci Rev 126:250–265

Peirce CS (1878) Deduction, Induction, and Hypothesis. Dt. in Apel K-O (1976, Hrsg) Charles Sanders Peirce: Schriften zum Pragmatismus und Pragmatizismus. Suhrkamp, Frankfurt a. M.

Penck A (1894) Morphologie der Erdoberfläche. Engelhorn, Stuttgart

Penck A, Brückner E (1909) Die Alpen im Eiszeitalter, 3 Bände. Trauchnitz, Leipzig

Penck W (1924) Die morphologische Analyse, ein Kapitel der physikalischen Geologie. Engelhorn, Stuttgart

Petridis P, Fischer-Kowalski M (2016) Island Sustainability: the Case of Samothraki. Chapter 28 In: Winiwarter V, Krausmann F, Fischer-Kowalski M, Haberl H (Hrsg) Social ecology: society nature relations across time and space. Springer, Berlin, S 543–610

Pfeffer G (2000) Untersuchungen zur Permafrostverbreitung mit geophysikalischen Methoden im Turtmanntal/Wallis. Diplomarbeit, Geographisches Institut, Universität Bonn, Bonn

Pfeffer K-H (2008) Karren, Dolinen, Poljen, Kegelkarst – Oberflächenformen der Höhlengebiete. In: Kempe S, Rosendahl W (Hrsg) Höhlen. Verborgene Welten. Wissenschaftliche Buchgesellschaft, Darmstadt, S 65–75

Pfeffer K-H (2010) Karst. Gebrüder Borntraeger, Stuttgart

Phillips JD (1992) The end of equilibrium. Geomorphology 5:195–201

Phillips JD (1999) Earth surface systems. complexity, order, and scale. Blackwell, Oxford

Phillips JD (2003) Sources of nonlinearity and complexity in geomorphic systems. Prog Phys Geogr 27:1–23

Phillips JD (2007) The perfect landscape. Geomorphology 84:159–169

Pichler H, Pichler T (2007) Vulkangebiete der Erde. Spektrum, Heidelberg

Pickett STA, White PS (1985) The ecology of natural disturbance and patch dynamics. Academic Press, Orlando

Pierce FJ, Frye WW (2018) Soil and water conservation. Routledge, London

Pierson TC, Costa JE (1987) A rheological classification of subaerial sediment-water flows. Geol Soc Am, Rev in Eng Geol 7:1–12

Pike RJ (1988) The geometric signature: quantifying landslide terrain types from digital elevation models. Math Geology 20:491–511

Pike RJ, Dikau R (1995) Advances in geomorphometry. Z Geomorphol Supp 101. Gebrüder Borntraeger, Stuttgart

Pike RJ, Wilson SE (1971) Elevation-relief ratio, hypsometric integral, and geomorphic area-altitude analysis. Geol Soc Am Bull 82:1079–1084

Poesen J, Savat J (1981) Detachment and transportation of loose sediments by raindrop splash. Part II: detachability and transportability measurements. Catena 8:19–41

Poesen J, Nachtergaele J, Verstraeten G, Valentin C (2003) Gully erosion and environmental change: importance and research needs. Catena 50:91–133

Polvi LE, Wohl E (2011) The beaver meadow complex revisited – the role of beavers in post-glacial floodplain development. Earth Surf Process Landf 37:332–346

Popescu ME (1994) A suggested method for reporting landslide causes. Int Assoc Eng Geol Bull 50:71–74

Popper K (1984) Logik der Forschung, 8. Aufl. Mohr, Tübingen

Press F, Siever R (1982) Earth, 3. Aufl. Freeman, New York

Press F, Siever R (2003) Allgemeine Geologie, 3. Aufl. Springer Spektrum, Berlin

Preston N (2001) Geomorphic response to environmental change: the imprint of deforestation and agricultural land use on the contemporary landscape of the Pleiser Hügelland, Bonn, Germany. Dissertation, Universität Bonn, Bonn

Prigogine I (1992) Vom Sein zum Werden – Zeit und Komplexität in den Naturwissenschaften. Piper, München

Prigogine I, Stengers I (1981) Dialog mit der Natur. Neue Wege naturwissenschaftlichen Denkens. Piper, München

Prinz H, Strauß R (2018) Ingenieurgeologie, 6. Aufl. Springer Spektrum, Berlin

Protze J (2014) Eine „Mensch-gemachte Landschaft". Diachrone, geochemische und sedimentologische Untersuchungen an anthropogen beeinflussten Sedimenten und Böden der Niederrheinischen Lössbörde. Dissertation, Fakultät für Georessourcen und Materialtechnik der Rheinisch-Westfälischen Technischen Hochschule Aachen (RWTH Aachen), Aachen

Rapp A (1960) Recent developments of mountain slopes in Karkevagge and surroundings, northern Scandinavia. Geogr An 42:71–200

Rasemann S (2004) Geomorphometrische Struktur eines mesoskaligen alpinen Geosystems. Dissertation, Universität Bonn, Bonn

Rasemann S, Schmidt J, Schrott L, Dikau R (2004) Geomorphometry in mountain terrain. In: Bishop MP, Shroder JF Jr (Hrsg) Geographic information science and mountain geomorphology. Springer, Berlin, S 101–145

Rathjens C (1979) Die Formung der Erdoberfläche unter dem Einfluss des Menschen. Teubner, Stuttgart

Reiß S, Dreibrodt S, Lubos CC, Bork H-R (2009) Land use history and historical soil erosion at Albersdorf (northern Germany) – ceased agricultural land use after the pre-historical period. Catena 77:107–118

Reuter F, Klengel KJ, Pašek J (1992) Ingenieurgeologie. Verlag für Grundstoffindustrie. Stuttgart, Leipzig

Reydon T (2017) Philosophie der Biologie. In: Lohse S, Reydon T (Hrsg) Grundriss Wissenschaftsphilosophie. Meiner, Hamburg, S 253–286

Rheinberger H-J (2007) Historische Epistemologie. Junius, Hamburg

Rhoads BL (1999) Beyond pragmatism. The value of philosophical discourse for physical geography. Ann Assoc Am Geogr 89:760–771

Rhoads BL, Thorn CE (1993) Geomorphology as science: the role of theory. Geomorphology 6:287–307

Rhoads BL, Thorn CE (1996a) Toward a philosophy of geomorphology. In: Rhoads BL, Thorn CE (Hrsg) The scientific nature of geomorphology. Wiley, Chichester, S 115–143

Rhoads BL, Thorn CE (Hrsg) (1996b) The scientific nature of geomorphology. Wiley, Chichester

Rhoads BL, Thorn CE (2011) The role and character of theory in geomorphology. In: Gregory KJ, Goudie AS (Hrsg) The SAGE handbook of geomorphology. SAGE, Los Angeles, S 59–77

Richards K, Clifford NJ (2011) The nature of explanation in geomorphology. In: Gregory KJ, Goudie AS (Hrsg) The SAGE handbook of geomorphology. SAGE, Los Angeles, S 36–58

Richter G (1998) Bodenerosion – Analyse und Bilanz eines Umweltproblems. Wissenschaftliche Buchgesellschaft, Darmstadt

Ritter DF, Kochel RC, Miller JC (2002) Process geomorphology, 4. Aufl. Waveland Press, Long Grove

Rittmann A (1962) Volcanoes and their activity. Wiley-Interscience, New York

Rittmann A (1981) Vulkane und ihre Aktivität. Enke, Stuttgart

Robert A (2003) River processes – an introduction to fluvial dynamics. Routledge, London

Robinson DA, Williams RGB (1994) Rock weathering and landform evolution. Wiley, Chichester

Roer I (2001) Bioindikation von Blockgletschergenerationen in einem hochalpinen Tal (Turtmanntal, Wallis, Schweiz). Diplomarbeit, Geographisches Institut, Universität Bonn, Bonn

Roer I (2003) Rock glacier kinematics in the Turtmanntal, Valais, Switzerland – observational concept, first results and research perspectives. 8th International Conference on Permafrost, Zürich, S 971–975

Roer I (2005) Rockglacier kinematics in high mountain geosystem (Turtmann valley, Swiss Alps). Dissertation, Universität Bonn, Bonn

Roer I, Nyenhuis M (2007) Rockglacier activity studies on a regional scale: comparison of geomorphological mapping and photogrammetric monitoring. Earth Surf. Processes Land 32:1747–1758

Roer I, Kääb A, Dikau R (2005a) Rockglacier acceleration in the Turtmann valley Swiss Alps: probable controls. Norsk Geog Tidsskr 59:157–163

Roer I, Kääb A, Dikau R (2005b) Rockglacier kinematics derived from small-scale aerial photography and digital airborne pushbroom imagery. Z Geomorphol 49:73–87

Roer I, Gärtner H, Heinrich I (2007) Dendrogeomorphological analysis of alpine trees and shrubs growing on active and inactive rockglaciers. Schriften des Forschungszentrums Jülich, Reihe Umwelt 74:248–258

Rohdenburg H (1989) Landschaftsökologie – Geomorphologie. CATENA Paperback, Cremlingen-Destedt

Rohdenburg H (2006) Einführung in die klimagenetische Geomorphologie. CATENA, Reiskirchen

Rommens T, Verstraeten G, Poesen J, Govers G, Van Rompaey A, Peeters I, Lang A (2005) Soil erosion and sediment deposition in the Belgian loess belt during the Holocene: establishing a sediment budget for a small agricultural catchment. Holocene 15:1032–1043

Rösch M, Biester H, Bogenrieder A, Eckmeier E, Ehrmann O, Gerlach R, Hall M, Hartkopf-Fröder C, Herrmann L, Kury B, Lechterbeck J, Schier E, Schulz E (2017) Late neolithic agriculture in temperate Europe – a long-term experimental approach. Land 6(11):1–17

Roth CH (1996) Physikalische Ursachen der Wassererosion. In: Blume HP, Felix-Henningsen P, Fischer WR, Frede H-G, Guggenberger G, Horn R, Stahr K (Hrsg) Handbuch der Bodenkunde. Ecomed, Landsberg

Sarnthein M (1978) Sand deserts during glacial maximum and climatic optimum. Nature 22 272:43–46

Schaetzl RJ, Anderson S (2005) Soils – genesis and geomorphology. Cambridge University Press, Cambridge

Schäfer A (2005) Klastische Sedimente. Fazies und Sequenzstratigraphie. Springer Spektrum, Heidelberg

Schalich J (1978) Die römische Wasserleitung im Merzbachtal als Zeitmarke in der Boden- und Landschaftsgeschichte. Fortschr Geologie Rheinl Westfal 28:477–485

Scharl (2014) Neolithisierung. In: Mölders D, Wolfram S (Hrsg) Schlüsselbegriffe der Prähistorischen Archäologie. Waxmann, Münster, S 197–201

Scheidegger AE (2004) Morphotectonics. Springer, Berlin

Schier (2009) Extensiver Brandfeldbau und die Ausbreitung der neolithischen Wirtschaftsweise in Mitteleuropa und Südskandinavien am Ende des 5. Jahrtausends v. Chr. Prähistorische Zeitschrift 84: 15–43

Schindewolf M, Schmidt J (2012) Parametrization of the EROSION 2D/3D soil erosion model using a small-scale rainfall simulator and upstream runoff simulation. Catena 91:47–55

Schlummer M, Hoffmann T, Dikau R, Eickmeier M, Fischer P, Gerlach R, Holzkämper J, Kalis AJ, Kretschmer I, Lauer F, Maier A, Meesenburg J, Meurers-Balke J, Münch U, Pätzold S, Steininger F, Stobbe A, Zimmermann A (2014) From point to area: upscaling approaches for late quaternary archaeological and environmental data. Earth-Sci Rev 131:22–48

Schmidt J (1996) Entwicklung und Anwendung eines physikalisch begründeten Simulationsmodells für die Erosion geneigter, landwirtschaftlicher Nutzflächen. Berliner Geographische Abhandlungen 61, Berlin

Schmidt J, Cochrane T, Phillips C, Elliott S, Davies T, Basher L (2008) Sediment dynamics in changing environments. IAHS, Wallingford (IAHS Publ 325)

Schmidt K-H (1988) Die Reliefentwicklung des Colorado Plateaus. Berliner Geographische Abhandlungen 49, Berlin

Schmincke H-U (1982) Vulkane und ihre Wurzeln. In: Tagebau Hambach: Voraussetzungen – Probleme – Lösungen. Vulkane und ihre Wurzeln. Rheinisch-Westfälische Akademie der Wissenschaften (Natur-, Ingenieur- und Wirtschaftswissenschaften. Vorträge), Bd 315. VS Verlag für Sozialwissenschaften, Wiesbaden

Schmincke H-U (2013) Vulkanismus, 4. Aufl. Wissenschaftliche Buchgesellschaft, Darmstadt

Scholz G, Quinton JN, Strauss P (2008) Soil erosion from sugar beet in Central Europe in response to climate change induced seasonal precipitation variations. Catena 72:91–105

Schroeder M (1995) Computergestützte Reliefmodellierung der Erde. Diplomarbeit am Geographischen Institut der Universität Heidelberg, Heidelberg

Schulte-Kellinghaus N (2015) Geomorphologische Prozesse und Formen sowie Vegetationsmuster auf Sturzhalden im Turtmanntal (Wallis, Schweiz). Geographisches Institut, Universität Bonn, Bonn, Bachelorarbeit

Schulz W (2007) Die Kolluvien der westlichen Kölner Bucht. Gliederung, Entstehungszeit und geomorphologische Bedeutung. Dissertation, Universität zu Köln, Köln

Schulze E (2014) Deutsche Agrargeschichte. 7500 Jahre Landwirtschaft in Deutschland. Ein kurzer Abriss. Shaker, Aachen

Schumm SA (1975) Episodic erosion: a modification of the geomorphic cycle. In: Melhorn WN, Flemal RC (Hrsg) Theories of landform development. Proc. of the 6th annual geomorphology symposium, Binghamton, S 69–85

Schumm SA (1977) The fluvial system. Blackburn Press, Caldwell

Schumm SA (1988) Geomorphic hazards. Z Geomorphol Supp 67:17–24

Schumm SA (1991) To interpret the earth – ten ways to be wrong. Cambridge University Press, Cambridge

Schumm SA (2002) Active tectonics and alluvial rivers. Cambridge University Press, Cambridge

Schumm SA (2005) River variability and complexity. Cambridge University Press, Cambridge

Schurz G (2006) Einführung in die Wissenschaftstheorie. Wissenschaftliche Buchgesellschaft, Darmstadt

Schuster RL, Highland LM (2003) Impact of landslides and innovative landslide-mitigation – measures on the natural environment. Geologic Hazards Team, U.S. Geological Survey, Denver, Colorado, U.S.A. ► https://pubs.usgs.gov/op/HongKongJuly/HongKongJuly21.pdf . Zugegriffen: 8. Okt. 2019

Schwertmann U (1987) Bodenerosion durch Wasser: Vorhersage des Abtrags und Bewertung von Gegenmaßnahmen. Ulmer, Stuttgart

Schwertmann U, Vogl W, Kainz M (1990) Bodenerosion durch Wasser: Vorhersage des Abtrags und Bewertung von Gegenmaßnahmen. Ulmer, Stuttgart

Seidel J, Mäckel R (2007) Holocene sediment budgets in two river catchments in the Southern Upper Rhine Valley, Germany. Geomorphology 92:198–207

Seidl A (2006) Deutsche Agrargeschichte. DLG, Frankfurt am Main

Selby MJ (1985) Earth's changing surface. Clarendon Press, Oxford

Selby MJ (1993) Hillslope materials and processes, 2. Aufl. Oxford University Press, Oxford
Semmel A (1989) Angewandte konventionelle Geomorphologie – Beispiele aus Mitteleuropa und Afrika. Frankfurter Geow. Abh. 2. Aufl. Fachbereich Geowissenschaften Universität Frankfurt, Frankfurt
Semmel A (1993) Grundzüge der Bodengeographie, 3. Aufl. Teubner, Stuttgart
Semmel A (1996) Geomorphologie der Bundesrepublik Deutschland. Steiner, Stutgart
Sharma PP, Gupta SC, Rawls WJ (1991) Soil detachment by single raindrops of varying kinetic energy. Soil Sci Soc Am J 55:301–307
Sirocko F (2010) Wetter, Klima, Menschheitsentwicklung. Von der Eiszeit bis ins 21. Jahrhundert. Wissenschaftliche Buchgesellschaft, Darmstadt
Skowronek A (2010) Julius Büdel und die Klima-Geomorphologie. Mitt Österr Geogr Gesellschaft 152:87–129
Slaymaker O (1997) A pluralist, problem-focused geomorphology. In: Stoddart DR (Hrsg) Process and form in geomorphology. Routledge, London, S 328–339
Slaymaker O, Spencer T, Embleton-Hamann C (2009) Geomorphology and global environmental change. Cambridge University Press, Cambridge
Smetanová A, Verstraeten G, Notebaert B, Dotterweich M, Létal A (2017) Landform transformation and long-term sediment budget for a Chernozem-dominated lowland agricultural catchment. Catena 157:24–34
Sparks BW (1960) Geomorphology. Longmans, London
Spedding N (1997) On growth and form in geomorphology. Earth Surf Process Landf 22:62–265
Stäblein G (1980) Die Konzeption der Geomorphologischen Karten GMK 25 und GMK 100 im DFG-Schwerpunktprogramm. Berl Geograph Abhandl 31:13–30
Stallard RF (1998) Terrestrial sedimentation and the carbon cycle: coupling weathering and erosion to carbon burial. Glob Biogeochem Cycles 12(2):231–257
Stallins JA (2006) Geomorphology and ecology: unifying themes for complex systems in biogeomorphology. Geomorphology 77:207–216
Stallins JA, Parker AJ (2003) The influence of complex systems interactions on barrier island dune vegetation pattern and process. Ann Assoc Am Geogr 93:13–29
Statzner B, Fièvet E, Champagne JY (2000) Crayfish as geomorphic agents and ecosystem engineers: Biological behavior affects sand and gravel erosion in experimental streams. Limnol Oceanogr 45:1030–1040
Strahler AN (1952) Dynamic basis of geomorphology. Geol Soc Am Bull 63:923–938
Strahler AN (1957) Quantitative analysis of watershed geomorphology. Trans Am Geophys Union 38:913–920
Strahler AN (1969) Physical geography, 3. Aufl. Wiley, New York
Strahler AN (1980) Systems theory in physical geography. Phys Geogr 1:1–27
Strahler AH, Strahler AN (1992) Modern physical geography. Wiley, New York
Strub Ch, Mainzer K (2010) Singulär; Singularität. In: Ritter J, Gründer K, Gabriel G (Hrsg) Historisches Wörterbuch der Philosophie. CD-ROM. Schwabe Verlag, Basel
Strübel G (1995) Mineralogie. Grundlagen und Methoden, 2. Aufl. Enke, Stuttgart
Sugden DE, John BS (1976) Glaciers and landscapes. A geomorphological approach. Arnold, London
Summerfield MA (1991) Global geomorphology. Longman, Harlow
Summerfield MA (Hrsg) (2000) Geomorphology and global tectonics. Wiley, Chichester
Sunamura T (1976) Feedback relationship in wave erosion of laboratory rocky coast. J Geol 84:427–437
Sunamura T (1992) Geomorphology of rocky coasts. Wiley, Chichester
Sweeting MM (1972) Karst landforms. Macmillan, London
Syvitski JPM, Vörösmarty CJ, Kettner AJ, Green P (2005) Impact of humans on the flux of terrestrial sediment to the global coastal ocean. Science 308:376–380
Tal M, Paola C (2007) Dynamic single-thread channels maintained by the interaction of flow and vegetation. Geology 35:347–350
Tansley AG (1935) The use and abuse of vegetational concepts and terms. For Ecol Manag 16:284–307
Taylor G, Eggleton RA (2001) Regolith geology and geomorphology. Wiley, Chichester
Temmerman S, Bouma TJ, de Koppel JV (2007) Vegetation causes channel erosion in a tidal landscape. Geology 35:631–634
Temmerman S, Meire P, Bouma TJ (2013) Ecosystem-based coastal defence in the face of global change. Nature 504:79–83
Terzaghi K, Jelinek R (1959) Theoretische Bodenmechanik. Springer, Berlin
Thomas DSG (2011) Aeolian landscapes and bedforms. In: Thomas DSG (Hrsg) Arid zone geomorphology – process, form and change in drylands, 3. Aufl. Wiley, Chichester, S 427–454
Thomas MF (1994) Geomorphology in the tropics. Wiley, Chichester
Thornbury WD (1954) Principles of geomorphology, 1. Aufl. Wiley, New York
Thorne CR (1982) Processes and mechanisms of river bank erosion. In: Hey R, Bathurst J, Throne CR (Hrsg) Gravel-bed rivers. Wiley, New York, S 227–272
Thornes JB (1983) Evolutionary geomorphology. Geography 68:225–235
Thornes JB (1985) The ecology of erosion. Geography 70:222–235
Thornes JB, Brunsden D (1977) Geomorphology and time. Methuen, London
Thouret J-C (1999) Volcanic geomorphology – an overview. Earth-Sci Rev 47:95–131
Tinkler KJ, Wohl EE (Hrsg) (1998) Rivers over rock: fluvial processes in bedrock channels. Am Geophys Union, Geophys Monogr Ser 107. Wiley, Washington, D.C.
Tipler PA, Mosca G (2015) Mechanik deformierbarer Körper. In: Wagner J (Hrsg) Physik, 7. Aufl. Springer Spektrum, Berlin
Tobias MM (2015) California foredune plant biogeomorphology. Phys Geogr 36:19–33
Toy TJ, Foster GR, Renard KG (2002) Soil erosion: processes, prediction, measurement and control. Wiley, New York
Trenhaile AS (1998) Geomorphology: a Canadian perspective. Oxford University Press, Toronto
Tricart J, Cailleux A (1972) Introduction to climatic geomorphology. Longman, London
Tricart J, Cailleux A, Kiewietdejonge CJ (1972) Introduction to climatic geomorphology. Longman, Harlow
Trimble SW (1999) Decreased rates of alluvial sediment storage in the Coon Creek Basin, Wisconsin, 1975–93. Science 285:1244–1246
Trimble SW, Lund S (1982) Soil conservation and the reduction of erosion and sedimentation in the Coon Creek Basin, Wisconsin. U.S. Geological Survey Prof Paper 1234, Washington, D.C.
Trudgill S (1985) Limestone geomorphology. Longmann, Harlow
Trudgill S (Hrsg) (1986) Solute processes. Wiley, Chichester
Turner AK, Schuster RL (1996) Landslides – investigation and mitigation. Transportation research board, National Research Council, Special Report 247. National Academy Press, Washington, D.C.
Twidale CR (1971) Structural landforms: Landforms associated with granitic rocks, faults, and folded strata. MIT Press, Cambridge
Twidale CR (2004) River patterns and their meaning. Earth-Sci Rev 67:159–218
Twidale CR, Lageat Y (1994) Climatic geomorphology: a critique. Progr Phys Geogr 3:319–334
UBA (2011) Wirkungen der Klimaänderungen auf die Böden. Umweltbundesamt Texte 16/2011. Umweltbundesamt, Dessau-Roßlau
Unger S (2015) Einfluss von Ökosystemingenieurarten auf paraglaziale Anpassung und Vegetationssukzession im Turtmanntal, Wallis, Schweiz. Diplomarbeit, Geographisches Institut, Universität Bonn, Bonn

Valentin H (1954) Die Küsten der Erde. Beiträge zur allgemeinen und regionalen Küstenmorphologie. Pet Geogr Mitt Ergänzungsheft 246. Perthes, Gotha

Van der Meer JJM (1997) Short-lived streamlined bedforms (annual small flutes) formed under clean ice, Turtmann Glacier, Switzerland. Sed Geol 111:107–118

Van der Meer JJM, Van Tatenhove F (1992) Drumlins in a full alpine setting: some examples from Switzerland. Geomorphology 6:59–68

van Hooff PPM, Jungerius PD (1984) Sediment source and storage in small watersheds on the Keuper Marls in Luxembourg, as indicated by soil profile truncation and the deposition of colluvium. Catena 11:133–144

Van Oost K, Govers G, de Alba S, Quine TA (2006) Tillage erosion: a review of controlling factors and implications for soil quality. Prog Phys Geogr 30:443–466

Van Oost K, Quine TA, Govers G, De Gryze S, Six J, Harden JW, Ritchie JC, McCarty GW, Heckrath G, Kosmas C, Giraldez JV, Marques da Silva JR, Merckx R (2007) The impact of agricultural soil erosion on the global carbon cycle. Science 318:626–629

Van Tatenhove F, Dikau R (1990) Past and present permafrost distribution in the Turtmanntal, Wallis, Swiss Alps. Arctic Alpine Res 22:302–316

Vandenberghe J (2013) Cryoturbation structures. In: Elias S (Hrsg) Encyclopedia of quaternary science, vol 3, 2. Aufl. Elsevier, Amsterdam, S 430–435

Varnes DJ (1978) Slope movement types and processes. In: Schuster RL, Krizek RJ (Hrsg) Landslides analysis and control. Transportation research board, national academy of sciences, Special Report 176. Washington, D.C., S 12–33

Verheijen FGA, Jones RJA, Rickson RJ, Smith CJ (2009) Tolerable versus actual soil erosion rates in Europe. Earth-Sci Rev 94:23–38

Verleysdonk S, Krautblatter M, Dikau R (2011) Sensitivity and path dependence of mountain permafrost systems. Geogr Ann 93 A:113–135

Viles HA (1988) Biogeomorphology. Blackwell, Oxford

Viles HA (2013) Linking weathering and rock slope instability: non-linear perspectives. Earth Surf Process Landf 38:62–70

Viles HA, Goudie AS (2016) Geomorphology in the Anthropocene. Cambridge University Press, Cambridge

Viles HA, Spencer T (1995) Coastal problems: geomorphology, ecology and society at the coast. Arnold, London

Violle C, Navas M-L, Vile D (2007) Let the concept of trait be functional! Oikos 116:882–892

Vollmer M (2012) Felssackungen im Turtmanntal, Wallis, Schweiz. Diplomarbeit, Geographisches Institut, Universität Bonn, Bonn

von Bertalanffy L (1950) An outline of general system theory. Br J Philos Sci 1:134–165

von Elverfeldt K (2002) Analyse der Blockgletscherkinematik im Turtmanntal, Wallis, mittels digitaler Photogrammetrie. Diplomarbeit, Geographisches Institut, Universität Bonn, Bonn

von Elverfeldt K (2012) Systemtheorie in der Geomorphologie. Problemfelder, erkenntnistheoretische Konsequenzen und praktische Implikationen. Steiner, Stuttgart

von Engelhardt W, Zimmermann J (1982) Theorie der Geowissenschaft. Schöningh, Paderborn

von Lozinski W (1909) Über die mechanische Verwitterung der Sandsteine im gemäßigten Klima. Bull. Int. De l'Académie des Sciences de Cracovie. Classe Sci Math Nat 1:1–25

von Poschinger A, Kippel T (2009) Alluvial deposits liquefied by the Flims rock slide. Geomorphology 103:50–56

Vörösmarty CJ, Meybeck M, Fekete B, Sharma K, Green P, Syvitski JPM (2003) Anthropogenic sediment retention: major global impact from registered river impoundments. Glob Planet Chang 39:169–190

Wagner GA (2001) Altersbestimmung von jungen Gesteinen und Artefakten. Spektrum, Heidelberg

Walker M (2005) Quaternary dating methods. Wiley, Chichester

Wang Z, Hoffmann T, Six J, Kaplan JO, Govers G, Doetterl S, Van Oost K (2017) Human-induced erosion has offset one-third of carbon emissions from land cover change. Nat Clim Change 7:345–350

Washburn AL (1979) Geocryology. Arnold, London

Webb NP, McGowan HA (2009) Approaches to modelling land erodibility by wind. Prog Phys Geogr 33:587–613

Wegmann MR (1998) Frostdynamik in hochalpinen Felswänden am Beispiel der Region Jungfraujoch-Aletsch. VAW Mitteilungen 161, Zürich

Weidner S (2000) Kinematik und Mechanismus tiefgreifender alpiner Hangdeformationen unter besonderer Berücksichtigung der hydrogeologischen Verhältnisse. Dissertation Universität Erlangen-Nürnberg, Erlangen.

Wienhold A (2014) Einflüsse von Bodeneigenschaften auf die Vegetationsverbreitung im Vorfeld des Turtmanngletschers. Diplomarbeit, Geographisches Institut, Universität Bonn, Bonn

Wiggs GFS (2011) Sediment mobilisation by the wind. In: Thomas DSG (Hrsg) Arid zone geomorphology – process, form and change in drylands, 3. Aufl. Wiley, Chichester, S 455–486

Wilhelm F (1975) Schnee- und Gletscherkunde. Gruyter, Berlin

Williams PJ, Smith MW (1995) The frozen earth. Cambridge University Press, Cambridge

Wilson IG (1973) Ergs. Sediment Geol 10:77–106

Wilson JP, Gallant JC (2000) Terrain analysis. Wiley, New York

Winkler S (2009) Gletscher und ihre Landschaften. Wissenschaftliche Buchgesellschaft, Darmstadt

Wischmeier WH, Smith DD (1978) Predicting rainfall erosion losses. A guide to conservation planning. Agriculture Handbook 537, U.S. Department of Agriculture, Washington, D.C.

Witsch von, Uta (2001) Permafrosterkundung mit BTS-Messungen – Eine vergleichende Studie aus den Schweizer Alpen und den Rocky Mountains. Diplomarbeit, Geographisches Institut, Universität Bonn, Bonn.

Woldstedt P (1929) Das Eiszeitalter. Grundlinien einer Geologie des Diluviums. Enke, Stuttgart

Wolf, I. (2006): Spätglaziale und holozäne Gletscherstände im Turtmanntal, Wallis, Schweiz. Diplomarbeit, Geographisches Institut, Universität Bonn, Bonn

Wolman MG, Miller JP (1960) Magnitude and frequency of forces in geomorphic processes. J Geol 68:54–74

Woodroffe CD (2002) Coasts. Cambridge University Press, Cambridge

Worster D (2004) Dust Bowl. The Southern Plains in the 1930s. Oxford University Press, Oxford

WP/WLI (1993) The international geotechnical societies' UNESCO working party on world landslide inventory (1993) Multilingual Landslide Glossary. Bitech, Richmont

Xiao H, Lia Z, Chang X, Huang B, Nie X, Liu C, Liu L, Wang D, Jiang J (2018) The mineralization and sequestration of organic carbon in relation to agricultural soil erosion. Geoderma 329:73–81

Yershov ED (1998) General geocryology. Cambridge University Press, Cambridge

Young A (1972) Slopes. Longman, Edinburgh

Zhou Q, Lees B, Tang G (2010) Advances in digital terrain analysis. Springer, Cham

Zimmermann A, Meurers-Balke J, Kalis AJ (2005) Das Neolithikum im Rheinland. Bonner Jahrbücher 205. Verein von Altertumsfreunden im Rheinlande, Bonn, S 1–63

Zimmermann A, Hilpert J, Wendt KP (2009) Estimations of population density for selected periods between the Neolithic and AD 1800. Hum Biol 81:357–380

Zolitschka B (1998) A 14.000 year sediment yield record from western Germany based on annually laminated lake sediments. Geomorphology 22:1–17

Zöller L (Hrsg) (2017) Die Physische Geographie Deutschlands. Wissenschaftliche Buchgesellschaft, Darmstadt

Zwetsch A (1955) Dilatometrische Messungen an keramischen Rohstoffen. Ber Dtsch Keram Ges 32:63–69

Stichwortverzeichnis

A

B

C

D

E

F

Q

R

S

T

U

V

W

Y

Z